U0392947

航空光学工程

Aviation Optical Engineering

周海宪　程云芳　编著

化学工业出版社

·北京·

内 容 简 介

本书首次完整和详细地介绍了航空火控系统与电子光学工程的密切关系，航空光学系统的发展史，主要类型和技术性能，以及未来发展方向。不仅介绍了传统光学成像理论，而且与时俱进，更偏重于阐述现代光学技术在航空领域的典型应用，例如全息光学成像技术、二元光学成像技术、编码孔径成像技术、波导光学成像技术、微/纳米光学成像技术和光谱成像技术。作者在对国内外大量相关资料进行认真分析的基础上，结合实践经验，介绍了十大类航空电光技术。全书在充分表述光学基本成像理论和设计技术的基础上，在符合保密原则下尽可能多地介绍国内外各种系统的设计案例，包括设计思想、结构形式、效果分析和改进意见，具有更好的实用性。

本书对于从事航空光学设计与制造领域的工程技术人员，以及其他领域从事光学仪器设计、光学系统和光机结构设计研发的设计师，光机制造工艺和光机材料研究的工程师都有一定的参考价值。

图书在版编目（CIP）数据

航空光学工程/周海宪，程云芳编著 .—北京：化学工业
出版社，2023.11
ISBN 978-7-122-43614-6

Ⅰ.①航… Ⅱ.①周…②程… Ⅲ.①航空工程-工程
光学 Ⅳ.①V2-05

中国国家版本馆 CIP 数据核字（2023）第 101744 号

责任编辑：仇志刚　高　宁　　　　　　文字编辑：蔡晓雅　师明远
责任校对：李　爽　　　　　　　　　　装帧设计：张　辉

出版发行：化学工业出版社（北京市东城区青年湖南街 13 号　邮政编码 100011）
印　　装：北京建宏印刷有限公司
787mm×1092mm　1/16　印张 78　字数 2009 千字　2024 年 2 月北京第 1 版第 1 次印刷

购书咨询：010-64518888　　　　　　　售后服务：010-64518899
网　　址：http://www.cip.com.cn
凡购买本书，如有缺损质量问题，本社销售中心负责调换。

定　　价：598.00 元

序

　　光学与光子学技术与现代生活密切相关，世界许多国家都将其视作事关国家和民族未来的核心技术而给予长期关注。联合国教科文组织甚至把 2015 年定名为国际光学年。人们对光的认识从来没有像今天这样普及和深入，在未来几十年内，光学与光子学技术将会对社会产生更大影响。现代光学技术与光电子技术的紧密结合，使光电子元器件、光学系统和仪器发生了很大变化，应用于各种高科技领域，特别是航空和航天领域，战略和战术意义更为重大。

　　随着现代飞机和近代光学技术的快速发展，不同用途的飞机对机载火控系统提出了越来越高的技术要求。更为重要的是，人们对光学成像技术（包括微光、激光、红外成像技术）和光学制造技术（常规光学制造技术以及诸如全息光学、二元光学和微/纳米光学等非传统光学制造技术）的认识愈加深入和成熟。与其它应用领域一样，作为信息载体的光电子学技术在航空领域具有独特优势，从而在全世界范围内受到重视、研究和应用，陆续研发出各种先进的综合火控系统，包括机载红外探测系统、多光谱多目标探测跟踪系统、全天候昼夜侦察系统和各种机载武器光学制导系统。

　　实践证明，机载光电子火控系统和光电制导武器在军用飞机（包括战斗机、武装直升机和无人机）中的应用和地位举足轻重，已经成为必装设备。工作波长从可见光成像发展到可见光、近红外、中波红外、长波红外、激光宽波谱成像，光学元件/系统从传统的折射/反射型结构发展到衍射型（包括全息元件和二元光学元件）、光波导型、微/纳米型等混合结构，光学系统的成像原理从传统的几何成像发展到衍射成像、偏振成像和光谱成像等多种成像理论。

　　周海宪博士 2018 年退休后，利用 5 年时间，与程云芳高级工程师撰写了《航空光学工程》一书，并邀请业内一线工作的多位专家（研究员和高级工程师）进行认真审校，力求理论扎实、技术先进、数据可靠和实用性强。我认为该书的主要特点有：

　　1. 首次完整和详细地介绍了航空火控系统与电子光学工程的密切关系，航空光学系统的发展史，主要类型和技术性能，以及未来发展方向。

　　2. 不仅介绍了传统光学成像理论，而且与时俱进，更偏重于阐述现代光学技术在航空领域的典型应用，例如全息光学成像技术、二元光学成像技术、编码孔径成像技术、波导光学成像技术、微/纳米光学成像技术和光谱成像技术。

　　3. 内容丰富。该书在对国内外大量相关资料进行认真分析的基础上，结合实践经验，介绍了十大类航空电光技术，包括光电探测器和图像源、平视瞄准/显示技术、头盔瞄准/显示技术、电视摄像技术、夜视技术、激光技术、红外搜索跟踪技术、综合跟踪瞄准技术、光电告警与对抗技术和武器光学制导技术。非常具有参考价值。

4. 列举众多实用案例。在充分表述光学基本成像理论和设计技术的基础上，在符合保密原则的情况下尽可能多地介绍国内外各种系统的设计案例，包括设计思想、结构形式、效果分析和改进意见，具有更好的实用性。

5. 无论是光学系统成像理论（尤其是近代光学成像技术）还是光学系统设计方法，或者列举的设计实例，既适用于军用航空领域（已经扩展到民用航空领域），也完全适用于国民经济其它领域，例如激光测距技术，夜视探测技术（包括微光夜视和红外夜视技术），光电探测器和图像源，电视摄像技术，平视显示技术，红外成像技术和光电告警技术等。

相信该书的出版将会使航空领域（并非局限于航空领域）从事光学仪器设计、光学系统和光机结构设计研发的设计师，光机制造工艺和光机材料研究的工程师受益匪浅，引导科技工作者进一步探索、研究和突破更多技术难题，对促进我国航空事业赶超世界先进水平具有指导意义，也可以用作大专院校相关专业本科生、研究生和教师的参考书。

中国工程院院士，清华大学教授

金国藩

2023 年 5 月于清华园

前言

中国的航空工业起步较晚。

新中国成立之前，我国的航空工业基本上是以修理为主，重要零部件都是从国外购买的。

1949年，中华人民共和国成立，中国人民从此站起来了，自此中国航空工业进入快速发展阶段。

1951年4月18日，中央决定在重工业部成立航空工业局，新中国的航空工业终于在"一穷二白"的基础上诞生，正式开启了航空工业的创建历程，此后，中国航空工业经历了"一无所有""修理仿制""自主创新"的坎坷道路。

1959年，成功试飞第一架超声速喷气式飞机歼-6。

1965年，自主设计的强-5强击机设计定型。

1968年，自主设计制造的高空高速歼击机首飞成功。

1970年，成立中国航空火力控制系统研究所，成功研制出我国第一台航空光学瞄准具样机，并迅速装备歼-6和歼-7飞机。

改革开放以来，中国的航空工业取得了突飞猛进的发展，研制和装备了不同用途的军用和商用飞机，包括J-20歼击机、运-20大型运输机、先进的武装直升机、无人机以及大型民航客机。

1980年，研制成功我国第一台平视瞄准/显示系统原理样机。

1982年，完成平视瞄准/显示系统鉴定试飞，取得机载火控系统研制的重大突破，并陆续装备在歼-8Ⅱ及所有的在役飞机上。

随着现代飞机和近代光学技术的快速发展，各种用途的飞机对机载火控系统提出了越来越高的技术要求。更为重要的是，人们对光学成像技术（包括微光、激光、红外成像技术）和光学制造技术（常规光学制造技术以及诸如全息光学、二元光学和微/纳米光学等非传统光学制造技术）的认识愈加深入和成熟。与其它应用领域一样，作为信息载体的光电子学技术在航空领域的独特优势更加明显，从而在全世界范围内受到重视、研究和应用。研究者陆续研发出综合火控系统，包括机载红外探测系统、多光谱多目标探测跟踪系统、全天候昼夜侦察系统和各种机载武器光学制导系统。

实践证明，机载光电子火控系统和光电制导武器在军用飞机（包括战斗机、武装直升机和无人机）中的应用和地位已经举足轻重，并成为必装设备。工作波长从可见光成像发展到可见光、近红外、中波红外、长波红外、激光宽波谱成像，光学元件/系统从传统的折射/反射型结构发展到衍射型（包括全息元件和二元光学元件）、光波导型、微/纳米型等混合结构，光学系统的成像原理从传统的几何成像理论发展到衍射成像、偏振成像和光谱成像等多种成像理论。军用飞机对空/地的攻击能力、昼夜及各种恶劣气候条件下的作战能力、制导武器的成功率、空中告警、目标探测以及作战有效性等方面都有了长足发展。

本书是在参考国内外大量相关资料的基础上编撰而成的，系统阐述了国内外重要机载光电设备的发展历史、主要类型、基本结构及典型性能。不仅介绍传统的光学成像理论，更注重现代光学成像技术；既讨论普通的光学设计方法，又尽量多地列举有代表性的机载光学系统设计实例，使书中所述光学成像技术既适用于军事领域，又在众多民用领域中也具有重要参考价值。

《航空光学工程》由十三章和两个附录组成。

第1章，绪论。

第2章，光学成像基本理论。

第3章，现代光学设计技术。

第4章，光电探测器和图像源。

第5章，平视瞄准/显示技术。

第6章，头盔瞄准/显示技术。

第7章，电视摄像技术。

第8章，夜视技术。

第9章，激光技术。

第10章，红外搜索跟踪技术。

第11章，综合跟踪瞄准技术。

第12章，光电告警与对抗技术。

第13章，武器光学制导技术。

附录A，红外辐射在大气中的传输特性。

附录B，红外光学材料。

清华大学教授、中国工程院院士金国藩先生，长春理工大学教授、中国工程院院士姜会林先生和中国工程物理研究院研究员、中国工程院院士范国滨先生对本书的出版给予了极大关注和支持。中国航空工业集团公司孙隆和（原总设计师）研究员、何磊（副总设计师）研究员、张良研究员、曾威研究员、张元生研究员、穆学桢研究员，以及周亮和赖宏辉高级工程师等分别对相关章节进行了认真审核，并提出了宝贵意见，在此表示衷心感谢！

本书撰写和修改过程中，在一些技术问题上与相关专家学者——祖成奎、黄存新、李晓峰、邢冀川、周华君、王立伟、谢建英、沈兆国、许军峰等进行了深入的探讨，受益匪浅，在此深表谢意！

还要感谢魏丽娜、张小相、王旭、邵新征和朱安志等同志的支持和真诚帮助！

对本书的出版，化学工业出版社的编辑给予了极大支持和鼓励，进行了认真审校，为此特别致以谢意！

本书可供航空领域（不局限于航空领域）从事光学仪器设计、光学系统和光机结构设计研发的设计师，光机制造工艺和光机材料研究的工程师阅读，也可以用作大专院校相关专业本科生、研究生和教师的参考书。希望本书能够对军事（尤其是航空航天）和民用光学仪器应用中的设计、开发、评价和应用提供有益指导，并敬请读者提出宝贵意见。

2023年，是中国航空工业创业72周年。希望《航空光学工程》一书的出版能够为中国航空工业的快速发展和现代化国防力量的进一步增强做出点滴贡献。

编著者

二〇二三年 五一劳动节

目录

第3章　现代光学设计技术　　/125

第4章 光电探测器和图像源 /247

第5章　平视瞄准/显示技术　　/393

第6章　头盔瞄准/显示技术　　/515

第7章　电视摄像技术　/647

第8章 夜视技术 /699

第 9 章　激光技术　/755

第 **10** 章　红外搜索跟踪技术　/879

第 11 章　综合跟踪瞄准技术　/989

第 12 章 光电告警与对抗技术 /1105

第 13 章　武器光学制导技术　/1159

航空光学工程

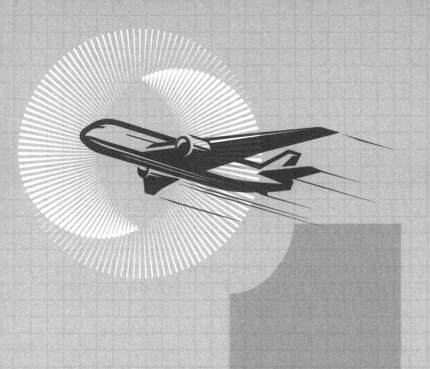

第1章

绪论

1.1
航空飞行系统

能在大气层内进行可控飞行的各种飞行器统称为航空器。

根据产生升力的原理，航空器分为轻于同体积空气的航空器（例如气球和飞艇）和重于同体积空气的航空器（例如固定翼、旋转翼和扑翼飞行器）两种类型。飞机是最主要和应用最广泛的航空飞行器。

1903 年 12 月 17 日，美国莱特兄弟利用布料、木材和钢管等材料首次试制成功重 355kg 的鸭式双翼飞机，用一台 12 马力❶的活塞发动机将其送上天空。尽管在空中停留时间很短（仅 12s），飞行距离也只有 36.5m，但开创了人类动力飞行新纪元。

按照用途，飞机分为民用飞机和军用飞机。其最大区别是民用飞机只有导航系统，而军用飞机除此之外还有火力控制系统。

军用飞机是用于军事目的的飞机，主要包括歼击机（战斗机）、截击机、歼击轰炸机、强击机（攻击机）、轰炸机、反潜机、侦察机、预警机、电子干扰机、军用运输机、空中加油机等。

民用飞机泛指一切非军事用途的飞机，包括民用运输机（客机和货机）、体育运动机、救护机和科学实验机等。

1907 年，法国保罗·科尔尼（Paul Cornu）研制出全尺寸载人直升机。

1912 年，俄国尤里耶夫（Yuriev）试制成功"尾桨配平旋翼反扭矩"式直升机试验样机，即目前还在使用的"单一主螺旋桨与单一垂直反扭力螺旋桨"式结构。

1936 年和 1939 年，德国和美国分别生产出 FW-61 直升机和 VS-300 直升机。

初始，直升机用于民用领域，例如山地救援、旅游观光以及城市运输等。第二次世界大战期间开始应用于战争。20 世纪 50 年代后，美国、苏联和法国分别在直升机上加装武器，执行轰炸和扫射等任务，因而称为"武装直升机"，代表性产品是美国首次应用于越南战争的 AH-IG 武装直升机。直升机在现代空战中越来越受到重视。

20 世纪后半期，越来越多的国家开始研制直升机，并进入实用阶段。我国的直升机工业经历了引进、改装、合作开发和自主创新的发展历程，自主研制出多种具有先进性能的直升机，并陆续装备部队。"直-10 武装直升机"和"直-19 轻型武装侦察直升机"是典型代表，如图 1-1 所示。

与固定翼飞机类似，直升机也分为民用直升机和军用直升机。

军用直升机包括三种类型：

（1）武装直升机

安装有武器系统（例如反坦克导弹、反舰导弹、空空导弹、航炮、火箭和机枪等），用于攻击空中、地面和水面（水下）目标，也被称为攻击直升机或战斗直升机。其中又分为以下类型：

① 对地面和水面目标执行攻击任务的强击直升机。

---

❶　1 马力＝735.499W。

(a) 直-10武装直升机　　　　　　(b) 直-19轻型武装侦察直升机

图 1-1　国产武装直升机

② 对付空中目标（敌方直升机、低空飞行固定翼飞机），争夺超低空（150m 以下）制空权，为我方运输和战勤直升机护航的空战直升机，也称为"歼击直升机"。

③ 执行攻击敌方舰船任务的反舰直升机。

④ 执行反潜作战任务的反潜直升机。

（2）运输直升机

执行运送作战人员、武器装备和各种军用物资器材等任务的直升机。

（3）战斗勤务直升机

简称为"战勤直升机"，执行侦察、通信、指挥、电子对抗、校射、救护、布雷/扫雷、中继制导和教练等任务。

1917 年，英国成功研制出世界上第一架无人机，是一种由无线电遥控设备或自身程序控制装置操纵的无人驾驶飞行器。

20 世纪 40 年代，无人机主要用作靶机，训练防空炮手。

20 世纪 60 年代开始，随着电子技术的进步，无人机开始担任侦察任务，广泛应用于军事侦察/情报收集。

20 世纪 60～90 年代，无人机被频繁用于执行军事任务（越南战争和海湾战争），实施侦察/打击一体化、有人机/无人机协同作战和无人机群攻击（即"蜂群攻击"）等战术，表现优异，开始受到世界各国的重视。

20 世纪 90 年代后，世界各国充分认识到无人机在战争中的作用，竞相把高新技术应用到无人机的研制与发展上。

1996 年 3 月，美国国家航空航天局研制出两架试验机：X-36 试验型无人驾驶战斗机，主要任务是压制敌防空、遮断、战斗损失评估、战区导弹防御以及超高空攻击。

按照功能，可以将无人机分为三种类型：

（1）战术无人侦察机（TUAV）

用于侦察、搜索、目标截获、部队战役管理与战场目标和战斗损失评估。

（2）战略无人侦察机（SUAV）

对敌方部队动向的长期跟踪，工业情报及武器系统试验监视等。

（3）无人战斗机（UCAN）

不仅作为地面战斗中的攻击平台，更是空中格斗的载机和直接攻击的武器。

图 1-2 是美国和俄罗斯分别研制的"全球鹰"和图-300 无人机。

无论是有人作战飞机（固定翼和旋转翼飞机）还是无人作战飞机，执行作战任务时，为了保证能够看得更远、打得更准、信息化综合能力更强和察/打一体化，都需要装备性能良好、体积小和成本低的航空火力控制系统。

(a) 美国"全球鹰"长航程无人侦察机　　　　　(b) 俄罗斯的图-300无人机

图 1-2　美国和俄罗斯研制的无人机

1.2
航空火力控制系统

航空火力控制系统是飞行员用来控制武器发射和投放,使其命中目标的系统,也称为"机载火力控制系统"或简称为"机载火控系统"。《中国大百科全书—航空航天》和《飞机设计手册》对航空火力控制系统的定义如下:

作战飞机使用所携带的各种武器(航空机炮、航空火箭弹、航空炸弹及空空/空地导弹等)对敌方目标(包括空中、地面、水上和水下各种运动或静止的、可见的或不可见的目标)进行搜索、跟踪、瞄准和实施各种方式的攻击所必需的机载信息、软件和机载设备等组成的综合体。

《机载火力控制系统分析》(周志刚主编)一书则更具体地阐述为:在引导载机至作战区域,探测、识别、跟踪目标,控制武器弹药按确定方向、时机、密度和持续时间投射,制导、控制武器弹药命中目标,判定作战效果,引导载机退出的攻击全过程中,产生、处理、传输和显示火控信息的机载电子设备。

1.2.1　航空火力控制系统的主要任务和基本要求

航空火力控制系统的主要任务是对目标、飞机、武器构成的态势进行数据信息采集、转换、计算、处理及管理,向飞行员提供决策、操纵、投射、制导信号,并与飞行员瞄准/显示控制系统的信息技术相集成,其涉及飞机、武器的控制管理及人的显示操纵等因素。

先进的航空火力控制系统应满足以下要求:

(1) 多功能、多武器、多目标、多传感器

① 多功能是航空火力控制系统为适应现代战争应具备的基本要求,近代科学技术新成就的综合应用使机载火控系统实现多功能成为可能。

a. 显示飞行参数供导航/着陆使用,也可以显示瞄准/攻击信息。

b. 可对空攻击瞄准,也可对地攻击瞄准。

c. 在空地攻击瞄准中,可对目视目标和非目视目标攻击。同时,可下视下射低空目标,也可上视仰射空中目标。

d. 为满足飞机多种战术手段使用多种武器的需求,火力控制系统应具有多种攻击方式,

包括纯追踪攻击、离轴发射、拦射和提前跟踪攻击、示迹线快速射击、连续计算命中点和连续计算投放点等。

e. 具有自检测功能。

② 多武器是航空火力控制系统适应现代军用飞机多武器瞄准发射所必需的要求。

现代战斗机在空地多种战斗中，为了攻击不同目标，需采用多种攻击手段和配备多种武器，因此，航空火力控制系统应具备瞄准控制发射多武器的能力。

③ 多目标是指要求火力控制系统既有对多种目标（例如飞机、气球、巡航导弹等空中活动目标和坦克、战车、战略战术等地面目标，以及舰船、潜艇等水上和水下目标）的识别探测与跟踪瞄准能力，又能一次跟踪瞄准多个目标。

F-18 飞机火力控制系统具有跟踪 $8\sim10$ 个目标的能力。

④ 采用多传感器是先进航空火力控制系统的重要特点之一。

先进战斗机火力控制系统除使用雷达外，还采用前视红外、激光器、微光（low light level，又称低照度）电视等光电传感器，取长补短，以便对目标进行有效探测。另外，对本机状态的测量参数包括高度、速度、加速度、角速度、姿态角和大气密度等，这些参数需要多种传感器测量才能获得更高精度。

F-15 飞机设计有激光测距仪、红外搜索跟踪装置及电视观察/瞄准系统。

（2）全天候、全高度、全速度、全方向

目前国内外先进航空火力控制系统一般都设计有雷达和光电传感器相结合的全天候探测系统。

战斗机的战术机动有高空高速、中空中速和低空突防，航空火力控制系统必须适应这种空战战术的多变性，包括全高度和全速度的使用范围。

对目标不仅实行传统的尾追攻击，而且需要完成有效的迎头拦击。为对付机动目标格斗作战，需要实施全向攻击。为了对付低空入侵的目标和对地/面攻击及反潜，需要下视/下射。因此，航空火力控制技术必须具有全向攻击能力。

（3）综合化、数字化、微型化、自动化

综合化是现代战斗机火力控制系统发展的客观要求。一方面是火力控制系统硬件可综合为探测、计算、控制、显示、管理等功能，并加以模块化。另一方面与机上设备交联与综合，使整个航空火力控制系统组成一个有机整体。

数字计算机的应用以及平视瞄准/显示系统、下视显示器和头盔瞄准/显示系统的研制成功为航空火力控制系统综合化提供了广阔前景。

采用光栅显示技术可以将平视瞄准/显示系统与前视红外、电视瞄准进行综合，进一步解决对目标的夜间识别与探测问题。

数字计算和数字化技术的应用使航空火力控制系统发生了深刻变化，为应用新原理、新技术、综合化、多功能以及自检测等提供了潜在能力。

微型化和自动化是长期以来"为减轻一克重量而奋斗"所企求的目标。微光机电系统（MOEMS）和微电子电路的应用使机载火力控制系统硬件微型化成为现实，既减小体积、减轻重量，又降低了功耗，改善了散热条件。

（4）高精度、高效能、高可靠性、高维护性

在对地/对空突防中，为毁伤对方和保全自己，十分强调"一次攻击成功"。因此，航空火力控制系统高精度和高效能是评价其性能的重要指标。

火力控制系统可靠性与维护性直接关系到飞机战备完好率。作战关键时刻，一旦失灵，

良机错失，不但不能杀伤对方，甚至会被敌方击毁。

为了提高可靠性，通常采用改善制冷条件、低负荷运转和结构尽可能简单等措施，并尽量采用接近真实作战环境的试验标准和程序。

1.2.2 航空火力控制系统的基本组成

航空火力控制系统包括图 1-3 所示的以下部分：

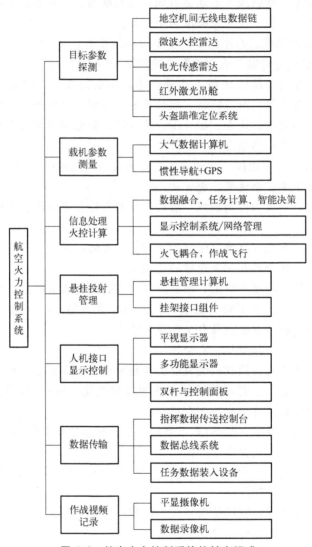

图 1-3 航空火力控制系统的基本组成

（1）目标参数探测分系统

用于探测目标数据（方向、位置、距离、速度、变化速率等参数）及作战态势，供战斗决策计算及飞行员攻击瞄准。

根据 HB 7394—96《机载火力控制系统通用规范》，目标探测设备包括：

① 火控雷达。

② 激光测距机。

③ 光/电雷达。

④ 红外搜索/跟踪系统。

⑤ 电视跟踪系统。

⑥ 连续波照射器。

⑦ 前视红外/激光瞄准吊舱。

⑧ 头盔瞄准/显示系统。

⑨ 声呐。

⑩ 磁异探测器。

⑪ 其它。

（2）载机参数测量设备

获取本机飞行与姿态参数，供瞄准计算、武器制导及飞行员操纵飞机攻击时使用。包括：惯性导航系统、多普勒导航系统、塔康导航系统、数传引导系统、无线电罗盘、大气数据计算机、航向/姿态参考系统、过载传感器、速率陀螺组件、无线电高度表、攻角/侧滑角传感器和卫星定位系统等。

（3）显示控制装置

火力控制系统与飞行员的接口界面。显示目标、攻击瞄准信号和所需的各种信息，供飞行员辨识、决定、操纵和控制使用。包括：

① 显示装置。由光学陀螺瞄准具、平视显示器、正视显示器、多功能显示器、头盔显示器和雷达显示器等组成。

② 控制装置。包括正前方控制面板、多功能显示器周边键、驾驶杆和油门杆上的控制器、系统所属设备必要的控制面板（包括可编程开关、触敏开关和语音控制系统）。

（4）承担系统信息综合处理的火控计算机

用于系统管理、目标参数计算、坐标转换、各种攻击方式的武器投射计算和总线控制。

（5）悬挂物管理设备

管理悬挂物的加载类别状态、投射设备、带弹数量、数据装定、投射方式、投射选择、投射顺序、武器保险和应急投放。

（6）视频记录设备

记录瞄准和攻击情况（包括训练过程）及有关参数。包括照相枪、座舱视频记录系统、数据记录装置和其它。

（7）数据传输系统

连接各个部件，用于火控系统各分系统及部件间的信息传输。

根据 HB 6097—86《航空火力控制系统专业名词术语》标准和 HB 7394—96《机载火力控制系统通用规范》，航空火力控制系统是为完成航空火力控制的不同战术技术要求所使用的由各种硬件设备和软件等组成的综合系统。战斗机和武装直升机的火力控制系统基本组成和工作原理如图 1-4 和图 1-5 所示。

近些年来，随着科学技术的发展，现代军用飞机作战性能（包括隐身、高空和高速）和作战模式（全景感知、智能决策和协同作战）的快速进步，促进了航空光电技术的进一步发展，其功能和性能要求越来越高，结构也愈加复杂，明显呈现出精准化、综合化、智能化和小型化的特点。

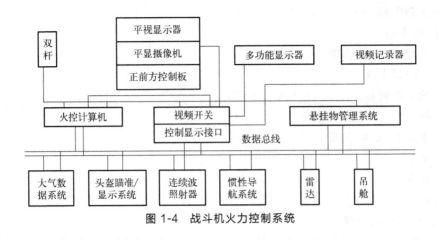

图 1-4 战斗机火力控制系统

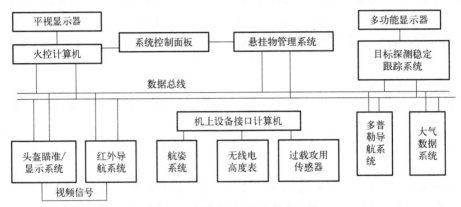

图 1-5 武装直升机火力控制系统

1.2.3 航空火力控制系统的发展

航空火力控制系统（从 20 世纪 40 年代开始）发展至今，经历了从简单仪表显示到综合显示，从初步综合显示到高度综合显示的发展过程。

早期飞机上没有光电设备，完全依靠手动飞行和目视导航或简单的光机设备完成导航/瞄准。无线电和光学技术的发展，使早期的无线电/光学导航瞄准设备得以应用，通过分立的飞行仪表系统显示飞机所处位置、飞行状态以及目标位置。随着对飞机功能和性能要求的不断增加和提高，飞机装备的光电子设备逐渐增多，飞行员需要了解和控制的信息也越来越多，光电显示技术出现了初步综合。超大规模电路、高速数据总线和软件技术的发展，使航空火力控制系统实现了高度综合，因此被称为航空电子火力控制系统或航空综合火力控制系统（本书统一称为"航空火力控制系统"或"机载火力控制系统"）。

按照机载光电系统的发展和进步水平，航空火力控制系统经历了以机电（分离）光学瞄准具为基础的火力控制系统、以平视显示器为基础的火力控制系统、综合火力控制系统和智能化高度综合火力控制系统四个发展阶段（或者四代），如图 1-6 所示。

第一阶段（20 世纪 60 年代之前），以机电式光学瞄准具为代表的分离型火力控制系统。

1911 年，在墨西哥战争中，由于飞机上没有安装瞄准装置，载机与敌机之间利用手枪对射完成作战任务，因此，飞机从早期承担侦察和通信任务首次扩展为承担武器攻击任务。

第一次世界大战中，飞机装备的武器是陆军用机枪，直接将地面步兵武器的瞄准装置移植到飞机上，采用类似于"准星-照门-目标"三点一线的瞄准方式以满足空中作战的瞄准需求，即星环式机械瞄准器。由于该装置主要由准星及环形照门组成，类似于地面和舰艇上高射机枪瞄准系统，因此，也被称为机载"铁"瞄准器，如图1-7所示。

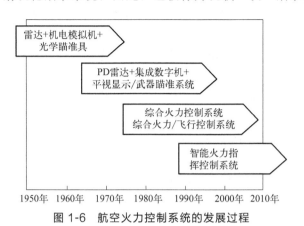

图 1-6　航空火力控制系统的发展过程

图 1-7　机载"铁"瞄准器

采用星环式机械瞄准器，飞行员眼睛必须始终与准星、选定的某一瞄准环及目标保持一致，前置角大小由飞行员根据目标速度和相互位置估计确定，因此，瞄准误差很大。

20世纪20年代，发现了陀螺机构的定轴性及稳定性，使导航系统有了参照。

20世纪30年代后期，研制成功反射式光学瞄准具，将准星与瞄准环合二为一，成为一个十字线和光环，并用一个类平行光管系统将其成像在飞行员前面的一块玻璃上，即以固定光环瞄准具代替了机载"铁"瞄准器，如图1-8所示。飞行员视野不再像星环式机械瞄准器那样受限，简化了瞄准过程，可以根据目标运动速度和距离进行简单的前置角估算，但仍是凭借经验判断。

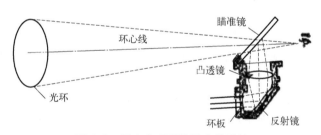

图 1-8　固定光环瞄准具光学系统

固定光环瞄准具利用视准式光学原理，将透光环板置于光学透镜组的焦平面上，透光环板上各透光点射出的光束均为平行光，飞行员通过半透半反瞄准镜（或组合玻璃）就可以在一个圆锥区（或视场范围）内看到一个叠加在外部景物上完整的固定瞄准光环，从而实现简单的光学瞄准和测距。

20世纪30年代到第二次世界大战后期，为保证更准确的攻击度，使空中作战打得更准，发明了能够自动设置前置角（用于空战）的陀螺瞄准具和可以按照炸弹弹道特性完成解算（用于空地作战）的投弹瞄准具（又称为"轰炸瞄准具"）以及能适应夜间作战的机载雷达探测系统，大大提高了瞄准精度，使军用飞机的作战效能得到很大提高。由于用于实施瞄准攻击的设备增多，因而初步形成火控系统的概念。

战争促使了作战飞机的发展，也加速了机载武器的开发，随着武器控制与飞行理论及光电子学的飞跃进步，机载火力控制系统得到了日新月异的飞速发展。

1944年，雷达开始应用于飞机，与瞄准具配合，使武器控制技术发生了重大变革。德国应用雷达技术成功研发出用于夜间和复杂气象条件的机载雷达轰炸瞄准具。自此，光学瞄准具与雷达装置形成最早的机载火力综合控制系统，成为作战飞机武器系统的三大组成（机载武器系统、悬挂投射装置及火力控制系统）之一。

二战结束后，在反射式光学瞄准具基础上成功研制出战斗机用的陀螺光学瞄准具，利用陀螺的特性自动测量目标相对于本机的角速度，求得前置角，并带动一个光环，飞行员只要利用光环"套住"目标，即可射击，大大提高了瞄准精度，减轻了飞行员负担。

20世纪60年代以前，机载武器主要是航炮、机枪、火箭弹、航空炸弹及此后增加的红外空空追踪导弹。机载火力控制系统由机电式光学瞄准具、改进型火控雷达和红外空中搜索装置组成，只能用于瞄准攻击，通过电缆连接并利用模拟式火控计算机完成瞄准计算，计算出跟踪空空导弹和非制导武器的投放条件，完成机炮攻击及控制导弹精准攻击，基本具备了测距、测角和搜索跟踪能力。美国F-104飞机装备的机载火力控制系统是典型代表。

在该阶段还没有综合的概念，不存在中心计算机对全系统的控制。由于各组件之间是相对独立并通过电缆连接，因此，也称为分离型航空火力控制系统，如图1-9所示。

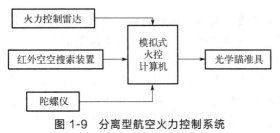

图1-9　分离型航空火力控制系统

（1）分离型航空火力控制系统的主要功能

① 搜索、跟踪空中目标，测量目标距离。

② 计算机炮瞄准所需的修正角。

③ 计算红外导弹的发射区域。

④ 对地面目标进行粗略瞄准。

（2）分离型航空火力控制系统组成

① 环架支撑式计算陀螺射击瞄准具。

机载射击瞄准具（根据 HB 6097—86）定义为：空对空控制中进行机炮、火箭和导弹攻击瞄准用机载瞄准具。

环架支撑式计算陀螺射击瞄准具分为外环架式和内环架式两种结构形式，如图1-10所示。环架上设计有修正角反射镜，利用具有稳定及校正作用的三轴陀螺仪结构并计算射击提前量，供飞行员直接瞄准。飞行员操纵飞机或炮塔（即武器轴线）的角运动，使其与目标角运动相逼近，逐步构成提前量，并在不断地稳定跟踪中随时发射武器。由于瞄准环只能在飞行员操纵时才能构成提前量，因而也称为"扰动光环式瞄准具"。

图1-10（a）是内环架支撑式计算陀螺射击瞄准具光学系统，代表性产品包括英国 I-SIS 型（安装在 NF-5A、A-4B/S、G-91Y 和"鹰"200 等飞机上）、法国 CFS97 型（安装在幻影 3/5/50 等飞机上）、瑞典 S7X 型（安装在 SAAB-35 飞机上）和苏联 АСП 型（安装在米格-15/17/19/21 等飞机上）；图1-10（b）是外环架支撑式计算陀螺射击瞄准具光学系统，代表产品是美国 AN/ASG14～22 型（安装在 F-104 等飞机上），1958年交付使用。

② 直接操纵瞄准线式射击瞄准具。

陀螺瞄准具在激烈的机动格斗中不够准确，最不理想的是，利用光环套住目标的瞬间不能立即开炮，必须保持1～3s的"稳环时间"，从而会丧失良好的攻击机会，因此，又成功

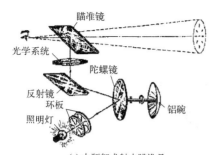
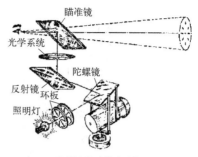

(a) 内环架式射击瞄准具   (b) 外环架式射击瞄准具

图 1-10　环架支撑式计算陀螺射击瞄准具

研发了"快速射击"瞄准具，采用"热线"瞄准技术，无需稳环时间，大大增加了飞行员的射击机会，因而称为直接操纵瞄准线式射击瞄准具。由于具有解算空对空火力控制中提前角的功能，根据 HB 6097—86 标准，也称为"计算提前角的光学瞄准具"。

与上述陀螺射击瞄准具工作原理不同，直接操纵瞄准线式射击瞄准具不直接操作武器运动而是操纵瞄准/观察装置的瞄准线或经火控雷达搜索截获目标后的跟踪线，从而获得目标的运动数据，包括距离、速率、角度和角速度，再通过火力控制系统解算出武器轴线的定位，同时控制武器指向目标，完成攻击任务。显然，为了取得目标运动数据，该瞄准具必须装备有光学测距机构（类似于雷达测距，必须装有速率陀螺和测角器），如图 1-11 所示。

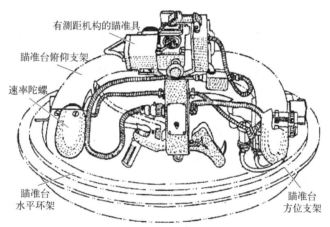

图 1-11　直接操纵瞄准线式射击瞄准具

这类航空火力控制系统的最大特点是可直接获取目标的运动数据，完成计算后再调度武器。事实表明，航空火力控制系统已经从瞄准具发展成为包含目标探测传感器、火控计算机、攻击显示器、武器管理设备等在内的一套完整的火力控制系统。

③ 光学望远镜式轰炸瞄准具。

根据 HB 6097—86，机载轰炸瞄准具定义为：空对地火力控制中进行轰炸使用的机载瞄准具；机载射击轰炸瞄准具定义为：强击机上以轰炸为主要功能同时兼顾射击功能的机载瞄准具。

第二次世界大战前，飞机的飞行速度慢，飞行高度低，所用炸弹的体积和重量有限。随着地面部队防空火力的增强和飞机性能的提高，轰炸机飞行速度及飞行高度不断提升。为了在较高空中将炸弹准确投掷到目标点上，研发出一种采用光学望远镜形式的轰炸瞄准具，如图 1-12 所示，主要装备在 B-17/24/29/47 为代表的美国飞机上。

分离型航空（电子）火力控制系统的主要特点是：

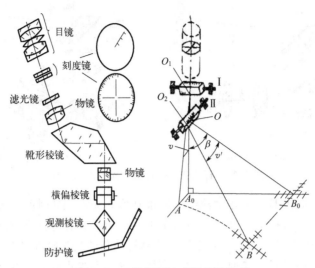

图 1-12　光学望远镜式轰炸瞄准具

① 使用固定环（或十字分划线）和可变环瞄准，增加了测距功能。

② 利用方位和俯仰扫描镜，可有效跟踪目标，并获得目标位置信息。

③ 利用模拟计算机进行火控计算和利用陀螺稳定机构使光学瞄准具的瞄准精度大幅提高。

分离型航空（电子）火控系统主要装备在第二次世界大战后（20 世纪 50 年代）第一代战斗机上，例如 F-86、F-100、F-104、F-105、F-106，米格-15、米格-17、米格-19 等飞机。

新中国成立初期，我国飞机制造业一片空白。随着其创建和发展，航空火力控制系统也随之建立和发展起来。初始，主要是仿制苏制米格飞机的三种光学瞄准具：为歼-5 飞机配备的 АСП-4Н 型、歼-6 飞机配备的 АСП-5Н 型和歼-7 飞机配装的 АСП-5Нд 型光学瞄准具。在此基础上，从 1958 年开始，我国先后自主为歼-5 飞机成功研制射轰瞄-1 型瞄准具、歼-6 飞机的射瞄甲-14 瞄准具、歼-7 飞机的射瞄-7 甲瞄准具、歼-8 飞机的射瞄-8 甲（О3С）瞄准具和水轰-5 攻舰型激光光学瞄准具等。

第二阶段（20 世纪 60～70 年代），以平视瞄准/显示系统为核心的航空火力控制系统。

20 世纪 60 年代以来，光学与电子技术相结合，有力推动了先进光电技术的发展和应用，大大提高了军事技术装备（包括机载设备）的作战性能。其间，先进的高速高性能飞机不仅成功研制和使用，还装备了更加灵活机动的惯导系统。而环板结构的机电式光学瞄准具已经远远不能满足要求，并且，飞行员在驾机执行任务时还需反复低头观察座舱仪表以了解飞行信息，因而影响其飞行安全和观察/瞄准效果。

20 世纪 60 年代开始，数字计算机、真空电子器件和近代光学技术快速发展，高亮度阴极射线管（CRT）和轻便数字计算机研制成功。1955 年，首次提出采用由阴极射线管和数字计算机组成的平视显示器的概念和预研方案。

1958 年，设计出世界上第一台军用飞机平视显示器。

1962 年，平视显示器投入使用。60 年代末，在战斗机中普遍推广。

应当说明，平视显示器只是一种显示设备，不能感受和测量飞机的相关参数，也不能进行武器瞄准计算。其显示信息源自机上武器计算机、惯性导航设备、雷达和自动引导系统。这些系统集成为平视瞄准/显示系统。

20 世纪 70 年代初，为解决惯性器件引起的误差随时间积累而增大导航误差的问题，把惯性导航系统综合进航空火力控制系统中而发展为能综合显示的平视显示/武器瞄准系统，取代光学瞄准具和传统的飞行仪表，而构成了导航/攻击系统，从而满足近距机炮格斗和中/近距空空导弹攻击的作战要求，增强攻击能力。

需要注意，当时装备的各种系统（例如雷达、惯导、大气机、自动驾驶仪）都是模拟式，需通过模数转换技术与中央火控计算机接口，再通过数模转换送给显示器和控制系统。

机载平视瞄准/显示系统以阴极射线管（CRT）图像源取代环板结构，使飞机传感、目标探测及计算与显示技术都发生了原理和结构性的巨大变化，把各种飞行和作战信息直接显示在飞行员眼前，并叠加在外界景物上，又不妨碍飞行员对外界观察。同时，飞机传感器、目标探测及计算与显示技术都发生了原理性和结构性的变化，从而将电子机械式显示技术推向光电式平视显示技术的新阶段，从一种简单的目视瞄准装置发展为一种较为完整和复杂的瞄准/显示系统，如图 1-13 所示。

图 1-13　平视瞄准/显示系统

用平视瞄准/显示系统替代光学瞄准具，大大提高了飞机的作战性能，使飞行员在搜索、瞄准、射击、投弹中更加主动和有利。不仅具备瞄准攻击兼导航的功能，瞄准时还能显示飞行信息（例如，飞机的起落、巡航、作战、空中加油等飞行任务），从而保障飞行员边攻击边了解飞行状态及外部环境。由于综合了多种武器的作战能力（配备的武器有航炮、航箭、炸弹、红外型格斗弹、雷达型中距拦射弹），为飞机执行各种作战任务提供了良好条件，提高了作战效率和安全性能。可以认为，平视瞄准/显示系统的成功研发开启了航空火力控制系统从探测传感到控制计算和瞄准显示的一场"数字革命"。

图 1-14 是英国马可尼公司采用的一套以平视瞄准/显示系统为核心的航空火力控制系统配置图。

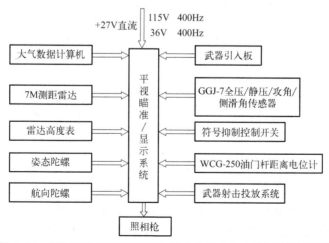

图 1-14　以平视瞄准/显示系统为核心的航空火力控制系统配置图

20 世纪 60 年代以来，微光、红外和激光等光学新技术不断涌现。光电系统通常以无源方式工作，具有自身隐蔽性好、抗干扰能力强、探测目标范围广、定位精度高及作用距离远等特点，能够利用安装在飞机平台上的一个或多个光电传感器进行被动式探测，快速输出目标威胁等级和目标位置等信息，有效提高了飞机的战场生存能力，是飞机平台本身的重要防御设备。因此，利用这些新技术而研制的航空光电系统和武器装备日益增多，形成更先进和更完善的航空火力控制系统，已经成为多数作战飞机的标准配置，对现代战争产生了重要影响。

20 世纪 60 年代中期，Gilbert Klopfstein 首次提出一种具有合成跑道轮廓的平视显示器，有效提高了飞机起飞和着陆的安全性。由于现代 CRT 显示器比机电式光学瞄准具更可靠，且允许飞行员观察到更多画面内容并能改变显示内容，因而成为现代攻击机火力控制系统中必不可少的设备。

第二代航空火力控制系统开始研制机载红外观察仪，借助红外像增强器和扫描方式实现夜间目标指示，辅助完成夜间瞄准功能。在 1970 年后，红外光电设备逐渐由模拟向数字化红外方位仪和红外光电雷达发展。

第二代航空火力控制系统的主要特点：以瞄准攻击为主，兼有导航功能。火控系统的雷达、惯导、大气机、外挂等相对独立，并通过 ARINC429 总线相连接。对空攻击增加了拦射和离轴方式，武器系统增加了中远距拦射导弹和小离轴角红外弹等，初步实现了火控任务与武器控制的综合管理与综合显示。主要装备在 F-4、F-111、幻影 F-1、米格-21 和米格-23 等第二代战斗机上。

第三阶段（20 世纪 70～80 年代），是电子数字信息技术、计算机技术、控制技术的快速发展阶段，航空火力控制系统大量采用数字式电子设备，为其综合化奠定了基础。除确保飞行安全外，更重要的是"迅速发现和精准打击"空中及地面目标，是各种飞机（包括轰炸机、直升机、预警机、运输机和电子战飞机）的指挥和信息交换中心，也称为"航空综合火力控制系统"（英文 IFCS，俄文 СУВ）。

该阶段的航空火力控制系统实际上由通用电子系统和任务电子系统两大类型组成，如图 1-15 所示。前者偏重于导航功能，保证飞机的飞行安全，完成正常的飞行任务，包括无线电通信系统、导航系统（例如头盔或平视瞄准/显示系统）和飞行控制系统；后者偏重于完成某种特定任务，实现探测、跟踪和瞄准功能，包括目标探测系统、电子战（EW）系统和敌我识别（IFF）系统（例如光电雷达、瞄准吊舱、激光测距机、微光夜视仪和可见光成像系统）。

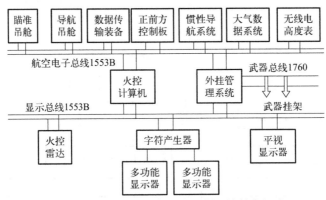

图 1-15　航空（综合）火力控制系统基本组成

民用飞机只设置有通用电子系统，通常简称为"航空电子系统"。

20 世纪 70 年代末，美国实施 DAIS 计划，开始研发由数字式航空电子信息系统（DA-IS）组成的综合火力控制系统，1984 年交付使用，分别装备在 F-14、F-15、F-16C/D、

F-18、法国幻影 EF-2000 和英国狂风等飞机上。

俄罗斯研制的综合火力控制系统分别装备在米格-29、苏-27 等第三代战斗机上。

1982 年 10~12 月（据《兵器激光》1983 年第 2 期报道），我国研制的强击机激光火控系统进行了原理试飞并获得成功。飞行员利用该火力控制系统分别对平地及山地目标进行了平飞轰炸、俯冲轰炸和机炮、火箭对地射击及连续实施攻击，均获得满意效果。

第四阶段（20 世纪 90 年代末至今），智能化的航空火力控制系统。

随着隐身技术、武器系统（反辐射导弹、大离轴角近距空空导弹和远距拦截导弹等）和电子战等技术的发展，军用飞机面临的战场环境日渐严酷，对航空火力控制系统的功能、性能和可靠性都提出了更高要求，包括超视距空战、多目标攻击能力和多机协同攻击、精确打击地面目标以及全方位、全天候和全高度攻击能力。因此，对机载光电设备的配置要求更高，逐步发展成为综合化、自动化和智能化程度更高的先进综合火力控制系统。为此，美国先后实施了"宝石柱"和"宝石台"计划，要求航空火力控制系统必须具备以下作战能力：

① 空、天、地、海联合作战。

② 信息战。

③ 多机协同、机群协同以及有人机与无人机协同作战。

④ 超视距多目标攻击。

⑤ 近距全向机动攻击。

⑥ 先进的对面精确打击。

⑦ 夜视夜战。

⑧ 综合电子战和电子对抗。

如图 1-16 所示，智能化航空火力控制系统采用高速光纤总线进行传感器高度综合，在核心处理计算机（CIP）上进行传感器信息处理以解决目标信息探测能力问题。利用外场可更换模块取代第三代火力控制系统的外场可更换组件，减少维修时间，真正实现系统综合，提高多目标攻击、协同攻击以及对地攻击和精确打击地面目标能力，最大限度突出作战效能。

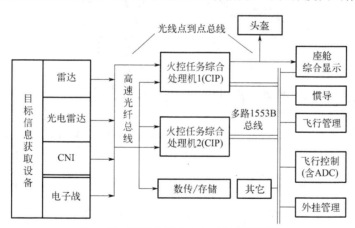

图 1-16　智能化航空火力控制系统组成

俄罗斯为苏-37 飞机研制的综合火力控制系统在综合范围上进一步扩大，把通信、导航、识别系统、电子战系统都纳入进来，并采用相控阵雷达取代脉冲多普勒（PD）雷达。总体看来，系统综合化程度更高、结构更加紧凑，使整体作战效能大大增强。

F-22 和 F-35 飞机的航空（综合）火力控制系统是这类设备的典型代表，其结构配置如图 1-17 和图 1-18 所示。

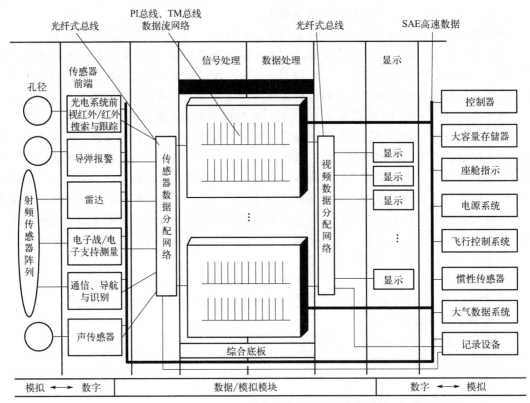

图 1-17　F-22飞机综合火力控制系统结构配置

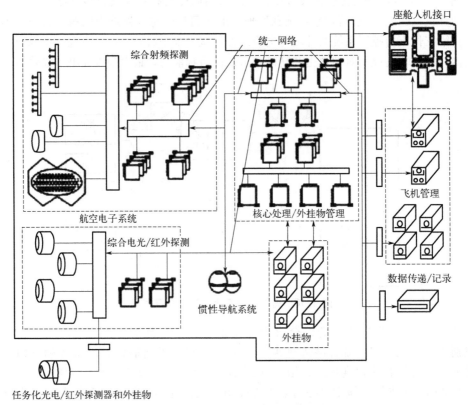

图 1-18　F-35飞机综合火力控制系统结构配置

1.3
航空光学工程

机载光电设备是航空火力控制系统的主要组成部分。其显著特点是：以远高于微波频率的光波作为信息与能量载体，具有极高的时间、空间和频率分辨能力，极高的抗电磁干扰能力和较好的环境适应能力，在提高飞机的全天时/全天候导航、高分辨率成像侦察、高精度探测/跟踪/瞄准与制导、低空突防、抗反辐射导弹、反隐身和抗电子干扰等方面具有不可替代的作用。

机载光电成像系统的工作光谱范围主要涵盖以下光学波段：

① 可见光波段（400~700nm），应用于白天观察和瞄准，典型产品是平视瞄准/显示系统、头盔瞄准/显示系统和可见光摄像系统。

② 近红外波段（700~1000nm），应用于微光夜视系统。

③ 激光波段（1.064μm 或人眼安全 1.54μm），应用于激光测距、照射、告警和成像系统。

④ 短波红外波段（1~2.526μm），应用于红外夜视系统、红外制导和识别系统。

⑤ 中波红外波段（3~5μm），应用于空空和空地观察和瞄准，典型产品是机载红外搜索跟踪系统（IRST）。

⑥ 长波红外波段（8~14μm），应用于空地观察/瞄准，典型产品是机载光电吊舱中的前视红外成像系统（FLIR）。

1.3.1 光电成像技术基本类型

光电成像技术分为以下五种类型：

（1）可见光（白天）成像技术

可见光成像系统在机载火控系统中已经得到广泛应用，其任务是完成白天环境下对地面目标的搜索、识别和跟踪。为了获得远距离目标的清晰图像，除设计高性能光学系统外，还要选择灵敏度高、光谱响应范围宽和体积小的探测器接收组件，通常采用硅靶电视摄像管（20 世纪 70 年代前）或者电荷耦合器件（CCD）探测器（光谱范围 0.4~0.95μm），从而适应低照度环境（黎明或黄昏）下工作的要求。

机载可见光成像系统主要应用于空空和空地两种攻击模式。

在空空攻击中，该系统用于跟踪空中目标，通常是在良好光照环境下对飞机的后半球进行尾追搜索/跟踪。光学系统接收目标的可见光光能，并转换成电信号，为计算机提供距离和瞄准数据，再将放大后的信息显示在显示器上，供飞行员观察。

在空地攻击中，主要功能是用来投放制导武器。攻击目标时，利用它机的激光照射器照射待攻击的地面目标，然后在本机激光搜索系统引导下，通过控制飞机的姿态变化以截获目标，使电视监控器的十字线中心与目标图像重合并投放武器。

机载可见光成像系统的另一个典型例子是平视指引系统（HGS），包括平视瞄准/显示系统和头盔瞄准/显示系统两种类型。

20 世纪 60 年代末，平视显示/瞄准系统开始广泛应用于战斗机；70～80 年代，逐渐应用于民航飞机（没有瞄准功能）。经历了从简单仪表显示到综合显示，从初步综合显示到高度综合显示的发展过程。

随着大离轴角空空导弹的出现，开始研发机载头盔瞄准/显示技术，并得到越来越广泛的应用。机载头盔瞄准/显示系统实际上可以理解为安装在活动基座（飞行员头部）上的平视瞄准/显示系统，也称为"头戴式平视瞄准/显示系统"。

美国 F-35 飞机仅装备了头盔瞄准/显示系统而没有安装平视瞄准/显示系统，有资料预测，头盔瞄准/显示系统将会替代平视瞄准/显示系统。

另外，平视瞄准/显示系统与视景增强系统（EVS）、合成视景系统（SVS）和组合视景系统（CVS）可以综合形成增强飞行视景系统，大大增强飞行员的态势感知能力，在各个飞行阶段都能够发挥重要作用，尤其在低能见度条件下完成起飞引导和进近着陆，避免跑道入侵和可控飞行撞地，已经广泛应用于世界各类民用和军用飞机，如图 1-19 所示。

(a) 增强态势感知

(b) 避免跑道入侵

(c) 场面导引

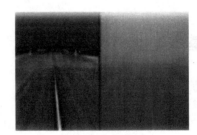
(d) 低能见度起飞导引

(e) 低能见度进近着陆

图 1-19　增强飞行视景系统的显示效果

（2）夜视成像技术

现代战争中，夜间作战的战略地位越来越重要，机载火控系统必须在能见度极低的情况下（例如黄昏、黎明甚至夜间）具有观察直观、隐蔽性强、探测精度高、反应速度快、识别性能好和不受电磁波干扰等特性，因此，夜视成像技术备受世界各国的普遍关注。

机载夜视成像技术有两种形式：微光夜视成像技术（包括直视式机载头盔夜视仪和机载微光电视系统）和红外夜视成像技术。前者的基本原理是对目标反射的夜天光成像，后者是对目标自身辐射的红外光成像。两种夜视成像技术可以集成为综合机载夜视成像系统，优势互补，充分发挥夜间作战优势，实施超低空搜索、跟踪和攻击，还能够搜索伪装的隐蔽目标。

红外成像技术实际上是一种昼夜成像技术，是通过光学系统把景物的红外辐射成像在红外敏感元件阵列上并变换为可视视频信号的一种成像探测系统。

微光夜视成像技术是将物体/目标反射的夜光（例如星光或月光）等微弱光信号成像在像增强器上并转换为可视视频信号的一种夜视成像探测系统。

微光和红外夜视成像系统各有优缺点，采用哪种设备更为合适，取决于具体条件，例如背景、气候、云层、目标反射特性以及执行任务地区的气温等。

一般来说，阴天时，热干扰较少，利用红外成像技术可以清晰地观察到具有内部热辐射的目标；当目标能够反射光线时，利用微光夜视成像技术更容易探测到暗淡月光下的物体；若将二者相融合，则能更迅速和准确地探测和捕获到不同夜视条件下的各类目标。

夜间作战技术的迅速发展，使战争没有白天与黑夜之分，微光/红外夜视成像技术以其在夜间能见度极低情况下具有观察直观、隐蔽性强、探测精度高、反应速度快、识别性能好和不受电磁波干扰等优点，能够在夜间观察更远距离的景物，增强了识别复杂地形和目标的能力，解决了军用飞机（尤其是武装直升机）夜间无法飞行和执行任务的难题，因而备受关注。

21 世纪以来，机载微光夜视系统的研发和应用越来越广泛，飞行员头盔夜视仪（或者微光夜视电视系统）与红外、激光和雷达等组合形成完整的机载光电侦察/测量/告警系统，大大提高了军用飞机全天候飞行的安全性和作战能力。美国已将微光电视和前视红外装置组合成多传感器平行对准武器系统，并装备在 A-6C、B-57G、B-52 和 AC-130 等飞机上。

（3）激光测距/照射技术

激光技术是 20 世纪 60 年代的重要发明，并在军事领域迅速获得应用，在机载光电系统中的应用主要是测距、跟踪、指示目标，兼有告警和对抗功能（包括激光武器）。

① 激光测距机。

激光测距机（波长 $1.064\mu m$）结构简单、性能可靠且具有高稳定性，其功能是空地/空空测距和目标跟踪，非常适合机载战术应用。一般情况下，空地测距可达几十公里，误差在 10m 以下，空空测距可达 10km。

激光测距机的优点是：测距准确，抗电磁干扰性好，设备简单可靠，易维修，俯角小于 5°时，仍能获得准确的距离信息。

缺点是：功率小，作用距离短，受大气因素影响较大。

② 激光照射指示器。

用于指示和发射激光制导武器，实现低空、高速攻击重要的点目标和战场近距空中支援。

为了减少激光束对人眼伤害，已经研制出工作波长为 $1.38\sim1.54\mu m$ 的拉曼频移型 Nd：YAG 目视安全激光测距机。

通常，激光测距和激光指示功能合二为一。

③ 激光跟踪寻的器。

用以配合其它飞机或地面指示系统完成目标的发现和跟踪，以实施攻击。

④ 激光告警和对抗装置。

随着激光应用技术的深入发展，在机载领域的其它应用中也开展了广泛研究，包括激光告警和定向对抗技术、水下目标探测（例如潜艇）技术、选通成像和激光通信技术等。

⑤ 机载激光武器。

高能激光武器是未来激光技术的重要应用之一。机载激光武器是一种搭载于航空平台的新型定向能武器系统，通过透射高能激光至目标易损部位并驻留一段时间，产生烧蚀、激波和辐射效应，从而实现对目标的毁伤，可用于实施拦截助推段弹道导弹、反卫星、防御巡航导弹/空空导弹/地空导弹以及对地面目标实施精准打击等作战任务。

机载高能激光武器通常需要与机载定向对抗系统或机载告警系统联合使用，在收到敌方寻的导弹逼近告警后，定向对抗系统进行干扰或者采用高能激光武器进行攻击。

（4）红外（昼夜）成像技术

红外技术在军事上的应用始于第二次世界大战。20世纪60年代，美国研制的机载红外系统首次应用于越南战场。

机载红外技术经历了四个发展阶段：

① 结构简单的红外观察仪（F-104A飞机装备的产品）。

② 红外搜索跟踪系统（苏-27/米格-23和F-4B装备的产品）。

③ 前视红外系统成为机载火控系统分系统（F-14飞机装备的产品）。

④ 多元阵列/FPA（焦平面阵列）前视红外系统和其它光电系统组成的综合光电探测瞄准系统。

红外技术又分为红外成像技术和红外非成像技术（或者点源成像技术）。按照成像方式分为主动红外成像技术和被动红外成像技术。

主动红外成像技术是利用特制的红外发光光源（例如，卤素灯、LED红外灯和LED阵列芯片）人为地产生红外辐射以"照明"景物和环境，形成人眼看不见但普通摄像机能捕捉到的红外光，从而获取比较清晰的黑白图像画面，实现夜间探测和跟踪，但隐蔽性很差，易暴露自己，且重量大，因而军事上已较少应用。

被动红外成像技术是利用任何物体在绝对零度（约−273℃）以上都会自动辐射红外光的原理，完全依靠目标与背景之间的温差和发射率差所形成的红外辐射特性完成探测和识别。具有良好的隐蔽性，可以昼夜工作，在夜间和恶劣气候条件下，具有一定的穿透烟、雾、霾、雪以及识别伪装的能力，不受战场上强光和闪光的干扰，有很强的环境适应性，因此，已经成为机载航电设备不可缺少的一部分。

被动式机载红外成像系统主要应用于两个方面：

① 热点跟踪方式的红外搜索跟踪系统IRST（infrared search and track）。

探测空中热点目标（例如发动机喷口），只能显示目标的红外辐射能力，不能反映目标的实际结构与形状。

② 热像跟踪方式的前视红外系统FLIR（forward looking infrared）。

采用成像式红外探测系统探测/捕获和识别空/地面目标。典型产品包括机载增强视景系统（EVS）、OV-1C机载红外侦察设备和F-35飞机的分布式孔径系统（DAS）。

需要注意，红外技术的发展与红外探测器的发展和进步密切相关，历经单元—多元（线列）—焦平面阵列（FPA）的发展阶段。探测器的阴极材料经历了硫化铅（PbS）、硒化铅（PbSe）、砷化铟（InAs）、碲锡铅（PbSnTe）和碲镉汞（HgCdTe）的发展阶段，红外光学系统也从简单的结构形式发展成为双波段/多波段和多视场/连续变焦形式。

红外光学技术在机载火控系统中的应用改变了飞机只能"白天"飞行的历史，不仅可以全天候飞行，而且增大了观察/探测距离，大大提高了作战效能。

（5）多波长组合式成像技术

可见光、激光和红外成像技术的快速发展和广泛应用，使机载火力控制系统逐渐发展成为多波长组合式光电系统，称为"复合式机载光电探测、跟踪和瞄准系统"，并可以进一步与机上其它设备（例如火控雷达）相组合。

① 红外/激光组合系统（例如机载光电雷达）。

红外/激光组合系统中，前视红外可以在昼夜及部分恶劣大气条件下捕获、识别和跟踪目标，激光发射系统与红外传感器视场中心对准，能精确测得目标的距离信息，输入计算机和其它数据一起解算武器投放参数，提高武器投放精度。

激光发射机还可以发射激光束精确指示目标，以投放激光制导武器，准确攻击目标。

② 电视/激光组合系统。

电视/激光组合系统适用于白天投放激光制导武器攻击地面目标：电视用于捕获、识别、跟踪地面目标，激光器则指示目标。

③ 红外/激光/电视瞄准系统（例如机载瞄准吊舱）。

前视红外系统、电视系统和激光指示/测距系统集中了不同光谱成像系统的优点，适应各种战场环境，大大提高作战效能。

④ 与机载其它探测/瞄准系统组成复合系统。

美国 LANTIRN 系统是这类组合形式的典型代表，采用前视红外与雷达系统和前视红外与激光指示/测距器组合使用。由大视场前视红外传感器与地形跟踪雷达组成夜视导航系统，由窄视场前视红外和激光指示器/测距器组成夜间目标捕获和激光指示系统。该组合系统既能夜间导航、捕获目标，又能投放激光制导武器。

目前使用的机载组合系统多以吊舱或转塔的结构形式外挂于机身下方，增大了光/电系统的视场范围，适合在各种飞行状态下实施攻击。

机载火力控制技术（或光电成像技术）在军用无人机中的应用，是未来特别值得关注的研究课题，在情报收集、通信、侦察和跟踪、压制敌防空和战斗损失评估、战区导弹防御和超高空攻击方面有重要作用。

1.3.2　光电成像技术的未来

随着新技术的发展，机载火控系统必将在信息、功能、硬件、软件和检测等方面寻求最佳综合，最大限度发挥机载武器系统的作战效能。

新军事思想的不断涌现促进了机载光电技术的快速发展，实现超视距精准打击是现代空战取胜的重要基础。超视距空战距离一般在 12～100km 范围内，甚至 100km 以外，要求在超视距范围内通过机载传感器就能搜索识别和截获空中目标，保证本机机载火控系统具有"先视先射"能力。

所谓"先视"是指机载光电传感器能更早、更远地发现对方。就目前技术发展，要想发现数百千米外的目标，仅靠机载探测设备是不够的，必须兼顾与卫星、预警飞机、地面雷达、机载雷达等装备之间的信息高度融合，即采用以信息化和网络化为核心的"空、天、海、地"一体化的作战模式，这样才能在未来信息化战争中（夺取制空权）发挥作用。因而，只有发展性能更先进的机载火控系统才能为机载武器提供更精确的目标指示，提高载机的作战效能。

作为机载光电探测/瞄准设备不仅要做到"视场大、看得远、看得清"，还要保证武器系统"抓得住、跟得稳、瞄准准"，并能实现"发现、确认、跟踪、定位、打击、评估"全作战链任务，向着远程化、精准化、智能化和综合化方向发展，要侧重于以下四大能力：

    ① 同时具有隐身和反隐身能力。

    ② 具有更强的态势感知能力和更高的智能化。

    ③ 具有光速武器瞬间杀伤目标的能力。

    ④ 外部传感器数据综合与融合能力。

美国国家科学院和国家科学研究委员会编写的报告《光学与光子学——美国不可或缺的关键技术》中表述"光学和光子学已经全面渗透并影响着现代防御系统的各个环节，甚至那些非光机的系统。现代防御系统正越来越多地使用基于光学技术的成像、遥感、通信和各式武器"。

光学技术正逐渐成为科学领域中综合化和集成化发展的重要学科，任何军事武器和设备都需要精密的光电子技术作为基础，为军事机载装备发展开辟新途径，为国防提供更有效的防御和进攻措施，发挥更加重要的作用。

科学技术发展迅速，未来机载火控/武器领域必将更加重视下述先进光学成像技术的研发。

（1）全息光学成像技术

利用全息光学技术设计和制造的衍射光学元件已经应用于平视和头盔瞄准/显示系统中，重点解决大视场和高字符图像亮度问题，尚待开发其它机载系统中的应用。

（2）二元光学成像技术

利用二元光学技术设计和制造的衍射光学元件已经应用于机载红外成像系统中，用于解决系统消像差和消热差问题。

（3）微米和纳米光学成像技术

利用微米和纳米技术设计和制造光学元件主要是完成普通光学技术难以实现的微小、阵列、集成、成像和波面转换等新功能，使机载光电成像系统更加小型化、阵列化和集成化。

典型产品包括：利用微纳米光学技术研发的二维光学相控阵天线，使激光雷达从机械扫描跃升为电扫方式，体积只有针头大小，却集成了 4096 个纳米天线，纳米激光器（例如量子阱激光器、量子线激光器和量子点激光器），微机电系统（MEMS）自动对焦模块，量子点红外光电探测器和纳米级薄膜制作的红外摄像器件（例如纳米级硅化铂薄膜肖特基势垒红外光焦平面阵列），具有显像和拍摄功能的 MEMS 隐形眼镜以及车载平视显示器（head up display，HUD）显示中应用的便携式 MEMS 微激光投影仪等。

（4）编码孔径成像技术

波前编码成像技术是在光学系统中设计一个合适板形的相位板，使光学系统对离焦不敏感，从而使中间图像不会损失目标信息，再通过数字图像处理方式"解码"，恢复目标的清晰图像。

编码孔径成像技术分为无透镜和透镜型两种形式。

诺斯罗普-格鲁门公司采用波前编码成像技术设计的轻型化编码孔径板代替微光物镜，并利用薄的 LCD 显示器替换荧光屏，将微光夜视仪的重量由 4.25 磅❶减到不足 3 磅，同时获得良好的成像质量。

---

    ❶   1 磅＝0.4536kg。

（5）偏振光成像技术

利用偏振光成像技术设计和制造光学元件/系统主要是进一步"凸显目标"，增强穿透烟尘雾霾和提高识别伪装的能力。

（6）光谱成像技术

光谱成像技术在目标材质识别、异常目标检测、伪装目标识别和复杂背景抑制等技术领域有着广泛应用。例如，装备有超频谱成像设备的机载侦察机可以分辨具有不同超频谱图像的真/假坦克，能够测定被树叶覆盖的隐蔽目标的特征信号等。

高光谱和超光谱成像技术将成像技术和光谱测量技术相结合，获取的信息不仅包含空间二维信息，还包括随波长分布的光谱辐射信息，其最大特点是将工作光谱区精细划分为多个谱段，在不同的分辨率下又分为不同波段，并在各谱段同时对目标成像，具有光谱范围宽、谱段多（波段宽度达纳米数量级）和光谱分辨率高等特点，在获取目标二维图像信息的同时，还可获取目标的一维光谱信息，能够同时反映被探测目标的外形影像及理化特征，即获得更丰富的目标信息。另外，白天观察利用光谱的可见光和近红外波段，夜间观察则使用较长波段，极大地提高了航空侦察能力。

2007 年，美国研制的高效机载长波红外高光谱成像仪（MAKO），设计有 128 个波段，光谱范围 $7.8 \sim 13.4 \mu m$。

（7）图像融合技术

为了充分利用不同光学波长在不同地区/环境/气象条件下的优势，机载光学系统越来越广泛地采用双波段或多波段光学系统的组合或集成，例如，中波红外/可见光系统、（近）红外/微光系统、雷达/光学图像融合、长波/中波红外成像系统等。

机载光电系统图像融合/增强技术一直是国内外的研究热点，是提高目标探测/识别距离和远程侦察监视能力的关键技术之一。

（8）小型化、模块化和系列化

考虑到无人机的广阔应用前景以及体积小、重量轻和有效载荷有限的特点，要求装备的光电探测设备更小、更轻、成像质量更好和经济成本更低。因此，采用小型化（便携式）、模块化和系列化的光电成像系统一定是未来发展的方向。

（9）被动成像广域空中侦察/监视技术（WAAS）

传统的高分辨率目标侦察系统视场角小，在广泛区域内难以展开实时监视和侦察；而广角侦察系统的分辨率较低而不足以识别目标，不能满足现代战争对情报的全面性、准确性、快速性的要求。

被动成像广域空中监视系统是一个综合了大视场高分辨率成像、飞行器稳定平台、机载和地面大量数据传输与处理，以及多用户网络配置等多学科技术的高集成度系统。

被动成像广域空中监视系统的主要特点是观测范围大、地面目标分辨率高、动态监视实时性好、具有很强的目标定位跟踪能力。与常规机载被动成像系统相比，不仅支持更大面积的动态监测，还可实现关键目标详察和宏观广域态势监测的灵活切换，具有广角成像和高分辨率成像的组合优势。但此监视系统提高了持久和实时的大视场凝视成像的光学设计和光机系统设计的难度，对数据传输性能以及数据分析算法的软硬件、机载平台的稳定性和动态性控制等都提出了更苛刻要求。

BAE 系统公司研制的 ARGUS-IS 自动实时侦察成像系统可以在 6000m 高空覆盖侦察/监视面积达 $40km^2$，地面分辨率为 0.15m。

（10）高精度目标跟踪定位技术

为了适应多目标指示与攻击技术的需求，采用卫星定位（GPS）、惯性测量（IMU）和陀螺稳定（STA）组合技术实现高精度目标定位/跟踪/瞄准是目前先进机载光电系统的重要发展方向。

美国 Headwall 公司为无人机研制的纳米超光谱传感器是典型产品。该系统采用光电模块（OEM）可编程传感器或者高性能传感器配置，能够与（可选）全球定位系统（GPS）和惯性测量单元（IMU）导航系统协同工作，拥有机载数据处理和存储能力，可为无人机提供超光谱成像能力，同时，非常有利于无人机尺寸、重量和功率小型化。

（11）机载定向激光武器中的应用

在后续章节中会有介绍，在此不再赘述。

参考文献

[1] 刘忠领，等．红外搜索跟踪系统的研究现状与发展趋势 [J]．现代防御技术，2014，42（2）：95-101．

[2] 洪俊杰，等．近场编码孔径成像的数据校正 [J]．核电子学与探测技术，2007，27（4）：764-767．

[3] Gordon N，et al. Coded aperture systems as non-conventional，lensless imagers for the visible and infrared Chris Slinger [J]．SPIE，2007，6737．

[4] Gottesman S R，Isser A，Gigioli G W. Adaptive coded aperture imaging：progress and potential future applications [J]．SPIE，2011，8165．

[5] Slinger C W，Bennett C R，et al. An adaptive coded aperture imager：building，testing and trialing a super-resolving terrestrial demonstrator [J]．SPIE，2011，8165．

[6] Gottesman S R，Isser A，Gigioli J. Adaptive coded apertures：bridging the gap between non-diffractive and diffractive imaging systems [J]．SPIE，2010，7818．

[7] National Research Council. Optics and Photonics：Essential Technologies for Our Nation [M]．National Research Council，2012．

[8] 刘群龙，等．新型红外光学系统的结构特点与技术分析 [J]．光电技术应用，2010，25（2）：29-34．

[9] 张伟．民机新一代驾驶舱显示技术 [J]．民用飞机设计与研究，2011（2）：4-7．

[10] 王建刚，等．未来综合火控系统的新技术概念 [J]．电光与控制，2001（4）：11-14．

[11] 卢广山，等．航空火力控制系统发展概述 [J]．电光与控制增刊，2001（8）：6-13．

[12] 孙滨生．无人机任务有效载荷技术现状与发展趋势研究 [J]．电光与控制增刊，2001（8）：14-19．

[13] 夏英明．航空百年的火力控制 [J]．电光与控制，2003，10（1）：3-8．

[14] 夏英明．航空百年的火力控制 [J]．电光与控制，2003，10（2）：1-8．

[15] 顾诵芬．人类动力飞行百年有感 [J]．电光与控制，2003（1）：1-2．

[16] 孙隆和，等．机载光电探测、跟踪、瞄准系统技术分析及发展研究 [J]．电光与控制，1995（2）：1-10．

[17] Adamss C. JSF——卓越的综合航电系统 [J]．国外机载火控技术，2004（3）：34-39．

[18] 冯包根，等．武装直升机及其光电设备 [J]．电光与控制，第3期，1994（3）：13-18．

[19] 王立伟，等．武装无人机——一种重要的空中武器发射平台 [J]．电光与控制，2006（2）：49-53．

[20] 卢广山．机载火力指挥控制系统发展展望 [J]．电光与控制，2005（5）：1-6．

[21] 王重秋，等．无人作战飞机系统综述 [J]．电光与控制，2004，11（4）：41-45．

[22] 许培中，等．航空火控系统与航空电子系统关系研究 [J]．电光与控制，2001（2）：18-19．

[23] 张红，等．开放式系统与COTS技术在航空电子火控系统中的应用 [J]．电光与控制，2002（2）：14-18．

[24] 李全军，等．航空电子综合火控系统驾驶员操作程序（POP）仿真 [J]．火力与指挥控制，2005（4）：71-74．

[25] 姜椿芳．中国大百科全书：航空航天 [M]．北京：中国大百科全书出版社，1992．

[26] 飞机手册设计编委会．飞机设计手册 [M]．北京：航空工业出版社，1996．

[27] 周志刚．机载火力控制系统分析 [M]．北京：国防工业出版社，2008．

[28] 王庆伟．新一代军用飞机航空电子系统发展趋势与发展现状 [J]．教练机，2019（3）：5-11．

[29] 张春晓，等．被动成像广域空中监视系统综述 [J]．航天返回与遥感，2014，35（1）：37-44．

[30] 沈陶然，等．国外无人机装备发展现状及典型作战模式综述 [J]．新型工业化，2018（5）：94-97．

［31］ 祁圣君，等．无人机系统及发展趋势综述［J］．无人机，2018（4）：17-21.

［32］ 美国国家科学院，国家科学研究委员会．光学与光子学：美国不可或缺的关键技术［M］．北京：科学出版社，2015.

［33］ Arrasmith W W．光电与红外系统的系统工程与分析［M］．范晋祥，张坤，张天序，等译．北京：国防工业出版社，2018.

［34］ 吴修仁，等．机载火控技术发展的几个问题［J］．火控技术，1983（4）：1-10.

［35］ 李锋，等．机载武器火控系统技术发展分析［J］．电光与控制，2001（4）：1-5.

［36］ 邵咏松，等．新一代战斗机综合火控系统的发展［J］．电光与控制，2011，18（7）：60-63.

航空光学工程

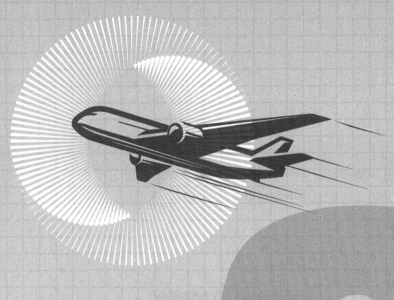

第2章
光学成像基本理论

2.1

概述

光，通常指"可见光"，含义是"能够刺激人们视觉的电磁波"，频率范围 $3.9 \times 10^{14} \sim 7.6 \times 10^{14}$ Hz。其实，可见光仅仅是整个电磁波谱中范围极小的一部分，如图 2-1 所示。

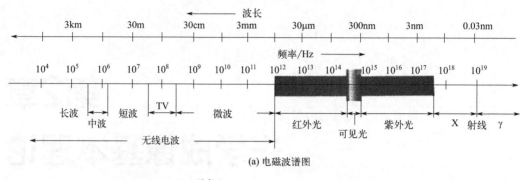

(a) 电磁波谱图

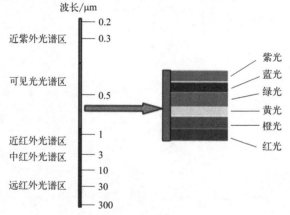

(b) 光学波谱图

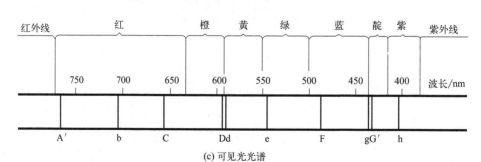

(c) 可见光光谱

图 2-1　电磁波谱与可见光光谱

光学是一门古典和传统的学科，又是一门非常活跃的学科。

早在古代战国时期（欧洲欧几里得时代），墨子就发现了光的反射定律。

1666 年，牛顿提出光的"微粒说"，认为光是一种弹性粒子。

1678年，惠更斯提出了"波动说"。

1873年，麦克斯韦证明光是电磁波。

1900年，普朗克提出"量子化"概念，并在此后建立了量子物理学说。

1905年，爱因斯坦提出了"光子"假说。

1925年，法国物理学家（德布罗意）提出"波粒二象性"理论，认为所有的粒子或量子不仅可以部分地以粒子的术语来描述，也可以部分地用波的术语来描述。在一定条件下，某一种性质可能显得更为突出。

研究结果表明，光具有以下特征：

① 按几何光学观点，在均匀介质中，光束以直线形式传播。

② 根据波动光学理论，光以波动形式传播，不同波长的光呈现不同颜色。

③ 光的传播速度极快，各种波长的光在真空中的传播速度是一常数，约为 $3 \times 10^8 \, \text{m/s}$。光在不同介质中具有不同的传播速度，传播介质折射率越大，光速越慢，因此，空气中光速稍慢于真空中光速。

④ 根据量子光学理论，光量子（或光子）是电磁场量子化的结果，能引起胶片/光电传感器等物质的物理/化学变化。

任何波长的光都具有三种基本特性：散射性、反射性和吸收性。当光照射到不同物质表面时，会与这些物质产生不同反应，表现为光电效应、光化学效应和声光效应。

随着大容量/高运算速度计算机和功能强大的光学/光机设计软件的研制成功、新型光学材料（例如，光学塑料和光学乳胶）的不断涌现以及新的光学制造工艺（例如离子束抛光工艺、电子束直写、激光束直写、微米纳米光学制造技术等）逐渐成熟，近代光学和光电子技术得到迅猛发展，光电子仪器及其元件都发生了深刻和巨大变化，主要表现在以下六个方面：

第一，光学成像系统的光谱范围已经从可见光谱（目视系统）扩展到几乎全光谱范围，包括远红外、中红外、近红外、可见光和紫外（包含远紫外）。例如，机载航空光电系统的有效光学波段包括：

- 平视和头盔瞄准/显示系统：　　　　　　$0.4 \sim 0.7 \mu\text{m}$。
- 红外搜索跟踪系统：　　　　　　　　　$3 \sim 5 \mu\text{m}$ 和 $8 \sim 14 \mu\text{m}$。
- 瞄准吊舱系统：　　　　　　　　　　　$3 \sim 5 \mu\text{m}$ 和 $8 \sim 14 \mu\text{m}$。
- 激光测距系统：　　　　　　　　　　　$1.064 \mu\text{m}$，$1.54 \mu\text{m}$。
- 夜视系统：　　　　　　　　　　　　　$0.7 \sim 1.1 \mu\text{m}$（微光），
　　　　　　　　　　　　　　　　　　　$0.9 \sim 2.5 \mu\text{m}$（短波红外）。
- CCD（电荷耦合器件）电视系统：　　　$0.4 \sim 1.1 \mu\text{m}$。

第二，光学系统的成像理论不再局限于折射定律和反射定律，衍射理论已成为衍射光学元件的基本成像理论，并成功应用于光学自动设计软件中，设计和制造出的光学系统也开始批量应用。

第三，光学成像元件不仅是简单的折射透镜、反射镜、棱镜以及平板，已经设计和研制出许多新型光学元件，例如：全息光学元件、二元光学元件和微透镜阵列（微米和纳米光学元件）。

第四，光学元件的制造方法除传统的粗磨、精磨和抛光工艺外，还创立了全息干涉制造技术、二元光学蚀刻技术和微/纳米微透镜（阵列）制造技术。

第五，光学元件的外形尺寸向两个极端方向发展：一些光电子仪器要求每毫米基板上有千百个微型透镜（微透镜阵列）；另一些光电子仪器（例如 Gemini 天文望远镜）则要求主反射镜的通光孔径大至 8.1m 左右；而全息光栅和薄膜透镜的应用使透镜厚度几乎到了极限。

第六，光学元件和系统的应用环境从实验室和地球表面延伸到宇宙的其它空间（例如航空/航天/深海），因此，环境条件（温度、湿度、辐照、磁场和大气压力）对光学系统的要求越来越高，也越加苛刻。

为了更好地理解航空光电设备的工作原理和系统结构，本章主要介绍基本的光学成像技术和典型的光学系统，第 3 章介绍先进的光学成像技术及代表性光学系统。

2.2
几何光学成像的基本概念

以光线为基础，研究光的传播规律和传播现象的光学分支学科，称为"几何光学"。其中有以下假设：

① 将组成物体的物点视为几何点，没有大小的概念。

② 物点发出的光束视为无数几何光线的集合。认为物点（光源）发光就是向四周发射无数条几何线，并沿着直线传输能量，这样的几何线称为"光线"。"光线"是人们从客观实践中抽象出来的一个非常形象的光学概念。

③ 在均匀（各向同性）介质中，光线沿着直线传播。

需要说明，大部分光学材料都可以假设为匀质材料，各方向的折射率相同，一些晶体属于各向异性介质，波前在这些介质中传播后不再是球面波，在同一时刻，光束沿不同方向的传播距离不同，在折射率较小方向上的传播距离更远。

另外，一定高度上的地球大气可以视为具有均匀的折射率，随着高度变化，折射率会从海平面处的 1.0003 变化到高度极高时的 1.0。换句话说，如果考虑高度变化，空气的折射率是在变化的，空气也是一种非均匀介质，因此，光线在空气中的传播并非完全是直线传播，而是被折射成曲线传播至地面。

④ 光线的方向代表光能的传播方向，光线就是"具有方向（即能量传播方向）的几何线"。

在这种假设基础上，研究光的传播就变成一个几何问题，因此，被称为"几何光学"。

实践证明，几何光学非常方便用于研究物体通过光学元件（包括透镜、反射镜和棱镜等）和系统的成像过程，因而能够根据几何光学成像理论成功设计出各种光学/光电仪器的光学系统（包括机载光电设备）。

根据"波粒二象性"理论，并利用几何光学的上述假设，"波面"与"光线"之间的关系可以解释为：真空中一个点光源向四周发射光线，显然，任意时刻的波前形状都是球面，光线垂直于波面，即"光线就是波面的法线"，或者"波面就是所有光线垂直曲面的集合"。相交于一点或者由同一点发出的光线所对应的波面是球面，反之，对应的波面为非球面。前者对应的光束称为"同心光束"，后者对应的光束称为"像散光束"。

应当注意，随着波前传播远离点光源，其曲率半径增大，在足够远的距离上，波前的曲率半径可以看作无穷大，因此，平行光束对应的波面是平面。实际中，认为平行光束是球面

"同心光束"的一种特例。

2.2.1 光线的折射和反射

在均匀介质中，光线沿直线传播。

如果光线在传播过程中，遇到两种介质的分界面（例如空气与玻璃界面），则入射到界面上的光线将分为两部分：一部分光线返回到原来介质中，另一部分光线透过界面，进入第二种均匀介质中。前面的现象称为"反射"，返回的光线称为"反射光线"，后面的现象称为"折射"，透过的光线称为"折射光线"，如图 2-2 所示，并定义如下术语：

① 入射角：入射光线与界面法线的夹角。

② 反射角：反射光线与界面法线的夹角。

③ 折射角：折射光线与界面法线的夹角。

④ 入射面：入射光线与界面法线形成的平面，反射光线和折射光线都位于入射面内。

几何光学成像理论主要利用三大基本定律（直线传播定律、反射定律和折射定律）讨论和分析光线的传播问题。反射定律确定反射光线方向，折射定律确定折射光线方向。

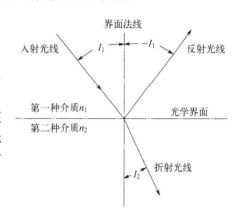

图 2-2 光线在界面上的传播

反射定律表述如下：

① 反射光线位于入射面内。

② 反射角等于入射角。

折射定律表述如下：

① 折射光线位于入射面内。

② 入射角与折射角满足下列关系式

$$\frac{\sin I_1}{\sin I_2} = \frac{n_2}{n_1} \tag{2-1}$$

或者

$$n_1 \sin I_1 = n_2 \sin I_2$$

其中，n_1 和 n_2 分别是两种介质的折射率；I_1 和 I_2 分别是光线的入射角和折射角。

若光不是在均匀介质中传播，可以将不均匀介质视为由若干个均匀介质组成，因此，连续应用上述定律就能解决不均匀介质中的光束传播问题。

2.2.2 光学元件

一般认为，光学系统由透镜、反射镜或棱镜组成。

透镜是由不同形状（曲率半径）的曲面和不同（折射率）材料组成的光学元件。如果光学透镜元件均由球面组成，则称为"球面透镜"，若包含非球面，则称为"非球面透镜"。平面视为曲率半径为无穷大的球面。图 2-3 是典型光学透镜的示意图。

根据形状，透镜可分为两类：第一类称为"正透镜"或者"会聚透镜"，特点是中心厚边缘薄，对光束具有会聚作用；第二类称为"负透镜"或者"发散透镜"，特点是中心薄边缘厚，对光束有发散作用，如图 2-4 所示。一般情况下，正透镜形成"实像"，负透镜形成"虚像"。

反射镜是光学系统中重要的元件之一。根据表面形状，反射镜分为四种类型：①凹面反射镜；②凸面反射镜；③平面反射镜；④棱镜式反射镜。前两种反射镜具有光焦度，对入射光束具有一定的会聚或发散能力，后两种对光束只起折转作用，如图 2-5 所示。

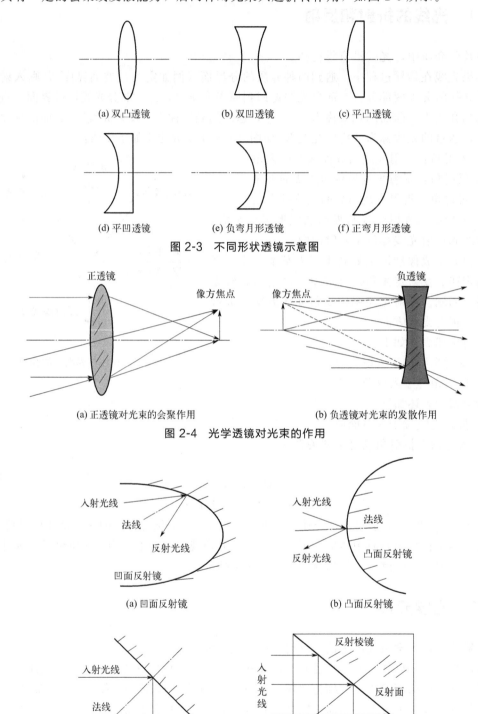

(a) 双凸透镜　　　　　(b) 双凹透镜　　　　　(c) 平凸透镜

(d) 平凹透镜　　　　　(e) 负弯月形透镜　　　　　(f) 正弯月形透镜

图 2-3　不同形状透镜示意图

(a) 正透镜对光束的会聚作用　　　　　(b) 负透镜对光束的发散作用

图 2-4　光学透镜对光束的作用

(a) 凹面反射镜　　　　　(b) 凸面反射镜

(c) 平面反射镜　　　　　(d) 反射棱镜

图 2-5　光学反射镜对光束的作用

应当强调，凹面反射镜等效于一个正会聚透镜，对远距离物体形成实像，凸面反射镜等效负透镜，形成虚像。

几何光学的研究对象是物体（或目标）经光学系统后生成图像的位置和大小。因此，借助光线三角追迹法，可以以非常少的工作量很方便地确定光学图像的相关参数。数学家高斯（Gauss）研究发现，如果事先能够知道光学系统（透镜可以视为最简单的光学系统）光轴上的几个基本点，即"基点"（包括主点、节点和焦点）的位置，则根据光学性质很容易计算出或通过画图确定其成像位置、大小和方位。

2.2.3 光学系统的基点

对于理想光学元件和光学系统，通常假设以下条件成立：

① 传播介质各向同性，光线在均匀介质中沿直线传播。

② 光学系统是一个轴对称系统，所有的光学元件表面都以公共轴线（即光轴）旋转对称。

③ 系统具有对称性，使物像之间存在以下关系：

a. 位于光轴上的物点的对应像点也一定位于光轴上。

b. 位于过光轴的某一截面内的物点的对应像点一定位于同一像平面内，因此，过光轴的任意截面的成像性质都相同。

c. 垂直于光轴的物平面，其像平面一定垂直于光轴。

④ 光学系统物空间和像空间符合点对应点、直线对应直线和平面对应平面的理想成像关系，称为"共线成像"或"共线变换"，具有该性质的光学系统称为"理想光学系统"。

1841 年，高斯提出理想光学系统成像理论，因此，也称为"高斯光学"成像理论。

1893 年，阿贝发展了理想光学系统成像理论，利用一阶线性方程计算和分析理想光学系统各个参数之间的关系，因此，又称为"一阶光学"成像理论。

对于一个共轴理想光学系统（或成像质量校正得非常好的光学系统），在讨论和分析问题时，不会涉及光学元件的具体结构尺寸（例如曲率半径和厚度），只是希望了解光学系统在整个物像空间的对应关系，并尽量避免物体位置变化时进行烦琐计算才能确定图像的变化。通常情况下，首先研究光学系统的某些特定点和面，即"基点"（主点、节点和焦点）和"基面"（主平面、节平面和焦平面）的性质，再据此（通过计算或作图方法）准确地确定系统的成像特性（例如图像的位置和大小）。

光学系统的基点定义如下：

（1）主点和主平面

通常，垂轴放大率为 1 的一对共轭面定义为主平面，其中物平面称为"物方主平面（或第一主平面）"，对应的像平面称为"像方主平面（或第二主平面）"。

物/像主平面与光轴的交点分别称为"物方主点 H（或第一主点）"和"像方主点 H'（或第二主点）"，如图 2-6 所示。

显然，主平面具有下列性质：任意一条光线在物方主平面上的入射高度一定等于像方主平面上的出射高度。

根据对主点位置的计算知道，一个等凸面或等凹面透镜的主点甚至可以位于透镜内；平凸或平凹透镜的一个主点总是位于曲面上，另一个主点在透镜内 1/3 处；弯月形透镜的一个主点完全位于透镜之外；强弯月形透镜的两个主点都位于透镜之外。

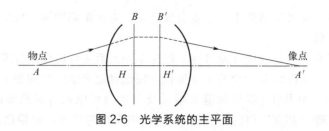

图 2-6 光学系统的主平面

（2）节点和节平面

节平面定义为角放大率为1的一对共轭面，在物空间称为物方节平面（或第一节平面），在像空间称为像方节平面（或第二节平面）。

节平面与光轴的交点定义为节点，在物空间称为物方节点（或第一节点），在像空间称为像方节点（或第二节点）。节点具有以下性质：入射到物方节点 N_1 的光线一定从像方节点 N_2 出射，并平行于入射光线方向，换句话说，通过节点传播的出射光线与入射光线具有相同的传播方向，如图 2-7 所示。

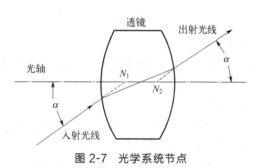

图 2-7 光学系统节点

应当注意，如果光学系统的两侧介质都是空气（多数情况下），则主点与节点重合，主平面与节平面重合。

（3）焦点和焦平面

焦点定义为平行于光轴的光线（例如，来自无穷远物点）会聚在轴上的一个公共点。过焦点垂直于光轴的平面称为"焦平面"。与上述两个基点和基平面一样，也分别有物方焦点/像方焦点和物方焦平面/像方焦平面之称 [或称为"第一焦点（焦平面）"和"第二焦点（焦平面）"]，如图 2-8 所示。焦点和焦平面有以下性质：

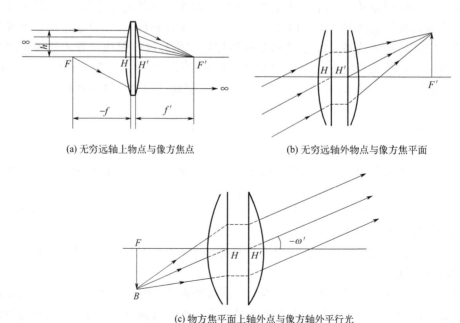

(a) 无穷远轴上物点与像方焦点

(b) 无穷远轴外物点与像方焦平面

(c) 物方焦平面上轴外点与像方轴外平行光

图 2-8 光学系统焦点/焦平面示意图

① 平行于光轴入射的光线，在像空间的共轭光线一定通过像方焦点；同样，通过物方焦点入射的光线，通过光学系统后一定平行于光轴出射。

② 与光轴成一定夹角的物方平行光线，通过光学系统后，必定相交于像方焦平面上的同一点；同样，由物方焦平面上轴外任意一点发出的所有光线，通过光学系统后，对应一束与光轴成一定夹角的平行光线。

2.2.4 几何作图法确定光学系统的理想像

几何作图法是直观简便确定光学系统理想成像的常用方法，不仅方便推导相关的近轴成像公式，通过该方法还可以确定光学系统的成像位置和大小。

由于大多数光学元件和系统都位于空气中，主点（主平面）与节点（节平面）重合，所以，利用一对主点（主平面）和两个焦点（焦平面）就可以确定共轴光学系统的成像性质。

需要强调，在理想光学成像系统中，同一物点发出的所有光线通过光学系统后一定形成一个点像（即没有像差），因此，根据前述的基点性质，选择其中两条特殊共轭光线，其在像空间的交点就是该物点的像，如图 2-9 所示。

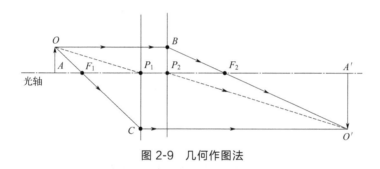

图 2-9 几何作图法

① 由物点 O 发出一条通过物方焦点 F_1 的光线 OC，通过光学系统后，其共轭光线 CO' 平行于光轴。

② 物点 O 发出一条平行于光轴的光线 OB，通过光学系统后，其共轭光线 BF_2 过像方焦点 F_2。

③ 物点上一条通过物方节点 P_1（物方主点）的光线，从像方节点 P_2（像方主点）出射，并平行于入射光线 OP_1。

下面讨论几种特殊的成像情况。

第一种情况，正透镜实物-虚像情况。

如上所述，正透镜一般形成实像。但当物体位于物方主点和物方焦点之间时，形成的像点就是虚像，B' 是 B 点的虚像，如图 2-10 所示，B 是物点，物方/像方主点分别是 H 和 H'，物方/像方焦点是 F 和 F'。

第二种情况，正透镜虚物-实像情况。

通常，"虚物"意味着光学系统（或者单透镜）接收的是会聚光束（被成像物体位于像空间），如图 2-11 所示，AB 是"虚"物体（位于像方焦点之外），所成的实像为 $A'B'$。

第三种情况，负透镜实物-虚像情况。

与正透镜不同的是，负透镜的物方焦点位于像方空间，而像方焦点位于物方空间，其作图方法与正透镜一样，如图 2-12 所示。

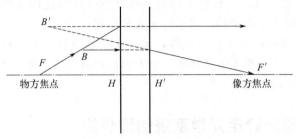

图 2-10　正透镜形成虚像

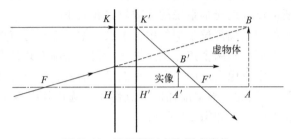

图 2-11　正透镜对虚物形成实像

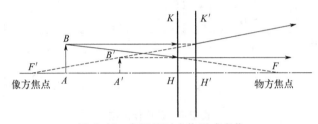

图 2-12　负透镜对实物形成虚像

2.2.5　理想光学系统的物像关系

如上所述，如果知道一个光学系统的基点，不仅可以利用作图法确定图像的位置、大小和方向，而且能够推导出两种物像关系的计算公式，许多教科书对此均有详细介绍，在此不再赘述，表 2-1 列出相应公式，各符号的意义请参考图 2-13。

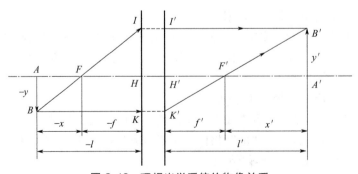

图 2-13　理想光学系统的物像关系

表 2-1　理想光学系统的物像关系计算公式

项目		物像空间具有不同折射率 $n' \neq n$		物像空间具有相同折射率 $n' = n$	
		牛顿公式	高斯公式	牛顿公式	高斯公式
物像位置		$xx' = ff'$	$\dfrac{f'}{l'} + \dfrac{f}{l} = 1$	$xx' = -f'^2$	$\dfrac{1}{l'} - \dfrac{1}{l} = \dfrac{1}{f'}$
放大率 （物像大小）	垂轴	$\beta = -\dfrac{f}{x} = -\dfrac{x'}{f'}$	$\beta = -\dfrac{fl'}{f'l}$	$\beta = \dfrac{f'}{x} = -\dfrac{x'}{f'}$	$\beta = \dfrac{l'}{l}$
	轴向	$\alpha = -\dfrac{x'}{x}$	$\alpha = -\dfrac{fl'^2}{f'l^2}$	$\alpha = -\dfrac{x'}{x}$	$\alpha = \dfrac{l'^2}{l^2}$
	角度	$\gamma = \dfrac{x}{f'} = \dfrac{f}{x'}$	$\gamma = \dfrac{l}{l'}$	$\gamma = \dfrac{x}{f'} = -\dfrac{f'}{x'}$	$\gamma = \dfrac{l}{l'}$

应当强调，上述公式中的所有参数遵守以下符号规则：

（1）线段

① 起始点。

牛顿公式中，x 和 x' 分别以物方和像方焦点为起点。

高斯公式中，l 和 l' 分别以球面顶点（或主点）为起点。

　　　　　球面曲率半径 r，以球面顶点为起点。

　　　　　厚度 d，以前一表面顶点为起点。

　　　　　焦距 f 和 f'，分别以物方主点和像方主点为起点。

② 符号。由左向右为正，由下向上为正，反之为负。

（2）角度（图 2-14 所示）

① 起始轴。

光线与光轴夹角 U 和 U'，以光轴为起始，转至光线。

入射角 I 和折射角 I'，以光线为起始，转至法线。

表面法线与光轴夹角 ϕ，以光轴为起始，转至法线。

② 符号。以锐角度量，顺时针旋转为正，逆时针为负。

（3）反射镜系统

需特别注意反射后改变折射率的符号问题（焦距符号也因之改变）。如图 2-15 所示，根据符号规则，主镜和次镜的曲率半径都是负值，由于光线在两个反射镜之间是从右向左传播，所以，主镜与次镜的间隔也是负值，主镜之前和次镜之后的空气折射率取作 $+1.0$，而两者之间的空气折射率是 -1.0。

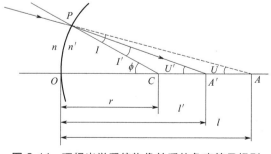

图 2-14　理想光学系统物像关系的角度符号规则

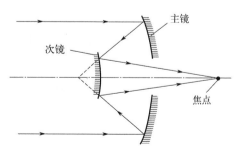

图 2-15　卡塞格林反射镜系统

2.2.6 无限远物体对应的像高

如图 2-16 所示，根据基点性质，经过物方焦点且与光轴成夹角 ω 的一条入射光线，其出射的共轭光线必定平行于光轴，并且与像平面的交点就是无穷远轴外物点的像点。

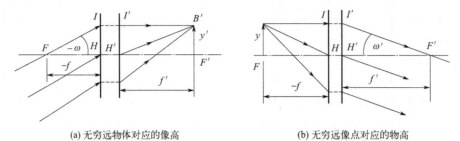

(a) 无穷远物体对应的像高　　　(b) 无穷远像点对应的物高

图 2-16 无限远物体/像点对应的像高/物高

由上述符号规则，其对应的像高 y' 是：

$$y' = -f\tan(-\omega) = f\tan\omega \qquad (2\text{-}2)$$

若光学系统位于空气中，物方焦距和像方焦距存在以下关系：

$$f' = -f \qquad (2\text{-}3)$$

因此，无限远物体的像高可以转变为式(2-4)：

$$y' = -f'\tan\omega \qquad (2\text{-}4)$$

类似地，如果是无限远轴外像点（例如平视显示器投影成像系统），则很容易得到其物体高度 y：

$$y = f'\tan\omega' \qquad (2\text{-}5)$$

2.2.7 薄透镜和厚透镜

如图 2-17 所示，任何一块透镜都有如下结构参数：透镜折射率 n，周围空气折射率 $n_{空气} = 1$（即 $n_1 = n_2' = 1$，$n_1' = n_2 = n$），两个表面的曲率半径是 R_1 和 R_2（曲率分别为 C_1 和 C_2），透镜中心厚度为 d。

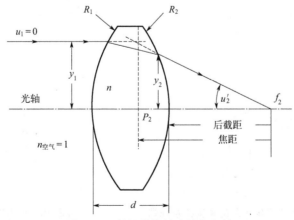

图 2-17 单透镜的基本结构参数

根据近轴计算公式，可以推导出厚透镜光焦度 ϕ（焦距倒数）计算公式：

$$\phi = \frac{1}{f'} = (n-1)\left[\frac{1}{R_1} - \frac{1}{R_2} + \frac{d(n-1)}{nR_1R_2}\right] \tag{2-6}$$

也可以写成以下形式：

$$\phi = \frac{1}{f'} = (n-1)\left[C_1 - C_2 + dC_1C_2\frac{(n-1)}{n}\right] \tag{2-7}$$

若透镜厚度非常小（即 $d=0$），对计算精度没有影响，则该透镜称为"薄透镜"。薄透镜的概念对于确定初始光学系统结构和分析光学问题尤其有用。在此情况下，上述公式变为：

$$\frac{1}{f'} = (n-1)\left(\frac{1}{R_1} - \frac{1}{R_2}\right)$$
$$= (n-1)(C_1 - C_2) \tag{2-8}$$

上述公式表明，如果透镜的折射率约为 1.5，那么，等凸面或等凹面透镜的半径等于透镜焦距（$R = \pm f$），平凸透镜或平凹透镜的球面半径是焦距的一半（$R = \pm f/2$）。

2.2.8 理想光学系统的组合

光学元件通常定义为最简单的单透镜、反射镜或者棱镜。

光学部件定义为由几个元件组成的装置，例如双胶合或三胶合物镜，也可以是单个元件。

光学组件定义为由若干个光学部件组成的装置，例如由前物镜部件、光阑和后物镜部件组成的较复杂的物镜组件。

光学系统定义为由一套完整的光学组件组成的装置，例如包括图像源（或接收器）组件、成像光学组件和折转光路组件（反射镜、分光镜或棱镜）等，能够将一定距离上的目标成像在希望的位置，并满足图像大小和方位要求。

由于种种原因（例如，为校正像差或安装空间所限），很少使用单透镜或反射镜作为一个光学系统。光学系统一般都比较复杂，包括多个元件/部件/组件，但在设计初期阶段，为方便分析和讨论问题，可以将一个光学系统分为若干部分分别进行设计和计算（例如光焦度分配和像差匹配），然后再组合，最后进行实际的光学追迹，并采用真实厚度、折射率和曲率半径，完成优化设计，保证成像质量满足要求。

以双透镜组成的物镜系统为例，如图 2-18 所示。

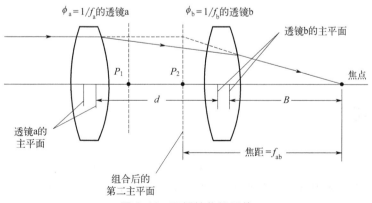

图 2-18 双透镜物镜系统

如果一个光学系统由两个分离透镜组成：光焦度分别是 ϕ_a 和 ϕ_b，透镜间隔（对厚透镜是主平面间隔）是 d，由近轴公式可以推导出组合系统的光焦度 ϕ_{ab} 是：

$$\phi_{ab} = \phi_a + \phi_b - d\phi_a\phi_b \qquad (2\text{-}9)$$

或者：

$$f_{ab} = \frac{f_a f_b}{f_a + f_b - d} \qquad (2\text{-}10)$$

显然，对于密接薄透镜组，即两个光学透镜主平面间距 $d = 0$，其总光焦度等于两个薄透镜光焦度之和：

$$\phi_{ab} = \phi_a + \phi_b \qquad (2\text{-}11)$$

一般情况下，光学系统都不是密接薄透镜组，前组透镜与后组透镜之间有一定间隔。假设第一个透镜的像方焦点 F_1' 与第二个透镜的物方焦点 F_2 的间隔为 Δ，如图 2-19 所示。

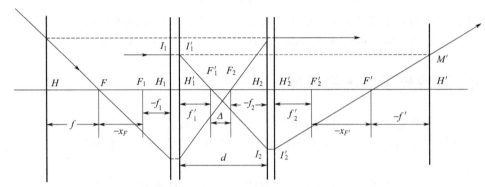

图 2-19 双透镜组合系统各参数关系

则下面关系成立：

$$d = f_1' + \Delta - f_2 \qquad (2\text{-}12)$$

如果组合系统焦距分别为 f 和 f'，物方焦点和像方焦点分别为 F 和 F'，则可以分别计算出 F 到第一透镜物方焦点的距离 x_F 和 F' 到第二透镜像方焦点的距离 $x_{F'}$：

$$x_F = \frac{f_1 f_1'}{\Delta} \qquad (2\text{-}13)$$

$$x_{F'} = \frac{f_2 f_2'}{\Delta} \qquad (2\text{-}14)$$

组合系统焦距是：

$$f = \frac{f_1 f_2}{\Delta} \qquad (2\text{-}15)$$

2.3

望远镜系统

按照光学原理分类，光学仪器主要分为两类：显微系统和望远系统。

显微系统的工作原理是在"微观世界"中扩展人们对目标细节的分辨能力，望远系统的工作原理是在"宏观世界"中扩展人们对远处目标的识别能力。本书主要介绍望远光学系统。

2.3.1 基本结构

望远系统是一种目视光学系统。人们通过望远镜系统可以直接观察远处的目标,其基本结构如图 2-20 所示。图 2-20(a) 是标准的望远镜布局,包括望远物镜、视场光阑和目镜;为满足某种需要而复杂化的望远镜结构,如图 2-20(b) 所示,由望远物镜、场镜、转像系统(或中继系统)、视场光阑和目镜组成。

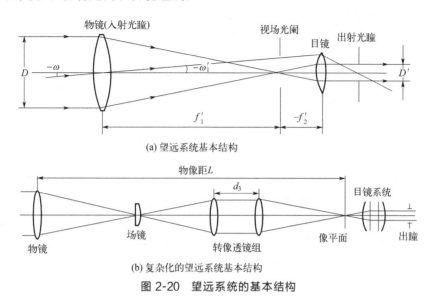

(a) 望远系统基本结构

(b) 复杂化的望远系统基本结构

图 2-20 望远系统的基本结构

望远系统的最大特征是望远物镜的像方焦平面与目镜物方焦平面重合(光学间隔 $\Delta = 0$),因此,望远光学系统的焦距为无限大,并且横向放大率与物体位置无关。

一般来说,望远系统是用于观察无限远目标的目视设备,最基本要求是出射平行光,即成像在无穷远。望远系统的工作原理比较简单,就是一个将无穷远目标成像在无穷远的无焦光学系统。实际上,望远物镜将无穷远的目标成像在物镜焦平面上,由于物镜像方焦平面与目镜物方焦平面重合,所以,目镜将物镜所成的像再次成像在无穷远,保证人眼能够舒服地进行观察。

图 2-20(b) 所示系统的复杂化表现在两个方面:

(1) 增加了转像系统(或中继系统)

光学设计中,为了满足某种要求,需要在望远系统中增加中继光学系统:

① 为了适应结构布局,需要光路偏转一定角度。

② 为了便于观察,需要将倒像变为正像。

③ 为了将镜筒加长,例如增加潜望高度。

④ 利用转像系统增大整个系统的放大率。

转像系统通常可以采用棱镜式、反射镜式或者透镜式结构。一般地,透镜式转像系统应用更为广泛,有单组透镜转像系统和双组透镜转像系统两种形式。

如图 2-21 所示,单组透镜转像系统的作用相当于视场和相对孔径都较小的投影物镜。物像位置、放大率 β 和焦距需要满足下列关系,其中 L 是转像系统长度:

$$L = -l + l'$$

(2-16)

$$\beta = \frac{l'}{l} \tag{2-17}$$

$$-\frac{1}{l'} = \frac{1}{l} + \frac{1}{f'_{\text{转}}} \tag{2-18}$$

研究表明，当放大倍率 $\beta = -1$ 时，单组透镜转像系统的长度最短：

$$L_{\text{最小}} = 4f'_{\text{转}} \tag{2-19}$$

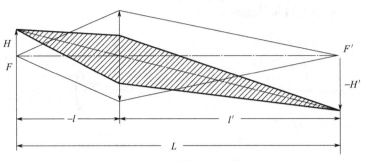

图 2-21　单组透镜转像系统

为了校正像差和制造方便，通常采用（相对于光阑）对称型双组透镜转像结构，如图 2-22 所示。一般情况下，中继系统的放大率为 1，即转像系统前组和后组透镜焦距相等，结构完全相同，物面位于前组的物方焦平面上，像面位于后组的像方焦平面上，两组透镜间是平行光束，主光线与光轴的焦点位于正中间位置。因此，该系统不会产生垂轴像差（包括彗差、畸变和倍率色差），主要缺点是场曲无法消除。

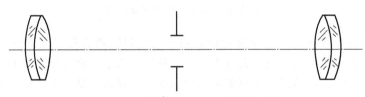

图 2-22　放大率 $\beta = -1$ 的转像系统

当然，根据需要可以使放大率稍大于 1，但是，既要满足技术要求，又要方便像差校正，放大率不可设置得太大，否则，像差校正困难。如果转像系统的放大率是 β（其值等于物像比 y'/y），则望远系统的总放大率为：

$$\Gamma = -\beta \frac{f'_{\text{物}}}{f'_{\text{目}}} \tag{2-20}$$

其中，$-f'_{\text{物}}/f'_{\text{目}}$ 是未加转像系统时的放大率。

对于既要求大视场以搜索和发现目标、又要求较大放大倍率以识别和瞄准目标的军用光学仪器，还可以利用变放大率转像系统达到"低倍率获得大视场和小视场获得高倍率"的目的，对该内容感兴趣的读者，请参考相关文献，在此不再赘述。

（2）增加场镜

在设计有转像系统的望远系统中，望远物镜形成的中间像在转像系统上的投射高度较高。为了减小转像系统的通光孔径以及轴外光线产生的像差，一般在物镜像平面或其附近设计一块场镜以抑制轴外光束发散，保证前面物镜成像的主光线能够通过转像系统中心。

场镜对轴上光束及焦距分配没有多大影响，主要影响主光线传播。当场镜与物镜像平面重合时，除了产生一定量的匹兹伐（Petzval）以及由此衍生的畸变外，不会产生其它像差。

即使场镜与像平面不完全重合，会对系统光焦度产生一定影响，但主要作用还是影响光瞳和轴外光束的位置，通过其它元件，例如目镜等可以进行校正。

根据结构布局，望远镜系统有三种结构形式：

① 折射式望远镜系统。

② 反射式望远镜系统。

③ 折射/反射式望远镜系统。

反射式和折射/反射式望远镜系统通常应用于天文领域。为了方便测量低光亮度的空中目标，反射式物镜的孔径都比较大，对面形的加工精度要求很苛刻，例如卡塞格林系统和格里高利系统；折反射式望远系统是在系统中增加折射元件以校正像差，用球面反射镜代替非球面反射镜，降低加工难度。典型产品包括施密特物镜式（球面主镜＋施密特校正板）望远系统和马克苏托夫物镜式（球面主镜＋负弯月形厚透镜）望远系统。

折射式望远镜系统有两种基本类型：开普勒型望远镜和伽利略型望远镜。主要区别在于，前者由正物镜和正目镜组成，中间像为实像，如图 2-23（a）所示；后者由正物镜和负目镜组成，中间像为虚像，如图 2-23（b）所示。

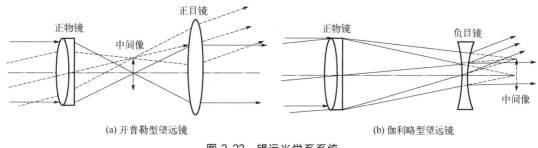

(a) 开普勒型望远镜　　　　　　　　(b) 伽利略型望远镜

图 2-23　望远光学系统

通常情况下，开普勒望远镜光学系统的物镜镜框是孔径光阑，同时又是入射光瞳，其通过目镜的成像是出射光瞳，观察时眼睛与出瞳重合。这类望远镜的最大优点是形成中间实像，在物镜焦平面上可以放置分划板或视场光阑。应当注意，开普勒望远镜形成倒立的实像，如果希望获得正立实像，需要在物镜焦平面之后设计转像系统（例如透镜或者棱镜转像系统）。

伽利略望远镜光学系统的物镜镜框是孔径光阑且兼入射光瞳，但其目镜形成一个虚的出射光瞳。由于物镜到目镜的距离小于物镜焦距，所以，这类望远镜光学系统的最大优点是结构紧凑，光能量损失少，物体的像是正立的像。另外，由于无限远物体通过物镜成像在负目镜的物方焦平面处，位于系统之外，因此，无法设置分划板，不能应用于瞄准和测量。典型的应用之一是将倒置的伽利略望远镜作为激光测距机的发射光学系统。

2.3.2　光学系统性能

（1）视角放大率

望远镜光学系统视角放大率 Γ 定义为物体在望远镜中所成的像对眼睛的张角与物体本身对眼睛张角的比值，表示为式（2-21）：

$$\Gamma = \frac{\tan\omega'}{\tan\omega} \tag{2-21}$$

其中，ω 为物方视场角；ω' 为像方视场角。

望远镜的主要作用是放大，增大人眼对远距离目标观察的视觉能力，给观察者以"拉近物体"的感觉。根据定义，望远镜的放大效果是视角的放大，即视角放大率一定要大于 1。

根据理想光学系统物像关系式，上式可以转换为：

$$\varGamma = \frac{f'_{物}}{f'_{目}} = \frac{D}{D'} \tag{2-22}$$

其中，$f'_{物}$ 和 $f'_{目}$ 分别是望远物镜和目镜焦距；D 和 D' 分别是望远系统的入瞳和出瞳孔径。

（2）分辨率

物理光学的研究结果表明，对于一个无穷小的点光源，即使光学元件加工非常完美，光学系统的装配非常理想，并且绝对没有像差，也不可能形成真正的点像。孔径的衍射效应（认为光学系统都属于具有圆形孔径的系统）会使点像呈现为由一个中心亮斑和一系列亮带和暗带同心圆环组成的弥散斑，如图 2-24 所示。计算结果表明，中心亮环最强，包含能量83.9%，两侧的亮环稍弱，包含的能量快速减少：第一亮环包含能量约 7.1%；第二亮环约2.8%，之后的亮环由于亮度太弱而无法观察。通常，将中心亮斑和前两级亮环作为衍射图的主要部分。

需要说明，图 2-24 中所示点像弥散斑中的能量分布是针对理想光学系统，如果光学系统存在像差，衍射图能量分布状况将会改变，并且，中心亮带所包含的能量会减少。

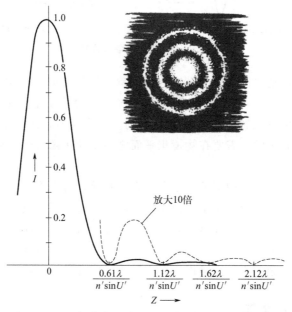

图 2-24　理想光学系统所成点像弥散斑的照度分布

当望远镜系统对两个等亮度的点光源成像时，每个点都会形成图 2-24 所示由同心环组成的弥散斑。如果两个点相互靠近，衍射斑就会叠加。当间隔逐渐缩短以致恰恰可以认定是两个点而非一个点时，则定义为该两点是可以分辨的，两点之间距称为望远系统的"分辨率"。

根据 Sparrow 分辨率判断准则，当像点距离小于 $0.5\lambda/\mathrm{NA}$ 时（λ 表示光波波长；NA

是数值孔径），两个衍射图的中心最大亮度点就融为一个，可以认为，合成后的图像是单个光源所致的，即两个点是不可分辨的。

根据瑞利（Rayleigh）分辨率判断准则，当两点光源的图像间隔达到 $0.61\lambda/\mathrm{NA}$ 时，一个衍射图的极大值就与另一个衍射图的第一暗环相重合，合成图中两个极大值之间有一个清晰界限，就认为两个点是可以分辨的，如图 2-25 所示。目前，瑞利分辨率判断准则广泛用于确定一个光学系统的极限分辨率。

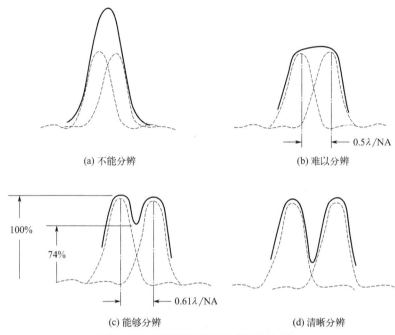

(a) 不能分辨 (b) 难以分辨 (c) 能够分辨 (d) 清晰分辨

图 2-25 不同间隔的两个衍射斑的叠加

研究结果表明，一个理想望远系统的衍射分辨率可以表示为：

$$\alpha = \frac{0.61\lambda}{\mathrm{NA}} = \frac{140''}{D} \tag{2-23}$$

式中，D 是光学系统的入瞳直径，mm；光学波长 $\lambda = 555\mathrm{nm}$。因此看出，为了提高系统分辨率，只能加大望远物镜孔径。

望远系统一般是目视观察仪器，当通过望远系统观察两个发光点时，出射光线对应的视角必须大于人眼的视角分辨率（通常定义为 $60''$）。若望远系统放大率为 Γ，则下面关系式成立：

$$\Gamma = \frac{60''}{\alpha}$$

望远系统的视角分辨率表示为：

$$\alpha = \frac{60''}{\Gamma} \tag{2-24}$$

如果要求望远系统的视角分辨率等于衍射分辨率，则应当满足以下公式：

$$\frac{60''}{\Gamma} = \frac{140''}{D}$$

或者：

$$\Gamma = \frac{D}{2.3} \tag{2-25}$$

满足该关系式的放大率称为望远系统的"有效放大率"(或"正常放大率")。显然，如果望远镜的实际放大率大于有效放大率，表面上提高了仪器的视角放大率，但由于受到衍射分辨率的限制，并不能看清更多的物体细节。

为了缓解眼睛工作时的疲劳，通常选择稍大的视角放大率，采用以下公式：

$$\alpha = K \frac{140''}{D} \tag{2-26}$$

式中，K 是放大比例。根据《光学仪器设计手册》(上册，国防工业出版社，1971)规定，建议 $K = 1.05 \sim 2.2$，这种放大率又称为"工作放大率"。

(3)视场

视场角定义为望远系统能同时观察到的最大范围，通常指物方视场。

由视角放大率公式可知，望远系统的物方视场角 ω 与视角放大率 Γ 和像方视场角 ω' 密切相关。显然，目镜视场角越大，物方视场角越大，视角放大率越大(通常 6~8 倍)，物方视场角小(一般 10°~15°)，如表 2-2 所示。

表 2-2 望远系统视场与视角放大率的关系

目镜视场 $2\omega'$	60°					78°
放大率 Γ	4 倍	6 倍	8 倍	10 倍	12 倍	12 倍
物镜视场 2ω	16.5°	11°	8.5°	6.6°	5.5°	7.6°

如果希望同时增大视场和视角放大率，唯一途径是选择大视场目镜。目前，常用的目镜视场角 $2\omega' \approx 40° \sim 70°$，复杂化的目镜视场可以达到 $80° \sim 100°$，但由于结构过于复杂，光能损失严重，像差较大，像质不好，因而应用较少。

开普勒望远镜和伽利略望远镜的视场可以分别按照式(2-27)和式(2-28)计算：

$$\tan\omega = \frac{D}{2\Gamma(L + \Gamma l'_目)} \tag{2-27}$$

$$\tan\omega = \frac{y'}{f'_物} \tag{2-28}$$

式中　D——孔径光阑直径；

　　　L——物镜主面到目镜主面的距离；

　　　Γ——视角放大率；

　　　$l'_目$——出射光瞳到目镜像方主面的距离；

　　　y'——物镜形成的像高；

　　　$f'_物$——物镜像方焦距。

(4)出瞳直径和出瞳距离

出瞳直径大小取决于以下几个因素，需根据使用情况和技术要求折中考虑：

① 与人眼瞳孔直径相匹配。

为了尽可能提高望远镜光学系统的主观光亮度，出瞳直径不应小于人眼瞳孔直径。应当注意，人眼瞳孔直径 (d) 并非一个定值，随着外界景物的亮度而变化。据统计数据，白天 $d = 2mm$，黄昏 $d = 5mm$，黑夜 $d = 7.5mm$。

② 满足工作环境要求。

若望远系统在不规则振动条件下工作，例如安装在坦克或飞机上，为了不影响观察和瞄准，需要增大出射光瞳直径，一般要求 $d = 6 \sim 10\text{mm}$。

③ 出瞳直径与望远镜系统衍射分辨率的关系。

如上所述，可以根据衍射分辨率公式 $\alpha = 140''/D$ 以及对望远镜系统分辨率的要求确定入射光瞳直径 D。一旦确定望远镜系统的视角放大率，就可以根据视角放大率公式 $\Gamma = D/D'$ 确定出射光瞳直径。

在有效放大率条件下 [参考式(2-25)]，出瞳直径 $d = 2.3\text{mm}$。显然，如果望远镜光学系统的出瞳直径大于 2.3mm，衍射分辨率便高于视角分辨率，反之，视角分辨率高于衍射分辨率。

④ 从测量瞄准精度考虑，角视差会随出射光瞳直径增大而增大，即使光学系统经过精心优化和像差校正，视差仍会存在，因此，出射光瞳直径应尽可能小。

出射光瞳距离定义为望远系统出射光瞳至目镜组件最后一个光学元件表面的距离。

为了避免观察时人的眼睫毛触碰到目镜镜面，根据《光学仪器设计手册》要求，出射光瞳距离一般不能小于 10mm。对军用光学仪器，要求能够在"佩戴防毒面具条件下工作"，出射光瞳距离不能小于 20mm；特定情况下，可能需要更长的出瞳距离。

（5）角视差

望远系统中，最基本的要求是分划板要尽可能精准地设计在望远物镜的像方焦平面（也是望远目镜物方焦平面）上。如果分划板（机载平视显示器是 CRT 图像源）没有精准安装在二者的"共同（或目镜）焦平面"上，平行于光轴入射的外界光线是平行于光轴出射，但分划线/显示字符经过目镜后却成像在有限远的距离上，不再是平行光线。当人眼在目镜出瞳内轴上观察时，由于目标和分划线并不同时位于无穷远处，因而眼睛移动观察时，分划线与目标会相互错位而产生"视差"。

对于测量/瞄准系统，视差会造成瞄准误差。

表示"视差"有三种方法：线视差、角视差和视度。机载光学系统广泛使用角视差。

线视差定义为分划板与焦平面之间的距离。

角视差定义为由视差引起的最大瞄准角误差（单位：分）。角视差有下面三种表示方法：

① 像方角视差（即机载平视显示器的显示角视差误差）。

$$\varepsilon' = 3458 \frac{D'b}{f'^2_{\text{目}}} \tag{2-29}$$

式中，D' 是出射光瞳直径；b 是分划板到焦平面距离；$f'_{\text{目}}$ 是目镜焦距。

② 物方角视差。

$$\varepsilon = 3458 \frac{D'b}{f'_{\text{物}} f'_{\text{目}}} \tag{2-30}$$

③ 视度。根据牛顿公式和视度（SD）定义，视度有如下定义：

$$\Delta \text{SD} = -\frac{1000b}{f'^2_{\text{目}}} \tag{2-31}$$

实践表明，机载光电系统很少直接使用望远系统（激光发射系统和微光夜视望远镜除外）进行观察和瞄准，多数情况是利用望远物镜成像系统或目镜显示系统完成目标信息收集或导航/瞄准信息显示。前者是将外界景物成像在光电接收器（如胶片或者 CCD）上，后者是将生成的导航或瞄准信息显示给飞行员。代表性产品包括：望远物镜＋红外探测器组成的红外搜索跟踪系统、望远物镜＋CCD探测器组成的可见光电视系统、图像源（例如CRT、LCD和DMD)＋目镜系统组成的平视瞄准/显示系统和头盔瞄准/显示系统（实际上是一种特殊的目镜显示系统)。

下面分别介绍望远物镜系统和目镜系统。

2.4
望远物镜系统

按照几何光学成像理论，对无穷远目标成像的光学系统有两大类：望远物镜和照相物镜。

望远物镜，如前所述，是将无穷远目标成像在焦平面上，并与目镜相匹配实现目视观察、测量、瞄准。

照相物镜则是将外界景物成像在感光胶片或者其它接收器（如红外探测器和CCD）上，经图像处理后，利用某种光电设备显示给人们观看。

为了使不同距离上的物体/目标能被清晰观察或者成像在接收器（包括感光胶片）上，通常设计有不同类型的调焦系统。

实际上，在机载光电系统应用中，从光学系统本身的结构和功能分析，望远物镜和照相物镜的共同特点都是对无穷远目标/景物成像，尽管技术要求不同（例如视场大小、环境条件、体积和重量及接收器等)，但对光学系统的初始结构选型和优化基本相同，因而在此统一以"机载望远物镜"术语进行讨论。

机载望远物镜系统有三种类型：反射式望远物镜、折射式望远物镜和折射/反射式望远物镜。

2.4.1 反射式望远物镜

反射式成像光学系统具有无色差、可折叠和轻量化等优点，正在逐步得到广泛应用。特别是空间遥感系统正朝着大口径、长焦距、小体积和轻量化发展，对机载光电设备的发展和应用的影响也越来越大，例如在中长波红外领域，由于材料种类有限，折射类望远摄像物镜校正色差的难度很大，采用反射式光学系统是一种较好的解决措施。

反射式望远物镜的优点是：

① 可以设计和制造具有较大孔径的零件和系统。

② 镀膜后具有很高的光谱反射率。

③ 没有色差，采用非球面反射镜，还具有较强的校正像差能力。

④ 结构简单，光路折叠可减小系统尺寸。

反射式望远物镜有两种类型：共轴反射式望远物镜（又称为"遮拦式反射望远物镜"）和离轴反射式望远物镜（又称为"无遮拦式反射望远物镜"）。

2.4.1.1 共轴反射式望远物镜

共轴反射式望远物镜有三种典型结构形式：牛顿（Newton）式、卡塞格林（Cassegrain）式和格里高利（Gregorian）式反射望远物镜，如图 2-26 所示。

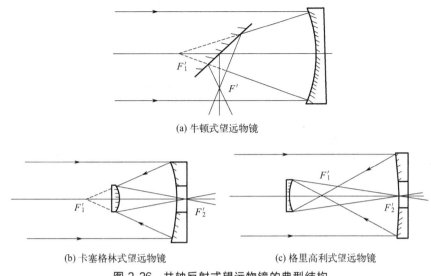

(a) 牛顿式望远物镜

(b) 卡塞格林式望远物镜　　　　　　　　(c) 格里高利式望远物镜

图 2-26　共轴反射式望远物镜的典型结构

1668 年，牛顿发明了第一台由反射式望远物镜和目镜组成的反射式望远镜。图 2-26(a) 所示牛顿式反射望远物镜由一个抛物面主镜和一块与光轴成 45°夹角的平面反射镜组成。无穷远轴上点发出的平行光线经抛物面反射后，在其焦平面上形成一个理想像点，经平面镜反射后，仍保持一个理想像点。

1672 年，在牛顿式反射望远镜基础上，卡塞格林设计了一种新型反射式望远镜，主要改进是：次镜以凸面双曲面代替平面反射镜，如图 2-26(b) 所示。无穷远目标的平行光束经抛物面成像在 F_1' 点，经双曲面成像于 F_2' 点。这种反射望远物镜的特点是：形成倒像、物镜尺寸小、主/次镜的场曲符号相反，因而具有较大视场，得到较为广泛的应用。

格里高利式反射望远物镜由一个抛物面主镜和一个凹椭球面次镜组成，如图 2-26(c) 所示。次镜使用椭球面的显著优点是，位于椭球面一个焦点处的点物体被成像在另一个焦点处，没有球差。抛物面主镜的焦点 F_1' 与椭球面的一个焦点重合，因此，无穷远轴上点经抛物面主镜后在 F_1' 处形成一个理想像点，再经椭球面理想成像于另一个焦点 F_2'，并且是正像。

三种反射式望远物镜的不同之处是：次镜分别采用平面、凸面双曲面和凹面椭球面，并且，卡式次镜和格式次镜分别放置在主镜焦点前面和后面。

不同的结构布局具有不同的特性：

① 卡塞格林反射式望远物镜的轴向长度几乎是格里高利反射式望远物镜长度的一半，因此，重量小、稳定性好。

② 格里高利反射式望远物镜无需倒像。

③ 对于格里高利反射式望远物镜，两个凹表面的表面质量及对准造成的像质变化易于测量和控制。

随着材料科学和现代制造工艺的迅速发展和进步，加拿大 fSona 通信公司（free Space Optical Networking Architecture）利用卡式和格式反射望远镜的优点，设计了一种新型反射镜，如图 2-27 所示。在格里高利式反射镜标准结构中，类似于卡式原理，在主反射镜焦平面之前设计一块平面反射镜，同时，将凹面椭圆形次镜设计和制造在主镜内表面上。实际

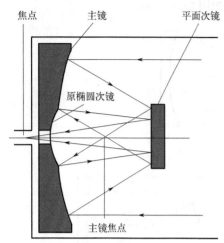

图 2-27 改进型格里高利式反射物镜

上，传统的主镜和次镜组合形成一个"双反射镜"结构，不仅保留了标准格式反射望远镜的优点，而且体积几乎减小了一半，仅是卡塞格林反射镜的 2/3；另外，放宽了主次镜同心度的对准要求，降低了制造和装配成本。

图 2-28 是 Korsch 型共轴三反射镜式望远物镜，次镜对光路遮挡是不可避免的。为了避免二次遮挡，采用一个平面反射镜对光路进行折转，将像平面（或焦平面）投射到光路外。

西安应用光学研究所（刘莹奇等人）通过模仿人眼视觉生理机制，研究设计了一种多谱段（中红外成像和激光测距）共孔径新型光学系统，显著特点是采用大孔径同轴四镜五反共孔径主光学系统（也称为"库德反射镜"），如图 2-29 所示。

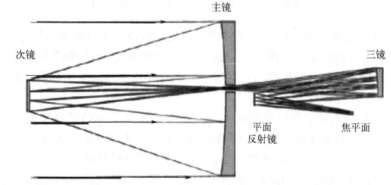

图 2-28 Korsch 型共轴三反射镜式望远物镜

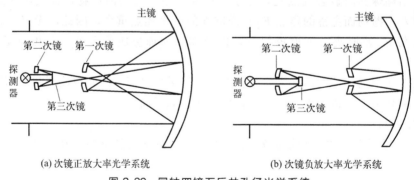

(a) 次镜正放大率光学系统　　　　(b) 次镜负放大率光学系统

图 2-29 同轴四镜五反共孔径光学系统

该系统采用无焦同轴五（次）反射形式，避免了宽谱段的色差校正问题，并通过平面分束镜（反射中波红外 3～5μm 和透射 1.54μm 激光）与后面的中波红外和激光测距成像系统相组合。研究表明，主镜孔径越大，系统视场角越大；主镜 F 数❶越大，系统瞬时有效视场

---

❶ F 数，为系统的等效焦距和光学孔径之比。为叙述便捷，行业内惯用"F/"代替文字"F 数为"，如"F/8.0"表示"F 数为 8.0"。本文的叙述中亦采用此种表达方式。

越大；次镜孔径越大，系统瞬时有效视场越大，遮拦也越大；次镜放大率越大，系统瞬时有效视场越小。

应当说明，同轴反射式望远物镜是应用最早的反射式光学系统，除具有上述优点，主要缺点是次镜对主镜的中心遮拦降低了光能的利用效率，造成系统调制传递函数（MTF）下降。

2.4.1.2 离轴反射式望远物镜

离轴反射式望远物镜是在共轴反射式望远物镜的基础上，为了解决前述问题而发展起来的一种望远物镜。离轴方式有两种：光阑离轴和视场离轴。

光阑离轴是将光学系统的孔径光阑移出系统光路以消除中心遮拦的一种离轴形式。换句话说，只使用主镜不被挡光的一部分孔径从而消除中心遮拦。采用光阑离轴方法，尽管能够使系统变得紧凑，但由于系统失去原有的旋转对称特性，系统的像差分布不再遵循近轴像差理论，由此引入的非对称像差会对系统成像质量产生影响，在较大视场情况下，成像质量将明显下降，并且，利用球面或者普通的非球面难以完成此类像差的平衡和校正。以自由曲面用作非旋转对称的光学表面，为校正非对称像差提供了更多的设计自由度，对提升光阑离轴反射系统的成像性能具有重要作用。

将光阑置于次镜上（即光阑不离轴），通过视场倾斜的方法避免中心遮拦，称为视场离轴。这种方法具有更强的像差校正能力，视场大，像质好，适合设计大视场和大相对孔径的反射式光学系统。

按照系统中使用反射镜的数量，反射式望远物镜分为双反射式、三反射式和四反射式等。由于双反射镜系统的自由度有限，校正像差困难，因此，视场较小；四反射式结构增大了加工和调试难度，稳定性稍差；因此，最常用的是离轴三反射镜形式，图 2-30 是两种典型的离轴三反射式望远物镜。

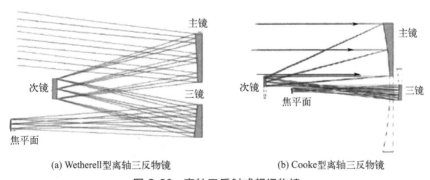

(a) Wetherell型离轴三反物镜   (b) Cooke型离轴三反物镜

图 2-30　离轴三反射式望远物镜

图 2-30(a) 所示的 Wetherell 型离轴三反物镜中，次镜相对于光轴对称，主镜、次镜和三镜的主体结构位于同一光轴上。主镜和三镜采用凹非球面镜，次镜是凸的二次曲面镜。优点是具有较大视场、较长焦距和较好像质。如果增加一个平面反射镜使光路折叠，则可以进一步减小系统尺寸。

图 2-30(b) 所示的 Cooke 型离轴三反物镜，是上述 Korsch 型共轴三反射镜式望远物镜的改进型。为了避免遮拦，仅利用其中每个反射镜的一部分孔径。

案例一，中国科学院航空光学成像与测量重点实验室和长春光学精密机械与物理研究所（李岩等人）联合设计了一种"灵巧型离轴三反光学系统"（焦距 1200mm，视场 $1.2° \times$

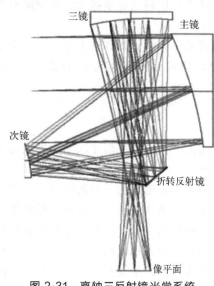

图 2-31 离轴三反射镜光学系统

1.6°），三个反射镜均采用二次非球面，如图 2-31 所示。该系统的主要特点是仅有孔径光阑（孔径 160mm）离轴 142mm，而反射光学元件整体均没有偏心和倾斜，因此，降低了系统的装调难度；另外，在次镜和三镜中间增加一块平面反射镜，使系统结构更加紧凑和小型化，总体积小于 235mm×160mm×386mm；成像质量接近衍射极限：在可见光波段（波长 486～656nm，频率 80lp/mm）MTF＞0.5，在中波红外波段（频率 15lp/mm）MTF＞0.35，最大均方根弥散斑半径为 2.096μm。

为了适应军事装备的需求（尤其是军用航空领域），光学系统在提高作用距离的同时，正在向小型化和轻量化方向发展。同轴反射式存在中心遮拦，影响入射能量和调制传递函数；普通离轴反射式体积大，又无法满足机载空间的要求，因此，需要寻求一种新的离轴反射光学系统结构形式，例如在反射式望远物镜中采用自由曲面。

案例二，西安应用光学研究所（李元等人）设计了一种新型离轴三反射镜式光学系统，采用［Zernike（泽尔尼克）多项式］自由曲面代替传统的旋转对称式非球面，光线在系统内多次折返，具有体积小、无中心遮拦、大视场（对角线视场角达到 7.5°）和大相对孔径（F/1.8）、高光学透射率和良好的成像质量等优点；长春理工大学与中国科学院长春光学精密机械与物理研究所（史浩东等人）联合设计了一种由三片离轴反射镜组成的光阑离轴型光学系统，如图 2-32 所示，其中，主镜和次镜为二次曲面，三镜是一个泽尔尼克多项式自由曲面。优化后全视场波前误差均方根（RMS）小于 $\lambda/10$，全视场 MTF 在奈奎斯特频率（33lp/mm）处优于 0.5，满足质量要求。

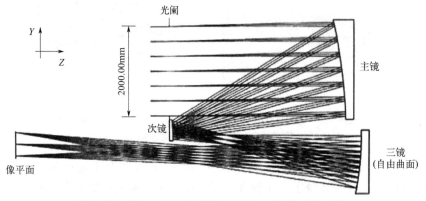

图 2-32 含有一个自由曲面的离轴三反射镜光学系统

案例三，中国航空工业集团公司洛阳电光设备研究所同样对包含两个自由曲面的离轴三反式物镜的设计方法进行了深入探讨：李俊阳等人设计的可见光离轴三反式物镜系统，主镜和次镜为 Zernike 自由曲面，三镜为二次曲面，如图 2-33(a) 所示；潘思豪等人设计的一种长波红外紧凑型离轴三反式物镜系统，主镜为二次曲面，次镜和三镜为 Zernike 自由曲面，如图 2-33（b）所示。

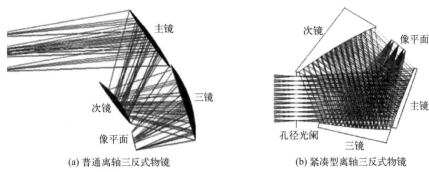

(a) 普通离轴三反式物镜　　　　(b) 紧凑型离轴三反式物镜

图 2-33　含有自由曲面的离轴三反式物镜

表 2-3 是图 2-33（b）所示光学系统的主要参数；表 2-4 是次镜和三镜两个泽尔尼克（Zernike）自由曲面的面型系数。

表 2-3　紧凑型离轴三反式物镜主要结构参数和光学性能

项目		曲率半径/mm	反射镜面形	设计间隔/mm
主镜		3628.3	非球面	−399.9
次镜		552.8	自由曲面	133.3
三镜		376.4	自由曲面	266.6
焦距/mm		200		
F 数		2		
视场/(°)		8×8		
系统长度/mm		200		
探测器	工作波长/μm	7.5~10		
	像元尺寸/μm	24		
全视场弥散斑平均值/μm		19.4		
全视场畸变		≤2.34%		

表 2-4　次镜和三镜的 Zernike 面型系数

泽尔尼克系数	次镜	三镜
A1	50.0466	−75.7303
A5	−17.3349	−44.0441
A6	−0.0282	−0.0012
A7	−0.0590	−0.0087
A8	−0.0109	−0.0033
A9	−4.3910	9.5107
A10	−5.9838	4.3530
A11	−3.1922	2.6287
A12	0.9244	0.4626

泽尔尼克系数	次镜	三镜
A13	−1.7827	−1.7163
A14	0.0031	0.0012
A15	0.0385	0.0060
A16	0.30088	0.0013
A17	−0.0007	−0.00005
A18	−0.0014	−0.0003
A19	−0.6440	0.6630
A20	−1.3400	0.8884
A21	−0.2671	0.1163
A22	−0.7342	0.1133
A23	−1.1084	0.0671
A24	−0.9646	−0.1782
A25	−0.5173	−0.1752

自由曲面光学元件是非旋转对称面型，因此，能够最大限度地提供优化自由度，提升光学系统轴外像差的校正能力，扩宽系统的有效视场，成像质量进一步得到提高（例如，Leica公司研制的采用自由曲面的三反式光学系统，全视场的波像差由 λ/7 提高到 λ/20），也使系统的结构布局更加灵活。

如前所述，离轴三反射式物镜由于没有中心遮拦，因而能够提升能量接收效率和增大探测距离。但研究也表明，军事应用领域对杂散光的抑制有着苛刻要求，尤其是对红外波段的探测，如果希望进一步减少杂散光的影响，必须在上述离轴三反结构中采用二次成像结构。一方面，二次成像系统的中间像位置可以设计视场光阑，有效防止视场外杂散光传播到焦平面，同时可以减少光阑后面光学元件受到前端光学元件的辐照面积；另一方面，保证系统出瞳与探测器冷光阑完全重合，并且，由于红外探测器的光阑封装在制冷的杜瓦瓶内，因而可以实现 100% 的冷光阑效率。

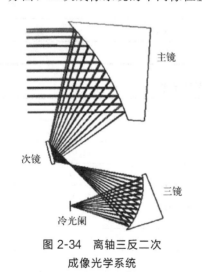

图 2-34　离轴三反二次成像光学系统

案例四，中国航空工业集团公司洛阳电光设备研究所（潘思豪等人）设计了一种离轴三反射式二次成像系统，如图 2-34 所示。初始结构选择如下：

① 主镜采用光阑偏心的抛物面反射镜，保证平行光束无像差成像。

② 次镜采用双曲面反射镜，由于双曲面反射镜具有双焦点共轭性，因而在镜面左右两侧能够形成无像差共轭点，同时可以压缩主镜与次镜之间的间隔。

③ 三镜采用椭球面，利用椭球面反射镜镜面同侧形成共轭实像点的特点，并通过合理选择椭球面的位置和旋转角度，保证通过二次成像将中间像点成像在探测器的像平面上，并使出瞳与冷光阑重合。

在优化过程中，三个反射镜均采用 Zernike 自由曲面结构形式，设计结果满足系统技术要求，主要性能列于表 2-5；光学系统结构参数以及非球面系数分别列在表 2-6 和表 2-7 中。

表 2-5　离轴三反二次成像光学系统的主要性能

参数			指标
波长/μm			8～12
焦距/mm			130
F 数			1.3
视场/(°)			5×0.1
MTF (18lp/mm)	设计值(边缘视场)		≥0.6
	考虑公差后	边缘视场	0.35
		各视场均值	0.374
最大相对畸变			≤2%
光学系统尺寸/mm			130×130×220

表 2-6　离轴三反二次成像光学系统的结构参数

反射镜	表面曲率半径/mm	旋转角度/(°)	间隔/mm
主镜	−199.55	−4.08	−80
次镜	−1405.64	11.86	83.30
三镜	−99.31	19.00	−54.54
光阑	∞	−1.02	−10.0

表 2-7　离轴三反二次成像光学系统的面形参数

项目		主镜	次镜	三镜
圆锥常数		−0.850	145.987	0.54
泽尔尼克系数	A5	-3.257×10^{-5}	1.28×10^{-3}	-7×10^{-4}
	A6	-1.715×10^{-5}	-5.2×10^{-4}	1.612×10^{-5}
	A7	-2.359×10^{-8}	-5.180×10^{-6}	-9.851×10^{-8}
	A8	4.257×10^{-8}	7.299×10^{-6}	2.978×10^{-8}
	A9	1.377×10^{-7}	-3.284×10^{-5}	-1.644×10^{-6}
	A10	-7.292×10^{-7}	-1.606×10^{-5}	3.178×10^{-6}
	A11	-6.865×10^{-9}	5.678×10^{-7}	-1.402×10^{-8}
	A12	4.388×10^{-10}	6.755×10^{-8}	1.074×10^{-8}
	A13	-9.686×10^{-10}	-2.147×10^{-8}	-9.588×10^{-9}
	A14	-4.744×10^{-11}	-7.636×10^{-8}	3.815×10^{-10}
	A15	-5.206×10^{-11}	-6.185×10^{-8}	-1.793×10^{-10}
	A16	-1.369×10^{-14}	-4.059×10^{-10}	-1.596×10^{-12}
	A17	2.599×10^{-16}	1.441×10^{-11}	-2.291×10^{-12}

2.4.1.3 反射镜结构参数的考虑

作为光学设计工程师，最关注的反射镜（尤其是前表面反射镜）设计参数是直接影响成像质量的表面形状（曲率半径）。

实际上，影响系统成像质量的不仅仅是表面曲率，对于大孔径反射镜（如主反射镜），还需要考虑所选材料对工作环境（例如温度和压力）的适应性；要选择适当的孔径/厚度比以避免在自重条件下表面变形而影响成像质量；合理选择材料和结构形式（例如背部蜂窝状的结构形式和支撑点数量）以实现轻量化要求等。

（1）孔径/厚度比

对于机载大孔径（主）反射镜，如果厚度选择太厚，虽然刚性很好，但重量太重，不利于机载光学仪器的轻量化要求；如果太薄，能满足轻量化要求，但在自重影响下会使表面严重变形，不利于像差校正。

对于圆形反射镜，P. Yoder 的研究建议采用下面的经验公式处理径厚比（D/t）与自重变形之间的关系：

$$\delta = \frac{3\rho g a^4}{16Et^2} = \frac{3\rho g (D/t)^2 D^2}{256E} \qquad (2\text{-}32)$$

式中 δ——最大自重变形，μm；

ρ——材料密度，kg/m^3；

g——重力加速度，m/s^2；

E——材料弹性模量，GPa；

a——圆形反射镜半径，m；

D——圆形反射镜直径，m；

t——圆形反射镜厚度，m。

（2）反射镜支撑点数目

反射镜的支撑形式有背部支撑、周边支撑、侧面支撑和中心支撑四种方式。相比之下，背部支撑具有更强的刚度，尤其对工作在较复杂机载环境中的红外光学系统，为保证较高精度，通常采用这种支撑结构。

理想的支撑结构中，一般选择 3 点支撑方式。支撑点增加意味着系统重量增加。Hall（参考 E. Friedman 所著 *Photonics rules of thumb* 一书）给出了圆盘反射镜支撑点数目 N 的计算公式：

$$N = \left(\frac{0.375D^2}{t}\right)\left(\frac{\rho g}{E\delta}\right)^{1/2} \qquad (2\text{-}33)$$

2.4.2 折射/反射式望远物镜

研究表明，反射式望远物镜的最大优点是：轴上物点基本上是理想成像，没有球差。但对于轴外物点，无论采用何种曲面（抛物面、椭球面或者双曲面），都会产生彗差和像散，因此，有效工作视场较小。另外，次镜会遮挡孔径中心的部分光线。

为了校正轴外像差和扩大视场，通常采用反射望远物镜中增加折射透镜的设计方法，组成折射/反射式混合望远物镜。

2.4.2.1 基本形式

已经研发出多种形式的折射/反射式望远物镜，典型结构形式包括施密特（Schmidt）物镜、马克苏托夫（Maksutov）物镜（或者 Bouwers 系统）和曼金（Margin）型物镜。

（1）施密特物镜

如图 2-35 所示，在施密特物镜中，主镜是一块球面反射镜，在其球面曲率中心设计一个薄的非球面折射校正板（又称为施密特校正板）。施密特校正板的作用是校正球面反射镜球差，同时用作系统的入射光瞳，校正彗差和像散。

研究表明，可以将这种非球面校正板设计在上述任何一种类型的双反射镜物镜中，以提供足够的自由度用以校正球差、彗差和像散。最佳设计结果显示，相对孔径达 1∶1～1∶2，视场达到 20°。

主要缺点：系统长度较长，是主镜焦距的 2 倍。

（2）曼金型物镜

传统的卡塞格林反射式望远物镜的典型结构由一个主反射镜和一个次反射镜组成。由于该类系统视场无法满足正弦条件，因此彗差和像散等轴外像差无法校正，视场较小。

为了扩大视场，Ritchey·Chretien 提出一种能够同时消除球差和彗差的改进型卡塞格林式望远物镜系统（简称 R-C 系统），其主要特点是主镜和次镜反射面均采用双曲面，次镜是由一个反射面和与其相贴的折射透镜组成的折射/反射系统，称为"Margin（曼金）次镜"，如图 2-36 所示。

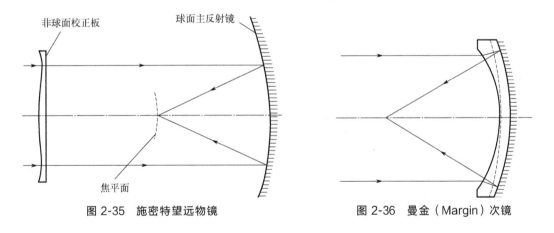

图 2-35　施密特望远物镜　　　　　　　　图 2-36　曼金（Margin）次镜

实际上，Margin 次镜是一种最简单的"内表面镀膜折反式系统"。一般情况下，曼金次镜的反射面和折射面都设计为球面，为了校正像差，也可以将反射面设计为非球面，称为"类曼金反射镜"。

曼金次镜包括三个成像面：第一和第三表面为折射面（具有相等的曲率半径，分担一部分光焦度，用来降低次镜反射面的非球面偏心度），可利用该折射表面的光焦度校正反射面像差，第二面为反射面，与主镜形成 R-C 系统。当然，如果需要，Margin 反射镜的工作原理也可以应用于主镜。

在有些情况下，仅仅依靠曼金型卡式物镜无法获得理想的成像质量。为了进一步校正系统像差，多数情况需要在系统中增加一些折射透镜以平衡系统的残余场曲、畸变和像散等轴外像差，如图 2-37 所示。

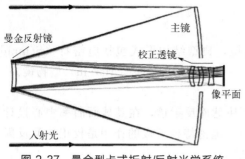

图 2-37　曼金型卡式折射/反射光学系统

（3）马克苏托夫物镜（或者 Bouwers 系统）

马克苏托夫望远物镜实际上由一个卡塞格林反射物镜和一个球面弯月形校正板（也称为马克苏托夫校正透镜）组成，也称为卡塞格林式折射/反射物镜。图 2-38 给出了以卡塞格林成像原理为基础的不同应用形式，其中图 2-38（c）的结构布局常常应用于机载红外搜索跟踪系统以及导弹制导系统，将具有良好空气动力性能的光窗或整流罩作为校正板。

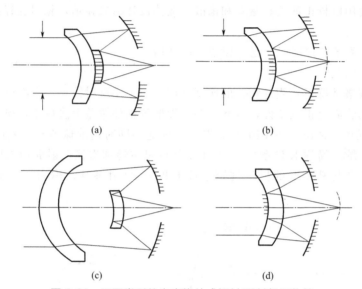

图 2-38　不同类型的卡塞格林式折射/反射望远物镜

实际上，马克苏托夫折射/反射式望远物镜的结构布局最早源于曼金反射镜（Margin reflector）的概念，所以，可以看作是其原理的延伸和扩展，如图 2-39 所示。主要特点是：

① 所有表面都与光阑同心，因此，彗差和像散为零。

② 将校正透镜放置在距离主反射镜一定的距离上。

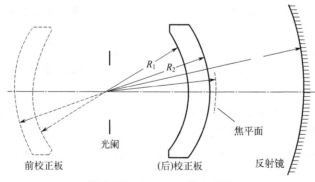

图 2-39　Bouwers 同心系统

由于具有较多的自由度，因此，系统的成像质量有很大改善。并且，还具有一个非常奇特的性质，即同心校正板无论放置在系统中的任何位置，都会产生同样的像差校正。

2.4.2.2 设计实例

以卡塞格林反射物镜为基础的折射/反射望远物镜是最基本也是应用较广泛的一种光学系统。由于应用环境和技术要求各异，结构形式也随之多种多样，下面列出几种典型产品。

案例一，折射/反射式卡塞格林摄像物镜。

Martin Shenker 设计的光学系统如图 2-40，结构参数列于表 2-8。

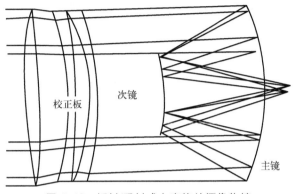

图 2-40　折射/反射式卡塞格林摄像物镜

该系统的特点是：由三个密接薄透镜共同组成校正板，采用相同的玻璃材料，并且使总光焦度近似为零，因此既不会产生初级色差也不会产生二级色差，同时，令校正板位于孔径光阑处以校正主镜（球面反射镜）的单色像差。缺点是：次镜遮挡中心将近一半的孔径；存在大量色球差。

表 2-8　光学系统结构参数

半径/mm	间隔/mm	材料
212.834	4.463	UBK7:折射率1.517 V 值　64.3
−390.476	9.174	空气
−125.482	2.480	UBK7:折射率1.517 V 值　64.3
−231.298	3.967	空气
−91.834	2.480	UBK7:折射率1.517 V 值　64.3
−133.883	20.400	空气
	32.047	空气
−111.690	31.661	反射镜
−111.690	39.925	反射镜
焦距/mm	100	
后截距/mm	39.93	
校像差使用波长/nm	486,588,656	

案例二，$F/8.0$ 折射/反射式卡塞格林物镜。

Kaprelian 和 Nimmack 设计的光学系统如图 2-41，厚弯月形校正板是一种球差校正板；

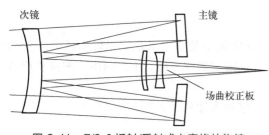
图 2-41 F/8.0 折射/反射式卡塞格林物镜

校正板第二表面是非球面，可用作次镜，当位于孔径光阑中心时，仅校正球差，通常还可校正其它像差；主镜是一个弯月形第二表面反射镜，具有正光焦度；位于会聚光束中的两个透镜是场曲校正板，对校正彗差、像散和场曲尤其有效。适当选择玻璃材料和光焦度分布能够使光学系统完全没有轴向色差。光学系统结构参数列于表 2-9。

表 2-9　光学系统结构参数

半径/mm	间隔/mm	材料		
		类型	折射率	V 值
−22.500	1.929	BK7	1.517	64.2
−37.943	21.394	空气	—	—
−107.429	1.571	BK7	1.517	64.2
−66.714	1.571	BK7	1.517	64.2
−107.429	21.386	反射镜	—	—
−37.943	15.686	反射镜	—	—
9.179	0.643	KF9	1.523	51.5
20.029	1.657	空气	—	—
−32.614	0.957	KF9	1.523	51.5
12.271	17.374	空气	—	—
焦距/mm	100.6			
后截距/mm	17.37			
消色差波长/nm	486,588,656			

案例三，共孔径（卡塞格林式）双通道红外扫描成像光学系统。

现代军事战争中，伪装（包括隐身技术）和反伪装技术不断发展，单一波谱的探测技术已无法满足战争的环境需求，通常会利用中波红外和长波红外各自的优点以获取更多的目标特征，从而提高系统探测和识别目标的能力。

中国科学院西安光学精密机械研究所（刘凯等人）利用卡塞格林反射物镜型结构作为共孔径物镜设计了一种双波段红外扫描成像光学系统，在一次成像位置处设计一个分束镜（保证形状最小）以反射中波红外光（3～5μm）和透射长波红外光（10～12μm），从而形成两个二次成像通道。望远系统目镜位于分束镜后，在望远系统出瞳位置设计一个内扫描镜，使光路转折 90°，缩小了光学系统的径向尺寸。该系统可用作扫描系统或凝视焦平面阵列系统，如图 2-42 所示。

实际上，该系统是由中波红外成像系统和长波红外系统组成的，每种波长的光学系统都由一个望远镜系统和一个二次成像系统组成，并采用卡塞格林式物镜作为共孔径物镜，其中，为了校正像差和增大视场，主镜和次镜均采用双曲面（顶点曲率半径分别为 −2700mm

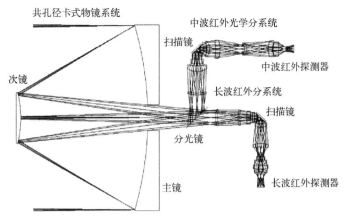

图 2-42　卡式物镜型结构双波段红外扫描成像光学系统

和 $-876.892\mathrm{mm}$）表面。由于分束镜将中波和长波红外分离，因此望远目镜系统（三片型结构）和二次成像系统（六片型结构）分别设计。虽然中波红外/长波红外系统具有相同的结构形式，但长波红外折射系统仅采用一种材料 Ge，而中波红外采用两种材料 Ge 和 Si。为了简化结构和进一步校正像差，二次成像系统中，采用三个非球面和两个衍射面，如图 2-43 所示。

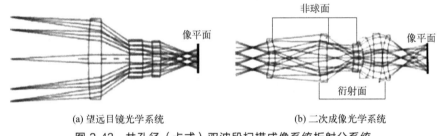

(a) 望远目镜光学系统　　　　　　　　　(b) 二次成像光学系统

图 2-43　共孔径（卡式）双波段扫描成像系统折射分系统

设计结果表明，中波红外系统调制传递函数（频率 18lp/mm）达到 0.79 以上，2 个像元内集中能量 90％ 以上，弥散斑均方根直径 $5.0344\mu\mathrm{m}$；长波红外系统调制传递函数（频率 18lp/mm）达 0.4 以上，2 个像元内集中能量 80％，弥散斑均方根直径 $9.4213\mu\mathrm{m}$。完全满足红外探测器像元尺寸 $30\mu\mathrm{m}$ 的技术要求。

案例四，改进型卡式双波段搜索跟踪系统。

四川长九光电科技有限公司（贺祥清等人）利用改进型卡塞格林望远镜结构形式（即 R-C 反射系统）设计了一种激光/长波红外搜索跟踪系统，如图 2-44 所示。

该系统激光工作波段 $1.064\mu\mathrm{m}$，选用 APD（雪崩光电二极管）探测器；长波红外工作波长 $7.7\sim9.3\mu\mathrm{m}$，选用 320×256 元制冷型探测器。

系统由整流罩、改进型卡塞格林共孔径物镜系统、次镜/分光镜后的红外二次成像系统（与探测器冷光阑相匹配）以及激光成像系统组成。

此系统与传统卡塞格林物镜不同之处在于采用了由 Ritchey 和 Chretien 提出的改进型卡塞格林物镜（称为 R-C 系统）：次镜由正/负两片透镜组成，在负透镜的第一表面镀有分光膜，可以反射激光和透射长波红外，换句话说，全反射式卡塞格林物镜已改型为反射/折射式物镜。其中，主镜选择熔石英材料，次镜组选择锗（Ge）和 AMTIR1 材料。

长波红外系统由望远系统（包括主镜、次镜和准直透镜）和二次成像系统组成。由于

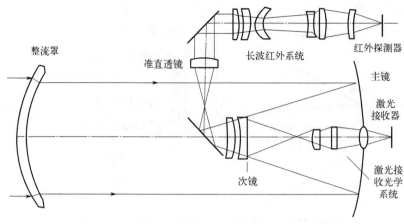

图 2-44 改进型卡式激光/红外搜索跟踪光学系统

R-C 系统具有较小的残余像差，因此，准直系统采用 1 片球面 Ge 透镜。为了同时实现消除热差和像差，折射二次成像系统由六片透镜（AMTIR1、ZnS、AMTIR1、ZnS、ZnSe、Ge）组成，其中，锗透镜第二个表面设计为偶次高阶非球面，并通过适当分配光焦度（分别为正、负、正、负、正、正），保证在 −50～70℃ 温度范围内有良好的成像质量。

激光接收系统由主镜、次镜和二次折射成像系统（为在一次成像像平面位置设置消杂光光阑）组成。二次成像系统由三片透镜（K9、SF3 和 SF4 材料）组成，其中 SF3 透镜第一表面设计为偶次高阶非球面，使成像质量满足技术要求。

主要光学性能列在表 2-10 中。

表 2-10　主要光学性能

参数			指标
红外系统	工作波长/μm		7.7～9.3
	探测器	类型	制冷型
		像元数目	320×256
		像元尺寸/μm	30×30
	焦距/mm		240
	F 数		2
	视场/(°)		2.29×1.83
	入瞳直径/mm		120
	冷光阑效率		100%
	环境温度/℃		−50～70
	MTF(17lp/mm)		>0.3(轴上>0.4)
激光系统	工作波长/μm		1.064
	探测器	类型	APD 探测器
		像元尺寸/μm	ϕ800
	焦距/mm		800
	视场/(°)		±0.03

2.4.3 折射式望远物镜

望远镜目视光学系统通常采用结构简单的折射式望远物镜，如图 2-45 所示。物方视场较小，像差校正能力有限，大部分情况下，需要依靠目镜一起校正系统像差，较少用作机载光电系统中的望远摄像物镜。

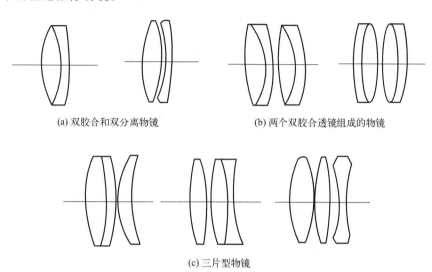

(a) 双胶合和双分离物镜   (b) 两个双胶合透镜组成的物镜

(c) 三片型物镜

图 2-45　普通望远镜系统的简单物镜

机载望远物镜（例如红外搜索跟踪系统和可见光电视成像系统）通常要求有较大的物方视场和相对孔径，并直接成像在感光胶片或者光电接收器上，需要有较好的成像质量。由于没有其它光学系统（例如目镜）补偿其产生的像差，必须依靠自身优化获得较好像质，因此，结构一般都较复杂。较广泛使用的机载望远摄像物镜主要有下述几种形式。

2.4.3.1 库克望远物镜

1893 年，塔克洛尔（H. D. Tealor）设计了一种典型的库克（Cooke）三片型物镜，中间透镜是负火石玻璃透镜，两侧是正冕牌玻璃透镜。为了校正匹兹伐（Petzval）像差，必须在正负透镜之间设计非常大的间隔，并且，光阑设置在负透镜上，如图 2-46 所示。

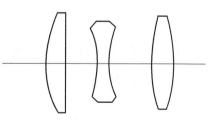

图 2-46　库克三片型物镜

在非对称情况下，库克物镜含有 8 个变量（六个曲率半径和两个间隔），理论上，能够校正全部七种像差。实践证明，如果负透镜选择色散较大的材料，有利于在场曲时得到校正时的光焦度分配，使各组透镜的光焦度都偏小，更便于轴向像差的校正；如果采用完全对称结构，则垂轴像差也能得到校正。因此，库克物镜是一种能够校正所有像差的最简单、具有中等光学特性、有较好像质和较高性价比的摄像物镜结构，也是目前广泛使用的一种物镜。一般情况下，该类物镜的相对孔径是 1∶4～1∶5，视场 $2\omega=40°\sim50°$。适当减小视场，则相对孔径可以达到 1∶2.8。

应当注意，设计红外光学物镜（例如，应用在远红外领域）时，由于采用高折射率红外材料（例如锗，折射率4.0），优化后的透镜形状与普通Cooke三分离物镜的形状完全不同，即使如此，本节也将此类物镜归属于红外Cooke三分离物镜。

图2-47是Thomas P. Vogl设计的$F/0.75$远红外（$8\sim14\mu m$）物镜。中间负透镜材料是低折射率（$n=1.74$）碘化铯（CsI），两侧的正透镜材料是高折射率（$n=4.0$）锗（注意，如果折射率$n=1.5$，则最小球差时的形状是双凸形状）。表2-11给出该光学系统的结构参数。

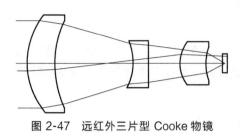

图2-47　远红外三片型Cooke物镜

表2-11　远红外三片型Cooke物镜的结构参数

曲率半径/mm	间隔/mm	材料		
		型号	折射率	V值
167.262	25.488	锗	4.003	779.6
233.17	73.172	空气	—	—
−129.923	12.523	碘化铯	1.739	180.6
−22862.688	28.626	空气	—	—
80.063	23.582	锗	4.003	779.6
139.090	15.448	空气	—	—
∞	4.167	硫化锌	2.192	17.0
∞	0.005	空气	—	—
校正像差波长/μm	8.00,10.6,13.00			
焦距/mm	100			
后截距/mm	−0.004675			
F数	0.75			
视场/(°)	$2\omega=12$			

2.4.3.2　天塞望远物镜和海利亚望远物镜

库克物镜的明显缺点是剩余像差中轴外像差（正的轴外高级球差和负的高级子午场曲）比较严重。为了解决该问题，科学家们做过许多尝试（例如通过透镜分裂方式使库克物镜复杂化）以增大相对孔径或提高视场边缘成像质量，比较成功的有两种方法：

① 将后面的单透镜改型为双胶合透镜，利用胶合面产生负像散以校正轴外球差，如图2-48(a)所示，称为天塞（Tessar）物镜（1902年，由Paul Rudolph博士研制成功），其中包括两种型号：用于速拍的最大光圈6.3的天塞系列和用于翻拍的最大光圈10的天塞系列。天塞物镜的光学性能优于库克物镜，分辨率高，反差适中，畸变小，相对孔径由1：4～1：5提高到1：2.8～1：3.5，视场达到$2\omega=55°$。

② 在天塞物镜的基础上，再次将前面的单透镜设计为双胶合透镜，其结构重新趋于对称，利用两个胶合面把高级彗差和带球差校正得很好，相对孔径提高到1：2.9，称为"海

利亚物镜"，如图 2-48（b）所示，是美国在二战中广泛采用的夜航摄影物镜。

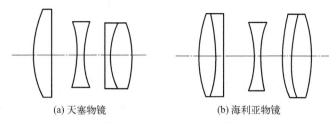

(a) 天塞物镜　　　　　　(b) 海利亚物镜

图 2-48　改进型库克物镜

表 2-12 列出一种天塞物镜的结构参数［与图 2-48（a）相比，后透镜是一个倒置的双胶合物镜］和主要性能。

表 2-12　天塞物镜的结构参数和性能

半径/mm	间隔/mm	材料		
		型号	折射率	V 值
30.322	5.054	SK16	1.620	60.3
390.086	5.579	空气	—	—
−78.533	3.760	LF7	1.575	41.5
26.178	4.320	空气	—	—
光阑	2.634	空气	—	—
82.072	8.076	SK52	1.639	55.5
−21.128	2.021	KF9	1.523	51.5
−114.906	81.484	空气	—	—
校正像差波长/nm	486,588,656			
焦距/mm	100			
后截距/mm	81.48			
相对孔径	1∶3.0			
视场（2ω）/（°）	30.1			

2.4.3.3　双高斯望远物镜

双高斯物镜（double Gauss objectives）是一种具有较大视场（2ω＝40°左右）和较大相对孔径（达到 1∶2）的对称型物镜，也是获得广泛应用的一种照相物镜。

根据光学像差理论，在完全对称的光学系统中，彗差、畸变和横向色差为零。为做到完全对称，光阑之后的零件必须是之前零件的"镜像"。这种完全对称理论不仅适合"单位倍率下工作"的系统，也适用于无限远共轭系统。尽管在后者条件下，上述像差并未完全消除，但都倾向于大大减小。因此，对于要求低畸变、小彗差的较大视场光学系统，多采用对称或近似对称的结构形式。

最初，双高斯物镜源自两块对称布局的弯月透镜（又称为 Goerz Hypergon 物镜）。为校正系统场曲，两块等厚的弯月透镜，等间隔地放置在光阑两侧，如图 2-49（a）所示。由于采用两个弯曲比较厉害的弯月形透镜，轴外光束（斜光束）在每个表面上的入射角很小，因而能够校正彗差和畸变，但由此造成球差很大，有效孔径受限于 $F/22.0$。

为了得到较大孔径，必须校正球差和色差，为此增加了火石材料的负透镜，其结构接近与光阑同心，称为 Topogon 物镜，如图 2-49(b) 所示。通过改变表面曲率和厚度，视场可以达到 $45° \sim 50°$，但仍受到球差影响，最小有效孔径局限在 $F/11.0$ 左右。

19 世纪后半叶，人们尝试设计由对称双胶合弯月透镜组成的系统。1890 年，由德国蔡司公司的 Paul Rudolph 博士设计的校像散透镜是其典型代表，称为 Zeiss 校像散物镜。如图 2-49(c) 所示，Zeiss 校像散物镜的前组件是由低折射率冕玻璃和高折射率火石玻璃组成的双胶合透镜，用于色散胶合面校正球差；后组件是由高折射率冕玻璃和低折射率火石玻璃组成的双胶合透镜，用于会聚胶合面控制像散，使匹茨伐场曲减小，同时，对称性有助于控制彗差和畸变。

此后，又分别研发出由两组三胶合透镜组成的光学系统——Goerz Dagor 物镜 [图 2-49(d) 所示]，以及由两组"双胶合透镜＋单透镜"组成的光学系统——Orthomatar 物镜 [图 2-49(e) 所示]，有效孔径达 $F/4.0$。

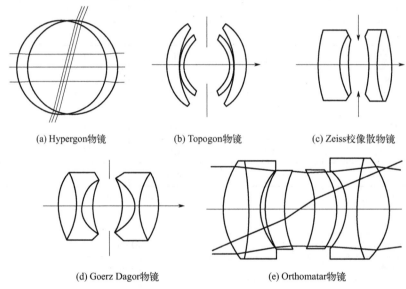

(a) Hypergon物镜 (b) Topogon物镜 (c) Zeiss校像散物镜

(d) Goerz Dagor物镜 (e) Orthomatar物镜

图 2-49 高斯物镜光学系统

对于上述这些对称型厚弯月消像散物镜，一般通过选择厚度和外表面形状控制场曲（如 Petzval 物镜）和光焦度，利用到光阑的距离调整像散。经过多年努力和实践，最终研发出适用于大孔径和中等视场的双高斯物镜（Biotar 物镜），如图 2-50(a) 所示，其由置于内侧的两块厚负弯月双胶合透镜和置于外侧的两块正单薄透镜组成。由于具有小曲率半径的厚透镜处在薄正透镜的会聚光束中，近似接近不晕位置，因此，像差和带像差都有所减小，相对孔径较大（基本结构的相对孔径是 1∶2，通过减小视场可达 1∶1.4，若结构复杂化甚至达到 1∶0.85）。

这是一种颇具影响力的光学系统形式，广泛应用于众多对成像性能要求极高的领域，许多高性能物镜都是其改进型或复杂化 [例如，将弯月双透镜转换为三透镜或者将外侧正透镜复杂化，如图 2-50(b) 所示]，也可以在此基础上设计广角物镜。表 2-13 列出一种典型双高斯物镜的结构参数。

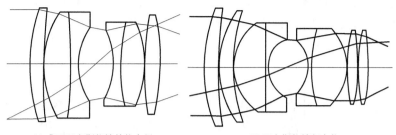

(a) 典型双高斯物镜结构布局　　　　　　(b) 双高斯物镜复杂化

图 2-50　双高斯物镜的复杂化结构

表 2-13　典型双高斯物镜的结构参数和主要性能

半径/mm	间隔/mm	材料
63.90	7.90	SK8
240.30	0.50	空气
39.50	14.50	SK10
−220.50	4.00	F15
24.50	9.95	空气
光阑	9.95	空气
−28.70	4.00	F15
78.80	12.90	SK10
−37.90	0.50	空气
161.90	8.00	SK10
−103.20	64.00	空气
校像差波长/nm	486,588,656	
焦距/mm	99.22	
视场/(°)	$2\omega = 2 \times 21.8$	
后截距/mm	64.00	

2.4.3.4　摄远物镜和反摄远物镜

摄远物镜是第二次世界大战中为了侦察摄影而发展的，定义为摄远比等于或小于 1 的物镜，即物镜光学系统第一表面顶点（亦称为前顶点）到记录介质（像平面或接收面，例如胶片和 CCD）的距离小于物镜焦距。如图 2-51(a) 所示，摄远物镜由前置正透镜组件和具有一定间隔的后置负透镜组件组成。

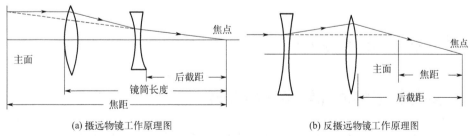

(a) 摄远物镜工作原理图　　　　　　(b) 反摄远物镜工作原理图

图 2-51　摄远/反摄远物镜工作原理

反摄远物镜与摄远物镜恰好相反，如图 2-51（b）所示，负透镜组件在前，正透镜组件在后，其显著特点是系统的后截距比系统焦距长，还可以扩大视场（如鱼眼物镜）。如果在物镜与像平面之间设计有棱镜或反射镜，这种系统是一种非常有用的结构形式。

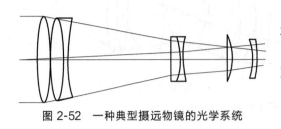

图 2-52 一种典型摄远物镜的光学系统

图 2-52 是 M. Kreitzer 设计的具有内调焦功能的典型摄远物镜光学系统。主要优点是：

① 不必移动整个物镜（仅移动镜筒内的双胶合物镜）即可实现调焦。

② 物镜调焦时，像差校正保持不变。

表 2-14 列出该摄远系统的结构参数及性能。

表 2-14 摄远物镜光学系统结构参数和性能

曲率半径/mm	间隔/mm	材料		
		类型	折射率	V 值
33.072	2.386	C3	1.518	59.0
−53.387	0.077	空气	—	—
27.825	2.657	C3	1.518	59.0
−35.934	1.025	LAF7	1.749	35.0
40.900	22.084	空气	—	—
∞	1.794	FD110	1.785	25.7
−16.775	0.641	TAFD5	1.835	43.0
27.153	9.607	空气	—	—
−120.757	1.035	CF6	1.517	52.2
−12.105	4.705	空气	—	—
−9.386	0.641	TAF1	1.773	49.6
−24.331	18.960	空气	—	—
焦距/mm	100			
后截距/mm	18.96			
F 数	5.6			
视场(2ω)/(°)	6			
摄远比	0.66			

2.5
变焦望远物镜光学系统

2.5.1 变焦望远物镜光学系统的发展

19 世纪初期，人们发现移动或调整望远系统中某个透镜的位置可以改变系统的放大倍率，由此提出变焦光学系统的概念和理论。

变焦光学系统是一种焦距连续或间断变化而像面保持稳定，且在变焦过程中保持良好像质的光学系统。

众所周知，光学系统中单个透镜的焦距是固定不变的。根据光学成像的基本原理，所谓变焦光学系统是通过改变系统中某些透镜间的相对位置实现系统（等效）的焦距变化，进而通过视场变换而获得不同比例的像面。但是，当一个或多个透镜（变倍组）移动时，系统的像面位置也随之变化，为了保证最终像面位置的稳定和成像清晰，需要按照一定的规律移动另一个透镜组（补偿组）以进行像面位移补偿。

1834年，英国数学家彼得·巴洛（Peter Barlow）发现，在伸缩望远镜的目镜组内加入负透镜，可以对加长的系统进行调节，以任意比例改变其放大倍率而"眼睛无需离开光学系统"，由此，提出了变焦镜头的简单概念和理论，开启了人们对变焦系统的研究，T. R. Dallmeyer 在《摄远光学技术》（"Telephotography"）文献中将变焦特性作为重要性质之一。

1902年，美国光学家查尔斯·艾伦（Clice C. Allen）通过实验表明，如果在两块镜片之间加入一块活动镜片，当活动镜片前后移动时，系统焦距会减小或增大，在最短和最长位置上，通过"补偿"其变焦影响能够使焦点位置保持不变。艾伦认为，可以根据物像交换原理实现像面稳定，并首次成功设计出变焦物镜，申请了第一个变焦镜头专利。

1930年后，变焦物镜在电影放映领域得到应用并迅速发展，自此，对连续变焦物镜的研究愈加重视并进入实用阶段。

最初，采用三组元变焦镜头，即用正透镜-正透镜-正透镜结构的光学补偿法实现变焦，如图2-53(a)所示。由于校正像差困难，像质无法满足要求，为此，系统中加入了一个负透镜组件从而进一步提高了成像质量，如图2-53(b)所示。

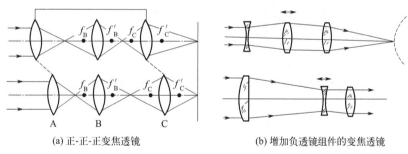

(a) 正-正-正变焦透镜　　　　　　(b) 增加负透镜组件的变焦透镜

图 2-53　三透镜式变焦系统

1932年，为了实现连续变焦，德国光学专家赫尔穆特·纽曼（Helmut Newman）首次设计出机械补偿变焦物镜。该光学系统结构颇为复杂，由6组8块透镜组成，两组独立活动的透镜分别完成变焦和对焦（或补偿）功能，变焦透镜由前到后直线运动，改变焦距；位于物镜前部的另一组补偿透镜先向前、再向后移动，以保证稳定成像。变焦范围25～80mm，相对孔径1∶2.8。

图2-54是一个简单的变焦物镜光学系统结构示意图，L_1 和 L_3 是前后两块正透镜，其中 L_3 是固定的。当中间的凹透镜从前向后移动产生变焦效果时，为了补偿焦平面的移动，正透镜 L_1 按照一定规律（如沿抛物线）移动以

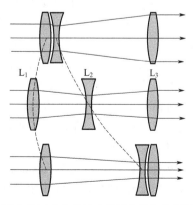

图 2-54　变焦物镜光学系统结构示意图

保证像平面稳定。这种校正方法是通过凸轮结构实现非线性移动，所以又称为"机械补偿法"。

由于技术条件所限，变焦物镜中透镜数量太多，生产成本很高而光学质量远低于定焦物镜。所以，真正使用变焦物镜是在第二次世界大战之后，亦电视成像系统开始兴盛之时。

20世纪40年代，科学家们成功设计出了更多较复杂的变焦光学系统并得到较为广泛的应用。

1946年，美国祖马尔公司（Zoomar）的弗兰克·杰哈德·巴克博士（Dr. Frank Gerhard Back）发明的变焦物镜"Zoomar Variofocal"（17～53mm、$F/2.9$）应用于拍摄新闻短片中。1949年，法国SOM Berthiot公司设计的Pan-Cinor 16变焦物镜也是典型例子之一。

20世纪50年代后，随着计算机技术（包括硬件和光学设计软件）的发展，光学和机械制造水平不断提高，能够高精度加工平滑和相对精密的凸轮曲线，不但系统中透镜的数量明显增加（如多达20片透镜），而且，变焦距物镜大多采用两组透镜移动单元，大大提高了变焦光学系统的成像质量，开始应用于更多领域。

1958年，弗兰克·杰哈德·巴克博士完成了变焦范围36～82mm、相对孔径$F/2.8$的变焦物镜设计。该光学系统由11组14片透镜组成，采用光学补偿法，专门设计有一组透镜以补偿变焦造成的像面偏移，光学系统如图2-55所示。

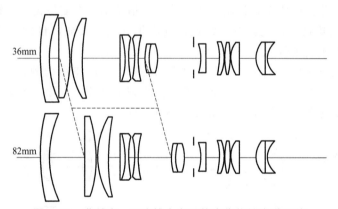

图2-55　弗兰克·巴克博士发明的变焦物镜光学系统

20世纪70年代后，光学自动设计技术普遍得到应用，能够成功设计较复杂面型的非球面透镜，研发出了多层膜系涂镀工艺和复杂凸轮机构的制造工艺，从而成功研制出多移动组元变焦物镜。

20世纪80年代，首次成功研发出折射式红外连续变焦光学系统，其中，美国Pilkington P. E. 公司设计的一种变倍比为4的长波红外变焦望远系统是其典型代表，称为"Dezir"，如图2-56所示。该系统由一个红外连续变焦物镜与一个定焦目镜组成：采用机械补偿式（正负正正）结构，系统总长380mm，光学透射率65%，总重量3.6kg。

20世纪90年代初，美国亚拉巴马州立大学应用光学中心的R. Barry Johnson等人研发出一种由四个反射镜组成的共轴红外反射式连续变焦系统，采用卡塞格林-逆卡塞格林结构形式，反射镜全部为非球面，变焦范围7.37～29.46mm，最大视场角6°，$F/3.3$，变倍比4，如图2-57所示。

共轴反射式变焦光学系统的最大缺点是具有较高的中心遮挡比，致使到达像平面的能量减少，图像亮度不够。另外注意到，像平面是移动的。为了解决该问题，20世纪90年代末，Johnson设计了离轴三反（三个非球面）红外连续变焦光学系统，遮挡比为零，如

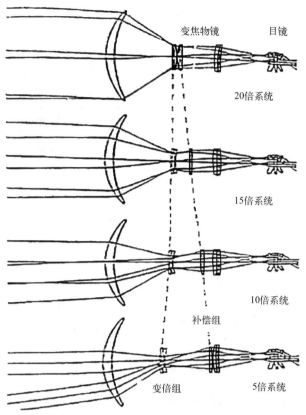

图 2-56　Dezir 型红外连续变焦系统

图 2-58(a) 所示。Reynold Skebo 设计了离轴四反（四个非球面）红外变焦光学系统，如图 2-58(b) 所示，保证了变焦过程中像面位置不变。

2002 年，韩国国防研发局采用二次成像技术设计了（变倍比 20）中波红外（3.7～4.8μm）连续变焦物镜系统，变焦范围 13～260mm，F/2.5，如图 2-59 所示。二次成像技术不仅减小了物镜口径，还实现 100% 的冷光阑效率，而且，在中间像平面前对光路进行折转，进一步减小了系统的轴向尺寸。

21 世纪初，美国 I. A. Neil 提出一种复合式连续变焦技术，如图 2-60 所示，该系统设计有两个变焦光学系统，系统的总倍率等于两个变焦系统的倍率乘积，因此，可以获得超大倍率（300 倍）的变焦光学系统。

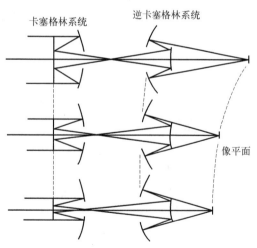

图 2-57　卡塞格林-逆卡塞格林反射型红外连续变焦光学系统

20 世纪 80 年代开始，我国许多单位也开始研究红外变焦光学成像技术，中国科学院长春光学精密机械与物理研究所也采用上述复合变焦方法设计了一个大变倍比（45 倍）连续变焦光学系统，F/4，变焦范围 10～450mm，满足 100% 冷光阑效率。

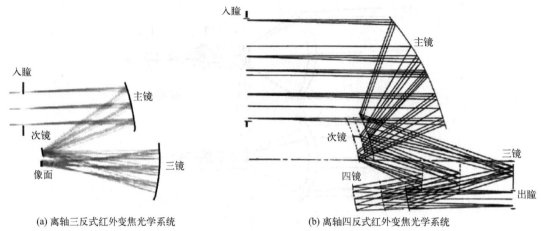

(a) 离轴三反式红外变焦光学系统　　　　(b) 离轴四反式红外变焦光学系统

图 2-58　离轴反射式红外变焦光学系统

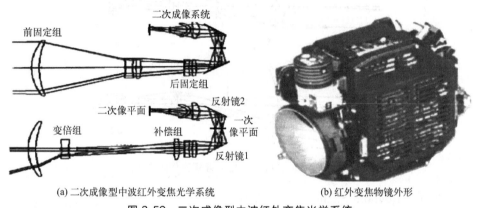

(a) 二次成像型中波红外变焦光学系统　　　　(b) 红外变焦物镜外形

图 2-59　二次成像型中波红外变焦光学系统

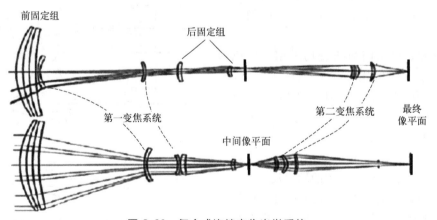

图 2-60　复合式连续变焦光学系统

2.5.2　变焦望远物镜光学系统类型

随着变焦技术逐渐成熟，尤其是伴随着 CCD 技术的蓬勃发展，变焦光学系统开始在军事领域得到广泛应用，包括机载红外搜索/跟踪系统。光谱范围从可见光波段拓展到红外波段。新技术和新材料在其设计中得到了越来越多的研究和应用，例如衍射透镜、全动型变焦物镜和液晶变焦系统等。

根据像面移动补偿方式，变焦光学系统有光学补偿变焦光学系统和机械补偿变焦光学系统两种类型。

将光学系统内几个可移动光学元件组成向一个方向运动的整体，既可变焦，又能补偿像平面移动，从而保证清晰成像，称为"光学补偿方法"。

如果通过光学系统内几个光学元件的不同运动而保证像平面位置不动和图像清晰，则称为"机械补偿方法"。机械补偿方法需要依靠高精度凸轮机构实现。

若将"光学补偿方法"和"机械补偿方法"适当结合，成为"联动补偿方法"，则可以进一步提高光学性能。

根据变焦过程中焦距是否连续变化，变焦光学系统分为连续变焦光学系统和离散变焦光学系统。

离散变焦光学系统是通过径向切换或轴向移动光学系统中的相关透镜组间断改变光学系统焦距，因此，变倍过程中光学系统不能清晰成像。

连续变焦光学系统是通过变倍透镜组及补偿透镜组间的相对运动实现系统焦距的连续变化。与离散变焦光学系统相比，其最大优点是在改变焦距（或者视场）过程中，可以保持连续观察目标，特别在军事领域，既有利于在大视场下对高速运动目标的搜索和跟踪，又可以在发现目标后迅速调整到小视场对其进行识别、跟踪、瞄准，能够避免视场切换时丢失目标。

按照变焦镜组移动方向，变焦光学系统又分为径向切换型变焦光学系统（例如，长焦/短焦双视场红外系统和长/中/短焦三视场红外系统）和轴向移动型变焦光学系统。

径向切换型变焦光学系统只能给出几种不连续的焦距；轴向移动型变焦光学系统会给出连续的焦距变化，需要时也可设计和应用于离散型变焦形式。

必须强调，连续红外变焦系统在有限的机载空间内，既要满足机载环境适应性、体积小和重量轻的要求，又要求高质量成像，难度比较大。

红外望远变焦系统主要有三种结构布局：全透射式红外变焦系统、全反射式红外变焦系统和折射/反射混合式红外变焦系统。

无论采用何种方式，变焦光学系统都由前固定组（调焦组）、变焦组（包括变倍组和补偿租）和后固定组三部分组成，通过改变透镜（组）间隔改变光学系统焦距。

一般情况下，在变焦过程中，光学系统的相对孔径是不变的（有些情况，例如长焦距小相对孔径光学系统中相对孔径也会变化，称为"变 F 数变焦光学系统"），要求光学性能满足高变倍比（变焦距范围的两个极限焦距，即最长焦距与最短焦距之比，称为系统的变倍比）、大相对孔径、大视场、近摄距和自动/电动变焦，其像质最大限度地达到定焦距光学系统水平，结构上还要尽量满足体积小和重量轻的基本要求。

一个很容易被忽略的问题是，设计过程中分配给光学系统的公差值。由于受光学材料折射率、光学加工工艺和装校工艺等因素的影响，光学系统的实际像面会在一定程度上偏离其设计像面，称为"像面漂移"。虽然通过探测器调焦能够抵消一部分，但在变焦光学系统中，短焦系统与长焦系统通常具有不同的像面漂移量，且两个像面位置不会重合，因而需要的调焦量不相等，势必造成有的焦距位置图像清晰，有的焦距位置模糊，这种现象也称为"不齐焦现象"。因此，必须在设计和制造过程中通过调整变倍组、补偿组或者二者同时调整以满足系统成像质量要求。

2.5.2.1 径向变焦望远物镜光学系统

径向切换变焦方式是机载红外变焦光学系统的主要变焦形式之一，其工作原理是通过径向切换变焦透镜组以离散变化的方式改变望远系统的放大倍率。

采用径向变焦方式可以尽量减少每个视场中的透镜数量，将不参与成像的光学元件暂时移出光路，从而明显提高光学系统的透射率。这种变焦形式比较简单，适用于双视场或三视场（离散变焦）的需求，宽视场用于搜索，窄视场用于识别和跟踪。

根据变焦透镜组切入和切出光路的运动方式，径向变焦系统分为平移式变焦和旋转式变焦两种类型。

平移式变焦系统的特点是将变焦透镜组沿垂直于光轴的方向平移切入或切出，完成不同视场间的变换，如图 2-61 所示。

旋转切换变焦方式是双视场变焦系统常用的结构形式，回转轴转动以带动不同的透镜组切入/切出光路，实现不同焦距（或视场）的切换，驱动方式有两种：力矩直接驱动和伺服电机间接驱动。

二者相比，平移式径向变焦光机系统占用径向空间较大，但结构形式灵活，工作过程中，变倍透镜组光机系统光轴与光学系统的光轴不易产生偏离，产品有较好的可靠性；不足之处是装调相对困难。

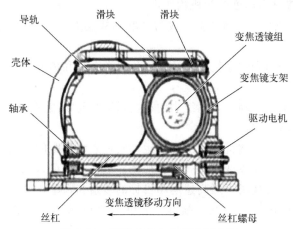

图 2-61 平移式径向变焦光机系统

旋转切换变焦光机系统需要的轴向和径向空间较小，结构相对紧凑并且装调较简单，不足之处是一段时间后，变倍透镜组光轴与红外整机系统光轴的同轴度下降严重，一定程度影响到产品的可靠性。

案例一，非制冷型5倍双视场变焦光学系统。

在现代军事中，红外双视场变焦系统已广泛应用于导弹制导、监控、目标探测和跟踪领域。中国科学院西安光学精密机械研究所（白瑜等人）利用径向切入式变焦技术设计了一种非制冷型5倍双视场长波红外光学系统，如图 2-62 所示。

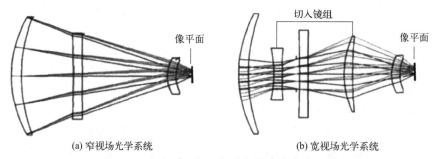

(a) 窄视场光学系统　　　(b) 宽视场光学系统

图 2-62 切入式双视场长波红外变焦光学系统

该系统窄视场采用"正-负-正"结构形式。为更好校正色差，在负透镜中设计一个衍射面，在衍射透镜两侧分别切入一个负透镜和正透镜实现宽视场。其中，正透镜和负透镜分别选用 Ge 和 ZnS 材料，宽视场和窄视场都获得了较好的成像质量。主要光学性能列于表 2-15 中。

表 2-15 双视场长波红外变焦光学系统主要光学性能

参数			指标
红外探测器		类型	非制冷型
		工作波长/μm	8～12
		像元数目	320×240
		像元尺寸/μm	45×45
视场/(°)		宽视场(WFOV)	25.12×18.84
		窄视场(NFOV)	5.152×3.864
焦距/mm			32～160
变倍比			5
F 数			1
像面对角线尺寸/mm			19
成像质量	MTF(11lp/mm)	短焦	轴上	0.7395
			0.7 视场	0.7034
			1 视场	0.6395
		长焦	轴上	0.8253
			0.7 视场	0.8199
			1 视场	0.8091
	最大均方根弥散斑半径/μm	短焦	29.72
		长焦	16.54
系统总长度/mm			215.51
后工作距离/mm			14.55

案例二，制冷型 10 倍双视场变焦光学系统。

昆明物理研究所（白玉琢等人）设计了一种应用于 324×256 像元中波红外制冷型探测器的 10 倍双视场光学系统。与上述非制冷型长波红外双视场光学系统的显著区别是采用二次成像技术，保证冷光阑效率达到 100％以及减小光学系统的有效孔径，其中，长焦距（窄视场）由 5 片透镜组成，径向切入三片透镜后变成短焦距（宽视场），并在系统（第 2、11、13 和 15 表面）中采用偶次非球面以校正系统的各种像差，如图 2-63 所示。主要性能列在表 2-16 中。

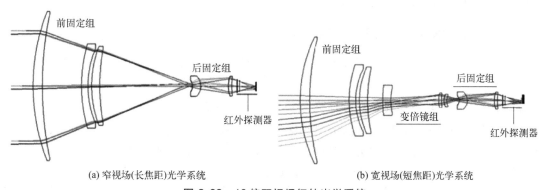

(a) 窄视场(长焦距)光学系统   (b) 宽视场(短焦距)光学系统

图 2-63 10 倍双视场红外光学系统

表 2-16　10 倍双视场红外光学系统主要性能

参数			指标
探测器	类型		中波制冷焦平面阵列探测器
	波长/μm		3.7～4.8
	像元数目		324×256
	像元尺寸/μm		30×30
光学系统	变倍比		10
	视场/(°)	宽视场	22.90×18.18
		窄视场	2.32×1.83
	焦距/mm	短焦距	24
		长焦距	240
	F 数		2
	像高尺寸/mm		12.4
	冷光阑效率		100%
	MTF (17lp/mm)	长焦距	>0.6
		短焦距	>0.5
	均方根弥散斑直径/μm	长焦距	≤22.8
		短焦距	≤29.5
	系统总长度/mm		228
	系统最大孔径/mm		150

　　径向变焦方式最大优点是变焦视场光学系统中没有连续轴向运动组件，透镜数量少，光轴方向尺寸紧凑，装配调整简单，透镜组之间空气间隔大，光学透过率高，切换速度快，光学系统像质好和稳定性好，在军用和民用领域都得到广泛应用。

　　缺点是视场数量有限，无法连续观察和跟踪目标；光学系统的径向口径较大，空间受限；整体结构不紧凑，透镜使用率不高；多次切换视场对光轴一致性要求较高。

　　与径向变焦光学系统相比，轴向变焦光学系统径向尺寸紧凑，容易保证系统具有良好的光轴一致性，但设计难度更大，装调工艺较复杂。由于参与成像的光学元件数量多，因而系统的光学透射率较低。考虑到材料的均匀性和镀膜均匀性随孔径变化，在小视场（长焦距）情况，对探测灵敏度有一定的影响。

2.5.2.2　轴向变焦望远物镜光学系统

　　轴向变焦望远物镜光学系统分为离散型（双视场）变焦光学系统和连续型变焦光学系统两种类型。

2.5.2.2.1　离散型（双视场）轴向变焦望远物镜光学系统

　　采用径向切换方式可以实现离散型变焦。但是在双视场较为简单的变焦情况下，为了减小光学系统的径向尺寸，通常更希望利用轴向移动方式实现离散型变焦。

　　案例一，3.5 倍六透镜式双视场红外变焦光学系统。

　　图 2-64 是 Muhammad Nadeem Akram 设计的轴向移动变焦光学系统，仅采用六块透镜和

两种材料 Si 和 ZnS。为了进一步校正单色像差并消除色差，设计有三个非球面（2，3，5 透镜上）和一个二元光学衍射面（第 5 透镜上）。通过轴向移动第二块透镜（ZnS）实现变焦，长焦 220mm，放大倍率 3.5 倍。采用 InSb 焦平面阵列制冷探测器（320×256 元），像元尺寸 40μm。

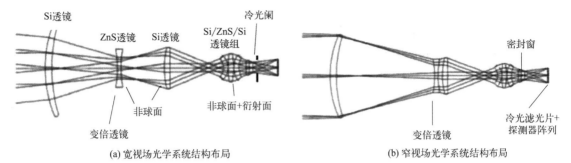

(a) 宽视场光学系统结构布局　　　　　　　　(b) 窄视场光学系统结构布局

图 2-64　双视场轴向移动变焦光学系统

案例二，10 倍四透镜双视场长波红外变焦光学系统。

昆明物理研究所（何红星等人）设计了一种结构更为简单、整机尺寸更小和质量更轻的双视场轴向变焦红外光学系统。整个系统由 4 片透镜（变倍透镜材料为 ZnSe，其它透镜均为 Ge）和 2 片平面反射镜（钛合金基底材料）组成。由于采用机械补偿变焦技术、光瞳匹配技术（冷光阑效率 100%）、二次成像技术、二次光路折叠技术和消热差技术，因此，变倍调焦简单、行程短（小于 30mm）、可靠性高、像质优良。其中，变倍调焦补偿组是一个负透镜，在位置 A 处是小视场 1.7°×1.28°，在位置 B 处是大视场 17°×12.8°，如图 2-65 所示。主要光学性能列于表 2-17 中。

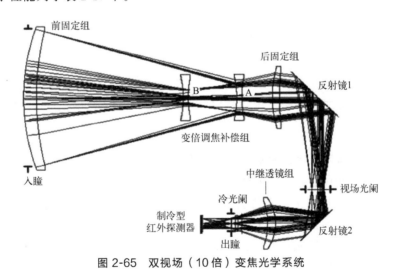

图 2-65　双视场（10 倍）变焦光学系统

表 2-17　双视场（10 倍）轴向变焦光学系统主要性能

参数		指标
探测器	类型	制冷型焦平面阵列
	工作波长/μm	7.5~9.8
	像元数	384×288
	像元尺寸/μm	25×25

参数		指标
视场/(°)	宽视场	17×12.8
	窄视场	1.7×1.28
F 数		3
光学透射率		90%
图像质量	小视场光轴稳定/mrad	0.03
	二视场光轴平行性/mrad	0.07
	MRTD[①](3cy/mrad)/K	0.07
	NETD[②]/mK	30

图像质量	弥散斑半径/μm	均方根最大值	窄视场	12.9
			宽视场	10.63
		几何最大值	窄视场	50.49
			宽视场	28.98
	MTF (20lp/mm)	窄视场		0.28
		宽视场		0.3
	畸变	窄视场		<2%
		宽视场		
	最大光程差			<0.5 个中心波长
探测距离/km (对 2.3m×2.3m 坦克)	探测距离			7.61
	识别距离			5.32
工作温度/℃				−40～70
外形尺寸/mm				220×95(局部 135)×50(局部 110)

① MRTD——最小可分辨温差。
② NETD——噪声等效温差。

2.5.2.2.2　连续型轴向变焦望远物镜光学系统

连续型轴向移动变焦方式是透射型多视场变焦光学系统的主要变焦形式，显著特点是：标准结构形式由前固定透镜组、变倍透镜组、补偿透镜组和后固定透镜组组成，并且，变倍、补偿透镜组是沿光轴方向移动实现视场切换。

基本工作原理：将变焦透镜组（包括变倍透镜组和补偿透镜组）沿光轴方向移动，在原光学视场基础上形成一个新的视场。通过变倍透镜组和补偿透镜组的同时移动（变倍透镜组沿轴向线性移动，补偿透镜组沿轴向非线性移动），连续改变光学系统的组合焦距。通过二者之间的最佳配合，在光学系统中改变焦距的同时，保持像面位置不动并获得高质量图像。

如图 2-66 所示，当物镜向物体方向移动时，图像变大，并且进一步远离物体；反之，物镜移离物体，图像变小且移离物体。因此，可以找到许多物像共轭对，但放大率彼此互为倒数。

对于一个无需补偿透镜的"单透镜"变焦系统，最多有两个放大率位置可以保证成像完全清晰，而在其它光焦度时，图像都是离焦或者说不清晰的。这种只有两个放大率位置清晰成像的光学系统称为"双倍率变焦系统"。相对于连续变焦系统，双倍率变焦系统的设计和

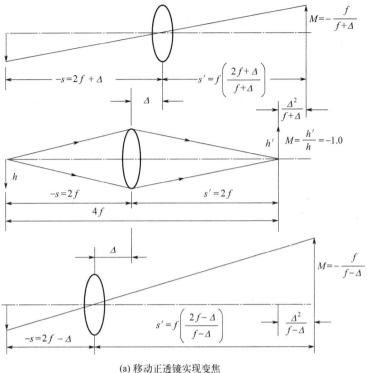

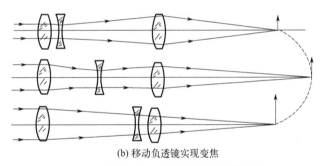

(a) 移动正透镜实现变焦

(b) 移动负透镜实现变焦

图 2-66　变焦物镜的基本原理

制造更容易，成本也更低。如果实际任务只需要两个视场，那么，选择离散型双视场（倍率）变焦系统就足够了。

　　当需要光学系统连续改变视场或者具有连续的放大倍率时，则必须对像面位移进行补偿，消除上述"离焦"造成的图像模糊，即设计连续变焦光学系统。

　　如果将上述移动光学元件与另外一个或两个光焦度相反的光学元件相组合，就可以使变焦光学系统在保持像平面固定不变的条件下，按照所希望的共轭物像距工作。移动透镜可以是负透镜，也可以是正透镜。通过简单地调整最后一块透镜的光焦度，可以形成一个能够调焦（或者改变倍率）的望远物镜系统，这也是机载系统（包括红外搜索跟踪系统和电视成像系统）中常用的变焦形式。

　　应当注意，由于制造和装配原因，变倍透镜组和补偿透镜组在轴向移动过程中可能会造成系统光轴跳动，跳动量大小将直接影响系统像质，因此，必须严格控制变焦和补偿过程中运动的平滑性和移动速度，以及光轴跳动量。

目前，轴向变焦物镜都是利用改变透镜组间隔来改变整个物镜系统焦距的。由于改变焦距时都会伴随有像面移动，因此，需要对像面移动进行补偿。一般有两种补偿形式：光学补偿变焦光学系统和机械补偿变焦光学系统。

（1）光学补偿变焦物镜光学系统

光学补偿法的显著特点是：通过连在一起的几组透镜（包括变焦透镜和补偿透镜）的同向等速运动实现光学系统的变倍及补偿功能。变焦过程中，尽管运动透镜组中各透镜的距离不变，但移动透镜组与固定透镜组之间的间隔在变化，从而达到改变焦距的目的。换句话说，利用机械装置简单地将透镜组连在一起完成线性运动即可实现变焦，如图 2-67 所示。

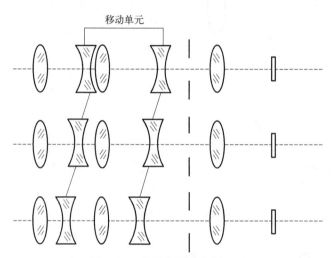

图 2-67　光学补偿法变焦原理

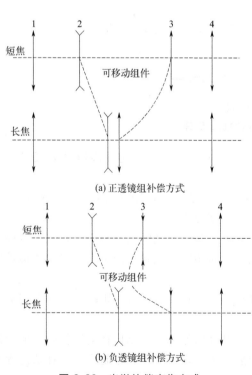

（a）正透镜组补偿方式

（b）负透镜组补偿方式

图 2-68　光学补偿变焦方式

光学补偿法（以第一透镜组为正/负为基础）分为正透镜组补偿方式、负透镜组补偿方式和双透镜组联动补偿（即光学补偿和机械补偿方法的结合）方式，如图 2-68 所示。

如图 2-68 所示，正透镜组补偿方式中，负透镜组 2 是变倍组，正透镜组 3 是补偿组，后透镜组 4 是固定组，前透镜组 1 仅在调焦时移动；在负透镜组补偿方法中，负透镜组 3 为补偿组。

所谓正透镜组补偿（简称正组补偿），是指变焦系统中补偿组的焦距大于零。在短焦位置，变倍组与补偿组的距离最远，并且，二者分别向前/后固定组靠近。当由短焦距向长焦距变化时，二者相向而行，在长焦距位置，二者间距最小。

所谓负透镜组补偿（简称负组补偿），是指变焦系统中补偿组的焦距小于零。相对于正组补偿方法，补偿的运动曲线比较弯曲，因此，设计时一定要注意避免二者相撞。

案例一，中波红外连续变焦光学系统。

中国科学院西安光机所利用光学补偿技术设计了一种中波红外连续变焦光学系统，系统焦距范围 $200\sim400\text{mm}$，$F/2$，如图 2-69 所示。只需一个电机带动两块透镜元件移动就可以实现系统变焦，结构简单，系统稳定。

案例二，光学补偿式中波红外步进变焦光学系统。

中航工业集团公司洛阳电光设备研究所（张良等人）根据光学补偿变焦理论，基于红外中波（$3\sim5\mu\text{m}$）制冷型 320×256 元焦平面探测器（像元尺寸 $30\mu\text{m}\times30\mu\text{m}$），设计了一种大变倍比（31 倍，$F/4$）光学补偿式红外步进变焦光学系统（变焦范围 $12.867\sim430\text{mm}$，视场 $1.3°\sim40°$），获得良好的成像质量，为保证冷光阑效率 100%，采用二次成像技术。

光学补偿变焦系统的优点是运动方式简单，机械加工成本低。缺点是，由于移动组同时担负变倍和补偿功能，像面补偿点少（焦距不能连续变化），像质较差，使用受到限制。

随着科学技术的迅猛发展，机载光电设备对光学系统成像质量的要求越来越高。尽管光学补偿变焦方法可以简化机械结构，但在变焦过程中：第一，只能在几个有限位置上清晰成像，残留的像面位移量不能满足所需要的技术要求。第二，机载光电设备的观察/瞄准目标多数情况位于非常远的距离上，因此，变焦过程可能需要第一个透镜组移动进行调焦，较为麻烦。第三，随着精密机械制造技术的进步，凸轮曲线加工精度越来越高，机械补偿变焦光学系统得到了广泛应用，大多数高变倍比变焦光学系统均采用机械补偿式结构，而纯粹的光学补偿变焦系统很少使用。所以通常情况下，多数采用机械补偿变焦方式或者光学与机械补偿相结合的"双组联动机械补偿变焦系统"。

（2）机械补偿变焦物镜光学系统

机械补偿变焦光学系统的特点是：变倍镜组与补偿镜组在变焦过程中是分离的，需要使一组透镜（即补偿镜组）作少量移动以补偿变倍镜组造成的像面移动。

机械补偿变焦光学系统通常由前固定组、变倍镜组、补偿镜组和后固定组组成，如图 2-70 所示。

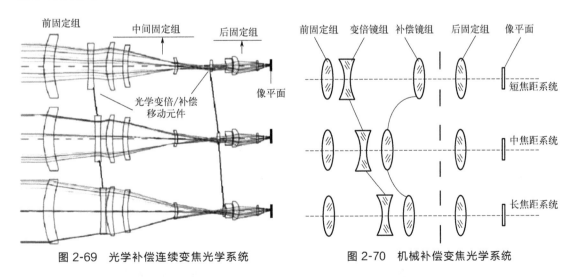

图 2-69　光学补偿连续变焦光学系统　　　图 2-70　机械补偿变焦光学系统

与光学补偿变焦系统相比，机械补偿变焦光学系统的变倍镜组与补偿镜组是分离移动，变倍镜组从左向右线性移动以改变焦距（由短变长），补偿组以少量非线性移动补偿变倍镜组造成的像面移动，使像面恢复到原来位置，从而达到光学系统既变倍又保持像面稳定的目的。

在这种变焦方式中，补偿镜组与变倍镜组的移动方向不同且不等速，但其相对运动严格遵守一一对应关系，因此，需要设计一组复杂的凸轮机构进行控制。另外，变倍镜组一般是负镜组，而补偿镜组可以是正光焦度透镜组，称为正透镜组机械补偿法，也可以是负光焦度透镜组，称为负透镜组机械补偿法。

机械补偿式变焦光学系统有两种类型：无前固定组变焦光学系统和有前固定组的标准变焦光学系统。

无前固定组变焦系统适用于物距固定不变的情况。如图 2-71 所示，前组是正透镜，第二组透镜是负透镜，通过轴向移动获取焦距变化。一般情况下，负透镜的移动是线性的，可以利用前正透镜组的非线性移动对近距离物体调焦，不仅使像面位置稳定，还可对近距离景物高质量成像，因此，也称为"调焦组"。

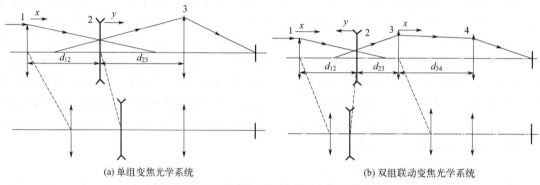

(a) 单组变焦光学系统　　　　　　　　　　(b) 双组联动变焦光学系统

图 2-71　无前固定组机械补偿变焦光学系统

有前固定组变焦光学系统称为标准式"机械补偿型变焦光学系统"。按照系统中变焦透镜组（即可移动透镜组）的透镜数量及正/负透镜组的相对位置分类，有以下几种变焦类型：

第一种，负-负透镜型变焦系统。

第二种，负-正透镜型变焦系统。

第三种，负-正-负透镜型变焦系统。

第四种，负-正-负-正双组联动型变焦光学系统。

第五种，超大变倍比变焦光学系统。

下面阐述不同类型变焦光学系统的变焦和补偿方式，并介绍各类型中的典型设计实例。

① 第一种类型，负-负透镜型变焦系统。

这类变焦光学系统由前固定组、负透镜变倍组、负透镜补偿组和后固定组组成，如图 2-72 所示。

图 2-72 上面是短焦距变焦透镜组的位置。当第一负透镜由左向右移动时，为了保持像点位置不变，第二负透镜应向左移动，因而使整个系统的焦距增大。当第一负透镜移动通过其-1 倍位置后，为了保持像点位置不变，第二负透镜应当向右移动，直至下图表示的长焦距位置。可以明显看出，第一个负透镜的作用是"变倍"，称为"变倍组"。第二个负透镜的作用是"补偿"，称为"补偿组"。

需要指出，在这类变焦光学系统中，孔径光阑通常设置在变焦透镜组后面。

案例一，4 倍长波红外连续变焦光学系统。

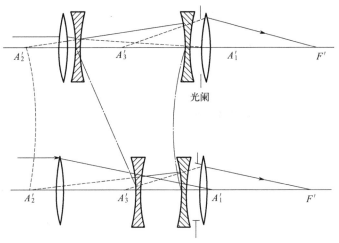

图 2-72 负-负透镜型变焦系统

中国科学院西安光学精密机械研究所（白瑜等人）利用负-负变倍/补偿型变焦形式设计了一种长波连续变焦光学系统（前固定组和补偿组都是单片 Ge 透镜，变倍组由 ZnSe 和 Ge 两片透镜组成，后固定组比较复杂，由 6 片透镜组成），焦距范围 50～200mm，变倍比 4，如图 2-73 所示。主要光学性能列在表 2-18 中。

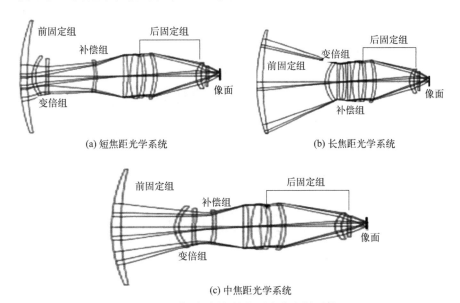

(a) 短焦距光学系统　　　　　　　　(b) 长焦距光学系统

(c) 中焦距光学系统

图 2-73 负-负变倍/补偿型变焦光学系统

表 2-18　4 倍长波连续变焦光学系统技术性能

参数		指标
工作波长/μm		8～12
红外探测器	类型	非制冷焦平面阵列探测器
	像元数目	320×240
	像元尺寸/μm	45×45

参数			指标	
光学系统	焦距范围/mm		50～200	
	变倍比		4	
	F 数		1	
	系统总长度/mm		358	
成像质量	MTF(11lp/mm)		>0.66	
	最大均方根弥散斑半径/μm	短焦(50mm)		21.13
		中焦(100mm)		25.12
		长焦(200mm)		23.45

案例二，非制冷型 10 倍中波红外焦平面阵列连续变焦光学系统。

非制冷型红外焦平面探测器具有体积小、实用性强和无序制冷的特点，有良好的发展前景，应用范围正逐渐扩大。

成都电子科技大学（赵英明等人）利用 320×240 像元非制冷中波红外（$3.7 \sim 4.8 \mu m$）焦平面阵列探测器设计了一个完全由球面透镜组成的 10 倍红外变焦系统。该系统由 6 个透镜组成：1 片前固定透镜、1 片负变倍组、1 片负补偿组和 3 片透镜组成的后固定组。适当选择红外透镜材料（Si/Si/Ge/Si/Ge/Ge）实现系统消热差，如图 2-74 所示，主要光学性能列于表 2-19 中。

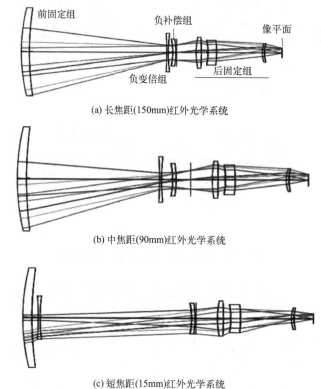

(a) 长焦距(150mm)红外光学系统

(b) 中焦距(90mm)红外光学系统

(c) 短焦距(15mm)红外光学系统

图 2-74　10 倍红外变焦光学系统

表 2-19　10 倍中波红外变焦光学系统主要性能

参数			指标
红外探测器	类型		非制冷
	工作波长/μm		3.7～4.8
	像元数目		320×240
	像元尺寸/μm		30×30
	像面(对角线)尺寸/mm		12
光学系统	基本结构		6 片(全球面透镜)
	F 数		2.5
	焦距范围/mm		15～150
	视场/(°)		4.6～43.6
	后工作距离/mm		20
	成像质量	MTF(16lp/mm) 全视场	>0.6
		MTF(16lp/mm) 0.7 视场	接近 0.7
		相对畸变 短焦	接近 10%
		相对畸变 中/长焦	<1%
		能量集中度	>70%(在弥散半径 16μm 内)
	前后固定组间距/mm		164.5
	系统总长度/mm		300
工作温度/℃			-20～60

② 第二种类型，负-正透镜型变焦系统。

这类变焦光学系统由前固定透镜组、负透镜变倍组、正透镜补偿组和后固定透镜组组成，如图 2-75 所示。

研究结果表明，正透镜补偿方式与负透镜补偿方式的主要区别是：

a. 正透镜补偿型的变焦光学系统整体结构细而长，而负透镜补偿型变焦光学系统的整体结构短而粗，前片透镜的孔径更小。

对要求大视场或长焦距的大变倍比光学系统，若需要具有较大的通光孔径和较小的二级光谱，采用正透镜补偿方式更能获得较高的成像质量。

b. 负透镜补偿型变焦光学系统透镜数目较少，结构较为灵活，容易实现系统小型化。

c. 负透镜补偿型变焦光学系统校正二级光谱和光阑球差的难度比正透镜补偿型大。

应当明白，前固定透镜组和后固定透镜组不会影响系统的变倍比，但会影响总焦距在特定范围内的变化。前固定组的作用是使

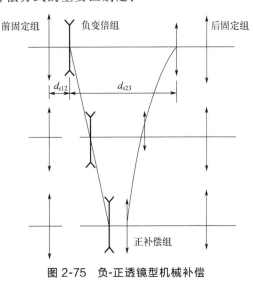

图 2-75　负-正透镜型机械补偿
变焦光学系统

被摄物体的图像落在负变倍透镜组的物面上，合理选择间隔 d_{s12}，可保证变倍时两组透镜不会相撞。后透镜组的作用是保证前面所形成的像能够按照特定的焦距变化范围再次成像在整个系统的像面上，且使像差与前面部分的像差相匹配，从而使整个系统的像差得到平衡。另外，适当选择第三透镜（补偿透镜）与后固定透镜组之间的间隔，确保变倍期间补偿透镜组与后固定透镜组不会相撞。

下面介绍三种典型的（低变倍比、中变倍比和高变倍比）负-正透镜型轴向连续变焦光学系统设计实例。

第一，低变倍比（小于 10 倍）非制冷型双视场变焦光学系统。

昆明物理研究所（陈吕吉等人）利用负焦距变倍透镜和正焦距补偿透镜结构形式设计了一种四片式长波红外（8～12μm）非制冷型双视场（变倍比 2.5）光学系统，其中，采用一个衍射面，如图 2-76 所示。

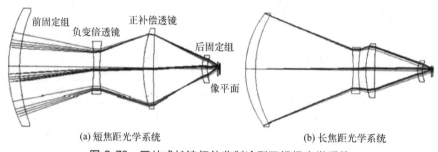

图 2-76　四片式长波红外非制冷型双视场光学系统

该系统第一和第三块透镜分别设计有非球面和衍射面。轴向移动变倍组（第二块透镜）实现宽、窄视场的转换，移动量约 35mm。通过移动第四块透镜实现 20m～∞ 的清晰成像，以及消除温度变化引起的像面位移（在 −35～+55℃ 温度范围内最大移动量小于 1.5mm）。光学系统的主要性能列在表 2-20 中。

表 2-20　非制冷型双视场变焦光学系统主要光学性能

参数			指标
工作波长/μm			8～12
红外探测器	类型		非制冷焦平面阵列探测器
	像元数目		384×288
	像元尺寸/μm		25×25
光学系统	长焦距	焦距/mm	150
		视场/(°)	3.67×2.75
		F 数	1.1
	短焦距	焦距/mm	60
		视场/(°)	9.15×6.86
		F 数	0.9
系统长度/mm			210

第二，中变倍比（10～20 倍）红外连续变焦光学系统。

案例一，制冷型长波红外变焦光学系统。

a. 10 倍制冷型长波红外焦平面阵列连续变焦光学系统。

中国科学院长春光学精密机械与物理研究所（杨乐等）设计了一种 10 倍制冷型长波红外焦平面阵列连续变焦光学系统，如图 2-77 所示。该系统由 8 片透镜组成，包括变焦光学系统、平面反射镜和二次成像系统，冷光阑效率达到 100%。同时，进行了消热差设计和采取了抑制冷反射的有效措施。为了进一步校正像差，变倍镜组和二次成像镜组各设计有一个非球面。主要光学性能列在表 2-21 中。

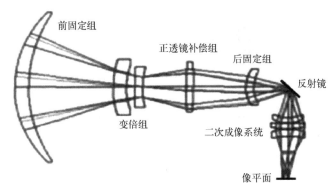

图 2-77　10 倍连续变焦光学系统

表 2-21　10 倍连续变焦光学系统技术性能

参数		指标
工作波段/μm		8.7～11.7
探测器	像元数目	320×240
	像元尺寸/μm	30×30
光学系统	焦距范围/mm	30～300
	视场范围/(°)	2.0×1.5～18.0×13.5
	变倍比	10
	F 数	2
	光学透射率	≥70%
	系统总长/mm	324.3
成像质量	MTF(16lp/mm)	≥0.45(短焦≥0.5)
	弥散直径均方根值/μm	中焦<30,长焦<20,短焦<10
	冷光阑效率	100%
工作环境温度/℃		-30～50

b. 20 倍制冷型长波红外焦平面阵列连续变焦光学系统。

昆明物理研究所（陈吕吉等人）设计了一个 20 倍制冷型长波红外（8～9μm）变焦光学系统，为保证制冷型变焦光学系统的冷光阑效率达到 100%，选择长波量子阱焦平面阵列红外探测器和二次成像方式，如图 2-78 所示。该系统由 6 片透镜组成（变焦分系统是 4 片透镜），全部采用 Ge 材料，其中，设计有 1 个衍射面和 2 个非球面。主要光学性能列在表 2-22 中。

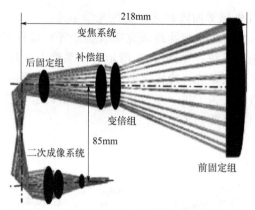

图 2-78 20 倍制冷型长波红外变焦光学系统

表 2-22 20 倍制冷型长波红外变焦光学系统主要性能

参数		指标
工作波段/μm		8～9
探测器	类型	制冷型量子阱焦平面阵列探测器
	像元数目	384×288
	像元尺寸/μm	25×25
光学系统	焦距范围/mm	18.5～367
	视场范围/(°)	1.5×1.1～30×22.5
	变倍比	20
	变倍组移动范围/mm	0～74
	补偿组移动范围/mm	0～48
	F 数	3
	光学材料	变焦系统采用 Ge,二次成像系统采用 Ge 和 ZnSe
成像质量	MTF(20lp/mm)	≥0.3,接近衍射极限
	最大弥散斑半径均方根值/μm	5.7
	冷光阑效率	100%

案例二,12/20 倍可见光/近红外变焦光学系统。

华中光电技术研究所(胡际先等人)分别设计了 12 倍和 20 倍(小型化)可见光/近红外变焦光学系统,保证其军用光电探测设备能够在能见度较低的雨/雾/灰尘等不良环境下工作。主要技术性能如表 2-23 所列。

表 2-23 可见光/近红外透雾变焦光学系统技术性能

参数	12 倍变焦系统	20 倍变焦系统
工作波段/nm	500～1000	
焦距/mm	75～900	20～400
通光孔径/mm	140	88.1
相对孔径	1/5～1/6.4	1/3.5～1/4.5
CCD 探测器尺寸/mm	6.4×4.8	4.8×3.6
后截距/mm	≥25	≥22

参数			12倍变焦系统	20倍变焦系统
系统总长度/mm			450	280
弥散斑 直径/μm	短焦	轴上	5.8	7.6
		全视场	8.5	9.0
	长焦	轴上	5.2	6.8
		全视场	7.8	8.5

案例三，20倍非制冷长波红外焦平面阵列变焦光学系统。

a. 七片折射透镜（三个非球面）型。

长春理工大学（刘峰等人）设计了一种20倍大相对孔径（$F/1.1$）非制冷型长波红外焦平面阵列变焦光学系统，如图2-79所示。该光学系统由7片折射透镜组成，其中，设计有三个非球面；红外探测器采用Sofradir公司生产的非制冷型 160×120 像元面阵探测器，像元尺寸为 $35\mu m\times35\mu m$。结构参数和主要光学性能分别列在表2-24和表2-25中。

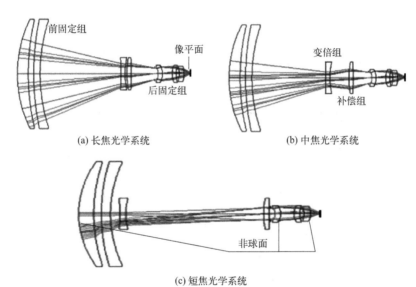

(a) 长焦光学系统　　　　　　　　　　(b) 中焦光学系统

(c) 短焦光学系统

图2-79　20倍非制冷型长波红外变焦光学系统

表2-24　光学系统结构参数

透镜/面数		面形	曲率半径/mm	厚度/mm	材料	半孔径/mm
物面		—	∞	∞	—	—
透镜1	1	偶次非球面	215.050	22.510	Ge	115.000
	2		497.860	11.290		110.000
透镜2	3		581.600	13.050	Ge	110.000
	4		367.650	149.680		115.000
透镜3	5	球面	−1001.400	8.690	Ge	34.000
	6		162.490	38.340		34.000
透镜4	7		199.100	8.680	Ge	34.000
	8		−981.470	31.070		34.000

透镜/面数		面形	曲率半径/mm	厚度/mm	材料	半孔径/mm
光阑		—	∞	7.470	—	12.548
透镜5	9	球面	−27.930	8.640	Ge	15.000
	10	偶次非球面	−48.350	19.910		18.000
透镜6	11	球面	45.160	8.700	Ge	18.000
	12		74.490	5.620		17.000
透镜7	13		−68.570	10.050	ZnS	14.000
	14	偶次非球面	−45.870	13.400		16.000
像面		—	∞	—	—	3.524

注释（非球面系数）	表面序号	k	α_1	α_2	α_3	α_4
	1	−0.141628	-4.44093×10^{-4}	-3.845978×10^{-9}	$-3.758551 \times 10^{-14}$	$-9.720598 \times 10^{-19}$
	10	−2.032098	-3.074431×10^{-3}	-4.142867×10^{-6}	$-2.919053 \times 10^{-10}$	$-2.281827 \times 10^{-11}$
	14	−17.793315	-1.386553×10^{-3}	-1.220811×10^{-5}	2.821803×10^{-8}	$-3.536006 \times 10^{-11}$

表 2-25 主要光学性能

参数		指标
工作波长/μm		8～12
焦距	变化范围/mm	8～160
	前固定组/mm	303.19
	变倍组/mm	−46.27
	补偿组/mm	55.4
	后固定组/mm	25.5
视场范围/(°)		2.51～47.26
变倍比		20
系统总长/mm		357.1
后工作距离/mm		13.4
F 数		1.1
探测器	类型	非制冷型
	像元数目	160×120
	像素尺寸/μm	35×35
成像质量	MTF(17lp/mm)	>0.55
	能量集中度	>78%

b. 六片折射透镜（1 个非球面）型。

长春理工大学（杜玉楠等人）设计了一种 20 倍非制冷型长波红外变焦光学系统，如

图 2-80 所示，采用两种红外光学材料（变倍组前透镜为 AMTIR1，其它透镜为锗）。比较而言，显著特点是该光学系统结构更为简单，由 6 片透镜组成，其中，只有第 7 表面是非球面，其它均为标准球面。表 2-26 给出各透镜组之间的间隔；表 2-27 列出光学系统的主要光学性能。设计结果表明，该长波红外变焦光学系统结构更简单，具有大相对孔径、较高变倍比和成像质量优良的优点。

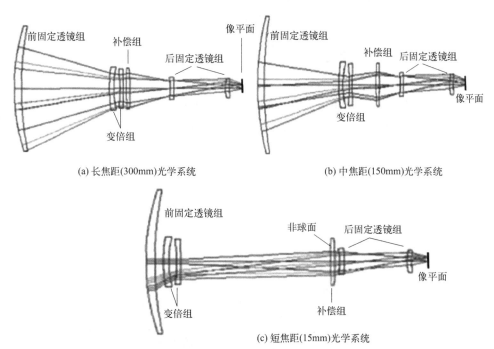

(a) 长焦距(300mm)光学系统

(b) 中焦距(150mm)光学系统

(c) 短焦距(15mm)光学系统

图 2-80　20 倍变焦光学系统

表 2-26　各透镜组之间的间隔

参数	性能		
	短焦光学系统/mm	中焦光学系统/mm	长焦光学系统/mm
前固定组～变倍组	6.152	128.449	137.780
变倍组～补偿组	197.711	43.736	5.000
补偿组～后固定组	5.075	36.753	66.139
后工作距离/mm	21.195		
系统总长度/mm	395.00		

表 2-27　20 倍长波红外变焦光学系统主要光学性能

参数		指标
工作波段/μm		8～12
焦距变化范围/mm		15～300
视场变化范围/(°)		2.3～43.6
F 数		2
红外探测器	类型	非制冷焦平面阵列型
	像元数目	320×240
	像元尺寸/μm	30×30

参数			指标
成像质量	MTF (16lp/mm)	全视场	>0.45
		中焦全视场	>0.54
	最大均方根弥散斑半径/μm	短焦	8.716
		中焦	5.899
		长焦	12.294
	能量会聚度(一个像元内)		>87%

c. 五片折射透镜（2 个衍射面和 4 个非球面）型。

中国航空工业集团公司洛阳电光设备研究所（张良等人）利用二元光学和非球面技术设计了一种非制冷型 18 倍连续变焦光学系统，如图 2-81 所示。

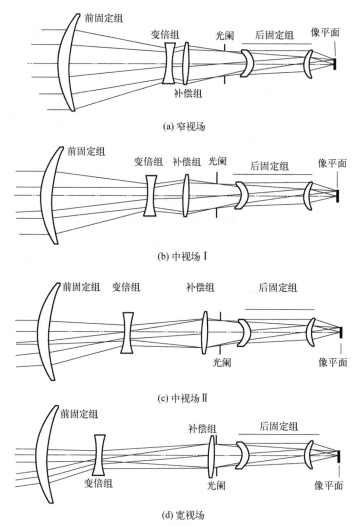

(a) 窄视场

(b) 中视场 I

(c) 中视场 II

(d) 宽视场

图 2-81　18 倍非制冷型连续变焦光学系统

该光学系统的显著特点是结构更简单，由 5 片透镜组成（其中，后固定组包括两片透镜），并且，仅采用一种红外材料锗（Ge）。为了进一步校正像差和消热差，设计了 2 个衍射面（第3和5面）和4个非球面（第3、5、8和10面）。主要光学性能列于表2-28中。

表2-28　18倍非制冷型连续变焦光学系统性能

参数		指标
光谱范围/μm		8～12
光学系统	变倍比	18
	连续可变视场/(°)	2.86～50
	焦距/mm	10.7～200
	F数	1.2
	通光孔径/mm	167
	光学透射率	>70%
	系统总长/mm	355
	工作距离/mm	12
非制冷氧化钒焦平面阵列探测器	像素数	320×240
	像素尺寸/μm	25×25
MTF	轴上/子午/弧矢 2.86°	0.60/0.64/0.49
	7.15°	0.69/0.65/0.59
	9.53°	0.69/0.66/0.56
	50.0°	0.66/0.68/0.52

第三，高变倍比（20倍以上）红外连续变焦光学系统。

案例一，昆明物理研究所（贾星蕊等人）设计了一个25倍长波红外连续变焦光学系统，由8片透镜组成，如图2-82所示。为了产生较大的变焦范围、有效控制入瞳位置、缩短变倍和补偿组的运动行程，将变倍组设计为"负-负"两片型结构；采用二次成像结构形式保证100%冷光阑效率；设计有三个非球面以进一步校正像差和提高成像质量；利用两块平面反射镜折叠光路，使系统更加紧凑和小型化。主要性能列在表2-29中。

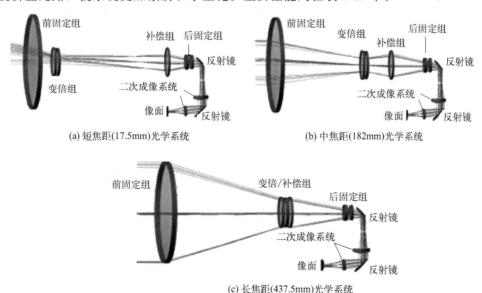

(a) 短焦距(17.5mm)光学系统　　　　(b) 中焦距(182mm)光学系统

(c) 长焦距(437.5mm)光学系统

图2-82　25倍连续变焦二次成像光学系统

表 2-29　25倍连续变焦二次成像光学系统技术性能

参数		指标
工作波段/μm		7.7～9.3
探测器	类型	制冷式
	像元数目	384×288
	像元尺寸/μm	25×25
光学系统	焦距范围/mm	17.5～437.5
	变倍比	25
	F 数	3
	系统总长/mm	437(折叠后 315mm×146mm×150mm)
成像质量	MTF(20lp/mm)	>0.3,接近衍射极限
	弥散斑直径均方根/μm	<14
	最大离焦量/mm	±0.153(小于系统焦深)

　　案例二，昆明物理研究所（陈津津等人）基于制冷型中波红外 640×512 元 HgCdTe 凝视焦平面阵列探测器，设计了一个 35 倍连续变焦光学系统。该系统采用 8 片透镜（Ge 和 Si 两种材料）组成的二次成像结构，包括一个二元光学衍射面和三个非球面。变焦部分由 1 片前固定组（正光焦度）、1 片变倍镜组（负光焦度）、1 片补偿组（正光焦度）和 3 片后固定组（正光焦度）组成。由于采用两个 45°放置的光路折叠反射镜（即 U 形折叠），大大减小了系统轴向长度，如图 2-83 所示。主要光学性能列于表 2-30 中。

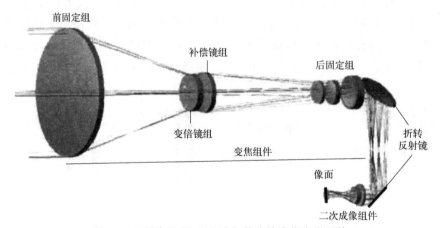

图 2-83　制冷型 35 倍中波红外连续变焦光学系统

表 2-30　35 倍制冷型中波红外连续变焦光学系统技术性能

参数		指标
红外探测器	类型	HgCdTe 中波红外凝视型焦平面阵列
	像元数目	640×512
	像元尺寸/μm	15×15
	工作波长/μm	3.7～4.8

参数		指标
光学系统	焦距范围/mm	15～550
	视场范围/(°)	1×0.8～35×28
	变倍比	35
	F数	4
	入瞳直径/mm	137.5
	光学透射率	>70%
	MTF(33lp/mm)	接近衍射极限
	弥散斑半径均方根值/μm	<7.5
	畸变	<5%
系统总长($L \times W \times H$)/mm		390×137.5×110

需要指出，外界景物经前固定组和变焦透镜组（包括负变倍透镜和之后正补偿透镜）后形成实像，因此，有时后面可以不加固定正透镜（如图 2-84 所示），但为了校正像差或增加/减小系统长度，都会在系统中设计一个后固定透镜组。研究还发现，世界各国设计的变焦距系统中，尽管变焦透镜组（包括变倍/补偿透镜组）的结构非常相似，而前固定透镜组和后固定透镜组的结构形式相差很大，有的还相当复杂。

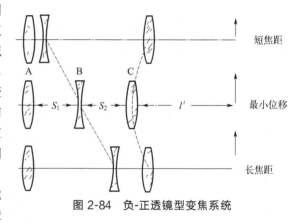

图 2-84　负-正透镜型变焦系统

在这种类型的变焦系统中，负透镜和第二个正透镜都起变倍作用，每个透镜组的移动量也比较大。相对于负-负变焦类型，该类系统的"变倍"和"补偿"功能分配已经不很明显了。

在变倍组焦距相同的情况下，可参考以下原则确定选择"负补偿组"还是"正补偿组"：

a. 根据对光学系统的空间要求。正补偿组的光学系统通常细而长，而负补偿组的光学系统短而粗。

b. 根据对光学系统成像的质量要求。负补偿组形式更适合小视场和对光阑球差及二级光谱要求较低的光学系统。

c. 对于大视场或焦距较长的大倍率光学系统，如果同时要求小的通光孔径和二级光谱，建议采用正补偿组形式。

③ 第三种类型，负-正-负透镜型变焦系统。

前面介绍的机械补偿式连续变焦光学系统是最典型的三组元结构形式，换句话说，除前/后固定组外，只有一个变焦组和一个补偿组（负-负或负-正结构）。这种结构形式最简单，但应用有一定局限性，即系统变倍比不会过大。

为了满足大变倍比的系统需求，一般采用"双组联动型机械补偿连续变焦系统"结构形式，即"负-正-负透镜型"连续变焦系统，如图 2-85 所示。

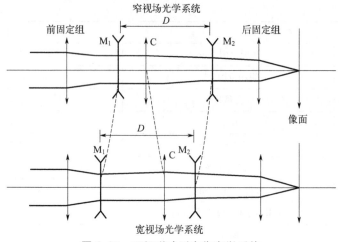

图 2-85　双组联动型变焦光学系统

实际上，这种变焦形式是在上述基本结构基础上发展起来的，系统中增加了一个变焦组元，两个变焦组元固联在一起（称为联动组元）以同一规律运动，而补偿组位于两个变焦组之间。其中，负-负透镜组联动完成线性或非线性运动实现变焦，正透镜组作为补偿组完成非线性运动，用以补偿由变倍组移动引起的系统像面离焦，前组（固定）透镜起调焦作用，确保整个变焦范围内像平面稳定。显然，这种类型的变焦系统也是光学补偿变焦系统与机械补偿变焦系统的结合，是一种较为复杂的综合变焦系统。

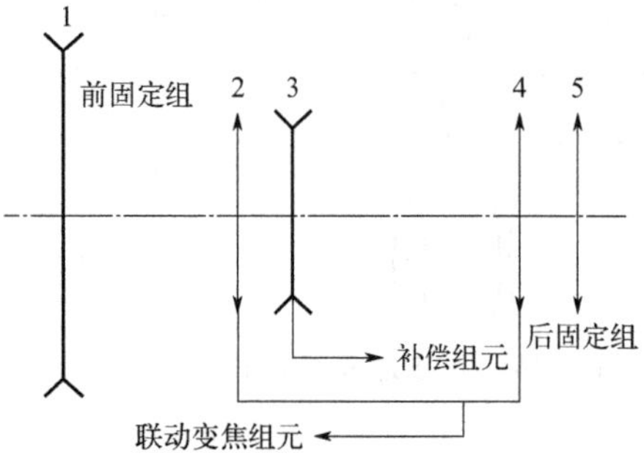

![正-负-正型变焦系统示意图]

图 2-86　正-负-正型变焦系统

当然，根据需要，也可以设计如图 2-86 所示的"正-负-正形式"的变焦系统，其中，前固定组采用负透镜形式，联组变焦结构是正透镜组元，补偿组是负透镜组元。

研究和实践表明，双组联动型机械补偿连续变焦系统中，由于采用两个变焦组元分担光焦度，对像面位移影响较小，从而减轻了补偿组的负担，有利于提高系统的变倍比。

应当注意，为了补偿双变焦组元产生的像面位移，补偿组必须产生相应的像面位移。通常情况下，变焦组的运动曲线为直线，是具有固定常数速率的匀速直线运动，补偿组的运动曲线是非线性的非匀速直线运动。

案例一，西安应用光学研究所（姚多舜等人）为了降低光机系统结构的复杂性，设计了一种低变倍比（变倍比 5，$F/3$）的"线性双组联动型机械补偿连续变焦光学系统"（14 块透镜仅采用两种玻璃材料 ZK9 和 F6），如图 2-87 所示。

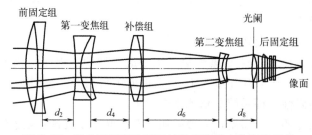

图 2-87　线性双组联动型机械补偿连续变焦光学系统

该系统中补偿组以线性补偿运动代替了复杂的非线性曲线运动，减去了传统的曲线导轨式凸轮机构，简化了系统结构，大幅度降低了生产成本，同时改善了变焦过程的运动环境，对减小补偿像面位移量有明显作用（最佳像面位移量达到0.024mm）。表2-31和表2-32分别列出光学系统的结构和变焦参数。

表2-31　光学系统的结构参数

透镜参数		曲率半径/mm		透镜厚度/mm	透镜材料
		前表面	后表面		
前固定组	透镜1	84.757	−234.827	13.0	ZK9
	透镜2	−234.827	249.538	5.0	F6
第一变焦组	透镜3	−128.617	33.843	5.0	ZK9
	透镜4	33.843	74.443	11.0	F6
补偿组	透镜5	80.936	−77.308	13.0	ZK9
	透镜6	−77.308	−367.423	3.0	F6
第二变焦组	透镜7	68.423	14.944	3.0	ZK9
	透镜8	14.944	26.115	5.0	F6
后固定组	透镜9	43.609	−15.362	4.0	ZK9
	透镜10	−15.362	−566.841	3.0	F6
	透镜11	38.435	114.058	3.0	ZK9
	透镜12	114.058	126.002	3.0	F6
	透镜13	106.631	80.119	2.0	ZK9
	透镜14	93.314	0.000	1.0	F6

表2-32　光学系统的变焦参数

变焦位置	系统焦距/mm	d_2/mm	d_4/mm	d_6/mm	d_8/mm
0	20.940	7.656	118.205	3.065	46.225
1	31.249	17.219	92.342	28.928	36.661
2	46.832	26.782	66.478	54.792	27.098
3	70.106	36.345	40.615	80.655	17.535
4	104.735	45.909	14.751	106.519	7.792

案例二，中国空空导弹研究院（吴海清等人）设计了一个变焦范围 $30 \sim 360$mm（$F/2.24$）的长波红外双组联动连续变焦光学系统，由8片透镜组成，使用两种红外材料（ZnSe和Ge），其中，第2和第6表面采用非球面，如图2-88所示。主要性能列于表2-33中。

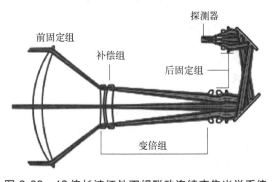

图2-88　12倍长波红外双组联动连续变焦光学系统

表 2-33　12倍长波红外双组联动连续变焦光学系统性能

参数		指标
工作波长/μm		7.7～9.5
探测器	类型	制冷型
	像元数目	640×512
	像元尺寸/μm	15×15
光学系统	透镜数目	8
	光学材料	补偿透镜 ZnSe,其余为 Ge
	焦距范围/mm	30～360
	F 数	2.24
	系统最大孔径/mm	166
	系统总长/mm	≤320
成像质量	MTF(在 33lp/mm)	0.7 视场内接近衍射极限,边缘视场>0.15
	弥散斑直径	小于艾里斑理论值
	畸变	<2.5%

④ 第四种类型，负-正-负-正双组联动型变焦光学系统。

1965 年，美国 W. G. Peck 等人为了提高变焦过程中的系统稳定性，提出了一种由多个变焦透镜组组成的全线性（移动）变焦光学系统的概念并申请了专利（专利号 USP3185029）。该系统融合了光学和机械两种补偿型变焦光学系统的优点，称为线性补偿变焦系统，或简称线性变焦系统（linear zoom system）。

此系统特点是，各变焦透镜组按照不同的线性规律完成各自的线性运动，相对于之前的非线性机械补偿变焦系统，大大降低了制造成本。相对于光学补偿变焦系统，图像移动量可补偿到忽略不计的程度，完全满足使用需求。

必须指出，由于各组变焦透镜都需要不同的线性运动机构及相应的控制机构，因此，若选择过多的变焦镜组，综合运动规律会比较复杂，同时增加了变焦光学系统机械结构的复杂性及系统重量。图 2-89 是三个和四个变焦透镜组的光机结构示意图。

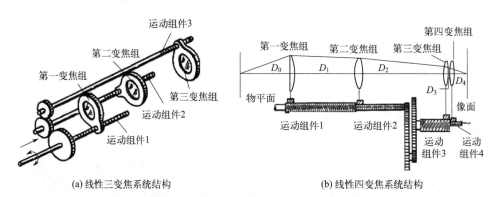

(a) 线性三变焦系统结构　　　　　(b) 线性四变焦系统结构

图 2-89　线性多变焦组光机结构示意图

案例，中国科学院长春光学精密机械与物理研究所（周昊等人）提出一种双双联动型中波红外变焦光学系统。实际上，负-正-负-正结构是上述负（变焦）-正（补偿）结构变焦概念的拓展：即两个变倍镜组（M_1 和 M_2）固定在一起完成线性运动、两个补偿镜组（C_1 和 C_2）相组合完成线性运动，因此亦称为"双双联动变焦光学系统"，目的是在满足高变倍比（40倍）条件下，减小变焦组和补偿组行程，基本原理如图 2-90 所示。

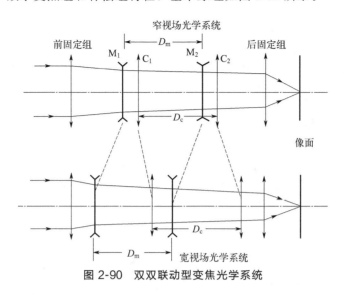

图 2-90　双双联动型变焦光学系统

该系统采用中波红外凝视型焦平面 320×240 元制冷探测器，光学系统由 8 片透镜（4个非球面）组成，前六片组成变焦系统，其中第 2 和 4 片透镜组成变倍透镜组，第 3 片和 5 片透镜组成补偿组。为了满足冷光阑效率 100% 的要求，系统采用二次成像结构，按照成像原理，可以将后面三块透镜理解为"等效后固定组"。图 2-91 是系统结构图，光学性能列于表 2-34 中。

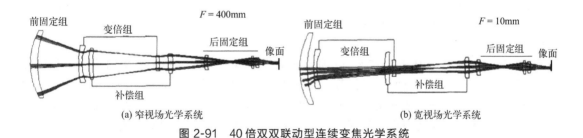

(a) 窄视场光学系统　　　　　　　　　　　　(b) 宽视场光学系统

图 2-91　40 倍双双联动型连续变焦光学系统

表 2-34　40 倍双双联动型连续变焦光学系统技术性能

参数		指标
红外探测器	类型	中波红外凝视型焦平面型
	像元数目	320×240
	像元尺寸/μm	30×30
	波长范围/μm	3.7～4.8
光学系统	焦距变化范围/mm	10～400
	变倍比	40
	F 数	4

参数		指标
光学系统	MTF(16lp/mm)	>0.3
	弥散斑均方根值/μm	<22
	变倍组行程/mm	56.5
	补偿组行程/mm	38.9
	系统总长度/mm	396

⑤ 第五种类型，超大变倍比变焦光学系统。

随着科学技术的飞速发展，尤其是在军事应用领域，希望在更大视场范围内实现目标搜索和对更远目标进行跟踪，为此需要设计具有超大变倍比的连续变焦光学系统。

研究表明，双组元变焦结构（包括上述双组联动式变倍结构）难以实现超大变倍比连续变焦。通常采取两种方法解决该问题：复合型变焦光学技术和多组元全动型变焦光学技术。

a. 复合型变焦光学技术。

复合变焦光学技术的基本原理是将两个较小倍率的变焦光学系统相串联组成一个连续变焦光学系统。

案例一，2005 年，美国 E. I. Betensky 等人采用复合变焦技术设计了一种 300 倍可见光变焦物镜（焦距 7～2100mm），由一个 20 倍连续变焦系统和一个 15 倍连续变焦系统组成二次成像系统。为了校正像差，该系统相当复杂：由 39 块光学元件组成，其中采用了 18 种具有反常部分色散的玻璃材料和两个非球面光学表面，系统总长度 1m（约 3ft[❶]），最大孔径 0.3m（约 1ft），2005 年申请了美国专利。

案例二，2007 年，美国 I. A. Neil 以类似方法设计了 180 倍长波红外变焦物镜（适当进行再优化设计，也可用于中波红外光学系统），焦距变化范围 6.7～1201mm。该系统采用二次成像结构，由 9 片透镜（中间像之前后分别设计有 6 片和 3 片透镜）组成。2007 年申请了美国专利。

案例三，2017 年 5 月和 2017 年 11 月，中国科学院西安光学精密机械研究所（杨明洋等人）和成都光电技术研究所（操超等人）利用这种复合变焦概念，采用三组元连续变焦模型分别设计了由 6 片透镜和非制冷焦平面探测器组成的 36 倍长波红外连续变焦光学系统以及由 8 片透镜和制冷凝视型焦平面探测器组成的 80 倍中波红外连续变焦光学系统。光学系统的主要区别是前者采用单片补偿透镜并省去一片中固定透镜，基本原理如图 2-92 所示。

图 2-93 是复合型 80 倍三组元中波红外（3.7～4.8μm）连续变焦光学系统，由前变焦光学系统（典型的轴向连续变焦系统）和后变焦光学系统（典型的轴向双视场变焦结构）组成。在焦距较短情况下，前变焦系统承担主要的变倍功能，后变焦系统的变倍组对像面偏移进行补偿；在长焦距情况下，正好相反。另外，还可以通过前后移动后变倍透镜组补偿由温度和气压等环境变化产生的离焦量。采用平面反射镜二次折转光线而减小光学系统的轴向尺寸。用二次成像技术实现 100% 冷光阑效率。整个光学系统由 8 片透镜组成，仅采用两种中红外光学材料 Ge 和 Si，其中补偿透镜组和后变倍透镜组均由两块光学元件组成。主要光学性能列在表 2-35 中。

---

❶　1ft=0.3048m。

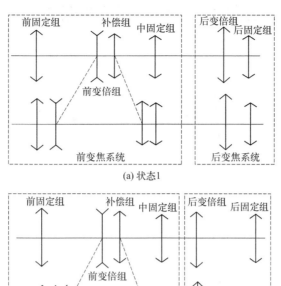

(a) 状态1

(b) 状态2

图 2-92　复合变焦光学系统工作原理

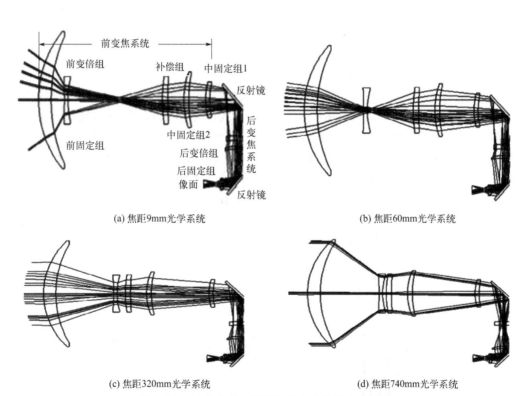

(a) 焦距9mm光学系统

(b) 焦距60mm光学系统

(c) 焦距320mm光学系统

(d) 焦距740mm光学系统

图 2-93　80倍变焦光学系统的四个典型变焦位置

表 2-35   80 倍变焦光学系统技术性能

参数				指标
探测器	类型			制冷凝视型焦平面红外探测器
	波长/μm			3.7~4.8
	像元数目			640×512
	像元尺寸/μm			15
光学系统	F 数			4
	焦距范围/mm			9~740
	水平视场/(°)			0.74~46.85
	变倍比			80
	各透镜组焦距/mm	前变焦系统	前固定组	171.36
			变倍组	−49.74,Ge 材料,前表面非球面
			补偿组	132.40,双分离结构
			后固定组	137.97
		后变焦系统	前固定组	−203.52
			变倍组	40.364
			后固定组	18.62
	成像质量	MTF(33lp/mm)		0.3
		弥散斑/μm		<15
		最大畸变(短焦)		<9%
	系统外形尺寸/mm			180×142×185
	工作温度/℃(采用机电主动式消热差技术)			−40~+60

b. 多组元全动型变焦光学技术。

多组元全动型变焦光学技术突破了传统的系统内共轭距为常量的限制,在变焦和补偿过程中,各组元是按照最有效的运动轨迹和最佳的移动方式进行运动的,从而达到最大变倍比。

2013 年,中国科学院长春光学精密机械与物理研究所(许利峰等人)为了提高变焦光学系统的变倍比,采用多组全动型机械变倍补偿形式,设计了焦距 7~1400mm(视场 0.25°~47.44°)的 200 倍连续变焦光学系统,其中,CCD 尺寸 4.9mm(H)×3.7mm(V);像元尺寸 7.5μm×7.5μm;系统总长 621.5mm;最大孔径 141.95mm。

如图 2-94 所示,此系统由 6 组 19 片透镜组成:前组透镜由双-单-单-单透镜组成,后固定组由 3 块透镜组成,中间 11 块透镜组合成 4 个移动变倍/补偿组。通常情况,第一组元调

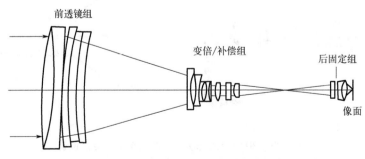

图 2-94   200 倍全动型机械变倍补偿式变焦光学系统

焦，其它组元移动实现变倍补偿，从而避免单一组元移动实现大变倍比时移动量过大的缺点，同时有利于像差校正（畸变小于 5%，绝大部分焦距各视场 MTF 均达到衍射极限）。表 2-36 列出了主要光学性能。

表 2-36　200 倍全动型变焦光学系统技术性能

参数		指标
CCD 探测器	类型	1/3in[①] CCD
	像面尺寸/mm	4.9(H)×3.7(V)
	像元尺寸/μm	7.5×7.5
光学系统	焦距范围/mm	7.0～1400.0
	视场范围/(°)	0.25～47.44
	变倍比	200
	F 数	4～10
	MTF	最窄视场子午 MTF 略低，其它均接近衍射极限
	弥散斑直径 RMS 值	小于 2×2 个像元(15μm)
	畸变	<5%
系统总长/mm		621.5
最大孔径/mm		141.95

① 1in=0.0254m。

表 2-37 对上述几种折射型变焦光学技术的优缺点进行了比较。

表 2-37　几种折射型变焦光学技术的优缺点比较

变焦结构	像面稳定度	变倍比	机械结构	系统长度	像质
光学补偿	只能在几个位置实现像面完全稳定	小	线性运动，无需凸轮	长	要求不高
机械补偿	完全稳定	大	一组线性，一组非线性凸轮	一般	好
双组联动	完全稳定	大	两组线性，一组非线性凸轮	较短	好
全动机构	完全稳定	大	线性，非线性混合，多组凸轮	短	好

通过比较可以知道，光学补偿变焦技术不太合适对像质要求较高的光学系统，多数情况下建议选择机械补偿方法。

与径向切入离散式变焦技术相比，轴向连续变焦技术的主要优点是在视场转换过程中能够保持清晰图像的连续性，视觉效果好，非常有利于机载应用领域中观察、探测、跟踪高速运动目标。但已经注意到，这种折射型变焦光学系统的透镜数量较多，因此，光学系统透射率较低，需要采取先进的设计方法以减少光学元件数量。同时，视场切换时间较长，变换过程中的图像质量易受影响。

双组或者多组联动（包括全动型）变焦技术的优点是能够获得高变倍比光学系统，长度较短，像质较好，但光机结构比较复杂，设计和装调都有一定难度。

2.5.2.2.3 全反射式变焦物镜光学系统

全反射式变焦系统是另外一种轴向变焦方式，有三种类型：共轴遮挡式结构、离轴无遮挡式结构和变形镜型全反射变焦系统。

（1）共轴遮挡式全反射变焦系统

案例一，韩国高级科技学院（Korea Advahced Institute of Science and Technology）S. Y. Rah 和 S. S. Lee 设计的轴对称双卡塞格林式反射变焦光学系统，如图 2-95 所示。表 2-38 列出主要技术指标。

表 2-38　双卡塞格林遮挡式全反射变焦光学系统技术性能

参数	性能
焦距范围/mm	66.67～133.33
F 数	4.0～8.0
主波长/μm	10.6
视场/(°)	±1.0
中心遮挡量	最大 50%

系统主要特点：

① 反射表面全部采用球面。

② 变焦过程满足齐明条件，光阑移动不会影响球差、彗差和像散的像差系数。

③ 光阑设计在系统最后一个表面，以控制像面照度。

④ 像散严重。采用非球面（例如主镜采用椭球面）会有效减小像散。

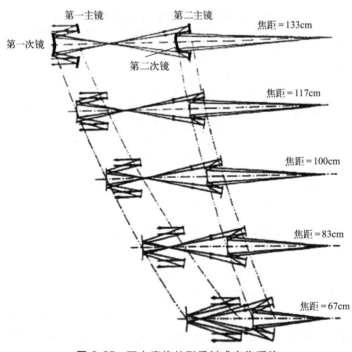

图 2-95　双卡塞格林型反射式变焦系统

案例二，美国亚拉巴马大学应用光学中心（The Center for Applied Optics，University

of Alabama）在参考 George Prisonde 的专利基础上，设计了一种轴对称卡塞格林-逆卡塞格林结构型反射式变焦系统，如图 2-96 所示。表 2-39 列出主要光学性能。

表 2-39　对称卡塞格林-逆卡塞格林型反射式变焦光学系统技术性能

参数	性能
焦距范围/mm	7.37～29.46
F 数	4.0～8.0
主波长/μm	10.6
视场/(°)	±1.0
中心遮挡量	最大50%

主要特点：

① 系统采用卡塞格林-逆卡塞格林结构布局。

② 反射表面全部采用二次曲面，次镜和三镜采用高次幂非球面。

③ 有两个移动变焦元件和一个变动像平面。

④ 变倍比 4。

⑤ 全视场：1.5°～6°。

⑥ 焦距范围：73.7～294.6mm。

（2）离轴无遮挡式全反射变焦系统

如前所述，共轴反射式变焦光学系统存在中心遮挡，因而影响系统的成像质量，主要表现在两个方面：视场中心图像亮度不够和视场较小。

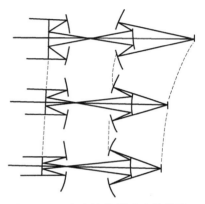

图 2-96　卡塞格林-逆卡塞格林型反射式变焦系统

研究表明，离轴全反射式变焦光学系统具有无中心遮挡、能量利用率高和图像质量高等优点，越来越多的公司开始研究非遮挡型离轴全反射式光学系统。

案例一，四反射式无遮挡变焦望远镜光学系统。

美国休斯飞机公司（Hughes Aircraft Company）设计的四元件全反射式无遮挡变焦望远系统，如图 2-97 所示。主要特点：

① 主镜固定不变，其它三个反射镜可以移动。

② 主镜是抛物面，次镜是双曲面，所有反射镜都是旋转对称型。

③ 孔径光阑设置在主镜上。

④ 视场中心位于光轴上。

⑤ 入瞳和出瞳都与光轴偏心，入瞳偏上，出瞳偏下，形成一个无遮挡系统。

⑥ 系统是无焦系统，非常方便在其后设计一个二次成像系统。

案例二，离轴三反射式无遮挡变焦望远系统。

20 世纪 90 年代末，Allen Mane 和 Johnson 在对共轴反射式变焦光学系统进行认真分析的基础上，将共轴反射系统中的反射镜进行偏心或者倾斜，并采用每个反射元件中的一部分参加成像，成功设计了一种离轴三反变焦光学系统，如图 2-98 所示。

主要特点：

① 采用三个高次非球面反射镜，为了平衡像差，非球面的幂级数达到 14 次方。

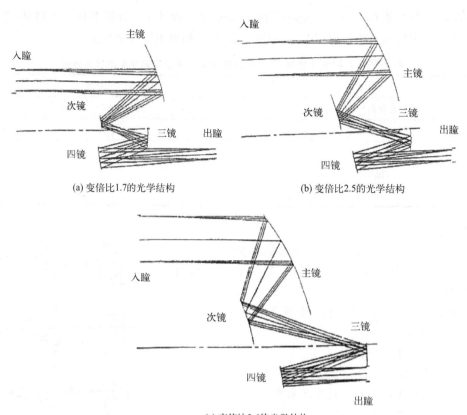

(a) 变倍比1.7的光学结构   (b) 变倍比2.5的光学结构

(c) 变倍比3.6的光学结构

图 2-97　无遮挡式全反射变焦系统

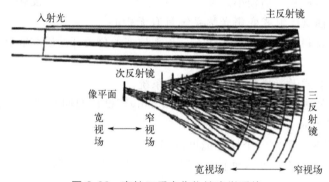

图 2-98　离轴三反变焦物镜光学系统

② 主反射镜固定不动，利用次镜和三镜的移动实现变焦。

③ 系统中没有设计补偿镜组，而是利用像面位置的变化保证成像质量。

主要性能指标列在表 2-40 中。

表 2-40　离轴三反变焦光学系统技术性能

参数	性能
工作波长/μm	3～5,8～12
焦距变化范围/mm	600～1200
变倍比	2

参数	性能
入瞳直径/mm	150
F 数	4～8
视场/(°)	2.2～4.4
畸变	3%～5%
变焦过程中系统长度变化范围/mm	320～650

案例三，图 2-99 是一种离轴三反式无遮拦望远镜光学系统，主要特点是次镜采用二元光学元件以进一步校正球差，主镜和三镜采用抛物面反射镜。望远系统放大倍率范围是 2～10 倍。

由上述设计案例可以看出，离轴三反连续变焦望远光学物镜系统没有后固定组，因此，变焦过程中导致像面移动。不仅多片离轴反射镜的制造成本高，装配难度较大，而且，很难保证 100% 的冷光阑效率。

（3）采用变形镜技术的全反射变焦系统

传统的全反射式变焦光学系统是利用反射镜之间的间隔变化达到变焦目的，主要问题是装配难度大，移动过程中很难保证高成像质量。为此，国内外开始研究主动光学变形镜技术（例如，中国科学院国家天文台南京天文光学技术研究所主导建设的国家大科学工程 LAM-OST），就是通过改变反射镜的曲率半径（而非改变间隔）实现变焦。优点是：

① 光学系统紧凑，系统器件少并且无需移动，因此，不需要设计昂贵的精密移动机械。

② 提供更多自由度以校正像差，像质稳定。

③ 变焦速度快。

上海大学（程洪涛）基于变形反射镜变焦技术（例如，中国科学院光电技术研究所周虹等人研发的双压电片变形反射镜）设计了一种三反射离轴变焦物镜，在保持反射镜间隔不变的前提下，通过设计两个变形镜实现三反射离轴变焦光学系统的焦距改变。如图 2-100 所示，凸面次镜的光焦度固定不变，改变高次变形镜（凹面主镜和抛物面三镜）的光焦度即表面曲率半径。其中，系统中心波长 550nm，变倍比 2.3347。

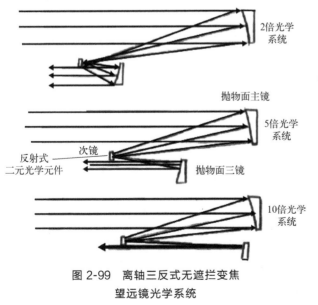

图 2-99 离轴三反式无遮拦变焦望远镜光学系统

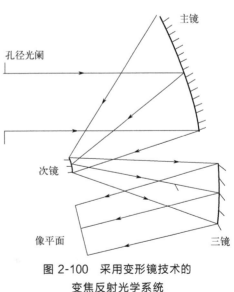

图 2-100 采用变形镜技术的变焦反射光学系统

采用变形镜技术的变焦光学系统的相关参数应满足以下条件：

$$\phi = -D_1 D_2 \phi_p \phi_s \phi_t - (D_1 + D_2)\phi_p \phi_t - (D_1 \phi_p + D_2 \phi_t)\phi_s + (\phi_p + \phi_s + \phi_t) \quad (2\text{-}34)$$

$$l_{F'} = \frac{D_1 D_2 \phi_p \phi_s - (D_1 + D_2)\phi_p - D_2 \phi_s + 1}{-D_1 D_2 \phi_p \phi_s \phi_t - (D_1 + D_2)\phi_p \phi_t - (D_1 \phi_p + D_2 \phi_t)\phi_s + (\phi_p + \phi_s + \phi_t)} \quad (2\text{-}35)$$

$$\phi_p = \frac{1 + D_2 \phi_s - l_{F'}}{D_1 + D_2 - D_1 D_2 \phi_s} \quad (2\text{-}36)$$

$$\phi_t = \frac{D_2 - \phi^{-1} + l_{F'} + D_1 [1 - \phi_s (D_2 + l_{F'})]}{l_{F'}(D_1 + D_2 - D_1 D_2 \phi_s)} \quad (2\text{-}37)$$

式中 ϕ——系统总光焦度；

     $l_{F'}$——系统后截距；

     ϕ_p——主镜光焦度；

     ϕ_s——次镜光焦度；

     ϕ_t——三镜光焦度；

     D_1——主-次镜间距；

     D_2——次-三镜间距。

表 2-41 列出相关参数、主要性能和三个反射镜表面曲率半径的变化量。

表 2-41 变形镜型反射变焦系统主要性能

项目		近焦	中焦	远焦
曲率半径 /mm	主镜	−54.81636	−55.3610	−55.8268
	次镜	−8.4143		
	三镜	−23.374	−23.8987	−23.7114
反射镜间隔 /mm	主镜～次镜	−24.7796		
	次镜～三镜	34.2883		
	三镜～探测器	−20.4448		
Y 向偏心 /mm	主镜	−7.4753		
	次镜	−0.5575		
	三镜	−5.6294		
	像平面	5.8096		
倾斜/(°)	主镜	5.4721		
	次镜	−5.6728		
	三镜	−11.9785		
	像平面	−20.6848		
焦距/mm		54.7380	81.9690	127.7984
视场/(°)		1.5×1.5	1×1	0.5×0.5
F 数		5.4738	8.1969	12.7798
光学系统总长度/mm		39.5087		

2.5.2.2.4 平面反射镜切换型双通道变焦光学系统

随着红外成像技术的不断发展，对红外探测、跟踪目标的作用距离和光轴一致性（或者探测精度和稳定性）的要求越来越高。通常采用的有效方法包括：尽量增大光学系统的长焦距和研发具有更大面阵阵列、更小像元间距的红外探测器。

按照光学系统设计技术，提高长焦距（小视场）系统光轴稳定性的最佳方法是系统中不包含运动的光学元件。为了解决该问题，昆明物理研究所（张卫锋等人）提出一种利用平面反射镜移动方法实现三视场的变焦光学系统，如图 2-101 所示。

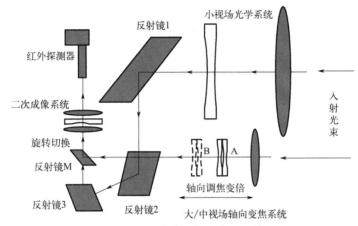

图 2-101　变焦三视场光学系统

主要特点是：

① 小视场光学系统是一个固定的长焦距光学系统，有利于减少光学元件数量，具有高光学透射率；采用三次反射镜折叠光路，且没有任何运动光学元件，非常有利于减小外形尺寸和减轻重量，以及提高系统的可靠性。

② 旋转反射镜 M 进入光路时，小视场光学系统转换为大/中视场。

大/中视场光学系统是一个双视场变焦系统，以轴向调焦变倍方式实现大/中视场的转换，因此，能够显著缩短大/中视场调焦变倍机构的轴向行程。

③ 由于这种双通道三视场光学系统同时采用径向和轴向变焦方式，因而能够有效保证小视场光轴的稳定性和三视场间光轴的平行性。

这类三视场变焦光学系统也称为"复合变焦光学系统"或者"双通道变焦光学系统"。

西安应用光学研究所（胡博等人）采用类似的变焦方式设计了另外一种"双通道三视场长波红外变焦搜索光学系统"，区别是采用径向变焦方式实现大/中视场的变换（参考11.5.1.4.1 节的案例）。

2.5.2.2.5　折射/反射混合型变焦光学系统

折射/反射混合型变焦光学系统是一个由折射光学元件和反射光学元件组成的变焦光学系统，利用折射光学元件的移动改变系统的光焦度。

折射/反射混合型变焦光学系统的显著特点是能够增大系统视场和缩短系统纵向长度，既填补了折射式变焦系统很难做到大孔径的缺陷，又可避免反射式连续变焦系统像面位置随焦距变化的不足。

案例一，中国科学院长春光学精密机械与物理研究所（王鹏等人）设计了一种由大孔径共轴反射式物镜和二次折射成像系统组成的长波红外变焦光学系统，如图 2-102 所示。

与传统的二组元、双组联动等机械补偿变焦技术不同，该设计是通过移动三组折射透镜元件来实现机械补偿变焦的：第一移动透镜线性运动，第二和第三移动透镜曲线运动。主要

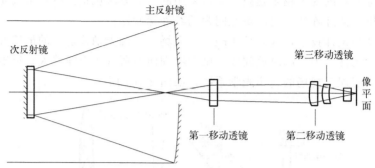

图 2-102　折射/反射混合型共轴变焦光学系统

特点是：

① 工作波长 $8\sim12\mu m$，中心波长 $10.6\mu m$。

② 孔径光阑（入瞳直径 500mm）位于主反射镜上。

③ 变焦范围 $750\sim3000mm$（变倍比 4）。

④ 变焦过程中 F 数是变化的：短焦距时 F 数小，长焦距时 F 数大。

⑤ 像平面稳定，各变焦位置传递函数接近或达到衍射极限。

缺点是，与全反射式变焦光学系统相比，折射元件造成的色差较大，工作波段范围受限，系统视场较小。

无论是反射式还是折射/反射式光学系统，若采用共轴结构形式，都存在中心遮拦问题（短焦工作状态的遮拦现象更为严重），整个光学系统无法采用同一个 F 数工作。众所周知，制冷型红外探测器的 F 数是一个确定值，因此，共轴折射/反射（变焦）系统不能设计为制冷型红外系统，因为它会在某种程度上影响系统的集光能力，降低系统中心观察区域的细节分辨能力。

离轴反射式红外变焦系统的最大缺点是变焦过程中像平面移动，因此，对移动机构精度和变焦速度的要求较苛刻，很难保证足够的稳定性，使用条件受到限制。采用离轴折射/反射式混合型变焦光学系统是解决该问题的有效途径。

实际上，离轴折射/反射混合型连续变焦光学系统是共轴混合型变焦光学系统的改进型，主要由两部分组成：离轴反射式组件（固定组件）和共轴折射式组件（变焦组件）。

由于主镜/次镜离轴型反射系统没有色差，不存在二级光谱问题，不受材料限制，可设计大孔径系统，因而可以提高系统成像质量和分辨率，尤其适合双波段情况。采用离轴设计方案，可以降低系统的遮拦比，增大像平面的图像亮度。实际上，该系统是一种二次成像结构，可以配装制冷型红外探测器，能够达到 100% 的冷光阑效率，图像更清晰，探测距离也更远。

所谓"离轴"，是以反射系统的光阑或视场偏离光轴的方式避免光线遮挡，因此，利用共轴折射系统补偿和校正系统像差比较容易。

两种离轴反射镜结构的区别在于光阑位置，如图 2-103 所示：光阑位于主反射镜上，即光阑离轴；光阑位于次镜上，即视场离轴。

如图 2-103(a) 所示，光阑离轴通常是在大孔径主镜（入瞳）上截取一个不会发生遮拦的小孔径作为新入瞳，离轴量取决于光线不被遮拦的位置。如果共轴系统的中心遮光比为 a，主镜与次镜的间距为 d，主镜孔径为 P，新入瞳孔径为 D，则离轴量 H 满足下列公式：

$$H=\frac{aP+D}{2} \tag{2-38}$$

如图 2-103(b) 所示，视场离轴是将视场倾斜（即光阑没有偏离光轴）。光阑位于次镜上，主镜对光阑形成的像为系统入瞳。如果入瞳直径为 D，次镜在主镜中的像距为 l，d 为主镜-次镜间距，主镜的物像距比为 β（即 l/d），则为避免中心拦光，视场倾斜角度 ω 应满足下列公式：

$$\tan\omega = \frac{D\left(1+\dfrac{1}{\beta}\right)}{2(l-d)} \tag{2-39}$$

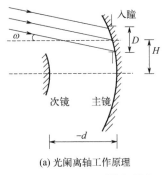 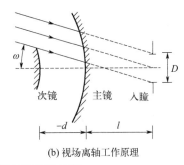

(a) 光阑离轴工作原理 (b) 视场离轴工作原理

图 2-103　离轴反射镜设计原理

案例二，长春理工大学（牟蒙）设计了一种折射/反射混合型离轴式变焦光学系统，采用反射式无焦望远镜系统与折射式望远物镜系统相组合的结构及光阑离轴方式，使用法国 Ulis 公司的长波红外非制冷探测器（像元数目 160×120，像元尺寸 $25\mu m$），如图 2-104 所示。

该系统主要特点：

① 反射式无焦望远镜系统与折射式望远物镜系统相组合的结构布局。

② 光阑离轴方式。

③ 系统（或反射分系统）入瞳经次镜和折射分系统成像在红外探测器冷屏位置，孔径大小等于冷屏尺寸。

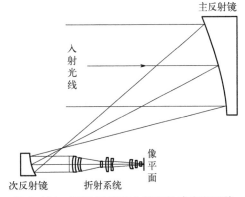

图 2-104　折射/反射混合型离轴式光学系统

④ 主反射镜和次反射镜均采用非球面（抛物面）表面，光阑位于主镜上。

表 2-42 列出基本结构参数。

表 2-42　折射/反射混合型离轴式光学系统结构参数

参数		指标
曲率半径/mm	主镜	2000
	次镜	400
间隔/mm		1200
离轴量/mm	主镜	500
	次镜	100
入瞳直径/mm		500

参数		指标
出瞳	直径/mm	100
	出瞳距离/mm	240
放大倍率		5

⑤ 反射式望远镜光学系统的出瞳与折射式望远物镜的入瞳重合。

⑥ 折射式望远物镜由八片光学透镜组成，全部采用球面，变焦范围 40～400mm，如图 2-105 所示，结构参数列于表 2-43 中。

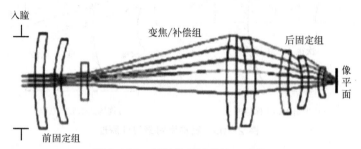

图 2-105　折射分系统结构示意图

表 2-43　折射光学分系统结构参数（焦距 40mm）

项目	曲率半径/mm	厚度/mm	材料
入瞳	—	20.00	—
第一透镜	186.47	13.67	Ge
	233.73	15.46	
第二透镜	101.26	10.00	ZnSe
	92.29	30.24	
第三透镜	688.96	10.00	Ge
	134.53	207.26	
第四透镜	271.30	14.36	Ge
	∞	15.00	
第五透镜	−127.56	13.00	ZnS
	−151.22	36.38	
第六透镜	93.08	12.00	ZnSe
	113.14	21.00	
第七透镜	−51.22	10.00	Ge
	−56.84	13.62	
第八透镜	33.17	8.00	ZnSe
	29.48	20.00	
像面	∞	—	—

⑦ 系统像质较好。

不同焦距/视场的 MTF 均接近衍射极限，截止频率 20lp/mm 处的 MTF 值大于 0.1。

光学系统的能量会聚度较高，弥散斑均小于艾里斑（RMS 值小于 $10\mu m$），满足使用要求。

不同焦距的畸变均小于 4%。

2.5.3 双视场柔性切换成像系统

双视场（或者双焦距）光学系统是一种常用的离散型变焦光学系统，通常采用两种方法：

① 最简单的方法，采用"两套独立的光学系统＋光电信号切换"模式，缺点是体积大、重量大以及存在光轴平行性问题。

② 最常用的方法是采用"共孔径光学系统＋（径向/轴向）部分变焦系统"切换模式，主要问题是同轴性和切换速度太慢。

为了解决该问题，西安现代控制技术研究所（王绪安等人）采用"双视场柔性切换同轴光学系统"的设计理念，即采用光学偏振技术和液晶旋光原理，在激光成像系统设计中，实现了双光学视场的"柔性"切换，如图 2-106 所示。

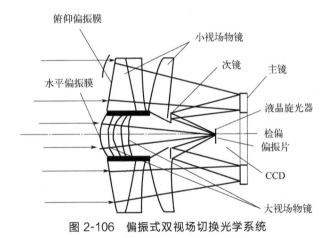

图 2-106　偏振式双视场切换光学系统

该系统由大视场（6°×8°）和小视场（2°×2.7°）两个光学系统组成：小视场光学系统采用折射（中空）/反射式结构，大视场光学系统采用折射式结构，并镶嵌在小视场中空位置。设计过程中，调整主镜/次镜的相对位置及大视场光学系统的嵌入深度，保证两个光学系统共焦面（小视场光学系统和大视场光学系统的焦距与后截距分别是 99.03mm/85.4mm 和 33.02mm/24.1mm，后截距之比约 3.54）。

由于双视场柔性切换成像系统具有小视场、大视场系统同光轴、共像面特点，成像探测器 CCD 放在 2 个光学系统的共同焦平面（像面）上。小视场物镜组和大视场物镜组的第一个面，分别粘有俯仰偏振和水平偏振的偏振片 A 和偏振片 B，实现起偏功能，并将小视场和大视场光学系统变换成俯仰偏振和水平偏振彼此正交的 2 个光学通道。

CCD 探测器感光面上同样设计有一个具有检偏功能的偏振片（也称为检偏器），当入射光与其偏振方向平行时可以透过，垂直时无法透过；若有一定夹角，则服从矢量投影与合成法则。

CCD探测器前面有一个液晶旋光器。利用液晶旋光（0°和90°两个位置）效应和偏振片的检偏原理，通过控制液晶旋光器对两个光学通道进行分时选通（即柔性切换），使入射偏振光的偏振方向旋转0°或者90°，保证与检偏器偏振方向平行或者垂直，最终实现两个视场的切换，如表2-44所列。表2-45是该系统的主要技术性能。

表 2-44　视场切换过程

项目	小视场 俯仰偏振膜	大视场 水平偏振膜	检偏偏振片	液晶旋光器
小视场	垂直方向	水平方向	垂直方向	旋光0°状态
大视场	垂直方向	水平方向	水平方向	旋光90°状态

表 2-45　偏振式双视场光学系统技术性能

类型	视场切换时间/ms	光轴漂移量/μm	弥散斑半径/μm	
普通切换系统	300～500	30～100	—	
偏振切换系统	4～8	<10	小视场	9～18
			大视场	8.5～26

需要说明，由于偏振片和液晶旋光器都有工作波段问题，光线入射角和温度变化对成像效果也都有影响，该变焦技术目前尚未得到广泛应用，仅局限于可见光和近红外光谱区域。

2.6
目镜光学系统

顾名思义，目镜是指人们利用眼睛并通过其观察前方光学系统（物镜）所成图像的目视光学组件。对于正常人眼，远点在无穷远，换句话说，目镜光学系统的出射光束一定是平行光束。如果目镜是望远镜光学系统的组成部分，目镜的作用是把物镜形成的图像成像在无穷远，被人眼观察；若单独使用，则相当于放大镜。一定要把被观察目标放置在物方焦平面上，保证成像在无穷远，使人们能够舒服地进行观察。

机载平视显示器或者头盔瞄准/显示系统的光学系统，实际上，就是一个中等视场、大出瞳孔径、超远眼点距离和具有较高瞄准/显示精度、单独使用的特殊目镜系统。

2.6.1　目镜主要特点

普通目镜是望远镜光学系统的重要组件（也可单独用作放大镜）。主要特点如下所述。
（1）焦距短
望远系统放大倍率：

$$\Gamma = \frac{f'_{物}}{f'_{目}} \tag{2-40}$$

物镜像方焦点与目镜物方焦点相重合，因而光学系统总长度：

$$L = f'_{物} + f'_{目} \tag{2-41}$$

为了减小光学仪器的体积（或长度）和减轻重量，必须尽可能减小目镜焦距。考虑到需要一定的出瞳距离，焦距也不能太小。

普通目镜的焦距一般是 $15\sim30\text{mm}$。

（2）视场较大

望远系统放大率 Γ 与视场（ω' 和 ω 分别为目镜和物镜视场角）的关系：

$$\Gamma = \frac{\tan\omega'}{\tan\omega} \tag{2-42}$$

显然，目镜视场与望远物镜视场和望远系统放大率密切相关。

一般地，普通目镜的视场是 $40°\sim50°$，视场为 $60°\sim80°$ 的目镜称为广角目镜，超过 $90°$ 的目镜称为特广角目镜。

视场太大不易校正轴外像差，通常双目仪器的目镜视场不应超过 $75°$。在此条件下，不同的放大率对应的视场角如表 2-46 所列。

表 2-46　放大率与视场角的关系

放大率	2 倍	5 倍	8 倍	10 倍	20 倍
物方视场（2ω）/（°）	42	17.5	11	8.8	4.4

（3）出瞳孔径和眼点距离

对于普通的目视望远系统，目镜的出射光束直接进入观察者眼中，因此，目镜的出瞳孔径要与该条件下工作的眼睛瞳孔的大小相匹配。

通常，白天且工作环境条件较稳定（例如实验室）时，人眼瞳孔直径是 $2\sim4\text{mm}$，目镜出瞳孔径设计为 2mm 左右；在夜间并且工作环境较差条件下（例如军用光学仪器或者夜视仪器），人眼瞳孔直径约 4mm，目镜的出瞳孔径设计为 $6\sim8\text{mm}$。因此，目镜的相对孔径较小，通常小于 $1/5$。

对折射型机载平视显示器或头盔瞄准/显示系统这类特殊的目镜系统，需要依靠头部移动才能观察到全视场，因此，需要设计更大的出瞳孔径。

出瞳距离定义为目镜系统最后一个光学表面到出瞳的距离，也称为"镜目距"。目镜出瞳距离与目镜焦距之比，称为"相对镜目距"。

为了避免观察时眼睫毛触碰到镜面，通常要求目镜的出瞳距离不小于 6mm。对于军用仪器（例如，为了佩戴防毒面具），要求大于 20mm；对于机载平视瞄准/显示系统，由于眼点至组合玻璃距离较远，因此，出瞳距离要求大于 300mm。

随着出瞳直径和出瞳距离增大，平视瞄准/显示光学系统中透镜有效工作孔径及焦距都会变大，因此，像差校正更为困难。

（4）工作距离

为方便在目镜物方焦平面上安装分划板（例如望远系统中）或者图像源（例如平视瞄准/显示器中），要求目镜设计有合适的工作距离，其定义为目镜物方焦平面到目镜系统第一个光学表面的距离。

为使远视眼和近视眼人群都能使用，要求视度可以调整。视度调节范围规定 $\pm5\text{D}$❶，目镜的轴向移动量是：

---

❶ D 为屈光度单位，在光学中用于表示透镜（或其它屈光物质）屈光力的大小。$1\text{D}=1\text{m}^{-1}$。

$$x = \pm \frac{5f'_\text{目}}{1000} \qquad\qquad (2\text{-}43)$$

一般情况下，工作距离要大于目镜视度调节需要的最大轴向移动量。

2.6.2 目镜基本类型

以结构形式分类，目镜分为两大类：负目镜和正目镜。

负目镜由一块负透镜或者两块/三块薄透镜胶合（为了消除色差）而成，形成倒像，主要功能是图像倒转。在机载光电设备中很少使用，本节主要讨论正目镜结构形式。

2.6.2.1 冉斯登目镜和惠更斯目镜

最简单的正目镜形式是冉斯登（Ramsden）目镜和惠更斯（Huygoens）目镜，如图 2-107 所示。

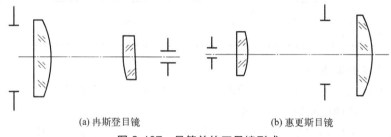

(a) 冉斯登目镜　　　　　　　　　(b) 惠更斯目镜

图 2-107　最简单的正目镜形式

（1）冉斯登目镜

如图 2-107(a) 所示，冉斯登目镜由两块同焦距的平凸透镜相对放置，可以理解为由一个场镜（为校正场曲）和一个平凸接眼透镜组成。两个透镜采用相同的低色散玻璃材料，透镜间隔是单透镜焦距的三分之二，比惠更斯透镜的间隔小，从而可以获得一定的出瞳距离，约为 $(1/4 \sim 1/3)f'$，视场 $30° \sim 40°$。

（2）惠更斯目镜

如图 2-107(b) 所示，惠更斯目镜与冉斯登目镜不同，两个平凸透镜的平面均朝向眼睛方向。与冉斯登目镜相比，场镜平面更远离眼睛。如果采用不同材料的玻璃，适当选择透镜间隔，可以校正垂轴色差。但由于其焦平面位于两个透镜之间（即工作距离为负值），无法放置分划板或图像源，因此，很少在机载光电系统中应用。

2.6.2.2 凯尔纳目镜和对称目镜

实际上，凯尔纳（Kellner）目镜是冉斯登目镜的改进型，是利用双胶合透镜代替平凸接目镜，即利用胶合面校正垂轴色差。换句话说，凯尔纳目镜是一个设计有消色差接目镜的冉斯登目镜，如图 2-108(a) 所示。改进之处包括：

① 双胶合透镜采用平均色散较大和折射率较小的玻璃材料，保证既能校正垂轴色差，又减小正球差和正色散。场镜是平凸形状或者双凸形状。

② 减小场镜与接目镜的间隔，达到增大出瞳距离（约为 $0.5f'$）和进一步提高像质（减小场曲）的目的，视场达 $40° \sim 50°$。

③ 场镜与接目镜的焦距分配为 1～1.4。

Plossl 对称目镜可以视为上述目镜的进一步改进型，如图 2-108（b）所示，由两个完全对称和透镜间隔尽量小（小于 0.5mm）的消色差双胶合透镜组成，是目前应用最广的一种中等视场目镜。

光学设计者很早就认识到对称性可以校正垂轴像差。1860 年左右，在照相物镜中就设计出对称于光阑的双单透镜组合。根据光学对称原理，在完全对称的光学系统中，由于两个双胶合透镜分别消色差，因此，彗差、畸变和横向色差都等于零。该目镜系统采用硼硅酸盐冕牌玻璃和超重火石玻璃材料，并且两个双胶合透镜密接在一起，所以，工作距离和出瞳距离（$0.8f'$）都较大，场曲值较小。由于加工方便，因而广泛应用于军事仪器中。

如果破坏对称性，并选择合适的玻璃组合，还可以增大目镜视场。

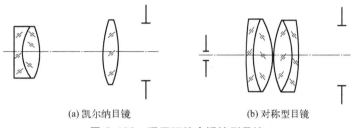

(a) 凯尔纳目镜   (b) 对称型目镜

图 2-108 采用双胶合透镜型目镜

表 2-47 是 Plossl 对称目镜的结构参数。

表 2-47 Plossl 对称目镜的结构参数

半径/mm	间隔/mm	材料		
		类型	折射率	V 值
236.748	12.694	SF61	1.751	27.5
93.577	36.813	SK1	1.610	56.7
−155.314	3.808	空气	—	—
155.314	36.813	SK1	1.610	56.7
−93.557	12.694	SF61	1.751	27.5
−236.748	65.443	空气	—	—
焦距/mm		100		
后截距/mm		65.44		
视场 2ω/(°)		50		
F 数		5.6		
校像差波长/nm		486,588,656		

2.6.3 目镜复杂化

目镜复杂化是为了满足一些特殊要求，例如消畸变目镜是一种具有中等视场又兼具较大出瞳距离的目镜，广角目镜同时具有较大视场和较大出瞳距离。

（1）消畸变目镜

消畸变目镜是一个由三胶合透镜和一个平凸透镜组成的密接光学系统，平凸透镜是接目镜，如图 2-109 所示。

其中，平凸接目镜几乎承担了整个目镜系统光焦度的一半，因此，为了尽量减少其像差，选用高折射率和低色散的玻璃材料。三胶合透镜中，临近接目镜的第一个表面承担了剩余的光焦度，就是说，三胶合透镜的第一个半径产生的光焦度和接目镜光焦度组合起来大约与目镜的总光焦度相等。由于承担光焦度的两个透镜元件非常靠近，因而场曲很小，出瞳距离更大。合理调整两个胶合面的曲率半径以及合理选择玻璃材料，可以校正像散、彗差和垂轴色差。最后一个半径相当于场镜，用来调整出瞳位置。

该类目镜的特点是很好消除了球面像差和色像差，与前述类型目镜相比，畸变也得到了更好校正，全视场相对畸变达 3%～4%，视场 $2\omega = 40°$，出瞳距离 $0.8f'$，在军用领域得到广泛应用。

此类目镜也称为"无畸变目镜"，但称为"消畸变目镜"更合适。

图 2-110 是消畸变目镜的一种简化形式，称为柯尼希（Koenig）目镜。双胶合透镜代替了三胶合透镜，负透镜更靠近视场光阑，出瞳距离更大（$>f'$）。

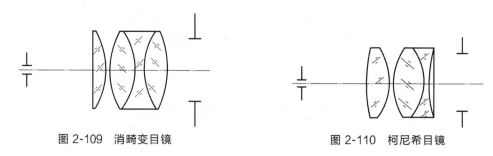

图 2-109　消畸变目镜　　　　　　　　　图 2-110　柯尼希目镜

（2）广角目镜

视场大于 60°的目镜定义为广角目镜。

视场增大，场曲和高级像差随之增大。为了减小像差，目镜的结构必须复杂化，通常采用以下措施：

① 在靠近像平面一侧加入负透镜，并远离正透镜组。

② 增加正透镜组数量，分担光焦度，且尽量密接。

③ 必须加入一些双胶合透镜组，以校正整个目镜像差。

广角目镜的典型设计形式有三种，如图 2-111 所示。将消畸变目镜中接目镜/三胶合镜分离 [如图 2-111(a) 和图 2-111(b) 所示]，或者采用艾尔弗目镜（Erfle）形式 [如图 2-111(c) 所示]。

图 2-111(a) 是消畸变目镜的改进型，用两个单透镜代替单接目镜。三胶合透镜中的负透镜采用具有较高折射率（1.7 以上）和色散的材料，以校正四个正透镜产生的色差。通常将前面两个单正透镜称为基本结构，三胶合透镜称为像差校正结构。

图 2-111(b) 是消畸变目镜的另一种改进型，将三胶合透镜重新设计成一个双胶合透镜和一个单透镜的分离形式，胶合面两侧材料的折射率差达到 0.2，平均色散差也较大，与图 2-111(a) 的情况类似，承担整个目镜的消色差任务。目镜视场达 60°，出瞳距离约 $0.6f'$。

图 2-111(c) 艾尔弗目镜是一种广泛应用的目镜，由两个双胶合透镜和一个单透镜组成。可以将一个正透镜与一个双胶合透镜称为基本结构，另一个双胶合透镜称为校正结构。由于

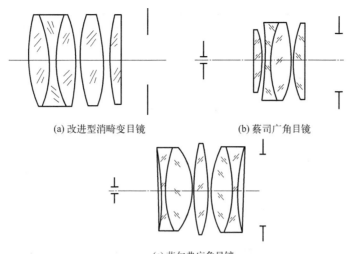

(a) 改进型消畸变目镜　　　　(b) 蔡司广角目镜

(c) 艾尔弗广角目镜

图 2-111　广角目镜基本结构

增加了一个负透镜，因此，具有更大视场（65°~72°），出瞳距离约 $0.6f'$，有更高的成像质量。表 2-48 列出一种艾尔弗目镜的结构参数。

表 2-48　一种艾尔弗目镜的结构参数

曲率半径 /mm	厚度 /mm	材料		
		类型	折射率	V 值
−1000.000	10.000	SF19	1.667	33.0
117.650	60.000	SK11	1.564	60.8
−119.130	3.000	空气	—	—
253.230	35.000	BK7	1.517	64.2
−253.230	3.000	空气	—	—
118.130	60.000	SK11	1.564	60.8
−142.860	10.000	SF19	1.667	33.0
166.670	37.862	空气	—	—
焦距/mm		100.2		
后截距/mm		37.86		
全视场/(°)		70		
校正像差波长/nm		486,588,656		

当然，根据需要，还可以设计出更大视场（例如 120°）的目镜系统，但光学系统结构更加复杂，轴外成像质量也更差，例如畸变可以达到 30% 左右。

表 2-49 列出几种常用目镜系统的主要性能。

表 2-49　几种常用目镜系统的性能

目镜类型	视场/(°)	相对出瞳距离（出瞳距离与目镜焦距之比）
冉斯登目镜	30~40	1:3

目镜类型	视场/(°)	相对出瞳距离(出瞳距离与目镜焦距之比)
惠更斯目镜	40~50	1:4
凯尔纳目镜	45~50	1:2
对称目镜	40~42	3:4
无畸变目镜	40	3:4
蔡司目镜	60	3:5
艾尔弗目镜	65~72	3:4
特广角目镜	>80	4:5
长出瞳距目镜	40	1.37

2.6.4 一种特殊的类目镜系统——平视瞄准/显示光学系统

平视瞄准/显示系统是在机载反射式射击瞄准具基础上，利用光学和电子学新技术成功研制的一种先进的飞行员座舱显示系统。20世纪60年代末~70年代，开始广泛应用于各种战斗机、运输机、民航机和直升机。

普通平视瞄准/显示光学系统实际上是一个大孔径和中等视场的目镜准直系统，以五片型匹兹伐（Petzval）透镜为其初始结构。如图2-112(a) 所示，负透镜位于像平面（或CRT图像源）附近，校正场曲，同时通过弯曲平衡整个系统的畸变。为进一步改善成像质量，前组透镜和后组透镜可以进一步优化并复杂化。为了满足座舱空间要求，系统光轴需折转约90°，因此，系统前后组之间必须保留足够大的空气间隔，以便安装折转反射镜，如图2-112(b) 所示。

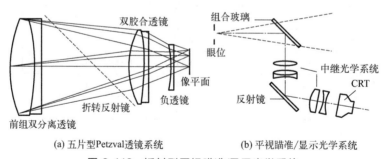

(a) 五片型Petzval透镜系统　　(b) 平视瞄准/显示光学系统

图 2-112　折射型平视瞄准/显示光学系统

平视瞄准/显示光学系统的特点是：

① 光学系统出瞳位置远。

飞行员座椅距离组合玻璃较远，设计值是400~500mm。

普通平视瞄准/显示系统规定眼睛到组合玻璃的距离≥300mm（约12″），衍射光学平视瞄准/显示光学系统要求眼点距离大于500mm。换句话说，光学系统的出瞳距离较长。

② 光学系统有效孔径大。

由于眼点距离远，为了增大瞬时视场以满足实际需要，必须采用大口径光学系统，一般口径大于100mm。考虑到像差校正能力、制造工艺可行性及座舱空间可允性等因素，通常限制通光孔径小于 175mm。

③ 光学系统焦距大。

确定焦距的原则是：图像源尺寸要满足显示器的视场要求。如果焦距选择太小，会使系统的相对孔径大，系统变得复杂。考虑到光学系统的复杂性，其 F 数限制在 1.2 左右，因此，光学系统焦距约为 150mm。

④ 总视场和瞬时视场。

驾驶员眼点在设计位置时，瞬时视场一般不会等于总视场，就是说，无法观察到整个视场，必须通过头部移动完成不同视场的图像观察。

通常要求：

a. 头部活动范围。

平视瞄准/显示系统头部活动范围要求不小于 50mm（高）×75mm（横）×100mm（纵）。

b. 瞬时视场和总视场。

折射式平视显示器准直光学系统（例如双组合玻璃设计）的总视场是不小于 24° 的圆形视场，瞬时视场不小于 14°(H)×17°(V)。

衍射式平视显示器准直光学系统总视场不小于 25°(H)×20°(V)，瞬时视场应不小于 25°(H)×17°(V)。

从使用出发，希望观察视场足够大，无需摆头就能观察到全视场。但对于普通平视瞄准/显示光学系统，势必会造成通光孔径非常大的后果。

⑤ 峰值波长。

有效峰值工作波长 524.7～545.3nm。

有关机载平视瞄准/显示类目镜型光学设计的详细内容，将在第 5 章讨论；机载头盔瞄准/显示类光学设计的详细内容，将在第 6 章讨论。

参考文献

[1]　安连生. 应用光学 [M]. 北京：北京理工大学出版社，2001.

[2]　Smith W J. 现代光学工程 [M]. 周海宪，程云芳，译. 北京：化学工业出版社，2011.

[3]　袁旭沧. 光学设计 [M]. 北京：北京理工大学出版社，1988.

[4]　费菲罗夫 Б В. 应用光学 [M]. 北京工业学院仪器系应用光学教研室，译. 北京：中国工业出版社，1962.

[5]　荆工，史尔. 应用光学 [M]. 北京：国防工业出版社，1973.

[6]　王之江. 光学设计理论基础 [M]. 北京：科学出版社，1965.

[7]　张以谟. 应用光学 [M]. 北京：电子工业出版社，2008.

[8]　光学仪器设计手册编辑组. 光学仪器设计手册：上册 [M]. 北京：国防工业出版社，1971.

[9]　王之江. 光学技术手册：上册 [M]. 北京：机械工业出版社，1987.

[10]　王之江. 实用光学技术手册 [M]. 北京：机械工业出版社，2007.

[11]　李景镇. 光学手册 [M]. 西安：陕西科学技术出版社，1985.

[12]　光学测量与仪器编辑组. 光学测量与仪器 [M]. 北京：国防工业出版社，1978.

[13]　辛企明，等. 近代光学制造技术 [M]. 北京：国防工业出版社，1997.

[14]　李元，等. 紧凑型自由曲面离轴三反系统设计 [J]. 应用光学，2018，39（6）：780-784.

[15]　程珂. 红外变焦系统的研究 [D]. 北京：中国科学院，2005.

[16]　陈奇军. 纪念"变焦镜头之父"弗兰克·巴克博士辞世 31 周年 [J]. 中国摄影，2014（7）.

[17]　薛栋林，等. 基于自由曲面的离轴三反光学系统 [J]. 光学精密工程，2011，19（12）：2813-2820.

[18]　罗秦，等. 大视场离轴三反光学系统设计 [J]. 红外，2017，38（8）：14-18.

[19]　徐义航. 具有自由曲面的离轴三反光学系统设计 [D]. 哈尔滨：哈尔滨工程大学，2017.

[20] 程洪涛．基于变形镜的三反射离轴变焦物镜设计 [J]．光学学报，2013，33（12）：1222002-1～1222002-7.

[21] 潘思豪，等．紧凑型离轴三反光学系统的自由曲面设计 [J]．电光与控制，2019，26（3）：97-102.

[22] 李俊阳，等．具有自由曲面的离轴三反光学系统设计方法研究 [J]．激光与光电子学进展，2020，57（9）：1-8.

[23] 闫佩佩．反射变焦光学系统研究 [D]．北京：中国科学院，2011.

[24] Mann A. Infrared Optics and Zoom Lenses [M]．SPIE Press，2009.

[25] 王鹏，等．折反式大口径三组元红外变焦系统设计 [J]．光学学报，2002，22（5）：577-581.

[26] 牟蒙．离轴折反式长波红外变焦光学系统设计 [D]．长春：长春理工大学，2016.

[27] 潘思豪，等．具有二次成像的紧凑型离轴三反光学系统设计 [J]．电光与控制，2020，27（1）：90-93.

[28] 陈博，等．反射式红外多波段准直投影光学系统设计 [J] 航空兵器，2019，26（2）：69-74.

[29] 王绪安，等．双视场柔性切换成像系统设计 [J]．应用光学，2013，34（6）：889-893.

[30] 史浩东，等．光瞳离轴自由曲面光学系统像差特性分析 [J]．光学学报，2017，37（12）：1-10.

[31] 姚多舜，等．线性双组联动型连续变焦光学系统设计 [J]．应用光学，2015，36（1）：1-8.

[32] Peck W G，et al. Linear Zoom Optical System：USP3185029 [P]．1965-4-25.

[33] 张良，等．非制冷高变倍比连续变焦光学系统的设计 [J]．应用光学，2012，33（2）：250-254.

[34] 杜玉楠，等．20X 长波红外变焦光学系统设计 [J]．红外技术，2013，35（10）：607-611.

[35] 陶郅，等．20 倍非制冷长波红外连续变焦光学系统的设计 [J]．红外，2017，38（5）：19-26.

[36] 虞翔，等．长波红外变焦光学系统设计 [J]．红外，2017，38（10）：13-19.

[37] 吴海清，等．长波红外双组联动连续变焦光学系统设计 [J]．红外技术，2019，41（7）：678-682.

[38] 包佳祺，等．高分辨率长波红外连续变焦光学系统设计 [J]．光电工程，2014，41（2）：75-80.

[39] 王合龙，等．长波红外连续变焦光学系统设计 [J]．电光与控制，2014，21（12）：1-4.

[40] 李卓，等．高变倍比长波红外连续变焦光学系统设计 [N] 长春理工大学学报，2013-10.

[41] 王保华，等．折射/衍射混合长波红外连续变焦光学系统设计 [J]．红外与激光工程，2013，42（1）：148-153.

[42] 贾星蕊，等．大变倍比长波红外连续变焦光学系统设计 [J]．红外技术，2012，34（8）：463-466.

[43] 陈吕吉．20$^\times$ 长波红外连续变焦光学系统设计 [J]．红外技术，2012，34（8）：458-462.

[44] 杨乐，等．长波红外连续变焦光学系统设计 [J]．红外与激光工程，2012，41（4）：999-1004.

[45] 张良，等．长波红外连续变焦光学系统的设计 [J]．红外与激光工程，2011，40（7）：1279-1281.

[46] 白瑜，等．长波红外连续变焦光学系统设计 [P]．光电技术应用，2008，23（5）：15-17.

[47] 严修齐，等．激光与中波红外双波段光学系统设计 [J]．应用光学，2014，35（2）：221-225.

[48] 杨利华，等．两档变焦光学系统的齐焦设计 [J]．应用光学，2014，35（3）：386-390.

[49] 李岩，等．灵巧型离轴三反光学系统设计 [J]．应用光学，2014，35（3）：391-394.

[50] 刘凯，等．共孔径双通道红外扫描成像光学系统 [J]．应用光学，2012，33（2）：395-401.

[51] 张卫锋，等．多视场热像仪变倍机构设计技术研究 [J]．红外技术，2015，37（12）：993-998.

[52] 刘峰，等．20X 非制冷型红外变焦光学系统设计 [J]．光子学报，2010，39（5）：866-870.

[53] 贺祥清，等．激光/红外共孔径无热化紧凑型光学系统设计 [J]．红外技术，2020，42（5）：461-467.

[54] 陈吕吉，等．四片式非制冷长波红外热像仪双视场光学系统 [J]．红外技术，2020，32（1）：25-28.

[55] 白瑜．非制冷长波红外热像仪折衍混合双视场光学系统 [J]．应用光学，2009，30（5）：853-858.

[56] 韩培仙，等．一种新型微小视频卫星光学系统设计 [J]．应用光学，2015，36（5）：691-697.

[57] 白瑜，等．长波红外两档 5 倍变焦光学系统设计 [J]．红外技术，2008，30（8）：439-441.

[58] 何红星，等．一种高性能双视场长波红外光学系统 [J]．红外技术，2017，39（5）：394-398.

[59] 白玉琢，等．红外变焦 10X 光学系统设计 [J]．红外技术，2012，34（6）：311-314.

[60] 冯秀恒．变焦距物镜整组补偿与负组补偿小型化的比较 [J]．光学机械，1984（6）：2-10.

[61] 操超，等．一种新型复合变焦光学系统 [J]．光学学报，2017，37（11）：1-7.

[62] 杨明洋，等．80 倍中波红外连续变焦光学系统设计 [J]．光子学报，2017，46（5）：1-7.

[63] Neil I A. Zoom Lens System：US Patent，No. 7224535B2n [P]．2007.

[64] Bae J H，Suwon. Method of Matching Cables and Monitor for Performing the Method：US Patent No. 6691188 B2 [P]．2004-2-10.

[65] Neil I A. Optical design dependence on technology development [J]．SPIE，2009，7428（2）：1-13.

[66] 胡际先．透雾连续变焦光学系统的设计 [J]．光学与光电技术，2007，5（4）：61-64.

[67] 胡际先，等．透雾连续变焦镜头的小型化设计 [J]．应用光学，2009，30（4）：548-551.

[68] 王红伟，等.20[×]长波红外连续变焦热像仪光机系统设计［J］. 红外技术，2016，38（11）：924-927.

[69] Yoder P. Optic-mechanical system design：2nd［M］. New York：Marcel Dekker Inc.，1993.

[70] Friedman E. Photonics rules of thumb［M］. New York：MeGraw Hill，2003.

[71] 李全超，等.大孔径铝合金主反射镜设计与分析［J］. 应用光学，2016，37（3）：337-341.

[72] 赵英明，等.10倍全球面红外变焦光学系统设计［J］. 应用光学，2016，37（3）：465-470.

[73] 刘莹奇，等.同轴五反大视场多目标三维成像光学系统设计［J］. 光学学报，2018，38（6）：1-6.

[74] Draganov V，et al. Compact Telescope Design Suited to Military and Commercial Applications［J］. Photonics Spectra，2004（9）：94-96.

[75] 李岩，等.大变倍比中波红外变焦光学系统设计［J］. 光学学报，2013，33（4）：1-6.

[76] 李岩，等.大变倍比中波红外变焦光学系统的小型化设计［J］. 应用光学，2013，34（2）：215-219.

[77] 张良，等.光学补偿式红外高变倍比步进变焦光学系统的设计［J］. 应用光学，2013，34（5）：738-741.

[78] 许利峰，等.高变倍比全动型变焦距光学系统设计［J］. 红外与激光工程，2013，42（7）：1705-1748.

[79] 高金红，等.30X制冷型中波消热差红外变焦光学系统设计［J］. 光电技术应用，2013，28（2）：13-17.

[80] 葛婧菁，等.机载轻小型中波红外连续变焦系统设计［J］. 应用光学，2013，34（5）：728-732.

[81] 陈津津，等.高清晰大变倍比中波红外连续变焦光学系统设计［J］. 红外与激光工程，2013，42（10）：2742-2747.

[82] 何伍斌，等.大相对孔径长波连续变焦红外光学系统设计［J］. 激光与红外，2013，43（7）：757-760.

[83] 程洪涛.基于变形镜的三反射离轴变焦物镜设计［J］. 光学学报，2013，33（12）：1-7.

[84] 董伟辉，等.利用镜面形变实现共轴折反射式变焦光学系统设计［P］. 应用光学，2010，31（6）：893-897.

[85] 周虹，等.双压电片变形反射镜样镜的设计与研究［J］. 光学学报，2009，29（6）：1437-1442.

[86] 胡博，等.三视场红外搜索光学系统的设计［J］. 应用光学，2013，34（3）：397-401.

[87] 周昊，等.高变倍比中波红外连续变焦光学系统［J］. 红外与激光工程，2013，42（3）：663-668.

航空光学工程

第3章
现代光学设计技术

人们对光的认识从来没有像今天这样普及和深入，全世界范围内越来越多的人对光的本质、光与物质的相互作用以及光作为信息载体的独特优势有了更深刻的体会，一个重要的里程碑式标志是联合国教科文组织（UNESCO）将 2015 年定名为"国际光学年（International Year of Light，IYL）"。

近几年，光学技术发展非常快，特别是现代光学技术与光电子技术的紧密结合，使光电子元器件、光学系统和仪器取得了长足进步，已成功应用于各种高科技领域（如航空航天技术、信息传输和通信技术、生化和材料技术等）。其间设计了诸多新型光电子装置，创立了新的光学成像原理和方法，开辟了更多、更新的应用领域，其在国民经济和军事装备中的作用愈加重要和不可缺少，因此，各国都把光学和光子学作为国家和民族未来的核心技术给予长期关注。

现代光学成像和制造技术的快速发展使光学系统设计技术发生了重大的变化，显著特征表现在：

在经典光学成像理论基础上创立了新的光学成像理论，在传统光学元件基础上研发出新型光学元件：最熟悉和已经应用的是衍射面（包括二元光学面和全息光学面）、微光学阵列透镜、非球面透镜和自由曲面透镜。光学系统中设计有该类特种面型的光学元件，既有利于像差校正，又简化系统结构。

在光学研磨技术基础上发展起来的有光学/计算全息加工技术、微/纳米光学制造技术及精密模压成型等近代高新制造技术。

现代光学技术对国民经济的影响是多方面和多领域的，本章着重介绍对航空领域机载光电装备有重要影响的现代光学技术，包括全息光学成像技术、二元光学成像技术、编码孔径成像技术、波导光学成像技术、微/纳米光学成像技术和光谱成像技术。

3.1
全息光学成像技术

全息光学元件是一种衍射光学元件。

传统光学元件成像遵循光的反射定律和折射定律，全息光学元件成像遵循光的衍射定律。

衍射成像定义为：如果光线在传播过程中遇到一个障碍物（挡板或者小孔），该障碍物的物理尺寸接近于照明光的波长，那么，光线的传播不再遵守折射或反射定律，而是发生某种程度的偏转，这种光学效应称为"光的衍射"。

1785 年，美国天文学家 David Rittenhouse 首先发现衍射现象。

1948 年，英国的 Dennis Gabor 博士发明了光学全息技术。

1960 年，激光技术的出现开启了全息光学技术（包括全息光栅技术和全息光学成像技术）的研究热潮。作为一种新型光学成像元件，引起众多领域（包括机载平视瞄准/显示技术）科学家重视，使其积极进行更深入的理论研究和工艺探讨，进而得到广泛应用。

1972 年，法国 Labeyrie 以及德国 Rudolph 和 Schmahl 利用氩离子激光器和抗蚀剂制造出具有使用价值的全息光栅，使得衍射光栅迅速商业化。

激光技术和全息光学技术的发展使机载平视瞄准/显示器的研究进入一个新的阶段。1976～1977 年，美国休斯公司首先开始研究全息光学技术在军用平视瞄准/显示系统上的应用，并在瑞典空军 SAAB-37 "雷"式双座攻击机上成功试飞了全息平视瞄准/显示系统（也称为衍射光学平视显示/瞄准系统），视场达到 $35° \times 20°$，比普通的折射式平视显示/瞄准系统（瞬时）视场扩大了近三倍。不仅提高了叠加在外景上的字符亮度、减少寄生杂像和反射次数，还能满足前视红外/微光夜视大视场的显示需要，保证导航航线点位置和近距目标捕获具有更高精度。

此后，世界各国飞机（包括商用飞机）开始装备衍射光学平视瞄准/显示系统，典型产品包括以色列 F-15I 飞机、英国"美洲虎"飞机（视场 $30° \times 20°$）、法国"阵风"战斗机（视场 $30° \times 22°$）、瑞典"鹰狮"JAS-39 战斗机（视场 $28° \times 22°$）、欧洲的 EF-2000（视场 $30° \times 20°$）和美国 F-22"猛禽"（视场 $30° \times 20°$）等。

1979 年，中国航空工业集团公司洛阳电光设备研究所开始研究衍射光学平视瞄准/显示系统，并于 20 世纪末装备部队。

美国飞行动力公司首先为民用航空波音-727/737 飞机研制了衍射光学平视显示系统。

3.1.1　基本概念

1948 年，丹尼斯·盖伯（Dennis Gabor，1900—1979）博士在英国伦敦帝国理工学院工作时，为了降低电子显微镜像差，提高和改进图像分辨率，采用很短波长的电磁谱线（例如 X 射线）存储被测物体的图像，然后用长波长的电磁谱线使其再现。在该研究过程中，记录了第一张全息图，发明了全息术，并发表了文章《再现波前成像》，因此，也将这种成像技术称为"盖伯全息术"。

全息图（hologram）一词是希腊语中两个单词"holos"和"gramme"的组合，前一个单词的含义是"整个"或者"完整"，后一个单词是"信息"。光学全息术就是利用光波相干性，把有关物体的光学信息作成干涉图记录下来，然后利用"再现光束"（一般是原"参考光束"）照射记录的全息图，从而再现原物体图像（包括相位和振幅的全部信息），此过程又称为"两步成像"光学技术。

激光器发明之前，全息技术没有也不可能得到实际应用，但是，丹尼斯·盖伯首先认识到（包括后来的研究者 Leith 及 Upatnieks 等人）并向人们揭示了光学相干现象的巨大潜力。1971 年，科学界对这项发明给予了极高评价，丹尼斯·盖伯获得物理学诺贝尔奖。

（1）激光器的发明及其特征

激光器的发明（1960 年）对光学全息术的发展是一个极大推动，主要表现为三个特征：

① 以激光器作为相干照明光源。

② 改进了记录方式。Leith 和 Upatnieks 改进了盖伯的共轴记录方式，采用离轴记录方式消除了"孪生像"，能够分离不同衍射级的图像。采用空间匹配滤波器消除系统中的杂散光。这些改进对光学全息技术进入实用阶段起着重要作用。

③ 采用高分辨率和高灵敏度记录材料，例如，卤化银乳胶和重铬酸盐明胶，同时，开始研究其它类型的记录材料。

（2）光学全息图

确切地说，普通的光学全息术是两步成像技术：第一步利用干涉方法将物体的全部信息（相位和振幅）记录下来（或"存储"起来），第二步利用光学衍射方法将物体的全部信息再现出来（或"释放"出来）。

光学全息图可以分为以下类型：

① 根据记录介质特性，有振幅型全息图和相位型全息图，或混合型全息图。

② 根据记录乳胶厚度与干涉条纹间隔的关系，有体全息图和面全息图。

③ 按照两束相干光波的位置关系，有共轴全息图和离轴全息图。

④ 根据记录过程中波前的变换状态，有菲涅耳型全息图和夫琅和费型全息图。

⑤ 按照再现过程的工作模式，有透射全息图和反射全息图。

⑥ 根据全息图制造方式，有光学全息图和计算全息图。

⑦ 根据光敏材料处理方式，有显影型（例如，DCG）全息图和自显影型（例如，卤化碱）全息图。

需要强调，点光源记录的全息图（PSH）是一个非常重要的概念。无论多么复杂的全息图或者全息光学元件（HOE），都可以理解为是由许多点源全息光学元件组成的，因此，点光源全息图视为基元全息光学元件。

点源全息图是一束发散（或会聚）的球面光波与一束平面光波或者两束球面光波相干涉形成的，其干涉条纹形状可以是球形、椭球形或者双曲面形，取决于两个点光源相对于记录介质平面的位置。

（3）全息光学元件（HOE）与普通光学全息图的区别

① 普通光学全息图的记录必须存在一个"真实的物体"，否则无法实现"物体再现"，而全息光学元件只是借助全息光学记录技术，记录过程中并不存在被观察物体的任何信息。

② 普通光学全息图是"两步成像元件"，先"存储"后"再现"，而全息光学元件是"一步成像元件"。前者称为"储像元件"，后者称为"成像元件"。

③ 普通全息图记录介质一般采用银盐乳胶干板，是振幅型全息材料，分辨率和衍射效率都较低。全息光学元件通常采用重铬酸铵明胶或染色重铬酸铵明胶，具有很高的光学衍射效率。

（4）全息光学元件的类透镜性质

全息光学元件（HOE）的类透镜性质很早就被人们认识。Gabor 很早就指出，一个具有光学透镜聚焦功能的全息菲涅耳波带片就是一个点光源全息图。

1965 年，Armstrong 确定了菲涅耳全息图的类透镜性质。

Kogelnik 的耦合波理论在体全息光学元件的设计领域占有重要位置，Symms 进一步发展了上述理论，允许任意角度和偏振的光入射。

Silvennoinen 等人利用耦合多波效应为具有波长漂移的 HOE 制造工艺设计了一种方法，用 488nm 光波记录，628nm 光波再现。

Johnson 提出"层状体积全息光学元件"（SUHOE）的概念，建议使用光束传播法理解体 HOE 的衍射特性，认为体 HOE 由分块元件组成，调制层和衍射层分离。

Winick 等人将 HOE 视为一个位相处理器，从而通过解析法确定优化 HOE 的位相传递函数。

Cederquist 的优化 HOE 的解析设计方法可以解析确定最佳 HOE。

Friesen 提出采用递归技术设计 HOE。

W. Lukosz 明确地提出了"全息成像的等效透镜理论"，将全息术称为"无透镜成像技术"；Fred Mandelkorn 为解释全息技术提出了一种简单的透镜模型，包括两个称为"内嵌透镜"的薄透镜；William C. Sweatt 和 Chungte W. Chen 的等效透镜模型将全息光学元件的条纹间隔与一个等效透镜光学厚度的变化联系起来，在全息光学元件与普通透镜之间建立了密切和有条件的联系，可以利用普通光学设计程序完成全息光学元件的光线追迹和像质评价。

（5）全息光学元件特征

① 一个全息光学元件同时具有透镜（或者反射镜）的成像、分光和光束偏转等功能。

② 几种全息光学元件可以记录在同一块全息材料上。

③ 制造和复制比较容易。

④ 薄、轻、造价便宜。

⑤ 全息光学元件的功能基本上与底版形状（不包括底版表面的曲率半径）无关。

⑥ 若全息光学元件用作成像器件，则成像性质与工作波长关系非常密切，比较适合在窄波段（例如 CRT 图像源）范围工作。

⑦ 全息光学元件是通过记录两束相干光（或者与计算全息技术相结合）的干涉条纹被制造出来的，因此，为加工非球面提供了一个等效的、容易实施的方法。

⑧ 衍射效率是首先考虑的性能参数，衍射后的光线方向和衍射效率取决于光栅条纹的结构。

⑨ 利用全息光学元件可以实现传统光学元件难以实现的某种功能。

⑩ 如果光学系统中含有一个全息光学元件，那么，至少需要设计和制造三套光学系统：一套正式产品的光学系统，两套记录光学系统。看起来比较复杂，但提供了进一步校正主系统像差的能力。

（6）计算全息技术

计算全息技术的发展促进了光学全息元件的进一步开发和利用，解决了两个问题：a. 长波段全息光学元件记录波长与记录材料问题；b. 为了消除像差，需要产生任意记录波形的问题。

Case 等人提出了一种制造全息光学元件的混合技术，既利用了计算全息元件可以产生任意波前的灵活性，又发挥了光学全息技术产生大的空间带宽积和高衍射效率的优越性。

需要注意，多数情况下，全息光学元件的应用条件与记录条件不会完全一样，主要表现在两个方面：a. 由于空间条件的限制使记录角度或距离与使用状态有偏离；b. 工作波长不同于记录过程中使用的记录波长。

波长的漂移和图形的偏离会带来大量像差，采用光学全息技术与计算全息技术相结合的方法可以进行像差校正，以保证系统有良好的成像质量。

（7）光学全息技术的应用

20 世纪 70 年代，光学全息技术进入快速发展和广泛应用阶段，机载全息光学平视瞄准/显示系统和全息头盔瞄准/显示系统是其典型例子。

全息平视瞄准/显示系统能够代替普通平视瞄准/显示系统，正是利用全息光学元件的两个特点：

① 提高光学效率。

根据成像原理，全息光学元件既对某窄带光波具有高衍射效率，又对其它波段具有高透射率，因而非常适合替代普通的组合玻璃，保证外界景物有高透过率（＞80％），同时，对阴极射线管产生的符号图像又有高反射率（＞85％）。

② 增大瞬时视场，使其等于系统的总视场。

3.1.2 全息光学元件

普通全息光学技术是两步成像技术。首先是全息图记录，利用干涉方法将物体的全部信息（相位和振幅）记录或存储；然后，利用一束参考光束把全息图像再现或者"释放"。

对于普通光学全息记录技术和再现成像技术的基本理论，在此不再赘述，有兴趣的读者可参考以下相关著作：

① *Optical Holography*，Robert J. Collier 等人编著。

②《光全息学及其应用》，于美文著。

③《全息光学——设计、制造和应用》，周海宪等人编著。

3.1.2.1 点源全息技术

全息光学元件（HOE）实质上就是两个点光源（可以认为平面波是点光源位于无穷远的特殊情况）记录的全息图。但需要强调，两个点光源的相对位置并非是任意选择的。在机载衍射光学平视瞄准/显示系统中，记录全息组合玻璃的两个点光源必须满足以下条件，如图 3-1 所示。

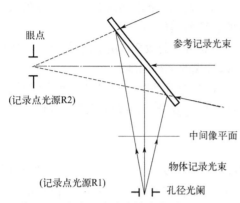

图 3-1　全息组合玻璃的点光源记录原理

一个记录点光源设计在飞行员眼点位置中心，另一个记录点光源在中继光学系统的孔径光阑处，保证系统的主光线既能通过中继光学系统的孔径光阑中心，又能通过飞行员眼点位置中心。换句话说，在全息光学元件上记录的只是显示系统的主光线，因此也称为"主光线记录法"。所以，在平视显示器中经常使用的全息光学元件记录类型是一个满足（"连续透镜"概念的）特定设计要求的双点源全息图。

研究表明，两个点光源记录的全息元件（或全息图）与波带片之间具有良好的一致性，并且，点光源全息图的类透镜作用可以像正（凸）透镜一样使光线会聚，也可以像负（凹）透镜一样使光线发散，或者像平面反射镜一样使光束改变方向。

与普通光学全息图相比，点光源记录的全息光学元件不再是一个"图像存储器件"，而是一个"波前转换元件"。

如图 3-2（a）所示，两个点光源的等光程差干涉面是一组旋转双曲面。其中，S1 和 S2 是两个点光源。全息干涉图记录的干涉条纹是等光程差面与全息底版的交线，亮条纹的形状与全息底版在干涉场中的位置有关，如图 3-2（b）所示。如果全息底版的位置与S1S2的连线成某一夹角，那么，干涉条纹就由曲线组成，并且不同位置的干涉条纹宽度也不相同；当全息底版放在 S1S2 的连线方向，干涉条纹就是一组同心圆环。若两束相干光束（参考光束和物体光束）都是平面波前，形成的干涉条纹就是一组平行的直线，如图 3-2（c）所示。

全息光学元件可以定义为利用光学全息技术制造、能起透镜作用的广义衍射光栅，也称为全息透镜。

全息光学元件的类透镜性质很早就被人们认识，其特性非常类似于"菲涅耳波带片"，对光线具有会聚和发散的成像功能：透射型点光源全息元件类似于普通的光学折射透镜，而反射型点光源全息元件类似于普通的光学反射镜。

1985 年，Jose R. Magarinos 和 Daniel J. Coleman 对全息光学元件的成像性质进行了深入研究后表明，全息光学元件的光学性质与光学记录结构（点光源位置、方向及波长）密切相关，而与纪录基板形状无关。改变记录点光源的相对位置可以获得不同类型的全息光学元件，例如，两个位于无穷远的点光源发射的平行光束相干涉形成平面反射镜，位于同一点（曲率中心）的两个记录点光源发射的光束干涉形成球面全息透镜，如果两个点光源位于一个椭球体的两个焦点处则形成椭球面全息透镜等，如图 3-3 所示。

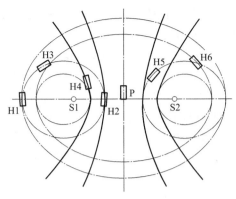

(a) 两个点光源干涉面是一组旋转双曲面

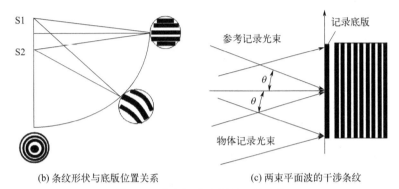

(b) 条纹形状与底版位置关系   (c) 两束平面波的干涉条纹

图 3-2 点光源全息图的干涉条纹

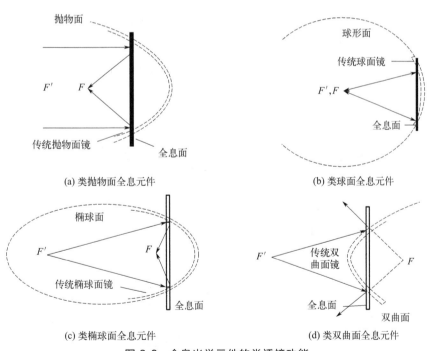

(a) 类抛物面全息元件   (b) 类球面全息元件

(c) 类椭球面全息元件   (d) 类双曲面全息元件

图 3-3 全息光学元件的类透镜功能

全息光学元件的类透镜功能如下：

① 凹透镜功能。如果照明光束方向与参考光束方向完全一致，那么，衍射光束的方向

也与原物体记录光束方向一致。如果物体记录光束是一个点光源，当受到一束平行光束照射时，就会形成一束发散光束，类似于凹透镜功能。

② 凸透镜功能。当照明光束与参考光束方向是共轭关系，即与参考光束方向完全相反，则衍射光束也与原物体记录光束方向相反。若物体记录光束是由点光源发出，那么，当受到一束平行光束照射时，就会形成一束会聚光束，类似于凸透镜。

③ 平面反射镜功能。如果全息光学元件是采用两束平行记录光束相干涉形成的，那么，当使用一束平行光束沿参考记录光束方向照射时，衍射光束仍然是平行光束，并且与原物体记录光束方向一致，只改变其传播方向，而非光束的波前形状，类似于平面反射镜功能。

W. Lukosz 提出"全息成像等效透镜理论"，认为全息光学元件记录过程中，球面记录波前的曲率半径相当于普通透镜表面的曲率半径，如果是离轴记录光波，相当于一个普通薄透镜与一个棱镜的共同作用。

William C. Sweatt 和 Chungte W. Chen 建立了一种"等效透镜"设计模型，假设等效透镜厚度为零并且折射率很大（例如 1001，直至无穷大），就可以利用普通光学设计程序完成折射/衍射混合光学系统的设计和像质评价。

实际上，点源全息图就是一个全息光学成像元件。表 3-1 列出具有相同弯曲因子的全息光学元件与普通光学透镜结构参数的比较。

透镜的"弯曲因子 Q"定义如下：

普通折射透镜
$$Q_{折} = \frac{r_2 + r_1}{r_2 - r_1} \qquad (3-1)$$

全息光学元件
$$Q_{衍} = \frac{R_R + R_O}{R_R - R_O} \qquad (3-2)$$

式中，r_1 和 r_2 是普通薄透镜的表面曲率半径；R_R 和 R_O 分别代表记录参考点源和记录物体点光源到记录底版中心的距离。

表 3-1　全息光学元件与普通光学透镜结构参数的模拟比较

参数	$Q=4$ $R_R = \frac{5}{3}R_O$	$Q=3$ $R_R = 2R_O$	$Q=2$ $R_R = 3R_O$	$Q=1$ $R_R = 0$
全息光学元件				
普通光学元件				

参数	$Q=0$ $R_R = -R_O$
全息光学元件	
普通光学元件	

参数	$Q=-4$ $R_R=\dfrac{5}{3}R_O$	$Q=-3$ $R_R=2R_O$	$Q=-2$ $R_R=3R_O$	$Q=-1$ $R_R=0$
全息光学元件	$R_R\ R_O$	$R_R\ R_O$	$R_R\ R_O$	$R_O\ \ R_R$
普通光学元件				

表 3-1 表明，弯曲因子 $|Q|=1$ 时，由一束平行光束和一束球面光束记录的全息光学元件对应着平凸折射透镜；当弯曲因子 $|Q|>1$ 时，全息光学元件的作用类似于弯月形折射透镜；$Q=0$ 时，全息光学元件与对称型折射透镜相对应。

全息光学元件的主要特点：

① 对波长比较敏感，非常适用于单波长或者窄波段光学系统，由于宽波段色差大，因此，不适合应用于宽波谱光学系统。

② 对使用波段具有很高的衍射效率（可以是反射率或者透射率），重铬酸盐明胶（DCG）全息光学元件的衍射效率理论上可达 100%。

③ 无需采用普通的光学加工方法（例如粗磨、精磨和抛光）。

④ 遵循衍射成像理论。

⑤ 大离轴角情况下，会产生大量不对称像差，对整个系统的成像质量有较大影响，需采用特殊形状（例如偏心和倾斜）的透镜进行校正。

⑥ 对全息光学元件的记录工艺和环境条件要求较高。

机载平视瞄准/显示系统的全息组合玻璃是双点源全息光学元件应用的典型例子。该全息光学元件的优点恰好补偿常规组合玻璃的不足（窄波长下字符反射率太低，约 30% 左右；设计眼点位置无法观察到全视场），借助光学全息技术制造具有较大角视场、高衍射效率（俗称反射率）和最佳成像质量的组合玻璃，在机载光电设备领域得到广泛应用。

3.1.2.2　全息光学元件的基本性质

以衍射和干涉理论为基础的全息光学元件同时具备普通透镜和棱镜的功能：可以像棱镜一样使光轴发生偏转，同时像透镜一样对物体成像。由于该光学元件是应用全息光学技术制成，因此称为"全息光学透镜"或者"全息光学元件"。

全息光学元件是遵循衍射理论成像，因此，一些资料又称为"衍射光学元件"（DOE）。严格地说，衍射光学元件（DOE）包括全息光学元件（HOE）和二元光学元件（BOE）两种类型。虽然成像机理都是衍射原理，但制造方法和表面结构形状并不相同，为避免混淆，本书称为"全息光学元件"。

需要注意，采用共轴全息技术制造的全息光学元件类似于一块相位波带片，会产生一系列聚焦点，形成比较多的衍射级，实际中很少使用。在此主要讨论离轴全息光学元件，并侧重于窄光谱应用［例如平视显示器中阴极射线管（CRT）的光谱范围 544nm±10nm］中光学系统的设计技术。

3.1.2.2.1　衍射光线的方向和像点位置

图 3-4 是分析全息光学元件成像原理的基本图形。干涉图形成在一个直角坐标系中，Q 是空间中任意一点，全息底版位于 X-Y 平面内，P 是全息底版上的一点。假设，从 Q 到 P 点的距离是 r_q，从 Q 到全息底版中心的距离是 R_q，R_q 直线在 Y-Z 平面上的投影与 X-Z 平面的夹角是 β_q，与 R_q 直线的夹角是 α_q，那么，Q 点在该坐标系中的位置就可以用三个参量 α_q、β_q 和 R_q 来确定。角标 R、O、C 和 I 分别表示记录参考点、记录物点、再现点和像点。应当说明，在讨论和分析全息光学元件时，记录物点仅仅是一束记录光束，与成像光学系统中的物体光

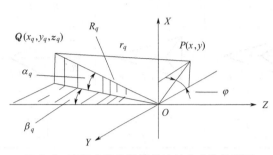

图 3-4　离轴全息光学元件的基本成像关系图

束没有任何关系，而角标 C 所表示的光束特征才是我们需要的实际物体的特征。例如，当我们说"物体位于无穷远"时，这意味着基本公式中是 $R_C=\infty$，而不是普通全息术中 $R_O=\infty$，这也是在分析全息光学元件和全息图时必须注意的一个重要区别。

衍射后的光线方向和像点位置由下列公式确定：

$$\frac{1}{R_I}=\frac{1}{R_C}\pm\frac{\mu}{m^2}\Big(\frac{1}{R_O}-\frac{1}{R_R}\Big) \tag{3-3}$$

$$\sin\alpha_I=\sin\alpha_C\pm\frac{\mu}{m}(\sin\alpha_O-\sin\alpha_R) \tag{3-4}$$

$$\cos\alpha_I\sin\beta_I=\cos\alpha_C\sin\beta_C\pm\frac{\mu}{m}(\cos\alpha_O\sin\beta_O-\cos\alpha_R\sin\beta_R) \tag{3-5}$$

式中，$\mu=\lambda_C/\lambda_O$ 代表再现（成像）波长与记录波长之比，称为波长变化比例因子；m 是干涉条纹间隔在化学处理前后的变化比例因子。符号规则：分析虚像时取正值，分析实像时取负值。

为了后面讨论问题方便，物像共轭关系通常采用另外一种表达形式，即直角坐标系表达方式：

$$x_I=\frac{m^2 x_C z_O z_R\pm m\mu(x_O z_C z_R-x_R z_C z_O)}{m^2 z_O z_R\pm\mu(z_C z_R-z_C z_O)} \tag{3-6}$$

$$y_I=\frac{m^2 y_C z_O z_R\pm m\mu(y_O z_C z_R-y_R z_C z_O)}{m^2 z_O z_R\pm\mu(z_C z_R-z_C z_O)} \tag{3-7}$$

$$z_I=\frac{m^2 z_C z_O z_R}{m^2 z_O z_R\pm\mu(z_C z_R-z_C z_O)} \tag{3-8}$$

需要说明：

① 应用中，由于条件限制，全息光学元件的记录波长与产品（例如平视瞄准/显示系统）工作中成像物体（例如 CRT）的辐射波长无法保持完全一致，即 $\mu\neq1$（或 $\lambda_O\neq\lambda_C$），因此，需要控制或补偿波长变化造成的影响。

② 根据 Edwin B. Champagan 的观点，为保证良好成像，应满足条件：

$$(\sin\alpha_I)^2+(\cos\alpha_I\sin\beta_I)^2<1 \tag{3-9}$$

3.1.2.2.2　全息光学元件的基点

与传统的折射/反射光学系统类似，全息光学系统的物/像也是共轭关系，一个物点只对

应一个像点。要全面了解系统在整个物像空间的成像性质，需要确定一些特殊点/平面（主点/主平面，节点/节平面和焦点/焦平面）的位置和性质，并据此确定和分析全息光学系统在整个空间的物像关系，这些点称为基点。

首先定义全息光学系统的光轴。

几何光学光轴定义为光学系统的对称轴（即对称光学系统中各透镜表面曲率中心的连线）。没有对称轴的光学系统称为"非共轴系统"。

全息光学系统的光轴定义为物体中心、像面中心和全息底版中心的连线。如图 3-5(a) 所示，离轴全息光学元件的光轴 NOF' 是一条折线，共轭物平面和像平面彼此不平行。按照等效透镜的观点，可以认为全息光学元件是一个双轴等效透镜或者非共轴光学系统。对于共轴全息光学元件，其像空间光轴与全息底版法线重合，在这种情况下，共轴全息光学元件的光轴就是一条直线，与传统光学系统的焦点/焦平面的性质完全一致，如图 3-5(b) 所示。

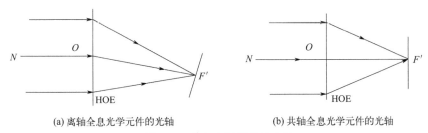

(a) 离轴全息光学元件的光轴　　　　(b) 共轴全息光学元件的光轴

图 3-5　全息光学元件的光轴

（1）焦点和焦平面

与传统光学焦点/焦平面定义类似，光轴上的物点位于无穷远时，其像点位于 F' 处，如图 3-5 所示，F' 称为"像方焦点"。通过像方焦点而垂直于光轴的平面称为像方焦平面。

离轴全息光学元件的光轴是一条折线，物体位于无穷远时，即 $x_C = y_C = z_C = \infty$，根据基本成像公式，可以得出离轴全息光学元件像方焦点的直角坐标表达式：

$$x_{F'} = \frac{m^2 z_R z_O \pm m\mu(x_O z_R - x_R z_O)}{\pm\mu(z_R - z_O)} \tag{3-10}$$

$$y_{F'} = \frac{m^2 z_R z_O \pm m\mu(y_O z_R - y_R z_O)}{\pm\mu(z_R - z_O)} \tag{3-11}$$

$$z_{F'} = \frac{m^2 z_O z_R}{\pm\mu(z_R - z_O)} \tag{3-12}$$

对于共轴全息光学元件，可简化为：

$$x_{F'} = \frac{m(x_O z_R - x_R z_O)}{z_R - z_O} \tag{3-13}$$

$$y_{F'} = \frac{m(y_O z_R - y_R z_O)}{z_R - z_O} \tag{3-14}$$

$$z_{F'} = \frac{m^2 z_O z_R}{\pm\mu(z_R - z_O)} \tag{3-15}$$

物（像）方焦点（平面）具有以下性质：

① 物空间与光轴平行的一条入射光线，在像空间的共轭光线一定通过像方焦点，因为任何入射的平行光线都视为来自无穷远的物体。

② 通过物方焦点的光线经过全息光学元件后，在像空间一定平行于像方光轴。

（2）主点和主平面

全息光学元件的主平面定义为横向放大率等于 1 的一对平面，主平面与光轴的交点称为主点。

根据横向放大率公式，利用直角坐标系基本成像公式，可以推导出物方主点 Z_p 和像方主点 $Z_{p'}$ 位置分别是：

$$Z_p = 0 \tag{3-16}$$

$$Z_{p'} = 0 \tag{3-17}$$

由此看出，全息光学元件的物/像主点与全息底版的中心重合，与普通光学薄透镜的情况非常类似。

（3）节点和节平面

全息光学元件的节平面定义为角放大率等于 1 的一对共轭面。节平面与光轴的交点称为节点。

根据节点/节平面定义，利用基本成像公式，可以推导出节点直角坐标系表达式，其中物方节点和像方节点的坐标分别是 (x_K, y_K, z_K) 和 $(x_{K'}, y_{K'}, z_{K'})$：

$$x_K = x_{K'} = \frac{m(x_R z_O - x_O z_R)}{z_O - z_R} \tag{3-18}$$

$$y_K = y_{K'} = \frac{m(y_R z_O - y_O z_R)}{z_O - z_R} \tag{3-19}$$

$$z_K = z_{K'} = 0 \tag{3-20}$$

由上述公式可以得出以下结论：

① 节点不是位于全息光学元件的光轴上，而是在轴外。

② 物方节平面与像方节平面重合，物方节点与像方节点也重合。

③ 节平面和主平面重合，但节点和主点并不重合。

可以证明，上述公式表示的节点位置就是两个记录点光源连线（或其延长线）与全息光学元件表面的交点，如图 3-6 所示。

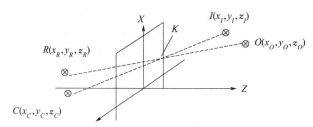

图 3-6　全息光学元件的节点和节平面

根据节点性质，如果知道物体点光源 C 的位置，则像点一定位于 C 和 K 两点的连线上，且下列公式成立：

$$x_I = x_K + \frac{x_C - x_K}{z_C} z_I \tag{3-21}$$

$$y_I = y_K + \frac{y_C - y_K}{z_C} z_I \tag{3-22}$$

3.1.2.2.3　全息光学元件的焦距

与几何光学焦距的定义类似，全息光学元件焦点对应的共轭物点位于无穷远，即 $R_C = \infty$。

根据以上公式，可以得到全息光学元件的焦距 $f_{(H)}$：

$$\frac{1}{f_{(H)}} = \frac{\mu}{m}\left(\frac{1}{R_O} - \frac{1}{R_R}\right) \tag{3-23}$$

显然，全息光学元件的焦距与记录条件有关，类似于传统折射透镜的焦距与表面曲率半径相关。该公式还表明，如果全息透镜由两束平面波记录，则该透镜没有光焦度，与传统光学系统中的棱镜/反射镜类似。

3.1.2.2.4　全息光学元件的放大率

根据光学成像理论可知，不同的物像共轭位置会有不同的放大率。全息光学元件是成像透镜，也存在各种放大率，包括横向放大率、纵向放大率和角放大率。

对全息光学元件，各种放大率不仅是物像距、记录参考点光源和物体点光源距离的函数，而且对同一物点，由于记录条件不同，例如，成像和记录波长不同以及全息底版的体缩因子等差别，都会造成不同的放大倍率。

① X 方向上的横向放大率 M_x。横向放大率 M_x 的定义是：像平面在像空间沿光轴方向的微量移动 $\mathrm{d}x_I$ 与物平面在物空间的微量移动 $\mathrm{d}x_C$ 之比。用公式表示：

$$M_x = \frac{\mathrm{d}x_I}{\mathrm{d}x_C} = \left[1 \pm \frac{\mu}{m^2}\left(\frac{1}{R_R} - \frac{1}{R_O}\right)R_C\right]^{-1} \tag{3-24}$$

② Y 方向的横向放大率 M_y。与 M_x 的定义相同，M_y 表达式为：

$$M_y = \frac{\mathrm{d}y_I}{\mathrm{d}y_C} = \left[1 \pm \frac{\mu}{m^2}\left(\frac{1}{R_R} - \frac{1}{R_O}\right)R_C\right]^{-1} \tag{3-25}$$

③ Z 方向的纵向放大率 M_z。全息光学元件的纵向放大率 M_z 表达为：

$$M_z = \frac{\mathrm{d}z_I}{\mathrm{d}z_C} = \left[1 \pm \frac{\mu}{m^2}\left(\frac{1}{R_R} - \frac{1}{R_O}\right)R_C\right]^{-2} \tag{3-26}$$

④ 全息光学元件的横向放大率与纵向放大率存在着以下关系：

$$M_z = M_x^2 = M_y^2 \tag{3-27}$$

⑤ 角放大率。角放大率表示像空间与物空间微小角度变化之间的关系。根据全息光学元件的基本成像公式，可以推导出以下角放大率公式：

$$M_\alpha = \frac{\cos\alpha_C}{\cos\alpha_I} \tag{3-28}$$

$$M_\beta = \frac{\cos\alpha_C \cos\beta_C}{\cos\alpha_I \cos\beta_I} \tag{3-29}$$

由以上角放大率公式不难发现，角放大率公式 M_α 和 M_β 存在下列关系：

$$M_\beta = \frac{\cos\beta_C}{\cos\beta_I} M_\alpha \tag{3-30}$$

当成像过程限制在 XZ 坐标面内，即 $\beta_C = \beta_I = 0$，则两个方向的角放大率相等。

$$M_\beta = M_\alpha \tag{3-31}$$

3.1.2.2.5　全息光学元件的衍射效率

全息光学元件的衍射效率是衡量其光学性能的重要指标之一。

全息光学元件的衍射效率定义为：从全息光学元件表面出射的光能量与进入衍射表面的光能量之比。

国内外众多科学家对全息光学元件的衍射效率做了大量研究和分析：E. N. Leith 等人阐

述过全息信息存储系统中衍射效率与波长或角度的关系；Gabor 研究过厚全息图中影响衍射效率的各种因素；Thomas Stone 等人利用薄光栅分解法计算过厚全息图的衍射效率；C. F. Quate 等人使用耦合波理论处理由超声波和电光光栅产生的光衍射效率；Batterman 等人使用动态理论预测 X 射线的衍射效率。然而，最成功也是最普遍被采用的分析和计算全息光学元件衍射效率的方法是 Herwig Kongelnik 耦合波理论。

全息光学元件分为透射型和反射型两种类型。

（1）透射型全息光学元件

透射型全息光学元件又分为介质光栅型和吸收光栅型。

① 介质光栅型。介质光栅型全息光学元件的特点是吸收常数 α 和吸收常数的空间调制度 α_1 都等于零。

介质光栅型全息光学元件包括损耗介质型光栅和无损耗介质型光栅。研究表明，损耗对透射光栅的角灵敏度影响很小，因此，重点讨论无损耗介质光栅。

如果光栅的干涉条纹平面没有倾斜，则衍射效率的计算公式表示为：

$$\eta = \sin^2 \frac{\pi n_1 d}{\lambda \cos\theta_0} \tag{3-32}$$

式中 n_1——全息光学元件介质折射率的空间调制度；

       d——全息光学元件厚度；

       λ——成像光波在真空中的波长；

       θ_0——布拉格（Bragg）角。

② 吸收光栅型。

吸收光栅型全息光学元件特点是没有折射率的空间调制，即 $n_1 = 0$。

在全息光学元件制造过程中，如果能够使干涉条纹平面不倾斜，或者保持对称放置记录光束，则可以利用下列公式计算衍射效率：

$$\eta = \exp\frac{-2\alpha d}{\cos\theta_0} \sinh^2 \frac{\alpha_1 d}{2\cos\theta_0} \tag{3-33}$$

（2）反射型全息光学元件

反射型全息光学元件分为无损耗型介质光栅和干涉条纹平面倾斜型光栅。

① 无损耗型介质光栅。无损耗型介质光栅的特点是吸收常数 α 和吸收常数的空间调制度 α_1 都等于零。如果干涉条纹非倾斜，并满足布拉格条件，即对称记录的情况（例如衍射光学平视显示器中的全息组合玻璃），则全息光学元件的衍射效率按下列公式计算：

$$\eta = \tanh^2 \frac{\pi n_1 d}{\lambda \cos\theta_0} \tag{3-34}$$

② 干涉条纹平面倾斜型光栅。在该情况下，若仍满足布拉格条件，会得到一个较复杂且与条纹倾斜度有关的衍射效率计算公式：

$$\eta = -\frac{C}{\left[1 - C + (1 - C + C^2)^{\frac{1}{2}} \coth \frac{1}{2} D_0 (1 - C + C^2)^{\frac{1}{2}}\right]^2} \tag{3-35}$$

式中，

$$D_0 = \frac{\alpha d}{\cos\theta_0}$$

$$C = \frac{C_R}{C_S}$$

式中，C 表示倾斜比；C_R 表示再现光波的倾斜因子；C_S 表示衍射光波的倾斜因子。

上述公式是理想条件下的理论计算值，实际中，存在着许多影响全息光学元件衍射效率的因素，例如记录乳胶材料的选择（平视显示器组合玻璃的记录乳胶材料选择重铬酸盐明胶DCG，保证有很高的衍射效率）、记录环境的稳定性（包括记录平台的防震性能、工作间的空气流动性以及声音干扰）、曝光后的处理工序（包括化学溶剂的浓度和温度、显影速度和干燥时间）、记录光波波长和图形与物体波长和成像图像的一致性等。

3.1.3 等效透镜设计模型

顾名思义，术语"等效透镜"意味着，以衍射理论为基础的全息光学元件与以折射和反射定律为基础的普通光学元件有相同的光学功能，也称为"类透镜功能"。

为方便讨论和说明问题，透镜采用平凸形状，并保持其焦距不变，因而，光线转折都发生在后表面上，如图 3-7 所示。图 3-7(a) 是一个普通的低折射率（BaK7 材料）玻璃透镜，折射率约 1.57；图 3-7(b) 是一个高折射率的单晶锗红外透镜，折射率约 4；图 3-7(c) 是一个平面全息光学元件。

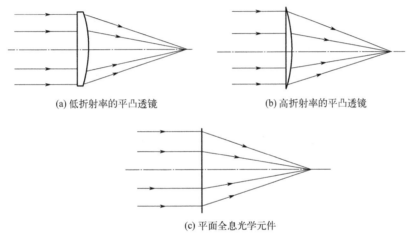

(a) 低折射率的平凸透镜　　　　　　　　(b) 高折射率的平凸透镜

(c) 平面全息光学元件

图 3-7　全息光学元件的等效透镜概念

众所周知，一个薄透镜的光焦度公式是：$\phi = (n-1)\Delta C$，其中，n 是透镜材料的折射率；ΔC 是透镜两表面的曲率之差。如果前表面选择平面，则光焦度与透镜后表面的曲率成正比。

很明显，若透镜光焦度恒定，则透镜材料的折射率越高，透镜后表面的曲率越小，曲率半径就越大。如果可能，当一个透镜的折射率趋于无穷大，为保持透镜光焦度不变，后表面的曲率半径必须变得非常之大，直至接近于平面。

实际中，任何一种透镜材料的折射率都不可能太大，更不会无穷大，这种材料根本不存在，因而产生了"等效"的概念，实际中仅在全息透镜的成像功能上等效。实践表明，"等效透镜"概念非常适合理解全息光学元件的成像原理，以及方便利用普通光学设计软件进行折射/衍射混合光学系统的优化设计。

许多学者都对全息光学元件"等效透镜"理论进行了深入研究。

1967 年，W. Lukosz 首次提出全息光学元件等效透镜的概念，将全息成像技术表述为等效薄透镜和棱镜的共同作用。

1977 年，William C. Sweatt 在其博士论文中进一步发展了这种思想。

1980 年，Chungte W. Chen 建立了反射型全息光学元件的等效透镜模型。

目前，广泛使用的是 Sweatt 等效透镜模型，可以利用普通光学设计程序，与折射透镜一样，进行光线追迹，完成系统优化和公差计算。

Sweatt 等效透镜理论将全息光学元件的条纹间隔与等效透镜光学厚度联系起来，包括以下内容：

① 等效透镜（虚拟材料）的折射率特别大。随着折射率趋于无穷大（即 $n_{eq.} \to \infty$，取 $n = 10^5$ 已经足够），等效透镜模型越精确，越可以保证轴上光束和离轴光束都有相同的光栅间距。

② 等效透镜厚度为零。

③ 等效透镜是一个非共轴光学系统。实际上，等效透镜是一个双轴光学系统，原因是光学系统中多数情况是使用离轴全息光学元件，如图 3-8 所示。图 3-8(a) 是两个发散记录点光源的等效透镜；图 3-8(b) 是一个发散和一个会聚点光源的等效透镜。

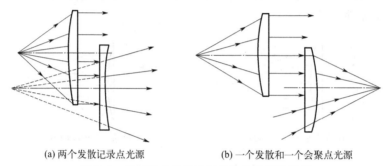

(a) 两个发散记录点光源   (b) 一个发散和一个会聚点光源

图 3-8　透射型全息光学元件的等效透镜模型

④ 等效透镜的表面通常是一个笛卡儿卵形旋转对称双曲面。等效透镜表面可以是双凸双曲面或者凸凹双曲面，由于折射率 n 很大，所以，曲率半径也很大。其中，等效透镜的曲率半径分别是：

$$r_1 = (1-n)z_1 \tag{3-36}$$
$$r_2 = (1-n)z_2 \tag{3-37}$$

如图 3-9 所示，根据双曲面成像原理，一束从双曲表面焦点出射的球面波通过凸双曲表面（像方折射率大于物方折射率）后转换为一束平面波，而一束平面光波经过一个凹双曲表面（像方折射率小于物方折射率）后转换为一束会聚球面波，并成像在凹双曲表面的焦点处。

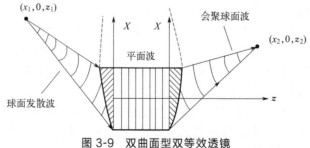

图 3-9　双曲面型双等效透镜

下面给出一个计算实例，进一步说明 Sweatt 等效透镜模型的正确性。假设两个记录点光源的坐标分别是 $R_1(0,0,-100)$ 和 $R_2(10,0,100)$，再现成像点光源的坐标是（-10，-10，-200）。表 3-2 计算出了等效透镜在不同折射率条件下"衍射"后的方向余弦值，同时，列出了利用衍射光栅方程计算出的方向余弦值以说明问题和便于比较。显然，等效透镜的折射率取得越大，计算出的方向余弦就越接近于光栅衍射理论得出的结果。计算结果表明，等效透镜折射率的假设是必要的，也是十分正确的。

表 3-2　等效透镜和光栅方程计算的方向余弦值比较

等效透镜的折射率 n	等效透镜模型计算的方向余弦			衍射理论值
	α	β	γ	
$n=11$	*	*	*	$\beta=0.148952371$ $\alpha=0.968712344$ $\gamma=0.198518473$
$n=101$	0.948309922	0.247969325	0.198039148	
$n=1001$	0.968712340	0.148952577	0.198518341	

二者有相当好的一致性，其中"*"表示等效透镜折射率选值太小，光线无法通过等效透镜进行传播。同时表明，等效透镜的折射率选择太小，等效透镜模型与衍射光栅之间的误差太大，完全不能满足全息透镜的精度要求。

有关曲面全息光学元件和反射型全息光学元件的等效透镜设计模型，在此不进行详述，有兴趣的读者请参考《全息光学——设计、制造和应用》（周海宪等人编著）一书及其它相关文献。

3.1.4　连续透镜记录技术

机载平视瞄准/显示系统（其详细内容参考第 5 章）是飞行员用于观察和瞄准的光电装置，最终的接收元件是飞行员眼睛。根据目视和生理光学的要求，人眼接收平行光束才会感觉舒服，不易疲劳。因此，应将 CRT 或其它图像源产生的符号/图像投射到无穷远，或者将阴极射线管放置在全息光学元件的焦平面上。

如上节所述，全息光学元件的记录过程是使用一束球面记录光波和一束平面记录光波相干涉，形成干涉图并经过后期处理形成全息光学元件。通常将图像源放置在焦平面位置，就可以为飞行员提供平行光束。但这种记录方法的缺点是：除记录点位置外，随着视场增大，无法满足布拉格（Bragg）条件，使衍射效率降低，视场越大衍射效率越低。如图 3-10 所示。

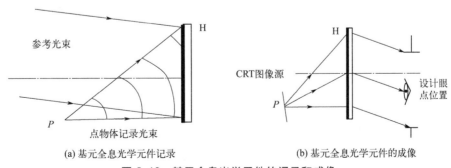

(a) 基元全息光学元件记录　　　(b) 基元全息光学元件的成像

图 3-10　基元全息光学元件的记录和成像

显然，如果把 CRT 的图像面设置在过 P 点的焦平面位置，则只有 CRT 的中心与 P 点一致，满足 Bragg 条件，衍射后的光波才没有像差，又有最大的衍射效率，驾驶员在设计眼点位置就可以看到一个来自无穷远 P 点的图像，如图 3-10(b) 所示。对于 CRT 发光面的轴外其它点，尽管也发出一束发散的球面波，但光线的入射角与记录时的角度不同，因此，衍射后的光波形成一个具有像差的图像，衍射效率降低。随着轴外点远离记录点 P，即随着显示系统视场增大，图像亮度和成像质量迅速恶化。显然，这种普通全息元件的记录方法无法适用于平视瞄准/显示系统。

为了解决该问题，D. H. Close 等人在设计和记录全息组合玻璃时，建议采用一种"连续透镜"记录方法。

如果一个全息光学元件由许多基元全息光学元件组成，每一个基元全息元件对应着显示系统的不同视场，那么，在离轴视场下也能保持高衍射效率和良好的成像质量。图 3-11 是一维全息光学元件阵列，在一块全息底版上用三个记录点光源 P_1、P_2、P_3 和三束准直参考光束分别记录三个基元全息光学元件。在这种记录条件下，三个视场都能满足 Bragg 成像条件。

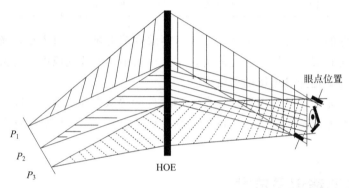

图 3-11　有限元全息光学元件的成像

若继续减小上述图形中基元全息光学元件的尺寸，或增加基元全息光学元件的数目，就会形成有限元全息透镜阵列。由于每个基元全息透镜都满足 Bragg 条件，所以，每个全息透镜都能高效率和高质量成像。然而，在该情况下，记录和装配过程存在对准误差，驾驶员看到的可能是一个不连续的图像。如果无限小的基元全息元件的尺寸达到极限，一个基元全息透镜的记录光线对应一根光线，那么，显示系统的成像就是一种连续成像，就可以将这种不连续记录变换为连续记录，即形成"连续透镜"。实际上，有限元阵列的极限情况对应着视场主光线，所以，这种记录方法也称为"主光线记录法"。

全息组合玻璃是一个离轴成像光学元件。为了校正全息光学元件的像差，常常需要在显示光学系统中增加一个中间转像系统（或者称为"中继光学系统"）。为了完成连续透镜的记录，通常使用两个记录点光源，而非一个点光源和一束平面光束。如图 3-12 所示，一个点光源设置在设计眼点位置（或者系统的出瞳位置）的中心，另一个点光源（可以是具有一定像差的点光源）放置在一个合适位置（中继光学系统的孔径光阑处），从而保证系统的主光线通过中继光学系统的孔径光阑和设计眼点二者的中心，因而既有高衍射效率，又有良好的成像质量。

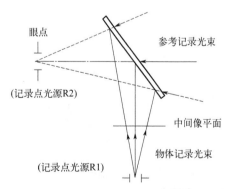

图 3-12　连续透镜的记录示意图

3.1.5 全息光学元件的记录技术

与普通光学元件的制造工艺不同，设计包含全息光学元件的机载设备（全息平视显示器或者全息头盔瞄准/显示器）光学系统时，必须考虑全息光学元件记录过程中的许多影响因素，因此比设计和制造普通全息图难度更大。

全息光学元件的制造过程分为两步：曝光记录和曝光后处理。由于机载全息光学元件的使用环境及对光学性能的要求不同，因此，无论哪种类型的全息光学元件，为了获得良好的成像质量，必须注意以下问题：

① 记录环境，包括温度、相对湿度、热源、声源和机械震动源的影响。

② 选择具有良好时间相干性和空间相干性的激光光源。

为了完成全息光学元件的理想记录，必须满足下列条件：

$$\frac{\lambda_{\max} + \lambda_{\min}}{2(\lambda_{\max} - \lambda_{\min})} > N \tag{3-38}$$

式中，N 是干涉图中的条纹数目。

③ 选择最佳的光路配置。包括记录光束的对称性、合适的光束比和相等的光程。最重要的两点是：

a. 两束记录光路（从分束镜到全息底版）的光程要尽量相等，其光程差不得大于激光光源的相干长度 ΔS：

$$\Delta S = \frac{\lambda^2}{4\pi\Delta\lambda} \tag{3-39}$$

式中，λ 是激光器的中心波长；$\Delta\lambda$ 是波谱范围。

b. 采用合适的空间滤波器消除杂散光。空间滤波器由一个显微物镜和一个针孔组成，激光光束直径 D_p、显微物镜焦距 f_0' 和激光光束直径 D_1 应满足下列关系式：

$$\frac{D_p}{2} = \frac{1.22\lambda f_0'}{D_1} \tag{3-40}$$

④ 选择合适的记录介质。实践证明，重铬酸盐明胶是制造衍射光学平视瞄准/显示系统全息组合玻璃较为合适的记录材料。利用计算全息图（CGH）作为中间记录元件，产生预设计的像差波前以补偿中继光学系统存在的像差。

图 3-13 是利用两个点光源记录全息光学元件的结构布局。

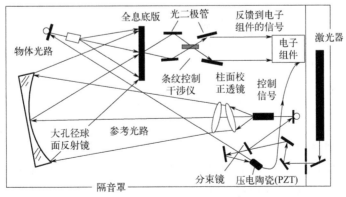

图 3-13 记录平视显示器全息光学元件的结构布局

图 3-14 是美国 F-16 飞机衍射光学平视显示器全息组合玻璃的记录布局图，其中采用计算全息技术（CGH）以获得更好的成像质量。

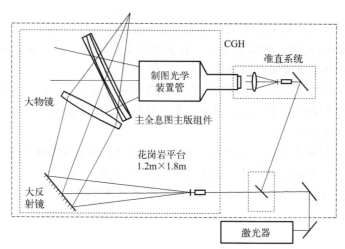

图 3-14　F-16 飞机全息组合玻璃制造示意图

3.2
二元光学成像技术

二元光学技术是研究微米/纳米级光学元件的设计、制造及应用（光波发射、传输、变换及接收）的一种新技术。

二元光学元件或二元光学透镜 BOL（binary optical lens）定义为"基于光波衍射理论，利用计算机辅助设计，并用超大规模集成电路制作工艺（VLSI）（例如激光直写法和灰度掩模图形转印法）在片基上（传统的光学器件，例如玻璃表面）蚀刻产生两级或多级台阶深度的浮雕结构，从而形成纯相位、同轴再现和具有极高衍射效率的一种衍射光学元件"。

1785 年，美国天文学家 David Rittenhouse 首先发现衍射现象。

1821 年，J. V. Fraunhofer 分别研制出透射光栅和反射光栅，从理论上解释了衍射级次问题，并验证了光栅方程。

1870 年，美国 L. M. Rutherfued 研制成功 860 线/mm 的光栅。

19 世纪 80 年代，H. A. Rowland 创立了凹面光栅理论；R. W. Wood 发明了闪耀光栅，大大提高了光栅的衍射效率。

1949 年，开始利用真空镀膜技术复制光栅，光栅的生产效率和质量得到显著提高。

20 世纪 70 年代末，美国麻省理工学院林肯实验室开始研制一种衍射光学元件，应用在激光雷达传感器上以解决探测物体的反射光问题。受限于当时的微细加工方法和条件，只能制成两个阶梯的浮雕结构。

20 世纪 80 年代中期，美国国防部先进科研项目局（DARPA）开始资助麻省理工学院（MIT）林肯实验室的上述研究项目。由于其制作方法基于表面分布成形技术，每次刻蚀得到二倍的相位阶数，1987 年正式表述为"二元光学技术"。

20 世纪 90 年代，微纳米制造技术迅速发展，其浮雕结构已经从两个台阶发展到多个台阶，直至近似连续分布。

二元光学元件主要应用于以下方面：

① 采用二元光学元件改进传统折射光学元件的性能（例如折射/衍射复合透镜），实现普通光学元件无法实现的特殊功能，例如校正像差、消色差以及产生任意波前。

② 二元光学进入微纳米光学领域，促进了光学系统微型化和阵列化的发展。制造出具有高密度和很高衍射效率的微米/纳米光学元件和阵列，且能够实现衍射受限成像。

③ 研制多层或三维集成微光学系统，在成像和复杂的光互连系统中进行光束变换和控制。

二元光学元件已经应用于各种领域，包括图像识别/处理系统、生物视觉模拟系统、激光扫描和激光束波面像差修正系统、光计算机系统以及各种光学成像系统（包括机载红外搜索/跟踪/瞄准系统）。

1995 年，美国罗彻斯特大学设计了一种使用衍射光学元件的目镜。1999 年，新加坡南洋理工大学设计并用激光直写技术和反应离子刻蚀法成功制造出由两块平面衍射光学元件组成的光学成像系统。

国内许多单位（例如清华大学、长春理工大学和中国科学院等）也相继开展了二元光学技术的研究，使传统的光学元件（包括透镜和反射镜）与衍射光学元件相结合，组成折射/衍射混合光学系统，在光波传输和光学系统设计中同时利用光的折射和衍射两种性质，进一步提高光学系统成像质量（同时实现消色差和消热差），减小光学系统体积和降低成本。

按照表面结构，二元光学透镜有两种类型：普通衍射透镜和谐衍射透镜。

3.2.1 普通型二元衍射透镜

二元光学衍射透镜是一种由非连续表面形状组成的面浮雕型光学成像元件，有三种基本类型：具有连续二次闪耀光栅外形的衍射透镜、位相反转衍射透镜和四阶衍射透镜，如图 3-15 所示。

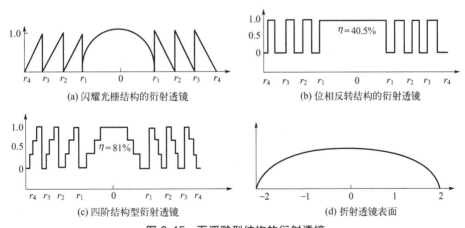

(a) 闪耀光栅结构的衍射透镜 (b) 位相反转结构的衍射透镜

(c) 四阶结构型衍射透镜 (d) 折射透镜表面

图 3-15 面浮雕型结构的衍射透镜

二元光学元件不同于传统的光学透镜、棱镜和反射镜。

传统光学元件是根据折/反射定律传输光线和成像，把光视为带有一定能量的光线，属于几何光学的研究范畴；二元光学的成像理论是光的衍射理论，属于波动光学范畴。

二元光学衍射透镜遵循衍射定律，使入射光发生衍射传播。按照标量理论计算，二次闪耀光栅外形的衍射透镜的衍射效率（即光学能量传输效率）是100%，四阶衍射透镜的衍射效率达到81%，位相反转衍射透镜的衍射效率是40.5%，因此，衍射透镜通常都设计成二次闪耀光栅形状或者多阶形状。

传统光学元件（球面或非球面透镜）是依靠磨削和抛光等机械加工技术制造的，其表面形状连续变化，生产效率低，成本高，元件尺寸较大，因而受加工工艺限制，元件的最小极限尺寸不可能很小，制成列阵也困难。

二元光学元件是利用类似于大规模集成电路制造技术（例如，电子束/离子束/激光束等刻蚀技术）加工出表面浮雕结构，可以利用计算机设计技术决定其表面形状，设计自由度大。浮雕图案的相位值是两值或多值的不连续量，表面浮雕深度是波长数量级。二元光学元件的微型化可以使许多光学元件集成在一个平面上，构成新型光学系统。

二元光学元件不同于前述全息光学元件：无需记录介质和两步成像过程。普通全息光学元件上的光强分布呈余弦干涉条纹，二元光学元件结构是阶梯形相位结构，其浮雕结构直接蚀刻在玻璃/晶体或者其它固体材料上，在机载环境下使用无需盖板玻璃密封措施。

3.2.1.1 二元光学元件的特性

（1）焦距（或光焦度）

一个折射透镜的光焦度是用材料折射率 $n(\lambda)$ 和两个曲率半径 C_1 和 C_2（或者半径 r_1 和 r_2）表述的，并利用以下公式计算薄折射透镜的光焦度（或焦距）：

$$\phi_{\mathrm{r}} = \frac{1}{f_{\mathrm{r}}'} = (n-1)\left(\frac{1}{r_1} - \frac{1}{r_2}\right) = (n-1)(C_1 - C_2) \tag{3-41}$$

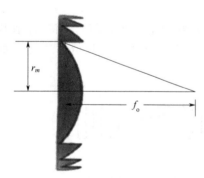

图 3-16　二元光学衍射透镜的
光栅结构和光焦度

二元光学衍射透镜的光栅结构通常制造在折射平面或者较大曲率半径的曲面上，工作原理类似于菲涅耳波带片，如图 3-16 所示。当受到一束平面光波照射时，可以产生光束会聚效应，第 m 条波带的焦距 f_{o} 取决于圆形波带的宽度、半径 r_m 和入射波长 λ_{o}，如式（3-42）所示。其中，n_i 是像空间折射率。

$$f_{\mathrm{o}} = \frac{n_i r_m^2}{2m\lambda_{\mathrm{o}}} \tag{3-42}$$

（2）色散特性

二元光学元件的色散性质与传统的折射光学元件明显不同。

① 传统光学透镜的色散性是用玻璃材料的阿贝数（色散倒数）定义：

$$\nu_{\mathrm{r}} = \frac{n(\lambda_1) - 1}{n(\lambda_2) - n(\lambda_3)} \tag{3-43}$$

式中，$n(\lambda_1)$、$n(\lambda_2)$ 和 $n(\lambda_3)$ 是三种波长的材料折射率。换句话说，折射透镜色散与材料折射率有关。

二元光学衍射透镜的色散定义为：

$$\nu_{\mathrm{d}} = \frac{\lambda_1}{\lambda_2 - \lambda_3} \tag{3-44}$$

可以看出，只与波长有关，而与材料的折射率无关。

② 由色散公式可以看出，由于 $\lambda_3>\lambda_1>\lambda_2$，并且光学材料的折射率随波长增大而减小，因此，折射透镜的阿贝数总是正值，而衍射透镜的阿贝数总是负值。这说明两个问题：

a. 无论衍射透镜基底材料的折射率如何，只要在相同的波段范围内，就具有相同的色散能力。计算结果表明，可见光光谱区的阿贝数约为 -3.45，中波红外光谱区约为 -2.3，长波红外光谱区约为 -2.5。

b. 二元光学透镜的阿贝数与传统玻璃的阿贝数符号相反，并且绝对值小，有较大的色散，如果与正光焦度的折射透镜组成折衍射混合透镜（相当于正-负透镜组成的双胶合透镜组），则非常有利于校正色差及二级光谱，如图 3-17 所示（红、绿、蓝光），因此，在成像领域备受青睐。

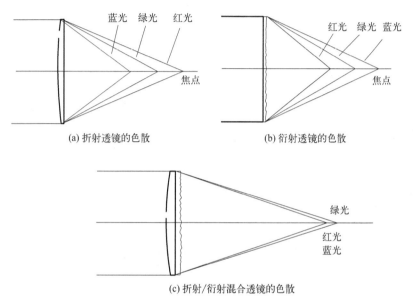

(a) 折射透镜的色散 (b) 衍射透镜的色散

(c) 折射/衍射混合透镜的色散

图 3-17 折射透镜和二元光学透镜的色差特性

消色差折衍混合透镜系统的光焦度满足下列公式：

$$f'_{衍射}=f'_{混合}\frac{V_{衍射}-V_{折射}}{V_{衍射}}$$ (3-45)

或者

$$\phi_{衍射}=\frac{V_{衍射}\ \phi_{混合}}{V_{衍射}-V_{折射}}$$

$$f'_{折射}=f'_{混合}\frac{V_{折射}-V_{衍射}}{V_{折射}}$$ (3-46)

或者

$$\phi_{折射}=\frac{V_{折射}\ \phi_{混合}}{V_{折射}-V_{衍射}}$$

式中，$f'_{折射}(\phi_{折射})$、$f'_{衍射}(\phi_{衍射})$ 和 $f'_{混合}(\phi_{混合})$ 分别代表折射透镜、二元光学透镜和折衍混合透镜在 λ_d 光波波长时的焦距（光焦度）；$V_{折射}$、$V_{衍射}$ 分别代表折射透镜、二元光学透镜的阿贝数。

只要满足上述公式，混合光学系统就能够满足消色差的要求。由于可以与折射透镜组成单块折衍混合消色差系统，因此，与传统的消色差双透镜组相比，能省掉一片负透镜。同时，正透镜不必提供额外的光焦度，从而可以增大透镜表面的曲率半径，更容易校正像差。

H. P. Herzig博士对一组焦距100mm的普通红外三透镜与红外双消折衍混合透镜设计结果进行了比较，如表3-3所示。

表3-3　红外折射三透镜与折衍混合三透镜比较

参数	折射三透镜	折衍混合透镜
系统焦距/mm	100	
F 数	3	
材料	ZnSe/ZnS/Ge	ZnSe/Ge(DOE)
光谱范围/μm	8～12	
f'_1/mm	ZnSe/50.89	ZnSe/83.27
f'_2/mm	ZnS/−131.73	Ge/−485.67(折射)
f'_3/mm	Ge/−477.33	Ge/−1980.20(衍射)

结果表明，折衍混合透镜和全折射透镜都能完成相同的功能并满足成像的质量要求，但与折射透镜相比，混合透镜采用双透镜结构，质量和体积减小约三分之一。另外，衍射透镜焦距较大，衍射光焦度较弱，因而，表面曲率半径较大，有利于减小单色像差，并易于加工。

（3）初级像差特性

当光阑与二元光学透镜密接，则匹兹伐场曲系数为零，其它单色初级像差均与传统透镜相似。

如果光阑远离二元光学元件且置于透镜前焦面位置，即构成远心光学系统，不仅初级彗差和像散为零，由于匹兹伐场曲也为零，因而，弧矢面和子午面均为平面。对于传统折射透镜，只能使子午面为平面。

应当注意，对于远心衍射光学系统，透镜畸变无法消除，并且，像高与视场角的正弦成正比，即 $y' = f'\sin\omega$。

（4）衍射效率

衍射效率是衍射光学元件最重要的光学性质之一。

理想情况下，二元光学元件是一种锯齿形结构，如图3-18（a）所示，其中，T 代表周期；d 代表锯齿蚀刻深度。

(a) 锯齿形结构　　　　　　　　(b) 台阶形结构

图3-18　二元光学元件的锯齿形光栅结构

假设二元光学元件基底材料的折射率是 n，工作波长 λ，衍射级次为 m，则按照下列公式计算衍射效率：

$$\eta = \left[\frac{\sin\left\{ \pi\left[m - \left(\frac{n-1}{\lambda}d\right) \right] \right\}}{\pi\left(m - \frac{n-1}{\lambda}d \right)} \right]^2 \tag{3-47}$$

制作锯齿形的相位轮廓比较困难，所以，多数情况以台阶状轮廓逼近锯齿形相位轮廓[图 3-18(b)]，并且，台阶数越多，越接近所期望的相位轮廓。为了使二元光学元件获得高衍射效率，都制成多相位阶数的浮雕结构，使用 N 块模板得到 $L(L=2^N，N$ 是阶数）个相位阶数，其衍射效率是：

$$\eta = \left[\frac{\sin(\pi/L)}{\pi/L}\right]^2 \tag{3-48}$$

如果，$N=1$、2、3 和 4，衍射效率可分别达到 40.5%、81%、94.9% 和 98.6%。必须强调，上述数据是在理想制造工艺条件下的计算结果，实际上，影响衍射效率的因素很多，例如衍射透镜与折射透镜光轴的偏心（要求小于 $70\mu m$）、衍射透镜的倾斜（通常认为是平凸折射透镜基板的楔形公差）、光栅表面的轮廓结构、基板折射率、环带间隔、表面镀膜、成像波长、光束入射角和偏振状态等，因此，实际衍射效率都小于上述公式的计算值。

（5）更多的设计自由度

传统光学设计是通过改变表面曲率半径、选择光学材料和元件厚度（影响有限）校正像差。在二元光学元件设计中，还增加了蚀刻槽宽度、深度和槽形结构，以及槽的位置等，大大增加了设计变量，因而能够设计出更高成像质量的光学元件和系统。

（6）更宽的材料选择性

除了采用玻璃材料外，还可以将二元光学元件的浮雕结构成型在电介质及金属材料上。

（7）特殊的光学功能

利用微米/纳米光学制造技术制造的二元光学元件可以产生传统光学元件无法实现的光学波面（例如镐面，锥面和环面），还能集成多功能元件，促成光学系统小型化、阵列化和集成化。

3.2.1.2　典型的设计实例（折衍混合光学系统）

（1）混合型艾尔弗目镜

目镜在光学系统中起着重要作用，包括军用和侦察设备，通常要求同时具有很宽的视场、足够大的眼距和较高的成像质量。另外，由于孔径光阑位于系统外而使系统不再以主光线对称，因此会出现横向色差严重等问题，从而造成正透镜色差都必须用负透镜校正，并且，需要在焦面附近设计一个很严重的弯月形负透镜，非常不利于畸变、光瞳球差和像散的校正。为了解决上述问题，通常是使目镜的光学结构复杂化，以牺牲性能来满足重量和成本要求。

广为采用的折射型广角艾尔弗目镜光学系统是光学性能、外形尺寸、重量和元件数量之间最佳折中的一种形式。二元光学元件的研制成功开辟了简化目镜结构和提高成像质量的新途径。

案例一，Michael D. Missing 和 G. Michael Morris 在艾尔弗折射目镜（以焦距 20mm，视场 60°目镜为例）的基础上，分别设计了包括一个衍射面和两个衍射面的折射/衍射混合型艾尔弗目镜光学系统，将二元光学面设计在平面上，如图 3-19 所示。利用衍射面代替折射负透镜，极利于校正色差；衍射面不会产生匹兹伐场曲，因而正透镜的表面曲率半径可以较大，有利于校正单色像差；同时，非常有利于衍射面的制造。

可以看出，在焦距、F 数和视场（60°）完全相同的条件下，采用折射/衍射混合型艾尔弗目镜光学系统明显具有以下优点：

① 光学元件数目减少，由五片减至三片，结构简化，大大减小了系统体积、减轻了重量（是原来的三分之一）并降低了成本，同时减少了材料种类。

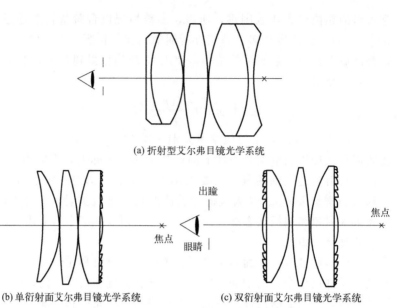

(a) 折射型艾尔弗目镜光学系统

出瞳
眼睛

焦点

(b) 单衍射面艾尔弗目镜光学系统

出瞳
眼睛

焦点

(c) 双衍射面艾尔弗目镜光学系统

图 3-19 折射/衍射型艾尔弗目镜光学系统

② 明显改善了大数值孔径的色差。

③ 折射透镜的表面曲率半径增大，有效改善了系统的成像质量并增大了出瞳距离。

设计优化过程中，校正像差用波长是 486nm、588nm 和 656nm，选择旋转对称式相位多项式表述衍射表面：

$$\phi(r)=\frac{2\pi}{\lambda}(s_1 r^2+s_2 r^4+s_3 r^6+s_4 r^8+\cdots)\qquad(3\text{-}49)$$

表 3-4 和表 3-5 分别列出了单衍射面和双衍射面混合型艾尔弗目镜光学系统的结构参数。

表 3-4 单衍射面折射/衍射型艾尔弗目镜光学系统结构参数

表面序号	曲率半径/mm	厚度/mm	玻璃材料	有效半孔径/mm
1	−54.09807	15.81185	BK7	12.8
2	−19.42586	3.92929		
3	157.28572	0.1	BK7	13.0
4	−43.01555	4.03694		
5	34.97115	0.24401	BK7	13.0
6(平面衍射面)	∞	5.38258		

注：衍射面相位函数中，$s_1=-0.001945$，$s_2=4.121263\times10^{-6}$。

表 3-5 双衍射面折射/衍射型艾尔弗目镜光学系统结构参数

表面序号	曲率半径/mm	厚度/mm	玻璃材料	有效半孔径/mm
1(衍射面1)	0	15.81185	BaK2	15.5
2	−24.17843	6.77651		
3	78.01601	0.67765	BK7	16.0
4	−78.01601	4.51767		

表面序号	曲率半径/mm	厚度/mm	玻璃材料	有效半孔径/mm
5	36.92287	0.67765	BaK2	16.0
6(衍射面2)	0	6.83163		
衍射面相位系数	衍射面1	$s_1=-0.0011802, s_2=2.789\times10^{-6}$		
	衍射面2	$s_1=-5.789915\times10^{-4}$		

案例二，江苏盐城师范学院新能源与电子工程学院（杨亮亮）在艾尔弗目镜基础上，设计了一个长出瞳距离（50mm）的折射/衍射混合目镜。在中间正透镜的前表面上设计了二元光学衍射面，系统总长度减小了22.87%，重量减轻了38.79%，如图3-20所示。与折射型相比，像质进一步提高（尤其是像散和畸变），如表3-6所示。

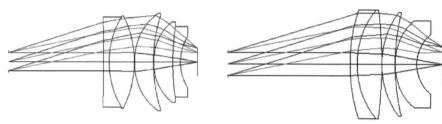

(a) 折射型目镜　　　　　　　　　　　(b) 折射/衍射混合型目镜

图 3-20　折射/衍射混合型长出瞳距离目镜

表 3-6　长出瞳距离折射/衍射混合目镜主要性能

参数		折射型	混合型
焦距/mm		25	
出瞳距离/mm		50	
出瞳直径/mm		8	
视场/(°)		30	
二元光学面的平均衍射效率		—	95.23%
光学系统MTF （40lp/mm）	中心视场	>0.5	>0.85
	最大视场	>0.1	>0.2
最大相对畸变		8.87%	7.77%
最大像散/mm		0.25	0.11
光学系统总长度/mm		49.18	38.16
光学系统总重量/g		129.11	79.03

（2）SAL成像探测系统中的衍射光学系统

合成孔径激光雷达（SAL）是在大前视角条件下以较小光学孔径，对远距离目标进行高分辨率和高数据率成像，是光学成像探测的一种重要形式。

中国科学院电子学研究所（李道京等人）在研发合成孔径激光雷达（SAL）项目中，通过分析平面非成像衍射光学系统，提出了采用与设备整流罩共形的衍射光学系统概念，建议将整流罩内侧直接加工成所需的二元光学衍射表面，二元光学器件的台阶宽度与相控阵天线的辐射单元间距相对应，二元光学器件的台阶数与移相器的量化位数对应。该系统采用透射式光学系统、基于光纤准直器的一发四收馈源和收发共光路的结构布局，并通过仿真试验证明基于曲面共形衍射光学系统的 SAL 成像探测技术的可行性，如图 3-21 所示。

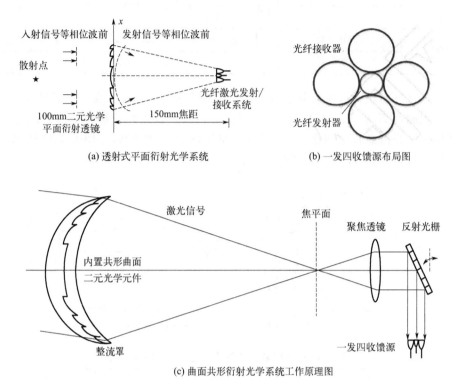

(a) 透射式平面衍射光学系统　　　　　　　(b) 一发四收馈源布局图

(c) 曲面共形衍射光学系统工作原理图

图 3-21　SAL 的共形衍射光学系统

二元光学衍射系统要实现对地目标搜索、成像、捕获和跟踪多种功能，其发射和接收波束应具有指向和宽度的可变能力，类似于微波/毫米波雷达的相控阵天线，并能与设备整流罩共形，是合成孔径激光雷达（SAL）成像探测系统的关键技术之一。

（3）空间遥感探测系统中的红外折衍混合物镜

中国科学院上海技术物理研究所（刘敏等人）在库克三片式物镜结构基础上，为空间光学等遥感领域研制出三片分离式红外折射/衍射混合物镜（由 1 片包含衍射透镜的平面透镜和 2 片球面透镜组成），红外光学材料选择硅和锗，二元光学元件设计在硅材料的平面上，采用四次套镀（或套刻）方法实现的衍射微结构由 9 个环带组成，每个环带内有 16 个台阶，每个台阶的高度差相等，相位差均为 $\pi/8$，中心波长 $4.25\mu m$，如图 3-22 所示，表 3-7 列出主要光学性能。

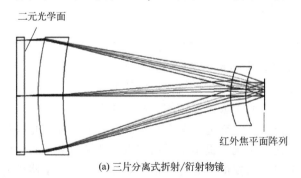

(a) 三片分离式折射/衍射物镜

(b) 二元光学透镜微结构示意图

图 3-22　三片分离式红外折射/衍射物镜光学系统

表 3-7　三片分离式红外折射/衍射物镜的光学性能

参数		指标
系统焦距/mm		64
后截距/mm		＞4
F 数		1.6
波长/μm		3.7～4.8
入瞳直径/mm		40
视场/(°)		8.6
系统光学效率		93％
二元光学元件表面衍射效率	设计中心波长(4.25μm)	98.7％
	其它波长	98.2％
弥散斑半径/μm		＜9.5
MTF(频率 17lp/mm)		≥0.8
物镜系统总长度(相对于折射库克物镜)		减少约 40％
红外探测器	像素尺寸/μm	30
	像素数目	256×256

（4）红外变焦折射/衍射混合物镜

案例一，切换式变焦光学系统。

武汉职业技术学院机电工程学院（谢忠华）设计了一种折射/衍射混合式切换变焦光学系统（变倍比 9），焦距分别是 40mm（短焦）、120mm（中焦）和 360mm（长焦）。长焦时没有变倍组，由 6 块透镜和 2 块反射镜组成，其中第四块透镜第二表面上设计有二元光学衍射面；中焦和短焦时，分别从径向切入变倍组，光学系统由 10 块透镜和 2 块反射镜组成（整个光学系统采用 4 个非球面），如图 3-23 所示。该光学系统主要特点：

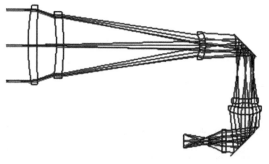

(a) 长焦(f'=360mm)光学系统

图 3-23

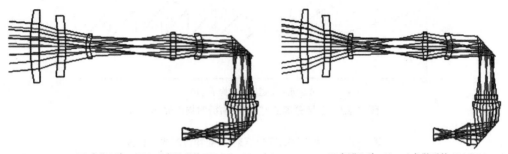

(b) 中焦($f'=120$mm)光学系统　　　　　　(c) 短焦($f'=40$mm)光学系统

图 3-23　红外变焦折射/衍射混合物镜光学系统

① 采用衍射光学元件,减少透镜数量。

② 采用二次成像方式,保证冷光阑效率100%。

③ 采用两次光路转折,实现光学系统小型化。

主要光学性能列在表 3-8 中。

表 3-8　切换式变焦系统的主要性能

参数			指标
光谱范围/μm			$3.7\sim4.8$
变焦范围/mm			40,120,360
红外探测器	像素数目		640×512
	像素尺寸/μm		17
	像面尺寸/mm		9.6×7.2
视场(对角线)/(°)			19.3,6.49,2.16
变倍比			9
F 数			4
成像方式			二次成像
冷光阑效率			100%
二元光学衍射面	衍射系数	C_1	-9.3887×10^{-5}
		C_2	-6.1098×10^{-8}
	直径/mm		35
	衍射效率		94.97%
	MTF (30lp/mm)	轴上	>0.3
		轴外	>0.15
	弥散圆 RMS 值/μm		<17

案例二,连续变焦光学系统。

中国科学院长春光学精密机械与物理研究所(王保华等人)为了提高红外图像的分辨率、系统的探测距离和探测精度,利用非制冷型384×288元凝视型焦平面阵列红外探测器设计了一种大变倍比(25)折射/衍射型长波红外($8\sim12\mu m$)连续变焦光学系统,该系统由6片透镜(全部采用球形表面)组成,其中,第六面和第八面设置为衍射面,如图 3-24

所示。表 3-9 和表 3-10 分别列出其结构参数和主要光学性能。

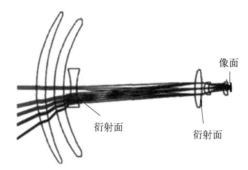

(a) 宽视场(焦距8mm)光学系统

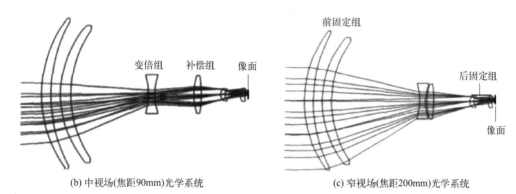

(b) 中视场(焦距90mm)光学系统   (c) 窄视场(焦距200mm)光学系统

图 3-24 大变倍比折射/衍射型长波红外连续变焦光学系统

表 3-9 25 倍折射/衍射型长波红外连续变焦光学系统结构参数

表面序号	曲率半径/mm	厚度/mm	材料	半孔径/mm
1	272.100	15.000	SCGERMLW	131.6507
2	331.890	15.000		128.7586
3	225.380	16.000	SCGERMLW	119.7503
4	239.930	152.26		113.9403
5	−131.770	10.000	ZnSe	39.6855
6	119.000	2.500		39.2913
7	135.230	12.000	ZnSe	40.4124
8	−247.000	61.240		40.4199
9(光阑)	∞	2.002	—	11.7185
10	17.000	7.000	ZnSe	15.9081
11	12.500	25.000		11.5364
12	30.860	7.000	SCGERMLW	10.7139
13	54.140	6.730		9.2307
14(像面)	∞	0.000	—	6.000

表 3-10　25 倍折射/衍射型长波红外连续变焦光学系统技术性能

参数		指标
红外探测器	类型	非制冷型
	像元数目	384×288
	像元尺寸/μm	25×25
	工作波长/μm	8~12
光学系统	焦距范围/mm	8~200
	视场范围/(°)	±1.72~±36.87
	变倍比	25
	F 数	1.5
	MTF(20lp/mm)	>0.4
	弥散斑直径均方根值/μm	<25
系统总长度/mm		325

（5）离轴反射/衍射型成像光学系统

为空间光学领域设计的宽波段大孔径衍射望远镜系统的主要缺点是衍射物镜元件有很大色差，只能对极窄频谱范围的光线精确聚焦。要实现宽带应用，必须进行色差校正。

根据 Schupmann 理论，任何一个具有色差的光学元件，其色差可通过将与第一个元件具有相同色差和相反光焦度的元件放在其共轭位置进行校正，因此，衍射望远镜系统通常由平面透射型二元光学衍射物镜（为了解决光学容差和发射承载问题）、中继系统和菲涅耳校正器组成（习惯上将后两项称为"目镜光学系统"），如图 3-25 所示。

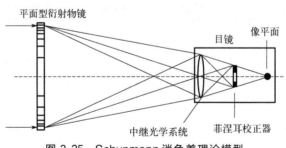

图 3-25　Schupmann 消色差理论模型

2007 年，国防科技大学（徐琰等人）基于 Schupmann 理论并利用二元光学元件设计了一个宽波段（400~520nm）和超大孔径（25m）同轴型反射/衍射望远系统，其中，衍射物镜第二面为二元光学面，中继光学系统采用共轴三反射镜结构形式，主镜和次镜分别采用抛物面和双曲面，三镜为二元光学衍射面。

中国科学院长春光学精密机械与物理研究所（张楠等人）同样设计了一个宽波段（650~750nm）小型化（物镜孔径 1m）衍射望远系统，二元光学面也设计在物镜和第三反射镜上，主要区别是采用离轴型反射/衍射结构形式。

2019 年，为了保证衍射成像系统的成像质量达到最佳，同时又具有更小的系统长度，中国科学院光电技术研究所与中国科学院大学（何传王等人）联合研制了一种大孔径空间光学系统（波长范围 582.8~682.8nm），在离轴三反射镜中继系统的基础上，增加一个衍射校正镜，完成了离轴四反射镜反射/衍射混合中继光学系统的设计，如图 3-26 所示。

图 3-26　离轴四反射镜反射/衍射混合中继光学系统

（6）反射/折射/衍射混合型连续变焦光学系统

2013 年，中国科学院大学（姜凯博士）设计了一种具有消热差性能的离轴反射/折射/衍射式中波红外连续变焦光学系统，如图 3-27 所示，由离轴反射式望远系统与折射/衍射混合型会聚成像系统组成，连续变焦光学系统设计在折射光学系统中，在系统承担像差较大的表面设计有衍射面和非球面。

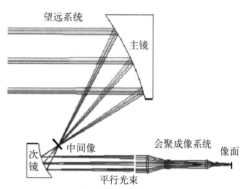

图 3-27　离轴反射/折射/衍射式中波红外连续变焦光学系统

该系统的主要特点是：

① 反射式望远镜光学系统中主镜和次镜均采用抛物面反射镜，入瞳位于主镜位置；入瞳孔径 500mm，出瞳孔径 100mm。主要结构参数如表 3-11 所示。

表 3-11　反射式望远镜系统基本结构参数

名称	面型	曲率/mm	间隔/mm	离轴量/mm
主镜	抛物面	−1600	−1000	−500
次镜	抛物面	400	200	−150

② 折射式变焦系统由八片透镜组成，采用标准的结构形式，由前固定组、变倍组、补偿组和后固定组组成。为了同时校正像差和消热差（工作环境温度 −30～+50℃），变倍组第一表面采用衍射面，后固定组第五表面采用非球面，如图 3-28 所示。

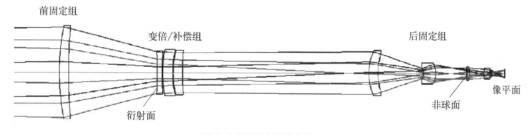

(a) 长焦光学系统结构布局

图 3-28

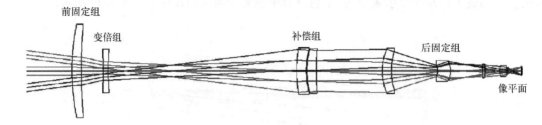

(b) 短焦光学系统结构布局

图 3-28　折射变焦光学系统图

反射式望远镜系统采用碳化纤维材料（热膨胀系数较小）固定式开放结构，对温度变化不太敏感，因此，主要关心温度变化对折射式变焦光学系统的影响。该系统采用被动光学消热差技术，消像差和消热差后折射式变焦系统的结构参数如表 3-12 所示，光学性能列在表 3-13 中。

表 3-12　折射式变焦系统的结构参数

透镜		曲率半径/mm	厚度/mm	材料
透镜 1	第一表面	315.0552	15.00	Si
	第二表面	569.5209	154.26	
透镜 2	第一表面(衍射面)	1627.7648	15.45	Ge
	第二表面	245.4715	1.98	
透镜 3	第一表面	466.1253	20.00	Ge
	第二表面	253.0609	2.65	
透镜 4	第一表面	273.0516	20.00	Si
	第二表面	1214.1051	819.14	
透镜 5	第一表面	85.1457	14.52	Si
	第二表面	109.5455	73.53	
透镜 6	第一表面	−50.7778	20.00	Ge
	第二表面	−118.8247	82.23	
透镜 7	第一表面(非球面)	−49.7757	5.00	ZnS
	第二表面	−30.8195	65.98	
透镜 8	第一表面	24.0976	5.00	Si
	第二表面	36.5689	1.44	
保护玻璃	第一表面	∞	1.00	Si
	第二表面	∞	2.75	
冷光阑	—	∞	19.13	—
保护玻璃	第一表面	∞	0.30	Ge
	第二表面	∞	0.57	
像平面	—	∞	0.00	—

表 3-13　离轴反射/折射/衍射式中波红外变焦光学系统技术性能

参数		指标
工作波长/μm		3.7～4.8
视场范围/(°)		0.17～1.37
焦距变化范围/mm		250～2000
F 数		4
变倍比		8
冷光阑效率		100%
工作温度/℃		−30～+50
MTF(16lp/mm)		＞0.4
弥散斑(RMS值)/μm		＜30
畸变		＜4%
探测器	像元数	320×240
	像元尺寸/μm	30
	制冷方式	斯特林制冷
光学系统总长度/mm		1540
主镜孔径/mm		520

3.2.2　谐衍射型二元光学透镜

目前，飞机的发展要求机载红外搜索和跟踪系统的搜索/跟踪距离越来越远，精度越来越高。解决方法之一是加大光学系统的数值孔径，另一方法是采用更宽的光谱范围。显然，普通衍射光学透镜的加工难度会明显增大，对最小加工线宽的要求已经超出目前微细加工的技术能力，普通衍射光学透镜已无法满足使用要求。

另外，普通衍射透镜的等效阿贝数很小，其负色散绝对值较大，光焦度与波长的关系非常密切，随着光学波长的线性变化，应用于宽波段或多光谱光学系统中会产生严重色差，偏离中心波长时衍射效率严重下降，因而限制了在宽波段或多波段红外成像系统中的应用，普通型二元光学衍射透镜仅应用于准单色或者窄光谱系统。

1995年，斯威尼（D. W. Sweeney）和索马格林（G. E. Sommargren）及法克里斯（Faklis）和摩瑞斯（Morris）分别提出了谐衍射透镜（HDL）或谐衍射光学元件（HDOE）的概念，建议应用谐衍射透镜技术增大最小可加工图形的线宽，降低工艺难度，使设计宽波段、大数值孔径红外光学系统和提高衍射效率成为可能，可以在一系列分离波长处获得相同的光焦度，在一定程度上克服了普通二元光学衍射透镜色差大的缺点。谐衍射透镜也称为多级衍射透镜。

3.2.2.1　二元光学谐衍射单透镜

谐衍射透镜是基于普通衍射透镜的一种扩展光学元件。在设计谐衍射透镜时，选取高衍射级次，并通过改变衍射透镜基底材料的表面结构，使环带间产生 $2k\pi$ 相位差，从而将衍射级从普通衍射透镜的+1级扩展到其它衍射级次，不同的衍射级对应着不同的分离波长，使整个波段内每个衍射级次都具有100%的理论衍射效率和相同的光焦度。

谐衍射透镜定义为：阶梯环面位置相位差为 $2k\pi$ 且厚度 H_{Hd} 满足下面公式的衍射透镜，如图 3-29 所示，其中，k 称为谐波常数（或厚度因子）：

$$H_{Hd} = \frac{k\lambda_0}{n-1} \qquad (3\text{-}50)$$

式中，λ_0 为工作波长；n 为基板材料折射率。

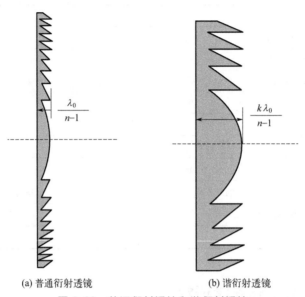

(a) 普通衍射透镜   (b) 谐衍射透镜

图 3-29 普通衍射透镜和谐衍射透镜

普通衍射透镜与谐衍射透镜的主要区别：

① 普通衍射光学透镜相邻两环边界处相位跳跃 2π，而谐衍射透镜相位差是 $2k\pi$；谐衍射透镜的微结构沟槽深度的光程差不是普通衍射的 λ，而是 $k\lambda$，因此，普通衍射透镜可以理解为谐衍射透镜的特殊情况（$k=m=1$）。简单地说，普通衍射光学透镜应用 $+1$ 级衍射光，而谐衍射光学透镜是利用 $+m$ 级衍射光。通过合理设计，可以使谐波长位置上衍射光的衍射效率达到 100%，谐波长附近一定波段范围内也能达到很高的衍射效率。衍射级 m 越大，可利用的谐波长就越多，因此，覆盖的波段也越宽。

谐衍射透镜是一种介于普通衍射透镜与折射透镜之间的光学元件，一定程度上兼顾折射和衍射特性，与谐波常数 k 的选择密切相关：k 值可以在 $1\sim\infty$ 间任意选择，k 值越大，谐衍射透镜越接近折射透镜的特性，材料色散的影响也越大，衍射透镜的负色散性能逐渐减弱，会影响其校正折射元件正色散的功能。另外，k 值太大，谐波长之外其它波长的衍射效率会下降太快。实际上，k 的取值要兼顾材料色散与衍射色散之间的平衡。图 3-30 是折射透镜、谐衍射透镜与普通衍射透镜的关系图。

② 阶梯高度。当衍射透镜选择平面基底材料时，旋转对称结构的衍射透镜表面微结构分布表示为：

$$H_d(\rho) = \frac{\lambda_0}{n(\lambda_0)-1} \times \frac{\varphi_d(\rho)}{2\pi} \qquad (3\text{-}51)$$

式中，ρ 为衍射透镜径向位置；$\varphi_d(\rho)$ 为其相位函数 $\varphi(\rho)$ 经过 2π 调制后的结果；λ_0 为中心波长；$n(\lambda_0)$ 为中心波长对应的材料折射率。

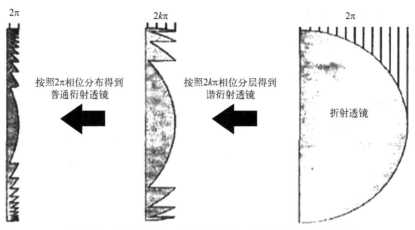

图 3-30　折射透镜、谐衍射透镜、普通衍射透镜关系图

如果衍射透镜的基底材料是非球面结构，其面形微结构分布是：

$$H_d(\rho)=\frac{\lambda_0}{n(\lambda_0)-1}\times\frac{\varphi_d(\rho)}{2\pi}+z(\rho) \tag{3-52}$$

式中，$z(\rho)$ 是非球面表达式。广义上讲，谐衍射透镜的面形微结构高度（除平面基底外）是径向尺寸的函数。

一般情况下，要求衍射面尽可能设计在平面或者简单的二次曲面上，顶点曲率半径尽量大些。球面可以看作是二次曲面的特殊形式（离心率为零）。为了获得高衍射效率，应使相位函数 $\phi_d(\rho)$ 是 2π 的整数倍，因此，谐衍射透镜表面微结构分布可简单表示为：

普通衍射透镜的厚度：

$$H_d=\frac{\lambda_0}{n-1} \tag{3-53}$$

谐衍射透镜的厚度：

$$H_{Hd}=\frac{k\lambda_0}{n-1} \tag{3-54}$$

③ 谐衍射透镜的环面半径。

$$r_m^2=2mk\lambda_0 f_0 \tag{3-55}$$

式中，λ_0 为设计波长；f_0 为第 m 个环面成像波长 $\lambda=\lambda_0$ 时的焦距。

④ 光焦度。

普通衍射透镜的光焦度 $f_d(\lambda)$：

$$f_d(\lambda)=\frac{\lambda_0}{\lambda}f_0 \tag{3-56}$$

谐衍射透镜的光焦度 $f_{d,h}(\lambda)$：

$$f_{d,h}(\lambda)=\frac{k\lambda_0}{m\lambda}f_0 \tag{3-57}$$

由此看出，一般谐衍射透镜的焦距正比于谐波常数，反比于照明波长和衍射级。可以这样理解：谐衍射透镜的环带间程差为 $k\lambda_0$，相当于此设计波长下焦距为 f_0 的普通衍射透镜，而上述公式是使用波长 λ 的 m 衍射级的焦距。

⑤ 谐衍射透镜的衍射效率。与普通衍射透镜的衍射效率一样，谐衍射透镜的衍射效率定义为：衍射透镜某一衍射级 m 上衍射的光能量与入射到谐衍射透镜上的总光能量（一般忽略透镜表面反射及材料吸收）之比。当光束垂直入射到衍射透镜上时，单层谐衍射透镜 m 衍射级的衍射效率是：

$$\eta_m(\lambda_{0i})=\text{sinc}^2\left\{m-k\frac{\lambda_0}{\lambda_{0i}}\times\frac{n(\lambda_{0i})-1}{n(\lambda_0)-1}\right\} \tag{3-58}$$

谐衍射透镜的表面微结构厚度 H_{Hd} 是：

$$H_{Hd} = \frac{k\lambda_0}{n(\lambda_0) - 1} \tag{3-59}$$

因此，单层谐衍射透镜 m 衍射级的衍射效率可以写为：

$$\eta_m(\lambda_{0i}) = \mathrm{sinc}^2 \left\{ m - \frac{H_{Hd}}{\lambda_{0i}} \left[n(\lambda_{0i}) - 1 \right] \right\} \tag{3-60}$$

该公式说明，谐衍射透镜基底材料确定后，介质折射率 $n(\lambda_{0i})$ 已知，一旦确定了设计波长，则衍射效率完全取决于衍射微结构 H_{Hd}。与普通衍射光学透镜相比，谐衍射光学透镜的衍射微结构公式中增加了谐波常数 k，即增加了设计自由度，因此，有能力提高衍射效率，并且，在一定条件下可以使设计波长范围内多个谐波位置的衍射效率理论值达到 100%。

根据式(3-60)，满足衍射效率 $\eta_m(\lambda_{0i}) = 100\%$ 时，谐衍射透镜必须满足下述条件：

$$k \frac{\lambda_0}{\lambda_{0i}} \times \frac{n(\lambda_{0i}) - 1}{n(\lambda_0) - 1} = m \tag{3-61}$$

而谐衍射透镜满足宽光谱消色差或者不同衍射级光束会聚于同一焦点的条件是：

$$\frac{k\lambda_0}{m\lambda} = 1 \tag{3-62}$$

这就意味着，对于谐衍射透镜，凡满足该式的 m 衍射级的谐振光波（称为谐波长）均能聚焦到共同焦点 f_0 处，即实现消色差或者共焦点，并且衍射效率均达到 100%。谐衍射透镜 m 衍射级的谐振波长由下式确定：

$$\lambda = \frac{k\lambda_0}{m} \tag{3-63}$$

一般情况下，由于基底材料在宽波段范围具有较大色散，$[n(\lambda_{0i}) - 1]/[n(\lambda_0) - 1] \neq 1$，很难同时满足两个公式。就是说，谐衍射透镜在满足消色差条件时，并非所有谐波波长位置都具有 100% 的衍射效率，只有在 $k = m$ 条件下，即 $m = k$ 衍射级位置，才能同时满足消色差和 100% 衍射效率，其它谐波位置的衍射效率略有误差。

⑥ 选择谐波常数 k 值。首先考虑可见光光谱范围（400～700nm）的情况。假设主波长选择 $\lambda_0 = 587.56\mathrm{nm}$，根据式(3-61)，计算不同 k 值/衍射级次 m 对应的波长，如表 3-14 所示。

表 3-14 可见光光谱范围内 k 值/m 值与波长的关系

波长/nm, m值 \ k值	1	2	3	4	5	6	7	8	9	10	11
1	587.56	1175.12	1762.679	2350.24	2937.8	3525.36	4112.92	4700.48	5288.04	5875.6	6463.16
2	298.78	587.56	881.339	1175.12	1468.9	1762.680	2056.46	2350.24	2644.02	2937.8	3231.58
3	195.853	391.707	587.560	783.413	979.267	1175.12	1370.973	1566.827	1762.68	1958.533	2154.387
4	146.89	293.780	440.670	587.560	734.450	881.34	1028.23	1175.12	1322.01	1468.9	1615.79
5	117.512	235.024	352.536	470.048	587.560	705.072	822.584	940.096	1057.08	1175.12	1292.632
6	97.927	195.853	293.780	391.707	489.633	587.56	685.487	783.413	881.34	979.277	1077.193
7	83.937	167.874	251.811	335.749	419.686	503.623	587.56	671.497	755.434	839.371	923.309
8	73.445	146.890	220.335	293.780	367.225	440.67	514.115	587.56	661.005	734.45	807.895

波长/nm \ k值 \ m值	1	2	3	4	5	6	7	8	9	10	11
9	65.284	130.569	195.853	261.138	326.422	391.707	456.991	522.276	587.56	652.844	718.129
10	58.756	117.512	176.268	235.024	293.780	352.536	411.292	470.048	528.804	587.56	646.316
11	53.415	106.829	160.244	213.658	267.073	320.487	373.902	427.316	480.730	534.145	587.56
12	48.964	97.927	146.890	195.853	244.817	293.78	342.743	391.707	440.67	489.633	538.597
13	45.197	90.394	135.591	180.788	225.985	271.815	316.379	361.575	406.772	451.969	497.166
14	41.969	83.937	125.906	167.874	209.843	251.811	293.78	335.749	377.717	419.686	461.654
15	39.171	78.341	115.512	156.683	195.853	235.024	274.195	313.365	352.536	391.707	430.877
16	36.723	73.444	110.168	146.890	183.613	220.335	257.058	293.78	330.503	367.225	403.395

由此看出，选择谐波常数 k 和衍射级次 m 一定要搭配适当，否则，包含的有效工作波长范围会很窄，例如 $k=2$ 时，只涵盖 587.56nm 和 391.707nm 两个分离波长，因此建议：可见光范围内 k 值尽量大些，一般 $k \geqslant 10$ 较合适，可基本涵盖整个可见光光谱范围。例如，选择 $k=11$，衍射级次 $m=16$、15、14、13、12、11、10、9 时，对应的谐波波长 λ_i 分别是 403.395nm、430.877nm、461.654nm、497.166nm、538.597nm、587.56nm、646.316nm、718.129nm，大体上涵盖了整个可见光光谱范围。各衍射级（或对应的工作波长）的衍射效率如图 3-31 所示。

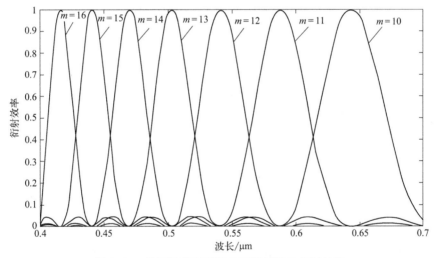

图 3-31 单层谐衍射透镜不同衍射级的衍射效率

表 3-15 列出了红外光范围内 k 和 m 值与对应工作波长的关系。其中心波长 $\lambda_0 = 8.4\mu m$。

表 3-15 中波/长波红外光谱范围内 k 和 m 值与波长关系

波长/μm \ k值 \ m值	1	2	3	4	5	6	7	8	9	10
1	8.4	16.8	25.2	33.6	42	50.4	58.8	67.2	75.6	84
2	4.2	8.4	12.6	16.8	21	25.2	29.4	33.6	37.8	42

波长/μm (k值) \ m值	1	2	3	4	5	6	7	8	9	10
3	2.8	5.6	8.4	11.2	14	16.8	19.6	22.4	25.2	28
4	2.1	4.2	6.3	8.4	10.5	12.6	14.7	16.8	18.9	21
5	1.68	3.36	5.04	6.72	8.4	10.1	11.76	13.44	15.12	16.8
6	1.4	2.8	4.2	5.6	7	8.4	9.8	11.2	12.6	14
7	1.2	2.4	3.6	4.8	6	7.2	8.4	9.6	10.8	12
8	1.05	2.1	3.15	4.2	5.25	6.3	7.35	8.4	9.45	10.5
9	0.933	1.87	2.8	3.73	4.67	5.6	6.53	7.47	8.4	9.33
10	0.84	1.68	2.52	3.36	4.2	5.04	5.88	6.72	7.56	8.4
11	0.763	1.53	2.29	3.05	3.82	4.58	5.35	6.11	6.87	7.64
12	0.7	1.4	2.1	2.8	3.5	4.2	4.9	5.6	6.3	7
13		1.29	1.94	2.59	3.23	3.88	4.52	5.17	5.82	6.46
14		1.2	1.81	2.4	3	3.6	4.2	4.8	5.4	6
15		1.12	1.69	2.24	2.8	3.36	3.93	4.48	5.04	5.6
16		1.05	1.58	2.1	2.63	3.15	3.69	4.2	4.73	5.25
17							3.46	3.95	4.73	4.94
18							3.27	3.73	4.46	4.67
19							3.09	3.53	4.23	4.42
20							2.94	3.36	4.02	4.2

表 3-15 所列计算结果说明，谐波常数 k 值越大，有效光谱范围内的谐振波数量越多，高衍射效率覆盖的带宽越窄，因此，设计红外光学系统时，k 值尽可能小些。综合考虑，建议谐波常数 $k \leqslant 8$ 较合适。例如，选择 $k=2$ 时，衍射级 $m=2$、3、4、5 对应的谐波波长分别为 $8.4\mu m$、$5.6\mu m$、$4.2\mu m$ 和 $3.36\mu m$。可以看出，$m=2$ 和 $m=4$ 分别对应着长波红外 $8.4\mu m$ 和中波红外 $4.2\mu m$ 工作光谱，其对应的不同衍射级次的衍射效率，如图 3-32 所示。若选择 $k=3$，则在衍射级 $m=2$、3、5、6、7、8 时，分别对应着长波红外 $12.6\mu m$、$8.4\mu m$ 和中波红外 $5.04\mu m$、$4.2\mu m$、$3.6\mu m$、$3.15\mu m$。

谐波常数 k 决定着谐衍射透镜的结构参数，在透镜的半径范围内是一个常数。适当选择 k 与 m 之间的比例，在衍射效率和波长都满足技术要求时，确定透镜的表面结构参数（环带半径和阶梯高度）。

另外，当谐波常数 k 和设计主波长 λ_0 确定后，单层谐衍射透镜在有效波长范围内只对若干个特定谐波波长［由式(3-60) 确定的衍射级］高效率衍射。对每个衍射级，只在谐波波长附近很窄的波段内具有一定的衍射效率，其它波段的衍射效率几乎为零。衍射级次 m 越大，具有较高衍射效率的波段越窄，也更靠近短波一侧，反之，具有较高衍射效率的波段越宽，更靠近长波一侧。

⑦ 谐波波长之外的波长，仍遵守光栅方程成像。

中航工业集团公司洛阳电光设备研究所（刘环宇等人）利用单谐衍射透镜设计了一种折射式共光路双波段（$3.7\sim4.8\mu m$ 和 $7.7\sim9.5\mu m$）红外光学系统，如图 3-33 所示。该系统由 4 片透镜（全部为球面，其中，第二表面为谐衍射面）组成，第一块透镜材料是 ZnSe，其它三块透镜材料都是 Ge。其光学性能列在表 3-16 中。

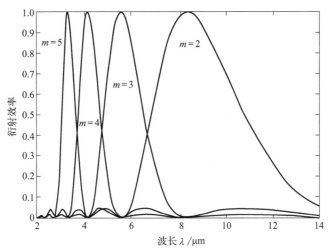

图 3-32　$k=2$ 时谐衍射透镜不同衍射级的衍射效率

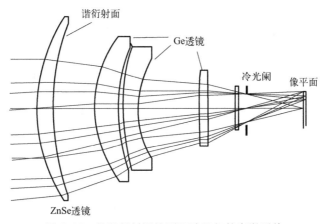

图 3-33　单谐衍射透镜型双波段红外光学系统

表 3-16　单谐衍射透镜型双波段红外光学系统技术性能

参数		指标
红外探测器	波长/μm	中波：3.7~4.8，长波：7.7~9.5
	像元数目	320×256
	像元尺寸/μm	30×30
衍射面	P	2
	中心波长 λ_0/μm	8.4
	谐振波长/μm	8.4，5.2，4.2，3.36
	衍射效率	＞80％
焦距/mm		70.3
F 数		2

参数		指标
视场/(°)		10
MTF(16lp/mm)	长波	>0.56
	中波	>0.72
弥散斑/μm	中波	13.8
	长波	13.6
色差/μm	长波	<6
	中波	<8
畸变		<0.5%
冷光阑效率		100%
系统总长度/mm		90

3.2.2.2 双层谐衍射透镜

仅含有单层谐衍射面的衍射透镜，只适用于分离入射波长的红外光学系统，在设计的一系列分离波长位置能够获得很高的衍射效率，偏离设计波长越远，衍射效率下降越快，因此，仍然限制着其在宽波段成像光学系统中的应用。例如，工作波长范围 $3\sim12\mu m$ 且采用基底材料硒化锌（ZnSe）的单层衍射光学元件，当衍射级次 $m=1$ 时，设计波长 $5.3\mu m$ 处垂直入射光线的衍射效率可达 100%，但在短波 $3.7\mu m$ 和长波 $9.5\mu m$ 处衍射效率仅约 50%，如图 3-34 所示，导致光学系统的像面对比度下降，进而影响整个光学系统的成像质量。因此，单层谐衍射光学透镜只适用于成像光谱波段不太宽或者对分辨率要求不太高的光学系统中。

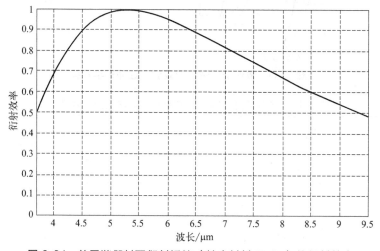

图 3-34　单层谐衍射面衍射透镜（基底材料 ZnSe）的衍射效率

传统的红外光学系统大多工作在单波段（中波或者长波）。为了提高机载红外搜索跟踪系统中红外光学系统获取信息的能力，希望在 $3\sim5\mu m$ 和 $8\sim12\mu m$ 双波段，红外光学系统能够同时成像。

双波段红外搜索跟踪系统光谱范围很宽，在此范围内，材料折射率变化很大，导致色差校正困难，通常采用全反射式光学系统。但同轴反射式光学系统存在中心遮挡，影响系统传递函数，成像质量下降，而离轴光学系统装调较困难。采用全折射式光学系统虽然没有上述缺点，但需要采用三种材料才能完成复消色差以获得高分辨率像质，因此透镜数量多、体积大、重量也大。

双层或多层谐衍射光学透镜的研制成功为双波段红外搜索跟踪系统的应用提供了新的技术途径。

1998 年，以色列 Jerusalem 大学光电学院的 Yoel Arieli 等人设计了一种称为"宽光谱衍射光学元件"（wideban-wavelength diffractive optical element，WBDOE）的系统，由两个并排放置、具有不同色散特性（不同基底材料）的衍射光学元件组合而成，称为"双层谐衍射透镜"成像系统。

双层谐衍射透镜是两个不同相位高度的谐衍射光学透镜层叠后形成的双层衍射光学透镜（如图 3-35 所示），能在很宽的光谱波段获得很高的衍射效率，从而解决了单层衍射光学元件偏离设计波长后衍射效率显著下降的问题，并于 2000 年开始应用于成像光学系统中。

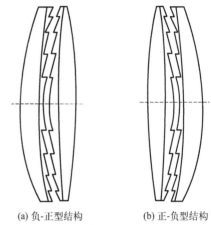

(a) 负-正型结构   (b) 正-负型结构

图 3-35　不同组合形式的
双层谐衍射光学透镜

根据单层谐衍射透镜厚度公式(3-59)，可以得到谐衍射透镜的谐振波长 λ_{0i} 与设计波长 λ_0 有如下关系（m 为衍射级）：

$$k\lambda_0 = m\lambda_{0i} \tag{3-64}$$

因此，以谐振波长 λ_{0i} 表示的单层谐衍射透镜的厚度公式，可以重新写成如下形式：

$$H_{Hd} = \frac{m\lambda_{0i}}{n(\lambda_{0i}) - 1} \tag{3-65}$$

双层谐衍射透镜的微结构厚度 H_{Hd-1} 和 H_{Hd-2} 分别是：

$$H_{Hd-1} = \frac{m\lambda_{0i}}{n_1(\lambda_{0i}) - 1} \tag{3-66}$$

$$H_{Hd-2} = \frac{m'\lambda'_{0i}}{n_2(\lambda'_{0i}) - 1} \tag{3-67}$$

式中，m 和 m' 分别是第一层和第二层衍射透镜的衍射级；$n_1(\lambda_{0i})$ 和 $n_2(\lambda'_{0i})$ 分别是两层衍射透镜基底材料在谐波波长处的折射率。组合整理上述公式，并令 $\lambda_{0i} = \lambda'_{0i}$，得到以下公式：

$$\pm [n_1(\lambda_{0i}) - 1] H_{Hd-1} \mp [n_2(\lambda'_{0i}) - 1] H_{Hd-2} = c\lambda_{0i} \tag{3-68}$$

式中，$c = m + m'$，适当选择 k 值，可以使 $c = 1$。$\pm$ 的意义："$+$"表示衍射透镜微结构厚度从边缘到中心是增加的，"$-$"表示衍射透镜微结构厚度从边缘到中心是减小的。换句话说，"$+$"表示衍射透镜设计在透镜凸表面上，而"$-$"表示衍射透镜设计在透镜凹表面上。

该公式表明，光波通过双层谐衍射透镜微结构后的总光程差是谐振波长 λ_{0i} 的整数 c 倍。实际上，组成双层分离型谐衍射透镜的两个单层谐衍射光学透镜是由两个纵向微结构厚度（或高度）不同、周期相同、具有微小空气间隔的单层谐衍射光学元件组成的，因此，可以将双层谐衍射透镜等效为设计波长 λ_{0i}、光程差满足 $c\lambda_{0i}$［式(3-68)］的单层衍射透镜。由于双层谐衍射透镜具有多个谐衍射波长，因此，光线传输过程相当于在整个有效光谱范围内具有多个设计波长，因而可以视为双层谐衍射透镜是由多个满足不同谐衍射波长的不同单层谐衍射透镜组成，每个单层衍射透镜对应一种高衍射效率的谐衍射波长，从而保证整个宽波段的光学效率得到提高。

图 3-36 给出双波段（中波红外和长波红外）主峰值波长分别为 $\lambda_0 = 4\mu m$ 和 $\lambda_0 = 10\mu m$ 时普通单层衍射光学元件及单层/双层谐衍射光学元件的衍射效率曲线（衍射级 $m = 2, 3, 4, 5$）。可以看出，双层谐衍射元件相当于两个单层谐衍射元件集成为一个普通的（衍射级 $m = 1$）衍射光学元件，在较宽的中长波红外光谱范围内均有较高的衍射效率。

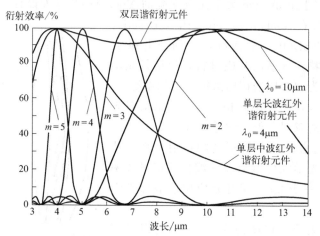

图 3-36　单层普通/谐衍射、双层谐衍射元件的衍射效率曲线图

分析和计算都证明，分离式正-正型和负-负型双层谐衍射透镜的衍射效率无法在两个设计波长位置达到 100%，因此，最佳结构形式是密接型负-正或正-负结构形式。

如图 3-37 所示，密接型双层衍射光学透镜是将两个光栅周期结构完全相同、相位高度不同的单层衍射光学透镜相对同心地密接在一起，两个透镜之间的空气间隔是微米数量级，从而构成一个密接分离型双衍射光学透镜。

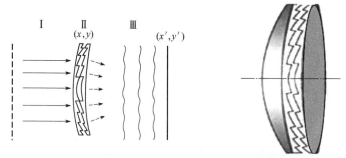

图 3-37　密接分离型双层衍射光学透镜

密接分离型双层衍射光学透镜的总位相延迟为每个衍射元件的位相延迟之和：

$$
\begin{aligned}
W(\lambda_{0i}) &= W_1(\lambda_{0i}) + W_2(\lambda_{0i}) \\
&= p_{0i}[n_1(\lambda_{0i}) - 1]H_1 + p_{0i}[n_2(\lambda_{0i}) - 1]H_2 \\
&= 2\pi m
\end{aligned}
\tag{3-69}
$$

式中，$p_{0i} = 2\pi/\lambda_{0i}$ 是波长为 λ_{0i} 时的波数；m 为衍射级次；$n_1(\lambda_{0i})$ 和 $n_2(\lambda_{0i})$ 分别为双层谐衍射光学透镜的基底材料在波长 λ_{0i} 时的折射率；H_1 和 H_2 分别为两个谐衍射光学透镜的表面微结构高度。双层衍射光学透镜的两种基底材料选定后，根据式（3-66）和式（3-67），便可得到两个谐衍射透镜的微结构高度。

当光线垂直入射到双层衍射光学透镜上，则双层衍射光学元件的衍射效率可表示为：

$$\eta_m = \text{sinc}^2 \left\{ m - \frac{H_1 \left[1 - n_1(\lambda)\right] + H_2 \left[n_2(\lambda) - 1\right]}{\lambda} \right\} \tag{3-70}$$

式中，设计波长 λ 为谐波波长。

为使衍射效率在设计波长 λ 处达到最大，应使总光程差达到设计波长的整数倍，即：

$$\frac{H_1 \left[1 - n_1(\lambda)\right] + H_2 \left[n_2(\lambda) - 1\right]}{\lambda} = K \tag{3-71}$$

为了满足该条件，同时保证每个谐波波长处都有最高衍射效率（100%或接近100%），每个谐衍射透镜必须满足上述公式给出的厚度、衍射级和波长之间的关系，两种基底材料的微结构高度还要同时满足下列二元方程组：

$$\begin{cases} H_1 \left[1 - n_1(\lambda_1)\right] + H_2 \left[n_2(\lambda_1) - 1\right] = \lambda_1 & (3\text{-}72) \\ H_1 \left[1 - n_1(\lambda_2)\right] + H_2 \left[n_2(\lambda_2) - 1\right] - \lambda_2 & (3\text{-}73) \end{cases}$$

原则上，任何不同材料的组合都可用于设计双层或多层谐衍射透镜，但不同的材料组合对衍射效率影响很大，毛文峰等人对一种材料与140多种波长搭配进行研究，结果表明，采用同一材料但不同的工作波长，衍射效率也可能相差很大。

采用不同的基底材料时，由于不同波长条件下的材料折射率不同，满足上述条件的谐衍射透镜的微结构高度也不同。例如，最常用的红外材料是硒化锌、硫化锌和锗。选择中波红外中心波长 $4\mu m$，长波红外中心波长 $9\mu m$、$10\mu m$，表3-17给出相应波长下对应的折射率数据。

表 3-17 硒化锌、硫化锌和锗材料的折射率

中心波长 /μm	折射率 n		
	ZnSe	ZnS	Ge
4	2.437	2.2501	4.0244
9	2.417	2.2107	4.0046
10	2.412	2.1983	4.0036

若基底材料采用锗和硫化锌，根据上述公式，则可以计算出谐衍射透镜微结构高度，如表3-18所列，基底材料选用锗和硫化锌，中心波长是 $4\mu m/9\mu m$，谐衍射透镜微结构高度分别是 $H_1 = -67.8119\mu m$ 和 $H_2 = -160.8593\mu m$；中心波长是 $4\mu m/10\mu m$ 时，谐衍射透镜微结构高度分别是 $H_1 = -47.4397\mu m$ 和 $H_2 = -139.4767\mu m$；如果基底材料采用硒化锌和硫化锌，则中心波长是 $4\mu m/9\mu m$，两个谐衍射透镜的微结构高度分别是 $H_1 = 197.2195\mu m$ 和 $H_2 = 229.9051\mu m$。显然，基底材料选择硒化锌和硫化锌更为有利。

表 3-18 双层谐衍射光学透镜的表面微结构高度

基底材料		锗/硫化锌		硒化锌/硫化锌
设计波长/μm		4/9	4/10	4/9
微结构高度	$H_1/\mu m$	−67.8119	−47.4397	197.2195
	$H_2/\mu m$	−160.8593	−139.4767	229.9051

谐衍射光学透镜制造过程中，其纵向高度（或衍射微结构厚度）误差及横向尺寸（或径向尺寸）误差对衍射效率都有影响，对PC（聚碳酸酯）和PMMA（聚甲基丙烯酸甲酯）材

料的研究结果表明，纵向高度与横向宽度相比，后者数值更大，通常相差 10 倍左右。因此，纵向高度的加工误差对衍射效率影响更大，需严格控制，通常控制在 5% 之内。

一般地，双波段红外搜索跟踪系统使用的波段是 3～5μm 和 8～12μm，而 5～8μm 波段是非成像波段，或者说是衍射效率积分中的无效波段，为剔除该无效成像波段，可以采用有效带宽积分平均衍射效率的概念，分别对中波红外和长波红外波谱积分，并设置不同的权重因子，然后求和，从而实现双层衍射光学透镜带宽积分衍射效率的最大化设计。

双层衍射光学元件的第 m 衍射级次的带宽积分平均衍射效率为：

$$\overline{\eta}_{\text{mint}}(\lambda_1,\lambda_2) = \omega_1 \frac{1}{\lambda_{\max} - \lambda_{\min}} \int_{\lambda_{\min}}^{\lambda_{\max}} \eta_m \, d\lambda$$

$$= \omega_2 \frac{1}{\lambda_{\max} - \lambda_{\min}} \int_{\lambda_{\min}}^{\lambda_{\max}} \text{sinc}^2 \left[m - \frac{\phi(\lambda)}{2\pi} \right] d\lambda \qquad (3\text{-}74)$$

式中，$\lambda_{\min}$ 和 $\lambda_{\max}$ 分别表示波段范围内最小和最大波长值；ω_1 和 ω_2 表示不同波段带宽积分衍射效率的权重因子，且 $\omega_1 + \omega_2 = 1$。

图 3-38 是利用带宽积分平均衍射效率最大化设计方法得到的双层衍射光学元件的带宽积分平均衍射效率与波长的关系图，其中，两个衍射透镜的基底材料是 ZnSe 和 ZnS，中波红外和长波红外设计中心波长为 4.2μm 和 8.9μm。

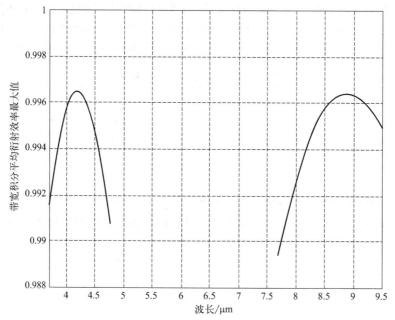

图 3-38　双层衍射光学元件的带宽积分平均衍射效率与波长的关系

表 3-19 是双层谐衍射光学透镜的带宽积分平均衍射效率，双层衍射光学透镜在两个波段的带宽积分平均衍射效率均达到 98.9% 以上。

表 3-19　双层谐衍射光学透镜的带宽积分平均衍射效率

设计波长/μm	4/10	4.29/9.745	3.8/10.196
中波带宽积分平均衍射效率	96.78%	95.27%	97.20%
长波带宽积分平均衍射效率	98.44%	98.41%	98.38%
综合带宽积分平均衍射效率	97.61%	96.84%	97.79%

研究结果表明，单层谐衍射透镜的衍射效率对入射角变化并不敏感。光线入射角从 0° 变化到 24°时，衍射效率从 100%下降到 99%。然而，光线入射角对双层谐衍射透镜衍射效率的影响并非如此。应当指出，上述对双层衍射透镜衍射效率的分析是建立在光束垂直入射条件下的，仅在一定角度范围内对入射角度的变化不敏感。

长春理工大学（裴雪丹等人）对可见光范围内入射角与衍射效率的关系进行了深入研究和分析，结果显示，当入射角在 0°~4.5°范围内，衍射效率没有明显下降；随着入射角持续增大，衍射效率快速下降；18°时，衍射效率快速下降到零，严重影响整个系统的成像质量。如图 3-39（a）所示，其中，透镜基底材料采用光学塑料聚碳酸酯（polycarborate，PC）和聚甲基丙烯酸甲酯（PMMA）；双层谐衍射透镜厚度分别是 $H_1 = 14.04821\mu m$ 和 $H_2 = 17.92237\mu m$；参考波长 587.5618nm。表 3-20 列出其典型数据。

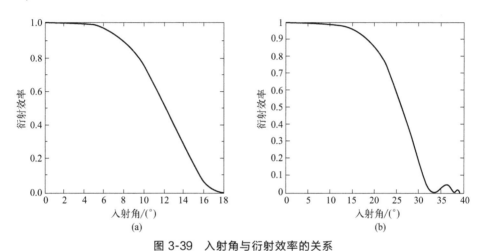

图 3-39　入射角与衍射效率的关系

表 3-20　衍射效率与入射角的关系

入射角/（°）	衍射效率
0	100%
4.5	99%
5.3	98%
6.7	95%
7.9	90%
9.5	80%
12.3	50%
15.6	10%
18.0	0

必须指出，衍射透镜微结构的厚度对入射角（或者视场）有很大影响，在上述条件基本不变的情况下，张康伟等人利用聚甲基丙烯酸甲酯（PMMA）和光学塑料聚碳酸酯（PC）作为两个谐衍射透镜的基底材料，微结构厚度变为 $H_1 = 12.48217\mu m$，$H_2 = 16.05572\mu m$ 时，使入射角由 18°扩展到 33.6°，增大了将近一倍，结果如图 3-39（b）所示，表 3-21 列出典型数据。

表 3-21　衍射效率与入射角的关系

入射角/(°)	衍射效率
0	100%
5	99.96%
10	99.29%
15	96.03%
20	85.75%
25	60.75%
30	18.45%
33.6	0

1998 年，瑞士 K. J. Weible 和 H. R. Herzo 等人对密集型以及两层以上的多层衍射光学透镜进行了研究。2010 年，长春理工大学的张康伟等人分析和讨论了密接式三层填充式 (PMMA-CR39-PC) 可见光谐衍射光学透镜的设计方法，结果显示，可以使入射角增大到 54°左右，如图 3-40 所示。

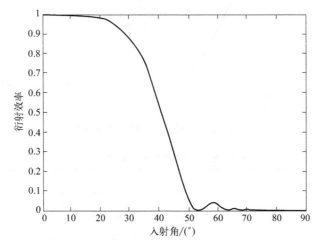

图 3-40　密接式三层填充式谐衍射透镜的衍射效率与入射角的关系

3.2.3　二元光学元件的制造工艺

为了解决制造工艺中存在的问题，各国科学家和工程师研发出许多不同的制造技术，例如美国佐治亚理工学院和麻省理工学院研发的"变灰度掩模板法"，美国亚利桑那大学研发的氩离子激光热敏氧化技术和以色列威茨曼科学院研制的异常结构法等。

归纳起来，二元光学元件的制作方法主要分为两种类型。

（1）标准的掩模板二元蚀刻法

这是发展最早、最成熟和最广泛应用于大规模集成电路生产的制造工艺，由掩模板经过多次图形转印、套刻形成台阶式浮雕表面。

中国科学院（徐平等人）针对二元光学制作工艺套刻工序中影响元件质量的主要误差（深度误差和对位误差），用解析计算和数值算法进行了深入和系统研究与模拟，利用离散傅里叶变化数值算法，针对各种情况的深度和对位误差，编制了套刻误差模拟软件，将深度误差和对位误差分别计算，模拟了各次套刻时产生的不同深度误差（或对位误差），分步显示每次套刻工序中的元件浮雕形状，最后得到深度误差和对位误差单独存在时对衍射效率的影响规律，同时将各个台阶产生的不同深度误差和各个掩模产生的不同对位误差进行综合计算和模拟，并显示出刻蚀元件的浮雕图形和参数，得出这些误差之间相互影响的规律。

（2）二元光学直写法

随着台阶数目增加，图形线条变细，对中精度要求提高，加工工艺变得更困难，为此，研发出二元光学元件的直写法：电子束直写法和激光束直写法。

3.3
光学波导技术

光学波导（optical waveguide）显示技术是利用光的全反射原理，将波导板与不同耦合输入/输出技术（例如平面镜分光技术，二元光学技术和光学全息技术）相结合，引导光波在某种特定（光）透明介质（即波导元件）中定向传播的一种综合技术，也称为"介质光波导技术"。

无论是在平视瞄准/显示系统还是头盔瞄准/显示系统中，采用光波导技术的目的是通过采用非常小巧而简单的准直光学系统和光波导结构，得到一个具有大视场和大出射光瞳的光学系统。

光波导显示技术基于两种光学原理：

① 全内反射原理。保证图像光瞳在无能量损失的条件下通过光学媒介（例如玻璃平板）传播。

② 分光原理。有两种方式：利用全息元件衍射分光和普通分光元件，保证可控量的光线在特定方向通过衍射或者反射方式进行分束，对系统的输出能量进行优化，保证出瞳内图像亮度均匀。

3.3.1 全息光学波导技术的发展

1946 年，发明了光学全息技术。利用全息光学元件有效控制光束传播，在保证窄波段光谱范围内具有高衍射效率的同时，对其它光波段有高透过率，因此，广泛应用于机载瞄准/显示系统中。

1970 年，首次提出全息光学波导的概念。

1995 年，以色列 Y. Amitai 提出将全息波导光学技术应用于头盔瞄准/显示光学系统中。基本原理是：综合利用全内反射（TIR）和衍射技术，从图像显示器上采集小幅出射光瞳图像，并沿着垂直和水平轴线扩展出射光瞳以产生大幅出射光瞳显示图像，从而使飞行员透过波导元件可同时获得显示图像和外部景物。

2001 年，美国物理光学公司（Physiacal Optics Corporation）首次提出基于三色复用像差补偿的全息光学头盔瞄准/显示系统（包括沉浸式和透射式两种），利用三组单色全息光栅消除纵向色差。透射式结构的缺点是系统出瞳小，使用受限。

2005 年，以色列埃尔比特系统（Elbit Systems）公司和 Lumus 公司先后研制出吊装形式的机载光波导平视显示系统和 Scorpion 型光波导头盔显示系统，并先后装备在美国 A-10、F-16 和 C-130 等飞机上。

2006 年，以色列威茨曼科学院提出平板波导技术，利用三个全息光栅完成了大出瞳孔径全息波导头盔瞄准/显示系统的设计，但存在图像亮度不均匀问题。

2008 年，索尼公司（Sony）提出基于全息波导技术的双层波导/三层全息的波导成像结构，利用多个单色全息光栅实现彩色显示。

2009 年，英国 BAE 系统公司开始研发全息光学波导显示技术在机载头盔瞄准/显示系统中的应用。图 3-41 是安装在 HGU-56/P 头盔上演示用的第一台全息波导头盔显示器。

图 3-41　BAE 系统公司的首台
全息波导头盔显示器

2012 年，英国 BAE 系统公司利用体全息光栅技术专门为旋转翼飞机研制成功 Q-Sight 系列全息波导头盔显示器，利用模压蚀刻技术将全息光栅制造在玻璃基板上，通过两级光栅扩展出瞳，并且，第二级光栅兼具输出图像的作用，可同时满足扩大视场和出射光瞳孔径的要求。其中，一个重要优点是通过模块化系列设计，在满足灵活和低成本要求下提高性能，实现与任何直升机座舱的即插即用功能，为工程化应用奠定了基础，能够安装在现役任何型号的飞行员头盔上，并首次装备部队。

2013 年，韩国 Chungbuk 大学 Jing Aipiao 利用光致聚合物材料研制的全息光学元件实现了彩色显示；2014 年，该大学的 Mei Lanpiao 采用楔形波导机构研制出一种具有高度颜色均匀性和高效率的头盔瞄准/显示系统。

2015 年，索尼公司（Sony）利用高亮度照明光源以及双面体全息光栅式输入耦合组件，研制成功单色高亮度透射式头盔显示器，透射率达到 85%，显示亮度 1000cd/m^2。

国内全息波导头盔显示技术尚处于研发阶段，研究单位包括北京理工大学、浙江大学、东南大学、中航工业集团公司洛阳电光设备研究所以及中科院长春光学精密机械与物理研究所等。

3.3.2　全息光学波导技术的基本原理

全息光学波导系统由微显示器、准直光学系统、波导光学元件、全息输入耦合元件和输出耦合元件组成，如图 3-42 所示。

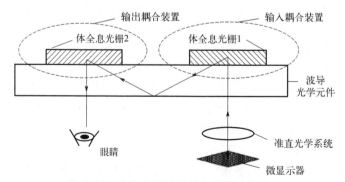

图 3-42　全息光学波导显示系统工作原理

该系统有两个显著特点：

① 入射耦合光栅和出射耦合光栅是对称设计，两者的结构参数完全相同，保证入射光线和出射光线具有相同的视场角。

② 理想的全息光栅衍射只有 0 级（透射）和 ±1 级衍射光，衍射角需满足波导元件内的全反射条件：

$$\frac{n_1}{n_0} \leqslant \sin\theta_{\text{diff}} \leqslant 1 \tag{3-75}$$

式中，n_0 和 n_1 分别是波导元件内部和外部介质折射率；θ_{diff} 是衍射光线的极限角。

全息波导光学系统的工作原理是：准直光学系统将微显示器产生的图像转换为平行光束，通过入射耦合全息光栅的衍射效应改变平行光束的传播方向，并进入波导光学元件，在满足全反射的条件下沿波导板方向无损耗传播；当传播到输出耦合全息光栅元件时，全反射条件受到破坏，平行光束再次被衍射，并从波导板中出射，被人眼观察。

应当强调，只有当光线由折射率高的介质向折射率低的介质传播时，才可能发生全反射，例如由光学玻璃或者光学晶体向空气中传播。

波导光学技术就是全反射现象的典型应用。其中，波导光学元件既作为光束传播元件，又兼作图像源的显示组件，并能够透过波导元件观察外界景物。

3.3.3 耦合输入/输出元件的类型

普通的全息波导显示系统都选择反射型体全息光栅作为输入/输出耦合装置，原因是衍射曲线带较窄，可以减少颜色串扰给显示带来的不良影响。另外，在相同结构参数下，反射型体光栅具有较高的衍射效率。但是，对需要扩展出瞳孔径并保持输出亮度均匀的头盔瞄准/显示系统，可能需要采用透射型输出耦合装置。

光波导元件有两大类型：平面光波导器件（包括薄膜波导、条形波导和带状波导，例如光的分路器、阵列波导光栅和耦合器等）和圆柱形光波导器件（例如光纤）。本节重点介绍平面光波导元件。

平面光学波导（planar lightwave circuit，PLC）定义为：组成光波导介质折射率分布的分界面是平面的光波导。有以下三种耦合类型。

3.3.3.1 "半透射/半反射"阵列式几何光学波导技术

在几何光学波导系统中，光束耦合输入和输出波导都由传统光学器件（例如棱镜、反射镜或分束镜）完成，如图 3-43 所示。优点是简单，缺点是体积大和重量重，装配工艺有一定难度。另外，需要在镜面阵列的每个镜面上镀上不同折反比的多层膜，以获得输出光束的均匀性，因而，需要较烦琐的多步工艺。

在这种结构布局中，光线在波导元件内以"Z"字形方式向前传播，因此，在较小厚度下能获得较大视场和出瞳，但是，当波导内光束宽度小于光束周期时，可能存在出瞳间隙（即"出瞳不连续"），导致画面部分丢失而影响观察，如图 3-44 所示。

为解决该问题，长春理工大学（李炎）采用增加盖板的双层波导板结构方案，如图 3-45 所示，在输入区至输出区第一块分光镜之间的胶合面上镀分光比 1∶1 的分光膜，然后将两块平板胶合在一起。

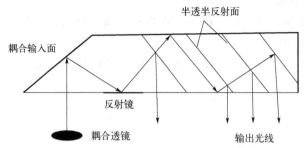

图 3-43　半透射/半反射阵列式几何光学波导形式

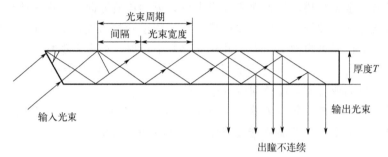

图 3-44　出瞳不连续情况

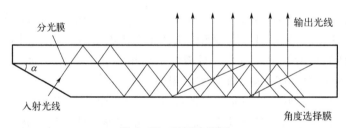

图 3-45　双层波导板

　　光束在光学波导元件中传播的最重要条件是波导元件要满足全反射传播条件。中国航空工业集团公司洛阳电光设备研究所（王彦等人）建议采用一种"双棱镜耦合输入"（也称为"双棱镜混合型耦合输入"）方案。如图 3-46 所示，像源光束经准直后，首先投射到第一块棱镜 P_1 上，合理设计棱镜顶角，使进入波导板的光线以全反射方式传播。全息光栅 H_1 使部分光线衍射并投射到第二块棱镜 P_2 上，其余大部分光线透过，继续在波导板中传播。与棱镜 P_1 类似，棱镜 P_2 将全息光栅 H_1 衍射的光线耦合到全息光栅 H_2 中，然后经过多层次的衍射和透射，最后多次（衍射）出射，形成出瞳二维扩展。

　　尽管经准直光学系统的光束是平行光束，中心视场的平行光线垂直入射到棱镜入射面，但其它视场的平行光线是以倾斜状态投射到棱镜入射面上的。换句话说，由于视场原因，整体光束是以一定的发散状态（假设光束的左边缘光线与中心光线的夹角为 β）入射到耦合棱镜上，如图 3-47 所示。

　　为保证入射光能量在传播过程中损失最小，首先应在棱镜反射面涂镀反射膜系；其次应合理选择棱镜顶角，使所有的视场光线在波导元件中传播都满足全反射条件。

　　研究表明，只有当棱镜顶角 α 和材料折射率满足下列公式，才能满足全反射条件。

$$\sin i \geqslant \frac{1}{n} \tag{3-76}$$

$$\sin(2\alpha - \beta) \geqslant \frac{1}{n} \tag{3-77}$$

式中　n——波导光学元件折射率；

　　　α——耦合棱镜顶角。

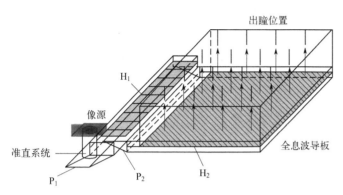

图 3-46　双棱镜/全息元件混合型波导耦合系统工作原理

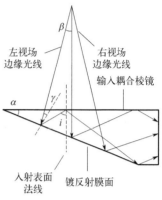

图 3-47　输入耦合棱镜的结构

3.3.3.2　"表面浮雕光栅"式二元光学波导技术

二元光学波导技术是采用二元光学元件（或衍射光栅）完成光束的耦合输入和输出的光学波导技术。得益于微米/纳米光学技术的发展，光栅结构尺寸可以达到微米/纳米级，光波导器件从"立体"结构进步到"平面"型，如图 3-48 所示。

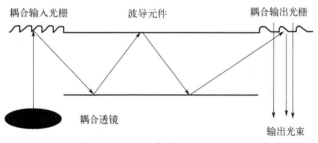

图 3-48　"表面浮雕光栅"式二元光学波导系统原理

利用入射光栅将光束耦合进波导元件中，用出射光栅代替镜面阵列。如果在传播过程中，设计一个转折光栅，就可以实现二维输出。这种系统包含三个光栅区域：入射光栅、转折光栅和输出光栅，如图 3-49（a）所示。直接使用二维光栅也可以实现二维输出，如图 3-49（b）。

与几何光波导技术相比，衍射光波导的优点是光栅在设计和制造中有很大的灵活性，只需改变光栅的设计参数（例如光栅形状和占空比），并将最终结构参数输入光刻机或电子束曝光机中，就可以直接写在光栅薄膜上，实现光束均匀输出和二维扩瞳。主要缺点是衍射光栅对输入角度和光源颜色比较敏感，具有高度的选择性，需要注意可能出现的"彩色效应"。

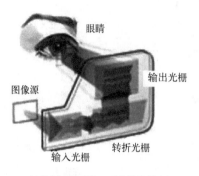
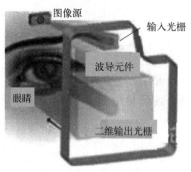

(a) 转折光栅式的二元光学波导　　　　　(b) 二维光栅式的二元光学波导

图 3-49　"表面浮雕光栅"式二元光学波导系统

3.3.3.3　"体全息光栅"式衍射光学波导技术

"体全息光栅"式衍射光学波导技术采用全息耦合输入和输出元件，如图 3-50 所示。

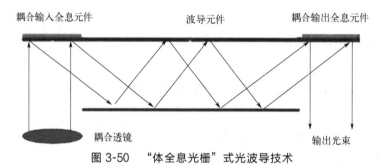

图 3-50　"体全息光栅"式光波导技术

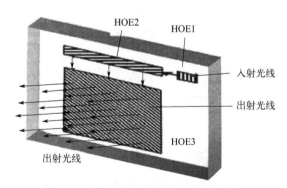

图 3-51　二维全息光栅光波导技术

耦合输入透镜组件将图像源发出的光线转换为平行光束入射到全息体光栅上。体全息光栅保证以合适角度（大于全反射临界角）将光束入射到光波导板中，并以全反射方式传播，在分光区域形成二维传播，最后从耦合输出组件均匀输出，并被人眼观察，如图 3-51 所示。

典型产品是英国 BAE 系统公司利用全息光学技术研发的最新"Q-Sight"全息光学波导头盔瞄准/显示系统，采用大功率绿光 LED 照明及窄带滤波，提高了飞行员的状态感知能力，同时降低了工作载荷。首先装备在皇家海军 MK8 型"山猫"舰载直升机上。

"Q-Sight"全息波导头盔瞄准/显示系统技术性能列于表 3-22 中。

表 3-22　"Q-Sight"单色光全息波导头盔显示器技术性能

参数	指标	备注
显示亮度/fL[①]	1800	应用于白天环境
对比度	1.2 : 1	有一定夜视能力

参数	指标	备注
出瞳孔径/mm	>35	眼盒范围很大
眼距/mm	>25	—
功耗/W	<5(头戴部分)	整体部分 10
重量(头戴部分)/oz②	<4(约 113.4g)	—
视场/(°)	30(单目)	可以扩展到 40

① 1fL(英尺朗伯)=3.426cd/m²。
② 1oz(盎司)=28.3495g。

3.3.4 双色波导显示技术

目前机载平视或者头盔瞄准/显示技术都是单色显示技术,将绿色字符叠加在外界景物上,缺点是无法突出显示重要信息。

研究表明,人眼对红色比较敏感,最明显的例子是交通信号中以"红色灯"表示最重要的安全提示信息"停"。同样,如果在平视瞄准/显示系统中增加人眼敏感的红色符号,就会使飞行员获得更短的反应时间和更佳的情景感知能力。双色显示或者多色波导显示技术已经成为机载显示技术的研究热点。

一般来说,实现彩色显示至少需采用三层全息(或波导)元件重叠的结构,利用高效率光栅分别耦合红绿蓝色光束,才能实现均匀的彩色显示,如图 3-52 所示。

为了解决层叠结构衍射光学元件导致的色散问题,一些公司(BAE 系统公司和日本索尼公司)先后提出采用多层分波导设计方案,每种全息光栅对应不同的波导板,并且只对一

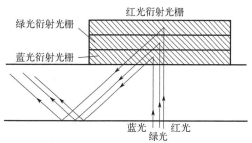

图 3-52 彩色全息波导技术工作原理

种相应波段的光敏感。根据全息光学的衍射理论,各全息光学元件都是一种窄光谱成像元件,对一种主波长具有较高的衍射效率,而对其它波长的光束,衍射效率较低,或者说,透射率很高。

合肥工业大学(程鑫等人)利用四层光学波导结构对全息波导头盔彩色显示的色差校正问题进行了研究。

如果一个全息光学系统需要彩色成像,那么,需要考虑对至少三种基本颜色光(红光 R、绿光 G 和蓝光 B)的成像特性。因此,为了保证理想的均匀成像,必须设计至少三种全息光学元件并叠加在一起,对 RGB 光具有高光学效率(衍射效率),而对其它光线成像影响较小。

2008 年,为了减少相近色光(绿光 G 和蓝光 B)的串扰,索尼公司(Sony)提出采用两块波导板/三层全息光学元件的结构,其中输入/输出耦合装置是由一个单侧单层(G 光栅)和一个单侧双层(R 光和 B 光)全息光学元件组成的,如图 3-53 所示。

下面介绍几种典型的设计案例。

案例一,天津大学(尤勐等人)在 BAE 系统公司三层波导系统的基础上,对其光栅结构进行改进和优化,设计出两层结构的彩色显示,以实现高效率、大视场的彩色屏显,如图 3-54 所示。

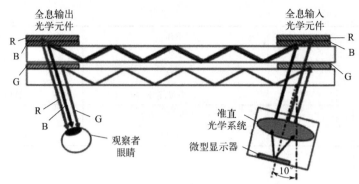

图 3-53　彩色全息波导技术工作原理

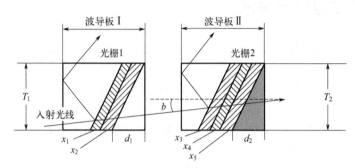

图 3-54　双层波导耦合光栅

如图 3-54 所示，双层波导光学元件的工作原理是：图像源产生的彩色图像或符号，被光学系统准直，入射到第一层波导板内，第一种主波长（470nm）的光束被第一块衍射光栅衍射（并在第一块波导板内以全反射方式传播），其余波长的光束透过，并入射到第二块波导板内；与之类似，第二种主波长（632nm）光束被第二块衍射光栅衍射（在第二块波导板内以全反射方式传播），其余波长的光束透过，从而使两层光栅（或者波导元件）分别衍射不同波段，实现能量的均匀耦合。

合理选择波导板折射率（1.65）和光栅周期（$T_1=350$nm，$T_2=460$nm），可以保证在满足全反射条件（一级衍射最小角度分别是 40°和 39.3°，大于临界角）下，第一块波导板能衍射波长 470nm 的光束和透射 632nm 的光束；第二块波导板能衍射波长 632nm 的光束而透射其它波长的光束，从而在纵向角（定义为准直入射光束与波导板的夹角，如图 3-54 中角 b 所示）±11°视场范围内可以相互补偿能量，实现主视场均匀成像，并且，显示效率大于 85%。

注意到，该方案中的两个衍射光栅均采用类似闪耀光栅的结构，如图 3-54 所示，槽深分别为 d_1 和 d_2。另外，分别镀有双层膜 TiO_2、SiO_2（膜厚 x_1 和 x_2）和三层膜 TiO_2、SiO_2、TiO_2（膜厚 x_3、x_4 和 x_5）膜系。表 3-23 列出其结构参数。

表 3-23　光栅结构的主要参数

参数	光栅 1	光栅 2
槽深/nm	$d_1=180$	$d_2=240$
膜系厚度/nm	$x_1=30$ $x_2=70$	$x_3=40$ $x_4=50$ $x_5=25$

研究结果表明，双层波导元件总体衍射效率大于85%，只有小部分视场的衍射效率差异在10%左右，不同波长的衍射效率差小于5%。相对于三层波导元件，大大减小了体积并减轻重量。但是，上述研究的双色全息波导显示系统是采用较复杂的多层光栅耦合方式或多层波导组合结构，仍显笨重，因此，在机载平视或者头盔瞄准/显示技术中，无法完全满足要求。

案例二，东南大学（王磊）在日本索尼公司（Sony）研发的彩色全息波导显示系统的基础上，分别对两种结构形式进行了深入研究。

① 在双波导板三层单色全息光栅输入/输出型彩色全息波导显示系统的基础上，对一种单波导板双层全息光栅输入/输出型彩色全息波导显示系统进行了研究，如图3-55所示，区别是后者采用两片"复合"型体全息光栅叠加而成。

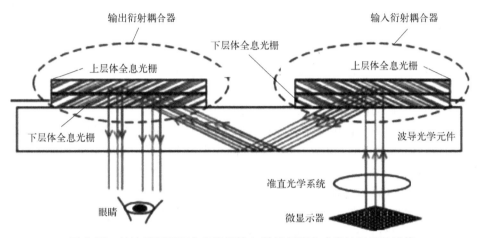

图 3-55 单波导板双层全息光栅输入/输出型彩色全息波导显示系统

② 在（单色）双侧体全息光栅型输入耦合结构的基础上，提出了一种彩色双侧体全息光栅型输入耦合结构，并认真分析了角度偏差和波长偏差对彩色全息波导显示系统性能的影响。如图3-56所示，波导系统的输入耦合器由前/后两个体全息光栅组成，输出耦合器仍采用一个体全息光栅。

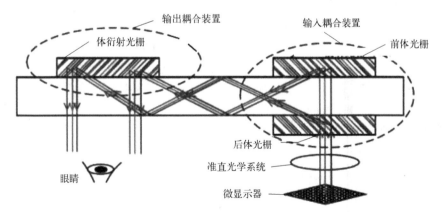

图 3-56 双侧体光栅输入耦合型彩色全息波导显示系统

该系统采用彩色复合型体全息光栅，可以视为由红（639nm）/绿（532nm）/蓝（457nm）单色体光栅"复合"而成，输入/输出体光栅厚度10μm，光栅倾斜角为22.5°。计算结果表明，偏差角0.2°～0.4°或者红/绿/蓝光波长偏差分别为4nm/5nm/4nm时，能够获得最佳的成像效果。

工作原理是：红/绿/蓝光准直成为平行光后，在后体光栅上被衍射，－1级衍射光线进入波导元件，0级光线透过波导元件进入前体光栅，再次衍射后重新进入波导元件，最后经输出耦合器衍射，从波导元件中出射，形成彩色图像被人眼观察。

上述两层/三层波导光学显示结构无论设计还是制造方法都比较复杂，成本较高，尤其在头盔瞄准/显示系统中应用，更显体大和笨重。

案例三，浙江大学（刘辉）进一步研究了单片双色全息波导显示技术，通过全息光学元件将准直输入的图像直接耦合到波导元件中，满足全反射条件在波导元件中传输，最后通过透射全息光学元件调制而从波导元件中出射，成像在无穷远，被飞行员观察。由于无需中继光学系统，因而具有体积小和重量轻的特点，基本实现小型化；因采用多次衍射和透射，扩大了出射光瞳的孔径，降低了飞机振动环境对观察/瞄准的影响。通过实验已经验证了实现红/绿双色显示的可行性。

研究表明，在设计单片双色全息波导显示系统时，应注意以下问题：

① 满足全反射条件时，衍射光线在波导中的角度越大，显示的视场也越大。但角度过大时，可能导致出瞳不连续而无法实现大视窗显示。

② 衍射光线在波导元件中满足全反射条件导致准直透镜的中心视场不一定垂直于波导表面，可能存在倾斜观测角。如果全息光栅空间频率过小，在一定的眼距范围内，人眼会观察到背景光线造成的彩色衍射条纹，从而降低背景清晰度及图像质量。

③ 选择对人眼敏感的黄绿色波段（530nm），则单色全息波导显示具有较大的视场范围；如果采用相同材料的波导介质和相同密度的全息光栅结构，则三色显示的视场较小。目前，主要选择双色（红色620nm和蓝色480nm）全息显示结构。

波导光学元件的材料折射率 n、全息光栅条纹空间间隔 Λ（或频率）、传播波长 λ 与多波长共有视场 β 之间应满足下列关系（假设衍射角度上限为65°）：

$$\beta=\arcsin\left(n\sin65°-\frac{\lambda}{\Lambda}\right)+\arcsin\left(\frac{\lambda}{\Lambda}-1\right) \tag{3-78}$$

显然，波导元件折射率越高，共有视场越大。

④ 全息波导显示一致性。包含两方面含义：一方面是同一波长在不同视场角下的颜色效率相近；另一方面是不同波长在相同视场角时颜色效率相近。

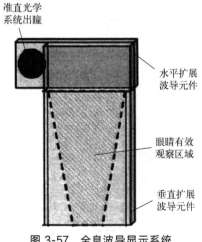

图 3-57　全息波导显示系统
中的有效观察区域

全息波导显示技术的优势之一是出瞳得到扩展，因此，保证不同显示窗口区域的显示一致性具有一定难度，不仅显示亮度和对比度有差异，还会造成严重的色彩失真。

实现全息波导显示一致性的最佳选择是：采用高亮度微型显示器；采用低衍射效率的透射式全息光栅。

⑤ 合理选择准直透镜的出瞳孔径。出瞳孔径过小或波导元件厚度过大可能会造成出瞳不连续而无法实现出瞳扩展。

⑥ 光瞳是以二维形式（首先水平方向，然后垂直方向）扩展，随着光程增加，水平方向光线会逐渐偏离波导，因此，显示窗口随垂直方向波导长度增加而逐渐缩小，如图3-57所示，窗口有效显示区域为

梯形。

双色全息波导显示系统主要性能列在表 3-24 中。

表 3-24 双色全息波导显示系统主要性能

参数		指标
波长/nm	红光	640
	绿光	532
全息光栅空间频率/(线/mm)		2220
全息波导元件尺寸/mm	水平方向扩展	2.1(厚)×16(宽)×37(长)
	垂直方向扩展	2.1(厚)×25(宽)×56(长)
有效显示窗口(梯形)尺寸/mm	上侧	22.6
	下侧	10.7
	梯形高	40
眼距/mm		35.6
准直光学系统	焦距/mm	20.44
	F 数	2.27
	视场/(°)	15.2×20.2
	工作距离/mm	13.78
	出瞳距离/mm	2
	出瞳直径/mm	9
	MTF(30lp/mm)	$\geqslant 0.546$
	弥散斑均方根半径/μm	$\leqslant 13.839$
	场曲/mm	$\leqslant 0.14$
	畸变	$\leqslant 1\%$
图像源	类型	LCOS
	尺寸/mm	9.4(约 0.37in)
	分辨率/像元	766×575
	照明光源	红光和绿光 LD

案例四，中航工业集团公司洛阳电光设备研究所（李瑞华等人）对单片/单层光栅式全息波导双色显示技术进行了研究。采用高衍射效率紧凑型单波导板结构，将三组全息光栅（全息输入光栅 G1、全息转折光栅 G2 和全息输出光栅 G3）集成在一块波导光学元件上，实现光线的二维扩展，获得了对红光（635nm）和绿光（532nm）的均匀显示，视场达 24°×16°，如图 3-58 所示。

双色全息波导显示技术的基本结构与单色全息波导显示技术基本相同。输入光栅 G1 将准直光学系统的平行光束耦合到波导板，转折光栅 G2（或者 Y 向光束扩展光栅）使光束偏折，实现 Y 方向出瞳扩展，输出光栅 G3（或 X 向光束扩展光栅）完成 X 方向出瞳扩展。主要区别是：

① 采用双色图像源，以 LCOS 为例，如图 3-59 所示。

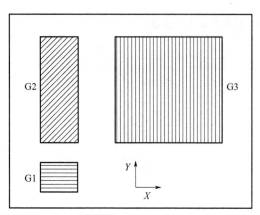

图 3-58 单片/单层全息波导系统光瞳二维扩展原理

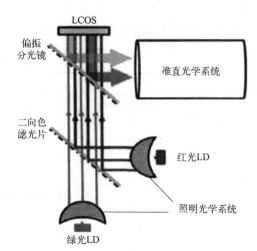

图 3-59 双色图像源工作原理

② 选取光栅周期 T 时，应保证在设计的全视场内红色/绿色衍射光在波导元件内都满足全反射条件；$T_{G1} = T_{G3} = 410nm$，$T_{G2} = 289.9nm$。

③ 衍射级次选择效率较高的 -1 级。

④ 利用转折光栅和输出光栅的渐变衍射效率保证出瞳范围内画面亮度的均匀性。

在光线传输过程中，每经过一次转折光栅和输出光栅，都会有一部分光线发生衍射而被耦合输出，另一部分光线在波导元件中以全反射方式继续向前传播，经过不断地衍射，能量不断减少。为了保证显示的均匀性，沿光线传播方向将 G2 和 G3 分为间隔相同的 5 个区域分别优化，使衍射效率逐渐增加。通常，在设计全息光学元件用作耦合器时，必须考虑和控制影响衍射效率的光栅沟槽形状、方向和沟槽深度（即全息条纹要具有合适的倾斜度和深度），保证输出光学元件（输出耦合器）在整个视场内都有相同的高均匀亮度。仿真结果表明，红光的亮度均匀性达到 93.17%，绿光达到 86.63%。对输入光栅，则要求两种波长都有尽可能高的衍射效率。

机载双色/彩色波导全息光学显示技术在国内外处于研发中，尚未进入真正的工程应用阶段。

3.3.5 光波导式平视瞄准/显示系统

机载光波导平视瞄准/显示技术是一种实现小型化和轻量化的先进显示技术，摒弃了传统平视显示技术中复杂的光学系统，通过平板型波导元件以及嵌入式分光镜阵列完成图像的传输和成像，尽管耦合输入系统口径很小，但在增大系统出瞳范围的同时能大幅度减小系统的体积并减轻重量（约减少 50%）。

1970 年，Richard 首次提出全息波导平视瞄准/显示技术的概念，如图 3-60 所示。

2005 年，以色列 Elbit Systems 和 Lumus 公司先后研制出吊装式机载光波导平视瞄准/显示系统和 Scorpion 型光波导 HMD（机载头盔

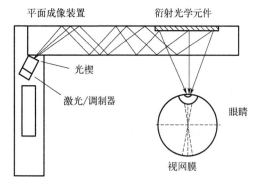

图 3-60 全息光学波导平视瞄准/显示技术

显示系统）系统，如图 3-61 所示。

(a) Elbit Systems公司的HUD(平视显示器)　　　(b) Lumus公司的HMD

图 3-61　以色列研发的机载光波导 HUD 和 HMD

Elbit Systems 公司研制的光波导平视瞄准/显示系统采用 LCD 图像源和平板光波导显示技术，视场可达 32°(H)×24°(V)，关键技术是分光镜（或棱镜）阵列的光学镀膜问题：

① 要求外景具有较高的光学透过率，避免观察区域的膜层阵列出现"百叶窗效应"。

② 具有较高的图像光线反射率（即高显示效率），从而提高图像亮度。

③ 光线经过不同顺序的分光镜反射后，保证光强度具有一致性，以提高图像亮度的均匀性，同时，保证外景显示的均匀性，以提高飞行员观察的舒适度。

此后，光波导平视瞄准/显示技术的研究和应用受到世界各国的普遍重视。日本 Shimadzu 公司研发出座装式彩色（红、黄和蓝色）机载光波导平视显示器，圆视场大于 φ25°，出瞳范围 170mm(H)×170mm(V)。

光波导技术在机载平视和头盔显示/瞄准系统中的应用，将在第 5 章"平视瞄准/显示技术"和第 6 章"头盔瞄准/显示技术"中详细讨论。

3.4
微米和纳米光学技术

集成电路（ICs）的发展可以追溯到 1947 年，Bell 实验室利用半导体材料成功研发的第一个点接触式晶体管（尽管不是可用产品）是其典型代表。

1951 年，面接触型晶体管研制成功并进入商业化。

1958 年，Texas 仪器公司研发和演示了首台集成电路振荡器。

1960 年，确定了平板照相术的主要生产工艺，真正开始了集成电路时代。此后，微电子技术和集成电路技术得到快速发展，金属-氧化物-半导体（MOS）场效应晶体管工艺、互补金属-氧化物-半导体（CMOS）元件工艺和双极型 CMOS 技术相继引入，为了降低成本、批量生产和减小尺寸，微传感器开始受到更多的关注。

20 世纪 80 年代，微机械加工技术（包括表面微机械加工技术）已经成为微电子处理工序中非常重要的工艺。美国 Sendia 国家实验室研发的一种表面微机械加工技术可以使用 14 种不同的模板加工 5 层多晶硅材料，称为超平面多层微机械加工技术。

微机电系统（micro-electro-mechanical systems，MEMS）就是利用微加工技术制造出的三维装置，由电子和机械两种元件组成，至少包括一个可运动结构以满足某种机械作用。

微光学（micro-optics）技术起源于20世纪80年代，主要是满足人们对光通信日益增长的需要。实际上，1969年，Milier就提出"集成光学"的概念，但受科技水平发展所限，进展缓慢。随着MEMS技术的快速发展和日渐成熟，微光学技术也在迅速进步。许多研究组织〔包括美国麻省理工学院（MIT）林肯实验室〕都把研究重点放在微光学方面（包括制造工艺、光学系统理论、设计和封装技术），研发出诸如焦平面系统使用的微透镜、GaAs高速二元微透镜和薄膜微透镜阵列等典型产品。

微光学、微电子学和微机械学技术相互渗透和交叉，形成一门新的系统——微光机电系统（MOEMS）。

无论是现代国防科技领域，还是普通工业领域（包括光纤通信、信息处理、航空航天、生物医学、激光-机械加工和光计算技术），微光学系统、微机电系统和微光机电系统都显示出越来越重要的应用价值和广阔的应用前景。

3.4.1　微机电系统

微机电系统（MEMS）是伴随半导体集成电路微细加工和超精密机械加工技术发展起来的一种独立智能系统，其系统尺寸在几毫米乃至更小，其内部元器件结构在微米甚至纳米量级。

微机电系统定义为：利用微纳米电子和机械工程技术批量制作的集微型机械、微型传感器、微型致动器以及信号处理和控制电路，直至接口、通信和电源等器件于一体的微型器件或系统。

微机电系统（美国）也称为微系统（欧洲）或微机械（日本）。

微机电系统主要由传感器、致动器和微能源三部分组成，是采用微机电技术制造的新型传感器，在微纳米量级的特征尺寸下，可以完成某些传统机械传感器不能实现的功能，具有传统传感器无法比拟的优点，归纳为：

① 微型化。与半导体电路相同，使用刻蚀、光刻等制造工艺，无需组装和调整，因此，体积小、重量轻、耗能低、惯性小、可靠性高、谐振频率高、响应时间短。

② 以硅为主要材料。其强度、硬度和杨氏模量与铁相当，密度类似铝，热导率接近钼和钨，力学和电气性能优良。

③ 批量生产。采用类似集成电路（IC）的生产工艺，用硅微加工工艺在一块硅片上同时制造成百上千个微型机电装置或完整的微机电系统，大大降低了生产成本。

④ 易集成和实现智能化。微机电系统采用系统级封装集成工艺把不同功能、不同敏感或致动方向的多个传感器或致动器集成一体或形成微传感器阵列和微致动器阵列，甚至把多种功能的器件集成在一起而形成可靠性和稳定性都很高的复杂微系统。能在空间有限或条件恶劣的地方使用，也可嵌入大尺寸系统中，使系统的集成化、自动化、智能化和可靠性提高到新的水平。

1989年，科学家制造出直径只有头发丝大小的微电动机，此后，微机电技术开始受到世界各国的高度重视，发展极其迅速，成为继微电子技术后的又一个对国民经济和军事装备技术具有重大影响的技术领域，为智能系统、军事应用、航空航天、消费电子、可穿戴设备、系统生物技术与微流控技术等领域开拓了广阔的应用市场。

视网膜激光扫描头盔显示器是采用MEMS技术的典型应用之一。

20世纪80年代初，R.Webb研发出"扫描激光检眼镜（SLO）"，通过扫描装置控制激光束对人眼视网膜的均匀照明，对眼底反射光进行探测成像而重构视网膜图像，广泛应用于医学领域。

1986年，日本科学家K. Yoshinaka提出利用扫描装置控制光束在视网膜上扫描以显示图像的设想。

随着头盔显示器（HMD）研究的深入，尤其是微显示技术、微电子器件和人眼视觉观察系统的研究日益成熟，科学家开始研究一种以视网膜激光扫描技术为基础的新型头盔显示器——视网膜扫描显示器（retinal scanning displays，RSD）。

1992年前后，美国华盛顿大学人机接口技术实验室研制出虚拟视网膜显示器的原理样机。

2001年，美国Micro Vision公司与华盛顿大学合作研制出第一代MEMS双轴扫描镜替代传统的机械共振扫描器，并生产出NOMAD型激光扫描HMD装置。

这类扫描HMD是通过扫描装置控制激光束进行二维扫描，扫描图像经成像后直接在观察者的视网膜上进行显示，具有大视场、高亮度和结构紧凑等优势，因此，也称为"视网膜激光扫描显示器"。

相比于传统HMD的微型平板显示器，RSD的显示亮度、色彩可以根据设备使用环境亮暗进行调节，在无障碍观察周围环境情况下能够同时获得电子设备传输的显示信息而不遮挡视场，实现图像字符与外景信息的交互显示。

普通HMD采用的图像源大多属于平板显示器，亮度较低，在复杂光照环境下难以满足要求。RSD采用亮度可调的半导体激光器作为光源，完全能够满足昼夜不同光照条件下的使用要求。另外，增加了激光MEMS扫描装置，研究结果表明，MEMS扫描镜可以达到SXGA的分辨率，且结构紧凑、功耗低。

视网膜扫描显示器主要由图像源模块、控制和驱动模块、光源模块、MEMS扫描模块和光学投影模块组成。

如图3-62所示，视网膜激光扫描显示器的工作原理表述为：输入的图像信号通过一定格式的数据接口输入控制和驱动模块，对信号处理后输出光源驱动信号，光源加载驱动信号并输出相应强度的光束；光束经过调制和整形后进入扫描器，扫描器在控制器输出的扫描驱动信号作用下对光束在水平方向和垂直方向分别进行扫描，扫描后光束的束腰位置（会聚点）形成中间像面（相当于普通HMD的图像源显示屏幕）；投影光学系统（或目镜系统）将中间像形成在观察者的视网膜上。

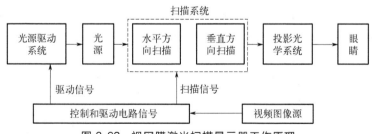

图3-62　视网膜激光扫描显示器工作原理

最初，二维图像的扫描是由彼此垂直放置的两个单轴扫描镜（水平扫描镜和垂直扫描镜）完成的。为了便于携带，又研发出双轴MEMS扫描镜系统，通过控制单个镜面同时在水平和垂直两个方向摆动就能够完成二维图像扫描，如图3-63所示，省略了垂直扫描用的慢速扫描镜，提高了集成度，减小了体积和重量。

(a) 单轴MEMS扫描镜　　(b) 双轴MEMS扫描镜

图 3-63　微机电系统（MEMS）扫描镜

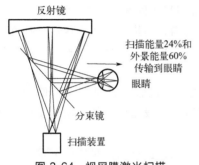

图 3-64　视网膜激光扫描 HMD 的光学系统

投影光学系统的设计思想与普通 HMD 基本类似，目前，主要采用折反射式结构，扫描光束两次通过分束镜与外景光束一次通过分束镜叠加后进入人眼，因此，观察者可以同时观察到图像源的字符信息和外景目标信息，如图 3-64 所示。优点是具有较好的光学性能，缺点是较低的光学透射率，扫描光束能量的有效利用率只有 20%～25%。

为了扩大投影光学系统的出瞳直径，同时不改变系统的视场角、扫描角和扫描镜直径，可以在中间像面位置设计一块"出瞳扩大镜"（exit pupil expander，EPE），例如衍射光学元件、透镜阵列或者光纤面板等，其功能是将发散角放大。

有关微机电系统的设计与制造技术，已超出本书的讨论范围，感兴趣的读者可以参考相关著作及技术文献，例如 Krzysztof Iniewski 和 Vikas Choudhary 编撰的著作《*MEMS：Fundamental Technology and Applications*》（《微机电系统——元器件、电路及系统集成技术和应用》，周海宪、程云芳翻译；机械工业出版社 2020 年 5 月出版）。

3.4.2　微光学系统

高速发展的信息工业对集成光路/电路器件的集成度越来越高，微纳米尺度的光学元件/系统日益受到人们的关注，光电子技术正在向着微纳米特征尺寸集成方向发展，与光相互作用的结构和器件的特征尺寸已经从波长数量级减小到纳米数量级，是目前光学领域的前沿研究方向，主要研究对象是微纳米尺度结构的光学效应以及利用这种效应开发出的光学器件、系统和装置。

近些年来，国内外对昆虫"复眼光学系统"的视觉机理和人工仿生复眼技术非常重视。通过对自然界各种生物眼睛的研究发现，昆虫的眼睛是"复眼结构"，由数目众多的小眼（或子眼）组成：小眼直径约为 $15\sim50\mu m$；不同类生物复眼中的小眼数目从几百到几万不等，每个小眼构成一个独立的感光单元，相邻小眼视轴间的夹角为 1°～4°；整个复眼呈半球面，具有 180°左右的大视场。复眼系统的优点是，在整个视场范围内，成像效果比较均衡，对运动物体具有很高的灵敏度，可以提前规避攻击性行为，并且体积小和重量轻。

科学家和工程师们试图通过对昆虫复眼的研究，结合现代光机电（包括微光学）和自动化技术，研制出新一代光电仪器。毫无疑问，微光学元件及其阵列的设计和制造是实现该目标的关键技术。

与传统的光学元件相比，微光学元件的最大优点是能够将大型复杂光学系统集成为非常紧凑的形式，并以最低成本（例如复制技术）批量生产。

微光学元件是利用现代微米/纳米光学制造技术（包括光学蚀刻技术、反应离子束蚀刻技术、激光束直写和电子束直写技术等）制造出的一种微型光学元件（包括表面折射型微光学元件和表面衍射型微光学元件）和微光学元件阵列（包括微透镜/微棱镜/微反射镜等）。

（1）微光学技术的发展

最早的微光学透镜阵列可以追溯到 1664 年，Robert Hooke 利用火焰将一束很细的玻璃棒一端熔化加工成球面，将另一端抛光成平面，形成类似于显微物镜的功能来研究昆虫。

1826 年，米勒根据昆虫的行为试验，提出复眼的镶嵌理论。

1891 年，埃克斯诺根据萤火虫的复眼光学特性，提出复眼光学重叠理论。

1908 年，Gabrie Lippmann 利用微透镜阵列对物体实现三维成像。

20 世纪 40 年代，Dennis Gabor 将微透镜阵列作为一个复合透镜（也称为"超级透镜"）模拟常规的大透镜，从而获得更好的性能。

1958 年，哈特莱因根据鲎复眼侧抑制神经网络的研究，提出了复眼侧抑制模型。

20 世纪 70 年代和 80 年代分别发展了微电子学和微机械学，实现了电路技术微型化和微型机械化。但是，散装光学系统严重限制了光学（尤其是光通信）事业的发展。为了进一步促进光学器件/系统微型化，在 80 年代中后期，世界各国开始进行微光学透镜阵列的深入研究，美国林肯实验室发表了许多这方面的文章，重点在于微光学系统的理论和设计方法。随着通信技术、扫描器系统和视觉系统的进步，人们开始利用微光学透镜阵列的方式完成传统光学的功能，并提出更高的技术要求，希望具有更高的集成度和空间分辨率，从而促进了微光学技术的发展及其更广泛的应用。

20 世纪 90 年代，美国洛克威尔科学中心致力于研发微光学加工工艺。在微机电系统快速发展过程中，集成电路加工技术的成功改进促进了微光学加工技术的快速发展。目前，微光学透镜直径的典型值 $120\mu m$，填充因子 100%，最小的透镜直径小至 $60\mu m$，甚至达 $30\mu m$。一些科学家建议利用折射微光学透镜代替衍射微光学透镜，以减轻对波长过分敏感的问题。

光通信领域迫切希望光电装置微型化，从而促进了微光学（MO）和微机电（MEMS）技术相融合，形成微光机电系统（micro-opto-electro-mechanical system，MOEMS）。

微光学透镜阵列是借助微米和纳米现代加工技术制造、按一定规律排列、由一系列通光孔径在微米/纳米～毫米级的微型透镜上组成的类复眼光学系统，如图 3-65 所示，具有尺寸小、集成度高、便于制造、传输损耗小和特殊功能等优点，能够实现普通光学元件难以实现的微小、阵列、集成、成像和波面转换等功能，还可以被加工成任意面形（包括非对称非球面结构），产生所需要的折射率调制或者面浮雕调制，进一步提高成像质量，是近代工业和科学技术领域光电仪器微型化和智能化发展的基础，在光学领域有着广泛的应用前景。

微光学透镜阵列（也称为"仿生复眼光学系统"）的研究成果已经在军事和民用领域得到应用，例如飞行器前视红外系统在大视场范围内的探测、搜索、识别、跟踪和精准打击敌方目标，夜视观瞄设备以及战略战术导弹等武器的精确制导系统。据有关资料显示（高鹏骐），"全球鹰"无人机航空遥感系统就是采用多孔径复眼成像系统，视场大，具备大范围捕捉图像信息的能力，对运动目标有很高的灵敏度，可以快速检测和定位运动目标，如图 3-66 所示。

(a) 蝇的复眼系统放大图

(b) 微光学透镜阵列放大图

(c) 微光学透镜阵列实物图

图 3-65　微光学透镜阵列图

图 3-66　"全球鹰"无人机航空遥感监测系统

1980 年，美国开展将复眼系统工作原理应用于空空导弹的研究。

1985 年，美国怀俄明大学开始复眼系统在导弹制导策略上的研究。

1996 年，长春理工大学研制出一种复眼式双红外末制导导引装置。

2001 年，西北工业大学（王国锋等人）对复眼系统在红外成像制导中的应用进行了较为系统的探讨，在导弹上引进"小眼"与"复眼"概念，提出一种"多模复合制导技术"。该系统由两个调制盘和一个成像头组成：调制盘模拟复眼系统的"小眼"，获得目标信息，用于测量目标的位置并转换为有用信息，从而给出误差信号以驱动跟踪机构跟踪目标，此外还可以滤除大面积背景辐射，实现空间滤波；成像头模拟复眼对整个视场的处理功能，通过双调制盘获得目标的三维信息，成像头获得目标与背景的相关信息，并利用一定的融合技术（图像镶嵌整合技术和图像处理和识别技术），完成对整个视场的成像，达到精确制导的目的。需要强调，红外成像头的作用距离短，无法获得目标的三维信息，而双调制盘正好具备这方面的优势（但在目标距离导弹较近时，调制盘则失去功能），因此，可以起到取长补短的作用，获得精准的制导功能。

（2）微光学透镜的基本类型

微光学透镜阵列仿复眼光学系统有两种类型：平面型基底复眼系统和曲面型基底复眼系统，如图 3-67 所示。

平面型基底复眼系统是在一块平板基底上分布排列微光学透镜阵列，微透镜的形状可以是方形、圆形和正六边形，如图 3-68 所示。利用平面基底微光学透镜阵列和 CCD/CMOS

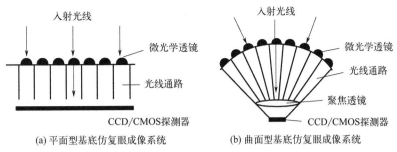

入射光线 微光学透镜 光线通路 CCD/CMOS探测器

(a) 平面型基底仿复眼成像系统

入射光线 微光学透镜 光线通路 聚焦透镜 CCD/CMOS探测器

(b) 曲面型基底仿复眼成像系统

图 3-67　微光学透镜阵列仿复眼光学系统

探测器实现图像信号的同步采集。主要特点是微透镜阵列排列在同一个平面上，具有同视轴方向和多重成像特性。如果一个微光学透镜阵列复眼系统由 N 个微透镜（又称"子眼"）组成，那么，物面上一个物点，经过微透镜阵列后，在像面上就会形成 N 个相同的像。

(a) 方形微透镜阵列

(b) 圆形微透镜阵列

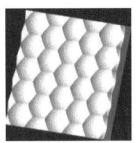
(c) 六边形微透镜阵列

图 3-68　平面型基底微光学透镜阵列

　　曲面型基底微光学透镜阵列更接近生物的复眼结构，主要特点是微透镜规则排列在某种形状的曲面（例如球面或自由曲面）上。多数情况下采用以曲面顶点为中心的圆周式排布结构，各层微透镜具有各自的视轴方向，相对于中心透镜的光轴具有相同的夹角（即相同的像距和焦距），因此，具有较大（甚至超大）的视场成像功能，如图 3-69 所示。由于可以对每个单元微光学透镜进行灵活设计和校正像差，因此，能够形成更高的成像质量。

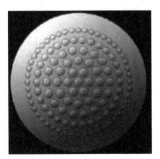
(a) 曲面型对称圆形微透镜阵列

(b) 曲面型六边形微透镜阵列

图 3-69　曲面型基底微光学透镜阵列

　　下面简单介绍几种典型的微光学透镜阵列仿复眼光学系统的应用。

3.4.2.1　平面基底型微光学透镜阵列

　　早期的微光学透镜阵列的应用受限于制造工艺，因此，主要研究平面基底型结构分布。

1992 年，美国麻省理工学院首先提出全光相机的概念，由主镜头、平面微光学透镜阵列和图像传感器组成（后经改进，增加了中继成像系统，并在微透镜焦平面阵列中增加了毛玻璃），如图 3-70(a) 所示。

2001 年，日本研发出基于平面微光学透镜阵列的超薄型成像系统（thin observation module by bound optics，TOMBO），将 $32×25$ 个微透镜组成的阵列设计在 CMOS 传感器上方（2005 年，斯坦福大学将 $296×296$ 的微透镜阵列直接与 1600 万像素的传感器相耦合），并在微透镜阵列与光电传感器之间设计了隔离层（相当于孔径光阑）以防止光线串扰，每一个微透镜与对应的传感器形成微型相机单元，所有的微相机单元对同一个目标成像，如图 3-70(b) 所示，最后，通过超分辨率算法将多幅低分辨率图像合成为一个目标的清晰图像。

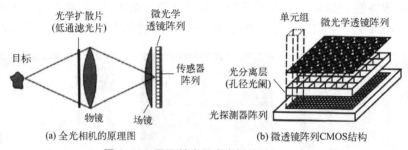

(a) 全光相机的原理图　　　　　　(b) 微透镜阵列CMOS结构

图 3-70　平面基底微光学透镜成像系统

3.4.2.1.1　激光扫描光学系统

中国科学院光电技术研究所微细加工光学技术国家重点实验室利用微光学透镜阵列设计了一种激光扫描系统，如图 3-71 所示。激光器发射的激光束经折转反射镜后入射到微光学透镜阵列上，会聚到相应子透镜的后焦平面上，并与大孔径长焦距物镜系统的焦平面重合。原理上，这是一个望远系统，微光学透镜阵列中的每个微透镜都是望远系统的目镜。其中，微光学透镜阵列采用传统机械加工成型法制造，由模压、复制和转移等工序完成。

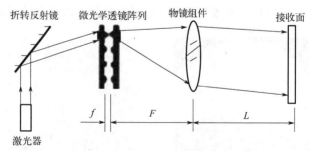

图 3-71　设计有微光学透镜阵列的激光扫描光学系统

3.4.2.1.2　微光学透镜阵列红外探测器

肖特基势垒光敏二极管已经得到相当多的研究，其制造简单、可批量生产、高速响应且没有高温扩散过程，已经在紫外、可见光和红外探测器领域得到应用。

1973 年，美国麻省汉斯科姆基地罗马空军研发中心（Rome Air Development Center）研发了一种硅化物肖特基势垒探测器（焦平面阵列）电荷耦合器件 CCD，并应用于 $1\sim3\mu m$ 和 $3\sim5\mu m$ 光谱范围的多种红外成像系统中。

1984 年，微光学透镜阵列首次应用到红外探测器上。H. G. Erhardt 等人将一个 64×64 元的折射型柱面硅微光学透镜阵列集成到 3～5μm CCD 探测器上，占空比从 25％ 提高到 55％，探测灵敏度是原来的 2.2 倍。

1991 年，T. Werner 等人将衍射型微透镜阵列集成到非制冷焦平面阵列上，探测灵敏度提高了 2.5 倍；G. T. Gordon 等人将折射型球面微透镜阵列集成在 HgCdTe 探测器上，使光电流提高了 10 倍。

1995 年，日本索尼公司将 1/3in 的微透镜阵列集成到光敏阵列上，使信噪比和抗干扰性能提高 1 倍。

1996 年，日本尼康公司（Nikon）研发出 811×508 像元数的 PtSi 探测器阵列。

2001 年，美国柯达公司利用微光学透镜阵列与 CCD 相结合研制出 1968×1968 像元数的 PtSi 红外 CCD，基本工作原理如图 3-72 所示。

华中科技大学（陈四海）将 256×256 硅微透镜阵列与 PtSi 红外焦平面阵列集成，使探测灵敏度和比探测率提高了 1.7 倍。

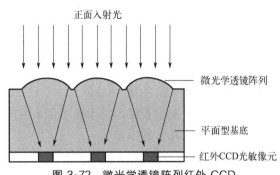

图 3-72　微光学透镜阵列红外 CCD

北京工业大学（冯献飞）对平面型微光学透镜阵列在近红外探测器领域的应用（包括光刻胶热熔法制造工艺）进行了深入研究。结果表明，在 PIN 型红外探测器（波长范围 1～3μm）表面上通过光刻、刻蚀、溅射和热熔等工艺制造一层微光学透镜阵列，可以提高 PIN 型红外探测器的光能利用率和探测率，改善样机相关性能：探测率提高一个数量级；探测视角提高了 30°；光电流增大了两个数量级；响应光谱向长波方向移动；提高了短波方向的响应强度。

3.4.2.1.3　微光学透镜阵列整形/照明系统

激光束传播过程中，在垂直于传输路径的横截面上，其光强度分布呈高斯分布型，能量集中在光束中心。但激光束的大部分应用（例如激光医疗、激光打印、激光全息和激光加工等）则是要求光强均匀分布，因此需要对激光光束在空间中的能量分布进行整形。

（1）激光光束整形技术

① 液晶空间光调制器。通过改变材料的动态折射率特性完成实时调制，并通过计算机编程实时控制输出光束的光强和相位分布，从而实现对高斯光束的整形。

② 二元光学元件。调整二元光学元件的反射率/透射率，达到光束整形的目标。

③ 双折射透镜组。四个双折射晶体透镜按照一定规律排列，其主轴均垂直于光学系统光轴。外侧两块透镜的作用相当于 1/2 波片，内侧两块透镜相当于 1/4 波片。调整外侧与内侧透镜主轴的夹角可以改变光束的形状和强度分布。

④ 随机相位板。

⑤ 非球面透镜系统。

⑥ 微光学透镜阵列。微光学透镜阵列采用光束分割与光束叠加原理对光束进行整形。优点是易于集成和调试，有较高的可靠性和兼容性，适用于较恶劣的工作环境，光斑宽度和目标距离处在微米至千米的变化范围，可应用于不同的光束整形领域。

（2）微光学透镜阵列整形系统主要形式

① 正交光楔阵列式。加拿大 D. M. Vileneuve 研发出一种微光学光楔阵列式激光束整形系统，如图 3-73 所示，两组正交的光楔阵列在相互垂直的方向上分别对入射光束进行分割，进而整形。在特定的楔形角下，经过一定的传输距离后，在某一接收横截面上彼此完全重叠，形成均匀照射的光斑。光楔阵列的间隔决定光斑在正交方向上的直径尺寸。

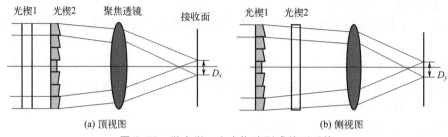

图 3-73　微光学正交光楔阵列式整形系统

② 微反射镜式阵列。随着空间通信技术的快速发展，对信息传输的要求也更高，包括更高的速率、更大的信息传输量、更严格的保密性和更广的覆盖范围，因此，激光通信技术可能是最好的选择。

由于激光发射能量有限，空间光通信系统的光束发散角通常很小，利用激光光束进行瞄准、捕获和动态跟踪非常困难。

长春理工大学（岳志研）建议将两组相互垂直的偏折式微反射镜阵列组成的整形系统应用于 APT（Acquisition，Pointing and Tracking）系统中，如图 3-74(a) 所示。主天线采用望远系统形式，平行光线经过垂直结构形式的微光学反射镜阵列反射和分光镜分束后，一路光束经过通信接收，另一路被 CCD 探测器接收。探测器和微反射镜之间形成一个闭路回环，探测器对光束进行实时检测，同时将偏移量反馈给微光学反射镜阵列以便对其控制，从而完成对激光光束的跟踪。其中，每组微光学反射镜阵列包括 32×32 个微反射镜单元，两组阵列的转动轴相互垂直，采用静电驱动方式以便在两个方向分别实现偏折，因此，微光学反射镜阵列的主要作用是确保两个通信终端精确定向，使信号光能被正确接收。微反射镜的结构尺寸如图 3-74(b) 和（c）所示，并列在表 3-25 中，图中 A 和 B 分别代表微光学反射镜阵列的尺寸，C 和 D 分别代表相邻两块微反射镜的间隔尺寸。

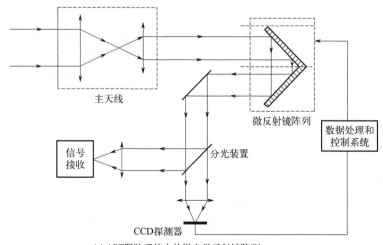

(a) APT跟踪系统中的微光学反射镜阵列

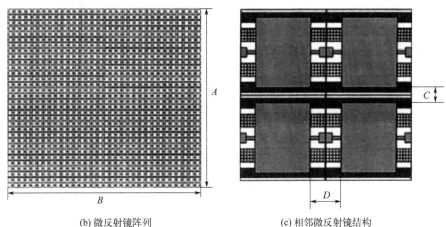

(b) 微反射镜阵列　　　　　　　　(c) 相邻微反射镜结构

图 3-74　32×32 位反射镜阵列的结构布局

表 3-25　微反射镜阵列主要结构参数

参数		指标
微反射镜阵列/mm	长度 A	2.816
	宽度 B	2.642
微反射镜数目		32×32
微反射镜镜面尺寸	长度/μm	60
	宽度/μm	50
	厚度/nm	650
相邻微反射镜间距/μm	C	28
	D	32
填充比		41.6%
最大可偏转角度/(°)		±9.6
反射镜材料		铝

微反射镜阵列的优点：

Ⅰ.微反射镜阵列将跟踪所需要的光学表面细分成很小的镜元，因而具有更高的固有频率、更大的倾角、更低的驱动电压和更小的平动。

Ⅱ.完成跟踪功能的同时，在光束作用区域还可以实现对特定行列的控制。

Ⅲ.具有对光斑的整形功能。

Ⅳ.实现系统小型化。

③ 透射式微光学透镜阵列。透射式均匀照明光学系统由光源、准直透镜、微光学透镜阵列、聚光镜和观察面（或照明屏）组成。

准直透镜的功能是减小光源发散角，保证光线平行入射到微光学透镜阵列上，减小照明光斑出现旁瓣的概率，提高光源利用率。

④ 衍射微光学透镜阵列式。在衍射微光学透镜阵列式照明系统中，微透镜阵列设计在傅里叶透镜的前焦面上，接收面位于傅里叶透镜的后焦面上，如图 3-75 所示。入射在微透镜阵列上的准直高斯光束被分割成一系列细光束，经微透镜偏折后投射到傅里叶透镜上，并

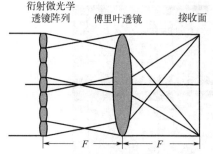
图 3-75　衍射微光学透镜阵列式照明系统

全部叠加和聚焦在其后的焦面上。

（3）透射式微光学透镜阵列应用案例

案例一，中国科学院重庆绿色智能技术研究院（陈忠雨等人）考虑到自由曲面具有准确控制光束分布的特点，将自由曲面引入平面基底型复眼系统中，以表面为自由曲面的微光学透镜阵列（复眼系统）替代球面微光学透镜阵列（复眼系统），极大提高了大面积平行光的曝光均匀度。

图 3-76 是利用金刚石车削机床精密加工的自由曲面微光学透镜复眼系统示意图。大面积平行光曝光系统使用的复眼系统由两排完全相同的微光学透镜阵列组成，间隔距离 d 为微透镜的焦距 f'（即 $d=f'$），每个微透镜一一对应，其中，自由曲面复眼微透镜阵列 5×5，微透镜通光孔径 $2h=14\mathrm{mm}$，第一面曲率半径 20.337mm。聚焦透镜位于第二排微光学透镜阵列之后，接收面设计在其焦面上。

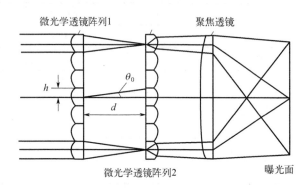

(a) 复眼照明光学系统图

(b) 微光学透镜阵列

图 3-76　自由曲面微光学透镜复眼照明系统

该照明系统仿照生物昆虫复眼的工作原理，由两层微光学透镜阵列（间隔等于其焦距）组成一个斜轴微型望远系统（也称为"Gabor 超级透镜"）。工作原理是：准直入射的高斯光束被前排微光学透镜分割为与微透镜尺寸等宽的若干细光束，并分别聚焦到后排每个微透镜中心（即后排微透镜位于前排微透镜的焦平面上），后排微透镜与聚焦透镜一起将每个细光束放大并叠加在曝光接收面上。前排微光学透镜相当于一个光照通道，独立地照明曝光面，因此，曝光面上被照明区域任意位置的光强就是各个通道照明光束的光强叠加，消除了单个子光束照射的不均匀性，从而保证全孔径具有较均匀的照度。

实验结果表明，对于紫外 LED 光源（中心工作波长小于 405nm），曝光均匀度由 0.85 提高到 0.91 以上，能量利用率 0.76，满足对高曝光均匀度的要求。

为了保证入射光线的发散角小于微光学透镜阵列的接收阈值，而不影响光束在接收面上的照度均匀性和光能量利用率，通常在微光学透镜阵列前增设一个准直透镜/反射镜系统。

案例二，微光学透镜阵列在液晶背投影电视中的应用。

另一种典型应用是在大尺寸、高亮度和高清晰度液晶背投影电视中。此时，微光学透镜阵列是能够提供充分均匀和高能量利用率的照明光学系统。

众所周知，一般光源和光学系统的图像光强度分布都是高斯分布，中间亮而边缘较暗。

为了解决这个问题，中国科学院长春光学精密机械与物理研究所（张增宝等人）采用微光学透镜阵列为（TN/TFT 液晶板作为液晶光阀）背投影电视研发了一种（双排）复眼照明系统。利用抛物面反射镜准直系统将光源（超高压水银灯）准直为平行光束，以近似平行光束形式透射到第一排微光学透镜阵列上，第一排微光学透镜阵列将灯弧成像在第二排微透镜阵列上，并形成多个灯弧像，聚光灯将多个灯弧像叠加后均匀照射液晶面，如图 3-77 所示。在充分考虑使用要求和加工难度后，令每个微透镜阵列由 18 块小透镜组成：液晶板尺寸 15.68mm×11.76mm，蝇眼透镜阵列透镜元尺寸 9mm×12mm，阵列长宽比符合 4：3（或 16：9）要求，因此，微透镜阵列不仅提供均匀照明，而且将光源的圆形光斑输出转化为矩形照明光斑，从而提高能源利用率。设计结果表明，液晶光阀上的光分布可以实现美国国家标准化组织（ANSI）的均匀性要求（−8.61%～+5.07%），光能利用率是照明输出的 71%。

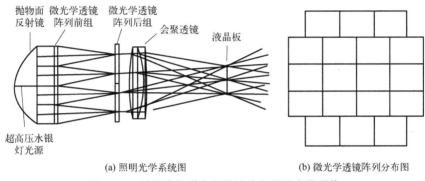

(a) 照明光学系统图　　　　　　　(b) 微光学透镜阵列分布图

图 3-77　液晶电视微光学透镜阵列照明光学系统

　　研究结果表明，采用复眼透镜系统作为照明系统时，为了充分发挥微光学透镜的作用，需适当选择微光学透镜的结构参数（包括微透镜孔径、焦距和行/列数等）。增加微光学透镜的阵列数目，照明光能量会更集中，光斑亮度更高。需要注意，如果聚光镜的焦距不变，根据照明系统展度守恒原则，由于微透镜将光源光束分割得更细，入射到照明屏上的光束发散角增大，因此，照明面积会变小。另外，需要注意光源尺寸的影响，若非点光源而是扩展光源，也会产生照明光斑旁瓣，中心光斑的亮度和均匀度都会降低。

3.4.2.1.4　多孔径滤波/微透镜阵列式光谱成像仪

　　1994 年，Hirai 设计出一种微透镜阵列与多孔径滤波器阵列相组合的照相机，如图 3-78

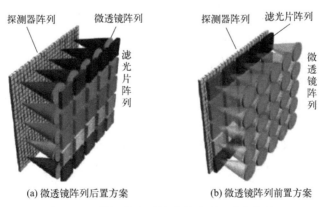

(a) 微透镜阵列后置方案　　　　　　(b) 微透镜阵列前置方案

图 3-78　微透镜阵列/滤光片阵列多孔径相机

所示。微透镜阵列放置在系统的中间像平面位置，并将相应的不同波段的光学滤光器阵列放置在微透镜阵列前或者后面，每一个微透镜元件对应一个窄波段在面阵探测器上所形成的像，因此，探测器上获得的是不同波段下空间信息的图像阵列。通过对图像阵列的解混和复原，实现快照式成像，主要应用于光谱成像技术领域。

在现代战争中，普通成像系统无法快速识别伪装成背景色的目标，但通过分析光谱图像，能够直接分辨目标特征光谱曲线与背景光谱特征曲线的差别，快速完成伪装破除和目标识别。

3.4.2.1.5　平面阵列式微透镜变焦探测/跟踪系统

对于机载或者空间探测/跟踪/识别系统，通常采用宽视场探测目标，尽可能宽地覆盖所监视的范围；为了跟踪和识别目标细节，采用具有高分辨率和较窄视场的模式。传统的光学技术是设计变焦光学系统或者多个相机协作组合。前者包含移动光学组件而后者具有更大难度（例如相机位置的标定、相机与目标的匹配和相机坐标的控制等），同时，体积和重量也是需要考虑的重要因素。

中科院上海技术物理研究所（于清华等人）在微光学（micro-optics）技术和光子集成电路（PIC）技术的基础上建议设计一种"光电侦察用分段平面成像探测器（segmanted planar imaging detector for electro-optical reconnaissance，SPIDER）"实现大视场/低分辨率探测和小视场/高分辨率跟踪识别。工作原理如图 3-79 所示。

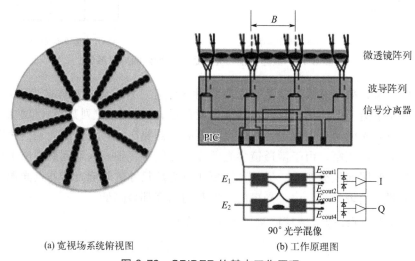

(a) 宽视场系统俯视图　　　　(b) 工作原理图

图 3-79　SPIDER 的基本工作原理

该系统有两个工作模式：探测模式和跟踪模式。不同工作模式对应着不同的微透镜及相应的波导组件，并且在系统结构没有任何移动的情况下快速切换。

SPIDER 工作原理是：外景光线通过微光学透镜阵列耦合到波导组件中，信号分离器将光线分为多个光谱频道（即 λ_1，λ_2，……，λ_n），利用光路匹配延迟技术使每对波导组件产生的两束去复用光束满足相干条件，并耦合到一个 90°光学混像器中形成相干。输出的信号被光电探测器 I 和 Q 接收。最后，通过逆傅里叶变换获得目标图像。

一个微透镜耦合到一个波导元件中的视场（FOV）是：

$$FOV_{单} = \frac{2\lambda}{D} \tag{3-79}$$

可以利用 $N \times N$ 波导阵列扩大视场，因此：

$$\text{FOV} = N \times \text{FOV}_{\text{单}} = 2N \frac{\lambda}{D} \tag{3-80}$$

系统的分辨率 $\theta_{\min}$：

$$\theta_{\min} = \frac{\lambda}{B_{\max}} \tag{3-81}$$

式中，λ 是微透镜的工作波长；D 是微透镜直径；$B_{\max}$ 是最长的工作基线。

显然，工作微透镜阵列和波导元件的不同组合对应着不同的视场和不同的分辨率。如果微透镜的工作波长和直径一定，则系统视场仅取决于波导阵列的尺寸，最长的工作基线 $B_{\max}$ 决定着系统的分辨率。

对于探测模式（如图 3-80 所示），具有较短基线的微透镜对与相对应的所有波导阵列（W_{S1}、W_{S2}）一起工作，而较长基线的微透镜对和对应的波导阵列（W_{L1}、W_{L2}）并不工作。根据上述公式，这种模式具有大视场并且只能探测大视场中具有较低空间频率的目标，因而具有较低的分辨率。

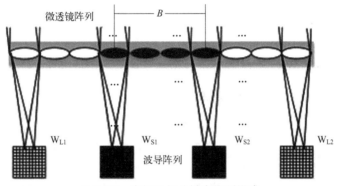

图 3-80　宽视场低分辨率探测模式

对跟踪识别模式（如图 3-81 所示），具有全基线的微透镜对与特定（取决于所关注目标的位置和尺寸）的波导元件（W_{S1}、W_{S2}、W_{L1} 和 W_{L2}）组合工作，可以获得窄视场以及高分辨率。

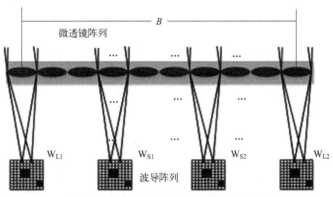

图 3-81　窄视场高分辨率跟踪识别模式

系统主要技术性能列在表 3-26 中。随着科学技术的发展，该项技术一定会日益成熟，并获得广泛应用。

表 3-26　SPIDER 探测/跟踪系统的主要技术性能

参数		指标
光谱范围/nm		500～900
视场/(°)	宽视场	10
	窄视场	0.2 和 0.3
分辨率/(″)	宽视场	10
	窄视场	2
最大基线长度/mm	探测模式	14
	跟踪模式	72
波导阵列	探测模式	100×100
	跟踪模式	2×2 和 3×3
微透镜直径/mm		0.802
目标距离/km		250

需要说明，SPIDER 探测/跟踪成像技术包括微米/纳米光学制造技术、光子集成电路 (photonic integrated circuit，PIC) 技术以及空频域欠采样图像反演技术等先进技术，目前尚处于研制阶段，利用 MATLAB 程序已经验证了该技术的可行性。

3.4.2.2　曲面基底型微光学透镜阵列

实际上，微光学透镜阵列是一个多光轴光学系统。当各光轴互相平行时（例如平面基底型），尽管系统结构简单，但系统视场角等于单个微透镜的视场角，因此，视场范围小。

如果各微透镜光轴之间设计有一定夹角（例如曲面基底型），每个微光学透镜（类似于自然界昆虫的"子眼"）的视场角和成像能力有限，但由数量众多的微透镜组成的阵列中，每个微透镜负责观察一个方向，微透镜阵列将观察空间分割为若干个小视场，每个成像通道对应一个小视场，并将小视场的像成在像面上，从而得到由众多不同视场小图像组成的完整物空间的像，使系统的整体视场得到扩展而实现大视场，同时对运动目标实现高灵敏度的感知与追踪。

与平面基底型微光学透镜阵列相比，该系统的工作原理更类似于生物昆虫的复眼，是名副其实的"仿生复眼光学系统"，如图 3-82 所示。

2004 年，德国采用激光光刻与回流焊相结合的工艺首次研制成功球面基底复眼成像系统，实际参与成像的微光学透镜约 $40×40$ 个（设计 $112×112$ 个），视场达到 $10.3°×10.3°$（设计值 $31°×31°$）。应当注意，目前光电二极管、CCD 和 CMOS 等光接收器大部分仍然是平面型结构，对于曲面基底型微光学透镜阵列成像系统，各微透镜与光探测器所在平面的距离（即像距）并不相等，靠近边缘的微透镜通常处于离焦状态，如果对视场中心清晰对焦，那么，边缘成像质量较差，同时存在重影和串扰，如图 3-83 所示。

2010 年，为了解决球面基底型微光学透镜阵列在平面探测器上成像受限的问题，中国科学技术大学（张浩等人）设计了一种具有不同焦距（或面型）的微光学透镜阵列成像系统，在微透镜阵列与 CCD 之间增加了一个中间层折转透镜，从而使各微透镜通道的成像都能均匀地分配在平面 CCD 上，获得了较好的成像质量，并应用于定位装置，如图 3-84 所示。

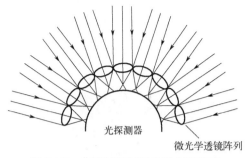

图 3-82 曲面基底型微光学透镜阵列

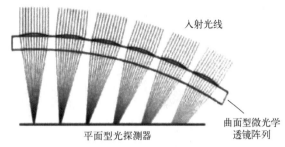

图 3-83 曲面微光学透镜阵列/平面型探测器成像系统

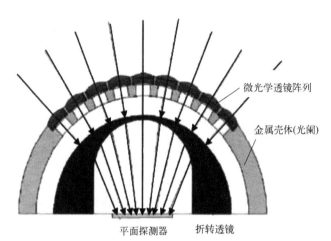

图 3-84 球面基底/平面探测器微光学透镜阵列结构

2012 年，美国俄亥俄州立大学（Lei Li 等人）设计了一种以非均一性微光学棱镜/透镜阵列为基础的平面并列型复眼摄像系统，视场达到 ±23.5°，如图 3-85 所示。微棱镜/透镜阵列总厚度 1.6mm，表面形状为自由曲面，保证光线通过微棱镜/透镜后对应地聚焦在平面型光探测器上。

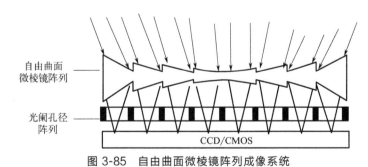

图 3-85 自由曲面微棱镜阵列成像系统

提高成像质量的另外一些有效措施是利用微光机电技术（MOEMS）设计非球面或自由曲面的微透镜阵列。

（1）曲面基底型复眼相机

案例一，火蚁复眼型相机。

2013 年，由多国学者（Young Min Song 等人）参与研究的复眼相机制作完成，其由 180 个独立的微透镜成像单元组成（类似于火蚁的复眼数量），每个成像单元由三部分组成：

微孔阵列、微光学透镜阵列（曲面基底）和微探测器阵列，并且一一对应，单个微透镜的视场为 9.7°，相邻微透镜的光轴夹角为 11°，整体视场角约 160°，如图 3-86 所示。

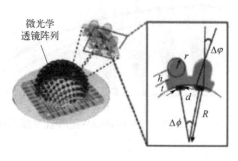

(a) 曲面微光学透镜阵列

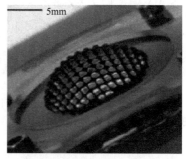

(b) 与电路板连接的复眼相机

图 3-86　包含微光学透镜阵列的复眼相机示意图

案例二，近距/远距型复眼光学系统。

中国科学院大学（史成勇）对复眼光学系统的设计方法和应用进行了广泛和深入研究，设计了一个既适合近距又能远距摄像的复眼相机光学系统，整个系统包含数千个微光学透镜，如图 3-87 所示，主要性能列在表 3-27 中。

(a) 曲面复眼系统内部结构图

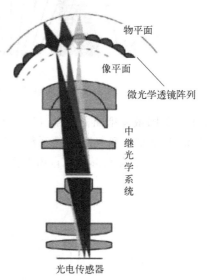

(b) 曲面复眼系统中继光学系统图

图 3-87　微光学透镜阵列曲面复眼系统

表 3-27　微光学透镜曲面复眼系统技术性能

参数		近距离探测和成像	远距离探测和成像
子眼 （微光学透镜）	数目	4400	117
	对应的像素数	20×20	120×120
	直径	500μm	3mm
	焦距/mm	1.28	5
	接收角/(°)	2.4	15

参数		近距离探测和成像	远距离探测和成像
子眼 （微光学透镜）	材料	PMMA（折射率 1.49）	
	球冠高度/μm	50	—
相邻子眼夹角/(°)		1.7	9
整体复眼	半径/mm	20	
	视场角/(°)	122.4	143.6
	探测器总像元数	2448×2048	

（2）微光学透镜阵列变焦距曲面复眼系统

单层均一曲面基底微光学透镜阵列是简单的复眼成像系统（其中，球面基底均匀布局的微透镜阵列是最简单的结构形式），每个微透镜对应一定视场，只负责系统视场的一小部分，后面的探测器（或者感光细胞）将采集到的信息融合形成整个视场的完整图像，如图 3-88 所示。

案例一，曲面基底型微光学透镜阵列（采用平面型光探测器时）存在的显著问题是边缘成像质量较差。中国科学技术大学采用增加中间层折转透镜的设计方法，获得了较好的成像质量。中国科学院香港中文大学深圳先进集成

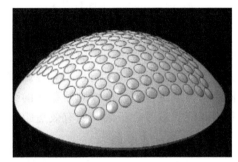

图 3-88 单层曲面均匀分布的微光学透镜阵列

技术研究所（邸思等人）提出另外一种"在曲面基底上制作非均一微透镜阵列"的设计方案，即微透镜的焦距随位置不同而变化（每个微透镜的大小和形状都不一样），确保各透镜在光探测器上均可以获得良好的成像质量，这种"非均一性微光学透镜阵列"也称为"变焦距微光学透镜阵列"。可以看出，每个微透镜的焦距都不一样，越靠近曲面微光学透镜阵列边缘，微透镜的焦距越短。优化后的微透镜阵列可以保证每个微透镜都能很好地聚焦在同一个平面上，获得理想的成像质量，如图 3-89 所示。为了简单实用，通常采用"圆周分层排列方式"，即透镜中心位于同一圆周上的微透镜视场角和设计焦距都相等，整个阵列具有中心对称的特点，因此，分布在同一圆周上的所有微透镜具有完全相同的成像性能。

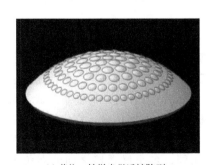

(a)非均一性微光学透镜阵列

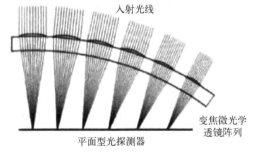

(b)非均一微透镜阵列成像

图 3-89 变焦距微光学透镜阵列成像原理

该系统的特点是：

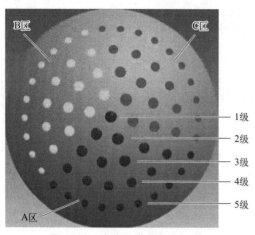

图 3-90 变焦距曲面复眼系统

① 能够增加摄像系统景深。

② 扩大视场角的同时保证具有更好像质。

③ 进行局部像差校正。

案例二，沈阳理工大学（李伦等人）为了解决球形表面结构的复眼系统存在的较大球差问题，提出一种变焦距非球面"复眼"设计方案，将曲面复眼系统划分为三个不同的扇形成像区域，不同区域内子眼（微透镜）的焦距不同，从而使复眼系统在一定范围内实现焦距调节，提高了曲面复眼的边缘成像质量。如图 3-90 所示。

变焦距曲面复眼系统的基底分为 A、B 和 C 三个扇形区域和 5 个等级，各区域内相同位置（或者相同等级）上微透镜的数目相同。由于曲面基底上微光学透镜都成像在平面光探测器阵列上，因此，基底上不同位置微透镜中心到光探测器阵列的距离不同，只有各区域相同位置的微透镜才有相同的距离，换句话说，只有同级微光学透镜到光电探测器靶面的距离才相等，偏转角也相同。因此，有效焦距和曲率半径也相同。各级"子眼"的有效焦距是：

$$\frac{1}{f_n'} = (n_i - 1)\left(\frac{1}{r_n} - \frac{1}{R}\right) \tag{3-82}$$

式中　f_n'——n 级子眼的有效焦距；

　　　r_n——n 级子眼表面的曲率半径；

　　　R——曲面基底的半径；

　　　n_i——微光学透镜的材料折射率。

对应主级"子眼"的焦距分别为 2.227mm、1.927mm 和 2.527mm。

在此基础上，对子眼结构进行非球面优化，从而获得最佳成像质量，计算结果表明，各级子眼的球差值降低为初始结构的约千分之一。

需要注意，该方案采用光学塑料聚二甲基硅氧烷（PDMS）和模塑成型法，因此，非球面子眼结构对微光学透镜的后期制造工艺提出了更高要求。同时，利用多个子眼捕捉到的目标以及入射角度与像点中心之间的关系，采用"曲面复眼多目标定位算法"，计算出目标点的坐标。捕捉到目标的子眼个数越多，定位精度越高。

（3）三维复眼成像系统

复眼微光学透镜结构实际上是多通道大视场成像系统，从获得的信息中可以解算出图像的深度信息，因此，无需像 3D 电影那样借助辅助工具（例如 3D 眼镜）就能直接显示三维图像，如图 3-91 所示。西北工业大学（芦丽明等人）研究结果表明，精确制导武器装置可以利用仿生复眼光学系统的多通道信息融合技术获得目标的三维空间信息，完成精确打击任务。

需要强调，微光学透镜阵列设计在基板内侧或外侧，对系统视场有较大影响。如图 3-92 所示，两种微光学透镜阵列的排列方式完全相同，各个微透镜之间的夹角为 3°。根据几何光学成像理论知道，对于内侧式结构，由于入射光线首先要经过平凹透镜才入射到微透镜上，因此，对应较大的入射角度。天津大学（邹成刚）的研究结果列在表 3-28 中，其中，微透镜材料是 PMMA，折射率 1.49。

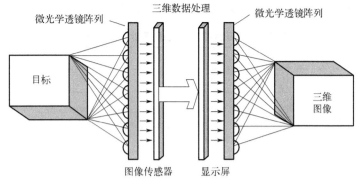

图 3-91　微光学透镜阵列三维成像系统

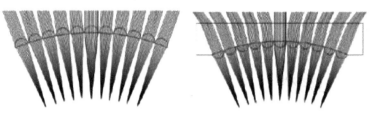

(a) 外侧式微光学透镜阵列　　　　　　(b) 内侧式微光学透镜阵列

图 3-92　微光学透镜阵列的位置对视场的影响

表 3-28　两种微光学透镜阵列对应的视场角

微透镜数目	5	7	9	11	13	15
外侧式视场/(°)	12	18	24	30	36	42
内侧式视场/(°)	18	27.4	37.3	45.4	54.8	64.5

（4）三层曲面复眼光学系统

单层曲面复眼成像系统是由一层沿曲面分布的微光学透镜阵列组成的，是最简单直观的曲面复眼成像系统。目前绝大多数探测器是平面结构，因此，会导致边缘视场成像质量大大下降。为解决该问题，中国科学院长春光学精密机械与物理研究所（张红鑫等人）设计了一种由三层微光学透镜阵列组成的曲面复眼成像系统，视场达到 88°。如图 3-93（a）所示，系统包括三层曲面微透镜阵列，上下对应的三个微透镜组成一个子成像系统通道，分别对相应的视场范围成像。中间一层微透镜类似于场镜，可以使离轴光线改变方向而传播到下一个微透镜阵列上。

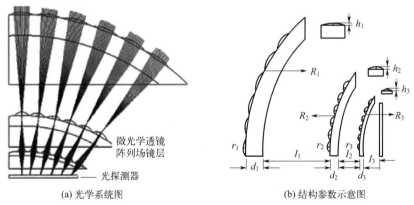

(a) 光学系统图　　　　　　(b) 结构参数示意图

图 3-93　三层微光学透镜阵列的复眼光学系统

表 3-29 列出相关参数，其中各参数含义，请参考图 3-93(b)。

表 3-29　三层微光学透镜阵列的结构参数

参数	一层	二层	三层
微透镜曲率半径/mm	$r_1=0.2$	$r_2=0.06$	$r_3=0.03$
曲面基底外侧表面半径/mm	$R_1=1.435$	$R_2=0.995$	$R_3=0.837$
微透镜矢高/mm	$h_1=0.011$	$h_2=0.015$	$h_3=0.013$
基底厚度/mm	$d_1=0.079$	$d_2=0.045$	$d_3=0.017$
各层之间的间隔/mm	$I_1=0.359$	$I_2=0.113$	$I_3=0.087$
各层相邻微透镜之间夹角/(°)	$\alpha_1=8.8$	$\alpha_2=5$	$\alpha_3=4.3$
系统尺寸/mm	$0.9\times0.9\times0.75$		

3.4.3　微光机电系统

20 世纪 90 年代后，微光学元件与微机电系统（MEMS）集成为一种新型光机电系统，即微光机电系统（MOEMS）。图 3-94 显示了 MOEMS 与光学、电子和机械技术之间的关系。

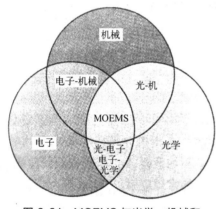

图 3-94　MOEMS 与光学、机械和电子技术之间的关系

目前，MOEMS 主要应用于以下方面：

① CCD 非成像聚光微透镜阵列，从而提高系统的光能利用率和系统灵敏度，简化成像系统，减轻重量和降低成本。

② 密集波分复用微透镜系统，主要作用是对输入光纤末端出射的很细的高斯光束进行扩束，等效于增大光纤的数值孔径，相对带宽得到很大提高，降低了对激光器频率的稳定性要求以及波长选择和控制的精确度，提供了更大的通道安装强度。

③ 微光学透镜线性扫描器。

④ 半导体激光器光纤耦合微透镜系统。

由于普通的边发射半导体激光器自身结构特点造成出射偏振光的远场发散角度大、平行性差和衍射效应强以及在垂直和平行于结方向的光束发散角不对称等缺陷，很难直接与光纤耦合或者直接应用于泵浦固体激光器。采用微透镜的最大优点是可以精确成形为任一表面形状，在特定传播距离上，保证两个方向的光束宽度相等，形成一个近似圆形的光束。

⑤ 显示系统。

人们最熟悉的两类显示技术是阴极射线管显示（CRT）和液晶显示（LCD），将 MOEMS 技术应用到显示领域（尤其是头盔瞄准/显示领域）是一个较新的概念。以微光机电系统（MOEMS）为基础的最先进显示技术有三种类型：

a. 光栅光阀显示技术（GLV）。

光栅光阀显示技术显示的像素是反射式正方形衍射光栅，由一维阵列的微电桥组成，阵列中的交互微电桥上下偏转而对静电力作出响应，从而改变光栅相位。显示过程中，通过光学空间滤波器消除不必要的衍射级以实现像素光的强度调制。

b. 视网膜扫描显示技术（RSD）。

视网膜扫描显示技术是一种便携式扫描显示技术，在观察者的视网膜上形成一个虚像，因此，也称为"虚拟视网膜显示技术（VRD）"。

一套典型的便携式 RSD 系统由视频电子组件、光学组件、扫描组件、出瞳扩束组件和光学观察装置组成。最初首先应用在头盔瞄准/显示领域，扫描器和光源是视网膜扫描显示系统（RSD）的两个关键组件，大功率固态红、绿和蓝色光激光光源非常适合激光高亮度RSD产品。通常，将激光器和外部调制器放置在较远位置，通过光纤将调制后的光束传送到显示器的头部装置中。

美国研发的单色绿光头盔瞄准/显示系统（HMD）是典型应用之一，如图 3-95 所示。主要性能：双目观察，视场 $52° \times 30°$，其中 $30°$ 视场是重叠区；出瞳直径 15mm；显示器分辨率 $1280(H) \times 1024(V)$，达到 SXGA 数量级；眼睛观察处的图像亮度 $> 1500fL$（$1fL = 3.426cd/m^2$），面对阳光亦可辨读；设计有昼夜亮度调节装置。

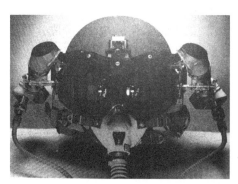

图 3-95　单色 RSD 式头盔显示系统

c. 数字微反射镜显示技术（DMD）。

美国德州仪器公司首次研发的商业化数字微反射镜显示装置（DMD）是一个利用微光机电阵列调制光强度的组件，也是成功应用 MOEMS 技术的另一个典型例子，其中，微反射镜尺寸是 $16\mu m$ 的正方形，如图 3-96 所示。目前，DMD 显示器正逐渐应用于机载瞄准/显示系统。

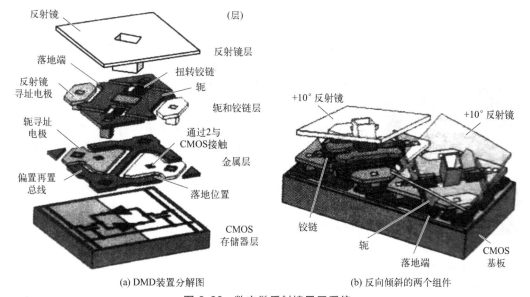

(a) DMD装置分解图　　　　(b) 反向倾斜的两个组件

图 3-96　数字微反射镜显示系统

⑥ 成像系统。

微光机电系统在各种成像领域（从高分辨率光学显微到夜视/红外成像领域）正在得到越来越广泛的应用。有两种类型：点扫描成像系统和焦平面成像系统。

点扫描成像系统只需要设计一个光探测器，并利用一个微扫描装置（例如微反射镜）扫描视场形成图像。典型产品包括：遥感成像雷达、单探测器热成像系统以及共焦激光扫描显微镜等。

焦平面成像系统利用二维阵列的探测器同时对全视场成像，每个像素对应一个探测器，因此，具有更高的灵敏度和信噪比。最普通的微机械红外焦平面阵列是微型测辐射热仪阵列。

3.4.4　微米和纳米透镜制造技术

随着微光学元件/系统技术的发展，越来越多的领域开始研究和应用微光学元件、微机电器件和微光机电系统，典型的微纳米器件包括：

① 纳米激光器（例如量子阱、量子线和量子点激光器）。
② 量子红外光电探测器。
③ InGaAs/GaAs 多量子阱自电光效应器件。
④ 谐振腔增强型光敏二极管探测器。
⑤ 纳米级薄膜制作的红外摄像器件。

微纳米光学制造技术是微纳米技术发展领域（包括微纳米光电子学，微纳米生物学，微纳米材料学和微纳米制造学）中的核心技术之一。毫无疑问，微光学元件和系统的概念与制造技术密切相关，换句话说，微米和纳米光学元件制造技术是微光学元件/阵列/系统从理论研究走向实际应用或者从实验室走向商业市场化的关键技术。其不仅为微纳米技术的发展提供强有力手段，也是未来微纳米产业的支柱，可以创新一系列新型光学/电子元件和微光机电系统。

目前，制造微米和纳米光学透镜阵列的方法包括以下几种技术：

（1）精密机械制造技术

选择最适合加工微光学元件的机床和切削工具，并通过精密机床编程加工方法加工微光学元件表面的浮雕型结构，保证表面具有最好的粗糙度和最小的表面损伤。该方法是最传统和最直接的方法，称为"精密光学金刚石车削技术"。

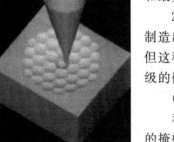

**图 3-97　精密铣削加工
微透镜阵列技术**

2011 年，哈尔滨工业大学（褚鑫等人）利用数控机床加工制造出由 37 个微透镜组成的微光学透镜阵列，如图 3-97 所示。但这种技术只能制造亚毫米级微光学透镜阵列而无法加工微米级的微光学透镜阵列。

（2）光刻胶热熔制造技术

利用一组具有特殊形状（圆形、正方形或六边形）曝光孔的掩模板对光致抗蚀剂（例如 AZ4620 光刻胶）曝光、显影、加热成型和复制（例如压模或注射成型技术），形成微透镜阵列。

该制造技术是目前常用的方法，优点是过程简单，成本低，透镜直径可以小到 10nm。缺点是难以制造出变焦微透镜阵列。

（3）热压成型技术

热压成型技术（包括热冲压和热滚压技术）是一种低成本批量生产微光学元件的复制技术（包括热压、模压和电铸技术）。利用成型模具和具有良好热塑性的塑料（例如聚甲基丙烯酸甲酯或者聚碳酸酯材料），在半融熔状态下加压成型，待冷却后脱模取出，即可获得较高质量的微光学透镜阵列。

为了解决模具与微光学透镜表面直接接触会造成表面粗糙度较差的问题，德国 Jens Schuize 和华中科技大学（王迎春等人）分别采用一种非接触式热压印技术成功制造出表面平整光滑的高质量微光学透镜阵列（包括平面和曲面基底）。

这种技术不仅能获得大面积的微米/纳米分辨率，而且，制造成本与结构的复杂程度基本无关。

（4）静电变形薄膜制造技术

厦门大学（孙鸿达）提出一种利用静电变形薄膜技术制造微光学透镜阵列的方法。在特定电压作用下，导电薄膜发生变形，通过加热或者紫外光照射使导电薄膜中液态光学材料聚二甲基硅氧烷（PDMS）变形并固化，并可以利用真空负压法制造曲面结构。

这种方法的优点是可以自由设计透镜的孔径和形状，不受工艺过程影响。通过在上下电极之间施加不同的电压可以控制变形量（即控制透镜焦距），利用设计下电极的位置和数目能够产生非对称变形（即产生自由曲面微透镜阵列）。透镜表面质量高，表面粗糙度可以达到纳米级。

（5）微滴喷射技术

利用微喷射系统将高分子聚合物溶液通过喷嘴滴到基板上，在表面张力的作用下，液滴呈现球面形状，经过固化处理（加热或者紫外线照射）后，在基板表面形成球形微结构。由于聚合物液滴与基板的表面张力、温度及液滴喷射量对透镜形状都会有严重影响，有很高的工艺要求，因此，无法适应批量生产需求。

对于微米/纳米光学制造技术感兴趣的读者，请参考《微光学和纳米光学制造技术》（机械工业出版社，2011 年）一书及相关文献。

3.5
编码孔径成像技术

传统成像设备主要由光学系统（或镜头）和探测器（或成像传感器）组成。随着科学技术的发展和进步，探测器从感光胶片发展到数字图像传感器（CCD 和 CMOS）。为了保证高分辨率和成像质量，光学系统演变得更为复杂。由于光学系统的复杂性以及透镜与传感器之间需要一定距离以实现聚焦，因而使成像设备体积更大和质量更重。

无镜头编码掩模成像技术是解决上述问题的方案之一，其理论基础是针孔成像技术。

早在公元前 400 多年，墨子就已经在《墨经》中提出了最简单的无镜头成像系统，即针孔成像系统。如图 3-98 所示，图像平面上每个像素对应着来自场景的单（窄）束光线，针孔的作用是限制到达像平面的光线，而对光线没有调制作用。最早的针孔相机（1850 年）就是将暗箱的屏幕替换为感光板，对可见光目标成像，并记录了第一张照片。

1961 年，Mertz 和 Young 首先提出"编码孔径技术"（也称为波前编码成像技术）。波前编码技术的基础是 P. M. Woodward 为研究雷达回波的波前变化定义的模糊函数（AF）理论。

1974 年，A. Papoulis 将模糊函数的概念引入傅里叶光学、菲涅耳衍射和相干光学成像领域。

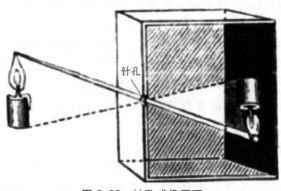

图 3-98　针孔成像原理

1978 年，Fenimore 和 Cannon 基于无镜头编码孔径成像相机的概念，建议采用由多个子孔径组成的编码孔径阵列代替单个针孔，直接放置在探测器前面成像。

1982 年，K. H. Brenner 和 A. W. Lohmann 将模糊函数应用到非相干成像领域，提出"如果把光学系统的光瞳函数归一化，则模糊函数实际上就是以离焦量为变量的光学传递函数"，从而开拓了模糊函数在成像光学系统中的应用。

1984 年，H. Bartelt 等人建议将模糊函数作为衍射受限光学系统对离焦误差敏感度的判据，为波前编码技术的实际应用奠定了基础。

1995 年，美国科罗拉多大学的 Dowski 和 Cathey 创造性地将传统的扩大光学系统焦深的方法与数字图像处理技术相结合，提出波前编码成像技术，即在光学系统中增加一个具有特殊形式的相位板，通过适当选择相位板形式（例如，三次方相位掩模板）使光学系统对离焦不敏感，换句话说，使系统的光学传递函数在全离焦范围内没有零点，因此，中间图像不会损失目标信息。再通过数字图像处理的方式"解码"，恢复目标的清晰图像。该技术已经申请了专利并研发出实用产品，可以对空间变化的点扩散函数形成的图像进行图像处理，从此，波前编码技术走向成熟，并得到越来越广泛的应用。

上述新型成像方法最早应用于伽马射线和 X 光波段。优点是能显著提高探测器对射线的收集效率，在保持针孔成像较高分辨率的基础上，提高了信噪比（SNR）和系统灵敏度。

3.5.1　无透镜波前编码成像技术

实际上，无透镜波前编码成像技术是将光学、数字信号处理和计算机视觉等学科相融合的一种光谱成像技术，也称为"混合光学数字成像技术""计算光学成像技术"或者"编码孔径成像（CAI）技术"。

波前编码成像技术采用多孔径编码掩模替代具有聚焦能力的光学元件（透镜、反射镜），对来自景物的波前进行编码，再通过相关或解卷积技术对探测到的二维强度图案进行解码，恢复景物图像。

多年来，编码成像技术的应用主要集中在短波光谱范围，但是随着编码成像技术显露出优于可见光和红外波段现有成像方式的潜在优势（例如重量轻、体积小、零像差和畸变以及柔性故障模式等），近年来，一些国家（主要是美国和英国）开始研究在较长工作波长（可见光和红外）范围和更高角分辨率条件下，采用编码成像技术的可能性，并通过美国国防部先进技术预研局（DARPA）的 LACOSTE 项目逐步得到验证和实现。

如何使该项技术在要求环境条件下具有稳定的性能和较好的可靠性，同时又不增加系统尺寸、重量及成本，是该项技术实现工程化的关键。

图 3-99 对传统光学透镜系统与无镜头编码成像系统的不同成像原理进行了比较。主要区别是探测器不再是直接记录或显示透镜聚焦后的图像，而是记录编码掩模调制之后光场强度的分布信息，是一个交错和重叠的模糊图像，即所谓的"被编码图像"，然后，利用算法重建人眼可以识别的原始图像。获取图像不是依靠光学系统，而是用多孔径的编码掩模代替具有光焦度的光学元件（透镜或者反射镜），对视景波前进行编码后传送到二维探测器阵列上，再通过后端处理获得完整的目标信息，共同完成高质量成像。

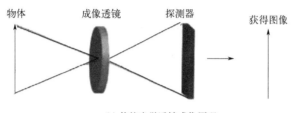

(a) 传统光学透镜成像原理

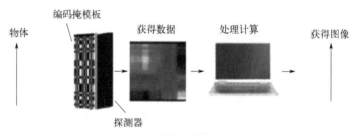

(b) 无透镜编码成像原理

图 3-99 传统光学透镜成像与无透镜编码成像技术基本原理

无透镜编码成像技术是为改善离焦模糊和扩展景深而提出的一种半自动成像方法，不同孔径对深度信息的辨识能力与图像清晰度具有不同程度的影响。基本思想是利用一个具有多个特殊针孔的光学元件（编码掩模板）对场景或目标进行光学编码（如图 3-100 所示），利用探测器采集编码图像，采用适当的算法解码并重构原始场景图像。由于一个物点通过编码孔径后的信息能够分散到整个探测器平面上，从而可以收集到尽可能多的目标信息，因此，能有效抑制噪声，提高集光率和信噪比。

在通用编码成像的系统中，采用多个子孔径的目的是增加光通量（克服单个针孔成像系统孔径非常小而导致光通量很低，造成曝光时间非常长的缺点），同时保留重建高清晰度图像的能力。与单针孔成像技术相比，编码成像技术是利用编码掩模板对场景或目标光线进行编码调制，当光线透过按照某一特定规律分布的子孔径时，掩模图案对场景不同点源特征进行不同的偏移和缩放，因此，场景信息被编码。在探测器上不再直接形成场景或目标图像，而是收集多个场景位置光强的线性加权组合，形成相互叠加交错、人眼不可辨认的编码图像信息。由于场景与探测器的关系可以表示为与编码掩模板图案和位置有关的线性系统关系，从而利用相应的解码算法能够很好地恢复和重建真实场景图像。

与普通的光学系统类似，在编码成像技术中，掩模板的设计非常重要。对可见光和近红外光谱成像时，为了将针孔衍射效应的影响降至最小，针孔孔径一定要足够大（通常几十至

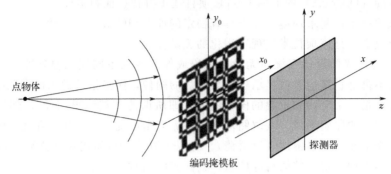

图 3-100　编码掩模板成像原理

几百微米），但针孔太大，图像分辨率会下降，因此，适当选择针孔孔径，保持衍射效应和散焦模糊效应最小化的平衡非常关键。

编码成像技术的优点是：

① 编码掩模成像是一种"所见非所得成像技术"，重建算法允许在图像解码速度和图像质量之间权衡折中。

② 即使探测器和掩模阵列中存在某些点或线缺陷，由于编码掩模成像技术具有一定的容错机制，仍然可以成像。

③ 具有无限景深和近/中距离的无源被动三维成像潜力。

④ 可以忽略图像的畸变和扭曲。

⑤ 有望降低光学系统的体积、重量和成本。

多个针孔的排列具有一定规律和方式，并非杂乱无章。孔径形状及其排列方式的不同会造成系统分辨率不同程度的改变。主要分为照明编码（光源设计）、孔径前编码（即物方编码）和孔径编码（包括编码孔径和波前编码）等排列方式。

较常用的孔径编码的结构形式分为随机阵列、均匀冗余阵列（URA）和修正冗余阵列（MURA）等，如图 3-101 所示。

(a) 随机编码孔径掩模板

(b) MURA编码孔径掩模板

图 3-101　孔径编码掩模板

孔径编码成像（CAI）技术通常局限于 γ 射线和 X 射线波段，通过编码掩模对来自场景的波前进行编码，探测其强度分布，并利用图像解码技术重构图像。一个典型实例是，2004年 11 月，美国航空航天局（NASA）发射的 Swift 卫星中的 BAT 望远镜摄像机就是采用一个固定编码孔径定位宇宙中的伽马射线脉冲。2017 年，成都理工大学（冷峰庆）为检测"γ放射性污染"设计了一种 37×37 编码掩模板（由四块 19×19 掩模板镶嵌而成），如图 3-102所示。

 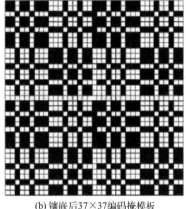

(a) 单块19×19编码掩模板　　　　　　　(b) 镶嵌后37×37编码掩模板

图 3-102　无镜头编码孔径掩模板

3.5.2　透镜型混合编码成像技术

近年来，随着光学硬件技术、图像处理算法和低成本数字信号处理（DSP）技术的发展，编码成像技术开始应用于更远波长（如可见光和红外波长）领域。波前编码成像技术与普通成像技术相结合，形成了一种更先进的透镜型混合编码成像技术。

透镜型波前编码成像系统不同于传统的光学成像系统。传统的光学成像系统是将成像光束会聚于理想的高斯像平面，并且，理想像面只有一个。图像探测器偏离该像面距离（或者离焦量）不同，接收到的图像清晰度也不相同。透镜型编码成像系统则不同，如果在光学系统光瞳（或者孔径光阑）位置加入一块相位掩模板［相当于在光瞳函数上引入一个三次相位分布，如式（3-83）～式（3-86）所示］，则光学系统在数倍于原系统较深的范围内的光学传递函数几乎一致，即光学系统对离焦误差变得极不敏感，像面上得到的是一幅模糊的中间图像，如图 3-103 所示。

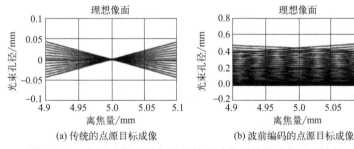

(a) 传统的点源目标成像　　　　　　　(b) 波前编码的点源目标成像

图 3-103　传统光学系统与波前编码成像系统的成像原理比较

A. Levin 认为，可以将编码掩模板装置视为"宽带滤波器"。合理选择一个滤波器进行去噪处理，对中间"模糊图像"进行解码，就可以重新形成一个高质量的图像。因此，利用该技术能够很好地控制由于装调和环境温度变化等因素造成的离焦效应，保证在大视场和大焦深条件下获得接近衍射极限的成像质量。

众所周知，一个理想光学系统的归一化光瞳函数（一维形式）是：

$$P(x)=\begin{cases} 1 & |x|<1 \\ 0 & |x|>1 \end{cases} \tag{3-83}$$

引入离焦量（其中波像差 W_{20}）后，光瞳函数变为：

$$P'(x) = \begin{cases} P(x)\exp(\mathrm{j}\alpha W_{20}x^2) & |x| < 1 \\ 0 & |x| > 1 \end{cases} \tag{3-84}$$

借助傅里叶光学理论，并用模糊函数表示光学传递函数，应用稳相法求出对离焦不敏感的相位板形式为三次相位分布，光瞳函数（一维形式）变为：

$$P(x) = \begin{cases} \dfrac{1}{\sqrt{2}}\exp(\mathrm{j}\alpha x^3) & |x| \leqslant 1 \\ 0 & \text{其它} \end{cases} \quad |\alpha| \gg 20 \tag{3-85}$$

扩展到二维编码相位板结构，表示为：

$$P(x) = \begin{cases} \dfrac{1}{\sqrt{2}}\exp\left[\mathrm{j}\alpha(x^3 + y^3)\right] & |x| \leqslant 1, |y| \leqslant 1 \\ 0 & \text{其它} \end{cases} \quad |\alpha| \gg 20 \tag{3-86}$$

显然，光瞳函数表达式中不再含有离焦量，因而，光学传递函数表达式也不包含离焦量，换句话说，光学系统对离焦误差极不敏感。

波前编码技术新光瞳函数中的参数 α 可以视为焦深扩展因子（或者三次相位板系数），用来控制离焦不敏感程度。研究表明，α 越大，编码光学系统的焦深（相对于原系统）扩展越大。需要强调，α 越大，系统在高频段的传递函数就越低，甚至会提前截止。一般情况下，选择 4～10 倍为宜。图 3-104 是波前编码技术的原理图。

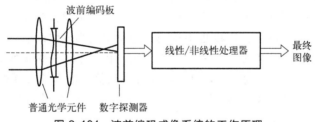

图 3-104　波前编码成像系统的工作原理

随着科学技术的发展和进步，其成像方式的潜在优势（包括重量轻、体积小、零像差和畸变以及故障弱化模式）使波前编码技术开始应用于可见光和红外（IR）波段。模糊数学理论和图像处理技术研究的深入，以及非回转对称非球面设计、加工、检测技术的成熟，一定会使波前编码技术在越来越多的领域得到广泛研究和应用。

研究表明，通过对光瞳的不同编码实现光学系统优化，可以解决普通光学系统无法克服的问题。按照新墨西哥大学 S. Prasad 的"光瞳相位工程（pupil phase engineering）"理论，在光瞳上设计具有不同特性的相位因子可以达到不一样的光学效果。表 3-30 是不同相位因子的波前编码相位板。

表 3-30　不同的相位板形式

相位板名称	数学表达形式
三次相位板	$\phi(x) = \alpha x^3$
对数相位板	$\phi(x) = \mathrm{sign}(x)\alpha x^2(\lg|x| + \beta)$
指数相位板	$\phi(x) = \beta x\exp(\gamma x^2)$

相位板名称	数学表达形式
二次相位板	$\phi(x) = \alpha x^2$
高次相位板	$\phi(x) = \alpha x^n$，n 是大于 3 的整数
多项式相位板	$\phi(x) = \sum_{n=0}^{K}\left(\sum_{m=0}^{n} C_{nm} x^n y^{n-m}\right)$
余弦相位板	$\phi(r,\theta) = \sum_i a_i r^{bi}\cos(\omega_i \theta + \phi_i)$

20 世纪 90 年代，美国 CDM 公司开始产销 1.27mm 塑料立体相位掩模板，并研发出可用于高数值孔径光学系统（如高倍显微镜）的波前编码板，典型产品是无色差/大视场深度的荧光显微镜，同时，推广到机械显示领域，实现校正像差和补偿温度变化引起的离焦效应的目的。此外，墨西哥国立天文研究所提出了波前编码技术在空间光学领域的应用，英国 Heriot Watt 大学开始研究波前编码技术在宽视场和低对比度成像领域的应用。目前广泛应用的典型产品包括 R. Narayaswamy 等人研制的虹膜识别系统、E. R. Dowski 等人研制的长波红外成像系统和 R. Kubala 等人研制的大孔径天文望远镜的子镜合成系统。

国内许多大学和研究所（例如，浙江大学、西安电子科技大学、中科院长春光学精密机械与物理研究所和西安光学精密机械研究所等）也在积极开展此项技术的研究和应用。西安电子科技大学（沈冲）对不同形状（包括三角形、四边形、六边形、八边形和圆形）、尺寸和数目的编码孔径的成像特性进行了分析和模拟。中国科学院西安光学精密机械研究所（魏朝奇）设计了一种无镜头可见光编码掩模成像系统，采用光刻制版工艺完成了编码掩模板的制造，将微米或纳米级精细图案刻制在（镀有金属铬层的苏打玻璃）掩模基板上。其中，玻璃厚度 1.5mm，铬层厚度 100nm，单个正方形边长 30μm。金属层不透光，玻璃透光。西安电子科技大学（袁影）对编码掩模板在超分辨率红外成像领域的应用进行了探索性研究。

案例一，可见光三片物镜型编码成像系统。

2007 年，中国科学院长春光学精密机械与物理研究所和南开大学（雷广智等人）合作，在 Dowski 等人提出的三次方相位掩模板设计理论基础上，为了获得更好的设计结果，将编码光学元件的形式进行高阶修正，在三片型可见光物镜光学系统（F/4.5）的光瞳位置增加一片波前编码元件，使系统焦深扩大为传统系统焦深的 10 倍，光学系统如图 3-105 所示。

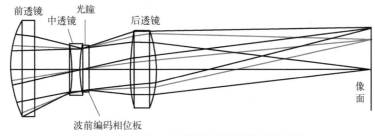

图 3-105　三片物镜型波前编码光学成像系统

波前编码元件采用以下表达形式，其中，α 和 β 可分别视为第一、第二焦深扩展因子：

$$P(x,y) = \alpha(x^3 + y^3) + \beta(x^2 y + xy^2) \tag{3-87}$$

考虑到"离焦不敏感性"和"图像可恢复性"，光学系统 MTF 定义为：

$$\mathrm{MTF} = W_i \times (\mathrm{SRMF} + \mathrm{EEMF}) + W_r \times \mathrm{DMF} \tag{3-88}$$

式中　W_i——离焦不敏感性的权重；

　　　W_r——图像可恢复性的权重；

　SRMF——斯特利尔比（Strehl ratio）评价函数；

　EEMF——能量集中度（encircled energy）评价函数；

　DMF——提供的默认评价函数，可以灵活选用。

设计时，选取不同的离焦位置，分别求得 SRMF 和 EEMF，并以其均方误差作为评价函数。

与传统光学系统相比，编码光学系统的最大优点是像质对离焦量不敏感。

图 3-106 是传统光学系统与编码光学系统的"离焦敏感性"比较。

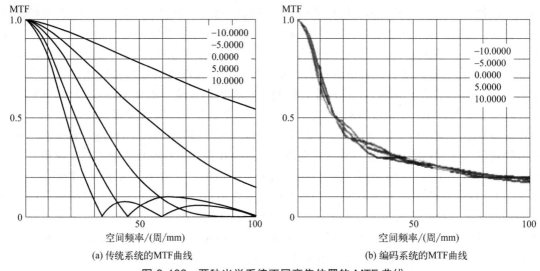

图 3-106　两种光学系统不同离焦位置的 MTF 曲线

编码光学系统的第二个优点是像质 MTF 对视场不敏感，从而可以在"解码"恢复图像过程中对不同视场的图像采用统一处理方式。图 3-107 是准焦位置时不同视场的成像质量。

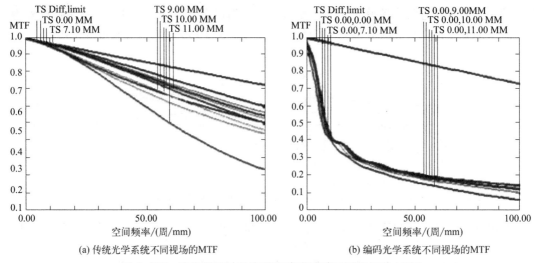

图 3-107　准焦位置时传统/编码光学系统不同视场的 MTF

图 3-108 是传统光学系统（上图）与编码光学系统（下图）点扩散函数（PSF）的比较。其中，离焦位置分别选择 0.2mm、0.1mm、0mm、−0.1mm 和−0.2mm。由此看出，波前编码光学系统的点扩散函数基本上不随系统离焦量变化。

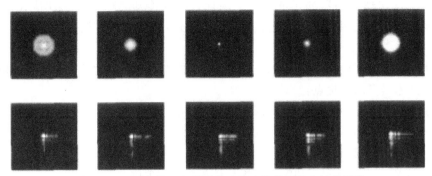

图 3-108　传统/编码光学系统不同离焦位置的点扩散函数

需要注意，设计过程中，必须尽量保持"离焦不敏感性"和"图像可恢复性"之间的最佳平衡或者搭配：如果仅仅考虑系统的"不敏感性"，则系统的 MTF 会过低，中间图像的质量太差，"解码"后噪声增益显著，影响最终成像质量；同样，若"可恢复性"太高而"不敏感性"过低，会降低清晰成像的离焦范围，使系统指标下降。通常设计中首先固定其中一个参数（例如，"离焦不敏感性"权重 $W_i=1$），然后，依次选取"图像可恢复性"权重 W_r 的不同值，直至取得良好的成像质量。

采用该方法的最大优点是可以利用现有光学设计软件（例如 CODE V 或者 Zemax 软件）完成设计，计算量小，设计速度快。

案例二，雷神视景系统公司利用波前编码成像技术设计的波前编码红外光学系统，将波前编码板与传统的光学元件相组合，产生更紧密的点扩散函数（PSF），从而大大改善信噪比（SNR），这就意味着可以使用计算成像技术（CI）校正常规光学系统本身的像差，形成超清晰图像和更高的分辨率。换句话说，该系统比那些等效的传统成像系统更简单、更轻便和更便宜。

如图 3-109 所示，采用 4000×4000 焦平面阵列探测器，安装在一个定制的杜瓦瓶内，另外设计一个冷却滤光片，将辐射光谱范围限制在 3.6～4.1μm 范围内。理想的自适应掩模板是一个基于微光机电（MOEMS）技术的微快门可访问阵列，这样，掩模图形就可以迅速

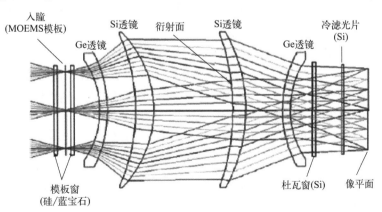

图 3-109　采用自适应编码孔径技术的红外光学系统

转换，而无需大范围地移动部件。

该系统的优点是掩模板位于红外光学系统入射光瞳附近（光学组件外面），从景物各点投射的红外辐射可以被整个掩模板调制（将减少点扩散函数 PSF 的角度变化）；缺点是在杜瓦瓶内无法实现探测器的足够冷屏，因此，必须冷却光学系统，才能让侧壁的杂散辐射不被探测到。系统采用异丙基乙醇（IPA）CO_2 冷冻剂，使其保持在 $-80℃$ 的稳定温度下。

与采用透镜或反射镜将来自场景的光线聚焦在探测器阵列上的常规成像方法相比，此波前编码成像技术具有以下优点：

① 通过减少常规光学元件数量降低系统的重量和体积。

② 对给定的角分辨率，可减小系统厚度。

③ 具有降低成像系统成本的潜力。

④ 景深无限大，对近距离和中距离场景具有被动三维成像的可能。

⑤ 具有柔性故障模式，允许探测器和掩模阵列上的多点或线存在缺陷，并取决于场景中各点的光分布特性。

⑥ 可以忽略图像畸变。

⑦ 由于是分布式形成图像，在给定的探测器阵列像素数目和系统视场条件下，可以提高系统分辨率。

但是，到目前为止，波前编码成像技术应用于可见光和红外波段，还有两方面的问题需进一步解决：

① 掩模板会产生明显的衍射效应，可能会增加可见光和红外系统设计的复杂性。

② 探测到来自景物的光线具有相对低的亮度。

随着科技发展和研究的逐步深入，相信，通过对孔径、掩模尺寸和光谱带宽的合理选择，编码孔径成像技术将会成功应用于可见光和红外波段探测领域。

案例三，诺斯罗普·格鲁门公司的波前编码微光成像物镜（NVG）。

微光夜视镜是一种传统的夜视成像装置。长期以来，机载微光夜视镜的重量一直是人们关注的重点。

机载微光夜视镜是一个 1 倍放大率的光学系统，物镜重量基本上是整个 NVG 重量的 30%；而其它应用的微光系统（如陆地用）中，更高放大率（3～5 倍）微光夜视镜的物镜重量可能会超过 NVG 总重量的 50%。使用过程中，由于飞机振动等原因，较重的头戴式微光夜视镜很容易前倾，长时间使用会导致疲劳，因此，研发出更轻的 NVG 成为追求的目标。

2011 年，诺斯罗普·格鲁门公司尝试采用波前编码成像技术，设计一个轻型编码孔径板替换微光物镜，用一个轻薄的 LCD 显示器替换荧光屏，从而将重 4.25lb（约 1.9278kg）的 NVG 减轻到不足 3 磅。同时，图像处理器对投射的编码孔径照射解码，然后将其转换为场景的重建图像，取得了一定的研究成果。

据相关资料报道，该系统编码相位板的主要设计参数是：

中心工作波长：800nm。

波长带宽：100nm（750～850nm）。

编码孔径单元尺寸：71μm。

编码孔径板焦距：50mm。

3.6
偏振成像技术

光波是电磁波的一个波段，光波电场振荡时，其电场矢量在空间的振动方向具有确定取向。光波所包含的信息非常丰富，除了波长、振幅和相位外，另外一个重要属性是偏振。换句话说，光波包含光强度（振幅）、波长（频率）、位相和偏振态（光波在电磁场中的振动方向）四个独立信息。

普通的可见光和红外光成像技术的工作原理是通过探测一定波长光的光强度获得目标的强度对比信息，但在雾霾环境中，由于散射介质（例如雾霾颗粒或者灰尘等）的强散射作用，目标反射光的强度会随传输距离增加而减弱，信噪比降低，造成图像对比度较低，因此，在一些特殊环境，仅仅依靠光强度图像无法满足某些领域，尤其是军事探测领域的需求，换句话说，仅仅依靠光强度成像技术无法及时有效地发现目标。

作为光强度探测的有益补充，偏振光探测技术能够把可用信息从传统的光强、光谱和空间扩展到光强、光谱、空间、偏振度、偏振方位角、偏振椭圆率和旋转方向，从而获取被探测介质更多的物理参数和光学参数。即物体反射光的偏振信息不仅包含目标的光强，还包含其表面材料的材质、纹理结构（粗糙度）以及几何特征等物理特性。当阳光从大气层外入射到目标表面时，辐射强度、传播方向和偏振态等信息都会受到大气、地面目标反射/散射和透射等物理作用的影响而发生变化。对于不同类型的目标，即使具有相同的光强度反射率，其反射光的偏振特性也会不同，从中反映了目标之间不同的物理形态和特征，因此，在复杂的背景下，通过提取目标的偏振信息进行成像探测可以提高图像的对比度，凸现背景中的目标，从而快速识别，提高探测效率和降低虚警率。另外，偏振光在烟尘雾霾中的穿透能力优于自然光，非常有利于战场环境中对目标的探测和识别，所以，偏振光成像技术的基本原理就是探测物体光波的偏振态，如果与红外成像技术相结合，对有效提高低照度和夜间环境下探测、识别目标的能力具有重要意义。

在传统光强度成像技术的基础上，将偏振光学器件调制后获得的目标光强度图像进行组合和计算，最终形成具有偏振特性的图像，这种成像方法称为偏振光成像技术。

偏振光成像技术是一种新型光学成像探测技术。与传统的光强度成像技术不同，偏振光成像技术各像素点的灰度值代表目标在该位置的偏振信息而非光强信息，因此，能够抑制强度图像中背景杂乱光的问题，发现被探测目标的更多细节，从而区分真实和虚假目标，提升图像对比度。因此，在机载探测/跟踪/识别应用领域，可以反映光强度图像中无法获得的独特信息，在一定程度上解决光强度成像技术无法解决的问题，例如低对比度下无法工作和难以识别伪装，从而达到提高机载光电设备成像探测能力（尤其是雾霾天气下）的目的。

3.6.1 偏振成像的基本原理

偏振是光波的一种振动矢量，光波振动是有极性的。

一般的自然光在各个方向的振动是均匀的，称为非偏振光。

如果光波在同一方向振动，称为完全偏振光或者线偏振光，例如，光滑的非金属表面在布儒斯特角下发射形成的光波是线偏振光。

若在偏振光波中混杂有部分非偏振光，则称为部分偏振光。一旦偏离角度过大，偏振光就会转变为非偏振光。

如果入射光波是线偏振光，一般情况下（例如，金属材料表面），反射光的两个垂直偏振分量 S 波和 P 波具有不同的位相跃变，这种发射光称为椭圆偏振光。

圆偏振光可视为椭圆偏振光在一定条件下（电矢量大小不变，而方向随时间变化）的特殊情况。例如，金属材料表面存在散射光波，则当湿度增大或者电导率较高时，散射偏振光就成为圆偏振光波。

进一步研究表明，目标反射、辐射的偏振态变化与其表面状态（例如材料表面是各向同性或者各向异性）、粗糙度和固有属性密切相关，不同类型的目标具有不同的偏振特性。对于各向同性表面，随着表面粗糙度的增加辐射偏振度会减小。对于各向异性表面，辐射偏振度会随表面粗糙度的增加而增加。

自然环境中地物背景的偏振度较低，而人工目标的偏振度较高。例如植物的偏振度一般小于 0.5%，岩石、沙土、裸土等材料的偏振度是 0.5%～1.5%，水面、水泥路面、屋顶的偏振度大于 1.5%（尤其是水面的偏振度高达 8%），某些非金属材料和部分金属材料的偏振度在 2% 以上（有的高达 10%）。通过获得被探测目标不同偏振状态的特性，就可以对具有线偏振、椭圆偏振以及部分偏振特性的军事目标完成探测与识别。

偏振光的偏振度 P 和偏振角 Φ 是表征偏振图像信息的重要参数，可以按照以下公式计算：

$$P = \frac{\sqrt{Q^2 + U^2}}{I} \tag{3-89}$$

$$\Phi = \frac{1}{2}\arctan\left(\frac{U}{Q}\right) \tag{3-90}$$

式中 Q——水平偏振和垂直偏振间的强度差；

U——偏振方向 45° 和 135° 之间的强度差；

I——光的总强度。

根据斯托克斯（Stokes）矢量理论，可以利用 4 个斯托克斯参数描述光波的偏振态和强度，如式(3-91)所示。其中，这些参数均是光强的时间平均值，具有强度量纲，可直接利用探测器探测。

$$\begin{bmatrix} I \\ Q \\ U \\ V \end{bmatrix} = \begin{bmatrix} I_1 + I_3 \\ I_1 - I_3 \\ I_2 - I_4 \\ I_1 + I_3 - 2I_2 \end{bmatrix} \tag{3-91}$$

式中，I_1、I_2、I_3 和 I_4 分别代表偏振方向为 0°、45°、90° 和 135° 的光强度；V 代表左旋和右旋圆偏振分量的强度差。

实际偏振探测中，旋转系统中的线偏振片就能够获得所需要的斯托克斯参数，从而得到重要的图像特征数据，并通过 P、Φ、I、Q 和 U 的组合、融合和伪彩色增强，进一步提高目标探测识别概率。

3.6.2　偏振成像技术的发展

3.6.2.1　国外偏振成像技术的发展

追根溯源，早在 17 世纪麦克斯韦和惠更斯等人研究光的传播现象时，就发现了光的偏振特性。

1852 年，Stokes 提出了将光的偏振特性反映到强度上的一种探测方法，使人类对光偏振信息的观察和获取更加直观和方便。但直到 20 世纪初，随着光电器件（尤其是偏振器件和探测器）的研发成功和应用，偏振成像技术的研究才逐步取得实质性进展，并在某些领域取得一定突破。

1974 年，Johnson 在美国政府 ASTIA Document（AD）报告中首次提出偏振成像理论，建议在相机前设置一个偏振器件，通过偏振器件的旋转获得场景/目标不同偏振态的图像。

1976 年，Garlick 申请名为 "Differentinal Optical Polarization Detectors"（差分光偏振探测器）的专利，提出了分振幅偏振成像的理念，进一步促进了偏振成像技术的发展。

1981 年，美国加州大学 R. Walraven 首先研制出一种可见光分时线偏振成像系统，应用于静止物体偏振信息的探测，如图 3-110 所示。同时，美国航天领域开始利用偏振成像技术对地面植被与土壤分类、海水表面特性区分以及大气气溶胶探测三个方面进行观测实验。

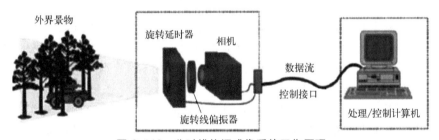

图 3-110　分时线偏振成像系统工作原理

1990 年，法国应用偏振成像技术对不同材料的水下目标特性进行了分析与识别。

20 世纪 90 年代后，红外偏振成像技术得到了迅猛发展，研制出偏振红外焦平面探测器和偏振红外成像相机，并逐渐应用于民用领域（例如观测卫星、医疗、化学分析等）。以色列科学家对绿色植被、岩石沙土、沥青混凝土路面和水面/海面下的目标进行偏振成像研究就是典型例子。

根据成像原理，红外偏振成像技术分为红外线偏振成像技术和红外圆偏振（或者全偏振）成像技术。

红外线偏振成像技术能够较丰富地呈现目标表面的粗糙度、纹理和轮廓等特征。

红外圆偏振成像技术在烟尘雾霾战场环境中更能保证目标具有良好的偏振状态，即利用增加的偏振维度明显增强伪装或暗弱目标与背景的差异，清晰呈现目标边缘而凸现复杂背景中的真实目标，从而增强复杂传输条件下对目标的探测距离。

相对于普通红外成像技术，红外偏振成像技术具有 "凸现目标" "穿透烟雾" "识别伪装" 三大优势，非常适合军事领域。

1996 年，法国将偏振成像技术应用于 ADEOS 地球观测卫星上，采用旋转偏振片结构，并通过 8 个光谱通道对云和气溶胶进行探测（其中，433nm、670nm 和 865nm 三个波段用于偏振探测)。

1999 年，美国亚拉巴马大学研制出工作波长覆盖中波/长波红外的多光谱红外 Stokes 偏振成像仪。

2000 年，美国 Physics Innovations 公司和 Lockheed Martin 公司联合开展的长波红外偏振成像技术研究表明，当目标与背景热辐射强度接近时，利用偏振成像技术可以有效增强军事目标的对比度，提升目标的识别概率。如图 3-111 所示，可以明显看出，采用偏振成像技术可以发现和识别复杂环境和极端条件下热成像技术不易发现的暗弱和移动目标。

 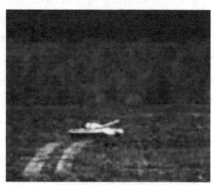

(a) 热成像技术效果图   (b) 偏振成像技术效果图

图 3-111　机载设备两种不同成像技术的效果图

美国空军实验室利用偏振成像技术对战斗机表面标准涂料的偏振特性进行了研究，结果表明，偏振光学成像技术对伪装目标具有更强的探测能力，并且，随着光束入射角增大，涂料的偏振特性系数总体呈增加趋势，在入射角 85°左右时有所下降。随涂料反射率的减小，偏振特性系数反而呈现增加趋势。

2001 年，美国 Farlow 研制出基于同时型分振幅偏振成像的实时偏振成像系统，主要由成像物镜、偏振分束器、相位延迟器、中继光学系统和探测器组成。优点是系统成像分辨率更高，能同时获得多幅偏振图像；缺点是系统较复杂而导致光学透射率较低、体积大和重量重，难于在机载领域应用。

2002 年，美国研制出一种工作在可见光与近红外波段的双波段分光偏振成像仪，并结合声光可调谐滤波器与液晶相位可变延迟器而获得具有不同偏振特性的图像。

随着偏振成像技术的日益成熟，其应用也逐渐从民用领域转移到军事和安全领域，并把提高军事目标的探测识别能力作为偏振成像技术的发展重点。典型例子是利用人造目标具有区别于自然背景的偏振属性，能够很好地探测和识别复杂自然背景中经过伪装的人造目标；不同外部条件下地雷探测、军用车辆/榴弹炮/坦克/飞机的探测、军用帐篷/防水布下及水下目标的探测。

2002 年，荷兰利用偏振光成像技术探测杂草中埋有 5 颗地雷的实验，如图 3-112 所示。利用普通可见光成像技术无法识别，利用红外强度成像技术仅能探测出 3 颗地雷，而利用红外偏振成像技术都可以识别出。研究结果还表明，在沙地背景下，可见光成像效果比中波红外偏振成像效果好；而在森林背景下，中波红外成像效果比可见光成像效果好。

2003 年，瑞典国防研究局利用长波红外偏振成像技术对隐藏在军用防护网后面的军事目标进行探测，研究表明，比强度成像技术具有更强的探测能力。

2005 年，以色列埃尔比特系统公司成功研发出一款长波红外偏振光学成像软件。

(a) 5颗地雷(无草遮盖)　　　　　(b) 可见光图像(有草遮盖)

 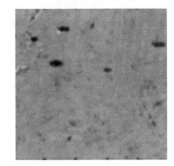

(c) 普通红外光强度成像　　　　　(d) 红外偏振光成像

图 3-112　偏振成像技术与传统成像技术的成像效果

2007 年，美国亚利桑那州立大学与美国空军研究实验室对目标（灰色球体）和光学背景（球体所处的室内环境）的长波红外偏振成像中热平衡与反差效应进行的研究和实验表明，长波红外偏振成像是依赖被探测目标的热辐射而非环境条件（包括光照强度和气候条件），因而具有全天候的目标探测和识别能力。并且，当光学背景的温度远小于目标温度时，长波红外偏振成像对热目标具有更强的偏振特性；当目标与光学背景处于热平衡状态时，目标将失去偏振特性。

2008 年，美国陆军研究实验室（U. S. Army Research Laboratory）利用声光调谐滤波器方案研制成功工作波长 $0.43\sim0.93\mu m$ 和 $1.8\sim4.5\mu m$ 的多光谱成像仪；并与空军研究实验室（Air Force Research Laboratory）和亚利桑那州立大学（The University of Arizona）联合对不同材质的目标进行了红外偏振成像特性的研究，结果表明，不同材质的目标对偏振成像效果有不同影响，军事上常用的人造目标与自然背景的偏振特性存在明显差异。

2008～2010 年，美国分别实现了分焦平面型红外偏振成像和可见光偏振成像。在此期间，瑞典国防研究署与挪威科学技术大学利用偏振成像技术对自然背景下的地雷目标的探测进行了研究。

2011 年，美国空军实验室 AFRL（Air Force Research Laboratory）开展对空偏振成像目标跟踪试验，结果表明，在所有杂乱背景情况下，长波红外偏振成像更能够提高目标的探测性能；在同样的目标和背景下，长波红外成像的虚警率是长波红外偏振成像的 9～52 倍。

美国圣地亚国家实验室和亚利桑那州立大学联合研制成功多光谱红外偏振成像仪，工作波段覆盖短波红外和中波红外四个波段：$1.51\mu m$、$2.32\mu m$、$3.51\mu m$ 和 $4.17\mu m$。成像结果如图 3-113 所示。

近些年的研究已经证明，偏振光学成像技术可以应用于雾霾或其它散射介质的去雾清晰成像中。

目前，偏振成像去雾技术有两种类型：

① 图像处理去雾技术。工作原理是通过对光学系统采集的图像进行增强或复原操作，

(a) 波长1.51μm   (b) 波长2.32μm

(c) 波长3.51μm   (d) 波长4.17μm

图 3-113　多光谱红外偏振成像仪成像效果图

提高图像质量。

　　该项技术是对单幅雾霾图像进行去雾处理,对光学成像系统无需改造。主要包括两种方法:图像增强技术和图像复原技术。

　　② 光学去雾技术。工作原理是通过对光学成像系统的改造和成像算法的优化,减小雾霾对成像质量的影响。

　　此项技术是通过对光学系统进行改造和优化,采集多幅含有不同光学特征的同一场景图像,获得目标反射光信息和大气光信息并将其分离,再利用算法融合出一幅复原的去雾图像。包括两种方法:可见光-近红外融合去雾技术和偏振光学成像去雾技术。

　　可见光-近红外融合去雾技术的工作原理是对采集到的同一场景的可见光图像和近红外光图像进行融合,从而实现彩色图像的去雾处理。

　　偏振光学成像去雾技术的工作原理是采集同一场景的不同偏振图像,精确估算出大气光的强度并从雾霾图像中减除,再对退化后的场景反射光进行反演处理,最终得到去雾图像,其具有细节保真度高、处理速度快和成本低的优点,适应于各种场景的各类雾霾天气。

　　2012 年,美国 J. J. Peltzer 等研制成功一种新型微偏振器件,可以同时获得目标的线偏振光分量和圆偏振光分量,有效提高云雾中的探测距离;BDE 公司研制的机载长波红外偏振成像仪及形成的偏振图像,如图 3-114 所示。

图 3-114　长波红外偏振成像仪及其偏振图像

2014 年，美国亚利桑那州立大学 Chan 研制了应用于荧光成像的光谱偏振成像系统；美国 4D Technology 公司和日本 Photonic Lattice 公司研制成功 PolarCam 型微偏振片相机，如图 3-115 所示，像素达到 380 万，成功应用于航空遥感和天文观测等领域。

图 3-115　PolarCam 型微偏振片相机

3.6.2.2　国内偏振成像技术的发展

20 世纪 90 年代，国内许多单位也积极开展偏振成像技术的研究，逐步缩小与国外的差距，并应用于不同的技术领域（包括军用航空领域）。

1995 年，中科院上海技术物理研究所研发出第一台星载辐射偏振计，真正实现了偏振成像测量技术。

1998 年，中科院长春光学精密机械研究所研制出三维偏振测量仪。

2001 年，中国科学院安徽光机所研制出基于波段随机调谐的偏振 CCD 成像仪，利用线偏振遥感技术实现多种实验目标的偏振成像，并在此基础上（2013 年）成功研制出机载多波段偏振相机。

2007 年，昆明物理研究所设计了一种红外偏振成像仪，实现了对隐藏目标的红外探测与识别。

2008 年，中国科学院安徽光机所（唐伟平等人）研制成功航空多角度分时偏振成像系统，利用 490nm、665nm 和 865nm 三个波段的偏振光，解调出目标的偏振光信息；2011 年，又研发成功 6 个波段（包括三个偏振光波段）和三个偏振方向（0°、60°和 120°）的分时偏振光探测系统。

2011 年，北京航空航天大学将液晶相位可变延迟器与全偏振成像技术相结合，设计了一种新型全偏振成像系统，实现了双波段（可见光/近红外波段）全偏振的精准调制。

2011~2018 年，国内许多高校和研究单位对诸如"伪彩色编码的偏振融合算法""传输距离的变化对目标偏振特性的影响""红外偏振图像的高效融合""大气湍流对偏振成像的影响"等进行了深入和广泛的分析研究。

2019 年，长春理工大学（尹骁）设计了一种无人机载双波段偏振光探测/成像系统，包括可见光变焦偏振成像光学系统（由变焦物镜和微偏振阵列探测器组成）和长波红外变焦成像系统（由长波红外变焦物镜和红外探测器组成），如图 3-116 所示。

该系统工作原理：在搜索/探测过程中，通过电机驱动改变光学系统焦距，保证在大视场（短焦距）模式下搜索目标；一旦搜索到目标需要进行详细识别时，便转换到高分辨率和能精确识别目标的小视场（长焦距）模式。可见光偏振探测器与长波红外探测器获得的图像信息经过图像处理存储模块粗处理后，获得目标偏振度、偏振角、长波红外图像以及可见光偏振与长波红外的融合图像。

3.6.3　偏振光成像技术的主要类型

按照不同规则（例如照明方式、工作波段、偏振元件、伺服控制方式以及图像融合方式），可以将偏振成像技术分为多种类型，但按照成像原理，主要有三种类型。

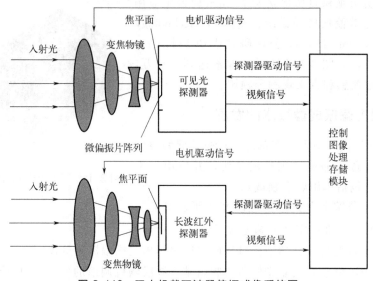

图 3-116　无人机载双波段偏振成像系统图

3.6.3.1　分时型偏振成像技术

分时型偏振成像技术是将一个线偏振光偏振片置于摄像机镜头前面，在偏振方向分别为 $0°$、$45°$、$90°$ 和 $135°$ 的情况下，采用时间调制方式，并通过像素匹配和图像融合技术，获取目标不同方向的偏振光信息。2002 年，Matthew 利用旋转波片/固定偏振片研制的分时全偏振成像系统是其典型代表，已应用于鉴定肿瘤癌变等医疗方面，如图 3-117 所示。

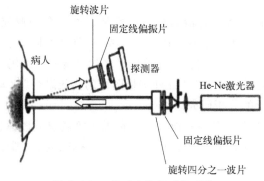

图 3-117　分时全偏振成像系统

分时型偏振成像系统（包括机械旋转型和电控液晶型）的优点是结构简单和易于实现，缺点是牺牲时间分辨率。主要应用于静态目标成像和探测，不符合军事应用的动态和实时需求。

3.6.3.2　同时型偏振成像技术

同时型偏振成像技术采用空间调制方式，同时获取目标不同方向的偏振光信息，可以应用于运动目标的探测和研究。同时型偏振成像探测技术包括：

（1）分振幅偏振成像技术

2003 年，Farlow 利用三个分束棱镜完成的实时偏振测量是分振幅偏振成像技术的典型应用。

　　一般来说，分振幅偏振成像系统在分光之后，各光束的传播方向互不相同，在不同的探测器上获得不同偏振方向的偏振图像，因此，需要采用多探测器接收，主要优点是分辨率高，缺点是能量利用率低、分光元件较多和体积较大，因而更适合科学研究，而不适合轻型/小型化的军事需求。图 3-118 是分振幅偏振成像系统的结构和工作原理图。

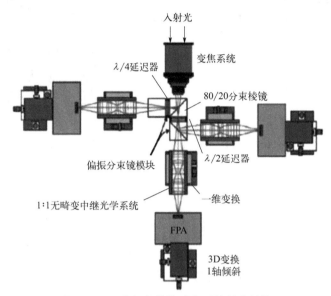

图 3-118　分振幅偏振成像系统基本结构

（2）分孔径偏振成像技术

　　2005 年，Pezzanniti 利用微透镜阵列元件和偏振元件进行信息处理而获得目标的中波红外偏振信息，这种方法是分孔径偏振成像技术的典型代表。

　　相对于分振幅偏振成像系统，分孔径偏振成像技术结构简单，易装配，成本较低。如图 3-119 所示，该系统使用一个物镜（前端采用普通的摄像物镜）、一个光学成像系统（后端聚焦系统采用微透镜阵列作为分孔径透镜）和偏振阵列相组合的结构形式，从而保证在单一探测器的不同象限形成不同偏振态的图像。优点是没有过多的分光元件，光学系统稳定；缺点是只能对无穷远目标成像，若对近距离目标成像，需重新配准，另外，会损失系统的空间分辨率。

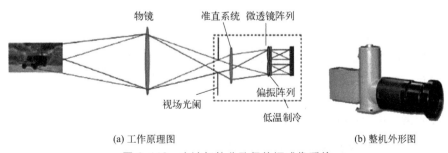

(a) 工作原理图　　　　　　　　　　　　(b) 整机外形图

图 3-119　中波红外分孔径偏振成像系统

　　2017 年，北京理工大学（王霞等人）设计和演示验证了一种四通道非共轴长波红外偏振成像光学系统，系统组成如图 3-120 所示。此系统是一个四通道分孔径偏振成像系统，其中，一个通道是非偏振成像通道，直接采集强度图像；三个通道分别采集 0°、60° 和 120° 偏振角度图像。利用分段线性方法改善四通道响应的非一致性。

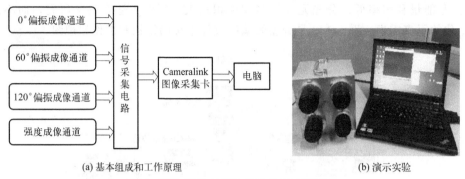

(a) 基本组成和工作原理   (b) 演示实验

图 3-120　非共轴长波红外偏振成像系统

（3）分焦面偏振成像技术

2002 年，Andreas 利用 2×2 微偏振单元研制成功的同时型偏振成像探测系统是分焦面偏振成像技术的典型代表，可以对目标光进行不同方向的偏振调制。

如图 3-121 所示，该系统是将微小的偏振光学元件集成到焦平面阵列（FPA）上，构成分焦平面同时偏振成像的探测器。工作原理是以时间换空间：4 个像元组成一超级像元，对应探测偏振角 0°、45°、90° 和 135° 的强度值。优点是结构紧凑、稳定性高、体积小、重量轻；缺点是分辨率低、存在像素位置匹配误差和集成难度大。

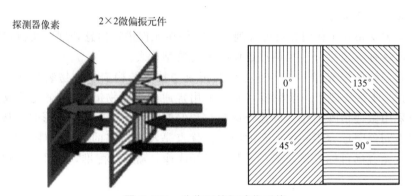

图 3-121　分焦面偏振成像系统

随着微纳米光学制造技术的迅速发展和逐渐成熟，对微偏振片阵列技术正进行更深入的研究。将偏振片的尺寸制作到微米量级，再将不同方向的偏振片组成阵列，放置在探测器像素前面，使每一个像素与一个方向的微偏振片对应，由此构成的偏振光学成像系统的最大优势是其光学系统与普通相机一致，无须改动，因而体积可以做到非常小。通常认为这可能是偏振成像技术未来的发展方向。

3.6.3.3　基于光谱调制的偏振成像技术

基于光谱调制的偏振成像技术通过波片、棱镜或偏振片对目标光进行调制，将偏振信息调制到不同的光谱频道，然后利用傅里叶变换进行解调成像。

2008 年，美国实现了单波长全偏振成像。

2010～2011 年，美国研制出反射/透射结构的可见光全偏振成像原理样机，可以实时获取较窄波段上的全偏振图像，具有重要的军事应用潜力。

案例一，瑞士 Boer 利用基于液晶聚合材料制成的渥拉斯顿棱镜研制成功的一种结构紧凑型光谱调制偏振成像系统，如图 3-122 所示，应用于化学分析和天文观测。

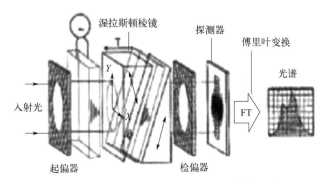

图 3-122　基于液晶调制的光谱偏振成像系统

案例二，美国亚利桑那州立大学 Chen 为荧光成像应用研制的光谱偏振成像系统，如图 3-123 所示。主要特点是利用 $M \times N$ 型微透镜阵列（将目标 $M \times N$ 次成像在焦平面上）、偏振片、两个 Nomarski 棱镜和偏振光栅来调整棱镜的光谱分辨率，高效利用焦平面像素阵列，并通过解调干涉图像而获得目标偏振光谱信息。

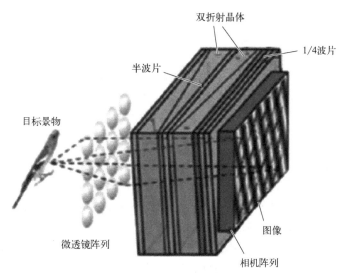

图 3-123　用于荧光成像的光谱偏振成像系统

案例三，2019 年，长春理工大学（段云）为无人机（用于监测海洋环境）设计了一种光谱偏振实时成像系统，光学系统如图 3-124 所示，其中，头部设计有一个反射镜式像移补偿系统（图中省略），主要用于补偿飞机飞行过程中前后、俯仰与偏航产生的像移。由前置望远物镜（由全球面形三片单透镜和两组双透镜组成）、狭缝、准直透镜、偏振模块、棱镜分光系统（包括两个方解石晶体材料的渥拉斯顿棱镜）和二次成像系统组成。主要性能列在表 3-31 中。

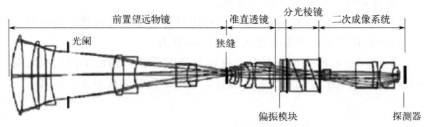

图 3-124　机载监测海洋环境光谱偏振实时成像光学系统

表 3-31　机载监测海洋环境光谱偏振实时成像系统技术性能

参数		指标
工作波段/nm		450～900
偏振光谱分辨率/nm		20
探测幅宽(高度 10km)/m		＞400
空间分辨率(高度 10km)/m		0.2
系统 MTF(90lp/mm)	波长 450nm	＞0.5
	波长 675nm	
	波长 900nm	＞0.4
系统(全波段)弥散斑直径均方根最大值/μm		2.211
前置望远物镜成像质量	MTF	＞0.6
	畸变	＜0.2
CMOS 探测器	像元数目	2048×2048
	像元大小/μm	5.5×5.5
	帧频/(帧/s)	180
	光谱相应范围/nm	300～1000

　　看待任何事物都要一分为二。如上所述，尽管偏振光成像技术有其独特优势，但要看到不足：例如偏振成像过程中存在光能损失及成像探测器的响应阈值问题；晴朗天气下的红外偏振成像效果不一定优于可见光成像等。因此，未来偏振成像技术需要与传统的可见光和红外探测技术相结合，才能突出偏振成像技术的优势。

　　红外偏振成像技术是在红外成像技术基础上，通过获得每一点的偏振信息而增加信息维度的一种新型成像技术。目前，在军用旋转翼和固定翼飞机领域应用尚少，但已经引起各国军方重视，开始在无人机领域进行研究，其中包括：2002 年，英国利用长波红外偏振技术成功探测到隐藏在复杂丛林中的车辆；2005 年，瑞典利用红外偏振成像技术成功识别出营区中的装甲车。

　　目前，偏振成像技术主要应用在遥感探测、交通监管、食品安全和生物医学等领域。随着科学技术的快速发展和进步，面对日益精细的军事伪装技术，相信不久的将来，在军用航空领域能够利用偏振成像技术实现复杂背景下的目标识别与跟踪，解决偏振成像设备的机载环境适应性（温度和震动）、稳定性和小型化等问题，并逐步得到广泛应用。

3.7
光谱成像技术

3.7.1 基本概念

光谱成像技术是成像技术与光谱技术相结合的一种新型成像技术，既能获得二维空间信息，又可获得一维光谱信息，因此，也称为三维光谱数据立方体成像技术，优点是能够检测和识别传统成像技术难以探测和识别的目标。

根据需要，光谱成像技术可以选择几个波段（称为"多光谱成像技术"，光谱分辨率为十分之一个波长）、几十个波段（"高光谱成像技术"，光谱分辨率为百分之一个波长）、几百甚至上千个波段（"超光谱成像技术"，分辨率为千分之一个波长），高光谱、超光谱成像技术是在多光谱成像技术基础上发展起来的。与常规光学成像技术相比，特点是有效工作波段多和分辨率高。

多/高/超光谱成像技术的区别在于对光谱的精细分光程度。由于受到低温光学和红外焦平面阵列探测器等技术条件限制，探测波段选择多集中在可见光、近红外和短波红外光谱区。

光谱成像技术在目标材质识别、异常目标检测、伪装目标识别和复杂背景抑制等目标探测领域有着广泛应用。主要应用于精准农业、生物医学、艺术品无损鉴定和文物保护、刑事侦查、印刷工业等民用领域，以及航空航天地理遥感平台（例如资源勘探和环境监测等）的光谱图像分析。

在现代战争中，实践证明，借助航空平台获取军事信息更具时效性强和侦察范围广等特点。在诸多以航空平台为载体获取军事信息的技术中，高光谱成像技术具有光谱范围宽、谱段多（波段宽度达纳米数量级）和光谱分辨率高等优势，在获取目标二维图像信息的同时，还可获取目标的一维光谱信息，因此，能够同时反映被探测目标的外形影像及理化特征，即获得更丰富的目标信息，极大地提高了航空侦察能力。

20世纪70年代末～80年代初，美国加州理工学院Goetz博士在研究矿物与岩石光谱特性的地球遥感领域提出了成像光谱的概念，即将空间与光谱信息融合在一种探测方式下，既获得观察区域的空间图像，又可以根据光谱数据分析观察区域的物质组成。

1982年，在NASA支持下，喷气推进实验室（JPL）首先研制成功32×32碲镉汞面阵探测器推扫式机载成像光谱仪，称为"航空成像光谱仪（AIS）"，并完成机载飞行试验，成功获得可见光/短波红外光谱范围内的32个谱段的图像。此后，又研制出摆扫式（采用线性探测器和光机扫描工作方式）的光谱成像仪AVIRI，在$0.4 \sim 2.5 \mu m$光谱范围内设计有224个波段。这种既有高分辨率又能保证清晰空间图像的探测技术成为遥感领域的重要工具，对气候变化、资源勘探和环境监测等方面起着极大的推动作用。

高光谱成像技术在伪装识别等军事领域的独特优势引起美国军方的格外重视。20世纪90年代初，开始在军事领域进行机载光谱成像技术的验证工作，典型代表是为美国海军研制的超光谱数字图像收集试验仪HYDICE和为空军研制的机载傅里叶变换超光谱成像仪FTVHSI。

高光谱成像技术广泛应用于海面、海下的军事目标探测，包括海岛伪装军事目标和海面舰船、导弹预警以及水下潜艇。

1995年，美国海军研究实验室成功研发的机载超光谱数字图像收集试验仪（HYDICE）采用棱镜分光方式，并以CV-580飞机作为机载平台，如图3-125所示。工作高度2000～7500m，视场8.94°，空间分辨率20m，在400～2500nm光谱范围内可以形成210个谱段，光谱分辨率达10nm。

2000年，基于无人机在军事侦察中生存能力强、无人员伤亡风险、机动性能好等特点，美国空军开始以"捕食者"无人机为平台研制无人机高光谱成像仪（HIS），如图3-126所示，采用线阵高分辨率探测器，光谱范围包括可见光、近红外光（450～900nm），有64个谱段，视场9.3°，飞行高度3km时的空间分辨率为1m。2007年，进一步采用的微型高光谱成像仪（MHIS）光谱范围覆盖可见光、近红外（400～1000nm）和短波红外（900～1700nm）光谱，光谱分辨率达3.5nm。

图3-125　超光谱数字图像收集
试验仪HYDICE

图3-126　HIS系统以及在"捕食者"
无人机上的安装位置

2005年，美国发射的火星轨道勘测器（MRO），通过搭载的小型火星高光谱勘测载荷（CRISM）旨在通过光栅分光方式（光谱范围383～3960nm）在火星表面遥测寻找液态水的存在痕迹。

德国的遥感计划采用曲面棱镜分光方法，在可见光～短波红外光谱波段内，设计有218个波段，光谱分辨率达到10nm，空间分辨率约为30m×30m。

2006年，美国海军在"守护者"无人机上试飞了高光谱成像相机，光谱范围400～1000nm，采用1024×1024像元CMOS探测器，光谱分辨率2.35nm。

2007年，美国开始研制的一种高效机载长波红外高光谱成像仪（MAKO），光谱范围7.8～13.4μm，设计有128个波段。采用Dyson（折/反式）分光组件，以商用稳定的螺旋式航空摄影平台作为定向稳定系统。有两种工作模式：高速/连续的区域扫描模式和低速扫描/高灵敏度的单一目标模式，前者在12000ft（3657.6m）高空以400m²/s的速度扫描地面区域。

长期以来，我国科技界在跟踪国外高光谱成像技术领域（主要在航天/航空领域）取得了长足进步，在分光方式、空间/光谱分辨率和数据传输等方面已经接近或达到世界先进水平。

2000年，我国研制成功机载实用型模块化成像光谱仪系统（OMIS），如图3-127所示。

中国科学院上海技术物理研究所研发的OMIS是一种机载紫外/可见光（包括近红外）/红外光（包括短波、中波和长波）一体化集成高光谱成像系统，有OMIS I 型和OMIS II 型两种。

OMIS I 型自可见光至热红外区域划分为 5 个光谱段，总共 128 个波段：0.46～1.1μm 谱段 64 个波段，光谱分辨率 10nm；1.06～1.70μm 谱段 16 个波段，光谱分辨率 60nm；2.0～2.5μm 谱段 32 个波段，光谱分辨率 15nm；3～5μm 谱段 8 个波段，光谱分辨率 250nm；8 ～ 12.5μm 谱段 8 个波段，光谱分辨率 500nm。

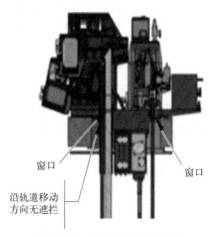

图 3-127 机载实用型模块化
成像光谱仪系统

OMIS II 型共有 68 个波段，0.46～1.1μm 谱段 64 个波段，光谱分辨率 10nm；1.55～1.75μm、2.08～2.35μm、3～5μm、8～12.5μm 各 1 个波段。

该光谱仪能满足同时获取目标各谱段光谱图像的应用需求，是研究地球物理特性的先进航空对地观测系统，可以应用于诸如痕量气体探测、矿物调查、植被覆盖和长势等方面。

2003 年，我国研制成功神舟三号飞船搭载的中分辨率成像光谱仪。

2008 年，研制成功环境一号 A 星傅里叶干涉高光谱成像仪。

2011 年，研制成功天宫一号搭载的航天高分辨率高光谱成像仪。

2013 年，研制成功嫦娥三号上玉兔月球车搭载的高红外光谱成像仪。

2016 年，机载实用型模块化成像光谱仪系统（OMIS）进行了飞行实验，获得了良好质量的高光谱图像，如图 3-128 所示。

(a) 可见/近红外光谱图像

(b) 短波红外光谱图像

(c) 长波红外光谱图像

图 3-128 机载实用型模块化成像光谱仪不同光谱图像

2018 年，研制成功高分 5 号全谱段光谱成像仪，光谱范围 $0.45\sim12.5\mu m$，分为 12 个谱段。可见光/近红外/短波红外波段的空间分辨率为 20m，中波/长波红外波段的空间分辨率为 40m。

2019 年，针对传统的推扫型高光谱成像系统在无人机大视场的使用受限问题，中国科学院上海技术物理研究所空间主动光电技术重点实验室（王义坤等人）提出一种面阵摆扫型无人机大视场高光谱成像技术，利用基于马赛克型滤光片（每个马赛克型滤光片单元包含 $N\times M$ 个像元，单元内部不同像元上镀不同中心波长的带通薄膜，如图 3-129 所示）的分光画幅式高光谱相机实现高光谱分辨率成像，通过控制横滚环架带动画幅式高光谱相机在翼展方向扫描而实现大视场成像。在无人机姿态变化较大的前提下，画幅式高光谱相机利用空间重叠率可以保证相邻帧的成像数据顺利拼接，因而对姿态修正要求不高，更适合无人机使用。

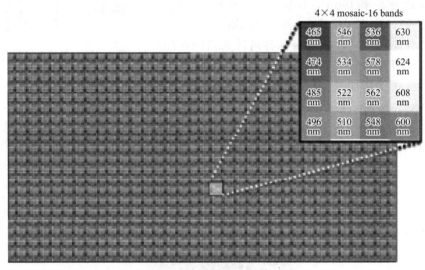

图 3-129 马赛克型滤光片

马赛克分光器件直接制作在面阵探测器上，因此，这种大视场高光谱相机具有结构简单、体积小和重量轻的优点；单次凝视曝光可同时获取二维空间和一维光谱数据；飞行作业效率 $8.64km^2/h$，是单相机作业效率（$1.98km^2/h$）的 4.36 倍，主要性能列在表 3-32 中。

表 3-32 摆扫型无人机大视场高光谱成像系统主要性能

参数	指标
工作波段/nm	$600\sim1000$
波段数目	25
光谱分辨率/nm	<15
单波段像元数	409×216
角分辨率/mrad	1.1
空间分辨率	16.5cm/150m
单帧视场/(°)	25.8
总视场/(°)	90
重叠率	20%
适应速高比	$\leqslant0.063$
外形尺寸/mm	$300\times200\times250$
重量/kg	3

3.7.2 光谱成像技术基本原理和类型

光谱成像技术包括扫描式光谱成像技术、快照式光谱成像技术和计算光谱成像技术三种类型。

① 扫描式光谱成像技术。以时间序列测量数据立方体的相关信息，重点研究如何获得光谱信息，通常考虑分光方式。

② 快照式光谱成像技术。在一次曝光周期内获得其完整的数据立方体相关信息，重点研究如何分割 3D 数据立方体。

③ 计算光谱成像技术。计算光谱成像技术的是在传统光谱成像技术的基础上，综合光谱成像、计算方法和压缩感知技术，实现目标空间信息和光谱信息的编码感知成像探测。

3.7.2.1 扫描式光谱成像技术

扫描式光谱成像技术有色散型、滤光型和干涉型三种分光方式。

（1）色散型分光方式

色散型分光方式是出现较早、较成熟和应用较广的分光方式，又分为棱镜色散型和光栅色散型两种类型，如图 3-130 所示。

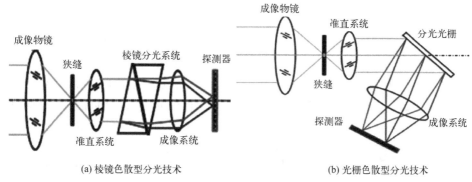

(a) 棱镜色散型分光技术　　　　(b) 光栅色散型分光技术

图 3-130　色散型分光技术

成像物镜将目标发射的光成像在狭缝上，透过狭缝的光被准直系统变成平行光，被分光棱镜/光栅色散，最后，被成像透镜在探测器上生成按照不同波长排列的狭缝色散图，如图 3-131 所示。

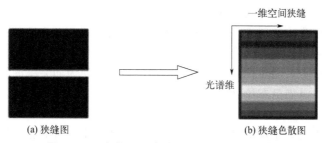

(a) 狭缝图　　　　　(b) 狭缝色散图

图 3-131　色散型分光技术形成的狭缝色散图

色散型分光方式的特点是：

① 每个瞬间曝光只能获得一维狭缝的光谱信息，因此，只能沿垂直于狭缝方向推扫，

才能获得目标的二维光谱信息。

② 棱镜型色散后的光谱只有 0 级，相对光强度较大。而光栅型色散由于存在多级次衍射，±1 级衍射分别位于 0 级衍射两侧，而 0 级衍射不能分光，因此，级次之间存在重叠，需要采取措施（例如前置单色器或滤光片）消除不必要的波长。

③ 由于棱镜材料的折射率与光波长呈非线性关系，致使色散谱线的排列不均匀，短波区域稀疏，长波区域稠密。相比之下，光栅色散型具有谱线排列均匀和光谱分辨率高的优点。

（2）滤光型分光方式

滤光型光谱成像技术分为"传统窄带滤光片式"和"可调谐滤波器式"两种。

① 传统窄带滤光片式。传统窄带滤光片式可应用于多光谱成像技术中。一般是在宽波段成像系统中设计有窄带滤光片的切换结构，每次将一种窄带滤光片切换到光路中，并获得该窄带光谱的空间图像。根据需要，可以选择多种窄带滤光片先后切入光路，以获得完整的光谱数据立方体。

② 可调谐滤波器式。可调谐滤波器式是在窄带滤光片式基础上发展而来的，通过可自由调谐的滤波器实现瞬态窄带光波成像。常见的滤波器包括声光可调谐滤波器（acousto-optic tunable filter，AOTF）、液晶可调谐滤波器（liquid crystal tunable filter，LCTF）和法布里-珀罗（Fabry-Perot）干涉滤光片。

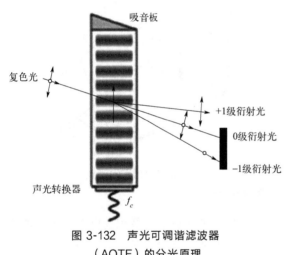

图 3-132 声光可调谐滤波器（AOTF）的分光原理

a. 声光可调谐滤波器。声光可调谐滤波器是根据声光衍射原理制成的新型分光器件，被调制的互作用介质相当于一个相位光栅，能起到衍射分光作用。改变施加于 AOTF 的驱动信号频率以改变衍射光波长，即可获得观察目标不同波长的光谱图像及相关信息，如图 3-132 所示。

声光可调谐滤波器有共线型和非共线型两种。

共线型意味着入射光、衍射光与声波的传播方向一致。尽管理论上具有"入射角孔径大"和"分辨率高"的优点，但满足共线条件的声光晶体材料不多，且结构较复杂，因而未得到广泛应用。

非共线型即入射光、衍射光与声波的传播方向不同。基本工作原理如图 3-133 所示，可调谐射频源为压电超声换能器提供频率可调谐的高频电信号激励，压电超声换能器在交流电场的作用下，通过机械振动将接收到的高频驱动电信号转换为同频率的超声波，并传入核心部件声光晶体中。一旦满足布拉格衍射条件，入射光就会发生布拉格衍射。根据布拉格衍射理论，不同超声波频率可以产生不同光谱波长的衍射光，因此，可以通过改变超声波频率来改变衍射光的波长。为防止反射声波与入射声波和光波产生有害的相互作用，专门设计吸声装置以吸收通过声光晶体后的声波。

案例一，Brimrose 公司研制的 AOTF 近红外光谱成像仪已于 2003 年应用于 ESA 发射的火星探测器上。实践表明，与棱镜/光栅色散型分光技术相比，声光可调谐滤波器光谱成

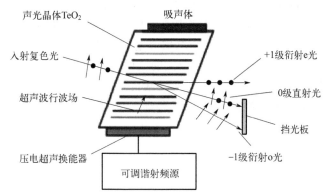

图 3-133　非共线型声光可调谐滤波器

像技术的特点是：

Ⅰ. 体积小，重量轻，全固态物移动部件。

Ⅱ. 电调谐可快速实现波长切换或连续扫描，时间分辨率高。

Ⅲ. 利用反常布拉格衍射，衍射效率高。

案例二，嫦娥三号月球着陆车红外高光谱成像仪在国际上首次采用基于 AOTF 分光原理的凝视型成像系统。光谱范围：可见光/近红外光 450～950nm，短波红外 900～2400nm。光谱分辨率分别达到 2～7nm 和 3～12nm。

b. 液晶可调谐滤波器。1987 年，Mallison 提出"液晶可调谐滤波器"的概念，其具有带宽窄、能耗低、调谐范围宽、驱动电压低、结构简单和成本低的优点，引发各国关注。

液晶可调谐滤波器（LCTF）元件是利用液晶电控双折射效应制成的新型分光器件，由多个利奥（Lyot）波片单元级联构成，如图 3-134 所示。单组波片单元包括偏振片、涂有ITO 的玻璃衬底、液晶和石英组成的相位延迟片。

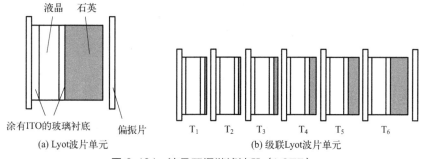

图 3-134　液晶可调谐滤波器（LCTF）

中国计量大学（杜培胜等人）对利用六组 Lyot 波片组成的级联型液晶可调谐滤波器进行研究，结果表明，调节电压可以使液晶的双折射率发生变化，分别对波长的相位进行调制，选择波段的输出范围，同时锁定其它波长，可以实现对滤波器的动态调制，导致光谱透射率发生变化。单组 Lyot 波片中，o 光和 e 光产生的光程差是通过液晶和石英产生的光程差；级联结构中，每组 Lyot 单元的光程差都是前一组 Lyot 单元光程差的两倍。经过 6 级调制后，就能获得窄带滤光片的效果，并在 650～1100nm 范围内连续可调。

c. 法布里-珀罗干涉滤光片。阶梯楔形法布里-珀罗干涉滤光片（也称为阶跃集成滤光片）是指一个单基片上集成镀制有多个微型法布里-珀罗滤光片，其中，中空谐振腔的厚度、高低折射率介质的厚度以及介质层数共同决定了中心波长和带宽。

2012 年，比利时 IMEC（微电子研究中心）提出一种单片集成式高光谱成像探测器方案，直接将阶梯楔形干涉滤光片制作在 CMOS 传感器表面，如图 3-135 所示，其中，F-P 表面由透明层（也称为空腔）和两块设计在两侧的反射镜组成。腔的长度决定滤光片的中心波长，反射镜的反射率决定滤光片的半峰全宽（FWHM），因此，通过适当设计空腔长度和反射镜的反射率可以获得离散的窄带光谱。

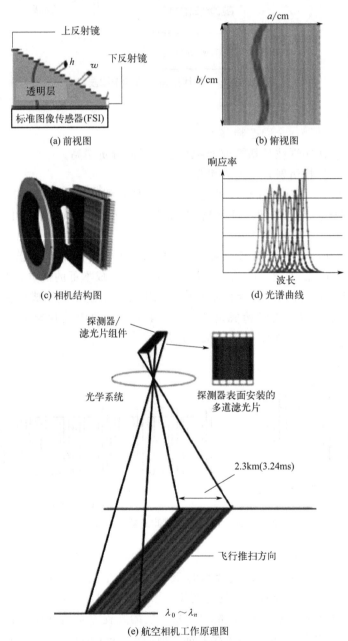

图 3-135　阶梯楔形干涉滤光片式分光技术

2015 年，中国科学院上海技术物理研究所利用单基片 6 级时间延迟积分（TDI）阶跃集成滤光片研制成功高光谱成像仪，工作光谱范围是短波红外 $2.0\sim2.5\mu m$，光谱半峰全宽度为 6nm，信噪比达 100。

相对于棱镜/光栅型分光形式，滤光片式分光技术的优点是设计和结构简单，容易实现。但由于图像配准和数据后处理较复杂，因此，应用于机载领域有一定难度。

（3）干涉型分光技术

傅里叶变换（FT）干涉型光谱成像技术是一种间接光谱成像技术。通过具有光程差的相干光束形成稳定的干涉条纹。利用干涉条纹光波能量与复色光谱存在的傅里叶变换关系，实现窄带光谱的反演解算。

按照调制方式，分为时间调制型 FT 光谱成像技术、空间调制型 FT 光谱成像技术和时空混合型 FT 光谱成像技术，如图 3-136 所示。

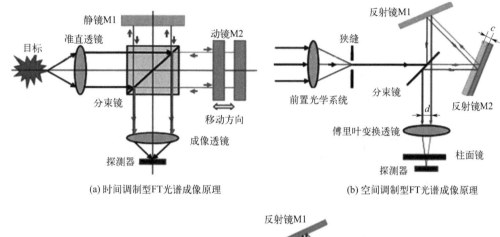

(a) 时间调制型FT光谱成像原理　　　　　　(b) 空间调制型FT光谱成像原理

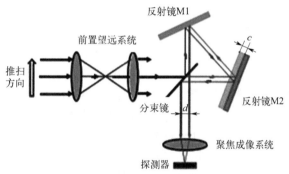

(c) 时空混合调制型FT光谱成像原理

图 3-136　傅里叶变换干涉型光谱成像技术

时间调制型方法是依靠动镜的扫描运动产生不同光程差的干涉图，因此需要一定的时间才能完成序列干涉图。

空间调制型方法是依靠反射镜 M1 和反射镜 M2 的不对称性形成光程差来满足干涉条件。

时空混合调制型同时具有时间调制型和空间调制型的特点：尽管光路中没有狭缝与柱面镜，但其光程差是由横向剪切产生的，因此，属于空间调制型，同时可以看出，由于同一时刻不同视场角的光程差相同，特定物点的一系列光程差需要在不同时刻通过推扫产生，才能够完成一幅完整的干涉图，因而具有时间调制型特点。

相比之下，三种干涉型光谱成像技术各有优缺点：

① 时间调制型结构简单，理论上可以达到任意的光谱分辨率和较宽的光谱范围。缺点

是需要非常精确的位置扫描精度，如果要求较高的光谱分辨率，则动镜大移动量会造成体积庞大。

② 空间调制型没有运动部件，有较好的稳定性，可以实现光谱的实时测量，同时具有大视场和高通量的优点。但是，由于光程差调整范围有限，难以实现较高的光谱分辨率。另外，因为设计有狭缝，降低了入射光通量和系统的信噪比。

③ 时空混合调制型兼有二者的优点，系统结构简单（减小体积和减轻重量）、稳定性/可靠性/抗震动和抗冲击性好（没有运动部件），允许具有大视场和大孔径。缺点类似于时间调制型，缺乏光谱测量实时性。

3.7.2.2　快照式光谱成像技术

1938 年，Bowen 首先提出了快照式光谱成像概念。

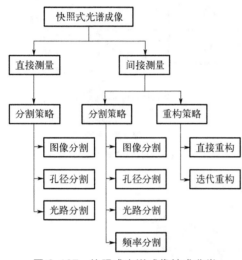

图 3-137　快照式光谱成像技术分类

快照式光谱成像技术定义为在 2D 成像探测器单个积分周期内测量 3D 数据立方体（即 2D 空间数据＋1D 光谱数据）的技术。

由于采用 2D 成像探测器，因此，需要将数据立方体划分为多个 2D 数据块以同时测量，并通过后处理技术将 2D 数据重新组合为 3D 立方体。

数据立方体分割方法有四种：图像分割法、孔径分割法、光路分割法和频率分割法。如图 3-137 所示。

（1）图像分割法（division of image，DoI）

分割器件放置在成像系统像面上，将像面上的图像分割成若干小块，然后变形、收缩或者定向到不同位置，并在 2D 探测器上为光谱微色散留下足够空间。

典型产品包括基于切片器的积分视场光谱仪（IFS-M）、基于可变形光纤束的积分视场光谱仪（IFS-F）、微透镜阵列积分视场光谱仪（IFS-L）、针孔阵列积分视场光谱仪（IFS-P）、图像映射光谱仪（IMS）、像素滤光探测器阵列（MS-PPF）光谱仪、光场结构多光谱成像仪（SI-LF）和压缩编码孔径快照式光谱成像仪（CASSI）。

（2）孔径分割法（division of aperture，DoA）

将多个孔径置于成像系统光瞳位置，通过多孔径（例如微透镜阵列）场景复制，在 2D 探测器上得到多孔径的复制图像。主要包括多孔径分块滤光技术、单片集成分块滤光技术、多孔径渐变滤光技术、多孔径傅里叶变换成像技术和计算机层析成像技术。

（3）光路分割法（division of optical path，DoOP）

将入射光分成多个光路，然后定位到不同方向，每个光路分别获得不同的窄带光谱图像。主要包括基于分束器的光谱成像技术、基于滤光片堆栈的光谱成像技术和图像复分光谱成像技术。

（4）频率分割法（division of frequency domain，DoFD）

是在空间域或者频域中复用具有不同特性的光子，然后在相应频域中分割而获得信号的捕获方法。

快照式光谱成像技术除涉及光学系统设计技术外，还与图像配准和融合算法等技术密切相关，已经超出本书范畴。

3.7.2.3　计算光谱成像技术

如上所述，光谱成像技术（imaging spectrometry，IS）在民用和军用的许多方面都获得了广泛应用，获取目标信息主要采用推扫式、摆扫式或者干涉式。由于原理性限制，某一项性能指标的提高必然会带来另一项指标的降低。例如，以色散分光法为主的传统光谱成像技术需要在一次成像面位置设置一个狭缝孔径，因此，极大降低了系统的光通量，导致微弱目标光谱探测的应用受到极大限制。

20世纪70年代，随着计算成像技术的发展，为了解决上述问题，在技术和应用需求的推动下，成功研发出计算光谱成像技术（computational imaging spectrometry，CIS），弥补了传统光谱成像技术光通量低的缺点，得到广泛应用。

计算光谱成像技术CIS是在传统光谱成像技术的基础上，综合了光谱成像、计算方法和压缩感知等技术，以二维编码孔径代替狭缝孔径，对目标图谱数据进行编码调制，通过计算方法与传统色散型光谱成像过程融合，将传统光谱成像技术的线视场（狭缝）扩展为面视场（编码模板），由二维面阵探测器对调制信号进行采样，因而极大地提高了传统色散型光谱成像技术的光通量，并采用压缩感知方法对获取的二维图像进行三维图谱重构，从而实现目标空间信息和光谱信息的编码感知成像探测，基本原理如图3-138所示。

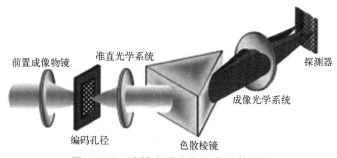

前置成像物镜　准直光学系统　探测器

编码孔径　色散棱镜　成像光学系统

图3-138　计算光谱成像技术基本原理

研究表明，尽管计算光谱成像技术具有高光通量和快照成像等特点，但由于采样数据量不足，因此重构图谱精度较低。为此，中国科学院光电研究院（相里斌等人）提出一种连续推扫式计算光谱成像技术（continuous pushbroom computational imaging spectrometry，CPCIS）（光谱范围450～900nm，谱段数25），用正交循环编码孔径代替传统的随机编码孔径，通过逐行扫描方式以及正交变换可完整重构图谱信息，其精度明显优于传统的计算光谱成像技术，并且无需改变编码孔径与探测器的相对位置，无需凝视成像，系统中没有移动元件，非常适用于航空/航天推扫成像应用。

参考文献

[1]　Smith W J. 现代光学工程［M］. 周海宪，程云芳，译. 北京：化学工业出版社，2011.

[2]　金国藩，等. 二元光学［M］. 北京：国防工业出版社，1998.

[3]　周海宪，等. 全息光学［M］. 北京：化学工业出版社，2006.

[4]　于美文. 光全息学及其应用［M］. 北京：北京理工大学出版社，1996.

[5]　Collier R J，et al. 光全息学［M］. 盛尔镇，等，译. 北京：机械工业出版社，1983.

[6] 辛企明，等. 近代光学制造技术 [M]. 北京：国防工业出版社，1997.

[7] 李道京，等. 基于共形衍射光学系统的 SAL 成像探测研究 [J]. 光学学报，2020，40（4）：1-14.

[8] 刘敏，等. 引入表面微结构的 3.7～4.8μm 红外折衍混合物镜设计 [J]. 红外技术，2019，41（10）：918-923.

[9] 杨亮亮. 长出瞳距遮掩混合目镜系统的设计 [J]. 红外技术，2019，41（9）：806-809.

[10] 张婉怡. 红外折衍混合摄远光学系统无热化设计 [J]. 应用光学，2017，38（1）：12-18.

[11] 谢忠华. 大变倍比折射/衍射混合切换变焦光学系统设计 [J]. 红外技术，2016，38（11）：928-934.

[12] 何传王，等. 离轴四反射镜衍射成像光学系统设计 [J]. 光电工程，2019，46（11）：1-9.

[13] Akram M N. Design of a Dual Field-of-View Optical System for Infrad-Red Focal-plane Array [J]. SPIE，2002，4767：13-23.

[14] 徐平，等. 二元光学元件制作误差分析和模拟 [J]. 光学学报，1996，16（6）：833-838.

[15] Sweatt W C. Describing holographic optical elements as lenses [J]. J. O. S. A.，1977，67（6）：803-808.

[16] Sweatt W C. Designing and constructing thick holographic optical elements [J]. Appl. Opt.，1978，17（8）：1220-1227.

[17] Sweatt W C. Mathematical equivalence between a holographic optical element and an ultra—high index lens [J]. J. O. S. A.，1979，69（3）：486-487.

[18] Close D H，et al. Holographic Lens for Pilot's Head—up Display [R/OL]. AD-787605.

[19] 董文方，等. 机载光波导平视显示技术发展 [J]. 电光与控制，2020，27（5）：64-84.

[20] 李炎. 光波导近眼显示系统性能优化技术研究 [D]. 长春：长春理工大学，2018.

[21] 杨国光，等. 微光学技术及其发展 [J]. 红外与激光工程，2001，30（4）：157-162.

[22] 呼新荣，等. 基于视网膜扫描的头戴显示器研究现状 [J]. 红外与激光工程，2014，43（3）：871-878.

[23] 周崇喜，等. 大数值孔径微透镜阵列激光扫描 [J]. 光电工程，2001，28（2）：1-3.

[24] Song Y M，et al. Digital cameras with designs inspired by the arthropod eye [J] Nature，2013，497（7447）：95-97.

[25] 罗家赛. 多焦距仿生复眼研究 [D]. 重庆：重庆大学，2018.

[26] 史成勇. 仿生曲面复眼系统设计及其图像处理 [D]. 长春：中国科学院长春精密机械与物理研究所，2017.

[27] 陈忠雨，等. 大面积高均匀度平行光曝光机用自由曲面复眼透镜设计 [J]. 激光与光电子学进展，2018，55：1-7.

[28] 陈忠雨. 基于自由曲面的紫外 LED 匀光系统研究 [D]. 北京：中国科学院大学，2018.

[29] 李伦，等. 可变焦距的非球面复眼优化及定位技术 [J]. 光子学报，2018，47（10）：1-11.

[30] 冯献飞. 表面具有微透镜阵列的 PIN 型红外探测器的研究 [D]. 北京：北京工业大学，2018.

[31] 刘成坤. 基于非成像光学的投影照明光学设计 [D]. 福州：福建师范大学，2018.

[32] 庞阔. 基于微透镜阵列的光学成像系统设计与应用的研究 [D]. 天津：天津大学，2017.

[33] Herzig H P. 微光学，元件、系统和应用 [M]. 周海宪，等，译. 北京：国防工业出版社，2002.

[34] Motamedi M E. 微光机电系统 [M]. 周海宪，程云芳，译. 北京：国防工业出版社，2010.

[35] Kemme S A. 微光学和纳米光学制造技术 [M]. 周海宪，程云芳，译. 北京：机械工业出版社，2012.

[36] 王玉伟. 仿生复眼全景立体成像关键技术研究 [D]. 合肥：中国科学技术大学，2017.

[37] 张增宝，等. 液晶背投影电视中蝇眼透镜阵列照明系统的设计 [J]. 光学精密工程，2002，10（2）：126-129.

[38] 房丰洲，等. 仿生复眼系统制造与应用研究进展 [J]. 纳米技术与精密工程，2015，13（6）：434-442.

[39] 孙鸿达. 用于曲面复眼成像系统的啁啾微透镜和阵列 [D]. 厦门：厦门大学，2014.

[40] 史柴源. 基于微透镜阵列器件的成像技术研究 [D]. 苏州：苏州大学，2015.

[41] 范阳. 大视场人工复眼的设计与模拟 [D]. 天津：天津大学，2013.

[42] Li L，et al. Design and Fabrication of a Freeform Microlens Array for a Compact Large-Field-of-View Compound-Eye Camera [J]. Applied Optics，2012，51（12）：1843-1852.

[43] 刘丽红. 基于非成像光学的微透镜阵列激光整形器件优化设计 [D]. 北京：中国科学院大学，2013.

[44] 邢强，等. 仿复眼视觉系统的研究进展 [J]. 光学仪器，2013，35（3）：89-93.

[45] 罗欢. 基于 MEMS 的曲面仿生复眼设计与制作 [D]. 武汉：华中科技大学，2013.

[46] 范新磊，等. 基于 SU-8 的高质量平面微透镜阵列压印新方法 [J]. 微纳电子技术，2013，50（4）：242-247.

[47] 芦丽明，等. 蝇复眼在导弹上的应用研究 [J]. 红外技术，2001，23（5）：9-10.

[48] 王国峰. 蝇视觉系统在红外成像制导中的应用研究 [D]. 西安：西北工业大学，2003.

[49] 高鹏骐. 无人机仿生复眼运动目标检测机理与方法研究 [D]. 北京：北京大学，2009.

[50] 邹成刚. 仿生复眼的光学设计与模拟仿真 [D]. 天津：天津大学，2012.

[51] 郭方. 新型复眼定位装置设计及关键技术研究 [D]. 合肥：中国科学技术大学，2012.

[52] 张浩. 球面复眼多通道信息融合 [D]. 合肥：中国科学技术大学，2010.

[53] 邸思，等. 单层曲面复眼成像系统的优化设计 [J]. 光电工程，2010，37（2）：27-31.

[54] 张红鑫，等. 曲面复眼成像系统的研究 [J]. 光学精密工程，2006，14（3）：346-350.

[55] 匡丽娟，等. 复眼透镜阵列应用于均匀照明系统的特性研究 [J]. 光学与光电技术，2005，3（6）：29-31.

[56] 王迎春. 非接触式热压印微透镜阵列的研究 [D]. 武汉：华中科技大学，2011.

[57] 王迎春，等. 基于非接触式热压印技术的微透镜阵列制作 [J]. 机电工程，2010，27（11）：13-16.

[58] 魏朝奇. 无镜头可见光编码掩模成像技术研究 [D]. 北京：中国科学院大学，2018.

[59] 冷峰庆. γ 放射性内污染成像中 MURA 编码准直器设计 [D]. 成都：成都理工大学，2017.

[60] 袁影. 新概念超分辨率红外成像方法研究 [D]. 西安：西安电子科技大学，2014.

[61] 沈冲. 编码孔径成像系统的特性研究 [D]. 西安：西安电子科技大学，2013.

[62] Simmonds M D, Ferns A R. Improvements in or relating to waveguides: EP2373924 [P]. 2010-06-17.

[63] 尤勐，等. 用于彩色屏显的双层耦合光栅设计 [J]. 光学学报，2012，32（10）：11-16.

[64] 刘辉. 基于平板波导的头盔显示技术研究 [D]. 浙江：浙江大学，2012.

[65] 王垒. 彩色波导显示研究 [D]. 南京：东南大学，2018.

[66] 王彦，等. 双次棱镜耦合输入全息波导显示系统设计 [J]. 电光与控制，2014，21（4）：73-76.

[67] 程鑫，等. 用于全息波导头盔彩色显示的色差矫正设计 [J]. 电光与控制，2017，24（12）：71-74.

[68] 李瑞华，等. 单片式全息波导双色显示优化技术 [J]. 电光与控制，2019，26（2）：89-92.

[69] 赵劲松. 偏振成像技术的进展 [J]. 红外技术，2013，35（12）：743-750.

[70] 尹晓. 物证搜寻中无人机载双波段偏振成像技术研究 [D] 长春：长春理工大学，2019.

[71] 汤伟平，等. 航空多角度偏振成像仪及其光学系统设计 [N]. 大气与环境光学学报，2008-3.

[72] Walraven R. Polarization Imagery [C]. International Society for Optica and Photonics，1997：164-167.

[73] Smith M H, et al. Mueller matrix imaging polarimetry in dermatology [J]. Proceedings of SPIE-The International Society for Optucal Engineering，2000.

[74] Andreou A G, et al. Polarization imaging principles and integrated polarimeters [J]. IEEE Sensors Journal，2003，2（6）：566-576.

[75] Farlow C A, et al. Polarization Analysis and Measurement-IV [J]. SPIE，2002，4481：118-125.

[76] Boer G, et al. Compact Liquid-Crystal-Polymer Fourier-TransformSpectromet [J]. Applied Optics，2004，43（11）：2201-2208.

[77] Pezzaniti J L, et al. A devision of aperture MWIR imaging polarization [J]. Proceeding of SPIE，2005，44（3）：515-533.

[78] Design and appications of the snapshot hyperspectral imaging Fourier transform（SHIFT）spectropolarimeter for fluorescence imaging [C]. Proceedings of SPIE，2014.

[79] Brock N J, et al. A pixilated micropolirizer-based camera for instantaneous interferometric measurements [J]. Proc. of SPIE，2011，8160（20）：1-9.

[80] Bodkin Design and Engineering LLC. Palarimetic Sensor for Airborne Platforms [EB/OL]. 2012. http：//www.bodkindesign.com/.

[81] 张倩. 基于主动式线偏振光照射的偏振成像实验研究 [D]. 程度：成都电子科技大学，2020.

[82] 杨伟峰，等. 多波段偏振 CCD 相机的辐射定标研究 [J]. 高技术通讯，2004，14（10）：11-15.

[83] 段云. 机载海洋环境监测光谱偏振实时成像系统研究 [D]. 长春：长春理工大学，2019.

[84] 王洪亮. 中波红外光谱偏振成像技术及系统研究 [D]. 北京：中国科学院大学，2018.

[85] 梁健. 全偏振成像相机及偏振去雾技术研究 [D]. 北京：中国科学院大学，2017.

[86] Chun C S L, et al. Polarimetric imaging system for automatic target detection and recognition [R]. PHYSICS IN-NOVATIONS INC. INVER GROVE HEIGHTS MN，2000.

[87] Forssel G, et al. Measurement of polarization properties of camouflaged objects and of the denial of surfaces covered with cenospheres [C]. Pro. of SPIE，2003，5075：246-258.

[88] Elkabetz A, et al. Background modeling for moving object detection in long-distance imaging through tuebulent medium [J]. Applied Optics，2014：1132-1141.

[89] Ratliff B M，et al. Detection and tracking of RC model aircraft in LWIR microgrid polarimeter data［C］. Proc. of SPIE 8160，2011.

[90] Dahl L M，et al. Detection of a poorly resolved airplane using SWIR polarization imaging［C］. Proc. of. SPIE 9072，2016.

[91] Pezzaniti J L，et al. Detection of obscured targets with IR polarization imaging［C］. Proc. of SPIE 9072，2014.

[92] Comparison of different active polarization imaging modes for target detection in outdoor environment［J］. Applied Optics，2016，55（11）：2881-2891.

[93] Schechner Y Y，et al. Advanced visibility improvement based on polarization filtered images［C］Proc. of SPIE 5888-05，2005.

[94] Schechner Y Y，et al. Blind haze separation［C］. Computer Vision and Pattern Recognition，2006，2：1984-1991.

[95] Schechner，et al. Variational distance-dependent image restoration［C］. Computer Vision and Pattern Recognition，2007：1-8.

[96] Schechner，et al. Skyless polarimetric calibration and visibility enhancement［J］. Optics Express，2009，17（2）：472-493.

[97] Garlick F J，et al. Differentinal optical polarization detectors：U. S. 399257［P］. 1976-11-16.

[98] Tyo J S，et al. Review of passive imaging polarimetry for remote sensing applications［J］. Applied Optics，2006，45（22）：5453-5469.

[99] 许洁. 一种新型实时偏振成像系统设计［D］. 西安：西安电子科技大学，2017.

[100] 姜会林，等. 红外偏振成像探测技术及应用研究［J］. 红外技术，2014，36（5）：345-350.

[101] Narayaswamy R，et al. Extended Depth-of-field Iris Recognition System for a Workstation Environment［C］. Proc. of SPIE，2005，5779：41-50.

[102] Dowski E R，et al. Reducing Size，Weight，and Cost in a LWIR Imaging System with Wavefront Coding［C］. Proc. of SPIE，2004，5407：66-73.

[103] Kubala K，et al. Design and Optimization of Abrerration and Error Invariant Space Telescope Systems［C］. Proc. of SPIE，2004，5524：54-65.

[104] 闫锋，等. 波前编码技术：新兴的"光学-数字"一体化成像技术［J］. 红外与激光工程，2008，37（4）：183-187.

[105] 雷广智，等. 波前编码系统的新设计［J］. 光学精密工程，2008，16（7）：1171-1176.

[106] Pradas S，et al. Integrated Optical-Digital Approaches for Enhancing Image Restoration and Focus Invariance［J］. SPIE，2003，5205：348-357.

[107] 计卓馨，等. 超光谱策划能够像光学设计［J］. 应用光学，2012，33（1）：26-29.

[108] 周阳，等. 高光谱成像技术的应用与发展［J］. 宇航计测技术，2017，37（4）：25-29.

[109] 王跃明，等. 若干高光谱成像新技术及其应用研究［J］. 遥感学报，2016，20（5）：850-857.

[110] 梅风华，等. 光谱成像技术在海域目标探测中的应用［J］. 中国光学，2017，10（6）：708-718.

[111] 相里斌，等. 连续推扫计算光谱成像技术［J］. 光谱学与光谱分析，2018，38（4）：1256-1261.

[112] 戴立群，等. 从可见光到热红外全谱段探测的星载多光谱成像仪器技术发展概述［J］. 红外技术，2019，41（2）：107-117.

[113] 王义坤，等. 面阵摆扫型无人机载大视场高光谱成像技术研究［J］. 激光与红外，2019，49（7）：876-880.

[114] 高泽东，等. 高光谱成像与应用技术发展［J］. 传感器与应用专辑，2019，39（4）：24-34.

[115] 杜培胜，等. 液晶可调谐滤光片及其在光谱仪上的应用［J］. 红外，2007，28（11）：4-8.

[116] 高泽东，等. 快照式光谱成像技术综述［J］. 光学精密工程，2020，28（6）：1323-1343.

[117] 于啸. 基于长波红外和可见光相机的多光谱成像技术［J］. 红外，2020，41（7）：38-46.

[118] 牛继勇，等. 目标红外偏振探测原理及特性分析［J］. 红外技术，2014，36（3）：215-220.

[119] 段锦，等. 国外偏振成像军事应用的研究进展：上［J］. 红外技术，2014，36（3）：190-196.

[120] 莫春和，等. 国外偏振成像军事应用的研究进展：下［J］. 红外技术，2014，36（4）：265-270.

[121] 王军，等. 红外偏振成像对伪装目标的探测识别研究［J］. 应用光学，2012，33（3）：441-445.

[122] 王霞，等. 非共轴长波红外偏振成像系统设计［J］. 红外技术，2017，39（4）：293-298.

[123] 梁健，等. 偏振光学成像去雾技术综述［J］. 光学学报，2017，37（4）：1-12.

[124] 王希军. 机载光电系统中二元光学技术的应用分析［J］. 电光与控制，2003，10（4）：35-37.

[125]　Vannucci G. A "tuned" Fresnel Lens [J]. Applied Optics，1986，25 (16)：2831-2834.

[126]　Hayford M J. Optical System Design Using Holographic Optical Elements [J]. SPIE，1985，531：241-255.

[127]　Yu Q H，et al. Design of a wide-field target detection and tracking system using the segmented planar imaging detector for electro-optical reconnaissance [J]. CHINESE OPTICS LETTERS，2018，16 (7)：1-6.

[128]　Missing M D，Morris G M. Diffractive optics applied to eyepiece design [J]. Applied Optics，1995，34 (10)：2452-2461.

[129]　Magarinos J R，Coleman D J. Holographic mirrors [J]. Optical Engineering，1985，24 (5)：769-780.

[130]　王保华，等. 折射/衍射混合长波红外连续变焦光学系统设计 [J]. 红外与激光工程，2013，42 (1)：148-153.

[131]　姜凯. 离轴折反射式中波红外连续变焦光学系统研究 [D]. 北京：中国科学院大学，2013.

[132]　张楠，等. 衍射望远镜光学系统设计 [J]. 红外与激光工程 2007，36 (1)：106-108.

[133]　徐琰，等. 宽波段大孔径反衍望远系统设计 [J]. 半导体光电，2007，38 (4)：579-582.

[134]　Song Y M，et al. Digital cameras with designs inspired by the arthropod eye [J]. Nature，2013，497 (7447)：95-99.

[135]　刘银年，等. 实用型模块化成像光谱仪 [J]. 红外与毫米波学报，2002，21 (1)：9-13.

[136]　刘环宇，等. 红外双波段谐衍射光学系统设计 [J]. 电光与控制，2011，18 (5)：50-53.

航空光学工程

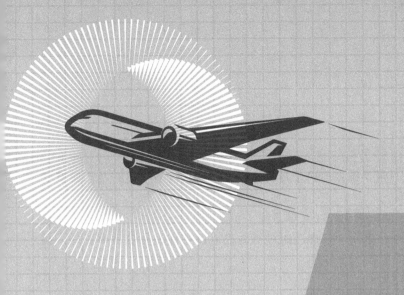

第4章
光电探测器和图像源

4.1

眼睛

无论是平视还是头盔瞄准/显示系统，都属于目视光学系统，最终需要飞行员用眼睛并通过该机载设备进行观察和瞄准。

实际上，眼睛就是一个完善的光学元件或光学系统。在目视光学系统中，眼睛就自然成为整个机载光电设备不可缺少的一部分，眼睛性能对机载光电设备性能有着重要影响，因此，了解和研究眼睛的光学特性非常必要。

4.1.1　眼睛的基本结构和相关参数

人眼可以理解为一个非常灵敏且紧凑的图像接收器。

人眼外表大体为球形，直径约25mm。眼睛视网膜受到光照时，视神经受刺激而产生视觉。眼睛的基本结构，如图4-1所示。

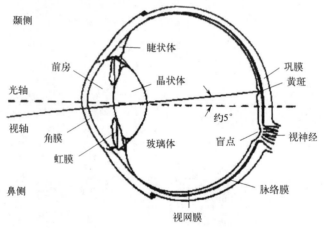

图 4-1　人类右眼水平剖视图

角膜：由角质材料组成的透明球面，中央部位轴向厚度约 0.5～0.55mm，周边约 1mm，折射率 1.3771，前表面曲率半径 7.8mm，后表面曲率半径约 6.5mm，角膜是眼睛折射光的主要介质。

前房：充满水状透明液体，轴向厚度约为 3.05mm，折射率 1.3374。

虹膜：位于前室和晶状体之间，中央是一个圆孔，亦称为瞳孔。

瞳孔的主要作用相当于可变光阑，根据被观察物体的亮暗程度，自行改变瞳孔直径（约 2～8.3mm），以调节进入眼睛的光能量。

一般地，白天光线较强，瞳孔可以收缩至 2mm（一般 2～4mm），黄昏或夜晚，照度较低，瞳孔最大可扩至 8mm。

晶状体：是一个由多层薄膜组成、形状和功能类似于双凸透镜的光学元件，直径约 9mm，中心厚度约 4mm。各层折射率不同，中间层折射率 1.42，最外层折射率 1.373。自然状态下，前表面曲率半径约 10.2mm，后表面曲率半径为 6.1mm。

晶状体是眼睛的主要成像系统，借助神经系统及周围肌肉的作用，可以改变前表面曲率半径，从而改变眼睛焦距，保证能看清不同距离的物体（例如无穷远和近距离物体）。换句话说，是一个自动变焦透镜。

后房：晶状体后面的空间，是眼睛的像空间，充满类似蛋白质的透明玻璃液，也称为玻璃体。正常情况下，玻璃体呈凝胶状，折射率为 1.336。

视网膜：眼睛的感光部分，类似图像探测器，是眼睛光学系统的接收装置，位于眼睛光学系统的焦平面上。

视网膜是一个凹球面，曲率半径约 12.5mm。视网膜上分布着视杆细胞（感受弱光和无色视觉）和视锥细胞（感受强光和色觉）两种细胞，其中，视锥细胞主要分布在视网膜中央，视杆细胞分布在视网膜周围。

视杆细胞超过 1 亿个，特点是感光度高、分辨率低且不能分辨颜色。黄昏和夜间环境亮度较低（例如，$10^{-3} cd/m^2$）时，视杆细胞起主要作用。

视锥细胞约有 700 万个，特点是感光度低、分辨率高且能够分辨颜色。白天环境亮度较高（例如，$10 \sim 10^4 cd/m^2$）时，视锥细胞起主要作用。

另外，视杆细胞对波长的响应峰值为 500nm，视锥细胞（包括三种感受不同波长的细胞）对波长的响应峰值分别是 440nm、550nm 和 570nm。

黄斑和盲点：眼睛视网膜中心 2～3mm（约 6°～10°）范围 [有的资料定义 1mm(H)×0.8mm(V) 的区域] 称为黄斑区。黄斑中部凹陷部分是视网膜凹斑，凹斑中心区约 0.3mm×0.2mm，即中心凹是视觉最灵敏或眼睛分辨能力最强的区域。位于距离中心凹大约 15°30′的光学神经圆盘位置是光学神经。在视神经进入眼腔处附近的视网膜区域时，由于没有任何类型的光能量接收细胞，因而不会产生视觉，该椭圆形区域称为盲点（或盲区），如图 4-2 中两条平行线区域所示。显然，当观察者注视显示器视场中心（例如瞄准标记处）时，单目显示的盲斑附近将看不到显示的信息，因此，采用双目观察可以增加锐度、改善形状识别和提供立体视觉，从而改善目视探测能力。

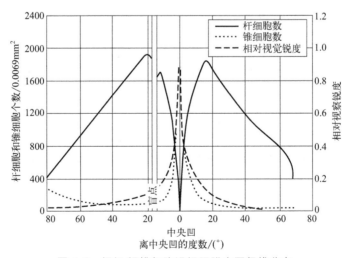

图 4-2　视杆/视锥细胞沿视网膜水平径线分布

观察外界物体时，眼睛会本能地转动，角膜以及晶状体组成的眼睛光学系统将来自外界物体的光线成像在视网膜中心凹上，刺激视神经而产生视觉。

4.1.2 简约眼模型

由上节的简单介绍可知，眼睛作为独特的视觉器官，具有精密的生理结构和复杂的视觉机理。同时，眼睛又是一个强大的光学图像处理系统，如同一个能自动变焦和变光圈的高级摄像机。

与普通的光电成像仪器一样，眼睛具有很宽的观察视场，能在很大的球形视场内进行自动的增益调节控制，具有红光、绿光和蓝光三种色光通道，并对黑白色光成像高度敏感。

19 世纪 40～50 年代，为了便于研究眼睛在医学和光电仪器中的作用，以及对目标的成像质量影响，Meser、Listing、Helmholtz、Tscherning 和 Gullstrand 等科学家根据近轴光学理论开始研究眼睛的光学模型，提出多种眼模拟结构，称为"近轴模型眼"。其中，Gullstrand 提出了较复杂但更精密、较实用和应用较广的"Gullstrand 精密眼模型"。

Gullstrand 精密眼模型是由两个角膜折射面和四个晶状体折射面组成的精密光学透镜系统，晶状体的折射率是非均匀的，如图 4-3 所示。

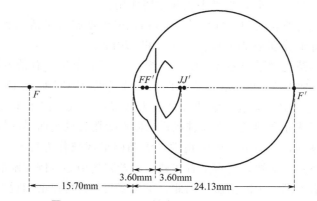

图 4-3 Gullstrand 精密眼模型的基本结构

Gullstrand 精密眼模型认为眼睛成像光学系统由角膜和晶状体两个系统组成。

角膜系统的物空间介质是空气，像空间介质是折射率 1.3374 的水状透明液体。晶状体系统的物空间介质是折射率为 1.3374 的水状透明液体，像空间介质是折射率 1.336 的透明玻璃液。由于物像空间折射率相差无几，可以视为同一种空间介质。因此，眼睛成像光学系统可以模拟为同轴同曲率中心的光学透镜系统。

晶状体系统是层状结构，内层折射率最大，可以简化为内核和外囊两部分，因此，眼睛整个光学系统模拟为六个折射面：角膜系统前、后表面，晶状体外囊皮质前、后表面以及内核前后表面。表 4-1 列出 Gullstrand 精密眼模型两种状态（放松状态和调节状态）下的相关参数。

表 4-1 Gullstrand 精密眼模型的相关参数

参数		放松状态	调节状态
折射率	角膜	1.376	
	前室	1.336	
	晶状体皮质(前后壳层)	1.386	

参数		放松状态	调节状态
折射率	晶状体内核	1.406	
	晶状体全体	1.4085	
	玻璃体	1.336	
曲率半径/mm	角膜前表面	7.7	
	角膜后表面	6.8	
	晶状体前表面	10	5.3333
	晶状核前表面	7.911	2.655
	晶状核后表面	−5.76	−2.655
	晶状体后表面	−6	−5.3333
厚度/mm	角膜	0.5	
	前房	3.1	2.7
	晶状体	3.6	4
	前壳层	0.546	0.6745
	核	2.419	2.655
	后壳层	0.635	0.6725
	视网膜	23.89	—
基点位置/mm	前主点	1.348	—
	后主点	1.602	—
	前节点	7.079	—
	后节点	7.333	—
	前主焦点	−17.05	—
	后主焦点	22.53	—
眼轴/mm		24.385	
等效屈光度/D		58.636	70.57

Gullstrand 精密眼模型在不断改进中，例如 Emsley 改进型将晶状体的折射率修改为 1.416，前房和玻璃体的折射率修改为 4/3，这种模型称为"Gullstrand-Emsley 眼模型"。

另一个较流行的改进型眼模型是 Le Grand（1945 年）在 Gullstrand 和 Tscherning 精密眼模型基础上提出的简化眼模型，亦称为"Gullstrand-Le Grand 简化眼模型"。该模型利用近轴成像公式进一步将六个折射面简化为四个折射面（仍全部为球面），表 4-2 列出了简化后精密眼模型的结构参数。

表 4-2　Gullstrand-Le Grand 精密眼模型的结构参数

折射面	曲率半径/mm	厚度/mm	折射率(543nm)	介质
角膜前表面	7.8	0.55	1.3771	角膜
角膜后表面	6.5	3.05	1.3374	水状透明液体

折射面	曲率半径/mm	厚度/mm	折射率(543nm)	介质
瞳孔	无限大	0	—	虹膜
晶状体前表面	10.2	4.0	1.42	晶状体
晶状体后表面	−6	17.3	1.336	透明玻璃液
视网膜	−12.5	—	—	视神经细胞
眼轴/mm	24.197			
等效屈光度/D	59.94			

Bennert 和 Rabbetts 提出由三个折射面组成的简化眼模型，基本参数列在表 4-3 中。

表 4-3　Bennert-Rabbetts 眼模型的基本参数

参数		指标
折射面曲率半径/mm	角膜	7.8
	晶体前表面	11
	晶体后表面	−6.476
折射率	前房	1.336
	晶体	1.422
	玻璃体	1.336
厚度/mm	前房	3.6
	晶体	3.7
眼轴/mm		24.09
等效屈光度/D		60

最简单和最实用的眼睛模型（Helmholtz、Emsley、Bennett 和 Rabbetts 都分别研究和提出过）是一个折射面的光学结构模型，称为简约眼（或者简化眼）模型。

简约眼的典型模型中，两个主点和两个节点位置相近，合二为一，因此，成为只有一个主点（H）、一个节点（J）和两个焦点（F 和 F'）的等效系统。用一个理想的球面代替眼球，球面物空间是空气，像空间是具有一定折射率的介质，如图 4-4 所示。

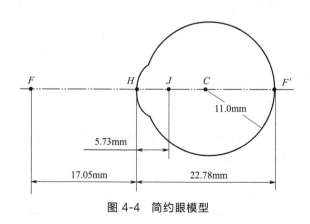

图 4-4　简约眼模型

概括说，简约眼模型的光学内容包括：

① 眼睛内介质由折射率为 1.336 的同一种晶体液状物质组成。

② 眼球由单一的折射球面（球面直径 20mm）代替整个眼睛的光学系统，球面曲率半径为 5.73mm，顶点是简约眼的主点（位于实际角膜顶点后约 1.35mm），球面一侧是空气，另一侧是折射率为 1.336 的眼体介质。保证在该等效焦距下，简约眼在视网膜上成像大小与标准人眼相同。

③ 节点位于实际角膜顶点后 7.08mm 处，是实际角膜球面折射面的曲率中心。

④ 后主焦点位于主点后 22.78mm，即实际角膜顶点后 24.13mm 位置。前焦点位于主点前 17.05mm，即实际角膜顶点前 15.7mm。

⑤ 视网膜的曲率半径为 11.0mm。

⑥ 静态时，按照上述参数计算，简约眼的屈光度为 58.64D。

简约眼的主要光学参数如表 4-4 所示。

表 4-4　简约眼光学系统主要参数

参数	指标	备注
折射率	物方空间 $n=1.000$	—
	像方空间 $n=1.336$	
折射面曲率半径 R/mm	5.73	—
简约眼主点	简约眼顶点	位于实际眼睛角膜顶点后约 1.35mm 处
简约眼节点	简约眼折射面曲率中心	位于实际眼睛角膜顶点后约 7.08mm 处，也是实际角膜球面折射面的曲率中心
简约眼物方焦点	位于主点前 17.05mm（物方焦距 $f \approx -17.1$mm）[①]	实际角膜顶点前 15.7mm
简约眼像方焦点	位于主点后 22.78mm（像方焦距，$f' \approx 22.8$mm）[①]	实际角膜顶点后 24.13mm 视网膜位置
等效屈光度/D	58.64	—
视网膜曲率半径 r/mm	11.0	

　① 《光学仪器设计手册》（上册，1971，国防工业出版社）提供的数据是：物方焦距 -16.68mm；像方焦距 22.29mm。

应当说明，近轴模型眼是建立在以下假设基础上：

① 模型眼是旋转对称的球面镜光学系统（实际上，眼睛的折射面是非旋转对称的非球面偏心系统）。

② 模型眼的折射率是与各折射表面相关的均匀介质折射率（实际上，晶状体的折射率变化就很大，中心很高，边缘和外层很低）。

③ 视轴与光轴重合。

在应用过程中，近轴模型眼可以帮助人们理解眼睛的视觉功能及在光电仪器中的作用，有着重要意义和使用价值，但具有一定的局限性。

除了近轴眼模型外，研究人员还提出一种更接近人眼光学构造的"宽视场模型眼"：包括（角膜面和晶状体）折射面非球面化、采用渐变折射率（有两种观点：晶体折射率是梯度渐变或同心壳层结构形式）介质以及弯曲的视网膜表面（例如球面和椭球面）。

宽视场模型眼目前还未达到理想的应用水平，尚处于研究和发展中。

4.1.3 瞳孔直径与物体亮度

不同的环境条件，例如白天或夜间，环境照度不同，不同照度下被照明物体辐射不同的光通量。为保证对不同照度下物体都能清晰成像，并且不损伤眼睛，需要对接收的光能量进行约束，通常采用的方法是改变光阑（或眼睛瞳孔）孔径。表4-5列出了几种常见的物体照度值。表4-6列出了不同环境亮度下瞳孔直径的对应值。

表4-5 几种常见物体的照度值　　　　　　　　　　　　　　单位：lx

夜间晴朗天空产生的地面照度	3×10^{-4}
满月在天顶时产生的地面照度	0.2
辨认方向需要的照度	1
晴朗夏天室内环境	100~500
太阳直射时的照度	10^5

表4-6 不同环境亮度下对应的瞳孔孔径

环境亮度/(cd/m²)	瞳孔直径/mm	环境亮度/(cd/m²)	瞳孔直径/mm
10^{-5}	8.17	10	4.32
10^{-3}	7.80	10^2	3.04
10^{-2}	7.44	10^3	2.32
10^{-1}	6.72	2×10^4	2.24
1	5.66		

需要注意：

① 瞳孔直径 $\phi 2.24\text{mm}$ 对应的环境亮度 $2 \times 10^4 \text{cd/m}^2$，相当于日光照射下，照度为 10^6lx，漫反射系数为 0.628 的白纸的环境条件。

② 瞳孔直径 $\phi 8\text{mm}$ 对应的环境亮度 10^{-5}cd/m^2，相当于无月光夜间，观察无光泽表面的环境条件。

4.1.4 眼睛的视轴和视场

眼睛可以视为一个完整的成像光学系统，外表大体为球形。尽管其模型有诸多缺陷，但通常认为是一个简单的、近似于球面的折射成像系统。与普通的光学仪器一样，给出以下定义（参考图4-1）：

连接眼睛晶状体（透镜）中心和中心凹的直线（在简化眼模型中，眼睛节点与中心凹的连线），定义为眼睛视轴即观察轴。

连接眼睛晶状体（透镜）中心与盲区中心的直线，定义为眼睛的几何轴线。

眼睛各个折射面球心的连线（共轴理想成像光学系统模型下），定义为眼睛的光轴。

人类为了适应直立行走，长时间观察前方地面5~7m处的物体，因此，长期进化形成的习惯造成眼睛视轴与光轴约有5°的夹角，眼睛视轴与几何轴线约为15°30′夹角。

工程心理学研究表明：眼球不动时，确认符号的观察视场范围为5°~30°。确认文字的视场范围为5°~10°；瞬时视场（指目标呈现时间为0.2s时，能正确认识和判读目标的能力）观察范围为5°~18°。

在眼球转动情况下，正常人的双目观察视场大约为 200°（水平）×130°（俯仰），如图 4-5 所示，水平方向的阴影区域是左眼单目视场，白色的中心区域是双目观察视场。

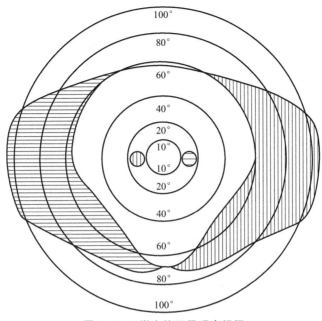

图 4-5 正常人的双目观察视场

每只眼睛的视轴将水平视场分为两部分，内侧（鼻子侧）视场和外侧（太阳穴侧）视场，并且是不对称的。水平方向外侧视场约 95°；内侧视场约 65°；俯仰方向上视场约 60°，下视场约 72°。只有靠近中间 120° 范围能够被双眼同时观察到，其余两边视场的每一部分只有单只眼睛能够看到：左眼只能观察到水平阴影线区，右眼只能观察到垂直阴影线区。双目将图像传输至大脑，经神经中枢合成为一个图像而被感知。

研究表明，在相同强度的高照度环境中双目观察，则双目图像融合中存在亮度累加效应，会感觉景物更明亮。如果双目是在不同光照强度下观察，会感觉合成后的目标亮度降低。

双目观察可以提供立体深度感觉，称为"立体视觉"。

双目观察能够提高低对比度物体的可视能力。

双目观察可以增加视觉锐度，从而提高目标细节和形状的识别能力。

鉴于此，设计头盔瞄准/显示系统时，应当尽量考虑采用双目观察形式，双眼一起工作并聚焦在目标的同一点上，保证两眼形成的图像融合成一个图像，实现立体观察。为此，应在正前方提供与眼睛瞬时视场范围相一致的光学视场，使眼睛视线固定在此视场中心从而快速准确地观察到各种导航、火控符号和信息。考虑到头盔瞄准/显示系统与眼睛的位置相对固定，头盔瞄准线应当位于正常视线上，即落在中心凹处。一般地，选择 5°~15° 视场显示字符，20°~30° 的更大视场用于目标截获和图像观察，并通过转头或转身使眼睛的观察视场达到更大，如图 4-6 所示。

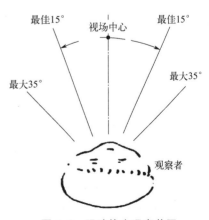

图 4-6 眼睛静止观察范围

4.1.5　眼睛分辨本领

视角分辨率（或鉴别率）是反映眼睛性能的重要指标（以角分表示），主要取决于视网膜视神经细胞的直径。视神经细胞能够分辨两像点的间距，至少应等于两个视神经细胞的直径，否则无法分辨两个物点。眼睛的视角分辨率定义为：在标准照度条件下，眼睛能分清两个物点在视网膜上两像点间的最小距离（或对应物体的最小尺寸），也称为极限分辨角或视觉锐度。其倒数定义为眼睛的分辨本领。

从眼睛结构来看，集中于中央凹的视锥细胞直径较小。在视网膜视觉最灵敏的黄斑上，视神经细胞的直径约为 $1\sim3\mu m$，所以，中央凹处的分辨本领较视网膜边缘处要高。

若将眼睛作为一个理想的光学系统，白天人眼瞳孔直径 $2\sim4mm$，根据圆孔衍射理论公式，可以计算出眼睛的极限分辨角为 $35''\sim70''$。

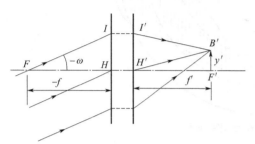

图 4-7　无限远物平面在不同介质中成像

如上所述，眼睛光学系统成像的物空间介质是空气，像空间介质是玻璃体。根据表 4-4，在无调节的自然状态下，眼睛的物方焦距是 $f\approx-17.1mm$，像方焦距为 22.8mm，如图 4-7 所示，不同介质物像空间的像高 y'、物方焦距 f 和物方视场 ω 满足下列关系式：

$$y'=f\tan\omega \qquad (4\text{-}1)$$

研究表明，眼睛物方焦距约为 $-17.1mm$。若视神经细胞直径取 $2\mu m$，计算出视角分辨率是 $48.2''$（对应于白天 3mm 人眼瞳孔直径时的衍射极限分辨角）。若视神经细胞直径选择 $3\mu m$，则视角分辨率为 $72.3''$（对应于白天 2mm 人眼瞳孔直径的衍射极限分辨角）。

一般认为，眼睛的视角分辨率平均值为 $1'$。应当注意，这是对两个发光点的平均视角分辨率。如果观察的是两条平行线，则视角分辨率能够提高到 $10''$。

眼睛视角分辨率很大程度上依赖于眼睛视网膜接收的光照度。在相同的适应光亮度和目标条件下，光亮度 $10\sim10000fL$（$1fL=3.426cd/m^2$）范围内，眼睛视觉锐度最大，否则，视觉锐度会急剧下降。通常所说"眼睛视角分辨率平均值为 $1'$"是指在较好照明条件下的效果。实际上，环境照度对分辨本领的影响很大，若环境亮度变小，眼睛的分辨本领会显著降低。例如，在无月光的晴朗夜晚，照度约为 $10^{-3}lx$，眼睛的视角分辨率约为 $17'$；在照度为 $500lx$ 的白天，视角分辨率可以达到 $0.7'$，昼夜间分辨本领最大差别高达约 25 倍，如表 4-7 所示。

表 4-7　眼睛视角分辨率与环境照度关系

照度/lx	视角分辨率/(′)	照度/lx	视角分辨率/(′)
1×10^{-4}	50	5×10^{-2}	4
5×10^{-4}	30	1×10^{-1} （座舱夜间照明）	3
1×10^{-3} （无月晴朗夜）	17	0.5	2
5×10^{-3}	11	1	1.5
1×10^{-2}	9	5	1.2

照度/lx	视角分辨率/(′)	照度/lx	视角分辨率/(′)
10	0.9	500	0.7
100	0.8	1000	0.7

随着视场角增大，或者说随着物体的像远离视轴，视神经细胞直径会增大，因而眼睛分辨率下降，如图 4-8 所示。为了清晰地观察物体，一般使眼睛中心凹对准物体，最常用方法是转动眼睛或者身体，将被观察物体的像尽可能地移至中央凹位置，以提高视角分辨率。

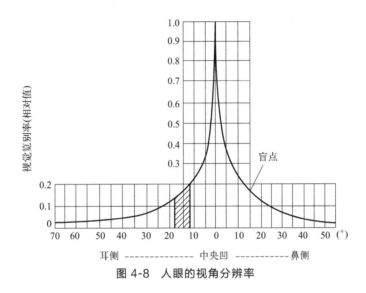

图 4-8　人眼的视角分辨率

4.1.6　眼睛的视觉局限性

设计一个目视光学系统，例如头盔瞄准/显示系统时，为了使眼睛的视觉特性与其技术要求相匹配，需要考虑以下问题：

（1）波长适应性（或匹配性）

光波是电磁波谱的一部分（参考图 2-1），适合光学应用的光谱范围包括：近紫外光谱（$0.2\sim0.4\mu m$）、可见光光谱（$0.4\sim0.7\mu m$）、激光波长（$1.064\mu m$、$1.38\mu m$ 和 $1.54\mu m$）和红外光光谱（近红外光光谱 $700\sim1100nm$，中波红外光光谱 $3\sim5\mu m$ 和长波红外光光谱 $8\sim12\mu m$）以及超远红外光光谱。但对于目视光学仪器，眼睛的视网膜只能直接感受和接收上述辐射光谱中的可见光光谱，而对之外的光谱辐射不能产生视觉。

眼睛对光的灵敏度是光波波长的函数，人眼的视觉范围集中在 400nm（紫色）到 700nm（红色）的电磁辐射波谱范围内。夜间星光和月光的光谱可以延伸到近红外区，物体的热辐射还可以分布至远红外区，对于这些光谱辐射区，裸眼无法感知，必须借助夜视设备将其转换为可视光以便观察。

在白天环境条件下，锥细胞最敏感的波长是 555nm；在夜间环境条件下，杆细胞最敏感的波长是 507nm，而在该峰值两侧，灵敏度都会下降。无论白天还是夜晚，人眼对绿色波段的视感度都最大，这也是平视和头盔瞄准/显示系统图像源（例如 CRT）选择绿色或者黄绿色符号的原因。

在设计目视光学仪器时，通常选择波长550nm左右的黄绿光（例如，e谱线546.1nm或d谱线587.6nm）作为主波长校正单色像差，同时校正色差，使红蓝波长的光（例如，C谱线红光656.3nm，F谱线蓝光486.1nm）会聚于一点。

（2）眼睛的暗/亮视觉效应

正常眼睛在确定色光绝对波长或绝对亮度方面是一种很差的光度计，但在确定色彩匹配时，则可以精确地比对相邻区域的色彩或亮度，是一个高精度的比色仪，甚至可探测到几纳米的波长差。

如前所述，眼睛视网膜包含杆状细胞和锥状细胞，分布于视觉中心10°范围内。对日光（白天或强光）和彩色视觉进行分辨是锥状细胞的功能，称为"亮视觉"（光亮度级大于10cd/m²）；对低亮度（光亮度级小于10⁻³cd/m²）的视觉进行分辨是杆状细胞的功能，称为"暗视觉"。对于光亮度介于二者之间的视觉进行分辨是锥状细胞和杆状细胞的共同功能，称为"过渡视觉"（或黄昏/黎明视觉），如图4-9所示。

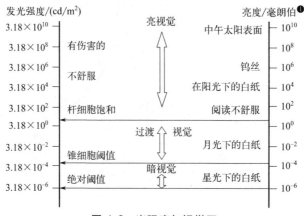

图4-9　光强度与视觉区

不管是黑暗还是明亮环境，人眼对不同亮度的快速适应是通过改变瞳孔直径（$\phi2\sim$8mm）完成的。

适应状态的改变是借助视网膜转换而实现的一个慢速过程，有效地改变适应状态需要若干分钟。在短暂暴露于强光后会短时间失去夜视能力，但对强光的恢复是很快的。如果照明条件降低，为了使更多的光能量进入眼睛，眼睛瞳孔需要放大，视网膜也变得更加敏感，从锥状细胞转换到杆状细胞，该过程称为暗视觉适应。

眼睛对于暗视觉和亮视觉的光谱敏感性是不同的，即对不同色光的灵敏度是光波波长的函数，如图4-10所示。在正常环境亮度下，亮视觉的光谱敏感性峰值在555nm位置，而在该峰值两侧的灵敏度会下降。当环境亮度变暗时，眼睛暗视觉的峰值灵敏度会移向光谱的蓝光一侧（从555nm漂移到约510nm位置），这种现象称为"朴金耶位移"。研究表明，在波长大于1.1μm的红外光谱区域，眼睛的灵敏度是峰值响应（555nm）灵敏度的10^{-11}倍，显然，此时人眼无法清晰地目视物体，必须借助红外夜视仪器进行观察。表4-8列出亮/暗视觉响应的技术特性。

---

❶ 1毫朗伯＝3.183cd/m²。

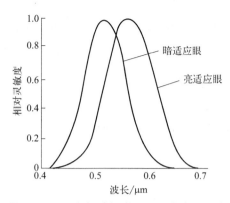

图 4-10　眼睛亮/暗视觉的可见光光谱响应

表 4-8　眼睛亮/暗视觉响应的技术特性

参数	亮视觉	暗视觉
感受体	锥细胞[$(6\sim7)\times10^6$ 个]	杆细胞[$(75\sim150)\times10^6$ 个]
在视网膜上的位置	集中在中心区,少量在周围	中心凹没有,一般在周围
峰值波长/nm	555	510
光亮度级/(cd/m^2)	$\geqslant10$	$\leqslant10^{-3}$
神经中枢过程	有辨别力的	累计的
色彩视觉	正常三色	非彩色(单色)
暗适应	快	慢
立体分辨能力	高锐度	低锐度
瞬时响应速度	快	较慢

（3）眼睛对亮度对比度的敏感性

无论是平视或者头盔瞄准/显示系统，都是在一定背景下观看被显示目标信息。背景亮度可以从全黑环境变化到最亮日光。为了能够清晰地观察不同背景下的目标或图像源字符，必须满足一定的亮度对比度。

亮度对比度定义为：较高发光亮度和较低发光亮度之差与较低发光亮度之比（百分比）。通常采用调制对比度的计量方法。

调制对比度 C_m（也称为 Michelson 对比度）定义为：目标最大亮度（L_1）和最小亮度（L_2）之差与目标最大亮度和最小亮度之和的比值。用式(4-2)表示，或者以图 4-11 所示的方波/正弦波光栅形式说明。

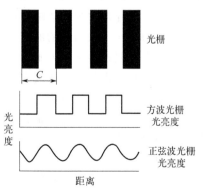

图 4-11　光栅目标的调制对比度

$$C_m=\frac{L_1-L_2}{L_1+L_2} \qquad (4-2)$$

在日光条件下，外界天空环境的光亮度可以达到10000fL，为了保证眼睛能够识别 HUD/HMD 图像，图像源亮度至少是 500fL。研究表明，该光亮度值是眼睛探测能力的阈值，建议最好能达 50%。考虑到各种因素的影响，对于眼睛，一般要求字符的光亮度值

1500fL，图像亮度 800fL。

实践表明，如果采用单目镜 HMD 观察方式，对比度灵敏度的阈值会高出（相对于双目镜观察）40%，这意味着，可大大提高双目镜 HMD 在低光亮度情况的目标可观察性。

（4）眼睛对显示字符/图像闪烁的敏感性

在大多数显示器中，显示图像或字符的亮度是随时间变化的。如果时间的变化频率足够高，则观察不到图像/字符的变化，若频率较低，就会观察到图像/字符闪烁。由于图像/字符持续显示在眼睛的视觉通道中，因此，闪烁特别容易干扰眼睛观察，造成飞行员眼睛疲劳和不舒服。

通常，60Hz 的频率不会使眼睛感觉到闪烁。如果视场扩大到 20°，并且，字符亮度大于 100fL 时，闪烁频率应当增大到 80Hz 左右。

（5）眼睛屈光度和瞳孔直径的调节

当人们观察某一物体时，必须使物体发出的光波在眼睛视网膜上生成一个清晰的图像，使视神经细胞受到光线刺激而产生视觉。

正常人眼在完全放松状态下（定义为，在正常环境照度下观看无穷远目标），无穷远目标成像在视网膜上。如果物体到眼睛的距离发生变化，且眼睛不进行自动调节，则目标的像不再位于视网膜上，或者说，图像出现模糊。为了保证不同距离上的物体都能在视网膜上清晰成像，眼睛必须具有良好的调节能力，能够自动改变焦距，从而将不同距离目标成像到视网膜上。

人眼为了改善自身的视觉功能，会自动调节各种参数。例如，暗亮度下降到 $10^{-3}\,cd/m^2$ 时，更灵敏的视杆细胞会代替具有高分辨率的视锥细胞，从而以更大的视网膜面积积累信号。再如，当环境亮度大于 $10^2\,cd/m^2$ 时，人眼的信号积累时间为 0.1s，而在充分暗适应后，积累时间增加到 0.2s。

实际上，眼睛的调节能力是能够看清不同距离上目标的能力，有两种形式：

① 根据接收光能量调节瞳孔大小以获得更多的光子。

眼睛瞳孔直径的调节范围是 2～8mm。

白天光照亮度较强时，眼睛瞳孔较小，约为 2～4mm。例如，日光正射环境下，光亮度达到 $2\times10^4\,cd/m^2$，与此相对应的瞳孔直径约为 2mm。

夜间或环境照度较低时，眼睛瞳孔调节到较大直径，约为 4～8mm，例如无月亮的夜晚，星空下的光亮度约为 $10^{-4}\,cd/m^2$，眼睛瞳孔直径为 8mm。眼睛瞳孔直径与目标亮度的关系，请参考表 4-6。

② 视度调节能力。由眼睛构造知道，角膜到视网膜的轴向距离是不变的，为了使不同距离上的物体在视网膜上清晰成像，对观察距离变化造成的图像模糊，可以通过改变眼睛水晶体透镜的形状（水晶体的曲率半径）实现成像清晰。

在正常光照条件下，人眼晶状体周围的肌肉需要收缩以改变晶体前表面的曲率半径，从而自动调节眼睛焦距，将像成在视网膜上，该过程称为眼睛的视度调节。

为了表示眼睛的调节能力，有如下定义：在自然状态下眼睛能够看清的最远物点，称为眼睛的明视远点，明视远点的理论值是无穷远；眼睛调节到最大限度时能够看清的最近物点，称为眼睛的明视近点（有资料认为，正常人的近点距离约为 100mm，5m 以上就算正常的远点距离）。

眼睛的调节能力用屈光度（亦称为"视度"）表示，是眼睛到目标距离（单位：米）的倒数。

应当注意,明视近点与"明视距离"是两个不同的概念。明视距离定义为"正常眼睛在正常照明条件下(环境照度50lx)最方便和最习惯(即人眼不易疲劳)的工作距离",国际上规定是250mm。换句话说,在明视距离上,正常人眼能够清晰分辨相距0.073mm的两个物点。

一般情况下,明视距离与眼睛的最大调节范围并不对应,明视近点距离远小于明视距离。

明视距离小于200mm的眼睛,定义为近视眼;明视距离大于300mm的眼睛定义为远视眼。

眼睛的调节能力随着年龄的增大而发生变化,如表4-9所示。青少年时期(10～20岁)调节能力最强(达到10～14D),近点离眼睛很近(约71～100mm),调节范围很大;45岁左右,近点(286mm)已经在明视距离之外,称为"老年性远视眼(或老花眼)";老年(70岁以上)时期,调节能力基本上降到零。

表4-9 眼睛调节能力与年龄关系

年龄/岁	明视近点		明视远点		调节能力/D
	距离/m	屈光度/D	距离/m	屈光度/D	
10	−0.071	−14	∞	0	14
15	−0.083	−12	∞	0	12
20	−0.100	−10	∞	0	10
25	−0.118	−8.5	∞	0	8.5
30	−0.143	−7.0	∞	0	7.0
35	−0.182	−5.5	∞	0	5.5
40	−0.222	−4.5	∞	0	4.5
45	−0.286	−3.5	∞	0	3.5
50	−0.400	−2.5	∞	0	2.5
55	−0.666	−1.5	4	0.25	1.75
60	−2.000	−0.5	2	0.5	1.0
65	+4.000	+0.25	1.33	0.75	0.5
70	+1.000	+1.0	0.8	1.25	0.25
75	+0.570	+1.75	0.57	1.75	0
80	+0.400	+2.5	0.4	2.5	0

由此看出,不同年龄段的人眼具有不同的视度调节能力。设计光学仪器时,为使绝大多数操作人员都能适应不同距离的目标,必须具有较大的视度调节能力。一般地,对于飞行员使用的观察/瞄准目视仪器,视度调节范围规定为±4D。

(6)眼睛的视觉锐度

眼睛的视觉锐度定义为:视场内辨别物体细节的能力。良好的视觉锐度表示可以辨别细节,较差的视觉锐度表示只能分辨较粗糙的特征。

能够观察到的最精细的目标细节与显示器的亮度成倒数关系。研究表明,如果目标亮度增加超出了适应光亮度范围,视觉锐度反而会急剧下降。头盔瞄准/显示应用中,强光使环境光亮度急剧变化反而造成视觉锐度显著下降就是典型例子。

视觉锐度的增加与眼睛的适应程度无关。

（7）眼睛瞳孔和光学仪器出瞳

根据定义，光学仪器（包括头盔瞄准/显示系统）的孔径光阑在系统物空间所成的像称为入射光瞳，在像空间所成的像称为出射光瞳。光学仪器出射光瞳到光学系统接目镜最后一个表面的距离定义为出瞳距离（或眼距）。

一般情况下，目视光学系统必须保证在不摆头情况下，能够观察到全视场，因此，要求观察者眼睛瞳孔要与仪器的出瞳重合，并且，仪器的出瞳孔径要大于眼睛瞳孔。

对于头盔瞄准/显示系统，考虑到飞行员的佩戴环境，如振动、滑动等，则要求光学仪器的出瞳孔径直径要比眼睛瞳孔大若干倍，并且，系统视场越大，出瞳孔径设计值越大；一般情况下，视场>5°，出瞳直径大于8mm；视场>15°，出瞳直径大于10mm；视场>40°，出瞳直径大于15mm。

出射光瞳大小决定了飞行员眼睛在出瞳范围内的横向移动量。若出瞳直径为 D，眼睛瞳孔为 d，则眼睛移动范围是 $D\sim d$，超出该范围，则无法观察到目标或图像源产生的符号和图像。因此，头盔瞄准/显示系统应提供足够大的出射光瞳，以便移动观察宽视场时不会使眼睛移出有效工作区。通常，出射光瞳设计为无渐晕或者渐晕很小。

决定出瞳孔径大小和眼点距离（或出瞳距离）时，还要兼顾其它因素的影响，各种因素间存在一定的制约关系，需全面考虑和平衡解决。例如，出瞳距离和出瞳孔径的增大，必然伴随着头盔瞄准/显示系统外形尺寸和重量的增加。采用先进的光学成像技术（例如光学波导技术），可能会获得更大的出瞳直径，使眼睛瞳孔与仪器出瞳有更合理的配合。

目视光学仪器设计过程中，另一个需要注意的问题是出瞳距离，眼睛瞳孔一定要与仪器的出射光瞳重合。为了防止佩戴头盔瞄准/显示系统的飞行员眼睫毛碰触到光学系统最后一块光学元件，并考虑到其它安全因素，通常要求有较大的出瞳距离（15~20mm），若飞行员还需要佩戴（例如防激光）眼镜或防化面罩，则需要更大的出瞳距离。

（8）准直光束

已经知道，眼睛具有很强的调节能力，能够清晰地观察无穷远与明视距离之间的物体。但是，为了长时间不疲劳地观察和识别物体，最好让物体/图像位于无穷远，即进入人眼的光束应是平行光束，眼睛才能舒适地将目标成像在视网膜上。

机载头盔瞄准/显示系统的飞行员不仅要观察外界无穷远景物，还要观察头盔显示装置产生并叠加在外景上的图像符号。若该图像符号没有被准直，与外景之间就会产生视差，当眼睛在出射光瞳内横向移动时，图像/符号就会相对于目标移动。

（9）眼睛的目视区域

正常人的目视范围可以分为三个区域：双目共视区域（双目叠加中心区）和两个单目侧视区域，如图 4-12 所示，右眼只能看到右侧区域，左眼只能看到左侧区域。

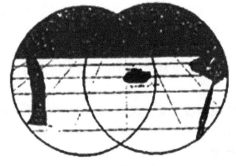

图 4-12　眼睛的目视区域

研究显示，眼睛单目视场为 120°(V)×150°(H)，双目视场约为 120°(V)×200°(H)，双目重叠共视区域约 120°，如图 4-13 所示。

解剖学对生理不平衡性的研究表明，尽管人们左右眼的重叠区约为 120°，但 40°中心视区之外，双目重叠区的显示效果不断衰减。另外，通常情况下，90% 的人类眼睛扫视运动范围小于 20°。如果观察和瞄准需要眼睛运动大于 20°，则应通过头部运动实现。

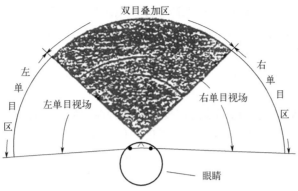

图 4-13　正常人眼目视区域分布图

机载头盔瞄准/显示系统所需视场的大小也取决于使用环境。如果仅用于显示字符，需要视场较小，通常 4°～15°；若用于图像观察、飞机导航或者驾驶飞机，则需要 20° 或者更大的视场。综合分析结果，若观察范围限于视场中心，双目光学仪器的显示重叠区设置无需超过 40°，同时应保证视觉舒服和减少疲劳。

在航空光电系统中，无论对空或对地观察、探测、跟踪、瞄准，都希望设计一种能够远距离、白天/昼夜或者全天候有效工作的精密设备。为了达到该目的，除设计一个具有良好成像质量的光学系统外，选择一种适应于不同工作环境并具有高灵敏度和高分辨率的探测器同样非常重要。

人的眼睛就是一种光接收器或者探测器。由于人眼的局限性，例如，在夜间或者微弱光照下无法观察和识别目标，因此需要借助微光或红外夜视系统增强目标亮度和提高对目标的识别能力，其中最重要的组件是光电探测器或光电传感器。

目前，机载光电设备主要采用以下探测器（包括符号产生器）：

① 用于白天环境的可见光探测器，例如 CCD 或者 CMOS。

② 用于夜间或微弱光照条件下的微光像增强器（low light level image intensifier，包括低照度 CCD/CMOS 器件）以及短波红外探测器。

③ 用于昼夜和恶劣气候条件完成远距离探测/瞄准的中波和长波红外探测器。

④ 符号产生器，例如 CRT 和 DMD 等。

4.2
可见光图像接收器

除眼睛是一种白天或者较强光照条件下的可见光图像接收器外，机载可见光图像接收器还有两种类型：航空照相胶片和光电成像器件。

4.2.1　航空照相胶片

航空胶片作为一种图像记录介质，在航空光电设备发展史上，曾经起着非常重要的作用。在第一次世界大战期间，英国为 BE2C 侦察机研发出一种 C 型侦察相机。

1922 年，美国开始生产型号为 STRIP CAMERA 的胶片型相机。

1962 年，美国侦察光学公司（ROI）生产出了 KA-45 相机。

1969 年，美国研发出一种世界上使用量最大的 KS-87 型侦察相机，有 B/C/D/D1 和 E 多种型号，镜头焦距分别为 76mm、152mm、304mm、456mm，可以采用前视、垂直和倾斜多种方式拍照，胶片宽度 127mm，自动曝光控制。

为适应不同用户和不同摄像环境的需要，有多种航空胶片产品：

① 按照感光度分类：高感光度、中感光度和低感光度胶片。

② 按照分辨率分类：特高分辨率（800lp/mm）、高分辨率（400lp/mm）、中分辨率（200lp/mm）和低分辨率（100lp/mm）胶片。

③ 按照反差分类：高反差、中反差和低反差胶片。

④ 按照片基厚度分类：厚、标准和薄片基胶片。

早期，大部分胶片采用三醋酸片基，厚度 130μm。后来，柯达公司采用聚酯片基胶片，标准厚度 102μm，薄片基厚度 64μm，超薄厚度只有 38μm。

⑤ 按照摄取图像的颜色分类：黑白全色、黑白红外、彩色反转、彩色负片、彩色红外、多光谱彩色和黑白光谱胶片等。

航空胶片曾经是机载摄像系统的重要组成之一，其性能要与机载平台性能及摄像物镜光学系统性能相匹配，因此，要求航空胶片具备以下特性：

① 分辨率尽可能高。为提高航摄底片的图像分辨率，至少要高于物镜的光学分辨率，最好高于 400lp/mm。

② 感光银盐颗粒尺寸小。保证影像放大 10～20 倍后不会显出颗粒性。

③ 厚度均匀一致，公差达到微米量级。

④ 几何尺寸稳定，变形量极小。

⑤ 表面有良好的光洁度，无杂质、无气泡和无痕迹。

⑥ 适应各种环境（例如高温、高湿、寒冷、干燥和震动等）条件，具有防黏结、防脆裂和防静电等性能。

国际上，航空胶片的代表性产品是美国柯达公司和德国阿克发公司生产的系列胶片。一般认为，航空摄影成像系统采用柯达 3412 型航空胶片更合适，如表 4-10 所示。

表 4-10　常规航空胶片与高分辨率航空胶片的主要性能

常规航空胶片				高分辨率航空胶片			
胶片型号	感光度	分辨率/(lp/mm)	颗粒度	胶片型号	感光度	分辨率/(lp/mm)	颗粒度
柯达 2402（黑白）	AFS200	160	20	柯达 3414（黑白）	AFS8	800	8
柯达 2405（黑白）	AFS500	125	26	柯达 3412（黑白）	AFS40	400	9
柯达 2448（彩色）	EAFS32	80	12	柯达 SO-242(黑白)	EAFS6	200	9
柯达 2443（彩色红外）	EAFS40	63	17	柯达 SO-131(彩色红外)	EAFS6	160	9
阿克发 200PE(黑白)	EAFS160～500	100	—	阿克发 50PE（黑白）	EAFS32～80	205	—
苏-15 型（黑白）	ГОСТ700	85	30	苏-18 型（黑白）	ГОСТ90	250	10

我国乐凯胶片公司生产的高分辨率航空胶片，分辨率达 250～400lp/mm，处于世界同等水平。

20 世纪 80 年代初，西方发达国家沿着从低分辨率到高分辨率、从短焦距到长焦距、从线阵到面阵、从可见光到红外光单波段以及红外/可见光双波段的方向，开始研发以 CCD/CMOS 光电成像元件为代表的实时传输型机载侦察相机。

光电成像器件的快速发展克服了航空胶片型成像系统的不足，虽然分辨率尚低，但实时性强。目前，在机载领域迅速得到广泛应用，逐渐成为实施可靠探测与识别、准确捕获与跟踪、精准打击和保存自己的决定性因素。

4.2.2　光电成像器件

按照有效工作波段，光电成像器件分为接收可见光辐射的成像装置和接收非可见光辐射的变像管两种类型。前者是在可见光范围对强/弱光辐射成像；后者是将不可见光辐射（例如红外光、紫外光和 X 射线）转换为可见光图像。

按照工作原理，光电成像器件又分为电真空成像器件（包括光电发射型摄像管、光电导摄像管和热释电摄像器件）和固体摄像器件（包括电荷耦合器件 CCD 和互补金属氧化物半导体图像传感器件 CMOS）两种类型。

4.2.2.1　电真空成像器件

光电导型真空摄像管曾广泛用于电视摄像领域，结构简单且信号质量较好。

真空摄像管由密封在玻璃罩内的摄像靶（或带有光敏面的电子增强靶）、电子枪、扫描系统以及保持高真空的管壳组成，如图 4-14 所示。摄像靶包括光窗、信号极和靶面；电子枪包括灯丝、热电极、控制电极、加速电极、聚焦电极、靶网电极、聚焦线圈、偏转线圈和校正线圈。

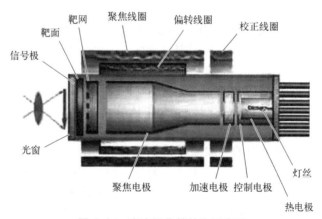

图 4-14　真空摄像管结构示意图

光学系统将目标景物反射的可见光（光谱范围 0.4～0.7μm）成像在真空摄像管的光敏面上，形成二维光学图像。真空摄像管的功能是将光学系统形成的光学图像信号转换为电信号，即把入射到摄像管光敏面上按照空间分布的光强信号转换为按时序串行输出的一维时序电信号（视频信号），该过程称为扫描，而视频信号可以再现入射的光学图像信号，送入监视器显示。

转换过程是：

① 输入的光学图像转变为电荷或电位图像。

② 对电荷图像进行存储和积累。

③ 对电信号放大和增强。

④ 对存储的电荷信号的各个像素进行顺序扫描，输出与输入一致的电信号。

光电导型真空摄像管具有高清晰度、高灵敏度、宽光谱和高帧速的特点，但重量、体积和功耗都较大。

固体摄像器件的快速发展使真空摄像管的研发和应用受到了一定影响，但一直处于改进和创新中，尤其在研发与固体摄像器件相互补充，产生低照度用高像质器件方面有所进展，主要表现在三个方面：

① 开发真空技术与固体 CCD 相结合的产品。

② 利用新型光电转换材料，改进制作和处理工艺，延长红外波段的光谱响应等。

③ 研制电子束极细和密度极高的扫描电子枪，进一步提高灵敏度和分辨率。

微光像增强器属于电真空摄像器件，将在 4.3 节介绍。

4.2.2.2 固体摄像器件

固体摄像器件分为白天型固体摄像器件和低照度固体摄像器件。

4.2.2.2.1 白天型固体摄像器件

20 世纪 70～80 年代，科学家们成功研制出电荷耦合器件（charge couple device，CCD）和互补金属-氧化物-半导体（CMOS）图像传感器，统称为白天型固体摄像器件，二者都是利用光二极管进行光电转换，将光学图像转换为电子信息。

相比之下，CCD/CMOS 型机载摄像/TV 系统的最大优点是可以将图像实时传输，快速显现和数字化处理，因此，迅速和广泛地应用于制导武器、卫星侦察、机载目标探测/图像跟踪、遥感/遥测等军事和科学研究领域，已经成为当前普遍采用的两种图像传感器。

（1）电荷耦合器件（CCD）

1969～1970 年，美国贝尔实验室提出固态成像器件的新概念，Willar S. Boyle 和 Geoge E. Smith 发明了新型半导体器件——电荷耦合器件，由金属-氧化物-半导体结构、输入端和输出端组成。

1973 年，美国仙童公司制造出第一个商用 CCD 成像装置。

CCD 图像传感器是由 N 个有规律排列的 CCD 单元组成，每个单元的 P 型硅上涂镀一层二氧化硅薄膜作为绝缘层，再淀积一个透明的金属电极，形成金属-氧化物-半导体（MOS）结构。当透过金属电极的光线照射在 P 型硅半导体上时，硅晶体内部产生电子-空穴对。在耗尽区电场作用下，空穴流入 P 型硅衬底，电子被收集到由 MOS 结构形成的势阱中，势阱中捕获的电子数目与接收的光照强度成正比，光照越强，捕获的电子数目越多。

CCD 图像传感器利用光电器件的光电转换功能，将感光面接收到的光学图像转换为模拟电信号，是集光电转换、电荷存储、电荷转移和信号读取于一体的典型固体成像器件，广泛应用于数码摄影、天文学和光学遥测技术领域中，其中包括机载可见光电视成像系统。随着 CCD 技术和理论的不断发展，其应用广度、深度也将越来越大。

为了保证能够同时接收到一幅完整的图像，CCD 图像传感器必须是由多条线阵组成的面阵 CCD。

1974 年，美国无线电公司（Radio Corporation of America，RCA，创建于 1919 年，1985 年

被美国通用电气公司并购，1988 年转到汤姆逊公司）、仙童公司（Fairchild Semiconductor）和德州仪器公司（Texas Instruments）进一步开展研究，研发出固态图像传感器（面阵型）CCD 摄像机，逐渐替代了胶片型和电子管型摄像系统。

机载 CCD 摄像系统采用数字处理技术，比较容易实现图像增强和压缩，可以实时或近实时传输信息，避免回收风险。CCD 摄像系统的光谱带宽可达 400～900nm（普通胶片光谱带宽 400～700nm），在大气环境较差（例如有雾）时也能获得较高信噪比的图像。

20 世纪 80～90 年代，CCD 在图像传感、信号处理、数字存储等方面得到快速发展，广泛应用于专业电子摄像、空间探测及其它科研领域。

CCD 是一种能够把光学图像转换为数字信号的半导体器件，具有高灵敏度、低照度（与胶片相比）和宽动态响应范围等优点，是目前认为较好的一种成像器件。CCD 上的像素数目越多，提供画面的分辨率就越高。

根据图像色彩，CCD 分为两种：彩色和黑白。按照像元排列形状，CCD 分为线阵和面阵。

线阵 CCD 图像传感器由一列 MOS 光敏单元和一列 CCD 移位寄存器组成，分为单行结构和双行结构。可直接接收移位光信息，但无法将二维图像直接转变为视频信号输出，必须通过扫描方法获得整个二维图像的视频信号。

线阵 CCD 生产工艺相对简单，特点是处理信息速度快，外围电路简单，易实现实时控制，但获取信息量小，不能处理复杂的图像，由于速度较慢，无法对移动物体成像。

最初，机载侦察 CCD 相机普遍采用线阵 CCD 器件。与地面静止照相不同，虽然采用了多种方法，但飞机姿态的快速变化以及环境振动对成像质量仍有很大影响，图像清晰度与几何尺寸的保真度难以保证。采用面阵 CCD，情况则完全不同，能够对地面目标区域同时成像，曝光时间短，受上述因素影响小，图像质量更好。同时，CCD 摄像系统具有高集成性、结构紧凑、体积小、重量轻、功耗低、可靠性好和寿命长等优点，因此，成为机载电视成像系统的理想光电接收器件。

面阵 CCD 结构复杂，按照一定的方式将一维线阵光敏单元和移位寄存器排列成二维方阵，构成一个完整的器件，由微光学镜头（扩展受光面积）、分色滤光片和感光层（将光信号转换为电信号，并传送到图像处理芯片中，还原图像）组成，如图 4-15 所示。

(a) CCD 外形结构

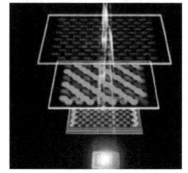
(b) CCD 芯片内部结构

图 4-15　CCD 器件示意图

面阵 CCD 图像传感器有三种基本类型：线转移型、帧转移型和行间转移型。当快门打开时，整个图像一次曝光，获取信息量大，能处理复杂图像。

机载领域使用的 CCD 器件具有以下特性：

① 具有高量子转换频率和高灵敏度，能够接收非常微弱的光能量，探测到很低照度的目标光。

② 动态范围大，能够同时侦察及分辨强光和弱光，不会因亮度差异大而造成信号反差大。由于许多场景是在照明条件很差的情况下进行，因此，拥有较大的动态范围十分有益，可以提高系统环境的使用范围。

增大动态范围的途径是降低暗电流和噪声。有效方法是制冷 CCD 或选择量子效率更高和像素尺寸更大的 CCD。

③ 具有很低的噪声（包括信号噪声、读出噪声和热噪声），因此，信噪比很高。

④ 高空间分辨率，像素数目 10 万～500 万。

⑤ 入射光强度与输出信号大小具有良好的正比关系。不同像素对同一波长的线性度有良好的一致性。

⑥ 读出速度快，读出速度（帧数）表示单位时间内处理数据的快慢。读出速度越快，单位时间内获得的信息量越大，但读出噪声也越高。

⑦ 制冷方式，半导体制冷或液氮制冷。

⑧ 可以接收的最低工作照度：

a. 普通型：$1\sim3lx$。

b. 月光型：$10^{-1}lx$。

c. 星光型：$10^{-2}lx$。

d. 红外型：没有光照情况。

⑨ 采用大尺寸 CCD 探测器，因而系统具有大视场。

⑩ 体积小，重量轻，低电压下工作，低功耗，不受强电磁场影响。

⑪ 抗冲击和振动能力强，性能稳定，寿命长。

⑫ 像素集成度高，尺寸精准，易实现小型化，批量生产，成本低。

一般情况下，普通 CCD 图像传感器主要应用于机载白天型摄像系统中。为了提高和改善夜间和低照度环境中的作战能力，开始研发微光（低照度）电视（Low Light Level TV L^3-TV）系统。通过改进工艺和增加占空比，以及在 CCD 像元前增加微透镜，使 Si-CCD 图像传感器向低照度或者近红外区域延伸，从而能够在 $3\times10^{-4}lx$ 靶面照度下工作。例如，ITT 公司的 CCD-65L、WATEC 公司的 WAT-902H 和 EP 公司的 SunStar300 等星光级 CCD 摄像机。

另外，成功研制出背照明 CCD（BCCD），通过背面照明和收集电荷，避开了吸收光的多晶硅电极，从而克服了前照明 CCD 的性能限制，在可见光谱范围内量子效率高达 90%，在紫外和软 X 射线区域也有响应，在 200nm 波长，量子效率 50%。因此，在城市灯光照明下，BCCD 也有很好的夜视效果。

从目前 CCD 发展趋势看，CCD 将向高分辨率、高速度、微型化和多光谱等方向发展，典型产品包括：Philips 公司 2000×1600 像元 FXA1013 彩色帧转移 CCD（FT-CCD）、美国仙童公司 9216×9216 像元 CCD595 大面阵全帧转移图像传感器和 4096×4096 像元 CCD485 固体全帧转移图像传感器、柯达公司为透蓝光研制的 200 万（1736×1160)/600 万（3032×2008)/1600 万（4000×4000）像元 ITO（氧化铟锡)-CCD 图像传感器以及 Ander-technology 公司 2048×2048 像元电子倍增 CCD（EMCCD）。

统计数据表明，高端产品多数应用于军事领域，例如，1024×1024 像素以上的大面阵

CCD图像传感器大多用于太空探测、机载侦察、地质、医学、生物科学和遥感/遥测等领域。美国Recon侦察光学公司开发的5040×5040像元CCD摄像系统在1万米高空的成像分辨率可达约40mm(1.57in)。表4-11列出CCD的主要应用领域。

表4-11 CCD的主要应用领域

应用分类	用途
视频摄像系统	摄录一体机,视频摄像机,数字摄像机
监视系统	办公楼,停车场,金融机构,商店,工厂,医院和交通要道
医疗系统	内窥镜,X射线拍照,显微镜
生产自动化	检查,定位,分类,机器人,图像处理
科学研究	医学,生物学,天文学和化学研究
军事领域	遥感,侦察,制导,预警和微光夜视
新闻广播	节目制作,电视新闻采访
其它	车辆后视,TV电话,传真机,扫描仪,数码相机,多媒体等

(2) 互补金属-氧化物-半导体（CMOS）元件

① 研发历史 1963年，Marrison发表了"可计算传感器"，视为CMOS图像传感器研发的开始。

鉴于CCD元件的制造工艺不易在单芯片内实现A/D转换、信号处理、自动增益控制、精密放大和存储等功能，而借助大规模集成电路技术（VLSI）的CMOS图像传感器则能将上述功能集成到单一芯片上，减小了系统复杂性且降低了成本。另外，CMOS还具有单一低工作电压（3~5V）、低功耗、兼容其它集成的CMOS电路以及可对局部像元编程随机访问的优点，CMOS图像传感器得到关注和发展。

20世纪70年代初，研发出早期的CMOS图像传感器。

CMOS是互补金属-氧化物-半导体（complementary metal oxide semiconductor）的英文缩写，既可以代表制造大规模集成电路芯片所采用的一种技术，也可以代表用这种技术制造出来的芯片。工作原理是：将硅和锗材料做成共存有N极和P极的半导体，利用两种材料的互补效应产生电流记录和解读图像，并通过芯片上ADC（模拟数字转换器）将模拟信号转换为数字信号输出。

CMOS元件（或工艺）主要应用在三个领域：计算机信息存储（作为可擦写芯片）、专业集成电路设计与制造以及数字影像领域。在数字影像领域，用于制造数字影像领域的感光元件，并作为一种低成本感光元件制造技术逐步得到发展。

早期的CMOS属于表面照射型结构，由于先天的设计缺陷，光电二极管位于整个芯片的最下层，因此，距离光学系统更远，光线更容易损失，同时，这些线路连接层还会阻挡从滤光镜到达光电二极管的光路，直接导致感光量进一步减少，成像质量（包括分辨率、灵敏度、噪声、均匀性和功耗等）远不如CCD，CCD技术仍占据着主要市场，因而未获得充分发展。当时普遍认为，高端成像质量的光电设备采用CCD图像传感器，而低性能和低成本的产品才使用CMOS图像传感器。

以SONY为代表的一些公司不断改进CMOS技术，采用背照式Exmor技术，使其性能不断得到提高。如图4-16所示，背照式CMOS采用不同的设计方式，成功克服了CCD元件生产工艺复杂、功耗大、价格高、无法单片集成和存在光晕/拖尾等缺陷，得到越来越广泛的应用。

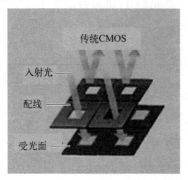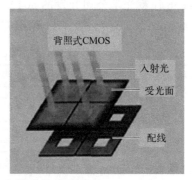

图 4-16 传统 CMOS 和背照式 CMOS

背照式 CMOS 的性能提高表现在两个方面：具有高灵敏度和宽动态范围。

背照式 CMOS 比传统式 CMOS 的灵敏度有质的飞跃，在低照度环境下的图像质量有很大提高，具有 $2000mV/\mu m^2$ 以上的感光度，能满足夜间拍摄对感光度的性能要求，工作光谱从可见光扩展到近红外区域。最近几年，进一步采用新技术，CMOS 的低照度成像水平不断提升，基本上达到 CCD 水平。

由于 CCD 的固有特性，即使采用多次曝光方式，CCD 摄像机的宽动态范围最高只能达到 66dB，而 CMOS 摄像机至少达 160dB。如果采用 CMOS 数字像素传感器技术，使每个像素独立完成采样和曝光，并直接转换成数字信号，则可以达到超宽动态范围。

1990 年，发明了有源像素结构的 CMOS 传感器。

1995 年，低噪声 CMOS 有源像素传感器单片数字相机研制成功。

② 分类 按照研发历史（三个阶段），CMOS 元件分为三种类型：

a. CMOS 图像无源像素传感器（passive pixel sensor，PPS）。

初期的 CMOS 图像无源传感器的像素由反向偏置光电二极管、复位 MOS 场效应管和 MOS 场效应开关管组成。光电二极管在入射光的作用下，逐渐产生光生电荷。MOS 场效应管和积分放大器负责将电荷量转换为电压输出，从而实现光电信号的转换与输出。

优点是内部结构简单，占用空间小，填充因子高；缺点是读出速度有限，读出噪声较大，难以发展大规模像素阵列。

b. CMOS 图像有源像素传感器（active pixel sensor，APS）。

CMOS 图像有源像素传感器是在 PPS 基础上发展而来的，主要增加了一个具有放大和缓存作用的有源器件（源极跟随放大器），减小了电荷在转移过程中的损失，降低了读出噪声，既减小了分布参数的影响又提高了读出速度，因此，适合开发大规模像素阵列。

c. CMOS 图像数字像素传感器（digital pixel sensor，DPS）。

CMOS 图像数字像素传感器是在 APS 的基础上，集成了模数转换器和存储单元，因此，读出速度更快，功耗更低，更适合高速图像拍摄。

随着超大规模集成电路制造工艺技术的发展，CMOS 图像感光元件逐渐成熟，将光敏元阵列、图像信号放大器、信号读取电路、模数转换电路、图像信号处理器和控制器集成在一块芯片上，因而读出速度和集成度高。另外，具有局部像素的编程随机访问功能，并以其具有良好的集成性、功耗低（几乎没有静态电量损耗，其总耗电量只有普通 CCD 的 $1/10\sim 1/3$）、成本低、抗辐射性强和兼容性好、宽动态范围和输出图像几乎无拖影等优点而逐渐获得青睐。近年来，在军事工业领域备受重视，得到广泛应用。

2013 年以来，在传统 CMOS 感光元件基础上，通过探测器的结构改进以及采用微信号处理等优化技术，使 CMOS 感光元件灵敏度进一步得到提高，最低工作照度拓展到三级夜天光（10^{-3}lx），需要的最低摄像照度由日光向月光/星光甚至更低照度发展。高分辨率低照度摄像机能够在低照度条件下为观察者或机器视觉系统提供细节丰富、画质清晰的实时图像。虽然最低工作照度较 EMCCD 稍逊，但是不需要制冷、器件体积小、重量轻和功耗更低，因此，超低照度 CMOS 成像系统在军事领域，尤其在机载光电设备中展现出广泛的发展和应用前景。

③ 优缺点　CMOS 器件的主要优点：

a. 随机窗口读取能力优于 CCD，称为"感兴趣区域选取"。另外，具有同时打开多个跟踪窗口的功能。

b. 光谱灵敏度扩展到近红外区域（一般 $0.7\sim0.9\mu m$，最佳达 $1.1\mu m$）。

c. 与 CCD 相比，有更强的抗辐射能力。

d. 进一步简化了系统硬件结构的复杂程度，提高了可靠性。

e. 非破坏性数据读出方式。

f. 优化曝光控制。

g. 宽动态范围。在局部强光条件下，成像效果优于其它感光元件，在夜间地面有照明的情况下对地观察具有明显优势。

h. 低照度摄像机输出的数字视频图像可以方便地与红外图像融合，在低照度条件下能为作战人员提供先进的战术作战能力。

缺点是噪声较大和填充率较低。

④ 研究进展　在过去十几年中，随着图像传感器技术的不断发展，CMOS 成像器件的性能得到稳定提高，有些性能指标已经超过 CCD，并可以提供一些 CCD 技术没有的性能。摄像机分辨率由 752×582 向 1920×1080 甚至更高方向发展，能够为观察者或机器视觉系统提供细节更丰富、像质更清晰的实时图像。

法国 PHOTONIS 公司研发出分辨率为 1280×1024 和像元 $9.7\mu m$ 的超低照度 CMOS 图像传感器和摄像系统。德国 Basler 公司研制出分辨率为 2048×2048 和帧频为 180 帧的 acA2040-180 型摄像机；日本 Toshiba（东芝）公司研制出分辨率为 4096×3072 和帧频为 25 帧的高分辨率摄像机；美国 Illunis 公司推出的 RMV-16050 系列摄像机分辨率高达 4896×3264。

美国仙童公司研制的 CIS2951 CMOS 摄像系统是先进的低噪声 CMOS 传感器的代表，分辨率 2560×2160（550 万像素），像元 $6.5\mu m$，表 4-12 列出其技术性能。

表 4-12　仙童公司 CIS2951 CMOS 摄像系统技术性能

参数	指标
像素数目	2560(H)×2160(V)
像素尺寸/μm	6.5
光敏面积/mm^2	19(H)×28(V)/16.6(H)×14(V)
快门类型	电子卷帘快门，总快门（快照），窗口 ROI
最大帧速率/(帧/s)	100（卷帘快门） 50（总快门，快照）
通道数量	2（一个上半部，一个下半部）

参数	指标
最大像素速率/MHz	300(3.3ns/像素)
全阱能力(可容纳的电子数量)	30000
瞬时噪声(均方根,30帧/s,卷帘快门,电子个数)	<2
量子效率(555nm,微透镜)	>0.6
暗电流(每个像素每秒测得的电子个数,20℃)/(像素·s)$^{-1}$	<35

近年来,国内的高分辨率低照度 CMOS 图像传感器技术也得到迅速发展。昆山锐芯微电子有限公司和长春长光辰芯光电技术有限公司都研制出了超低照度 CMOS 图像传感器。2015年11月10日,长春长光辰芯光电技术有限公司与以色列 Tower Jazz 公司宣布,成功研发出 1.5 亿像素（长边 30000 像素,短边 5000 像素）的全画幅 CMOS 图像传感器 GMAX3005。表 4-13 列出 GMAX3005 产品的技术性能。

表 4-13 GMAX3005 CMOS 图像传感器的技术性能

参数		指标
光敏面积/mm^2		165×27.5
像素尺寸/μm		5.5×5.5
分辨率/像素		30000×5000
快门类型		电子卷帘快门
ADC/bit		16
主时钟速率/MHz		20~30
帧速率/(帧/s)		10(全幅面)
数据率/(Gbit/s)(10帧/s条件下)		24
电源/V		3.3/1.8
最大功耗/W		2.5
最大信噪比/dB		43
暗噪声(电子个数)		3.93
暗电流(每个像素每秒测得的电子个数,32℃)/(像素·s)$^{-1}$		<10
动态范围/dB	内场条件下	67
	非内场条件下	75.4
灵敏度(PGA:5.6倍)/[DN/(nJ·cm^2)]		255
满阱电荷(以元电荷的倍数)计量		23000e
输出界面(LVDS对)/对		120
工作温度/℃		-55~+85
封装		395pins PGA

2016年,北方夜视技术股份有限公司（潘京生等人）研制成功一种适合昼夜视觉观察的微光 CMOS 图像传感器组件,如图 4-17 所示。该组件可以提供自动增益控制（AGC）、高动态范围（HDR）、非均匀校正（NUC）和超强光抑制（HSBLC）等改善图像的功能。

其中，自动增益控制技术能够根据外部环境照度变化自动调整增益，超强光抑制技术可自动检测超强光区域，计算画面照度平均值自动将强光区域排除，从而提高其它区域的亮度。

CMOS 图像传感器（与 CCD 图像传感器相比）具有更多功能和更高集成度，以及更小的系统尺寸、重量、功耗，具有成本优势。尤其是低读出噪声和高灵敏度的突破，使其不仅达到了 CCD 图像传感器的相当性能，而且从白天到多云残月的夜晚都能单色成像，基本具备昼夜工作的能力。表 4-14 列出该 CMOS 图像传感器的主要性能。

图 4-17 微光图像传感器组件

表 4-14 CMOS 微光图像传感器的技术性能

参数		指标	
像元数		752×582	
像元尺寸/μm		8.6×8.3	
照射方式		采用 PPD 的 4T 像素前照结构	
功耗（5V 电源和 50Hz 帧频下）/mW		850	
输出格式		LVDS 数字输出和 PAL 模拟输出	
最小重量/g		30	
最小外形尺寸/mm		$\phi 28.2 \times 10.9$	
量子效率	峰值	$>80\%$	
	最小	$\geqslant 35\%$	
最大可分辨的水平空间频率/(lp/mm)	48.8	最小可分辨目标对比度	95%
	48.8		60%
	43.5		30%
	38.7		9%
	34.5		4.5%
	30.7		2.7%
其它		提供一系列满足透镜固定的 CS 接口，提供增加 FPGA 板和 OLED 微型显示器的选项	

（3）CMOS 与 CCD 的比较

CMOS 与 CCD 是两种普遍采用的可见光图像传感器，光电转换原理基本相同，都是利用感光二极管进行光电转换，将图像转换为数字数据。主要区别是：

① 数字数据的传送方式不同，或者说，信号读出过程不同。

② 制造工艺上，CCD 是集成在半导体单晶材料上，CMOS 集成在金属氧化物半导体材料上。

③ 读出噪声。CCD 只有一个（或少数几个）输出节点，属于统一输出，因此，输出信号的一致性非常好。CMOS 各像素都有自己的信号放大器，而放大器属于模拟电路，分别进行电荷-电压转换，因此，一致性较差。

CCD 只有一个整体放大器，因而 CMOS 的读出噪声增大许多，影响图像品质。

CCD 噪声在最高带宽处，而 CMOS 噪声带宽由行读出带宽决定。

CCD 噪声随视频频率的增加而增加，CMOS 的噪声与视频频率无关。

④ 读出速度。CCD 需要在同步时钟控制下，所有电荷由单一通道/逐个光面按照规定的程序输出，速度很慢。CMOS 采用多个电荷-电压转换器和行列开关控制，在采集光信号的同时就可以取出电信号和处理各单元的图像信息，读出速度很快，非常适合高分辨率和高帧频的高速成像，因此，多数应用都采用 CMOS 器件。

⑤ 抗晕能力。CMOS 的像元结构具有自然的抗晕能力，而 CCD 图像传感器需要设计特殊的结构才具有抗晕能力。

由于 CMOS 探测阵列的结构和采用深亚微米处理工艺，因此，具有非常好的辐射偏差。

⑥ 量子效率。CCD 与 CMOS 的共同之处是都采用单晶硅材料，利用光电效应产生电子-空穴对，并利用电场将载流子分开。但在组成、顶层厚度、空间电荷区深度和掺杂等方面并不完全相同。

CCD 采用简单的顶层结构，因此具有较高的透射率；CMOS 采用近表面抗反射层等降低透过率损失的技术，透射率有明显改变，比 CCD 具有更高的透射率。

⑦ 灵敏度。CCD 的感光信号是以行为单位传输，电路占据像素的面积较小，因此，像素点对光的敏感度高。CMOS 的每个像素都由多个晶体管与一个感光二极管构成（包含放大器和 A/D 转换电路），因此，每个像素的感光区域只占像素很小的面积，所以感光灵敏度较低，即在像素尺寸相同的情况下，CCD 探测器的灵敏度更高。

⑧ 分辨率。CMOS 传感器上每个像素都比 CCD 传感器复杂，集成有放大器、定时、ADC 等电路，因而所占像素的面积大，像素尺寸很难达到 CCD 传感器的水平（即 CMOS 的像素密度没有 CCD 高），相同尺寸的两种器件比较，CCD 传感器的分辨率优于 CMOS 传感器。

⑨ 动态范围。宽动态技术是在明暗对比强烈的情况下能够同时看清亮处和暗处细节的一种技术。CCD 摄像机的宽动态范围最多 66dB，而 CMOS 宽动态摄像机动态范围已达 160dB。如果采用 CMOS-DSP 数字像素传感器技术，使每个像素独立完成采样和曝光，则动态范围更宽，甚至达到超宽动态范围。

另外，低照度环境下的感光能力和噪点控制曾是 CMOS 的劣势。最近几年，通过采用背照式（即反转硅基板表面技术）等新技术增大了光的入射量，使单个像素点的受光条件更佳，低照效果大幅提升，已经达到（甚至超过）CCD 的水平。

⑩ 功耗。CCD 器件的图像采集方式是主动式而 CMOS 是被动式。为了输出整幅图像信号，需要多路电压传输信号电荷，因此，要求 CCD 输出放大器的信号带宽较宽，并需外加电压让每个像素中的电荷移动。CMOS 只需要一个电源，其功率仅为 CCD 的 $1/10 \sim 1/8$。显然，高驱动电压使其功耗远高于 CMOS 器件（每个像元中的放大器带宽要求较低）的水平，因此，CCD 发热量比 CMOS 大，不能长时间在光照下工作。

⑪ 抗激光干扰能力。中国人民解放军某部队（邵铭等人）通过实验研究了 1064nm 激光辐射对 CCD 和 CMOS 光学成像装置的饱和干扰效果。主要实验数据列在表 4-15 中。

表 4-15　激光辐射对 CCD/CMOS 探测器饱和干扰的实验数据

参数		CCD	CMOS
激光器	类型	YAG 激光器	
	波长/nm	1064	
	频率/kHz	64	

参数		CCD	CMOS
激光器	脉宽/ns	10	
	平均功率/W	1.5	
探测器	型号	SHARP 图像探测器	SONY 图像探测器
	尺寸/in	1/3	
	像素数目	1280×960	1280×1024
	像素尺寸/μm	3.75×3.75	3.63×3.63
光学系统	焦距/mm	50	
	F 数	1.8	

波长 $1.064\mu m$ 激光干扰实验结果表明：CMOS 相机要比 CCD 相机具有更好的抗 $1.064\mu m$ 激光干扰的能力。主要表现在以下方面：

a. CMOS 相机达到单元像素饱和的激光功率阈值约 $2\times10^{-2}mW$，而 CCD 成像系统是 $1\times10^{-3}mW$，前者是 CCD 相机的 20 倍。换句话说，当激光器能量逐渐增加，CCD 出现"饱和串扰"时，由于 CMOS 与 CCD 感光元件的结构和数据传递方式存在较大差异，各像素之间串扰很小，因此，CMOS 还没有出现"饱和串扰"现象，或者说，利用相同的激光功率较难对 CMOS 探测器造成大面积的饱和干扰。

b. 两种相机要达到相同的有效干扰面积所需的激光功率，CMOS 相机比 CCD 相机约大 $10\sim100$ 倍。

c. 要达到相同的饱和像元数所需激光功率，CMOS 相机比 CCD 相机约大 $10\sim60$ 倍。

d. 在小功率干扰条件下，CCD 相机图像质量比 CMOS 相机下降快，即更容易受到干扰。

⑫ 电子-电压转换效率。电子-电压转换效率定义为每个信号电子转换为电压信号的大小。

由于 CMOS 像元中采用高增益和低功耗的互补放大器结构，因此，其电子-电压转换效率略优于 CCD。

⑬ 体积和成本。CMOS 器件采用半导体电路最常用的 CMOS 工艺，与 VLSI 具有良好的亲和性，因此，可以将驱动和信号处理等周边电路集成在一片芯片内，大大减小成像系统的体积和重量，从而节约外围芯片的成本；而 CCD 以电荷传递方式传送数据，大部分驱动电路未集成在同一芯片内，因而工艺复杂，难度较大，成本高于 CMOS。

相信，随着 CMOS 技术的发展和制作工艺的不断优化，在感光性能、成像质量和信噪比等方面会有更大提升，逐渐缩小与 CCD 的差距。表 4-16 对 CCD 和 CMOS 两种器件在结构和性能方面的比较进行了总结。

表 4-16　CCD 与 CMOS 的结构和性能比较的总结

参数	CCD	CMOS
像素信号	电子包	电压
芯片信号	模拟电压	比特（数字）
读出噪声	低	高（同一帧频下较低）
填充因子	高	中或低

参数	CCD	CMOS
光反馈	中至高	中至高
敏感度	高	较高
动态范围	高	中至高
一致性	高	较低
功耗	中至高	低至中
快门	快速高效	快速高效
速度	中至高	较高
开窗处理	有限	多重
抗晕	高至无	高
图像缺陷	弥散，电荷转移低效	FPN，运动（ERS），PLS
偏压和时钟	多重，高压	单一，低压
系统复杂性	高	低
传感器复杂性	低	高
相对研发成本	较低	取决于系列

一般地，CCD 和 CMOS 都是在比较理想的白天环境（通常认为景物照度至少大于 1lx）才能工作的成像器件。对于军事应用领域（尤其是机载平台），不仅白天要求看清目标图像，也需要夜晚和低照度环境下（例如黄昏、黎明或夜间）输出高品质清晰图像。遗憾的是，由于噪声限制，普通 CCD 或者 CMOS 都不适合在照度低于 0.2lx 的环境中正常工作。

4.2.2.2.2 低照度固体型摄像器件

20 世纪 80 年代前，由于真空器件的光敏面制作工艺简单，容易制作大面积（例如 $\phi18mm$、$\phi25mm$、$\phi40mm$）光敏面；另外，暗电流密度（例如多碱光阴极的暗电流密度为 $10^{-15}A/cm^2$，砷化镓光阴极的暗电流密度为 $10^{-13}A/cm^2$，CCD 暗电流密度大于 $10^{-12}A/cm^2$，CMOS 的暗电流密度比 CCD 还要大）和响应速度（真空器件的响应速度可达 $10^{-17}\sim10^{-15}s$）均优于固体器件，因此，微光夜视图像传感器几乎是真空器件的天下。

随着科学技术的快速发展，军事领域的夜间作战技术越来越受到重视，各国都在积极研发不同型号的低照度 CCD/CMOS 摄像器件和机载微光电视摄像系统。装备有夜视观察/瞄准系统的军事装备遍及世界各国各军兵种及武器平台，"拥有黑夜"已经变成"共享黑夜"，保证即使在夜间或者能见度极低情况下也具有观察直观、隐蔽性强、探测精度高、反应速度快、识别性能好、不受电磁波干扰等优点。

1975 年，仙童公司成功研制出能在 1/4 月光下正常工作的 CCD。

此后，通过采用新技术和改进措施，提高了近红外波段信号的光电子数和信噪比，使 CCD/CMOS 的低照度成像效果得到较大提升。

20 世纪 70 年代，以美国为代表的西方国家就开始对 InGaAs 器件进行研究，包括材料设计、材料生长、器件结构以及器件工艺等。

2009 年，美国传感器公司成功研制出砷化镓铟（InGaAs）光电二极管阵列结构的短波红外（SWIR）焦平面阵列微光像传感器。光谱响应与夜天光的匹配率比 Si 提高了近一个数量级，是目前最理想的微光像传感器。同年，美国仙童公司研制出微光 CMOS 图像传感器

L^3CIS，并应用于非制冷长波红外传感器构成的数字融合夜视系统，从此，微光夜视技术步入了以固体像传感器为主导的快车道。

低照度（CCD/CMOS）固体摄像器件有以下几种类型：

（1）星光级 CCD/CMOS 器件

通过采取改进措施（例如改进工艺、增加占空比以及在 CCD 像元前增加微透镜）使CCD 的灵敏度大大提高，从而使光谱响应向红外延伸，能够在 3×10^{-4}lx 靶面照度下工作。典型的星光级 CCD 摄像机系统包括 ITT 公司的 CCD-65L 型，WATEC 公司的 WAT-902H型和 EP 公司的 SunStar300 等。

星光级 CCD/CMOS 器件的特性是：

① 增大像素面积（空间积累）以便在极微弱光照条件下，将几个相邻像素组合为超大像素。

② 增加光积累时间（曝光时间）。

③ 低温制冷。

④ 采用微透镜阵列结构。

⑤ 使用多帧相（MPP）模式降低暗电流。

⑥ 适当降低像素数和帧频，减少读出电路带宽。

⑦ 使用多路输出，将串行读出改为并行读出以降低读出速度。

⑧ 改动传统的感光组件基板上方的受光面配线位置，使光线不受配线/晶体管的干扰影响，增大入射光线能量，使单个像素的受光条件更佳。

（2）背照式 CCD/CMOS 器件

背照式 CCD/CMOS 是相对于前照式而言的。采取的主要措施包括：将 CCD 基片厚度减薄到 $8\sim15\mu m$ 左右；将 CCD 背部进行钝化处理以提高电子收集率和减少电子与空穴的再次复合。CCD 背面没有电极，只有一层外延硅晶体，入射电子以高能量直接作用于硅的活跃区，因此，通过背面照明和收集电荷，避开吸收光的多晶硅电极，克服了前照明 CCD 的性能限制。可见光谱量子效率从 40%～45% 提高到 90%～95%，即使在城市灯光照明和微弱光照条件下也有很好的响应。此外，在紫外光谱区也有较好响应，200nm 波长处具有接近 50% 的量子效率，兼有较高灵敏度，所以，非常适合 300～900nm 波长范围微弱信号的探测需要。

高阻硅基底的深耗尽层背照 CCD（BCCD）的研发成功进一步消除了 BI-CCD（Bi-polar CCD）像面干涉条纹对成像质量的影响，提高了与夜天光辐射光谱的匹配率；适度增加耗尽层厚度，可见光长波部分和近红外部分的光谱响应都有明显提高，将量子效率曲线峰值移向近红外谱线，如图 4-18 所示。

2009 年，美国仙童公司成功研制出微光 CMOS 并应用于数字融合夜视系统中，具有高量子效率、低噪声、高信噪比、高动态范围和高读出速度，其性能接近 EMCCD。其中采用了以下先进技术：

① 背照 CMOS 技术。传统的前照 CMOS（FI-CMOS）有效光敏面积不超过 50%，量子效率低至 40%。参考背照 CCD（BI-CCD）的设计思路，采用微透镜结构的 BI-CMOS 形式，量子效率达到 90%。

② 数字像素技术。将数/模转换和输出数字信号功能集成在 CMOS 的像素内，称为数字像素传感器（digital pixel sensor，DPS）。

③ 低噪声和高像质 CMOS 技术，包括：

a. 采用具有低噪声和抑制暗电流功能的点顺序读出系统。

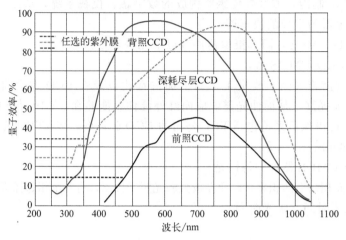

图 4-18　微光 CCD 的量子效率曲线

b. 采用能够消除噪声的"HAD"结构。

c. 采用低压驱动埋道 CMOS 技术。

图 4-19 是该系统不同照度下的分辨率曲线图。

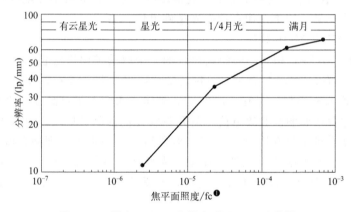

图 4-19　微光 CMOS 分辨率-焦平面照度曲线

（3）电子倍增（EM）式微光 CCD（L^3CCD）器件

由于读出噪声的限制，低照度下 CCD 不能在极低照度下正常工作，需利用增强信号电子数的方法降低读出噪声。

2000 年，英国首先研制成功电子倍增式微光 CCD（EML^3CCD），工作原理如图 4-20 所示。在帧传输 CCD 的移位寄存器和读出放大器之间增加具有二次电子倍增功能的倍增移位寄存器，电子转移第二阶段的势阱被一对电极取代。第一电极为固定电压，第二电极按标准时钟频率施加一高电压（40～50V），两电极间的高压差对等待转移的信号电子形成冲击电离，产生新的电子。通过多次电离，使电子数目倍增，每次电离使电子数目大约增加 1.5%，例如，经过 591 次倍增的电子数目可达到 6630 倍，并且是在芯片上实现倍增。信号电荷在倍增寄存器中经过雪崩电子倍增后进入读出放大器，因此，也称为雪崩电子倍增式微光 CCD。

---

❶ 1fc＝10.764263lx。

电子倍增式微光 CCD 是利用标准 CCD 生产工艺制造的全固态微光电视成像器件，与其它的微光传感器相比，有以下特点：

① 具有高分辨率、高信噪比和极宽的动态范围（$10^{-4} \sim 10^5$ lx 环境照度范围），可以昼夜和全天候工作。白天工作时的像质与 CCD 相同，夜间的图像像质超过高性能三代 Omni Ⅳ 和增强 CCD（ICCD）。没有 MCP 带来的固定图案噪声和畸变，没有强点光源引起的光晕。

② 环境适应性好，可以在高低温和复杂环境中正常工作。

③ 没有光阴极，抗强光能力强，工作寿命长。

④ 结构紧凑、体积小、重量轻，容易制冷。

缺点是功耗较大（$10 \sim 15$W），没有电子快门功能，不能实现选通工作模式，需要使用自动光圈镜头。

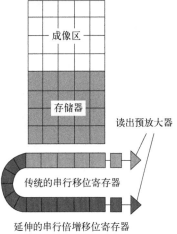

图 4-20　EML^3CCD 的工作原理

电子倍增式微光 CCD 既有普通 CCD 器件的优点，同时兼有增强型微光像增强器和电子轰击型微光像增强器的灵敏度。利用增强信号电子数的方法降低读出噪声，在极低照度下也能正常工作。

（4）CCD/CMOS 混合式器件

CCD 和 CMOS 都是以 MOS 电容器为基本单元的动态随机储存器阵列，区别在于设计的结构和读出方法不同。

美国仙童公司在充分分析微光 CCD 和微光 CMOS 像增强器的优缺点之后，组合利用二者的优势，成功研发出 CCD-CMOS 混合式微光像增强器，工作原理如图 4-21 所示。

结构特点：

① 将 2 个读出噪声极小的 CMOS 读出集成电路（ROIC）用铟键合在 CCD 图像传感器的基底上，取代读出噪声极大的 CCD 串联移位寄存器。由于 CCD 的暗噪声和电荷传输噪声极小，两个读出口和并列读出结构有效地减小了读出带宽，加之 ROIC 是电容跨导列阵，噪声极小，因而，CCD-CMOS 混合微光像传感器的总噪声水平极低，减小了读出带宽。

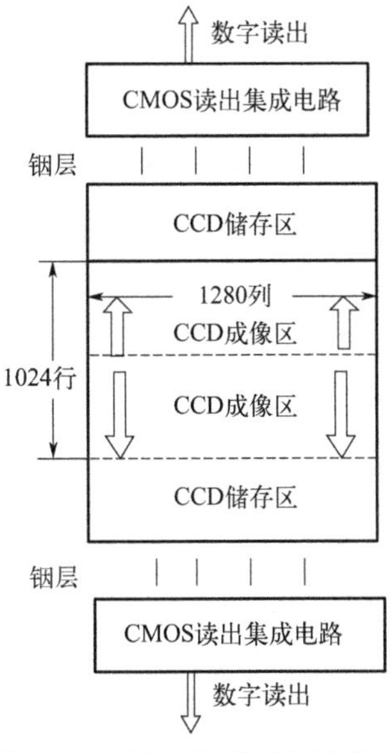

② 取消了 CCD 的移位寄存器及其驱动电路和输出放大器 2 个电源，降低了功耗。

③ 在 CMOS 芯片上集成了双取样电路、A/D 转换器、定时器和信号处理器等外围电路，结构紧凑。

主要性能指标：

① 像元数目：1280×1024。

② 像元尺寸：$12\mu m$。

③ 室温条件下暗电流密度：$2.8pA/cm^2$。

④ 读出噪声（电子个数）：<2.9。

⑤ 信噪比：与电子倍增式微光 CCD 相当。

表 4-17 列出电真空摄像器件和固体摄像器件主要技术性能。

图 4-21　CCD-CMOS 混合微光像增强器工作原理

表 4-17　电真空摄像器件和固体摄像器件技术性能

项目	优点	缺点
电真空摄像器件	1. 光敏面制造简单，容易制造直径 18mm、25mm 和 40mm 的大面积光敏面。 2. 真空器件的暗电流噪声和响应速度优于固体器件，是固体光电器件不可能实现的	1. 强光容易引起损坏。 2. 机械强度和环境适应性较差。 3. 寿命短。 4. 可靠性差
固体摄像器件	1. 体积小，重量轻，耗电少，环境适应性好，可靠性高。 2. 与高速发展的信息技术相容。 3. 利用数字技术可以对图像信号在像素中进行时间积累，像素的空间组合，数字降噪，扩展动态范围，从而使信噪比大大提高	—

4.3
微光像增强器

微光（low light level，LLL 或 L^3）定义为夜间或低照度下微弱的光，或能量低到不能引起视觉响应的光。

在近几十年现代陆军地面局部战争中，微光夜视技术发挥了重要作用。20 世纪末，微光夜视系统开始应用于机载领域，包括武装直升机、运输机、无人机和歼击机。典型的机载微光夜视产品包括装备固定翼飞机和直升机的（美国）AN/AVS-6 型飞行员夜视镜、装备在飞行员护目镜上部两侧（由美国和以色列联合研制）的 AN/AVS-7 型夜视飞行图像系统/平视显示器及装备在固定翼飞机飞行员头盔上的 AN/AVS-9 夜视镜。

除了直视式微光夜视仪外，机载微光电视系统也越来越受到重视和得到广泛应用，并且将飞行员头盔夜视仪与红外、激光和雷达等相关系统组合，形成综合机载光电侦察/测量/告警火控系统。

微光夜视技术的基本原理是将夜间或者低照度下摄取的微弱的光学图像通过像增强器（image intensifier）转换为增强的光学图像，从而实现夜间或者低照度下的观察。显著特点是无需人工照明光源，直接以"被动"方式成像，能观察到目标且不会暴露自己。

无论是直视型微光夜视镜还是微光电视型夜视系统，核心部件都是低照度图像传感器（low light level image sensor，LLLIS 或 L^3IS），其中包括微光像增强器。

4.3.1　微光像增强器的基本组成

根据北方夜视技术股份有限公司的企业标准 Q/YN J225020—2003，微光像增强器定义为：能够将微弱的光学图像增强到适合人眼观察亮度的真空光电成像器件，由真空微光管和适配的专用电源组成，包括光敏面（光阴极）、电子光学成像系统、增益机构、发光面（荧光屏）和真空管壳等部分，如图 4-22 所示。

微光像增强器是一种外光电效应真空光电子成像器件，工作状态下完全无源。是以光（实际上是电子）放大理论为基础，增强或放大目标的反射光，将微弱的可见光图像增强为人眼可视的明亮图像，从而使人眼更易观察到照度不足（即低照度环境下）的目标或景物。

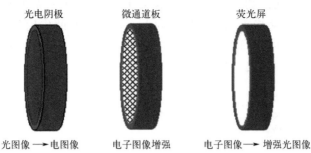

光电阴极　　　　　微通道板　　　　　荧光屏

光图像→电图像　　电子图像增强　　电子图像→增强光图像

图 4-22　微光像增强器的基本结构

　　微光像增强器的工作原理是：物体反射的微弱可见光和近红外光被微光物镜成像在光电阴极上，光电阴极受激向外发射电子的过程中，将景物的光强分布图像变成与之相对应的电子数密度分布图像，电子光学部件将电子密度分布图像增强千万倍，完成"图像增强"，最后，经过倍增的大量电子轰击荧光屏，完成电子图像到光子图像的转变，显示为人眼可视的图像，如图 4-23 所示。

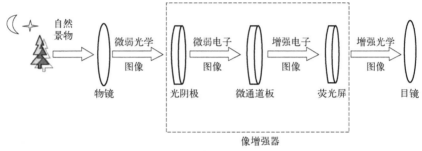

自然景物　物镜　微弱光学图像　光阴极　微弱电子图像　微通道板　增强电子图像　荧光屏　增强光学图像　目镜

像增强器

图 4-23　微光像增强器的工作原理

　　微光像增强器的光电阴极有多种类型，其材料、结构形式和制造工艺的变化对像增强器的光电子转换性能影响很大，是微光像增强器的重要组件，也是微光像增强器划代的重要标志之一。图 4-24 是不同材料光电阴极的光谱响应曲线。

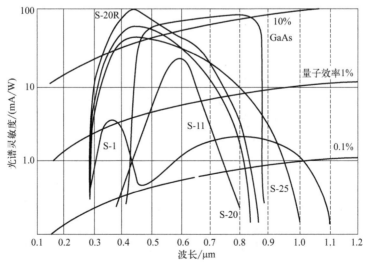

图 4-24　不同材料光电阴极的光谱响应曲线

电子光学系统（例如，第一代像增强器采用同心球电子光学系统）或者微通道板（例如，第二代像增强器之后采用的微通道式电子倍增器）的作用是将光电阴极生成的电子加速、聚焦、偏转，并轰击像增强管的荧光屏，最后形成可视图像，图 4-25 是微通道板的基本结构和工作原理。表 4-18 列出北方夜视技术股份有限公司生产的微通道板的相关数据。

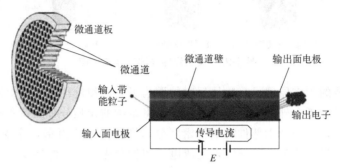

图 4-25　微通道板结构

表 4-18　北方夜视公司的微通道板技术性能

规格 /mm	有效直径 /mm	通道直径 /μm	通道间距 /μm	体电阻 /MΩ	面电阻 /Ω	增益 （800V）
φ25	φ18.8	10	12.5	70～250		≥1500
		8	10			
		6	8			
φ33	φ26	10	12.5	50～300	≤100	≥2500
		8	10			
		6	8			
φ36	φ31	12	14	80～300	≤160	≥3000
φ50	φ45	25	27	50～300	≤300	≥7000
φ56	φ50					
φ81	φ75	27	30	30～200	≤500	≥7000
φ100	φ95					
φ106	φ100					

电子光学系统有倒像式锐聚焦和近贴透射式聚焦两种模式。相对于近贴聚焦系统，锐聚焦系统具有更高的分辨率，但体积较大。

荧光屏是在其内侧涂敷一薄层发光物质（荧光粉）的玻璃屏幕，主要由玻璃屏面、荧光粉和铝膜组成，如图 4-26 所示。

荧光屏的功能是将电子动能转换成光能，高能量电子轰击荧光屏使其发光。

荧光屏材料及工艺过程对其发光波长范围、发光效率和分辨率有重要影响。目前较成熟的工艺可使荧光屏分辨率达到 120lp/mm 以上。对选通型微光像增强器，还要考虑系统响应时间对荧光屏响应时间的要求。表 4-19 是常用荧光屏（粉）与其衰减时间（荧光强度下降到 1%）的关系。

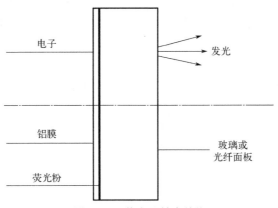

图 4-26　荧光屏基本结构

表 4-19　常用荧光粉及衰减时间

荧光粉	转换效率(在饱和电压下电子激发出光子的效率)/%	衰减时间
P20-AF	35	220ms
P20	20	60ms
P43	20	3ms
P46	6	$2\mu s$
P47	6	$0.4\mu s$

对荧光屏的要求是：

① 高电-光转换效率。

② 产生足够的光亮度。

③ 发射光谱与眼睛或与其耦合的下一级光电阴极的光谱响应一致。

④ 合适的余辉时间。

⑤ 良好的机械强度、化学稳定性和热稳定性。

另外，还需注意像增强器输入窗和输出窗的材料（采用玻璃材料或光学纤维）和形式选择。输入窗材料的决定因素之一是光谱响应，如表 4-20 所示。输出窗材料取决于后续的应用模式（例如级联耦合、CCD 光锥耦合直接观测等）。

表 4-20　常用几种输入光窗材料的截止波长阈值

输入光窗材料	短波截止波长/nm
MgF_2	110
非晶石英	165
光学玻璃	330
光纤面板	380

4.3.2　微光像增强器的基本性能

为了保证低照度应用，若希望达到良好的夜视观察效果，像增强器应满足以下技术要求：

① 光谱响应范围足够宽，阴极光敏面应有较高的量子效率和较低的暗发射。

② 较高的极限分辨率。极限分辨率决定着微光夜视系统对远距离目标细节的探测和识别能力。极限分辨率定义为：在足够的场景亮度和充分的暗适应条件下，微光像增强器对（对比度＝1）黑白条纹的极限分辨能力。通常，用输出端面（荧光屏面）上可以清晰观察到的黑白线对数目表示。

特别强调，切勿将像增强器的分辨率与微光系统的分辨率相混淆。

微光像增强器的分辨率单位是 lp/mm，表示单位长度（mm）上能分辨的线对数目；微光系统分辨率单位是 cy/mrad，表示单位角度（mrad）上能够分辨的周期数。

微光夜视系统可以通过改变微光物镜焦距提高系统的分辨率，例如，采用 3 倍微光物镜可以使系统分辨率提高 3 倍，而微光像增强器的分辨率不会有任何改变。

微光夜视系统有两种工作环境——"低照度工作环境"和"高照度工作环境"。DEP 公司的研究表明：低照度工作环境下，分辨率（或者图像质量）与光照度水平密切相关；高照度工作环境下，如果有足够的光亮度，噪声就会消失，图像质量更高，与光照强度关系不大。图 4-27 表示低照度条件下极限分辨率与照度的关系，可以看出，在较高照度条件下，极限分辨率是个常数。

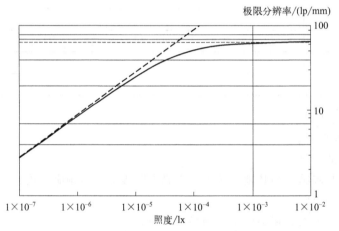

图 4-27　低/高照度条件下的极限分辨率与照度关系

③ 足够的亮度增益。评价微光像增强器光能量增益的方法有两种——亮度增益（luminance gain）和辐射增益（radiant gain）。

亮度增益是表述输出屏亮度 L_o（cd/m^2）与光阴极接收的照度 E_i（lx）之间的关系，用式（4-3）表示：

$$亮度增益 = \frac{\pi L_o}{E_i} \tag{4-3}$$

测量条件：光阴极工作在色温 2856K±50K 标准钨灯光源的均匀照明条件下，利用经过严格校正的光度计，在垂直于屏幕方向测量输出的光能量。

应当注意：亮度增益的 SI 单位是 $cd/(m^2 \cdot lx)$，欧美文献中的常用单位为英尺朗伯/英尺烛光（fL/fc）[❶]。

光辐射增益定义为：荧光屏的光辐射功率（W/m^2）与入射在光阴极上特定波长的功率（W/m^2）之比。

---

❶ fL 表示英尺朗伯，亮度单位，$1fL = 3.426cd/m^2$；fc 表示英尺烛光，照度单位，$1fc = 10.764lx$。

需要注意，屏幕辐射功率对应的波长是指光谱响应的峰值波长。

一般来说，亮度增益值越高，系统将光能量放大的能力越强。但需指出，不要一味追求像增强器具有非常高的亮度增益值，如果将像增强器的亮度增益推得太高，可能会变成"噪声器"，信噪比反而降低，且驱动较难和寿命缩短。因此，重要的是在光电阴极灵敏度、信噪比和亮度增益之间选择一个最佳平衡。若没有良好的光灵敏度和较高的信噪比，高亮度增益的微光像增强器仅是一个图像质量较差的"照明器"。

按照美军标规定，微光像增强器的亮度增益在 20000～37000 倍范围时，微光夜视系统的增益应在 2000～3000 倍。

④ 较低的等效背景照度（EBI）。在完全没有外来入射光照条件下，仍存在多种内在影响因素（例如光阴极发热），施加工作电压时荧光屏上会发射出一定亮度的光，即存在附加背景噪声。

等效背景照度定义为：在没有外来光入射时，由于光阴极热发射以及信号感生等因素造成像增强器荧光屏存在附加的背景噪声，并等效为入射辐射照度，简称为等效背景照度。

⑤ 较高的信噪比。在低照度环境条件下，图像质量主要取决于图像噪声。图 4-28 表示不同照度条件下两组分辨率（20lp/mm 和 60lp/mm）的图像质量。可以看出，随着照度增大，20lp/mm 大尺寸目标变得可见，而 60lp/mm 小尺寸目标仍被噪声掩盖。研究表明，在低照度条件下，微光像增强器的图像质量主要取决于噪声性能，因此，表述低照度条件下微光像增强器成像噪声的最好方式是信噪比（SNR）。

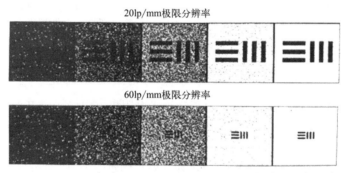

图 4-28　不同光照度下 20lp/mm 和 60lp/mm 分辨率的目标图像

微光像增强器的信噪比（SNR）定义为：荧光屏输出亮度的平均值与其均方根噪声之比。微光像增强器工作时，尤其是在低照度下工作时，由于各种噪声的综合结果，会使输出图像像质恶化，对目标的探测和识别有着严重影响，因此，对于低照度下工作的微光夜视系统，SNR 参数对景物目标的探测和识别尤为重要。

通常，微光像增强器 SNR 的测试是在 $\phi 0.2mm$ 照射面积和（2850K 钨光源灯）10^{-4} lx 照度下完成。如果测试环境不满足标准条件，则按照平方根定律计算。

需要提醒，具有较高增益的微光像增强器并不能降低图像噪声，仅增大了噪声的强度，因此，提高增益无助于改善图像性能。

⑥ 良好的调制传递函数特性。调制传递函数（MTF）表征微光像增强器在不同空间频率正弦亮度分布条纹下的调制度衰减特性，能够较完整地表述系统的空间传输能力。

⑦ 具有亮度自动控制系统，保证在（阴极面板照度）10^{-6}～10^{-1} lx 光照范围内工作。

⑧ 小型化，重量轻和功耗低。

4.3.3 微光像增强器的基本类型

20世纪30年代，微光夜视技术由于军事需求的推动而获得迅速发展，并以微光像增强器的核心器件光电阴极、电子光学系统、电子倍增器等采用新原理、新技术、新材料而成为划分微光夜视技术的主要标志。

微光夜视技术分为主动式和被动式夜视技术两种类型，因此，微光像增强器也有两种工作方式。

4.3.3.1 主动式微光夜视像增强器

1929年，L. R. Koller首先发现了对近红外光灵敏的Ag-O-Cs光电阴极（即S-1光电阴极）。

1934年，美国 P. T. 法恩斯沃思（P. T. Farnworth）和荷兰 G. 霍尔斯特（G. Holst）等人提出了光电图像转换原理，建议利用光子-电子转换原理使银氧铯光阴极接收红外辐射，由光子转换为电子，再通过荧光屏使电子转换为光子，得到人眼能够观察的图像，从而为近代夜视技术提供了理论基础。并利用S-1光电阴极研制成功第一个近红外变像管，应用于第一次世界大战的夜战中。

20世纪40～50年代，研制成功由银氧铯（Ag-O-Cs）光阴极（阴极灵敏度$60\mu A/lm$）、电子聚焦系统和阳极荧光屏组成的第一只近贴式红外变像管，并应用于第二次世界大战和朝鲜战争中。

主动夜视技术需要借助红外光源主动照明物体，因而称为"主动夜视技术"，有资料称为"零代夜视技术"。最大缺点是隐蔽性差，容易暴露，效率（或者增益）较低，不适合军事领域应用，因此，研发"被动夜视技术"成为必然趋势。

4.3.3.2 被动式微光夜视像增强器

实际上，1936年，P. Gorlich就发明了锑铯光电阴极（Sb-Cs），开始研究直接利用夜天光照明的微光夜视技术。

1955年，A. H. Sommer发明了高灵敏度的锑钾钠铯（Sb-K-Na-Cs）多碱光电阴极(S-20)，使微光夜视技术进入实质性阶段，并开始得到迅速发展。

1958年，发明了光学纤维面板，同时，荧光粉性能有很大提高，为光纤面板耦合像增强器的研制奠定了基础。

20世纪60年代初，美军开始建立夜视实验室，第一个无需人工照明，仅利用夜天光就可以实现微光观察的被动式微光夜视系统诞生，其核心器件——微光像增强器的研究和发展已经历了约60年的历史。

除美国和荷兰外，俄罗斯微光像增强器的发展也较快，批量生产的微光像增强器积分灵敏度达$1200\mu A/lm$，实验室级可达$1800\sim2000\mu A/lm$。

20世纪60年代，我国开始研制和发展微光夜视成像技术。

20世纪80年代初期，我国通过引进国外先进工艺和设备，汲取国外的先进技术，微光夜视技术得到迅速发展，开始生产超二代和研制三代微光像增强器，并研制出不同的微光夜视设备批量装备部队。

如图4-29所示，被动微光像增强器（本书统一称为"微光像增强器"）的发展经历了五个阶段。

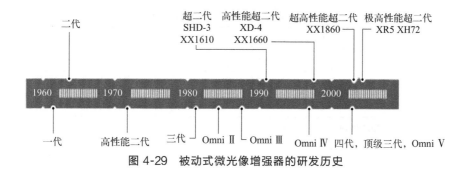

图 4-29 被动式微光像增强器的研发历史

4.3.3.2.1 第一代微光像增强器

20 世纪 40 年代，在主动红外夜视技术的基础上，开始研发红外光源照明的微光夜视系统，其中，微光像增强器是由玻璃壳体（玻璃输入/输出窗）和银氧铯（Ag-O-Cs）（S-1）光阴极组成的单级管。这种主动微光夜视系统采用静电倒像和电子加速方式，因此，存在几何畸变，光学性能较差。优点是结构简单和价格低廉。

20 世纪 50 年代初期，P. Schangen 成功设计了同心球电子光学系统。

1955 年，A. H. Sommer 发现，若将 Na_2KSb 双碱光阴极作为基底层，对其进行表面铯处理以降低表面势垒，制造时通过 Sb、K、Na 和 Cs 源的蒸发而在基片上淀积成光电发射层，形成 Na_2KSb（Cs）多碱光阴极（S-20），就会具有高量子效率、高灵敏度、宽光谱（可见光～近红外）响应和较低暗电流等良好特性。研发初期，这种光电阴极的灵敏度高达 $180\mu A/lm$ 以上，光谱响应也很宽，长波阈值延伸到 900nm 以外。另外，热发射电流密度很小（约 $10^{-16}A/cm^2$）。

1960～1962 年，美国采用多碱阴极 Na_2KSb(Cs) 研制成功第一代单管微光像增强器，亮度增益小于 1000 倍和工作寿命 1000～2000h，在主动红外成像的环境下验证了这种单管微光像增强器被动成像的可能性。

这种单管微光像增强器实际上属于电子真空器件类型，简称玻璃微光管。部分文章将这种早期的由玻璃壳体、多碱 20(或 S-1) 光电阴极、玻璃输入/输出窗组成的单级微光像增强器归类为零代微光像增强器。

如图 4-30 所示，单管微光像增强器包括：高灵敏度多碱光电阴极、光学纤维面板（FOP）输入/输出光窗、同心球电子光学系统和金属陶瓷结构。技术性能列在表 4-21 中。

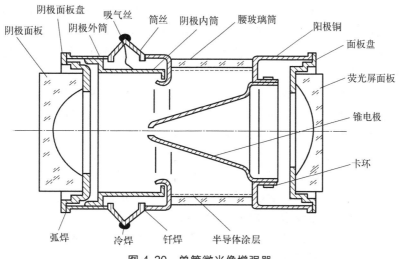

图 4-30 单管微光像增强器

表 4-21　单管微光像增强器的技术性能

参数		指标（平均值）
光阴极	灵敏度/(μA/lm)	175～230
	有效直径/mm	14～18
亮度增益		250～1000
中心鉴别率/(lp/mm)		19.7～28
放大率		0.3～0.5

由于单管微光像增强器不能提供星光环境下高速探测和识别目标所需的屏幕亮度，因此，便尝试采用多级倍增方式研制三级串联静电聚焦像增强器。

1958 年，Kapany 发明了纤维光学面板，研制成功将真空气密性较好的光纤面板作为场曲校正器，解决了光学物镜平面像场与像管电子光学系统球形物面之间的矛盾，真正实现了电子信号的增强，使微光单管三级耦合级联成为可能，从而保证低照度下能够完成高效光电转换，为改善微光夜视光电子系统的成像质量和耦合能力奠定了基础，既解决了单级像管之间的耦合问题，又提高了良品率和降低了成本。

1962 年，在发明了光学纤维面板以及完善了同心球电子光学系统设计理论的基础上，奥尔法（ORHPA）公司利用级联像增强技术研发出级联耦合方式工作的 PIP-1 型三级级联式像增强器，即第一代微光像增强器（也称为"微光管"），如图 4-31 所示。

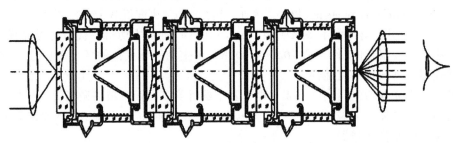

图 4-31　第一代（三级级联耦合式）微光像增强器

第一代微光夜视仪的工作原理是：夜间目标的微弱光辐射，在微光夜视物镜聚焦后，经纤维光学输入窗到达光阴极。由于一代微光像增强器单级管是锐聚焦像管，具有很高光响应灵敏度的三碱阴极会逸出大量光电子，利用准同心球型的电子光学系统将从光阴极逸出的光电子加速、聚焦和偏转后，轰击像增强管的荧光屏，形成增强的可见光输出图像，从而使人眼能够在夜间观察到通常看不见的目标图像。

为了校正畸变，在各单管的阳极与屏之间设计一个低电位甚至是负电位的电极，从而使电子向光轴偏折，达到校正畸变的目的。例如，美国 Varo 公司研制的 ϕ18mm、ϕ25mm 和 ϕ40mm 微光像增强器的畸变值分别是 17％、17％和 20％，如果在其中分别增加重量为 0.68kg、1.35kg 和 2.25kg 的校正畸变附件，畸变值可以相应减小到 3％、3％和 5％。

为避免强光轰击时灼伤荧光屏，在第一级单管的光阴极与阴极套筒之间设计一个电阻，当遇到强光照射时，会使电子光学系统散焦，保证荧光屏正常工作。

第一代级联耦合式微光像增强器的主要特征：

① 单级管采用对夜天光更为灵敏的 S-20 多碱光阴极（Sb-Na-K-Cs）。

② 应用同心球电子光学系统。

③ 采用 P20 粉的荧光屏。

④ 采用金属-陶瓷结构、自动增益控制电路和静电聚焦方式。

⑤ 采用光学纤维面板（或薄云母片）将三个单级像增强器级联耦合成为一个整体，使亮度增强 10^4 倍以上，实现了星光照度（10^{-3} lx）条件下的真正被动夜视观察。

表 4-22 列出第一代微光像增强器的主要性能。

表 4-22　第一代微光像增强器的主要性能

管型		单级管	二级管	三级管
有效直径/mm（光阴极/屏）		18/7	2×(18/18)	3×(25/25)
		40/13		3×(18/18)
光灵敏度/(μA/lm)		250	250	275(最小)
		200		250(最小)
辐射灵敏度(850nm)(最小)/(mA/W)		15	20	20
		13		20
分辨率/(lp/mm)		65	40	25～32
亮度增益/[cd/(m²·lx)]		80	4000	2×10⁴～3×10⁴（最高 50000）
噪声因子		—	—	1.3
光学传递函数 MTF	7.5lp/mm	—	75%	60%
				70%
	12.5lp/mm	80%	—	—
		80%		
	16lp/mm	—	48%	40%
	20lp/mm	—	35%	20%
				25%
	25lp/mm	58%		
		55%		
	50lp/mm	25%		
		20%		
	75lp/mm	9%	—	—
EBI/lx		2(典型)；6(最大)	2(最大)	2(最大)
		2(典型)；4(最大)	2(最大)	2(最大)
畸变(最大)		6%	14%	17%

由于无需人工照明（红外探照灯），仅用夜天光（微弱的星光和月光）即可实现被动式微光夜视观察，因此，第一代微光夜视仪简称为星光镜，典型产品是"AN/PVS-2 星光镜"。20 世纪 60 年代中期，第一代微光夜视仪首先应用于越南战争。

由于第一代微光像增强器受夜天光环境影响较大，体积和重量较大和防强光能力较差，限制了其在轻武器及头盔上的应用，因此，主要是陆军步兵用来执行夜间观察和搜索任务，装备于轻重武器和装甲车辆的微光观察镜、瞄准镜以及远距离夜间观察装置中，在夜间可观察 1km 以内的目标，具有良好的图像效果。典型代表包括 6-1b 星光显示器（AN/PVC-2）、34-1b 夜间观察仪（AN/TVS-4）和 SU-50 头盔夜视仪。图 4-32 是手持式 WH20-Ⅱ 微光夜视仪和枪械用 WM24 微光瞄准镜。

(a) WH20-Ⅱ微光夜视镜　　　　　　　　(b) WM24微光瞄准镜

图 4-32　第一代微光夜视仪

北方夜视技术股份有限公司研制生产的（输入端有效工作孔径）18mm 系列一代级联式微光像增强器的主要性能列在表 4-23 中。其中，输入和输出窗口分别采用光学纤维面板和玻璃，光阴极类型是 S25，荧光屏类型 P20。

表 4-23　18mm 系列一代微光像增强器主要性能

| 型号 | 有效输出直径 /mm | 光阴极灵敏度 | | | 分辨率 /(lp/mm) | | 亮度增益 /[cd/(m² · lx)] | 等效背景照度 /μlx | 重量 (max) /g | 外形尺寸 /mm |
		光灵敏度 (2856K) /(μA/lm)	辐射灵敏度 (800nm) /(mA/W)	辐射灵敏度 (850nm) /(mA/W)	中心	边缘				
XZ18/7 —1FG111	7			15			250		70	φ50×48
1XZ18/7H —1FG112	7			20			450		200	φ58×52
1XZ18/7 —1FG116	7				100	90	300	0.4	180	φ58×48
XZ18/7 —1FF111	7						250		75	φ58×48
2XZ18/7 —1FG111	7				70	60	5700	0.2	300	φ57×100
XZ18/11 —1FF111	11	270	20		75	65	85	0.4	80	φ50×49
XZ18/18 —1FG111	18			15					80	φ50×49
XZ18/18 —1FG112	18				65	58	30		80	φ50×49
1XZ18/18 —1FF111	18							0.2	210	φ53×49
2XZ18/18 —1FF112	18				45	40	1500		320	φ55×100
3XZ18/18 —1FF111	18				34	28	19000		455	φ50×148

表 4-24 分别列出（输入端有效工作孔径）25mm 系列和 40mm 系列一代倒像式像增强管和级联微光像增强器的主要性能。

表 4-24　25mm 和 40mm 系列一代微光像增强器件主要性能

型号	有效输出直径/mm	光阴极灵敏度			分辨率/(lp/mm)		亮度增益/[cd/(m²·lx)]	等效背景照度/μlx	重量(max)/g	外形尺寸/mm
		光灵敏度(2856K)/(μA/lm)	辐射灵敏度(800nm)/(mA/W)	辐射灵敏度(850nm)/(mA/W)	中心	边缘				
XZ25/7－1FG111	7	275	20	15	100	90	450	0.4	130	φ61×58
XZ25/7－1F1F11	7									
1XZ25/9－1FG111	9						280		150	φ61×60
XZ25/25－1FF111	25				65		35	0.2	200	φ61×61
2XZ25/7－1FF111	25				45	60	6000	0.4	600	φ70×128
3XZ25/25－1FF111	25					65	25000	0.2	900	φ70×195
3XZ25/25－1FF112	25				30					
XZ40/13－1FG111	13	250	15	10		58			220	φ78×82
1XZ40/13－1FG111	13				95		450	0.4	250	φ85×82
XZ40/13－1FF111	13					40			280	φ78×85

需要强调，为了扩大单管像增强器的动态范围，使其具有抗模糊和捕捉快速运动物体的功能，利用选通技术研发出一种选通像增强器（亦称为"选通管"），如图 4-33 所示。

选通技术是像增强技术与快速电光快门技术的组合，在选通电极上增设一个相当低的可变电压，目的是截止光阴极电流而实现选通，从而将原来的动态范围（$10^{-3} \sim 10^{-1}$ lx）提高两个数量级（$10^{-3} \sim 10^{+1}$ lx），杂交型选通像增强器能够将原来的（$10^{-6} \sim 1$ lx）环境照度提高四个数量级（$10^{-6} \sim 10^{4}$ lx）。

与主动式红外夜视系统相比，第一代微光夜视仪具有增益高、成像清晰和隐蔽性好（无需照明源）的优点，曾在部队完成一定数量的装备。但是，由于其采用静电倒像和电子加速方式，存在几何畸变和图像"光晕"，导致放大倍率减小和像质下降，因而，利用三级级联像增强器的第一代微光夜视仪分辨率较低，缺点是：

① 图像畸变较大，约 15%～25%。

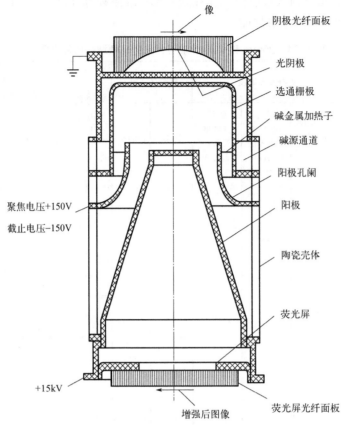

图 4-33　选通像增强器结构图

② 抗强光能力差，怕强光，有晕光现象。可能会使图像完全变白，甚至烧坏荧光屏。

③ 瞄准精度低，约 1mrad。

④ 由于是级联结构，像的余辉明显，观察动态景物时会造成图像模糊。

⑤ 瞄准十字线是黑线，瞄准精度低（1mrad）。

⑥ 虽然相对于主动红外夜视仪，具有体积小、重量轻的优点，但由于是三级级联式结构，自身重量和尺寸仍较大，不能满足军用（尤其是军用航空领域）夜视仪要求。

4.3.3.2.2　第二代微光像增强器

一代微光像增强器笨重的原因是三级级联结构。每级单管都存在畸变、渐晕和荧光屏余辉，前后两级级联间的光纤串光也会引起图像模糊，因而难以提高其清晰度，并存在防强光性能差等缺点。

20 世纪 60～70 年代初，美国和欧洲国家开始研发第二代微光像增强器，重点是减轻重量、缩小尺寸、增加作用距离和提高分辨率。

1961 年，Goodrich 公司研制成功玻璃倍增器，为制造微通道板奠定了工艺基础。

1965 年，J. van Laar（范拉尔）和 J. J. Scheer（舍尔）研制成功第一个砷化镓负电子亲和势（NEA）反射式光阴极（Ⅲ-ⅤA 族半导体光阴极），灵敏度高，且畸变小（2%～3%）。

1970 年，科学家们成功研制出由上百万根紧密排列的空芯通道管组成的微通道板，如图 4-34 所示。

微通道板（MCP）是一个薄的二次电子倍增器，其中，芯间距约 $12\mu m$，长径比为 40～

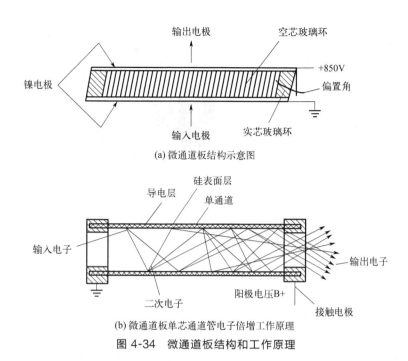

(a) 微通道板结构示意图

(b) 微通道板单芯通道管电子倍增工作原理

图 4-34　微通道板结构和工作原理

60。以有效直径 ϕ18mm 的微通道板为例，$1mm^2$ 面积内有 5000 根，总共约有 130 万根通道管。20 世纪末，ITT 公司研制的 MCP 已经包含 634 万个通道，完全消除了零代和一代管子的几何畸变。

微通道板通道内壁是非均匀的分层结构，各成分浓度分布不同，具有较高的二次电子发射系数。微通道板两端加镀镍膜，形成输入/输出电极。入射到通道板上的初始电子（入射方向）与通道板形成约 8°的夹角，致使离开光电阴极的电子进入通道板后会先撞击管壁，并撞出管壁中的电子，如此多次撞击造成电子数量急剧增加。在外加电场作用下，可以激发二次电子，且依次倍增。这些电子被加速、聚焦、偏转并轰击荧光屏，能够获得很高的亮度增益（$10^3 \sim 10^4$），数百万像素能使图像的亮度增加几千至上万倍，因而使夜间目标转换成可视光学图像。

微通道平板的作用相当于一个电子倍增器。其电子增益与管壁内的电子发射材料、通道的长径比、电压有关，与通道大小无关，所以可以做得极小，以阵列形式传递显示图像。

在恒定的工作电压下，由于微通道板有恒定输出电流的自饱和效应，当强电流输入时，微通道板出射的电子达到一定数量后会自动饱和，恰好克服第一代微光像增强器的"光晕"现象，因此，战场上突然出现的强光也不会烧坏微光夜视仪。

第二代微光像增强器主要由多碱阴极、电子光学系统、微通道板（MCP）和荧光屏组成，如图 4-35 所示。由于体积小、重量轻、畸变小和能够部分抑制强光作用，所以，得到广泛应用。

微通道板（MCP）的研制成功，促使第二代微光像增强器的诞生，并在 1970 年研制成功第二代微光夜视仪。在 SU-50 头盔夜视仪基础上，逐步改进［例如采用双目设计，视场达到 40°；备有红外（IR）照明器，在全黑暗环境可提供近距离辅助照明等］而形成 AN/PVS-5 系列（基本型和 A/B/C 型等）夜视镜（NVG），投入战场使用。

配装有二代微光像增强器的 AN/PVS-5 系列，重量只有 1.9 磅（约 0.86kg），因此迅速

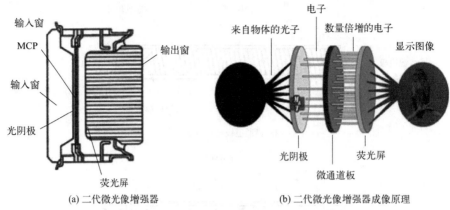

图 4-35 二代微光像增强器的结构示意图

(a) 二代微光像增强器

(b) 二代微光像增强器成像原理

应用于当时陆军通用的飞行头盔（也称为特殊保护安全帽）上，是 1972~1990 年期间美陆军夜间（主要是月光下）飞行的主要仪器。同时兼配红外（滤光片）探照灯，以适应无月光天气的飞行。考虑到上述情况，美陆军航空医学研究实验室还为飞行员专配有六个月的"产生月亮光照级别日历表"。

20 世纪 80 年代后，二代微光像增强器完全替代了体积大且笨重的一代三级级联微光管，既提高了微光像增强器亮度增益，又缩小了体积（总长度缩短 2/3）和减轻了重量，降低了畸变，在低照度下获得较满意的成像性能。表 4-25 列出零代、一代和二代微光夜视仪的主要技术性能。

表 4-25 零代、一代和二代微光夜视仪的技术性能

参数	放大倍率	视场/(°)	作用距离/m		外形尺寸/mm	重量/kg
			10^{-1}lx	10^{-3}lx		
零代主动红外瞄准具(B8V)	4	7	300		320×175×255	—
一代微光瞄准具(AN/PVS-2)	4	10.8	400	300	440(L)	2.7
二代微光瞄准具(AN/PVS-4)	3.7	14.5	600~700	400~450	240×120×120	1.7

二代微光像增强器分为普通型、超二代型和高性能超二代型三种类型。

（1）普通型二代微光像增强器

普通型二代微光像增强器有近贴式和倒像式两种类型。

① 近贴聚焦式微光像增强器。

图 4-36 是近贴聚焦式微光像增强器（称为"二代薄片管"）的结构图。微通道板（MCP）被贴近放置在光阴极和荧光屏之间，以形成两个近贴空间。荧光屏设计在纤维光学面板或者光纤扭像器上。在电场作用下，从光电阴极射出的电子束轰击到 MCP 上，通过光电倍增成像在荧光屏上。由于采用了双近贴均匀场，因此，图像无畸变，不倒像，放大率为 1。最明显的特点是体积小，能适当地自动控制亮度，在一定程度上防强光灼伤。缺点是近贴结构会导致三个元件之间产生相互影响。

表 4-26 列出常用近贴式微光像增强器的主要性能。

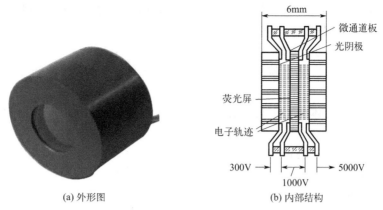

| (a) 外形图 | (b) 内部结构 |

图 4-36　近贴式微光像增强器

表 4-26　近贴式微光像增强器的技术性能

参数		指标
灵敏度(典型商业值)/(μA/lm)		250～300(最佳可达 400)
辐射灵敏度(波长 850nm)/(mA/W)		20
亮度增益 /[cd/(m²/lx)]	18/18 型	5×10^3
	25/25 型	1.5×10^4
分辨率/(lp/mm)		30～32
噪声因子		1.7～2.5

② 锐聚焦倒像式微光像增强器。

图 4-37 是锐聚焦倒像式微光像增强器结构，类似于纤维光学输入/输出窗的单级一代微光像增强器的经典聚焦像管。微通道板与光阴极之间设计有静电透镜，微通道板置于荧光屏前面且在电子透镜的像面位置，可以实现几百万倍的亮度增益，并在阳极与微通道板之间设计一个消畸变电极。由于荧光屏上形成的图像是光阴极上图像的倒像，因此，也称为倒像式微光像增强器。

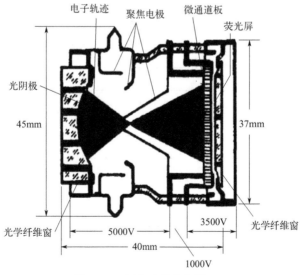

图 4-37　倒像式微光像增强器

相比较，倒像式微光像增强器的成像质量稍好，但近贴式体积小、重量轻，更适合各类头盔微光夜视镜（包括机载微光夜视仪）。

二代微光像增强器的优点是：

① 解决了暗背景下观察瞄准难的问题。瞄准线改为亮线，瞄准精度提高到约 0.25mrad。

② 仪器结构简单、体积小、质量轻（比第一代减少一半），长度只有第一代的 1/5～1/3，价格降至 1/2。

③ 提高了像增强器的阴极灵敏度。在 1/4 月光以上的照度下，具有良好的夜视效果，但在 1/4 月光以下的照度，观察性能较差。

④ MCP 具有电流饱和性，有自动防强光效果。突然遇到强光时，不会产生大量电流伤害荧光屏。

⑤ 像的畸变大幅度减小，约 2%～3%。

⑥ 与一代微光夜视仪作用距离相比，月光和星光下分别提高 1.5 倍和 1.8 倍。

⑦ 由于采用自动增益控制系统和防强闪光措施，保证人眼在各种自然光和强光（包括如照明弹和炮火）下都不妨碍观察。

缺点是噪声大，工作距离近。

需要说明，第二代微光像增强器研发初期，1/4 月光下的性能与第一代产品接近，但在星光下，由于附加噪声问题，还出现微小闪烁，性能和观察效果反而更差。典型产品是美国 Litton 公司研制的 Ⅱ 代微光像增强器 MX18282，分辨率仅为 32lp/mm；光阴极最小灵敏度 240μA/lm；信噪比 11.5∶1；亮度增益 22000；夜晚星光下对人的探测和分辨距离 200m。

20 世纪 70 年代，Litton 公司采用 6μm 微通道板技术并开始改造/生产 18mm 的第二代微光像增强器，在减低噪声方面取得了明显进展，性能随之大幅度提高，分辨率达到 57lp/mm，接近 64lp/mm 的第三代微光像增强器，称为二代＋。

表 4-27 和表 4-28 分别列出美国 Varo 公司、Litton 公司二代像增强器的主要技术性能。

表 4-27　Varo 公司二代像增强器技术性能

参数		5700-1 型 φ18mm 薄片管	3603-1 型 φ25mm 倒像管
额定供电直流电压/V		2.65	
最小分辨率 /(lp/mm)	中心	25	28
	边缘	25	
放大倍率		0.96～1.04	
亮度增益/(fL/fc)		7000～15000	30000(最小)
光电阴极		向红外延伸的 S-20	
有效直径/mm		17.5	25
积分灵敏度/(μA/lm)		240	
光电响应 /(mA/W)	波长 0.8μm	15	
	波长 0.85μm	10	
荧光屏		镀铝 P20	
有效直径/畸变		17.5mm/10%	25mm/5%
等效背景照度/lx		2.5×10^{-7}	2×10^{-7}

参数		5700-1 型 φ18mm 薄片管	3603-1 型 φ25mm 倒像管
MTF	2.5lp/mm	86%	90%
	7.5lp/mm	58%	60%
	16lp/mm	20%	25%
外形尺寸/mm		φ43×29.8	φ63×76.3

表 4-28　Litton 公司二代像增强器技术性能

参数	Gen Ⅱ MX-18282	Gen Ⅱ 增强型 MX-18282
分辨率 /(lp/mm)	32	36
最低光电阴极灵敏度/(mA/lm) (2856K)	0.24	0.35
最低光电阴极灵敏度/(mA/lm) (830nm)	15	30
信噪比/dB	11.5	11.5
亮度增益/(fL/fc)	22000	22000

北方夜视技术股份有限公司研制的二代倒像式微光像增强器内含整体电源，具有增益、最大输出亮度可调和外接增益控制功能，以及自动亮度控制（ABC）和强光源（BSP）保护、极性反接保护功能和输入电压低、电流消耗小等特点。主要性能列在表 4-29 中。

表 4-29　北方夜视公司二代倒像式微光像增强器技术性能

型号	信噪比 /dB	光阴极灵敏度			分辨率 /(lp/mm)	亮度增益 /[cd/(m² · lx)]	等效背景照度 /μlx	重量 (max)/g	外形尺寸 /mm
		光灵敏度 (2856K) /(μA/lm)	辐射灵敏度 (800nm) /(mA/W)	辐射灵敏度 (850nm) /(mA/W)	中心/边缘				
1XZ20/30 −2FF113	3.2	300	25	20	45/40	8000	0.2	350	φ62×80
1XZ20/30H −2FF113		350	30	25	50/45				
1XZ25/25 −2FF131		300	25	20	36/32				φ63×76
1XZ25/25H −2FF131		350	30	20	36/32	16000			
1XZ25/25 −2FG131		300	25	20	36/32				

（2）超二代微光像增强器（二代半型）

20 世纪 70 年代中期～80 年代后，微光像增强器技术向着两个方向发展。

美国（以 ITT 公司和 Litton 公司为代表）采用负电子亲和势砷化镓光电阴极代替多碱

式阴极，成功研制出第三代高性能微光像增强器，将在 4.3.3.2.3 节详细讨论。

在研发三代微光像增强器过程中，人们注意到，三代微光像增强器的制造工艺难度较大（需要超高真空技术、表面物理技术、大面积高质量的单晶和复杂的外延生长技术等），因而，微光像增强器的价格非常高。

1989 年，荷兰代尔夫特电子产品公司 DEP 和法国的 Philips 公司经过认真分析发现，具有负电子亲和势光阴极的三代微光像增强器虽然具有很高的白光灵敏度，并在近红外区也有很高的光谱响应，但在制造过程中存在以下问题：

① 为了使微通道板与负电子亲和势光阴极相容，工艺过程必须进行剧烈的清洁处理，从而减小了二次发射系数，增大了噪声因数。

② 在微通道板上镀有一层 Al_2O_3 或者 SiO_2 离子隔离膜，对三代微光像增强器的稳定性和可靠性有良好的保护作用，但同时俘获了来自光阴极的低能电子，且后向反射了部分电子，从而降低了微通道板的电子收集率，明显增大了三代像增强器的噪声，最终导致光阴极灵敏度降低。

需要说明，根据理论和计算分析，二代光阴极的最高灵敏度应达到 $900\mu A/lm$。

为了解决上述问题，Jacques Dupuy 提议在不改变二代管光电阴极多碱材料的基础上，充分利用无膜 MCP 在噪声方面的优势，借鉴三代 GaAs 光阴极材料、制造工艺和晶体生长理论，优化改进第二代像增强器光电阴极结构（采用小型 MCP 和近贴高场强结构管型）、激活工艺和检控技术，以提高光阴极的灵敏度，减小微通道板的噪声因数［例如，通过增大 MCP 的开口面积比（约 80% 以上）以提高电子首次撞击的二次发射系数以及撞击倍增过程的统计特性，从而减少噪声，在通道入射端涂镀诸如 MgO、CaI 和 KBr 等具有高二次发射系数的材料以降低噪声因数］，提高输出信噪比和改善整管的 MTF，最终研制出具有更高分辨率和信噪比的多碱光电阴极的微光像增强器，其主要技术指标接近三代微光像增强器的技术水平（主要是分辨率和输出信噪比，视距相差约 10%～20%），并且，具有更高的费（用）效（率）比。通常称这种微光像增强器为"超二代微光像增强器"或"二代半微光像增强器"。

超二代和三代微光像增强器的外表很相似，但光阴极面板完全不同，三代微光像增强器内设计有一层 Al_2O_3 或者 SiO_2 离子隔离膜，用以保护三代管的稳定性和可靠性，如图 4-38 所示。

超二代微光像增强器的分类、名称是欧洲微光夜视领域相对于美国三代或超三代微光像增强器提出的。实际上，二者不仅在外形尺寸、重量、功耗以及环境条件等方面具有互换性，而且在极限分辨率、信噪比、传递函数、有效背景照度（EBI）等直接影响微光夜视系统性能的参数方面也基本相当，因此，从性能考虑分类和划代，应归属同代产品。

与二代微光像增强器相比，超二代微光像增强器的优点是：

① 近贴管的光阴极灵敏度，由 225～400$\mu A/lm$ 提高到 500～800$\mu A/lm$。

② 波长 800nm 处辐射灵敏度达到 65mA/W，波长 850nm 处达到 50mA/W。

③ 信噪比。噪声因子降到 70%。

④ 分辨率达 38lp/mm。

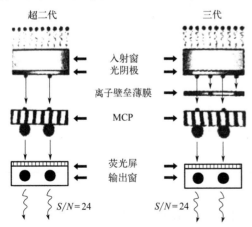

图 4-38　三代和超二代微光像增强器的结构

⑤ 波长范围，具有更宽的光谱响应，长波阈已大于950nm，对各种观察场景（包括丛林、沙漠、海岸、水面和雪地）均能获得更好的对比度。

⑥ 采用超二代微光像增强器的夜视仪视距提高了30%～50%。

荷兰 DEP 公司和 Philips 公司是超二代微光像增强器的主要研发单位，代表性产品包括高性能二代管 SHD-3^{TM}、超二代管 XD-4^{TM} 以及具有宽动态范围的 XR-5^{TM} 等微光像增强器。XD-4^{TM} 微光像增强器典型系列产品包括：××2040CX、××2040AU、××2040AR、××2020AN、××2040C、××2050BL 和××2050R。与美国Ⅲ代微光像增强器 Omnibus Ⅳ/Ⅴ 相比，性能相当，在各种低照度恶劣环境条件下具有优异的成像性能：高鲁棒性，可以经受 700g 的冲击（后者是 75g）；具有较小光晕、低功耗和较好的"强光保护"等优点。

表 4-30、表 4-31 和表 4-32 分别列出它们的技术性能。

表 4-30 SHD-3^{TM} 系列产品的技术性能（最小值/典型值/最大值）

参数			××1940AM	××1950DK
光学特性	极限分辨率/(lp/mm)		45/48/—	
	信噪比(108μlx)/dB		18/21/—	
	亮度增益(2×10^{-6}fc)/(fL/fc)		18500/23250/28000	28200/33000/37700
	最大输出亮度/(cd/m^2)		2/3/4	4/6/8
	EBI/μlx		—/0.15/0.25	
	输出均匀性(2850K)		—/2∶1/3∶1	
	光阴极灵敏度	2850K/(μA/lm)	500/600/—	
		800nm/(mA/W)	43/55/—	45/50/—
		850nm/(mA/W)	33/45/—	35/40/—
	输入/输出窗材料		玻璃/倒像光纤	玻璃/非倒像光纤
	有效阴极直径/mm		17.5	
	荧光粉		P20	
	MTF(%)	2.5lp/mm	86/88/—	88/90/—
		7.5lp/mm	66/70/—	70/76/—
		15lp/mm	44/50/—	50/54/—
		25lp/mm	22/30/—	30/35/—
		30lp/mm	18/22/—	—
	放大率		1	
电学特性	工作电压/V		2.0/2.7/3.4	2.0/2.7/3.8
	输入电流/mA		—/16/26	—/—/24
	电控制		自动亮度控制（ABC）	
			强光（或者高亮度光源）保护（BSP）	
其它	重量/g		80	98
	工作温度/℃		−30～+52	−45～+52
	存储温度/℃		−30～+52	−51～+65

表 4-31 XD-4^{TM} 系列典型产品的技术性能 (最小值/典型值/最大值)

参数			××2040CX	××2050BL
光学特性	极限分辨率/(lp/mm)		60/64/—	
	信噪比(108μlx)/dB		20/24/—	
	亮度增益(2×10^{-6}fc)/(fL/fc)		28000/32000/38000	30000/35000/40000
	输出亮度/(cd/m^2)		4/6/8	6.8/10.2/13.6
	EBI/μlx		—/0.15/0.25	
	输出均匀性(2850K)		—/2:1/3:1	
	光阴极灵敏度	2850K/(μA/lm)	600/700/—	
		800nm/(mA/W)	50/60/—	
		850nm/(mA/W)	40/50/—	
	输入/输出窗材料		玻璃/倒像光纤	玻璃/非倒像光纤
	有效阴极直径/mm		17.5	
	荧光粉		P43	P20
	MTF(%)	2.5lp/mm	88/92/—	—/90/—
		7.5lp/mm	72/80/—	—/80/—
		15lp/mm	54/64/—	—/58/—
		25lp/mm	40/45/—	—/38/—
		30lp/mm	30/35/—	—/30/—
	放大率		1	
电学特性	工作电压/V		2.0/2.7/3.7	2.0/2.7/3.8
	输入电流/mA		16/22/26	—/—/22
	电控制		自动亮度控制(ABC)	
			强光(或者高亮度光源)保护(BSP)	
其它	重量/g		80	98
	工作温度/℃		−45～+52	−45～+52
	存储温度/℃		−52～+65	−51～+65

　　继 XD-4^{TM} 技术之后,DEP 公司利用"自动门控制技术"成功研制出性能更好的 XR-5^{TM} 微光像增强器系列,具有更宽的动态探测范围 ($1×10^{-6}～5×10^{4}$lx) 和更多夜间细节识别能力,不仅使飞行员具备昼夜工作的能力,还能满足城市夜间动态照明环境下的需求。

表 4-32 XR-5^{TM} 系列典型产品的技术性能 (最小值/典型值/最大值)

参数		××2540B	××2550F
光学特性	极限分辨率/(lp/mm)	64/70/—	
	信噪比(108μlx)/dB	23/26/—	25/28/—
	亮度增益(2×10^{-6}fc)/(fL/fc)	30000/45000/50000	
	最大输出亮度/(cd/m^2)	4/6/8	

参数			××2540B	××2550F
光学特性	EBI/μlx		—/0.15/0.25	
	照度动态范围/lx		$1\times10^{-6}\sim5\times10^{4}$	
	输出均匀性(2850K)		—/(1.8∶1)/(3∶1)	
	光阴极灵敏度	2850K/(μA/lm)	—/800/—	
		800nm/(mA/W)	—/78/—	
		850nm/(mA/W)	—/65/—	
	输入/输出窗材料		玻璃/倒像光纤	玻璃/非倒像光纤
	有效阴极直径/mm		17.5	
	荧光粉		P43	P20
	MTF(%)	2.5lp/mm	—/93/—	
		7.5lp/mm	—/82/—	
		15lp/mm	—/67/—	
		25lp/mm	—/46/—	
		30lp/mm	—/35/—	
	放大率		1	
电学特性	工作电压/V		2.0/2.7/3.7	
	输入电流/mA		—/—/35	
	电控制		自动亮度控制(ABC)	
			强光(或者高亮度光源)保护(BSP)	
			自动门保护技术	
其它	重量/g		80	98
	工作温度(8h)/℃		$-45\sim+52$	
	存储温度(8h)/℃		$-51\sim+65$	

应当说明，DEP 公司并不完全同意美国对微光像增强器的划代方法，认为划代的主要依据应是性能而非制造技术。依性能划代，SHD-3[TM] 系列属于第Ⅱ代微光像增强器，XD-4[TM] 系列属第Ⅲ代微光像增强器，XR-5[TM] 系列属第Ⅳ代微光像增强器。

下面对欧洲 DEP 公司超二代 XD-4[TM] 系列与美国三代 Omnibus Ⅳ/Ⅴ 系列微光像增强器性能进行比较：

① 低照度条件下信噪比。低照度条件下，表述微光像增强器性能的最好参数是信噪比 SNR。美国三代 Omnibus Ⅳ/Ⅴ SNR 是 21dB，类似于 XD-4[TM] 系列的最低技术标准。实际上，二者的典型值都是 24，如图 4-39 所示。另外 EBI 和增益也有类似的可比较典型值。

显然，三代微光像增强器在红外光谱区域具有优势，二代微光像增强器 XD-4[TM] 系列则对蓝/绿光更为敏感，非常有利于沙漠和沿海地区以及人工照明条件下的应用。

② 高照度条件下调制传递函数。在高照度环境条件下，夜视目标的图像质量主要取决于微光像增强器的调制传递函数 MTF。测试结果表明，Omnibus Ⅳ/Ⅴ 与 XD-4[TM] 系列具

有类似性能，后者 MTF 稍高，如图 4-40 所示。

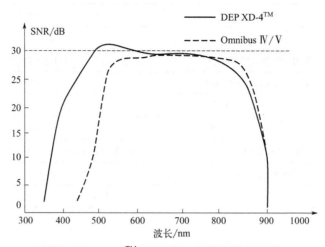

图 4-39　XD-4^{TM} 和 Omnibus Ⅳ/Ⅴ 的信噪比

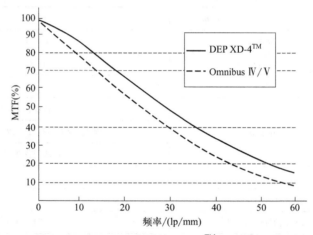

图 4-40　Omnibus Ⅳ/Ⅴ 与 XD-4^{TM} 系列的 MTF

③ 其它方面。

a. 鲁棒性（坚固性）。XD-4^{TM} 系列微光像增强器可以经受 700g 的冲击，而 Omnibus Ⅳ/Ⅴ 微光像增强器是 75g。

b. 光晕。XD-4^{TM} 系列微光像增强器产生的光晕较小，且不太强。

c. XD-4^{TM} 系列微光像增强器能耗较低。

d. XD-4^{TM} 系列微光像增强器过照明保护能力较强。

在此期间，Philips 公司也研制成功××1610 系列 18mm 超二代微光像增强器（代表产品 ××1614/TJ 和××1611/P），主要性能：光灵敏度典型值 $1000\mu A/lm$（最小值 $800\mu A/lm$），830nm 时达到 32（最小）～45（典型） mA/W；亮度增益（$20\mu lx$）$3500～7000cd/(m^2 \cdot lx)$；分辨率 36（最小）～38（典型） lp/mm；SNR（$100\mu lx$）最小值 14dB；2.5～25lp/mm 的 MTF 分别达到 8%～86%。

俄罗斯研制出的超二代微光像增强器应用于直升机型"阿尔法 2031"微光夜视仪中，

表 4-33 列出俄罗斯超二代微光像增强器（带有 KC-17 滤光片）系列两种产品的技术
性能。

表 4-33　俄罗斯超二代微光像增强器技术性能

参数			Зпм105г-00-22А	Зпм44г-С
光电阴极	材料		S25	
	孔径/mm		18	
	输入窗材料		C95-2 玻璃	
	输出窗材料			
	灵敏度	2850K/(μA/lm)	540	
		850nm/(mA/W)	50	
极限分辨率/(lp/mm)			>40	
信噪比/dB			>50	>55
亮度增益			$(1.8 \sim 2.6) \times 10^4$	
EBI/(cd/m^2)(最大值)			1.5×10^{-3}	1.2×10^{-3}
平面平均亮度/(cd/m^2)			$2 \sim 5$	
外形尺寸/mm			$\phi 43 \times 22.5$	
重量/g			<59	<55
使用寿命/h			5000	
电源电压/V			2.8 ± 0.2	
功耗/mA			<16	<20

北方夜视技术股份有限公司在引进欧洲 DEP 公司 XD-4^{TM} 微光像增强器技术的基础上，
成功批量生产出二代/超二代微光像增强器，如图 4-41 所示。

图 4-41　18mm 超二代微光像增强器

表 4-34 列出相关型号微光像增强器的主要光学性能。其中，输入输出窗有效工作孔径
均为 18mm，光阴极采用 S-25 材料，荧光屏类型是 P20AF。测量信噪比时的输入照度是
1.08×10^{-4} lx。

表 4-34　国产二代/超二代微光像增强器技术性能

型号	信噪比/dB	光阴极灵敏度			分辨率/(lp/mm)	亮度增益/[cd/(m²·lx)]	等效背景照度/μlx	重量(max)/g	外形尺寸/mm
		2850K/(μA/lm)	800nm/(mA/W)	850nm/(mA/W)					
1XZ18/18-2FF1212	14	350	30	25	36	4800		70	φ43×30
1XZ18/18-2FF1252		300	35	20	32				
1XZ18/18-2AF1212		350	30	25	36				
1XZ18/18S-2AF1212	18	500	45	35	45				
1XZ18/18HS-2AF1212	21	600	50	40	55				
1XZ18/18S-2FF1221	18	500	45	35	45	9600	0.25	100	φ37×30
1XZ18/18S-2FF1222								120	φ43×30
1XZ18/18S-2AF1222									
1XZ18/18S-2FT1211	14	350	30	25	36			100	φ37×30
1XZ18/18S-2AT1212		500	45	25	45			120	φ43×30
1XZ18/18S-2AT1252	18			35					
1XZ18/18HS-2AT1212	21	600	50	45	55				
1XZ18/18-2AT1233	14	350	30	25	36	9500		185	φ53×55

　　北方夜视技术股份有限公司进一步研制成功具有更高性能的微光像增强器 NVT-4、NVT-5 和 NVT-6。尤其是 NVT-6 微光像增强器设计有自动快门的电源，可自动调节增益，具有排除强光干扰的功能，全天候日夜工作，均能获得质量优异的图像，基本上达到国际先进水平，可配备于陆军，也可装备在歼击机和武装直升机上。光学性能如表 4-35 所示。

表 4-35　国产高性能微光像增强器的典型性能

性能参数	型号	最小值	典型值	最大值
光电阴极灵敏度/(μA/lm)	白光(2856K)			
	NVT-4	500	550	—
	NVT-5	600	650	—

性能参数	型号	最小值	典型值	最大值
光电阴极灵敏度 /(μA/lm)	NVT-6	700	750	—
	800nm			
	NVT-4	43	48	—
	NVT-5	50	55	—
	NVT-6	57	62	—
	850nm			
	NVT-4	33	38	—
	NVT-5	40	45	—
	NVT-6	50	55	—
信噪比 $(108\mu lx)$/dB	NVT-4	18	24	—
	NVT-5	20	24	—
	NVT-6	25	28	—
分辨率 /(lp/mm)	NVT-4 Ⅰ型	45	48	—
	NVT-4 Ⅱ型	50	54	—
	NVT-5 Ⅰ型	55	58	—
	NNT-5 Ⅱ型	60	64	—
	NVT-6	64	70	—
照度动态范围 /lx	NVT-4	4.0×10^{-6}	—	0.5
	NVT-5	2.0×10^{-6}	—	—
	NVT-6	1.0×10^{-6}	—	5.0×10^4
寿命/h	NVT-4	7500	—	—
	NVT-5	15000	—	—
	NVT-6	15000	—	—
亮度增益(在 2.0×10^{-5}lx 下)/[cd/(m²·lx)]		8000	—	16000
最大亮度输出/(cd/m²)		2	—	17
等效背景照度/μlx		—	—	0.25
光晕/mm		—	—	1.37
输出亮度均匀性		—	1.8:1	3:1
输入电压/V		2.0	2.7	3.4
输入电流 /mA	NVT-4		13	25
	NVT-5			
	NVT-6(3V 下)	—	35	25
重量/g		—	80	95
耐冲击/g		—	500	—

（3）高性能超二代微光像增强器

超二代像增强器从 20 世纪 80 年代中期开始，到 20 世纪 80 年代末实现产业化，至今发展了 30 多年，其性能得到不断提高，品质因数（figure of merit，FOM）从 500 提高到 1800 以上。

近年来，法国 PHOTONIS 公司 4G 系列像增强器的出现，使超二代像增强器的性能达到了一个新的高度。4G 系列像增强器（仍采用 Na_2KSb 光电阴极）的标志是阴极灵敏度达到 $1000\mu A/lm$，品质因子 FOM（即信噪比与分辨力乘积）达到 1800。为了区别于之前的普通超二代像增强器，称该类探测器为高性能超二代像增强器。

PHOTONIS 公司高性能超二代像增强器与普通超二代像增强器相比，重要区别是采用的阴极输入窗不同。普通超二代像增强器采用玻璃窗，而高性能超二代像增强器采用透射式衍射光栅窗，如图 4-42 所示。

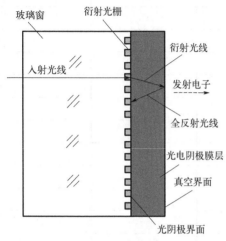

图 4-42 高性能超二代像增强器的
光电阴极结构

该光栅窗由一个玻璃窗和一个光栅组成，其中的玻璃窗起支撑作用，光栅的衍射作用使入射光发生偏转，并满足全反射条件，而令衍射光线再次反射回光电阴极，从而使入射光在光电阴极内部的光程增加一倍，提高了入射光的吸收率，即提高了 Na_2KSb 光电阴极的灵敏度，并进一步降低最低探测阈值。实测结果表明，目前光阴极灵敏度在 $1100\sim1500\mu A/lm$；当照度降低至 $10^{-4}lx$ 数量级，普通超二代像增强器分辨力接近消失，很难分辨出分辨率靶板图像，而高性能超二代像增强器仍能分辨其图像，且分辨率为 $17lp/mm$，极限探测能力有了很大提高。

由于吸收系数增加，对入射光的吸收更充分，特别是长波，因此光栅窗光电阴极的光谱灵敏度在长波方向的增加比例较大。长波光谱灵敏度的增加，将进一步提高 Na_2KSb 光电阴极与夜天光的光谱匹配系数，从而改善高性能超二代像增强器在夜天光条件下的使用性能，如图 4-43（a）所示。

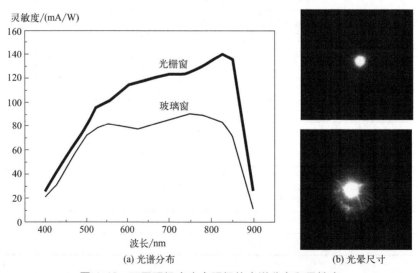

(a) 光谱分布   (b) 光晕尺寸

图 4-43 不同阴极窗光电阴极的光谱分布和灵敏度

另外，吸收系数的增加，使形成的光晕较小并且较暗，在城市或机场周边使用时，亮光源（如灯泡）对目标图像的干扰较小，如图 4-43(b) 所示，其中，上图和下图分别是光栅窗与玻璃窗像增强器形成的光晕。

表 4-36 列出 PHOTONIS 公司高性能超二代微光像增强器的主要技术性能。

表 4-36　高性能超二代微光像增强器技术性能

参数		最小值	典型值	最大值
品质因数(FOM)		1800	2200	—
信噪比(SNR)/dB		28	30	—
极限分辨率/(lp/mm)		64	72	—
高亮度(200lx)下分辨率/(lp/mm)		55		
响应时间/s		—	0.12	0.2
开关时间/s		—	0.5	0.6
输入电流/mA		—	25	30
荧光粉		P43(也兼容 P22 和 P45)		
工作寿命/h		10000	—	—
光晕(0.35mm 输入光点)/mm		—	0.7	
亮度增益(2×10^{-5}lx 照度下) /[cd/($m^2 \cdot$ lx)]		10000		20000
最大输出亮度/(cd/m^2)		4	—	17
等效背景照度(EBI) /μlx		—	0.15	0.25
重量/g	ϕ16mm	—	45	50
	ϕ18mm	—	70	75
耐冲击性		500g[①]	—	—

① g 为重力加速度。

北方夜视技术股份有限公司（李晓峰）对高性能超二代微光像增强器制造工艺进行分析后认为，随着科学技术的发展，光栅窗的结构将进一步优化，衍射效率和增强系数（enhance coefficient，EC）也将随之提高。如果光栅窗的 EC 能达到 1.6，而普通窗 Na_2KSb 光电阴极的灵敏度达到 $850\sim1150\mu A/lm$，那么光栅窗 Na_2KSb 光电阴极的灵敏度就能达到 $1350\sim1800\mu A/lm$。若 MCP 的噪声因子为 1.1，根据理论计算，高性能超二代像增强器的信噪比将达到 $35\sim40dB$。

4.3.3.2.3　第三代微光像增强器

夜间月光的辐射主要是可见光光谱，而星光则具有很强的近红外辐射。一代微光像增强器采用的银氧铯光电阴极，虽然光谱响应宽（到 $1.1\mu m$），但灵敏度低且暗电流大；二代微光像增强器采用高灵敏度多碱光电阴极，光谱响应主要在可见光范围，一定程度上限制了向长波限扩展，无法充分利用夜天光。因此，两代微光像增强器都无法完全满足夜光下高灵敏度、宽光谱响应、暗电流小和性能稳定的要求。

前两代微光像增强器的光阴极，其产生的电子从价带逸出到真空所需要的最小能量等于电子亲和势与禁带宽度之和，被称为正电子亲和势（PEA）光阴极。

1965 年，荷兰的 Scheer 和 von Laur 首次发现，通过对简并掺杂型 GaAs 表面以铯和氧进行处理，使真空能级位于发射体中导带底之下，电子亲和势可以为零或者负值，便能获得负电子亲和势（NEA）GaAs 光电阴极。

负电子亲和势是热电子发射，光电子的初动能较低，能量又较集中，因此具有较高的图像分辨率。电子亲和势是半导体导带底部到真空能级间的能量值，表征材料在发生光电效应时，电子逸出材料的难易程度。电子亲和势越小，越容易逸出。如果电子亲和势为零或负值，意味着电子处于随时可以脱离的状态，用电子亲和势为负值的材料制作的光电阴极，由光子激发出的电子只要能扩散到表面就能逸出。因此，这种光阴极具有很高的灵敏度（高达 $1000\mu A/lm$ 以上），大部分光谱区的量子效率都比 S-1 和 S-20 光阴极高几十倍，尤其在近红外光谱区有很高响应，而暗电流仅是千分之一，从而可以探测到很弱的信号，并对近红外光较敏感，能够最大限度地利用夜间光线及对比度信息，视距可以提高约 50%，非常适合机载微光夜视仪。因此，负电子亲和势材料（ⅢA-ⅤA 族元素）具有令人向往的优势。

负电子亲和势（NEA）光电发射体的发现引起了世界各国的广泛重视。由于 GaAs 光阴极材料需要采用液相外延或者气相外延方式生长，因此，难以制作球面光阴极，一般采用近贴聚焦模式 GaAs 负电子亲和势光电阴极替代二代多碱光电阴极。

20 世纪 70 年代中期至 80 年代，反射式 NEA 光阴极的灵敏度已经达到 $2000\mu A/lm$，但人们还是期望采用透射式 NEA 光电阴极。

1979 年 3 月，ITT 公司和 Litton 公司在二代近贴式薄片型结构基础上，采用液相外延生长工艺，将半透明的半导体物质焊封在抛光后的玻璃平板基底上，利用铯和氧交替覆盖砷化镓表面成功获得 NEA 光电阴极，研制出利用负电子亲和势（NEA）掺铯砷化镓（GaAs：Cs）光电阴极代替三碱式阴极并采用防离子反馈膜微通道板式的微光像增强器，称为第三代（标准型）微光像增强器，如图 4-44 所示。

(a) Litton公司三代像增强器

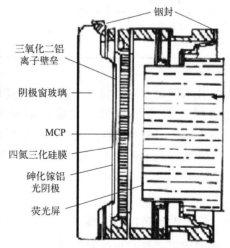

铟封
三氧化二铝
离子壁垒
阴极窗玻璃
MCP
四氮三化硅膜
砷化镓铝
光阴极
荧光屏

(b) 三代微光像增强器结构示意图

图 4-44　第三代微光像增强器

20 世纪 80 年代后，像增强器的结构、设计、（电子倍增器/微通道板/阴极发射）材料、制造技术都取得了长足发展，微光像增强器和微光夜视仪的总体指标都有很大改善和提高。

1985 年，美国启动 "Omnibus 三代微光技术发展计划"，使三代微光像增强器的光阴极灵敏度和分辨力等性能从标准三代微光水平迅速提高到高性能三代微光水平，对夜天光光谱利用率显著提高。与二代（普通型）微光像增强器相比，在漆黑（10^{-4}lx）夜晚，作用距离提高了 1.5～2.5 倍；对夜间星光光谱的利用率显著提高，寿命延长了 3 倍多。主要表现在：

① 透射式光灵敏度从 800～1000μA/lm 提高到 1200～1500μA/lm，最高达 2000μA/lm；分辨率从 32lp/mm 提高到 42lp/mm，寿命大于 7500h。

② 国外反射式 NEA 光电阴极的灵敏度达到 2400～2600μA/lm，最高达到 3200μA/lm。

美国 ITT 公司是研制三代微光像增强器的主要厂商，代表性产品包括 F9800 系列（MX-10160）、F9810 系列（MX-10130）和 F9815 系列（MX-11769）。表 4-37 列出 F9815 系列（MX-11769）三代微光像增强器的主要技术性能。

表 4-37 F9815 系列（MX-11769）技术性能

参数		F9815B MX-11769 Omni Ⅱ 增强型	F9815C MX-11769 Omni Ⅲ 增强型	F9815J MX-11769 Omni Ⅲ＋	F9815N MX-11769 Omni Ⅴ/Ultra	F9815P MX-11769 Omni Ⅳ	F9815RG Gen. 3 Pinnacle
分辨率（min）/(lp/mm)		45	51	64			
光阴极 灵敏度（min）	2856K/(μA/lm)	800	1200	1350	1500	1800	2000
	830nm/(mA/W)	—		135	150	190	230
SNR(min)/dB		14.5	18.0	19.0	19.2	21.0	25.0
EBI(max)/(10^{-11}lm/cm^2)		2.5					
光晕/mm		1.25	1.47		1.25		0.90
亮度增益/(fL/fc)	2×10^{-6}fc	40000～70000					
	2×10^{-4}fc	10000～20000					
输出亮度/fL		2.0～4.0					
输出亮度 均匀性（max）	2856K	3：1					
	880nm	4：1		3：1			
MTF (max)	2.5lp/mm	83%	90%	92%			
	7.5lp/mm	60%	70%	80%			
	15lp/mm	38%	45%	61%			
	25lp/mm	18%	20%	38%			
光阴极直径（min)/mm		17.5					
可靠性（min)/h		10000					
显示屏荧光粉		P43					

第三代微光像增强器的显著特点：

① 采用具有高灵敏度的 ⅢA～ⅤA 族负电子亲和势（砷化镓 GaAs）光阴极。研究表明，砷化镓（GaAs）具有量子效率高、暗发射电流小、长波阈值可调、发射电子的能量分布及角分布比较集中的特性，是较合适的光电阴极材料。GaAs 光电阴极峰值响应波段在 800～950nm（采用三元系材料 InGaAs，长波范围可扩至 1.3μm），能良好匹配夜晚天空发出的峰值光谱。

如图 4-45 所示，夜天光辐射光谱曲线峰值与主要辐射能量都位于短波红外区域。由此看出，三代砷化镓光阴极的光谱响应与夜空辐射匹配率约为二代多碱光阴极的 3 倍。若采用砷镓铟光阴极材料，其光谱匹配率约为三代砷化镓光阴极的 10 倍，是二代多碱光阴极的 30 倍。

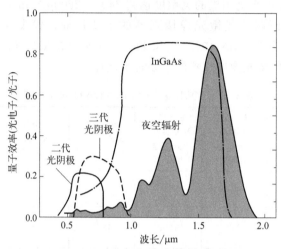

图 4-45　夜天光/三代微光像增强器光谱曲线

② 微通道板（MCP）输入面上镀有一定厚度的多孔状氧化铝（Al_2O_3）或氧化硅（SiO_2）离子阻挡膜（防离子反馈膜）。这种低噪声、长寿命、高增益的微通道板能够防止像增强器工作时离子反馈，从而减小了反馈离子对光电阴极的轰击，大大延长了像管的使用寿命，但在一定程度上降低了像管的信噪比和分辨率。

③ 采用双冷铟封近贴式结构。三代微光像增强器的微通道板采用芯径更细的光导纤维材料，具有更高的分辨率，其输入面镀有 3～10nm 厚的金属离子阻挡薄膜，防止损坏光电阴极，因此，具有更高的增益效果；具有更大的相对孔径，能以更高效率传输能量，并能对近距离的输入/输出聚焦；纤维光学倒像器将图像倒转 180°，使物镜形成的倒像重成正像，成功研制出荧光屏直径 18mm 的第三代高性能微光像增强器。由于在液相/气相外延方式生长工艺中可以通过改变 GaAs 光电阴极材料的成分以及设计成近贴式聚焦结构，因而能使接受光谱扩展到相应的红外波段。

根据 GJB 5984—2007《三代微光像增强器规范》，并参考其它资料，三代微光像增强器的主要技术参数归纳如下：

① 波长响应范围。与一代和二代相比，三代微光像增强器的光谱响应范围较宽，通常是 0.5～0.9μm。

美国 Litton 公司已经将波长扩展到 1.10μm，量子效率达到 10%～20%，非常适用于 1.06μm 的 Nd:YAG 机载激光测距机和目标指示器。

一些资料显示，有的多元 NEA Ⅲ A-Ⅴ A 族光阴极的长波阈已经扩展到 1.65～2.1μm，从而使光阴极信号增大数倍，大大提高了信噪比。

② 光阴极光灵敏度。透射式 GaAs 光电阴极光灵敏度的最大理论值为 3000μA/lm。但由于 MCP 表面涂镀了一层离子阻挡薄膜（厚约 7.5nm）以保护 GaAs 光阴极，因而阻挡了许多光电子对成像的贡献。通常规定：

a. 当施加到光阴极的电压不大于 800V 时，在色温 2856K 辐射下，光阴极光灵敏度应

不小于 $1000\mu A/lm$。

b. 同样条件下，$830mm\pm1nm$ 波长的透射辐射灵敏度应不小于 $100mA/W$，$880mm\pm1nm$ 波长的透射辐射灵敏度应不低于 $60mA/W$。

③ 亮度增益。微光像增强器在夜间微弱光照条件下，输入的光信号非常弱，因此，必须有足够的亮度增益，才能把每一个探测到的光子增强到人眼可观察的程度。输出亮度大小取决于微光像增强器的亮度增益。

亮度增益定义为：在标准光源（色温 $2856K\pm50K$，照度 $5.0\times10^{-5}lx$）照明和微光像增强器额定工作电压下，荧光屏上的输出亮度与光电阴极处输入照度之比。

根据规定要求，当输入照度为 $1\times10^{-5}\sim5\times10^{-5}lx$ 时，微光像增强器亮度增益应不小于 $6\times10^3 cd/(m^2\cdot lx)$。

④ 光晕尺寸。单点源图像周围出现光晕会导致很大一部分图像模糊。光晕直径是光阴极与微通道板之间间隙的函数。Lawrence Livernore 实验室和 Litton 公司已经研发出进一步减小光阴极与微通道板间隙的微光像增强器，使光晕直径约减小 90%。

通常要求：对于输入一个直径为 $0.35mm$ 的亮源，光晕直径应不大于 $1.47mm$。

⑤ 亮光源保护。当微光像增强器光阴极接收不小于 $50\times10^{-3}lm$、受照面积不大于 $1mm^2$ 和照射时间不小于 $1min$ 的亮源照射时，应不会损坏。停止照射后 $24h$，应不出现规范所规定以外的暗点。

⑥ 等效背景照度。微光像增强器的光电阴极发热及信号感生等因素会产生背景照度，即使在完全没有外来辐射光通量的情况下，施加工作电压时荧光屏上仍会发射一定亮度的光，所以，暗背景就是无光照时荧光屏的发光。

微光像增强器暗背景的存在，使荧光屏额外产生一个附加背景亮度，最终使图像对比度恶化，严重时会使目标信息湮没于背景噪声中而无法辨别。

暗背景亮度（噪声）大小与多种因素（例如热发射、放大率和亮度增益）有关，不能真实反映像增强器的质量，通常以等效背景照度表示其背景亮度（噪声）的程度，并规定，"在 $23℃\pm2℃$ 温度下，等效背景照度应不超过 $2.5\times10^{-7}lx$"。

⑦ 信噪比。微光像增强器在进行图像转化和增强时都会产生附加噪声，包括输入光子噪声、光阴极量子转换和暗发射噪声、微通道板倍增量子噪声和荧光屏颗粒噪声等，综合结果使图像质量恶化，因此，必须限制噪声，保证像增强器具有高的信噪比。

信噪比是控制微光像增强器探测极限的最重要性能参数。提高光灵敏度和改善光谱响应的目的就是要获得较高信噪比，从而允许降低对目标探测和识别所需的最小环境光照度的要求，换句话说，可以在更低的环境光照度下进行探测和识别。

通常要求"在 $1.08\times10^{-4}lx$ 输入照度下，像增强器的信噪比应不小于 $16dB$"。

⑧ 空间分辨率。空间分辨率是微光像增强器（或微光夜视仪）的重要参数之一，定义为：恰好能够分辨清楚两个相隔极近目标所成图像的能力。

实际上，是把具有一定对比度的标准测试图案聚焦成像在微光像增强器光阴极面上，用目视方法从荧光屏上分辨每毫米黑白相间等宽矩形条纹的对数，单位 lp/mm。在适当的亮度条件下（如星光或月光下），分辨率越高，像增强器清晰分辨和识别目标图像细节的能力越强。

影响微光像增强器分辨率的因素很多，其中微通道板小孔直径是重要因素之一。例如，第二代像增强器（Omni 技术）微通道板小孔直径典型值 $12\mu m$，最低分辨率为 $36lp/mm$；第三代像增强器微通道板小孔直径 $8\sim9\mu m$，分辨率达 $45\sim50lp/mm$；若微通道板小孔直径

减至 $6\mu m$，则分辨率可以提高到 $64lp/mm$，传递函数相应得到提高。表 4-38 是微通道板孔径直径与极限分辨率的关系。

表 4-38　微通道板孔径直径与极限分辨率的关系

像增强器型号		像增强器直径 /mm	MCP 孔径直径 /μm	极限分辨率/(lp/mm)
二代	Omni Ⅱ	18	12	36
		25		
	H. D.	18	6	57
三代	Omni Ⅲ	18	9	45
		25	8	50
	Omni Ⅳ	18	6	64

⑨ 调制传递函数。微光像增强器的图像质量通常用调制传递函数 MTF（对正弦波空间频率的振幅响应）或者对比传递函数 CTF（对方波空间频率的振幅响应）表示，是评价微光像增强器图像清晰度的一种度量。在给定空间频率下，微光像增强器整个系统的 MTF 是各个分系统（包括电子光学系统、光纤面板、微通道板和荧光屏）的 MTF 的乘积。

按照规定，当照度不大于 $8\times10^{-3}lx$ 时，微光像增强器的最小调制传递函数（MTF）值应不小于表 4-39 中所列数值。

表 4-39　微光像增强器的最小调制传递函数

空间频率/(lp/mm)	调制传递函数(MTF)
2.5	83%
7.5	58%
15.0	20%

⑩ 亮度余辉。荧光屏上的荧光粉在光照下，吸收光子能量，光照停止后还会继续发光，但发光强度随时间衰减，直至为零，这种现象称为亮度余辉。

GJB 5984—2007《三代微光像增强器规范》规定：像增强器在规定输入照度照射光阴极，当照射停止后，荧光屏亮度下降到停止照射时亮度的 10% 所经历的时间应符合产品规范的规定。

需要说明，不同国家标准规定不同，有的规定亮度下降到 1%～5%，或者规定在 $4.304\times10^{-2}lx$ 的亮度照射条件下，切断输入后的 300ms 内的输出亮度应不高于原亮度的 0.15%。

⑪ 像对准。通常要求，像增强器光阴极轴上物点的像应落在荧光屏上与光轴同心的直径为 0.5mm 的圆内。

⑫ 荧光屏输出亮度均匀性。当用色温 2856K±50K 的光均匀照射光阴极时，输出亮度的均匀性应满足下面要求：

a. 在整个荧光屏有效面积内最大亮度与最小亮度之比应不大于 3:1。

b. 对波长 830nm±1nm 的入射辐射，亮度比值应不大于 4:1。

c. 在上述条件下，背景阴影应均匀变化，亮区与暗区之间没有明显的分界线。

⑬ 对比度响应。微光夜视仪显示单色画面。在微弱光照条件下，低对比度目标比高对比度目标更难发现或探测，因此，低对比度图像的清晰度更能够反映微光夜视仪或者微光像

增强器的使用效果，能否更好显示低对比度图像就成为一个重要的性能指标。

⑭ 畸变。对微光夜视像增强器性能影响较大的畸变有三种类型：几何畸变、S形畸变和剪形畸变。

几何畸变主要出现在零代、一代和部分二代（25mm 型号）像增强器中，是采用静电倒像方式而非光纤倒像方式所致。但在三代和 18mm 二代微光像增强器中已经消除了几何畸变。

S形畸变源自光纤倒像器制造过程中的扭曲操作工艺，通常较小，裸眼观察很难发现。

一般来说，采用微通道板和光学透明玻璃结构的非倒像式微光像增强器基本不存在畸变。

表 4-40 列出第三代负电子亲和势光电阴极微光像增强器的主要技术性能。

表 4-40　第三代负电子亲和势光电阴极微光像增强器的技术性能

参数		指标
结构特点		近贴，聚焦，玻璃光学面积输入，纤维光学扭像器
阴极材料		GaAs
量子效率（在 0.55～0.8μm 范围内）		量子效率达到 15%，逸出概率 33%
工作波长/μm		0.4～0.9（在波长 1.06μm 处还有一定的量子效率，在一定程度上，可以配合该类激光器使用）
光阴极灵敏度 /(μA/lm)	一般	800～1300（典型值 900）
	最高	2000
辐射灵敏度（波长 800nm）/(mA/W)		100
亮度增益/[cd/(m² · lx)]		$1×10^4$
极限分辨率 /(lp/mm)	一般	26～36
	最高	48
噪声因子	一般	1.8～20
	最高	1.35
视距		比二代像增强器提高约一倍
寿命/h		2000～7500

1979 年，美国陆军夜视电光学实验室与 ITT 公司共同研制出第三代双近贴聚焦 GaAs 光阴极像增强器（即三代薄片管），开拓了三代微光像增强器在夜视观察（例如美国 AN/AVS-6 微光夜视镜）、远距离侦察、夜航和卫星定位等方面的应用，可以在只有星光条件下工作。

20 世纪 80 年代中期，美国研制出装备有三代微光像增强器的机载夜视成像系统（ANVIS）和 AN/PVS-7 夜视镜。与二代微光夜视镜（AN/PVS-5）相比，在相同的夜间照度下（10^{-3}lx），视距提高约一倍。

1972 年，国内一些单位（例如中科院西安光机所和 205 所）开始研究 GaAs 光电阴极。

1976～1977 年，研制成功反射式 GaAs 光电阴极，灵敏度达到 350μA/lm。

1985 年，研制成功透射式 GaAs 光电阴极，灵敏度达到 103μA/lm。

1991 年，研制成功国内第一只透射式 GaAs 光电阴极的单近贴式像增强器，光灵敏度达到 117μA/lm。

1993年，国内首次研制成功三代像增强器 MCP 离子阻挡膜。

1996年，研制成功光灵敏度 $210\mu A/lm$ 的透射式 GaAs 光电阴极。

1998年，研制成功光灵敏度 $110\mu A/lm$ 的带 MCP 的单铟封准三代微光像增强器。

2001年，研制成功光灵敏度 $300\mu A/lm$ 的三代微光像增强器。

目前，中国三代微光像增强器的水平已达到美国标准三代像增强器的水平。

4.3.3.2.4　第四代微光像增强器

为了克服反离子阻挡层的缺陷，1998年开始，四代微光像增强器沿着两个研制方向发展：

① 对三代微光像增强器进行设计改进。

美国 Northrop Grumman 公司研发的"无膜微光像增强器"以及 ITT 公司研制的 Pinnacle 型"超薄膜微光像增强器"是典型代表。主要特征：

a. 仍然采用ⅢA-ⅤA 族负电子亲和势光阴极。

b. 改进 MCP 材料，去除或减薄防离子反馈膜，降低离子反馈，充分发挥光阴极的量子效率。

c. 采用前近贴自动脉冲门控电源技术和无光晕成像技术。

主要技术指标：

a. 工作照度范围：$10^{-6} \sim 10^5 lx$。

b. 光电阴极积分灵敏度：$1800 \sim 3000\mu A/lm$。

c. 极限分辨率：$64 \sim 90 lp/mm$。

d. 信噪比：$25 \sim 30 dB$。

e. 工作寿命：10000h。

f. 改进低晕成像技术，在强光（$10^5 lx$）下的视觉性能得到提高。

② 研发新型光阴极材料的微光像增强器，包括：

a. PbTe/PbSnTe 复合列阵式红外光阴极微光像增强器。

b. 短波红外高灵敏度 InGaAs/InP 光阴极型固体微光像增强器。

（1）三代微光像增强器的改进设计

如上所述，具有负离子亲和势光电阴极的三代微光像增强器，在微通道板（MCP）输入面上镀有一层 Al_2O_3 或 SiO_2 防离子反馈膜，其作用是防止像增强器中残余气体因高压电离而产生的正离子反向撞击光阴极，从而避免正离子对光阴极的损伤，延长像增强器的寿命。实际上，该工艺减小了二次发射系数，增大了噪声因子，极大地抵消了光电阴极的灵敏度，还增加了晕轮。

研究表明，正离子阻挡膜的质量和适当厚度是影响第三代微光像增强器信噪比和调制传递函数以及工作寿命的关键因素。离子阻挡膜厚度一般是 $2.5 \sim 10nm$。当厚度为 8nm 时，来自光电阴极的电子约有 2/3 无法通过，例如对于光灵敏度 $1800\mu A/lm$ 的光电阴极，实际有效利用率只有 1/3，因此，信噪比相当于光阴极灵敏度 $600\mu A/lm$ 的二代像增强器。

为了克服离子阻挡层的上述缺陷，早期制造工艺推崇去掉防离子反馈膜，但会导致寿命减少和良品率下降，因此弃而不用，转而采用下述几种有效方法。

① 利用单块非镀膜体电导材料 MCP。1998年，美国 Northrop Grumman 公司研发出一种不采用防离子反馈膜也可以保护光电阴极的方法，利用单块非镀膜体电导材料的 MCP 以及"自动缓冲电源技术"成功研制出长寿命微光像增强器，也称为"无膜管"。试验结果表明，无膜微光像增强器有效降低了强光源产生的"光晕"、拖尾或者图像模糊效应，且工作

寿命长达 10000h。

所谓"无膜"是指去除三代像增强器中光电阴极与通道板之间的离子阻挡膜（防止正离子撞击光电阴极而产生化学反应），即采用体导电无膜新型高性能微通道板，也可以达到防离子反馈的水平，从而达到延长寿命和提高灵敏度的目的。与通常的 MCP 不同，这种 MCP 是由整个体材料导电，不需要经过烧氢处理，因而离子反馈大大减少，低照度条件下的目标探测距离和分辨率都有很大提高。

无膜技术可以有效改善阴天星光下的成像性能及减少光晕（诸如灯柱和光灯之类点光源周围的模糊效应），对于发现潜藏在灯光后的目标很有现实意义。

② 自动门控技术。众所周知，普通微光夜视仪器的显著缺点是：当视场中出现强光或者强闪光时，图像会模糊不清，无法正常观察和跟踪目标，严重时会造成微光像增强器损坏。原因是强光下微光像增强器的输入照度超过了光电阴极的照度适应范围上限，光电阴极的光电子发射趋于饱和，导致荧光屏输出图像趋于饱和。

采用"自动门控技术"是解决该问题的途径之一，也是四代微光像增强器的另一个重要技术特征。

"自动门控技术"采用阴极电压脉冲控制技术和 MCP 电压线性控制技术，是在"自动亮度控制（ABC）和亮光保护系统基础上"，将微通道板电压模拟调整和阴极电压脉宽调整相结合，组成一种混合式自动亮度控制新模式。

基本原理是光电阴极与 MCP 之间采用自动通断的脉冲门控电源以感知进入像增强器的光通量，从而自动控制光电阴极电压，自动高速切断和接通，选择合适的通断频率、开关速度和时间。主要作用是减小强光下到达 MCP 的电子流，阻止因电流饱和产生冲蚀图像，从而有效地减少噪声，拓展了电源的自动亮度控制范围，改善在环境光线过强或有照明的情况下的夜视效果，保证在一个相对较宽的亮度范围内（光电阴极的照度适应范围上限从 10lx 左右扩展到 10^5 lx）获得最佳和均匀一致的输出亮度，消除了微光像增强器光电阴极在强光下的饱和现象，极大地减少电子在像增强器的光电阴极到板的空隙中散射而引起的光晕或图像模糊效应，使图像变得清晰可见，有助于增强强光下的视觉性能，使微光夜视的性能又一次得到飞跃，从而有效发挥微光夜视仪在动态光照条件下（如城市区域）的夜视作用。

自动门控电源技术的突破大大提高了像增强器的使用效率和工作寿命，动态范围扩展到 $10^{-6} \sim 10^5$（日光照明）lx，使微光夜视仪在照明区域和白天环境中都能产生对比度良好的高分辨率图像。

1999 年 12 月，美国军方夜视主管部门称这种无膜微光像增强器为四代微光像增强器。表 4-41 列出 Litton 公司研制的四代 MX-10160B 型 18mm 微光像增强器的主要技术性能。

表 4-41　四代 MX-10160B 型微光像增强器技术性能

参数		指标
分辨率/(lp/mm)	典型值	57～72
	高照度下(20fc)	32～26
光阴极灵敏度	2856K/(μA/lm)	1500～2100
	830nm/(mA/W)	77～200
	880nm/(mA/W)	30～100

参数		指标
SNR/dB		20.6～36.0
EBI(max)/(10^{-11}lm/cm^2)		0.5～2.5
亮度增益(2×10^{-6}fc)/(fL/fc)		30000～80000
输出亮度/fL		2.0～4.0
光晕/mm		0.4～1.25
离子阻挡层		无膜
输出亮度均匀性(2856K)		3:1～2:1
MTF	2.5lp/mm	92%
	15.0lp/mm	61%
	25.0lp/mm	38%
光电阴极直径/mm		17.0～17.5
可靠性(典型值)/h		10000
显示器荧光粉		P22～P43

与三代微光像增强器相比，四代微光夜视仪更适合在黑暗与明亮区间快速运动成像，消除了使用中强闪光下的景物模糊现象，避免了光电阴极在强光下出现的"疲劳"或者损坏，保证像增强器和微光夜视仪的安全。

对于陆军直升机飞行员，在执行任务过程中，可能需要在城市或者村庄上空飞行，会遇到各种光照条件（例如，飞行员从黑暗的阴影里飞来，翻过一座山或者转过一个弯，突然暴露在明亮的城市灯光之中），此时的门控技术显得至关重要，飞行员无需去除微光夜视镜就能在黑暗和明亮区间快速飞行并执行任务。

③减薄离子反馈膜技术。ITT公司的持续深入研究发现，与全部去除防离子反馈膜相比，适当减薄三代管防离子反馈膜可能更合适。在保持降低微通道板离子反馈的前提下，进一步减薄（而非全部去除）离子阻挡膜厚度，使来自光阴极的电子在离子阻挡膜上发生的反弹式散射更多地转化为穿透式散射以提高透射率，从而改善像增强器的信噪比和对比度特性。不仅使其具有四代微光像增强器的高性能，而且具有三代微光像增强器的长寿命。该公司在其背景文件中指出："ITT有了一个令人震惊的发现，使保护膜变薄（例如，厚度比人的头发细10000倍）而非去除保护膜则更容易达到军队对四代管性能和寿命的可靠性要求"。原因是：

a. 无膜管的灵敏度（信噪比和增益或者亮度）会随时间逐渐降低。在像增强器寿命周期初期的某一段时间内，无膜管的灵敏度优于三代管，但在寿命后期一段时期内，无膜管的灵敏度比三代管还差。

b. 无膜管的制造工艺更困难，成本和价格更高。

c. 在具有较强照度的夜间环境下，三代管与"无膜管"的效果没有多大差别，只有在极弱的微光下才具优势。因此，有资料也将"无膜管"称为"顶级三代管"或者"增强型三代微光像增强器"。

ITT公司研制的小型化16mm四代微光像增强器（包括倒像型和非倒像型）由GaAs光阴极、玻璃输入窗、MCP和光纤荧光屏组成，主要性能列在表4-42中。

表 4-42　16mm 四代微光像增强器技术性能

参数		指标
波长范围/nm		450～900
分辨率/(lp/mm)		64
光阴极灵敏度（min）	2856K/(μA/lm)	1800
	830nm/(mA/W)	190
信噪比 SNR/dB		26
EBI(max)/(10^{-11}lm/cm^2)		2.5
亮度增益/(fL/fc)	$2×10^{-6}$fc	40000～70000
	$2×10^{-4}$fc	10000～20000
输出亮度(1fc 和 20fc)/fL		2.0～4.0
输出亮度均匀性（max）	非倒像型	2:1
	倒像型	3:1
MTF	2.5lp/mm	92%
	7.5lp/mm	80%
	15.0lp/mm	61%
	25.0lp/mm	38%
传感器孔径/mm		ϕ10
荧光屏类型		P43
可靠性/h(min)		10000
重量/g	非倒像型	22
	倒像型	51
光晕尺寸(max)/mm		0.75(注：三代是 1.25)

2001 年 3 月，美国开始为海军直升机提供四代飞行员微光夜视仪。

表 4-43 列出各代微光像增强器技术性能，可以看出，微光像增强器经历了快速发展变化的历程，各项指标得到不断提高。

表 4-43　各代微光像增强器的性能

参数	二代	高性能二代	超二代	三代	超三代	四代
灵敏度/(μA/lm)	225～350	350～400	500～800	800～1200	1200～1800	1800～3000
分辨率/(lp/mm)	32	32～36	32～64	32～45	45～64	64～90
信噪比/dB	14	16	16～24	14.5～21	21～25	25～30
寿命/h	2000	10000	10000	10000	10000	15000

（2）新材料光阴极微光像增强器

20 世纪 90 年代以来，人们一直在探索和尝试研发新材料光阴极微光像增强器，希望光阴极的感光灵敏范围尽量向红外波段延伸。有两种结构形式：

① 热红外变像管。一种 PbTe/PbSnTe 复合列阵式红外光阴极微光像增强器，光谱范围 $3\sim5\mu m$ 或者 $8\sim12\mu m$，能够实现短期红外辐射脉冲（short-term infrared radiometric pulse）成像。可以在非常短的时间间隔内捕获高速运动目标的连续图像。其工作原理与三代微光像增强器类似。采用复层结构：一层是（由外延的 PbTe/PbSnTe 异质结构组成）光电二极管镶嵌列阵，另一层是 MIM（金属-半导体-金属）冷阴极电子发射体。这种结构的光阴极也称为"复合式热红外光阴极"。

② 短波红外高灵敏度 InGaAs/InP 光阴极型固体微光像增强器。如图 4-46 所示，夜天光辐射光谱分布在 $0.5\sim2.0\mu m$，主要在 $1\sim2\mu m$，夜辉光的自然辐射光谱范围在 $1.0\sim1.7\mu m$。传统微光像增强器截止响应长端波长是 $0.9\mu m$，因此，对夜天光能量的利用率非常低。

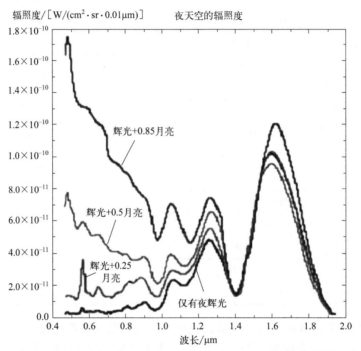

图 4-46 不同天气下夜天光辐射波长与辐射能量关系

砷化镓铟（$In_x Ga_{1-x} As$）是ⅢA-ⅤA族化合物中一种直接带隙半导体合金材料，具有高电子迁移效率、高量子效率和良好的抗辐射特性，InGaAs 通常用于制作红外探测器。研究表明，该材料也可以用作全固态微光器件的光敏面材料，并且，工作在常温非制冷条件下也具有良好的探测率，因此，$In_x Ga_{1-x} As$ 微光像增强器已经成为微光夜视技术中的更好选择。

以 InGaAs 为吸收层和 InP 为衬底的 InGaAs/InP 光阴极型固体微光像增强器是其典型代表，主要特点是：

a. 光谱范围。InGaAs/InP 光阴极型固体微光像增强器的标准响应波长范围是 $0.9\sim1.7\mu m$，但通过调节 $In_x Ga_{1-x} As$ 中吸收铟层（In）的成分，可以使其晶格常数由 GaAs 的 0.56533nm 变化到 InAs 的 0.60583nm。当 $x=0.523$ 时，该材料的晶格常数与 InP 的晶格常数完全匹配，可以在 InP 衬底上外延生长高质量的砷化镓铟，如图 4-47 所示。

对不同天气下夜天光辐射波长与辐射能量关系的研究知道，满月在天顶时地面照度约 0.2lx；无月云遮星光夜晚的照度约 2.2×10^{-4}lx，仅相当于晴朗无月夜天光照度的 1/4；在

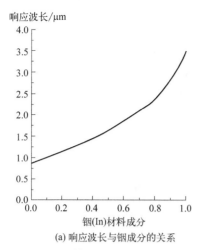

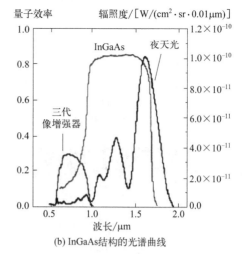

(a) 响应波长与铟成分的关系　　(b) InGaAs结构的光谱曲线

图 4-47　InGaAs/InP 光阴极型固体微光像增强器光谱曲线

无月多云最昏暗夜晚，地面照度仅为 10^{-5} lx。并且，夜辉光的能量在红外波段要比可见光波段大得多，峰值 $1.3\sim1.6\mu m$。

为了获得更好的夜视功能，InGaAs 固体微光器件的研究侧重于将响应波长扩展到可见光波段，以获得目标对可见光部分的反射信号，提高对目标的识别率，这是国际上的一个发展趋势。

为了提高砷化镓铟器件在可见光部分的响应，可以对材料和结构进行特殊设计，同时将器件衬底减薄（或者彻底去除 InP 衬底），使微光像探测器在可见光部分也具有较强的吸收，提高信噪比，实现从可见光到短波红外光谱区域的宽光谱成像，有利于简化成像系统，减小其尺寸并减轻重量，如图 4-48 所示。

将 InGaAs 器件的光谱范围扩展至可见光波段，最大优点是：

Ⅰ.能同时包含目标对可见光的反射信息，增大了对目标检测的信息量，提高了对目标的识别率。可以认为，增加可见光部分的信息后，相当于 InGaAs 固体微光夜视系

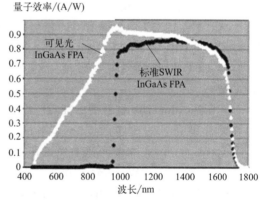

图 4-48　两种 InGaAs 微光像增强器的光谱特性

统具备了可见光和红外双光谱成像能力，能够获得更全面的目标信息，进一步提高了对复杂和伪装目标的识别能力。

Ⅱ.与可见光波段微光具有相同的成像方式，即基于来自景物反射的微弱光子的入射，可以显示景物阴影和对比度，并且，由于其波长更长而造成大气散射更小，比可见光具有更高的透射率，因此，其分辨率和细节都可以与可见光波段的图像媲美。

Ⅲ.短波红外成像可以采用玻璃材料的光学系统，因为低于 $2.5\mu m$ 波段的 SWIR（短波红外）光能够透过玻璃传播，因此，可通过窗口观察隐蔽在房间或汽车内的目标。

Ⅳ.由于水对 SWIR 具有吸收作用，这就意味着 SWIR 图像中水面呈黑色，非常有利于机载监控以海洋为背景的目标。

Ⅴ. 对于 1.06～1.55μm 光谱范围的激光器的目标定位，SWIR 成像技术也是一个非常有效的方法。

美国 Goodrich 公司相继制作了 320×240、640×512、1280×1024 元可见光增强的 InGaAs 短波微光像增强器（也称为短波红外探测器），响应波段为 0.4～1.7μm。在波长为 500nm 处量子效率为 15%，850nm 时为 70%，1310nm 为 85%，1550nm 为 80%。

2000 年，美国 Sensor 公司研发出 InGaAs 短波红外微光像增强器；法国Ⅲ-Ⅴ实验室也研制出 InGaAs 320×256 元固体微光器件和相机。如图 4-49 所示。

(a) 美国InGaAs微光相机　　　　　　　　(b) 法国InGaAs微光相机

图 4-49　InGaAs 固体微光相机

2014 年左右，北方夜视科技集团（史衍丽等人）开始设计和研发 320×256 元规格的可见光增强 InGaAs 阵列（像元尺寸 30μm×30μm，像元间隔 2μm）微光像增强器，并做了大量的成像实验，为进一步提高器件的性能奠定了基础。

b. 量子效率高和高探测率。InGaAs 材料的量子效率高于 Si，也远高于三代光阴极砷化镓（GaAs），在室温下（23～40℃）就能以高量子效率（超过 70%）工作；在 1.2～1.6μm 波长范围内的标准量子效率接近 90%，1550nm 波长处的辐射灵敏度约为 1000mA/W，远大于背照 CCD 的峰值辐射灵敏度（约 320mA/W）和 GaAs 光阴极的辐射灵敏度（约 60mA/W）。

如上所述，InGaAs 材料的标准响应波长范围与夜辉光辐射基本一致，最明显的成像优势是在无月星光下的夜晚，1.4～1.8μm 波长范围内的自然光光谱照度是 $(1.5～2)×10^{-7}$ W/(cm² · μm)，而微光像增强器在工作光谱范围（0.4～0.9μm）内的自然光光谱照度是 $(1.5～3)×10^{-9}$ W/(cm² · μm)。显然，提高两个照度数量级，非常有利于发现和探测目标。因此，能更好地利用夜天光资源，使微光夜视探测能力得到了很大提高，更适于微光被动成像。

研究还发现，在室温或者近室温条件下，InGaAs 材料的各种性能参数均比 HgCdTe 材料高出 1～2 个数量级。当降低工作温度时，甚至比 HgCdTe 有更高的探测性能。

另外，InGaAs 材料具有较好的稳定性、较高的灵敏度和探测率，非常适合短波红外光谱成像的微光夜视系统、情报/监视/侦察/安全系统、精确制导及定位跟踪红外系统。

c. 采用 CMOS 数字化读出电路，方便图像的传递、处理和分析。通过对信号数据进行数字化处理和改善，可以进一步提高性能。

d. InGaAs 材料在室温下的迁移率达到 13800cm²/(V · s)，是一种高迁移率的器件。如果采用 PIN 器件结构，则可以获得更快的器件响应速度（与 PN 器件相比）。

e. 砷化镓铟（InGaAs）材料短波红外微光像增强器还具有较好的透雾霾、烟尘、灰尘能力，可以全天候工作。

f. 形成的短波红外图像为灰度图像，与飞行员的视觉系统相容，具有更好的性能和观察效果。

g. 如果在像素内嵌入雪崩二极管，就可以接收 850nm、1060nm、1550nm 激光光束，实现观瞄/测距合一。

h. 可以工作在近室温或非制冷环境中，体积小，重量轻，低功耗，长寿命和高性价比。

在成像原理上，InGaAs 固体器件的成像方式既可以是反射光成像，也可以是热辐射成像，取决于目标温度：常温下，目标成像方式源自目标对日光、月光、星光和辉光的反射成像，与普通微光像增强器的成像原理相同；若目标温度很高（至少 1500～2897K），其辐射光波长又处于 InGaAs 器件的响应波段范围内，就能以红外辐射成像。

另外，与制冷型红外焦平面探测器相比，在小型化、低成本和低功耗等方面也具有明显优势。

夜视能力是指夜晚照度低于 10^{-3}lx 条件下的观察/分辨能力，主要取决于 InGaAs 的灵敏度。理论计算和实践都已证明，在相同条件下，采用 1280×1024 标准 InGaAs 固体微光像增强器的夜视系统具有更好的夜间观察和识别能力，在利用反射光成像的同时还兼有显著的大气穿透能力，从而使其具备透过大气长距离侦察的卓越性能。图 4-50 是美国 Goodrich 公司在完全无月条件下，利用 InGaAs 微光相机对 25m 处人员的成像效果。表 4-44 列出国外一些产品技术性能。

图 4-50　InGaAs 微光相机对 25m 处人员的成像效果

表 4-44　国外 InGaAs 微光像增强器的主要性能

参数	美国 Goodrich	法国Ⅲ-Ⅴ实验室	比利时 Xenics
像元数目	320×256		640×512
像素间距/μm	40	30	20
响应波长/μm	0.7～1.7	0.4～1.65	0.4～1.7
量子效率	>65%（在 0.9～1.6μm 波长下）	>70%（在 1.5μm 波长下）	>80%（在 0.9～1.7μm 波长下）
探测率/(cm·Hz$^{1/2}$/W)	>1.0×10^{14}	>5.0×10^{13}	>1.0×10^{13}

可应用于微光夜视领域的 InGaAs FPA 的发展方向是超低暗电流、低读出噪声、大面积和小像素尺寸，同时通过非均匀校正算法实现无 TEC（热电制冷）工作。在保持改进后的光学性能情况下，典型的功耗可以降低到 3W 甚至更低。可以预见，未来的夜视技术（尤其

是头盔夜视技术）将是一个具有 VNIR、SWIR 和 LWIR 的多光谱图像融合技术。

图 4-51 是照度为 1/4 月光（2.7×10^{-4} lx）环境下不同红外光谱的融合成像效果。

图 4-51　夜视环境下不同光谱图像的融合效果

研究结果表明，450～580nm 蓝绿光波谱形成了海下、水雾和沙滩等环境下的"透光窗口"，GaAsP 光阴极像增强技术在蓝绿光波段有较强的探测灵敏度，从而完成数十米水下的目标探测、识别与成像任务。

俄罗斯研发的 GaAsP 蓝绿光/紫外微光像增强器，峰值波长 $0.56\mu m$，量子效率高达 60%。

德国研发的 GaAsP 微光像增强器（峰值波长 $0.5\mu m$，直径 $\phi 18mm$）量子效率达到 51%，并采用波长漂移技术，进一步增强紫外区的灵敏度。

日本研制的 GaAsP 微光像增强器（光谱响应范围 280～720nm，峰值波长 530nm），量子效率达到 45%；分辨率 40lp/mm 以上。

美国 ITT 公司研发的三代 18mm 倒像型微光像增强器 FS9900 系列、FS9901 系列和非倒像型 FS9911 系列在蓝光延伸区域（super blue）的光阴极灵敏度（2856K 时）最小值：A 型 $1200\mu A/lm$、$1350\mu A/lm$ 和 B 型 $1550\mu A/lm$。若采用高铝组分光阴极则可以使深蓝光延伸区（ultra blue）的阴极灵敏度（2856K 时）最小值达到 $1800\mu A/lm$。

美国对氮化镓材料光阴极的深紫外辐射探测器进行了研究，量子效率 30%。Machucal 等人用 Cs 激活 GaN 光阴极，在 310nm 处的量子效率可达 50%。O. Siegmund 等人对蓝宝石衬底上生长的 GaN 光阴极进行激活，近紫外波段的量子效率达到 60%。利用紫外光阴极像增强器的 ICCD 系统，能有效提供导弹发射尾焰的位置和飞行轨迹。美国 Loral 公司和西屋公司、德国宇航公司以及以色列拉斐尔公司等都研发了多种导弹逼近紫外告警系统。

实际上，除了上述采用新材料光阴极研发新型微光像增强器外，考虑到种种因素（例如工艺复杂性，与目前的光阴极工艺不兼容及成本高）的影响，较实际和可行的另一方法是在第三代微光像增强器基础上，利用砷化镓（GaAs）型负离子亲和势光阴极研发第四代微光像增强器。

（3）微光像增强器的性能评价指数

光电成像器件必须具备两种能力：探测微弱照度环境中目标和分辨景物细节的能力。

在微光像增强器的研究过程中发现，评价微光像增强器等级和质量的标准并非完全取决于"代"，"代"只是一个非常粗略和基本的参考标准。实际应用中，应根据具体性能指标和实际场景的观察/成像效果确定：输入信号较微弱时，微光像增强器的性能主要取决于信噪比；输入信号较强时，主要取决于分辨率。

2002 年，美国一些学者建议采用"品质因数"作为微光像增强器等级和成像质量的评价综合标准，并定义为：

$$品质因数＝信噪比×极限分辨率 \tag{4-4}$$

式中，信噪比和极限分辨率均是对白光而言，并认为：

① 品质因数＞1600，为最高等级。

② 1250≤品质因数≤1600，中等等级。

③ 品质因数＜1250，最低等级。

可以看出，如果仅仅考虑极限分辨率和信噪比两项技术参数，前面介绍的 DEP 公司研发的 XR-5^{TM}、ITT 公司研发的 F9815RG 以及 Litton 公司研发的"有膜"MX-10160A，均可归属于四代或准四代微光像增强器。

表 4-45 是一些典型产品的"品质因数"。

表 4-45　一些典型产品的品质因数

参数	二代	高性能二代 ××1410	超二代 SHD-3 ××1610	高性能 超二代 XD-4^{TM}，××1660	高性能 超二代 ××1860	极高性能 超二代 XR7，XH72
		三代 Omni Ⅰ	高性能三代 Omni Ⅲ	超三代 Omni Ⅲ	高性能超三代 Omni Ⅳ	顶级三代/四代 Omni Ⅴ
分辨率 /(lp/mm)	32	36	45	57	64/72	64/72
信噪比/dB	14	15.5	18	21	23	25
品质因数	448	558	810	1197	1472/1656	1600/1800

4.3.3.2.5　第五代微光像增强器

据不完全统计，20 世纪的微光夜视系统中，常规微光像增强器的应用占主导地位。即使采用改进型微光 CCD 或 CMOS，由于噪声的限制，也不能在低于 0.2lx 的环境照度下工作。

为满足夜天光和更低照度下工作的要求，最有效的方法是增加前置增强级，通常采用暗电流低、响应速度快和增益高的微光像增强器作前置增强级，与各种 CCD/CMOS 摄像装置相集成，并采用开路或者闭路方法传输图像信号，从而研发出多种类型的微光像增强器型 CCD/CMOS 电视系统。

微光电视系统由微光物镜、像增强器和显示系统组成。与直视式微光夜视仪相比，显著优势是景物图像可通过较大尺寸显示器显示并被多人观看，也可以配备多台显示器供不同指挥层次观察。由于显示图像面积大，长时间观察也不会感觉疲劳。

机载微光电视系统既可直接采用低照度 CCD/CMOS 图像接收器（参考 4.2.2.2.2 节），也可以采用微光像增强器与 CCD/CMOS 相组合的前置增强型微光图像接收器。

前置增强型微光图像接收器有三种类型：

① 增强型 CCD/CMOS（ICCD/CMOS）像传感器。

② 电子轰击式 CCD/CMOS（EBCCD/CMOS）微光像增强器。

③ 电子倍增式 CCD/CMOS（EMCCD/CMOS）像传感器。

（1）增强型 CCD/CMOS 像传感器。

借助中继透镜或纤维光学将 CCD 或 CMOS 耦合到一个微光像增强器上，称为增强型 CCD/CMOS（intensified CCD/CMOS，ICCD/CMOS）像传感器。

ICCD/CMOS 像传感器是由前置增强级（微光像增强器）、中继光学系统和 CCD/CMOS 传感器组成的一体式微光视频成像器件，主要优点是利用光阴极暗电流非常低以及微光像增强器图像亮度增强的优点，为 CCD/CMOS 提供一个低噪声光子放大器，从而实现微光电视成像功能。

ICCD/CMOS 像传感器在 10^{-4} lx 环境照度下能达到 $500\sim600$ 行的电视分辨率。其无需制冷，门控电路选通，具有亮度自动控制（ABC）和强光保护控制（BPC）功能，从而使系统昼夜兼容工作，特别适合巡航导弹、炮火战场和城市反恐等应用领域。若紫外微光像增强器与 CCD 相耦合，可用于水下微弱照度下的目标探测、识别和成像。

代表性产品包括英国 EEVC 公司的 P8650 ICCD 微光像增强器和美国 ITT 公司的 F454L ICCD 微光摄像系统。

① 工作原理和特点

a. ICCD/CMOS 像传感器的工作原理是：微光物镜将来自目标的微弱光线成像在像增强器光阴极上，并转换为高清晰可见光图像，经过光纤或者中继透镜系统将增强后的可见光图像耦合传输到 CCD/CMOS 的像元面阵，再被转换成视频信号，最后经过视频处理电路完成微光电视摄影。

b. ICCD/CMOS 像传感器具有两个显著特点：

Ⅰ. 适当选择不同输入窗和光电阴极的像增强器与 CCD/CMOS 结合，使光谱响应范围从可见光扩展到 X 射线、紫外和近红外光谱区，从而应用于不同领域。

Ⅱ. 灵敏度达到 10^{-4} lx，保证在黎明或黄昏照度（10^{2} lx）、1/4 月光（10^{-2} lx）和星光（10^{-4} lx）下都能有效工作。

② 两种耦合方式及比较　微光像增强器与 CCD/CMOS 有两种耦合方式——光学透镜耦合和光学纤维耦合，如图 4-52 所示。

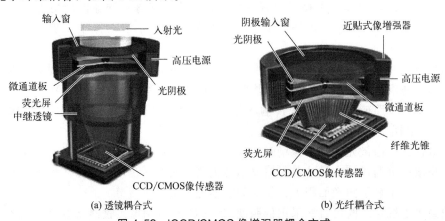

(a) 透镜耦合式　　　　　　　(b) 光纤耦合式

图 4-52　ICCD/CMOS 像增强器耦合方式

a. 透镜耦合式 ICCD/CMOS 像传感器　ICCD/CMOS 像传感器对中继光学耦合透镜的要求很高，既要有制版物镜的高像质，又要有强光力物镜的 T 数。通常有三种类型：微距物镜、制版物镜和对称型大相对孔径物镜。图 4-53 是美国斯坦福计算机光学公司研发的远心型中继光学系统示意图，由 6 个透镜组成，$F/0.8$。中继光学系统的主要性能包括：耦合效率高达 23%；零畸变和分辨率 180lp/mm。

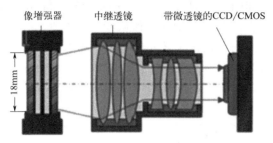

(a) 中继耦合光学系统　　　　　(b) 透镜耦合ICCD/CMOS像传感器实物

图 4-53　透镜耦合式 ICCD/CMOS 像传感器

b. 光纤耦合式 ICCD/CMOS 像传感器　经历了三个发展阶段，有三种结构形式，如图 4-54 所示。

1980 年前后，采用直光纤输出窗像增强器＋纤维光锥＋光纤面板输入窗 CCD 耦合结构，包括三个光纤元件，有三个耦合面，如图 4-54(a) 所示。

1990 年前后，采用直光纤输出窗像增强器＋光锥输入窗 CCD 耦合结构，包括两个光纤元件，有两个耦合面，如图 4-54(b) 所示。

2005 年后，采用光锥输出窗像增强器＋无窗 CCD/CMOS 耦合结构，仅有一个光纤元件，一个耦合面，如图 4-54(c) 所示。

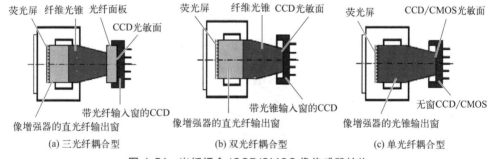

(a) 三光纤耦合型　　　　　(b) 双光纤耦合型　　　　　(c) 单光纤耦合型

图 4-54　光纤耦合 ICCD/CMOS 像传感器结构

光纤耦合式 ICCD/CMOS 像传感器由三个光纤元件减少到一个光纤元件后，耦合效率高（每减少一个耦合面，透过率将增加 30%）、杂光少、像质好，固定图案噪声、畸变、体积/重量都较小。

c. 两种耦合方式的比较　表 4-46 对两种耦合方式的优缺点进行比较。

表 4-46　光学透镜/光学纤维两种耦合方式的比较

项目	优点	缺点
光纤耦合方式	简易,紧凑,高分辨率,高透射率	易错位,光纤畸变,渐晕
光学透镜耦合方式	像质好,放大倍率和透射率可调	笨重,结构复杂,透射率低,畸变和渐晕

表 4-46 显示，透镜耦合形式微光像增强器的分辨率和传递函数（MTF）高、没有畸变。另外，微光像增强器、中继透镜和像传感器柔性连接，拆卸和维护更换容易。主要缺点是耦合效率较低和体积较大。主要应用于对成像质量和清晰度要求较高，但对体积/重量和结构紧凑性要求不太高的微光夜视系统。

图 4-55 光纤耦合 ICCD/CMOS 像传感器实物

光纤耦合形式的耦合效率更高，结构紧凑、体积小，如图 4-55 所示。主要缺点是光纤和 MCP 的固定图案噪声和畸变较大，像质较差。另外，光纤和像传感器的刚性连接工艺难度大、成本高。光纤耦合形式的微光像增强器主要应用于对成像质量和清晰度要求不高，对体积、重量和结构紧凑性要求较高的微光夜视仪。

③ 组合式像传感器 在极低微光环境下，为了获得很高的增益，并使信噪比与增益达到最佳平衡，保证二者都能充分发挥作用，人们利用现有微光像增强器的潜力，将二代近贴管或三代管（作为第一级）与一代单管（作为第二级）相耦合，研发出"组合式微光像增强器"，即所谓的"杂交管"，然后与 CCD/CMOS 组合，构成一种多级组合式像传感器，如图 4-56 所示。这种组合系统不仅可以获得很高的亮度增益，并通过减小微通道板增益使信噪比与亮度增益获得最佳匹配，而分辨率仅比二代像增强器下降 10%。

研究结果表明，若仅采用一代（单管）微光像增强器与 CCD/CMOS 相耦合，其入射光照度可以下降两个数量级；若在前面再增加一个二代近贴式微光像增强器，即"杂交管式"结构与 CCD/CMOS 相耦合，则构成的像传感器可以应用于景物照度低于 10^{-4}lx 的环境照度；若在像增强器内采用选通技术，则景物照度的动态范围可以达到 $10^{-5} \sim 10^{3}$lx。

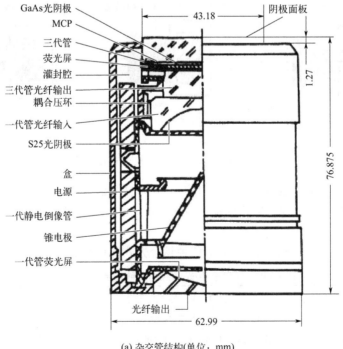

(a) 杂交管结构(单位：mm)

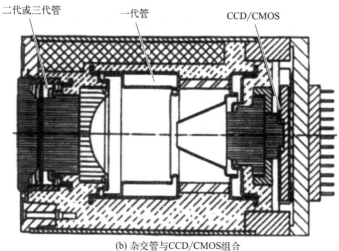

(b) 杂交管与CCD/CMOS组合

图 4-56　多级组合式像传感器

表 4-47 列出不同类型微光像增强器与 CCD/CMOS 的耦合效果（其中，分辨率取决于 CCD 类型和性能）。

表 4-47　不同微光像增强器的耦合效果

微光像增强器		光学直径/mm	亮度增益/[cd/(m² · lx)]	分辨率/TV 线
一代管		18~40	30~300	450~800
二代管		12~40	100~10000	400~500
超二代管	SHD-3™	12~25	3000~10000	500~600
	XD-4™	12~25	7000~15000	600~650
	XR-5™	12~18	10000~18000	650~700
高性能超二代管 (4G⁺)XP-6™		12~18	10000~20000	700~850
杂交管		18~25	100000~300000	400~500

④ 应用实例　表 4-48 是北方夜视技术股份有限公司采用三代/超二代微光像增强器与 CCD 耦合成的 ICCD 的主要技术性能。

表 4-48　北方夜视技术公司 ICCD 的技术性能

参数			指标
CCD		TV 制式	CCIR
	电源	电压/V	12DC±1.2
		电流/mA	250
	图像传感器		1/2in 线间转移 CCD 图像传感器
	像素数目	总数	752(H)×596(V)
		有效数目	752(H)×582(V)
	像素尺寸/μm		8.6×8.3
	SNR/dB		52(自动控制门关闭 AGC Off)

参数		指标
三代像增强器	光阴极灵敏度/(μA/lm)	≥1800
	分辨率/(lp/mm)	≥50
	光谱响应范围/nm	600~900
	信噪比(10^{-4}lx)/dB	≥25
	增益	15000
	输入窗材料	AVG 玻璃
	输出窗材料	光学纤维
	有效孔径/mm	18
超二代微光像增强器	光阴极灵敏度/(μA/lm)	≥750
	分辨率/(lp/mm)	≥60
	光谱响应范围/nm	450~900
	信噪比(10^{-4}lx)/dB	≥25
	增益	10000
	输入窗材料	AVG 玻璃
	输出窗材料	光学纤维
	有效孔径/mm	18
ICCD	光锥锥度比	0.46
	分辨率/TV 线	≥500
	探测照度(SNR=1dB)	2μlx(max)
	自动控制门	ON
	重量/g	约 130
	外形尺寸/mm	ϕ40×70
	工作温度/℃	-20~+50
	存储温度/℃	-30~+70

荷兰 DEP 公司利用光锥装置直接将一个 XD-4^{TM} 系列双近贴聚焦微光像增强器与 CCD 传感器相耦合组成一个紧凑的杂交式微光像增强器（型号××1700 ICCD），大大提高了微光夜视系统的成像质量，表 4-49 列出主要技术性能。

表 4-49　荷兰 DEP 公司 ICCD 技术性能

参数		指标
XD-4^{TM} 像增强器	分辨率/(lp/mm) (典型值/最小值)	60/55
	信噪比(典型值/最小值)/dB	20/18
	最大亮度增益/(fL/fc)	19000(min)/22000(max)
	发光灵敏度/(μA/lm)(2850K) (典型值/最小值)	700/600

参数			指标
XD-4™ 像增强器	光阴极辐射灵敏度 /(mA/W) (典型值/最小值)	800nm 下	50/55
		850nm 下	40/45
	可靠性/h		15000
	电源电压/V(典型值)		5.00
	输出功率/W		0.35
	MTF	2.5lp/mm	72%
		6.5lp/mm	62%
		15lp/mm	50%
		25lp/mm	37%
		35lp/mm	27%
CCD 传感器	类型		Sony ICX083 高性能 CCD
	有效分辨率/TV 线		520/540
	有效工作范围/mm		8.8(H)×6.6(V)
环境温度/℃	工作温度		−20～+50
	存储温度		−30～+60

实际应用中，经常采用选通技术以扩大微光像增强器的动态范围，并具有抗模糊和捕捉快速运动目标的优点。

选通技术是在保持高电压正常工作的同时，在选通电极上增加一个相当低的电压变化，使光阴极的电流截止而实现选通，实际上是微光像增强器与快速电光快门的组合。

一个选通单级一代管可以将动态范围从 $10^{-3}\sim10^{-1}$lx 提高两个数量级至 $10^{-3}\sim10^{1}$lx，而一个选通杂交管微光像增强器的动态范围则可以提高 6 个数量级，由 $10^{-6}\sim1$lx 提高到 $10^{-6}\sim10^{5}$lx。

(2) 电子轰击式 CCD/CMOS（EBCCD/CMOS）微光像增强器

电子轰击式 CCD/CMOS（electron-bonbardment-CCD/CMOS）微光像增强器将 CCD/CMOS 作为电子图像探测器直接置于微光像增强器内并代替荧光屏，是真空电子技术与半导体技术相结合，集光电转换、信号存储和扫描输出等功能为一体并获得较大增益的高灵敏度微光像增强器，如图 4-57 所示。

EBCCD/CMOS 微光像增强器实际上是利用一个背照 CCD/CMOS 作为电子图像探测器并直接代替原来像管内的荧光屏，不需要微通道板（MCP）、荧光屏和纤维光学耦合器。借助光阴极产生的光电子，从外置高压电源获得高能量，直接轰击背面照明 CCD/CMOS 光敏面，以高电子能量换取更大的电荷数量转换，完成几乎无附加噪声的电阻放大，从而避免在集成的电路绝缘层中产生能量损失与充电效应。因此，EBCCD/CMOS 微光像增强器是目前读出噪声最低和灵敏度最高的微光电视成像器件，既有电真空器件的高可靠性、高探测效率和较宽的光动态范围，又具有半导体器件的功耗低和体积小的特点，非常适用于景物照度 $10^{-5}\sim10^{-4}$lx 的夜间环境（甚至 10^{-6}lx）下完成侦察/监视任务（分辨率达到 500～600TV 线）。

通常，将 ICCD/CMOS 称为外耦合型像增强器件，而将 EBCCD/CMOS 微光像增强器

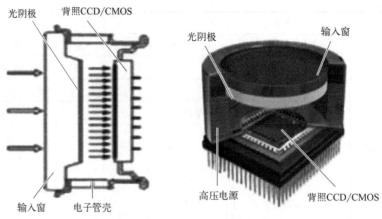

图 4-57 EBCCD/CMOS 微光像增强器

称为内耦合型器件。

EBCCD/CMOS 微光像增强器有近贴聚焦式和静电聚焦（倒像）式两种形式，如图 4-58 所示。

图 4-58(a) 是近贴聚焦式 EBCCD/CMOS 微光像增强器。由于其分辨率与加速电压成正比而与阴阳两极间的距离成反比，所以能够采用减小极间距离的方法提高分辨率。主要优点是体积小、重量轻和结构紧凑，同时，没有场曲和畸变，整场具有均匀的分辨率。缺点是，由于场致发射和寄生现象的存在，加速电压不能超过 $8\sim10kV$，因此，无法满足高增益、高电压和低噪声的要求。另外，工艺复杂苛刻，成本较高。

图 4-58(b) 是倒像式 EBCCD/CMOS 微光像增强器。工作电压达到 20kV，放大率大于或小于 1。多碱光电阴极可以做成球面以改善几何失真，从而提高像质，是体积和重量适中、调节方便和容易制造的一种结构。

图 4-58(c) 是汤姆逊公司采用的组合方案，将近贴聚焦增强管作为光频转换器，并与一个高压下工作的倒像 EBCCD/CMOS 耦合在一起。

EBCCD/CMOS 微光像增强器要求 CCD/CMOS 在电子轰击方式下工作，工作原理是：光阴极将输入光子转换成光电子，在外置高压电源支持下，光电子在静电电压加速下轰击 CCD/CMOS 元件，由于入射光电子能量散逸产生电子-空穴对，以高电子能量换取更大的电荷数量转换，噪声大大低于微通道板电子增益产生的噪声，完成几乎无附加噪声的电子放大，产生电子轰击半导体（EBS）增益。由于 EBS 过程的噪声大大低于微通道板得到的相应电子增益所产生的噪声，因此，能够提供近乎无噪声的增益。

EBCCD/CMOS 微光像增强器的最低工作照度可达 10^{-6}lx 以下，电视分辨率达到 600TV 线以上，特别适用于超微弱照度环境下微光电视的视频成像。研究结果表明，在所有光照等级下，特别是在极低微光条件下，EBCCD/CMOS 微光像增强器的调制传递函数（MTF）、分辨率、信噪比和余辉等性能均优于 ICCD/CMOS，同时也减小了体积和重量。

20 世纪末，美国斯蒂文思理工学院（Stevens Institute of Technology，SIT）和 Intevac Photonics 公司采用 2/3in、512×512 像元的 SI502 型 BI-CCD（Bipolar-CCD），共同研制成功 GaAs 光阴极的 EBCCD；2011 年，又开发出一种 400 万像元的微光传感器和摄像机，用于极低照度条件下的微光探测，如图 4-59(a) 所示。

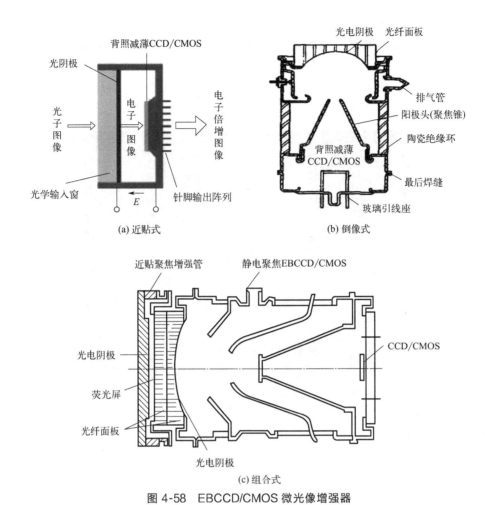

(a) 近贴式

(b) 倒像式

(c) 组合式

图 4-58 EBCCD/CMOS 微光像增强器

2005 年，Intevac Photonics 公司研制成功了使用双极-有源像素传感器（bipolar-active pixel sensor，BI-APS）的电子轰击有源像素传感器（EBAPS），如图 4-59（b）所示，将其与高/低压电源、数字信号处理器集成于被称为数字像增强器（digital image intensifier）的 E3010M 模块中。与 EBCCD 比较，该模块体积小、重量轻（57g）、功耗低（550mW），优势更明显。

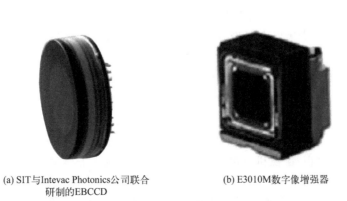

(a) SIT与Intevac Photonics公司联合
研制的EBCCD

(b) E3010M数字像增强器

图 4-59 EBCCD/CMOS 微光像增强器典型实例

（3）电子倍增式 CCD/CMOS（EMCCD/CMOS）像传感器

电子倍增式 CCD/CMOS（EMCCD/CMOS）像传感器是一种全固态微光电视成像器件，由成像区、存储区、读出寄存器、倍增寄存器和读出放大器组成，其芯片内部结构如图 4-60 所示。为保持器件的稳定性，通常设计有半导体制冷器。工作在 10^{-3}lx 照度环境下，达到 400TV 线以上的微光电视分辨率。

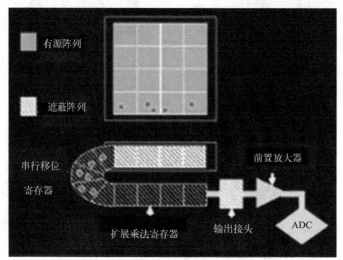

图 4-60　EMCCD/CMOS 像传感器芯片结构

与普通 CCD 不同的是，串行移位寄存器中的图像电子信号，必须首先经过芯片内的"扩展型雪崩式电子倍增寄存器"，并使微小信号在转移过程中得到低噪声放大，实现"盘上增益"，再交由输出接头后续处理、放大和 A/D 转换，以显示视频图像。

EMCCD/CMOS 像传感器的工作原理如下：

① 积分时间内，光子入射到成像区，光子信号转换成电信号，暂存在势阱中等待转移。

② 积分时间结束，成像区电极加压，电信号转移到存储区。

③ 存储区电极加压，电信号按照行垂直转移到读出存储器。

④ 在驱动电压作用下，行转移信号水平转移至倍增寄存器。

⑤ 在倍增寄存器中，电信号在强电场作用下加速转移，电荷发生离子化撞击，倍增产生新电荷，倍增单元增益一般为 0.010～0.015。由于倍增单元成百上千，因此，增益很大，量子效率很高，高增益下的读出噪声很低。

⑥ 低噪声输出放大器以电压形式输出电信号，因此，在制冷条件下可以使微光图像获得较高的信噪比。

与 ICCD/CMOS 和 EBCCD/CMOS 相比，EMCCD/CMOS 制造工艺先进、性能优越，峰值量子效率达 90% 以上，增益达 5000 倍左右，读出噪声低于 0.1 个电子。另外，EMCCD/CMOS 的动态范围达 8500：1（ICCD/CMOS 为 3000：1），工作方式灵活，适合全天候应用，从而避免 ICCD/CMOS 和 EBCCD/CMOS 强光下易饱和和损伤的缺点。使用 EMCCD/CMOS 的微光电视/摄像机（包括头盔微光夜视系统）非常适用于高速飞行的歼击机和轰炸机的机载火力控制系统。

但是，当环境照度越来越低时，其读出噪声及微光分辨率变得不如 ICCD/CMOS，更不如 EBCCD/CMOS，因而，在超高速曝光成像方面无法超越 ICCD/CMOS。

表 4-50 列出 EMCCD 像传感器的主要技术性能。

表 4-50　EMCCD 像传感器的技术性能

厂商	型号	有效像素数目	像素尺寸/μm	有效尺寸/mm	最大量子效率	防光晕
E2V	CCD97	512×512	16×16	8.2×8.2	92.5%	否
	CCD201	1024×1024	13×13	13.3×13.3		
	CCD60	128×128	24×24	3.1×3.1		
	CCD207	1600(H)×200(V) 或 1600(H)×400(V)	16×16	25.6×3.2 或 25.6×6.4		
TI	TC285	1004(H)×1002(V)	8×8	8×8	65%	是
	TC283	656(H)×496(V)	7.4×7.4	4.85×3.67		
	TC247	658(H)×496(V)	10×10	6.58×4.96	52%	

（4）ICCD/CMOS、EBCCD/CMOS 和 EMCCD/CMOS 的主要区别

① EBCCD/CMOS 和 EMCCD/CMOS 的图像增强原理相同，都是将电子图像放大。前者在高压下对电子加速，增益达到 2000～3000；后者利用雪崩效应，增益也能达到 10^3，但量子效率大大提高。

② EBCCD/CMOS 与 ICCD/CMOS 都设计有光阴极，无论是多碱光阴极或者砷化镓材料，量子效率都比较低，仅是 EMCCD/CMOS 的 $1/9$～$1/5$。

③ 在一般照度（10^{-5}～10^{-1} lx）下，这些微光成像器件都能对目标成像，衡量成像质量的主要参数是振幅传递函数（MTF），EBCCD/CMOS 对图像可进行更有效放大，成像质量更好。

④ 当环境光照条件更差（$<10^{-5}$ lx），能否探测到目标便成为主要目的，信噪比成为最重要的衡量参数。由于 EMCCD/CMOS 没有采用光阴极结构，在极低照度环境下优势更明显，甚至在 10^{-8} lx 照度下也能成像，具有很高的信噪比。

表 4-51 对几种微光成像器件的技术性能进行比较。

表 4-51　几种微光成像器件的技术性能

微光器件		量子效率(绿光)	系统微光照度/lx	信噪比/dB
CCD/CMOS		30%～40%	1	(1XZ18/18WHS) 1
ICCD/CMOS	一代管	10%～15%	5×10^{-5}	—
	二代管		10^{-4}	(1XZ18/18WHS) 4.3
	三代管		8×10^{-5}	(XD-4^{TM}) 5.3
EBCCD/CMOS		10%～15%	<10^{-5}	12.3
EMCCD/CMOS		80%～90%	<10^{-6}	(CCD97-00) 12.8

（5）未来高性能微光夜视技术（主要是微光像增强器）的发展
主要集中在以下方面：

① 能够接收更宽的近红外光谱的光线（0.9～1.06μm），最好能够采用光谱响应范围 1.6～2μm 的光阴极，以充分应用夜天辐射和良好的大气窗口。

② 研发具有更高灵敏度和低噪声的焦平面凝视型固体数字化像增强器，用数字技术提高信噪比和扩大动态范围以满足更远距离和更低环境照度的需求。

③ 高度集成化，进一步减小体积、重量、功耗以及提高环境适应性和可靠性，向小巧和轻量化方向发展。

研究表明，用编码孔径代替微光物镜，用 LCD 显示器代替与图像处理器连接的荧光屏，图像处理器将编码孔径照射投影的图像进行解码，再转换为场景的重建图像，该设计可把重量为 4.25lb 的 NVG 减到不足 3lb，减重约 30%。

④ 微光夜视技术与红外热像技术相融合，实现与 1.55μm 人眼安全激光技术相匹配。

4.4
红外探测器

红外（IR）技术是研究红外辐射产生、传输、转换、探测及应用的技术，军事应用是推动红外技术发展的主要动力。在历次战争中，红外技术（包括机载红外技术）已经显示出巨大威力和重要作用，成为军用航空装备的重要组成和战争中必不可少的战略/战术手段。

红外技术在军事领域的应用分为战略应用和战术应用两种类型：大气层外的战略应用和大气层中的战术应用。例如，前者包括侦察卫星、气象卫星和弹道导弹的早期预警卫星等，探测距离在 1000km 以上；后者包括探测飞机、舰船和车辆/人员，探测距离 10～100km。

机载红外系统是通过吸收物体（或目标）发射的红外辐射，经光学探测器输出电信号（该电信号与物体的辐照度成比例）或重新转换为光信号用以"观察/探测"物体的一种系统。

根据执行任务不同，机载红外系统有不同的应用类型，例如红外成像、红外侦察、红外跟踪、红外制导、红外预警和红外对抗等。但是，无论何种类型，红外探测器都是机载红外系统的关键组件，也是红外技术发展最活跃的领域。

红外探测器的工作原理：当用于探测的材料受到（目标）红外光照射时，材料的电阻或者光能量吸收发生变化从而排出材料中的电子并产生电压，只要光线与其接触，变化就会持续存在，只有光线消失，该效果才会停止。

红外光谱是电磁波谱的一部分（0.7～30μm），包括近红外光、短波红外光、中红外光、远红外光和甚远红外光，图 4-61 是不同探测器对 0.2～15μm 光谱范围内的响应。

红外辐射是波长介于可见光与微波之间的电磁波，人眼无法直接观察。红外探测器就是通过光电转换，把目标的红外辐射信号转换成可度量的电信号或者可视的光信号，从而实现夜间或微弱光照环境下对红外辐射目标的可视化。在红外光谱范围内工作的光学探测器称为"红外探测器"。

半个多世纪以来，在机载红外成像方面，从点目标探测、扫描成像发展到焦平面凝视成像；结构方面，从单波段单元器件、多元器件、多元线列器件发展到单波段焦平面阵列以及多波段焦平面阵列。红外探测器的发展史，在一定程度上反映了红外技术的发展和应用历史。

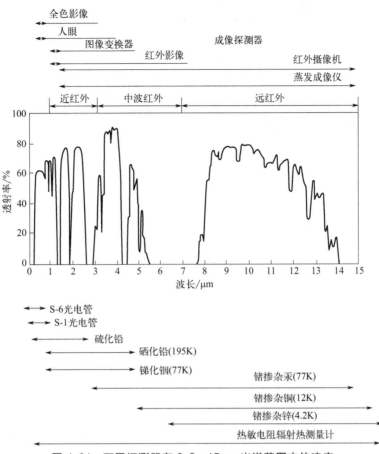

图 4-61　不同探测器在 0.2～15μm 光谱范围内的响应

4.4.1　红外探测器的发展

1800 年，英国天文学家 F. W. Herschel（有的文献翻译为"赫胥尔"）在寻找"观察太阳时保护自己眼睛的方法"时设计了一台粗糙的单色仪，利用水银温度计作为最原始的探测器，测量阳光的能量分布，从中发现了红外辐射的存在。人们认为这是第一台红外探测器。

1821 年，赛贝克（Seebeck）提出温差热电效应，首次验证了温差电偶，并把热电偶和热电堆应用于红外探测器。

1829 年，诺比利（Nobili）研制出首台热电堆。

1833 年，梅洛尼（Melloni）将铋和锑材料应用于温差电偶的改进设计中，并利用几个热电偶串联做成了热电堆，比当时最好的温度计灵敏 40 倍。

1856 年，查尔斯·皮亚兹·斯密斯利用热电偶探测月亮的红外辐射。

1859 年，基尔霍夫（G. R. Kirchhoff）提出物体热辐射吸收与发射关系的定律。

1873 年，史密斯（Smith）发现了光导效应。

1879～1884 年，斯忒藩-玻耳兹曼（Stefan-Beltzman）提出绝对黑体总辐射能量与其绝对温度之间关系的定律。

1880 年，兰利（Langley）研制成功热辐射计，比热电堆的灵敏度约高 30 倍，自此，红外探测器的研究与热探测器联系在一起。

1893年，维恩（WaWien）发现了黑体分布的峰值与温度关系的唯一定律。

1900年，普朗克（Planck）发表能量子模型和黑体辐射定律，导出黑体光谱辐射出射度随温度和波长变化的关系式。

1917年，凯斯（Case）研制成功亚硫酸铊红外探测器和首台红外光导装置，利用入射辐射的光子与探测器材料的电子结构间的相互作用，揭示了红外线的光电效应。之后，光子探测器的研究是红外技术的发展主流。

研究发现，在自然界中，温度高于热力学零度的任何物体，都会不断地向四周辐射红外谱线。物体各部位温度不同，辐射率不同，会显示出不同的辐射特性。与可见光光波一样，物体发出的红外辐射都会通过大气传输至红外接收装置。

1910~1920年，科学家们研制出能够探测舰船、飞机、炮兵阵地和冰山等目标的红外装置。

1929年，L. R. 科勒（L. R. Koller）发明了对近红外辐射灵敏的银氧铯光电阴极。

1933年，库切尔（Kutzscher）发现了硫化铅（PbS）的光导性以及对 $3\mu m$ 光波的响应。此后，为提高红外探测器的灵敏度和响应速度，光子探测器得到迅速发展，大约在1943~1945年，德国、美国等国分别开始生产硫化铅光电导体。硫化铅探测器是第一个（在战争中）真正得到应用的红外探测器。

1934年，美国 P. T. 法恩斯沃思（P. T. Farnworth）和荷兰 G. 霍尔斯特（G. Holst）等人提出了光电图像转换原理，并发明了第一只红外变像管，认为：将光学图像投射到高真空中的光敏层上，可以激发出电子，实现光学图像向电子图像的转换，而产生的电子在涂有磷光物质的屏上又可以激发出光子，实现电子图像向光学图像的转换，从而为近代夜视技术提供了理论基础。是利用光子-电子转换原理，使银氧铯光阴极接收红外辐射，由光子转变为电子，再通过荧光屏使电子转换为光子，从而得到人眼能够观察的图像，但前提条件是必须利用红外辐射源照明目标。

到第二次世界大战，巴恩斯公司设计了一种用于探测空中目标的测热辐射计扫描成像系统，尽管性能远没有达到设计要求，但开拓了红外热成像技术发展的重要思路。

20世纪40年代后，利用单元制冷铅盐材料制造红外探测器，以硫化铅（PbS）红外探测器为代表的光电型红外探测器研制成功，主要应用于高射炮用防空导弹导引头，真正形成现代红外技术，并相继研制成功其它的军用红外系统，例如舰船探测/跟踪系统以及机载轰炸探测仪等。

1941~1945年，卡什曼（Cashman）等人发现，在 $3\sim5\mu m$ 大气窗口范围内，PbSe、PbTe 和 InSb 的响应波长都超过硫化铅，有希望用于红外探测器。

20世纪50年代，利用单元制冷铅盐材料制造红外探测器，用于防空导弹导引头。晶体管和第一台非本征光导探测器的发明大大促进了材料生长和钝化技术的发展，第一台以锗材料为基础的非本征探测器诞生。锗材料中加入不同杂质（例如铜、锌和金），可以研制适合于 $8\sim14\mu m$ 长波红外（LWIR）光谱窗口，甚至超长波 $14\sim30\mu m$ 光谱范围的红外探测器（对红外波长的测量范围相继扩展到 $1000\mu m$）。

20世纪50年代末，首次提出ⅢA-ⅤA、ⅣA-ⅥA和ⅡB-ⅥA族半导体合金的概念。通过不同材料配比，调整半导体禁带宽度以满足不同响应波长的需要。例如，1958年，英国皇家信号及雷达研究所发明了碲镉汞（MCT）红外探测器，进一步促进了红外成像技术的发展。直至今天，MCT红外探测器仍然是红外成像技术选用的最重要探测器。

在此期间，研制成功由银氧铯（Ag-O-Cs）光阴极（阴极灵敏度 $60\mu A/lm$）、电子聚焦系统和阳极荧光屏组成的第一只近贴式红外变像管（亦称为"零代变像管"），如图 4-62 所示，能够将主动红外照明光的目标反射光束转变为光电子，并在 16kV 的静电场下聚焦，产生高分辨率（57～71lp/mm）的可见光图像。

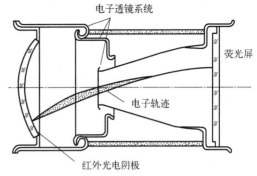

图 4-62　近贴式红外变像管

20 世纪 60 年代～70 年代初，发明了非本征掺汞锗材料，光刻技术的发展促使第一个 40K 低温条件下非本征锗掺汞长波线列探测器研制成功，采用单级制冷机，工作温度 80K。美国芝加哥大学利用线性阵列技术制造出第一台长波前视红外系统 FLIR（AN/AAS-3 型）。

1967 年，索里夫（Soref）提出了硅探测器的概念，此后，开始研发中波硅化铂（PtSi）探测器。10 年后，玻意耳（Boyle）与史密斯（Smith）发明了电荷耦合器件（CCD），非本征硅的应用得到重视。

20 世纪 70 年代，研发出第一代高性能红外/热成像探测器。第一代线列探测器的引线结构限制了线列元数（＜200），例如英国 SPRITE 探测器的小阵列包含 4～16 个像元，是一个两轴光机扫描系统。硅 CCD 的发明，使读出结构能多路传输大阵列器件信号，研制第二代红外探测器成为可能，主要集中在 InSb、PtSi 和 HgCdTe 光伏型以及 PbSe 和 PbS 光导型探测器上。红外系统的结构特征是基于单轴扫描和长线性阵列/面阵结构。主要有两类形式：用于扫描成像、具有时间延迟积分（TDI）功能的线列结构和用于凝视成像的面阵结构。经过近 20 年持续研究，这类大阵列红外探测器已经商品化，得到了广泛应用。

1973 年，谢泊德（Shepherd）和杨（Yang）提出了金属-硅化物/硅肖特基势垒探测器的概念，可以在一块共用的硅芯片上同时实现探测和读出两种功能。

美国得克萨斯仪器公司研制出世界上第一台能够实时显示电视图像的军用红外热成像系统，并于 20 世纪 70 年代进入了实用阶段，在越南战场上大量使用，首先应用于空军部队完成对地面目标的观察，证明红外成像技术是一种成功的昼夜成像技术。

20 世纪 80～90 年代，红外技术得到快速发展。随着硅 CCD 的发明使集成模拟信号读出电路的第二代焦平面阵列探测器研制成功，其中 HgCdTe 光伏型器件以及砷化镓 GaAs/铝砷化镓 AlGaAs 的量子阱红外探测器（QWIR）具有长波红外的探测能力。

1986 年，法国 Sofradir 公司开始研发红外焦平面阵列，像元数达到 288×4 和 480×6。同时，研发出不同类型的机载红外搜索跟踪系统（IRST），例如英国的 TAILAND 系统、欧洲的 Pirate 系统、法国的 OSF 系统、瑞典的 IR-OTS 系统以及美国的 AN/AAS-42 IRST 系统；并在天基红外技术领域也得到蓬勃发展，典型产品包括哈勃太空望远镜中的 WFC3 型星载红外相机。

至今，红外技术的发展经历了两个多世纪，红外探测器已经从单元发展到多元，从多元到焦平面阵列（代替了光机扫描机构）；工作波段从近红外扩展到远红外并从单波段发展为多波段；相应的红外成像系统从点目标探测、扫描成像到实现凝视成像的飞跃，在军事和民用领域都得到了广泛应用。

红外热成像系统是一种实时显示的成像设备，具有与可见光电视相当的图像质量，所以也称为"工作在红外波段的电视摄像机"。

随着材料生长技术、半导体工艺与微机电技术（MEMS）的发展，红外探测器逐渐向小尺寸、高性能、低功耗、大数据像素、多色融合和自适应功能方向发展。因此，红外探测技术的未来发展将主要表现在以下五个方面：

① 光谱响应从短波扩展到长波范围，实现对室温目标的探测，可以充分利用大气窗口。

② 从线阵列扫描型发展到焦平面阵列（FPA）凝视型探测器，完全实现从点源探测到热成像探测的飞跃。

③ 研发多种类型小型化红外探测器和红外系统，并向着智能化方向发展。

④ 从单波段探测向多波段探测发展，获得更丰富的目标信息。

⑤ 进一步提高灵敏度、分辨率和探测距离，实现超远视距探测。

4.4.2 基本技术要求和性能参数

（1）红外探测器基本技术要求

① 有尽可能高的探测率，以提高红外系统的探测灵敏度。

② 选择合适的工作波段，与被测目标的辐射光谱范围相适应，以接收尽可能多的红外辐射能量。

③ 具有良好的大面积均匀性，尽可能降低各单元间的特性差异。

④ 响应速度快（或者时间常数小）。

⑤ 制冷要求不宜太高，如果可能，最好选择非制冷型结构。

（2）光子型红外探测器评价所需性能参数

① 光谱响应范围。

② 光敏面尺寸/排列方式。

③ 响应度及其不均匀性。

④ 探测率/比探测率。

⑤ 动态阻抗。

⑥ 有效像元率（单元探测器不需要）。

⑦ 视场角/F数。

⑧ 动态范围（≥dB）。

⑨ 偏置（V/A）。

⑩ 功耗（≤mW）。

⑪ 制冷方式、温度。

⑫ 电荷存储容量。

⑬ 读出方式。

⑭ 读出频率。

⑮ 驱动电平。

需要说明，红外探测器的性能与其工作环境密切相关：例如工作温度低则灵敏度高；背景温度高则背景辐射增大。因此，表述红外探测器性能时，必须明确其工作或测量条件：辐射源（或测量源）的光谱分布（单色光波长或黑体温度）、测试电路带宽、工作温度（包括室温 300K，干冰 195K，液氮 77K 和液氦 4.2K）、光敏面面积和形状（或光敏像素尺寸）以及偏置等。

本节简要介绍红外探测器的主要性能参数：响应率、噪声等效功率、探测率、光谱响应等。

4.4.2.1 响应率

红外探测器的性能优劣可以用在一定入射辐射功率下的电输出信噪比衡量。输出电信号 S 与辐射功率 P 之比称为红外探测器的响应率 R（V/W）。

$$R = \frac{S}{P} \tag{4-5}$$

红外探测器的响应率（或响应度）是表述探测器对目标红外辐射敏感程度的参数，即探测器将入射红外辐射转换为电信号能力的物理量。

按照 GB/T 17444—2013《红外焦平面阵列参数测试方法》，像元响应率定义为：在一定帧周期和行周期条件下，红外焦平面各像元对每单位辐照功率产生的输出信号电压。表示入射到探测器各像元上的单位辐射功率 P 能够产生的输出电信号量值。

红外焦平面各有效像元响应率的平均值，称为平均响应率。

红外焦平面各有效像元响应率的均方根偏差与平均响应率的比值，称为响应率不均匀性。

探测器像元响应率分为黑体像元响应率和光谱像元响应率。

（1）黑体像元响应率

若根据温度为 T 标准黑体的单位辐射功率产生的电信号大小定义像元响应率，则称为黑体像元响应率；若输出电压，则称为像元电压响应率 $R_v(i,j)$；若输出电流，则称为像元电流响应率 $R_i(i,j)$。像元响应率的单位是伏每瓦（V/W）或安每瓦（A/W）。

式（4-6）是像元电压响应率的计算公式（像元电流响应率具有类似的表达形式）：

$$R_v(i,j) = \frac{V_s(i,j)}{P} \tag{4-6}$$

式中 $V_s(i,j)$ ——第 i 行和第 j 列像元的响应电压；

    P ——在黑体温度 T 和 T_0 辐照条件下，入射到像元的辐照功率差值，由式（4-7）计算：

$$P = \frac{\sigma(T^4 - T_0^4) \times A_D}{4 \times (L/D)^2 + n} \tag{4-7}$$

式中 σ ——斯特藩常量，5.673×10^{-12} W/(cm^2 · K^4)；

  T，T_0 ——黑体温度，K；

   D ——面源黑体测试时为冷屏圆孔径，点源黑体测试时为黑体输出孔径，cm；

   A_D ——焦平面像元面积，cm^2；

   L ——面源黑体测试时为冷屏孔面至焦平面像元的垂直距离，点源黑体测试时为黑体输出孔径至焦平面像元的距离，cm；

   n ——当 $L/D > 1$ 时 n 取值为 1，当 $L/D \leq 1$ 时 n 取值为 0。

若根据单一波长的单位辐射功率产生的电信号量值定义像元响应度，则称为光谱像元响应率。式（4-8）给出（标准黑体条件下）光谱像元电流响应率的计算公式：

$$R_i(\lambda) = \frac{\eta \lambda q}{hc} G \tag{4-8}$$

式中 η ——探测器的量子效率；

λ——红外辐射波长，μm；

q——电子电荷，$1.59 \times 10^{-19} C$；

h——普朗克常数，$6.626 \times 10^{-34} J \cdot s$；

c——光速，$2.998 \times 10^{10} cm/s$；

G——光电导探测器增益，对于光伏探测器，$G=1$。

（2）光谱像元响应率

探测器光谱响应范围定义为：相对光谱响应度为峰值响应度的 0.5 时，所对应入射辐射最短波长与最长波长之间的波长范围。

探测器光谱响应率最大值称为峰值光谱响应率，对应波长称为峰值波长。

对光子红外探测器，只有入射光子的能量大于某一极小值 $h\nu_c$ 时才能产生光电效应，换句话说，红外探测器仅对波长小于 λ_c 或者频率大于 ν_c 的光子才有响应。光子探测器的响应随波长上升线性上升，至某一截止波长 λ_c 时突然下降为零。常见红外光子探测器的响应波段列在表 4-52 中。

表 4-52　常见红外光子探测器的响应波段

波段	波长范围/μm	探测器类型
近红外	0.7~1	硅光电二极管(Si)
短波红外	1~3	铟镓砷(InGaAs)，砷化铟(InAs)，硫化铅(PbS)，硒化铅(PbSe)，锗(Ge)，硅化铂(PtSi)
中波红外	3~5	锑化铟(InSb)，硒化铅(PbSe)，碲镉汞(HgCdTe)，量子阱(QWIP)
长波红外	8~14	碲镉汞(HgCdTe)，量子阱(QWIP)，Ge：X，Si：X)
远红外	16 以上	量子阱(QWIP)

平均响应率根据式（4-9）计算：

$$\overline{R} = \frac{1}{M \times N - (d+h)} \sum_{i=1}^{M} \sum_{j=1}^{N} R(i,j) \tag{4-9}$$

式中　M，N——像元的总行数、总列数；

　　　d——死像元数；

　　　h——过热像元数。

响应率不均匀性，按式（4-10）计算：

$$UR = \frac{1}{\overline{R}} \sqrt{\frac{1}{M \times N - (d+h)} \sum_{i=1}^{M} \sum_{j=1}^{N} \left[R(i,j) - \overline{R} \right]^2} \times 100\% \tag{4-10}$$

4.4.2.2　噪声等效功率

机载红外搜索跟踪系统在接收到目标辐射的红外信号并转换成电信号的过程中，会产生不同程度的噪声，限制了红外探测器对微弱辐射信号的探测能力。显然，当探测器的输出信号（电压或电流）小于自身噪声时，探测器将无法感知目标的红外辐射，因此，噪声越小，红外探测器的性能越好。通常，利用术语"噪声等效功率（NEP）"表述红外探测器的这种特性。

按照国家标准 GB/T 17444—2013，像元噪声电压定义为：红外焦平面在恒定温度黑体辐照条件下，像元输出信号电压涨落的均方根值。平均噪声电压定义为：红外焦平面各有效像元噪声电压的平均值。

红外探测器的噪声等效功率（NEP）定义为：信噪比为 1 时，红外焦平面接收的辐照功率，即红外焦平面平均噪声电压 $\overline{V_{N}}$ 与平均响应率 $\overline{R}$ 之比值，根据式(4-11)计算：

$$NEP = \frac{\overline{V_{N}}}{\overline{R}} \tag{4-11}$$

平均噪声电压，按照下列公式计算：

$$\overline{V_{N}} = \frac{1}{M \times N - (d + h)} \sum_{i=1}^{M} \sum_{j=1}^{N} V_{N}(i,j) \tag{4-12}$$

按照 Antoni Rogalski 的观点，噪声等效功率定义为：探测器产生的信号输出等于均方根噪声输出值时需要的入射功率。也就是探测器能够探测到的最小红外辐射功率，又称为最小可测功率，单位为 W。

Antoni Rogalski 根据响应率将红外探测器噪声等效功率（NEP）表述为以下形式：

$$NEP = \frac{V_{s}}{R_{v}} = \frac{I_{s}}{R_{i}} \tag{4-13}$$

红外探测器的噪声等效功率与许多因素有关，例如探测器相对应的红外波段、调制频率、光敏面有效面积 A_{D}、张角和偏置等。可利用如下公式估算：

$$NEP = \frac{EA_{D}}{V_{s}/V_{N}} \tag{4-14}$$

式中　E——入射到探测器上的辐照度；

V_{s}——探测器输出电压信号的均方根值；

V_{N}——输出噪声电压的均方根值。

对于带宽相同的系统，噪声等效功率 NEP 越小，红外探测器的灵敏度越高。

应当注意，噪声等效功率可反映探测器的探测能力，但并不意味着系统无法探测到强度弱于噪声等效功率的红外辐射信号。从原理上讲，如果采取相关的接收技术，即使入射功率小于噪声等效功率，但由于信号是相关的，而噪声是不相关的，因而也能够将信号检测出来，但以增加检测时间为代价。

对辐射强度等于噪声等效功率的信号，系统不一定可靠地探测到，设计系统时，通常要求最小可探测功率应当数倍于噪声等效功率，以保证红外搜索跟踪系统具有较高的探测概率。

4.4.2.3　探测率

探测率与噪声等效功率表述的是相同内容，NEP 越小，探测器性能越好，但许多人认为参数 NEP 的表述方式不符合传统的认知习惯。另外，在辐射能量范围较大的情况下，红外探测器的响应度与辐射能量强度并非线性关系，从弱辐照下测得的响应度不能推出强辐照下产生的信噪比。

琼斯（Jones）建议采用探测率 D（噪声等效功率的倒数）表示探测器的探测能力。探测率越高，探测器性能越好，单位为 W^{-1}：

$$D = \frac{1}{NEP} \tag{4-15}$$

红外探测器的探测率（或者噪声等效功率）与测量因素有关，包括入射辐射波长、探测器温度、调制频率、探测器偏流、探测器光敏面的有效面积 A_D 和噪声等效带宽 Δf 等。为了准确比较两种红外探测器的性能优劣，一般采用归一化探测率 D^*，在国家标准颁布之前，许多文献和著作均称为比探测率。

根据国家标准 GB/T 17444—2013，统一使用术语"像元探测率"，定义为：当 1W 辐射投射到面积为 1cm^2 的像元上，在 1Hz 带宽内获得的信噪比。实际上是像元响应率与像元噪声电压之比，并折算为单位带宽与单位像元面积之积的平方根值，单位为 $\text{cm} \cdot \text{Hz}^{1/2}/\text{W}$，如式(4-16) 所示：

$$D_{bb}^*(i,j) = \sqrt{\frac{A_D}{2\tau}} \times \frac{R(i,j)}{V_N(i,j)} \tag{4-16}$$

式中　$R(i,j)$ ——像元响应率；

　　　$V_N(i,j)$ ——像元噪声电压；

　　　　　A_D ——像元有效面积；

　　　　　　τ ——积分时间。

与响应率类似，探测率也分为黑体探测率和光谱探测率：在一定温度黑体辐射条件下测得的红外焦平面各像元探测率，称为像元黑体探测率；红外焦平面各有效像元黑体探测率的平均值称为平均黑体探测率；单色或多色辐射源测量所得的探测率，称为光谱探测率；红外焦平面各有效像元在光谱响应峰值位置探测率的平均值，称为平均峰值探测率。

平均黑体探测率，按式(4-17) 计算：

$$\overline{D_{bb}^*} = \frac{1}{M \times N - (d+h)} \sum_{i=1}^{M} \sum_{j=1}^{N} D_{bb}^*(i,j) \tag{4-17}$$

平均峰值探测率根据式(4-18) 计算：

$$\overline{D_{lp}^*} = G \times \overline{D_{bb}^*} \tag{4-18}$$

式中，G 是光谱因子，由测量出的红外焦平面的实际相对响应光谱曲线获得。

表述像元黑体探测率需要附带标注测量条件，例如 $D^*(500\text{K}, 900\text{Hz}, 1\text{Hz})$，表示是利用 500K 黑体作为光源，调制频率为 900Hz，测量带宽为 1Hz。若没有特殊标注，通常指视场立体角为 2π 球面度，背景温度为 300K。

根据 Antoni Rogalski 的研究，也可以用一个非常有用的等效式(4-19) 表示：

$$D^* = \frac{(A_D \Delta f)^{1/2}}{V_N} R_v = \frac{(A_D \Delta f)^{1/2}}{I_N} R_i = \frac{(A_D \Delta f)^{1/2}}{\phi_e} \text{SNR} \tag{4-19}$$

在一定的红外探测系统中，探测器灵敏面有效面积 A_D 和放大器的带宽 Δf 是一定值，只要测得探测器输出的信噪比 SNR，便可以根据计算公式求得 ϕ_e，最后得到探测器的探测率 D^*。

根据光谱探测率可以确定像元黑体探测率 D^*：

$$\begin{aligned} D^*(T,f) &= \frac{\int_0^\infty D^*(\lambda,f)\phi_e(T,\lambda)\mathrm{d}\lambda}{\int_0^\infty \phi_e(T,\lambda)\mathrm{d}\lambda} \\ &= \frac{\int_0^\infty D^*(\lambda,f)E_e(T,\lambda)\mathrm{d}\lambda}{\int_0^\infty E_e(T,\lambda)\mathrm{d}\lambda} \end{aligned} \tag{4-20}$$

式中，$\phi_e(T,\lambda)=E_e(T,\lambda)A_D$，是入射黑体的辐射光通量，W；$E_e(T,\lambda)$ 是黑体的辐照度，W/cm^2。

需要说明，传统上的特性参数"探测率"没有实用意义，有些文献进行理论阐述时，为了理论的历史性和完整性，会简单介绍一下。国标 GB/T 17444—2013 公布后，规定统一采用"探测率"的概念，其定义的内涵就是之前定义的"比探测率"。

探测率是影响红外搜索跟踪系统搜索/跟踪/识别能力的重要指标之一。北京空间机电研究所（吴力民等人）对如何提高深空环境下空间红外摄像系统（同轴四反射系统）探测器的探测率进行了研究，尤其是深入研究了红外探测器探测率与光学系统工作温度的关系。

尽管机载红外搜索跟踪系统并非应用在深空环境下，但其研究成果对于提高机载高空环境下红外探测器的设计和应用有一定的参考价值。

研究结果表明，红外探测组件冷却后的温度决定其灵敏度及能探测的波长，因此机载红外搜索与跟踪系统使用时也需要冷却以缩短系统的准备时间。

当光学系统的温度从 300K 降低到 100K 时，背景限红外探测器（注释：对于内部噪声很低以至于可以忽略不计的高质量红外探测器，其 D^* 仅由背景噪声决定，因此，称为背景限红外探测器）的 D^* 大约提高 1～4 个数量级，如表 4-53 所示。

表 4-53　不同光学系统工作温度下的红外探测器的 D^*

光学系统工作温度/K	$D^*/(cm\cdot Hz^{1/2}/W)$	
	$3\sim5\mu m$	$8\sim14\mu m$
100	2.67×10^{16}	10.0×10^{12}
120	2.40×10^{15}	9.03×10^{12}
140	4.25×10^{14}	4.40×10^{12}
160	1.14×10^{14}	2.54×10^{12}
180	4.04×10^{13}	1.64×10^{12}
200	1.74×10^{13}	1.15×10^{12}
220	8.64×10^{12}	8.57×10^{11}
240	4.78×10^{12}	6.68×10^{11}
260	2.87×10^{12}	5.40×10^{11}
280	1.84×10^{12}	4.49×10^{11}
300	1.25×10^{12}	3.82×10^{11}

由表 4-53 可以看出，波长越短提升幅度越大：中波红外波段增大 4 个数量级，长波红外波段增大不到 2 个数量级。

表 4-54 列出一些制冷型与非制冷型红外探测器的主要特征。

表 4-54　制冷型与非制冷型红外探测器的主要特征

探测材料	阵列尺寸/像元数	像素尺寸/μm	光谱范围/μm	工作温度/K
VO_x	640×480	28×28	$8\sim14$	300
InGaAs	650×512	25×25	$0.4\sim1.7$	300
Si：As	2048×2048	18×18	$5\sim28$	7.8

探测材料	阵列尺寸/像元数	像素尺寸/μm	光谱范围/μm	工作温度/K
Si：As BIB	320×240	50×50	2～28	4～10
InSb	1024×1024	15×15	3～5	77
HgCdTe	4096×4096	15×15 10×10	1.0～5.4	37
HgCdTe	1280×1024	15×15	3.4～7.8	77～100
HgCdTe	640×512	15×15	8～9	40
HgCdTe	640×512	16×16	8～10	90

对红外探测器采取制冷措施时，需注意以下问题：

① 光学系统工作温度降至100K后，即使再降低温度，所有波段的探测器 D^* 值也不会进一步提高，取决于红外探测器的自身暗电流特性。

② 刚开始降温时，探测器处于背景限，D^* 增速很快；超过背景限，由于光学系统背景噪声和探测器噪声的综合影响，增速变慢，随着温度进一步降低，增速越来越慢，直至为零。

③ 当探测器的 D^* 主要由探测器自身特性决定时，只能通过降低探测器的工作温度继续提高探测率。

4.4.2.4　光谱响应

红外探测器的光谱响应定义为：相同功率的各单色辐射红外光入射到红外探测器上，产生的信号电压与辐射波长的关系。是指红外探测器在接收不同红外波长的辐射照射时，响应率 R 和探测率 D^* 随波长 λ 的变化规律，分别称为光谱响应率 R_λ 和光谱响应探测率 D_λ^*。如果在某一波长 λ_F 处，红外探测器的响应率和探测率达到峰值，则 λ_F 称为峰值波长，R_λ 和 D_λ^* 分别称为峰值响应率和峰值探测率。

图4-63是光子红外探测器和热探测器在理想条件下的光谱响应曲线。明显看出，热探测器的响应只与吸收的辐射功率有关，而与波长无关。光子探测器仅对波长小于截止波长 λ_c 的光子才有响应。理想情况下，在波长小于 λ_c 的光谱范围内，光子探测器的响应率随波长线性增加，在截止波长处突然下降为零（实际上，光子探测器在 λ_c 处的响应不会突然截止，而是逐渐下降。一般认为，响应率下降到峰值50%处的波长为截止波长）。按照GB/T 17444—2013，光谱响应范围定义为：相对光谱响应按规定值（一般推荐为0.5）所对应的入射辐照最短波长与最长波长之间的波长范围。

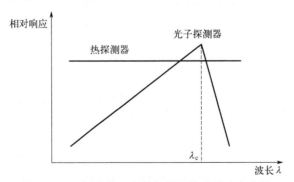

图4-63　理想条件下红外探测器的光谱响应曲线

理想情况下，截止波长 λ_c 等于峰值波长 λ_F，光子红外探测器的光谱探测率 D_λ^* 可以写成：

$$D_\lambda^* = \frac{\lambda}{\lambda_c} D_{\lambda_c}^* \quad (\lambda \leqslant \lambda_c) \tag{4-21}$$

当 $\lambda > \lambda_c$ 时，$D_\lambda^* = 0$。

实际中，选择红外搜索跟踪系统的工作波段取决于目标辐射特性（例如对空或对地探测，迎头或尾追探测）和应用需求，因此，确定的红外探测器最敏感的光谱响应波段应处于该范围内。由于光子探测器响应截止斜率很陡，相当一部分探测器的窗口并非镀成带通滤光片，而是镀成前截止滤光片，从而起到抑制背景噪声的效果。

需要注意，光子探测器的光谱响应截止波长越长，探测器的工作温度越低。表 4-55 列出一些红外探测器不同制冷条件下的光谱截止波长（μm）。

表 4-55　红外探测器在不同制冷条件下的光谱截止波长　　　　　　μm

探测器	工作温度/K			
	300	190	80	1.5～60
	制冷方式			
	室温	四级热电,氟利昂 13	液氮,焦-汤制冷	二级/三级机械制冷,液氖/液氢/液氦
PbS	3.0	3.3	3.6	—
PbSe	4.4	5.4	6.5	—
InSb	7.0	6.1	5.5	5.0
PtSi	—	—	4.8	—
光伏 HgCdTe	1～3	1～5	3～12	10～16
光导 HgCdTe	1～11	3～11	5～25	12～25
非本征硅	—	—	—	8～32
非本征锗	—	—	—	7～200

4.4.2.5　响应时间

当一定功率的红外辐射突然入射到红外探测器的敏感面上时，探测器的输出信号（例如电压）需经过一定时间才能上升到与该辐射功率对应的稳定值。反之，当突然消除红外辐射时，也需要一定时间才使输出信号（电压）下降到辐照之前的稳定值。这种延迟现象所需要的时间称为红外探测器的响应时间，也称为时间常数。

红外探测器的响应时间表示探测器对交变辐射响应的快慢。考虑到实际情况，响应时间 τ 定义为：红外探测器受到红外辐射时，输出信号上升到稳定值的 63% 所需要的时间，或者去除辐射后信号从稳定值下降到稳定值的 37% 所需要的时间。热探测器的时间常数较大，例如热敏电阻的时间常数为毫秒至数十毫秒数量级；光子探测器的时间常数为数十纳秒至微秒数量级。

红外探测器的响应时间越短，响应越快；响应时间越长，响应越慢。广义上讲，响应时间越短越好，但对于光电导型红外探测器，其响应度与载流子寿命成正比，响应时间小，响应度低，太低则无法工作，因此，对红外探测器的响应时间应提出合理要求，要结合信号处理和探测器其它性能等多个因素综合考虑。光电导型红外探测器的响应时间取决于多数载流子寿命，而光伏型红外探测器取决于少数载流子寿命，电路的响应时间经常是限制探测器响应时间的主要因素。

4.4.2.6 分辨率

红外搜索跟踪系统的分辨能力取决于红外光学系统和红外探测器。光学系统的结构参数确定后（系统焦距一定），红外探测器的分辨能力（或者分辨率）关系到红外系统一系列性能参数的优劣。

红外探测器的分辨率有两种：温度分辨率和空间分辨率，前者是指探测器对温度的灵敏度，后者是指像元所代表探测目标的范围大小。

温度分辨率（或者热分辨率）是指探测细小温度变化的能力，即能够探测到的最小温差，通常用噪声等效温差表述。

空间分辨率是指图像中可分辨的空间目标最小极限几何尺寸，即对细微结构的识别能力，通常用像元对应的瞬时视场角（IFOV）大小（mrad）表示系统的分辨率。如果光学系统焦距一定，则红外探测器像元尺寸越小（或者噪声等效温差大），分辨率越高。一般情况下，将红外探测器的像元数目称为分辨率。

应当强调，为了使探测器收集到更多的红外辐射能量，一般通过增大红外探测器的面积提高温度分辨率（或者噪声等效温差），但探测器元件尺寸增大，会造成瞬时视场增大而降低空间分辨率。换句话说，红外探测器的热分辨率与空间分辨率成反比。因此，利用目前的探测器技术不可能同时实现高空间分辨率和高温度分辨率。

目前，采用 MCT 焦平面阵列的探测器大部分是 128×128 像元到 640×512 像元规格，一些中波红外阵列（例如锑化铟）可以达到 2048×2048 像元。非制冷探测器阵列的分辨率已经达到 320×240 像元、640×480 像元，甚至 1024×1024 像元。

4.4.2.7 噪声等效温差

对于红外成像系统，分辨的是目标像元之间的温度差，用噪声等效温差表示。

红外探测器的噪声等效温差（the noise equipment temperature difference，NETD）定义为：输出信号等于噪声信号均方根值时入射辐射的温度变化。用以下公式表示：

$$\text{NETD} = \frac{V_n(\partial T / \partial Q)}{\partial V_s / \partial Q} = V_n \frac{\Delta T}{\Delta V_s} \qquad (4\text{-}22)$$

式中　V_n——均方根（RMS）噪声；

　　　Q——入射到焦平面上的光谱光子通量密度；

　　　ΔV_s——温度差为 T 时测量出的电压信号变化。

实际上，NETD 表示红外系统的热灵敏度特性，即形成信噪比等于 1 时所需要的温差，因此，NETD 越小，红外系统的热灵敏度越高。

由于较小的 NETD 源自较小的 F 数，所以探测器可以获得更多光通量，从而提高信噪比。

读出电路对噪声等效温差也有重大影响。

4.4.2.8 最小可分辨温差

根据 Antoni Rogalski 的观点，对于红外成像系统，确定最终性能的质量因子不是探测率（或者比探测率），而是噪声等效温差和最小可分辨温差（the minimum resolvable temperature difference，MRTD）。并且，MRTD 经常是成像传感器的首选品质因数，包括热成像仪分辨率和灵敏度两项指标。

MRTD 是表述红外成像仪探测被观察物体低对比度细节的一个主观参数，是观察者能够分辨（靶条）热像所需要的（标准 4 杆靶靶条与背景之间）最小温差与靶标空间频率关系的一种衡量方式，表示为如下形式：

$$\mathrm{MRTD}(f_s) \approx K(f_s)\frac{\mathrm{NETD}}{\mathrm{MTF}(f_s)} \tag{4-23}$$

式中　　f_s——空间频率；

　　$K(f_s)$——一个包含人眼对（以 NETD 表示其特性的）噪声图像经过 MTF 调制后信号响应程度的函数；

　　$\mathrm{MTF}(f_s)$——调制传递函数。

4.4.2.9　背景辐射限性能

理想光子型红外探测器的噪声源自两个方面：

① 光敏元的热噪声。

② 入射的信号辐射和背景辐射的量子起伏引起光敏元的辐射噪声。

如果光敏元的辐射噪声大于热噪声，信号辐射比背景辐射弱得多，则红外光子探测器的性能会受到背景辐射噪声的限制而达到理论极限，称为"背景辐射限性能"。因此，只有降低背景辐射限才能提高红外光子辐射器的性能。

值得注意，除上述技术参数外，还需要考虑工作温度、结构尺寸、功耗和可靠性等参数，有时，这些参数的选择也会起到重要作用。

4.4.3　红外探测器类型

根据制冷方式，红外探测器分为制冷型和非制冷型。

根据成像方式，红外探测器分为线阵扫描型和焦平面凝视型。

根据光谱灵敏度范围，有短波（$1\sim3\mu m$）、中波（$3\sim5\mu m$）和长波（$8\sim14\mu m$）红外探测器（三个大气窗口红外辐射能量对应目标的温度分别是 1500K、900K 和 300K），或者分为单波段、双波段和多波段红外探测器（也称为单色/双色/多色红外探测器）。

根据光辐射与物质相互作用原理，红外探测器又分为光子探测器、热敏探测器和辐射场探测器。

辐射场探测器直接对辐射场响应，未来在远红外（太赫兹波谱）和亚毫米波范围将获得应用。

本节主要介绍热敏红外探测器和光子红外探测器。

4.4.3.1　热敏红外探测器

热敏红外探测器使用诸如电阻这种对温度敏感（或响应）的材料完成对入射辐射的探测，包括借助热敏电阻的温度变化制成的热敏电阻型（一般采用诸如"多相氧化钒"氧化物和高温超导材料等热敏电阻材料）、热电偶和热电堆组成的温差型以及利用光敏元自发极化的温度变化制成的热释电型（一般采用诸如钛酸锶钡 BST 和锆钛酸铅 PZT 铁电材料）三种类型，统称为能量探测器。热辐射计、戈里（Golay）辐射计、热电偶/热电堆、热量计和热释电探测器都是红外热敏探测器的典型产品。

热敏红外探测器的工作原理本质上是光-热转换过程，基于入射辐射的热效应，通过热电变换引起探测器的电特性变化来探测入射的红外辐射，从而达到探测辐射能量的目的。当探测器受到红外热辐射照射而加热时，材料温度升高，利用温度变化机理而产生电输出，例如热电偶电压、电阻或者热电电压，从中测量出温度变化。

热敏红外探测器的红外成像系统通常无需使用制冷器，属于非制冷型红外探测器。热效应只响应温度变化而与波长无关，即信号与入射辐射的光子性质没有关系，只取决于辐射功率，对不同波长具有恒定响应，所以，光谱响应非常宽，可以在室温环境下工作，但响应速度和灵敏度都比较低。

图 4-64 非制冷红外焦
平面阵列探测器

1978 年，美国得克萨斯仪器公司首次研制成功非制冷红外焦平面阵列探测器，由红外焦平面阵列、硅信号读出电路、真空泵、高精度温度传感器、半导体制冷器和其它辅助结构组成，如图 4-64 所示。

美国 FLIR 系统公司研制的像元尺寸 $25\mu m$（面阵 336×256 元）和 $17\mu m$（面阵 640×512 元）的非制冷红外探测器，NETD 约 40mK，热响应时间约 $10\sim15ms$。

英国 BAE 公司应用微扫描技术研制成功 640×480 元非制冷红外成像系统，正在研制更大面阵（1024×768 元）探测器，像元尺寸由 $25\mu m$ 提高到 $17\mu m$；热响应时间可根据对应的 NETD，在 $4\sim20ms$ 选择。

法国 ULIS 公司（隶属于 Sofradir 公司）研制的非制冷红外探测器以像元尺寸 $25\mu m$ 和 $17\mu m$ 为主，并已经研制成功像元尺寸 $12\mu m$ 的红外探测器。面阵规模包括 160×120 元、384×288 元和 640×480 元等。

表 4-56 列出美国 Goodrich 公司研发的近红外和短波红外成像 InGaAs 探测器。

表 4-56 美国 Goodrich 公司 InGaAs 红外探测器技术性能

规格/像元	像元间距/μm	工作波段/μm	工作温度/℃	量子效率	探测率/$(cm \cdot Hz^{1/2}/W)$
128×128	30	$1.0\sim1.7$	$-40\sim70$	$>80\%$	$>1\times10^{14}$
320×240	40	$0.9\sim1.7$	$-35\sim70$	$>70\%$	$>1\times10^{14}$
320×256	25	$0.9\sim1.7$	$-25\sim60$	$>70\%$	$>2.6\times10^{13}$
640×480	30	$0.9\sim1.7$		$>65\%$	
640×512	25	$0.4\sim0.7$ $0.75\sim1.0$ $1.0\sim1.7$	$-35\sim71$	$>65\%$	室温下，$D^*=1.8\times10^{13}$
1024×1024	20	$0.9\sim1.7$	$-20\sim45$	850nm/70%，1310nm/85%，1350nm/80%	室温下，$D^*=9.7\times10^{12}$
1280×1024	15				

1995 年，中国科学院长春光学精密机械研究所利用微机电技术研制成功 32 元和 128 元硅微测热辐射计阵列非制冷探测器。

2009 年，北方广微科技有限公司研制出像元数目 160×120 和像元尺寸 45μm 的氧化钒非制冷红外探测器，目前，可以批量生产像元尺寸 25μm（像元数目 384×288 元）和 20μm（像元数目 640×512）的非制冷红外探测器。

2016 年，北方夜视科技集团有限公司（史衍丽等）利用材料结构优化设计技术和衬底背减薄技术研制成功一种高性能 320×256 像元的 InP/InGaAs 宽光谱非制冷红外探测器。将标准 InGaAs 探测器的响应波段（0.9～1.7μm）扩展到可见光区域（0.6～1.7μm），因此，增加了目标对可见光的反射信息，可以实现可见光/短波红外双波段探测效果，有效地提高对目标的探测/识别能力。主要性能包括：室温下暗电流密度 1.1×10^{-7}A/cm^2，平均峰值探测率大于 1×10^{12}cm·Hz$^{1/2}$/W。

表 4-57 列出国内 InGaAs 近红外/短波红外探测器的主要技术性能。

表 4-57　国内 InGaAs 近红外/短波红外探测器的技术性能

单位	规格/像元	工作波段/μm	峰值探测率/(cm·Hz$^{1/2}$/W)	响应不均匀性
中电 44 所	320×240	1.0～1.7	6.7×10^{12}	—
	256×1	0.9～1.7	1.2×10^{12}	3.87%
		～2.4	3.25×10^{12}	11%
中科院上海技物所	512×1	0.9～1.7	6.13×10^{11}	3.71%
	640×1	1.7～2.6	2.01×10^{11}	8.77%
重庆光电技术研究所	320×256	0.9～1.7	6×10^{12}	—
中国空空导弹研究院	128×128	0.9～1.7	1.51×10^{12}	—

非制冷红外焦平面阵列探测器由于省去复杂的制冷系统和光机扫描机构，可以在室温下工作，具有寿命长、启动快、体积小、重量轻、功耗低、可靠性高、维修方便和成本低等优点，因而引起人们的关注，发展很快。焦平面阵列的规模不断增大，由原来的小规模阵列发展到 320×240 像元、640×480 像元和 1280×1024 像元中/大规模阵列，像元尺寸进一步减小，由 50μm 减小到 25μm（甚至达到 10μm），极大地提高了焦平面阵列探测器的灵敏度，使非制冷红外成像系统在具有良好成像性能的同时，更容易满足小型化和轻量化的技术要求。

应当注意，尽管非制冷型红外探测器在灵敏度上不及制冷型红外焦平面探测器，但随着探测器材料和器件制造工艺的完善和进步，其性能会逐步提高，已经在某些军事领域得到应用。例如机载红外夜视仪，其探测距离优于微光夜视成像系统；机载红外探潜仪是一种重要的非声学探潜设备，可以在高帧频下快速扫描大范围海面。

表 4-58 列出热敏红外探测器的主要类型和工作方式。表 4-59 列出热敏红外探测器的一些国际厂商及其产品技术性能。

表 4-58　热敏红外探测器主要类型和工作方式

探测器类型	工作方式
测辐射热计（金属,半导体,超导体,铁电体,热电子）	电导率变化
热电偶/热电堆	两种不同材料连接处的温度变化而产生电压

探测器类型	工作方式
热电	自发电偏振的变化
高莱探测器/气体传声器	气体的热膨胀
吸收缘	半导体的光学传输
热磁	磁性变化
液晶	光学性质变化

表 4-59 研发单片型（M）热敏红外探测器的主要厂商及产品性能

厂商	尺寸/像元（结构）	像素尺寸/μm	探测器材料	光谱范围/μm	工作温度	NETD/mK
Raytheon	320×240(M)	25×25	VO$_x$（测辐射热计）	7.5～16	−40～71℃	<50
	320×240/480(M)	25×25	VO$_x$（测辐射热计）	3.5～12.5	−40～71℃	<50
Mitsubishi	320×240(M)	25×25	Si 二极管（测辐射热计）	8～12	300K	50
	640×480(M)	25×25	Si 二极管（测辐射热计）	8～12	300K	50
BAE	640×480(M)	28×28	VO$_x$（测辐射热计）	8～14	约300K	30～50
	640×480(M)	17×17	VO$_x$（测辐射热计）	8～14	约300K	50
Ulis	384×288(M)	25×25	α-Si（测辐射热计）	—	—	<80
	640×512(M)	25×25	α-Si（测辐射热计）	—	—	<80
	1024×768(M)	17×17	α-Si（测辐射热计）	—	—	<80
L-3	320×240(M)	37.5×37.5	VO$_x$（测辐射热计）	—	约300K	50
	640×480(M)	30×30	α-Si（测辐射热计）	—	约300K	50
	1024×768(M)	17×17	α-Si/α-SiGa（测辐射热计）	—	—	<50
DRSInfrared Technologies	320×240(M)	25×25	VO$_x$（测辐射热计）	8～12	−20～60℃	40～70
	640×512(M)	25×25	VO$_x$（测辐射热计）	8～12	−20～60℃	40～70
	384×288(M)	25×25	VO$_x$（测辐射热计）	—	约300K	<50
	640×480(M)	25×25	VO$_x$（测辐射热计）	—	—	<50

注：表中 M 表示单片型。

由于各种热敏红外探测器将辐射转化为热而产生温升的过程很慢，与光子红外探测器相比，时间常数大得多（例如，热敏探测器时间常数为1～50ms；热电堆探测器时间常数为几十毫秒），比探测率低得多，无法适用于快速、高灵敏度探测，因此，主要应用于民用领域，而在军事领域，尤其航空或空间领域应用较少。

4.4.3.2 光子红外探测器

4.4.3.2.1 概述

光子红外探测器是一种利用光感生电导和光感生电动势等量子光电效应完成对入射辐射探测的探测器，是军事领域目前应用最广泛的红外探测器。

光子红外探测器的工作原理是利用量子光电效应使入射的光子与探测器敏感材料中的电子直接发生作用，高于特定互作用阈能的光子能量直接传递给电子，导致材料产生自由电子，引起物理参数的变化，因此，与红外热敏探测器不同，光子红外探测器的灵敏度高度依赖入射光波长。

光子红外探测器的响应波长存在有截止波长，对于高于截止波长的光子，其响应会显著下降至零。对中波和长波红外，由于红外光量子能量小，相应的互作用阈能小，为防止光敏元电子的热激发而降低探测灵敏度，需通过制冷方式降低探测器噪声，因此，必须在制冷器提供的低温条件下工作。

光子红外探测器材料主要是 II B-VI A 族碲镉汞（HgCdTe）和 III A-V A 族的锑化铟（InSb）和铟镓砷（InGaAs）。

光子红外探测器由单元/线阵列/焦平面阵列（FPA）光敏面、制冷器、杜瓦瓶、滤光片和光阑组成，其中，制冷器和杜瓦瓶分别为光敏芯片的正常工作提供低温冷源和隔热环境。因此，光子红外探测器属于制冷型红外探测器。

制冷型红外探测器通常工作在 77K 低温环境中，相比于非制冷型红外探测器，信噪比高出 1～2 个数量级，灵敏度高，能够分辨更细微的温度差别，探测距离更远。虽然制冷型红外热成像系统的成本较高，但一直广泛应用于高端军事设备（例如，机载和舰载红外探测/告警等系统）中，即使目前广泛使用的第三或第四代红外探测技术，仍然采用制冷型红外探测器，如图 4-65 所示。

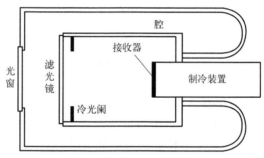

图 4-65　制冷型红外探测器的结构

制冷型与非制冷型红外探测器的区别是：

① 制冷型焦平面阵列探测器是光子探测器，响应速度快，达到 10^{-6}s 数量级；非制冷型红外焦平面探测器是热敏探测器，响应速度慢，只能达到 10^{-3}s 数量级。因此，随帧频提高，前者性能降低的速率小而后者性能降低迅速。

② 制冷型焦平面红外探测器像元的探测率要比非制冷型高 2 个数量级。探测扩展源目标时，探测元数量起主要作用，探测率差别不十分明显，但探测点源目标时（例如远距离空中飞行器），目标成像在探测器上是一个点像，此时，探测率起着决定性作用。

③ 制冷型焦平面阵列探测器的 F 数典型值为 1～4，非制冷型焦平面阵列探测器的 F 数为 1，显然，大孔径红外成像系统能够将更多的红外辐射能量会聚到探测器上。

④ 非制冷红外焦平面探测器体积小、重量轻和成本低。但对于远距离探测，则需要设计大孔径红外光学系统，要为体积和重量付出更高代价。

⑤ 制冷型焦平面阵列探测器主要应用在高性能要求的高端军事产品中，非制冷型红外焦平面探测器应用在低端性能产品（主要是民用产品）中。

表 4-60 以长波红外为例列出制冷型/非制冷型焦平面红外热像仪的主要技术性能（参考值）。

表 4-60　制冷/非制冷型焦平面阵列红外热像仪技术性能

参数	制冷型 FPA（HgCdTe）	非制冷型 FPA（辐射热测量计）
工作波段/μm	8～14	
像元尺寸/μm	50×50	
探测率(D^*)/(cm·Hz$^{1/2}$/W)	1×10^{11}	6×10^8
NETD/K	0.05	<0.1
工作温度/K	77	室温
启动时间	10min	30s
MTBF(平均故障间隔时间)/h	3000	50000
功耗(P)/W	大	7
工作噪声	大	2m 外听不见
整机质量	大	较轻
整机体积	大	较小

4.4.3.2.2　制冷型红外探测器的发展

制冷型红外探测器经历了下列发展阶段：

（1）第一代（1970～1980 年），单元红外探测器

以分立型为主，有线列和小面阵结构，像元数在 10^3 以下，需借助机械扫描装置完成对目标的成像。

最初，采用非制冷红外探测器（例如非制冷硫化铅探测器）进行点源探测，采用短波红外（1～3μm）工作波段探测飞机发动机喷口的红外辐射。后采用制冷红外探测器（例如，制冷硫化铅和锑化铟探测器），对空工作波长为中波红外（3～5μm），用作尾追进攻时，作用距离近，易受背景、气象条件和红外诱饵的干扰和影响，主要问题是不具备目标识别能力。

（2）第二代（1980～2000 年），多元红外探测器

像元规模 10^3～10^6，属于扫描型和凝视型焦平面结构并存的阶段。

随着军事领域光电对抗越来越激烈，点源探测方式愈发不能满足军事需求。为了获取丰富的目标信息，开始研发多元（包括 60～256 元线阵列和 4N 系列扫描型焦平面阵列）红外探测器。

研究表明，在探测元性能不变时，系统的探测能力与探测元数量的平方根成正比，因此，利用多元红外探测器可大大提高系统性能，具备一定程度的抗干扰和大视场或全向攻击能力。

20 世纪 80 年代，多元红外探测器的像元数目达到 10^6 数量级，两个典型代表是：碲镉汞 288×4 长波红外焦平面探测器和 320×240、384×288 中波红外焦平面阵列探测器。

中国兵器科学研究院（蔡毅等人）对长波红外 480×6～786×8 焦平面红外探测器和光机扫描器组成的扫描型红外成像系统与采用 640×480～1024×786 中波红外焦平面阵列探测器组成的凝视型红外成像系统进行了比较，认为二者综合性能相当，均能获得高质量红外图

像，如图 4-66 所示：图（a）是采用碲镉汞 480×6 TDI 线列长波红外焦平面探测器和光机扫描获得的图像；图（b）是采用锑化铟 1024×768 中波红外焦平面探测器的凝视型成像。

(a) 长波红外扫描成像　　　　　　　　　(b) 中波红外凝视成像

图 4-66　第二代红外成像技术

需要注意，在高温和潮湿气象条件下或者探测喷气飞机尾喷管类的高温目标时，中波红外焦平面凝视型成像系统的红外灵敏度优于长波红外焦平面扫描型；如果设计有光学机械扫描装置，则能获得更大视场的"凝视观察/探测视场"。

（3）第三代，凝视焦平面阵列（FPA）红外探测器

随着红外探测器制造技术的发展，逐渐研发成功二维形式的 FPA 器件，光敏元以矩阵形式排列，像元数目超过百万像素（例如 1024×1024）以上，并实现双色或多波段同时探测。典型例子有雷神公司（Raytheon）研制的 4×4 拼接式 HgCdTe 探测器，总像元数目达 $6.7×10^7$ 和 Sofradir 公司研制的 1280×1024 像元的中波红外焦平面阵列 HgCdTe 探测器，广泛应用于机载前视红外系统和红外搜索/跟踪/侦察系统。

FPA 通常由光敏区和非光敏区组成，两部分合成一个"探测单元"（简称"探测元"或"像元"）。各光敏元间隔有一定大小的非光敏区域，虽然该区域也会落入场景目标的光子，但这些场景光子无法转换为电信号，属于无效光子，因此，该区域也称为"死区"，对应的场景目标区域称为"探测盲区"。

研制初期，FPA 包含的像元数较少，需采用扫描技术（包括串联扫描和并联扫描技术）完成对视场的覆盖。研究表明，FPA 像元数越少，需要的扫描动作越多。如图 4-67 所示。

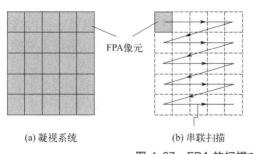
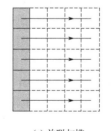

(a) 凝视系统　　　　　　(b) 串联扫描　　　　　　(c) 并联扫描

图 4-67　FPA 的扫描方式

根据定义，FPA 扫描整个场景所需要的时间称为帧时间，帧时间的倒数称为帧频（Hz），是单位时间内完成的帧数。不同应用需要采用不同的帧频，例如目视显示采用 30～60Hz 足够，但对快速运动目标（例如导弹预警）则需要大于 300Hz 的帧频。

焦平面阵列研制初期，由于技术所限无法将光敏元做小（像元中心距小于 12μm）和做密（将 FPA 从 640×512 元做到 1280×1024 元），若采用一种扫描技术能将"死区"光子转

移到光敏元上，把无效光子变为有效光子，就能有效地提高红外成像系统的空间分辨率。随着微光机电技术的发展和日渐成熟，采用微扫描系统而获得该效果将变为可能。

需要注意，引入微扫描技术并不会改变到达红外探测器的光子数，因此，不会增加红外系统对目标的探测距离，但由于提高了系统的空间分辨率，因而提高了系统的识别距离和确认距离（以牺牲处理时间为代价）。

若红外探测器的像元数与显示设备的像元数相等（即全帧红外），则 FPA 可以一次观察到全视场，称为"凝视型 FPA 红外探测器"，例如 1024×1024 像元或者 2048×2048 像元第三代红外探测器。

术语"凝视"意味着红外探测器响应目标辐射的时间远大于取出每个探测器响应信号所花费的读出时间。

所谓"凝视型红外成像系统"是指系统在所要求的视场范围内，对目标成像是采用红外探测器面阵充满物镜焦平面视场的方法来实现，表明红外光学系统可以取消光机扫描而采用像元数目足够多的面阵探测器，从而使探测器像元与系统观察视场内的目标元一一对应。

第三代红外探测器主要特点是：

① 探测元数量非常大，通常可达 $10^3 \sim 10^6$，因此，探测器直接放置在红外望远物镜的焦平面上，无需光机扫描机构。

② 信号处理工作的一部分可以转交给与探测器芯片相连的集成电路完成，由电子脉冲代替光机扫描。

碲镉汞（MCT）焦平面探测器是应用较广泛的第三代红外探测器。据资料统计，军用红外 MCT 探测器约占总数的 50% 以上，不仅应用于前视红外（面）成像系统（FLIR），也应用于红外搜索/跟踪（点）成像系统（IRST）。

20 世纪 50～60 年代初，窄带隙半导体技术得到快速发展，将窄带隙半导体合金掺入 ⅢA-ⅤA($InAs_{1-x}Sb_x$)、ⅣA-ⅥA($Pb_{1-x}Sn_xTe$) 和 ⅡB-ⅥA（$Hg_{1-x}Cd_xTe$）系材料中，可以根据具体应用对探测器的光谱响应进行专门设计。

1959 年，劳森（Lawson）等人研发出变带隙碲镉汞（HgCdTe）合金材料，首次公布了长波 $12\mu m$ 处具有光导和光伏两种响应。窄带隙半导体的基本性质和带隙工程的能力使这些合金系统几乎成为理想的宽光谱红外探测器。此后，美国空军则要求研制一种工作在 77K 温度下的 $8 \sim 14\mu m$ 背景限半导体红外探测器。

20 世纪 70 年代初，研发出本征碲镉汞（HgCdTe）光导探测器第一代线性阵列，使长波前视红外（LWFLIR）系统可以在单级低温制冷机支持下工作，系统更紧凑、轻便，大大降低了功耗。

20 世纪 70 年代末～80 年代，碲镉汞技术的研发主要集中在光伏器件上，提供两种形式的二维阵列：①适用于扫描成像技术的具有时间延迟积分（TDI）的线性格式；②适用于凝视成像技术的方形或矩形格式（例如 1024×1024 焦平面阵列）。

单色红外焦平面阵列探测器技术已经成熟，基本上取代了多元光导线列红外探测器件。256×256 元 HgCdTe 焦平面阵列红外探测器开始装备在美国 AGM-130 空地导弹，640×480 元 InSb 红外探测器装备在 F-22、V-22 和 F-18E/F 飞机上。同时，美国、法国和英国开始进行更先进的大面阵凝视型碲镉汞红外焦平面阵列探测器的研制，典型代表是美国 Rockwell 公司研制的 2048×2048 像元碲镉汞红外焦平面探测器。法国 Sofradir 公司开始研制扫描型 1500 像元以上长线列（微型杜瓦瓶结构）焦平面红外探测器。

由于碲镉汞焦平面阵列探测器产量有限，成本很高，因此，20 世纪 90 年代以来，同时开展了更多其它类型探测器的研发，包括锑化铟（InSb）、肖特基势垒（铂硅 PtSi 是其中发展最好且最常用的一种）、锗化硅（SiGe）异质结、铝镓砷（AlGaAs）多量子阱、锑化铟镓（GaInSb）应变层超晶格和高温超导体等。

图 4-68 列出了红外探测器发展过程中具有代表性的重大研究日期（其中，FPA：焦平面阵列；ROIC：读出电路）。可以看出，已经成功研发出许多高性能红外探测器，并成功应用到军事（尤其是航空航天）和民用领域。

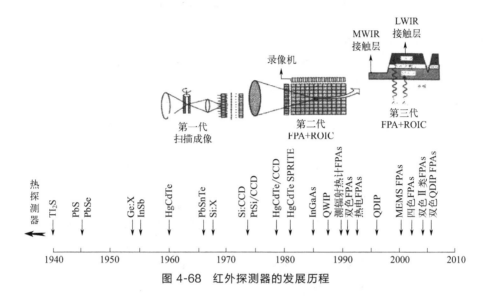

图 4-68　红外探测器的发展历程

（4）第四代，数字化红外探测器

凝视型焦平面面阵红外探测器虽然取代了扫描型红外探测器，但目前应用的红外探测器均采用混合信号处理，即红外焦平面探测器的光电信号读出是在模拟域完成，传输到成像处理电路后再进行数字化及数字图像处理，因此，出现串音、干扰和噪声等问题，有限的带宽限制了帧频和空间分辨率的提高，制约了红外焦平面成像系统的性能提高。

2010 年以后，红外探测器的重点是采用数字化红外焦平面技术研发大面阵、高分辨率、智能灵巧型系统级芯片，在室温下（300K）就具有高性能数字信号处理功能，甚至具有单片多波段融合探测与识别能力，也称为第四代红外探测器。

数字化红外焦平面技术意味着所有信号处理都将在数字域完成，采用数字读出、数字传输和数字图像处理技术（如图 4-69 所示），在成像处理中省去复杂的模拟信号预处理电路和 ADC，减小电路板尺寸和功耗，从而提升红外成像系统的集成度。另外，由于红外探测器与成像电路之间的信号传输由模拟信号传输改进为数字信号传输，大大提高了抗电磁干扰能力，因此，未来的红外探测器具备更多像元数、更快帧速率、更高分辨率、更宽光谱和智能化。

与传统模拟型红外焦平面探测器相比，数字化红外焦平面探测器具有以下优点：

① 高集成度和接口简单。

② 高抗干扰能力、高通道隔离度和低读出噪声。

③ 高传输带宽，能实现大面阵红外探测器 1000 帧/s 以上的视频输出。

④ 采用数字总线控制探测器参数，因此，能够以微秒级精度精确控制探测器的积分时间。

⑤ 数字化信号传输与处理技术不存在非线性问题，可以提高成像系统的线性度。

⑥ 数字电路不受工艺和环境参数的影响，可以提高成像系统性能的稳定性和一致性。

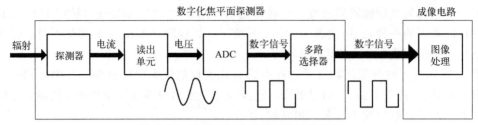

图 4-69 数字化红外成像系统工作原理

4.4.3.2.3 光子红外探测器分类

按照红外探测系统工作方式，红外多元探测器通常分为两类：应用于扫描系统的线阵列红外探测器和应用于凝视系统的焦平面阵列探测器。

（1）线阵列红外探测器

最初，由于红外制造技术的限制，只能采用单个单元或线列探测形式，如图 4-70 所示，因此，需采用光机扫描方式获得较大光学视场，同时，设计有制冷器以获得高图像分辨率。这类系统的典型实例是线性光电导阵列，也称为第一代红外探测器。

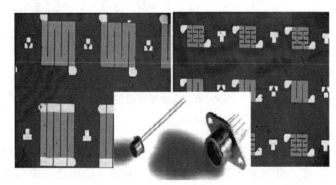

(a) 单元器件

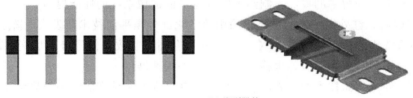

(b) 线列器件

图 4-70 第一代光子红外探测器的基本结构

表 4-61 是 Northrop Grumman 电光系统（EOS）公司研制的 128 元和 256 元 PbS 和 PbSe 线阵列红外探测器的主要性能。

表 4-61 Northrop Grumman 公司 PbS 和 PbSe 线阵列探测器性能

结构布局	PbS		PbSe	
	128 元	256 元	128 元	256 元
像元维度/μm	91×102(共线)	38×56(交错)	91×102(共线)	38×56(交错)
中心距/μm	101.6	50.8	101.6	50.8
D^*/(cm·Hz$^{1/2}$/W)	3×10^{11}	3×10^{11}	3×10^{10}	3×10^{10}

结构布局	PbS		PbSe	
	128 元	256 元	128 元	256 元
电压响应度/(V/W)	1×10^8	1×10^8	1×10^6	1×10^6
时间常数/μs	≤1000	≤1000	≤20	≤20
名义温度/K	220	220	220	220
可操作性	≥98%	≥98%	≥98%	≥98%
动态范围	≤2000∶1	≤2000∶1	≤2000∶1	≤2000∶1
通道均匀性	±10%	±10%	±10%	±10%

（2）凝视系统焦平面阵列探测器

20 世纪 70 年代中期，随着科学技术的发展，探测器的像元分布设计成二维阵列布局，首先为串-并扫描成像应用研制出 8×6 像元光电导阵列红外探测器。法国索菲尔（Sofradir）公司成功研制出 3～5μm 和 8～10.5μm HgCdTe 288×4 多元红外探测器。

目前，二维 $N\times M$ 像元阵列红外探测器的有效像元数目＞10^6，比第一代至少多三个数量级，也称为焦平面阵列红外探测器，如图 4-71 所示。

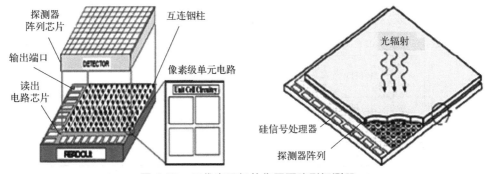

图 4-71　二代光子红外焦平面阵列探测器

光学上，"焦平面"是指无穷远物体（或平行光）被望远物镜聚焦成像的像面。在红外领域，通常把位于此处且无需扫描装置扩大视场的红外探测器和读出电子系统称为焦平面阵列型。根据 GB/T 17444—2013，术语"红外焦平面阵列（infrared focal plane arrays，IRFPA）"定义为：对红外辐照敏感的探测器阵列并带有读出电路的器件，简称为红外焦平面。广义上讲，该定义包括"一维（线性）"和"二维（平面）"，实际中通常指后者。

红外焦平面阵列探测器的工作原理：红外探测器上的光敏面（排列着大量的感光元件阵列）位于光学系统焦平面上，从无穷远发射的红外光辐射经光学系统后成像在感光元件上，并将光信号转换为电信号，再经过后续电路和处理系统，最终形成可视图像。

按照结构形式，焦平面阵列红外探测器分为单片式和混成式两种：单片式集成在一个硅衬底上，即读出电路和探测器使用相同的材料；混成式是红外探测器与读出电路各自选用材料，例如 HgCdTe 和 Si 材料。如果需要（例如空间任务），会将大量的单个阵列镶嵌在一起，形成超大焦平面阵列探测器，例如，美国特利丹（Teledyne）图像传感器公司将 35 个阵列（每个阵列 2048×2048 个像素）集合在一起，组成 147 兆像素的焦平面阵列。

红外焦平面阵列探测器体现了目前红外探测器技术的最新发展，体积更小，功效更强和更加集成化，制冷型红外探测器的成像质量更优，探测灵敏度更高。表 4-62 列出国际上典型产品 IRFPA 探测器的相关参数（H 代表混成型结构）。

表 4-62　典型 IRFPA 探测器的相关参数

厂商 名称	尺寸/像元 （结构）	像素尺寸 /μm	探测器 材料	光谱范围 /μm	工作温度 /K
Raytheon	256×256(H)	30×30	InSb	1～5.5	10～77
	620×512(H)	25×25	InSb	1～5.5	10～77
	2048×2048(H)	25×25	InSb	0.6～5.4	30
	128×128(H)	40×40	HgCdTe	9～11	80
	2048×2048(H)	20×20	HgCdTe	0.85～2.5	70～80
Teledyne Imaging Sensor	2048×2048(H)	18×18	HgCdTe	1.65～1.85	140
	2048×2048(H)	18×18	HgCdTe	2.45～2.65	77
	2048×2048(H)	18×18	HgCdTe	5.3～5.5	40
Sofradir	320×256(H)	30×30	HgCdTe	7.7～11	140
	384×288(H)	25×25	HgCdTe	7.7～9.5	70～80
	640×512(H)	15×15	HgCdTe	3.7～4.8	＜110
	1000×256(H)	30×30	HgCdTe	0.8～2.5	＜200
	1280×1024(H)	15×15	HgCdTe	3.7～4.8	77～110
	640×512(H)	20×20	QWIP	$\lambda_p=8.5$, $\Delta\lambda=1$	70～73
L-3	640×512(H)	28×28	InSb	3～5	—
	1024×1024	25×25	InSb	3～5	—
Selex	384×288(H)	20×20	HgCdTe	8～10	＜90
	640×512(H)	24×24	HgCdTe	8～10	＜90
	640×512(H)	24×24	HgCdTe	3～5	＜140
	1024×768	16×16	HgCdTe	3～5	＜140
	640×512(H) （双波段）	24×24	HgCdTe	3～5, 8～10	80
AIM	384×288(H)	24×24	HgCdTe	8～9	77
	640×512(H)	24×24	HgCdTe	3～5	77
	384×288(H)	24×24	QWIP	8～10	—
	640×512(H)	24×24	QWIP	8～10	—
	384×288×2(H) （双波段）	24×24	QWIP	$\lambda_p=4.8$ 和 8.0	—
	384×288(H)	24×24	II 类 SLS	3～5	—
	384×288×2(H) （双波段）	24×24	II 类 SLS	3～5	—

厂商名称	尺寸/像元（结构）	像素尺寸/μm	探测器材料	光谱范围/μm	工作温度/K
JPL	128×128(H)	50×50	QWIP	$15(\lambda_c)$	45
	256×256(H)	38×38	QWIP	$9(\lambda_c)$	70
	640×512(H)	18×18	QWIP	$9(\lambda_c)$	70
SCD	640×512	20×20	InSb	$3\sim5$	—
	1280×1024	17×17	InSb	$3\sim5$	约300
Santa Barbara Focalplane	640×512(H)	20×20	InSb	$1\sim5.2$	77
	1024×1024(H)	19.5×19.5	InSb	$1\sim5.2$	77
	1024×1024(H)	19.5×19.5	QWIP	$8.5\sim9.1$	—
	320×240(H)	25×25	InGaAs	$0.9\sim1.7$	300
	640×512(H)	25×25	InGaAs	$0.4\sim1.7$	300

根据载流子在探测机理中的作用，光子红外探测器分为多数载流子探测器和少数载流子探测器。前者探测器中对探测器灵敏度起主要作用的是探测器材料中的多数载流子，以光电导模式工作；后者探测器灵敏度由材料中的少数载流子主导，既能以光电导模式也能以光生伏特模式工作。因此，按照工作原理，光子红外探测器分为四种类型：光电磁型、光伏型、光电导型和量子阱型。

（1）光电磁型红外探测器

光电磁型红外探测器的原理是由红外辐射激发的电子与空穴在半导体材料表面附近形成且向内深处扩散，以重新建立电中性，在该过程中，如果在外增加强磁场，会使两种载流子分开而产生光电压，并在外接电路作用下输出电信号。由于这类探测器结构复杂，已很少使用。

（2）光伏型红外探测器

光伏型红外探测器是在半导体材料中，使导电类型不同的两种材料相接触组成PN结，从而形成势垒区。当探测器受到红外辐射照射时，激发的电子与空穴在势垒区被分开在势垒区两侧，形成光生电动势，在外接电路作用下，产生输出信号。这类红外探测器包括锑化铟、碲镉汞和碲锡铅等。

肖特基势垒光伏型红外探测器是通过内光电发射产生电信号，实现光电探测，典型的产品是硅化铂（PtSi）和硅化铱（IrSi）红外探测器。

（3）光电导型红外探测器

光电导型红外探测器是以半导体材料中的光子吸收为基础，当探测器芯片受到红外辐射照射时，随着光场通过半导体传播，入射辐射在材料内与约束到晶格或杂质原子上的电子反应，或者与自由电子反应而被吸收，造成传导电子增加而引起电导率增大，在外加偏压下使电流增大。增大的电流量与光子数成正比，所观察到的电输出是源自改变后的电能分布。

光电导型红外探测器分为本征型激发和非本征型（杂质型）激发两种。

本征型红外探测器是指红外光子将电子从价带激发至导带中，产生电子-空穴对，即在导带中增加电子，价带中产生空穴。主要采用硫化铅、硒化铅、锑化铟和碲镉汞材料等。

非本征型是红外光子将杂质能级中的束缚电子（或空穴）激发至导带中，使导带中增加电子。主要采用锗掺汞和硅掺镓等材料。

目前，光子红外探测器广泛使用的材料主要有硫化铅（PbS）、硒化铅（PbSe）、碲镉汞（HCT或者MCT）、硅化钛（TiSi）、锑化铟（InSb）、硅化铱（IrSi）和硅化铂（PtSi）。

按照工作波段，光电导型红外探测器分为短波红外探测器、中波红外探测器和长波红外探测器。

① 短波红外探测器。铅盐类（例如硫化铅）红外探测器是 $1\sim3\mu m$ 短波波段应用较广的探测器，属于多晶薄膜结构光电导型器件。优点是阻值适中，响应率高，方便于常温下工作，若低温下工作则可进一步提高性能。缺点是响应时间常数较大，电阻温度系数大。硫化铅红外探测器特别适合探测高温目标（导弹和喷气式飞机尾喷焰）。Northrop Grumman 公司研制的 128 元和 256 元硫化铅（PbS）和硒化铅（PbSe）线阵列红外探测器的主要性能已列在表 4-61 中。表 4-63 是单片 PbS 320×240 像元焦平面阵列红外探测器的性能指标。

表 4-63　320×240 像元 PbS 焦平面阵列探测器性能

焦平面阵列结构布局	单板 320×240 像元 PbS
像素尺寸 $/\mu m$	30×30
比探测率 $D^*/(cm\cdot Hz^{\frac{1}{2}}/W)$	8×10^{10}（普通温度）
	3×10^{11}（温度 220K）
信号处理器类型	CMOS
时间常数 /ms	0.2（普通温度）
	1（温度 220K）
集成方式选择	快照
输出线数目	2
帧速率 /Hz	60
集成周期	全帧时
最大动态范围 /dB	69
主动散热 /mW	最大值 200
可操作性	$>99\%$
跨电阻最大值 /MΩ	100
探测器偏压 /V	$0\sim6$

美国雷神公司（Raytheon）利用双层异质结 HgCdTe 材料成功研制出 Virgo-2K 型短波红外（$0.8\sim2.5\mu m$）焦平面阵列探测器，表 4-64 列出主要技术性能。

表 4-64　Virgo-2K 型短波红外探测器技术性能

参数	指标
阵列尺寸 /像元	2048×2048
光谱范围 $/\mu m$	$0.8\sim2.5$
像素尺寸 $/\mu m$	20×20
光学填充因数	$>98\%$
读出电路结构	SFD 晶胞-PMOS

参数	指标
探测器材料	双层异质结 HgCdTe
量子效率	$>80\%$
读出噪声（每秒电子个数）$/s^{-1}$	<20
暗电流（每秒电子个数）$/s^{-1}$	<1
工作温度/K	$70\sim80$

② 中波（$3\sim5\mu m$）红外探测器。锑化铟（InSb）、硒化铅（PbSe）、硅化铂（PtSi）、硅化钛以及不同成分的碲镉汞（HgCdTe）都属于工作波段 $3\sim5\mu m$ 的薄膜光电导型器件，可以常温下工作或者采用半导体制冷，其性能随工作温度降低而提高。

a. 锑化铟红外探测器。锑化铟（InSb）是一种闪锌矿结构的 ⅢA-ⅤA 族化合物半导体材料，具有较窄的禁带宽度和较高的电子迁移率，在 77K 温度下，其禁带宽度为 0.227eV，对 $3\sim5\mu m$ 的红外波段具有非常高的灵敏度，广泛应用于中波红外探测器。

20 世纪 50 年代，开始研发锑化铟红外探测器。60 年代，研制成功多元和线列锑化铟红外探测器。80～90 年代，研制成功焦平面阵列锑化铟红外探测器。

锑化铟红外探测器的典型产品包括美国 Santa Barbara Focalplane 公司研制的 640×512 像元焦平面阵列探测器（$1\sim5\mu m$），以色列半导体器件公司（SCD）研发的 1280×1024 像元（像元距 $15\mu m$）焦平面阵列探测器。表 4-65 列出部分典型锑化物（InSb、InAsSb、InAlSb 和 T2SL）红外探测器的主要技术性能。

表 4-65　典型锑化物红外探测器的技术性能

材料	阵列/像元	中心距/μm	工作波段	截止波长/μm	工作温度/K	有效像元	帧频/Hz	NETD/mK	F 数
InSb	128×128	50	MW	4.9	80	$>99.5\%$	$\geqslant100$	—	2.2
	320×256	30				$>99.8\%$	$\geqslant300$	$\leqslant20$	2/4
	640×512	15/25				$>99.8\%$	$\geqslant120$	$\leqslant25$	4
	1280×1024	12/15				$>99.5\%$	$\geqslant60$	$\leqslant25$	4
	2000×2000	12/15				$>99.5\%$	—	$\leqslant25$	
	4000×4000	12/15				—	—	$\leqslant25$	
	8000×8000	10				—	—	—	
InAsSb	128×128	30	MW	4.8	110				
	640×512	15	MW	4.2	150	$>99.5\%$	$\geqslant120$	$\leqslant25$	5.5
	1280×1024	12/15				$>99.5\%$	100	$\leqslant25$	2.2
	2040×1156	5				—	—	—	
InAlSb	320×256	30	MW	4.8	110	$>99.4\%$	—	—	2.5
	256×256			4.2	150				
T2SL	640×512	24	MW	4.8	150	$>99\%$	50	—	2
	2000×2000	5	MW	5.0	150	$>99.9\%$		$\leqslant20$	2.3
	1024×1024	18	LW	9.5	80	$>96\%$	$\geqslant60$	$\leqslant30$	4

材料	阵列/像元	中心距/μm	工作波段	截止波长/μm	工作温度/K	有效像元	帧频/Hz	NETD/mK	F 数
T2SL	384×288	40	MW	4/5	≥110	>98%	≥200	≤20/35	—
	640×512	—	LW	9.5/13	80	—	—	—	—
	640×512	—	MW/SW	5/2.2	80	—	—	—	—

b. HgCdTe 红外探测器。在各种红外材料中，HgCdTe 材料灵敏度高，响应速度快，一直是机载红外探测/跟踪/成像系统中最成熟和应用最广泛的中波红外探测器材料。

研究表明，HgCdTe 不仅是二代红外探测器的最佳材料，也能满足三代红外探测器对多波段高工作温度和高探测灵敏度的技术要求。其突出性能包括：

Ⅰ. 在整个红外波段（1～20μm），均具有很高的光子吸收率。

Ⅱ. 在同样温度下，热激发载流子产生的暗电流最小。

由于 HgCdTe 材料具有直接带隙，呈现出很高的量子效率，且这一量子效率在截止波长到紫外线（包括所有可见光谱在内）都保持不变。

表 4-66 是德国 AIM 公司研发的工作在较高工作温度下的 640×512 元和 1280×1024 元中波碲镉汞红外探测器的主要技术性能。

表 4-66 中波碲镉汞红外探测器技术性能

参数	640×512 元				1280×1024 元
像元中心距/μm	15				15
光谱范围/μm	3.4～5				3.4～5
工作温度/K	95	120	140	160	120
制冷机型号	SX095	SX040	SX030	SX020	SX040
制冷机重量/g	<1000	<700	<280	<158	<700

表 4-67 列出法国 JUPITER 型中波红外焦平面阵列探测器的主要技术性能。

表 4-67 JUPITER 型中波红外焦平面阵列探测器技术性能

参数	指标
格式/像元	1280×1024
像元间距/μm	15
波段范围/μm	3.7～4.8
工作温度/K	110
可储存电荷(电子个数)	$4.13×10^6/1.3×10^6$
读出方式	IWR
图像模式	屏幕截图
输出数量	4 或 8,达到 20MHz
NETD(300K,50%充分填充)/mK	18

2006 年，昆明物理研究所开始研制碲镉汞中波红外焦平面探测器。2010 年，开始批量生产 320×256 元、640×512 元（包括像元尺寸 15μm、20μm 和 25μm）和 1280×1024 元

（像元尺寸 $15\mu m$）碲镉汞中波红外焦平面探测器。

实践证明，碲镉汞红外探测器制作工艺较复杂，制作过程中常常会产生"盲元"，均匀性差，成品率低，成本高。相比之下，硅化铂（PtSi）红外探测器制造工艺较简单，可以采用较成熟的集成电路制作工艺，均匀性好，成品率高，成本低。

军用机载红外成像/探测系统中苛刻的工作环境经常要求红外探测器具有很高性能，碲镉汞红外探测器仍然保持主导地位，甚至连机载点源探测系统的 IRST 系统也采用碲镉汞红外探测器，典型应用包括美国 F-14D 战斗机装备的 AN/AAS-42 IRST 系统、英国 EF-2000 战斗机 IRST 系统，以及法国和以色列等国研制的 IRST 系统。

③ 长波红外（$8\sim12\mu m$）探测器。在碲镉汞探测器成熟之前（约 20 世纪 60 年代末），其它锗/硅掺汞（例如，硅化铱）探测器是工作在 $8\sim14\mu m$ 的主要长波探测器，由于必须工作在较低温度（低于 30K）限制了其应用。

三元合金半导体碲镉汞（$Hg_{1-x}Cd_xTe$）是一种有重要价值的探测器材料，是 CdTe 与 HgTe 的连续固溶体。CdTe 是一种半导体，禁带宽度约 1.6eV，而 HgTe 是一种半金属，禁带宽度约为 0.3eV。用这两种化合物组成的三元化合物具有随成分连续变化和轮廓分明的带宽结构，而不像单质和正规化合物半导体那样被固定在某一带宽结构上。调节 x 值，可以将探测器的峰值波长选择在 $1\sim30\mu m$ 之间的任何一种波长上。最重要的是 $x=0.20$ 左右的材料，对应的 $8\sim12\mu m$ 长波红外光谱范围有极佳的灵敏度。该材料还具有介电常数小、热膨胀系数小和电子迁移率高等优点，非常适合制造高性能、多用途和新颖结构的光子型探测器，目前仍在长波红外波段得到使用，尤其是用在红外搜索跟踪（IRST）系统中。

该材料的主要优点：

a. 通过调整组分 x 调整其禁带宽度，以实现响应波段的调整。

b. 该材料为本征激发，具有高吸收系数、量子效率（超过 80%）和探测率。

c. 在相同响应波段（$8\sim14\mu m$）下具有较高的工作温度和较宽的温度范围。例如，对于 Ge：Hg 红外探测器，工作温度 38K，而 HgCdTe 红外探测器工作温度可以是 80K。

主要缺点是：

a. 材料制备困难。

b. 材料稳定性、耐辐射特性和晶体均匀性差，不利于制作大面积焦平面阵列红外探测器。

c. 制造工艺复杂，成品率低，成本较高。

（4）量子阱红外探测器

尽管 HgCdTe 红外探测器已形成批量生产能力，但由于材料中 Hg—Te 键比较脆弱，导致长波 HgCdTe 红外焦平面阵列探测器的制造有一定难度，在研发 HgCdTe 红外焦平面探测器应用于甚长波红外波段领域过程中，遇到了很大的困难，科学家们开始寻求新的技术和解决方法。

1970 年，IBM 公司的江崎（Esaki）和朱兆祥（R. Tsu）在 IBM 研发学报（*IBM Journal of Research and Development*）上发表文章"Superlattice and Negative Conductivity in Semiconductors（半导体中的超晶格与负导电性）"，提出了超晶格的概念，建议采用一种周期性外延生长半导体超晶格和量子阱材料的方法。

量子阱定义为：由两种不同的半导体材料相间排列形成的、具有明显量子限制效应的电子或空穴的势阱。

1971 年，首先生长出 $GaAs/Al_xGa_{1-x}As$ 人工周期材料，是一种用现代薄膜生长技术制造的新型人造材料，也称为量子阱材料。主要有 GaAs/AlGaAs、InGaAs/InAlAs、InSb/

GaInSb 和 SiGe/Si 体系。

1972 年，观察到负微分电导、输运的振荡现象以及微带结构。此后，研究人员对半导体超晶格和量子阱结构的兴趣不断增长，陆续研发出具有奇异电光性质的新型材料和异质结。量子阱红外探测器是指用量子阱材料结构代替普通的 PN 结实现光电转换，完成红外波段光信号探测的探测器件。

史密斯（Smith）等人提出利用红外光激发量子阱作为探测红外目标的一种方法。1987 年，贝尔实验室莱文（B. F. Levine）研发团队制造出第一台工作波长 $10\mu m$ 的量子阱红外光电探测器。

量子阱红外探测器的工作原理是通过改变势阱宽度和势垒高度调整带隙宽度，从而较方便和容易地获得 $3\sim18\mu m$ 以致更长波段的光谱响应。

2009 年，美国空气推进实验室（JPL）研发出最大尺寸（4096×4096 像元）的单色量子阱长波焦平面红外探测器；640×512 像元四色量子阱红外探测器的响应波长是 $4\sim5.5\mu m$、$8.5\sim10\mu m$、$10\sim12\mu m$ 和 $13\sim15.5\mu m$；1024×1024 像元双色量子阱红外探测器响应波长是 $4.4\sim5.1\mu m$ 和 $7.8\sim8.8\mu m$（像元中心距 $30\mu m$）。

研究结果表明，光电导型量子阱红外探测器（QWIP）较适合高响应度应用（即中波红外波段的传感器）。对于量子阱长波红外焦平面阵列探测器，若要求较短的积分时间和更低的工作温度，则光伏型量子阱结构更具吸引力。

表 4-68～表 4-70 分别给出了德国夫琅和费应用固体物理研究所（IAF）、法国 Sofradir 公司和美国洛克希德-马丁（Lockheed Martin）公司研发的量子阱焦平面阵列探测器的主要技术性能。

表 4-68　德国 IAF 研究所 QWIP FPA 探测器技术性能

类型	阵列尺寸/像元	间距/μm	波长范围/μm	F 数	时间常数/ms	NETD/mK
256×256 PC	256×256	40	8～9.5	2	16	10
640×512 PC	640×486 640×512	24	8～9.5	2	16	20
256×256 LN	256×256	40	8～9.5	2	20	7
					40	5
384×288 LN	384×288	24	8～9.5	2	20	10
640×512 LN	640×486 512×512	24	8～9.5	2	20	10
384×288 PC-HQE	384×288	24	8～9.5	2	1.5	40
640×512 PC-HQE	640×486 512×512	24	8～9.5	2	1.5	40
640×512 PC-MWIR	640×486 512×512	24	4.3～5	1.5	20	14

表 4-69　法国 Sofradir 公司 QWIP FPA 探测器技术性能

参数	长波（天狼星系列）	长波（织女星系列）
光谱响应范围/μm	$\lambda_p = (8.5\pm0.1)$，50% 时 $\Delta\lambda=1$	$\lambda_p=8.5$，50% 时 $\Delta\lambda=1$

参数	长波(天狼星系列)	长波(织女星系列)
像元尺寸/μm	20×20	25×25
工作温度/K	$70\sim73$	73
最大电荷容量(元电荷倍数)	$1.04\times10^7 e$	$1.85\times10^7 e$
读出噪声	增益为1时,$110\mu V$	增益为1时,950个电子
输出信号	1,2或4	1,2或4
像元输出速率/MHz	直至每个读出10	
帧速率/Hz	直至120,全帧速率	直至200,全帧速率
NETD(温度300K,F/2,积分时间7ms)/mK	31	<35
可操作率	$>99.9\%$	$>99.95\%$
非均匀性	$<5\%$	

表4-70　美国 Lockheed Martin 公司 QWIP FPA 探测器技术性能

参数	指标
光谱范围/μm	$8.5\sim9.1$
分辨率/像元(像素尺寸)	$1024\times1024(19.5\mu m)$ $640\times512(24\mu m)$ $320\times256(30\mu m)$
集成形式	快照
积分时间/μs	<5(全帧时)
动态范围/bit	14
数据传输速率(每秒像素数)/s^{-1}	32M
帧速率/Hz	$114(1024\times1024)$ $94(640\times512)$ $366(320\times256)$
阱容量(电子个数)	$8.1\times10^6(1024\times1024)$ $8.4\times10^6(640\times512)$ $20\times10^6(320\times256)$
NETD/mK	<35
可操作性	$>95.5\%$(典型值$>99.95\%$)
固定焦平面/mm	F/2.3(13,25,50,100)

由于量子点（QDIP）（或量子线）红外探测器不受跃迁定则的限制，可以吸收垂直入射的红外光子，具有更低的暗电流以及更高的光电增益、响应度和比探测率，已经引起科学家和工程师们的极大兴趣。

国内也对量子阱红外探测器做了大量的研究工作，分别研发出256×1、64×64、128×126、320×256元不同规格的单色量子阱长波焦平面阵列红外探测器。性能指标达到：峰值波长$9\mu m$、像元中心距$2\mu m$和平均峰值探测率1.6×10^{10} cm·$Hz^{1/2}$/W，同时研发出峰值波长$5.2\mu m$和$7.8\mu m$的双色量子阱红外探测器。

在不同类型的量子阱红外探测器（QWIP）中，GaAs/AlGaAs 多量子阱探测器技术最为成熟。相对于 HgCdTe 红外探测器，主要优点是：

① 采用成熟的以 GaAs 生长和处理技术为基础的标准制造技术。

② 利用 MBE 技术（分子束外延生长技术）或者金属氧化物化学气相沉积法（MOCVD），可以高均匀性地制造大面积的探测器阵列。例如，较容易在大于 6in（约 152mm）的 GaAs 晶片上完成和成功控制量子阱结构。

③ 在外延生长期间，通过改变量子阱参数可以灵活控制成分，调谐探测波长，将量子阱红外探测器的响应调整至特定的红外波段或多个波段。

④ 探测器光谱响应带宽较窄，小于 $1\mu m$（HgCdTe 约 $10\mu m$），不同波段之间光学串音小，容易实现双色或多色焦平面器件。

⑤ 量子效率高、暗电流低、响应速度约 10ps（HgCdTe 约 $1\mu s$）、比探测率与 HgCdTe 探测器相近。

⑥ 产量高和成本低。

⑦ 更好的热稳定性和非本征耐辐射性。

与热敏探测器相比，光子红外探测器具有以下特点：

① 光谱响应具有选择性。只对短于某一特定波长（称为截止波长）的红外辐射有响应。

② 响应速度快。光电导探测器响应时间是微秒级，光伏探测器的响应时间是纳秒级或者更快。比热探测器响应速度高几个数量级，尤其适用于军事领域探测快速运动目标。

③ 探测灵敏度高。比热探测器高出约两个数量级。

④ 探测器灵敏度与工作温度密切相关，降低工作温度可以提高探测器的灵敏度。通常保持工作温度 4～300K。

⑤ 光子红外探测器大部分采用化合物半导体材料制成，材料生成技术难度大，器件制造技术要求高，因而成本较高。

⑥ 目前主要应用在军事领域中，例如进行远距离快速目标探测、跟踪和识别的机载红外搜索跟踪系统和导弹导引头等。

表 4-71 列出了不同类型红外探测器（按照探测器材料分类）的主要优缺点。

表 4-71　不同类型红外探测器技术性能比较

探测器类型			优点	缺点
热敏探测器(热电堆,测热辐射计,热电检测器)			轻便,牢固,可靠,成本低,室温下工作	高频率下低探测率,响应速度慢(ms 数量级)
光子探测器	本征探测器	ⅣA-ⅥA (PbS,PbSe,PbSnTe)	制造容易,材料稳定性好	热膨胀系数高
		ⅡB-ⅥA (HgCdTe)	容易调整带隙,理论和时间成熟	大面积出现不均匀性,生长和处理工艺成本高,表面不稳定性
		ⅢA-ⅤA (InGaAs,InAs,InSb,InAsSb)	良好的材料和掺杂物,可以实现单片集成	大晶格失配造成异质外延,截止长波长 $7\mu m$（温度77K）
	非本征探测器(Si：Ga,Si：As,Ge：Cu,Ge：Hg)		很长的工作波长,技术较简单	产生高热量,超低温工作
	自由载体探测器(光伏型) (PtSi,Pt₂Si,IrSi)		低成本,高产出,大面密集排列的二维阵列	低量子效率,低工作温度

探测器类型			优点	缺点
光子探测器	量子阱探测器	Ⅰ类 (GaAs/AlGaAs,InGaAs/AlGaAs)	材料生长技术成熟,有良好的大面积均匀性,多色探测器	产生高热量,复杂的设计和生产技术
		Ⅱ类 (InAs/InGaSb,InAs/InAsSb)	低螺旋组合率,易于控制波长,多色探测器	复杂的设计和生长技术,对界面敏感
	量子点探测器 (InAs/GaAs,InGaAs/InGaP,Ge/Si)		垂直入射光,产生的热量低	复杂的设计和生长技术

4.4.3.2.4　红外探测器制冷技术

红外探测器的实际应用中,其性能分别受限于内部的热激发噪声和外部背景辐射噪声。当外部的辐射背景噪声大于内部载流子热激发噪声时,探测率便达到此背景辐射温度下的极限值,称为背景限探测率(即背景随机起伏噪声限制下的探测率)。

需要注意,该限制来自探测器外部,而非内部限制因素。实际上,光子探测器最根本的限制因素是其材料内部热激发产生的热噪声,其大小与探测器温度直接相关。

降低探测器温度可以减少探测器的热激发噪声,从而提高探测器的灵敏度、分辨率和增大观察/探测距离。

军事上广泛应用的红外探测器(例如锑化铟 InSb、硅化铂 PtSi 和碲镉汞 MCT 等)的工作温度均需冷却至 77K(其中,PtSi 的工作温度略低于 77K)。表 4-72 列出 HgCdTe 红外探测器(辐射背景温度:300K)不同工作波长下达到背景限探测率的制冷温度。

表 4-72　HgCdTe 红外探测器工作波长对应的制冷温度

波长/μm	背景限探测率/(cm·Hz$^{1/2}$/W)	制冷温度/K
3	1.14×10^{12}	205
5	1.26×10^{12}	173
10.5	4×10^{10}	122

应该说明,HgCdTe 红外探测器作为典型例子,表 4-72 中给出了不同红外波长对应的背景限探测率和制冷温度。若工作温度高于最佳制冷温度,探测率会随温度上升而急剧下降。例如,对于 5μm 中波红外波长,当温度升高到 180K 时,背景限探测率下降到 9.16×10^{10} cm·Hz$^{1/2}$/W,下降幅度约 11%;另外,达到背景限探测率后,如果继续降低红外探测器的工作温度,则受背景辐射噪声限制,对探测率的提高没有任何实际意义。

光子探测器通常采用四种制冷方式:

① 利用制冷工作物质的相变吸热效应制冷(例如,杜瓦瓶中直接注入液氮或液氢),使温度冷却到 77K,是一种最简单的制冷方式。

② 采用焦耳-汤姆逊制冷器。当高压气体温度低于自身的转换温度且通过一个很小的节流孔时,利用气体的膨胀使温度下降。

③ 采用斯特林制冷器,一种利用气体等熵膨胀的制冷技术。

1972 年以来,斯特林制冷技术发展很快,已经研制出一体式和分体式更有效的小型制冷器,探测器组件的重量和体积得到很大改善,是军事上最广泛应用的一种红外制冷技术。

④ 热电制冷装置（TEC）。是一种利用塞贝克效应制冷的技术，又称为温差电制冷装置或者半导体制冷装置。

2017 年，昆明物理研究所（苏玉辉等人）利用三级热电制冷技术研制成功热电制冷式 13 元 HgCdTe 中波光导红外探测器（光敏尺寸 $\phi 300\mu m$），具有制冷快、工作温度高、响应速度快等特点。典型性能：响应波长范围 $3.0\sim4.6\mu m$；峰值波长 $4.2\mu m$；峰值电压响应率（在工作温度 $-50℃$ 下）达 $2.7\times10^4 V/W$；峰值探测率达到 $2.3\times10^{10} cm\cdot Hz^{1/2}/W$。

4.4.3.3 双色/多色红外焦平面阵列探测器

双色红外探测器是一种基于碲镉汞（HgCdTe）材料的 NPN 三层异质结背靠背二极管结构的探测器，利用分子束外延技术将这种异质结生长在 CdZnTe 材料上，底部响应中波红外，上部响应长波红外。通过适当控制 PN 结偏压实现结构反转，使两种半导体上存储的光电子分别被切换出来，因而可以同时收集/获取两个波段的光信号。由于两个波段的相应结

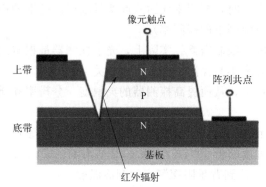

图 4-72 双色红外探测器结构示意图

构是上下层，因此两个波段的图像天然重合，无须再作配准。另外，压缩了杜瓦瓶体积，并引入可变冷光阑。在环境温度 71℃ 时，制冷机可以在 15min 内制冷至 77K，如图 4-72 所示。

量子阱红外光电探测器可以在单个探测器阵列上实现多波段成像，在短波、中波和长波红外成像模式之间进行切换，甚至可以利用单个器件在多个红外波段同时成像，并获得经几何配准的多波段图像。

德国的 AIM 公司研制成功基于 InSb/GaSb Ⅱ 型超晶格、可以对 $3\sim4\mu m$ 和 $4\sim5\mu m$ 进行探测的双色探测器，以及在 $3\sim5\mu m$ 和 $8\sim10\mu m$ 光谱成像用双波段 QWIP 红外探测器。

法国 Sofradir 公司生产的 640×512 像元/$24\mu m$ 的双色红外探测器，在两个波段以同时读出方式工作：中波红外 NETD 为 20mK；长波红外 NETD 为 25mK。像元可利用率大于 99.5%。

美国喷气推进实验室已研发出 640×480 双色和 640×512 四色红外焦平面阵列探测器。

战场形势和军事发展对新一代红外探测器提出更高要求：

① 为了获得更多的目标信息，需要研发具有更多像元数目和更小像素间距的红外焦平面阵列探测器，在保证整体性能前提下，使焦平面阵列更紧凑，从而进一步提高探测器的分辨率以探测/识别更远和更细微的目标。

目前，虽然已经做出较大规模的红外焦平面阵列探测器，但成本很高，而且探测器的结构决定了其填充因子小于 100%，这意味着在探测器光敏面上存在盲区，不能捕捉到视场内的所有信息。

在凝视型红外焦平面阵列探测器中引入微扫描技术，使用亚像素微扫描技术改进凝视型红外热像仪，即利用压电陶瓷的电致伸缩特性驱动光学元件运动，通过改变光学元件的空间位置改变所生成图像的空间位置，得到微扫描图像，从而在不增加红外焦平面阵列探测器探测像素总数的情况下提高红外成像系统的分辨率，扩大红外搜索跟踪系统的作用距离，消除探测器因填充因子带来的探测盲区，同时使探测器具有一定的稳像功能。由于微扫描器件的

开发成本远低于高分辨率探测器的制造成本，性价比也较高。

②能够同时进行多波段探测，独立或融合提供探测结果，降低虚警率，实现多目标的快速识别。

③为了满足红外搜索跟踪系统对更高数据更新率的需要，红外探测器必须有更低的噪声等效温差和更高的占空比。

④控制红外焦平面阵列探测器的成本和提高产量，以降低整个机载红外系统的成本。

⑤尽可能地提高工作温度，希望实现非制冷工作模式，保证高温工作环境下仍具有良好的成像性能和极低的像素缺陷率。

4.5

紫外探测器

传统意义上的机载临近导弹被动告警技术通常是指红外告警技术。

近年来，基于导弹紫外辐射探测的紫外告警技术发展迅猛，已经成为机载光电对抗领域的研究热点。

由于紫外告警系统具有虚警率低、不需要低温冷却、采用凝视成像方式而具有体积小和重量轻的优点，因此，已经成为装备量最大的导弹逼近告警系统之一。毫无疑问，紫外探测器是机载紫外告警系统的关键元件。

紫外探测器有三种类型：紫外固体型探测器（例如 GaP 加膜紫外光电二极管和 GaN 面阵探测器等）、紫外真空型探测器（例如光电倍增管 PMT、像增强器和电子轰击 CCD 等）和组合型紫外探测器（例如硅、碳化硅、氮化镓 PN 结和肖特基势垒光伏探测器以及 CCD 等）。

（1）紫外固体型探测器

最早的固体紫外探测器采用 Si、GaP、GaAsP 和 CdS 等紫外光电二极管。主要缺点是除探测到紫外辐射光外，还同时探测到其它波段的干扰辐射光。

1983 年，GaN 材料质量取得突破。GaN 基材料具有直接宽带基（其三元合金能够通过调节合金组分实现禁带宽度从 0.7eV 到 6.2eV 的连续可调）、热稳定性和化学稳定性好等优异的物理和化学性能，是制备紫外探测器的理想材料。紫外光电探测器、紫外激光器和 GaN 发光二极管等器件取得快速发展。

20 世纪 90 年代，开始研制 GaN 基紫外探测器，并成功研制出 AlGaAs 和 GaN 等紫外探测器，真正实现纯紫外探测，不受可见光干扰（无需复杂的滤光系统），工作波长 200～365nm。优点是，半导体紫外探测器具有全固态、体积小、质量轻、能耗低、抗辐射和动态范围大等优点，并能制造大规模阵列成像器件，在紫外告警和紫外通信等军事和民用领域具有重要应用价值，是国内外研究热点之一。

1992 年，M. A. Khan 等人率先研制成功光电导型紫外探测器，截止波长 375nm，峰值波长 365nm，响应时间 1ms。优点是制备工艺简单和内增益高，缺点是容易出现持续光电导现象，响应速度慢且暗电流大。

紫外固体型探测器包括光电导型和光伏型两种类型。目前，研究重点是光伏型结构。

（2）紫外真空型探测器

紫外真空型探测器的光阴极材料是 Rb_2Te、Cs_2Te 和 KBr、CsI，光窗材料采用透紫外光玻璃、石英、蓝宝石、氟化锂和氟化镁。

第一代真空型紫外探测器的典型代表是概略型光电倍增管（PMT）。随着科学技术的发展，采用微通道板（MCP）技术，研发出新一代成像型紫外光电倍增管-通道板式光电倍增管（MCP-PMT），无论响应速度、抗强光能力还是分辨率均优于传统的光电倍增管型紫光探测器，并且，不易受磁场影响，体积小和重量轻，是目前应用最广泛的紫外探测器。

（3）ICCD 像增强型紫外探测器

ICCD 像增强型紫外探测器的优点在图像细节处理方面，灵敏度也是目前紫外探测器之最。图 4-73 是美国普林斯顿仪器公司研制的 PI-MAX3 型 ICCD 紫外相机。

第一代导弹逼近紫外告警系统采用单阳极光电倍增管作为探测器件。虽然具有体积小、重量轻、虚警率低和功耗低的优点，但角分辨率和灵敏度低，因此，只能探测到紫外辐射的概略。

第二代导弹逼近紫外告警探测器采用面阵探测器，因此，导弹逼近紫外告警系统属于成像型结构。典型代表包括美国的 MAW-200 型、AN/AAR-47 型和 AN/AAR-54（V）型无源导弹逼近告警系统（PM AWS）。

由于紫外告警系统的工作原理是探测导弹羽焰的紫外辐射，因此，紫外探测器只有具备灵敏度高和噪声低的特性才能探测到微弱信息。

20 世纪 80 年代以来，以微通道板作为电子倍增系统的光敏电真空器件的发展越来越成熟，使先进的紫外探测器迅速研制成功并得到广泛应用。

1998 年，美国国防部高级研究计划局就开始采用ⅢA 族元素氮化物光电材料固态焦平面阵列开发可以在高温下高效和可靠工作的紫外探测器（工作波长 250～300nm）。中国也积极开展这方面的研究，包括中科院西安光学精密机械研究所研发的真空型紫外成像探测器、北方夜视科技集团有限公司对 $Rb_2Te(Cs)$ 日盲紫外光电阴极的研究和东北电子研究所研发的 SE-2 型紫外告警系统。

中科院西安光学精密机械研究所（张宜妮等）研发的真空型紫外成像探测器由光阴极、聚焦极、倍增极和收集极组成，工作光谱范围为 105～300nm，如图 4-74 所示。

图 4-73　PI-MAX3 型 ICCD 紫外相机

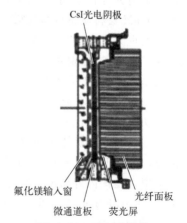

图 4-74　真空型紫外
成像探测器

需要注意，光线经过输入窗入射到光电阴极上，并将入射光子转换为电子，可以根据不同的接收波长选择不同材料的光电阴极。例如，如果探测 105～170nm 的入射波长，应选择

CsI 材料的光电阴极；若探测 170～300nm 的入射波长，则需选择 RbTe 或者 CsTe 材料的光电阴极。一般来说，对大于阈值波长的光，光电阴极几乎不响应，即具有"日盲特性"。

表 4-73 列出几种紫外微光像增强器的光学性能。

表 4-73　几种紫外微光像增强器（二代管型）的光学性能

参数	1XZ18/18A	1XZ18/18W	1XZ25/25A	1XZ25/25W
直径/mm(有效面积)	18		25	
光窗材料	石英			
光阴极材料	CsTe	TeRb	CsTe	TeRb
波长范围/nm	160～320	160～300	160～320	160～300
峰值辐射灵敏度/(mA/W)	20	15	20	15
MCP 数量	2			
亮度增益/[cd/(m²·lx)]	5×10^5			
EBI/(W/cm²)	1×10^{-9}			
极限分辨率/(lp/mm)	20			

4.6
平视（头盔）瞄准/显示系统的图像源

平视瞄准/显示系统 HUD 是飞机的主显示器，也是机载综合航电火控系统的重要组件。关于机载平视显示器的详细内容，将在第 5 章讨论。

头盔瞄准/显示系统 HMD 是安装在飞行员头盔上的机载瞄准/显示设备，因为具有离轴显示和攻击能力以及较大观察瞄准范围和较强夜视能力而备受世界各国重视，头盔瞄准/显示系统的详细内容，将在第 6 章讨论。

机载头盔瞄准/显示系统与平视瞄准/显示系统几乎是同时研发，光学系统结构和成像原理基本相同，主要由图像源、光学投影系统（中继光学系统或准直光学系统）和组合玻璃（或者护目镜）三部分组成，如图 4-75 所示，因此，有些资料甚至将机载头盔瞄准/显示系统称为"头盔上的平视显示器"。

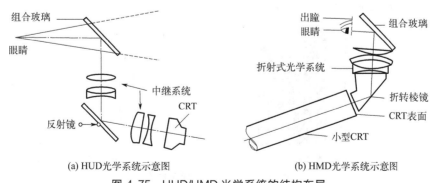

(a) HUD光学系统示意图　　　　(b) HMD光学系统示意图

图 4-75　HUD/HMD 光学系统的结构布局

无论是机载平视还是头盔瞄准/显示系统,图像源都是核心部件。

图像源是指图像信息显示组件,对显示系统的技术性能有重要影响,包括图像显示亮度、灰度等级或者色彩、分辨率、视场以及系统体积/重量等,也是 HUD/HMD 更新换代的重要标志。

平视或者头盔瞄准/显示系统研发初期,由于单色 CRT 制造技术比较成熟,图像质量好,可靠性好,具有高分辨率、高亮度、高响应度和低成本等优点,是当时唯一能满足军用需求的图像源,因而最早获得应用。

20 世纪 60 年代,以阴极射线管(CRT)作为图像源的平视和头盔瞄准/显示系统已经在军用战斗机和部分运输机中得到应用,充分显现出高亮度、高分辨率和高对比度的优点。

随着现代飞机技术的发展,传统图像源 CRT 的缺点愈发突显,为此,在研发新型机载显示系统图像源方面进行了大量工作。先进数字显示技术的快速进步促使多种功能更复杂、分辨率更高的小型化图像源研发成功。

按照工作机理,新型显示技术有四类:发射类技术、透射类技术、反射类技术和扫描类技术,如图 4-76 所示。主要性能列在表 4-74 中。

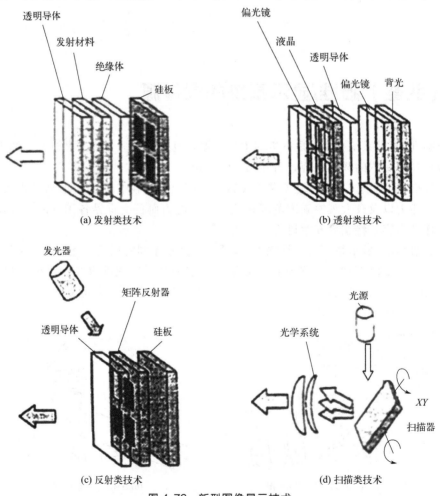

图 4-76 新型图像显示技术

表 4-74 新型图像源显示器

类型	图像源
发射型	• 主动矩阵电致发光装置(AMEL)。 • 场发射显示器(FED)。 • 有机光发射装置(OLED)。 • 发光二极管阵列(LEDR)。 • 光发射聚合物(LEP)
透射型	• 主动矩阵液晶显示器(AMLCD)。 • 主动矩阵薄膜晶体管液晶显示器。 • 液晶主动驱动器(LCAD)。 • 悬浮颗粒装置(SPD)
反射型	• 数字微镜装置(DMD)。 • 铁电液晶显示器(FLCD)。 • 衍射光栅显示器(DGD)。 • 反射胆甾基显示器(RCD)。 • 光栅光阀(GLV)。 • 可变型衍射镜(DDM)。 • 反射型丝状液晶显示器(RNLCD)。 • 聚合物色散液晶(PDLC)。 • 微型液晶显示器(MLCD)
扫描型	• 虚拟视网膜显示器(VRD)。 • 平面光学显示器(POD)。 • 发光二极管虚拟显示器(LEDVD)。 • 视网膜扫描(RS)

研究和实践表明,平板显示图像源直接利用数字驱动和固态激光器作为理想的照明光源,成本更低、性能更可靠、体积更小和重量更轻,在机载显示系统上得到广泛应用,主要包括:

① 数字微镜装置(digital micro-mirror device,DMD)。

② 硅基液晶(liquid crystal on silicon,LCOS)显示器。

③ 透射型液晶显示器(liquid crystal display,LCD)。

对机载显示图像源的性能要求包括:

① 亮度。平视和头盔瞄准显示系统多数工作在白天,其准直光学系统(或者中继光学系统)的透过率及组合玻璃/护目镜的反射效率(或者衍射效率)对图像源亮度有衰减作用,为保证显示字符/图像不被阳光下强光亮背景湮没,图像源应有很高的发射亮度,通常要求超过 $30000cd/m^2$,约为 8700fL。

GJB 189A—2015《飞机平视显示/武器瞄准系统通用规范》规定:当背景亮度为 $34000cd/m^2$ 和等效色温为 3000～5000K 时,字符亮度应使重叠在背景上的图像清晰可见。当通过组合玻璃观察时,整个字符区域上的平均线亮度应不小于 $5440cd/m^2$。

② 分辨率。不同类型的图像源,工作原理不同,分辨率也不一样。

以光栅方式工作的阴极射线管(CRT)图像源,其分辨率取决于电子束光点直径和形状;平板类图像源的分辨率与显示器周围所需的互连密度有关。

③ 对比度。图像源对比度定义为:显示画面上最高亮度与最低亮度之比。目前显示像源的对比度范围是 16∶1～50∶1。

④ 色彩。平视和头盔瞄准/显示系统一般使用单色(或者窄光谱)显示像源,根据人眼的光谱灵敏度决定像源的峰值波长。例如,阴极射线管(CRT)采用 P43 或者 P53 荧光粉,

受激后发射对人眼最敏感的绿光或黄绿光，峰值波长是 544nm 左右。

⑤ 灰度。灰度描述图像的黑白色调层次。灰度等级越高，颜色越深，反之，颜色偏白。通常灰度要求不小于 10 级。

⑥ 外形尺寸与重量。显示图像源的像面尺寸与平视和头盔瞄准/显示光学系统总视场有关。焦距一定，像面尺寸越大，系统视场越大。但是，座舱空间结构、尺寸和总重量要求同时限制着图像源的外形尺寸和重量。目前，军用飞机平视显示器的图像源（CRT）有效孔径约 100mm（4in）。

⑦ 寿命。正常使用寿命为 10000h 或者 10 年，连续工作至少 500h。

下面，简单介绍军事航空领域常用的几种显示图像源。

4.6.1 阴极射线管

1897 年，德国人布劳恩（Karl Ferdinand Braun）发明了阴极射线管（cathode ray tube，CRT），也称为"布劳恩管"。

BAE 系统公司发明的平视瞄准/显示器首先采用阴极射线管作为图像源。由于 CRT 在图像亮度、分辨率和对比度等方面具有独特优势，并且，既显示不同性质的各类信息（例如速度、高度、水平线等），又能显示诸如电视和前视红外系统摄制的可视化图像，因此，20 世纪 60 年代，传统的机载平视瞄准/显示器主要使用阴极射线管作为图像源，成为多数战术飞机和部分军用运输机的标配设备，并迅速拓展到商用飞机。

CRT 是一种电子真空管，一端设计有电子枪，另一端设计有磷光荧光屏，如图 4-77 所示。由四部分组成：圆锥形玻璃壳体、玻壳正面显示用磷光荧光屏（荧光面内侧镀有金属铝膜，从而使阳极电压施加在荧光面的显示屏上）、封入玻壳内的电子枪和玻壳外控制电子束偏转扫描的磁偏转线圈。电子枪包括发射系统、聚焦栅极和偏转电极，一般采用单一电压型，阳极电压为 15～20kV，最大电流为 100～150μA。

基本工作原理是：栅极（控制栅极 G1 和加速栅极 G2）形成电场，阴极发射的电子在栅极附近加速；聚焦系统可以是静电式（类似于光学透镜聚焦系统）或者电磁式；一般地，磁聚焦方式更能够提高显示器分辨率；磁偏转系统（设计在 CRT 外面）将聚焦电子束偏转到屏幕上某一位置；荧光屏上镀有一层约 5μm 厚的磷光质薄膜；电子枪发射的可控电子束偏转后以很小的光点轰击荧光屏，使此处磷光体发光，产生字符和数字。

CRT 的优点是：

① 技术成熟，品种多，灵活性好。

② 分辨率高。

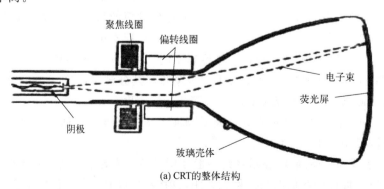

(a) CRT的整体结构

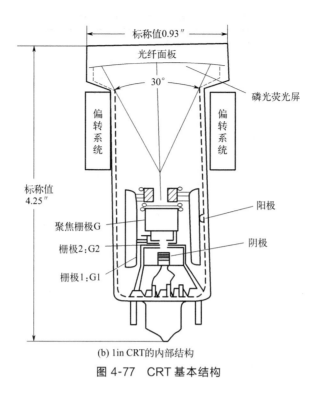

(b) 1in CRT的内部结构

图 4-77　CRT 基本结构

③ 动态范围大。

④ 亮度高。

⑤ 对比度高。

表 4-75 是典型 CRT 产品（$\phi 76mm \times 180mm$）的技术性能。

表 4-75　平视瞄准/显示系统 CRT 技术性能

参数	指标
屏幕尺寸(直径)/mm	76
有效工作面积直径/mm	64
管长/mm	180
灯丝电压/V	12/6.3
灯丝电流/mA	75/150
阳极电压/kV	15
加速电压/V	400
聚焦电压/V	3200
截止电压/V	$-55 \sim -37$
亮度/(cd/m^2)	35000

光学设计师最关心的 CRT 特性参数是光谱特性、余辉时间、显示线亮度分布和线宽。

（1）光谱特性

CRT 的光谱特性与荧光粉特性密切相关，包括峰值波长、亮度、余辉特性和抗灼热性等。表 4-76 列出不同荧光粉 CRT 的技术性能。

表 4-76 不同荧光粉 CRT 光谱性能

荧光粉型号	峰值波长/nm	颜色	发光效率/(lm/W)	光栅亮度(15/20/25kV)/fL	峰值线亮度(15/20/25kV)/fL	亮度衰减10%需要的时间	CIE色坐标/μm X	CIE色坐标/μm Y	余辉时间 80%	余辉时间 20%	余辉时间 10%
P1	524.7	黄绿	30	1200/1800/2350	1000/1950/3450	24ms	0.218	0.712	2.6ms	21ms	24ms
P11				400/570/750	250/350/440		—	—	12μs	2ms	—
P20				600/1030/1650	450/520/610		—	—	7.5μs	7ms	—
P22				1250/1650/1800	700/1200/1800		—	—	20μs	6ms	
P31	520		35～45	1050/1450/1670	800/1400/1800	40μs	—	—	25μs	6ms	40μs
P33							0.368	0.539			
P43	544		40	1450/2050/2650	1100/2100/3000	1.2ms	0.333	0.556	90μs	1ms	1.2ms
P44				1250/1750/2050	900/1900/2800	—	—	—	120μs	1ms	1.7ms
P45	多波峰	白光	20			1.7ms	—	—			
P53	545.3	黄绿	30			7ms	—	—			7ms

国内机载平视瞄准/显示系统 CRT 主要采用 P1 和 P53 两种荧光粉，发光光谱曲线如图 4-78 所示，主要性能（除表 4-76 外）列在表 4-77 中。

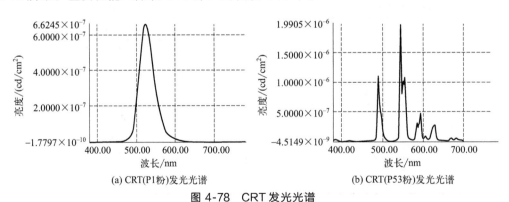

(a) CRT(P1粉)发光光谱   (b) CRT(P53粉)发光光谱

图 4-78 CRT 发光光谱

表 4-77 CRT 的主要光谱技术性能

参数	P1 粉	P53 粉
峰值波长/nm	524.7	545.3

参数	P1 粉	P53 粉
主波长/nm	534.0	558.8
色纯度	0.823	0.733
色温/K	7236	5121

需要强调，峰值波长（WLP）定义为：最大光谱发光强度或辐射功率所对应的光波波长；主波长（WLD）定义为：眼睛能够观察到光源发出的主要色光所对应的波长。前者从能量角度表述光谱性质，后者从人眼视觉灵敏度表述光谱性质。

通常，人们能够观察到的光束不完全是单一波长的光，绝大多数是众多波长光的组合，其中具有最大能量的光波波长称为该束光的"峰值波长"。遗憾的是，该光束光谱分布中各波长并非以峰值波长为中心对称分布，人眼的综合感觉似乎对应于某单一波长的光。

波长分布曲线上，将曲线下面积等分的那条垂线的对应波长定义为主波长。在复色光（或白光）情况下，主波长值仅供参考，判断颜色需看色坐标或色温。

CRT是一种光谱很窄的发光显示器件，峰值波长与主波长差别较小，习惯上最关心的是参数"峰值波长"。

（2）余辉时间

电子束轰击荧光粉时，荧光粉分子受激而发光。当电子束轰击停止，荧光粉的发光并未立即停止，而是按指数规律衰减，这种特性称为"荧光粉的余辉特性"。

余辉时间定义为：电子束停止轰击后，CRT亮度下降到初始值的10%时所经历的时间。由于生产CRT的不同厂家采用不同的荧光粉以及测量环境条件的差异，测量的数据会略有不同。中国航空工业集团公司洛阳电光设备研究所（谢建英等）的测试结果表明，国内平显CRT常采用的荧光粉中，P1粉CRT余辉时间为19ms；P53粉CRT余辉时间为12～15ms。CRT发光时间特性曲线如图4-79所示。

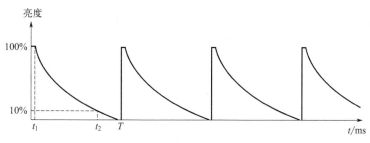

图 4-79　CRT 发光的时间特性曲线

（3）显示线亮度分布和线宽

CRT电子束截面的电流密度分布近似为高斯分布。当电子束在荧光屏上扫描出一条显示线时，沿截面方向的亮度分布也近似为高斯分布。国内平视显示器CRT的最大峰值亮度大于 $34000cd/m^2$。

CRT的显示线定义为：50%峰值亮度处亮度分布的宽度。在最亮状态下，线宽不会超过0.15mm。

平视和头盔瞄准/显示系统研发成功以来，一直使用阴极射线管作为图像源。实践已经证明，CRT图像源应用于机载领域存在以下问题：

① 为了满足 CRT、光学部件和高压电源（HVPS）的要求，造成显示系统体积大且重、工作电压和功耗高。

② CRT 图像源的接口和驱动电路采用模拟电路，无法适应日益数字化的战场需求。

③ CRT 和高压电子组件不耐冲击/振动，不利于提高系统的可靠性。

④ CRT 造成系统的全寿命周期成本（LCC）较高。

多年来，世界各国一直努力研发新型图像源。图像源调制技术的快速发展使各种显示器件〔例如，液晶显示器（LCD）、有机发光二极管（OLED）显示器和数字微镜装置（DMD）〕相继研制成功，在减小尺寸和重量，降低工作电压、功耗和热量等方面都有突出进步，并逐步替代了 CRT 图像源，从而使机载平视显示/头盔显示技术取得了飞速发展。

4.6.2　液晶显示图像源

1888 年，奥地利植物学家莱尼兹尔发现了液晶物质。

1889 年，德国物理学家 Lehmann 观察到了液晶现象。

1922 年，法国人菲尔德尔将液晶分为向列型、近晶型和胆甾型三种类型。

1968 年，美国 RCA 公司威廉姆斯发现了向列型液晶通电后动态散射模式，发表了分析向列型液晶动态散射现象的报告，正式提出液晶的电子显示概念，在国际上引起了极大轰动。

1985 年，成功研发出超扭曲向列型（STN）液晶，之后，液晶的研究向着实用化方向发展。

液晶具有一定的流动性，必须封装在容器中制成不同的显示器才能使用。液晶不发光，但对外界光很敏感，主要靠调制外界光实现显示。外界光线经过液晶后会产生光散射、光学密度调制或色彩变化，因此，液晶显示器是利用液晶的光调制效应，属于外界光或环境光调制器。

与商业民用平板显示器相比，机载军用平板式图像源对技术要求更为苛刻，包括以下关键技术：

① 高亮度（在眼睛处）。要求仅符号模式、仅视频模式以及视频模式＋符号模式的亮度分别达到 189fL、300fL 和 450fL，比普通商用平板显示器亮度高出约 8 倍。

② 显示符号对光栅视频的对比度为 1.5。CRT 是通过笔画法模式并以较大光束直径为代价增加亮度。而平板显示器没有笔画法工作模式，必须通过把符号插入光栅视频中和符号采用其它灰度来实现。

③ 在整个环境温度范围内（−35～＋51℃）进行工作。避免低温时出现拖尾效应、彗星长尾以及对比度降低等现象。

2001 年和 2004 年，美国罗克韦尔-柯林斯公司（Rockwell Collins）分别研发出基于液晶显示器和硅基液晶显示器的高分辨率平视瞄准/显示系统。

2002 年，英国 BAE 系统公司研发出以 DMD 作为图像源的平视瞄准/显示系统原理样机。

表 4-78 列出一些新型图像源在平视瞄准/显示系统中的技术性能。

表 4-78　新型显示器图像源的技术性能

参数	LCOS		DMD （微型激光光源）	透射型 LCD （LED 阵列光源）
	弧光灯光源	微型激光器		
亮度/fL	1550	1600	1800	1600

参数	LCOS		DMD （微型激光光源）	透射型 LCD （LED 阵列光源）
	弧光灯光源	微型激光器		
亮度变化	22％	N/A	＜20％	N/A
对比度(暗环境)	180∶1	200∶1	350∶1	200∶1
对比率(10kfc)	1.19∶1	1.2∶1	1.23∶1	1.2∶1
调光范围	20000∶1			
分辨率	≥XGA		XGA	
功率	＜CRT			
重量	＜CRT		≈CRT	＜CRT
NVG 兼容性	有			

注：N/A 表示不支持或达不到。

4.6.2.1　有源矩阵液晶显示器

20 世纪 80 年代，有源矩阵液晶显示器［尤其是薄膜晶体管液晶显示器（TFT-LCD）］有了飞速发展，无论色彩、分辨率和有效显示面积等性能指标都优于 CRT，得到了广泛应用，如图 4-80 所示。

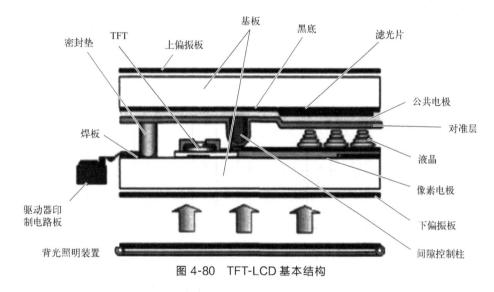

图 4-80　TFT-LCD 基本结构

与 CRT 图像源相比，有源矩阵液晶显示器（AM-LCD）的主要特点是：
① 功率、体积和重量均减少 50％以上。
② 可靠性提高一倍。
③ 制造和装配更简单。
④ 安全性和维修性得到改善。
⑤ 具有抗高能辐射和雷电的性能。
表 4-79 列出 RAH-66 "科曼奇" 直升机头盔瞄准/显示系统小型有源矩阵液晶显示器的主要技术性能。

表 4-79　小型 AM-LCD 的技术性能

参数	指标
显示格式	1280×1024(单色)
像素分辨率/(线/in)	1700
像素间距/μm	15
有源区域/in	0.76×0.61,对角线 0.96
总尺寸/mm	24.1×18.4
数据刷新率/(帧/s)	60
灰度等级/bit	8
对比度	>80:1
亮度/fL	1650
像素效率	47%
光传输	>10%
锥形观察角/(°)	40
工作温度(2min 加热)/℃	-35~65
最大响应时间/ms	<15

2013 年左右,中国电子科技集团公司第 55 研究所为平视瞄准/显示系统研制出一种分辨率 1280×1024 元 TFT-LCD 数字图像源,主要由控制系统、背光组件和显示屏组成,如图 4-81 所示。

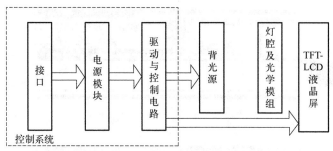

图 4-81　TFT-LCD 数字图像源工作原理

控制系统包括接口、电源以及驱动与控制电路部分,主要功能是将输入的 DVI 视频信号转换成能驱动 LCD 接口的视频信号,同时实现背光调亮控制和宽温工作控制。

背光组件包括背光源和灯腔两部分,背光源采用 LED 阵列,具有可靠、高效、经济、工作温度范围宽和调亮级数宽等优点。背光组件提供输出亮度高和均匀性好的面光源。

液晶显示屏组件采用基于高温多晶硅(HTPS)TFT-LCD 技术的投影液晶屏或定制的液晶屏。

TFT-LCD 数字图像源利用高亮度绿色 LED 作为背光照明,实现了数字可视化界面(DVI)视频输入显示、Gamma 校正、宽范围亮度调节和液晶屏低温自动加热等功能,亮度调节范围 0.2~30000cd/m² ,调节级数达到 60000 级。

4.6.2.2 硅基液晶显示器

硅基液晶（liquid crystal on silicon，LCOS）显示器是一种反射式液晶显示器，使用 CMOS 技术将周边驱动器和有源像素矩阵制作在单晶硅上，并以该晶片为基底封装液晶盒，因而，拥有小尺寸和高显示分辨率双重特性。

无论是大屏幕显示还是头盔显示，以 LCOS 显示屏为核心构成的平板显示器都由四部分组成（如图 4-82 所示）：

① LCOS 屏（包括显示芯片）。

② 显示控制器。

③ 光学系统。

④ 光源。

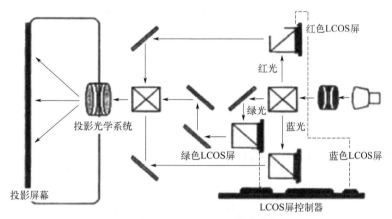

图 4-82　LCOS 显示器基本结构

表 4-80 列出使用 LCOS 图像源的平视瞄准/显示器的技术性能。

表 4-80　使用 LCOS 图像源的平视瞄准/显示器技术性能

参数	指标
显示屏亮度/fL	3289
对比度	1.2∶1
HUD 亮度/fL	1510
ANSI 对比度	50∶1
连续对比度	400∶1
调光范围	＞2000∶1
亮度变化	23%
最大亮度时的功率/W	95
MTBF/h	＞24000

4.6.2.3 硅基铁电液晶显示器

硅基铁电液晶（FLCOS）显示器是一种基于反射模式和采用微型矩阵铁电液晶（FLC）进行显示的器件。由于具有快速的开关速度（小于 $100\mu s$），通过在 CMOS 硅裸片表面覆盖一层 FLC 实现全彩色显示，以及采用 CMOS 制造工艺的高量产互联和封装技术，因此可实现微型化、低功耗和低成本，如图 4-83 所示。

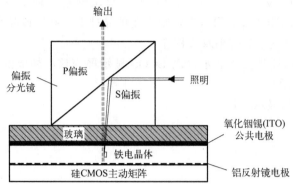

图 4-83　FLCOS 显示器结构示意图

FLCOS 微型显示器的主要特点：

① 与传统的向列液晶显示装置（开关时间 10ms）相比，开关时间小于 $100\mu s$。

② 在 CMOS 硅裸片上涂镀一层 FLC，从而在单一微型显示器上实现高品质全彩显示。

③ 采用 CMOS 制造工艺实现高产、微型、低功耗和低成本。

④ 采用 LED 光源，通过时间/空间调制可获得高亮度图像。

4.6.2.4　有机发光二极管显示器

有机发光二极管（OLED）显示器是一种由有机分子薄片组成的固态装置，主要包括上下基板、透明阳极、阴极、导电层、有机层和发射层，如图 4-84 所示。

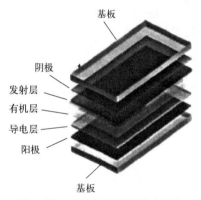

图 4-84　OLED 显示器基本结构

相对于传统的 LCD 显示方式，OLED 显示器具有以下特点：

① 属于自发光器件，无需背光照明，具有较高的可视度和亮度。

② 发光效率高。

③ 响应时间是 LCD 的千分之一。

④ 在 -40℃时仍正常显示。

⑤ 可以做成很薄或弯曲的柔软显示器，节约能量。

⑥ 制造工艺简单，成本低。

Kaiser Electronics 公司率先为 F/A-18E/F 和 F-22 飞机研制出使用硅基液晶图像源的下视显示器（HDD）。

罗克韦尔-柯林斯公司采用 LCOS 技术和高亮度绿色 LED 光源（包括一个非成像光学系统）研发出新型平视瞄准/显示系统，LED 照明器采用高亮度绿色 LED 和一个非成像光学系统，以保证均匀照明。LED 具有较大的调光范围，无须昂贵的液晶元件。照明器集光率与投影器集光率匹配，耦合损失最小。不需要彩色分离滤光器，进一步提高了对比度和效率。LED 照明器的峰值功耗大约是弧光灯的一半，因此，当外景亮度非常高时，节能效果非常显著。

图 4-85 是基于 LCOS 投影显示器的平视瞄准/显示系统工作原理图，表 4-81 列出主要技术性能（计算值）。

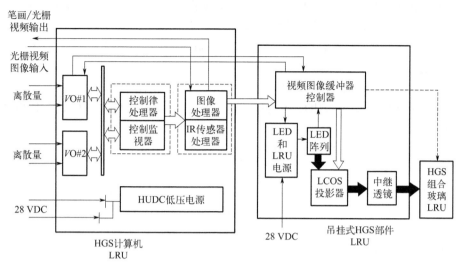

图 4-85　基于 LCOS 的平视瞄准/显示系统工作原理

表 4-81　硅基液晶平视瞄准/显示系统技术性能

参数		指标(设计值)
显示屏亮度/fL		3289
HUD 显示-真实外景对比率 (背景亮度 10000fL 条件下)		1.20
HUD 亮度/fL		1510
液晶显示屏	ANSI 对比度(样机)[①]	50∶1
	顺序对比度(样机)[②]	400∶1
调光范围		超过 20000∶1
照度变化		23％
电功率(最大值)/W		95
MTBF/h		24277
整个视场(头部无需移动)/(°)		≥36(H)×30(V)
眼盒范围/(″)		7(长)×6(宽)×2.75(高)
照明系统的峰值功耗		约为弧光灯的一半

① ANSI 对比度：美国国家标准委员会（ANSI）对显示对比度的一种测试方法。屏幕上显示 16 棋盘格黑白相间图案，在各方块处分别测定黑色亮度和白色亮度，以平均值得到的对比度值称为 ANSI 对比度（亦称"帧内对比度"）。

② 顺序对比度（sequential contrast）是对显示对比度的另一种测试方法：首先让液晶显示器全屏显示白色，测量亮度值，然后，全屏显示黑色，测量亮度值，以此得出对比度值，定义为顺序对比度，也称"全开全关对比度 FOFO（full ON full OFF）"。

应当强调，硅液晶显示器的两种背照光源分别是点光源（弧光灯）和窄激光扫描器。其中，弧光灯亮度低，特别是高性能飞机加速飞行时会使弧光灯变形，造成像质恶化；另外，由于液晶显示器的发光效率较低，需亮度极高的背照光源，若采用激光器作为背照光源，则除了受激光光源需要封装、可靠性和寿命等因素影响外，为实现激光扫描照射，还需要较为复杂的扫描传输机构，因而会增加体积和重量。

透射型液晶显示器使用发光二极管 LED 阵列作为背照光源，也属于被动式显示器件，本身不发光，利用电位差使电场中的液晶分子排列发生变化来调制透过晶体的光，从而实现字符/图像光线的亮度显示，在机载领域逐渐得到广泛应用。

与传统式平视瞄准/显示器相比，液晶式平视瞄准/显示器的主要特征是采用液晶图像源。主要优点：

① 工作电压低。液晶显示器是被动型显示器件，本身不发光，完全依靠调制外界光实现显示。有三种调制方式：冷阴极荧光灯、电致发光和发光二极管。最高工作电压分别为5V、200V 和 1000V。

阴极射线管（CRT）图像源的工作电压是 1.5 万～2 万伏，二者相比，显然，液晶显示器的安全系数高且工作寿命长（10000h 左右）。

② 功耗小，$10^{-9} \sim 10^{-6} \mathrm{W/cm^2}$，液晶显示器（LCD）功率减小 80%，而 CRT 仅灯丝功率就需要 2W；较低的功率减少了耗散热量，因而降低了对冷却技术的要求。

③ 亮度和光谱特性取决于外照光源。合理选择光源，就能获得足够的亮度和合适的光谱特性。例如，选用铊弧灯光源，峰值波长是 535nm，带宽 20nm。

以衍射光学平视瞄准/显示器为例，工作电压 10～30V，当光源功率达到 50W 时，通过全息组合玻璃后的字符亮度可达 2400fL。

④ 图像稳定，以数字寻址方式形成图像，不需要偏转放大器，消除了由此带来的定位误差，具有更高的可靠性和武器瞄准精度。

⑤ 简化驱动电路，实现数字化和集成化。

⑥ 体积减小 60%，重量减轻 70%。

缺点：亮度较低，液晶材料的工作温度较窄，响应速度较慢和亮度稍低。

小型平板液晶显示器的迅速发展，受到头盔瞄准/显示系统的重视，并逐渐在旋翼机和固定翼飞机上得到广泛采用。

表 4-82 列出头盔瞄准/显示系统采用的几种微型显示图像源。配置不同的照明光源，则具有不同的技术指标。为方便比较，表中附以小型 CRT 的相关性能。

表 4-82　头盔瞄准/显示系统中微型显示图像源技术性能

参数	CRT	AM-LCD	FLCOS	OLED
寿命/h	＞50000	30000～60000	20000～50000	＞100000
亮度/(cd/m^2)	＞300	＞300	300～1000	100～700
对比率	300：1～700：1	150：1～400：1	直至 2000：1	150：1～450：1
照明类型	光栅扫描	背光照明	反射照明	自发光
均匀性	中间更亮	边缘更亮	取决于照明光	极好
像素响应时间	1～3ms	1～30ms	1～100μs	＜1ms

4.6.3　数字微镜装置

数字微镜显示技术是机载平视和头盔瞄准/显示系统发展中的一项重要技术。与液晶显示技术相比，数字微镜显示技术作为图像调制器件的主要优势是：转换时间大约 15ms，比液晶快大约 1000 倍。

1987 年，美国得克萨斯仪器公司数字光处理分公司首次以微反射镜为基础，利用扭力铰链将反射镜悬吊起来,并采用数字化操作和控制,为光学信号和图像处理应用成功研发出一种新型投影显示系统——数字微镜装置(DMD),又称为数字光处理(DLP)装置,是微光机电系统(MOEMS)成功应用的一个例子。

DMD 是一个 MOEMS 光强度调制器阵列,虽然也利用背投显示技术,但不同于液晶背投显示技术,无需偏振器且填充因数非常高和反射率高达 60%。

这种系统的作用相当于一个光开关,每个开关都连接着一块十几微米数量级的正方形铝反射镜,可以在两个方向反射光线。

将 DMD 与一个合适光源和投影系统相组合,通过对入射光进行二元脉宽调制实现不同灰度。利用静态或旋转彩色滤光片并与一个、两个或三个数字微反射镜装置相组合实现彩色显示。

如图 4-86 所示,这种 DMD 使用了大量的微反射镜(简称微镜),每个微镜尺寸约为 $16\mu m \times 16\mu m$,安装在一个能够完成 $\pm 10°$ 倾斜的扭力支架上,在 32mm×32mm 芯片上可以形成 2048×1152 个像素的矩阵阵列。目前,可以批量生产 SVGA(800×600 像元)、XGA(1024×768 像元)和 SXGA(1280×1024 像元)高分辨率投影显示装置,对应着一百多万个反射镜面元。

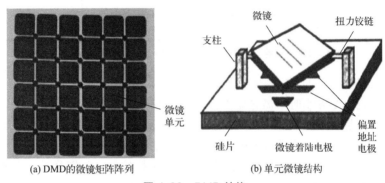

(a) DMD 的微镜矩阵阵列　　(b) 单元微镜结构

图 4-86　DMD 结构

DMD 器件制造在随机存取存储器(RAM)上,还设计有两个抵制电极和两块着陆衬垫。镜面与电极间在电容中形成的静电电荷可以使镜面向着 +5V 电极方向倾斜,直至搭上着陆衬垫。

DMD 的工作原理是:当扭力支架上的微镜面倾斜角为 $+\theta_L$ 时,镜面处于"打开"状态,可以将光线反射到投影显示屏方向;当微镜面处于 $-\theta_L$(或者平直)状态时,处于"关闭"状态,光线反射后偏离投影屏并被吸收,如图 4-87 所示。

DMD 芯片采用大功率光源照明,激光光源具有良好的单色性和高亮度。为了与夜视设备兼容以及在蓝色天空环境下工作,必须选择绿色固态激光器作为光源。由于采用 CMOS 电路进行控制操作,因而能够非常方便地显示和投射具有理想亮度和高分辨率的图像。

BAE SYSTEMS 公司首先利用得克萨斯仪器公司研制的 DMD 以及 Laser Quantum 公司研制的波长

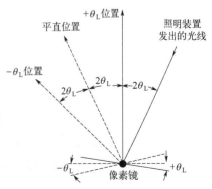

图 4-87　DMD 工作原理

532nm 和功率 1W 的钕激光器，成功研发出数字微反射镜式平视瞄准/显示系统，主要包括：准直光学组件（其中，采用镀有分层中密度膜系的双组合玻璃）、数字光引擎 DLE（包括调制器、扩束器、漫射屏和中继光学组件等，其中，中继光学组件将 DMD 图像中继转送到散射屏）、低功率绿光激光器（功率低于 0.5W）、电源管理、驱动和符号发生电子组件等，如图 4-88 所示。

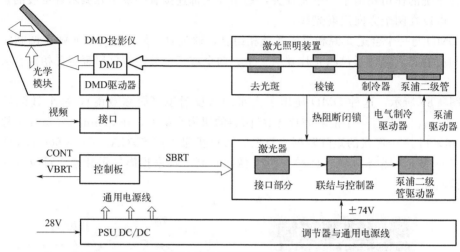

图 4-88 采用 DMD 显示器和激光光源的 HUD 工作原理

得克萨斯仪器公司对 DMD 测试结果表明，在 35～45℃ 工作温度下，预计寿命大于 10 万小时，可靠性大于 2 万小时，激光器寿命是 1.9 万～3 万小时。

系统技术指标是：利用 CRT 图像源的 HUD 的 MTBF 为 2000 小时，采用 DMD 作为图像源的 HUD 的预计 MTBF 值是 5000 小时，最高能达 7000 小时。

Flight Vision 公司将 DMD 作为平视瞄准/显示系统的数字化图像处理装置进行过研究，除了用 DMD 替换原来图像源外，其它组件基本不变，如图 4-89 所示。

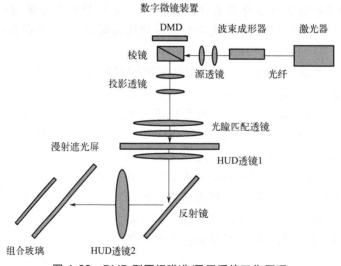

图 4-89 DMD 型平视瞄准/显示系统工作原理

该 DMD 型平视瞄准/显示系统包括以下部分：

① 激光器模块是一个双频波长的固态钕激光器,能产生 1064nm 波长的光,也能产生 532nm 绿光。寿命约 30000h,而 CRT 寿命 1000h。

② 波束成形器模块,将扇状输出激光整形为规则图形,并去除其上的斑点杂质,以获得完美的最终图像。

③ 连接光纤。

④ 源透镜。源透镜(双透镜结构)保证 1:1 的光束传输,双透镜的光学效率约 98%,形成直径 14mm 的图像,将激光输出光束聚焦至 DMD 表面。

⑤ 棱镜和 DMD 位于投影系统的中心部位。DMD 是一个 MEMS 光强度调制器阵列,利用数字电压信号控制微反射镜完成机械运动实现光学功能,完成光束输入的实际调制和图像成像。

DMD 反射表面的光学效率约 65%,棱镜既可照亮 DMD,又允许图像透过投影系统,其光学效率约 85%,因此,棱镜和 DMD 的总光学效率约 55%。

⑥ 将入射光线反射至投影光学系统上,投影透镜(光学透射率约 94%)将 DMD 产生的"亮""暗"图像投射到漫射屏(光学效率约 80%)上,作为 HUD 的图像源。

⑦ 漫射屏。作为 HUD 的图像源,该屏幕对显示质量至关重要,其颗粒度必须最小。

⑧ 准直光学系统(包括组合玻璃,光学透射率约 22%)将显示符号成像在无穷远,并投射在组合玻璃上,反射后供驾驶员观察和瞄准。

这种包括 DMD 的图像源系统是一种全数字化投影系统,接收数字化输入,完成必要图像处理,重新格式化,经时序控制、数字光转换,输出数字光学图像。照明光源可以是弧光灯或激光光源,采用激光光源更能大幅度提高亮度。

研究表明,全部光学系统的光学效率组合结果约为 9%。为了应用于机载平视显示器,激光光源必须输出约 500lm 的光通量才能满足对显示器的亮度要求,并需要注意激光散斑使像质恶化的问题。

微光机电系统设计和制造技术已经超出本书范围,有兴趣的读者请参考下列图书:

①《微光——元件、系统和应用》,2002 年,国防工业出版社。
②《微光机电系统》,2010 年,国防工业出版社。
③《微光学和纳米光学制造技术》,2012 年,机械工业出版社。
④《微机电系统——元器件、电路及系统集成技术和应用》,2020 年,机械工业出版社。

表 4-83 对不同图像源的优缺点进行了比较。

表 4-83　不同图像源的优缺点

显示器类型	优点	缺点
阴极射线管(CRT)	高分辨率,高亮度	体积大,重量大,头部装置有高压
电致发光(EL)	高分辨率,高对比度,低功耗,固态耐用	亮度低
液晶(LC)	高分辨率,具有彩色显示能力	光透射率低,瞬时响应慢
场发射显示器(FE)	高分辨率,固态	高亮度需要高电压
发光二极管显示器(LED)	高亮度,低电压,固态	高功耗,元件数量有限
数字微镜装置(DMD)	高分辨率,高对比度,高亮度,固态	制造工艺精度要求高

4.6.4　航电系统的全景投影显示器

早期的机载座舱显示器都是简单的机械表、电器仪表和机电伺服仪表的组合。

20 世纪 50～60 年代，研发出由发光显示管组成的综合指示仪表，但依然采用分制式显示方式，因此，座舱内排列着许多仪表，颇显拥挤。同时，飞行员必须低头从仪表中寻找所需信息以了解飞机状态。

20 世纪 70 年代，研制成功平视和头盔瞄准/显示系统，通过这些设备尽可能多地显示各种姿态数据。

20 世纪 80 年代，计算机控制技术和数据总线技术在机载火控领域广泛应用，研制成功多功能显示器。三代飞机装备的综合显示系统开始使用多个显示器，不仅能够反映本机的油量、挂载和雷达告警等状态，还可以显示战术路径和战斗姿态。

随着科学技术的进步，有源矩阵液晶显示器（AM-LCD）研制成功。1999 年，Lockheed Martin 公司和 Boeing 公司分别采用背投 AM-LCD 技术分别对机载座舱显示器进行改进，在 F-22 飞机和 F/A-18E/F 飞机上成功研制出投影式多功能彩色显示器（PPMFD）和数字化扩展彩色显示器（DECD）。但机载座舱显示系统仍是离散型结构：F-22 飞机装备有 6 个显示器（包括一个 8in×8in 多功能显示器、三个 6in×6in 多功能显示器和两个 3in×4in 显示器），F/A-18E/F 飞机装备有 4 个显示器。

在联合攻击战斗机（JSF）F-35 的研制过程中，Lockheed Martin 公司建议采用全景投影航电显示系统，即采用一个具有高分辨率的大面积全景屏幕覆盖整个仪表面板区域以及用一个综合触摸屏代替通常的标准按键仪表板，投影驱动器由 5 个光学模块组成，工作原理框图如图 4-90 所示。

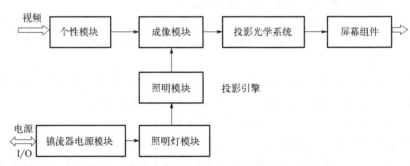

图 4-90　背投式全景航电显示系统光学工作原理

① 照明灯模块。短弧光灯或固态照明装置，主要功能是提供系统亮度。

② 照明模块。对光束整形以满足微显示器要求，将亮度均匀化以提高亮度均匀性。其中，宽动态范围电光调制器完成白天和夜间的屏幕亮度调整。

③ 成像光源模块，包括微显示成像装置和颜色分离/组合装置。照明光通过照明模块后与成像模块耦合，组合形成高清晰度的全色图像。

④ 投影光学系统。将成像模块形成的图像投射到大面积屏幕上。

⑤ 屏幕。

全景航电显示系统的优点：具有高清晰度、高透射性和低反射性，在阳光下具有可读性；在一个大的锥度范围内保持高亮度；具有良好的显示对比度（环境对比度超过 8∶1），且颜色、灰度和显示对比度不会随视角而变化。

图 4-91 是 F-35 飞机装备的全景投影航电显示系统。主要显示态势信息，传统的武器状态和飞行姿态可以融合到态势信息中显示，或者在头盔瞄准/显示系统（F-35 没有装备平视显示器）中显示，因而无需额外仪表或显示器。

(a) 全景投影航电显示系统的舱内配置图

(b) 全景投影航电显示系统的屏幕显示

图 4-91　全景投影航电显示系统

　　需要注意，多显示系统情况下，若屏幕发生故障，则其上显示的数据可以转换到另一屏幕上继续显示，但是，当机载显示系统的诸多功能集中在单一的全景航电显示系统时，必须重视"可靠性"问题，即"单点失效"问题。较好的方法是借助一个具有相同功能的备用装置或模块提供足够的冗余度。例如提供两个性能完全相同的照明灯，若使用的照明灯发生故障时，自动开启第二个照明灯，如图 4-92 所示。

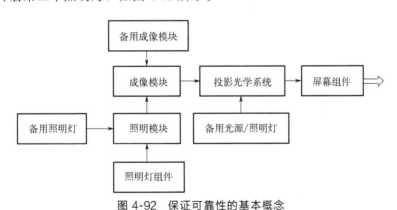

图 4-92　保证可靠性的基本概念

　　无论是军用飞机或者民用飞机，全景投影航电显示系统能够给飞行员更快速和更准确地传递信息，因此，引起航电领域的极大兴趣。主要特点是：

　　① 依靠大屏幕全景投影航电显示系统可以调整视界大画面，从而提高飞行员的态势感知能力。对于战术飞机，能够在同一时间观察整个威胁地区，并能观看和管理来自机外的信息

源（包括指挥部、无人机 UAV、机载报警与控制系统 AWACS、地面车辆和其它飞机等）。

② 飞行员可以将来自所选定的被攻击飞机（车辆和舰船）的视频图像与收到的卫星图像进行比较，通过调整使视频窗口画面最大化，从而确认实际目标是否是正确的攻击目标。一旦确认，直接对目标进行攻击。

③ 一些飞机/车辆/舰船装备的小型低清晰度的显示器或者因无法接收到机外信息而不能清楚确认目标，那么，装备有全景投影航电显示系统的飞机飞行员就可以帮助其实时完成决策处理，从而明显缩短从目标识别到摧毁目标之间的反应时间。

④ 全景投影航电显示系统代替多个分离显示器，取消了不必要的仪表和仪表面板，可以降低成本、重量、功耗和提高可靠性。

⑤ 与完全外场可更换组件（LRU）的普通航电显示器不同，全景投影航电显示系统中只有电光组件作为外场可更换模块，而屏幕分开封装。因此，LRU 组件相对小型化，并易于安装和维护。

参考文献

[1] 李育林. 摄像机 CCD 与 CMOS 图像传感器工作原理 [J]. 科技经济导刊，2019，27（25）：45-46.

[2] 蔡俊良. 航空摄影的进展 [J]. 感光材料，1995（1）：8-15.

[3] 代永平，等. 硅基液晶显示器研究进展 [J]. 液晶与显示，2002，17（5）：363-370.

[4] 雷念平. 平视显示器发展：未来的综合视觉的视网膜显示器 [J]. 电光与控制，1997（2）：61-62.

[5] 王立伟，等. 国外军用飞机平视显示器的发展 [J]. 红外与激光工程，2007，36（9）：579-580.

[6] Billings M, Fernandez J, Fittanto J, et al. Development of an advanced multifunction Head Up Display using DMD-Laser light engine [J]. 张阳阳，译. SPIE，2002，4712.

[7] Bartlett C T. The flat panel head-up display [J]. SPIE，2000，4022.

[8] Billings M. CRT Replacement for the next generations Head-Up Display [J] SPIE，2000，4022.

[9] 陆南燕，等. CRT 替代技术在军用飞机平视显示器中的应用 [J]. 红外与激光工程，2006，35（增刊）：464-470.

[10] 高稳宁. 液晶显示器与阴极射线管显示器的比较 [J]. 电子工程，2004（3）：51-55.

[11] 曹新亮，等. 两种图像传感器性能特点的对比分析与研究 [J]. 延安大学学报（自然科学版），2007，26（1）：27-43.

[12] 刘红漫. 国外头盔夜视镜系统的发展概况 [J]. 电光与控制，1996（2）：38-43.

[13] 孙滨生. 平板显示器促进头盔显示器的发展 [J]. 电光与控制，1996（3）：21-27.

[14] 陈闽，等. 电子倍增 CCD 微光传感器件性能及其应用分析 [J]. 电光与控制，2009（1）：47-50.

[15] 李春亮. 飞行员夜视成像装置适用的第三代增强器 [J]. 电光与控制，1992（4）：37-42.

[16] 田金生. 微光像传感器技术的最新进展 [J]. 红外技术，2013，35（9）：527-534.

[17] 徐江涛，等. 微光像增强器的最新发展动向 [J]. 应用光学，2005，26（2）：21-23.

[18] 孙夏南. 微光像增强器亮度增益和余辉测试技术研究 [D]. 南京：南京理工大学，2012.

[19] 金伟其，等. 微光像增强器的进展及分代方法 [J]. 光学技术，2004，30（4）：460-464.

[20] 李晓峰. 第三代像增强器研究 [D]. 北京：中国科学院，2001.

[21] 曾桂林，等. 微光 ICCD 电视摄像技术的发展与性能评价 [J]. 光学技术，2006，32：337-343.

[22] 艾克聪. 微光夜视技术的现状和发展设想 [J]. 应用光学，1995，16（3）：11-22.

[23] 周立伟. 微光成像技术的发展与展望 [C]//母国光. 现代光学与光子学的进展. 天津：天津科学技术出版社，2003.

[24] Baker I, Owton D, Trundle K, et al. Advanced infrared detectors for multimode active and passive imaging applications [J]. Infrared Technology and Applications XXXIV SPIE，2008，6940：831-841.

[25] Destéfanis G, Tribolet P, Vuillermet M, et al. MCT IR detectors in France [J]. Infrared Technology and Applications XXXVII SPIE，2011，8012：999-1010.

[26] 张雪，等. 红外探测器发展需求 [J]. 电光与控制，2013，20（2）：41-45.

[27] 吴桢干. 非制冷型红外探测器达到新的性能水平和成本目标 [J]. 红外，2013，34（3）：40-46.

[28] 田种运，等. 红外焦平面组件的近期发展 [J]. 电光与控制，1998 (2)：57-62.

[29] 张臣. 半导体量子阱材料 [J]. 半导体材料，2001，38 (6)：18-20.

[30] 卫婷婷. 量子阱红外探测器研究现状及展望 [J]. 科技信息，2009 (12)：94-96.

[31] 连洁，等. 量子阱红外探测器的研究与应用 [J]. 光电子激光，2002，13 (10)：102-109.

[32] 邢伟荣，等. 量子阱红外探测器最新进展 [J]. 激光与红外，2013，43 (2)：144-147.

[33] 中国国家标准化管理委员会. 红外焦平面阵列参数测试方法：GB/T 17444—2013 [S]. 2013.

[34] 方家熊. 红外探测器技术的进展 [C] // 母国光. 现代光学与光子学的进展. 天津：天津科学技术出版社，2013.

[35] 张敬贤，等. 微光与红外成像技术 [M]. 北京：北京理工大学出版社，1995.

[36] Hudson R D. 红外系统原理 [M]. 红外系统原理翻译组，译. 北京：国防工业出版社，1975.

[37] Rogalski A. 红外探测器 [M]. 周海宪，程云芳，译. 北京：机械工业出版社，2014.

[38] Brown R D. Performance assessment of an LCOS-based head-up display [J]. SPIE, 2004, 5443.

[39] 邵铭，等. 1.06μm 激光对 CCD、CMOS 相机饱和干扰效果的对比研究 [J]. 应用光学，2014，35 (1)：163-167.

[40] 史衍丽，等. InGaAs 固体微光器件研究进展 [J]. 红外技术，2014，36 (2)：81-88.

[41] 吴晗平. 军用微光夜视系统的现状与研究 [J]. 应用光学，1994，15 (1)：15-19.

[42] 潘京生，等. 铟镓砷焦平面阵列在微光夜视应用中的潜力及前景 [J]. 红外技术，2014，36 (6)：425-432.

[43] 冯涛，等. 非制冷红外焦平面探测器及其技术发展状态 [J]. 红外技术，2015，37 (3)：177-184.

[44] Belt R A, et al. Miniature Flat Panels in Rotary Wing Head Mounted Display [J]. SPIE, 1997, 3058.

[45] Kalmanash M H. Panoramic Projection Avionics Displays [J]. SPIE, 2003, 5080.

[46] Honener S J, et al. Integration of Projection Displays into Military and Commercial Aircraft Cockpits [J]. SPIE, 2002, 4712.

[47] 张宜妮，等. 一种新型真空型紫外成像探测器 [J]. 应用光学，2007，28 (2)：159-164.

[48] 郭晖，等. 向短波红外延伸的微光夜视技术及其应用 [J]. 应用光学，2014，35 (3)：476-483.

[49] 刘智超，等. 新型微光成像器件及应用 [J]. 红外技术，2015，37 (8)：701-706.

[50] 姬文晨，等. 透射式红外光学系统的光机热集成分析 [J]. 红外技术，2015，37 (8)：691-695.

[51] 吕衍秋，等. 锑化物红外探测器国内外发展综述 [J]. 航空兵器，2020，27 (5)：1-12.

[52] 蔡毅，等. 红外成像技术中的 9 个问题 [J]. 红外技术，2013，35 (1)：671-682.

[53] 周建军，等. 高温碲镉汞中波红外探测器的国内外进展 [J]. 红外技术，2017，39 (2)：116-124.

[54] 张卫峰，等. InGaAs 短波红外探测器的研究进展 [J]. 红外技术，2012，34 (6)：361-365.

[55] 邓广绪，等. 微光像增强器自动门控电源技术研究 [J]. 红外技术，2012，34 (3)：155-158.

[56] 孙晓娟. GaN 紫外探测器材料的 MOCVD 生长及器件研究 [D]. 北京：中国科学院，2012.

[57] 苏玉辉，等. 热电制冷 HgCdTe 中波红外探测器的研制 [J]. 红外技术，2017，39 (8)：700-703.

[58] 潘京生，等. 适用于昼夜视觉的微光 CIS [J]. 红外技术，2016，38 (3)：181-187.

[59] 姚立斌，等. 数字化红外焦平面技术 [J]. 红外技术，2016，38 (5)：357-366.

[60] 刘效东，等. 玻璃微光管及其应用 [J]. 红外技术，2003，25 (5)：72-75.

[61] 张云熙，等. 第Ⅲ代微光夜视仪的应用和展望 [J]. 应用光学，1985 (3)：1-8.

[62] 金伟其，等. 微光像增强器的进展及分代方法 [J]. 光学技术，2004，30 (4)：460-463.

[63] 王高，等. CMOS 图像传感器的发展现状 [J]. 华北工业学院测试技术学报，2000，14 (1)：60-65.

[64] 寇玉民，等. CCD 图像传感器发展与应用 [J]. 电视技术，2008，32 (4)：38-42.

[65] 吴力民，等. 红外探测器比探测率与光学系统工作温度关系研究 [J]. 航天返回与遥感，2010，31 (2)：36-41.

航空光学工程

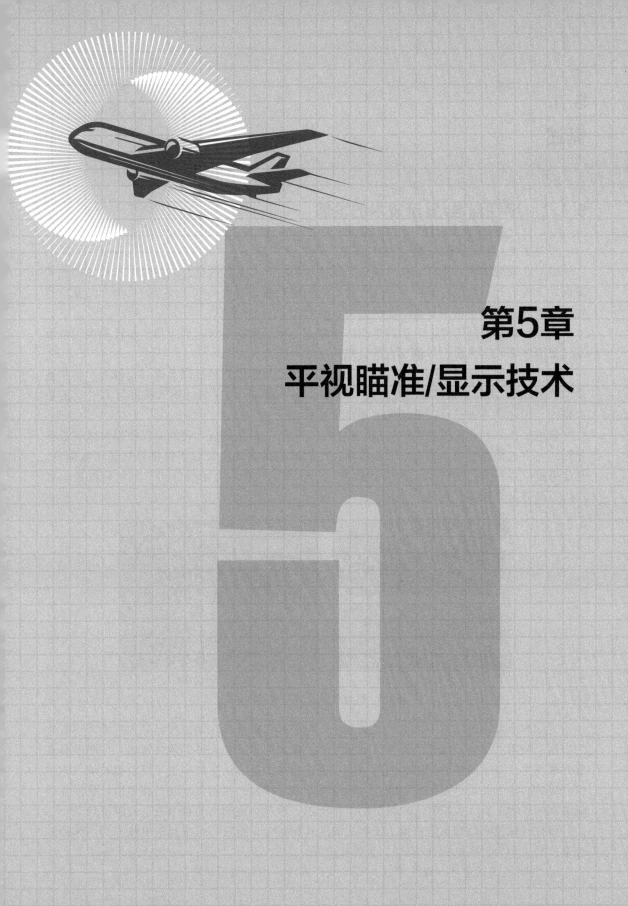

第5章
平视瞄准/显示技术

5.1
概述

5.1.1 平视瞄准/显示技术的发展

平视瞄准/显示技术的概念可追溯至第一次世界大战。

航空业发展初期，飞行员执行任务主要依靠目视和耳朵接收信息。随着电子技术的快速发展，飞机上开始增设电子设备替代飞行员的主观判断，其中机电式仪表的典型产品是空速表、高度表、姿态指示仪和显示航向的罗盘，如图 5-1(a) 所示。

为了空战瞄准的需要，人们将早期陆军使用的枪炮瞄准系统，即类似于步枪瞄准用的准星式瞄准环安装在飞机上，供飞行员目视操纵武器瞄准。

后来受陆地望远镜工作原理启发，飞机上安装了望远镜式机载瞄准具（也称为"阿尔迪斯"瞄准具），由完全机械瞄准方式转为光机型瞄准形式。由于望远镜式瞄准具有一定的放大倍率，因此，驾驶员可以更清晰地观察更远目标。

微电子技术和计算机技术的进步，使数字式电子显示技术成为可能，以模拟量或者数字量形式将上述信息显示出来，显示器从单一功能改进为多功能。除了提供目视显示数据外，还能够提供各种飞行导航信息和瞄准数据，并分别显示在主显示器（PFD）和导航显示器（ND）屏幕上，如图 5-1(b) 所示。

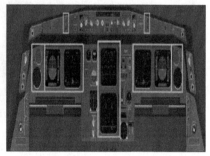

(a) 机载机电式仪表　　　　　　　(b) 电子飞行仪表系统

图 5-1　机载机电式/电子式飞行仪表

光学瞄准具出现于第一次世界大战期间，但视准式瞄准具在第二次世界大战中才得到广泛应用。利用（等效）大孔径目镜（或放大镜）成像原理，扩大外界观察视场，使瞄准具在有效视场内具备了简单的测速和测距功能。更为巧妙的是利用一块半透半反射镜玻璃（俗称组合玻璃）将大孔径目镜形成的图像（瞄准光环或十字线）投射到驾驶员视界内，叠加在机舱外实际景物上，大大减轻了驾驶员的工作负担，因此，也称为"视准反射式瞄准具"。

模拟计算机和陀螺稳定机构与反射式瞄准具相结合，组成一台集光机电技术为一体的综合瞄准具，称为"机电式瞄准具"。主要特点是：

① 同时使用固定环（或十字线）和可变环瞄准，增加测距功能。

② 利用方位和俯仰扫描镜，有效跟踪目标。

③ 进行火控计算的模拟计算机和陀螺稳定机构的应用，使光学瞄准具的瞄准精度得到很大提高。

根据陀螺稳定装置的安装方式，跟踪瞄准技术分为两种类型：

一种跟踪瞄准方式是将陀螺装置设计在光机系统内，控制方位和俯仰反射镜的运动从而完成目标的跟踪和瞄准，称为"陀螺瞄准具"。

另一种跟踪瞄准方式是将陀螺装置置于视准式瞄准具之外，将方位、俯仰和横滚信息提供给计算机，计算后传输给伺服系统，控制视准式瞄准具内部的方位和俯仰反射镜运动，实现跟踪和瞄准，因此，称为"光学瞄准具"。

空战中，飞行员为了解本机的飞行状态，需要不断观察各种仪表的显示信息，还要随时对地形变化、起飞/降落条件和障碍物进行目视。在交替观察舱外目标和舱内仪表时，眼球反复调焦，视觉极易瞬时中断，影响飞行员的反应和操作，在战场态势瞬息万变情况下很可能贻误战机，尤其是当飞机进行低空飞行、编队飞行、作战、对地攻击和进场着陆时，飞行员更不希望出现该情况，而希望能连续关注目标。对于军用飞机，在恶劣气象条件下低空飞行时，要求驾驶员以最快的速度发现障碍物，并马上测出飞机的精确位置，否则会严重影响其操作和对外观察，甚至造成机毁人亡。

第二次世界大战以来，飞机性能有了显著提高，但座舱仪表的布局没有根本性改变，仪表板仍然安装在飞行员下视场，因此，在驾机执行任务时，仍需经常低头观察下侧仪表板以了解飞行信息，例如高度、空速、本机姿态、航向、升降速度等。而利用视准式瞄准具环板产生的符号形状简单（通常是菱形），数量很少，仅出现光环、目标距离和接近速度等信息。20 世纪 50 年代，以 F-4 飞机为代表的双座战斗机采用圆形分度盘机电仪表式的座舱，就是这种结构的代表。

简单地利用环板产生和显示的信息量远远不能满足要求。高亮度阴极射线管（CRT）和轻便计算机的出现促进了显示技术的发展，现代 CRT 显示器比电子机械式更具可靠性，允许飞行员观察到更多画面内容（包括瞄准信息），并能改变显示画面以适应战场需求。

1955 年，首次提出由阴极射线管图像源和轻便计算机组成平视瞄准/显示系统的预研方案。

1958 年，设计出世界上第一台军用飞机平视瞄准/显示系统，自此，使用阴极射线管（CRT）取代环板结构，将电子机械式显示器推向新的阶段——光电式平视瞄准/显示系统，从一种简单装置发展成为较完整和较复杂的瞄准/显示系统，成为现代攻击机航空电子系统中必不可少的设备。

20 世纪 50 年代末～60 年代初，为了完善平视瞄准/显示系统的显示字符信息，英国皇家航空研究院（RAE）首先利用电子管和模拟式信息处理技术产生和显示符号，此后，又采用阴极射线管（CRT）作图像源，开始研究带有水平线和飞机参考符号的平视瞄准/显示系统，希望研发出一种全电子化的平视瞄准/显示系统代替机电式陀螺瞄准具，将飞机上大量的仪表和瞄准信息全部集成和显示在平视瞄准/显示系统上。

20 世纪 60 年代中期，Gilbert Klopfstein 首次提出具有合成跑道轮廓功能的平视瞄准/显示系统，有效地提高了飞机起飞和着陆的安全性。

随后，英国马可尼公司、史密斯工业公司、BAE 系统公司以及斯佩克托公司和埃利奥特公司（研制的 HUD-WAS664 型平视显示/瞄准系统最早亮相于汉诺航空展览会）相继开始研究平视瞄准/显示系统。

与光学瞄准具相比，平视瞄准/显示系统的改进包括：

① 图像源由阴极射线管（CRT）替代环板结构。

② 数字计算机代替了模拟计算机。

此两项重要改进使电子式平视瞄准/显示系统进入实用阶段，不仅能显示比光学瞄准具更丰富的火控信息，而且能以符号形式显示起飞、导航、地形跟踪和着陆参数，以及飞机高度、空速、升降速度、姿态和航向等。因此，平视瞄准/显示技术实际上是包括平视瞄准技术和平视显示技术，简称为平视显示技术，英文全称 head-up display，为区别于"下视显示器（head-down display）"，译为"平视显示器"（缩写 HUD），俗称"平显"。

需要注意，为民用飞机设计的平视显示器，没有瞄准方面的火控信息，仅显示导航信息。为了避免混淆，本书将同时提供瞄准和导航信息的显示装置称为"平视瞄准/显示系统"，仅能提供导航信息的显示装置称为"平视显示器"。

军用飞机的平视瞄准/显示系统通常安装在座舱中央仪表板的上方，为了不影响飞行员在紧急状态下的弹射功能，需要紧贴座舱盖放置，如图 5-2(a) 所示。对于民用飞机，由于机舱空间稍大些，通常采用吊装式结构，位于驾驶员头顶上方，并采用可折叠式（或收放式）组合玻璃，如图 5-2(b) 所示。

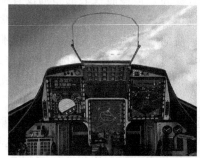 

(a) 军用飞机平视瞄准/显示系统

(b) 民用飞机吊装形式的平视显示器

图 5-2　平视瞄准/显示器在飞机上的安装

最初研制平视瞄准/显示系统是为了辅助解决海军飞行员在航母甲板上降落飞机的难题，尤其在恶劣气候条件下，飞行员必须集中全部精力注意降落环境，若此时要求飞行员通过观察飞行仪表控制飞机，则相当困难。为此，提出一种全新的设计概念，即希望将仪表显示信息与外部场景组合在一个画面内，可供驾驶员连续观察和工作。这种新概念引起了机载瞄准/显示系统和座舱仪表配置方案的重大变化，从此开启了现代化平视瞄准/显示系统的研制。

1962 年左右，Elliot Bros 公司（马可尼公司前身）研制的平视瞄准/显示系统首次装备在 A-5 "海盗" 舰载攻击机上，如图 5-3 所示。

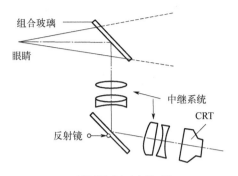

(a) 平视瞄准/显示光学系统

(b) 平视瞄准/显示系统外形

图 5-3　美国海军 A-5 舰载机平视瞄准/显示系统

20 世纪 60 年代末，平视瞄准/显示系统首先装备在战斗机上，并相继应用于运输机、民航机、直升机和航天飞机上。

20 世纪 70 年代后，美国、法国、苏联开始研制机载平视瞄准/显示系统，并陆续批量装备部队，使得平视瞄准/显示技术在航空领域得到普遍应用。例如，美国 A-7 攻击机、F-14、F-15、F-16、F-18 和 A-10，以及幻影 2000、狂风和美洲豹以及 A380 和 A400M 都普遍列装了平视瞄准/显示系统，中国也研发了多种型号的平视瞄准/显示系统并陆续装备部队，成为军用作战飞机的必装设备。

随着科学技术的快速发展，更多新技术应用于平视瞄准/显示系统中，以获得更高性能和更广的应用范围，民用航空领域也开始应用。

1975 年，法国达梭飞机公司在 Mercure 飞机上和美国麦克唐纳-道格拉斯飞机公司为 MD-80 系列商用飞机配装导航用平视显示器，Honeywell 公司还为民机提供平视显示指引系统、增强视景系统（EVS）、合成视景系统（SVS）等产品。

20 世纪 80 年代后，随着现代科学技术的快速发展，衍射光学平视瞄准/显示系统、液晶平视瞄准/显示系统、光学波导平视瞄准/显示系统和 MEMS 平视瞄准/显示系统开始应用于航空领域。

综观其发展历史，每个阶段都有独特的技术特点，或者里程碑式的变化，如表 5-1 所列。

表 5-1　平视瞄准/显示系统的发展历程

年代	系统	简图	特点
20 世纪 10 年代	带准星瞄准环		考虑了目标速度（目标进入环内，偏离准星一个角度），瞄准环可以使飞行员在偏侧设计中进行偏离对准
20 世纪 20 年代	望远镜式瞄准具		能减轻飞行员的瞄准任务,但视场受到限制

年代	系统	简图	特点
20 世纪 30 年代	视准式反射瞄准具		伴随视场显示方式的改进,简化了目标瞄准
20 世纪 40 年代	机电式(或模拟式)瞄准具	模拟计算机	具有伺服光环的陀螺瞄准具,采用机电式或模拟式计算机,提高了瞄准精度,但非可变符号的安排受到限制
20 世纪 50 年代	电子式(或数字化)瞄准具	数字显示计算机	阴极射线管和数字显示计算机的引进极大地增加了显示的多用性。符号能依飞机性能、环境条件、目标类型和运动的变化而不断改变
20 世纪 60 年代	双层组合玻璃式普通平视瞄准/显示系统,瞬时视场 16°×14°		包括嵌入式驾驶员控制板、超高压装置和偏转放大器以及综合武器瞄准和显示计算机
20 世纪 70 年代	衍射光学平视瞄准/显示系统,瞬时视场 25°×17°		采用字符和光栅视频显示、CRT图像源、模拟电路和衍射光学系统
20 世纪 90 年代	液晶平视显示/瞄准系统(早期称为广角全息平视瞄准/显示系统),瞬时视场 30°×20°		采用数字图像源、数字电路和计算全息技术
21 世纪 00 年代	波导光学平视瞄准/显示系统,瞬时视场 35°×24°		采用小型数字图像源、系统及封装电路(SIP)和全息波导技术
21 世纪 10 年代	MOEMS(微光机电)平视瞄准/显示系统		采用激光像源、专用集成电路(ASIC)和 MEMS 微光学元件

5.1.2　军用平视瞄准/显示技术

平视瞄准/显示技术源自并主要应用于军事航空领域,大致分为以下几个重要阶段。

（1）第一阶段:视准式光学瞄准具

1935 年,继环星式和望远镜式机载瞄准具后,成功研制出视准式光学瞄准具,是第一个具有完整光学系统的战斗机用机载瞄准具。

工作原理:利用光学准直系统将透光环板产生的固定光环以平行光形式成像在无穷远,飞行员只要套住目标即可射击,突破了以机械符号显示信息的传统方法,开辟了光学符号显示飞机信息的新途径。

该瞄准具虽然没有称为"平视瞄准/显示系统",而且其图像源是环板结构(包括固定环和/或可变环),但代表着平视瞄准/显示技术最基本的成像概念和工作原理,并确立了机载平视瞄准/显示系统使用大孔径目镜成像系统以及利用组合玻璃将图像符号叠加在驾驶员外界视场上的基本成像形式。

(2)第二阶段:普通光学平视瞄准/显示系统

随着高亮度CRT图像源和数字计算机的出现,现代CRT显示器比电子机械式更可靠,允许飞行员改变显示画面以适应飞行需要。

该阶段瞄准/显示系统的标志性进步是以阴极射线管(CRT)图像源代替环板结构,同时采用数字计算机对各种信息进行采集、处理和传输,从而将相关信息直接显示给驾驶员。

阴极射线管图像源(CRT)在亮度、分辨率和对比度等方面具有优势,但存在体积、重量、功耗以及寿命等问题,例如其平均故障间隔时间约为2000h。该系统采用折反射式光学成像系统,称为普通型平视瞄准/显示系统(简称为"平视显示器"),以区别之后利用全息光学技术研发的衍射光学平视瞄准/显示系统(DHUD)。

1978年,洛阳电光设备研究所开始研制普通型机载平视瞄准/显示系统。1981年,完成样机,1982年,完成试飞。

1984~1985年,西北光学仪器厂引进英国马可尼公司的956型平视瞄准/显示系统生产技术(瞬时视场±6°,全视场±10°)。

1995年,我国自行研制的机载平视瞄准/显示系统开始装备部队。

随着航空技术的进步,飞机上除装备雷达一类全天候捕获目标的传感器外,逐渐开始装备微光电视和前视红外等新型夜视设备,从而使飞机在夜间和不良气象条件下具有全天候攻击能力。

起初,微光电视和前视红外系统形成的图像都是利用机载电视设备单独显示,飞行员交替观察攻击瞄准符号和电视系统显示的夜间外景图像,既不方便也易疲劳。

20世纪70年代,英国马可尼公司开始研发光栅扫描式平视瞄准/显示系统代替笔画法显示字符的平视瞄准/显示系统,从而直接与微光电视或前视红外等传感器交联使用,并通过光栅扫描方式显示夜间外景图像,犹如叠加白天外景一样,在单个显示画面上可以清晰看到夜间外景和不同飞行阶段的操作信息,满足了夜间和低能见度条件下"平视"飞行要求。

西德特尔迪克斯公司研制成功的大视场光栅平视瞄准/显示系统,采用反射式光学系统,凹面反射镜将阴极射线管显示的字符/图像传输给凹面组合玻璃(准直系统),视场增大到$(20°~25°)$(V)$×(40°~45°)$(H),并与微光/红外电视等夜视设备交联使用。

1976年,美国首先为A-7E飞机装备了光栅平视瞄准/显示系统。

随着飞机性能的不断提高,飞行任务越来越复杂,与光学系统相关的一些技术性能已不能满足需要,人们开始对平视瞄准/显示系统的光学系统提出新的要求,包括增大视场、提高字符亮度以及减少体积和重量等。

实践证明,单纯依靠增大光学系统通光孔径、减小光学系统焦距已无法满足增大瞬时视场的要求,为此,提出过不同的解决方案:

① 采用双组合玻璃代替单组合玻璃,保证在双目观察条件下,可以扩大俯仰方向瞬时视场,是普通平视瞄准/显示系统扩大瞬时视场的主要方法。

② 采用"反射式光学系统"结构,即将组合玻璃设计为曲面反射镜形状,用作准直光学系统的最后一个元件,通过增大组合玻璃尺寸或减小眼睛到组合玻璃的距离达到增大瞬时视场的目的。

③ 采用潜望式(利用潜望棱镜式显示系统代替普通的光学显示系统) 或潜入式(为运输机研制的顶部吊装式) 平视瞄准/显示系统结构形式。

对于这种类型的平视瞄准/显示系统，由于光学系统的自身特点，无论采用哪种改进型结构，瞬时视场总是小于总视场，视场与重量和体积之间以及组合玻璃透射率与反射率之间的矛盾都无法从根本上得到解决。因此，利用新技术研发新型平视瞄准/显示系统势在必行，广泛采用的方法之一是利用全息光学技术研发衍射光学平视瞄准/显示系统。

(3) 第三阶段：衍射光学平视瞄准/显示系统

1976 年，美国休斯/史密斯公司研制出第一台衍射光学平视瞄准/显示系统，与微光电视连用，组合玻璃外景透射率和显示字符反射率分别达到 85% 和 80%，最大符号亮度达到 5000fL，光栅扫描显示亮度达到 1200fL，在 10000fL 环境亮度下，字符对比率为 1.6，视场达到 35°×20°，比普通的折射式平视瞄准/显示系统（瞬时）视场扩大了近三倍。不仅提高了叠加在外景上的字符亮度、减少寄生杂像和反射次数，还能满足前视红外/微光夜视大视场的显示需要，保证导航航线点位置和近距目标捕获具有更高精度。

1979 年，洛阳电光设备研究所开始研发衍射光学平视显示/瞄准系统。

1980 年，马可尼公司为美国空军 F-16C/D、F-15E 和 A-10 飞机的夜间低空导航和瞄准红外系统（LANTIRN）研制成功光栅式衍射光学平视瞄准/显示系统。

衍射光学平视瞄准/显示系统与普通型平视瞄准/显示系统的显著区别是采用全息组合玻璃代替普通组合玻璃。

衍射光学平视瞄准/显示系统的组合玻璃是利用光学全息/计算全息技术制造出的透射型或反射型衍射光学成像元件。根据需要，可以是单片结构（例如美国休斯公司和飞行动力公司研制的产品）或者多片结构（英国马可尼公司研制的产品）。

衍射光学平视瞄准/显示系统成像原理是光的折射/衍射理论而非普通的折射/反射理论。由于全息组合玻璃是采用全息技术制造，因此，也称为"全息光学平视瞄准/显示系统"。

衍射光学平视瞄准/显示系统优点：

a. 显示总视场/瞬时视场大。根据全息光学元件记录和再现理论，设计结果表明，瞬时视场等于总视场，达到 35°(H)×20°(V)，是普通平视瞄准/显示系统的两倍。

b. 显示图像/字符的亮度高。全息组合玻璃的重要特性之一是具有非常窄的光谱选择特性。在保证一种窄光谱（例如显示字符的绿光谱）具有高衍射效率的同时，其它可见光（例如外界目标光）光谱具有高透射率，即衍射光学系统在不降低外界景物目标光线透射传输下，更有效地利用了图像源的光能量，大大提高了字符的显示亮度。

c. 提高了系统可靠性。计算表明，由于全息组合玻璃衍射效率远大于普通组合玻璃的反射率，字符显示亮度也比普通显示器高两倍。换句话说，在保持相同的字符显示效果下，可以使阴极射线管的亮度减半，延长了图像源的使用寿命和系统的可靠性。

(4) 第四阶段：液晶/衍射光学平视瞄准/显示系统

美国空军航空电子实验室与休斯公司合作研制的液晶/衍射光学平视瞄准/显示系统，与上述普通衍射光学平视瞄准/显示系统的结构和性能基本相似，区别是利用液晶显示器（LCD）作为图像源，代替了传统的阴极射线管（CRT），解决了 CRT 图像源的高压问题，提高了产品可靠性，显示图像稳定，质量好。另外，数字和字符可以显示为单色或者双色（例如显示双色以示告警），使显示信息更为丰富。

液晶图像源电路设计简单灵活，线路占用空间小，功耗小，整个系统体积小和重量轻，光学系统重量仅 8 磅（约 3.6288kg）。同时，字符书写容量不受显示亮度的限制，可以增大容量。

液晶/衍射光学平视瞄准/显示系统简称为"集成式平视显示器",首先装备在 F-22 以及 EF-2000 飞机上。

（5）第五阶段：波导光学平视瞄准/显示系统

无论普通型还是衍射型平视瞄准/显示系统的光学系统都是准直光学系统，尤其是设计衍射光学系统时，必须采用结构复杂（包括非球面、偏心/倾斜透镜以及图像源倾斜等）的中继光学系统才能校正全息光学元件大离轴角产生的像差。

光学波导成像技术是利用光栅的衍射特性和波导元件的导波特性，对入射光波进行调制和对出射光波进行解调实现图像的准直和显示。在平面波导元件内，利用光线的全内反射原理实现能量无损耗传播（若不考虑光导材料的吸收），无需设计复杂的中继光学系统，并且，能扩大系统的出瞳范围。具有体积小、重量轻和成本低的特点。

（6）第六阶段：微光机电（MOEMS）图像源平视瞄准/显示系统

微光学元件是利用现代微加工技术（例如光学蚀刻技术、激光束或电子束直写技术以及反应离子束蚀刻技术）制造的一类微型光学元件，例如微透镜、微反射镜、微光栅等，与微机电元件相结合组成微光机电系统（MOEMS），形成非常紧凑的 DMD 图像源，并通过控制微光机电反射镜进行二维扫描，在透明介质上产生图像和视频，从而实现仪器的小型化、阵列化和集成化，使平视瞄准/显示系统进入一个全新的研究阶段。

微光机电图像源不仅能减小系统体积和重量，更重要的是提高了成像质量，对比度好，亮度高，无背景光晕，分辨率高，还降低了功耗。

5.1.3　民用平视显示技术

科学技术的进步促使平视瞄准/显示系统发展迅速，性能不断完善和提高，不仅广泛应用于军用飞机，也开始应用于民用飞机和车辆上。

20 世纪 80 年代，美国阿拉斯加航空公司将军用飞机上的 HUD 技术用于商业航空干线飞行领域，解决了复杂地形和天气条件下的航路及机场的飞行安全问题，提高了着陆精度和起降成功率，由于实现了低能见度起降和提高了航班正点率，因而降低了航空公司的运营成本。

美国飞行动力公司（FDI）开发的衍射光学平视显示器（HHUD）首先安装于波音 727 型商用运输机。随后，波音公司与空客公司都把 HUD 作为驾驶舱必备设备分别安装在波音 787 和空客 A350 飞机上，成为机载综合显示系统的重要组成部分，如图 5-4 所示。

(a)波音787配装平视显示器　　　　(b)空客A350配装平视显示器

图 5-4　民用飞机平视显示器

中国商用飞机制造企业已经将平视显示器作为民航客机的标配设备。山东航空公司是国内第一家引进 HUD 设备的公司，图 5-5 是该公司在 B737-800 飞机上装备的平视显示器。

头顶组件

组合显示器

系统信号牌

控制面板

图 5-5　山东航空公司 B737-800 飞机上装备的平视显示器

为了保证飞行安全可靠，民用航空飞机通常在一架飞机上为正副飞行员各安装一套平视显示器。

平视显示技术在车载领域的发展是另一种典型应用。

与民用航空平视显示器类似，车载平视显示器将驾驶员最需要的车速和油量等重要信息以图像形式投影在驾驶员前方的合适位置，从而避免驾驶员低头看仪表引发的安全隐患，缓解眼部疲劳，减少交通事故。

1988 年，美国通用公司率先研发车载平视显示器，并首先安装在 Cutlass Supreme 轿车上，将重要的行车信息（例如车速和导航提醒等）投射到风挡玻璃上，使驾驶员看到的信息仿佛浮现在前方车盖上。

1998 年，研制成功具有夜视功能的车型——凯迪拉克帝威，通过平视显示器将红外图像显示在风挡玻璃前方视野中。

2003 年，Denson 公司采用的平视显示器可以同时显示驾驶信息和夜视成像信息。

2006 年，凯迪拉克 STS4.6 车型安装的平视显示器可以根据车速转换投影字符的颜色，开启了单色向复色显示的双色显示阶段。

2015 年，日本先锋公司首次将平视显示器应用于汽车导航。

世界各国汽车生产商纷纷效仿，先后在宝马 7、奥迪、雷克萨斯和雪铁龙 C6 等型号汽车上选装平视显示器。国内一些汽车厂商（例如东风日产和吉利汽车公司）也在积极开发平视显示器在汽车领域的应用。图 5-6 是奥迪汽车平视显示器显示信息。

图 5-6　奥迪汽车平视显示器显示信息

平视显示/瞄准技术的另一个重要应用是机载头盔瞄准/显示系统（HMD）（包括头戴/眼镜式平视显示器），将在第6章详细介绍。

5.2
光学瞄准具

空战中，高速飞行的飞机要用机载武器准确地击中目标，不是一件容易的事，必须借助一定的仪器或设备发现、识别、瞄准和跟踪目标。

飞机发明之初，并没有此类观瞄装置，而是简单地目视观察。由于飞行速度慢，可以将陆地使用的枪炮瞄准具（也称为机械瞄准具）移植到飞机上，因此，早期的机载瞄准具是简单的机械瞄准具，又称为"空中射击瞄准具"（或"航空瞄准具"），是平视瞄准/显示系统的雏形。

机械瞄准具的瞄准线是相隔一段距离的两个准星或十字线，移动准星可以改变观测角的大小。这类瞄准有两个缺点：

a. 由于飞行员眼睛、准星与目标相隔距离不同，因而观测准确性不够，尤其对高空观测的瞄准精度更低。

b. 进行高空瞄准和轰炸时，不易发现小目标（或者远距离目标），甚至找不到目标。

20世纪30年代后期，随着飞机和航空武器的发展，机械瞄准具从准星式发展为陀螺瞄准具，研制成功前置计算光学陀螺瞄准具和半自动计算光学轰炸瞄准具，大大提高了瞄准的准确性。

这种瞄准具的特点是：

a. 采用视准直光学系统将瞄准环（点）成像在无穷远，使目标与瞄准十字线（光点）位于同一平面上，光学瞄准具光轴就是观测线。

b. 采用陀螺装置控制反射镜进行俯仰和水平方向扫描，实现全方位跟踪，因此，陀螺瞄准具也称为光学瞄准具（或者航空瞄准具）。

20世纪40年代中期，德国应用雷达技术成功研发出应用于夜间和复杂气象条件下的机载雷达轰炸瞄准具，从此，光学瞄准具与雷达装置形成最早的航空火力综合控制系统。

第二次世界大战后，研制成功综合有射击与轰炸功能的光学瞄准具，适用于机炮和炸弹等多种武器，也称为"武器瞄准系统"。

20世纪50年代，阴极射线管技术的发展促使平视瞄准/显示器研制成功，可以显示更多的飞行和导航信息，完全替代了简单的机械/光学瞄准具。

航空光学瞄准具主要由目标瞄准/跟踪部件、载机参数测量装置（例如目标运动参数、本机姿态和运动参数、大气参数的测量）、瞄准计算部件（根据所测数据和飞行员预先设定的诸如弹道和目标翼展等参数进行计算，确定命中目标需要的初始发射状态和投弹时间）以及控制和数据装定装置组成。

按照用途，光学瞄准具分为射击瞄准具、轰炸瞄准具和射击-轰炸瞄准具。

射击瞄准具亦称为"枪炮瞄准具"，装备在歼击机、歼击轰炸机、武装直升机和轰炸机上，主要用于枪弹、炮弹、火箭、空空导弹和投放炸弹的发射瞄准，包括星环式机械瞄准具、前置计算光学陀螺瞄准具和雷达射击瞄准具等，采用计算提前角的工作原理进行瞄准。

轰炸瞄准具安装在轰炸机（包括歼击轰炸机）上，用于炸弹、鱼雷和空地导弹的投弹瞄准，包括机械/光学视准式轰炸瞄准具、半自动计算光学轰炸瞄准具和雷达轰炸瞄准具等。

　　射击-轰炸瞄准具主要装备在强击机和歼击轰炸机上，对地面目标进行攻击瞄准，以轰炸瞄准为主（水平和俯冲轰炸瞄准，甚至具有上仰轰炸瞄准功能），兼有射击瞄准功能。

　　光学瞄准具光学系统由环板机构（图像源装置，包括照明系统、分划板和环板）、光学系统（包括准直透镜、固定反射镜、半透半反镜、旋转反射镜和组合玻璃）、电磁陀螺仪和其它部件组成，图 5-7 是一种典型的光学系统。

　　如图 5-7 所示，航空射击瞄准具的光学显示部分是准直光学系统，将光环机构形成的影像投射在无穷远处，使飞行员通过分光反射镜，同时观察到目标和环板的像。

　　该光学系统由两条光路组成：一条光路的图像源由照明灯泡和刻有十字线的固定分划板组成（作为备用系统）；另一条光路的图像源比较复杂，由三块薄铜（或镀膜玻璃板）环板

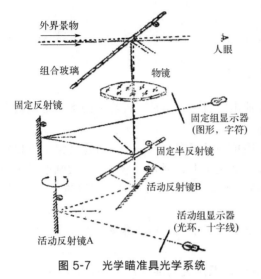

图 5-7　光学瞄准具光学系统

（通常选择对数螺线形环板结构）组成，采用灯泡照明，并通过两块对数曲线板（中心刻有小孔）相向旋转形成不同大小的菱形光环。两种图像源都放置在准直物镜的焦平面上，通过中间固定的半透半反射镜将两条光路组合在一起，经物镜形成准直光束，然后由组合玻璃投射给飞行员，并叠加在飞机外景上。陀螺（或通过伺服系统）带动反射镜 A 和 B 在水平和俯仰方向做有限转动，反光镜 A 生成左右方向角度（如前置角、侧风修正角等），反射镜 B 构成高低方向角度（如超越角，高角等），从而完成对目标的跟踪和瞄准。

　　在航空射击光学瞄准具中，首先需要利用雷达、激光或光学测距装置测量出敌我之间的距离，将其输入瞄准具，与其它参量一起通过计算机系统计算，精确给出提前角和瞄准角。

　　光学测距最常用的方法是外基线（被测敌机翼展）测距法，瞄准光环由一个中心光点和若干个菱形光点组成，环板光环直径随被测目标距离变化，在光环左侧显示有目标距离数据，基本原理如图 5-8 所示。由于敌机翼展、光学系统焦距和环板直径是已知量，因此，可以按照式(5-1) 计算出目标距离。

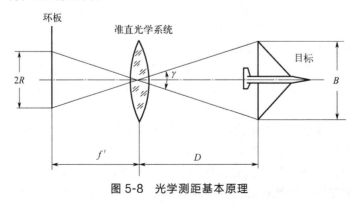

图 5-8　光学测距基本原理

$$\gamma = \frac{2R}{f'} = \frac{B}{D} \tag{5-1}$$

应当注意，上述公式是在理想条件下，根据相关参数间的几何关系推导所得，而实际作战时，还存在许多因素（例如风力、风速以及瞄准误差等）使飞机翼展无法完全与光学系统光轴垂直（允许误差≤±15°），影响目标距离计算结果。为此，对上述公式进行修正：

$$\frac{2R}{f'} = \frac{B\cos\alpha}{D} \tag{5-2}$$

式中　B——被测敌机翼展，是光学测距的外基线；

　　　D——敌机距离；

　$2R$——光环直径；

　f'——准直光学系统焦距；

　α——瞄准误差角。

如果允许最大误差角 $\alpha = \pm15°$，则公式变为：

$$\frac{2R}{f'} = 0.966\frac{B}{D} \tag{5-3}$$

早期的航空射击瞄准具采用两片型环板结构，形成的菱形光点数目是固定的，其缺点是采用大光环情况下，光点数太少，极不方便。此后改进为三片式环板结构，其中，两片具有一组透光的极坐标对数螺线环板（分别是翼展环板和距离环板，曲线透光槽形状完全一样，只是方向相反）叠加在一起，中间夹入一片直线环板（固定在行星轮上）以避免产生"杂光环"。每块环板上各有长短不等的 24 条透光槽，形成大、中、小三种类型的光环，从而分别形成 6～24 个菱形光点。两片对数螺线环板按照一定规律发生相对转动，直线环板的转角是两曲线环板转角和的一半，只有在三片环板的对应曲线都相交时，光线才能形成菱形光点，并且，没有杂光环。

根据空战的具体情况，飞行员可以利用瞄准光环大小和方向都能变化的特点，决定采用何种方式对目标进行攻击。

美国（荷兰裔）工程师卡尔•诺顿（Carl Norden）设计的诺顿轰炸瞄准具（Norden bombsight）是二战期间航空轰炸瞄准具的典型代表，最早安装在 B-17 轰炸机上，改变了之前"飞行员射击和轰炸是依靠目测估计目标距离"的状况，如图 5-9 所示。

(a) 诺顿轰炸瞄准具的机上布局　　　　(b) 诺顿轰炸瞄准具系统图

图 5-9　美国诺顿轰炸瞄准具

1945 年，投下首枚原子弹轰炸日本广岛的 B-29 飞机装备的就是诺顿轰炸瞄准具。

最初的 M-1 型诺顿轰炸瞄准具是协调式光学水平轰炸瞄准具，该系统包括两个陀螺稳定系统，瞄准时间长，准确性高。

一套完整的诺顿轰炸瞄准具主要由稳定器和瞄准具组成。前者是利用陀螺仪为瞄准具提供一个保持水平状态的稳定工作平台（改进型采用简单的气泡式水平稳定仪），常常与轰炸机的自动驾驶仪联合工作，直接控制飞机保持水平飞行。后者包括三部分：a. 用于计算弹着点的机械式模拟计算机；b. 小型望远镜系统；c. 由电机和陀螺仪组成的精密装置，控制望远镜系统的移动，保证地面瞄准点始终位于飞行员的视场之中。

诺顿轰炸瞄准具的工作原理可简述如下：当飞机接近目标时，利用望远镜搜索目标，找到目标后，将其置于视场中心；打开瞄准器的电源开关，望远镜伺服电机保证瞄准具始终对准选定的目标；根据飞机仪表上显示的数据，设定目标距离和飞机的接近速度；根据空速和风速参数计算出飞机的低速；最后根据风向、航向和偏航角测算出最佳投弹时机；在接近目标的最后阶段，设定轰炸所需要的各种参数，并随时观察视场中的目标，一旦发现目标"静止"在十字分划线中心，则完成轰炸瞄准具的设定。此时，飞机自动驾驶仪操纵飞机，在到达预定计算的投弹点时，自动投下炸弹，命中率很高。

中国强击机装备的射轰-1（SH-1）型瞄准具是光学瞄准具的典型代表，光学系统如图 5-10 所示。

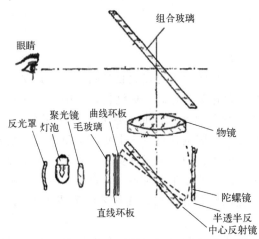

图 5-10　射轰-1型瞄准具光学系统

射轰-1 瞄准具光学系统由照明系统（包括反光罩、灯泡、聚光镜和毛玻璃）、环板机构（包括直线环板和曲线环板）、光学系统（包括半透半反中心反射镜、陀螺镜、物镜和组合玻璃）和加温装置组成。半透半反的中心反射镜既可以透过环板机构形成的光环，又能够将陀螺镜反射回来的光环反射给物镜，由于环板位于物镜焦平面上，所以，物镜形成放大的无穷远虚像，并经组合玻璃投射给驾驶员。

射轰-1 光学瞄准具的环板机构由一块直线环板和一块曲线环板组成：直线环板上刻有一个透光的中心点，均匀排列 8 条透光的径向直线槽；曲线环板上也有透光中心光点和 8 条对数曲线槽，还有排列均匀、透光的 4 条径向直线槽，如图 5-11 所示。

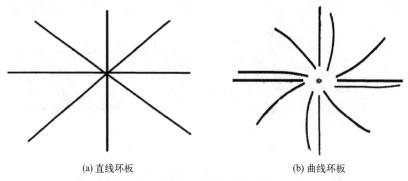

(a) 直线环板　　　　　　　　　(b) 曲线环板

图 5-11　射轰-1瞄准具的环板结构

将两个环板重叠，并使其中心光点重合。照明装置中灯泡位于反射镜曲率中心和聚光镜的焦点附近，最大限度利用光能量并充满环板，同时，利用毛玻璃保证均匀照明环板。

光线经毛玻璃透过两块环板的交叉缝隙而形成光环，并利用光学成像原理将光环投射在无穷远，形成清晰图像，从而使飞行员看到一个具有中心光点的活动光环。

由环板结构可知，每一对曲线（或直线）之间的夹角都是 45°，并且，当曲线环板上每条曲线在坐标原点处的切线与直线环板上对应坐标轴的夹角为 25°时，由于对数曲线没有与直线环板上的任何一条直线相交，因此，不会出现菱形光环。换句话说，只有曲线环板相对于直线环板转动角度接近或达到 45°（即一个周期）时，才能观察到供飞行员轰炸使用的中心光点和固定的十字线。当两个环板具有相对运动时，出现交点，光束透过，形成 8 个等距离对称分布的菱形光点。当曲线环板相对直线环板的转动角度小于 37°时，飞行员从瞄准具头部组合玻璃可以观察到 8 个菱形光点向中心会聚或向四周扩散，即供飞行员射击用的测距光环。根据外基线测距原理，由恰巧套住目标的光环尺寸（假设飞机的翼展已知）可以获得目标距离。用中心光点压住目标进行跟踪，保证准确命中。轰炸十字线和测距光环如图 5-12 所示。

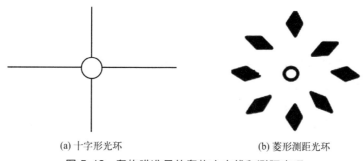

(a) 十字形光环　　　　　　　　(b) 菱形测距光环

图 5-12　轰炸瞄准具的轰炸十字线和测距光环

应当说明，若采用三片式环状结构，可以形成大、中、小三种类型的光环，分别产生 6～24 个不同数目的菱形光点。

当陀螺镜不偏侧或者中心反射镜不转动时，光环中心线与瞄准具轴线（零位）重合，否则，光环中心线也随着偏转。瞄准时，只要用光环套住目标，就可以获得目标距离信息，并在跟踪中用中心光点对准目标，进而开火命中。这种瞄准具的成像概念、工作原理、主要结构模块是现代机载平视瞄准/显示系统的基础。

与之前的机械式瞄准具相比，光学瞄准具有很大优势。但随着飞机性能提高（高速飞行和超视距攻击等）和功能增强，光学瞄准具的不足之处愈显突出：

① 以测距环板为图像源，只形成光点、光环和一些简单的数字和符号，显示内容贫乏、字符种类少，无法满足要求。

② 准直物镜将光点、光环和字符准直后投射在无穷远，组合玻璃将其叠加到飞机前方的目标景物上。飞行员仍需从其它飞机仪表上获取必要的数据和指示，致使抬头观察无穷远目标，低头俯视有限远仪表，眼睛反复调焦，造成视觉中断约 1～2s。

③ 人类工效学要求，显示屏的字符亮度应达到 14400fL，但光学瞄准具采用灯泡照明环板，亮度非常低，远远不能满足要求。

④ 采用陀螺（或伺服系统）控制俯仰和方位反射镜的转动，可靠性低和寿命有限。

科学技术的快速发展，促使光学瞄准具的结构形式不断改进，模拟计算机和数字计算机的研制成功，使陀螺机构从瞄准具内部移到外部，并利用模拟量或数字量控制伺服机构，驱动俯仰和水平反射镜运动。例如，可以采用 Z80CPU 单板机和 MS1209 模入/模出板，此时的陀螺（光学）瞄准具已初显平视瞄准/显示系统的基本特性，其工作原理和特性与现代的平视瞄准/显示系统相差无几，是未来平视瞄准/显示系统发展的雏形，即 Richard L. Newman 在 *Head-up displays*：*designing the way Ahead* 一书中所述的"机载枪炮瞄准具电子化"。

5.3

平视瞄准/显示系统

随着飞机性能改善，为了获得令人满意的飞行安全系数，飞行员必须能观察到更多信息，因此，机载飞行仪表的数量越来越多，例如，用二位阵列姿态/方向指示器和罗盘显示位置信息，用数字显示器显示水平和垂直速度以及高度信息，雷达和红外图像单独显示在荧光屏上，因而迫使飞行员把注意力交替集中在显示器和外界景物之间，特别在低空高速攻击情况下，大大增加了飞行员的工作负担，并且非常危险。

光学瞄准具的改进与基础科学技术的进步密切相关。

最初，对光学瞄准具的改进是尝试采用离散电子器件和模拟式信息处理方法产生和显示简单的符号，例如，英国皇家航空研究院利用电子管生成两种符号。

Crouzet 公司设计的透射式瞄准设备，是光学瞄准具的一种改进型，装备在海豚、BO105、贝尔 406、休斯 530 及其它直升机上，如图 5-13 所示。主要由图像源组件、准直光学系统和半透半反射镜（组合玻璃）组成。在图像源组件中采用电致发光二极管电路产生图像，激励产生的基本符号除了光环和所选择的距离外，还包括导弹发射准备阶段的数据（监视、准备、自动导向器接通、自动发射等），并显示在一块透明的面板上；另一个重要特点是组合玻璃支架能够在滑槽中滑动，保证光环始终投影在驾驶员视场内。同时，该瞄准装置还安装有记录瞄准情况的摄像机。

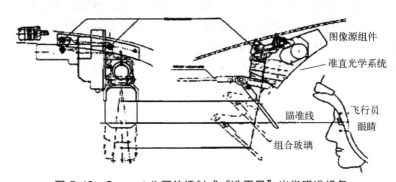

图 5-13　Crouzet 公司的透射式"准平显"光学瞄准设备

阴极射线管的诞生为现代平视显示器的成功研制和应用奠定了基础。利用伺服系统（陀螺机构）光环机构形成简单符号的机电式光学瞄准具已成过去，而采用先进的 CRT 电子方式形成符号和产生图像成为新的显示技术，除了能显示各种字符外，还可以显示电视、前视红外或扫描转换雷达等机载设备产生的视频图像信息，逐步形成了平视瞄准/显示系统。

科学技术的进步，使一些先进技术（尤其是光学技术）相继应用在机载平视显示器中，也因此衍生出不同类型的平视瞄准/显示系统。

另外，军用飞机和商业民用飞机使用的平视瞄准/显示系统，尽管设计概念、成像原理以及显示方式没有根本区别，但技术要求、显示内容和安装方式却完全不同。

机载平视瞄准/显示系统分为五种类型：普通折射型平视瞄准/显示系统、衍射光学平视瞄准/显示系统、液晶平视瞄准/显示系统、波导平视瞄准/显示系统、商用飞机吊装式平视显示器。

实践证明，平视瞄准/显示系统是一种先进的机载座舱显示系统，其设计思想是将仪表板上指示的信息显示在飞行员前方无穷远处，经组合玻璃后，与外景叠加在一起，在飞行员、传感器信息和外界景物之间建立直接联系，从而使飞行员无须在低头看仪表和抬头看外景之间进行切换和频繁调焦，一直保持平视飞行操纵。这可以有效减轻飞行员眼睛疲劳感，使飞行更舒服和更安全。

平视瞄准/显示系统在白天和夜间都能为飞行员提供飞行和火控信息的准直字符和（或）图像，包括飞机飞行信息、飞机导航信息、武器瞄准信息、红外或微光成像系统产生的夜间外景视频信息、平显系统自测试信息。

相比之下，具有以下显著特点：

① 减轻飞行员工作负荷。利用平视瞄准/显示系统和座舱外飞行参考信息网完成飞机的操纵任务，大大减轻了飞行员工作负荷。

② 提高了飞行精确性。平显数据比例的扩大及对外部景象的叠加使飞行员飞得更精确。

③ 实现了航迹的直接可视化，飞行员可直接评估飞机性能。

④ 提高了飞行安全性。

进行关键的飞行动作时，组合玻璃上显示的重要信息使飞行员无需查看其它仪表板上的信息，进一步提高了安全性。

5.3.1 平视瞄准/显示系统基本组成

正如第 4 章所述，阴极射线管（CRT）是一种电真空器件，通过发射电子束激发涂在屏幕上的荧光材料（例如 P46，P53 荧光粉）而产生符号或图像，从而将电信号转换为可见光（典型波长 540nm）信号。

Thomson-CSF 公司在透射式瞄准具 VH100 中采用短尺寸阴极射线管产生符号和进行瞄准，其显著优点是无需重新设计或进行大的改进就可以直接安装在原来的瞄准具上，并且与第二代、第三代微光夜视镜兼容，如图 5-14 所示。

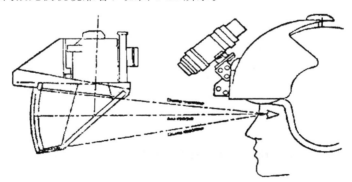

图 5-14 VH100 透射式光学瞄准具

VH100 透射式瞄准具由瞄准具头部（TVE）、电子部件（VE）和控制盒组成；瞄准具头部包括高亮度阴极射线管（垂直安装）和反射式光学系统；电子部件产生的符号和数据传输给 CRT，光学系统将 CRT 生成的图像投影到无穷远处，供驾驶员双目观察。

VH100 透射式瞄准具的主要性能：视场 $\phi 20°$；光学孔径 100mm；头部重量 3kg；计算机重量 2kg。

英国最早开始研制和应用机载平视瞄准/显示系统。Elliot Bros 公司为"海盗"低空攻击机研制了第一台电子式平视瞄准/显示器，后来，马可尼公司利用全息光学技术研制成功衍射光学平视瞄准/显示系统。

法国汤姆斯公司（为 VE 和幻影飞机系列）、美国休斯公司雷达系统分公司（为 F-18 飞机）、俄罗斯电气自动化设计局和中国航空工业集团公司洛阳电光设备研究所相继开始研制机载平视瞄准/显示系统。

平视显示/瞄准系统一般由下列组件组成：

① 驾驶员显示组件（PDU）。

② 飞行员显示器安装架。

③ 电子组件（EU）。

④ 电子部件安装架。

⑤ 飞行员控制面板（PCP）。

⑥ 记录设备（PDR）。

⑦ 武器数据输入板（WIP）。

按照 GJB 189A—2015《飞机平视显示/武器瞄准系统通用规范》定义，平视瞄准/显示系统包括驾驶员显示组件（PDU）、电子组件（EU）和控制盒，如图 5-15 所示。

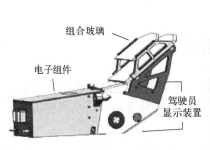
(a) 基本组成

(b) 显示画面

图 5-15　机载平视瞄准/显示系统

5.3.1.1　驾驶员显示组件

驾驶员显示组件（PDU）包括以下部分：

（1）阴极射线管（CRT）图像源

研究表明，在一定的背景亮度条件下，较舒适观察平显字符所需要的对比度是 1.2，对比度理想值大于 1.8。也就是说，在 10000fL（或者 $34000cd/m^2$）的高亮度背景下，图像符号必须清晰可见。

阴极射线管（CRT）是一种具有较高亮度、对比度和良好灰度/亮度范围的图像源，由下列部件组成：

① CRT 管部件。

② 高压电源模块。

③ 低压电源模块。

④ 偏转放大模块。

⑤ 辉亮放大模块。

⑥ 检测控制模块。

考虑到准直光学系统的透过率（约 70%～80%）和组合玻璃的反射率（约 25%～30%），阴极射线管（CRT）亮度的理论值应为 36000fL。

按照实际的工艺水平，阴极射线管无法完全满足亮度理论值要求，只能达到约 2.5 万～3 万 fL，只能适应背景亮度为 7300fL（25000cd/m²）的空中背景环境。在更高亮度背景下，显示的符号和图像将被"湮没"或"洗白"。

机载技术的快速发展，其约束性更为明显，包括重量（军用 CRT 显示器系统允许重 22.7kg 或更多）、尺寸（平视显示器面板之后要有一个较大的深度尺寸以调节玻璃管子的长度）、高压电源（在任何状态下，CRT 都需要上万伏的高压电源）、可靠性（玻璃管子和高压电源会带来可靠性问题）、功能性（难于实现彩色 CRT 及与夜视成像系统兼容）和费用等。因此，必须研发新一代平视显示器图像源，例如数字微镜装置（DMD）或者液晶屏板式显示装置。

（2）准直光学系统

平视瞄准/显示系统的光学系统包括两部分：主光学系统和备用光学系统。

① 主光学系统。在很长一段时期内，普通型平视瞄准/显示系统的图像源只能采用高分辨率、高亮度和小尺寸的阴极射线管。为了保证平视瞄准/显示系统既具有较大视场和高精度瞄准，又为飞行员提供位于无穷远的字符显示，显然，其主光学系统只能设计为一个复杂的、具有大孔径和中等视场的目镜准直系统。

主光学系统的典型结构是带有强光滤光片的改进型匹兹伐（Petzval）结构形式，如图 5-16 所示。为了满足座舱空间要求，系统光轴需折转约 90°，因此，其前后组之间要保留较大的空气间隔，以便安装折转反射镜。

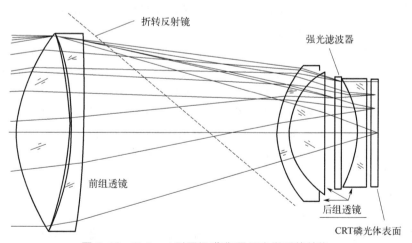

图 5-16　Petzval 型平视瞄准/显示光学系统结构

② 备用光学系统。平视瞄准/显示主光学系统采用阴极射线管图像源，其可靠性是必须考虑的问题。

为了避免阴极射线管图像源发生故障而失去全部显示信息导致贻误战机，因此，要求设计有备用光学系统，保证在万一情况下能利用备用光学系统完成瞄准和攻击。

备用光学系统类似于前述光学瞄准具，图像源是一块被照明的分划板，一般与主光学系统共享一套光学系统［如图 5-17(a) 所示］，或使用主光学系统的一部分［如图 5-17(b)、(c) 和 (d) 所示］。

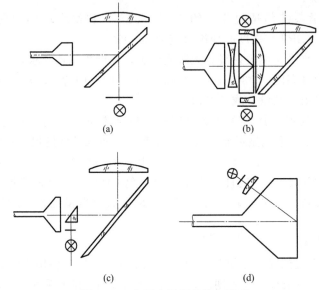

(a)
(b)
(c)
(d)

图 5-17　备用光学系统结构形式

图 5-18　F-16 飞机
备用光学系统

美国 F-16 飞机平视瞄准/显示系统采用光学纤维式备用光环，如图 5-18 所示。整个备用光环图像分成两半部分，每一部分都置于平视瞄准/显示光学系统焦面上。为了保证 CRT 产生的图像与备用光环具有相等的光程，两个图像都位于主光学系统焦平面上，该设计利用一块三胶合分光棱镜，将两部分图像反射到主光路，因此，在光学系统视场内就能观察到一个完整的备用光环图像。

备用光环图像采用下述方法构成：每一半备用分划板光环图案是刻蚀在玻璃（或黄铜片）上，并粘贴在光学纤维刻槽罩的抛光面上，光学纤维束穿过刻槽，而后用环氧树脂灌封以使位置固定；刻槽罩面磨平和抛光后，再将分划板与刻槽对正粘牢；光学纤维束另一端，同样用环氧树脂灌封，套上铜帽，磨平和抛光。照明光束从铜帽端面入射至光学纤维束中照亮分划板。

由于平视瞄准/显示系统的结构空间有限，无法将照明光源、聚光镜和分划板装配在一起，采用这种结构的优点是，可以将照明光源安置在一个适当位置，经过光学纤维的多次弯曲后照明分划板。

（3）组合玻璃

平视瞄准/显示系统曾设计有三种图像显示形式：组合玻璃式、风挡玻璃式和周边视界式。

组合玻璃式平视瞄准/显示系统是通过组合镜将显示的符号信息反射给驾驶员。

风挡玻璃式平视瞄准/显示系统是以风挡玻璃代替组合玻璃，将显示的符号信息反射给驾驶员，缺点是有时出现双重影像；高速飞行情况下，风挡玻璃加热会引起变形，使符号发生畸变。另外，利用风挡玻璃显示字符图像，提高了对风挡玻璃材料和表面加工工艺的要求，制造较困难。

周边视界式平视瞄准/显示系统的符号显示方式源自一种机械部件的运动。显示部分是一种带有黑白（或其它颜色）条纹的可旋转圆筒（类似理发店门口的转动色筒），由三个圆筒组成：一个负责方位，两个负责俯仰。飞机常规航行时，三个圆筒均静止不动，当飞机偏离航线或改变飞行状态时，圆通通过转动给出指令。由于这种瞄准/显示系统的显示部分在驾驶员的视界边缘附近，在观察外界的同时，解决了交替观察问题。

实践证明，组合玻璃式平视瞄准/显示系统具有较大优势，得到广泛应用。

5.3.1.2　电子组件

电子组件（EU）包括：接口电路、处理机、符号发生器。

5.3.1.3　控制面板

平视瞄准/显示系统的控制面板上装有状态选择开关和武器选择开关，并具备字符亮度调节功能。飞行员根据飞行阶段和作战方式选择不同的工作状态和作战武器。有三种可供选择的工作状态：白天手动、白天自动、夜间手动。可以选择三种工作模式：字符模式、视频模式、光栅/笔画分时叠加模式。

平视瞄准/显示系统可以通过亮度开关实现亮度调节，并在视频模式下调节光栅亮度。

5.3.2　平视瞄准/显示系统的工作原理

平视瞄准/显示系统工作原理如图 5-19 所示。不同传感器的图像和信息源输入的符号和数据，经符号发生器、扫描变换器和视频混合器处理后，综合显示在平视瞄准/显示系统的组合玻璃上。电子组件（EU）与任务计算机（MC）/综合任务处理机（IMP）和其它电子设备（例如显示控制管理处理机 DCMP）/光电设备（例如红外系统，微光系统）相连接，将输出的 X（水平）、Y（垂直）偏转信号经偏转放大电路放大后，加到阴极射线管（CRT）水平和垂直偏转线圈上，驱动电子束扫描；辉亮信号经辉亮放大电路放大后，输出到 CRT 阴极上，实现阴极调制。电信号转换成可视的目视信号，显示出各种工作状态下的瞄准攻击和飞行信息；实现飞机和测量参数的采集、滤波、转换和存储，完成火控公式解算以及图像

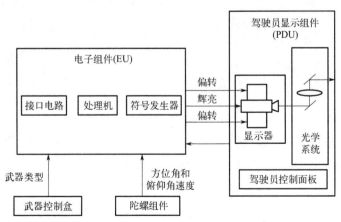

图 5-19　平视瞄准/显示系统的工作原理

转换，为飞行员显示装置提供显示符号和电信号。简单说，平视瞄准/显示系统的驱动电路生成进场、着陆、导航和作战等字符画面的 CRT 驱动电信号，CRT 将电信号转换为荧光屏上按照空间分布以及亮度随电信号强弱而变化的图像荧光信号；当辉亮信号是逻辑高电平时，CRT 辉亮，显示字符，在 CRT 屏幕上形成可见的显示画面符号。

平视瞄准/显示系统 PDU 将电子组件输出的电信号转换成目视符号，并由准直光学系统成像于无限远处，然后通过组合玻璃叠加在外界景物上并显示给飞行员。因此，驾驶员的眼睛无需反复调焦就可以同时观察到平显画面及外部景物目标，非常有利于驾驶员操纵飞机和攻击目标。

图 5-20 是平视瞄准/显示系统工作状态的一种显示画面。

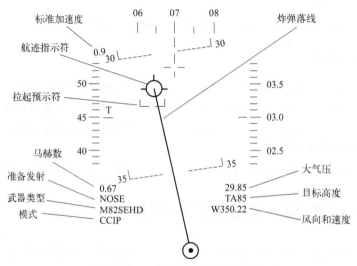

图 5-20 一种工作状态显示画面

图 5-21 是利用平视瞄准/显示系统完成飞机进场和起飞的显示画面。

图 5-21 一种进场和起飞显示画面

图 5-22 是平视瞄准/显示系统的一种导航显示画面。

从成像原理分析，平视瞄准/显示光学系统相当于一个大孔径、中等视场的目镜系统。将飞行信息转换为平行准直光学信息，成像在无穷远处，并与外界景物叠加在一起，供飞行

图 5-22　一种导航显示画面

员观察。但是，由于该系统工作在特殊的机载环境下，与普通光学仪器的目镜又不完全相同，具有以下特点：

(1) 光学系统出瞳距离大

飞行员的眼点距离定义为：飞行员设计眼位与组合玻璃或者飞机座舱盖的间隔。

确定最佳眼位取决于多种因素，既要考虑飞行员的弹射安全，更要方便飞行员合理和方便地观察外界目标和平视瞄准/显示系统显示的图像，还要兼顾观察其它机舱仪表（例如下显），因此，飞行员座椅位置通常距离组合玻璃较远，眼位设计值一般是 $300\sim500\mathrm{mm}$。显然，平视瞄准/显示光学系统是一个大出瞳距目镜。

(2) 光学系统有效孔径大

一般目视光学仪器工作时，眼睛位置固定不变，充满目镜出瞳（孔径 $2\sim8\mathrm{mm}$）的光线基本上都能被观察者眼睛接收。

平视瞄准/显示系统眼点距离较远，为了增大瞬时视场，通常采用大口径光学系统，通光孔径大于 $100\mathrm{mm}$。工作时，双目可以在"眼盒"中移动，并需要考虑人眼眼距（$62\sim74\mathrm{mm}$）的影响。因而要求在头部位置允许移动的整个范围内，同一显示字符给出的瞄准线方向不变。

(3) 光学系统焦距大

光学系统焦距、图像源尺寸和显示器视场必须满足基本的成像关系。若系统焦距选择太小，会使系统的相对孔径大，为了校正像差，系统会变得比较复杂，因此，其光学系统焦距比普通目镜焦距大得多，一般是 $100\sim250\mathrm{mm}$。

(4) 光学系统视场足够大

从使用角度，飞行员观察视场越大越好。对于普通折射型光学系统，若在设计眼位无需偏头（在瞬时视场定义下）就能看到全视场，则光学系统的孔径会非常大，有时是不现实的。考虑到实际情况，平视瞄准/显示系统的光学视场折中地确定为圆视场 $\phi20°\sim30°$。

驾驶员在设计眼点位置一般无法观察到整个视场，必须通过头部移动来观察不同视场图像。按照普通折射或者反射式结构设计平视瞄准/显示光学系统，显然，瞬时视场无法等于总视场。

（5）对像差的评价

一般目视光学仪器中的目镜，其充满目镜出瞳的光线完全被观察者眼瞳接收，而平视瞄准/显示器光学系统的有效通光孔径较大（大于 100mm），远远大于眼瞳（2~8mm）尺寸，观察字符时，飞行员眼瞳只能接收到其中部分光线。所以，光学系统设计过程中，谈论和关注全通光孔径的成像质量（例如弥散斑），并不能反映飞行员观察时图像是否"模糊"，因而没有实际意义。

由于观察者只能接收到其中相对于眼瞳尺寸的部分光线，尽管光学系统设计结果中残留像差较大，但充满眼瞳部分光束的成像质量仍然是可以的。因此，对于平视瞄准/显示光学系统，不能以观察"图像是否模糊"作为成像的质量要求，重要的是必须考虑残余像差对"视差"的影响。

5.4
平视瞄准/显示系统技术要求

在飞行过程中，飞行员眼睛既要集中精力观察机舱外景物，同时还要观察显示器上的飞行和瞄准信息。因此，进行光学系统总体设计时必须考虑下述技术性能。

5.4.1 光学系统峰值波长

人眼对不同波长的光辐射具有不同的灵敏度，正常人眼对黄绿光（500~560nm）最敏感，对红光和紫光的感觉灵敏度较弱。同时，视觉与环境亮度密切相关。

试验表明，在明视觉环境下（环境亮度 $10~3\times10^4\text{cd/m}^2$），敏感波长 555nm；在暗视觉环境下（环境亮度 $\leqslant10^{-3}\text{cd/m}^2$），敏感波长 507nm。

国内平视瞄准/显示系统使用的 CRT 图像源主要有两种类型：P1 粉的 CRT 和 P53 粉的 CRT，有效峰值工作波长分别是 524.7nm 和 545.3nm。

5.4.2 飞行员眼点位置

飞行员通过平视瞄准/显示系统进行观察瞄准时，由于弹射救生空间的限制，飞行座椅安装得比较靠后，因此，飞行员无法足够靠近组合玻璃，其眼睛到光学系统最后一块透镜表面有相当大一段距离，即"设计眼位"距离组合玻璃较远，通常 300~600mm。

5.4.3 飞行员眼睛活动范围

能够观察到组合玻璃上显示的所有字符图像的飞行员眼睛的活动范围，称为"头部运动盒"（head motion box，HMB）或"眼盒"（eye box）。

从光学设计角度，设计眼位就是光学系统的出瞳位置，眼睛活动范围就是出瞳孔径，所有字符和图像的出射光线都应通过出瞳或者"眼盒"，因此，飞行员眼睛只有位于出瞳或眼盒范围内才能观察到字符或图像。如果偏离该区域，观察到的显示图像则会不完整，因此，希望"眼盒"或者眼睛活动范围尽可能大，以避免飞机大机动时丢失视场。但"眼盒"尺寸过大会造成光学系统孔径太大和重量太重。

根据 Richard L. Newman 对平视瞄准/显示器多年的试飞经验和相关统计资料，建议眼盒尺寸如表5-2所示。

表5-2　眼盒尺寸的期望值

机种	纵向尺寸/mm	横向尺寸/mm	垂直尺寸/mm
战斗机	100	100	尽量大
运输机	100	100	50

一般情况下，要求平视瞄准/显示系统的头部活动范围不小于50mm(高)×75mm(横)×100mm(纵)。

5.4.4　显示视场

平视显示/瞄准系统工作中，需要尽快将空中或地面目标引入飞行员的目视范围，因而首先需要有较大视场，以便在更大空域中显示导航字符和瞄准信息，有利于快速观察、搜索、捕获、跟踪和攻击运动目标。若平视瞄准/显示系统与微光/红外夜视系统相结合，需要将夜视传感器获得的高清晰画面显示在 HUD 上，则需要设计更大的视场。

在大多数飞机座舱空间设计中，直接和非直接的约束条件（包括组合玻璃与风挡内表面之间的机架空间和位置、机身上的视角、弹射平面的位置和角度）都影响着平视瞄准/显示系统的几何尺寸；飞行座舱椅的位置基本上固定了飞行员的设计眼位；为了保证弹射救生时飞行员安全，平视瞄准/显示系统向后安装极限局限于弹射线；为了保证着陆时不影响飞行员对跑道的观察，向上安装极限不得高于机头线；为了布置足够数量的其它飞机仪表，向下安装极限不得妨碍仪表板。

如图5-23所示的安装布局不会遮挡飞行员的最大下视线，即 HUD 的视场可以延伸到最大下视线。另外，军用飞机平视瞄准/显示系统组合玻璃的安装不仅受机头上面视线、弹射空间平面以及组合玻璃元件顶部与风挡玻璃内表面之间的空间限制，而且，必须考虑飞行员的安全弹射，其弹射空间绝对不能被平视瞄准/显示系统的任何部分（包括组合玻璃）妨碍。图5-23中的弹射空间平面表示飞行员膝盖向上弹出飞机的路径。此外，组合玻璃到风

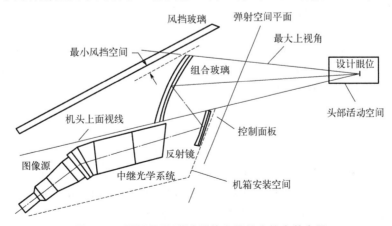

图5-23　平视显示/瞄准系统在军机中的安装布局

挡玻璃内表面之间必须留有适当间隙，防止鸟撞风挡玻璃时与组合玻璃顶部相接触。

平视瞄准/显示系统的视场定义为飞行员观察字符和图像时所对应的角度。根据应用光学理论，折射光学系统的有效通光孔径和图像源（CRT）的有效尺寸决定着其视场（FOV）大小。与普通的光学仪器不同，由于平视瞄准/显示系统的设计受到座舱安装参数的特殊约束，因此，存在两种视场：系统总视场和瞬时视场。

5.4.4.1　总视场

总视场定义为：飞行员通过移动头部可以观察到的最大视场角，即平视瞄准/显示系统能够观察到的最大角域范围，或者说，图像源产生的字符图像通过准直光学系统所显示的角度范围，如图 5-24 所示。

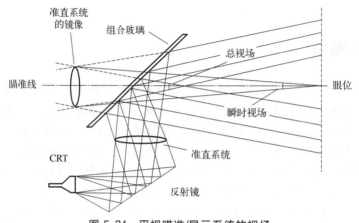

图 5-24　平视瞄准/显示系统的视场

按照下列公式计算平视瞄准/显示系统总视场：

$$W_i = 2\arctan\frac{d_0}{2f'} \tag{5-4}$$

式中　W_i——平视显示/瞄准系统的总视场；

d_0——图像源有效直径；

f'——准直光学系统焦距。

一般认为，平视瞄准/显示系统的视场越大越好，但光学系统设计会受到众多因素的约束。式(5-4) 表明，决定平视瞄准/显示系统总视场的主要参数是阴极射线管的有效直径和光学系统焦距。

增大系统总视场通常采取两种方法：增大图像源的有效工作孔径和采用短焦距光学系统。前者会导致光学系统（或者整个平视显示器系统）体积和重量增大，后者则会造成光学系统复杂化，像差校正更困难，因此，选择平视瞄准/显示系统总视场一定要适中。

理论分析与实际经验都表明，总视场最好选择 $\phi 30°\sim40°$ 比较合理，容易实现且能被人们接受。

应当注意，对机载平视瞄准/显示系统的方位视场和俯仰视场要求是不一致的。飞机低空时，要求方位视场较大以使飞行员在水平方向有足够的观察范围，保证飞行员迅速判断飞机与地形的瞬时关系，有助于搜索、截获目标或导航地标和随时攻击；俯仰方向视场主要影响武器瞄准以及低空大机动时的飞行安全，并且要求下视场较大。

根据 GJB 189A—2015 规定，折射式准直光学系统的常规平视瞄准/显示系统的总视场

应不小于 φ20°圆视场；衍射式准直光学系统的衍射平视瞄准/显示系统的总视场应不小于 $25°(H)\times20°(V)$。

5.4.4.2　瞬时视场

由于受到机舱空间及重量要求的限制，平视瞄准/显示系统的飞行员显示装置（PDU）通常采用下埋折射式准直光学系统结构。

该结构形式的特点是，光学系统出瞳无法完全与飞行员眼点位置重合，飞行员必须在远离组合玻璃的设计眼位完成观察。换句话说，轴上点的平行光线可以全部通过"眼盒"，轴外视场平行光线不能全部通过"眼盒"，越接近边缘视场，其平行光线越远离"眼位"。因此，对于初期研制的普通折射型平视瞄准/显示系统，如果飞行员不移动头部，则无法观察到系统全视场，即飞行员在设计眼点位置（如果不移动头部）只能观察到全视场的一部分。

飞行员在设计眼位任何固定的头部位置、无需移动头部就可以观察到的最大视场定义为瞬时视场（IFOV）。在折射式准直光学系统中，瞬时视场一般小于总视场。平视显示器的瞬时视场越大，显示信息的范围就越宽，显示信息的内容越丰富，因此，瞬时视场越大越好。

平视瞄准/显示系统的单眼/单组合玻璃条件下的瞬时视场，按下列公式计算：

$$W_1 = \frac{180°}{\pi} \times \frac{D}{L} \tag{5-5}$$

式中　D——平视瞄准/显示光学系统直径；

　　　L——设计眼位到光学系统主点的距离（眼点距离）。

该公式表明，瞬时视场（IFOV）与光学系统通光孔径和驾驶员眼睛至平视瞄准/显示器光学系统（或者组合玻璃）的距离密切相关。

若光学系统孔径一定，眼点距离越大，瞬时视场越小。当飞行员逐渐靠近组合玻璃进行观察时，会发现瞬时视场逐渐增大。当眼睛移动到光学系统出瞳位置（眼点与出瞳重合）时，瞬时视场等于总视场，能够观察到全视场。

若眼点距离一定，则光学系统的通光孔径越大，瞬时视场也越大，因此，从不同的头部位置观察到的瞬时视场（IFOV）在变化。实际上，同一平视瞄准/显示系统安装在不同飞机上，由于驾驶员眼位与平视瞄准/显示系统的相对位置不同也会有不同的瞬时视场。

解决该问题的方法是将出瞳设计在光学系统之外，并尽量靠近设计眼位，理想情况是与设计眼位重合。

根据 GJB 189A—2015 规定，普通折射式平视瞄准/显示系统的瞬时视场应不小于 $14°(H)\times12°(V)$；衍射平视瞄准/显示系统的瞬时视场应不小于 $25°(H)\times17°(V)$。

平视瞄准/显示系统的瞬时视场与其安装位置和方式密切相关，理论上讲，可采取两种措施增大瞬时视场：

a. 减小设计眼位到光学系统的距离（眼点距离）。眼点距离设计值实际上是无法随意减小的。

b. 增大光学系统的有效通光孔径。

目前，国内外平视瞄准/显示光学系统的通光孔径的设计值为 76mm、101mm、127mm，最大孔径达到 152mm。但计算发现，光学系统有效通光孔径从 100mm 增大到 125mm，光学系统重量将增大一倍左右。体积和重量增大，除受到座舱可用空间限制外，还会增大加工难度和增高成本，甚至无法实现。显然，在一个有限的座舱空间不可能无限增大物镜口径。

另外，为了增大折射式光学系统的俯仰视场，曾尝试将组合玻璃设计在一个可移动的滑架上，由计算机自动控制马达，使组合玻璃前后移动，达到扩大俯仰方向瞬时视场的目的。由于机舱空间限制及安全方面考虑，该方法的实用性大打折扣。

实际上，采用双目观察方式或者设计双层组合玻璃，能适当扩大平视显示器的瞬时视场：采用双目观察可以增大水平方向的瞬时视场，采用双层组合玻璃可以增大俯仰方向的瞬时视场，如图 5-25 所示。

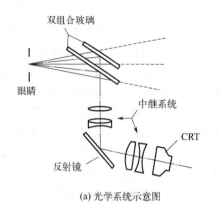

(a) 光学系统示意图

(b) 双组合玻璃实物图

图 5-25　双组合玻璃平视瞄准/显示系统

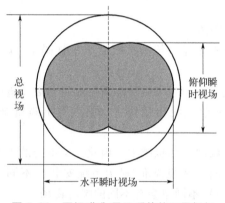

图 5-26　平视瞄准/显示系统的双目视场

双目观察时，由于双眼间距为 $62\sim74$mm，两只眼睛的综合效应使水平方向的瞬时视场增大，如图 5-26 所示。

双目观察的方位瞬时视场，可以按照式（5-6）计算：

$$W_{\mathrm{H}}=\frac{180^{\circ}}{\pi}\times\frac{D+b}{L} \qquad (5-6)$$

式中，b 是双目中心距离。

采用双组合玻璃是增大俯仰方向瞬时视场的常用方法，如图 5-27 所示。

从光学原理分析，双层组合玻璃使出射透镜形成两个"窗口"，如图 5-28 所示：每一层组合玻璃提供部分瞬时视场，可以认为，总瞬时视场是由上下两层组合玻璃形成，调节组合玻璃之间的距离可以改变两个瞬时视场的相对位置，以控制瞬时视场在俯仰方向的大小和重叠程度。

按照下列公式计算双组合玻璃平视瞄准/显示系统俯仰方向的瞬时视场：

$$W_{\mathrm{H}}=\frac{180^{\circ}}{\pi}\times\frac{D+h}{L} \qquad (5-7)$$

式中，h 是双组合玻璃反射面沿光轴的距离。

一般地，与单组合玻璃相比，双组合玻璃显示的俯仰瞬时视场大约扩大 50%。需要强调，采用双组合玻璃方式只能增大俯仰方向瞬时视场而无法增大方位方向的瞬时视场。

另外，平视瞄准/显示系统的瞬时视场应当位于总视场的偏下区域，称为"瞬时视场偏置"，以满足战术要求。

表 5-3 列出双组合玻璃平视瞄准/显示系统俯仰方向的瞬时视场值。为便于比较，表中同时列出设计眼点距离 $L=500$mm 时单/双组合玻璃俯仰方向的瞬时视场（其中，双组合玻璃沿光轴距离 $h=60$mm）。可以看出，俯仰方向的瞬时视场增大了许多。

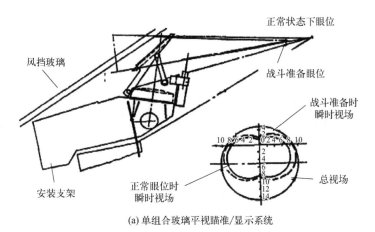

风挡玻璃

安装支架

正常状态下眼位

战斗准备眼位

战斗准备时
瞬时视场

总视场

正常眼位时
瞬时视场

(a) 单组合玻璃平视瞄准/显示系统

双组合玻璃

风挡玻璃

正常状态下眼位

正常眼位时
瞬时视场

总视场

(b) 双组合玻璃平视瞄准/显示系统

图 5-27 利用双层组合玻璃扩大俯仰方向瞬时视场

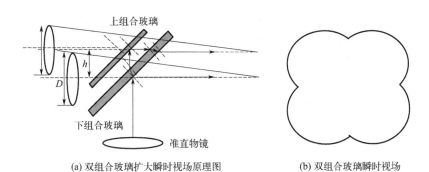

上组合玻璃

下组合玻璃

准直物镜

(a) 双组合玻璃扩大瞬时视场原理图

(b) 双组合玻璃瞬时视场

图 5-28 双目-双组合玻璃平视瞄准/显示系统瞬时视场示意图

表 5-3 双组合玻璃 HUD 俯仰方向的瞬时视场 W_H

$W_H/(°)$ 有效通光孔径/mm 眼点距离/mm	100	110	120	130	140
200	38.36	40.57	42.74	44.89	47.00
300	27.25	28.89	30.51	32.12	33.72
400	21.08	22.36	23.64	24.92	26.18

$W_H/(°)$　有效通光孔径/mm 眼点距离/mm		100	110	120	130	140
500	单层	12.02	12.76	13.51	14.25	14.99
	双层	16.26	17.26	18.26	19.26	20.25
600		13.82	14.68	15.53	16.38	17.23
700		12.02	12.76	13.51	14.25	14.99

采用双组合玻璃时，需考虑以下问题：

（1）对成像质量的影响

由于显示字符的成像光线在双组合玻璃上既有反射又有透射，组合玻璃的固有像差和制造误差对显示字符的图像质量有一定影响。如果不严格控制装配误差，上下组合玻璃若装配不平行而形成一定楔角，在视场重叠区将引起字符线增宽。若楔角较大，当字符/图像光线经过双层组合玻璃时将产生双像，会看到除主像外的另一个副像，且二者亮度相差无几。即上下组合玻璃之间的平行性误差是产生双像的主要原因。

（2）对观察显示字符的影响

双组合玻璃显示给驾驶员的上、下图像分别由上下组合玻璃产生，重叠区域由上下组合玻璃共同产生。显然，下组合玻璃显示图像的亮度仅取决于其反射率，而上组合玻璃显示亮度取决于上组合玻璃的反射率与下组合玻璃的透射率的乘积，重叠区域显示亮度为二者之和。由此可见，不同区域的字符图像的显示亮度不均匀。

另外，二层组合玻璃的表面质量之差及装配造成的平行差都会产生视线差。如果视线差小于显示线宽，会使显示线加宽，如果视线差太大，将看到重像。

（3）对观察外界景物的影响

当通过上下组合玻璃观察外界景物时，外界景物的亮度由上下组合玻璃透过率的乘积决定，与只通过下组合玻璃看到的外景物亮度不同，会造成观察到的外界景物亮度不均匀，如果严重的话，会影响飞行员的工作舒适度。

需要强调，对视场的上述分析都是假定飞行员（单）眼睛位于光学系统的光轴上。实际上，由于是双目观察，即使是准确地水平方向观察，双眼也不可能同时位于光轴上。另外，平视瞄准/显示系统的"眼盒"是一个立体空间，一般尺寸 50mm（高）×75mm（横）×100mm（纵），为了获得更大的观察视场，眼睛可以在"眼盒"内活动（包括前后、左右和上下方向），飞行员眼睛不会总是位于系统的光轴上，如图 5-29 所示。

轴外观察时，会出现两种情况：a. 垂直于轴外视准轴方向的有效通光孔径缩小为 $D\cos\beta$；b. 眼点距离增大为 $L/\cos\beta$。因此，瞬时视场的计算公式是：

$$W_{轴外} = \tan^{-1}\frac{D\cos^2\beta}{L} \tag{5-8}$$

如图 5-29 所示，若眼睛在眼盒范围内向上移动距离为 h，进入眼睛的最大通光孔径上下边缘光线与光轴的夹角分别是 α_1 和 α_2，并规定：零位瞄准线以上的 h 值为正，水平线以上角度值为正。则按照以下公式计算俯仰方向的瞬时视场 W'_V：

$$\tan(-\alpha_1) = \frac{(D/2)+h}{L+Y} \tag{5-9}$$

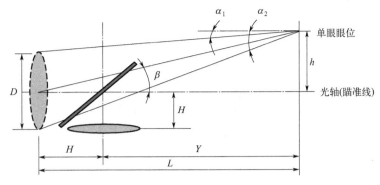

图 5-29 轴外观察的瞬时视场

H—光学系统第一表面到组合玻璃中心的轴向距离；Y—飞行员眼点到组合玻璃中心的距离；L—飞行员眼点
到光学系统第一表面的距离；D—光学系统有效通光孔径；β—眼睛偏离光轴的角度

$$\tan(-\alpha_2) = \frac{h-(D/2)}{L+Y} \tag{5-10}$$

$$W'_V = \alpha_1 - \alpha_2 \tag{5-11}$$

对水平方向的瞬时视场，假设双眼中心在眼盒范围内向水平方向一侧移动距离为 h，进入眼睛的最大通光孔径左右边缘光线与光轴的夹角分别是 β_2 和 β_1，飞行员目距为 $2e$，符号规定同上，如图 5-30 所示。

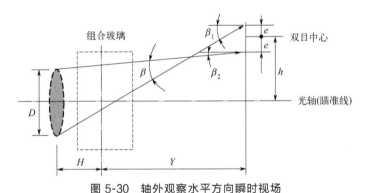

图 5-30 轴外观察水平方向瞬时视场

则按照式(5-12)～式(5-14) 计算轴外观察时水平方向的瞬时视场 W'_H：

$$\tan(-\beta_1) = \frac{(D/2)+h+e}{H+Y} \tag{5-12}$$

$$\tan(-\beta_2) = \frac{(D/2)+h-e}{H+Y} \tag{5-13}$$

$$W'_H = \beta_2 - \beta_1 \tag{5-14}$$

可以看出，轴外观察时水平方向瞬时视场计算公式分子中包含眼距 $2e$（通常是 62～74mm），因此，与轴上观察时类似，方位瞬时视场比俯仰方向稍大。

与轴上观察时的瞬时视场公式相比，轴外观察时的瞬时视场比轴上观察时要小。一般地，由于 β 值不大，二者相差甚微，通过头部移动（例如前后移动）可以得到足够补偿，为此，没有考虑轴外观察时瞬时视场变小的影响。

需要注意，考虑到眼睛的连续敏锐观察特性，在双目观察条件下，总视场设计值通常保

持在 $\phi25°$，而瞬时视场分别是：战斗机 $20°(H)\times20°(V)$；运输机 $20°(H)\times12°(V)$。对需要观察的重要信息应安排在 $\phi15°$ 中心视场范围内。瞬时视场与总视场的关系如图 5-31 所示。

图 5-31　瞬时视场与总视场关系

表 5-4 列出一些飞机平视瞄准/显示系统的视场值。

表 5-4　美英等国飞机平视瞄准/显示系统视场

机型	视场/(°)	
	总视场	瞬时视场
A-4M	20	—
A-7D/E	20	11×17
A-10	20	$13\times13/14\times14$
AV-8A	25	18×20
F-5E/F	25	16×17
F-14A	20	$11\times17/11\times14$
F-14D	17×21	
F-15	20	$12\times17/19\times18$
F-15E	24×30	18×28
F-16A/B	20	9×13
F-16C/D	25	14×21
LANTIRN	19×30	
F-18	20	16×16
F-111	20	15×16
Mercure		12×18
MiG-21	20	12×18
Mirage	24	18×18
Rafale	24	18×18
T-38	25	14×20
FDI 1000	24×30	
FVI 2000	—	9×9
JET 9000	30×15	22×11
TG-121	20	—

机型	视场/(°)	
	总视场	瞬时视场
VAM	12×22	
A-320	15×24	11×15
A-330	24×30	
B-737/747	26×40	
C-17	24×30	22×25
MD-80	—	26×30

传统折射式光学系统的平视瞄准/显示系统的缺点是：驾驶员只能在"眼盒"范围内观察到阴极射线管产生的图像，在眼盒范围外看不到图像，并且从看到到看不到图像是一个突变过程。

飞行员欲观察总视场边缘区域的字符，必须使眼睛移离光轴，移离量的大小称为摆头量（摆头观察相当于扩大眼瞳直径）。摆头量 G 应满足下列公式：

$$G = 2L \tan W - D \tag{5-15}$$

式中，W 表示半视场角。

但由于"眼盒"尺寸的限制，摆头量是有限的，尤其在过载情况下，向上摆头难度更大。

对于采用传统折射光学系统的平视瞄准/显示系统，若希望飞行员在设计眼位无需摆头就能看到全视场，则光学系统相关参数应满足下列公式：

$$L d_{CRT} = D f' \tag{5-16}$$

式中，L 表示驾驶员眼点位置到光学系统的距离；d_{CRT} 表示图像源（CRT）的有效直径；D 表示光学系统有效孔径；f' 表示光学系统焦距。

多年研究和实践表明，从根本上解决瞬时视场小并要求等于总视场的问题，采用全息光学技术设计和制造组合玻璃，即衍射光学平视显示器是较好选择，将在本章5.6节详细讨论。

5.4.4.3 安装方式对视场的影响

如上所述，平视瞄准/显示系统在飞机座舱中的安装位置严重受限。通常情况下，瞬时视场小于总视场。

为了增大瞬时视场，平视瞄准/显示系统应尽量靠前安装，向飞行员设计眼位靠近，使系统出瞳（或眼盒）与设计眼位重合。当然，出于安全考虑，其任何组件（例如控制板，组合玻璃等）均不能超出弹射线。

还需注意，飞行员在作战过程中，无论使用航炮进行尾追攻击目标，还是使用航弹进行地面目标轰炸，或者进场着陆对准跑道中心时，更多关注的是前方视野的偏下方区域。为了扩大和有效利用下视场，方便飞机平飞时飞行员的水平瞄准，要求平视瞄准/显示系统采用下倾安装方式，其光轴与飞机水平基线的夹角称为平视瞄准/显示系统光轴线的安装角。

一般要求平视瞄准/显示系统的安装角是2°～6°，总视场的下部与前机身会重叠1°～2°（图5-31）。

5.4.5　光学系统通光孔径和焦距

平视瞄准/显示光学系统的有效通光孔径对光学性能有较大影响，包括像差校正能力、制造工艺可行性以及座舱空间可允性等因素，因此，有效通光孔径要小于175mm。

考虑到光学系统的复杂性，其 F 数一般限制在1.2左右。

表5-5列出史密斯公司和马可尼公司平视瞄准/显示器的典型光学参数。

表5-5　史密斯/马可尼公司平视瞄准/显示器的典型光学参数

参数	史密斯公司	马可尼公司
通光孔径/mm	115	127
F 数	1.35	1.35
总视场/(°)	22	20
CRT 有效孔径 ϕ/mm	62	62

5.4.6　组合玻璃

平视瞄准/显示系统组合玻璃是成像系统的关键组件：既可以透射座舱外的景物光线，使驾驶员看清前方视场中的目标和景物；又可以反射来自图像源（或备用光环）与光学系统产生的字符图像，使飞行员能同时观察外景和字符图像。

飞行员透过组合玻璃观察外界景物和目标时，外景和目标的空间位置不应产生错觉性位移，否则，即使平视瞄准/显示系统能准确显示符号，也会造成瞄准误差。

（1）组合玻璃类型

组合玻璃有两种类型：无焦组合玻璃和有焦组合玻璃。

平视瞄准/显示系统研制初期（至后来很长一段时间），由于产生和传输字符的光学系统是准直光学系统，因此，通常采用无焦组合玻璃（实际是一个分束镜）以保证飞行员接收的外界景物和显示字符都是来自无穷远的平行光线。

传统平视瞄准/显示光学系统的结构无法满足瞬时视场等于总视场的技术要求，为此，必须采用有焦组合玻璃和中继光学系统的结构布局。

有焦组合玻璃有两种结构形式：普通玻璃材料的曲面形式和利用光学全息技术制造的平面型全息组合玻璃。

对任何形式的组合玻璃，座舱形状要求其存在较大的倾斜角（典型角度30°）。采用曲面形状的组合玻璃在较大倾斜角时会产生较大像差，并且，利用中继光学系统进行校正是很困难的，其缺点是：a. 由于具有光焦度，因而无穷远处外界景物的透过光线不是平行光线；b. 由于存在大离轴角，因此，大视场成像质量较差（例如水平和垂直畸变不一致等）；c. 为了校正像差，需要设计复杂的中继光学系统。

采用全息组合玻璃的优点是：a. 眼点位置处的瞬时视场等于系统总视场；b. 在某一窄波段（显示符号）范围内具有高反射率，而其它波段范围具有高透射率，如图5-32所示。

全息组合玻璃的成像原理在5.6节讨论，本节主要介绍普通平板组合玻璃的技术要求。

（2）普通平板组合玻璃技术要求

首先，组合玻璃的光学表面要满足平面性要求，没有光焦度，使外界光线透过组合玻璃后不发生会聚或发散。

其次，组合玻璃前后表面必须平行。

如果组合玻璃的两表面平行，则无论是外界目标的透射光线还是光学系统显示字符的反射光线，都不会偏离正确方向，对光学系统成像没有任何影响。

（3）组合玻璃平行差对成像的影响

若组合玻璃存在平行差而变为楔形平板玻璃，如图 5-33 所示，楔形角为 Q，不仅使外界景物的透射光改变原入射方向，严重时还会出现色散，而且，字符显示光线还存在有副像，影响驾驶员观察和瞄准。

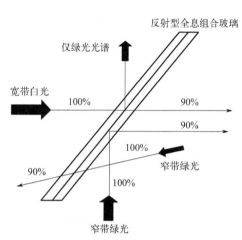

图 5-32　全息组合玻璃的透射/反射性能

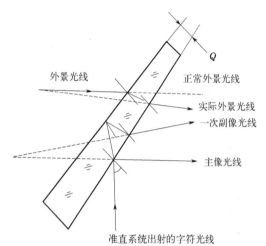

图 5-33　平板组合玻璃的平行差与副像

① 对外景透射光线的影响　假设组合玻璃存在平行差 Q，背景光线透过组合玻璃后，其光线的传播方向偏离原入射方向，光线偏角 ψ 是：

$$\psi = \frac{\sqrt{n^2 - \sin^2 i_1} - \cos i_1}{\cos i_1} Q \tag{5-17}$$

式中，i_1 为背景光线入射到组合玻璃上的入射角；n 为平板组合玻璃的折射率。

一般情况下，平视瞄准/显示系统的组合玻璃是 45°安装，光轴入射角是固定的，上式可以简化为：

$$\psi = (\sqrt{2n^2 - 1} - 1)Q \tag{5-18}$$

② 对显示字符反射光线的影响　必须注意，对于上述情况，显示字符入射到组合玻璃表面上的光线，一部分反射到飞行员眼睛，一部分折射进入组合玻璃。在外表面上，大部分光线折射出组合玻璃，但有少量光线又从外表面返回到内表面，再由内表面折射出，形成副像光线。若组合玻璃没有平行差，副像光线与主像光线平行，不会对观察产生影响。实际上，由于平行差的存在，副像光线与主像光线并不平行，光线偏角是：

$$\psi = \frac{2\sqrt{n^2 - \sin^2 i_1}}{\cos i_1} Q \tag{5-19}$$

在 45°安装条件下，简化为：

$$\psi = 2\sqrt{2n^2 - 1}\, Q \tag{5-20}$$

由此看出，组合玻璃的平行差对反射光线的影响要比透射光线大很多。当偏差角大于飞行员眼睛的视角分辨率（一般是 $1'$）时，就会分辨出副像而产生视差。

通常，要求严格控制组合玻璃的平行差，因此，多重副像远在百米之外，视差也很小。同时，利用镀膜技术可以使副像亮度受到抑制，保证副像亮度小于 1%，不易被觉察。

（4）对组合玻璃的技术指标要求

国军标 GJB 189A—2015《飞机平视显示/武器瞄准系统通用规范》在附录 B 中对组合玻璃的技术指标做出了详细规定。

① 组合玻璃引起外界真实目标的位移误差　组合玻璃的位移误差定义为飞行员通过组合玻璃观察时，由于其光学表面不满足平面性要求（具有一定的光焦度）或者前后表面呈楔形，使外景和目标的空间位置与实际位置产生了不应有的错觉性偏移，最终造成瞄准误差。

组合玻璃造成的位移误差应满足下列要求：

a. 在 175mrad（10°）中心视场内，应不大于 0.6mrad。

b. 在 175mrad（10°）中心视场外，应不大于 0.8mrad。

② 组合玻璃畸变误差　如上所述，如果组合玻璃的光学表面在加工或安装时，由于应力等原因失去了平面性，造成不规则的光焦度，从而透过组合玻璃观察外景和目标时，其大小和形状与目标的真实情况不一致，则称为"组合玻璃畸变误差"。在这种情况下，尤其是利用菱形环瞄准时，即使平显字符没有位移误差，目标距离信息也可能有误，从而影响瞄准攻击，因此必须严格控制。

在全部视场和所有观察眼位上，组合玻璃对小于 25mrad 张角的外界真实目标引起的畸变应不大于 0.25mrad。

③ 透光性　组合玻璃实际上是一块分光镜，既要反射图像源产生的符号光线，又需透射外界景物的光线。如果反射率很高，即使在最亮的外界景物条件下，显示的符号也会很亮，有益于 CRT 寿命增长。然而，在该条件下，外景的视在亮度很低，影响了可视性和对外界目标的目视观察，限制了对目标和跑道的观测距离，因此，折中考虑，单组合玻璃的透光性应满足要求：透射率应不小于 70%；反射率应不大于 28%；透射率和反射率之和应不小于 98%。

如果采用双组合玻璃，下组合玻璃应符合上述规定，上组合玻璃的反射率应不小于 26%。由此看出，对于普通折射型平视瞄准/显示系统，图像源输出光能量的 70% 左右是无用的。

全息组合玻璃是一种衍射光学元件，对光谱有很强的选择特性：对准直光学系统发射的窄带绿光字符具有很高的衍射效率（或者反射率），而对其它波长的光（外景光）有很高的透过率，因此，与常规组合玻璃相比，衍射光学平视显示系统组合玻璃的透射率和等效反射率都优于后者：字符图像亮度可以达到 5000～7800fL；在太阳光下的字符对比度提高 12%～60%。关于衍射全息瞄准/显示系统（包括全息组合玻璃），将在 5.6 节讨论。

5.4.7　显示精度

平视瞄准/显示系统的显示精度定义为：眼睛位于头部活动范围内任何位置，当通过组合玻璃和风挡玻璃观察时，在显示器总视场内对叠加在外界景物（或目标）上飞行符号或数据精确显示的一种度量。

平视瞄准/显示系统的显示精度取决于多种因素，包括：飞行符号位置显示误差（包括备用分划线位置误差）、武器释放算法误差、符号/视频图像配准误差、组合玻璃误差（包括位移误差和畸变误差）以及平视瞄准/显示系统轴线校准误差。

平视瞄准/显示系统显示的符号是为飞行员提供导航/瞄准目标的基准信息，显示精度直接影响平视瞄准/显示系统的精度，诸如俯仰角、空速、横滚、航向等是描述飞机运动状态的主要飞行符号和物理量，其显示位置的准确程度直接影响导航和攻击任务的完成，因此，必须严格和恰当地加以控制。

国军标 GJB 189A—2015《飞机平视显示/武器瞄准系统通用规范》对显示精度作了详细规定。

（1）火控字符显示精确度

火控字符显示精确度包括：数据处理误差、字符发生器误差、数/模转换误差、偏转放大电路误差、阴极射线管误差、玻璃位移误差和视差。在设计眼位的横向平面内观察字符时，要求：

① 在 210mrad（12°）中心视场内，字符的显示精确度应不大于 3mrad。

② 在 210～420mrad（12°～24°）视场内，应不大于 5mrad。

③ 在大于 420mrad 的视场内，应符合专用规范的规定。

（2）飞行字符显示精确度

① 俯仰角：±1.0°。

② 指示空速：±3.6km/h。

③ 真空速：±1km/h。

④ 高度：±8.0m。

⑤ 横滚角：±1.0°。

⑥ 马赫数：±0.01Ma。

⑦ 航向角：±1.8°。

⑧ 迎角：±1°。

⑨ 爬升率：±1m/s。

（3）字符/图像对准精确度

对具有光栅功能的平视瞄准/显示系统，当笔画法字符叠加在视频图像上时，外景视频图像中位置精度重要的笔画法字符与图像位置的对准精确度应在 ±1mrad～±0.5％N（mrad）范围内，其中，N 为该符号到视场中心的距离（单位为毫弧度）。

（4）备用标线位置精确度

备用标线位置精确度应与字符位置精确度一致。

（5）轴线校准精确度

平视瞄准/显示系统的轴线校准误差定义为：平视瞄准/显示系统的实际零位瞄准线对其应有的理论位置（通常，理论零位瞄准线应与飞机纵轴平行，并与武器轴线保持相应位置）的偏离。若不能保持这些参考基准的一致性，瞄准攻击会失去前提。

平视瞄准/显示系统安装在飞机上，轴线校准误差应控制在 ±0.5mrad 以内。

轴线瞄准误差是一种固有误差，可通过校靶消除。

5.4.8　视差

飞行员在观察/瞄准过程中，由于普通平视显示/瞄准系统的瞬时视场小于总视场，因此，为了观察到某一视场，驾驶员需要在眼盒范围内前后、左右或上下移动头部，以适应不同位置的观察和瞄准。尽管在不同位置眼瞳接收到的光束质量（平行性）很好，但彼此间存在差异。换句话说，被观察/瞄准的目标位于飞行员前方视场中无穷远处，而显示字符若不成像在无穷远，那么，所观察到的瞄准字符（即 CRT 的图像）相对于无穷远景物有一定的空间深度位移量，当观察者同时观察字符和外界目标时，随着头部移动，其相对位置会随着眼睛位置而改变，即发生错位，这种现象称为视差。

视差是衡量机载平视瞄准/显示系统光学性能的重要指标，定义为：相距 2.5in（约 64mm）两瞳孔距离的位置上对准直误差的一种度量，即图像源上同一光点经准直光学系统传输而形成的出射光线的不平行性（会聚度或发散度）。存在视差会引起瞄准误差，必须严格控制。

视差分为单目视差和双目视差。

单目视差是"飞行员单眼在设计眼位通过准直透镜系统出瞳（垂直于光轴的平面）内不同（点）位置观察显示字符图像的同一点而产生的图像差异"。单目视差定义在总视场范围内和全出瞳范围内测量。

双目视差是"飞行员双眼通过准直透镜系统出瞳上不同（点）位置观察显示字符图像上的同一点而引起的，是双眼同时观察到的显示图像之间的差异"。双目视差定义在双眼同时观察到的视场重叠范围内测量。

光学系统的视差有三种表示方法：线视差表示法、视度表示法和角视差表示法。

线视差定义为图像源（或分划板）偏离光学系统焦平面的距离 b。

视度表示法是利用光学系统（会聚/发散）出射光束的顶点到设计眼位的距离 L（单位为 m）的倒数（即视度 SD）表示系统视差，如式(5-21)所示，单位为 D（即屈光度单位）。

$$SD = \frac{1}{L} \tag{5-21}$$

规定：出射光束顶点在眼点之前，L 值为负；在眼点之后，L 值为正。显然，若出射光束是一束平行光束，则视度为零，视差也为零。

如果已知图像源偏离光学系统焦平面的距离为 b，则可以利用式(5-22)表示系统视差（即无穷远图像的视度值与图像源在像方的实际视度值之差 ΔSD。由于前者视度为零，所以，其差值就是图像源离焦产生的视度值，仍用 SD 表示）。

$$SD = \frac{-1000b}{f'^2} \tag{5-22}$$

式中，b 为图像源偏离光学系统焦平面的距离，mm；f' 为光学系统焦距，mm。

角视差是利用出射光线的会聚/发散误差角表示准直光学系统的视差，表示由视差引起的最大瞄准角误差。出瞳边缘光束的最大发散/会聚角作为像空间的视差角。由于角视差更方便用于机载领域，因此，本书采用角视差讨论和分析平视显示器的视差。

造成视差的原因主要是：光学系统残留像差过大；图像源显示表面的面形误差；装配误差；图像源像面与准直光学系统焦平面重合误差（离焦量）。

5.4.8.1　光学像差造成的视差

根据光学系统成像理论，只有在小视场或小孔径即近轴理想成像范围内，光学系统才有可能完美成像，没有像差。

实际上，即使完全满足技术要求或达到衍射极限的理想情况，也会存在像差。一点物体的像不是一个理想像点而是弥散斑，例如旋转对称光学系统的轴上球差，就是一个直径为 d 的弥散斑。因此，同一物点的近轴光束与远轴光束一般都不会完全平行。

对于轴外点，由于各种像差（彗差、像散和场曲等）的综合结果，特别是当子午场曲和弧失场曲的残余像差较大时，光学系统的实际焦平面不是平面，而是一个不规则的空间曲面。轴外物点的像也是一个不规则的弥散圆。尤其是大视场情况，残留像差更大。

这种由于光学系统残留像差而产生的视差称为"理论视差"。根据像高、光学系统焦距 f' 和视场角 W 之间的关系，并假设光学系统对物点所成像点是直径为 d 的弥散圆。光学系统焦距一定时，由下列公式计算轴上和轴外理论视差：

轴上理论视差：

$$\theta \approx \frac{d}{f'} \tag{5-23}$$

轴外理论视差：

$$\theta_{\mathrm{w}} \approx \frac{d}{f'}\cos^2 W \tag{5-24}$$

5.4.8.2　图像源显示表面面形误差造成的视差

平视瞄准/显示光学系统的设计和装配是以理想平面图像源为前提。如果图像源平面偏离标准平面，例如，不规则平面或者曲面，图像源上某些偏离光学系统焦平面的光点就会存在视差。

5.4.8.3　离焦造成的视差

理论上，平视瞄准/显示系统的图像源（例如 CRT）应当严格放置在准直光学系统的焦平面位置，任意视场一点字符发出的光束经光学系统后都是一束平行光束。但实际装配中，即使图像源经过精密调校，平视瞄准/显示系统 CRT 管平面及备用光环分划面也无法与光学系统的实际焦平面完全重合。如果图像源（或分划板）没有精确地位于光学系统焦平面上，则经过光学系统成像后的光束将呈发散或会聚形式，无法成像在无穷远。在这种情况下，当飞行员眼睛在"眼盒"范围内活动并观察无穷远景物时，就会发现观察到的目标与显示字符之间相互错动，即出现"离焦视差"。若出射光线是会聚的情况，甚至可能引起飞行员头晕恶心，非常不舒服。

如图 5-34 所示，假设图像源相对于光学系统焦平面的轴向偏离量为 b，根据光学成像原理，由于图像源离焦，图像源显示面上的点字符/画面经准直光学系统后的出射光线不再是一束平行光线，而是一束会聚光束（图像源向左偏离焦平面）或者发散光束（图像源向右偏离焦平面），如图中会聚角 θ。

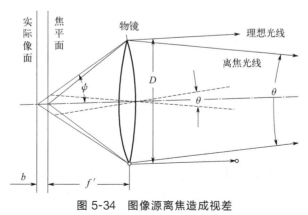

图 5-34　图像源离焦造成视差

如果光学系统通光孔径为 D，焦距是 f'，则轴上点产生的视差是：

$$\theta \approx \frac{2b\tan\psi}{f'} = \frac{Db}{f'^2} \tag{5-25}$$

对于轴外视场（全视场角为 W），视差是：

$$\theta_{\text{w}} = \frac{Db}{f'^2}\cos^2\left(\frac{W}{2}\right) \tag{5-26}$$

光学系统装配质量对视差影响很大。装配过程中，除保证各元件之间的尺寸外，还应考虑各元件的主截面与光轴的位置关系。最重要的是保证图像源像面或备用分划板面要与光学系统实际焦平面重合或尽量靠近，减少离焦量，同时，使图像面或备用分划面与光轴垂直。

5.4.8.4 综合视差

如上所述，平视瞄准/显示系统视差亦称为"综合视差"，是多种因素综合影响的结果，例如像差（尤其是场曲）、图像源与焦平面的不重合度（离焦量）以及飞行员头部移动量 Δ。

GJB 189A—2015《飞机平视显示/武器瞄准系统通用规范》中附录 B 对平视瞄准/显示系统视差（位置误差）的定义是：当通过组合玻璃，在设计眼位垂直于基准轴线的横向眼距 62mm 的双眼在俯仰和方位上观察时，对任意眼点位置所产生的视差。并要求在 90% 的测量点处都不应大于：a. 垂直方向：1mrad。b. 水平方向：会聚 2.3mrad，发散 1mrad。c. 所有测量点均不大于上述测量值的 110%。

（1）计算步骤

第一步，根据子午、弧矢场曲和名义（零视场）焦距计算不同视场的平均焦距：

$$f' = \frac{1}{2\cos\omega}\left[2f'_0 - (x'_{\text{t}} + x'_{\text{s}})\right] \tag{5-27}$$

式中 ω——半视场角；

f'_0——零视场焦距；

x'_{t}，x'_{s}——分别是子午和弧矢场曲。

第二步，计算不同视场下图像源的偏离量 b：

$$b = f' - \frac{f'_0}{\cos\omega} \tag{5-28}$$

第三步，计算视差角 φ：

$$\varphi = \frac{\Delta}{-(p + f'^2/b)\times 0.00029} \tag{5-29}$$

式中 p——眼睛到光学系统像方焦点的距离；

Δ——眼瞳在准直出射光束中的横向移动量。

（2）与影响因素的关系

公式表明，平视瞄准/显示系统综合视差角与其影响因素有下列关系：

① 视差角与"眼盒"中眼睛的横移量 Δ 成正比 一般地，为了有较大瞬时视场，希望出射的准直光束口径尽量大，意味着飞行员眼睛在平行出射光束中的可移动量 Δ 也大。显然，在这种情况下，光学系统的孔径像差也随之增大。由于眼盒范围内不同位置的"细"光束成像质量不一致，因此，随着头部移动会产生不同的视差角。

② 光学系统焦距 f' 其它参数一定，视差角随焦距增大而减小，与焦距平方大约成反比关系。如前所述，光学系统焦距增大势必增加平视显示器的体积和重量，所以，不能依靠增大焦距来减小视差角。

③ 图像源（例如 CRT）符号显示面对光学系统焦平面的偏离量 b 如果设计眼位到准直光学系统像方焦点的距离 p 满足下列条件：

$$p \ll f'^2/b \tag{5-30}$$

则式(5-29)简化为：

$$\varphi = \frac{b\Delta}{f'^2 \times 0.00029} \tag{5-31}$$

显然，综合视差角正比于 b。

（3）减小平视瞄准/显示系统视差途径

① 光学设计过程中，尽量减小残留像差量，尤其是要将场曲校正好，使光学系统的实际焦平面尽量接近平面。

② 装配过程中，尽量使图像源显示面与光学系统焦平面重合。就是说，对该项指标必须给出严格的公差要求，设法减小离焦量 b，从而减小装配误差造成的视差贡献量。

5.4.9 显示字符的基本要求

字符定义为：平视瞄准/显示系统显示画面上表示某种信息的几何形状、汉字或字母数字。

良好的字符显示特性决定了平视瞄准/显示系统在高亮度外界光或低亮度夜间环境下的字符可见性以及飞行员观察的舒适程度。

所有字符均应显示在有效显示面积或者瞬时视场之内。视场边缘的字符应不失真。

GJB 189A—2015《飞机平视显示/武器瞄准系统通用规范》，对（与光学技术相关的）平视瞄准/显示系统显示字符的规定包括字符颜色、字符亮度、字符对比率和字符线宽。

5.4.9.1 显示字符颜色

对于单色阴极射线管，字符颜色应为绿色或黄绿色。

使用夜视镜时，字符显示颜色和照明颜色均应与夜视镜兼容。

5.4.9.2 显示字符亮度

平视瞄准/显示系统显示字符的亮度是评价其显示性能的关键参数。良好的字符亮度决定着平视瞄准/显示系统在高亮度外界光、黑夜和弱照度环境下的字符可视性以及观察舒适度。

GJB 189A—2015《飞机平视显示/武器瞄准系统通用规范》规定：在背景亮度为 $34000 cd/m^2$ 和等效色温为 $3000 \sim 5000K$ 的条件下，笔画法字符亮度应使重叠在背景上的图像（字符）清晰可辨；当通过组合玻璃观察时，整个字符区域（包括备用标线，也称为备用光环）上的平均线亮度应不小于 $5440 cd/m^2$；字符对比度应不小于 0.2（对比率为 1.2：1）；当以设计眼位为中心，2cm 为半径的任何位置观察时，字符亮度的降低应不大于 25%。

5.4.9.2.1 提高字符的显示亮度

在飞行员设计眼位观察时，影响字符显示亮度的主要组件是 CRT 图像源、透射式准直光学系统（或中继成像系统）、折转反射镜和组合玻璃。由于背景亮度是客观存在，不能人为改变，因此，提高显示字符对比度的主要途径是增强字符亮度，有三种影响因素：

（1）图像源字符的显示特性

机载平视瞄准/显示系统主要应用于空中观察和瞄准，背景是阳光照射下的白云，光辐射的光谱范围很宽，光谱峰值约589.3nm。而图像源（例如CRT荧光粉）受激状态下的光谱范围为470～650nm，对人眼敏感的波长主峰是525nm，如图5-35所示。

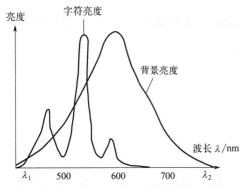

图5-35 空中背景与CRT图像源的光谱曲线

亮度是波长的函数。同一光源，不同波长的光亮度不同。从亮度积分曲线看，背景亮度积分值大于字符亮度积分值，但是，在525nm附近窄带光谱区域内，字符亮度远大于背景亮度，因此，形成了局部光谱带区字符相对于背景有很高的对比。所以，在绿色字符以白云为背景的特殊条件下，尽管总积分亮度低于背景若干倍，但仍然清晰可见。

尽管影响设计眼位处观察字符显示亮度的因素很多，例如对比度、字符亮度、字符形状/尺寸/内容、字符方位、移动速度和边缘锐度等，但根本因素还是字符本身的发光亮度。

众所周知，阴极射线管（CRT）图像源产生的字符，需要通过准直光学系统（包括反射镜）和组合玻璃传输给飞行员，字符亮度的衰减主要取决于二者。阴极射线管（CRT）图像源需要产生多大的字符亮度才能满足"平均线亮度应不小于5440cd/m^2"（国军标）的要求呢？假设，透射光学系统和组合玻璃的光学传输效率分别为T_L和T_C，设计眼位的字符显示亮度为L_{EYE}，则CRT的发光亮度L_{CRT}至少应满足下列关系：

$$L_{CRT}=\frac{L_{EYE}}{T_L T_C} \tag{5-32}$$

对单层组合玻璃，假设$T_L=0.84$，$T_C=0.28$，设计眼位字符显示亮度要求$L_{EYE}=5440cd/m^2$，则阴极射线管的亮度至少要达到23129cd/m^2。

研究表明，对于CRT图像源，字符亮度与选择的荧光粉种类以及工作参数密切相关，通常采用发射绿光的P型（例如P1、P43和P53）荧光粉。在15kW以上的阳极电压下用电子束轰击，能够达到的最高亮度是34260cd/m^{2}或者10000fL左右，可以满足要求。

虽然在更高的阳极电压下有更高的字符亮度，为更明亮环境下提供更舒服的观察，但考虑到CRT寿命（在最大亮度66%的条件下，工作寿命不小于1000h）等其它性能，GJB 189A—2015规定"当通过组合玻璃测量时，整个字符区域上的平均线亮度应不小于5440cd/m^2"。

美军标MIL-D-87213规定，在5482cd/m^2（1600fL）线条亮度和1.2：1的对比率条件下，保证在充分日照环境下字符清晰可辨。

（2）准直光学系统的光学效率

准直光学系统包括透射型成像系统和反射组件，其光学效率直接影响显示字符亮度。主要因素是光学系统透射材料的光吸收系数β、轴向厚度d、光学零件表面（空气中）的反射系数r和表面数目k以及反射镜的反射率R_E。按照式（5-33）计算光学系统的光学效率T_K：

$$T_K=(1-\beta d)(1-r)^k R_E \tag{5-33}$$

通常采用下述方法提高光学系统的光学效率：

① 尽量选用光吸收系数小的玻璃材料。

② 尽量控制光学元件的总厚度和减少光学元件数量。

③ 采用优化表面曲率半径的方法优化光学系统的成像质量。

④ 透射表面镀增透膜，折转反射面镀反射膜。

（3）组合玻璃的光学效率

组合玻璃是机载平视瞄准/显示光学系统的重要组件，又是一个特殊组件。普通折射型平视瞄准/显示系统中，组合玻璃是一个析光镜或者光学滤光片：对窄波段光线（544nm±10nm）反射（显示字符的反射率约30%），而对其它波段光线透射（外景目标的透射率约70%）。

显然，组合玻璃对显示字符的亮度有直接影响，其反射率太低将造成系统的光学效率过低。采用新型光学组合玻璃（例如，全息组合玻璃），利用光的衍射原理，一般能使组合玻璃的衍射效率（等效于反射率）达到90%左右，因而可以同时提高外景透射率和显示字符的反射率，从而达到提高显示字符亮度的目的。

应当注意，上面结果是按照单层组合玻璃进行分析的，对于双层组合玻璃结构，下组合玻璃的反射系约为28%，上组合玻璃的反射系数约35%（标准规定不小于26%），会局部降低背景光的透射率。

全天候型平视瞄准/显示系统在夜间工作时，根据 GJB 1016—2004《机载电光显示系统通用规范》，还会通过设置光学滤光片或采用调整亮度方法，使显示亮度与外界背景亮度相适应。

5.4.9.2.2 字符亮度均匀性

GJB 189A—2015《飞机平视显示/武器瞄准系统通用规范》规定，在以显示器最小尺寸的四分之一为直径的任意圆内，任意字符或字符段的亮度与平均亮度之间的差值应不大于平均值的20%。在整个显示范围内，亮度的总变化应不大于40%。

字符亮度均匀性按式(5-34)计算：

$$K = \frac{L_{\max} - L_{\min}}{L_{\max} + L_{\min}} \tag{5-34}$$

式中　K——字符线亮度变化百分比；

$L_{\max}$——字符线亮度最大值，cd/m^2；

$L_{\min}$——字符线亮度最小值，cd/m^2。

研究表明，平视瞄准/显示系统的字符显示亮度会因眼盒内观察位置和视场角度而异，即具有亮度不均匀性。表 5-6 是对平视瞄准/显示系统眼盒范围内不同位置字符亮度的测试结果（其中，Z 向代表机头方向，为正；X 和 Y 分别代表水平方向和俯仰方向不同位置；视场内选择<0°，0°>、<2°，0°>和<0°，－2°>）。由测试结果可以看出，在同一位置观察时，不同视场处字符亮度有一定变化；在眼盒内不同位置观察视场内同一字符，字符亮度也有一定变化。

表 5-6　眼盒内不同位置处字符亮度测试结果

序号	测试位置/mm			亮度/(cd/m²)		
	X	Y	Z	<0°,0°>	<2°,0°>	<0°,－2°>
1	0	0	0	8668	8426	6334
2	31	0	0	9088	8878	6528

序号	测试位置/mm			亮度/(cd/m²)		
	X	Y	Z	$<0°,0°>$	$<2°,0°>$	$<0°,-2°>$
3	−14	0	0	8924	8685	6445
4	0	20	0	6797	6625	6003
5	0	−20	0	6184	7264	7288
6	0	0	50	7921	7650	6271
7	0	0	−25	8812	8512	6648

5.4.9.2.3 字符亮度调整

在不同天气条件下，背景光亮度不断变化，为了保持较恒定的对比率，平视瞄准/显示系统显示的字符亮度应随背景亮度的变化而变化，即字符亮度可随时调节。有三种调节方式：

（1）手动调节

适用于背景亮度较强或较弱，但在较长时间内相对稳定的情况。

（2）自动调节

一般情况下，特别是在外界亮度突然变化时，飞行员没有时间手动调节字符亮度，必须采用自动亮度调节模式。

（3）使用滤光片

在夜间执行任务时，外界背景亮度非常低（例如月光下，背景亮度低于 $1cd/m^2$）。为了保证平显字符相对于昏暗的环境具有合适的对比率，必须提供亮度较低的字符显示。通常，在光学系统中设置有夜间滤光片，可以使亮度衰减 50% 或者更多，保证舒适观察所需要的对比率。

5.4.9.3 字符对比度/对比率/调制对比度

为满足正常使用要求，平视瞄准/显示系统必须一直保持良好的图像清晰度，这不仅与图像分辨率有关，还与图像与背景的亮度差有关。换句话说，在机载环境下，单纯地说一个字符亮度多高，并不能完全反映飞行员在机舱外天空/陆地/大海明亮或黑暗背景下对字符或图像的感觉，用相对概念更合适。通常表示为飞行员通过平视瞄准/显示系统组合玻璃所观察到的字符亮度与背景光亮度之比。

根据人眼视觉理论，在相同的环境亮度下，人眼的感光灵敏度不变；当外界光照条件变化时，人眼会自动调节眼瞳直径以限制接收到的光能量。如果希望从背景光中清晰辨读出显示字符，则二者之间必须有一定的亮度差，背景光亮度越高，对字符亮度要求也越高。字符应随背景亮度变化而改变。

为了在不同亮度背景下都能清晰地观察到平视瞄准/显示系统的显示字符，字符图像与背景之间的亮度差必须大于某一阈值，可以用三种概念和方式进行描述，即对比度、对比率和调制对比度。

（1）对比度

GJB 189A—2015《飞机平视显示/武器瞄准系统通用规范》定义对比度并规定在环境背景亮度为 $34000cd/m^2$ 条件下，为满足"字符清晰可见"的要求，字符对比度应不小于 0.2：

$$C = \frac{L_2}{L_1} \tag{5-35}$$

式中 L_1——通过组合玻璃观察时的背景亮度，cd/m^2；

　　　L_2——通过组合玻璃观察时的字符亮度，cd/m^2。

（2）对比率

对比度是一个小于 1 的数值，不习惯使用。实际工作中，更多的是使用术语"对比率"表示平视瞄准/显示系统字符亮度与背景亮度的相对计量值：

$$C_R = \frac{L_1 + L_2}{L_1} \tag{5-36}$$

GJB 189A—2015《飞机平视显示/武器瞄准系统通用规范》虽然没有对平视瞄准/显示系统的亮度对比率做出定义，但以注释的方法规定了对比率的最小量值：规定 34000cd/m² 阳光照射的云层背景，最小可接收的显示对比率应不小于 1.2∶1。

实验结果表明：满足国军标对比率的基本规定 $C_R = 1.2∶1$，平视瞄准/显示系统的字符"清晰可见"，但是，为了使观察显示字符更舒适和判断迅速，理想情况是 $C_R = 1.5∶1$。

应当注意，人们很容易将"对比度"与"对比率"两个概念"混淆"，误称"字符对比度为 1.2∶1"。

（3）调制对比度

调制对比度定义为：

$$C_M = \frac{L_2 - L_1}{L_1 + L_2} \tag{5-37}$$

必须提醒，字符亮度均匀性与调制对比度的表述公式表面上很相似，但含义并不相同。前者是表述显示字符最大与最小亮度之间的关系，而后者是表述显示字符亮度与背景亮度的关系，不能混淆。

（4）对比度、对比率和调制对比度之间的关系

根据以上公式，可以推导出对比度、对比率和调制对比度之间存在以下关系：

$$C_R = C + 1 \tag{5-38}$$

$$C_M = \frac{C - 1}{C + 1} \tag{5-39}$$

$$C_R = \frac{2}{1 - C_M} \tag{5-40}$$

无论采用哪种表示方法，都是表述"字符与背景的相对亮度差"。由于对比度小于 1 而调制对比度是负值，因此，人们更习惯使用术语对比率。

若平视瞄准/显示系统组合玻璃的透射率为 T，背景光的亮度为 L_1，为满足对比率 C_R 的基本要求，驾驶员观察到的字符亮度 L_2 应为：

$$L_2 = L_1 T (C_R - 1) \tag{5-41}$$

平视瞄准/显示系统具有很宽的工作背景亮度范围（1～34000cd/m²），从昏暗月光到阳光白云。假设背景光亮度是 34000cd/m²，单组合玻璃的透射率 70%，为了使驾驶员在该背景下能清晰地观察到字符，必须满足国军标规定（对比率不小 1.2∶1），由上述公式计算可知，到达飞行员眼位的字符亮度至少是 4760cd/m²。如果对比率取 1.5，则到达驾驶员眼位的字符亮度至少应是 12000cd/m²。

国军标规定：当通过组合玻璃时，字符线段的平均亮度应不小 5100cd/m²。实际上，几

乎所有平视瞄准/显示系统仍然把字符亮度指标定位在 $5400cd/m^2$ 左右。

（5）组合玻璃对对比率的影响

随着科学技术的快速发展，平视瞄准/显示系统的技术性能逐步提高，光学结构布局不断变化，组合玻璃变化最大，因此，对显示字符的对比率等技术指标产生很大的影响。

① 单组合玻璃形式。单组合玻璃形式实质上就是一个普通的分光镜或者半透半反镜。组合玻璃反射率高，显示字符亮度高，CRT 的寿命长。但是，若外景的视在亮度较低，会限制对外景的可视性以及对空中/地面目标的目视观察，反之，则影响符号亮度，很容易使符号"湮没"在亮背景光中。因此，组合玻璃的透射率与反射率之间需要进行折中，确定一个合适的比例，并以此确定组合玻璃的镀膜。GJB 189A—2015《飞机平视显示/武器瞄准系统通用规范》规定，普通型平视瞄准/显示系统单组合玻璃的光学效率是：

a. 透射率应不小于 70%。

b. 反射率应不大于 28%（对主波长 544nm）。

c. 透射率和反射率之和应不小于 98%。

② 双层组合玻璃形式。双层组合玻璃可以扩大平视瞄准/显示系统俯仰方向瞬时视场。但是，应当考虑到下组合玻璃对图像光线只有一次反射，而到达上组合玻璃的光线除经过下组合玻璃一次反射外，还要经过下组合玻璃的两次透射，背景光线需要经过上下组合玻璃两次透射，光学效率会有明显下降，因此，垂直方向瞬时视场扩大部分的背景光亮度和字符亮度都会降低。

为了使双层组合玻璃与单层组合玻璃给出的字符具有相同的对比率，在理想条件下（忽略背面反射和吸收影响），上下组合玻璃的反射系数（$R_上$ 和 $R_下$）应满足下列关系：

$$R_上 = \frac{R_下}{1 - R_下 + R_下^2} \tag{5-42}$$

GJB 189A—2015《飞机平视显示/武器瞄准系统通用规范》规定，当采用双组合玻璃时，下组合玻璃应符合上述关于单组合玻璃相关规定，而上组合玻璃的反射率应不小于 26%。若下组合玻璃反射系数是 28%，则上组合玻璃反射率约为 35%。

为了满足该要求，可以采用分区镀膜方法。

③ 全息组合玻璃。全息组合玻璃是利用光学全息技术及计算全息技术制造的一种光学元件。突出优点：瞬时视场大且可以等于总视场；显示字符具有高衍射效率（等效反射率高达 95%）和背景光具有高透射率（90%以上），从根本上解决了上述亮度问题。关于全息光学技术，详细内容请参考第 3 章。

④ 皱褶负滤光片型组合玻璃。全息组合玻璃具有显著优点，缺点是制造工艺复杂，尤其是机载环境对全息组合玻璃的密封性要求很高，成品率较低。

20 世纪 90 年代（1995 年），Southwell 利用耦合波理论，推导出一种渐变折射率光学薄膜系统，即折射率有规则地周期性变化（例如折射率成正弦或余弦分布）的 Rugate 膜系，译为"皱褶光学膜系"。利用该膜系理论设计的负滤光片称为"皱褶负滤光片"。

理论研究表明，Rugate 膜系的显著特性是：可以从设计要求的光谱范围中反射某一窄带光谱区域光信号，而在高截止带两侧又高透射其它波段的光信号。

利用 Rugate 薄膜技术制造的负滤光片非常类似于全息组合玻璃的光谱特性曲线，因此，利用 Rugate 薄膜技术替代机载平视瞄准/显示系统中全息组合玻璃的制造方案，同样可以提高字符的显示亮度或者对比率。

由于在自然界中尚未发现完全符合真正含义上 Rugate 膜系技术要求的实际材料，因而，采用特殊的方法，将非均匀膜层用 N 层均匀膜层来等效，并且，当 N 达到相当多后（例如 10 层左右）便可以实现类似 Rugate 膜系性质。通常采用折射率成梯形变化的不连续薄膜结构。

利用 Rugate 薄膜技术制造的平视瞄准/显示系统组合玻璃称为"皱褶负滤光片型组合玻璃"。尽管在光谱特性上类似于全息组合玻璃，但与全息制造技术完全无关，因此，也称为伪全息组合玻璃。

5.4.9.4　显示字符线宽

平视瞄准/显示系统显示的字符线宽是评价其显示特性的重要参数。

近几年，飞机、武器和火控系统的快速发展，对平视瞄准/显示系统的显示性能（包括显示字符线宽）提出了更高要求。

显示字符线宽定义为：当环境照度为 $500\sim1000$lx 以及字符亮度为 3400cd$/$m^2 时，通过组合玻璃在 50% 峰值功率位置测量的字符线宽度值。

GJB 189A—2015 规定显示字符线宽应满足下列要求：

① 字符线宽为 1mrad±0.3mrad。

② 瞄准光点直径 1.5mrad±0.5mrad。

③ 字符位置跳动量不大于 1mrad。

对平视瞄准/显示系统显示字符线宽的测量结果，如表 5-7 所列，该结果表明字符亮度对线宽影响不大，字符亮度满足 3400cd$/$m^2 时，字符宽度都能满足要求。

表 5-7　平视瞄准/显示系统显示字符线宽

序号	测试点/(°)		线宽 /mrad	字符亮度 /(cd/m^2)
	X	Y		
1	0	0	0.87	4089.63
2	4	0	0.87	4146.97
3	8	0	0.91	3230.33
4	0	-2	0.81	4006.76
5	0	2	0.92	3804.48
6	0	-4	0.84	3718.33
7	0	4	0.87	4115.17
8	0	-6	0.84	3200.95
9	0	6	0.89	3074.48
10	0	-8	0.82	2511.97
11	0	8	0.90	3522.41
12	7	5	0.93	3102.98
13	7	-5	0.91	3016.75
14	4	-8	0.90	2510.00

5.4.9.5　副像亮度

光学系统产生的副像是一个容易被忽视的问题。

一般情况下，副像亮度远小于主像亮度，但在较暗背景观察时，副像可能清晰可见。实际上，人眼在各视场沿主光线方向观察时，由于副像与主像重合，不会发现副像。但随着人眼在垂直于出射光束方向横向移动，副像便相对于主像逐渐分离。人眼移动范围越大，副像与主像分开的距离就越大，这种现象称为"副像视差"。

由于主像与各次副像的成像深度不尽相同，当某一个副像的夹角大于人眼视角分辨率（一般是 $1'$）时，主像与副像的分开就会被观察到。人眼摆动范围越大，副像与主像分开的距离越大，越容易被觉察。

标准规定，在平视瞄准/显示系统视场内，当字符亮度调节到额定亮度，并通过下组合玻璃测量时，由反射形成的副像亮度应不大于主显示字符（或图像）亮度的 2%，偶尔出现的杂像持续时间应小于 1s。

5.4.10 视频图像的质量要求

（1）图像颜色
图像显示颜色应为绿色或黄绿色。
（2）水平分辨率
在 10% 行调制情况下，水平分辨率不小于 400 线。
（3）光栅亮度
在背景亮度为 $34000cd/m^2$ 和等效色温为 $3000\sim5000K$ 条件下，当通过组合玻璃观察时，光栅亮度应使 6 级灰度等级清晰可见。
（4）对比度和对比率
环境亮度为 $170cd/m^2$ 时，峰值白色光栅与背景亮度的对比度应不小于 7。
相邻灰度等级之间的对比度应不小于 0.4 或者对比率为 1.4∶1。
（5）显示亮度和对比度变化
显示器转换工作状态期间，不应出现偶然的亮度闪烁现象，显示亮度和对比度的变化应不大于 40%。

5.4.11 光学系统畸变

畸变是光学系统最重要的性能参数，直接影响飞行员的观察和瞄准精度。通常要求最大畸变小于 1%。

5.4.12 备用光学系统

平视瞄准/显示系统的备用光学显示系统，是在 CRT 工作状态万一失效时备份使用的应急瞄准系统，仅能提供瞄准攻击和飞行指引所需的简单符号。
GJB 189A—2015 规定平视瞄准/显示备用光学系统应满足以下要求：
① 备用标线颜色。
在普通折射式平视瞄准/显示系统中，备用标线颜色为红色。
在衍射光学平视瞄准/显示系统中，备用标线颜色与主字符颜色相同。

② 备用标线的线宽、标线亮度/对比度等要求与主字符一致。

③ 备用标线如图 5-36 所示（设计视场典型值：方位±1.3°；俯仰 12°）。

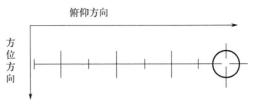

图 5-36　备用光学系统标线

表 5-8 列出普通型平视瞄准/显示系统的主要技术性能。

表 5-8　HUD 的主要技术指标

参数			性能
视场/(°)	总视场		$\phi 20 \sim 25$
	瞬时视场		$14(H) \times 12(V) \sim 18(H) \times 16(V)$
通光孔径/mm			127(约 5in)
观察全视场的头部活动量/mm			$\pm(38 \sim 64)$
字符	线宽/mrad		字符线宽 $1.0 \pm 0.3(3.4' \pm 1')$
	中心光点直径/mrad		$1.5 \pm 0.5(5' \pm 1.7')$
显示颜色	主显示		绿色
	备用显示		红色
字符亮度			在背景亮度为 $34000cd/m^2$ 和等效色温为 $3000 \sim 5000K$ 条件下，通过组合玻璃测量时，字符的平均线亮度应不小于 $5440cd/m^2$
瞬时亮度变化			没有能觉察到的闪烁
字符对比率			不小于 1.2:1
字符对比度			不小于 0.2
字符线亮度变化			小于 1.6 倍
字符位置精度/mrad	视场≤$\phi 12°$		≤±3
	$\phi 12°$≤视场≤$\phi 24°$		≤±5
副像亮度			≤2%
组合玻璃	单组合玻璃	透射率	≥70%
		反射率	≤28%
	双组合玻璃	下组合玻璃反射率	应符合单组合玻璃上述规定
		上组合玻璃反射率	≥26%
离轴折转角/(°)			$80 \sim 120$
视差/mrad	垂直方向倾斜聚散度		<1
	水平方向	会聚	<2.3(最好<1.0)
		发散	<1(最好<0.5)

参数		性能
图像显示	图像颜色	绿色或黄绿色
	水平分辨率/线	不小于 400
	光栅亮度	应使 6 级灰度等级清晰可见
	对比度/对比率	环境亮度为 170cd/m² 时,峰值白色光栅与背景亮度的对比度应不小于 7。 相邻灰度等级之间的对比度应不小于 0.4/对比率为 1.4 : 1
	显示亮度和对比度变化	显示器转换工作状态期间,不应当出现偶然的亮度闪烁现象,显示亮度和对比度的变化应不大于 40%
夜视观察		与微光夜视仪(NVG)兼容
使用寿命/h		2000

5.4.13 舱盖/风挡玻璃的影响

风挡玻璃是飞机的重要部件,也是裸露于空气中的主要机载非金属结构件,对平视瞄准/显示系统观察舱外目标有着重要影响。图 5-37 是商用飞机和军用飞机上安装的不同形状、尺寸和结构的风挡玻璃。

(a) 民航客机风挡玻璃   (b) 军用飞机风挡玻璃

图 5-37 不同类型飞机的风挡玻璃

与商用飞机不同的是,在现代化战斗机中,除了风挡玻璃(位于飞行员正前方)外,机上还安装有玻璃座舱盖(围绕飞行员头部和能打开使飞行员进出飞机的部分)和机尾炮塔上的防弹玻璃,这三种透明组件统称为"航空玻璃"。本节从光学设计角度讨论和分析风挡玻璃的结构和对光学性能的影响。

无论商用客机还是军用战斗机,机上风挡玻璃的主要功能是:

① 具有良好的气动特性和足够的强度,飞行中具有最小阻力系数并能够承受飞机座舱压力、气动载荷、机体结构载荷以及有防鸟撞击生存能力(例如,要求在巡航速度下,风挡玻璃能承受 1.8kg 鸟的撞击)等,为机组人员提供安全和工作保护。

② 根据需要,外形设计要考虑多种非光学因素,例如隔离外界极端寒冷、低气压、高速气流的影响。

③ 具有较好的光学特性,包括透光性、光学角偏差、光学畸变、双目视差、副像偏离和眩光性能等,保证飞行员能够透过座舱盖/风挡玻璃真实地观察和瞄准目标及舱外景物。

5.4.13.1 风挡玻璃的光学功能

值得注意，为了给飞行员一个不受限制的视场并保持飞机具有良好的气动性能，高速和高性能战斗机的风挡玻璃设计成一个具有低倾斜角和带有弯曲的表面（直升机一般是平板形状）。另外，随着飞机性能的不断提高，战斗机座舱内开始安装诸如光学瞄准具、平视瞄准/显示系统、头盔瞄准/显示系统、前视红外摄像系统等光学/光电传感器之类设备，飞行员不仅需要通过组合玻璃/护目镜，还要通过风挡玻璃观察外界目标。在这种情况下，风挡玻璃的作用和功能不仅仅是"挡风"和"安全"，还应视为成像光路中的一个光学元件。

遗憾的是，在风挡玻璃的研发过程中，尽管已注意到一些光学材料的性质和光学表面的质量，但与光学成像质量相关的一些参数（例如光学材料折射率均匀性和光学表面的平面性等）并没有受到足够重视，作为标准的光学元件，风挡玻璃远不能满足光学系统的使用要求。

理想情况下，来自平视瞄准/显示系统 CRT 的字符图像通过准直光学系统后形成平行光束，由组合玻璃反射到飞行员眼睛，图像位于无穷远。如果没有风挡玻璃或者不考虑风挡玻璃的影响，远距离真实目标发出的光束也是平行光束，平视瞄准/显示系统显示的字符与目标之间不会产生视差，也不会产生双影图像。

风挡玻璃的实际存在，使飞行员观察到的外景目标图像是通过风挡玻璃之后再通过组合玻璃到达飞行员眼睛，因此，风挡玻璃的光学特性（例如曲率半径、厚度均匀性、光学折射率、局部色散、玻璃热膨胀系数、表面光洁度、倾斜和楔形等）对机载平视瞄准/显示系统的瞄准精度影响较大，会使目标图像发散/会聚或移离其实际位置，最终造成目标光线与图像源产生的字符光线不能同时清晰成像在飞行员视网膜上，因而使目标图像偏离实际的瞄准目标，瞄准精度下降。

如图 5-38 所示，当飞行员透过风挡玻璃观察时，座舱折射会造成透射光线的角偏离和侧向偏移，目标位置和大小都会发生变化。研究表明，侧向偏移在几米之外可以忽略不计，至关重要的影响是角偏离。

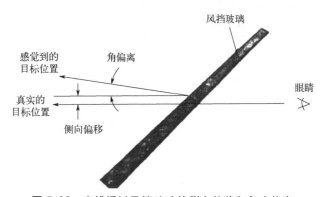

图 5-38　光线透过风挡玻璃的侧向偏移和角度偏离

所谓角偏离是指目标的实际位置与从座舱中看到的视在位置不重合，从而会导致瞄准误差。例如，如果风挡玻璃的角偏移引起的角度误差是 10mrad，意味着，1000m 距离上目标的真实位置偏离目标视在位置 10m，因此，进行整体设计和光学系统设计时，必须考虑到这种影响，对座舱内每个眼位和瞄准线（LOS）方向的角偏移进行测绘，并通过火控计算机计算和补偿，保证角度误差小于 3mrad，所有残差的均方根值小于 1mrad。

相对于平视瞄准/显示系统，头盔瞄准/显示系统的视场范围更大，每个小区域内光线的偏离都不相同，使用时必须对整个风挡玻璃进行修正和补偿，难度更大。

应当注意，对生产的每一个风挡玻璃在上机安装之前都需进行测量。此外，考虑到服役期间，由于长时间暴露在高温和压力下，以及磨损/划伤和外界撞击产生的物理损伤，光学特性也可能发生变化，因此，必须定期进行测量、修正和补偿。

5.4.13.2　风挡玻璃的材料和结构形状

随着科学技术的发展，飞机风挡玻璃的材料和结构形状也在发生变化。

20世纪20年代，风挡玻璃采用平板退火玻璃，优点是光学性能好、折射和视觉变形影响小、制造成本低、安装拆卸方便。问题是气动阻力大和重量较重。理论和实践证明，只有做到机头曲面与风挡平面之间实现平滑过渡，才能获得良好的气动特性。

20世纪30年代，飞机风挡玻璃开始采用曲面复合玻璃，中间胶层是纤维树脂类。

1931年，德国罗姆哈斯公司建厂生产有机玻璃，并首先应用在飞机工业。

20世纪40年代，风挡玻璃采用热淬火玻璃，中间胶层是聚乙烯醇缩丁醛。

20世纪50年代后，风挡玻璃采用有机玻璃或者钢化玻璃-多层塑料复合结构材料。

1958年，中国建筑材料科学研究总院研发出我国第一块飞机风挡玻璃。半个世纪以来，完成了国产飞机所有机型的玻璃研发配套任务，成为世界上少数几个自行研制飞机玻璃的国家之一。2007年，研发成功"Y7和Y7-200A型运输机驾驶员风挡玻璃"，各项技术指标达到国际同类产品的先进水平，替代进口产品。

伴随着作战需要，军用战斗机逐渐向高空、高速、多用途和短距离垂直升降方向发展。由于风挡玻璃裸露于大气中并位于飞机飞行产生气动热的前缘，因此，其性能必须与之相适应。

超声速飞机的出现，使美国、苏联和德国等国家开始研制甲基丙烯酸甲酯（MMA）与其它化合物共聚的微交联聚合物（称为聚甲基丙烯酸甲酯PMMA，俗称有机玻璃）。其具有更好的光学性能、表面质量、耐热性和力学性能。飞机用有机玻璃的质量远优于工业用有机玻璃。表5-9列出飞机用有机玻璃的主要技术性能。

表5-9　有机玻璃的主要技术性能

参数		指标
光学透射率	可见光	99%
	紫外光	72%
	平均透过率	92%～93%
重量		仅为普通玻璃的1/2
密度/(g/cm³)		1.18
抗碎裂性		为普通硅玻璃的12～18倍
机械强度和韧性		比普通玻璃大10倍以上
硬度		与金属铝相当
抗冲击强度(在−50～100℃)		不变
电绝缘性能		良好
化学性能		稳定,耐一般化学腐蚀,不溶于水,具有良好的耐气候性和耐老化性

为了解决飞机透明组件的银纹问题，提高风挡玻璃的抗鸟撞能力以及抗突然炸裂，美国和苏联开始研制定向有机玻璃，提高了风挡有机玻璃的冲击韧性。自此，定向有机玻璃逐渐代替了非定向有机玻璃，并被世界各国普遍采用。

随着科学技术的进步，飞机的飞行高度和飞行速度大幅度提高，要求风挡玻璃必须具备耐高温、高强度和重量轻的特点。从飞机的气动特性考虑，风挡玻璃已经从简单的平板玻璃发展成各种曲面形状（军机多采用柱面结构，并相对于瞄准/显示光学系统光轴具有一定倾斜量），实际上，飞机风挡玻璃的结构变得比较复杂，已经设计为一种多层复式结构，如图 5-39 所示。

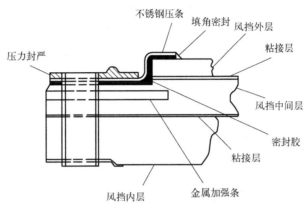

图 5-39 飞机风挡玻璃的典型结构

飞机风挡玻璃一般由外层、中间层、内层三层玻璃组成，各层之间夹有其它材料。根据基板材料、使用条件选择不同特性的夹层粘接材料，国外通常采用聚氨酯（PU），国内通常采用聚乙烯醇缩丁醛树脂（PVB）。其中，外层玻璃具有一个坚硬耐磨的刚性外表面；中间层是一个防失效结构，同时承担一定的结构负载，当内层玻璃破裂时，可防止碎片飞溅；内层玻璃是主要结构件，远比外层玻璃厚，承担着飞机内部的压力负载。

图 5-40 中：（a）是 F-111 歼击机的风挡玻璃，由 2 层钢化玻璃和聚氨基甲酯中间层组成，具有较大的临界弯曲压力和较好的光学性能；（b）是国产××型歼击机的风挡玻璃结构；（c）是空客 A300 运输机的风挡玻璃，由四层平板无机玻璃和 PVB 粘接层组成，具有良好的耐磨性、耐溶性和耐高温性能；（d）是波音 B747 飞机的曲面风挡玻璃，为了提高内表面的耐磨性和减轻重量，将内层材料修改为重量轻、硬度高、光学畸变小以及便于更新的硬镀膜层。

随着飞机飞行速度的不断提高，风挡玻璃的材料也不断变化，例如采用玻璃陶瓷或者石英玻璃，甚至由玻璃和聚碳酸酯组成的复合材料等，进一步提高耐高温、强度和光学性能。

应当强调，设计飞机座舱盖/风挡玻璃时，重点要求是风挡玻璃的形状要满足气动力学理论，结构强度大，透射性好，飞行时具有最小气动阻力，而很少考虑作为光学元件的最佳光学性能。因此，飞机风挡玻璃无论是从平板玻璃发展到曲面玻璃，还是从单块结构发展到复层结构，都是从气动和机械特性考虑，在飞机设计和制造过程中不可能完全按照光学元件/系统的技术标准和设计要求选择其材料并进行设计和制造。

如前所述，风挡玻璃就是一个表面复杂而光学性能较差的大尺寸透镜元件，与标准的光学元件技术要求相比，由于面积较大，每一小部分的厚度、曲率半径以及材料折射率都不相同。

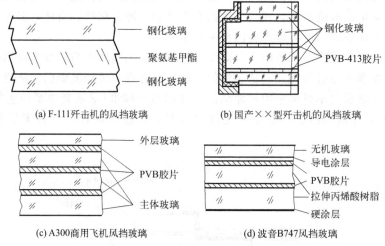

(a) F-111歼击机的风挡玻璃　　　　(b) 国产××型歼击机的风挡玻璃

(c) A300商用飞机风挡玻璃　　　　　(d) 波音B747风挡玻璃

图 5-40　不同飞机的风挡玻璃结构

5.4.13.3　风挡玻璃影响光学成像质量的主要因素

研究表明，风挡玻璃影响瞄准/显示光学系统成像质量的主要因素是其前后表面的楔形角、表面曲率半径和表面局部误差。

（1）前后表面的楔形角

飞机风挡玻璃的厚度是 30～40mm。对风挡玻璃结构的研究表明，内/外两个表面不可能完全平行而会存在一定的楔形角，其功能相当于一个楔形镜，导致瞄准误差。

对美军 F-16 飞机座舱盖/风挡玻璃的测量结果表明，平视瞄准/显示系统规定视场内角偏移不能超过 3mrad，为了补偿瞄准基线的偏离，经计算后，要求风挡玻璃的角偏离误差均方根值（RMS）不得大于 1mrad，即 1000m 目标的偏离量是 1m。

另外，风挡玻璃的"角偏差"与视场大小和位置有关：最大的俯仰角偏离量是 −7.12mrad，最大方位角偏离量是 3.85mrad。

（2）表面曲率半径

为了更好满足气动特性，多数情况下，座舱盖/风挡玻璃会设计成曲面形状（典型形状是圆柱形），存在两个问题：

① 内外表面的曲率半径差会产生一定的光焦度，造成外景入射光线有一定程度的会聚/发散，对舱内光电系统的成像造成不利影响。

② "柱面风挡玻璃"在俯仰/水平方向有不同影响，即在俯仰方向相当于一块平板玻璃，而在水平方向相当于一个凹面透镜，从而使光学系统的像差校正更为困难。

（3）表面局部误差

图 5-41（a）是无风挡玻璃时拍摄的远距目标图像；图 5-41（b）是加入风挡玻璃后拍摄的远距目标图像。

由此看出，风挡玻璃使高分辨率光电系统对相同距离的目标成像质量大幅下降。尽管通过调焦，会使一个方向（垂直或水平）的清晰度稍有改善，但无法全面提高或改进成像质量。

通常情况下，普通（折射型）平视瞄准/显示系统双目视场较小，上述非准直光线的影响不十分明显，但对于大视场平视瞄准/显示系统则影响严重。例如，对于头盔瞄准/显示系

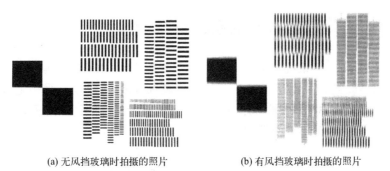

(a) 无风挡玻璃时拍摄的照片   (b) 有风挡玻璃时拍摄的照片

图 5-41　风挡玻璃对成像质量的影响

统（HMD），如果将前视红外/微光摄像物镜设计在头盔上，并透过风挡玻璃对外成像，则直接影响图像的清晰度。另外，头部转动范围大，不像 HUD 那样仅限于正前方风挡玻璃部分观察，还要包括座舱盖两侧的透明部分，从而产生更大误差，校正更难。

在衍射光学平视瞄准/显示系统研发过程中，曾设想直接将飞机风挡玻璃作为全息组合玻璃基板，但最终结果表明，光线偏折角和不对称角太大，会产生较大色散，对图像源的波长范围要求也会更苛刻。对 F-16 飞机风挡玻璃形状进行全面分析后表明，飞机风挡玻璃的几何形状对设计布局和成像质量有严重影响，不适宜直接用作全息组合玻璃基板，如果一定要按照光学技术标准要求，一方面会使风挡玻璃工艺复杂化，制造困难，另一方面座舱内空间有限，难以设计和安装满足要求的光学系统和像源。

为尽量避免这类问题出现，风挡玻璃造成光的会聚度误差应小于 3mrad，发散度误差应小于 1mrad 或更小。

根据 GJB 189A—2015 规定：对于安装在具有弯曲座舱盖或风挡玻璃的飞机内的显示器，应修正必须对准外界景物的所有符号（例如瞄准圆、目标指示符、连续计算命中点等）的显示位置，以补偿与这些符号有关的外界景物通过座舱盖或风挡玻璃产生的畸变。

消除或减小风挡玻璃造成角偏差的另一种方法是采用多项式补偿法或曲线拟合法。

利用风挡玻璃位置矩阵的测量数据拟合多项式曲线作为补偿曲线以消除大部分风挡玻璃造成的误差，多项式系数用作输入给平视或头盔瞄准/显示系统火控计算机的标称值，从而保证风挡玻璃的角度误差小于 3mrad，所有残留误差的均方根值小于 1mrad。

需要强调，对于头盔瞄准/显示系统，虽然存在与平视瞄准/显示系统的同样问题，但由于飞行员可以通过透明的风挡玻璃的任何部分进行观察，而不像 HUD 那样只限于风挡玻璃的正前方，误差校正更困难。

5.5
普通折射型平视瞄准/显示系统

普通折射型平视瞄准/显示系统分为两种类型：只能显示瞄准和导航字符的常规型平视瞄准/显示系统和能够同时显示外界景物和各种字符的光栅型平视瞄准/显示系统。

平视瞄准/显示系统研发初期，多数光学系统都采用折射式结构，优点是结构紧凑，制造工艺和装配技术成熟，研究成本低，因而得到广泛应用。

5.5.1 常规型平视瞄准/显示系统

常规型平视瞄准/显示系统定义为由折射式光学系统和 CRT 图像源组成的平视瞄准/显示系统，主要由驾驶员显示装置（PDU）和电子装置（EU）组成，采用笔画法产生字符、数字、各种固定不变的标准符号以及若干不断变化的符号（例如直径可变的瞄准光环、示迹线和刻度带等），但不能显示外景图像。工作原理如图 5-42 所示。

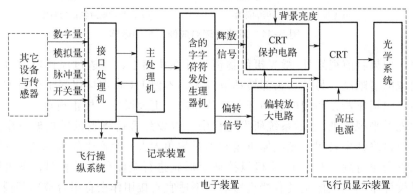

图 5-42　平视瞄准/显示系统工作原理

为了满足技术性能及座舱空间的限制要求，平视瞄准/显示系统大多采用折射式光学系统结构，具有结构紧凑、制造工艺成熟、易装配和成本低的优点，如图 5-43 所示。图（a）是美国专利 USP3526447 给出的一种典型的平视瞄准/显示系统的飞行员显示装置（PDU）；图（b）是平视瞄准/显示系统飞行员显示装置中的准直光学系统（不包括组合玻璃组件）。

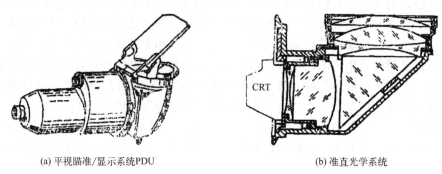

(a) 平视瞄准/显示系统PDU　　　　　　　　(b) 准直光学系统

图 5-43　普通机载平视瞄准/显示系统

该平视瞄准/显示系统驾驶员显示装置（PDU）光学系统包括：

① 一块半透半反（透射约 70%，反射约 30%）平面组合玻璃，镀有约 4:1 的透射/反射比膜系，相对于飞机纵轴约 45°安装，保证将显示字符投射给飞行员。

② 准直光学系统。准直光学系统采用匹兹伐（Petzval）物镜改进型结构，由前组物镜和后组物镜五片透镜组成，如图 5-44 所示。由于座舱空间有限，通常会在前组透镜与后组透镜之间设计一个折转反射镜或者折转棱镜，使出射光束转折约 90°，再通过组合玻璃将飞行数据和信息叠加在外界景物上，供飞行员观察。

前组物镜包括一个单透镜和双胶合透镜：单透镜光焦度较小，用以校正系统的球差和慧差，双胶合透镜的光焦度也不太大，正负透镜采用不同玻璃材料以校正系统球差和色差。后

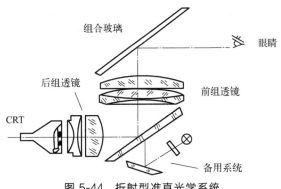

図 5-44　折射型准直光学系统

组物镜由一个光焦度很大的正透镜和负透镜组成。负透镜校正系统场曲，正透镜承担系统产生准直作用所需要的光焦度。

③ 在前组与后组透镜之间设计一个平面反射镜（或直角反射棱镜），使光线转折 $90°\sim100°$，满足座舱的空间布局要求。

④ 图像源（例如 CRT）。

⑤ 设计有备用光学系统。

该光学系统的技术性能列在表 5-10 中。

表 5-10　光学系统技术性能

参数	指标
波长/nm	545
总视场/(°)	25
有效孔径/mm	100
焦距/mm	98.784
畸变	<1%
组合玻璃	单层
CRT 有效直径/mm	44
眼瞳的水平移动量/mm	47.5

光学系统结构参数列于表 5-11 中。

表 5-11　光学系统结构参数

表面半径 R /mm	表面间隔 d /mm	折射率 n_d	色散系数 V
129.72	12.27	1.691	64.8
−6719.57	0.07	1	
87.61	19.08	1.651	58.6
−236.97	5.08	1.7484	27.8
105.0	7.62	1	
∞	78.74	1.62	36.2
∞	3.73	1	

表面半径 R /mm	表面间隔 d /mm	折射率 n_d	色散系数 V
71.94	45.19	1.744	44.7
−687.78	3.81	1	
−71.20	2.80	1.519	60.4
195.56	2.964	1.0	
∞	2.54	1.622000	36.2
∞		1.000000	

为给飞行员提供足够明亮的字符图像，折射式光学系统中的透镜元件应设计尽可能大的通光孔径；为使飞行员能在较大空域内观察到显示字符，光学系统应设计有尽可能大的视场。光学系统将图像源显示的导航和瞄准信息显示在无穷远处，使飞行员能舒服地同时观察到外界景物和显示字符。

与光学瞄准具的分划板图像源相比，CRT阴极射线管图像源具有许多优点，但在机载条件下，电子系统需经历恶劣环境的考验，因此，主显示系统的可靠性是非常值得关注的问题。考虑到电子部件的可靠性，为了在一旦主显示系统（或者CRT）失灵或者出现故障时，飞行员仍能获得类似光学瞄准具的简单信息，不致贻误战机，要求平视瞄准/显示系统必须设计有备用（光环）显示系统。

为了方便增加备用系统，同时减小体积和减轻重量，光学系统设计采用平面反射镜代替直角反射棱镜，反射镜前表面涂镀反绿透红的分光膜系，后表面镀增透膜系，保证平视瞄准/显示系统既能高效传输来自CRT的绿光字符，又可高效率传输备用系统的红光。利用灯泡照明分划板作为备用光学系统的图像源，并与主显示系统共用前组透镜（如图5-44所示），以此简化备用光学系统的结构布局。

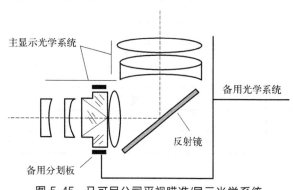

图 5-45　马可尼公司平视瞄准/显示光学系统

英国马可尼公司的平视瞄准/显示系统备用光学系统采用三胶合棱镜系统，如图5-45所示：在棱镜两侧各设计一套分划照明系统，使用中，两个分划像重叠在一起，以增强观察效果。为方便改变主系统图像亮度，适应夜间使用，该系统设计有可替换的薄膜滤光（衰减）片。

英国马可尼公司主显示光学系统和备用光学系统的技术性能和结构参数分别列在表5-12～表5-15中。

表 5-12　主显示系统技术性能

参数	指标
波长/nm	545
总视场/(°)	20
有效通光孔径/mm	127

参数		指标
焦距/mm		171.909
畸变		<1%
组合玻璃	结构形式	单层
	外界透过率	70%
CRT 有效孔径/mm		φ60

表 5-13　主显示系统结构参数

曲率半径 R/mm	厚度 d/mm	折射率 n_c
234.40	8.29	1.695140
568.90	0.26	1.000000
167.49	22.71	1.622870
−289.70	2.63	1.791900
744.70	131.83	1.000000
108.64	15.86	1.653910
−885.10	0.52	1.000000
∞	41.21	1.518290
∞	5.28	1.000000
−436.50	2.56	1.704450
∞	5.64	1.000000
−93.97	2.56	1.704450
∞	—	1.000000

表 5-14　备用光学系统性能

参数		指标
波长/nm		654
总视场/(°)		20
有效孔径/mm		127
焦距/mm		171.129
畸变		<1%
组合玻璃	结构形式	单层
	外界透过率	70%
分划板有效尺寸 φ/mm		60.5

表 5-15　备用光学系统结构参数

曲率半径 R/mm	厚度 d/mm	折射率 n_c
234.40	8.29	1.695140
568.90	0.26	1.000000

曲率半径 R/mm	厚度 d/mm	折射率 n_c
167.49	22.71	1.622870
−289.70	2.63	1.791900
744.70	131.83	1.000000
108.64	15.86	1.653910
−885.10	0.52	1.000000
∞	41.21	1.518290
∞	5.28	1.000000
−93.76	2.56	1.704450
330.00	—	1.000000

表 5-16 列出了英国威尔科顿（PE）公司和法国（装备"狂风"战斗机）研制的普通型平视瞄准/显示系统的技术性能。

表 5-16　英国/法国普通平视瞄准/显示系统技术性能

参数		英国 PE 公司	法国
CRT 有效直径/mm		36/56/67	—
总视场/(°)		20/20/25	25
瞬时视场/(°)		10×20(正常观察距离)/ 10(眼距 288mm)/ 10(眼距 432mm)	16(V)×17(H)
有效通光口径/mm		75/100/150	127
组合玻璃	反射率	25%	22%(最小)(波长 525nm)
	透射率	—	75%(最小)
	厚度/mm	—	6
备用光环显示亮度/fL		1500	0～1500 (线宽 0.7mrad±0.2mrad)
畸变/mrad		0.75/1.0/1.0	—
视差/mrad		(0.75～1.5)/0.5/0.5	1±1(视场 0°～10°内)
备用光环下沉角/mrad		不详/(0～250)/(0～273)	0～260
体积(长度×宽度×高度)/mm		183×125×86/ 160×120×140/ 270×189×210	392×180×310 (不含相机尺寸)
重量/lb		8.16/20/20(双组合玻璃)	28
夜间滤光片			有
零位光学误差/mrad		—	±0.4

注：1lb＝0.4536kg。

20 世纪 70 年代，我国开始研究折射式机载平视瞄准/显示系统，并相继装备部队。光学系统的结构形式与英国马可尼公司平视显示器类似，区别是利用双棱镜胶合系统代替三棱镜胶合系统。

普通机载平视瞄准/显示系统最初设计采用单层组合玻璃。除了字符亮度低和瞬时视场小于总视场外，俯仰方向瞬时视场还比方位瞬时视场小。为了解决这个问题，开始采用双层组合玻璃代替单层组合玻璃，每层组合玻璃提供部分瞬时视场，总瞬时视场由上、下两组组合玻璃共同组成。通过调节两层组合玻璃之间的距离控制两个瞬时视场的相对位置，从而达到增大和控制俯仰方向瞬时视场大小以及两部分瞬时视场的叠加程度的目的。

5.5.2　光栅式平视瞄准/显示系统

随着科学技术的发展，机载微光成像设备和前视红外观瞄装置相继研制成功并批量装备部队，使飞机在夜间飞行和透过雾霾观察/瞄准成为可能。初始，这些夜视设备与平视瞄准/显示系统分属不同的观察/瞄准系统，产生的图像单独显示，飞行员需交替观察平视瞄准/显示系统的显示字符和红外/微光显示的图像，极不方便且易疲劳。

在夜间或者低照度环境下，虽然平视瞄准/显示系统可以显示一些航行参考数据和字符，但飞行员无法看清真实的外界景物或目标，因此，捕获目标受到限制。

20世纪70年代，英国马可尼公司开始研制光栅式平视瞄准/显示系统（前视红外传感器采用Hg：Ge探测器；红外波长8～13μm），以解决平视瞄准/显示系统的夜间工作问题。

1976年，马可尼公司为美国海军提供了世界上第一批光栅平视瞄准/显示系统。

图5-46是采用光栅式LCOS液晶平视瞄准/显示系统的平视导航指引系统（HGS）的工作原理图。优点是：单色显示、总视场水平方向≥36°和垂直方向≥30°、眼盒范围178mm（前后）×153mm（水平）×70mm（俯仰）、调光范围20000：1、高数值孔径下的高对比度、重量轻、成本低以及对热梯度不敏感。

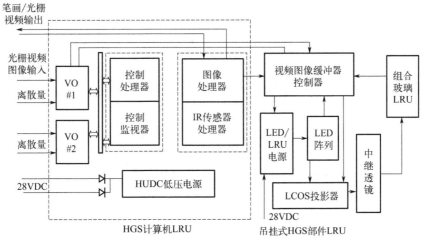

图5-46　硅基液晶（LCOS）光栅平视瞄准/显示系统工作原理

光栅平视瞄准/显示系统是上述白天普通型平视瞄准/显示系统的一种改进型，利用光栅扫描技术将平视瞄准/显示系统与微光电视/前视红外等快速响应的传感器交联，既能显示夜视传感器摄取的夜间外景及目标图像，又显示飞机导航/瞄准符号。由于夜视图像由原来的电视显示直接改为平视瞄准/显示系统光栅扫描显示，使微光电视/前视红外捕获的快速扫描信息与平视瞄准/显示系统显示的信息有机组合，叠加在光栅显示的夜间外景图像上，从而消除平视瞄准/显示系统夜间无法看清外界景物的缺憾，满足了夜间和低能见度环境下"平视"观察和瞄准的技术要求,使军用飞机具有全天候作战能力。

1983 年,英国史密斯公司研制的光栅平视瞄准/显示系统(包括 625 线的光栅符号发生器和视频混合器)装备在英国空军 AV-8B"海鹞"飞机上。英国马可尼公司为美国 F-16C/D 型战斗机研制的光栅平视瞄准/显示系统与 LANTIRN 吊舱相配合,可以用于夜间和不良气象条件下的导航和目标探测。

瑞典为 SK-37 教练机试制的光栅平视瞄准/显示系统中,前视红外采用 48 元 HgCaTe 探测器,六个探测器串联在一起,工作波长 $8\sim12\mu m$。

德国特尔迪克斯公司研制了大视场光栅平视瞄准/显示系统,采用反射式光学系统,视场达 $(20°\sim25°)\times(40°\sim45°)$。

1991 年 9 月,我国开始研制光栅平视瞄准/显示系统,成功实现了光栅图像与显示字符叠加,与前视红外/激光瞄准吊舱系统配合,使飞行员在夜间或不良气象条件(例如浓雾)下也能看清目标。必要时,还可以通过镜头"拉近"目标以便仔细观察。

光栅平视瞄准/显示系统有三种类型:混频型、双符号发生器型和光栅扫描/笔画书写结合型。

无论采用哪种技术,为了保证平视瞄准/显示系统具有较高的分辨率和亮度,显示字符仍采用笔画法书写,但以光栅工作方式显示图像(要求 625 行扫描线和极快的扫描速度)。通常,光栅平视瞄准/显示系统设计有一个工作模式选择开关,用以选择白天/黑夜不同的工作模式。

(1)混频型光栅平视瞄准/显示系统

工作原理如图 5-47 所示,在常规平视瞄准/显示系统基础上,增加一个视频混合器,主要作用:

① 把笔画法书写的显示字符转换成电视显示格式。

② 将显示字符与视频图像信号混合,以形成包括字符和图像的综合图像。

早期美国海军 A-7E 飞机装备的光栅平视瞄准/显示系统是其典型代表。

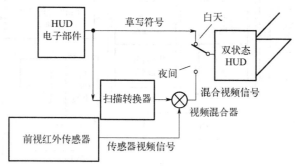

图 5-47　混频型光栅平视瞄准/显示系统工作原理

(2)双符号发生器型光栅平视瞄准/显示系统

如图 5-48 所示,采用两个符号发生器,分别以笔画法和光栅扫描法工作,同样采用白天/黑夜开关选择所需要的工作方式。选择夜间工作模式时,光栅符号发生器产生的光栅信息与前视红外等传感器的输入信号组成混合图像显示给飞行员。史密斯公司为"海鹞"飞机研制的光栅平视瞄准/显示系统是其代表。

(3)光栅扫描/笔画书写法结合型光栅平视瞄准/显示系统

英国马可尼公司发明了一种"光栅法和笔画法扫描信息相结合的技术",与上述平视瞄

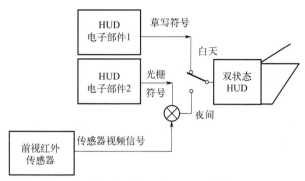

图 5-48　双符号发生器型光栅平视瞄准/显示系统

准/显示系统的结构相比,该系统最大区别是仅增加了视频功能电路或视频板 SP(光学系统无变化),因而具有较好的兼容性、继承性和通用性。如果只需要字符显示(例如白天),则将飞行员显示器(PDU)上的功能开关置于"笔画"状态即可。

如图 5-49 所示,光栅平视瞄准/显示系统的光栅/字符分时叠加技术就是利用视频图像的场扫描逆程时间显示字符画面,并要求书写速度是白天书写速度的 12 倍,因此,可以充分利用"随机笔画法能够产生高分辨率字符且字符亮度强"的优点。如果只需显示少量字符,且在场扫描逆程时间能够完成显示,则视频图像的显示效果与普通电视基本相同。当然,如果逆程时间不够,就需适当占用一段场扫描正程时间,甚至必须改进字符功能板和修改显示软件。

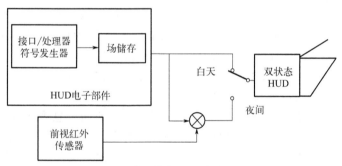

图 5-49　结合型光栅平视瞄准/显示系统

光栅平视瞄准/显示系统设计过程中,需注意以下问题:

① 微光电视/前视红外图像,必须按照 1:1 的比例显示真实外景,使飞行员有一种真实感,保证夜间低空飞行所必需的置信度。若需要显示详尽细节,可采用放大显示,但必须保证能随时恢复到 1:1 的比例关系。

② 平视瞄准/显示系统的视场(尤其是瞬时视场)应与夜视系统的视场一致。显然,普通平视瞄准/显示系统光学视场太小,需要进一步采取增大视场措施,例如研发衍射光学平视瞄准/显示系统。

③ 光学系统和组合玻璃的离轴性会带来系统的不对称性,产生严重像差(尤其具有较大的几何畸变),最终造成显示字符和视频图像严重失真,对瞄准精度造成很大影响,必须严格控制。

④ 前视红外与微光电视系统都可以产生高质量图像,因此,平视瞄准/显示系统应当配置更好的显示器件(例如液晶显示器和数字微镜显示)以满足高质量视频图像的要求。

5.6
衍射光学平视瞄准/显示系统

军用作战飞机的快速发展使普通平视瞄准/显示系统的不足之处愈加突出，主要表现为：瞬时视场小，飞行员头部摆动影响低空航行；光能传输效率低，显示亮度低；易产生太阳光杂像，不利于字符信息显示。

为了解决这些问题，研究人员进行了大量研究和试验（例如，设计反射式光学系统，采用双组合玻璃等措施），但效果并不显著。

1977～1978年，激光技术和全息光学技术的发展使平视瞄准/显示系统的研究进入一个新的阶段。美国休斯/史密斯公司首先研究成功的衍射光学平视瞄准/显示系统（DHUD）在瑞典空军A3-37"雷"式双座攻击机上成功进行了试飞。

衍射光学平视瞄准/显示系统（diffractive head-up display，DHUD）与普通平视瞄准/显示系统的区别是采用全息光学组合玻璃代替普通光学组合玻璃。但由于全息组合玻璃显示绿色字符（波谱带宽15nm），因而造成外景图像缺少绿色而稍呈粉红色。

衍射光学平视瞄准/显示系统首先应用于军用飞机，主要原因是：

① 能够提高机舱外界景物或目标光线的透射率，可进一步改善CRT图像源符号到达飞行员眼睛的光学效率，从而大大提高显示器的对比度。

② 全息组合玻璃的衍射能力（或聚焦能力）与基板形状基本无关，可以利用中继光学系统产生一个中间像，利用精心设计的HOE制造技术将HUD系统的出瞳移向飞行员眼位或附近，从而达到增大（甚至等于）系统瞬时视场的目的。

③ 在全息组合玻璃元件制造过程中，采用计算全息技术或者光学像差补偿技术，可进一步提高离轴衍射元件的像差校正能力。

④ 根据需要，在不影响系统光焦度的情况下，采用曲面全息表面（全息组合玻璃的前后表面仍是一对平行平面），可以增加校正像差的自由度，获得更好的成像质量。

1981年，英国史密斯公司与美国休斯公司联合为英国"美洲虎"飞机研制的衍射光学平视瞄准/显示系统，视场达到30°×20°，并与V3252型微光电视摄像系统交联使用，效果良好。

随后，美国Kaiser电子公司、英国BAE系统公司和法国泰勒斯（Thales）公司相继研制成功衍射光学平视瞄准/显示系统。世界各国飞机（包括商用飞机）也开始装备衍射光学平视瞄准/显示系统，典型产品包括以色列F-15I飞机、英国"美洲虎"飞机（视场30°×20°）、法国"阵风"战斗机（视场30°×22°）、瑞典"鹰狮"JAS-39战斗机（视场28°×22°）、欧洲的EF-2000(视场30°×20°)和美国F-22"猛禽"（视场30°×20°）等。

美国飞行动力公司首先为民用航空波音727/737飞机研制了衍射光学平视显示器。Thales公司为军用运输机研制了大视场40°×30°衍射光学平视显示器。

1979年，洛阳电光设备研究所在开展普通机载平视瞄准/显示系统研究的同时，开始研究衍射光学平视瞄准/显示系统，并于20世纪末逐渐装备部队。

1982年8月，美国休斯公司为海军F/A-18飞机研制的衍射光学平视瞄准/显示系统在海军试验中心完成试飞鉴定。

1997 年，北京理工大学研发出视场达 30°×24°的吊装式商用飞机衍射光学平视显示器原理样机。

全息光学元件能够在平视显示器领域得到广泛应用，主要获益于全息组合玻璃的两个特点：大瞬时视场和高图像亮度。由于全息组合玻璃的窄带光谱衍射效率大于 85%，而普通组合玻璃显示字符的反射率只有 28%，显然大幅度提高了字符图像亮度。例如，普通平视瞄准/显示系统显示的字符亮度为 1000～1600fL，而衍射光学平视瞄准/显示系统显示的字符亮度可达 5000～7800fL，太阳光下观察信息的对比度提高约 12%～60%。表 5-17 对两种类型平视瞄准/显示系统主要技术性能进行了比较。

表 5-17　两类平视瞄准/显示系统主要技术性能比较

参数		普通型	衍射型
CRT 亮度/fL		10000	10000
字符亮度/fL		1615	5650
对比度		1.21	1.62
瞬时视场/(°)		11.5(V)×17(H)	20(V)×35(H)
光学效率		透射率:70%；反射率:28%	透射率:90%，衍射效率(反射率):70%～80%
显示精度 /mrad	视场<10°	1	
	视场>10°	2(视场 10°～12.5°)	2(视场 15°～25°)

全息光学元件在平视瞄准/显示系统中的主要功能是：

① 对于图像字符显示，全息组合玻璃具有一定的光焦度，与中继透镜组合成准直光学系统，将中继光学系统产生的中间字符图像成像在无穷远，对于外界景物相当于无焦平板玻璃，因而可以将字符叠加在外界景物上，供飞行员舒适观察。

② 若利用两束平行光束记录全息组合玻璃，也可以对显示字符没有光焦度，其作用类似于"反射镜"，仅仅使光束发生折转。

③ 在一些特殊环境下，全息光学元件也可以作为"析光镜"使用。

根据平视瞄准/显示光学系统中全息光学元件的功能和数量，可以分为三种类型：单全息光学元件型、双全息光学元件型和三全息光学元件型，如图 5-50 所示。

研究表明，图 5-50(a) 结构布局的优点是：显示字符亮度高，是普通平视显示器亮度的 2～3 倍，外界景物光学透过率高达 85%以上，体积小。

图 5-50(b) 双全息元件衍射光学平视瞄准/显示系统采用一个全息光学元件作为主组合玻璃，另一块全息光学元件的功能类似于平面反射镜。

图 5-50(c) 三片全息元件型衍射光学平视瞄准/显示系统中，前全息组合玻璃主要是反射光线，中全息组合玻璃和后全息组合玻璃的相对位置在某一特定角度范围内，可以保证 CRT 窄带光在大入射角时具有高透射率，在小入射角时具有高衍射效率。该光学系统的显著特点是：所有全息光学元件都是平面型元件；在特定角度范围产生全反射（或衍射）而在其它角度范围产生全透射；除了对外界景物成像不会造成过多影响外，还能形成较大的头部活动框；制造工艺相对（曲面元件）简单。

三片型衍射光学平视瞄准/显示系统全息组合玻璃元件的离轴角较小，三片全息光学元件共同完成大部分像差平衡，因此，中继光学系统基本上简化为一种（准）共轴光学系统。英国马可尼公司研制的衍射光学平视瞄准/显示系统是该类产品的典型代表。

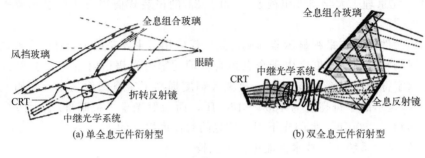

(a) 单全息元件衍射型　　　　　　　(b) 双全息元件衍射型

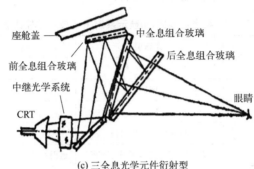

(c) 三全息光学元件衍射型

图 5-50　衍射平视瞄准/显示光学系统基本类型

应当注意，由于整个光束在传输过程中需要多次透过中/后全息光学元件，因此，与其它两种类型相比，外界景物光学透过率较低（70%左右），当然，仍高于普通平视瞄准/显示系统（双层组合玻璃约 49%，从 CRT 到飞行员眼睛的光能利用率，衍射光学平视显示器约 30%～40%，普通平视瞄准/显示系统只有 20%左右）。另外，需要同时制造三个全息光学元件，参数之间要有良好配合，设计和制造都有一定难度。

参考国内外相关产品，并考虑各种影响因素，衍射光学平视瞄准/显示光学系统技术性能是：

① 眼点距离：≥450mm。

② 瞬时视场（等于总视场）：≥30°(H)×20°(V)。

按照国军标 GJB 189A—2015 规定：

总视场不小于 25°(H)×20°(V)；

设计眼位瞬时视场不小于 25°(H)×17°(V)。

③ 显示字符波长与颜色：CRT 波长 546nm；数字像源波长为 525nm±3nm 或 544nm±3nm；颜色为绿色或黄绿色。

④ 单全息组合玻璃的光束透射率和衍射效率。

据国外报道，单块全息光学元件的峰值衍射效率和外界景物透射率都能达到 90%以上。

考虑到批量生产和实际情况，国军标 GJB 189A—2015 规定：

a. 可见光透射率应不小于 75%。

b. 工作波段的反射率（衍射效率）应不小于 80%。

⑤ 眼盒范围（眼距 65～70mm）。国军标 GJB 189A—2015 规定：≥127mm（水平）×76mm（垂直）×150mm（纵向）。

⑥ 通过组合玻璃，以瞳距为 66mm 的双眼在水平和垂直方向上观察时，对任意眼点位置所产生的视差（90%测量点范围）都不应大于：

a. 水平方向：会聚 2.3mrad（7.8′），发散 1mrad（3.4′）。

b. 垂直方向：1mrad（3.4′）。

5.6.1 单片型衍射光学平视瞄准/显示系统

全息组合玻璃由基板、全息层和密封盖板组成。为了满足不同的技术要求，涂镀全息乳胶层的表面可以是平面、球面或者非球面。由于飞行员需要通过组合玻璃同时观察导航/瞄准字符和外部景物及目标，为了不会对外界景物产生视差，无论全息乳胶层涂于何种形状表面上，都要求组合玻璃呈平板玻璃形状，即两表面一定要平行，如图 5-51 所示。

根据全息成像原理，在全息组合玻璃制造（记录）过程中，即使全息记录基板和盖板都采用平板玻璃，但如果采用一个或两个记录点光源，那么，在全息乳胶层中记录的衍射光栅仍具有光焦度，对光线有会聚或发散能力；若记录过程中采用两束平面波光束，则可形成一个无焦全息组合玻璃，其功能相当于普通的折/反射式组合玻璃，不同的是，该全息组合玻璃对显示字符（窄带绿光）具有高衍射效率（约 90%），而对外界光（除窄带绿光外）具有高透射率（约 90%），如图 5-52 所示。

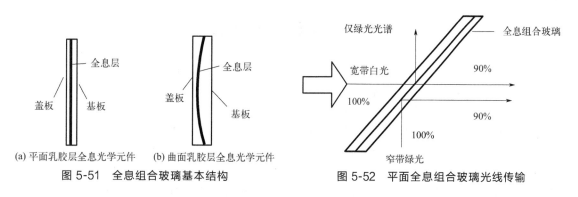

(a) 平面乳胶层全息光学元件　(b) 曲面乳胶层全息光学元件

图 5-51　全息组合玻璃基本结构

图 5-52　平面全息组合玻璃光线传输

全息组合玻璃研发初期采用单片型全息组合玻璃，目的是：

① 利用两束平面波记录光束制造反射型无焦全息组合玻璃，替代普通平视显示器中的折射/反射式组合玻璃，目的是提高显示字符的"反射效率"和外界景物的光学透射率，而无需改变准直光学系统结构。

② 利用两束球面波（或者点光源）制造对字符显示系统具有一定光焦度的反射型全息组合玻璃，为了校正像差，全息乳胶面设计为曲面。换句话说，全息组合玻璃基板和盖板是一对平凹-凸平透镜组合，凹凸表面的曲率半径相同。全息光学乳胶面设计在凸表面上，胶层厚度约为 $25\mu m$，经过曝光处理，最后完成密封。美国休斯公司为军用飞机以及飞行动力公司为民用客机研制的衍射光学平视瞄准/显示系统和平视显示器就属于这类产品。

对于有焦全息组合玻璃，平视瞄准/显示光学系统由普通折射式中继透镜组和全息准直光学元件（或全息组合玻璃）组成。中继透镜将 CRT 产生的字符图像形成一个中间像，位于全息透镜的焦平面上，具有光焦度的全息组合玻璃（对外界景物是无光焦度的）将中间图像转换成无穷远的图像，叠加在外界景物上，供飞行员观察，不仅能提高光学效率，还能适当扩大平视瞄准/显示系统的瞬时视场。

表面上，单片全息组合玻璃结构简单，但单片全息光学元件通常需要倾斜放置，具

有较大的离轴角（约25°左右），因此，全息组合玻璃的像差较大，并产生一定量的不对

图 5-53　F-22 飞机的衍射光学
平视瞄准/显示系统

称像差。为了保证在大视场和头部活动范围都较大情况下具有较好的视差和显示精度，中继透镜结构必须复杂化，不仅需要采用非球面和较多数量的透镜，还需设计有偏心或倾斜透镜（包括图像源倾斜），因而给光学零件加工和系统装调带来较大难度，或许，在记录制造过程中，还需要使用计算全息技术以产生复杂的记录光波波面。

美国 F-22 飞机安装的衍射光学平视瞄准/显示系统采用单片曲面型全息组合玻璃，如图 5-53 所示。

这种类型全息组合玻璃的最大优点是字符显示亮度高和外景透射率高，但离轴角大，像差大，设计和制造有一定难度。

5.6.2　双片型衍射光学平视瞄准/显示系统

双全息光学元件型衍射平视瞄准/显示系统包含两个全息光学元件，如图 5-50（b）所示：全息组合玻璃（第一全息光学元件）和全息反射镜（第二全息光学元件）。

双全息元件型衍射光学系统有三种组合类型：

第一种类型：利用两块无焦全息组合玻璃代替普通的双组合玻璃。

第二种类型：全息组合玻璃（即第一全息光学元件）对显示字符光学系统具有光焦度而对外界景物没有光焦度，第二个全息光学元件代替普通平视显示器中的折转反射镜（也称为全息平面反射镜），没有光焦度，除类似于普通反射镜折转光线外，根据全息学原理，还可以与中继透镜系统一起补偿全息组合玻璃由于大离轴角造成的像差，并将阳光"洗白"作用降至最低。

全息组合玻璃制造工艺采用双点光源记录方法：一个（参考）记录点光源位于设计眼位中心，另一个记录点光源位于中继透镜系统的出瞳中心，两个点光源满足物像共轭关系，从而保证通过平视瞄准/显示系统的所有主光线在整个视场内都满足 Bragg 角。

双点光源记录法的优点是，能够利用像差记录波前补偿大离轴角布局产生的大像差，但对记录条件要求很高，要求两路激光束等光程匹配，即光路较长光束在曝光时要具有较高稳定性，换句话说，实现高对比干涉条纹比较困难。

第三种类型：全息组合玻璃（第一全息光学元件）对字符显示系统和外界景物都没有光焦度，其功能类似于普通平视显示器的组合玻璃，但对显示字符具有高衍射效率，对外界景物具有高透射率；第二全息光学元件的作用相当于准直光学透镜，将中继透镜的中间像转换成平行光束。由于采用单一点光源记录技术，从而减小甚至消除了"闪烁"现象，因此，由此类型双全息元件组成的平视瞄准/显示系统称为无闪烁衍射光学平视瞄准/显示系统。

案例一，双层无焦全息组合玻璃型衍射光学平视瞄准/显示系统（属于第一种类型）。

双层无焦全息组合玻璃的作用相当于普通平视瞄准/显示系统中的双组合玻璃，目的是同时增大外景目标的透射率和显示字符的衍射效率（或反射率）。

美国凯撒公司研制的平视瞄准/显示系统是该类产品的典型代表，主要装备 F/A-18C/D、F-14D 和 A-6F 等飞机。

案例二，双全息元件衍射光学平视瞄准/显示系统（属于第二种类型），如图 5-54 所示。其中，全息组合玻璃有光焦度，全息反射镜没有或者有较弱的光焦度。

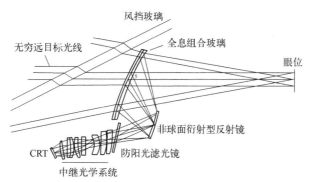

图 5-54　双全息元件型衍射平视瞄准/显示光学系统

该类型的衍射光学平视瞄准/显示系统的特点是：

① 采用双点光源方法记录全息组合玻璃，保证完整的组合玻璃透射率和衍射效率都接近 85%。

为了减轻全息组合玻璃产生的"闪烁"现象，记录过程中，尽可能使记录点光源靠近全息层曲面的曲率中心，使记录光线沿记录表面法线方向投射到乳胶表面上。由于双点光源记录不可能完全满足该条件，闪烁现象不会完全消失，只能获得一定程度的缓解。

② 为了校正像差，组合玻璃全息表面可以设计为非球面结构。

③ 全息光学反射镜。

全息光学反射镜可以是平面型或者曲面型。设计非球面全息反射镜并置于中间像附近，使其成为衍射型反射式场镜，既可以补偿组合玻璃（离轴角约 56°）产生的离轴像差，还可以减轻太阳光干扰，将阳光"洗白"作用降至最低。

如果设计中预先计算出中继光学系统产生的像差量，则在第二全息光学元件的记录过程中，有意使一束记录光具有一定量像差，其像差符号与中继透镜的残余像差相反，从而与中继光学系统一起补偿大离轴角造成的像差，使整个光学系统的综合像差较小，这正是设计第二个全息光学元件的主要目的。

若采用"单光束"全息记录技术，还可以进一步减轻"闪烁"效应。

④ 为了保证大视场内具有较高的成像质量，中继光学系统采用双高斯结构改进型，由 8 片透镜组成。为了更好校正像差，其中第 4 和第 8 透镜采用圆柱形及非球面表面，除透镜 6 和 7 外，其它透镜还采用偏心/倾斜设计。另外，在透镜 3 与 4 之间设计一个机械光阑作为孔径光阑，以减小瞳孔像差。

⑤ 将风挡玻璃对光学成像质量的影响综合到 HUD 系统的设计中。

⑥ 为了减少太阳光的影响，在中继光学系统与全息反射镜之间设计一块滤光片。

与普通的折射式平视瞄准/显示系统相比，优点是：瞬时视场增大约 60%，外景光线透射率增加约 19%，显示亮度增强约 50%，因而改善了对比度。缺点是：由于全息乳胶层对波长具有选择性，造成外界图像有轻微的退色现象，同时，显示精度和图像性能略有下降。表 5-18 列出主要技术性能。

表 5-18　双全息元件型衍射平视瞄准/显示系统的技术性能

参数			指标
视场/(°)	总视场		30(H)×21(V)(对角线 37°)
	瞬时视场		30(H)×18(V)(对角线 35°)
出瞳尺寸/mm			125×76.2
需要看到总视场的头部活动量/mm			±15.24
视差(80%视场)	水平/mrad	会聚	<2.0
		发散	<1.0
	(垂直)倾斜聚散度/mrad		<1.0
准直系统/组合玻璃离轴角/(°)			56
全息组合玻璃瞄准线误差/mrad			<2
中继光学系统	总数		8 个
	球面		5 个
	柱面		1 个
	非球面		2 个
组合玻璃透射率(最大)			85%
CRT 图像源荧光粉类型			P43
对比度			1.3∶1

案例三，双全息元件衍射光学平视瞄准/显示系统（属于第三种类型）。

第三种双全息元件类型衍射光学平视瞄准/显示系统也称为无闪烁衍射光学平视瞄准/显示系统。

所谓闪烁是指通过全息组合玻璃观看外部物体或光源时，比如夜间机场跑道口的标灯，就会出现闪烁，或感觉物体四周呈现有不希望的光斑（或光晕）。观察明亮的扩展物体时，在明亮物体四周可能出现多重像。

实际上，零闪烁即人眼或其它传感器几乎观察不到的闪烁。根据 GJB 189A—2015《飞机平视显示/武器瞄准系统通用规范》要求，平视瞄准/显示系统"不应出现人眼可观察到的闪烁"。尽管标准没有明确规定闪烁的量值，但实践表明，记录过程中，保证记录表面上干涉条纹的空间频率不大于 2lp/mm，即全息干涉条纹与全息图表面平行或基本平行，就可以减轻或消除闪烁和重影现象。具有该性能的全息平视瞄准/显示系统称为无闪烁衍射光学平视瞄准/显示系统。

英国史密斯公司研制的无闪烁双全息元件衍射光学平视瞄准/显示系统是这类产品的代表，如图 5-55 所示。

此类衍射光学平视瞄准/显示系统的特点是：

① 为了减小全息组合玻璃的离轴角及像差（尤其是非对称像差）校正难度，在中间像附近增加一个全反射镜，使离轴角

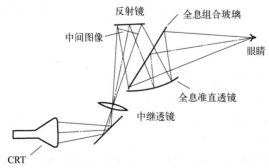

图 5-55　无闪烁衍射平视瞄准/显示光学系统

减小到约 $10°$，从而保证中继透镜系统比较简单。

反射镜-全息组合玻璃-全息准直透镜的组合结构形状与字母 Z 相似，因此，这类平视显示器也称为 Z 形衍射光学平视瞄准/显示系统。

② 全息组合玻璃没有光焦度，本身不会带来闪烁。主要功能是为飞行员提供高透射率外界景物和高反射率（衍射效率）的字符显示。

无焦全息组合玻璃的记录条件应满足式(5-43)：

$$\cos\Delta\theta \geqslant 1 - \frac{\lambda}{nt} \tag{5-43}$$

式中　$\Delta\theta$——曝光光线入射角在明胶/空气界面的变化量；

　　　n——明胶折射率；

　　　t——明胶涂层厚度。

③ 第二块全息光学元件设计为准直光学元件，与中继光学系统一起校正像差。

全息准直透镜（具有光焦度）主要用于消除全息组合玻璃大离轴角产生的像差。虽然，飞行员无需通过该全息光学元件观察外界景物和目标，但显示字符的中间像必须经其准直后，通过全息组合玻璃供飞行员观察，因此，为了避免显示字符出现闪烁而影响观察，可以利用单一点光源记录技术，如图 5-56 所示。

单一点光源记录过程中，一方面要使记录点光源尽量靠近全息曲面的曲率中心，从而使记录光线基本沿着记录表面（尽量采用球面）法线方向投射到乳胶表面。另一方面，在全息底板后放置一个反射镜，其曲率半径与全息底板表面大体一致，则反射光线仍然沿着表面法线返回并与入射光线相干涉，因此，全息光学元件中的干涉条纹几乎不会与全息元件表面相

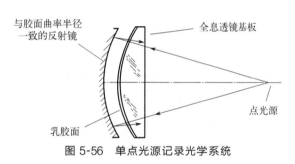

图 5-56　单点光源记录光学系统

交，换句话说，记录下的干涉条纹具有较低或基本为零的表面空间频率，从而使显示字符没有被观察到闪烁和多重像。实践证明，胶层表面的干涉条纹密度小于 2lp/mm 时，可以获得无闪烁的全息光学元件。

但要注意，在单一点光源记录曝光技术中，两路光束光强度比近似 1:1 时，有很高的稳定性，容易保证干涉条纹具有高对比，而在离轴角较大时很难补偿由此产生的像差，因此，该方法主要用于离轴角很小或者不太大的情况，这也是平视瞄准/显示光学系统设计时额外增加全反射镜的目的。

为了在大视场和头部活动范围较大情况下获得更好的视差和显示精度，记录过程中，可能需要采用复合非球面反射镜，从而给光学设计和加工工艺造成较大难度。为此，或许需要利用计算全息技术（CGH）代替复杂面形反射镜，以产生复合非球面波。

5.6.3　低畸变衍射光学平视瞄准/显示系统

平视瞄准/显示光学系统优化过程中，评价光学系统成像质量的重要指标有三个：普通像差、衍射效率误差和畸变。

普通像差表现为"图像模糊"。如前所述，由于平视瞄准/显示光学系统是一个大出瞳系

统，而眼瞳只有 2～8mm，因此，不能以"是否模糊"评价系统的像质，而是以"视差"度量。

衍射效率是对光学系统传输显示字符亮度的一种度量，很大程度上取决于全息光学元件的记录技术，影响因素很多，第 3 章已经讨论过。

由于平视瞄准/显示光学系统是对图像源成像，并提供给飞行员观察和瞄准，如果图像清晰但存在严重变形或失真，则会影响瞄准精度，因此，畸变也是衡量平视瞄准/显示系统成像质量的重要指标，必须严格加以控制。通常，要求将畸变控制在 1% 左右，最理想情况是与图像源（例如 CRT）畸变匹配。

衍射平视瞄准/显示光学系统的组合玻璃一般采用两个点光源记录，一个点光源位于设计眼位，另一个置于中继系统光瞳位置。在这种情况下，光学系统的结构布局常常呈不对称形式，因此，全息组合玻璃较大的离轴角将会产生大量像差，尤其是造成大量的几何畸变，甚至使全息光学元件的焦平面不垂直于光轴。

为了获得较好的成像质量，光学系统设计需采用以下措施：

① 依靠光学系统参数优化，使中继光学系统的结构复杂化，例如采用非球面、偏心或倾斜透镜。

② 使图像源（例如阴极射线管）倾斜一定角度。

③ 采用电校正技术进一步减小残留畸变。

实践证明，这些校正像差的措施非常麻烦，不仅使光学系统变得复杂，而且体积和重量更大。

下面介绍低畸变衍射光学平视瞄准/显示光学系统的畸变校正，是通过设计具有特定记录波前的全息组合玻璃完成校正的。

5.6.3.1　混合记录方式制造全息组合玻璃

与采用较为复杂的真实光学记录波前相比，计算全息元件的记录方法是利用一种数学表达式（例如幂级数展开式），直接确定全息表面每一束记录波前的相位，并且在完成全息组合玻璃记录之前，无需设计实际的记录光束。传统光学记录系统产生一定的波前曲率，计算全息元件对波前附加一定的相位干扰，如图 5-57 所示，在记录光学系统中使用包含计算全息光学元件的混合记录系统，以产生所希望的，通过常规光学系统难以甚至不可能实现的波前。

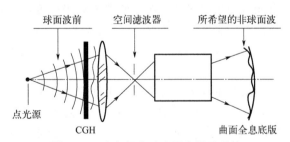

图 5-57　全息组合玻璃混合记录系统

计算全息光学元件（CGH）与普通光学元件组成的混合记录光学系统可以充分利用各自的优点：计算全息技术具有形成任意相位波前的能力，光学全息技术可以形成高衍射效率。在这种混合记录方法中，普通光学元件形成全息记录波前的基本形状，而计算全息光学元件对这种波前产生小量不规则的相位扰动，并被第一级光学系统形成一个中间点像，成像在空间滤波器平面上，滤除计算全息元件产生的有害衍射级后，再被第二级光学系统成像在记录光束应在的点光源位置。

应当说明，该记录系统有两个关键器件：空间滤波器和计算全息元件。计算全息元件产生的相位扰动一定要满足计算出的非球面波前要求；空间滤波器需要滤除计算全息元件产生的多余衍射级的图像，从而获得记录系统所需要的非球面记录波前。

采用混合型全息组合玻璃记录方法，很大程度上减小了全息组合玻璃自身产生的像差，尤其是大离轴角产生的不对称像差，从而减轻了中继透镜系统的复杂程度，如图 5-58 所示。该中继光学系统的优点是：每个透镜表面都是球面，利用普通的光学加工工艺就可完成加工和测试；每组或每个透镜仅存在偏心而没有倾斜，因此，通过精密的机械设计和调试就可以较容易地实现整体倾斜。

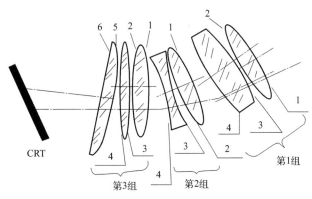

图 5-58　中继透镜光学系统

（图中数字为各组件表面编号）

表 5-19、表 5-20 和表 5-21 分别列出中继透镜各组元件的相关参数、各透镜组之间的相对位置及系统组件的相关参数。

表 5-19　中继透镜各组元件的相关参数

面号	玻璃材料	折射率	厚度/mm	半径/mm	偏心量/mm
第 1 组					
1	LaFN3	1.8127	20.00	86.461	—
2	空气	1.0000	1.3	154.417	—
3	BK7	1.5188	45.500	94.482	—
4	空气	1.0000	—	−193.701	—
第 2 组					
1	BK7	1.5183	7.083	57.433	—
2	空气	1.0000	13.303	227.443	—
3	BK7	1.5188	5.000	−44.272	−3.341
4	空气	1.0000	—	—	—
第 3 组					
1	BaF8	1.6269	21.330	−768.038	—
2	空气	1.0000	1.000	−116.258	—

面号	玻璃材料	折射率	厚度/mm	半径/mm	偏心量/mm
第3组					
3	LaFN3	1.8127	14.000	326.690	—
4	空气	1.0000	1.000	−100.00	
5	F1	1.7231	19.998	83.182	−8.604
6	空气	1.0000	—	−15028.439	

表 5-20 透镜组之间的相对位置

项目	轴向距离/mm	偏心量/mm	倾斜量/(°)
1～2 组之间	1.000	5.568	8.827
2～3 组之间	11.103	0.200	14.719
3 组～CRT 之间	52.024	0.000	−34.498

表 5-21 系统组件之间的相对位置

项目	距离/mm	偏离角/(°)	倾斜角/(°)
出瞳到组合玻璃	625	6.0	24
组合玻璃到折转反射镜	117.07	32.65	−4.37
折转反射镜到中继透镜	136.55	35.59	−39.97

研究表明，采用这种混合记录方式制造全息组合玻璃，中继系统结构简单，基本保持对称结构，绝大部分视场内的畸变小于 0.5%，如图 5-59 所示，因而称为低畸变或无畸变衍射光学平视瞄准/显示系统。

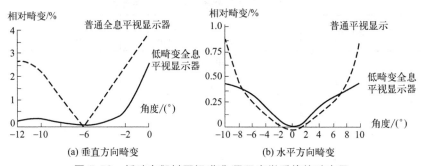

图 5-59 低畸变衍射平视瞄准/显示光学系统的畸变量

5.6.3.2 双全息元件型低畸变衍射光学系统

使衍射光学平视显示/瞄准光学系统实现低畸变或无畸变的另一种方法是采用双全息元件，如图 5-60 所示。有两种结构形式：透射式和反射式。

图 5-60(a) 是透射式低畸变/无畸变衍射光学平视瞄准/显示光学系统示意图。全息光学元件 H_1 是一个焦距为 F 的曲面（准直系统，全息层为球面，其光瞳位于观察者眼睛位置），对绿光字符的衍射效率及对外界景物的透射率都达到约 90%。全息光学元件 H_2（又称"全息场镜"）放置在全息准直透镜的焦平面附近，使全息准直透镜的出射光瞳与中继系统的光

阑（或出瞳）共轭，从而保证中继光学系统是旋转对称型，光轴与 H_2 的对称主轴一致，使畸变减小。

图 5-60(b) 是反射式低畸变/无畸变衍射光学平视瞄准/显示光学系统示意图。与图 5-60(a) 的区别是第二块全息元件 H_2 是反射形结构。根据座舱空间的实际尺寸，光瞳（眼点）与全息球面中心的距离应足够大，保证其焦平面能移出准直视场。由于偏离角增大会引起大量球差，消除球面反射镜球差的传统方法是在中继透镜的光阑位置设计一块施密特校正板。与透射式结构一样，第二块全息元件的功能也是将眼瞳的像成在中继透镜的光阑处，与眼瞳形成共轭关系。

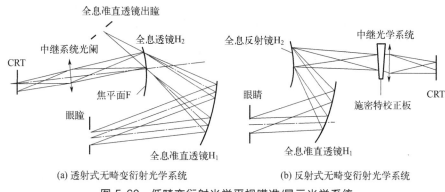

(a) 透射式无畸变衍射光学系统　　　(b) 反射式无畸变衍射光学系统

图 5-60　低畸变衍射光学平视瞄准/显示光学系统

需要强调，该方法是通过合理选择球面基板曲率半径以及两个全息光学元件的相对位置来满足上述共轭成像关系，从而保证中继透镜是一个"准"共轴系统。

与普通衍射光学平视瞄准/显示光学系统相比，系统像差和衍射效率大体相当，显著优点是畸变较低，绝大部分视场中的畸变都小于 1%。缺点是，由于全息组合玻璃是曲面（球面）形状，对外界景物的观察效果稍有影响，采用同心球面，可进一步使其减轻。

5.6.4　三元件组合型衍射光学平视瞄准/显示系统

英国马可尼公司为美国 F-16 战斗机和 A-10 飞机研制的夜间低空导航与红外瞄准系统 LANTIRN（low altitude navigation and targeting infrared for night）具有前视红外功能、地形回避功能、目标识别/跟踪功能和激光定向/测距功能，因此，要求衍射光学平视瞄准/显示系统能提供较大的瞬时视场以显示前视红外图像，包括宽视场导航画面和窄视场目标画面。

初期研制的衍射平视瞄准/显示光学系统的全息组合玻璃大部分为单片反射型结构，全息明胶层密封在玻璃基板与盖板之间。存在以下问题：

① 全息光学元件严格的角度选择性限制了字符的观察方向。

② 入射光波与衍射光波之间的较大夹角容易造成较大的视差和畸变，影响显示精度。

为了满足 LANTIRN 系统的要求，同时减轻全息组合玻璃在制作记录方面的严格限制和难度，马可尼公司研出一种由三片全息光学元件组成的组合玻璃，将原来由一块全息组合玻璃承担的光焦度和像差分散到三块全息光学元件（前/中/后全息组合玻璃）中承担，增加了系统校正像差的能力，如图 5-61 所示。表 5-22 列出该类型平视瞄准/显示系统的主要性能。

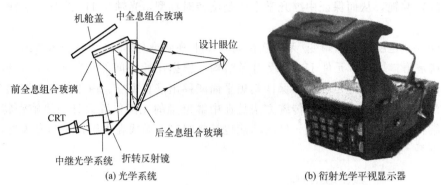

图 5-61　三元件型衍射光学平视瞄准/显示系统

(a) 光学系统　　　　　　　　(b) 衍射光学平视显示器

表 5-22　LANTIRN 衍射光学平视瞄准/显示系统技术性能

参数			指标
视场/(°)	总视场		30(H)×20(V)
	瞬时视场	水平方向	30
		俯仰方向	18(A-10 飞机,俯仰方向 17)
对比率(背景亮度为 10000fL)			1.2∶1
外景透过率			78%
二次反射			小于显示亮度的 2%
杂光干扰			小于显示亮度的 3%
电视分辨率/lp（10%浮动）	水平方向		480
	垂直方向		400
精度/mrad	符号位置		1.0~7.5
	符号电视偏转		1.0~2.6
组合玻璃/mrad	视差		0.6
	畸变		0.25

与其它类型衍射光学平视瞄准/显示系统相比，该系统优点是：

① 全息组合玻璃由三块全息光学元件组成，其中前全息准直组合玻璃和后全息组合玻璃要求在大入射角时对图像源（CRT）的窄带光（3nm）高透射，小入射角时对 CRT 的窄带光高衍射，比较符合全息元件光谱和角度特性。三块全息光学元件中一块是有焦曲面，离轴角 10°，两块无焦平面。前全息准直组合玻璃的全息面的曲率半径较大，距离中继像面较远。三块全息光学元件共同承担组合玻璃的成像功能，减轻了单片全息组合玻璃的成像负担，记录工艺中每块全息元件的离轴角都有不同程度的减小，减轻了制造难度。

② 记录参数增加，有利于像差校正，中继光学系统结构相对简单，主要由球面透镜组成，只采用一个非球面。

③ 头部运动盒范围大：76mm（V）×127mm（H）（3in×4.5in）。

④ 光学系统布局充分利用飞机座舱中风挡玻璃、弹射线、机头线等的限制空间，占用体积较小，不影响座舱布局，有利于现役飞机的改装（主要是 F-16 和 A-10 等飞机），也可

以应用于新型飞机。

⑤ 瞬时视场达 $30°(H)×18°(V)$，与前视红外系统视场基本一致，非常有利于夜间飞行。

主要缺点：

① 记录过程中，每块全息光学元件都需要与图像源（CRT）的光谱匹配，同时需保证全息光学元件之间有足够的位置精度，以满足中/后两块全息透镜在大入射角度下对 CRT 窄带光（带宽 3nm）高透射，而在小角度下高衍射，因而增加了全息光学元件的制造工作量和记录/装配难度。

② 与单块全息组合玻璃（外景透射率约 90%）相比，由于该组合玻璃的透射视场中有两块全息光学元件，光线多次通过全息元件衍射和透射，外景透过率稍差（约为 75%～85%），其字符显示亮度也没有单块全息光学元件高，但仍优于普通双层组合玻璃型平视显示器的透射率（49%）。

③ 整个视场内的透射率不可能均匀一致，会出现少许颜色变化。

④ 组合镜安装支架较大，对外景视场有一定程度的遮挡。

5.6.5　皱褶负滤光片组合玻璃型平视瞄准/显示系统

众所周知，利用全息光学技术制造平视瞄准/显示系统组合玻璃需具备以下条件：

① 苛刻的记录环境。包括具有足够的工作空间以便调整光路；记录环境必须远离震动源（包括声干扰源）；工作间要保证合适的温度和湿度。

② 记录光源具有很高的相干性。采用单横模（TEM_{00}）激光光源，相干光束有良好的均匀性以及记录波长必须与记录材料的相应光谱范围相匹配。

③ 具有高精度的记录设备。需要高稳定性的光学平台，保证制造过程中记录光束能够形成稳定的振幅和相位，从而记录下高对比度干涉条纹；需要具有良好像质（或特定像差）的光学系统；必要时，需采用非球面记录光束和计算全息技术以产生所需要的特定记录光波波形。

④ 为了提高合格率，对工作人员有严格的操作要求。能否不采用全息制造技术就能设计和制造出具有相同功能的"全息"组合玻璃？Rugate 镀膜技术的发展为新型平视瞄准/显示器系统组合玻璃的研制奠定了基础。

20 世纪 90 年代（1995 年），Southwell 利用耦合波理论，推导出折射率成正弦分布的 Rugate 膜。此后 30 多年，国内外众多学者都对 Rugate 膜的性能和应用做过探讨，其技术进步体现在 Rugate 膜的制备工艺（例如等离子体增强化学气相沉积法 PEVCD）以及光谱整形和滤波等方面。国内也相继开展该领域的研究工作。

2004 年，中国科学院上海光学精密机械研究所对各种渐变折射率薄膜的制备方法进行了深入研究。

2009 年，中国工程物理研究院率先开展 Rugate 薄膜应用于高功率激光系统的研究。

2011 年，国防科学技术大学开展 Rugate 薄膜应用于激光非聚焦型空间低通滤波技术的研究。

理论研究表明：从膜系结构分析，Rugate 薄膜具有折射率随膜层物理厚度呈正弦变化的膜系结构，可以认为是最具代表性的非均匀膜系；从光谱响应特性考虑，Rugate 薄膜的光谱特性曲线与一个光谱很窄的介质滤光片非常类似，其折射率函数可以用式(5-44)表示：

$$n(x)=n_a+\frac{n_p}{2}\sin\left(\frac{4\pi}{\lambda_0}x\right) \tag{5-44}$$

式中 n_a——折射率平均值；

        n_p——折射率变化幅值（峰对峰）；

        λ_0——中心波长；

        x——光程。

    研究发现，在其它参数不变的情况下，折射率变化幅值 n_p 取值范围越大，透射光谱的截止带宽度越大；镀膜光学厚度越大，透射光谱的截止深度越大；中心波长 λ_0 影响截止带位置，截止带位置与中心波长一致。

    利用 Rugate 薄膜理论设计的光学薄膜系统称为渐变折射率光学薄膜系统，折射率随光学厚度 （x/λ_0） 的变化曲线如图 5-62（b） 所示。由于折射率随膜厚的分布像皱褶波纹，所以也称为 "皱褶波型膜系 （或梳状膜系）"（又称为梯度折射率薄膜）。该膜系属于非均匀膜系，主要特征是：沿膜层表面法线方向折射率连续变化，而沿垂直于法线的水平方向折射率保持不变。

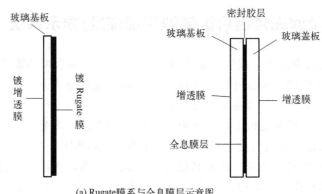

(a) Rugate膜系与全息膜层示意图

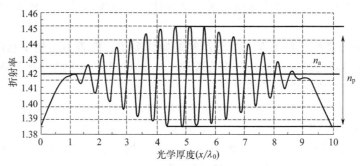

(b) Rugate膜系折射率随光学厚度的变化

图 5-62   Rugate 膜系特性和结构

    由图 5-62 可以看出，Rugate 膜系的折射率是按照正弦 （或余弦） 波规则形式周期性变化的，只会产生一个很窄的反射光谱，而反射带之外的其它波段具有高透射率，如图 5-63 所示。在光学薄膜领域，能够从某一宽光谱波段中去除其中一窄段光谱的滤光器件称为 "负滤光片" 或者 "陷波滤光片"。研究该滤光片的初始目的是防护激光伤害，这种高效率膜系反射一定波段的光而透射所有其它波段光的性质，恰好符合平视瞄准/显示系统组合玻璃对工作光谱的技术需求，因而，Rugate 膜系很自然被应用于平视瞄准/显示系统组合玻璃的制造中，

Rugate 膜系制造技术被称为"伪全息制造技术"。

图 5-64 是兰州物理研究所（张佰森等人）利用 Rugate 膜系理论设计的中心波长 $3.8\mu m$ 的负滤光片和双波长（$1.315\mu m$ 和 $3.8\mu m$）负滤光片的透射光谱曲线。二者对中心波长的反射率均大于 99.99%，其它波长的平均透射率大于 85%。

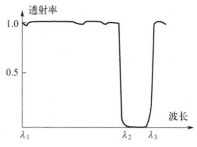

图 5-63　Rugate 膜系透射率
与波长关系

由于 Rugate 介质膜与全息组合玻璃膜层的光谱特性完全一致，因此，被选作机载平视显示器全息组合玻璃膜系的替代方案，优点是：

① 可以消除高级次反射带和减少旁瓣，因此，能够高效率反射图像源的显示字符波长和高效率透射外景景物波长。

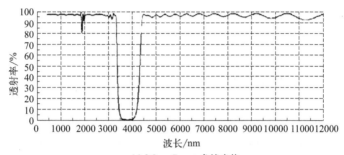

(a) $3.8\mu m$ Rugate负滤光片

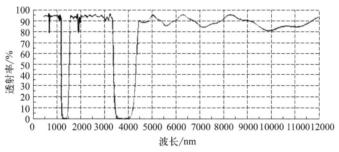

(b) 双波长$1.315\mu m$和$3.8\mu m$ Rugate负滤光片

图 5-64　Rugate 膜系设计实例

② 亮度显示对头部活动不敏感。

③ 介质膜要比全息感光乳剂的平均折射率高，从而降低了对入射角的敏感性，响应角度大。

④ 抗"反射光斑"图像。

⑤ 对环境（温度和湿度）稳定，无需密封保护，可直接用于外露表面，因此，消除了密封胶带来的诸如平行度、附着物、密封胶断裂、湿气渗透等问题。

⑥ 重量大约只有类似全息组合玻璃的一半。

⑦ 可以采用电子束共蒸镀技术、直流或交流磁控共溅镀技术和离子束共溅镀等技术制造，技术成熟，成本低。

该类平视瞄准/显示系统全称为"皱褶负滤光片组合玻璃型平视瞄准/显示系统"。由于组合玻璃并非采用全息光学技术制造，但又具有类似全息光学元件的光谱特性，因而俗称为"伪全息光学平视瞄准/显示系统"。

需要说明：对于传统的分层介质膜系（折射率不连续膜系），膜层之间的界面跃变特性及不稳定性，使其某些特定的光谱特性很难实现，并容易形成损伤或性能退化；而渐变折射率薄膜（折射率连续膜系），由于消除了膜层间的界面和材料间折射率的突变，极大地增加了膜系设计的调控度，因此，可以用来满足现代薄膜中均匀薄膜无法满足的光谱特性要求。目前，Rugate 膜系不仅应用于平视瞄准/显示系统和激光防护中，也广泛用于单色仪的散射光测量、防伪技术、光通信、光电显示、特技摄影和 X 光技术等领域。

由于 Rugate 膜系在机载环境中具有良好的稳定性，通常情况下（例如无焦组合玻璃）无需加装盖板。如果是有焦情况（即膜系镀在各种曲面上），还需要考虑合理设计涂镀"皱褶膜"表面的曲率半径，即合理选择其光焦度而使眼位与中继透镜孔径光阑之间满足物像共轭关系，保证瞬时视场等于总视场。需要注意，为了消除全息组合玻璃可能造成的外景观察误差和视差，可能仍需加装盖板，但不是为了密封防潮。

5.7
光波导平视瞄准/显示系统

上述机载平视瞄准/显示系统都是采用透射式或衍射式成像原理，增大系统视场和头部观察范围均以增加系统体积和重量作为代价，影响着现代化飞机性能的进一步提高。

国内外都在积极研发新型平视瞄准/显示技术来突破这种局限性。美国 Kollsman 公司开发的 Micro-Vis^{TM} 型和英国 BAE 系统公司研发的 Q-HUD^{TM} 型（Cameron，2009）平视瞄准/显示系统均采用了波导光学技术，省掉了 HUD 系统中笨重的透射式光学系统，大大降低了产品成本，例如，Micro-Vis^{TM} 平显比传统平显成本降低了一个数量级，与传统的吊挂式平显价格（50 万美元）相比，价格降至 5 万美元左右。

光波导显示技术是实现机载平视瞄准/显示系统小型化和轻量化的一种先进技术，以高分辨率微型显示器作图像源，利用全反射光波导传播原理以及全息（或者反射膜阵列）成像技术使光学平视特性与现代电子显示技术相结合，为机载平视瞄准/显示系统的发展提供一种全新的解决方案。

机载光学波导平视瞄准/显示系统主要由微型图像显示源（例如 LCD 和 DMD）、中继光学系统（或准直光学系统）、光束输入耦合元件、平板波导光学元件以及光束输出耦合元件（全息元件或者介质膜阵列元件）组成。

机载光波导平视瞄准/显示系统的工作原理是：微型图像源产生的图像光线经过简单的准直光学系统形成平行光束，通过输入耦合光学元件进入平板光波导元件，并以全反射方式在平面波导板中传播；在光束输出端，利用全息光学元件或者介质膜阵列元件完成光束的多次扩展，最后，叠加在外界景物上，供飞行员观察。

光学波导平视瞄准/显示技术有两种类型：衍射光波导显示技术和几何光波导显示技术。前者通过表面浮雕光栅或全息光栅完成图像传输，因此又称为衍射光波导显示技术，如图 5-65(a) 所示；后者是通过阵列反射镜（或棱镜）实现图像传输，又称为阵列光波导技术，如图 5-65(b) 所示。

1995 年，以色列 Y. Amitai 等人提出一种将成像功能与图像传输功能分离的"平面全息波导"概念。以全息光学元件作为输入和输出耦合元件，将平板玻璃用作图像传输元件，从

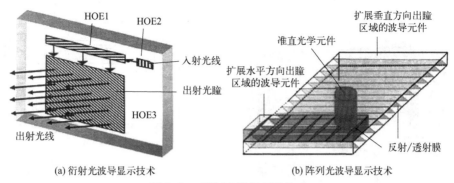

图 5-65　平板光波导显示技术

而简化光学系统结构和尺寸。

21 世纪初，英国 BAE 系统公司首先利用该技术研制出全息波导头盔瞄准/显示器 （Q-Sight HMD）（参考第 6 章），并将全息波导技术进一步扩展到全息波导平视瞄准/显示系统（Q-HUD），2008 年，完成全息波导平视瞄准/显示系统原理样机的研制。

全息波导平视瞄准/显示光学系统组成如下：

（1）图像源

全息波导平视瞄准/显示系统光学转换效率较低，为了获得足够的输出亮度，像源必须具有较高亮度，通常适用的像源有两种：LCD 像源（亮度：$45000\mathrm{cd/m^2}$）和 DMD 像源（对比率高和亮度高）。BAE 最新采用的是 DMD 像源。

（2）准直光学系统

全息波导元件是一个无光焦度的光学元件，在图像光线输入全息波导元件以前，需通过光学准直系统（也称为中继光学系统）对图像光束进行准直。

（3）全息光学波导元件

全息波导元件是全息波导平视瞄准/显示光学系统的核心元件，根据光线传输方式，有两种结构形式：

① 第一种结构形式。由波导板、输入光栅、输出光栅组成，如图 5-66（a）所示。这种结构形式虽然简单，但要求准直光学系统输出光束的宽度与波导元件输入光栅的宽度一致或略小，从而实现一维传输。因此，光学系统的孔径和重量都较大。图 5-66（b）是一种波导元件的结构图，输入光栅区域尺寸是 107mm×19.5mm，意味着准直光学系统（经切割后）的通光孔径不能小于该值；输出光栅区域面积（即出瞳孔径）是 139mm×130mm，远大于普通平显。上述波导平显光学系统的眼盒尺寸为 100mm×50mm。

② 第二种结构形式。为了实现二维传输，在第一种结构中，增加了横向导波层，如图 5-67 所示。首先使准直光束在偏转光栅作用下改变 90°方向，进入内全反射过渡区进行横向全反射传输，传播一段距离后，进入输入光栅区完成横向方向扩展，并经多次衍射后，使图像光线在输出光栅区域得到垂直方向扩展，最后衍射输出，供飞行员观察，既保证有较大出瞳孔径，又大大减小了准直光学系统孔径。

光学波导与其它类型平视瞄准/显示系统的区别是以波导光学元件代替了组合反射镜（包括普通折反射式和全息组合玻璃），尤其是代替多片型全息组合玻璃，改变了光束传输方式，扩大了眼睛移动范围（即出瞳孔径），改善了对外界景物的观察环境，同时减轻了重量、减小了体积。

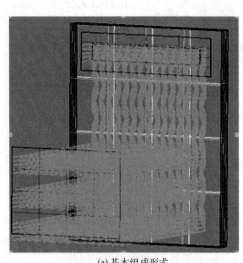
(a) 基本组成形式

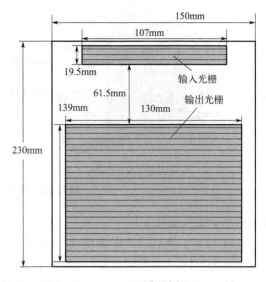
(b) 典型实例

图 5-66　第一类全息光学波导元件

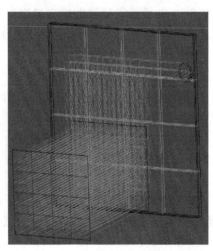
(a) 基本组成形式

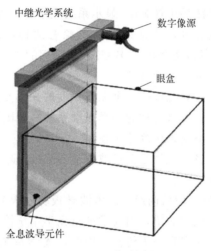
(b) 典型实例

图 5-67　第二类全息光学波导元件示意图

　　光学波导技术是将光栅（包括全息光栅和模压光栅）衍射技术和光学波导传输技术相结合的一种技术。利用集成化的波导传输组合玻璃代替普通的光学显示系统，同时利用光波在光栅层的衍射分光功能以及在光学波导元件内的全反射传输原理实现对光能量的多次再分配，从而达到扩大眼盒范围（即出瞳）的目的，具有结构简单紧凑、重量轻、体积小和外景透过率高的优点。这类机载设备称为光波导平视瞄准/显示系统。

　　全息光波导平视瞄准/显示系统工作原理，如图 5-68 所示。图像源（例如 LCD）产生的显示字符，经小型准直光学系统成像在无穷远。一般情况下，需要设计一组折转反射镜将平行光倾斜投射到波导元件的输入光栅区域，并被入射耦合器件耦合进入平板波导元件。适当选择光束进入波导元件的入射角（布儒斯特角），使光束进入波导元件后能够满足内全反射条件，在平板波导元件上下表面发生全反射并沿波导方向向前传播，从而充分利用光能量。

波导光束经出射耦合元件耦合出波导元件，以平行光束进入人眼。

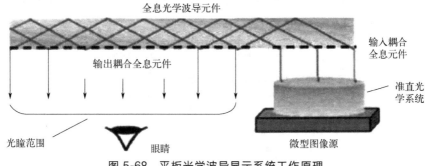

图 5-68　平板光学波导显示系统工作原理

另一种光波导平视显示技术是介质膜阵列光波导显示技术。与衍射光波导显示技术相比，区别是在波导元件中嵌入介质膜阵列对光线进行分束来完成图像的传播和成像。由于光波导平视技术具有横向扩展观察范围的能力，输入中继光学系统或准直光学系统出瞳可以设计得很小，因此，在增大系统（出瞳）观察范围的同时，大幅度减小系统的重量体积。

光波导平视瞄准/显示系统具有以下优点：

① 体积小，基本满足机舱空间的限制要求。

② 重量轻，可减小整机载荷。

③ 像差小，成像质量好。

④ 光机系统呈扁平结构，可以兼容多种机种。

⑤ 系统模块化，便于快拆维护。

表 5-23 对介质膜阵列型和全息光学元件型光波导平视瞄准/显示技术的主要特点进行了比较。

表 5-23　不同类型光波导平视瞄准/显示系统的技术性能

项目	全息光学型	介质膜阵列型
结构组成	采用完整的单一膜层均匀地附着在波导元件上,可以均匀地观察外景,但易引入外景强光耀斑	膜层阵列易引入拼接界面干扰,需要通过降低膜层效率并进行特殊膜层设计来减小突变干扰
显示均匀性	介质膜阵列型显示技术更为成熟	
成像效率	介质膜阵列型显示技术更高,对图像源亮度需求较低	
制造工艺	介质膜阵列型显示技术组合镜制造水平更稳定,成本更低	
显示方式	兼容视频画面显示	适用于线条画面显示

5.7.1　衍射光波导瞄准/显示光学系统

衍射光波导显示系统由三个具有横向位移、记录在同一底版上的全息衍射光学元件组成，借助分束和合束原理，扩大入射光束在二维方向上的孔径。第一个全息光学元件 HOE1 将图像源发出的入射光进行准直（类似于普通的准直光学系统，对平行入射光束，该元件无需光焦度）并将光束衍射（耦合）到基板内，通过波导元件内多次全内反射将第一次衍射后的光束传输到第二个全息光学元件 HOE2 上，实现光束在一个方向上的扩展。扩展后的光束在波导内遇到全息光学元件 HOE3，完成另一方向的光束扩展。为保证整个视场范围内获得所需要的均匀亮度，HOE1 应具有尽可能高的衍射效率。

图 5-69 是 BAE 系统公司研制的二维扩散方式全息波导平视瞄准/显示光学系统示意图。主要性能列于表 5-24 中。

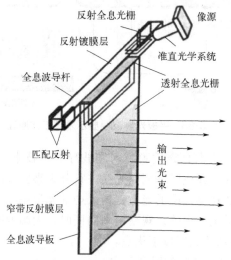

图 5-69　BAE 系统公司研制的全息光学波导平视瞄准/显示系统

表 5-24　全息光学波导平视瞄准/显示系统技术性能

参数	指标
总视场/(°)	34×25
瞬时视场/(°)	
显示亮度/(cd/m²)	≥10000
外景透过率	80%
重量/kg	<10
组合玻璃	全息波导

为了扩大出射光瞳孔径，BAE 系统公司采用波导杆式结构，保证输出光束在二维方向具有均匀的能量分布；为了更有效地利用光能量，使波导杆内壁反射光束，在波导杆端面涂镀光吸收材料，防止反射光返回到像源而形成副像。

全息波导平视瞄准/显示系统的技术特点：

① 准直光学系统结构简单，孔径小，透镜数目少，重量轻。

② 根据光的衍射和全反射原理传播光束，光能量得到更有效利用，提高约 30%，同时，具有良好的图像亮度均匀性。

③ 采用光束衍射和逐次透射的输出方式，可以扩大出瞳范围。

④ 波导光束进行多次分配，因此，单次显示能量较低，仅为像源出射能量的 3%～5%。为了得到足够的显示亮度，必须采用高亮度图像源。

⑤ 制造工艺比较复杂。

图 5-70 是两种衍射光学波导平视瞄准/显示系统外形图。

衍射光学波导元件是一种夹层结构：上下层是玻璃，中间是光栅（或阵列反射镜）层，如图 5-71 所示。

 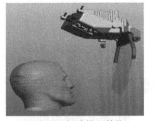

(a) 军用飞机波导型结构　　　　(b) 商用飞机波导型结构

图 5-70　衍射光学波导平视瞄准/显示系统

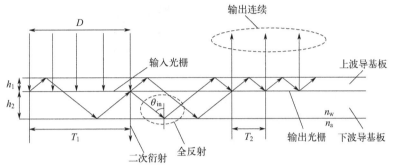

图 5-71　波导光学元件的基本结构

中间层可以是采用模压法、机械刻划法、反应离子刻蚀法等技术制造的浮雕型闪耀光栅，或者利用全息技术制造的全息光栅。

波导基板材料的选择非常关键，必须满足全内反射所需要的布儒斯特角，因此，在设计波导光学元件时，应考虑以下事项：

① 为避免光线在波导元件输入光栅区域发生二次衍射，入射光束的宽度 D 要小于光线的最小传播周期，即：

$$T_1 = 2(h_1 + h_2)\tan\theta_{in} \geqslant D \tag{5-45}$$

② 为了保证光线在波导板全内反射传播，光线在波导板与空气界面的入射角要大于临界角，即：

$$\sin\theta_{in} \geqslant n_a / n_w \tag{5-46}$$

③ 为了使经过波导元件多次衍射输出的光线连续，光线在波导板里的最大传播周期需小于在波导板里传播的光束宽度，即：

$$2h_1 \tan\theta_{in} \leqslant D + 2 \tag{5-47}$$

假设，入射光束宽度 $D = 15\text{mm}$，上下波导基板厚度 $h_1 = 4\text{mm}$ 和 $h_2 = 8\text{mm}$，则光线在波导板里允许的传播角度范围为：

$$\arcsin(1/n_w) \leqslant \theta_{in} \leqslant \arctan(17/8) \tag{5-48}$$

5.7.2　阵列光波导瞄准/显示系统

2005 年，以色列 Elbit System 公司成功为小型商务飞机研制出机载光波导平视显示器，如图 5-72(a) 所示。

2016 年，日本岛津公司研制成功托架座装式机载光波导平视显示系统，如图 5-72(b)

所示，采用双组合玻璃与光波导彩色显示形式，显示视场大于 $\phi 25°$，头部活动范围大于 170mm(H)×170mm(V)。

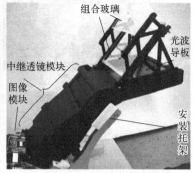

(a) Elbit System机载光波导HUD　　(b) 岛津公司机载光波导HUD

图 5-72　介质阵列型光波导平视显示器

日本岛津公司（Shimadzu）研发的小型平视显示器（LPHUD）采用棱镜波导光学元件，以满足多色显示要求（绿色显示导航信息，红色显示紧急告警信息）。该光学系统由四部分组成：图像源模块、准直系统（或中继系统）模块、波导光学元件和双组合玻璃，如图 5-73 所示。

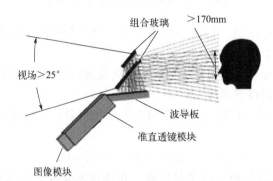

图 5-73　棱镜式波导平视显示器光学系统示意图

该类型平视显示器的波导光学元件是一块具有全内反射功能的棱镜，光线入射区域是一个倾斜的透射表面，可以采取透射或者反射形式将光束耦合到波导元件中，如图 5-74 所示。

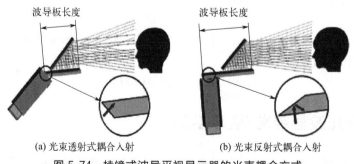

(a) 光束透射式耦合入射　　　　　　(b) 光束反射式耦合入射

图 5-74　棱镜式波导平视显示器的光束耦合方式

介质阵列型光波导组合镜系统由多个镀膜玻璃棱镜组成，介质膜阵列的单元数量以及分布参数直接影响光波导成像的连续性和亮度均匀性。过多的膜层单元数量会形成"百叶窗效应"，导致亮度均匀性恶化，影响外景透视效果。

另外，需合理设计或确定半透射膜系矩阵中各级元件的反射率/透射率之比，不同膜层单元具有不同的反射效率，因此，通过适当设计透反射比来保证图像亮度均匀性及显示颜色的一致性。为保证外景的高透射率，设计中通常采用低透射率膜系。

在设计和制造介质阵列型（棱镜式）光波导平视显示器光学系统时，应注意下列问题：

① 波导元件的入射表面尽可能与准直光学系统光轴垂直。适当选择玻璃材料和表面倾斜角，使入射光线的入射角大于"临界角"或者"全反射角"，保证光线在棱镜内以全反射方式传播，并在输出区仍以与表面垂直方式出射，如图 5-75 所示。

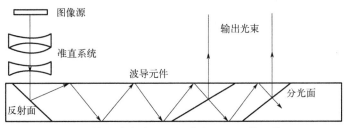

图 5-75　棱镜式光波导平视瞄准/显示系统工作原理

② 图像光线入射在波导元件多个倾斜的分束表面上，为了保证不同位置的出射光线亮度均匀，不同位置分光表面上镀有不同反射率的偏振分光膜（例如三个分束表面反射率依次为 33％、50％、100％）。

③ 由于光波导组合镜是由多个玻璃棱镜胶合而成，因此，胶合后波导板的平行度和介质膜阵列的彼此平行度非常重要，必须严格控制，否则，将严重影响成像视差、符号线宽等技术参数。

④ 棱镜胶合存在着拼接界线。若在制造过程中出现应力或者高温，易引入界线毛边。由于介质阵列型平视瞄准/显示系统是采用高亮度图像源以配合多次低反射率输出成像系统，若存在界线毛边，则会形成亮线干扰，使像质恶化。

⑤ 若采用透射式入射波导元件，其表面尺寸设计非常重要。设计不当，光线输出区会出现无光线输出的空白区，光束不连续，如图 5-76 所示。

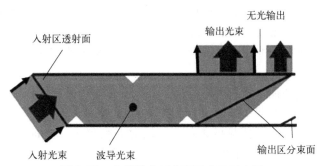

图 5-76　光线输出区出现无光区示意图

为避免上述现象出现，有两种补偿方法：

a. 在入射表面增加一条小棱镜，扩大入射表面尺寸，保证有足够宽度的入射光线进入波导元件，如图 5-77(a) 所示。

b. 在光线出射侧设计一个补偿元件。为了保证元件的波导功能，需要设计一个分光表面，如图 5-77（b）所示。

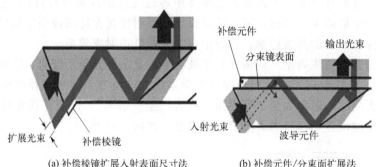

(a) 补偿棱镜扩展入射表面尺寸法   (b) 补偿元件/分束面扩展法

图 5-77 "无光"补偿技术

5.8
民用航空平视显示器

5.8.1 概述

与军用飞机类似，尚未采用平视显示技术的民航飞机只能依靠传统"仪表"提供的信息操纵飞机完成起飞、盘旋和着陆等任务，交替观察前下方仪表和正前方场景，眼球需要反复调焦和适应亮暗变化，经常造成视觉中断，据统计，这是诸多民机事故发生的主要原因之一。

另外，民航事故常常发生在气象复杂、有风切变、能见度差的环境中。为避免事故发生，通常采用延误飞行的办法。

平视显示器在军用飞机上的成功应用，引起商用航空公司的密切关注。普遍认为，在商用飞机座舱中安装 HUD 有以下优越性：

① 实时显示动态画面，增强飞行情景意识，解决信息/场景不连续问题。

飞机在候机楼滑行到跑道的滑行过程中，平视显示器可以实现场面导引，控制飞机在滑行道上安全和准确滑行。尤其在低能见度环境下滑行时，可以与增强视景系统（EVS）相结合，帮助飞行员扩大观察范围，大大减少飞机在滑行道及交叉口发生意外事故的概率，避免滑错滑行道和跑道。

② 能够为空中交通防撞系统、风切变及非正常姿态等状况提供识别和指导，解决低能见度和恶劣气象条件下的 CAT ⅢA 类起飞和着陆等问题，提高航班正点率和降低航空运营成本。

a. 飞机起飞时，尤其在低能见度条件下，同时观察仪表和外部视景极易发生危险。利用 HUD 的迎角和仰角提示可以准确控制飞机姿态，避免擦尾事故的发生。

b. 在爬升、巡航和下降等飞行阶段，在空中防撞系统发出 RA 告警时，平视显示器可以直观地显示操纵提示符号，飞行员无须低头看仪表即可根据指引符号操纵飞机避开危险区域。

③ 可以精确预测接地点，及时提供着陆减速信息，有助于实施稳定进近，减少制动组件磨损，避免重着陆及擦机尾事件的发生，高达 73% 的事故都可以避免。

在目视进近时，飞行员可以根据平视显示器显示的参考下滑道和飞行轨迹矢量做出正确判断，使其在恶劣环境下安全着陆，甚至可以在事先没有预料到的情况下着陆，从而既保证飞行计划不变，又减轻飞行员负担，更安全。

④ 可以提高对能源状况的感知能力，改善能源管理，同时缓解座舱空间紧张导致的安装仪表过多问题。

另外，随着对飞机起飞与着陆性能、飞行安全的要求不断提高，平视显示器的显示信息更丰富。目前被采用的是增强视景与平视显示字符的融合显示，即增强飞行视景系统，使飞行员在观察平显上飞行参数的同时，又能看到飞机前方景物的红外图像，提高了飞行员情景意识和飞行能见度。

20 世纪 70 年代，平视显示器开始应用于民用飞机领域。与军用飞机平视瞄准/显示系统的区别在于无需提供瞄准信息。

1975 年，法国达梭飞机公司首次将平视显示器安装在 Mercure 民用航空飞机上。

1977~1980 年，美国桑特斯德朗公司和麦克唐纳-道格拉斯飞机公司合作研发的民用平视显示器安装在 DC-9 超 80 客机上。美国阿拉斯加航空公司将军用飞机 HUD 技术用于民用航空干线飞行领域，解决了复杂地形和天气条件下航路及机场的飞行安全问题。

随着科学技术的发展，平视显示系统的成本和可靠性有了明显提升，越来越多的航空公司和飞机制造商将平视显示器作为民航客机的标配设备，广泛应用于世界各国的商用飞机。

国际民航组织（ICAO）确认了 HUD 技术的优越性及其应用，建议将平视显示器用作提高飞行安全品质的主要措施之一。其认为 HUD 在组合玻璃上提供的数据与飞机外界实景叠加，能够帮助驾驶员随时修正飞行状态，实现精细化飞行，可有效防止飞机平飘距离过长和低空大坡度事件，改善飞行品质，提升航空安全水平。

美国波音飞机公司和欧洲空客飞机公司已经将平视显示器装备在民航客机中，加拿大的庞巴迪 CRJ 系列客机和巴西航空工业的 ERJ 系列客机也将平视显示器列为必装设备。美国航天飞机"挑战者"号还加装了由凯撒电子公司研制的两套平视显示器，最大优点是能在失重条件下工作。

近些年来，我国航空运输量持续快速增长，天气和机场设施等因素给飞行安全带来巨大挑战。中国民航领域开始重视平视显示器在民用飞机上的研究和应用，中国与美国麦道飞机公司联合研制的 MD-82 飞机上首先安装了平视显示器。

2005 年，山东航空公司首先引进安装有平视显示器的波音 B737-800 飞机，2008 年 10月，在国内试飞验证。2010 年 3 月，获批 Ⅱ 类运行，显示画面如图 5-78 所示。2012 年 12月，厦门航空公司也完成 B737-800 飞机平视显示器的验证试飞。

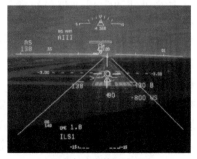

(a) 波音B737-800飞机平视显示器　　　　(b) 机场跑道的显示画面

图 5-78　波音 B737-800 飞机的平视显示器

2006年，中航工业集团公司洛阳电光设备研究所研制的"C919飞机平视显示器导引功能合作开发"项目顺利通过评审验收，是支持飞机在CAT ⅢA最低气象条件下和在非CATⅢ类机场执行进近和着陆的关键技术，填补了国内航空领域的一项技术空白。表5-25列出使用（单套/双套）平视显示器的一些机型。

表 5-25　安装 HUD 的主要商用飞机机型

飞机制造商	飞机机型	HUD 供应商
空客飞机公司	A-318/319/320/321/330/340/350/380	Thales
波音飞机公司	B-737-NG，B-757，B-777，B-787	Rockwell Collins
庞巴迪飞机公司	Q-400，CRJ-700/900/1000	Rockwell Collins
中国商用飞机公司	C-919	中航集团
巴西航空工业公司	E-jet	Rockwell Collins

中国民用航空局航行新技术应用与发展工作委员会决定推出的四大新型导航技术，平视显示器（HUD）是其中之一。

2012年8月发布的《平视显示器应用发展路线图》将平视显示器列为商用飞机的必装设备，准备分三个阶段全面推广 HUD 和 EVS 技术的应用，并与其它新技术相融合。

第一阶段，2014年前，鼓励并支持现役飞机加装并获得运营资格，对30%机场的 HUD运行进行前期评估。

第二阶段，在新购飞机上至少安装单套 HUD，2017年底，完成国内所有机场 HUD 评估，2018年底需要在50%服役飞机上加装 HUD。

第三阶段，2020年，所有飞机上至少安装并运行单套 HUD 和 EVS。

2017年，中国民航系统已经完成对所有机场的 HUD 评估及所有设施和设备升级；2018年，完成了50%在役飞机 HUD 的加装。在整个飞行过程（包括滑行、起飞、爬升、巡航、下降、进近着陆和滑跑）中，像战斗机飞行员一样，通过平视显示器获得飞行、航线及地平线等信息，无需频繁低头观察座舱仪表，就能随时掌握飞机周围的态势，从而大大提高了飞机的安全性能。

安装平视显示器，可有效降低着陆和起飞天气标准，减少飞行技术误差，减少重着陆和擦机尾事件的发生，改善全天候飞行和航班正常性，从而减少生命和财产损失。

世界上对商用飞机平视显示器的名称定义不统一。霍尼韦尔公司称为平视显示器（head-up display）；飞行动力公司称为平视导引系统（head-up guidance system）；法国塞克斯坦特航空电子公司称为平视飞行显示系统（head-up flight display system）。本书统称为商用飞机平视显示器。

高速喷气式战斗机（或者武装直升机）上安装的平视显示器是武器火力控制系统的一部分，与民用运输飞机应用目的不同，因而，对技术要求也不同。主要表现在以下几个方面：

（1）机械安装

民用飞机的座舱空间比军用飞机大，无需像军用飞机那样考虑弹射线和弹射安全问题。通常采取吊装方式将投影装置安装在飞行员头顶正上方，组合玻璃吊装在飞行员前方。为防止事故发生，在两侧为飞行员各安装一套平视显示器，独立工作，如图5-79所示。

（2）精度要求

军用战斗机需利用平视显示器进行武器瞄准，必须有很高的瞄准精度。而民用飞机平视

图 5-79　B-787 飞机的平视显示器

显示器是利用笔画法产生符号，允许有较低精度，但速度矢量、跑道图像以及相同数量级的视频图像与真实外景应精确叠加，因此，校靶对准和光学系统需具有相同精度。

（3）完好性

民用飞机平视显示器需要具有较高的系统完好性，类似于军用运输机，例如常常需要自动着陆系统，并以平视显示器作为主要飞行仪表。

（4）视场

由于技术条件的限制，军用飞机初期装备的平视显示器采用 CRT 图像源和传统的准直光学系统，主要采用折射/反射组合玻璃，其显著特点是瞬时视场小于系统总视场。对于民用飞机平视显示器，方位视场需增加到 30°才能确保飞机进场达到侧风极限时速度矢量不受限制；俯仰视场需达到 22°以覆盖民用运输飞机俯仰姿态的垂直范围，简单说，视场越宽越好。因此，只有采用衍射光学平视显示器才能同时扩大水平和俯仰方向视场，并使瞬时视场等于总视场，这正是商用飞机通常安装衍射光学平视显示器的主要原因。

商用飞机平视显示器的安装方式与军用飞机不同，但工作原理和光学系统组成基本相同。投影系统采用吊装方式，并由飞机航电仪表舱中的计算机系统驱动。计算机通过航电总线接收来自机上其它航电设备的信息和数据（例如，速度、加速度、姿态、位置、风速、导航信息、引导提示和告警信息等），处理后生成飞行信息字符并与（例如红外视景增强系统）获得的外景图像相融合，输送给驾驶员显示装置，再通过视频接口显示在投影系统的图像源上。投影系统也是一个光学准直系统，已经利用电校正方法校正了准直光学系统畸变，因此，投影系统可以将较理想的字符和图像投射到组合玻璃上。全息组合玻璃（衍射窄带绿色光而透射其它光）位于飞行员与风挡玻璃之间，将吊装式投影系统形成的字符图像投射至飞行员眼睛，并叠加在外界景物上。

与军用平视显示器相比，突出优点是不用时可将组合玻璃折叠收起。

当飞行员通过组合玻璃观察时，不仅可以看到显示符号或视频图像，还能观察到背景图像。因此，显示的符号和视频图像必须有足够亮度才能在背景下被看清，其对比度至少是 1.2∶1。假设最大背景亮度是 10000fL（在阳光照射的云层上方观察时），考虑到组合玻璃透射率（约 80%），则达到飞行员眼睛的背景亮度约 8000fL，因此，图像源的峰值亮度需达到 16000fL 才能满足其对比度要求。

平视显示器研制初期，采用单绿色的阴极射线管（CRT）图像源，以笔画方式直接将符号写在 CRT 屏幕上；之后，逐渐采用最新设计的数字图像源（例如液晶显示 LCD），利用 60Hz 速率更新像素变换图像的数字视频数据流驱动；利用多个高效、绿色和自动消光的 LED 制成的背光照明系统提供所需要的亮度范围，并在可接受的电压水平下作为机载设备使用。

图 5-80 是波音 727/737 民用飞机衍射光学平视显示器 HGS-1000 的光学系统，由三个分系统组成：CRT 图像源系统、中继光学系统和衍射光学组合玻璃。为了使 HUD 产生一个外部出瞳，中继光学系统首先形成中间像（中继光学系统中设计有 4 个偏心透镜用以补偿由全息组合玻璃引进的像差），然后，由衍射光学组合玻璃重新成像在无穷远，全息光学技术保证出瞳成像在眼点位置；内外平面平行的全息组合玻璃可以消除外景观察误差和视差，从而满足商用飞机"非畸变组合玻璃"的要求。

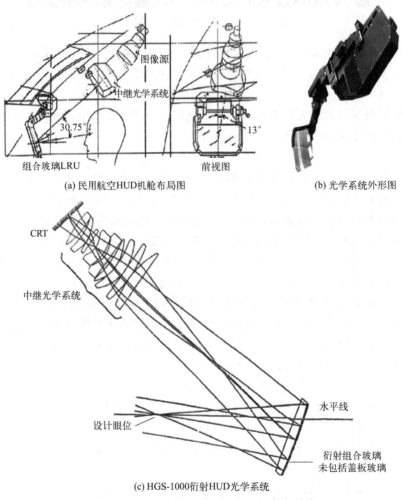

(a) 民用航空HUD机舱布局图

(b) 光学系统外形图

(c) HGS-1000衍射HUD光学系统

图 5-80　商用机载衍射平视显示器光学系统

需要指出，民用平视显示器可以单独使用，也可与飞行导引技术相结合组成平视导引系统（HFGS），引导飞行员实施Ⅱ类或Ⅲ类进近着陆和低能见度起飞，或者与视景增强系统（EVS）相结合组成增强飞行视景系统（EFVS），保证在目视能见度受限（例如云、雾、霾、雨、雪和夜间）环境下增强飞行能见度，使飞机具备全天候起降能力。

5.8.2　全息平视显示器

1982 年，美国飞行动力公司（FDI）为波音 B-727/737 运输机成功研制了世界上第一台全息平视显示器，称为 FDI 1000 型全息平视显示引导系统（HHUD），并取得ⅢA 级着陆合格证，是商用机载平视显示器的典型例子。整个系统由平视显示器和机载交联设备组成，包括：

① 惯性姿态参考系统。
② 大气数据计算机。
③ 无线电高度表。
④ 气压高度表。
⑤ 甚高频导航接收机。
⑥ 水平及垂直姿态陀螺。
⑦ 距离测量设备。
⑧ 信标接收机。

该系统突出特点是，在驾驶员显示部件中采用了全息组合玻璃，具有瞬时视场大和显示亮度高的优点，能够给出更明亮清晰和视野广阔的外景以及导航信息而毫不影响对跑道等环境的观察，可用于多种飞行姿态，包括仪表进场和着陆、目视进场和着陆、飞行和复飞、巡航飞行等。为了监视巡航飞行，将性能管理系统的数据加载到全息光学平视显示器中，从而使驾驶员在低能见度（ⅢA 级着陆）条件下安全起飞、着陆和飞行。决断高度达到 50ft，能见度 700ft，对飞行员的误引导概率下降到 10^{-8} 数量级。

飞行动力公司研制的全息平视显示器有两种类型：一种是为座舱较为宽敞的运输机使用，主要装备在 B-727、B-737、B-757、B-767、DC-10、C-130、L-1011、A-300 和 A-310 等飞机上；另一种适合座舱较狭窄的小飞机，目的是用于改善Ⅱ级和Ⅲ级着陆，将飞行员引入系统闭环，给出明亮、清晰、视野广阔的情景和引导信息，而毫不影响对跑道的观察，从而能人工操作飞机在低能见度条件下接地和滑行，使飞行员自始至终对飞行处境了如指掌，而不增加任何额外负担。

全息平视显示器可单套或者双套使用。单套使用时，一位飞行员使用平视显示器，另一位飞行员监视常规的仪表着陆系统；双套使用时，另一位飞行员监视第二套显示器上的偏差，保证决断高度 50ft，能见度 700ft，对飞行员的误引导概率下降到 10^{-8} 数量级。

5.8.2.1　基本组成

以安装在波音 B-727/737 座舱内的 FDI 1000 型 HUD 为例，全息平视显示器主要由 5 个外场可更换部件（LRU）组成，如图 5-81 所示。

① 显示器头部或投影装置，包括准直光学系统和图像源，安装在飞行员头顶正上方。
② 全息组合玻璃或组合仪，安装在飞行员前方。
③ 电子驱动器。
以上三部分统称为驾驶员显示装置 PDU。
④ 平显计算机，安装在设备舱。
⑤ 平显控制盒（或控制板），安装在仪表板上。
下面分别介绍这些外场可更换部件（LRU）。

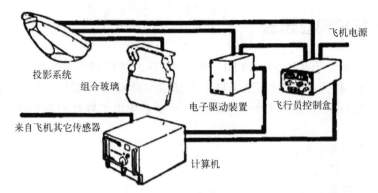

(a) 平视显示器五个在线置换单元

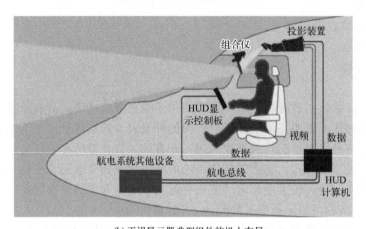

(b) 平视显示器典型组件的机上布局

图 5-81　商用飞机全息平视显示器基本组成

（1）投影装置

商用飞机平视显示器光学投影系统吊装于飞行员头部上方的飞机座舱内（俗称"头顶组件"），包括图像源（CRT）、由 9 片透镜组成的光学投影系统、高压电源、视频放大器和磷保护电路，如图 5-82 所示，显示字符为绿色。

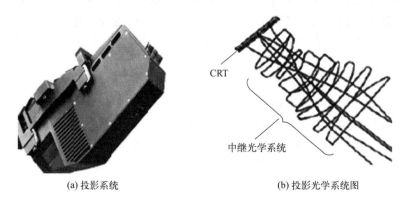

(a) 投影系统　　　　　　　　　(b) 投影光学系统图

图 5-82　商用飞机平视显示器投影系统

图像源可以是 CRT 或 LED。初期采用 CRT 图像源（尺寸：4in 直角方形，磁偏转角 52°；字符线宽：全视场内 0.6～1.2mrad），设计有磷保护电路，防止 CRT 磷涂层（P43 或

P53）损坏。随着科学技术的发展，采用 LED 背光照明的有源矩阵液晶显示（LCD）图像源，接收计算机传输的图像、符号及视频信息。

中继光学投影系统是一个由 9 片光学元件组成的复杂系统，包括 1 个柱面和 2 个非球面，为了校正单片全息组合玻璃大离轴角（FDI 1000 型离轴角 30.8°，有的型号会更大，甚至≥55°）产生的不对称像差，既要求系统中透镜元件偏心又要求透镜倾斜，还要使图像源有一定的倾斜和偏转。

为满足适航符合性，对商用平视显示器的设计和安装提出更严格要求：

① 确保飞行员头部与平视显示系统最近组件的间隔至少保持 50mm。

② 保证投影系统光轴与机轴以及组合玻璃法线的相对位置准确。

③ 如果组合玻璃采用折叠方式，那么，当组合玻璃处于工作状态时，飞机风挡玻璃内表面与其最小间隔应大于 25mm；非工作状态时，可以小于该值，但不能与风挡玻璃有任何接触。

④ 光学系统中一些零件需采用光学塑料以减轻重量和保证安全。

⑤ 成本较低。

（2）反射型全息组合玻璃

与军用平视显示器相比，吊装式平视显示器最大优点是光学组合玻璃设计有"使用"和"收存"两种位置，能够自由"收放"，如图 5-83 所示。

(a) 使用状态　　　　　　　　　　　(b) 收存状态

图 5-83　组合玻璃的两种状态

使用时，驾驶员拔出定位销，外推并下拉全息组合玻璃使其精确垂放到使用位置，并通过特定机构锁定，确保组合玻璃与投影系统对准，具有足够的观瞄精度。与此同时，光学系统自动接入平视显示器系统中，立即显示某种工作模式的画面。为了保证全息组合玻璃能够高精度工作，例如波音 B-787 飞机安装的组合玻璃，还采用可旋转双臂装置连接在前风挡玻璃上，并设计有防撞机构，保证在突然减速情况下，不会发生飞行员与组合玻璃相撞的情况。

当暂时不用收存时，驾驶员可向里拉并向上推，将组合玻璃折叠至收存位置，用定位插销固死，防止过载超过 5g 的剧烈碰撞可能造成的松脱，同时会自动切断与图像源的连接，驾驶员能够不受任何障碍地对外观察，增大舱外观察范围，提高外景的自然观察亮度。由于采用了精密的定位和限位设计，再次展开使用时，能够迅速复位，并保持较高精度。

美国飞行动力公司研制的 FDI 1000 型 HUD 全息平视显示器光学系统采用中继透镜系统＋有焦全息组合玻璃的结构形式。一方面将 CRT 的图像成像在无穷远，另一方面控制全息组合玻璃的焦距，将中继光学系统的孔径光阑成像于设计眼位平面或接近该平面，保证所有视场的主光线全部通过眼点中心，扩大了总视场/瞬时视场，从而在出瞳（或设计眼位）平面内，整个视场可见。

与军用全息组合玻璃一样，该全息组合玻璃也是采用光学全息技术与计算全息技术相结合的设计和制造工艺。为了校正像差，全息组合玻璃中间的基板记录层设计成曲面以获得更高的成像质量，具有以下特点：

① 全息组合玻璃是一块具有高衍射效率的组合玻璃，显示字符（绿光，波长 544nm）的衍射效率 90%～95%。

② 高效率地透射绿光之外其它波长的光。

为了增加整个组合玻璃的外界光透射率，对组合玻璃的外表面镀增透膜，保证外界光的总透过率不低于 85%。

③ 组合玻璃的两个外表面设计为平行平面，对外界景物具有最小的目视误差和失真。

④ 组合玻璃上安装有外景光传感器，自动工作模式下，根据外界景物光能量能够把显示亮度调节到驾驶员设定值，也可选择手动模式调整显示亮度。

⑤ 不使用组合玻璃时，向上折叠，增大飞行员舱外观察范围，提高外景自然观察亮度；使用时，下拉精确到位，并通过特定机构锁定。

⑥ 全息组合玻璃重量约 3.6kg（约 8 磅）。

（3）计算机系统

由 6 块模块组成，包括飞机接口模块（2 块）、控制处理机模块、字符发生器模块、系统监控处理模块和系统自检测模块。对来自各传感器和其它飞机系统的数据信息进行综合处理，包括生成图像源的符号信息、引导计算和检测功能，建立飞机传感器的接口和对输入数据进行评定。重量 25 磅。

（4）电子驱动装置

包括偏转放大器、畸变放大器、低压电源和电子检测线路等，重量 10 磅。

（5）飞行员控制装置

ON/OFF 开关控制：保证组合玻璃放下时，投影系统即刻开启并显示相关信息符号；收起时，锁卡在锁住位置。

符号控制：有全符号显示和简洁显示两种显示方式。

亮度控制：有人工调节和自动调节两种方式。

5.8.2.2　基本性能

对军机平视显示器，强调具有良好的火控瞄准功能；而对商用飞机平视显示器则要求其良好的导航和管理功能。

飞行员通过控制板上的板键、按钮和指示灯进行工作状态的选择和各种参数的装定。特别是在气象条件不佳、能见度较差或直接目视观察不便的特殊场合，民机平视显示器有助于飞机起飞和着陆安全。

商用飞机要求平视显示系统具有良好的人机界面，能清晰显示平视显示系统的当前工作模式、工作状态以及相关告警信息。滑行、起飞、进场和着陆是商用平视显示系统使用最频繁的四个阶段，尤其是当机场处于低能见度环境下，飞行人员工作负荷最大，出错率最高，因此，需要有良好的人机界面以保证飞行员正确操作。

商用飞机平视显示器有两种模式："仪表着陆系统工作模式"和"非仪表着陆系统工作模式"。其为驾驶员提供多种字符显示和足够的导航信息（包括人工接近跑道和目视控制着陆功能；监视飞机自动交联进场和目视导航着陆功能；起飞转弯和起飞功能；进场失误和拉起盘旋等功能，如图 5-84 所示），以保证各种飞行任务和各个飞行动作的顺利完成。

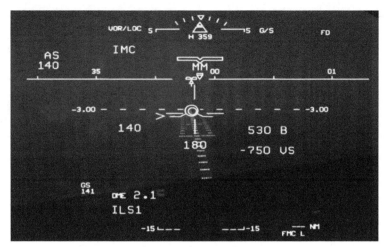

图 5-84　商用飞机平视显示器的显示画面

表 5-26 列出飞行动力公司（FDI）研制的 HGS-1000 型平视显示器的主要技术性能。

表 5-26　FDI HGS-1000 型平视显示器的技术性能

参数			指标
字符显示亮度/fL （经过全息组合玻璃后测量）			≥2000 （书写速度为 5000in/s）
字符线宽（全视场内）/mrad			0.6～1.2
显示精度/mrad		视场中心	＜±1.5
		高分辨率区	±3.5
		全视场	±7
字符显示		字符摇晃	显示字符不应有明显晃动
		字符颤动/mrad	＜1(3σ)
		字符漂移	总漂移量≤±1.0%
偏转系统能够提供的字符书写速度/(in/s)			2000～12000
显示视场（总视场＝瞬时视场）/(°) （在显示器头部中心位置观察）			30(H)×24(V)（对角线 38）
出瞳尺寸/mm			120(H)×69(V)
眼睛位置		眼盒范围/mm	130(宽)×64(高)×152(深)
		设计眼位/mm	305(300～380)
视差（95%视场） （眼瞳距离 64mm）/mrad	水平 方向	发散度	＜2
		会聚度	＜1
	垂直方向倾斜聚散度		＜1.5
外界景物畸变（设计眼位观察）/mrad			＜0.5
在总视场的任意点上,同一亮度条件下,字符亮度变化范围（设计眼位）			＜20%
彩色散射和二次成像			目视观察不到
对比度（相对于 10000fL 背景）			1.3：1

参数		指标
CRT	尺寸/mm	102（约 4in）
	有效面积/mm	$76\times60\left(约\ 3in\times2\frac{3}{8}in\right)$
	磁偏转角/(°)	52
	荧光粉类型	P53
准直系统/组合玻璃离轴角/(°)		30.8
组合玻璃透射率		83%
瞄准线误差		0
安装或更换时，机械对准精度/mrad	以外部目标安装头部	±0.5
	头部安装到飞机上	
	组合玻璃安装到头部	±0.25
重量/kg	头部	12.7
	全息组合玻璃	3.6
	控制盒	2.3
	电子驱动器	4.5
	计算机	11.4

为了改进平视显示器的信息显示，德国达姆施塔特（Darmstadf）技术大学飞行机械控制所与塞克斯坦航电公司（Sextant Avionique）合作，以现代民用平显为基础又研究出一种立体平视显示器。优点：改进外景的信息感觉，更自然和更有直观感；预先计划的飞行路线、滑行制导信息、障碍物或地形在空间位置上立体可视。同时，空间信息在深度上的分离可避免出现错误的符号，并按照能见度极限定位进行编码告警，经过试飞证明，能够提高平视显示器对信息的感知能力。

5.9
与平视显示装置相组合的视景系统

飞行员必须在能够看清机场跑道的决断高度上才能作出是否进场着陆的决定。但在恶劣气象条件下（包括夜间），飞行员的视觉受到严重限制，在进近着陆/复飞的关键时刻工作负荷很大，若在驾驶舱内外反复交替观察会对其工作和安全产生不利影响。

20 世纪 40 年代，为了帮助飞行员在恶劣气象条件和夜间环境下进近着陆，在机场安装了仪表着陆系统和机上加装了自动着陆系统，无线电导航技术一直是飞机在恶劣气象条件下实现进场着陆的主要手段。但是，由于广泛使用的仪表着陆系统（ILS）精度不够，以及受场地、建筑物及气象条件影响，绝大部分跑道只能实现Ⅰ级着陆，少数跑道具备Ⅱ级着陆，极少数具备Ⅲ级着陆能力。长期以来，恶劣天气（如雨雾）下起降安全是困扰军/民航空运输的难题。为了安全，只能推迟或取消航班，因而影响着飞机的飞行安全、正点率和成本。

随着飞机性能的日益提高及现代飞行技术的进步，航空公司对飞机起飞、着陆性能及飞行安全的要求也不断提高，飞行员需要实时接收的信息越来越多，工作负荷较大。

据统计，航空飞行安全事故多数发生在飞机起飞和降落阶段。尽管起飞和降落阶段仅占总飞行时间的 6%，但事故却占总事故数量的 70%左右，其中，恶劣天气下低能见度造成的事故数量占 40%～50%，并且，多数发生在起飞后 3 分钟和降落前 8 分钟，俗称"危险 11 分钟"。

如上所述，许多飞机都装备有平视显示装置（以下统称军用平视瞄准/显示系统和民用平视显示器为平视显示装置），成为驾驶舱显示系统的一部分并且是首选装置。但是，当外部能见度较低，特别是有雾或大雨条件下，飞行员仍然无法通过组合玻璃和风挡玻璃看清外部景物。

科学技术的迅速发展，综合化和直观化的显示控制系统必将成为未来各种飞机驾驶舱的发展趋势。对于军用飞机，尤其是在前线简易机场或临时机场，恶劣气象条件导致能见度低的影响非常明显，也严重影响着战机的起飞和着陆。为了减少环境条件（包括气象条件和昼夜/低照度条件）对飞行的影响，世界航空领域已经研制出并广泛采用视景增强系统 EVS（enhanced vision system）和合成视景系统 SVS（synthetic vision system）。

实践已经表明，仅仅依靠平视显示装置无法从根本上解决上述问题，尤其是夜间或低能见度条件下飞行员的观察/瞄准和起降问题。目前认为，将平视显示装置与 EVS、SVS 系统集成为一种综合设备，飞行员可以利用视景增强系统/合成视景系统的显示图像，在一定程度上代替能见度极低情况下的外部景物视界，提高飞行员的操作能力和安全飞行。

为了在组合玻璃上显示 EVS 或者 SVS 图像，平视显示装置必须从图像源接收视频流，将其与通常显示的符号相结合，组合后的图像和符号显示给飞行员。应当强调，平视显示装置的主要用途是显示飞行信息符号，如果视频模糊降低了显示符号的可读性，那么，显示来自 EVS 或者 SVS 的视频就会干扰其主要用途。尤其是当符号叠加在视频的明亮区域时，模糊现象可能发生，因此会由于符号与视频的对比度小而导致阅读符号困难。为了保持平视显示装置的可用性，一定要精心设计显示视频画面的硬件和软件，保证飞行信息显示符号不被视频画面弱化（例如，必须使视频画面没有杂波和干扰；视频内容容易被飞行员接受等），并通过控制显示的视频信息和采用一组控制元件（旋钮或按键）来控制视频画面显示的时间和方式。

下面介绍显示符号与视频图像的两种综合方式：

① 视景增强系统 EVS 和平视显示装置 HUD 组合为增强型飞行视景系统 EFVS（enhanced flight vision system）。

② 视景增强系统 EVS 和合成视景系统 SVS 组成组合视景系统 CVS（combined vision system），并与平视显示装置 HUD 组成更先进的视景组合系统。

5.9.1 视景增强系统（EVS）和平视显示装置（HUD）的组合

视景增强系统 EVS 和平视显示装置 HUD 组合为增强型飞行视景系统 EFVS，是将 EVS 获取的飞机前方场景的红外图像与 HUD 显示的飞行信息融合，保证所显示的字符/图像与外界场景重合，并通过组合玻璃显示给飞行员。

增强型飞行视景系统 EFVS 能够增强飞行员态势感知能力，以获得等同于标准仪表进近程序规定的能见度，可清晰看到飞机前方的景物图像，提高飞行员在恶劣环境时的飞行能力，使飞行员既"看得更清"又"飞得更准"。

使用增强飞行视景系统（EFVS）时，飞行员驾驶飞机可以飞至最低决断高度以下，接地区标高100ft（1ft=0.3048m）以上。普遍认为，在飞行员座舱中采用这种视景技术，不仅可减少座舱中的仪表数量，还能提高信息的综合显示水平，降低飞行员的劳动强度，增强飞行员的态势感知能力。

5.9.1.1 视景增强系统（EVS）

通常，保证飞机在低能见度下进近着陆的系统是仪表着陆系统（instrument landing system，ILS），其主要问题是：

① 在有限距离范围内才能收到信号。

② 只能沿ILS信号下降到跑道上空决断高度，才能根据目视参考物完成着陆/复飞决断。

由于飞行员很难在短时间内对所处位置和周围环境作出准确判断，极易造成操控失误。解决这一问题的关键措施是在机上安装视景增强系统（EVS）。

视景增强系统（EVS）是一套电子系统。当飞机在低能见度条件下起降或飞行时，能够利用诸如前视红外成像装置或者毫米波雷达装置摄取跑道及航行过程中飞机周围环境的图像，通过显示器供飞行员观察，使其在夜间或有雾、阴雨等恶劣条件下清晰观察机外环境红外图像，有效增强飞行员的观察和识别能力，提升态势感知度，保证顺利着陆、起飞和安全飞行。

图5-85是美国"湾流"飞机未安装和安装有视景增强系统（EVS）的平视显示画面。可以看出，效果十分明显，安装视景增强器之前，在低能见度情况下，除了微弱的灯光外，飞行员无法观察到任何有价值的信息；而安装视景增强器后，不仅可以观察到前方障碍物，还能够清晰观察到跑道、河流和公路等信息。

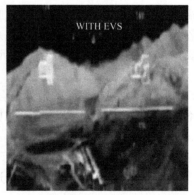

(a) 未安装EVS的外景显示　　　　　(b) 安装EVS的外景显示

图5-85 "湾流"飞机未安装/安装EVS的平视显示画面

美国联邦航空管理局的定义是：视景增强系统（EVS）是利用图像传感器，例如前视红外（FLIR）系统、毫米波（MMW）辐射测量系统、雷达系统或者低照度像增强系统，为飞行员提供飞行前方外景地形显示（尤其是以其相对位置和高度的表示方式显示某地或区域的自然或人造特征）的一种电子系统。未要求提供额外的飞行信息/符号，但可以提供额外的态势感知信息。

需要强调，为了扩大 EVS 传感器能够探测的天气条件范围，可以利用图像融合能力把来自不同传感器（例如前视红外成像系统、雷达探测系统和毫米波系统）的图像增强并综合为一个合成图像。融合后的目标是一个通过分析每个视频流内容并经过优化获得的视景增强图像，因此，具有更清晰和更稳定的特性。

视景增强系统是一个实时成像-显示系统，主要由三部分组成：

① EVS 传感器系统。目前，主要采用两种类型的传感器：被动式传感器（红外热成像传感器）和主动式传感器（雷达）。

a. 被动式传感器。被动式红外传感器提供外部视景的前视红外实时图像，一般地，安装在飞机前部机鼻位置，如图 5-86 所示。

图 5-86　EVS 红外组件的机上安装位置

被动式传感器探测到的外界景物图像对比度可能与飞行员裸眼观察到的自然景物的对比度有很大差别。黑夜里，人眼观察不到的目标温差很容易被热成像系统探测到，但眼睛能够识别的可见光范围内的反衬色（或对比色）对红外热成像系统是不可视的。如果景物具有足够的热对比度（或温差），飞行员可以通过红外图像分辨目视参考物的形状和图案，当然，也会受到各种条件或者因素的影响。

b. 主动式传感器。如果是一个主动式红外热成像传感器，红外照明装置有可能突破更多的天气障碍，使目标照度更高，因而具有更高的对比度。

采用毫米波雷达的优点是可以大大减小天气因素的影响。

主动式传感器产生的景物对比度与许多因素有关：

Ⅰ. 发射装置是否位于飞机速度矢量中心。

Ⅱ. 显示更新率。

Ⅲ. 等待时间（或潜伏期）。

Ⅳ. 距离分辨率。

Ⅴ. 灵敏度。

Ⅵ. 动态范围。

Ⅶ. 水平方向和俯仰方向分辨率。

② 传感器显示处理器。

③ EVS 显示器。

目前，越来越多的单位开展对视景增强系统的研究，包括美国国家航空航天局（NASA）LaRC 研究中心、Honeywell 公司和 Rockwell Collins 公司（与 Elbit Systems 公司

图 5-87 视景增强系统样机

联合为 F-35 飞机提供 EVS 系统)、以色列飞机工业公司和 Elbit Systems 公司（国产 C919 商用飞机视景增强系统 EVS 的供应商）、德国宇航院和加拿大 CMC 电子仪器公司等。国内清华大学、西北工业大学、西安电子科技大学和一些科研单位分别对视景增强系统进行了深入研究。2007 年，中航工业集团公司洛阳电光设备研究所研制的大型军机视景增强系统样机（包括衍射光学平视显示器）在北京航展展出，如图 5-87 所示。

下面简单介绍国内外研制的几种视景增强系统。

(1) 美国 Kollsman 公司研发的视景增强系统（EVS Ⅱ）

Kollsman 公司为美国海军陆战队 AH-1 眼镜蛇攻击直升机研制的夜视与瞄准系统，由三部分组成：

① 前视红外系统（包括制冷型红外探测器）FLIR。

② 红外光窗。

③ 图像处理组件。

表 5-27 是该系统的技术性能。

表 5-27　EVS Ⅱ 增强视景系统技术性能

参数		指标
视场标称值/(°)		33(H)×25(V)
+28 VDC 飞机电源/W		平均值 120,峰值 300
外场可替换组件		前视红外系统(包括传感器)。 红外光窗。 图像处理器
视频输出		SMPTE-170M 模拟视频， SMPTE 259 数字视频
控制接口		RS232,RS422,ARINC 429,离散型
系统重量/lb （最大 22lb）	FLIR	12
	处理器	8
	IR 光窗	2
红外焦平面阵列 (FPA)探测器	材料	InSb
	像素数目	320(H)×240(V)
灵敏度(NETD)/mK		小于 5
红外光谱范围/μm		1～5
温度范围/℃		−55～+70

(2) CMC 电子仪器公司（CMC electronics）研制的三代增强视景系统

加拿大 CMC 电子仪器公司研制的三代增强视景系统如图 5-88 所示，性能列于表 5-28 中。

图 5-88　CMC 公司的 CMA-2700 视景增强系统

表 5-28　CMC 公司视景增强系统技术性能

参数		第二代		第三代
		CMA-2600	CMA-2600i	CMA-2700
重量/lb		<20		<21
视场(标称值)/(°)		30		
光学系统 F 数		2		
红外接收器	焦平面阵列	低温制冷 InSb	低温制冷 InSb	采用高分辨率低温制冷 InSb
	像素数目	256×256		640×512
	像素尺寸/μm	30		—
	备注	—	改进了光学系统,采用滤光系统,机械与电子接口关系与 CMA-2600 一样	改进了光学系统,采用滤光系统,采用先进的 14bit 图像处理器
波长(双波段)/μm		短红外:1.0~3.0,中红外:3.0~5.0		
温度范围(连续)/℃		−50~+50		
输出功率(标称值)		28VDC,70W		

（3）基于 TMS320 DM642 的视景增强系统

西安电子科技大学（廖兴海等人）利用 DM642 硬件平台和 DSP/SIOS 操作系统，对"基于 TMS320 DM642 的视景增强系统"进行了较为详细的研究。除了实时采集图像外，还能利用仪表形式显示当前的飞机姿态、发动机和航电系统状态以及敌我信息等，并采用透明或不透明方式将主飞行显示（primary flight display，PFD）画面叠加在实时采集的图像上，如图 5-89 所示。

需要注意，与飞行员直接观察外界景物不同，视景增强系统（EVS）是显示单色的二维图像（某些情况，会有一定的深度感）。图 5-90 是加装 EVS 后机场跑道的显示图。图像质量和传感器性能取决于大气和外部环境中可视和不可视能源条件，传感器增益设置及平视显示装置亮度和对比度设置对图像质量也会有很大影响。

视景增强系统（EVS）可以单独使用，也可以与平视显示装置（HUD）融合使用，组成增强飞行视景系统（EFVS）。

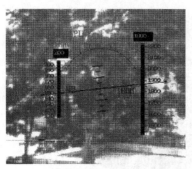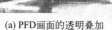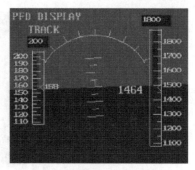

(a) PFD画面的透明叠加　　　　　　(b) PFD画面的不透明叠加

图 5-89　视景增强系统的 PFD 画面叠加

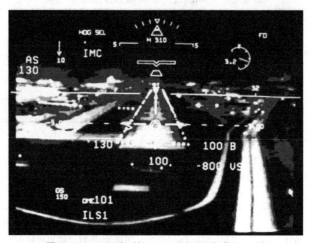

图 5-90　飞机加装 EVS 后机场跑道显示图

5.9.1.2　增强飞行视景系统（EFVS）

增强飞行视景系统（EFVS）是一种能够改善低能见度条件下飞机进近和着陆状况的设备，通过平视显示装置提供前视红外传感器/毫米波雷达摄取的图像，为飞行员提供裸眼观察不到的外景（例如跑道）实时画面等环境信息，从而实现低能见度条件下"目视飞行"进场着陆。

研究表明，使用平视显示装置，飞行员能够在 85% 的时间进入任何机场。若增加前视红外摄像机输入外景图像，可以提高约 7%；在此基础上再增加毫米波雷达探测到的外景信息，还能提高 5%。

按照规定，正常机场最低运行标准分别为：起飞/降落跑道视程（RVR）分别为 400m/550m。使用 EFVS 运行后，视景增强系统（EVS）可以"穿透"大气，增强飞行能见度，帮助飞行员看得更远更清，因此，在裸眼目视无法建立目视参考情况下，能够建立目视参考，引导飞机进入决断高度以下，直至接地。

美国航空管理局（FAA）已经批准，只要飞行员可以清晰辨识某些目视参考，直线进近时就可以下降到决断高度（DA）或最低下降高度（MDA）以下、接地区标高（TDZE）100ft 以上，而无须通过Ⅱ类或Ⅲ类进近方式实现，如图 5-91 所示。

资料显示，美国阿拉斯加航空公司自 1984 年使用平视引导系统 HGS（包括 EVS）以

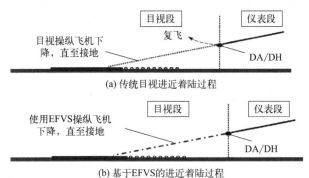

(a) 传统目视进近着陆过程

(b) 基于EFVS的进近着陆过程

图 5-91　飞机目视/EFVS 进近着陆过程比较

来，人工着陆最低决断高度已经下降到 50ft，跑道视程（RVR）下降到 210m，起飞最低标准也从 210m 降到 90m。

根据规定，增强飞行视景系统（EFVS）具有以下特征：

① 实时成像。增强飞行视景系统 EFVS 设计有一个实时成像传感器，能够提供前视外景地形显示。目前批准使用的被动式红外传感器技术，保证在低照度和满足安全要求条件下提供目视观察，因此，之前对舱外进行目视观察的参照物也需要在图像中成为可视参照物，并且，与未使用视景增强系统相比甚至更好。平视显示装置同时显示实时传感器图像和飞机飞行符号。

增强飞行视景系统（EFVS）应当将传感器摄取的图像和飞机飞行符号（至少包括空速、升降速度、飞机姿态、航向、高度、航路偏离指示、航迹矢量和飞行轨迹角度参考提示）同时显示在平视显示装置上，保证在飞行过程中，飞行员在正常眼位和前视视线时清晰可视。

需要注意，红外系统摄取并显示在组合玻璃上的图像一定不能影响组合玻璃上的主飞行显示信息。

增强飞行视景系统（EFVS）最小的外界视场（field of regard，FOR）是 $20°(H)×15°$ (V)。若 FOR 中心位于航迹矢量上，最小 FOR 是 $5°(±2.5°)(V)×20°(H)$。

必须有效控制 EFVS 的图像亮度，又不给飞行员额外增加工作负担。

在设计眼位通过组合玻璃观察时，显示图像的抖动幅度需小于 0.6mrad，即 EFVS 和 HUD 共同产生的抖动不能大于 HUD 的抖动量。

闪烁是光亮度以大于 0.25Hz 的频率变化，其危害是造成飞行员轻度疲劳和降低工作效率。EFVS 和 HUD 共同产生的闪烁不能大于 HUD 的闪烁量。

增强飞行视景系统 EFVS 不能显示有害噪声、局部扰动或者伪影而影响该系统使用，尤其是图像余晖暂留时间常数（image persistence time constant）必须小于 100ms。然而，高能量光源（例如阳光会使红外传感器像元饱和）会造成传感器老化或者较长时间的图像驻留，因此，必须从图像中去除。在整个显示区域内，利用"坏像素"置换算法替换掉的传感器死像元数量平均低于 1%，在最小观察视场（FOR）内，不能大于 0.02%。利用图像处理技术能有效替换少量离散的死像素，但由于像元的剪切数和位置密排原因，置换算法最终会使像质恶化。

另外，必须能方便地从平视显示中消除 EFVS 的图像。

② 显示的外景图像（包括与该图像和外景地形相关的姿态符号、航迹矢量和飞行轨迹角度参考提示及其它提示）必须与外景对准并按比例缩放（或共形）。

HUD 显示中心的图像精度（在 2000ft 观察距离，即 100ft 高度/3°下滑角条件下）小于 5mrad。从设计眼点位置测量，平视显示装置的系统总显示误差（瞄准线）应小于 5mrad。安装过程中，可以通过电校正方法对误差进行补偿而使显示误差为零。

传感器分辨率最小值应足以分辨飞机跑道入口和着地区。例如，以雷达为基础的 EFVS，在着陆地区上方 200ft 高度（3°的典型下滑角）应能分辨一条 60ft 宽的跑道，并以此确定所需要的传感器分辨率。

美国联邦航空管理局规定，无论主动还是被动传感器，EFVS 系统的显示必须在上述条件下清晰分辨 60ft 宽的跑道。

在最小的观察视场（FOR）范围内，被动传感器的光学畸变必须小于 5%；在最小的外界视场（FOR）范围外，小于 8%。

传感器灵敏度（噪声等效温差）至少是 50mK。对可见光或短波红外系统，需要采用灵敏度很高的探测器。

③ 显示的图像和飞行符号不能负面影响飞行员透过座舱玻璃对外界的观察，更不能降低飞行安全性。

④ 可以接收机载惯导系统或者飞行制导系统输入的信息。

⑤ 显示特性和动态特性要适合飞机的人工控制要求。

应当强调，增强飞行视景系统（EFVS）的图像必须兼容平视显示装置（HUD）的视场（FOV）以及头部活动的眼盒。在任何操作模式下（包括各种飞机姿态和风吹条件），都能够提供一个共形像。

目前，国内外许多飞机（包括军用和民用飞机）已经装备或准备装备平视显示装置。飞机滑行、起飞或着陆时，都能通过平视显示装置将 EVS 产生的画面显示给飞行员。

视景增强系统（EVS）的最佳安装位置是贴近飞行员头部，确保显示在组合玻璃上、来自传感器的图像与飞行员观察到的外部景物相匹配；多数安装位置接近飞行员视线（在垂直方向和水平方向会有偏移），一个典型的安装位置是飞机整流罩顶部、飞行员座舱风挡玻璃下方和飞机中心线上。

如图 5-92 所示，视景增强系统（EVS）与平视显示装置（HUD）综合形成增强型飞行视景系统（EFVS），将 EVS 获得的飞机前方场景的红外图像与 HUD 显示的主飞行信息相融合，保证显示图像与外界景物精准重合，并通过平视显示器的组合玻璃显示给飞行员。

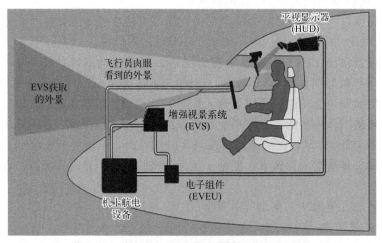

图 5-92　增强型飞行视景系统组成及工作原理

国际上，EFVS在公务机和货运机上得到较为普遍应用，国内也在公务机上装备了EFVS，未来必将在商用客机上得到广泛应用。中国民用航空局在《增强飞行视景系统适航与运行批准指南》中明确规定商业机载增强型飞行视景系统（EFVS）主要由EVS传感器、显示组件、控制组件、指示装置、计算机和电源等部分组成，如图5-93所示。

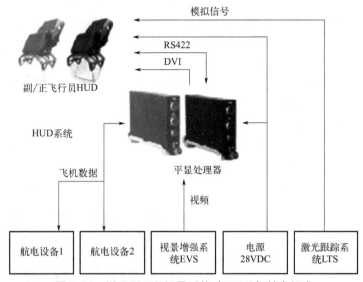

图 5-93　增强型飞行视景系统（EFVS）基本组成

与视景增强系统EVS类似，平视显示装置HUD（或具有等效作用的其它显示器）视场必须保证在可预期的飞机姿态、构型和环境（例如风切变）下，满足所要求的显示内容和特征，确保飞行员在正常位置和沿飞行轨迹方向前视时，增强视景图像清晰可见，且与外界场景对准。

增强型飞行视景系统（EFVS）也是显示二维的单色图像，除红外传感器摄取的图像外，还必须显示下列飞行信息：

① 空速。

② 垂直升降速度。

③ 姿态。

④ 航向。

⑤ 高度。

⑥ 进近和着陆指令指引。

⑦ 航迹偏移指示。

⑧ 飞行轨迹矢量（FPV）。

⑨ 飞行轨迹角提示符号（FPA）。

增强型飞行视景系统（EFVS）的工作原理是：利用视景增强系统（EVS）（前视红外系统、紫外成像系统或者毫米波雷达等）实时摄取低能见度场景下飞机前方的图像信息（自然或人工障碍物，例如机场跑道、灯光、标识等，包括其相对位置和标高，在不增加低能见度需要的地面基础设施的同时，增强了该环境下的飞行和地面操作能力），然后，传送到图像处理模块中，并与平视显示装置产生的飞行信息融合，最后经平视显示装置的准直光学系统显示在组合玻璃上，使实时图像与外界场景精准重合，增强飞行员态势感知能力。EFVS

提供视觉提示，与外部景象保形，实现平视飞行操作，飞行员无需在"座舱外视景/目标"和"座舱内仪表显示"之间反复调焦，有效节省判读时间，可以集中精力操控飞机，实现稳定进近、减少复飞。同时便于飞行员识别进近目视参照物，允许继续下降至 DA（决断高度）或 MDA（最低下降高度）以下，直至 TDZE（接地区标高）30m（100ft）以上。在向飞行员提供机场跑道、周围地形和障碍物实时图像的同时，还提供平视导航，使整个飞行视野更为清晰，为精确飞行提供有力保障，而且不受恶劣气象条件和夜间的影响，提高了飞行安全性和可靠性，减少了飞机延误。

另外，EFVS 利用地面导航设备提供的导航信号和机载传感器得到的本机信息，经数据处理和导引计算，生成精确的人工操纵飞行导引指令，显示给飞行员并引导其在目视条件不佳情况下准确操纵飞行，实现"盲降"。

该技术的安全性还在于，无论仪表飞行还是目视飞行，精密进近还是非精密进近，都能为飞行员提供实时外部视景和进近引导，增强信心，做到稳定进近，有效提高了民航安全运行水平。图 5-94 是恶劣气象条件下裸眼目视与通过增强飞行视景系统（EFVS）观察的效果比较，可以看出，安装增强飞行视景系统（EFVS）的视觉效果非常明显。

(a) 裸眼看到的外景　　　　　　　(b) 通过EFVS-HUD看到的外景

图 5-94　通过 EFVS 观察外景的效果比较

增强飞行视景系统（EFVS）的主要技术性能应满足表 5-29 所列的最低要求。

表 5-29　增强飞行视景系统最低技术性能要求

参数	指标
前视红外系统波长	中波红外/短波红外
视场/(°)	30(H)×20(V)[至少 20(H)×15(V)]
增强视景图像的显示延迟/ms	≤100
增强视景图像的抖动幅度/mrad	≤0.6(在设计眼位)
增强视景图像的精度误差/mrad	≤5.0(显示画面中央)
增强视景图像的分辨率(在飞机距离接地区 200ft 高度和 3°下滑角进近时)	飞行员可以辨认 60ft 宽的跑道
增强视景图像中坏像素比例	≤1%(整个显示区域)
增强视景图像的闪烁	环境光强与平视显示器最大光强变化之间,不应有不可接受的闪烁

应当说明，欧洲航空安全局（EASA）采用的术语"EVS"的内容就是美国联邦航空局（FAA）的术语"EFVS"的内容。

通常情况下，增强飞行视景系统（EFVS）和视景增强系统（EVS）是两个不能混淆的概念，涵盖不同内容，包含的组件和执行功能也不相同。图 5-95 清楚表明二者之间的区别。

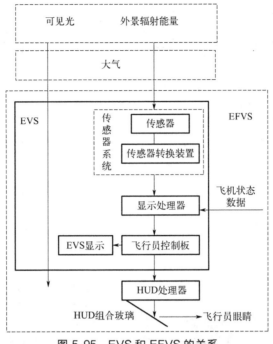

图 5-95　EVS 和 EFVS 的关系

由此看出，视景增强系统（EVS）是增强飞行视景系统（EFVS）的一部分。二者区别概括为：

独立使用的视景增强系统（EVS）是通过图像传感器（例如：毫米波雷达或前视红外系统 FLIR）获得外部视景的光电图像，用以增强飞行员的情景意识。

一般情况下，EVS 有自己的显示系统，无需使用 HUD，无需额外提供飞行信息或符号，也不要求显示图像与外界景物精确对准，即使提供态势感知，也不会要求达到规范的要求。因此，飞行员不能仅凭借 EVS 确定增强的空中能见度或者识别着陆所必需的目视参照物而下降到低于 DA（决断高度）或 MDA（最低决断高度）以下，而必须按照严格规定执行着陆或复飞程序。

增强飞行视景系统（EFVS）的目的是保证大多数天气条件下具有优于自然飞行能见度的观察能力。由于是视景增强系统（EVS）与平视显示装置的综合使用，因此，视景增强图像与仪表飞行信息一起显示在平视显示装置的组合玻璃上。更重要的是，平视显示装置显示的外景图像必须与真实外景精确一致（独立视景增强系统 EVS 并不具备）。相比之下，EFVS 可以帮助飞行员获得增强的空中能见度，并能辨认所规定的目视参考物。

另外，EFVS 系统中组合玻璃上显示的视景增强图像和符号不能妨碍（包括减弱）飞行员透过风挡玻璃观察外界视景，必须有利于飞行员手动控制飞机。

2006 年，我国为大型运输机研发的"增强飞行视景系统"已经在珠海航展上展示，如图 5-96 所示，主要由信息处理与控制组件、前视红外分系统、衍射光学平视显示分系统及系统控制板组成。

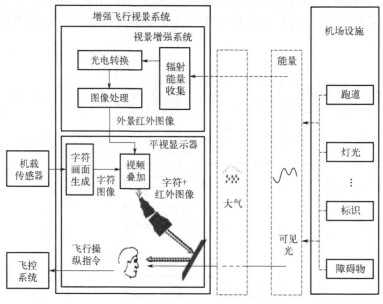

(a) 基本结构与工作原理

(b) 国产视景增强系统

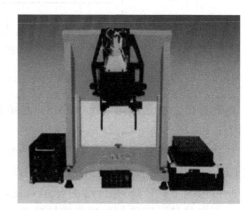

(c) 国产增强飞行视景系统

图 5-96　国产增强飞行视景系统

5.9.2　增强飞行视景系统（EFVS）与合成视景系统（SVS）的组合

中国民用航空局飞行标准司在 2012 年 8 月 8 日发布的《增强飞行视景系统适航与运行批准指南》中明确指出 EFVS 的局限性：在某些低能见度条件下，EFVS 可以大幅度提高驾驶员视觉能力，能识别裸视看不见的进近灯光，目视参照物，侵入跑道的飞机、车辆和动物。但必须注意，在一些情况下，图像传感器性能可能有变化或不可预测，不能仅因为视景中没有显示异常信息就认为飞行轨迹上不存在危险。另外，对于某些非精密仪表进近程序，为了保证目视着陆阶段具有足够的超障余度，可能需要飞行员目视识别已知的靠近正常进近轨迹的障碍物。为此，需要将增强飞行视景系统（EFVS）与合成视景系统（SVS）相组合研发一种更精准的视景综合增强系统。

5.9.2.1 合成视景系统（SVS）

20 世纪 70 年代后期，美国国家航空航天局和美国空军共同成功研发合成视景系统（SVS）。

合成视景系统是以传感器（例如 GPS、前视红外、毫米波雷达和夜视系统）为基础获得的当前飞机状态数据/图像和以数据库（例如高精度地形数据库、障碍物数据库和进场路径数据）为基础的图像的一种联合体装置。换句话说，合成视景技术是由"增强视景技术"和"人工视景技术"相集成的技术：增强视景是指基于传感器显示的真实图像，人工视景是利用计算机并基于数据库生成虚拟的三维机外环境图像（其中高度信息、大气信息和空速数据来自数字大气信息计算机 DADC），提供类似白天、晴朗天气条件下真实世界的虚拟空间环境视景。

与当前一代座舱显示技术相比，合成视景系统（SVS）是在导航资源和能力（位置、姿态、航向、航迹和数据库）有限的范围内创建一个与地形和机场相关的图像，在地形告警方面具有明显进步，进一步降低了"控制飞行撞入地面"灾难/事故的发生。

一般地，合成视景显示在主飞行显示器（或下视显示器）上，当然，也可以显示在平视显示器上，并与 GPS 精密导航系统相连，为飞行员提供一个实时的、无遮挡（相当于透过飞行舱观察）的合成视觉。合成视景系统的工作原理如图 5-97 所示。

2009 年，霍尼韦尔公司开发的 SV-PFD 是首个获得美国联邦航空局（FAA）和欧洲航空安全局（EASA）认证的合成视景系统，并在"湾流 G450"公务机上进行了演示，准确地描绘了世界各地的地形、障碍物和近地跑道。在座舱显示器上能够复现几千米以下地形，随着飞机高度下降，可逐渐看见地面障碍物。

越来越多的国家和公司开始研发和应用合成视景系统。典型产品包括：美国 Garmin 公司（注册地瑞士）的 G1000 型合成视景系统（或导航系统）；罗克韦尔-柯林斯（Rochwell-Collins）公司的 Pro Line Fusion 型集成航电系统（装备有合成视景系统，主要特点：合成视景显示在平视显示器上，增强了机场可视化，实现了功能网络化）。

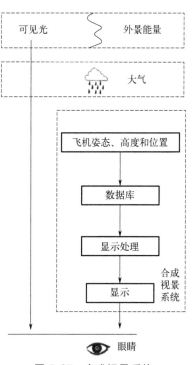

图 5-97　合成视景系统（SVS）工作原理

G1000 型合成视景系统由飞行测量系统、通信/导航设备和显示设备/人机界面三部分组成，显示在下视显示器（HDD）上，配备有大屏幕和高分辨率（1024×768）显示器，如图 5-98 所示。

合成视景系统（SVS）对数据库和导航系统的精度要求非常高，否则显示图像会与实际外景不符。由下列单元组成：

① 显示单元。

② 系统接口。

③ 地形和障碍物数据库。

图 5-98　Garmin 公司 G1000 型合成视景系统

④ 位置信息源。

⑤ 高度信息源。

⑥ 姿态信息源。

⑦ 航向和航迹信息源。

合成视景系统（SVS）设计过程中，需重点考虑以下内容：

（1）显示方面

① 保形性。

② 屏幕刷新速率。

③ 传感器能观测到的外界视场（FOR）。

④ 传感器外界视场中可显示给驾驶员的视场（FOV）。

（2）位置显示

① 飞行员主视场（primary FOV）与次视场（second FOV）。

② 下视显示（HDD）与平视显示器（HUD）。

（3）地形显示

① 表述方式(例如，单色、真实感和剖面图着色等)。

② 网格化（有与无，间隔）。

③ 色彩、明暗、阴影和纹理。

④ 分辨率。

⑤ 距离表示（例如，以距离范围为标示的地形）。

（4）地形和文化特征

① 河流、山谷和高山。

② 主要地标，高速公路及机场附近的建筑物。

③ 地形与天空间的色调和对比度。

④ 人工障碍（例如，无线电天线塔、大桥和高大建筑）。

⑤ 机场表述（包括标记，例如延长飞机跑道中心线和数量，进场照明系统等）。

⑥ 距离标记或者指示。

（5）功能

① 转换功能（地形、障碍物、交通和空域）。

② 分离功能。

③ 模式转换。

④ 图像控制（包括视场、亮度和对比度等）。

（6）制导符号的集成

例如"引导提示""相对于地形的飞机参考物""航迹标记""导航信息""异常姿态恢复""侧风指示"。

实际上，合成视景系统（SVS）由数据库组件、精密导航组件、仪表数据界面和处理组件组成，并根据精确的飞机航向、位置、高度和姿态信息，以地形数据库为基础，使用合成视景模块和图形生成模块，由计算机精确地生成飞机前方的实时三维地形和障碍物的虚拟视景，并在显示器上形成逼真的地形背景，引导飞行员沿正确航路飞行，如图 5-99 所示。

图 5-99 合成视景系统 (SVS)显示的图像

视景增强系统（EVS）与合成视景系统（SVS）的主要区别是：

① EVS 依靠红外成像传感器/毫米波雷达拍摄实景的图像，而 SVS 是依靠地形数据库、全球定位系统（GPS）、惯性导航系统和高性能三维图形处理器产生虚拟图像。

② SVS 可以很方便地为飞行员提供任何时间、地点和气象条件下的实景图像。EVS 只能提供实时的外景图像。

研究表明，合成视景系统是增强视景系统与人工视景系统的集成，并且合成图像显示在一个显示器上；而图像增强视景系统的分辨率经常低于显示器的分辨能力，而人工视景系统显示信息的分辨率却受到显示器分辨能力的限制。

图像增强视景系统是产生一个单色图像而无需一台彩色显示器，而人工视景系统显示的彩色图像受限于显示器、人工视觉和杂波。

图像增强视景系统的视场受限于增强系统以及机上安装条件，而人工视景系统视界主要受限于显示器。

以 F-22A 飞机为例，座舱中最大的显示器是 7.8in×7.8in（约 198mm×198mm），如果将增强图像无任何畸变和剪切地呈现给飞行员，至少需要显示器尺寸 15in×15in（约 380mm×380mm），因此，一个非常值得注意（并且通常易被忽略）的问题是，对合成视景系统显示器应提出与普通显示器不同的技术性能要求：

① 合成视景系统显示器的分辨率要大于图像增强系统的显示器分辨率。例如，一个低亮度几百条线的光栅图像显示器非常适合毫米波雷达或者前视红外图像的显示，但不适合合成视景系统，因此，显示器的分辨率不应成为飞行员能否看清接近地平线物体（例如无线电发射塔、大气空域边界和空投位置等）的限制因素。

② 图像增强系统的显示器不一定是阳光下可读的，有些甚至是夜间应用，因此，不一定要求必须具有更强亮度。但是，合成视景系统的显示器将会遭遇各种情况（例如强阳光下

或大雪覆盖的机场），因此，合成图像在低照度和非常明亮的光照条件下都非常有用，这就意味着，要求合成视景系统的显示器具有较大的亮度动态范围。

另外，如果采用平视或者头盔瞄准/显示装置作为合成视景系统的显示器，则必须保证主要符号在特别明亮的背景（一般需要对着10000fL的背景亮度）下仍清晰可读。若提供的最大亮度只有50fL左右，则该显示器只适用于夜间。

显示器亮度也不应成为飞行员能否看清接近地平线的物体（例如无线电发射塔、大气空域边界和空投位置等）的限制因素。

③ 图像增强系统视场与显示器视场完全相同。两个视场的任何不匹配都会造成合成视景的物体与叠加的外部视景的真实物体的不良重合（该情况在完全仪表飞行气象条件下，即完全没有外部视景作为合成图像背景条件下，是可以接受的），此时，存在两个不重合的外部视景，将严重影响对合成图像使用的主观评估以及对最终显示的可接受度。

④ 无论以平视还是头盔瞄准/显示系统作为合成视景显示器，其精确性是重点要求。但是，航空电子火控系统的处理延迟、风挡玻璃造成的光学偏差以及飞行员眼睛的实际观察位置都会造成空间和时间上的不精确性，即造成合成图像与实际图像一定程度的不重合度。因此，设计中，一定要采取不同的校正措施以补偿动态和静态误差。

5.9.2.2 组合视景系统（CVS）

组合视景系统（combined vision system，CVS）是合成视景系统（SVS）与视景增强系统（EVS）相组合的一种电子显示系统，是基于数据库生成的合成视景图像与传感器（EVS）摄取的实时图像叠加，显示在主飞行显示器（primary flight display，PFD）或者平视显示装置 HUD 上，并通过与地形数据库比对，确认和修正红外地形图像，使红外地形图像更清晰、更易辨认。换句话说，是将源自合成视景系统（SVS）与视景增强系统（EVS）的融合信息组合在一个集成显示中，使飞行员能够看清和比较传感器成像与机载数据库显示效果的差异，并以此为基础进行分析和作出判断，从而为飞行员提供明显改进的空间态势感知、外部地形和障碍物特性，增强态势感知和人工控制飞行能力，减轻飞行员的工作负担。

组合视景系统（CVS）主要由 EVS 组件、SVS 组件和图像融合器组成，如图 5-100 所示。

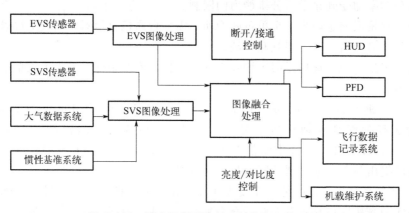

图 5-100　组合视景系统基本结构和工作原理

上海飞机设计研究院（程金陵等人）认为，民用飞机组合视景系统设计应满足以下总体功能/性能需求：

① 满足 EVS 和 SVS 的相关需求。

② EVS 图像和 SVS 图像彼此一致。

③ CVS 图像不能妨碍重要飞行信息（即主飞行显示信息）的显示。

④ 确保融合图像在显示器焦平面处水平和俯仰方向的校准误差小于 5mrad。

⑤ CVS 图像刷新率应不小于 15Hz。

⑥ 能够自动或人工控制显示亮度（对比度）。

⑦ 当出现任何可能导致误导图像信息的失效或故障时，应立即通知飞行员并移除图像显示。

CVS 中的 EVS 应满足下列要求：

① 飞行员能够选择"使用/移除"EVS 显示图像。

② 显示器和传感器的视场应满足总体技术要求。

③ EVS 传感器的安装应尽可能靠近（正）驾驶员视场中心线位置。通常安装在机头雷达舱上或者机头下部，确保其图像不影响驾驶舱视界。

④ 图像延迟（从 EVS 传感器采集到图像至终端显示）不超过 100ms。

CVS 中的 SVS 应满足以下要求：

① 飞行员能够选择"使用/移除"SVS 显示图像。

② SVS 图像必须以飞行员为中心，即从其工作位置向前观察外景。

③ 在某些特殊情况下（例如显示器尺寸有限），场景图像需进行压缩处理，但描述的地形特征必须容易识别并且要与实际地形的外部特征一致。

④ 图像上显示的地形提示和告警信息应与地形提示和警告系统（TAWS）提供的信息（包括高度）一致，二者最好采用同一个地形数据库。

⑤ 在 SVS 的背景图像上叠加显示飞行航径矢量（FPV）符号，使飞行员方便识别图像上显示的潜在地形或障碍物冲突。

组合视景系统（CVS）图像可以显示在主飞行显示系统（PFD）上，也可以显示在平视显示装置上，但各有特殊要求。

若 CVS 图像显示在主飞行显示系统（PFD）上，需要考虑以下要求：

① CVS 图像的显示/丧失不能影响 PFD 功能（例如，PFD 显示的零俯仰基准线或水平线应一直清晰可见，而且，明显区别于地形、障碍物或人文特征的符号/线条。无论飞机姿态如何，PFD 均有空/地背景显示）。

② CVS 图像应与飞机的惯性轴向校准，但与飞机航向、俯仰角、横滚角、航迹角之间的相对关系应与飞机的航迹对准。

③ CVS 图像应采用固定视场。

④ CVS 图像和符号可以在水平和垂直轴方向采用不同比例，但图像不会误导飞行员。

若 CVS 图像显示在平视显示装置（HUD）上，应满足下列要求：

① 叠加在组合玻璃上的 CVS 图像不能影响驾驶舱视界。

② CVS 图像应与外部真实场景一致，并考虑不同飞机姿态和侧风的影响，同时没有明显抖动和过长延迟。

目前，典型的融合概念为在较高高度使用 SVS 图像，而在较低高度至地面使用 EVS 图像。例如，在进近过程中，到达和/或程序转弯阶段的大部分时间使用 SVS 图像，而在最终进近定位点（简称 FAF）至接地期间的某一点开始逐渐过渡至使用 EVS 图像，以确认 SVS 图像的正确性或早点"看到"跑道及周围环境。

2007 年 9 月，Rockwell Collins 公司公布了新一代商用飞机座舱显示与控制系统，其中包括视景增强系统（EVS）和合成视景系统（SVS）。图 5-101(a) 和（b）分别是加入视景增强系统（EVS）或合成视景系统（SVS）的显示画面；图（c）是加入组合视景系统（CVS）的显示画面（俗称"画中画"）。

 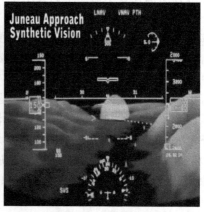

(a) 安装EVS后的显示画面　　　　　　(b) 安装SVS后实时显示地形画面

(c) 安装有组合视景系统(CVS)的显示画面

图 5-101　安装有 EVS/SVS/CVS 的平视显示画面

按照美国航空管理局的规定，合成视景系统（SVS）与视景增强系统（EVS）融合后的图像对准度必须满足以下要求：无论横向或纵向，显示的视觉效果都应小于 5mrad。

增强飞行视景系统（EFVS）与 SVS 系统相集成，实际上是将组合视景系统（CVS）叠加后的图像高精度对准显示在平视显示装置的组合玻璃上，即是视景增强系统（EVS）、合成视景系统（SVS）和平视显示装置（HUD）的集成。通过 SVS 系统（例如地形、飞机跑道和障碍物数据库等）生成真实外部环境的虚拟图像，与来自 EVS 传感器的真实场景的实时图像（例如高清红外图像）进行匹配和融合，最终形成增强的飞行外部环境，呈现在平视显示装置组合玻璃上，显示给飞行员。

由于平视显示装置（HUD）、视景增强系统（EVS）和合成视景系统（SVS）优秀的情景显示能力，三者的组合使用将显著提高飞行员情景识别以及态势感知能力，进一步增强了不同飞行阶段的操作性和安全性。

一些公司（例如 Cassdian）还提出一种先进合成视景系统（advanced sythetic vision，ASV）的概念，建议使用 3D 激光雷达数据代替 2D 传感器数据，再将其与机载地形数据库进行融合，最后在显示器上以三维方式显示出来。

上海交通大学提出一种基于雾天等低能见度条件下拍摄的可见光图像进行视觉增强的算法，试验结果表明，只能较有效地提高白天机舱外场景的能见度。

需特别强调，EVS/SVS/CVS显示在平视显示装置上的图像必须考虑飞行员的机舱观察习惯（或需求），尤其是EVS的显示不能与飞行员机舱观察习惯相矛盾，一定要避免出现"由于平视显示装置上显示图像而影响飞行员舱内观察的安全性和性能"的情况。

中国航空无线电电子研究所基于增强现实技术研发出一种新型飞行视景系统，利用机载图像探测设备（或视景增强系统 EVS）以及飞机位置/姿态传感器获得真实的增强视景图像，并利用增强现实技术（一种类似于合成视景系统的高级计算可视化技术）计算产生现实环境中不存在的虚拟目标，通过传感跟踪技术将虚拟对象准确"放置"在真实环境中，再借助显示设备将二者融为一体，从而呈现给飞行员一个虚拟/真实环境融为一体的新环境，弥补了增强视景系统（EVS）显示信息"重点不突出"的缺点。飞行员在显示屏幕上能够观察到真实的机外场景，同时在感兴趣的特定位置（例如，打击目标处、地形险要处等）观察到相应的虚拟信息（例如，文字、符号和三维模型）。

2006年，中航工业集团公司洛阳光电设备研究所研发出红外视景增强系统，并进行了样机的验证试飞，填补了国内空白。

2016年，西北工业大学提出"基于跑道边界跟踪与图像融合的视景增强算法"，有效地利用前视红外与可见光视频图像信息，显著提高了低能见度条件下飞行员的视觉感知能力，并通过图像融合能够综合异源传感器的互补信息，使视景增强效果更接近日常视景。

5.10
平视瞄准/显示系统的发展

机载平视瞄准/显示系统是由最初的枪炮机械瞄准具—光学瞄准具—光电瞄准具逐步发展起来的。随着飞机性能（例如速度、高度、飞行环境、观瞄距离等技术要求）的大幅度提高，必将进一步促使平视瞄准/显示系统快速进步，并始终围绕着解决"视场小、亮量低和图像源适应性"等方面的问题。

① 平视瞄准/显示系统自身结构的进步。

a. 研发新的图像源。

为了满足对显示信息量的要求，成功研发阴极射线管（CRT）图像源代替机械环板结构。

为了满足图像亮度高和降低工作电压的要求，成功研发出以数字液晶图像源为代表的平视显示器以及利用发光二极管背光照明有源矩阵液晶显示器为代表的平视显示器。

为了进一步提高图像亮度、对比度、色彩亮度动态范围和降低能耗，利用微光机电技术（MOEMS）和激光扫描技术研发成功更先进的DMD图像源。

b. 研发新的光学系统。

为了满足总视场和瞬时视场的要求，利用光学全息和计算全息技术制造全息组合玻璃，研发了衍射光学平视瞄准/显示系统代替了普通折射型平视瞄准/显示系统。

为了避免采用复杂的全息光学技术制造组合玻璃，研发出"皱褶负滤光片型"平视瞄准/显示系统。

为了减轻重量、降低中继光学系统的复杂性以及"眼盒"范围，成功研发出光学波导型平视瞄准/显示系统。

为了实现光学系统小型化、集成化和轻量化，二元光学技术和微透镜阵列成像技术在平视瞄准/显示系统中的应用将会更加获得重视。

② 平视瞄准/显示系统与其它机载设备的综合应用，将会形成更强的瞄准/显示能力。

研究表明，飞机装备平视瞄准/显示系统，飞行员可以在85%的时间进入任何机场；若增加红外视景增强系统，可以再提高约7%；在此基础上，综合毫米波雷达，再提高5%。另外，与地面回避告警系统（TAWS）、空中交通防撞系统（TCAS）综合，可以更好地实现低能见度条件下的滑行和起飞导引。

显然，平视瞄准/显示系统与其它机载设备的综合将会在航空领域发挥日趋重要的作用。

③ 头戴式平视瞄准/显示系统。头盔瞄准/显示系统俗称为头戴式"平视显示器"。尽管瞬时视场较小（例如10°～12°），但由于飞行员身体和头部可以转动，其实际观察视场可以扩大至±180°。不管飞行员看向何处，都能将飞行导航、目标/威胁和瞄准信息尽收眼前，即使目标在导弹导引头视场之外也能为导弹选定目标，并通过武器瞄准计算机编程，使导弹发射后能转向目标。

2014年，以色列埃尔比特系统公司研发的 SKYLENS 型头戴式平视显示器（Rockwell Collins 也在进行类似研究），类似于太阳镜，是一个轻量、易安装的设备，在一个透明护目镜上可以显示高分辨率符号和视频，为飞行员提供视觉感知能力，为改装小型座舱飞机和直升机提供解决方案。由于在飞机周围放置了一些（包括红外）摄像机以捕捉图像，因此，在飞行员头戴的显示器里可以创造3D图像的视觉效果，完成白天、夜间以及所有天气条件下的飞行，减少因恶劣天气造成的延误。这意味着，无论目视能见度有多差，飞行员都能驾机着陆和起飞，从而提高飞行效率。如图 5-102 所示。

图 5-102　SKYLENS 头戴式显示器

关于头盔瞄准/显示系统的内容将在第 6 章详细介绍。

参考文献

[1]　雷念平. 平视显示器发展：未来的综合视觉的视网膜显示器 [J]. 电光与控制，1997（2）：61-62.

[2]　张雄安，等. 未来的战斗机座舱 [J]. 电光与控制，1998（1）：11-20.

[3]　高劲松，等. 对俄罗斯第 5 代战斗机 T-50 的研究 [J]. 电光与控制，2011（9）：53-57.

[4]　夏英明. 关于平视显示器的改进意见 [J]. 电光与控制，2003（4）：63-66.

[5]　Howells P J，et al. Challenges with displaying Enhanced and Synthetic Vision video an a Head-up Display [J]. SPIE，2007，6559.

[6]　王永年. 后视显示器 [J]. 电光与控制，1991 (1)：24-27.

[7]　杨宁，等. 平视显示器的装机工程设计研究 [J]. 电光与控制，2007 (2)：117-119.

[8]　郑为民. 光栅平视显示器的研究 [J]. 电光与控制，1997 (1)：29-34.

[9]　王志远. 驾驶舱内综合显示器的一项新设计：正视显示器 [J]. 电光与控制，1995 (3)：12-14.

[10]　Wisely P L. A digital head-up display system as part of an integrated autonomous landing system concept [J]. SPIE，2008，6957.

[11]　史云飞. 双组合玻璃平视显示器光学设计探讨 [J]. 电光与控制，1995 (3)：32-36.

[12]　魏炳鑫. 平显光学系统副像的分析研究 [J]. 电光与控制，1989 (2)：13-19.

[13]　李春亮. 平视显示器的视差调校研究 [J]. 电光与控制，2002 (1)：54-57.

[14]　李建超，等. 平视显示器视差自动测量系统的设计与实现 [J]. 电光与控制，2011 (8)：68-71.

[15]　王立伟，等. 国外军用飞机平视显示器的发展 [J]. 红外与激光工程，2007，36 (9)：579-582.

[16]　魏炳鑫. 航空光学瞄准具视差的计算 [J]. 机载火控，1981 (2)：38-50.

[17]　Honener S J. Integration of projection displays into military and commercial aircraft cockpits [J]. SPIE，2002，4712.

[18]　Bartlett C T. A laser illuminated head-up display [J]. SPIE，2004，5443.

[19]　魏炳鑫. 机载液晶显示器及其照明光学系统 [J]. 电光与控制，1983 (3)：1-8.

[20]　李春亮. 平视显示器字符的亮度研究 [J]. 电光与控制，1997 (3)：39-45.

[21]　Billings M，Fernandez J，Fittanto J. Development of an advanced multifunction Head Up Display using DMD-Laser light engine [J]. SPIE，2002，4712.

[22]　Bartlett C T. The flat panel head-up display [J]. SPIE，2000，4022.

[23]　费益，等. 平视显示系统在民用飞机上的应用 [J]. 电光与控制，2012，19 (3)：95-99.

[24]　Billings M. CRT Replacement for the next generations Head-Up Display [J]. SPIE，2000，4022.

[25]　Wood R B. Holographic and classical head up display technology for commercial and fighter aircraft [J]. SPIE，1988，883.

[26]　军事与航空电子网站. 以色列埃尔比特公司推出可增强飞行视觉系统的可穿戴平视显示器 [EB]. 2014-6-4.

[27]　魏炳鑫. 光学纤维在平显和头盔中的应用 [J]. 机载火控，1985 (3)：2-16.

[28]　Kaiser J，et al. Development of a Stereoscopic Head-up Display [J]. SPIE，2002，4717.

[29]　中国民用航空局飞行标准司. 增强飞行视景系统适航与运行批准指南 [Z]. 2012-8-8.

[30]　史云飞. 无焦全息组合玻璃 [J]. 电光与控制，1996 (2)：34-37.

[31]　康明武，等. 介质厚度和面形对全息图再现像的影响 [J]. 电光与控制，1997 (4)：19-22.

[32]　曹辉. 计算全息应用于平视显示器的技术研究 [J]. 电光与控制，1998 (1)：27-32.

[33]　张良. 提高计算全息图再现质量的研究 [J]. 电光与控制，2000 (4)：46-49.

[34]　史云飞. 全息组合玻璃记录光路和实施要求的探讨 [J]. 电光与控制，1994 (4)：15-18.

[35]　顾刚. 衍射平显光学系统方案分析 [J]. 电光与控制，1994 (3)：8-12.

[36]　王新民，等. 关于全息光学元件及其在平视显示器中的应用设想 [J]. 机载火控，1982 (2)：17-27.

[37]　爱弗罗斯 И Е. 轰炸瞄准具的构造原理 [M]. 北京：国防工业出版社，1958.

[38]　阿南耶夫 И Н. 瞄准具构造原理 [M]. 北京：国防工业出版社，1959.

[39]　丁全心. 机载瞄准显示系统 [M]. 北京：航空工业出版社，2015.

[40]　中国人民解放军总装备部. 飞机平视显示/武器瞄准系统通用规范：GJB 189—2015 [S]. 2016.

[41]　周海宪，程云芳. 全息光学，设计、制造和应用 [M]. 北京：化学工业出版社，2006.

[42]　Tanaka M，Arita Y. A new optical system for Low Profile HUD by using a prism waveguide [J]. SPIE，2016，9839：1-8.

[43]　Lukosz W. Equivalent-lens Theory by Holographic Imaging [J]. J. O. S. A.，1968，58 (8)：1084-1090.

[44]　Fred M. Simple Lens-system Models for Holographic Techniques [J]. J. O. S. A.，1973，63 (9).

[45]　Sweatt W C. Describing Holographic Optical Element as Lenses [J]. J. O. S. A.，1977，67 (6)：803-810.

[46]　Sweatt W C. Designing and Describing Holographic Optical Elenment [J]. Appl. Opt.，1978，17 (8)：1220-1226.

[47]　Sweatt W C. Mathematical Equivalence between a Holographic Optical Element and an Ultra-high index Lens [J]. J. O. S. A.，1979，69 (3)：486-494.

[48]　Curran R K，Shanoff T A. The Mechanism of Hologram Formation in Dechromated Gelatin [J]. Appl. Opt.，1970，

9 (7)：1651-1657.

[49]　Graube A，et al. Holographic Lens for Pilot Head-up Display ［R］. AD-A020945.

[50]　Close D H，Au A，Bostwick D. Some Effects of Emulsion Shinkage on a Hologram's Image Space ［J］. Appl. Opt.，1961，6：1270-1272.

[51]　Sweatt W C. Designing and Constructing Thick Holographic Optical Elements ［J］. Appl. Opt.，1978，17（8）：1220-1227.

[52]　Mccauley D G，Simpson C E，Murbach W J. Holographic Optical Elements for Visual Display Applications ［J］. Appl. Opt.，12（12），1973，12（12）：232-241.

[53]　Chang B J，Colburn W S，Leonard C D，et al. Holographic combiners for Head-up Displays ［R］. AD-A047998.

[54]　Au A，Graube，Cook L G. Holographic Lens for Pilot's Head-up Display. Phase IV ［R］. AD-A058660.

[55]　Collier R J，Burckbardt C B，Kin L H. Optical Holography ［M］. New York：Academic Press Inc.，1971.

[56]　Lewis W N，Close D H，Cook L G. Diffraction Optics Study ［R］. AD-A043632.

[57]　Chang B J，Lenard C D. Dichromated Gelatin for the Fabrication of Holographic Optical Elements ［J］. Appl. Opt.，1979，18（14）：2407-2417.

[58]　Brandes R G，Francois E E，Shankoff T A. Preparation of Dichromated Gelatin Films for Holography ［J］. Appl. Opt.，1969，8（11）：2346-2348.

[59]　Shahoff T A. Phase Hologram in Dichromated Gelatin ［J］. Appl. Opt.，1968，7（10）：2101-2105.

[60]　Lin I H. Hologram Formation in Hardened Dichromated Gelatin Films ［J］. Appl. Opt.，1969，8（5）：963-966.

[61]　王立伟，等. 国外军用飞机平视显示器的发展 ［J］. 红外与激光工程，2007，36(增刊)：578-582.

[62]　费益. 民用飞机增强型飞行视景系统研究 ［J］. 科技视界，2016（11）：111-114.

[63]　张仟新，等. 基于增强现实技术的飞行视景系统 ［J］. 航空电子技术，2016，47（1）：22-24.

[64]　廖兴海，等. 基于 TMS320DM642 的增强视景系统设计与实现 ［J］. 现代电子技术，2010（22）：81-84.

[65]　徐天文. 航空射击瞄准具光学测距用环板的设计 ［J］. 火控技术，1997（7）：54-66.

[66]　李永田，等. 某型航空射击瞄准具瞄准标志的成像分析 ［J］. 中国体视学与图像分析，2002，7（3）：162-165.

[67]　王全忠，等. 平视显示器在民用飞机上的应用研究 ［J］. 电光与控制，2014，21（8）：1-5.

[68]　王天利. 运输机用全息平视显示器 ［J］. 航空电子技术，1985（2）：15-19.

[69]　谢建英，等. 平视显示器字符亮度与线宽研究 ［J］. 电光与控制，2014，21（8）：68-72.

[70]　国防科学技术委员会. 飞机平视显示器字符：GJB 300—87 ［J］. 1987.

[71]　张伟，等. 平视显示器数字像源设计 ［J］. 光电子技术，2013，33（4）：260-264.

[72]　陈浩. 车载平视显示器 HUD 系统 ［J］. 轻型汽车技术，2009（5）：34-35.

[73]　董海涛，杨宁，杨忠. 平视显示器的装机工程设计研究 ［J］. 电光与控制，2007，14（2）：117-118.

[74]　陆南燕，刘红漫. CRT 替代技术在军用飞机平视显示器中的应用 ［J］. 红外与激光工程，2006，35（10）：464-470.

[75]　Newman R L. Head Up Displays：Designing the Way Ahead ［M］. Routledge Press，1996.

[76]　夏英明. 关于平视显示器的改进意见 ［J］. 电光与控制，2003，10（4）：63-66.

[77]　李弩，李春亮. 平视显示器的瞬时视场计算 ［J］. 飞机设计，2002（4）：45-49.

[78]　李春亮. 平视显示器光学系统设计 ［J］. 火力与指挥控制，1992，17（4）：10-16.

[79]　李春亮. 平视显示器的精度设计 ［J］. 航空电子技术，1992（1）：24-27.

[80]　陈晃明，等. 全息透镜在平视显示器中的应用 ［J］. 应用光学，1986，6（5）：223-228.

[81]　王天利. 运输机用全息平视显示器 ［J］. 航空电子技术，1985（2）：15-19.

[82]　李春亮. "兰特"平视显示器 ［J］. 应用光学，1984（6）：79-84.

[83]　李春亮. 对平视显示器光学系统的分析 ［J］. 应用光学，1983（1）：35-40.

[84]　马运信. 光栅平视显示器 ［J］. 火控技术，1982（1）：26-30.

[85]　赵耀奎. 平视显示器光学系统的改进 ［J］. 现代兵器，1980（5）：55-62.

[86]　魏炳鑫. 衍射光学平视显示器及其工作原理 ［J］. 火控技术，1979（3）：1-12.

[87]　赵赶超，雷晶晶. 平视显示器（HUD）助力航空大发展 ［J］. 微计算机信息，2019（10）：124-125.

[88]　蔡锦浩. 衍射平视显示技术研究 ［D］. 南京：南京理工大学，2013.

[89]　王兴，等. 车载平视显示技术 ［J］. 电光与控制，2014，21（1）：55-58.

[90]　彭海潮. 离轴大视场全息平视显示光学系统的设计和研制 ［D］. 北京：北京理工大学，2015.

[91]　谢建英，等．平视显示器字符亮度与线宽的研究 [J]．电光与控制，2014，21（8）：68-72.

[92]　马运信．光栅平视显示器 [J]．火控技术，1982（1）：26-31.

[93]　顾刚．衍射平显光学系统方案分析 [J]．电光与控制，1994（3）：8-12.

[94]　史云飞．双组合玻璃平视显示器光学设计探讨 [J]．电光与控制，1995（3）：32-36.

[95]　黄发彬．PECVD 制备双陷波滤光片 [D]．西安：西安工业大学，2016.

[96]　龚勋，等．1550nm 陷波滤光片制备工艺技术研究 [J]．应用光学，2016，37（1）：118-123.

[97]　张佰森，等．基于 Rugate 理论的负滤光片设计研究 [J]．真空与低温，2010，16（4）：219-232.

[98]　郑光威．高功率激光非聚焦型空间低通滤波技术研究 [D]．长沙：国防科学技术大学，2011.

[99]　程金陵，等．民用飞机组合视景系统设计研究 [J]．民用飞机设计与研究，2015（2）：28-33.

[100]　费益．民用飞机增强型飞行视景系统研究 [J]．科技视界，2016（11）：111-124.

[101]　杨治琰．FDI 1000 型全息平视显示引导系统 [J]．电光与控制，1988（3）：28-40.

[102]　Federal Aviation Administration. Airworthiness Approval of Enhanced Vision System，Synthetic Vision System，Combined Vision System，and Enhanced Flight Vision System Equipment [Z]．AC No20-167，2010.

[103]　房玮．浅谈民航飞机驾驶舱显示器的演变 [J]．科技资讯，2016（20）：55-56.

[104]　任可，等．GARMIN1000 航空电子系统原理与维护方法 [J]．自动化与仪器仪表，2009（2）：87-89.

[105]　张豪．协同作战控制站增强合成视景可视化处理技术 [D]．西安：西安电子科技大学，2018.

[106]　燕攀登．基于跑道边界跟踪与图像融合的视景增强 [J]．西安：西北工业大学，2016.

[107]　闵亮．拒绝空难 [J]．江苏航空，1999（2）：16-18.

[108]　王彦成，等．机载合成视觉系统仿真关键技术 [J]．空中交通管理，2009（7）：9-11.

[109]　Harrah S D，Jones W R，Erickson C W，et al. The NASA Approach to Realize a sensor Enhanced-Sythetic Vision System（SE-SVS）[G]．21st Digital Avionics Systems Conderence Proceedings，2002.

[110]　陈晨．面向 AESS 仿真系统的视景生成及其相关算法研究 [D]．上海：上海交通大学，2012.

[111]　张仟新，等．基于增强现实技术的飞行视景系统 [J]．航空电子技术，2016，47（1）：22-24.

[112]　姚李阳．退化环境下增强合成视景及其视景仿真研究 [D]．西安：西安电子科技大学，2015.

[113]　张平．视景增强系统在民用飞机中的应用 [J]．中国民用航空，2014（11）：39-40.

[114]　武光等．民用飞机情景识别系统试飞研究 [J]．民用飞机设计与研究，2014（3）：44-47.

[115]　山东航空股份有限公司．HUD 设备及运行工作简介 [Z]．2010.

[116]　李瑞瑕．虚拟座舱显示系统的研究 [D]．西安：西安电子科技大学，2012.

[117]　高稳宁．液晶显示器与阴极射线管显示器的比较 [J]．电子工程，2004（3）：51-55.

[118]　徐美君．为中国大飞机装上国产风挡玻璃 [N]．中国建材报，2013-8-12.

[119]　张乐迪．飞机前风挡撞鸟动态响应分析 [J]．机械制造，2013，51（586）：4-6.

[120]　冷国新．飞机风挡材料的选用 [J]．玻璃，2001（4）：45-46.

[121]　臧曙光．飞机风挡抗鸟撞设计研究 [D]．北京：中国建筑材料科学研究院，1999.

[122]　Wood R B. Holographic and classical head up display technology for commercial and fight aircraft [J]．SPIE，1988，883.

[123]　董文方，等．机载光波导平视显示技术发展 [J]．电光与控制，2020，27（5）：64-67.

[124]　徐晓峰，等．利用 Rugate 膜系理论实现宽角度入射 1500～1600nm 波段减反薄膜的研究 [J]．红外与毫米波学报，2004，23（3）：185-188.

[125]　Howells P J，et al. Challenges with displaying Enhanced and Synthetic Vision video on a Head-up Display [J]．SPIE，2007，6559.

[126]　French G A，et al. Display requirements for Sunthetic Vision in the Military cockpit [J]．SPIE，2001，4362.

[127]　Amitai Y，et al. Visor-display design based on planar holographic optics [J]．Applied Optics，1995，34（8）：1352-1356.

[128]　Shechter R，et al. Planar holographic configuration for efficient imaging [J]．Optics Communications，1996，132（3）：221-226.

[129]　Fisher R L. Design methods for a holographic head-up display curved combiner [J]．SPIE，1988，883：28-35.

[130]　Macleod H A，Brostol，Philadelphia. Thin-Film Optical Filter；Third Edition [M]．Institude of Physics Publishing，2001.

[131]　唐晋发，等．现代光学薄膜技术 [M]．杭州：浙江大学出版社，2006.

航空光学工程

第6章
头盔瞄准/显示技术

6.1

概述

20 世纪 50 年代，英国 Gordon Nash 博士研制成功机载平视显示器，成为军用飞机的标配设备并扩展到民用航空及其它领域。

随着现代战斗机机动性能不断提高，必须持续监控和评估多种信息，包括视觉、声音和仪表读数，确保精准和安全驾驶飞机、导航并对各种飞行条件及与任务相关的战术信息作出响应，"飞行员的态势感知"已经成为关键，瞬间作出的决策可能生死攸关，因此，对飞行员的战斗态势感知能力也提出了更高要求。另外，大离轴角空空导弹的发展使平视瞄准/显示系统因受其视场限制已无法满足现代空战的需要。

现代空战研究表明，在近距格斗中，与敌方接触的平均时间一般仅为 30～120s，没有足够时间完成飞机定向机动。实践同时证明，平视瞄准/显示系统的一个明显不足是飞机必须调转机头，才能将感兴趣的目标引入视场中。

从飞机的总体战术要求出发，平视瞄准/显示系统存在以下缺点：

① 视场固定。平视瞄准/显示系统初始设计目的是配合自由下落炸弹和机炮作战，为了确保瞄准精度，必须牢固地（一般采用螺栓结构）将其安装在飞机骨架上，并使光轴高精度地与飞机机轴一致。

实践证明，平视瞄准/显示系统最大的缺点是，飞行员视域仅局限于平视瞄准/显示系统的特定范围，飞机必须随时机动以跟踪目标。如果飞行员希望将目视观察到的目标移动到平视瞄准/显示系统视场内或中心瞄准线上，唯一的办法是操纵飞机，将机头对准目标，否则无法将相关字符叠加在外景目标上。

② 视场有限。军用飞机舱内空间相当有限，飞行员座椅（或者飞行员眼睛）设计位置到风挡玻璃的平均距离 600～750mm，平视瞄准/显示系统只能安装在风挡玻璃与弹射线之间，因而无法设计大视场/超大视场平视瞄准/显示系统，其有限视场仅覆盖舱外景物范围的很小一部分（约 2%～3%）。

一个严重问题是，在执行夜间任务时，虽然平视瞄准/显示组合玻璃上能够显示前视红外或微光电视的夜视图像，飞行员可透过组合玻璃观察到夜间目标，但由于视场不够大，一旦飞行员偏转头部，眼前就是一片漆黑，相当危险。

③ 平视瞄准/显示系统安装在机舱正前方最佳位置，约占 $100in^2$（$645cm^2$）。从机载应用考虑，体积仍显过大，在许多飞机上，认为安装 HUD 不太合适，即使空间稍大的民用航空飞机，也没有足够的吊装空间。该局限性已被人们充分认识，为此，许多航电供应商都在积极研发新型 HUD 技术。

还需重视的一个问题是，随着科学技术的发展，各种大离轴角空空导弹相继研制成功和列装（如俄制 R-73、美制 ASRAAM、以色列研制 Python、美制"响尾蛇"空空导弹改进型等），空空导弹朝着大离轴角截获目标的方向发展，使现代空战环境日趋恶化。同时，现代空战向着高速、低空、全天候、高机动性方向发展，无论是歼击机还是武装直升机都对飞行员的战场态势感知能力提出了更高要求，因而，需要实时性更强以及能以更快速度跟踪和截获目标的瞄准/显示系统。显然，观察视场为 $\phi24°$ 左右的平视瞄准/显示系统已经不能满足空战要求，即使较为先进的衍射光学平视瞄准/显示系统也无法保证视场大于 $30°\sim35°$，迫切需要研发更适合飞机发展的新型机载瞄准/显示设备，所以机载头盔瞄准/显示系统应运而生。由于其工作原理类似于平视瞄准/显示系统，因此，也称为"头盔平视瞄准/显示系统"。

美国利用装备有 AIM-9M 导弹的 F-15 飞机与装备有头盔瞄准具（helmet mounted sight，HMS）和 AA-11 导弹的 MiG 飞机进行双机格斗，试验结果表明，在相同时间内后者截获目标的次数是前者的 30 倍。俄罗斯的研究结果也指出，在配备有大离轴角导弹的情况下，装备有头盔瞄准/显示系统的飞机的作战效能提高 8 倍。

头盔瞄准具是头盔瞄准/显示技术在机载领域的最早应用。其利用光学系统简单显示固定瞄准十字线和两个同心圆，以便在白天捕获和锁定离轴目标。

随着科学技术的快速发展，头盔瞄准/显示系统不能仅显示简单的瞄准信息，还要显示飞行员所需要的任何信息，包括字符和视频图像信息。

头盔瞄准/显示系统是由飞行员目视跟踪目标，利用安装在头盔上的探测器解算出瞄准线的方向，并采用光/电显示方式将载机的飞行数据及视频图像等信息综合显示在头盔显示器上的一种综合光电系统。机载头盔瞄准/显示系统是头盔瞄准系统和头盔显示系统的综合，是 20 世纪 50 年代火控雷达投入使用以来空战"军力倍增"技术中的最大进步，与平视瞄准/显示系统一样，用以执行包括瞄准和精确打击的各种作战任务。

世界各国对机载头盔瞄准/显示系统赋予不同的名称，例如，美国霍尼韦尔公司（Honeywell）称为"目视目标截获系统（visual target aequisition system，VTAS）"或者"综合头盔瞄准/显示系统（integrated helmet and display sighting system，IHADSS）"；英国费伦蒂公司（Ferrati）称为"头盔指向系统（helmet pointing system，HPS）"；以色列 ELOP 公司称为"机载头盔显示和瞄准系统（airborne helmet display and sight system，AHDASS）"，Elbit 系统公司称为"显示瞄准头盔（display and sight helmet，DASH）"。

尽管名称不同，但本质一样。第一，都是利用头盔安装所需的设备，并保留头盔的保护功能以及语言通信功能；第二，具有显示和瞄准功能。本书统一称为"机载头盔瞄准/显示系统"。

机载头盔瞄准/显示系统首先应用于旋转翼飞机上，在充分验证了其在格斗和导航中的重要作用后，在喷气式快速飞机平台上得到迅速推广。目前，已经成为航空领域（包括军用和民用航空领域）一种标配的重要光电装置。

概括起来，机载头盔瞄准/显示系统有两种功能：航空光电系统功能和非航空光电系统功能。

航空光电系统功能是在白天和夜晚条件下，都能够提供综合符号信息显示，而不再受平视显示器视场的限制，同时控制其它传感器（例如夜视摄像机）同步运动和武器系统离轴发射。

非航空光电系统功能包括为飞行员提供撞击和穿透载荷保护功能、防止过量噪声的音频保护功能、高品质音频通信功能、免受高强度阳光和炫光干扰的功能以及生命保证功能（例如，兼容 CBR 呼吸器等）。

在当今几乎所有的战斗机座舱显示设备中，都同时装备有平视和头盔瞄准/显示系统。在这种情况下，一般认为，平视瞄准/显示系统是主显示装置，头盔瞄准/显示系统是辅助显示装置，因此，后者的显示内容和格式需尽量兼容平视瞄准/显示系统的显示内容和格式，避免飞行员在使用中引起混乱。只有空战格斗和夜间环境显示视频图像时，头盔瞄准/显示系统才作为主设备使用，其它情况（例如，导航、起飞和着陆）均作为辅助设备。

与平视瞄准/显示系统相比，头盔瞄准/显示系统具有以下特点：

① 头盔瞄准/显示系统需要设计一套精确的头部（即瞄准线）位置探测装置（通常称为头部跟踪器），而平视瞄准/显示系统是刚性固定于飞机机体上，无需坐标系之间的相对位置探测和计算，因此，校靶精度不同。

平视瞄准/显示系统与座舱风挡玻璃有着稳定的位置关系，很容易校正风挡玻璃的影响和符号的位置畸变，因而有很高的校靶精度：俯仰和偏航状态下的校靶误差为 0.15mrad，横滚状态下达到 0.6mrad；轴上瞄准精度优于 0.5～1mrad，即使大视场情况（例如 10°视场位置），也可以获得 1.5～2.0mrad 的精度。

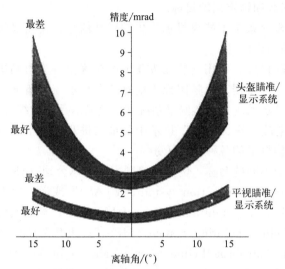

图 6-1　平视瞄准/显示系统与头盔瞄准/
显示系统定位精度比较

头盔瞄准/显示系统的定位精度除与光学系统精度有关外，还要考虑头盔校准、头部跟踪和风挡玻璃造成的误差，并且随着离轴角的增加，头部活动框边缘的精度会迅速降低，很难在整个头部运动框内都获得很高的瞄准精度，如图 6-1 所示。

平视瞄准/显示系统在轴线方向的精度优于 1mrad，视场边缘降低到 2mrad；头盔瞄准/显示系统在轴向视场方向精度约为 2mrad，视场 10°降低到 4～5mrad。虽然对于离轴发射空空导弹条件下精度足够，但不适合其它武器（机炮或无控炸弹）的投放瞄准。

应当强调，头盔瞄准/显示系统利用视场大和对战术态势全面了解的优势，可以进行快速大离轴角空空导弹的发射，其精度劣势（相对于 HUD）能够由空空导弹导引头本身具有 2°～3°的视场来补偿。

② 头盔瞄准/显示系统戴在飞行员头上，增加了飞行员头部承受的重量。长时间佩戴（尤其是大机动飞行时），颈部及头部承受能力（尤其是飞机机动和弹射救生时）有限，因此，必须采取小型化结构，尽可能轻（理论上要求战斗机头盔部分重量限制在 1.57kg 左右）。

③ 头盔瞄准/显示系统与平视显示器有相同的功能，既可以观察相关信号和视频图像，也能观察外界景物。前者利用飞行员头部视线移动，向飞机火控系统指示目标方向，驾驶员不管看到哪里，相关参数都能够显示在眼前，对提高飞行员人机功效，减轻工作负担具有相同的作用，但显示画面的内容比平视瞄准/显示系统少。

④ 具有平视瞄准/显示系统无法比拟的视场优势。

如第 5 章所述，平视显示器所能达到的最大视场（例如衍射光学平视显示器）为 30°×24°。

头盔显示器（helmet mounted display，HMD）视为移植到飞行员头盔上的平视瞄准/显示系统，尽管显示的固定视场较小（通常 20°～30°），但飞行员可以借助身体和头部的转动将观察外部景物的活动视场扩展至更大，几乎达到方位角±180°，俯仰角±90°，如图 6-2 所示，可以将飞行所需要的各种信息直接成像在飞行员眼前。无论飞行员的头部转向何处，其显示图像皆能成像在眼前，瞄准线也随头部实时转动，从而实现显示信息与外界环境同步观察，具有视域宽、瞄准迅速准确、使用简便以及通用性和交联性强等优点，减少了飞行员的反应时间，有效提高飞机的作战性能和导弹快速截击目标的能力。

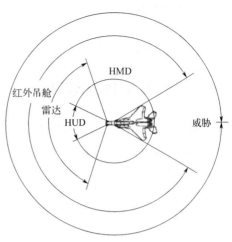

图 6-2　HMD 与其它机载光电设备的视场比较

⑤ 可用于指挥/控制红外系统、激光吊舱和雷达等设备对准目标。

在目标未进入空空导弹寻的范围时，可以通过瞄准/显示系统把任务分配给导弹，导弹依靠瞄准用的计算机执行程序，发射后飞向目标，并自动跟踪。

⑥ 加快瞄准/跟踪目标的过程。

研究资料表明，与平视瞄准/显示系统相比，利用头盔瞄准/显示系统发射红外格斗导弹，平均快 8s，若发射 70°～80° 大离轴角导弹，快 18s，发射导弹的概率也从 50% 提高到 90%，作战效果优势明显。

表 6-1 列出平视与头盔瞄准/显示系统的主要技术性能。

表 6-1　平视与头盔瞄准/显示系统的技术特性

参数		HUD	HMD
典型视场/(°)		30×24（最大）	±180（包括头部转动）
显示	形式	笔画法/光栅视频	
	内容	作战信息/飞行信息	
占座舱面积/cm²		约 645	不占
精度/mrad	光学系统＋电子装置	视场中心：0.5～1，边缘视场：1.5～2	2（方位±135°/俯仰±85°内），其它视场内：8～10
	校靶	1	2～3（中心视场内），在其它 HUD 相同视场内：1～10
	风挡玻璃和座舱折射误差	可以精确修正	不能完全修正，残留量 2～3
战术使用		作主飞行显示器	作飞行显示器（PFD）和空空导弹离轴瞄准

按照国军标 GJB 4052—2000《机载头盔瞄准/显示系统通用规范》和国军标 GJB 4496—2002《武装直升机头盔瞄准/显示系统通用规范》的分类方法，机载头盔瞄准/显示系统分为以下类型：

按照探测跟踪原理可分为微惯性定位头盔瞄准/显示系统、电磁式头盔瞄准/显示系统、光电式头盔瞄准/显示系统。

按照图像源类型可分为模拟显示（CRT 图像源）头盔瞄准/显示系统、数字显示（平板图像源）头盔瞄准/显示系统。

按照图像最终显示方式可分为目镜式头盔瞄准/显示系统、护目镜式头盔瞄准/显示系统。

按照工作环境可分为白天型头盔瞄准/显示系统、白天/夜间（昼夜）型头盔瞄准/显示系统。

按照接收目镜通道的数量可分为单目头盔瞄准/显示系统、双目头盔瞄准/显示系统。

6.1.1 机载头盔瞄准具

GJB 4052—2000《机载头盔瞄准/显示系统通用规范》定义机载头盔瞄准具是"一种只显示简单瞄准信息的头盔瞄准/显示系统，适用于空空导弹的离轴发射控制"。

初期研制的头盔瞄准具是只能"为飞行员显示瞄准标记或者十字线的简单光学装置"，利用头盔方位传感器测量指向目标的瞄准线方向（高低角和方位角），从而确定目标位置，并控制武器（例如炮塔、高炮和空空导弹）发射。

（1）头盔瞄准具的发展

头盔瞄准具（HMS）的概念和原理可以追溯到 20 世纪初（1916 年），爱尔伯特·培康·普拉托（Albent Bacon Pratt）首次提出"头盔综合枪"的概念，认识到并提出"看哪里打哪里"的原理，利用三点一线的机械瞄准原理，为飞机射击手发明了头盔综合枪（helmet integrated gun），并申请了"头盔枪与瞄准具（helmet-mounted gun and sight）"专利，如图 6-3 所示，可视为最早的头盔瞄准和武器射击系统（helmet-mounted aiming and weapon delivery system）。

头盔综合枪虽然简陋，但奠定了头盔瞄准/显示系统的发展基础，是头盔瞄准/显示系统的初期雏形。

20 世纪 40～60 年代，提出将自然目视与驱动技术相综合的概念，使头盔瞄准具的概念真正应用于固定翼飞机和直升机等作战飞机上，推动了精密头盔瞄准具的诞生。1964 年之前属于论证阶段，探讨和分析利用飞行员头部或眼睛的运动来确定有关仪器扫描和目视搜索的数学模型，并以其控制瞄准系统和武器装置。美国首次提出了机载头盔瞄准具的概念。

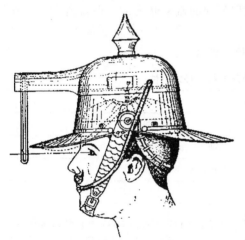

图 6-3　头盔枪和瞄准具的初始概念

20 世纪 50 年代，英国 Gorden Nash 首先发明了现代式头盔显示器。

20 世纪 60 年代，美国海军研制成功第一台视觉目标获取系统（visual target acquisition system，VTAS）。由于当时缺乏足够的导弹控制技术，头盔瞄准具系统并没有得到广泛应用。

机载头盔瞄准具（HMS）是头盔瞄准/显示系统的初级产品，仅为飞行员简单显示由发光二极管产生的瞄准标记或十字线，并用来跟踪和瞄准目标，图 6-4 是马可尼公司研制的机载头盔瞄准具。尽管瞄准线视场只有 2°～3°，但已经证明，在空空格斗中非常有效。

瞄准具中设计有头盔方位传感器，用于测量瞄准线（LOS）的方向，从而确定目标方位（通常只测量 LOS 的高低角和方位角），进而发射空空导弹。使用 HMS，飞行员能够快速发现敌机、发射导弹或锁定雷达，而后立即转向下一目标并重复这一过程。在对地攻击中，飞行员可以利用 HMS 探明地面目标并将其位置输入导航计算机。计算机产生指示命令，引导

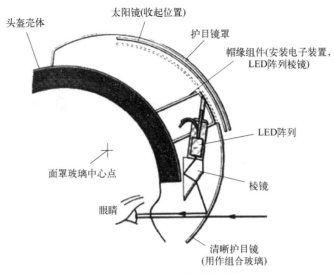

图 6-4 早期的单目头盔瞄准系统 HMS

飞行员飞向目标所在位置。因此，飞行员不会在转弯机动中丢失目标，无需重新截获目标。

20 世纪 70 年代，头盔瞄准的概念重新得到重视，并首次应用于美国 AH-1 Cobra 武装直升机上。由于只能简单显示瞄准线而无法显示图像，即仅能完成目标瞄准和火力控制，因此，称为"机载头盔瞄准具"。

机载头盔瞄准具的典型产品包括美国 UH-1B 直升机装备的 XM128 机电式头盔瞄准具和 AV/AVG-8 光电式头盔瞄准具，并首先应用于越南战争中，不仅满足了武装直升机对火力控制的需要，也提高了贴地飞行时对目标的快速瞄准攻击能力。

初期的机载头盔瞄准具只能显示一个视场很小（约 3°～6°）且图形简单的瞄准符号（十字线和瞄准环），瞄准符号利用分划板和照明光源产生。头盔瞄准具的结构虽然简单，但非常重要的是飞行员无需机动就可以让导弹导引头瞄准目标，实践证明，在近距格斗中非常有效。

与歼击机相比，武装直升机飞行速度慢、超低空飞行能力强、机动能力高、反应速度快，要求火控系统视野宽阔、反应迅速，因此，研制初期，头盔瞄准具首先应用于武装直升机，目的是满足武装直升机火控系统反坦克的需要，如图 6-5 所示。

20 世纪 80 年代，俄罗斯为米格-29（MIG-29）中型战斗机研制的头盔目标指示系统也属于头盔瞄准具的典型产品。尽管只有一个简单的、由发光二极管（LED）形成的、用于瞄准的发光十字线，但是能够与大离轴角导引头空空导弹 R-37 联合使用，在战场上显示出举足轻重的优势。

图 6-5 机载头盔瞄准具

1992 年，Hans W. Mocker 提出一种"激光扫描头盔瞄准具"，光源采用对人眼安全的激光器，两套光源和探测器装置（A 和 B）分别安装在座舱内头盔两侧，头盔上仅安装两个角反射镜，不会太多增加头盔重量，因此，非常有利于现代化飞机的高机动飞行，如图 6-6 所示（专利号 USP5128794/1992）。

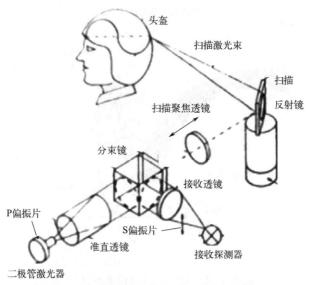

图 6-6　激光扫描头盔瞄准具（一侧）光学系统

国际上主要研发单位包括法国汤姆逊公司（Thomson-CSF）、以色列埃尔比特（Elbit）系统公司和埃洛波（ELOP）公司、英国费伦蒂（Ferranti）公司、美国霍尼韦尔（Honey-well）公司和奥斯汀（Austin）公司。

美国霍尼韦尔公司研制的首台头盔瞄准具是装备在美国海军 F-4 "鬼怪Ⅱ" 战斗机上的 AV8-8 型视觉目标获取系统，如图 6-7 所示。由于系统内用来测量飞行员头盔与眼睛位置的传感器自身重约 0.8kg，飞机做高加速度动作时飞行员可能非常不舒服，因此，这种头盔瞄准具仅装备在 F-4 飞机。此后，英国 BAE 为 Jaguar 对地攻击机研制机载头盔瞄准具 HMS，南非空军将头盔瞄准具装备于固定翼飞机。俄国、以色列、中国都相继在歼击机上积极开展研发和应用头盔瞄准具和头盔显示器。

(a) 美国AV8-8型头盔瞄准具

(b) 俄罗斯米-29/苏-27头盔瞄准具

图 6-7　头盔瞄准具

我国引进俄罗斯 Shchel-3UM 头盔瞄准具后很快实现国产化（例如，歼-11 的 TK-12A 和歼-10 的 TK-10A 型头盔瞄准具），在机上模拟攻击 227 次，试飞结果表明，平均截获时间 2.4s，截获概率 99％。

（2）头盔瞄准具的组成与工作原理

头盔瞄准具由头盔、准直光学系统、头部位置探测器和计算机组成。主要应用于发射空空导弹，通常只需要提供瞄准线（LOS）的高低角和俯仰角。其中，准直光学系统如图 6-8 所示。

头盔瞄准具的工作原理是：

当飞行员利用头盔瞄准具进行目视搜索和跟踪目标时，需要用眼睛搜索目标，并通过头部转动进行跟踪，快速将上述瞄准线叠加在目标上。

头部位置测量/跟踪器用于测量飞行员头部转动的角度，获得目标相对于载机的角位置，计算机将目标位置信息转为瞄准指令，控制武器（导弹、炮塔、雷达）及相关传感器（例如前视红外系统和瞄准吊舱）快速随动到目标位置，截获目标后立即发射武器，最终实现精准打击，从而改善人机接口关系，减轻飞行员的工作负担，提高作战效率。

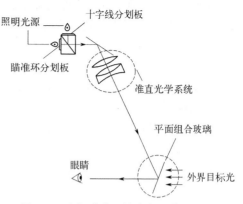

图 6-8　头盔瞄准具的光学系统示意图

头盔瞄准具的工作原理虽与平视显示器类似，但其图像源是由钨丝灯照明光源、合光式立方棱镜和分划板（由刻有瞄准环和十字线的两块分划板组成）组成的，只能形成简单和固定的瞄准符号。棱镜式合光分划板的两路照明系统可以单独照明或者同时照明，从而分别形成同心圆瞄准环或十字线，或者形成同心圆瞄准环加十字线的组合图形。实际上，准直光学系统是一个目镜系统，其功能是将分划板（组合）图像以平行光形式投射给飞行员。各显示符号及含义如图 6-9 所示。

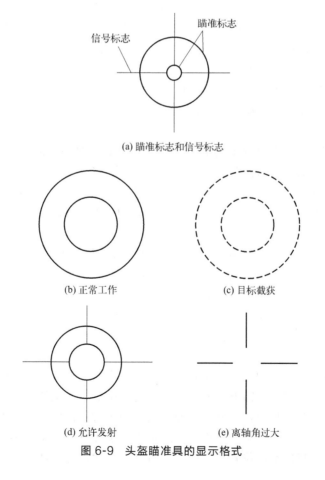

(a) 瞄准标志和信号标志

(b) 正常工作　　　　　(c) 目标截获

(d) 允许发射　　　　　(e) 离轴角过大

图 6-9　头盔瞄准具的显示格式

头盔瞄准具是简单的准直光学显示技术与头部跟踪技术的综合，具有以下特性：

① 使用简单，瞄准迅速，视界范围大，飞行员只需头部运动便可以完成目视搜索任务。

② 自动控制瞄准具和武器的跟踪瞄准，大大缩短了武器瞄准时间，增加了攻击目标的机会。

③ 增加了飞行员的头部负担，容易造成飞行员疲劳。

④ 精度不高。

一般光学瞄准具的静态误差为 $30'\sim50'$，而头盔瞄准具的精度是 $2°$。

⑤ 只能测量目标的角位置，而测距及瞄准计算仍需其它设备完成，大大限制了其使用。

⑥ 无法显示前视红外和微光电视获取的图像。

（3）头盔瞄准具类型

根据头部位置探测/跟踪器的工作方式，头盔瞄准具有三种类型：机电式头盔瞄准具、电磁式头盔瞄准具和光电式头盔瞄准具，关于头部位置跟踪定位技术的内容，将在 6.2.2 节详细介绍。

6.1.2　机载头盔显示器

头盔显示器通常理解为"能够提供动态符号（瞄准符号和导航信息）或图像的较为复杂的光学装置"，并且，其符号和图像的方向与头部位置和方向无关。

根据 GJB 3799—1999 和 GJB/Z 1016—2004，头盔显示器定义为"把图像、字母、数字和字符等信息投影到一种显示媒体（瞄准镜或护目镜）上，飞行员可用单眼或双眼进行观察的一种显示器"。多数应用中，显示器件固定在飞行员头盔上。

（1）机载头盔显示器的发展

机载头盔显示器的概念晚于头盔瞄准具。

20 世纪 60 年代期间，美国由于越南战争的需要，开始为固定翼飞机和直升机研发能应用于实战的头盔瞄准和武器射击系统。

1966 年，为了使飞行员在感知外界环境的同时也能获取必要的飞行信息，美国 MIT 林肯实验室首次提出"头戴显示器"（即头盔显示器）的概念。

针对头盔瞄准具的缺点，研究人员提出过许多改进方案和措施，例如采用激光精密定位系统的激光头盔射击瞄准具，即利用波长 632.8nm 和功率 3mW 的氦氖激光器，能够改善信噪比，大大提高瞄准精度。

20 世纪 70 年代，平视瞄准/显示器技术日趋成熟，开始批量装备部队，人们也开始思考和研究将平视瞄准/显示系统安装在头盔上的可能性。

20 世纪 70 年代后期，苏联研制出具有离轴发射能力的 R-73 空空导弹，为了保证大离轴角空空导弹的研制成功，为其飞行员配装了头盔显示器作为空空导弹瞄准/发射的离轴瞄准手段，进一步推动了头盔显示器的发展，促进了各国对固定翼飞机 HMS/HMD 的研发。

众所周知，飞行员头盔的主要作用是保护飞行员头部免于受伤。头盔显示器（包括微光夜视仪）的出现为头盔赋予了额外功能，已经成为座舱显示系统的重要组成部分，并且在大多数设计中都采用头盔护目镜作为显示表面，从而为飞行员提供武器瞄准和诸如飞机姿态一类的其它信息。因此，头盔显示器的重要贡献是提高了飞行员的态势感知能力，包括与本机相关的周围威胁、飞机的空间位置和定向、能量状况、武器可用性、发射机会、危险性及其它信息。这种能力对于夜间操作，尤其是低空飞行尤为重要。

头盔瞄准具与头盔显示器都属于机载瞄准/显示系统的研究范畴。虽然都具有瞄准和显示功能，但前者只能显示简单的瞄准符号（例如十字线和同心环），而后者能显示更多飞行信息，包括：目标定位线、瞄准中心光点、目标指示框、接近速率和目标斜距等，使飞行员能够更好地发现、跟踪、拦截和摧毁目标，并能够随动于飞行员的头部运动而不是固定在飞机的轴线方向，其攻击效果更佳。因而，一些资料认为，头盔显示器是 20 世纪 50 年代机载火控雷达投入使用以来空战"军力倍增"技术中最大的进步。

（2）头盔显示器的类型

① 单目头盔显示器。头盔显示器研制初期，由于阴极摄像管（CRT）亮度较低，不适合白天使用，为此，美国休斯公司采用一种单目/遮挡显示形式，显示内容的可见度大大提高，能够在明亮的天空背景下提供亮度较高的图像，如图 6-10 所示。

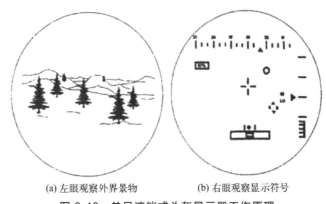

(a) 左眼观察外界景物   (b) 右眼观察显示符号

图 6-10　单目遮挡式头盔显示器工作原理

顾名思义，单目头盔显示器是采用单图像源实现单目显示和观察，飞行员只能通过一只眼睛观察显示的字符图像，另一只眼睛直接观察外部景物。其优势是体积小，重量轻，成本低。主要问题是双目竞争、优势眼和暗适应问题。

双目竞争会导致观察字符图像的眼睛与观察外景的眼睛产生冲突；优势眼问题（一般用右眼观察字符）会给左眼优势的飞行员造成障碍；两只眼睛观察不同亮度的图像和景物，很容易导致深度幻觉。

另外，单目头盔显示器显示的内容简单，视场也小（3.5°~6°），且显示系统笨重，驾驶员感觉不太舒服。典型产品包括苏联装备米格-29 和苏-27 的 Zh-3/Yn-1 显示器以及瑞典的 Oden 型和美国的 HMSS 型头盔显示器。

② 双目头盔显示器。1968 年，为了克服单目显示的缺点，美国哈佛大学与国防部高级研究计划署（ARPA）信息计划处理办公室（Ivan Sutherland）首先采用轴对称光学系统、两个小型 CRT（当时，唯一能够满足军用 HMD 要求的只有 1in 或者更小的微型单绿色图像源），利用计算机产生三维笔画图像并与头部位置跟踪技术相结合，研制出第一台具有 40° 视场的双目头盔显示器（称为"达摩克利斯之剑"），将字符叠加在外界景物上，标志着现代意义头盔显示器的诞生，开启了头盔显示器的快速发展，如图 6-11 所示。

"达摩克利斯之剑"头盔显示器将 CRT 图像源的字符图像成在无穷远，能够同时观察到真实物体和显示的字符信息。当时，由于客观条件限制，使用者的头部活动范围限制在水平直径 1.8m（6ft）和高约 1m（3ft）空间内，上下倾斜限制在 40° 范围内。

图 6-11　双目头盔显示器观察效果

双目头盔显示系统定义为双目观察视觉图像的系统。一般由双分离图像源和双目显示光学系统组成。理论上，两套显示系统完全一样，能彻底解决上述单目头盔显示系统存在的问题，但又产生新的问题，例如双目图像匹配、亮度平衡和双目瞳距一致性等。为此，对设计指标和制造工艺都有严苛要求，否则，会造成飞行员眼睛疲劳和紧张。

与头盔瞄准具相比，机载头盔显示器显著特点是：

a. 图像源代替了固定瞄准环。除了显示固定瞄准环和十字线等信息外，还能显示动态变化信息，包括目标标记、武器状态、飞行姿态、飞机性能参数、头盔瞄准系统参数、告警和电子对抗等更丰富的信息内容，协助瞄准和跟踪装备有热跟踪装置的导弹。

b. 光学系统复杂化。与平视显示器的工作原理相同，显示光学系统的功能是将图像源产生的动态字符或图像放大后，显示在无穷远，使飞行员观察到一个具有足够大视场的清晰画面，无需飞行员反复调整眼睛焦距，就能同时看清 CRT 的字符图像和外界景物。但由于安装环境的特殊性，光学系统设计受限于诸多因素，因而结构也比较复杂，6.4 节将详细讨论头盔瞄准/显示器光学系统。

（3）典型产品

案例一，机载综合头盔瞄准/显示系统。

考虑到武装直升机无需承受太大的机动过载、弹射和强风吹袭，同时，为了配合红外系统解决直升机执行夜间贴地飞行任务中存在的（平显）视场小问题，1984 年，由霍尼韦尔公司研制的第一台采用光电跟踪技术的综合头盔瞄准/显示系统（IHADSS）首先装备在美国陆军航空队"阿帕奇"AH-64 武装直升机上，将头盔、头部跟踪器和头盔显示器综合成一个系统，视场达 40°（H）×30°（V），同时显示导航和瞄准信息，其外观如图 6-12 所示。

案例二，联合头盔指示系统。

20 世纪 80 年代后，随着光电子技术的快速发展及各国军方重视，头盔显示技术进入了快速发展阶段，引起了新一代机载头盔显示系统的研究热潮，更新换代速度加快，头盔显示系统更加复杂和完善。

美国视觉系统国际（Vision Systems International，VSI）公司为歼击机（例如 F-16 飞机）研发的联合头盔指示系统（joint helmet-mounted cueing system，JHMCS），是一种仅限于白天应用的护目镜式头盔跟踪/显示系统，采用 CRT 图像源和电磁式头部跟踪器，显示视场 20°，已经在为数众多的高速喷气式飞机上使用，其外观如图 6-13 所示。

必须说明，通常认为 JHMCS 与其它头盔显示器一样，是将平视显示器的飞行信息转移到头盔显示器上显示。但是，F-35 飞机首席试飞员乔治·比斯利指出"JHMCS 的设计目标中没有提供飞行信息这一项"，因此，只能显示目标信息符号，不能显示飞行信息。换句话说，JHMCS 头盔显示器只显示外景目标信息和瞄准信息，而飞行信息的字符数据显示仍依靠平视显示器。

图 6-12　IHADSS 外观

图 6-13　JHMCS 外观

案例三，DASH 型头盔显示器。

以色列 Elbit 公司为"怪蛇Ⅳ"空空导弹配套研发的显示瞄准头盔（display and sight helmet，DASH）装备在 F-15、F-16 和 F-4 飞机上，安装在座舱盖下的微型发射机配合头盔内的接收机，借助电磁定位技术判断飞行员的头部位置。其外观和工作原理如图 6-14 所示。

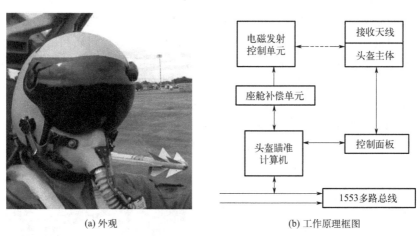

(a) 外观　　　　　　　　　　(b) 工作原理框图

图 6-14　以色列 DASH

DASH 与机载导航系统、导弹导引头、雷达和平显交联在一起，与全功能操纵杆综合为全操作模式时，能够显示：目标位置和距离、导弹发射区、飞行（速度和高度等）及各种警告信息。

主要作战效能包括：

① 无需将机头对准目标，即可在护目镜上显示套住敌机的目标指示框，从而抢先实现攻击。

② 对地攻击时，为飞行员指示目标和攻击时间及修正导航系统。

③ 保证在有威胁的恶劣环境中为光电制导炸弹和空地导弹指示目标，迅速和顺利地做出反应。

④ 在头盔护目镜中，显示惯性导航系统为飞行员提供的地面目标指示框。

主要性能指标列在表 6-2 中。

表 6-2　以色列 DASH 主要性能

参数		指标
固定视场/(°)		22
观察范围/(°)	方位	±160
	俯仰	±70
	横滚	±60
分辨率		500 线
对比度(背景亮度 10000fL 时)		1.3
重量/kg		<1.8
精度/mrad	前向锥体范围 20°	6
	锁定环中点	10
平均故障间隔时间/h		2000

案例四，眼镜式微型显示器。

为军用直升机飞行员设计的头盔显示器，图像能够随驾驶员头部移动，消除了固定视域问题，但头盔附加重量大及视程受限。对于民用航空，价格太贵，重量重，实用性较差，因此，贝尔直升机有限公司（BHTI）研发了一种夜间飞行用的眼镜式微型显示器，由安装在眼镜架上的微型光学系统、产生动态图像的光导纤维扫描器微处理机控制的显示发生器等组成，扩大了应用范围，减轻了重量及降低了成本。国际上一些公司还利用半透膜阵列波导系统研发出眼镜式显示系统，如图 6-15 所示。其中，图（a）是 Google（谷歌）公司利用分光棱镜实现光线反射；图（b）是 Epson（爱普生）公司在眼镜内嵌入半反射结构进行显示（型号 moverio bt-200）；图（c）和图（d）是 Vuzix 公司（型号 M100）和 Lumus 公司（型号 OE-40）在眼镜内涂镀多层反射（或极化）膜系设计的"近眼投影系统"。表 6-3 列出国际上几种半透膜阵列波导式眼镜显示系统的主要性能。

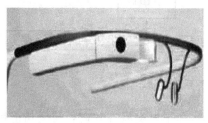

(a) Google眼镜式显示系统

(b) Epson眼镜式显示系统

(c) Vuzix眼镜式显示系统

(d) Lumus眼镜式显示系统

图 6-15　半透膜阵列波导式眼镜显示系统

表 6-3　半透膜阵列波导显示技术的主要性能

公司	耦合方式	视场/(°)	尺寸	图像源 像元数	主要优缺点
Epson 公司 （moverio）	单个半 反射镜	23	中等	OLED， 860×600	可增强外景显示， 图像信息叠加
Google 公司	45°棱镜分光镜	14	较小	LCOS， 860×600	畸变较大，鬼像严重，亮度较低
Vuzix 公司	近眼微投影显示	15	较大	LCD， 852×480	视场大，增强外景显示， 外连设备笨重
Lumus 公司	多个极化反射膜层	25	中等	640×480	视场较大，高透全色显示， 图像信息叠加

据报道，2014 年，谷歌公司已经将眼镜式微型显示器应用于民航飞行中，可以向飞行员提供实时天气条件、飞行路线图以及最新的跑道进近方式，如图 6-16 所示。

眼镜式微型显示器光学系统有两种形式：一种方案是在眼镜镜片内表面上安装一个非球面凹镜作为准直元件，如图 6-17（a）所示；另一种方案是在眼镜镜片内表面上安装一个平面反射镜，而在平面反射镜与光纤端面像平面之间设计一个微型折射准直透镜，如图 6-17（b）所示。

图 6-16　眼镜式微型显示器

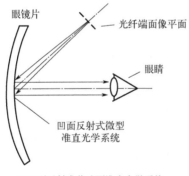

(a) 凹面反射式非球面准直光学系统

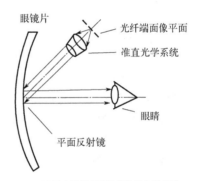

(b) 平面反射镜/折射式准直光学系统

图 6-17　眼镜式微型显示器光学系统示意图

光学纤维显示系统由 128 个可见光发光二极管线性阵列和纤维带组成，在光学纤维端部平面产生稳定的图像。通过微处理机软件控制并改变显示的符号和形式，输出水平线、高度、空速和航向等标志。

微型平面反射镜或者凹面反射式非球面直径仅 1mm，直接设计在眼睛前面的眼镜片上。极小的准直镜/反射镜安装在飞行员的眼镜镜片内表面上，紧靠眼睛，观察视场 12°～15°，分辨率 300 线，畸变小于 2%；虽然反射镜小，但有相当大的出瞳，当驾驶员向前看时，其眼睛始终位于出瞳内，并且，不会遮挡飞行员的视线，可以看到四周景物。

与普通的飞行员头盔显示器类似，驾驶员能够观察到叠加在空中或地面景物上的字符和数据。飞行员转动头部搜索起落航线或目标，准直图像可以出现在所观察的任何区域。

需要强调，科学技术的发展使机载头盔显示技术能够实现笔画法和光栅法的叠加，既显示笔画字符（飞机姿态、导航、目标状态），又能叠加光栅图像（例如前视红外、雷达、微光或电视图像），同时形成闭环系统，将叠加后的图像/字符显示在无穷远，供飞行员观察。

与普通头盔显示器的最大不同是，它不仅能够显示瞄准和导航信息，还能叠加不同光电传感器获得的机舱外景物的图像，具有昼/夜观察及瞄准/攻击目标的能力，并可以控制机载目标探测设备对目标进行探测和跟踪，控制活动武器的瞄准射击以及控制格斗导弹的离轴发射，从而引导武器（炮塔或导弹导引头等）随同飞行员头部同步离轴转动搜索、跟踪和瞄准目标，保证飞行员看到哪里，机载武器就瞄准到哪里，即"先敌发现，先敌瞄准"和"发现即瞄准"，是当今目标与武器相对速度越来越快的战场态势中解决"看到哪里就打到哪里"的一种有效手段，对战斗机近距格斗、歼击机低空对地攻击和直升机贴地飞行都起着重要作用。因此，也称为"头戴式显示和瞄准系统"（head-mounted display and sight system, HMDASS）。

6.1.3　机载头盔综合瞄准/显示系统

为了有效提高飞机武器装备的作战效能，保证飞机大机动作战能力，提升飞行员执行长航时作战任务的能力，减轻飞行员颈部受损概率，保障飞行员弹射出舱时自身安全，新一代飞机对头盔瞄准/显示系统提出了更高要求，在应用和设计中必须考虑以下因素：

① 舒服性，包括小型化、重量轻、重心好、较大视场和出瞳、双目显示方式和佩戴合适性等。

② 安全性，包括电子性能、耐久性、快速脱钩和眼睛保护等。

③ 方便性，包括信息操作和控制，以及工作动作的协调性。

④ 可用性，包括与信息要求和任务定义的关系。

⑤ 兼容性，包括与通信设施、面罩、电缆和观测窗等兼容。

头盔瞄准/显示系统的研发成功，简化了瞄准步骤，缩短了瞄准时间，减轻了驾驶员负担，解决了平视瞄准/显示系统无法实现大离轴角空空导弹瞄准发射问题，具有以下功能：

① 通过护目镜将飞行导航和攻击瞄准的显示画面叠加到外界景物上。

② 精确测量飞行员头部位置以及瞄准线方向，在大角度范围内快速提供目标相对于飞机机轴瞄准线的精确位置，控制炮塔的瞄准和射击，引导导弹等武器以大离轴角快速截获目标。

③ 除控制武器瞄准外，还能够为火控雷达、红外、激光或电视摄像等光电探测设备提供随动控制信号以跟踪目标。例如该系统用于武装直升机的超低空高速飞行时，可使截获目标的时间从 12s 减少到 1～2s。

④ 适于辅助飞行员掠地飞行、夜间飞行，防止与高压线等障碍物发生碰撞。可为飞行员提供夜间外部场景的增强视觉及态势感知，从而显著改善飞行员夜间飞行的安全性。飞行员通过侧视或下视可以看到被机翼和机身遮挡的红外和地形图像。

现代作战飞机对机载头盔瞄准/显示系统的技术要求越来越高，不仅要满足多种武器的瞄准使用要求和显示飞机的各种参数，还要为飞行员提供不同传感器（包括微光夜视仪或红外系统）的视频显示；除了控制导弹的离轴发射，还要管理雷达天线、微光夜视系统以及吊舱（包括红外、可见光电视和激光测距机）的运作，同时，还具有自检、自校和隔离故障能力。为此，头盔综合瞄准/显示系统充分利用机上光电传感器（例如，可见光电视系统、红外/微光夜视成像系统和激光测距系统）生成的视频图像和相关信息，将外景的视频图像清晰地显示在飞行员眼前，无论在复杂的气象环境下或者夜间，飞行员都可以观察到周边环境，因此，也称为"虚拟座舱"。其定位精度已提高到 $1\sim2\mathrm{mrad}$，接近平视瞄准/显示系统的定位精度水平。

在这种"虚拟座舱"（或者"无平显座舱"）概念导引下，美国为 F-35 "闪电"战斗机首次没有配装平视瞄准/显示系统，仅列装有视觉系统国际（VSI）公司研制的头盔瞄准/显示系统，也是目前世界上的唯一案例。因此，其未来有可能替代 HUD 而成为机载的主显示设备。

从光学技术角度分析，头盔瞄准具、头盔显示器和头戴式显示和瞄准系统分别代表着不同历史时期的机载头盔光电设备，包含着不同的技术内容。图 6-18 以图表形式表述头盔瞄准/显示系统的发展历程。

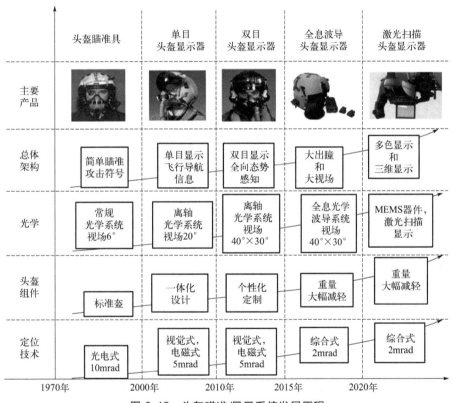

图 6-18 头盔瞄准/显示系统发展历程

下面介绍几种典型的综合头盔瞄准/显示系统。

6.1.3.1 普通型头盔综合瞄准/显示系统

一些资料显示，飞行员头盔瞄准/显示装置（PSU）中的热成像系统（TI）（就本身而言）在执行 24 小时任务中存在不足之处，天然材料的绝对温度特性或者发射率在此期间是变化的，存在雨天的热对比度为零或者黎明和黄昏时的所谓"交叉效应"，因而无法探测该背景下的目标或物体，例如输电高塔对于直升机就非常危险。

为解决上述问题，在飞机上同时配备两种不同成像原理的像增强管（IIT）成像系统和热成像系统（TI），以满足昼/夜恶劣天气下日益提高的技术要求，使安全性得到很大提高。

因此，普通型头盔综合瞄准/显示系统主要有三个特点：第一，将瞄准和显示两种功能集成在一个头盔上；第二，将白天型头盔瞄准显示系统与微光夜视仪集成在一起，从而昼夜都能工作；第三，同时将微光夜视系统和红外成像系统与白天型头盔系统相集成，保证雨雪风雾全天候环境下工作。因此，普通型头盔综合瞄准/显示系统有时也称为"集成式头盔综合瞄准/显示系统"。

（1）三种普通型头盔综合瞄准/显示系统的典型产品

案例一，武装直升机综合头盔昼夜瞄准/显示系统

Ⅰ. PAH2 反坦克武装直升机昼夜型综合头盔瞄准/显示系统

欧洲直升机公司与马可尼航空电子技术公司（GEC-Marconi Avionics）为 PAH2 反坦克武装直升机联合研制的昼夜型综合头盔瞄准/显示系统，如图 6-19 所示。红外夜视成像系统（或热成像系统）安装在飞机（例如机鼻位置）上，与双目头盔显示系统的视场一致（40°×30°），其瞄准位置受头盔瞄准/显示系统控制；微光夜视成像系统 IIT 与 CRT 字符显示系统安装在飞行员头盔上并综合为头盔瞄准/显示系统（包括两个 CRT 和两个 IIT），出瞳孔径 15mm。

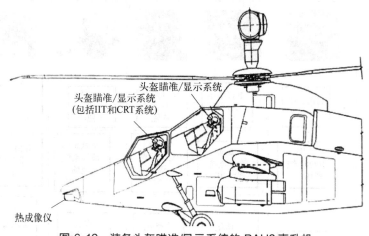

图 6-19　装备头盔瞄准/显示系统的 PAH2 直升机

如图 6-20 所示，综合头盔瞄准/显示系统工作原理：使用热像仪时，断开微光像增强器，飞行员观察到两个 CRT 显示系统以标准方式显示的图像；使用微光像增强系统和符号显示系统时，飞行员将来自四个图像源（两个 IIT 和两个 CRT）的图像集成为一个图像，因此，必须保证两个 CRT 显示系统与两个 IIT 系统的焦平面匹配，无论何种情况，都需确保系统放大率为 1:1。为确保像质并方便飞行员使用和舒服观察，马可尼公司还设置了手动开关，飞行员可以在微光夜视图像与红外图像之间快速切换，可以人工选择左 CRT/右 CRT 显示或同时显示，并保证飞行符号叠加在图像上。

另外，在昼/夜环境光亮度变化较大时，为了使 CRT 系统具有合适的显示亮度（合适的对比度），马可尼公司采用一种"亮度自动控制技术"，在头盔上设计一种光探测器组件（只影响 CRT 显示的符号亮度），根据飞行员观察明亮或黑暗区域的情况自动增大或减少预设的对比度/亮度值。

Ⅱ. "Tiger"支援/攻击直升机研制的 Knighthelm 头盔瞄准/显示系统

欧洲直升机德国分部（Eurocopter Deuschland）、马可尼航空电子设备公司（GEC-Marconi Avionics）和 Teldix 宇航公司为德国陆军多功能"Tiger"支援/攻击直升机研制了

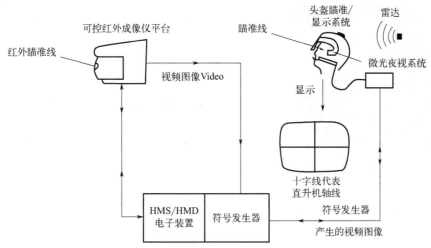

图 6-20 综合头盔瞄准/显示系统工作原理

Knighthelm 型头盔瞄准/显示系统。

该显示器由一个轻型头盔组件和一个可拆卸光学模块组成。其中包括 2 个 CRT、2 个微光像增强器和 2 个透明的组合玻璃,并且可以在夜间对微光图像和前视红外图像进行快速切换,飞行符号能够叠加在两种类型图像的任何一种图像上,从而增强了昼夜恶劣天气条件下的飞行性能。

另外,头盔跟踪器接收机安装在光学模块的后上部,而发射机安装在座舱的舱顶,电子组件设计在电子设备舱内,每个座舱都集成有一套(2 个)校靶光环装置。

主要性能列在表 6-4 中。需要注意,直接交联方式造成的突出问题是头盔负荷大大增加,必须重视和解决。

表 6-4 "Tiger"直升机 Knighthelm 头盔瞄准/显示系统技术性能

参数			指标
集成光学系统类型	白天型高亮度和高分辨率的 CRT 系统		—
	第三代微光夜视系统		分辨率>50cy/mm
	第二代红外成像系统		IRCCD 像素数目:4×228
	护目镜	透明护目镜	激光保护功能
		黑色护目镜	眩光保护功能
视场/(°)	CRT/IIT 系统		40
	FLIR		30×40
出瞳直径/mm			>15
护目镜的光学透射率(白天)/%			70
综合头盔部件总重量/kg			2.36

案例二,美国 F-35 "闪电"飞机的综合头盔瞄准/显示系统

对平视和头盔瞄准/显示系统深入对比和分析后,美国提出"无平显座舱概念"或者"虚拟座舱概念",在获得充分验证后,认为综合头盔瞄准/显示系统完全能够提供各种飞行信息,无需再为飞机设计和配装传统的平视瞄准/显示系统。

图 6-21 F-35 装备的综合
头盔瞄准/显示系统

美国 F-35 "闪电" 飞机是目前世界上首批也是唯一没有安装平视瞄准/显示系统的现代战斗机,仅仅列装由视觉系统国际(Vision System Internation,VSI)公司研制的综合头盔瞄准/显示系统,既节省空间又减轻了重量,如图 6-21 所示。

该头盔瞄准/显示系统为飞行员提供配有精准字符的昼/夜视频图像,具有强大的态势感知能力和战术能力。借助精确的头部跟踪和高速图形处理功能为飞行员提供一个 "虚拟的平视瞄准/显示系统"。实际上,当飞行员视线与瞄准线方向一致时,头盔瞄准/显示系统相当于 F-35 的虚拟平视瞄准/显示系统;而飞行员视线与瞄准线方向不一致时,凭借机身周围分布的六个分布式孔径系统,提供 "透过机身的视觉体验",显示类似平视瞄准/显示系统的飞行性能数据、威胁信息和瞄准的目标图像。

据称,F-35 联合攻击战斗机装备的 HMD 是世界上最先进的机载头盔瞄准/显示系统,将 HMT/HMD 作为飞机的主飞行参照系统,采用单色和分辨率为 1280×1024 的双目显示系统,重量只有 2.4kg。

该系统具有以下特点:

a. 为确保飞行员佩戴舒适并具有与平视瞄准/显示系统相一致的瞄准/显示精度,每个头盔都是量身定制并进行了一系列精准测量和调整,包括对飞行员头部进行激光扫描,使头盔的基准设计必须适合飞行员各自的头部几何形状,确定瞳孔尺寸并保证与飞行员的瞳孔位置相匹配。

b. 对称曲面遮光镜(护目镜),采用耐撞击的高强度聚碳酸酯材料,光学系统将图像投射到飞行员正前方的遮光镜上,形成两个绿色斑点。量身定制个性头盔和遮光镜严格定位,从而避免大过载时变形而造成图像漂移。飞行员可以根据情况加装两种镜片:一种用于白天的深色太阳镜,一种用于保护眼睛的防激光镜。

c. 采用高亮度背光平板有源矩阵 LCD 作为光源,具有同时提供字符和视频图像的能力。

d. 双目视场 100% 重叠,固定视场为 50°(H)×30°(V)(早期产品水平视场是 40°,第二代 HMD 采用无缝护目镜结构和数字昼/夜头盔显示器,水平视场提高到 50°)。

e. 为减小元件厚度和重量,采用微光机电技术(MOEMS)使光学系统和电子产品微型化,并大量采用新型塑料和复合材料以提高强度和耐久性。

f. 数字式图像发生器(0.7in 主动矩阵投射 LCD)提供字符和视频图像,并将各种图像信息(包括光学传感器图像、座舱仪表字符或瞄准信息等)投影在飞行员头盔的护目镜上:夜间使用时,采用具有较高光学透射率膜层的护目镜;白天,使用具有较低光学透射率膜层的护目镜。可以为飞行员显示关键的飞行状态数据、任务信息、威胁和安全状态信息,并发出视觉提示。

g. 利用精准的电磁式、惯性和光学跟踪技术提供瞄准线方位信息,使头盔显示器的显示与武器瞄准方向联系起来,跟踪器能够进行延时字符定位,从而通过简单观看就可以使武器瞄准目标。

重要的是,F-35 头盔瞄准/显示系统具有自校准能力,无需像多数电磁式跟踪测量系统那样飞行前都要进行校准。

h. 在飞机侧面和下方设计有 360°分布式孔径全景中波红外视频摄像系统，使飞行员通过头盔瞄准/显示系统即可实时查看飞机下方和周围的外界景物。飞行员向下看时，飞机下方的图像就会显示在头盔瞄准/显示器中，该功能不仅在战斗中非常有用，也有益于海军 F-35 飞机在航母或夜间的垂直降落。此外，还可以通过选择功能决定采用"图像模式"或"字符模式"。

i. 嵌入式集成数字夜视摄像系统能够获得夜间或者低能见度情况下的近红外图像，夜间，能直接提供目标图像而无须使用夜视镜。当飞行员向前方观看时，数字夜视摄像机图像与安装在防眩板上的固定摄像机提供的图像融合，消除座舱盖弓架造成的遮挡。另外，该系统设计有视频图像记录功能。

需要说明，VSI 公司为 F-35 联合攻击机（JSF）研发的双目头盔瞄准/显示系统采用单个偏置微光像增强照相机，通过显示光学系统将液晶显示器融合的综合图像投影在护目镜组合器上。而其它公司（例如，Thales 公司的 Topowl 型和 BAE 公司的 Typoon 型头盔瞄准/显示系统）是将两个微光夜视系统安装在头盔两侧。

案例三，"Topowl"综合头盔瞄准/显示系统

泰勒斯（Thales）公司研制的"Topowl"综合头盔瞄准/显示系统安装在直升机上。Topowl 的英文含意是"最好的猫头鹰"，显然，该新型头盔瞄准/显示系统中综合有夜视系统，具有良好的夜视夜战性能。

Topowl 式综合头盔瞄准/显示系统的设计概念源于 20 世纪 90 年代初期，是一种护目镜型、视场全叠加（视场 40°）双目头盔显示系统，既能投影安装在头盔两侧的像增强器的图像，也能显示前视红外图像，同时，采用电磁式跟踪器确定头部位置。1998 年批量生产。

Topowl 式综合头盔瞄准/显示系统主要装备在三种攻击型直升机和两种运输直升机上：欧洲直升机公司为法国、澳大利亚和西班牙等国生产的"Tiger"攻击型直升机；南非 Denel 为空军生产的"Rooivalk"攻击型直升机；美国 Bell 飞机公司为海军陆战队生产的 COBRA AH-1Z 攻击型直升机；欧洲直升机公司为 12 个国家生产的 NH90 运输直升机；美国 Bell 飞机公司为美国海军陆战队生产的 HUEY UH-1Y 运输直升机。

为了满足飞行员（尤其是夜间）需要，在经过一系列夜间作战评估后，分别于 2003 年、2005 年和 2007 年对光学系统进行了改进设计，从 Ⅰ 型发展到 Ⅲ 型，从而能完全满足攻击机、武装直升机和战术运输直升机全天候昼夜作战需求，并于 2011 年首展，如图 6-22 所示。

"Topowl"综合头盔瞄准/显示系统具有以下特点：

a. 头盔完全按照飞行员头部尺寸定制，基础头盔内设计有一个模压吻合衬层，可以根据头部扫描对衬层进行研磨，因此，与标准头盔相比，量身定做会使飞行员戴上更加舒适，同时，保证飞行员眼睛位于光学系统的光瞳中心，无需做光瞳间距（IPD）或前/后方向的任何调整。

b. 综合有微光夜视系统和前视红外系统。

c. 采用双目护目镜显示方式，双目完全重

图 6-22 "Topowl"综合头盔瞄准/显示系统

叠视场 40°, 能够将飞行符号叠加在座舱外空间目标上并显示给飞行员。

d. 采用电磁跟踪定位系统, 对头部位置和瞄准线进行持久性测定, 并控制传感器 (FLIR) 及相关的武器系统 (例如枪炮和火箭等)。

（2）机载头盔综合瞄准显示系统的两种综合技术形式

将微光夜视成像系统综合到白天型头盔瞄准/显示系统中主要有两种形式: 光学式综合技术和电子式综合技术。

第一种, 光学式综合技术。

英国马可尼航空电子技术公司研制的 Crusader HMD 是采用典型的光学交联方式, 如图 6-23 所示。接目镜是一个护目镜式组合玻璃: 对外界景物的功能相当于一块平板玻璃 (无光焦度); 而对 CRT/IIT 的显示, 相当于准直光学系统的接目镜组件 (其中, 反射面可以有/无光焦度, 视设计情况而定), 保证飞行员观察到的图像与字符同时位于无穷远; 利用组合玻璃 2 控制该系统昼/夜使用。

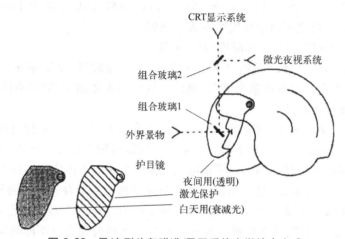

图 6-23　昼/夜型头盔瞄准/显示系统光学综合方式

系统工作原理: 微光夜视仪像增强器输出的图像与 CRT 产生的符号图像都位于头盔瞄准/显示系统的准直光学系统焦平面上, 组合玻璃将两个图像组合交联在一起。准直光学系统可以理解为一个中继光学系统和一个接目镜的组合, 将交联后的图像成像在无穷远, 驾驶员通过目镜就可以观察到叠加在正常视线 (瞄准线) 上的图像, 与真实外景的显示比例为 1 : 1。

如果微光像增强器像面位置太远, 在微光成像光路中, 可以额外设计一个转像透镜, 将像增强器形成的图像中继转输一次, 并且, 中继后的微光图像与 CRT 产生的符号图像同时位于准直光学系统焦平面上, 如图 6-24 所示。利用混像光学玻璃将微光图像和显示符号融合在一起, 再通过护目镜将融合后的图像投射给飞行员。

光学叠加方式存在以下两个问题:

a. 微光夜视模式和可见光白天模式不可能同时使用。在白天工作模式下仍将夜视光学设备 (包括微光物镜、微光像增强器、中继透镜和组合玻璃等组件) 保留在头盔上, 将给飞行员观察/瞄准带来不利影响和不舒服感觉。为了解决该问题, 美国 Laurent Potin 等人建议采用 "夜视模块替换技术" (参考美国专利 US6342872 B1, 2002-01-29), 即 "去除包括微光夜视成像系统和组合玻璃在内的整个夜视系统, 用一块结构形式相同但具有不同反射/透射比的组合玻璃替代"。该专利设计有一种 "手动下拉机构", 即使飞行过程中, 飞行员也可

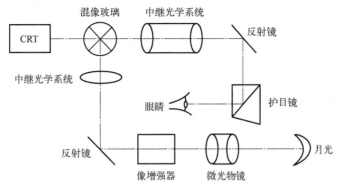

图 6-24　叠加微光夜视图像与 CRT 显示图像的光学系统

以简单地进行更换。

b. 为保证目标与符号图像具有最佳对比度，在夜视工作模式时，要求混像（微光视频图像/符号图像）玻璃透射约 25% 的符号图像亮度和反射约 75% 外景图像亮度；而在白天工作模式，几乎 100% 透射符号图像的亮度。

对于护目镜组合玻璃形式，需要特别关注其材料选择、面型精度以及分光膜系透射/反射比例，这关系到系统的成像质量和白天显示字符亮度是否合适等问题。

表 6-5 列出普通目镜和护目镜两种方式下的性能指标。

表 6-5　普通目镜和护目镜方式的光学性能

参数	目镜型 （Knighthelm1 HMD）	护目镜型 （Knighthelm2 HMD）
视场/(°)	40	
出射光瞳/mm	15	＞15
眼点距离/mm	30	81（距护目镜）
外界透射率/%	＞70	88

第二种，电子式综合技术。

马可尼航空电子技术公司利用电子合成图像技术研制出另外一种综合头盔瞄准/显示系统，工作原理如图 6-25 所示。

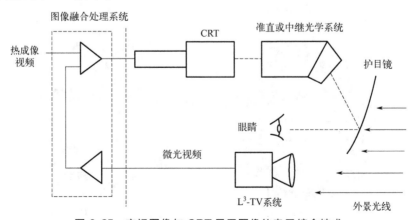

图 6-25　夜视图像与 CRT 显示图像的电子综合技术

电子式综合技术是将微光电视或红外热像仪对外界景物产生的视频信号（单独或共同）输入到 CRT 或液晶显示器的图像处理器中，采用合适的软件和算法使外景图像与显示符号相融合并显示在 CRT 管面上，准直光学系统（包括护目镜）将融合后的图像成像在无穷远，供飞行员观察。

6.1.3.2　光学波导式综合头盔瞄准/显示系统

2009 年，英国 BAE 系统公司利用光学波导技术研发出一系列头盔瞄准/显示系统，称为"Q-Sight 系列"，包括单目和双目 Q-Sight 头盔显示器以及单色和彩色 Q-Sight 头盔显示器，并分别生产出适用于旋转翼飞机、快速喷气式飞机以及地面士兵用的多种型号产品，如图 6-26 所示。其中，图（a）是 Q-Sight 100 中等视场（圆视场 $\phi 30°$）单目头盔显示器，利

(a) Q-Sight 100单目结构

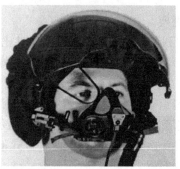
(b) Q-Sight 2000单目结构

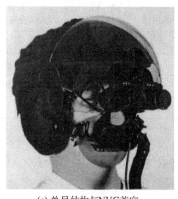
(c) 单目结构与NVG兼容

(d) 地面士兵用单目结构

(e) Q-Sight 2000双目结构

(f) 适合于标准头盔的双目结构

图 6-26　Q-Sight 平板波导式头盔显示器

用一个经过改进的简单附件就可以适装于包括 HGU-56/P 的大部分机载头盔上；图（b）和图（c）分别是装备于快速喷气式飞机的 Q-Sight 2000 单目平面光学波导头盔显示器，其中，图（c）兼装有标准 NVG；图（d）是地面士兵用头盔显示器；图（e）和图（f）是集成有微光夜视仪的两种双目全息光学平板波导头盔显示器，其中图（e）是为旋转翼飞机研制的 Q-Sight 2000 昼夜型双层头盔式平板波导显示器，图（f）是以最小的改动量适配于标准 HGU-56/P 头盔的昼夜型平板波导显示器，视场 50°×30°～70°×30°，出射光瞳直径 30mm，外界目标透射率＞80％。

该光学系统突破了传统光学设计中存在的许多约束，不仅减小了体积和重量，而且可提供很大的出瞳孔径和良好的外景透射率，大大提高了飞行员的战术态势感知能力；既可以与目前装备的夜视系统兼容，也可与未来研发的夜视装置配套。2012 年，开始装备欧洲多国战斗机（例如"台风"战斗机）。

目前，已经成功研发出"即插即用"式结构，包括模拟式或数字视频式两种连接方式，很方便替换目前尚在服役但笨重的 CRT 式头盔显示器。由于减轻了头部支撑重量和减小了头部与 HMD 的重心偏差，从而减轻了对飞行员的颈部损伤，提高了舒服度和撞击安全性。

Q-Sight 系列光学波导头盔显示系统主要特点：

① 采用光电式（红外发光二极管 LED）定位/跟踪方式，与大离轴角导弹一起使用时，将在"视距内"空战环境下提供较大优势，也可控制其它传感器的指向，例如雷达或瞄准吊舱等。

② 显示系统具有较大视场。研发初期，采用绿光 LED 照明，单目视场 30°～45°，彩色系统视场 15°～20°，双目瞬时视场为 40°×30°（可增大到 50°×30°，远大于 HUD 的视场）。后续研究进一步改进了光栅结构，单目视场扩大到 50°，双目视场达到 70°×30°，外界目标的透射率＞80％。

③ 出瞳孔径大至 30mm，保证飞机机动时具有良好的可视显示性。

④ 显示图像源采用高亮度 LED 照射 LCD。

白天，在 10000fL 外界环境亮度下，对比率＞1.2∶1；夜晚，由亮度控制的高分辨率降至非常低的光线等级。

⑤ 与夜视系统和座舱照明兼容，夜视系统视场 40°×30°，与头盔的显示视场一致，实现白天和黑夜工作的无缝连接，为飞行员提供夜间外部场景的增强视觉及态势感知，减轻了白天、夜间和弱照度环境下的工作载荷。

⑥ 模块化设计。提供简单的接口和安装，集成、使用和操作都较容易，既可以与在役机载头盔和生命支持设备配套（最少量或根本无需对在役头盔或装配工艺有所改变），例如一些固定翼和旋转翼飞机正在使用的双层盔，也可以与未来更现代化的头盔相兼容。

⑦ 护目镜便于调节和校正，并且配置两套护目镜：一套是内层显示/冲击保护护目镜，一套是外层眩光或激光保护护目镜。

⑧ 低成本和低复杂性光学系统，大大提高了可靠性。

Q-Sight 系列 HMD 的基本性能列在表 6-6 中。

表 6-6　光波导式综合头盔瞄准/显示系统基本性能

参数		指标
头盔重量/kg（含氧气面罩）	白天型	1.9
	夜间型	2.3

参数	指标
显示方式	光学系统将两个高分辨率 CRT 图像投影到护目镜上，采用笔画/光栅/混合显示方式
双目重叠视场/(°)	40×30
头部跟踪定位方式	光电式,高精度/低延迟
出射光瞳/mm	>ϕ15
眼距/mm	>50
夜视系统	2 个三代夜视 CCD 系统(0.5mlx),可拆下替换
护目镜	内层冲击/显示护目镜,外层眩光/激光防护护目镜
环境保护	激光保护
外部光学接口	前视红外等

6.1.3.3　高级头盔视觉系统

美国 Gentex 公司为海军航空兵部队研发的高级头盔视觉系统（advanced helmet vision system，AHVS）是一种高分辨率、多传感器图像融合、双目视场 30°（V）×40°（H）、昼夜型综合瞄准/显示系统（包括轻型的精确电磁式跟踪系统），适合装备于歼击机和旋转翼飞机，主要组成单元如图 6-27 所示。

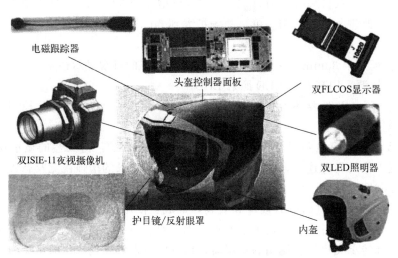

电磁跟踪器　头盔控制器面板　双FLCOS显示器　双ISIE-11夜视摄像机　双LED照明器　护目镜/反射眼罩　内盔

图 6-27　高级头盔视觉系统组成单元

AHVS 包括以下组件：

（1）头盔

头盔由内盔（LSM）和外盔（OMM）两部分模块组成：内盔模块保证将飞行员眼睛精确置于 AHVS 光学部件的出射光瞳上，从而满足大瞳孔间距范围和高性能的要求；AHVS 的光电组件封装在外盔模块中，如图 6-28 所示。

（2）两个夜视摄像机

在护目镜后侧设计有两个夜视摄像机（如图 6-29 所示），其紧凑的光学系统和相机壳体

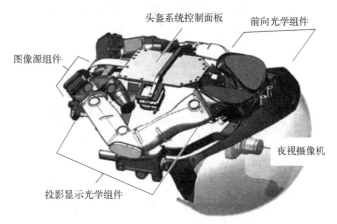

图 6-28　外盔配置的光电组件

均采用塑料材料，并在光学系统设计时就考虑到补偿护目镜表面局部曲率产生的光学畸变；采用 UXGA 型超扩展图像阵列探测器（像元数≥1600×1200），目前，中心窗口使用像素 1024×1024。为了保持平衡（具有最小的惯性力矩），高压电源设计在外盔的后侧，控制部分和接口部件放置在头盔系统控制面板模块中。夜视摄像机拍摄的每一幅图像都可以用电子方式实现偏转、倾斜、滚动、垂直和水平方向缩放，以补偿制造公差，并和真实外部视景保持一致。该摄像系统还可以提供自动或手动增益控制、非均匀校正以及传统的像素坏元替换。

图 6-29　夜视摄像机

（3）图像源组件

图像源单元的各数字光引擎的基本组成，如图 6-30 所示，包括：

① 在硅基铁电液晶显示中，AHVS 单独使用三个（红、蓝、绿）彩色像平面，目前，利用很高亮度（180kfL）的绿光 LED 阵列照明，产生单色图像。

② 利用线性预偏振器以增强整体显示对比度。

③ 反射镜使光路折转，使外盔模块体积最小。

④ 偏振光分束镜与硅基铁电液晶图像调制器相结合，以基于时间配色机制提供 SXGA 级高分辨率图像。

⑤ 除了分束镜外，所有光学元件（包括透镜）都采用先进的轻质塑料材料。

⑥ ISA 的外层壳体采用丙烯腈-丁二烯-苯乙烯（ABS）塑料，因而强度增加、重量减轻和环境耐受性增强。

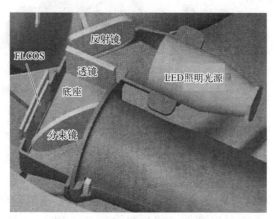

图 6-30　图像源组件组成示意图

（4）投影显示光学组件

显示光学系统由投影光学组件（POA）和前部光学组件（FOA）两部分组成。

投影光学组件由 5 个具有复杂表面的塑料透镜和 1 个前表面镀有反射膜的平面反射镜组成，安装在 ABS 光学塑料壳体中，保证左、右图像源单元（ISA）输出的图像能分别沿外盔模块（OMM）侧边传输，如图 6-31 所示。

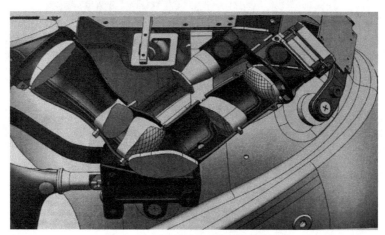

图 6-31　左侧投影光学系统布局图

前部光学部件由两个具有一定光焦度的前表面反射镜（optically powered first surface mirror）和一个普通透镜组成（同样采用光学塑料），分别将左、右两侧投影显示系统显示的图像传输至护目镜。

（5）护目镜组件

护目镜组件是 Gentex 公司设计的一种标准球形护目镜，很容易收放。在经受较大的飞行过载和大幅度温度变化时，护目镜最后的光学反射面也能保持精确定位。

重要的是，护目镜内表面上设计有一块镀有高反射率的透/反射区域，保证图像以最佳亮度显示给飞行员，如图 6-32 所示。从光学角度，整个护目镜都应镀一层该类透/反膜系以避免外界景物光线通过膜层边缘时的能量损失，但实际测试表明，该区域只需稍大于头盔系统视场即可。未来，可能需要设计宽带反射膜系以满足 AHVS 全色显示的需要。

图 6-32　护目镜上的透射/反射区域

（6）头盔控制板（HCB）

头盔控制板（HCB）承担 AHVS 的全部图像处理和显示功能，包括：校正夜视摄像机的图像（例如坏元替换、非均匀校正、图像对比度增强等）、将夜视图像与其它视频信号融合、根据护目镜半径预先校正图像畸变，以及将图像分成两个不同的信号并发送至左、右图像调制器。

头盔控制板还负责传输头盔跟踪器的数据、驱动照明器并使之与图像调制器同步，以及为头盔分系统提供各种电源输出。使用现场可编程门阵列（FPGA）和重量非常轻的连接器，将头盔控制板的质量和体积都减到最小。

（7）头盔跟踪定位器

采用美国波尔默斯公司的电磁式头盔跟踪器，提供六自由度的头盔方向和位置信息，根据飞行员的视线角度控制其它光电设备（瞄准吊舱）转动。该定位系统重量 35g，跟踪精度 5～8mrad，刷新率 240Hz，跟踪延迟时间 6ms。

表 6-7 列出 AHVS 的主要性能。

表 6-7　AHVS 技术性能

参数		指标
分辨率		SXGA（有效使用 1280×1024 像素），期望值 2000×2000 像素
视场 /(°)	总视场	40(H)×30(V)
	双目叠加	20
亮度/对比度		背景亮度 10kfL/最小对比度 1.3：1
显示速率/Hz		60（阈值） 100（期望值）
精度 /mrad	±60°范围内	5
	60°～90°范围内	8
	其它	10

参数	指标
摄像机工作范围	阴天,星光,白天
系统分辨率/(cy/mrad)	1.22(最高达1.9)
瞳孔间距/mm	53~74

6.1.3.4 彩色头盔指引系统

2007 年初，考虑到正在装机使用的联合头盔指引系统（joint helmet mounted cueing system，JHMCS）价格太高，美国空中警卫和储备测试中心（The Air Guard and Air Reserve Test Center）计划为 A-10C 飞机（俗称"疣猪"飞机）研制一种低成本头盔指引系统用以完成空地/近距离空中支援任务。

2009 年，Visionix Gentex 公司与洛克希德-马丁公司合作研发出一种昼/夜用"蝎子"彩色头盔指引系统（the scorpion color helmet-mounted cueing system），针对 A-10 和 F-16 两种机型完成了验证试验，获得相应资质，并获得了美国国防部第一份生产合同。

普通的头盔瞄准/显示系统基本上模仿平视瞄准/显示系统显示绿色字符，单色显示地面和空中相关信息的符号。"蝎子"彩色头盔指引系统是世界上唯一的彩色头盔瞄准/显示系统，如图 6-33 所示。

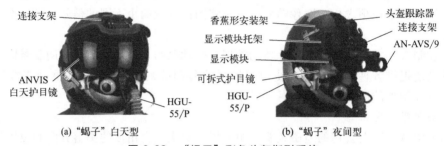

图 6-33 "蝎子"彩色头盔指引系统

头盔指引系统由以下组件组成：

① 头盔组件。采用现役 HGU-55/P 头盔。

② 微光夜视镜。采用现有 AN-AVS/9 双目微光夜视镜。

③ 小型磁跟踪系统（SCOUT）。具有 6 个自由度的小型化磁跟踪系统结构紧凑，重量只有 35g，整个传感器都可安装在头盔上。由于源线圈组件非常小（体积 1cm^3 和重量 10g），直接安装在飞机座舱上面和飞行员头部前方，既不影响飞行员视线，又大大降低飞机金属结构的干扰，因此，减小了磁场畸变对跟踪精度的影响。

④ 低成本 PCI-104 处理系统。

⑤ 光波导光学元件（LOE）成像系统。

"蝎子"头盔指引系统显示模块（SDM）的显著特点：采用一块称为光波导元件（lightguide optical element，LOE）的薄光学元件替代传统的具有一定倾斜角的厚组合玻璃。关键是 LOE 可以下装到微光夜视镜目镜后面，飞行员可以像白天一样，将显示符号与夜视图像组合观察。

白天工作时，去除夜视镜，选择安装一个护目镜。需要说明，利用头盔上的香蕉形安装支架（俗称"香蕉杆"），白天与黑夜工作的转换可以在飞行过程中完成。

该显示模块采用冷白色 LED 光源照明和一种独特的高速彩色硅上液晶（LCOS）反射显示，因此，这种高亮度彩色投影显示系统具有较宽视场和较大出瞳（或者"眼盒"）；利用低电压差分信号（LVDS）数字视频技术将视频图像从接口控制单元（IMU）传送到显示模块（SMD）中。最后，LOE 将投影系统的输出耦合给飞行员观察。6.4.5.2 节将详细介绍光波导头盔成像技术。

与其它类型的头盔瞄准/显示系统相比，"蝎子"头盔指引系统有两项关键技术：

（1）彩色显示技术

"蝎子"头盔指引系统安装在一个重量轻和具有良好平衡性能的头盔显示系统中，具有高精度和低延时性能，关键是能够显示彩色符号/图像，大大提高了飞行员的态势感知能力。

众所周知，单色符号显示原理是依据形状、运动和变化速度信息为基础。平视瞄准/显示器缺少色彩，通常是寻求其它方法进行弥补，例如，采用绿实线和绿虚线代替蓝色和棕色姿态圆。

实际上，下视显示器已经采用彩色显示技术，将很长的编码信息设计为彩色的。战术态势显示采用不同颜色表示各种威胁等级：例如，红色代表敌方威胁、黄色代表可疑威胁、绿色代表友军、白色代表未知威胁和蓝色代表中性威胁。

研究表明，与单色符号相比，具有一定色彩的像素、线条或符号，可以使人一眼看上去就能了解更多信息。色彩与形状相组合可使飞行员快速理解杂乱的显示内容。飞行员根据符号形状和颜色能够瞬间了解目标是敌方、朋友或者未知情况以及对方的类型。鉴于此，"蝎子"头盔指引系统决定采用彩色显示技术。

采用彩色编码发展趋势（例如利用红色代表递减数字和绿色代表递增数字）可以使飞行员瞬时识别变化趋势。

采用彩色编码地形（例如利用色线区分区域）可以限定搜索/热点威胁范围。

显示画面上有八根定位线与对应符号相连，定位线的颜色与符号的颜色相对应。例如，采用白色定位线连接表示感兴趣传感器的白色符号，绿色定位线连接表示僚机传感器的绿色符号等。飞行员可同时有序地启动多种定位线，从而快速区别和选择定位线以定位所期望的符号和目标。

在单色显示器中，通过改变符号形状或者增加一些元素或采用动态方式表明诸如"捕获"或者"锁定"之类的状态；而在彩色头盔显示器中，利用颜色即可表示一种给定符号的状态信息。

利用颜色还可以编码逼近导弹的威胁等级。

利用彩色符号技术也有益于传感器实时视频图像的显示。实验表明，可以将彩色符号叠加显示在真实的黑白或彩色视频图像上，或者夜视图像上，都不会"湮没"在各种颜色的背景中。

另外，彩色显示技术还有益于识别不同光谱形成的图像。

（2）对瞄准吊舱的指引技术

"蝎子"彩色头盔指引系统的另一个重要作用是对瞄准吊舱的指引功能。

吊舱的精确瞄准需具有很高的角分辨率，因而要设计很窄的视场。但是，在不规则地形或者比较杂乱的环境下，很难引导吊舱对准目标。如果采用下视显示器完成此项任务，飞行员就需要交替观察舱外和舱内，增加飞行员的工作负荷。

头盔指引系统（HMCS）满足了"飞行员看到哪里，就能指示到哪里"的技术要求。头盔指引系统可以为瞄准吊舱提供瞄准线，飞行员看到目标时只需要简单地将头盔指引系统中的十字叉线定位在目标上并利用 HOTAS 按钮进行标定［实际上，飞行员可以一直按压下 HOTAS 键（直至断开为止），从而将瞄准吊舱的瞄准线有效地锁定在飞行员的瞄准线上］，并且可以通过头部运动连续调整瞄准吊舱的方向，直至调整到所希望的位置。当瞄准吊舱传感器的视频图像恰好显示在 HMCS 上时，这种模式尤为有用。飞行员可以在 HMCS 上观察到瞄准吊舱传输过来的视频图像，从而确认被"提示"。一旦"提示"确定，就可以将飞机武器系统对准瞄准线，完成准确攻击。

这种工作模式的关键之处是，飞行员一直处于平视观看外景状态，大大减小了工作负荷。

同时，视频图像可以是全屏显示或者"画中画"显示方式，可以采用头盔稳定模式或者飞机稳定模式。

"蝎子"彩色头盔指引系统的主要作用是昼夜环境条件下能够对大离轴角武器（尤其是新型 AIM-9X 格斗导弹）和传感器进行指引和处理，以及显示这些设备反馈回来的数据和图像，从而在大离轴角下目视控制传感器和武器。换句话说，"蝎子"彩色头盔指引系统在对目标保持目视接触的同时，能够收到和显示目标信息、武器信息以及飞机状态下的飞行数据和导航信息，并发射空空/空地武器进行攻击。概括起来，具有以下特点：

① 采用完整的 24 位彩色符号和传感器实时视频图像，面对高达 10000fL 的背景亮度，通过透明面罩（或护目镜）可以观察到足够亮度的符号和图像。

a. 采用矢量法或者光栅法生成符号。

b. 显示符号的彩色编码与下视显示相匹配。

c. 无论是否佩戴夜视镜，都可以清晰观察到彩色符号与外界景物的叠加图像。

② 调光范围适用于夜空中的星光至阳光照耀下的明亮云层。

③ 完全兼容 AN-AVS/9 和全景夜视镜（PNVG），无论白天或者黑夜都有良好的指引效果，并在飞行过程中可以昼/夜相互转换。

④ 指引瞄准吊舱以窄视场模式对地和对空目标工作。

⑤ 可以按照要求显示外部彩色视频图像（例如，瞄准吊舱或者其它传感器），符号与传感器视频图像叠加并同时显示。

⑥ 提供一个完全由用户编程的符号发生器，可重新编排和安置符号。

⑦ 具有大的内存，能够记录和下载飞行过程中的整个任务符号以便审查和评估。

⑧ 无需改动，就可以与 HGU-55/P、HGU-68/P 以及 HGU-56/P 头盔兼容。

⑨ 提示精度 5mrad。

⑩ 100Hz 刷新率和 240Hz 跟踪刷新率，可以提供流畅和灵敏的符号更换。

⑪ 为了减少微光夜视镜重量，采用飞机电源供电，不但取消了双电池，体积也减小了 20%。

⑫ 头盔-飞机接口（HVI）电缆连接器体积减小了 50%。

⑬ 整个 HMCS 的系统时延<16ms。

⑭ 飞机中的安装时间<25h。

⑮ 经过 A-10 飞机、F-16 飞机和 C-130 飞机验证，头盔-飞机接口（HVI）电缆可以快速/安全断开，完全满足弹射安全性要求。

⑯ 对于双座飞机，前/后舱可以独立地显示不同的符号。每个头盔指引系统传输自己的方位和位置给任务计算机，计算机独立控制每个 SHMS 显示的信息或者根据需要显示共同的信息。

6.1.3.5　立体式头盔瞄准/显示系统

Kaiser 电光公司为直升机飞行导航研制成功一种具有立体视图显示能力的 LCD 头盔瞄准/显示系统 PRO VIEW 40 ST，由两套分系统组成（包括两个具有 60Hz 速率、640×480 像元的彩色液晶显示器）。由于每只眼睛观察到的一幅画面是从两个稍微分开的视点上显示的同一景物的两个画面，因而具有空间立体感觉。表 6-8 列出该系统主要性能。

表 6-8　PRO VIEW 40 ST 头盔瞄准/显示系统技术性能

参数		指标
图像显示器	类型	LCD（液晶显示器）
	像元数目（分辨率）	640×480
	图像频率/Hz	60
	色彩	真实色彩（16M）
视场/(°)		28(V)×37(H)
双目重叠度		100%
组合玻璃外界景物的光学透射率		24%
立体显示		是

表 6-9 列出一些典型头盔瞄准/显示系统（HMD/HMS）的技术性能。

表 6-9　不同头盔瞄准/显示系统的技术性能

厂商	型号	FOV/(°)	单/双目	出瞳直径/mm	眼距/mm	亮度/fL	透射率/%	显示器
马可尼	HMD MKIV	10	单目	>10	护目镜投影	400	78	LED 阵列
	骑士	40	双目	15	35	光栅：180，笔画：3000	40	CRT
	Alpha	3.5	单目	16	47.5	2000	80	LED
	隼眼	30	双目	10	25	光栅：250，笔画：1000	30	CRT
	蝰蛇Ⅰ	22	单目	20	护目镜投影	光栅：800，笔画：1500	70	CRT
	蝰蛇Ⅱ	40	双目	>15	护目镜投影	光栅：800，笔画：1500	70	CRT
	十字军战士	30，40	单目双目	12	护目镜投影	光栅：800，笔画：1500	70	CRT
凯撒公司	敏捷眼	20	单目	15(V)20(H)	53	光栅：800，笔画：1500	—	CRT
	攻击眼	30	双目	12	25	光栅：230，笔画：2000	—	CRT
	广眼	40，40×60	单目双目	10~15	31	光栅：100，笔画：2000	—	CRT
	JHMCS	20	单目	18	护目镜投影	—	—	CRT

厂商	型号	FOV/(°)	单/双目	出瞳直径/mm	眼距/mm	亮度/fL	透射率/%	显示器
霍尼韦尔	IHADSS	30×40	单目	10	50	400	75	CRT
	HMCS	20	单目	>25	护目镜投影	1300/700	—	CRT
Sextant	Topsight	40×30	双目		护目镜投影	800/1500	—	CRT
BAE	FOHMD	65×125 60×120	双目	15	38	50,10	10	电子管 CRT
Elbit	DASH	22	单目	12(V) 15(H)	50	3000	—	CRT
ELOP	HADAS	30×22	单目	>11	25	3000	15/8	CRT
	HMDD	28×22	单目	10	25	2800	40	CRT
VSI	HMDS	50×30	双目	18	护目镜投影	—	—	LCD

6.2
机载头盔瞄准/显示系统的基本组成

按照国军标 GJB 4496—2002《武装直升机头盔瞄准/显示系统通用规范》和 GJB 4052—2000《机载头盔瞄准/显示系统通用规范》，机载头盔瞄准/显示系统由头盔组件、安装在头盔上的显示装置（包括图像显示源、显示光学系统、组合玻璃或者护目镜）、电子组件、系统控制组件和头部运动测量装置（包括安装在头盔上和座舱内的两部分头部位置探测部件）组成。若采用电磁式结构，还要采用对准器将头盔瞄准/显示系统的瞄准线（LOS）与飞机的中心线调成一致。基本组成和结构如图 6-34 所示。

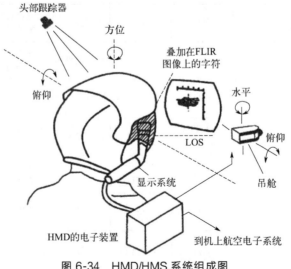

图 6-34 HMD/HMS 系统组成图

与平视瞄准/显示系统一样，头盔瞄准/显示系统可以将各种飞行信息和图像显示给飞行员。飞行员只需看着目标，就可以将其锁定，并将瞄准信息和飞行参数显示出来。

与平视瞄准/显示系统的重要区别是能够完成飞行员视线（瞄准线）方位、俯仰和横滚角的测量，并进行武器控制，进而发射命中。

图 6-35 是美国联合头盔指示系统（JHMCS）中电磁式头盔瞄准/显示系统的典型组成。由头盔显示单元（HDU）、电子设备单元（包括机载计算机）（EU）、磁发射（MTU）/接收单元（MRU）、对准/控制单元（CP）、头盔飞行器接口（HVI）和座椅位置传感器（SPS）等分系统组成。

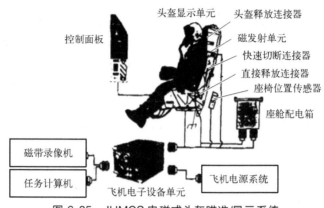

图 6-35　JHMCS 电磁式头盔瞄准/显示系统

磁发射单元包含 3 个相互垂直缠绕的线圈，分别代表系统的"基准" X、Y 和 Z 轴，在座舱中产生 3 个正交的交流电磁场；头盔显示单元安装在头盔上，包括 CRT、光学系统、磁接收单元、CCD 摄像系统、自动亮度控制系统和头盔/飞行器接口连接器。磁发射单元发射的正交交流电磁场被磁接收单元探测到，信号经过放大和数字化后，电子设备单元将结果信号与基准信号比较后，计算出飞行员的视线。同时，显示单元的护目镜组件将显示内容投射给飞行员。

联合头盔指示系统包括头盔和显示单元在内的总重量小于 1.8kg；在 XZ 平面内，重心距枕骨骨节不超过 2.2in；瞄准线精度（RMS 值）≤6mrad。

头盔瞄准/显示系统可以采用不同的跟踪定位技术，包括机械式、超声波式、电磁式和光电式等，本节重点讨论光电跟踪定位式头盔瞄准/显示系统。

光电式头盔瞄准/显示系统主要由光学显示系统和瞄准线测量系统组成：前者功能是将飞行信息和图像投影显示给飞行员，后者功能是测量飞行员瞄准线位置。

6.2.1　头盔显示组件

头盔显示组件由安装在头盔上的下列部件组成：

① 小型图像源（例如阴极射线管、液晶显示器和数字微显示装置 DMD 等）。

② 准直光学系统（包括组合玻璃/护目镜）、环境亮度传感器和亮度自动调节装置。

HMD 的光学成像/显示原理与 HUD 基本相同，但整套光学系统更为复杂，光路需要绕头部折转，需要通过中继光学系统将图像从像源投射到显示组合镜（或者护目镜）上，供飞行员观察，如图 6-36 所示。

头盔显示组件通过接收电子组件生成的导航、攻击等显示画面信息（包括红外/微光

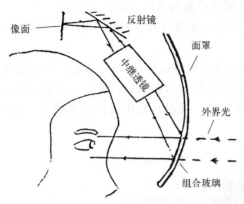

图 6-36 头盔瞄准/显示系统示意图

摄像系统拍摄的夜间外景画面），并提供重叠在外界背景上的准直图像，满足飞行员白天/夜间操作飞机和执行对敌攻击等任务时的技术需求。

① 显示武器火控、导航、直升机状态、目标状态等笔画法字符信息。

② 显示前视红外/微光夜视/电视获取的图像。

③ 最佳的观察视场和成像质量。

④ 最佳的头部位置测量精度。

⑤ 最小的重心偏移。

⑥ 最小的头部活动限制，保证活动范围尽可能大。瞄准线测量范围应满足下述要求：

a. 对于固定翼作战飞机，满足 GJB 4052—2000 要求：方位角 ±125°；俯仰角 −40°～90°。

b. 对于武装直升机，满足 GJB 4496—2002 要求：方位角 ±135°；俯仰角 −50°～40°。

⑦ 最小的附加重量和体积。

⑧ 保持最大的防碰撞和安全保护能力。

⑨ 其它，例如为飞行员提供语音通信等。

与 HUD 不同的是，当飞机处在机动或大过载飞行时，头盔相对头部的瞬时滑动可能会使图像丢失，为此，设计光学系统时，还需额外满足以下要求：

① 必须使光学系统出瞳直径更大，≥15mm。

② 为了能够容纳飞行员目镜或其它装备（例如气体面罩），光学系统的眼点距离要≥25mm。

③ 出瞳直径大和眼点距离长势必造成光学系统更重和更大的重心偏移，需尽可能采用先进的设计技术和特殊光学材料，减轻飞行员的不舒服感和疲劳感。

研究表明，重量和重心位置是头盔瞄准/显示系统的一个重要设计参数。根据国军标 GJB 4496—2002 和 GJB 4052—2000 相关要求，对于固定翼飞机，单目和双目显示头盔组件重量要求分别是 ≤1.57kg 和 ≤2.04kg；对于旋转翼飞机，单目和双目显示头盔组件重量要求分别是 ≤1.8kg 和 ≤2.4kg。一般地，头盔显示组件（不包括头盔）的总重量不应大于 390g。

国军标 GJB 4496—2002《武装直升机头盔瞄准/显示系统通用规范》并没有专门对直升机头盔瞄准/显示系统的重心提出要求。但是国军标 GJB 4052—2000《机载头盔瞄准/显示系统通用规范》明确规定：头盔组件的重心也应尽可能与飞行员的头部重心重合，如不重合，偏差值应限定在 25mm 的圆周内，并尽可能靠近头盔中心线的后下方；在 $9g \sim 12g$ 的加速度作用下，保证飞行员的头部和颈部不受损伤。

应当注意，GJB 4052—2000 明确指出，该军标"适合于各种类型的固定翼作战飞机和武装直升机的头盔瞄准显示系统"。

为了减轻头盔瞄准/显示系统的重量和具有最佳的重心位置，已经采取包括全息光学技术、自由曲面技术、二元光学技术和光学波导等多种先进技术，同时也使光学图像质量进一步得到改善，将在 6.4 节详细讨论。

6.2.2 头盔定位组件

机载头盔瞄准/显示系统可以随着飞行员头部（或眼睛）的转动，实时测量系统瞄准线的方向。

与固定瞄准具相比，显著优点是：

① 机载头盔瞄准/显示系统的固定显示视场虽然较小，但是，由于采用了头部跟踪技术和眼球跟踪技术，其有效视场远大于固定瞄准具的视场，几乎达到全方位瞄准。

② 飞行员可以充分发挥主观能动性去跟踪和瞄准目标，大大增加了目标的截获概率，提高了作战效果。

大多数头盔瞄准/显示系统都设计有头部姿态测量系统（俗称"头部跟踪系统"或者"头盔定位组件"），即测量头部角方位和线性移动的装置。

头盔定位组件（或头部跟踪系统）（HTS）是头盔瞄准/显示系统中确定头盔瞄准线的重要组件，由发射部件（例如电磁波或光波）、接收部件（例如电波/光波探测器）及信息处理部件组成。

头盔定位组件的功能是跟踪飞行员头部位置和方向，测量飞行员瞄准线相对于飞机机体（轴线）的参数。精准的头部跟踪是头盔瞄准/显示系统性能的关键，可以使领航传感器和武器系统快速而准确地与飞行员视线保持一致。

设计头盔跟踪定位系统需要考虑以下技术参数：

① 自由度（DOF）测量数目。不同数目的测量参数取决于不同用途。待测参量越多，技术越复杂。

② 位置和角度的测量精度。瞄准线定位精度越高，捕获目标的时间越短。

③ 位置和角度分辨率。

④ 头部移动范围（头部移动盒）。

⑤ 位置和角度的测量范围（至少大于目标跟踪系统的最大跟踪角）。

⑥ 延迟时间。头盔跟踪系统的时间延迟反映了动态精度或者瞄准快速运动目标的能力。

⑦ 刷新率。反映系统的实时跟踪能力，刷新率一般超过100Hz。

表6-10列出机载头盔跟踪定位系统需测量角度和位移的允许范围。

表6-10　机载头盔跟踪定位系统需要测量的角度和位移的允许范围

角度/(°)		位移/mm	
方位	±180	上/下	±225
俯仰	−70～+60	左右	±200
横滚	±60	前后	±270

头盔跟踪定位技术分为四种类型：

第一种，直接测量传感器。典型的结构形式是与头盔相连接的机电式或机械连杆系统，通过角传感器直接测量角方位。

第二种，间接测量传感器。典型结构形式是电磁式、光电式以及超声波式测量系统。这些系统使用某种辐射器发射信号，由头盔上的探测器接收；或者相反，在头盔上安装辐射器，而在座舱中安装探测器接收。

第三种，自主式测量传感器。以惯性跟踪系统为主，典型结构形式是利用安装在头盔上的传感器（例如固态陀螺或者微型光纤陀螺）测量某种完整的物理特性（无需在座舱中安装辐射器件，对飞行员头部活动也没有限制），从而解算出头部的位置和方位。

第四种，组合型测量传感器。研究表明，前面几种类型的跟踪定位传感器各有优缺点。为了弥补单类测量装置的不足，可以设计一种"组合型头部跟踪器"。一般是采用惯性测量装置（IMU）与超声、光电或电磁测量装置相组合，既有优异的动态性能，又具有长期稳定性。Kaiser 电光公司研发的光学-惯性混合式跟踪定位系统（OIT）是其典型代表。

6.2.2.1　机电式跟踪定位技术

机电式跟踪定位技术是较早开发的一种头盔跟踪定位技术，简称为"机械式测量技术"。机电式头盔瞄准具是采用连杆结构和电磁离合器将头盔与飞机座舱顶部（基准点）相连

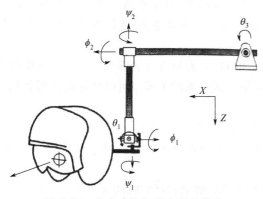

图 6-37　机电式头盔瞄准/跟踪系统

接的方法测量头盔的角方位。连杆在座舱顶部两根平行导轨上前后滑动，并通过连杆两端方向接头中的测角器测量头盔的方位和俯仰角范围。

1966 年，美国斯佩里（Sperry）公司首次研制成功这种机电式头盔定位/跟踪系统，并将其装备在 UH-1 型武装直升机上，如图 6-37 所示。

这种结构由两根刚性连杆和精密的联轴器组成。头盔与垂直连杆相连的第一个联轴器允许三个自由度（X、Y 和 Z 轴运动）；两个连杆之间的第二个联轴器允许 X 和 Z 轴

运动；与飞机相连的第三个联轴器仅允许绕 Y 轴运动。整个系统可以完成横滚、俯仰和方位测量。

此类机电式头盔瞄准/跟踪系统采用精密的位置传感器（例如分解器或轴编码器），因此，可以快速完成精准测量。测量范围：方位角约 $\pm 115°$；俯仰角约 $-60° \sim +30°$。瞄准光环类似于同心圆靶环，最小内圆约 $0.3°$（30 密位），所以，该机电式头盔瞄准具响应迅速，有较高精度：使用 7.62mm 机枪，在射击距离 1000m 以上和炮塔偏转角为 60° 攻击条件下，瞄准精度可达 $0.2°$。

机电式定位跟踪技术尽管具有很高的测量精度，但限制了飞行员的自由活动，紧急状态下的逃生也受到一定影响。另外，头盔重量增加较多，加重了飞行员的头部负担（高加速度飞行时飞行员难以承受），不符合人机工程要求。并且，在不同飞行状态下，头盔机械连接杆引起的震动会明显增加。目前，机载领域基本上不再装备机电式跟踪定位系统。

6.2.2.2　超声波跟踪定位技术

超声波是一种机械波（频率大于 20kHz，工作频率 40kHz 左右），可以在气体中像光线一样沿一定方向传播，也可以在液体和固体中传播。

作为头盔超声跟踪定位技术，有两种具体的实施方法：时间传播测量法和相位相关测量法。

时间传播测量法中，发射器与接收器的距离是10~50cm。声波速度从海平面的340m/s到平流层的295m/s，易受环境和压力变化的影响。为了测量机上的声速，必须在座舱内设置基准发射器和接收器，通过不变的已知距离分隔放置。

相位相关测量法是通过比较发射器与接收器之间的信号相位偏移测量二者之间的距离。

实际上，这两种测量技术都是测量超声波发射器与接收器之间的距离，利用三角原理测量方法计算头部位置和方向。

超声波跟踪定位系统包括三个装置：固定在头盔上的三个超声波发射器、座舱内安装的三个超声波接收器以及用于数据处理和系统其它功能的电子组件，如图6-38所示。为了不影响人的耳朵，超声波频率应大于20kHz，典型频率值在40kHz。

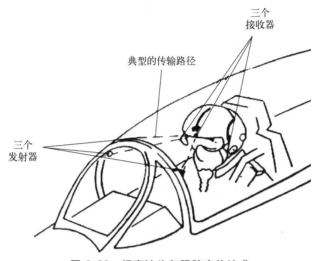

图6-38　超声波头盔跟踪定位技术

头盔与座舱内超声波传感器的功能可以互换。头盔安装的传感器可以是发射器，也可以是接收器。但要注意，如果将发射器设计在头盔上，可能会使头盔重量更轻，因为无需设计低电平信号放大电子线路。

若将发射器设计在座舱内，除了头盔具有较大的平移范围外，座舱内增加若干个发射器，则瞄准线覆盖范围会更大。超声波传感器的安装数量视情况确定。大型运输机（头部上方空间比战斗机大得多）最佳布局是：座舱内头部上方安装三个超声波发射器，头盔上仅安装两个超声波接收器；对战斗机，座舱内和头盔上分别安装两个超声波发射器和接收器，电子装置安装在飞机上。

超声波跟踪定位技术的工作原理：通过测量固定在头盔上特征点（三个超声波发射器或接收器）和座舱参考系中特征点（三个超声波接收器或发射器）之间的距离，计算出发射器所在平面在接收器确定的坐标系中的六个自由度参数，如图6-39所示。

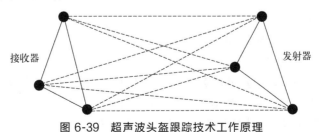

接收器　　　　　　　　　　　　　发射器

图6-39　超声波头盔跟踪技术工作原理

当每个接收器测量出三个发射器的距离后，就可以计算出发射器平面（或法线）在接收器坐标系中的方位参数，从而确定飞行员的瞄准线空间位置。

超声波头部跟踪定位技术的显著特点是：

① 频率很高、波长较短，衍射现象不明显，但传播速度慢。

② 振幅很小，加速度很大，可以产生较大能量，且传播能量较为集中，具有较强的穿透本领。

③ 对外界光线和电磁场不敏感，具有较强的抗干扰能力。

④ 发射器小而轻，不会对头盔重量产生太大影响。

⑤ 系统精度取决于声速，容易受到温度、湿度、气压、气流扰动和环境超声噪声的影响。

⑥ 刷新率低。

超声波头盔跟踪定位系统的优点是体积小和重量轻，抗干扰能力强。但研究表明，在机载环境下（包括战斗机和直升机）实施超声波探测跟踪系统并非最佳方案，因为强烈的外部噪声很容易穿透座舱的低吸收结构层被系统探测器接收或探测到，影响系统的定位精度。实际上，温度、气压、湿度、气流扰动和环境超声噪声等因素都会对声速产生影响，另外，刷新率也较低，因此，超声波跟踪定位技术逐渐退出机载头盔瞄准/显示系统应用领域。

6.2.2.3 电磁式跟踪定位技术

早期的电磁跟踪定位技术可以追溯到 20 世纪 60 年代，主要应用于地质矿藏探测和地面导航，测量参数有 2～4 个自由度。

20 世纪 70 年代，研发出以处理模拟信号为主的章动式跟踪定位技术，测量参数可达 6 个自由度。

20 世纪 70 年代末，研发出适合数字计算机处理的时分式跟踪定位技术。美国霍尼韦尔公司将其作为专利产品应用于机载头盔瞄准/显示系统。

两种跟踪技术的接收和发射天线相同，都是三个彼此正交的环形天线。不同之处是：前者以连续馈电而形成章动矢量场，是模拟电路时期的产物；后者则是在计算机控制下分时向发射天线发送能量，适合数字电路处理。

时分信号跟踪系统由下列组件组成：

① 发射天线（或者辐射器）。

② 接收天线（或者敏感器）。

③ 交流信号发生电路。

④ 接收/放大/采样电路。

⑤ 机载计算机。

⑥ 逻辑控制电路。

⑦ 接口电路。

20 世纪 80 年代中期，以色列 Elbit 公司研发成功电磁式头盔瞄准/显示系统，并逐渐装备于 F-15、F-16 和 F-18 等战斗机上。主要性能：方位角 $\pm 180°$，俯仰角 $\pm 90°$，横滚角 $\pm 60°$，瞄准精度 $0.25°\sim 1°$。

1986 年，美国 Ascension 公司发明了一种为发射天线提供脉冲直流信号的电磁跟踪技术。英国马可尼公司（2019 年，被英国航太公司并购，组成英国宇航公司 BAE）也研发出一种直流式电磁头盔跟踪器，大大降低了金属环境的影响。

需要强调，早期研发的头盔跟踪定位系统是为发射天线提供交流信号，利用正弦电流为线圈供电，从而在金属物体附近产生涡流，进而产生与发射磁场相反的抗磁场，因此，对附近存在金属物特别敏感，容易产生二次磁场，使原有磁场畸变，从而增大了系统跟踪误差。目前，跟踪定位系统为发射天线提供脉冲直流信号后，采用直流脉冲为线圈供电，接收器经过一定的等待时间，并通过调整脉冲宽度再进行信号的采样和处理，可以降低抗磁场的影响，因此，能够大大减少金属环境带来的干扰。

由于电磁跟踪技术在精度、灵敏度、成本、体积、重量和探测距离等方面具有诸多优点，并容易配置在头盔上，因此，利用电磁技术实现头盔跟踪是目前大多数头盔瞄准/显示系统（尤其是武装直升机头盔瞄准/显示系统）采用的跟踪定位技术。美国最新型的联合头盔瞄准显示系统也是装备电磁式头部跟踪器。

电磁式头盔瞄准/显示系统主要由电磁跟踪定位装置（包括发射和接收天线）、控制装置、机载计算机、电子组件、头盔显示装置等组件组成。表 6-11 列出主要性能。

表 6-11　电磁式头盔瞄准/显示系统技术性能

参数		指标
头盔显示器的视场/(°)		≥30
瞄准线测量范围/(°)	方位角	±180
	俯仰角	≥±85
	横滚角	≥±45
头部活动范围/m³		≥0.0283
测量精度（均方差）/mrad	正前方 20°圆锥内	≤6
	在方位角±180°和俯仰角≥±60°范围内	≤12

电磁式头盔跟踪定位系统的工作原理是：在座舱内安装定向磁场空间同步辐射器（捷联式三轴磁轴向器），当电磁定位系统工作时，交流信号发生器产生一个低频交流信号，经过功率放大，送往发射天线，经过空间传输，在座舱内建立一个特定的交变电磁场区域；头盔顶部安装相应的磁场空间同步敏感接收器（三轴磁探测器）接收电磁信号，经前置放大、采样和滤波之后，送入 A/D 转换器，使模拟信号转换为数字信号，再送入计算机，完成接收天线当前方位角度的计算和系统的逻辑控制任务，最终实现武器的准确发射。如图 6-40 所示。

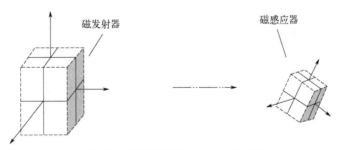

图 6-40　电磁跟踪定位技术工作原理

在辐射系统与敏感接收系统两个组件中，分别包含三个相互正交的磁性线圈。加电后，辐射器的每个线圈依次激励并产生电磁矢量，形成特定形状的磁场区域，三组线圈的法线方向代表三个坐标轴。磁敏感接收器与发射器的结构完全相同（但体积和重量小得多，因此，非常适合安装在头盔上），每个感应线圈需要感应三个发射线圈所辐射的电磁矢量分量，由此得到 9 个数据。根据辐射器的定向磁场轴敏感器的偏差，计算出感应器所在位置坐标系与参考系之间的关系，最终获得头盔相对飞机的方位角、俯仰角和横滚角，即可确定瞄准线的方位角。

电磁式头盔定位技术的优点是：体积小和重量轻，为头盔附加的重量少，封装对 HMD（和飞机）的影响极小，具有中等级的分辨率、等待时间和精度，并能进行六个自由度测量，测量范围较大（方位视场 ±120°），无遮挡干扰，达到了较高技术水平，已经得到应用。

电磁式头盔定位技术的缺点是：对座舱里金属物体产生的畸变非常敏感，换句话说，对飞机座舱设计或环境要求苛刻。若座舱环境中包含固定的金属结构，为了排除金属结构的影响，需要对座舱进行复杂的测绘和校正以修正系统的读出。尽管可以预先测绘座舱里的磁场部分地解决灵敏度问题，但座舱测绘是一个复杂的高成本的冗长而麻烦的处理过程，每一次搬动或增加金属物都必须重复校准。飞行实践也证明，每次飞行前电磁式头部跟踪器需要与飞机坐标系进行重新对准。因此，瞄准精度较低（与平视瞄准/显示系统相比，相差 5～10 倍），通常装备在武装直升机上。

表 6-12 列出了高精度武装直升机对跟踪定位系统提出的技术要求。

表 6-12　高精度武装直升机跟踪定位系统的技术要求

移动区范围	角度范围	瞄准角精度	瞄准角分辨率	刷新速率	转动速度
±400mm（前/后）	方位角：±180°	头部活动框内：<5mrad	角度：1.75mrad	60Hz/min	160°/s
±250mm（左/右）	俯仰角：±90°	整个视界内：9mrad	位置：1.3mm	—	—
−220mm（下）	横滚角：±180°				

6.2.2.4　光电式跟踪定位技术

光电式头部跟踪器（也称为信标跟踪器）的工作原理是利用光电探测器（光电管、位置敏感探测器和电荷耦合器件）对一定阵列图形的辐射源（红外光或可见光）进行位置或角度测量，进而求出被测物体的姿态和位置参数。

英国 Ferranti 公司、法国 Thomson-CSF 公司、南非 Kentron 公司、美国 Honeywell 公司和中国航空工业集团公司洛阳电光设备研究所先后研发出这类头盔跟踪/定位装置。美国 AH-IS 直升机安装的光电式头盔瞄准具是该类产品的典型代表，主要性能：方位角 ±135°，俯仰角 ±60°，瞄准精度 0.5°。

利用光电法测量和定位瞄准线是一种常用的头盔跟踪定位技术。与电磁定位技术相比，优点是对座舱金属变化不敏感，抗电磁干扰能力强，一旦位置固定，其精度完全可以得到保证，飞行前无需进行对准操作；缺点是由于光路遮挡而使测量范围受到一定限制。

根据光源与探测器的相对位置以及目视瞄准线测量方法，光电头盔瞄准/显示系统分为三种类型：

第一种，红外光束旋转式头部跟踪系统。

红外光束旋转式测量技术是将两对光敏二极管探测器分别安装在头盔两侧耳机旁，在稍后于飞行员头部位置的座舱两边各安装一个能够发射等速旋转扇形红外光的辐射光源，并照射头盔上的光敏二极管探测器。红外光束发生器产生的光束以固定的角速度旋转，并启动该装置中的基准二极管，依次启动定时器工作。当头盔上的光敏二极管探测到该光束时，定时器停止工作。计算机根据接收到的扫描器定时基准信号与头盔上光敏探测器接收的光信号之间的时差，计算出头部相对于飞机的方位和俯仰角，即给出头盔瞄准/显示系统的瞄准线。

美国 Honeywell 公司、法国 Thomson-CSF 公司和英国 Ferranti 公司先后研发出这类头盔瞄准系统，方位角达到±135°，俯仰角±60°，瞄准精度约 0.5°。

图 6-41 是美国 Honeywell 公司为阿帕奇（Apache）直升机研制的红外光束旋转式头盔跟踪器的示意图。两个传感器测量装置（SSU）安装在机上飞行员的两侧，能够产生很细和经过准直的扇形红外光束，并以固定的角速率旋转。两个小的红外探测器安装在头盔旁边。红外光束触发脉冲无论何时总是能让光束扫描过头盔探测器。在 SSU 内安装的另一组探测器建立旋转测量基准。借助于测量基准探测器以及头盔上的两个探

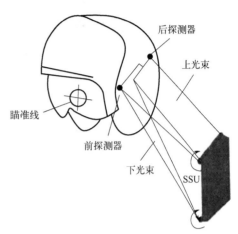

图 6-41　红外光束旋转式头盔跟踪器

测器被每一束红外光触发的时间或脉冲数完成角度测量工作。

第二种，红外扫描式头部跟踪器。

红外扫描技术跟踪头部移动位置的工作原理，如图 6-42（a）所示。飞行员头盔上安装有三个红外发光二极管，并组成三角形。座舱内安装有两个扫描系统，每个扫描系统的瞬时（固定）光学视场很窄且做相向旋转。只有当瞬时视场扫过二极管时，其辐射才能被扫描系统中的光电器件接收，并测出瞬时视场由起始位置扫到每个二极管所转过的角度。由于已经知道扫描系统的间距和二极管之间的间距，因而，可以求出二极管所在平面的法线（即瞄准线）方向。

苏-27 和米格-29 以及武装直升机上批量装备的头盔瞄准具（也称为"头盔目标指示器"）是该类产品的典型代表，如图 6-42（b）所示。

苏-27 红外扫描头部跟踪系统由四部分组成：

① 头盔组件，包括三个发光二极管和光学显示组件。

② 两个光电扫描组件，分别安装于平视瞄准/显示装置两侧，并与其精确校正。

③ 数据处理装置，用以计算头盔相对于飞机坐标系的瞄准线角度。

④ 电子组件，用以接收和处理感受到的发光二极管信号。

扫描接收器光学接收系统的基本结构如图 6-43 所示。

工作原理是头盔前部以一定的阵列方式（例如等腰三角形，顶角朝上）安装三个红外光发光二极管，使它们确定的平面法线与瞄准线平行，即代表头盔瞄准装置的瞄准线，工作时向前方辐射红外脉冲系列。

每个扫描接收器都设计有一个十面棱镜，并由电机通过传动系统带动旋转，对扫描区域进行周期性扫描。众所周知，任何一种扫描镜，计数脉冲是从扫描镜转到基准位置起到探测器探测到红外光辐射信号时为止，这一段产生的脉冲数正比于从运动起点到光敏传感器接收到红外辐射时瞄准线所转过的角度。

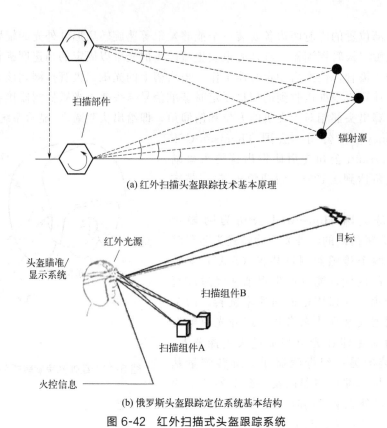

(a) 红外扫描头盔跟踪技术基本原理

(b) 俄罗斯头盔跟踪定位系统基本结构

图 6-42　红外扫描式头盔跟踪系统

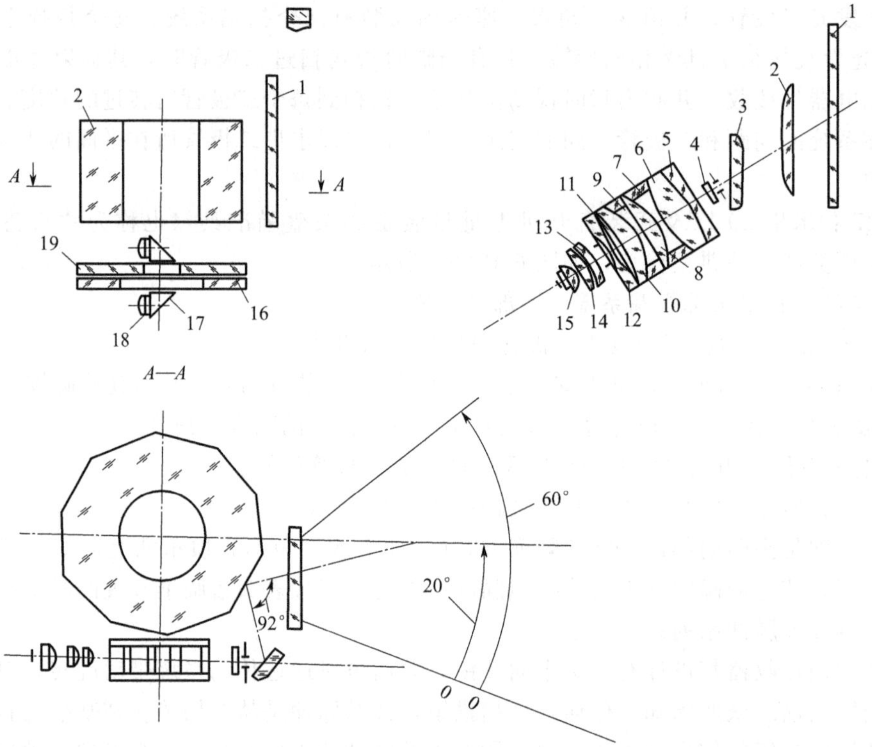

图 6-43　扫描接收器光学系统

折射光学系统形成一个狭窄的瞬时视场（水平视场30′，俯仰视场35°）。

当飞行员头部运动发生变化时，电子组件发送脉冲驱动发光。三个发光二极管分别发出红外光信息，并透过扫描器防护玻璃进入扫描瞬时视场，由扫描组件接收。

十面棱镜绕飞机机轴旋转，并与反射镜一起将红外辐射光反射到折射光学系统。瞬时视场扫过头盔上的某个红外辐射二极管时，其辐射红外脉冲就会进入扫描接收器的光学系统而被光敏接收器接收。电路中产生测量脉冲信号列，与读数脉冲和基准脉冲一起输送给电子组件，由电子组件进行信息处理形成瞄准线位置的初始角分量，并通过计算机得到棱镜转过的角度。

光学码盘的活动分度盘安装在十面棱镜的转轴上并随之转动，固定分度盘与活动分度盘对应安装而固定不动。当棱镜和活动分度盘转动时，固定分度盘和活动分度盘的标线不断对准，因此，光学码盘的主要功能是记录下十面棱镜的旋转角度，输送给计算机进行瞄准线计算，解算出头盔瞄准线角坐标，然后将目标信息传送给导弹导引头和信息系统，并发出截获、瞄准指令，使其跟踪目标。当信息系统跟踪上目标后，便将目标的距离信息传输给中央数字计算机，从而构成一个完整的火力控制系统。与此同时，瞄准信息通过头盔上的光学显示组件显示给飞行员。

发光二极管与探测器的工作波长选择很重要。可见光波段易受座舱内指示灯和外面太阳光辐射的干扰，座舱内每个仪表都是一个热辐射源，长波红外波段易受舱内仪表热辐射干扰。通常采用$0.93\mu m$短波红外（最好选择$1.3\sim1.4\mu m$窄波段），有较好抗干扰性。

三只红外发光二极管安装在驾驶员头盔前部，组成等腰三角形，其平面法线方向代表瞄准线方向，接收装置安装在座舱内的仪表板上，在平显两侧。所以，红外发射装置和接收器的相对位置不是固定不变的，而是有一个相对变化范围。戴着头盔的飞行员在目视目标时，利用头部左右或俯仰旋转的角度测量目标相对于飞机的位置，因此，要求发光管的视场角特别大，最好是180°内均匀发光。

红外发光二极管是一个均匀发散光源，距离探测器较远。尽管其发射能量较大（光功率需达到大于几十毫瓦），但探测器接收到的能量还是很小，因此，一般要求探测器具有较高灵敏度，接收光学系统的能量损失尽可能小。

表6-13列出上述光学成像系统的结构参数。

表6-13　扫描接收光学系统的结构参数

透镜序号(图6-43)	半径 R/mm	中心厚度 d/mm	折射率 n_D	牌号
5/6	0	7.9	1.728	ZF4
	65.46	2	1.622	ZK10
	−23.33	5.94		
8	15.631	1.5	1.744	LaF3
	94.41	4.26		
10	11.535	1.5	1.744	LaF3
	60.12	5.6		
12	−55.59	1.46	1.806	ZF7
	30.48	1.5		

透镜序号(图 6-43)	半径 R/mm	中心厚度 d/mm	折射率 n_D	牌号
光阑	0	0.94	1.516 1.516	K9 K9
	0	0.6		
	0	0.6		
13	16.369	0.7	1.917	ZF14
	97.95	1.5		
14	10	0.1	1.917	ZF14
	15.031	1.1		
15	3.105	0.2	1.806 1.516	ZF7 K9
	0	2		
	0	0.7		

为了提高红外发光二极管的位置测量精度，条形光学系统选择很窄的瞬时水平视场和很宽的瞬时俯仰视场：30′(H)×35°(V)。红外扫描接收器反向旋转，扇形扫描面接收红外光束的范围：60°(H)×35°(V)。飞行员头部活动范围：方位：±60°；俯仰：−15°～+45°。

由于头盔结构、背景干扰以及座舱空间限制会出现光信号被遮挡的现象，因此，光电头盔瞄准/显示系统的探测范围会受到限制（方位角±60°，俯仰角±40°，瞄准误差≤35′）。为了增大探测范围，可以在头盔左右两侧各增加一组（三个）红外辐射器，此两组三角形确定的平面法线与瞄准线的夹角都是可测且固定的。实验结果表明，最大探测范围可以达到：方位±130°，俯仰±70°，瞄准精度提高到＜30′。

表 6-14 列出了该类头盔瞄准/显示系统（例如俄罗斯米格-29 和苏-27 头盔瞄准器）的技术性能。

表 6-14　俄罗斯头盔瞄准/显示系统的技术性能

参数		指标
视场/(°)	方位	±60
	俯仰	−35～+45
精度/(′)		≤42
头部活动范围 /mm	前后	180
	左右	400
	上下	210
头盔最大跟踪角速度/[(°)/s]		20
头盔上附加重量/kg		0.35
头盔扫描组件	A/B 重量/kg	1.25
	A/B 外形尺寸/mm	140×104×42.5
电子组件	重量/kg	6.5
	外形尺寸/mm	340×200×133

参数		指标
数据处理组件	重量/kg	7.5
	外形尺寸/mm	330×138×185
安装尺寸与精度	光电扫描组件 A 和 B 之间距离/mm	152
	光电扫描组件与平显纵轴不平行度/(′)	≤2
飞行寿命/h		3000

第三种，CCD 图像式头盔跟踪器。

红外扫描式头部跟踪技术的缺点是机舱内需要安装两个高速转动的十面棱镜。在转动过程中，反射面既有转动又有移动，即非共面定轴转动，机械加工误差和安装位置精度都会严重影响系统的跟踪定位精度。另外，对狭缝光阑的加工要求也比较高，实际使用中受到一定限制。

随着科学技术发展，采用 CCD 光电成像器件代替上述扫描器组件，利用具有精确固定位置的 LED 发光阵列代替红外旋转部件。通过光电摄像机探测技术和图像处理技术相结合，即利用 CCD 光学传感器实时拍摄头盔定位 LED 阵列的位置，并经过图像处理完成空间位置解算，就可以获得瞄准线相对于飞机轴线的空间角度，从而更简单和更精确地实现头部跟踪。这种方法称为"CCD 图像式头部跟踪技术"，也是目前机载领域广泛采用的光电法测量瞄准线技术。

与电磁式头部跟踪技术相比，该测量技术优点是无需座舱测绘，缺点是头盔活动范围受限于 CCD 相机的视场以及头盔对视场的遮挡，换句话说，角度测量范围有限。

光电法 CCD 图像式头部跟踪技术有三种形式：CCD V 形狭缝（线列）式跟踪技术、CCD 面阵型跟踪技术和计算机视觉式/CCD 面阵型跟踪技术。

（1）CCD V 形狭缝（线列）式跟踪技术

1969 年，美国贝尔实验室发明了"电荷耦合成像器件（CCD）"。20 世纪 70 年代，已经可以利用简单的线性 CCD 成像，因此，最初采用 V 形线性 CCD 摄像机作为光电法 CCD 图像式头部跟踪器的主要接收装置。

20 世纪 80 年代，英国马可尼（Marconi）公司首先研制出应用狭缝摄像机作为探测器（采用线性 CCD 阵列）和发光二极管（LED）阵列作为红外辐射元件的光电式头盔瞄准装置，使用 V 形狭缝结构作为二维阵列。如图 6-44 所示，飞行员头盔两个耳机旁边各设计三个发光二极管（为了获得足够的信号/背景对比度，LED 的发光亮度不小于 5000fL，即 1500cd/m²），组成一个发光的等边三角形，并分别对准各自的 CCD 摄像机，发光三角形的边长越大，系统测量精度越高。两个 V 形狭缝摄像机安装在座舱仪表板前左右两侧，视场约为 40°～60°。

CCD V 形狭缝摄像机包括一个 1728 元的线性 CCD 器件和一个 V 形（0.2mm）狭缝光阑。飞行员头部两侧的发光二极管向摄像机辐射光束，经狭缝后变为两个扇形光束投射到 CCD 器件上。由于没有光学系统，所以，不管光源是否偏离摄像机的初始轴线，都能保持 V 形图像的形状，如图 6-45 所示。

当发光二极管光点（即头部位置）相对于摄像机（即飞机座舱坐标系）相对运动时，光点对应的输出信号点就会在与飞机坐标系相固连的摄像机坐标系内运动：发光二极管上下移动，图像在 Y 方向分开或合拢；发光二极管左右运动，图像也左右移动，但两曲线之间的

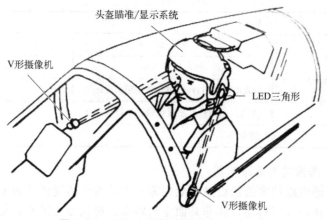

图 6-44　CCD V 形狭缝摄像机跟踪系统

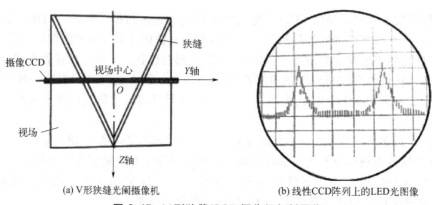

(a) V形狭缝光阑摄像机　　　　(b) 线性CCD阵列上的LED光图像

图 6-45　V 形狭缝/CCD 摄像机与其图像

距离保持不变。发光二极管的运动代表了飞行员头盔相对于飞机的运动，运动量值可以通过对狭缝中心点 O 的偏移量测得。最后，经过计算处理，得到瞄准线的方向。

CCD V 形狭缝（线列）式跟踪技术的优点：

① 头盔上增加 6 个发光二极管，增加的重量和体积都很小，在过载机动环境下（$9g$）影响不大。

② 发光二极管与摄像机之间没有任何机械约束，对飞行员的操作、生理和心理没有任何影响和妨碍。

③ 没有电磁干扰。

④ 头盔瞄准线的可测姿态范围宽：方位角约 $\pm 180°$，俯仰和横滚角度也很大。

⑤ 提供圆周概率误差小于 0.5° 的瞄准精度。

⑥ 重复频率达 20～50 次/s，满足快速动态性能的需求。

应当注意，强烈的阳光辐射和地表背景的干扰，会造成 CCD 器件的输出饱和，严重时可能导致无法分辨由二极管发射的有效信号。因此，CCD V 形狭缝（线列）式跟踪系统应采取必要措施控制 CCD 饱和问题以及信号/背景光亮度比的问题。

（2）CCD 面阵型跟踪技术

随着面阵 CCD 成像器件的研制成功，CCD 面阵型头盔跟踪技术越来越广泛地得到应用。

根据 CCD 摄像机与特征标识点（LED）的安装方式，有两种跟踪形式：内向外跟踪（inside-out tracking，IOT）技术和外向内跟踪（outside-in tracking，OIT）技术。前者将摄像机固定在头盔上，并与飞机环境中的静止目标（属于"单目视觉测量技术"）对准；后者将两台摄像机固定在飞机环境中某位置，对准固定在 HMD 上的跟踪目标（至少三个 LED），可以获得较高精度的方位信息。

目前，CCD 图像式头盔跟踪器大多数采用 OIT 结构布局，属于"双目视觉测量技术"。

对于 CCD 图像式头盔跟踪技术，一般需要对 CCD 摄像机采集的图像或视频进行处理以获得相应场景的三维信息，或者说利用摄影测量方法（即计算机视觉技术）作为机载头盔瞄准线定位的基本理论以解决三点空间求解问题（或三角形问题）。换句话说，CCD 图像式头盔跟踪技术是利用计算机模拟人类视觉的过程，是具有感受环境的能力和人类视觉功能的一种跟踪技术，是图像处理、人工智能和模式识别等技术的综合，亦称为计算机视觉法机载头盔跟踪技术。

在这种方法中，光源仍然安装在头盔上，ABC 是头盔上三个红外发光二极管组成的等腰三角形（需要说明，有的设计方案采用"4 个红外发光二极管，构成一个正三棱锥结构"）。不同的是两个固定的 CCD 摄像式探测器安装在座舱内，基本工作原理如图 6-46 所示。两个 CCD 摄像机中心 O_1 和 O_2 连线为 Y 轴，垂直于 CCD 平面且过 O 点的直线为 Z 轴，而 X 轴符合坐标右手规则。

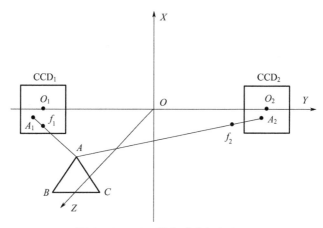

图 6-46　CCD 图像式头盔跟踪器

定义头盔上三个发光二极管为被测物体的特征点 P_i，摄像机成像面上对应图像的特征点为 U_i。通常，发光二极管之间的距离和摄像机焦距已知，摄像机坐标系 X_c 与发光二极管阵列坐标系 X_w 之间存在下列关系：

$$X_c = RX_w + t \qquad (6\text{-}1)$$

式中，R 是两个坐标系之间的旋转矩阵；t 是平移向量。从而将三维空间问题转换为二维图像空间问题。若 R 和 t 已知，根据摄像机坐标下特征点的测量值（坐标）可以求得对应点在二极管阵列坐标下的坐标（或瞄准线方向）。

通常，CCD 摄像中心 O_1 和 O_2 的距离为 $2L$，两个 CCD 光学系统焦距 f_1 和 f_2 已知，图 6-46 中各点的坐标分别是：f_1（0，$-L$，f），f_2（0，L，f），$A_1(x_{a1}, y_{a1}, -L)$ 和 $A_2(x_{a2}, y_{a2}, L)$。CCD 像面上每个特征点相对于中心的偏离量坐标可以测得，因而，很容易得到三个发光二极管的坐标。

以 A 点为例，假设其坐标为 $A(x_a, y_a, z_a)$，在两个 CCD 像面（坐标系）上测得的偏离量分别为 (x_{a1}, y_{a1}) 和 (x_{a2}, y_{a2})。根据空间几何关系，可以求得 A 点的三维坐标：

$$x_a = \frac{x_{a1}}{y_{a1}} \times \frac{x_{a1}y_{a2} + x_{a2}y_{a1}}{x_{a2}y_{a1} - x_{a1}y_{a2}} + \frac{x_{a1}}{y_{a1}}L \tag{6-2}$$

$$y_a = \frac{x_{a1}y_{a2} + x_{a2}y_{a1}}{x_{a2}y_{a1} - x_{a1}y_{a2}} \tag{6-3}$$

$$z_a = f - \frac{f}{y_{a2}} \times \frac{x_{a1}y_{a2} + x_{a2}y_{a1}}{x_{a2}y_{a1} - x_{a1}y_{a2}} - \frac{f}{y_{a2}}L \tag{6-4}$$

以同样方法可以求得 B 点和 C 点坐标。

根据求得的 A、B、C 三点坐标，便可求出 ABC 平面的法线方向。平面 ABC 的法线方向定义为瞄准线方向。

南非 Kentron 公司从 1971 年就开始为南非空军（SAAF）研制和生产光学头部跟踪器，工作原理基本相同，头盔配置有 4 个 LED。一般情况下，采用一个 CCD 摄像机摄取 LED 图像，为获得更高的可靠性，可采用两个 CCD 摄像机。即使一部摄像机出了故障，该系统仍能正常工作。依靠头部运动，系统自动接通摄像机或者 LED 装置，并通过计算机计算出头部位置。

该系统设计有一个较大的头部跟踪范围，适合高精度和高分辨率的全天候跟踪，主要性能列于表 6-15 中。

表 6-15　南非 Kentron 型光学头部跟踪器的主要性能

参数		指标
头部活动范围/mm	前/后	610(24in)
	左/右	±686(27in)
	上/下	51/152(2/6in)
测量包线/(°)	方位	±80
	俯仰	−70～+90
	横滚	±60
精度 RMS 值/mrad		5
分辨率/mrad		优于 0.5
更新速率/Hz		50
数据存取时间/ms		35
旋转速率/[(°)/s]		＞200

（3）计算机视觉式/CCD 面阵型跟踪技术

视觉是人类获取信息的强有力手段，周围环境中的物体在辐射光照射下可以在人眼视网膜上形成图像。随着信号处理技术和计算机技术的快速发展，计算机视觉系统利用各种成像设备（CCD 摄像机）作为输入敏感手段，代替人的视觉（眼睛）获取目标图像并转化为数字信号，再由计算机完成视觉信息处理，实现视觉观察以及对世界的理解，这种技术也称为"机器视觉（machine vision）"或者"计算机视觉（computer vision）"定位跟踪测量技术。

计算机视觉技术已经在工业和农业及某些军事（例如，地面监视、发现和跟踪）领域得到广泛应用，通过一幅或多幅图像认知周围环境信息，包括目标形状、位置、姿态和运动等，同时，还能进行一定程度的描述、识别和存储。

视觉测量技术是在计算机视觉理论和技术研究基础上发展起来的一门测量技术，研究重点是测量目标的几何尺寸、空间位置和运动姿态等，显然，也可以将视觉测量的原理和方法应用于头部转动角度的测量中。

将头盔瞄准线（或飞行员视线）视觉测量技术引入机载火力控制系统中，意味着受大脑控制的飞行员眼睛（或视觉）作为智能探测器引入机载火控回路中，可以实现飞行员看到哪里，机载传感器和武器就瞄准到哪里，从而具有快速自适应搜索、识别、跟踪和攻击能力。

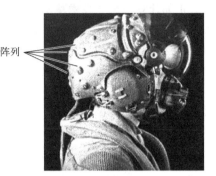

LED阵列

图 6-47　计算机视觉式跟踪定位
头盔瞄准/显示系统

视觉式头盔测量定位系统的结构类似于上述CCD图像式头盔跟踪技术，如图6-47所示：在飞行员头盔表面按照一定规则（例如三角形或四边形）设计一些发光二极管阵列，在头盔前方或后方安装CCD摄像机，获得头盔上发光二极管阵列的图像。不同的是，后续流程是采用计算机视觉原理（包括图像处理技术和计算机算法）模拟人眼视觉，将摄像机摄取的二维图像坐标转化为三维图像坐标，进而根据发光二极管的三维坐标解算出头盔瞄准线的位置和方向。目前，法国"阵风"飞机、瑞典"鹰狮"飞机等都配装有此类头盔瞄准/显示系统。

根据系统中采用CCD摄像机数量，分为单目、双目或者多目视觉系统。

单目视觉跟踪系统是利用单CCD摄像机从不同角度拍摄头盔瞄准/显示系统顶部特征平面的二维图像。特征平面由三个位于同一圆周（半径已知）上并分别发射红、绿和蓝光的发光二极管组成，彼此相隔120°；摄像机安装在机舱内头盔正上方，垂直向下拍摄，光轴垂直于特征平面并通过圆心。这种方法的优点是结构简单，摄像机标定容易，并且只需单幅图像就能计算出目标的尺寸和空间三维姿态（瞄准线），避免了立体视觉的小视场问题和匹配困难等问题，缺点是测量精度低。

众所周知，为了获得目标的三维信息，模拟人眼的双目视觉原理对目标精确定位，以获取目标与系统的相对位置信息（如方位和距离信息），需要使用固定间隔（类似于人眼的"双目间距"）的两台CCD摄像机对同一个目标成像，利用一定的算法和图像处理技术对两幅图像进行分析和计算，最后确定目标的三维坐标（或者瞄准线方向），也称为"双目视觉测量技术"。

多目（三目以上）视觉测量系统，尽管测量结果精度高，但结构复杂，计算量大。相比之下，双目视觉测量技术具有简单可靠、计算量小和测量结果精度较高的优点，因此得到了较广泛应用。

计算机视觉式头盔跟踪定位技术是双目视觉测量技术的重要应用之一，是采用机器视觉理论与图像处理技术相结合的方法确定头盔瞄准线。

计算机双目视觉立体测量技术的工作过程包括以下步骤：

① 图像获取（采集）。CCD摄像机将二维图像形成在像面上，并形成电信号，经滤波和放大处理后输出视频信号。

② 摄像机建模内部/外部参数的精确获得。考虑到摄像机光学系统并非理论上的针孔成

像系统，具有一定的通光孔径和视场，实际上存在畸变，摄像机模型一般采用非线性模型。

③ 特征提取（包括区域的灰度特征，角点的点特征，相位特征等）。

④（立体）图像匹配。将两个摄像点采集的一对图像中同一目标的投影点匹配起来，合理选择匹配基元、匹配规则和匹配方法，最终精确获得相关信息，因此，是最关键和最复杂的一步。

⑤ 三维数据获取。

⑥ 表面数据插值/表示。

正如计算机视觉技术奠基人 Mart 所述：视觉技术是一个信息处理过程。因此，视觉式头盔跟踪定位技术是在 CCD 图像式头盔跟踪定位技术的基础上，充分利用图像处理技术和识别算法完成图像信息处理（硬件包括图像采集、图像处理和数据输出模块），将二维图像坐标转换为三维图像坐标，更方便和精准地计算出头盔瞄准/显示系统的瞄准线。

计算机视觉技术是一门专业性很强的测量技术，涉及图像处理技术和识别算法，非本书讨论范畴，在此不再赘述。

需要注意，1992 年，Hans W. Mocker 在 USP5128794/1992 专利中还提出一种"激光扫描头盔瞄准具"的概念，利用激光束扫描技术完成头盔跟踪定位。光源采用人眼安全激光器（波长 $0.83\mu m$ 或 $1.54\mu m$），两套光源和探测器装置（A 和 B）分别安装在头盔两侧的座舱内（图 6-48 是一侧光学系统示意图），头盔上仅安装两个角反射镜，基本不增加头盔重量，因此，非常有利于现代飞机的高加速度机动飞行。

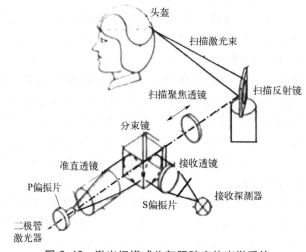

图 6-48　激光扫描式头盔跟踪定位光学系统

该系统工作原理：二极管激光器发射线性（P 面）近红外偏振激光光束，经过分束棱镜和 $\lambda/4$ 波板后转化为椭圆偏振光，扫描聚焦光学系统将光束聚焦在头盔上，并利用扫描镜使光束在水平面上扫描；一旦光束遇到头盔上的角反射镜，就会向后反射并被偏振分光棱镜和 $\lambda/4$ 波板将其转化为 S 面线性偏振光束，被探测器接收，再通过与基准探测器比较，确定头部移动的相对位置。

综上所述，光学跟踪定位技术虽然得到广泛应用，但不足之处是头部运动范围受限以及较容易受到外界光的影响。另外，需要采用高速图像处理技术才能获得高性能指标。因此，与电磁跟踪定位方法相比，光学跟踪定位方法仍需解决以下问题：

① 需要避开环境阳光。

② 需要限制或约束探测器在系统中的安装角度。

③ 需要避免或减少座舱振动造成的影响。

④ 需要识别光学标识器。

研究表明，光学跟踪定位技术与惯性跟踪技术相结合组成光学-惯性混合跟踪定位系统，可进一步解决上述问题。

6.2.2.5 光学-惯性跟踪定位技术

惯性跟踪定位技术是利用惯性传感器获取头部的运动速度。通常在头盔上设置三个加速度计和三个陀螺，分别测量头部沿三个正交坐标轴方向的运动速度以及绕三个坐标轴的转动角速度。经积分运算后，可以获得头部运动的 6 个自由度参数，从而得到头部的位置和姿态。

惯性跟踪定位技术有两种基本形式：

① 使用微型速率陀螺测量头部俯仰和方位的惯性角速率以控制目视耦合装置。

② 使用惯性测量装置（IMU）测量头部 6 个自由度相对于惯性空间的位置和方位。

惯性跟踪技术应用于头部跟踪系统有两个优点：

① 具有自主性，头部活动范围的测量不受限制。

惯性头部跟踪（IHT）技术不需要任何外来信息也不向外辐射任何信息，因此，无需外部测量设备，在座舱内也不需要安装任何发射器和接收器，属于被动式自主测量。可以在任何环境下实现全向头部跟踪，既不需要座舱对准测绘，也不会产生视场遮挡问题，因而测量范围不受限制，分辨率高，等待时间短。

② 现代化惯性传感器（例如，固态陀螺或者微型光纤陀螺 FOG）具有测量高角速度转动的能力，测量范围达到 $1000°/s$，比例尺精度达到 10^{-4} 数量级，因此，可以精确完成头部快速运动的测量。

惯性跟踪技术应用于头部跟踪系统的缺点是：陀螺固有的零偏移（或者漂移）造成的瞄准误差会随时间推移而增大，导致其不能作为独立的可信赖系统测量运动平台上头盔的姿态。

综合以上分析可以看出，不同的头部跟踪技术具有各自的优缺点，单独使用都存在一定的原理性制约，如表 6-16 所示。

表 6-16 不同头部跟踪技术优缺点比较

跟踪类型		优点	缺点	关键技术
机电式		抗干扰,响应迅速,瞄准精度较高(达到 0.2°)	笨重,头部附加重量大,在高加速度飞行时,飞行员难以承受,不符合人机工程	减轻重量
电磁式		机械安装简单,抗阳光干扰,重量、体积和封装对HMD(和飞机)的影响极小	对座舱里金属物体的畸变非常敏感,因而需要对座舱磁场进行测绘和修正	对座舱的磁场环境要求苛刻
光电式	红外扫描式	抗电磁干扰,抗阳光干扰,附加重量小	要求 LED 在 180°内均匀发光,十面棱镜加工工艺复杂,难度大和精度较低	十面棱镜精密加工技术和系统装调技术
	CCD 图像式		头盔活动范围受限于CCD 相机的视场,头盔对视场有遮挡	CCD 摄像机机上校靶技术和软件设计技术
	计算视觉式	抗电磁干扰,跟踪定位精度高,附加重量小	CCD 安装位置精度高,易受强阳光干扰,易受头盔对视场遮挡	瞄准线测量技术,抗阳光干扰技术,CCD 校靶技术

跟踪类型		优点	缺点	关键技术
惯导式	速率陀螺	无需在座舱内安装任何形式的发射/接收器，易与VCR综合	仅能应用于视觉反馈系统，附加一定重量	MEMS器件的惯性定位技术
	IMU	独立于载机，头部活动不受限制，具有高角速度测量能力	需要外部关于载机坐标系的测量，需要限制误差及漂移	

如何选择跟踪技术取决于特定的应用环境、头部运动范围以及实际环境中可能遇到的干扰源、可能达到的测量精度、附加给头盔的重量/体积以及载机座舱空间安装的可能性等。

Kaiser 电光公司对各种跟踪技术进行分析和比较后，提出一种"光学-惯性混合型跟踪定位技术"，即光学技术与采用捷联式陀螺的惯性跟踪技术相结合的方案。认为可以利用数据融合技术，对同时利用惯性测量技术和视觉测量技术获得的头盔姿态信息进行分析处理，取长补短，会取得更好的定位效果。

光学-惯性混合型跟踪定位系统由三部分组成：光学跟踪装置、惯性跟踪装置和中央处理器（或跟踪解算装置）。

① 光学跟踪装置由图像处理器、LED 阵列构成的光学标识模块（安装在头盔上）和两台 CCD 摄像机（安装在飞机座舱内）组成。

利用 CCD 摄像机测量头盔上发光二极管的位置，并以此解算出头盔的姿态信息。由中央处理器判断最新的图像跟踪装置的计算结果是否有效：若跟踪有效，则利用确定的方向余弦矩阵实时校准惯性跟踪装置；若跟踪无效，则将上次计算的方向余弦矩阵值作为组合跟踪的初始值。

② 惯性跟踪装置中，头盔上安装有测量头部运动（输出头盔坐标系相对于地球惯性坐标系的角速率）的三个小型捷联式陀螺和一个发光二极管阵列。飞机上安装三个类似的捷联式陀螺用来测量飞机的运动（以较高精度输出飞机坐标系相对于地球惯性坐标系的角速率）和一对二极管光学位置传感器。发光二极管测得的角度数据传输到计算机进行处理，根据两个惯性传感器的信号之差，计算出相关的惯性数据，测定相对于本机的头部姿态变化。

③ 中央处理器处理来自光学跟踪装置和惯性跟踪装置的信号，根据计算出的惯性数据以及跟踪方向的余弦矩阵变化率，计算和确定头盔瞄准线角度。

作为惯性技术和视频技术相混合的跟踪技术，既有惯性技术带宽与视界不受限的优点，又有光学跟踪的静态精度，同时免除了对每个座舱的反复测绘和校准，因此，具有优异的动态性能和长期稳定性。图 6-49 是 Kaiser 电光公司光学-惯性跟踪系统的工作原理图。

由于微机电系统（MEMS）的快速发展，已经成功研发出应用于惯性跟踪系统的微型传感器，用以测量位置和方位。其体积小、重量轻和易集成的特点尤其适用于机载头盔跟踪技术，并与图像跟踪技术形成互补，能够克服上述单一测量方法的缺点。

这种综合测量方法定义为"光学-惯性头盔跟踪技术"（也称为图像-惯性头盔组合跟踪技术），可以在飞机座舱有限的头部活动框及有限视场内进行高精度图像式跟踪，而在其余视场范围应用 MEMS 惯性技术跟踪，因而不受转动角度和位移范围的限制，实现全方位定位。

该跟踪定位技术的一个重要特性是，为了准确估计惯性系统的零偏并跟踪零偏变化，以保证姿态解算的精度，在其测量方法中，可以根据姿态解算模型建立状态方程，以视觉测量

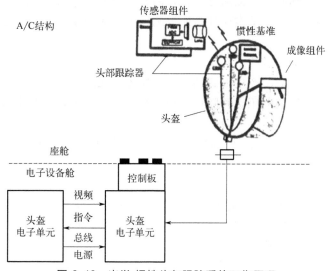

图 6-49 光学-惯性头盔跟踪系统工作原理

获得的相对姿态角作为观测信息建立观测方程，再利用卡尔曼滤波进行相对姿态的自适应数据融合，实时标定/校准惯性陀螺的跟踪姿态和零偏，从而减小惯性解算的累积误差，最终达到提高大视场范围内瞄准精度的目的。

光学-惯性头盔跟踪技术是目前机载头盔跟踪技术的研究热点之一，国内一些单位都在进行较为深入的研究。

6.2.2.6 眼动跟踪定位技术

传统的头部跟踪系统采用间接式或自主式（例如电磁式、旋转光束式、CCD 图像式或者惯性陀螺式）测量技术，通过精确测量头部姿态确定瞄准线方向，并将信息显示在 HMD 显示器上，从而扩大瞄准/观察的实际视场范围。

应当指出，上述跟踪定位技术主要考虑头部转动而忽略了飞行员眼睛的转动效应（斜视）。

一般情况下，眼睛视线与头盔瞄准线是一致的。实际上，在头部跟踪期间，尤其是在高过载（例如 9g）空空格斗环境下，飞行员可能无法灵活地转动头部，因此会影响对目标的跟踪/观察。研究表明，在头盔瞄准/显示系统跟踪期间，眼睛的运动超过头部运动，在头部难于运动时，还可以利用眼睛继续进行跟踪，称为"眼跟踪技术"。换句话说，在多数目标搜索跟踪情况下，眼球的运动往往超过头部运动，即眼跟踪与头部跟踪存在一定的角偏离，实际测量出的瞄准线并非真正的飞行员眼睛的视线方向。

眼睛是人类感知外界信息的最重要器官。眼跟踪技术是通过对人眼注视点的跟踪和定位提取眼动信息，进而达到视线（或瞄准线）跟踪，最终达到辅助飞行员跟踪/攻击目标的目的。

研究表明，当飞行员头部静止不动，用双眼观察前方感兴趣的目标时，双眼的运动程度几乎相同，即使有差别也微乎其微，可忽略不计，只需记录单眼的运动情况，因此，简化了系统算法，加快了数据处理速度。

眼动跟踪瞄准技术分为三类：

第一类，电子式眼球测量方法。

对眼睛的研究表明，人眼角膜与视网膜之间保持着 0.4～1.0mV 的电压，电极分布在眼睛的视轴上。眼睛转动时，电极随之旋转，同时在旋转轴平面上的电压也随之不断变化，因此，电子式眼球测量方法的基本原理是通过测得眼球周围皮肤的电压变化与视轴的关系获得眼睛视线（瞄准线）的方向。

第二类，电磁式眼球测量技术。

在人们头上设计一种能够产生电磁场的环形装置，在眼睛巩膜上粘贴一种柔性材料，从而在眼睛巩膜边缘产生感应电压，并随巩膜边缘与磁场夹角正弦的变化而有所差异，以此测量出视线方向。

上述两种测量技术的缺点是对人眼具有侵入性，使人眼产生不舒服的感觉，因此较少使用。

第三类，光学成像眼跟踪技术。

20 世纪 30 年代，研发光学成像眼跟踪技术的目的是非军事应用，但是，受限于传感器技术和信息处理器计算速度，眼跟踪技术的发展遇到许多困难，进展缓慢。

随着光学传感器技术的快速发展和计算机信息处理能力的大幅提高，利用计算机已经能够实时处理复杂的图像信息，CCD 技术也从线阵发展到面阵，因此，眼跟踪技术相应得到快速发展和广泛应用，尤其在军用航空领域用于空中视野范围内的目标观察，其重要地位和作用越来越突出，大大改善了战机的攻击灵敏度和准确度，提高了作战能力和生存能力。

眼跟踪技术的基本原理是利用光电传感器（例如 CCD 摄像机）探测眼睛某一特征（例如眼球的转动），然后利用微处理器对探测到的信息进行处理，计算出眼睛凝视的方向，从而获得视线（瞄准线）方向。

使用红外探测器探测眼睛受红外光照射时所形成的红外图像并提取眼部相关数据是目前发展较成熟和视觉跟踪精度较高的一种眼动跟踪技术。采用 CCD 摄像机获取眼球影像，测量过程中无须与眼球直接接触，因而得到较广泛的研究和应用。

由于眼跟踪技术充分利用了眼球转动迅速灵活的特点，因此，在军事上具有重要应用意义。按照光学成像技术，有线性 CCD 和面阵 CCD 两种眼球测量定位方法。

线性 CCD 定位方法的基本原理是：利用窄缝摄像机 CCD 摄取人眼瞳孔上一段有限水平线段的图像，将所感应的信号输入信号处理器进行处理后，对得到的电压信号波形进行分析，从而得到瞳孔中心位置的点坐标，进而计算出眼睛相对于头部转动的空间角度，最后完成对目标瞄准线（LOS）方向的测量。

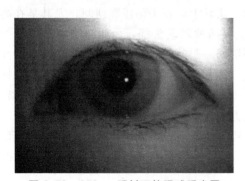

图 6-50　850nm 照射下的眼球反光图

面阵 CCD 眼动定位方法使用 LED 850nm 近红外波长光照射眼睛，在角膜和眼睛的晶体边缘产生多个反射，如图 6-50 所示。如上所述，瞳孔对红外光（或近红外光）的反射率低，而角膜对红外线具有高反射率，因而造成影像中瞳孔与角膜的亮度有很大差别。当眼睛移动时，CCD 摄像机连续摄取眼睛的影像，通过计算机对影像信息分析，可以计算出眼睛在水平方向和俯仰方向的运动时间、距离、角速度和瞳孔直径。当测量出 LED 光源在眼球角膜反射的光点（闪光）与视网膜（或瞳孔）反射的"亮点"之间的相对位置后，根据距离差或者变化确定眼睛的转动角（或瞄准线方向），因此，该方法也称为"瞳孔中心-角膜反光点法"（或者瞳孔跟踪技术），是一种非常精确地确定凝视方向的技术。

研究表明，当眼睛转动角度小于 ±15° 时，角膜反射光图像位置基本不变，跟踪精度达

到 $1'$ 数量级。

该技术实施中需注意对照射光源的选择。在普通光源照射下，眼睛瞳孔与虹膜对光的反射率差别不大，因此，很难通过图像处理技术提取瞳孔中心，即使可以，误差也较大；若采用红外光照射（例如波长 850nm 的 LED 光源），由于眼睛瞳孔与虹膜对光的反射率和吸收率不同，虹膜反射率大，反射像偏亮，瞳孔吸收率高，反射像偏暗，二者差别较大，因此，容易实现瞄准线测量。另外，眼睛的感光细胞对红光不敏感，在普通光源下工作不会造成干扰，因此，一般都采用近红外照射光源。但是，为了飞行员眼睛的安全，应当把照射的辐亮度保持在最小量级。采用眼跟踪技术时，需要注意以下问题：

① 影像的清晰度与照射光源有着密切关系，不同波长的光源（例如红外光或者可见光）产生不同像质的图像，一般采用近红外照射光源。

② 在对影像进行分析时，为了能够清晰地分辨瞳孔轮廓与背景以计算瞳孔中心坐标，需要根据环境光变化适当设定亮暗两部分像素对比度的临界值。

③ 尽量采用面光源代替点光源，或者采用低照度 CCD 摄像机，以减少对飞行员眼睛的伤害或者降低对眼睛的刺激程度。近红外光波段（850～970nm）虽然不易被人眼觉察，但仍会对人眼造成某种程度的伤害（例如眼睛感觉干燥），必须严格控制强度。

④ 通常，眼跟踪技术是基于头部坐标系测量出瞄准线方位角和俯仰角。实际上，完全依靠眼跟踪技术无法满足空中战术需要，因此，最佳方案是眼跟踪技术与头部跟踪技术相结合，在转动头部扩大观察视场的同时，利用眼跟踪系统给出瞄准线准确方向。因此，瞄准线的指向是头部偏转方向与瞳孔偏转方向的空间角度之和，从而实现更快速和更大视场范围瞄准线的准确测量，如图 6-51 所示。

中航工业洛阳电光设备研究所（闫占军等人）对全息式眼跟踪技术进行了较深入研究，设计了一个全息波导眼跟踪光学系统以探测眼部红外图像，如图 6-52 所示，其中包括：

① 一个 CCD 红外探测器。

② 一个红外摄像物镜。

③ 一块由全息透镜（输入端）和全息光栅（输出端）组成的光学波导板。

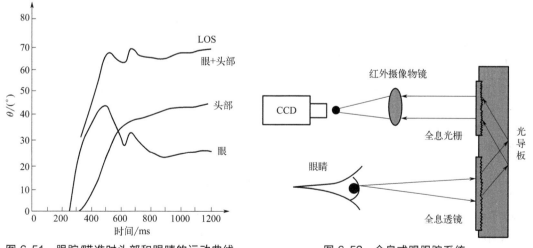

图 6-51 跟踪/瞄准时头部和眼睛的运动曲线   图 6-52 全息式眼跟踪系统

该系统使用 4 个均匀分布于眼部周围的近红外 LED 光源照明眼睛表面，其反射光线形成的近红外图像，通过波导元件上的红外全息透镜耦合进入波导板（保证图像各视场光线的衍射角都大于波导内全反射角，从而将光线约束在波导板内并以全反射形式传输到红外全息光栅），然后耦合输出到光波导板外的摄像物镜内，并聚焦在小型红外 CCD 探测器上。CCD 相机不断记录眼部的红外图像，将数据传输到微处理器，利用预先设计的图像处理算法，提取眼睛观察/瞄准方向的数据，从而实现眼跟踪。表 6-17 列出该全息式眼跟踪系统的结构参数。

表 6-17　全息式眼跟踪系统的结构参数

参数			指标
红外 CCD 探测器（型号：Hitachi Kp-F120）			
有效探测范围/mm			8.98×6.71
对角线尺寸/mm			11.2
像素尺寸/μm			6.45×6.45
分辨率（像素数）			1392×1040
摄像物镜			
孔径光阑直径/mm			ϕ12
到全息光栅的距离/mm			3.6
光学系统总长/mm			≤30
有效焦距/mm			22.5
全息透镜元件			
眼睛中心距全息透镜的距离/mm			42
波导板材料折射率			1.47
记录光源波长/nm（氦氖激光器）			632.8
成像光源/nm（近红外 LED 光源）			850
波导材料中的衍射角/(°)			50
全反射临界角/(°)			42.87
中间全息元件记录参数	第一全息图	物体记录光束距离/mm	120
		再现光束距离/mm	41
		再现角/(°)	60
	第二全息图	物体记录光束距离/mm	100
		再现光束距离/mm	200
		再现角/(°)	−17.2
全息透镜元件尺寸/mm			35
全息光栅相关参数			
近红外光线衍射角/(°)			50
记录光线（绿光）角度/(°)			36.68
记录材料			dupont 光致聚合物材料
曝光量/min			30
紫外固化时间/min			5

参数	指标
衍射效率	约93%
全息光栅尺寸/mm	11.5
波导材料尺寸/mm	70×20×3

上述分析和实践证明，眼跟踪定位技术采用的图像识别跟踪算法比较复杂，实时性低以及有较大延迟。另外，多数眼跟踪定位测量装置体积大、质量重且结构松散，需要特殊的结构与头盔连接，因此，尚未得到广泛应用。机械连杆式测量传感器和超声波式测量传感器也已退出机载应用领域，目前，军用机载头盔跟踪定位系统广泛使用的主要是电磁测量技术和光电测量技术。可以预见，组合型测量技术（例如光学-惯性组合系统）将是一种具有良好发展方向和应用前景的头盔跟踪定位技术。

6.2.3 头盔壳体组件

头盔壳体组件是机载头盔瞄准/显示系统的重要组成部分。头盔佩戴在飞行员头上，其主要功能是保护飞行员头部免受伤害，包括碰撞和噪声。

根据国军标 GJB 1564A—2012，军用飞行保护头盔由"外壳、缓冲层、衬垫、佩戴装置、通信部件、降噪声部件、护目镜、供氧面罩连接件及盔装装置挂架"组成。

随着飞机和头盔瞄准/显示系统的发展，机载头盔已经不再是单一的防护装备，而是高度集成的武器控制系统，头盔壳体组件已成为头盔瞄准/显示系统的显示组件和定位组件的安装平台；其次，头盔组件的护目镜是光学成像系统的一部分，护目镜材料的光学性能和表面形状对系统像质和精度有很大影响，与图像源和中继光学系统光轴的一致性也有很苛刻要求，因此，必须满足瞄准/显示系统对安装精度的要求。

综上所述，安装有头盔瞄准/显示系统的机载头盔组件除了具有保护功能外，必须视为HMD/HMS组件的光具座，需具备更高的技术性能：

① 具有更高的刚度。保证在飞机高加速度机动和头部高加速度运动时光学元件之间仍能精确对准。

② 较好的头盔拟合性能。保证显示器始终精确位于飞行员的眼前位置。

③ 护目镜的光学性能。护目镜是 HMD/HMS 光学系统的一部分，其形状及光学质量必须满足高成像质量的需求。

④ 更高的安全性。飞行员弹射或快速逃逸时，保证 HMD/HMS 能够快速及安全脱开。

图 6-53 是机载头盔瞄准/显示系统头盔壳体的基本组成分解图。

（1）机载飞行员头盔规格

机载飞行员头盔有两种规格，由两部分组成。

其一是美国 VSI 公司研制的前后盔体结构形式，典型产品是装备于美国 JHMCS 和 F-35飞机的头盔瞄准/显示系统，如图 6-54 所示。

其二是英国 BAE 系统公司研发的内外盔结构形式，典型产品是装备于 EF-2000 飞机的头盔瞄准/显示系统，如图 6-55 所示（包括电缆以及快速松脱装置，发射/接收天线，头盔校准器等）。

内盔组件的基本功能是提供稳定且舒适的人体接口，是一个非常稳定且精确的平台，从

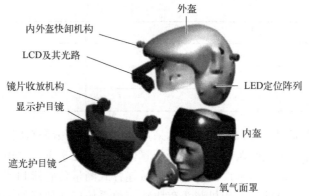

图 6-53　头盔基本结构

外盔

内外盔快卸机构

LCD及其光路

镜片收放机构

显示护目镜

遮光护目镜

LED定位阵列

内盔

氧气面罩

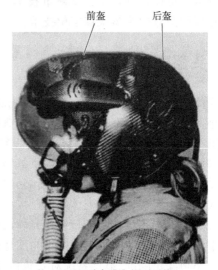

前盔　后盔　　　　　　前盔　后盔

(a) JHMCS头盔瞄准/显示系统　　　(b) F-35头盔瞄准/显示系统

图 6-54　美国 VSI 公司的前后盔体结构

而方便对眼睛校准的可重复显示，同时又保持必要的冲击保护功能。外盔组件为飞行员提供基本保护功能，与内盔相连，也是模块化设计。

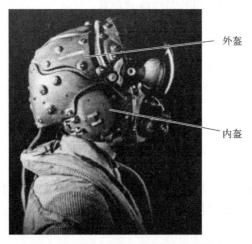

外盔

内盔

图 6-55　英国 BAE 系统公司内外盔结构

为欧洲"台风"战斗机外盔设计配置的显示模块包括双目显示器、护目镜投影光学部件、头盔跟踪器和夜视摄像机。该头盔显示系统还配备有两套护目镜：一套是内盔显示/冲击保护护目镜，另一套是外盔眩光/激光保护护目镜。

20 世纪 90 年代，我国国防科技能力不断提高，开始研发（包括直升机飞行员用）专用飞行头盔，在通用性、适配性和舒适性等方面都有改善，并不断提高其它方面的功能/性能，防碰撞、防眩光和激光以及防噪声等，还能够与夜视仪、氧气面罩和防毒面具等配套使用。

（2）对头盔壳体组件的技术要求

① 头盔的舒适性和适配性　头盔盔体的舒适性是指飞行员佩戴头盔瞄准/显示系统时感到舒服满意；适配性是指飞行员佩戴头盔时大小尺寸合适。

舒适性与适配性相辅相成，首先要具有良好的适配性。由于飞行员头部各项数据具有很大的离散性，一般地，完全满足所有飞行员的头部参数（例如头围、头部最大长、头部最大宽和头部全高等13项参数）是不可能的，通常以"适配率95%"为规范指标，即适合95%的飞行员佩戴为准。国内外机载头盔长期存在佩戴适配性差、稳定性有限以及佩戴舒适性不足的问题。

满足适配性的最佳方法是根据每个飞行员的头型（包括脸形和详细尺寸）、双眼位置和间距逐一设计和制造个性化头盔壳体，例如F-35飞机的头盔瞄准/显示系统。

为了满足舒适性的要求，一般地，在前后盔体结构的前后盔或者内外盔体结构的内盔中设计有软的内衬，保证能紧贴飞行员头部，并使头盔重量均匀分布，确保佩戴舒服。

头盔壳体主要由外壳、硬衬、软衬和调整装置组成。外壳由碳纤维和凯夫拉（Kevlar）纤维混编模压而成。为了吸收和减轻外部冲击，硬衬由EPS（可发型聚苯乙烯）或EPP（可发型聚苯烯）发泡材料模压成型，软衬选用吸汗和透气的纺织面料并填以聚氨酯海绵以提高头部舒适性。

当然，舒适性还与安装瞄准装置和显示装置后，整个头盔瞄准/显示系统的重量和重心位置有关。

② 重心和重量　头盔瞄准/显示系统在保证显示性能的前提下，最需要考虑的问题是系统重量和重心。

头盔瞄准/显示系统的重量，除头盔外，还包括显示系统和跟踪定位系统的附加重量。重量增大的结果会以不同方式反映出来：头部快速运动的灵活性减小；头部移动缓慢和反应时间加长；长时间使用使颈部肌肉疲劳，降低机动精度；增大飞行危险性；高加速度机动条件下，可能会遭受损伤危险等。

研究表明，头部支撑的重量（包括头盔和显示系统）应小于1.5～1.8kg，目前飞行员头盔的标准重量（包括氧气面罩）已接近容许极限，例如HGU-33/P头盔重1.7kg，Kevlar材料研制的头盔HGU-55/P重1.47kg。

对于新设计的标准头盔，最佳方法是头盔与HMD/HMS系统一体化设计，头盔上附加的HMD/HMS重量由头盔配平，重量和尺寸应更加优化，采用更高强度和更小密度的复合材料，例如，杜邦公司研制的有高模量和高强度的合成聚合物（芳纶）纤维复合材料凯夫拉（密度1.44g/cm^3），美国联合信号公司（Allied Signal）研制的超高分子量聚乙烯纤维Spectra（密度0.97g/cm^3）。

与重量相比，重心位置的影响更为严酷。头盔与显示器组合后的重心位置必须仔细选择。在正常情况或者非机动飞行条件下，即使较大的头盔重量也可勉强承受，但显示系统或者跟踪系统附加在头盔顶部或者两侧，如果不附加任何平衡补偿，就会使头盔系统的重心产生大量偏移，是完全不可接受的。

如果综合质量较重或者系统重心偏离飞行员头部重心较多，会使飞行员的舒适感减低，在飞机高加速度机动飞行时，可能导致飞行员颈部和背脊受伤。因此，头盔的重心必须位于头部重心的前方。但若太超前，弹射期间会增大对颈部的伤害。

实验表明，在弹射过程中，4.5lb（约2kg）重的头盔瞄准/显示系统将成倍增加飞行员颈后部的肌肉拉力，将在颈上产生65lb（约30kg）的力，对飞行员构成严重威胁。因此，

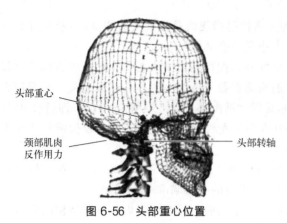

头部重心

颈部肌肉
反作用力

头部转轴

图 6-56 头部重心位置

最好的方案是将头盔瞄准/显示系统（包括头盔）的重心位置尽量靠近头部重心位置。

由研究结果可知，人的头部重心位于头部和脊椎支持点的前上方。如图 6-56 所示，人的头部重心在两眼连线下 7.5cm，再向后 1.2cm 处。如果头盔的重心偏离了头部的重心位置，则改变了肌肉作用力的重心分布，从而使受力肌肉产生疲劳，降低舒适度。为确保弹射安全，对于重量约为 2kg 的头盔显示系统，建议将头盔系统的重心设置在头部重心前上方 10mm 的位置。

图 6-57(a) 是美国陆军航空实验室（USAARL）对直升机飞行员佩戴头盔瞄准/显示系统后重量和重心对飞行员颈部损伤程度的研究结果；图（b）和图（c）是国军标 GJB 1564A—2012 分别给出的 X 轴（前后方向）和 Z 轴（上下方向）重量与重心的关系。很明显，系统重心偏离头部重心越远，为保证飞行员安全，应当承受的重量越小；即使完全重合，最大可承受安全重量也仅约为 2.5kg。美国空军 Wright-Patterson 实验室对固定翼飞机的研究结果表明，头盔瞄准/显示系统与氧气面罩的总重量应小于 1.85kg。

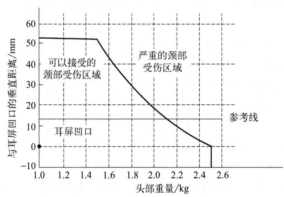

(a) USAARL给出颈部损伤与头盔重量和重心的关系曲线

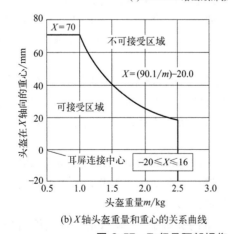

(b) X 轴头盔重量和重心的关系曲线

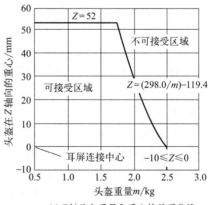

(c) Z 轴头盔重量和重心的关系曲线

图 6-57 飞行员颈部损伤与重量/重心偏离的关系曲线

据（对直升机飞行员）统计资料表明，由于头盔瞄准/显示系统重量和重心的影响，71.3％的飞行员有过颈部不适症状，其中 60.4％发生在飞行中；33.7％的飞行员有过颈部疼痛症状，其中 19.2％发生在飞行中；听力损害发生率约 20％。

当然，飞行员能够承受的重量和重心偏移，与飞行时间有关，飞行时间越长，耐重程度越低，GJB 1564A—2012《飞行保护头盔通用规范》规定了飞行保护头盔头部承受重量与耐受时间的关系，如表 6-18 所列。结果表明，最佳安全重量要低于 1.6kg。

表 6-18　飞行保护头盔头部承受重量与耐受时间的关系

头部承受重量/kg	耐受时间/min
1.0～1.5	210
2.0～2.5	90

注：1. 头部承重在 1.0～1.5kg 时，可按 0.1kg 间距分档，各档的耐受时间以 1.5kg 和 2.5kg 耐受时间的差值均等递减分配。

2. 头盔重心满足要求时，耐受时间可适当延长。

3. 头盔重量小于 1.0kg 时，以 1.0kg 时的耐受时间为基准适当延长。

（3）头盔盔体应具备的特性

为了减轻佩戴头盔瞄准/显示系统对飞行员的影响和伤害，头盔盔体应具备如下特性：

① 头盔壳体具有足够的刚度，保证附加装置（例如，显示组件和跟踪组件）的安装精度。

② 头盔壳体应具有满意的舒适度和适配度，松紧/松软程度合适。

③ 具有良好的外形，规范规定"应呈流线型，减少突出物，最大程度减少气动力"。飞行员头部在垂直方向和侧面应能非常接近座舱盖，因此，头盔的外形包线应设计得尽可能小，在飞行员头部的全部活动范围内，头盔不应当对飞行员形成机械约束，并且从飞行员的眼睛往外观察时，头盔壳体以及光学结构件不能挡住任何方向的视线。

④ 尽量采用先进的轻质材料（例如复合材料凯夫拉或者 Spectra 以及轻而高强度的金属铝、钛和镁合金等），最大限度减轻头盔重量（并分配均匀）和保持对头部的保护能力。头部内衬应与每个使用者的头部密切配合，避免每次使用时重新对准光学系统。

⑤ 随着科学技术的发展，机载头盔系统中增加了大量光学系统，致使头盔重心向前上方移动且分布不均匀，造成头盔系统稳定性和舒适性较差。在这种情况下，必须改变设计思路和概念，除了尽量减轻盔上附加装置（例如显示系统和跟踪定位系统）的重量外，要充分利用一体化设计技术，优化附加装置的安装位置，统筹设计头盔系统重心，在保证总重量满足要求的情况下，采取配平措施，从而达到"重心接近头部重心，转动惯量小，保证佩戴稳定"的目的。

⑥ 护目镜是显示光学系统的一个成像元件（相当于接目镜），其功能不仅是保护眼睛，安装位置和表面形状精度也会对系统像质有严重影响，必须使光学系统的设计眼位与飞行员眼睛重合，否则会减小视场和出瞳尺寸。为此，护目镜应满足下面要求：

a. 护目镜形状。传统机载头盔设计中，护目镜的几何形状与头盔一致。由于其主要功能是保护作用，因此，仅要求具有良好的透光率以及不被注意的视觉畸变。

目前，护目镜已经成为头盔瞄准/显示系统不可缺少的光学元件，其表面形状由整个光学系统设计确定，例如球面、非球面或者自由曲面，并以此优化头盔外形。

b. 护目镜材料。头盔材料采用聚碳酸酯或者聚甲基丙烯酸酯，原因是：

Ⅰ. 具有良好的光透射率。透明玻璃的透射率是 91％，聚碳酸酯的透射率是 89％，聚甲基丙烯酸酯的透射率是 92％。

Ⅱ. 高抗冲击强度。比玻璃的抗冲击强度高 50 倍。

Ⅲ. 低密度，仅为玻璃的 1/3。聚碳酸酯的密度是 $1.22g/cm^3$，聚甲基丙烯酸酯的密度是 $1.19g/cm^3$。

Ⅳ. 良好的耐热性。聚碳酸酯的软化温度 135℃，聚甲基丙烯酸酯的软化温度 82℃，因此，聚碳酸酯具有更好的耐热性，得到更广泛应用。

Ⅴ. 良好的加工性。聚碳酸酯可采用热模压或积压工艺形成所需外形的护目镜，并具有良好的耐用性和耐磨性。

c. 护目镜镀膜。护目镜内表面需要镀多层分光膜，外表面镀增透膜及保护膜。

d. 变透射率护目镜。通常，机载飞行员头盔配备有双护目镜：在低亮度条件下使用透明护目镜，在高亮度环境下使用深色护目镜。

为了解决该问题，可以采用透射率连续变化的变透射率护目镜。基本原理是通过夹在两个聚碳酸酯层中镀有导电膜电极的液体电偶极晶体亮度调节器控制透过率。一只微小的光探测器置于护目镜后面用以测量亮度，并通过闭环控制系统激活电场，光学响应时间 50～150ms。

e. 护目镜的稳定性。机载 HMD/HMS 使用时，会遇到其它座舱显示装置不会碰到的情况，即经受振动或者加速度时，会与头部一起运动。

护目镜作为一种光学元件，相对于安装有主光学元件的头盔基座不一定稳定。当护目镜被抬高/降低或者受到压力弯曲变形时，相对于头盔基座平台会产生位置误差，并转化为定位精度误差，从而增大瞄准误差。研究表明，护目镜稳定误差应在 0～5mrad 范围内，因此，采取相应措施使护目镜具有良好的稳定性是必要的。

根据 GJB 1564A—2012，表 6-19 列出对护目镜光学技术的基本要求。

表 6-19　护目镜的基本要求

参数		指标
光学畸变/(′)		≤10
透光率	滤光镜片	9%～19%
	透明镜片	≥81%

注：用作光学成像组件或激光防护时，应满足相应规范或设计要求。

⑦ 在紧急弹射情况下，为确保飞行员安全，头盔和其它组件的连接电缆应设计有快速断接插头，需要时无需飞行员操作就能自动切断和脱开电气连接，并在脱开时仅保留低电压，避免产生高压跳火现象。

(4) 头盔瞄准/显示系统与头盔的集成

有三种方法：配装法、综合法和模块法。

① 配装法　在头盔瞄准/显示系统研制成功之前，已经有大量的标准飞行头盔在使用。配装法是指准确地将头盔瞄准/显示系统安装在现有的标准飞行头盔上，保证飞行员安全和舒适地使用头盔瞄准/显示系统。

头盔壳体具有特殊设计形状，限制了光学系统设计的主动性和光学元件的结构布局，另外，HMD/HMS 是额外添加到标准头盔上，势必要增加头盔的重量和体积，以及影响头盔系统的重心位置，因此，需要做到重量增加最少以及重心位置不变或者变化最小。

配装法的特点是充分利用现有标准头盔验证过的成熟设计，沿着头盔的周边形状设计光学系统，因此，适合对现有标准头盔进行改装，但增大了光学设计难度。

② 综合法　综合法是指将头盔作为瞄准/显示系统的一部分，除人体头部的限制外，不受其它约束。头部的人体测量参数（例如头部重心、颈部支撑、眼位以及头部长度等）都用

作设计的基本限制，并根据这些参数布置光路和部件，将头盔设计成与头部形状及光学系统布局相协调的统一体，从而使光学性能、紧凑性、重心/重量以及安全性都处于最佳。

在综合头盔设计中，头盔壳体形状部分地受瞄准/显示系统的形状和位置约束，以及由护目镜的形状确定，并且，头盔的轮廓必须与护目镜一致，保证护目镜的运动适合头盔外廓。

实际上，综合化头盔有难以设计和制造的复杂几何形状，需要借助现代声学和激光扫描三维测量技术完成飞行员头部形状的个性化精确测量，并通过计算机辅助设计进行壳体设计、结构分析和自动加工，保证头盔与每个佩戴者头部的良好拟合，使显示图像位于飞行员眼前最优位置，而对总视场和成像质量不会造成危害。

③ 模块法 模块法是指围绕现有的标准头盔或者新设计头盔设计几种供选择的分系统，根据需要可以很容易地进行更换，并保证模块化集成系统的各项指标最优化。典型模块包括：白天型和夜间型；战斗机型和直升机型；高亮度下护目镜型和低亮度下护目镜型。

该方法可视为一种配装法，优点是在保留个人专用头盔的前提下，能很容易换装具有更高性能或较为复杂的光电头盔瞄准/显示装置，一旦发生故障，很快获取替换模块，不会影响作战。

6.2.4　电子组件和控制组件

头盔瞄准/显示系统的电子组件包括处理机、数据总线接口模块、模拟量和离散量接口模块、字符发生器、偏转放大器、视频处理器和低/高压电源等。

基本功能：提供和处理头部位置的有关信号及交联系统输入的各种火控和飞行信息；完成瞄准线计算；产生不同工作状态下具有一定形状、尺寸及位置的字符信息，并提供给头盔显示器；完成光栅图像的处理；进行机内检测；提供所需的电源和各种接口。

头盔瞄准/显示系统的控制组件包括电源开关和工作状态选择开关、亮度自动/手动调节旋钮、对比度调节旋钮、校准控制元件、启动/复位控制元件和指示灯。

基本功能是控制系统供电、工作状态选择、亮度/对比度控制、校准和计算机复位等。

从上面分析可以看出，头盔瞄准/显示系统是一个系统工程。从原理和功能讲，头盔瞄准/显示系统是平视显示器的延伸和发展，安装位置由座舱转移到头盔。表面上看，头盔瞄准/显示系统的工作原理与平视显示器类似，但是，由于是佩戴在飞行员头上，不仅涉及显示/跟踪定位方式、光学设计和图像处理等技术问题，还与人体生理及心理认知等诸多复杂知识相关，涉及更多学科和更深层次的技术问题。

6.3
头盔瞄准/显示系统的技术要求

头盔瞄准/显示系统在机载综合火控系统中的功能不仅仅局限于字符显示，还要控制机载探测设备对目标进行精确探测，输出瞄准线信号对武器实施控制和快速瞄准，充分发挥人机功效，大大提高飞机的作战能力。设计头盔瞄准/显示系统时，既希望其达到平视瞄准/显示系统的高分辨率和光学效率，又要充分考虑人体生理、心理和感知因素，因此，必须满足以下格外苛刻的技术要求：

① 具有较大视场和出瞳直径，希望与人们的正常观察一样。

② 具有白天和夜间工作能力，夜间使用时，能够综合夜视系统提供外界景物图像。

③ 将投影给飞行员的无穷远图像或字符叠加在其观察的外界景物上。

④ 高分辨率图像显示。与平视瞄准/显示系统类似，要具有足够高的显示分辨率、对比度和显示精度，并可根据环境亮度变化调整字符亮度，保证外界景物亮度发生变化时（即所有光照条件下）也能舒服清晰地观看字符和外景，即使在高亮度的白云背景下，也不影响飞行员观察远距离物体和显示图像中威胁源的能力。

⑤ 消除任何盲点或者改善可视区域内图像质量（提供更高分辨率的投影图像），不得增加或尽量少增加头盔重量或不能减弱头盔的保护功能。

⑥ 双目显示系统（包括微光和红外成像系统），光轴具有良好的平行性，具有精准和方便调整瞳孔间距和眼距的能力，保证不会遮挡真实外景或者妨碍对周边的观察。

⑦ 护目镜具有良好的稳定性，可快速缩进且复位准确。具有较大的眼点距离，以便与其它头部穿戴装置（例如氧气面罩，核生物化学安全帽以及通信话筒等）兼容。切换选择显示波长（可见光/微光/红外）期间，无需改变护目镜的最佳调整状态。

⑧ 具有高精度大视场头部跟踪系统，头部跟踪/定位器和字符发生器的滞后不明显，具有快速跟踪响应能力。

⑨ 提供激光防护，但不产生危及外界的辐射。

⑩ 光学系统体积小、重量轻（<2.5kg）和重心合适。

Donald J. Rotier 认为，没有一种头盔瞄准/显示系统仅采取简单的光学系统就能完全满足上述理想要求。光学系统结构复杂化必然涉及许多复杂关系和相互制约的参数，例如要增大视场、出瞳或眼距，势必导致光学系统外形尺寸和重量增大；而总体要求和生理限制，还需严格控制系统外形尺寸、重量和重心等，不可同时兼顾。另外，图像畸变、图像亮度不足、双目图像一致性和双目竞争等现象也需要特别关注，因此，设计头盔瞄准/显示系统和制定总体性能指标时，需要综合考虑各种因素，包括舒适性（例如平衡程度和眼睛紧张程度）、安全性（例如眼睛保护和快速松脱能力）、方便性（例如信息操作和控制）、可用性（例如信息的操控和工作动作的协调性）和兼容性（例如与面罩和观测窗的接口）。

表 6-20 列出空军和陆军对四种头盔瞄准/显示系统的技术需求。可以看出，由于机载应用环境条件更加苛刻，对机载头盔瞄准/显示系统的技术要求也更高，集中表现在：

① 高亮度显示图像和字符。

② 宽视场显示光学系统。

③ 最轻重量及紧凑外形。

④ 最佳重心位置。

⑤ 有效控制和实用连接接口。

⑥ 低系统功耗。

表 6-20　不同领域头盔瞄准/显示器的技术要求

需求	固定翼飞机	旋翼机	地面车辆	单兵
功能需求	显示机载传感器视频（如前视红外）、飞行数据和武器瞄准信息（武器状态、标识符）		显示战术指令与控制数据、热成像和目标识别数据，可用于装备车上士兵或单兵（即人携带式）	显示来自携带计算机/收音机的战术信息（如图形信息）或来自武器（如热成像）的战术信息，可以使用夜视装置增强图像

需求	固定翼飞机	旋翼机	地面车辆	单兵
物理需求	在飞机高速飞行或大过载飞行机动期间/弹射时对重量和重心要求,能与头部跟踪器兼容;在高动态飞行机机动期间保持稳定的光学平台,能与氧气罩及化学面罩兼容	机载动态环境下合适的重量和重心;能与头部跟踪器兼容;在旋翼机机动飞行期间保持稳定的光学平台;与化学和其它面罩兼容	体积小,能用于车辆上有障碍物的、受限制的小舱室,在车辆舱内外都可用;对于颠簸剧烈的车辆平台稳定,可与化学和其它面罩兼容	对活动性约束最少,功耗很低,控制器与用户现有武器兼容,与各种面罩、承载设备、武器等兼容
视觉要求	透视型观测,有护目镜保护光学装置(单目),视场－20°～30°;背景较亮;显示内容:图像与符号	透视型观测;视场:大于50°;亮背景;显示内容:图形与高分辨率图像	透视型观测与直视(绕视)型观测;视场:－30°～40°;标定背景;显示内容:符号与图像	直视(绕视)型观测;视场:－30°～40°;昼夜使用;能观察增强和热成像;显示内容:符号与图像
环境要求	能快速断开,以保证在高速飞行中应急出舱,头盔的航空动力学外形能在弹射时最大程度减少应力。所设计的连接器/电缆可以在爆炸性气体中使用,激光保护护目镜	能快速断开,以保证在高速飞行中应急出舱,连接器/电缆可以在爆炸性气体中使用,激光保护护目镜	在车辆外面使用时,适用于雨和沙等环境	结构坚固,适于地面作战环境

下面分别介绍头盔瞄准/显示系统的主要技术要求。

6.3.1　小型化图像源

与平视瞄准/显示系统图像源的主要区别是对头盔瞄准/显示系统图像源的技术要求更为苛刻,需要重点考虑以下参数:

① 尺寸小和重量轻。理想情况下,希望图像源直径为15～33mm,长度小于15mm,重量小于25g。

初期的头盔显示器(HMD)采用阴极射线管(CRT)图像源,由于CRT成本低和使用寿命长,因而长期得到广泛使用。主要有1/2in和1in两种:长度分别约为80mm和110mm,重量约35g和90g,有效屏幕直径为11mm和19mm,其长度和重量均非所希望的。

为了解决这个问题,之后陆续研发出一些新型图像源,包括有机发光二极管(OLED)、真空荧光显示器和电致发光显示器等。

② 分辨率高。头盔瞄准/显示系统的分辨率(例如矩阵源的像素数)与系统视场和显示类型(模拟显示或数字显示)密切相关。若人眼视角鉴别率为$1'$～$1.5'$,头盔瞄准/显示视场为$\phi30°$,采用数字显示方式,整个视场内的像素数应为1200～1800元。

③ 亮度高。直视式头盔显示器图像源发光亮度要求较低,约为171～343cd/m^2。

对透视式头盔显示器的图像源发光亮度要求较高,必须有很高的发光效率,才能保证在最高环境亮度下清晰观察所需的显示图像/符号。通常要求字符亮度必须超过17139cd/m^2(约5000fL),理想情况下,达到27408cd/m^2(约8000fL)以上。

若透射型头盔显示器含有用于降低背景亮度的滤光片,可以降低对图像源发光亮度的要求。

④ 功耗低。

⑤ 由于安装在飞行员头部，必须具有最高的安全性。

6.3.2　头盔瞄准/显示系统的视场

与其它机载光学仪器（例如平视瞄准/显示系统和红外跟踪搜索系统）不同，头盔瞄准/显示系统是装备在头盔上，希望其视场（FOV）尽可能大，最好与人的观察视场完全一致。

理论上，头盔瞄准/显示系统几乎具有全视场，是由飞行员头部转动与头部静止能观察到的范围共同确定，观察时通过头部转动可以扩大观察范围，这也是其它机载光电探测系统无法比拟的优点。

头盔瞄准/显示系统具有瞬时和动态两个视场：瞬时视场定义为头部静止不动时能够观

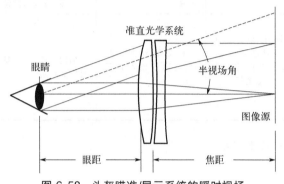

图 6-58　头盔瞄准/显示系统的瞬时视场

察到的视场；动态视场定义为通过头部和眼睛转动而扩大的观察范围。因此，头盔瞄准/显示系统具有大视场的原因并非光学系统自身设计有固定的大视场。对于光学系统设计最有意义（也是最基本和关键）的参数是瞬时视场，如图 6-58 所示。

一般情况下，希望瞬时视场越大越好。但是，光学系统瞬时视场与通光孔径、系统重量/体积及复杂程度密切相关。通常，采用两种方法增大光学系统瞬时视场：一种方法是设计复杂的大孔径光学系统；另一种方法是缩短眼距以使眼睛更靠近光学系统。

研究表明，固定视场增加 1°，系统重量将增加 0.1lb，那么，在 9g 加速过载下，相当于增加 1lb 的重量。因此，在保持光学系统具有合理尺寸和重量的同时，必须通过折中以获得足够大的瞬时视场。

机载头盔瞄准/显示系统的光学系统设计多大视场合适？对此有一个认识过程。

最初，头盔瞄准具只需显示简单的瞄准线（十字线和瞄准环），$\phi 4°\sim 5°$ 视场即可满足使用要求。对于大多数 HMD 光学系统，通常将 20° 作为单目头盔显示系统的最佳视场，认为孔径 18mm 的出射光瞳和 20° 的固定视场是系统性能的最佳匹配设计。在 20° 视场范围内，光学设备的重量与视场之比为 1:1；视场超过 20° 范围，光学组件的重量将随视场增加而快速增加。

随着飞机性能的提高，不仅需要显示简单的瞄准符号，还需显示飞行信息，如果需要执行夜间飞行任务，头盔瞄准/显示系统还需显示夜视传感器（红外或微光夜视系统）的图像，对周围环境的观察必不可少，则需要更宽的视场（瞬时视场至少 40°）。

国军标 GJB 4052—2000 要求：

对于固定翼飞机，单目头盔应提供不小于 $\phi 15°$ 的圆视场。

对于武装直升机，单目头盔应提供不小于 $\phi 25°$ 的圆视场；双目头盔应提供不小于 40°(H)×30°(V) 的视场。

国军标 GJB 4496—2002 专门对武装直升机头盔瞄准/显示系统的视场提出要求：

单目头盔瞄准/显示系统的视场一般应不小于 $\phi 30°$（显然高于 GJB 4052—2000 的要求）。

双目头盔瞄准/显示系统的双目视场一般应不小于 40°(H)×30°(V)。

6.3.3 头部活动范围

头部活动范围是指相对于头部支撑中心（或者眼位）限定的一个空间范围。表示只有在规定的头部活动范围内，头部跟踪系统才能够以规定的精度测量头部位置和瞄准线方位，否则，头部跟踪器的测量精度会降低以致超过规定精度，甚至无法完成定位。

图 6-59 是美国霍尼韦尔公司研制的 IHADSS 的头部活动范围（位移）图。

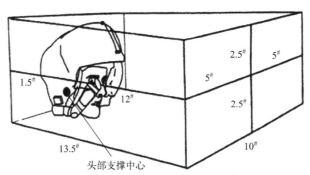

图 6-59　IHADSS 的头部活动（位移）范围

GJB 4052—2000《机载头盔瞄准/显示系统通用规范》对头部活动范围（包括位移和转动角度）规定（以眼位为基础）如下：

① 固定翼飞机。

方位角±125°；俯仰角—40°～90°。

② 武装直升机。

方位角±135°；俯仰角—50°～40°。

（注释：GJB 4496—2002《武装直升机头盔瞄准/显示系统通用规范》对直升机的要求略有不同：方位角±90°；俯仰角—60°～40°）

随着飞机性能的不断提升，对头盔瞄准/显示系统头部活动范围的要求也越来越高，希望头部的活动范围尽可能大，建议满足以下要求：

① 头部的位移范围。

a. 前后（飞机的航行方向，机头方向为"＋"）：—100～+300mm。

b. 左右（飞机的翼展方向，左侧为"＋"）：—200～+200mm。

c. 上下（飞机法线方向，向上为"＋"）：—100～+100mm。

② 头部的转动范围（瞄准线测量范围）。

a. 方位角（机轴为参考轴，机轴右侧为"＋"）：不小于—120°～+120°。

b. 俯仰角（机轴为参考轴，机轴上方为"＋"）：不小于—60°～+40°。

c. 横滚角（机轴为参考轴，向左转横滚角为"＋"）：—45°～+45°。

需要注意，头部活动范围（也称为"头部活动框"）的大小取决于机上安装的头部跟踪器与头盔上接收器之间的关系，缺乏足够的安装空间或位置不佳会严重制约头部跟踪器的可用性。例如，电磁式头部跟踪器对金属物和电磁辐射敏感，必须安装在特殊位置；另外，辐射器至探测器的允许距离也限制其最佳安放位置；对于光电头部跟踪器，需要有足够大的视场空间以保证直接观察，否则，在头部大转角时会丢失跟踪目标。

6.3.4　头盔瞄准/显示系统的分辨率

6.3.4.1　光学系统的分辨率定义与判断准则

光学系统的分辨率定义为光学系统能够分辨物体细节的能力，是表征头盔瞄准/显示系统特性的重要参数之一。

根据几何光学理想成像的定义，由同一物点发出的光线，通过理想光学系统后全部相交于一点，形成一个理想的几何点像。但现实中具有有限孔径的光学系统形成的衍射像（艾里弥散斑）不是一个点。

实际上，光学系统有限孔径的衍射效应确定了该光学系统可达到的极限分辨能力，如图 6-60 所示。

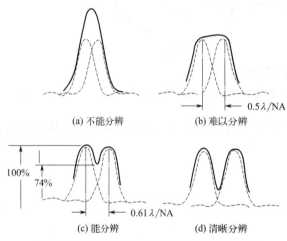

图 6-60　不同间隔的两个物点衍射斑的叠加

如图 6-60 所示，光学系统对两个等亮度的点物体成像，每个点都成像为艾里衍射光斑。两个点物体逐渐靠近，其衍射斑随之叠加。当缩短二者间隔恰好还能认定（或识别）是两个像点时，认为这两个点是可分辨的，则把这两个衍射像间能分辨的最小间隔称为理想光学系统的衍射分辨率（或衍射鉴别率）。

由于光学系统存在像差、加工和装配误差，其光学分辨率必然低于理想光学系统的分辨率，因此，理想光学系统的分辨率是实际光学系统能够达到的极限分辨率，是实际光学系统成像质量的一种评价标准。

有两种分辨率判断准则：

① Sparrow 分辨率判断准则：当两个衍射光斑极大值间隔为 $0.5\lambda/\mathrm{NA}$（NA 是系统的数值孔径）时，两个像点仍可分辨，如图 6-60(b) 所示。

② Rayleigh（瑞利）分辨率判断准则：当两个衍射光斑极大值间隔为 $0.61\lambda/\mathrm{NA}$（实验证明，两个像点能够分辨的最短距离约等于中央亮斑的半径）时，较容易分辨，如图 6-60(c) 所示。瑞利分辨率判断准则得到更广泛应用。

对于不同类型的光学系统，可以采用不同方式表述光学系统的分辨率。

照相物镜和准直物镜是分辨无限远处的物体。物镜成像系统的分辨率用像面上每毫米恰好能够分辨的线对数 N（单位：lp/mm）表示［注释，国军标 GJB/Z 1016—2004《机载电/光显示器设计指南》对"线对"定义如下：一条亮线和一条相邻的暗线（亮线和相邻亮线之间的间隔）构成的一组敏感交替的平行线区］。

考虑到这类物镜通常工作在空气中，利用下列公式可以计算照相物镜的线对数：

$$N=\frac{1}{1.22\lambda F} \tag{6-5}$$

式中　λ——光波波长；

F——照相物镜的光圈数。

如果 *D* 和 *f'* 分别代表照相物镜的通光孔径和焦距，则 *D*/*f'* 称为"相对孔径"，并满足以下关系：

$$\frac{1}{F} = \frac{D}{f'} \tag{6-6}$$

当照相系统工作波长 555nm，则式(6-5)简化为：

$$N = 1476.9\,\frac{1}{F} \approx 1500\,\frac{1}{F} \tag{6-7}$$

或者

$$N \approx 1500\,\frac{D}{f'}$$

头盔瞄准/显示系统由准直物镜系统和图像接收器（例如 CRT 和液晶像源）组成，因此，系统分辨率主要取决于图像源和准直光学系统（包括组合玻璃）两个因素。这就意味着，任何一个部件或组件的低分辨率都会降低显示系统的分辨率，二者的分辨率必须匹配或者一致。

假设系统总分辨率为 *N*，准直物镜分辨率为 $N_{物镜}$ 和图像源的分辨率为 $N_{图像源}$，则有如下近似关系：

$$\frac{1}{N} \approx \frac{1}{N_{物镜}} + \frac{1}{N_{图像源}} \tag{6-8}$$

为了充分利用图像源的分辨率，通常要求光学系统的分辨率高于图像源的分辨率。假设显示系统准直物镜的相对孔径是 1：4，根据上述计算公式，其分辨率不会高于 400lp/mm。若图像源分辨率能够达到该值，则视场中心的分辨率不会超过 200lp/mm。由于视场边缘像差增大，分辨率也会大大低于该数值。

国军标 GJB 4052—2000《机载头盔瞄准/显示系统通用规范》和国军标 GJB 4496—2002《武装直升机头盔瞄准/显示系统通用规范》分别规定"图像分辨力一般应不小于 350 线和 300 线"，通常要求大于 350 线。

一般地，利用图 6-61 所示的分辨率板测量光学系统的分辨率。

每种分辨率板都包含着按照一定规律排列、由多条亮暗线交替组成的图案，不同组靶标线图案之间具有不同的间隔，可以是方形三杆靶或者辐射状图案，还可按照一定比例变化，同一类分辨率板可具有不同的对比度［例如高对比度（25：1）和低对比度（1.6：1）］。

根据使用要求选择不同的分辨率测试板。光学系统能够清晰识别分辨率板中最细一组图案就是该系统极限分辨率的实际测量值。

6.3.4.2　光学系统的分辨率与像差的关系

光学系统设计像差与分辨率之间并没有简单的数量对应关系，因此，必须研发出实际产品之后，通过测量分辨率才能确定实际光学系统的成像质量，在设计阶段无法真正评价系统像质。

需要注意，由于飞行环境的原因，飞行员希望具有较宽视场以便对周围环境有更多了解和更快反应，例如对僚机或者敌机的接近程度；另外，为了对其它飞机的出现做出快速反应，并尽快完成探测/识别/确认，又需要图像具有尽可能高的分辨率。

根据视场 *θ*、准直透镜焦距 *f'* 与像高 *H* 的关系式 *H* = *f'*tan*θ* 知道：如果 *H* 代表图像源尺寸，则 *θ* 代表系统的视场；*H* 代表像素尺寸，则 *θ* 代表图像的清晰度或者分辨率。

显然，光学（准直）系统焦距同时约束着视场和分辨率。采用传统的光学设计技术，不

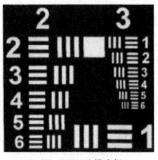

(a) USAF1951分辨率板

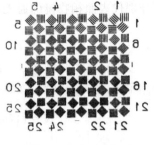

(b) WT1005-62分辨率板

(c) 星点(辐射式)分辨率板

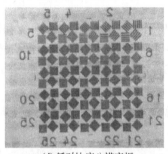

(d) 低对比度分辨率板

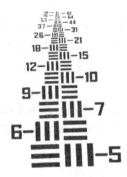

(e) JB745-65三线元分辨率板

(f) 平行线型分辨率板

图 6-61　不同形式的分辨率测量板

可能使头盔瞄准/显示系统同时具有宽视场和高分辨率。一般来说，增大视场会明显降低分辨率。通常采取两种方法解决此问题。

第一种方法，增加图像源的像素数目。

图像源显示器的线性分辨率是固定的，用像素数或者线对数表征。利用视场（α）与总像素数或线对数（N）之比表征几何分辨率 R：

$$R = \frac{\alpha}{N} \tag{6-9}$$

图 6-62 表示图像源显示器的分辨率与像素数以及视场间的关系，是每个像素对应的角度［单位：$(')$］。

对于显示视场 30°×40° 的头盔瞄准/显示系统，若要求整个视场范围内的分辨能力达到人眼的分辨能力（通常认为 1′），则需要选择 1800×2400 像元（或者 430 万像素）以上的图像源；若视场扩大到 45°×60° 又需要保持相同的分辨率，就必须采用 2700×3600 像元（或者 970 万像素）以上的图像源。

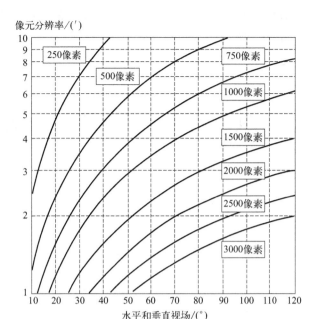

图 6-62 图像源分辨率与像素数/视场之间的关系

第二种方法，缩小光学系统的焦距。

该方法通常会造成像差（尤其是畸变、场曲和像散等）随视场增大呈非线性增长，因此，需采用更复杂光学系统校正像差，从而会增加重量和成本。

为了解决该矛盾，曾尝试采用以下方法：

① 重要区域采用高分辨率配制技术　一个低分辨率宽视场的图像被投影作为背景图像，一个较小视场且可以用头部跟踪的高分辨率重要区域图像叠加在上述背景图像上，因此，飞行员能够在较低分辨率的背景图像里观察到高分辨率目标图像。

② 双目视场部分重叠技术　双目视场部分叠加头盔显示是较为常用的一种技术，类似于人眼视觉观察，形成两个单目通道（左眼和右眼）和一个中心双目区域。该技术是人为地向内或向外倾斜光学系统：向内倾斜定义为会聚叠加，向外倾斜定义为发散叠加。研究表明，飞行员更希望中央叠加部分尽量多些。凯瑟电子公司（KEO）为 RAH-66 科曼奇直升机研制的头盔显示器是这类产品的典型代表。

③ 多通道光学系统集成技术　将一系列小视场/高分辨率的显示系统以一种镶嵌模式相排列，整个显示器的视场等于所有子系统的视场总和，相邻子系统视场的部分叠加可以避免出现视场缝隙，而分辨率相当于一个子系统的分辨率。这种系统主要应用在飞行模拟器上，称为"全浸没式头盔显示器"，视场可达 $50° \times 150°$，分辨率是 $4'$。

④ 图中图技术　一个低分辨率/宽视场的光学图像显示给飞行员一只眼睛，另一个具有较高分辨率/窄视场的光学图像显示给飞行员另一只眼睛。通过合理设计两个特定焦距的光学系统，保证将高清晰的区域图像固定显示在宽视场/低分辨率区域的中心，使飞行员可以同时观察到一大一小两个视场的图像，类似于电视显示画面中的"画中画"。

6.3.5　光学传递函数

对于利用光学分辨率评价像质的方法，一般认为，光学系统的像差越小，分辨率越高。

但研究表明，极限分辨率并不能完全代表头盔瞄准/显示系统的性能，不能作为系统成像质量的理想评价指标，如图 6-63 所示。

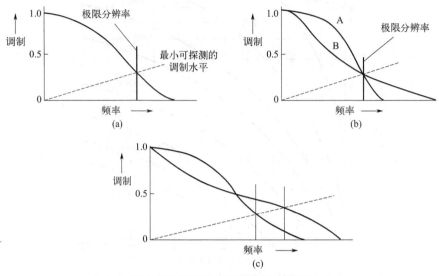

图 6-63　不同情况下的极限分辨率

如图 6-63(a) 所示，调制函数线与代表系统传感器能够探测到最小调制量的直线的交点，定义为系统的极限分辨率；图 6-63(b) 显示两种具有相同极限分辨率的调制曲线，但其性能完全不同，低频部分具有较高调制的曲线明显更好些，能够形成更清晰和对比度更强的图像。图 6-63(c) 表示不同的两个系统：一个表示有较高的极限分辨率，一个表示在低频时有较高对比度，究竟哪个系统的性能更适合具体应用，需要权衡利弊，折中考虑。显然，仅凭极限分辨率并不能完全反映系统的真实性能。

评价一个光学系统的成像质量不能仅依靠极限分辨率测量法，还有多种其它方法，例如几何像差法、能量法、波前法（光程差）和传递函数法等，各有优缺点。为了避免上述分辨率测量法的不确定性，光学（调制）传递函数法是目前普遍被接受和广泛使用的一种像质度量方法。

光学传递函数分析法是以假设"光学系统近似是一个空间不变线性系统"为基础。

一个非相干光学成像系统可以视为低通滤波器。当光学系统输入一个正弦波信号时，输出的仍然是同一频率的正弦信号，但图像对比度会下降和相位有移动，并且是空间频率的函数，分别称为光学系统的"调制传递函数（MTF）"和"相位传递函数（PTF）"。

对于相位传递函数，相位差只会使图像产生一个横向位移（例如畸变）。即使相移 180°（即对比度翻转），也只是图像亮暗位置对换，但不会影响其清晰度。

调制传递函数的特点是可以级联，将两个或者更多组件的 MTF 相乘就可以得到组合后显示系统的 MTF。

$$MTF_{系统} = MTF_{光学系统} \times MTF_{图像源} \qquad (6\text{-}10)$$

例如，若光学系统在某一空间频率（30lp/mm）下振幅传递函数为 0.5，探测器（或图像源）的 MTF 为 0.7，则显示系统的 MTF 是 0.5×0.7＝0.35。

另外，需要注意到人眼观察能力的限制，即考虑人眼视觉对比度阈值函数的影响因素。只有当图像源/光学系统的 MTF 高于视觉对比度阈值时，飞行员才能观察到图像源显示的图像和符号。

根据计算方法，调制传递函数分为两种：几何传递函数和物理传递函数。大多数情况下，光学系统像差校正得比较理想，几何传递函数与物理传递函数非常接近。另外，由于几何传递函数的计算量比物理传递函数小得多，因此，一般都是计算几何传递函数。

专门研究和讨论光学传递函数的著作和论文非常多，也比较成熟，在此不再赘述。

6.3.6 出瞳直径和出瞳距离

光学系统中对轴上光束孔径具有约束作用的光阑称为孔径光阑。孔径光阑通过光学系统分别在物方空间和像方空间所成的像称为入射光瞳和出射光瞳。任何光学装置的出瞳都是一个空间区域，使用者必须将其眼睛置于该区域内才能观察到全部视场。

头盔瞄准/显示系统的光学系统是一个准直光学系统。准确地说，是一个大通光孔径和中等视场的观察系统，其作用是将图像源（CRT、液晶显示器或者 DMD）显示的字符/图像投射到无穷远，功能类似于目镜。

与普通目镜相比，其特点如下：

① 相对孔径较大，或者说 F 数较小，因此，像差校正难度较大。

② 视场角与普通目镜相当，单筒光学系统的视场在 $\phi40°$ 左右。

③ 出瞳孔径较大。

（1）出瞳孔径的选择

对于目镜类光学组件，要求出瞳必须大于眼睛瞳孔：白天亮光条件下，瞳孔 2～5mm，夜间或低照度条件下 8～10mm。

由于头部移动会造成头盔转动量大，若出瞳孔径小，则会在关键时刻失去图像。

与平视瞄准/显示器不同，飞机（尤其是歼击机）在做机动或大过载飞行时，若出射光瞳过小，头盔相对于头部的瞬时滑动会使图像丢失，因此，头盔瞄准/显示系统的出射光瞳孔径应尽可能大。

值得注意，大出瞳孔径头盔显示系统可以避免视场丢失和降低飞行员视觉疲劳，因而希望出瞳直径越大越好；但若出瞳太大，当观察者的瞬时眼位移动时，来自准直系统（或者中继系统）的主光线会以不同的角度入射，从而造成图像以波动形式移动而被觉察到。

实际上，传统光学系统设计的出瞳孔径是有限的。出瞳增大会增加校正像差的难度，使光学系统更加复杂，导致头盔瞄准/显示系统（包括光学系统）重量和体积急剧增加。

确定机载头盔瞄准/显示系统的最小出瞳直径时应考虑以下影响：

① 人眼光瞳直径，约 3mm。

② 有效视场内眼睛的移动范围，约 5mm。

③ 头盔可能的滑动范围，约±3mm。

综合考虑，机载头盔瞄准/显示光学系统最小出瞳孔径应大于 14mm。

20 世纪 70 年代，美国为 AH-64 "阿帕奇"武装直升机配装的综合头盔瞄准/显示系统的圆形出射光瞳孔径是 10mm；RAH-66 "科曼奇"综合头盔瞄准显示系统的圆形出射光瞳孔径是 15mm。

国军标 GJB 4052—2000《机载头盔瞄准/显示系统通用规范》和 GJB 4496—2002《武装直升机头盔瞄准/显示系统通用规范》分别规定"出射光瞳应在 10～17mm"和"不小于 10mm"。

为防止过载导致头盔正常位置改变引起的图像光晕现象，出射光瞳最佳设计孔径选择 18～20mm。

（2）出瞳距离与眼位

出瞳距离分为光学出瞳距离和物理出瞳距离。前者定义为出瞳到光学系统主面的距离；后者定义为出瞳到光学系统最后一表面的距离。在机载头盔瞄准/显示系统中，真正具有实际意义的是物理出瞳距离，简称为出瞳距离。

为了便于观察（例如，佩戴有面罩等情况），要求头盔显示光学系统的出瞳必须位于系统外。同时，为使眼睛能够在静止条件下清晰观察到全视场，要求出瞳与眼位重合，因此，也将眼睛到光学系统最后一个光学表面的距离称为"眼距"。

设计眼位是空间一个点。连接眼位点与瞄准标记中心的连接线定义为"飞行员瞄准线"，光学设计时，将出瞳中心定义为设计眼位。

若光学系统焦距不变，出瞳距离（眼距）越小，视场越大，但眼距太小会给飞行员造成不方便和不舒服。为了兼顾飞行员戴眼镜或其它装备（如防毒面罩）等情况，光学系统的眼距应当更大（＞25mm）。视场一定，出瞳距离大又会使光学系统孔径和重量增大，因此，需要折中考虑。图 6-64 给出了出瞳距离、视场和光学系统直径的关系。

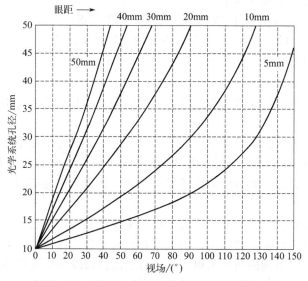

图 6-64　出瞳距、视场和孔径光阑直径的关系

一般目镜系统的出瞳距离设计在 8～10mm。对机载头盔瞄准/显示系统，需要考虑飞行员佩戴矫正眼镜、核生化（NBC）保护面罩和氧气面罩，以及适应不同个体头部和面部尺寸的变化，希望出瞳距离更大些。GJB 4052—2000《机载头盔瞄准/显示系统通用规范》和 GJB 4496—2002《武装直升机头盔瞄准/显示系统通用规范》规定"眼点距应不小于 25mm，双目瞳孔间距范围在 64mm±8mm 范围内"。

由于要求出瞳孔径大和出瞳距离长，造成光学系统尺寸更大、重量更重，重心偏移量也更多，研发新技术以减轻重量和减小体积是光学设计工程师的重要任务。就目前光学技术的发展水平，主要有三种方法：全息光学技术、自由曲面技术和光学波导技术，将在 6.4.4 节和 6.4.5 节详细介绍。

6.3.7　显示亮度/对比率/亮度均匀性

对于平视或者头盔瞄准/显示系统，显示亮度表示在环境光照条件下，必须保证字符叠加在外景上具有良好的可视性。低亮度显示很容易造成低对比度（即暗淡）图像，在明亮的光照环境中甚至会被"清洗"掉。

为了保证头盔瞄准/显示系统在高亮度背景（例如白云或白雪）下能够同时清晰地观察到字符和外景，一般要求目标与亮背景对比率保持 1.2，通常采用两种方法：一是利用高亮度显示图像源（例如，小型 CRT、数字微镜式图像源和小型平板显示器等），若显示图像源的亮度不能满足要求，那么，当图像源信息（字符和图像）与外景目标叠加时，就会出现"湮没"现象；二是在护目镜上涂镀具有合适的透射/反射率的光学膜层。

与平视瞄准/显示系统类似，规定头盔瞄准/显示系统的显示亮度/对比率/亮度均匀性应满足下述要求。

① 对比率。在各种背景亮度下，字符亮度都能保证对比率不小于 1.2，字符清晰可辨。

② 亮度均匀性。

a. 字符亮度均匀性：在给定的亮度调节范围和总视场范围内，任意字符和字符段的平均线亮度变化应不大于 25%。

b. 图像亮度均匀性定义为对于输入头盔显示器中经处理后的外景图像（例如微光系统），同一颜色、同一灰度任意两点的亮度差别。实践证明，在四分之一有效显示面积范围内应不大于 20%；在整个显示范围内，应不大于 40%。

③ 亮度控制。机载头盔瞄准/显示系统的显示亮度范围必须适应较大的环境变化条件，即从 10000ft 高度观察太阳光直射云时的背景亮度 10000fc 到漆黑无光环境下的背景亮度 0.02fc。为此，可以采用手动或自动亮度控制装置（包括背景亮度传感器）调节字符亮度，使其与环境背景亮度相适应，保持合适的对比率。

根据 GJB 4052—2002 规定，应当能够利用自动或者手动方式调节显示亮度的连续变化。

实践表明，为了使字符亮度与环境背景亮度相适应，不同的工作模式（例如白天和夜间）需要不同的字符显示亮度，建议满足以下要求：

夜间亮度范围：$0 \sim 340 \mathrm{cd/m^2}$。

白天亮度范围：$340 \sim 3400 \mathrm{cd/m^2}$。

使用夜视镜时，可根据需要采用滤光片调节字符亮度。

④ 副像与主像的亮度比率应不大于 1%。

⑤ 字符闪烁。除专门规定以一定频率闪烁的字符外，其它字符不应出现人眼可觉察到的闪烁现象。

6.3.8　光学系统透射率

机载头盔瞄准/显示系统的普通光学系统主要由折射光学元件和组合玻璃（或者护目镜）组成。为了满足亮背景下（定义为 10000fL）达到 1.2 的对比率要求，必须保证头盔瞄准/显示系统显示的符号/图像具有足够亮度，同时，还需保证对外界景物具有足够的透视观察能力。

对于双目头盔瞄准/显示系统，显示组合玻璃/护目镜的可见光透过率应不小于 90%，其中成像区域的可见光透过率不小于 70%。

对于高环境亮度情况，要求护目镜的透射率约为 30%；对低环境亮度情况，护目镜透射率约为 80%～90%。

应当注意，显示护目镜或组合镜上通常需要涂镀具有适当折射/反射比的膜层，并需要特别关注其前表面的二次成像，要求其副像与主像亮度比率不大于1％。

6.3.9 瞄准线测量精度

如前所述，战斗机座舱中设计HMD的关键作用是与大离轴角导弹配合使用，为飞行员提供将导弹传感器定位到目标的方法，同时能够为瞄准吊舱定位并确定目标的方位。

机载头盔瞄准/显示系统（HMD/HMS）的瞄准精度定义为传输给任务计算机（MC）的定位角与飞机到目标真实角度之间的误差，单位mrad。

从总体精度分析，定位外界目标并显示相关数据的精度受飞机精度（例如，武器挂点弯曲）、HMD/HMS的精度和传感器（例如武器传感器或瞄准吊舱传感器）精度等因素影响，与以下误差源相关：

（1）HMD/HMS的硬件误差

取决于光学系统精度以及与头部跟踪系统相关的误差。

从第5章光学精度分析可以看出，HUD的轴上视场精度优于1mrad，边缘视场精度降低到2mrad；而HMD/HMS的轴上视场精度是2mrad，边缘视场的精度更低，例如10°视场的精度下降到4～6mrad。

同时注意到，在实验室环境下，通过仔细调整，HMD/HMS跟踪系统的精度可以达到平视瞄准/显示系统的精度，但安装到座舱里会变得更大些（6.0～8.0mrad），其影响因素包括：

① 基准单元在X、Y和Z三个方向的安装都必须精确定位，方位角、俯仰角和横滚角的转轴都要与飞机的各基准转轴进行校准，其偏差即是定向精度误差。因此，无论机械误差还是跟踪计算误差都必须查明并予以校正。

② 基准单元的稳定性。"承力点"弯曲在飞机机动飞行时将转换为定位误差，需通过硬件或者软件进行补偿。

③ 基准单元的设计位置至关重要。光学跟踪定位器，在不丧失跟踪能力条件下能够确定头部活动框的大小。

电磁跟踪定位器，能够确定电磁场的畸变程度，进而确定跟踪器精度。

（2）飞行员瞄准误差

"瞄准回路"中飞行员的操作误差也是定位瞄准精度的影响因素。一般地，一个静态点的瞄准误差约为2.6mrad，且不随大角度偏离而显著变大。

飞行员的瞄准误差主要取决于载机相对于目标的移动速度。当载机逐渐靠近目标时，目标也力图甩掉载机跟踪，因此，瞄准误差是目标角速度的函数，速度的发散变化很小。

对于军用直升机，要求头盔瞄准/显示系统的瞄准线精度在正前方20°圆锥视场内的均方差值不大于5mrad；其它范围的均方差值不大于8mrad。

对于歼击机，要求头盔瞄准/显示系统的瞄准线精度不大于0.5°。

（3）工作环境造成的误差

实际中，工作环境（例如，飞机座舱盖和载机振动等）对HMD/HMS的瞄准精度有着不可忽略的影响。

① 飞机座舱盖的影响。在5.4.13节已经讨论过飞机座舱盖和风挡玻璃对外界目标成像质量的影响。关键是设计时是否考虑到座舱盖作为光学元件应具有的技术要求。由于座舱盖形状是球面或者非球面，并具有一定的倾斜角，因此，HMD/HMS对外界目标的视在定位

角会偏离实际目标 4～5mrad。经过修正和补偿,规定视场内瞄准误差(如美军 F-16 飞机)的角偏移不能超过 3mrad,但实际测量值都较大。

② 显示系统误差。HMD/HMS 系统的主要功能是武器控制和用作目视耦合系统。利用头部瞄准线测量信号操控转塔或者吊舱装置,来自成像传感器(例如 FLIR、L³-TV 或者可见光 TV 等)的图像与图像源产生的符号一起显示在头盔显示器上。

一般地,显示器的稳定性都非常好。但是,当固定翼飞机头盔瞄准/显示系统的护目镜作为成像系统的光学元件,并且相对于承载有其它光学元件的光学平台被抬高或降低(即存在位置误差)时,就会产生定位精度误差。

另外,当护目镜受到一定压力时,会发生弯曲变形,不仅成像质量受到影响,还会造成显示系统位移并转化为定位精度误差。弯曲度和误差会因施力点不同发生改变。

若希望以 HMD/HMS 代替 HUD,应要求具有更高的显示/瞄准精度。

6.3.10 畸变

GJB 4496—2002 规定,显示字符的实际形状与标准形状比较不应有明显变化,每个字符的线段、圆弧及其连接处不应有明显的断开和错位等现象。

GJB 4052—2000 明确规定,头盔显示器显示的图像/字符的畸变应不大于 2%。

6.3.11 视差

理论上,头盔瞄准/显示系统中图像源(例如,CRT 或液晶显示屏)产生的字符应位于显示光学系统的焦平面上。但由于种种原因(例如装配误差),图像源的字符显示画面与头盔显示光学系统的焦平面没有完全重合,即光学系统所成的像不在无穷远,当通过护目镜将字符叠加在外界景物上时,就会出现下述现象:人眼在出瞳平面内移动,则外界景物与字符相互错动;严重时,飞行员不能同时看清外界景物与字符,从而影响对目标的观察和瞄准。这种现象称为头盔瞄准/显示系统的"视差"。

图像源的位置误差会造成两种类型视差:前视差和后视差。前者是图像源位于光学系统焦平面之前,后者是图像源位于光学系统焦平面之后。

光学系统产生视差的原因包括:光学系统设计的残余像差、零件加工误差和系统装配误差。

光学系统的设计误差主要由光学系统残留像差造成,也称为理论视差,表现为一个理想的点物体被成像为具有几何大小的弥散斑。设计误差虽然会引入视差,但瞄准画面的几何中心点仍然与所对应的瞄准线一致,影响有限。

零件制造和装配误差造成的视差,源于焦距变化和图像源安装面与设计位置不重合,造成图像不清晰。由于头盔瞄准/显示系统的出射光瞳远比眼睛的瞳孔大,因此,在设计眼位平面内不同位置观察时,瞄准画面的几何中心点对应的瞄准线会发生偏移,对瞄准精度影响较大,是头盔瞄准/显示系统产生视差的主要原因。距离设计眼位(或者出射光瞳)中心越远,视差越大,最大视差即出瞳直径两端观察时产生的视差。

根据国军标 GJB 4052—2000 对歼击机头盔瞄准/显示系统视差的规定,在设计眼位,透过组合玻璃(或护目镜)观察时,视差应满足以下要求:

① 中心 10°视场内,水平方向会聚应不大于 6mrad 或发散不大于 3mrad,垂直方向不大

于 1mrad。

② 中心 10°视场外，水平方向会聚应不大于 7.5mrad 或发散不大于 1.5mrad，垂直方向不大于 1mrad。

6.3.12　对显示符号和信息的基本要求

与其它传统的显示系统相比，头盔瞄准/显示系统有两个不同之处：

第一，显示符号总是位于飞行员的视场之中。

第二，显示器相对于飞机轴线和外部世界总在改变方向。

早期研制的头盔瞄准/显示系统中，头盔瞄准具的符号是模仿固定射击瞄准具的符号，头盔显示器则是模仿传统的平视显示器的符号（或做些修改，增加专用符号）。

头盔瞄准/显示系统究竟需要显示哪些信息一直是有争议的课题。理论上，可以将导航信息、瞄准攻击信息、告警信息甚至飞机的各种状态信息尽可能多地显示出来。但应该注意到，HMD/HMS 显示的信息始终呈现在飞行员的视场内，过多的显示内容不仅会造成画面拥挤，更重要的是造成飞行员视觉疲劳，长时间观察会造成极大伤害。通常情况下，在飞机上同时安装 HUD 和 HMD/HMS，并且 HMD/HMS 仅在空战格斗和夜间显示视频图像时才用作主显示设备，其它情况作为辅助显示，仅显示"必要的信息内容"。

在进行了大量研究后表明，为保证显示内容的清晰可读性，显示符号应满足下列基本要求：

① 符号高度至少 $16'\sim20'$。

② 最佳符号宽高比为 1:5。

③ 笔画线宽为符号高度的 $1/10\sim1/6$（约 $>2'$）。

④ 最小符号间距 $10'\sim15'$。

⑤ 显示符号分布范围：

显示中心上方可以延伸到视场的 70% 左右。

显示中心下方延伸到视场的 80% 左右。

左右视场可适当宽些。

⑥ 必须将连续监视的显示符号（例如，飞机控制符号、武器瞄准信息和避开地面障碍物信息等）置于视场中心，不太常用的符号（例如速度和高度的数字指示等）置于外围。

图 6-65 是 Honeywell 公司为阿帕奇（Apache）武装直升机 IHADSS 设计的基本符号布局。

我国对显示字符有非常具体的要求，应当符合 GJB 4496—2002《武装直升机头盔瞄准/显示系统通用规范》和 GJB 4052—2000《机载头盔瞄准/显示系统通用规范》的标准规定。

① 字符颜色：绿色或黄绿色（波长 $500\sim560$nm）。

② 字符兼容性：满足座舱显示与微光夜视兼容，可以昼夜使用。

③ 字符尺寸。参考 GJB 3799—1999 和 GJB 2873—1997，当从形状复杂的非目标中辨别出形状复杂的目标时，目标字符的视角不应小于 6mrad（$20'$）尺寸。

④ 字符闪烁。各种工作状态下的所有字符均应显示在视场内。当超出视场时，其字符应在视场边缘闪烁。在正常情况下，除专门规定以一定频率闪烁的字符外，其它字符不应出现人眼可觉察到的闪烁现象。

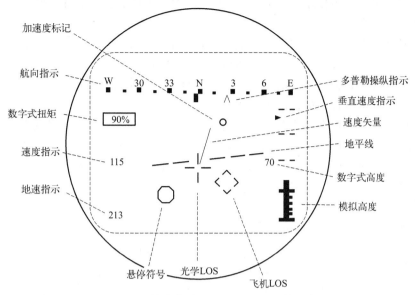

图 6-65　阿帕奇直升机 IHADSS 显示符号布局

⑤ 字符畸变。显示字符的实际形状与标准形状比较不应有明显变形，每个字符的线段、圆弧及其连接处不应有影响观察和识别的断开、错位等现象。

⑥ 字符线宽。在同一画面中，一般应为 1.0mrad±0.3mrad（在环境照度 500～1000lx、字符亮度 3400cd/m² 和峰值功率为 50％的点上测量）。

⑦ 中心光点直径不大于 1.5mrad±0.2mrad。

6.3.13　重量

头盔的主要作用是保护飞行员安全以及与外界的通信功能。如果在原有头盔的基础上加装 HMD/HMS，则会增加飞行员承受的重量以及改变头盔系统的重心。最佳方法是将 HMD/HMS 与头盔综合设计，统一考虑重量和重心问题。

美国陆军航空医学院（1966 年）的研究结果表明，在考虑到各种条件影响下，人类头部能够承受的最大重量是 1.57kg（推荐头盔系统的总支承重量控制在 1.5～1.8kg）；同时，为减小作用在颈部的扭矩，各组件在头盔上配置平衡并降低重心也非常重要。

实际中，目前标准的飞行员头盔（包括氧气面罩）的重量已经达到上述极限范围（例如，美国的 HGU-33/P 头盔重量为 1.7kg），因此，在原有头盔基础上加装 HMD/HMS 难度较大。

为了符合国军标 GJB 4052—2000《机载头盔瞄准/显示系统通用规范》和国军标 GJB 4496—2002《武装直升机头盔瞄准/显示系统通用规范》关于重量的规定，所有头部安装组件（包括光学系统、新型材料的头盔附件和超小型连接器以及专门设计的多导体电缆）的重量都必须尽可能轻，并且，结构紧凑坚固、凸出部分最少和具有良好的环境适应性。显然，减小体积、减轻重量和设计合适的重心位置是 HMD/HMS 设计中一个很艰巨的任务。

根据实际情况，一些资料建议做出如下规定更合理：单目头盔显示组件的重量应不大于 1.85kg（不含电缆）；双目头盔显示组件的重量应不大于 1.95kg（不含电缆）。

应当强调，机载头盔显示器设计过程中，不仅需要关注组合重量问题，还要考虑重心（CG）问题。

设计模式对重心有很大影响，重心应当落在CG-重量曲线图的安全区域内，确保飞行员长时间执行任务时比较舒适，以及在碰撞事故中对颈部伤害最小。

综合型设计方式是将头盔上的光电显示系统直接作为头盔设计的一部分，与新头盔结构一起设计，因此，可以提供最佳的重心位置。

模块化设计是利用现有的头盔结构作为平台（例如，改进型设计）增加设计光电系统。

综合型设计方式增加了头盔本身的设计难度，模块化设计方式增加了光电系统的设计难度。

图6-66是几种典型头盔显示系统的CG-重量曲线图。可以看出，IHADSS的重心在垂直方向和水平方向都位于"可接受的受伤危险区域内"。

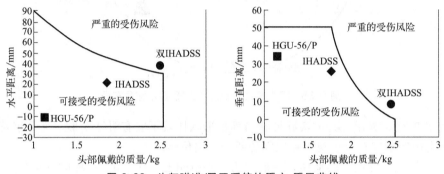

图 6-66　头盔瞄准/显示系统的重心-重量曲线

6.3.14　其它要求

除上述重要的技术性能外，还需考虑某些约束因素和可承受性等因素：

① 舒适性。头盔内盔（或内衬）要尽量精准地与每个飞行员的头部形状拟合，同时，保证显示系统的设计眼位能够与瞄准线（LOS）对准，确保任何作战条件下（包括碰撞、高加速度机动或飞机振动）具有最大的舒适性，而没有过多位移。

② 头盔瞄准/显示系统的任何部件不能有碍于正常观察或遮挡外景。

③ 与其它头部穿戴设备（例如氧气面罩、核生物化学安全帽、电缆接口和通信话筒等）兼容。

④ 必须保持其基本的保护功能（例如冲击、碰撞、面部/眼睛/耳朵的保护），具有良好的安全性，例如头盔的空气动力学外形能在高速弹射时最大程度地减少应力，电器具有良好性能、耐久性和快速松脱，对波长 $1.064\mu m$ 和光密度 OD$\geqslant$4 的激光防护在内的眼睛保护措施（例如增加窄带滤光片），避免将任何光学元件置于飞行员眼前以替代护目镜等，以及使用方便性（例如信息的操作和控制、工作动作的协调）。

⑤ 在 $-40\sim50°C$ 环境下，头盔瞄准/显示系统应能正常工作，性能符合要求。

表 6-21 列出 BAE 系统公司为武装直升机研制的头盔瞄准/显示系统主要技术性能。

表 6-21　BAE 头盔瞄准/显示系统的技术性能

参数	指标
视场/(°)	$\phi40$（对应夜视视场为 40×30）

参数	指标
双目叠加	100%
出射瞳孔/mm	>15（轴上）
眼距/mm	>70
瞳孔间距/mm	60～75
双护目镜	内——透明护目镜， 外——中灰度（眩光）护目镜
头部支撑重量/lb	基本型双目系统：3.7， 配装双目夜视摄像机：≤4.8
显示对比率（背景亮度 10000fL）	≥1.2∶1（白天）
夜视系统极限分辨率/（cy/mrad）	>1
跟踪范围/（°）	方位角±180，俯仰角±90， 横滚角±180
武器瞄准/跟踪器精度/mrad	4（设计眼点处）

6.4
光学系统

不同类型的光学系统和图像源可以组合成不同结构形式的头盔瞄准/显示系统，应用于不同的飞机类型和执行不同的战斗任务，本节仅讨论和分析光电式头盔瞄准/显示光学系统。

无论头盔瞄准/显示系统中光学系统和图像源或者跟踪定位方式如何变化（或组合），根据光学图像呈现方式，头盔瞄准/显示装置的光学系统分为两种类型：单目光学系统（单图像源/单目观察）和双目光学系统（包括单图像源/双目观察和双图像源/双目观察两种形式）。

单目头盔瞄准/显示光学系统由一个图像源和一套光学系统（包括组合玻璃）组成，并将图像显示给一只眼睛（左眼或者右眼）观察，如图 6-67 所示。优点是体积小、重量轻、成本低，适合在现役头盔上改装。缺点是视场有限，需要头部扩大扫描；出瞳小，要求显示非常接近眼睛并且头盔非常稳定以避免滑动和眼睛移出出瞳；双目竞争问题则容易造成两眼发生冲突；优势眼问题容易造成（左眼优势飞行员）观察障碍；暗适应问题容易导致深度幻觉等。

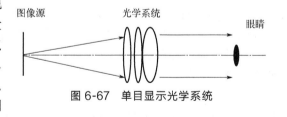

图 6-67　单目显示光学系统

最初，CRT 图像源亮度有限，为了保证在强光外部环境下能观察到具有合适亮度的字符，通常设计成遮挡式单目头盔显示光学系统。这种结构的显著特点是没有组合玻璃或者组合玻璃设计成不透明，使光学系统具有高图像对比度，因而低亮度的图像也可以获得更多灰度等级。该结构形式称为"直视型"或者"沉浸式"光学系统。因此，初期的头盔瞄准/显示光学系统有（对外景）遮挡式和透视式两种结构形式。

随着图像源种类增多以及性能的提高，军事领域不再采用遮挡式结构，基本上都采用透视型结构。遮挡式结构多数应用于民用方面（例如虚拟现实、计算机娱乐以及个人虚拟影院等）。

实际中，人们更习惯于双目观察，双目型头盔瞄准/显示系统能够解决单目头盔瞄准/显示系统存在的上述突出问题。

双目头盔瞄准/显示光学系统如图 6-68 所示。

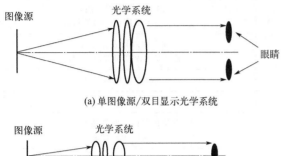

(a) 单图像源/双目显示光学系统

(b) 双图像源/双目显示光学系统

图 6-68　双目头盔瞄准/显示光学系统基本原理

单图像源双目头盔瞄准/显示系统是使用一个图像源和两套光学系统，体积和重量都比单目头盔瞄准/显示系统大。双图像源双目头盔瞄准/显示系统是使用两个图像源和两套光学系统，体积和重量更大。优点是除了能够提供立体感和深度感觉外，还能利用视场叠加方法扩大系统的水平视场，以及提供较高的图像亮度，同时增加了可靠性。

研究结果表明，单图像源双目结构形式虽然可以克服单目显示系统带来的双目竞争和优势眼问题，增强了使用效能，但不能增大显示视场；双图像源双目结构形式则可以对两个独立的成像画面进行全叠加或者部分叠加完成双目观察，全叠加的视觉效果最好，部分叠加可以达到增大双目水平视场的目的。

6.4.1　单目头盔瞄准/显示系统

头盔瞄准/显示系统初期，偏向于采用单目显示形式。考虑到多数人习惯将右眼置于支配地位，一般将显示系统安装在头盔右侧，因此，飞行员只能通过单目（右眼）观察到系统的显示图像，如图 6-69 所示。

单目显示式头盔系统有两种结构形式：单目透视系统和双目透视/单目显示系统。

① 单目透视系统　单目透视系统即一个眼睛上仅能显示图像，另外一个裸眼用来观察外部视景，符号叠加在外部视景上，两种视觉由系统的使用者进行混合。

单目透视系统是一种直视形式（see-through），将图像单独显示在一个暗环境中，无需与外景对比，因此，图像源无需极端加亮，功耗低，光学系统简单，成本也低，也称"浸入式显示方式"，如图 6-70（a）所示。

② 双目透视/单目显示系统　双目透视/单目显示系统为一只眼睛上既有透视图像又有显示信息，另一只裸眼直接观察外部视景。在头盔显示器研制初期，主要采用"双目透视/单目显示系统"。

图 6-69　单目头盔瞄准/显示系统

双目透视/单目显示系统要求更高的符号显示亮度和更大的光学眼距，如图 6-70(b)所示。

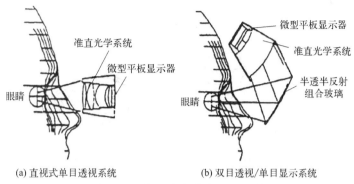

(a) 直视式单目透视系统　　　　(b) 双目透视/单目显示系统

图 6-70　单目头盔瞄准/显示系统

与双目透视/双目显示系统相比，这种双目透视/单目符号显示系统既有重量较轻和复杂度较低的优势，又能减轻双目竞争，颇具吸引力。

案例一，俄罗斯 Zsh-7 型头盔瞄准/显示系统。

俄罗斯飞机苏-27 和米格-29 装备的头盔瞄准具是早期单目头盔瞄准/显示系统的典型例子。

苏-27 飞机装备的 Zsh-7 型头盔瞄准/显示系统主要由头部跟踪定位装置和瞄准显示装置两部分组成：安装在平视瞄准/显示系统两侧的扫描接收器和头部红外辐射器 LED 组成的跟踪装置，测量头盔瞄准线方向（或者头部偏转角）；单通道目镜组成的瞄准显示装置，将瞄准标志（十字线与同心圆）和信号标志显示给飞行员，如图 6-71 所示。

(a) 外形结构图　　　　　　　(b) 头盔瞄准的显示模式

图 6-71　苏-27 飞机 Zsh-7 型头盔瞄准/显示系统

苏-27 飞机 Zsh-7 型头盔瞄准/显示光学系统是一个简单的物镜结构，如图 6-72 所示。同心圆和十字线两种瞄准符号分别刻制在两块分划板（标号 8、9 和 10、11）上，采用立方组合棱镜形式，使分别来自两条光路的符号组合成下面五种显示状态，并同时显示在物镜焦平面上，经物镜系统（透镜 2、3、4 和反射镜 5）成像在无限远，再由一块可折叠反射镜（标号 1）反射给飞行员。飞行员只需要转动头部注视目标，定位分系统就将方位/俯仰角实时传送给机载武器，使其自动对准目标。

不同的符号显示代表不同的工作状态：

同心圆：正常工作。

闪烁同心圆：目标截获。

同心圆加十字线：允许发射。

十字线：离轴角过大。

不显示：产品故障。

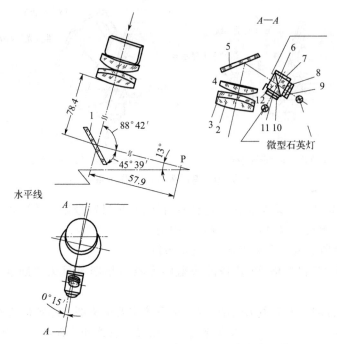

图 6-72　Zsh-7 型头盔瞄准/显示系统光学系统

1，5—反射镜；2，3，4—准直物镜；6，12—立方棱镜；7—吸收板；8，9，10，11—分划板

系统结构参数见表 6-22（焦距：41.692mm；视场：$2\omega = 4°$）。

表 6-22　显示光学系统结构参数

序号	半径 R/mm	轴向中心厚度 d/mm	n_D	玻璃材料
2-3 （双胶合 透镜）	66.22	距眼点距离：78.4＋57.9＝136.3	1.617 1.723	ZK8 ZF3
	−34.67	5.8		
	−223.9	2.2		
4 （单透镜）	26.06	0.3	1.518	K9
	101.39	4.4		
5 （平面反射镜）	0	28.5	1.518	K9
	0	9.9		

俄罗斯 Zsh-7 型头盔瞄准/显示系统工作原理：在飞行员选择"头盔瞄准"模式后，机载火控系统自动切换到 EOS（光电系统）模式，点亮头盔瞄准/显示系统中的瞄准光环，飞行员可以通过接目反射镜观察到绿色瞄准环；转动头部对准目标，平视瞄准/显示系统两侧的扫描测量装置自动测量头盔（或眼睛）瞄准线的位置和方向，同时引导光电雷达等跟踪瞄准设备和武器系统对准目标；当瞄准环稳定地套住目标并完成"目标截获"后，自动转换到激光测距模式，经过计算和数据处理，一旦显示"NP"图标符号，即可发射武器（例如导弹）实施攻击。

如果头部转动范围超出光电雷达的探测范围（方位±60°；俯仰-15°～+60°），观察到的瞄准环符号中就会出现一个×号。

案例二，美国双目透视/单目显示式头盔显示器。

罗克韦尔-柯林斯（Rockwell Collins）公司研制成功一种小型双目透视/单目显示式头盔显示器（HMD），如图6-73(a)所示。飞行员右眼既可以透视观察到外景图像又能够观察到显示的字符信息，如图6-73(b)所示；左眼为裸眼，可以直接目视观察到外景物体，如图6-73(c)所示。

(a) 罗克韦尔-柯林斯公司的单目头盔显示系统

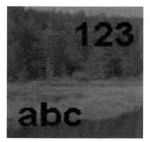

(b) 右眼观察到的叠加图像　　　　(c) 左眼观察到的外界图像

图6-73　小型双目透视/单目显示式头盔显示器（HMD）

双目透视/单目符号显示系统采用800×600有源矩阵液晶显示器（AMLCD）（非分划板）和发光二极管（LED）背光源组件作为图像源；光学系统由一个OEM光学显示部件、一个很薄的多波段组合器和一个非球面组合器组成，如图6-74所示。该系统既可以显示瞄准符号也能生成其它符号，并通过光学准直系统将需要的符号和数字成像在无穷远，供飞行员观察。

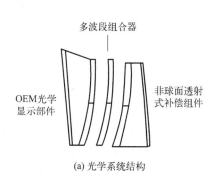

(a) 光学系统结构　　　　　　(b) 光学系统外部视图

图6-74　光学系统原理图

这种双目透视/单目符号显示系统的优点是成本低、重量轻、结构简单紧凑，可以最大限度地减轻头盔重量。如果需要提供夜视能力，可以采用"将显示符号引入夜视镜输入端"的方法，无须通过 HMD 昼用型光学系统观察夜视镜，如图 6-75 所示。昼用型双目透视/单目显示系统的主要技术性能列在表 6-23 中。

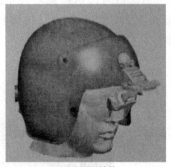

(a) 昼用型结构   (b) 夜视型结构

图 6-75　双目透视/单目显示头盔显示系统

表 6-23　白天型双目透视/单目显示系统的技术性能

参数	指标
双目间距/mm	30～60
光瞳直径/mm	5
符号显示/透视视场/(°)	±10×±10
(边缘视场)畸变/(°)	<1
垂直发散度(屈光度)/D	±0.18
垂直会聚度(屈光度)/D	±0.15
分辨率/(cy/mrad)	0.76

案例三，美国综合头盔瞄准/显示系统 IHADSS。

20 世纪 70 年代末，美国陆军为 AH-64 "阿帕奇"直升机研发的综合头盔瞄准/显示系统（IHADSS）就是右侧单目显示光学系统，采用光电式头部跟踪器，随动于一个前视红外传感器，并通过 CRT 和分光镜将红外信息送到显示器，显示在飞行员眼前。头盔和单目显示光学系统称为"综合头盔装置"（integrated helmet unit，IHU）。显示光学系统由一个直径 1in 的小型 CRT、一个光学组件和头盔显示器组成。

安装在头盔上的红外探测系统（采用硫化铅探测器）与安装在座舱内的可见光系统（EOS）协同工作，使飞机的前视红外系统从动于飞行员的头部运动，并将获得的外景目标的红外电子图像转换为 CRT 屏幕上的光图像，然后经过光学组件，从组合玻璃（护目镜）上投射给飞行员观察。

IHADSS 的光学性能包括：视场 30°(V)×40°(H)；放大倍率 1；出瞳直径 10mm；眼点距离 10mm。

单目头盔瞄准/显示系统的优势是体积小、重量轻和设计成本低等。但实际上，人类是双目视觉动物，更习惯于双目观察。由于单目显示技术与人类视觉系统的双目特性并不一致，会造成不必要的人为因素和视觉感知问题。Kaith L. Hiatt 等人经过多年研究，在其报告中明确表示，除了视场小（需要头部扩大扫描）、出瞳小（需要眼睛非常接近组合玻璃才能观察显示）和单侧显示导致重心偏移外（要求头盔佩戴非常稳定以避免滑动和眼睛移到出瞳之外），已经发现该结构形式会使飞行员在身体、视觉等方面产生不适（例如视觉降低、视觉错觉、视觉模糊、头痛等）。

系统性问题包括：

① 双目竞争问题和优势眼问题。优势眼指的是优先被大脑接受信息的那一只眼睛。如果具有优势眼是左眼的飞行员专注右眼的显示内容，就会给飞行员带来观察障碍。

双目竞争是在两只眼睛接收到不同的输入信息时发生的，飞行员大脑接收的视觉信息将在两眼各自接收信息之间随机切换，这是飞行员产生周期性紧张的原因之一。

优势眼和双目竞争问题会导致观察显示图像的眼睛和观察外部视景的另一只眼睛发生冲突。

单目瞄准/显示系统（尤其是直视式）工作时，一只眼睛完全适应暗适应观察环境，而另一只眼睛则因为处于明亮显示环境中而部分适应，可能会导致飞行员产生景物深度幻觉。当处于不同亮度环境下的两只眼睛同时观察一个移动目标时，由于亮度较暗环境中的刺激亮度衰减，使该眼的视觉反应潜伏期延长（大约几百分之一秒），会给飞行员造成一种视觉错觉：呈现在每只眼睛里的不同图像可能会沿着不同的轨迹运动（似乎在沿平面椭圆形轨道运动，并且戴在左眼或右眼时，目标的运动方向也是不同的）。此即"普尔弗里希（Pulfrich）效应"。

另外，当目标由远至近移动时，还会造成一种"远大近小"的心理错觉。若观察对象是电视机的雪花图案，则会在两个不同的深度层次上分别看到图案向左/向右移动。

② 单目瞄准/显示系统中，飞行员用右眼观看 HMD 上显示的飞机参数符号和（红外传感器）图像，而让左眼独立和任意地观看舱内外的景象（即查看座舱仪表、阅读地图和观察舱内外景物），导致无法形成立体像。应当注意到，尤其是直升机在战术飞行（例如，作战机动和超低空贴地飞行）中，立体像是非常重要的。

③ 如果需要安装头盔夜视镜，通常情况是必须将白天用单目瞄准/头盔显示系统移开，以利于头盔夜视镜的安装和使用。

为了解决单目瞄准/头盔显示技术带来的问题，必须研发双目头盔瞄准/显示系统。每只眼睛必须对应较大的出射光瞳以允许头盔有较大的适配范围；眼距必须较大以便容纳显示光学系统或者氧气面罩；同时还需保持体积、重量和重心（即舒适性和安全性）达到可接受水平，双目头盔瞄准/显示器已经成为机载瞄准/显示系统的主流研发和应用趋势。

6.4.2　双目头盔瞄准/显示系统

与单目头盔瞄准/显示系统相比较，双目头盔瞄准/显示系统是设计和安装两套完全相同的显示系统。每只眼睛都能够观察到合适/一致的图像而减轻了双目竞争导致的眼睛疲劳，进一步改进了探测性能。每个单目系统设计有独立的像源和光学成像系统，大大减小了系统整体故障的可能性，提高了任务可靠性。利用双目部分叠加显示技术可以在不增加单目视场、不降低显示分辨率的前提下有效提高双目显示水平视场范围，充分发挥飞机的大离轴角发射导弹能力和作战性能。另外，双目瞄准/显示系统具有视觉深度优势，更符合人眼的观察习惯。

该系统的缺点是重量大，系统较复杂，对两套显示系统的成像性能一致性有较高的技术要求。

按照图像源数量，双目头盔瞄准/显示系统分为单图像源头盔瞄准/显示系统和双图像源头盔瞄准/显示系统。

单图像源双目头盔瞄准/显示系统由一个图像源和两套光学系统组成，在分光镜作用下，飞行员可以通过双目观察到一个完全重叠的图像。这种结构布局虽然克服了单目显示带来的双目竞争与优势眼问题，增强了使用效能，但无法增大显示视场。

双图像源双目头盔瞄准/显示系统由两个分离的图像源和两套光学系统组成，可以采用双目视场部分重叠技术实现增大视场的目的，因此，分为双目视场完全重叠和部分叠加两种形式，如图 6-76 所示。

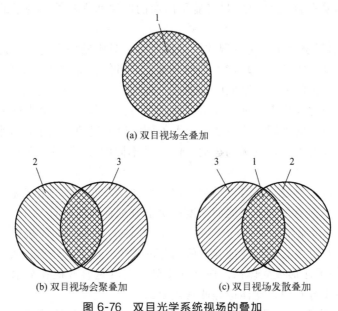

(a) 双目视场全叠加

(b) 双目视场会聚叠加　　　(c) 双目视场发散叠加

图 6-76　双目光学系统视场的叠加
1—双目视场重叠区域；2—右眼单独观察区域；3—左眼单独观察区域

从视觉效果考虑，全视场叠加方式［图 6-76(a) 所示］的观察效果最好，会增加视觉观察的立体感，增大产品设计的冗余度，并且双眼观察的是同一个图像画面，没有双目竞争和优势眼问题。但系统的显示视场与单目一样，没有增大系统的总视场，并且，每一个单目系统都需要承担整个系统显示视场的任务，既导致光学系统结构复杂，又增加重量和尺寸。

需要注意，双目视场全叠加方式的基本要求是双目显示画面形状必须精准一致。若双目系统两个通道显示画面完全相同，则叠加后的双目总视场（画面）等于单目视场（画面），但双目显示的双通道画面稍有不同，则叠加后的效果就会形成一个字符混乱的画面。

研究表明，双图像源双目头盔瞄准/显示系统只有采用部分叠加方式才能够达到增大系统水平方向视场的目的。

一般地，为了增大系统视场，可以通过使两个单目显示系统向内或向外倾斜的方式实现，因此，分为会聚叠加和发散叠加两种方式。

如图 6-76 所示，一个典型的部分视场叠加双目头盔显示器的视场是由双目叠加视场区域（中间部分）和两侧单目视场区域组成的。双目叠加的水平总视场被划分为三个部分：仅右眼能看到的部分、仅左眼能看到的部分和一个重叠部分。在会聚式叠加方式［图 6-76(b)］中，右眼可以看到中部叠加区域和左部单目区域，左眼可以看到中部叠加区域和右部单目区域；在发散式叠加方式［图 6-76(c)］中，右眼可以看到中部叠加区域和右部单目区域，左眼则能看到中部叠加区域和左部单目区域。

当然，这种情况下两只眼睛看到的图像是不同的：在发散型显示模式中，两个显示系统的光轴向外倾斜，右眼看见右圆区内的部分景物，左眼看见左圆区内的部分景物，从而导致右眼单目区在双目重叠区的右面，左眼单目区在左边；在会聚显示中，显示系统的光轴向内倾斜，右眼单目区在左半圆，而左眼单目区在右半圆，致使右眼单目可以观察到图像最左边的区域，左眼则能够观察到图像最右边的区域。

由 4.1 节对眼睛的研究知道，人眼的水平总视场大约是 200°，其中双目重叠部分将近 120°，并且，人眼的正常视场属于发散型叠加情况。因此，设计双目头盔瞄准/显示光学系统时，采用发散叠加技术优于会聚叠加技术，允许物镜向外倾斜，同时，对装配时调整物镜间距也很有好处，有利于满足出瞳间距的要求。头盔瞄准/显示系统较多采用的设计方法也是发散型叠加形式，两部分像叠加后刚好构成一个连续的像或者一个扩宽的视场，如图 6-77 所示。

图 6-77　双图像源双目头盔瞄准/显示系统发散叠加视场

为了达到双目扩大显示视场的目的，需要选择合适的部分视场叠加比例，同时可以降低对单目视场的要求。如图 6-78 所示，x 表示单目视场（通常要求单目视场设计值是 30°），y 表示双目视场叠加部分，水平总视场为 H。部分视场叠加比例可以根据式(6-11) 计算：

$$2x - y = H \qquad (6-11)$$

研究结果表明，叠加部分比例大于 50% 时，双目观察的效果较好。假设，系统水平视场设计值是 $H=40°$，单目视场设计值 $x=30°$，根据公式可以计算出，叠加视场部分 $y=20°$，基本上达到了叠加比例大于 50% 的原则；如果水平视场设计值是 $H=45°$，

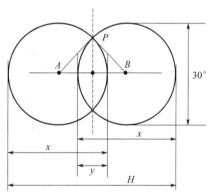

图 6-78　发散型部分叠加视场计算原理

单目视场设计值 $x=30°$，根据公式计算出，叠加视场部分 $y=15°$，显然，接近满足叠加比例大于 50% 的原则，显示效果较为理想。

事情总是一分为二的。双目头盔瞄准/显示技术虽然可以解决单目显示技术存在的问题，但也会产生新的问题，例如双目瞳距、双目图像配准和亮度平衡等问题都会引起眼睛疲劳和紧张，因此，进行双目头盔瞄准/显示系统设计时，首先，必须完成单目头盔瞄准/显示器光学系统的设计，并在工艺上保证各项指标满足总体要求（例如，两个单目显示系统的焦距或放大倍率必须一致以保证两个图像的一致性；单目显示字符有很好的显示位置精度；整个视场范围内具有良好的像质等），然后才能进行双目叠加。叠加时，还要考虑以下问题：

① 保证两个单目光学系统的理论设计出瞳中心与人眼的两个眼瞳中心重合。依据 GJB 4856—2003 规范，飞行员双目瞳孔间距为 62mm±8mm。显然，两个单目光学系统出瞳中心的横向距离必须满足该要求，为了适应不同飞行员的使用需要，可以进行微量调整。

② 双目叠加区域减少会降低双目显示的优势。必须合理选择和控制双目部分叠加区域的比例，叠加比例大于50％时，双目观察效果较好。

③ 必须按照理论设计的倾斜角度要求，使两个单目光学系统的光轴以各自出瞳中心为原点向内或向外倾斜到指定角度，将两个光学系统的光轴调整匹配到最佳位置，实现双目部分叠加。

④ 畸变问题。在设计单目光学系统时，一定要尽量将畸变校正到很小，通常<1％。

实际上，双目叠加系统显示的最终畸变除了常规的光学畸变外，还包括图像源电畸变（例如，小型CRT像源可能存在少量的枕形或桶形畸变之类的固有电畸变。小型数字化像源不存在固有畸变问题）以及由部分视场叠加带来的额外畸变（例如，由于双目图像来源于两个独立的图像源，因此，光学系统的倾斜会导致不规则四边形或梯形畸变）。如果畸变实测值不能满足GJB 4052—2000规定"不得大于2％"的要求，则必须通过图像源进行电校正，否则将导致双目画面存在差异，无法实现真正重叠，影响双目叠加效果。

⑤ 发散型部分叠加系统还可能导致弯月形效应。弯月形效应是指双目叠加视场中间的两个单目视场边界上会产生弯月暗带而影响观察，如图6-79所示。因此，采用会聚式叠加方式更好，可以避免由此带来的上述问题。

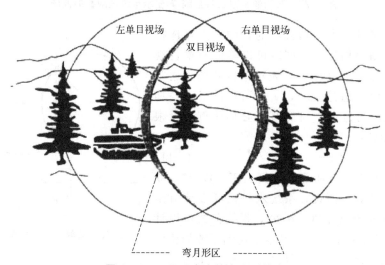

图6-79　双目观察中的弯月形效应

⑥ 必须满足显示精度的要求，否则，会造成复视或眼睛紧张。当观察字符时，要求双目叠加区域内左右显示通道间的字符显示偏差为1mrad或更小。当观察图像时，双目叠加区域内左右像点之间的最大偏移在垂直方向不超过3mrad，发散不超过1mrad，会聚不超过5mrad。

⑦ 双目显示画面如何在电路上实现重叠的问题。虽然可以采用部分重叠式双目画面设计，也可以采用拼接式双目显示画面。但较难保证两种显示画面的对准精度。

另外，双目部分视场叠加中还存在亮度感觉不均匀和视觉深度存在差异等人机功效问题。相对而言，双目全叠加方法存在问题较少，在头盔瞄准/显示器中获得更广泛应用。

按照光学系统接目镜的结构形式，可以分为目镜显示和护目镜显示两种形式。

最初研发阶段，分别为两个显示光学系统各设计一个接目镜，即半透半反射式组合玻璃，类似于平视瞄准/显示系统的组合玻璃，而护目镜仅具有"保护"功能，并且二者是分离的。由于体积大、重量重、重心位置不佳以及眼距短等不足，又进一步研发出护目镜式双目头盔瞄准/显示系统。护目镜由最初的仅有"保护"功能发展为兼有"保护"与"显示"两种功能，如图6-80所示。

护目镜式双目头盔瞄准/显示系统中，护目镜是很关键的元件。护目镜通常设计为曲面形状，既要透射舱外景物及座舱内其它仪表的显示信息，也要将图像源产生的画面与符号反射给飞行员。护目镜对外景（透射）观察没有光焦度，但对画面与符号的反射具有会聚/发散能力。在紧急弹射状态下，护目镜能为飞行员提供防阵风吹袭和鸟撞等保护功能，而在正常工作状态下，又是显示光学系统的最后一个光学部件，将图像/符号投射给飞行员。在特殊环境下，还要求护目镜提供激光防护功能。

图6-80　护目镜式双目头盔
瞄准/显示系统

目前，大部分头盔显示/瞄准系统的头盔组件使用内外"双盔"结构，一般配置两套护目镜：一套是安装在内盔起着显示/冲击保护功能的护目镜（亦称为护目镜光学部件），一套是安装在外盔上具有防眩光/激光功能的护目镜。

表6-24是英国Pilkington Optronics公司研制的单目/双目头盔显示系统的技术性能。

表6-24　单目/双目头盔显示系统技术性能

参数			单目系统	双目系统
显示装置	总视场/(°)		20（圆形）	42（圆形）
	双目距/mm		67	57
	出瞳距离/mm		15	
	准直度/m		>50	
	瞄准精度/mrad		1	
	承受最大重量/kg		1.8	2.4
显示电源	电源输入要求(V_{dc})/V		28	
	功耗/W		180	220
跟踪系统	结构形式		3组12个LED	
	安装精度/mrad		6	
	分辨率/mrad		1	
	头部移动范围	前后/mm	380	
		左右/mm	480	
		上下/mm	400	
	系统刷新率/Hz		50	

6.4.3 光学系统设计技术

由于头盔与平视瞄准/显示光学系统的成像原理非常类似，因此，头盔瞄准/显示光学系统的最初设计方案主要是参考平视瞄准/显示光学系统。

随着飞机技术的快速发展及战术性能的不断提升，以及光学技术的进步，机载头盔瞄准/显示光学系统的结构形式从简单到复杂、从质量重体积大变得轻量小型化，其发展经历了两种基本形式：

（1）传统形式光学系统

所谓传统形式光学系统是指系统中仅采用折射透镜、反射镜、分束镜等传统光学元件的常规光学系统。主要由图像源、中继光学系统、目镜和分束镜（或者组合玻璃）组成。中继光学系统将图像源显示的图像形成中间像，并成像在目镜的焦面上，最终以平行光形式提供给飞行员观察。其工作原理与普通目镜类似，因此也称为"目镜式光学系统"，如图6-81所示。

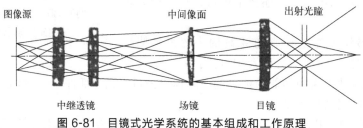

图6-81　目镜式光学系统的基本组成和工作原理

根据组合玻璃的结构形式，目镜式光学系统有三种类型。

① 折射式光学系统。早期的头盔瞄准/显示光学系统多数采用完全折射式结构，由图像显示器、目镜和无焦平面组合玻璃（实际上是分束镜）组成。由于采用圆柱形状的CRT图像源，为了使加装瞄准/显示系统后造成的头盔凸起减小到最低限度，通常设计一个中继光学系统，使中间像尽量贴近眼睛，从而获得大视场。

这类头盔瞄准/显示系统的特点是光学元件孔径很大和眼距相对较短。增大视场需要进一步增大光学元件孔径，因此，镜筒与组合玻璃到飞行员面部的距离更近，使用起来不太方便。

② 折射/反射式光学系统。折射/反射式光学系统的显著特点是设计有一个复合式组合玻璃，组合玻璃由一个平面分光镜和一个曲面分光镜组成，从而使视场得到很大扩展。

折射/反射式光学系统有两种类型：同轴型折射/反射光学系统和离轴型折射/反射光学系统。

需要注意，倾斜组合玻璃产生的梯形畸变随离轴角的三次方变化，并且无法借助非球面消除畸变，因此，必须使离轴角尽量小。研究表明，当畸变大于5％时，需要利用电子技术进行补偿。同时，为了校正像散，中继光学系统可能需要采用倾斜和偏心表面，因而使光学系统结构复杂化。

③ 护目镜式光学系统。护目镜式光学系统的显著特点是利用护目镜代替组合玻璃，图像源显示的图像经过护目镜反射进入人眼，飞行员眼前没有遮拦，从而观察更舒服，大大提高了安全性。

"护目镜作为组合玻璃"的概念已经成为机载头盔瞄准/显示光学系统设计的一种发展趋势，得到越来越广泛的认可和应用。但应当注意，护目镜作为显示成像的一部分，对材料和面型的要求远高于仅考虑安全性的护目镜，为此，护目镜的面型尺寸必须结合光学系统的整体参数统一设计，并具有较高的精度要求。

（2）采用先进技术的光学系统

随着科学技术的快速发展，设计机载头盔显示光学系统时，开始利用近代光学成像技术设计具有先进功能的光学元件（例如全息光学元件、二元光学元件、自由曲面元件和平面光学波导元件）和混合式光学系统，目的是减少系统的透镜数量、减轻重量和减小尺寸，为校正系统像差提供更多的设计自由度，进一步提高组合玻璃的外景透过率，提供大出瞳/大视场等，从而获得更满意的光学性能。

6.4.3.1 透射式光学系统

最初研制的头盔瞄准/显示光学系统的结构非常类似于小型化的平视瞄准/显示光学系统，采用小型化阴极射线管图像源和一块无光焦度的平板组合玻璃（或者棱镜），如图 6-82 所示。因此，也称为"头盔平视瞄准/显示系统"。

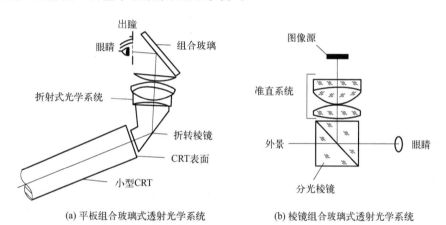

(a) 平板组合玻璃式透射光学系统　　　　(b) 棱镜组合玻璃式透射光学系统

图 6-82　透射式光学系统

该类型光学系统采用平面组合玻璃和同轴旋转对称系统（全部球形表面），因此，结构较简单，像差小且易校正，光学性能在大部分视场内都能优化到接近衍射极限；畸变足够小以致无需对 CRT 图像元进行电校正；装调容易，成本也低。缺点是利用准直光学系统将瞄准/显示符号投射到组合玻璃上，视场小，出瞳距离短，尤其是棱镜组合玻璃式光学系统受体积和重量限制，重心更靠前，较少应用。

应当注意，在这种结构布局中，无光焦度平面组合玻璃对光线没有会聚/发散能力，只是利用组合玻璃表面上涂镀的半透半反膜系将图像反射给飞行员观察，因此，视场有限；另外，物镜孔径很大，眼距较短（贴近组合玻璃），增大视场和眼距会进一步增大孔径、体积和重量。

科学技术的飞速发展使显示的飞行信息和武器瞄准信息愈加丰富，因而对显示光学系统的要求也越来越高，既规定了视场大小，又要求显示图像清晰和具有良好的舒适度，同时，头盔的盔体形状对光学系统设计也提出了众多限制条件（例如光路的方向性、重心和重量、出瞳距离和出瞳直径等），因此，透射式光学系统的结构变得越来越复杂，如图 6-83 所示。

透射式光学系统的复杂性在于：

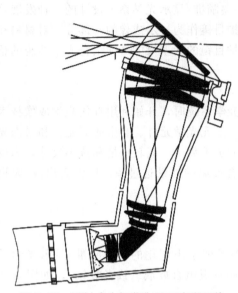

图 6-83 透射式头盔瞄准/显示光学系统

① 采用中继光学系统（或者转像光学系统）形成图像源的中间像，并完成头盔上较远距离的图像传输，因此，光学系统由中继系统和准直成像系统组成。

② 在中继系统中间像面附近设计一个场镜（称为视场致平镜），使到达中间像的大视场/大孔径光线折向光轴，在不影响焦距的情况下，保证后续光学元（组）件的孔径尽可能小。

③ 考虑到飞机振动、头盔易滑落以及佩戴防毒面罩等条件，准直光学系统设计成具有大出瞳距离和孔径，并保证出射光瞳与眼睛位置重合。

④ 采用折转反射镜（或者棱镜）以尽量保证光束传播路径与盔体形状拟合。若采用折转棱镜形式，由于改变了光学系统的重量布局，需具有合适的重心位置。

透射式光学系统的特点是由无光焦度平面组合玻璃及旋转对称光学系统组成，AH-64 直升机装备的 IHADSS 是其典型代表。

一般地，单目头盔显示系统安装在头盔一侧，双目头盔显示系统安装在头盔两侧，与眼睛位于同一水平线上。

6.4.3.2 反射式光学系统

反射式光学系统（主要应用于头盔瞄准具中）比较简单，如图 6-84 所示，由三部分组成。

① 图像源，采用 20×30 个亮度极高的发光二极管阵列（LED），用以形成简单的图形和符号。

② 由于空间有限，光学系统中无法采用单块倾斜反射镜，因此，设计了两次内表面反射棱镜传输光束。

③ 以一定角度镶嵌于护目镜中的球面组合玻璃。需要具有一定的光焦度，将图像源的图形符号转换成平行光束，投射给飞行员，还要透过尽量多的外界视景光线。为了使飞行员舒服观察，球面组合镜对外景没有或有很小的会聚和发散能力（焦距很大，光焦度很小），因此，内外表面一定是同心球面，同时透镜厚度适中。球面反

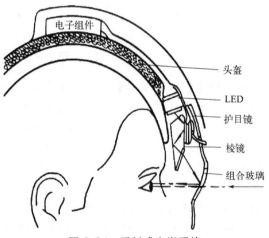

图 6-84 反射式光学系统

射镜需要涂镀一定透射/反射比的膜系，保证符号与外景具有合适的对比度。

6.4.3.3 折射/反射式光学系统

上述两种显示光学系统的最大缺点是利用准直光学系统将固定不变的瞄准/显示符号投

射到组合玻璃上，因而视场小和出瞳距短，远远不能满足显示内容丰富的飞行信息和武器瞄准信息的要求。为此，在上述光学系统基础上，采用折射/反射式光学系统，系统中用"具有光焦度的组合玻璃"代替传统的平面组合玻璃，结构进一步复杂化。

折射/反射式光学系统有两种类型：同轴型和离轴型折射/反射式光学系统，共同特点是组合玻璃复杂化（亦称为复合式组合玻璃），从而增大了视场。二者区别是：同轴型折射光学系统采用旋转对称型结构，而离轴型光学系统采用非旋转对称型结构。

（1）同轴型折射/反射式光学系统

同轴型折射/反射式光学系统由三部分组成：复合式组合玻璃（由具有光焦度的球面分光镜和平面分光镜组成）、旋转对称型折射光学系统（中继光学系统和准直光学系统组成）和图像源。其中，光学元件（除平面分光镜外）表面均为球面。球面分光镜除具有将字符图像叠加在外景上的功能外，还承担着光束准直任务，如图 6-85 所示。平面分光镜镀有半透半反膜系，在主波长 543nm 处，反射率 50%；系统视场 30°；出瞳孔径 12mm。

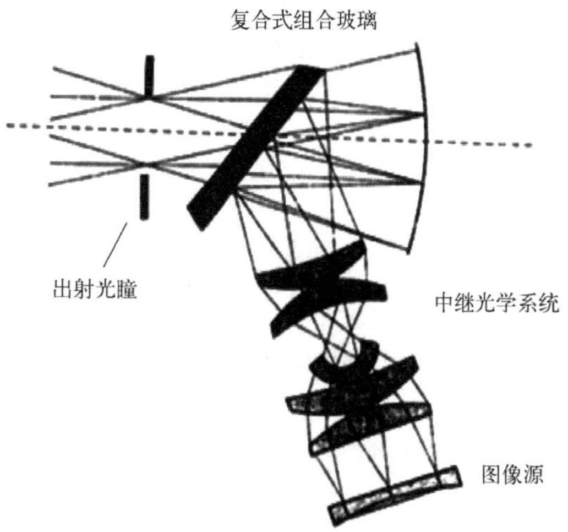

同轴型折射/反射式光学系统的工作原理：中继光学系统将图像源的字符图像成像在中间像面上，平面分光镜反射给球面分光镜。理论上，中间像位于球面反射镜的焦平面上（即球面镜曲率半径一半的位置），经球面分光镜反射成像后形成平面光束，与外界景物透射的平行光束相叠加，并透过平面分光镜后，投射给飞行员观察。

图 6-85　同轴型折射/反射式光学系统

系统特点是：

① 光学系统仅设计有球面和平面，成像质量好，尤其是畸变能得到较好控制。

② 复合组合玻璃中的球面反射镜有两个作用：校正中继系统的像差和增大出瞳距离，具有较大的视场和眼点距离。

③ 复合组合玻璃系统中的平面分光镜镀有角度选择性分光膜系，根据角度值选择反射/透射光束。

④ 由于平行光路中增加了一块平面分光镜，图像光束需要在平面分光镜上经过多次反射和透射，所以，缺点是光能量损失严重。

根据计算，图像源亮度的有效利用率最多 15%～20%（甚至损失更多），降低了图像的显示亮度。

（2）非对称离轴型折射/反射式光学系统

为了进一步增大眼睛观察距离，即光学系统的出瞳距离，通常要使复合组合玻璃表面相对于显示系统光轴稍有倾斜，换句话说，中心视场的主光线有一个偏离角或"折转角"。

一般地，倾斜组合玻璃产生的梯形畸变是随折转角的立方而增大，且无法利用非球面消除，因此，应设计有尽量小的折转角。通常认为，折转角小于 25°为宜，畸变量会小于 5%。多数应用中，无需采用电校正措施就能满足光学合像的要求。

若"折转角"较小，可以采取以下措施校正像差：

① 采用低成本的球面组合玻璃，通过倾斜/偏心透镜元件校正像散。

② 采用椭球面或者超环面消除轴上像散。

③ 如果组合玻璃的倾斜角较大，则像散和畸变更严重，必须设计更复杂的中继光学系统和非球面组合玻璃，成本昂贵。

④ 畸变超过 5% 时，需要采用电校正方法产生相反的畸变图像进行补偿。

图 6-86 是"折转角"小于 25° 的光学系统图。实际上，离轴型折射/反射光学系统是传统的同轴型折射/反射式光学系统的一种改进型，区别是组合玻璃发生倾斜，中继光学系统为了校正像差变得复杂，同时，平面分光镜镀以专用膜系以保证光学利用率能达到 50%。

图 6-86(a) 光学系统由具有光焦度的球面组合玻璃和旋转非对称中继光学系统（采用倾斜/偏心透镜）组成，视场达到 50°×60°。

主要特点包括：复式组合玻璃由具有准直功能的球面组合玻璃和具有角度敏感膜系的分束镜组成；中继透镜系统中设计有光束折转棱镜和倾斜场镜。

图 6-86(b) 光学系统由具有光焦度的非球面组合玻璃和旋转对称中继光学系统组成，视场 φ50°。中继光学系统更简单，但成本更昂贵。

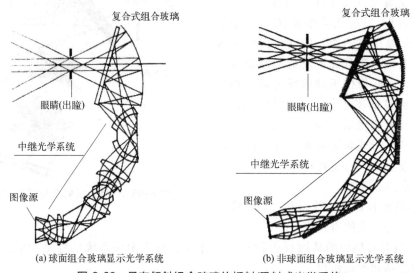

(a) 球面组合玻璃显示光学系统   (b) 非球面组合玻璃显示光学系统

图 6-86　具有倾斜组合玻璃的折射/反射式光学系统

离轴型折射/反射式光学系统具有三个明显特点：

① 复合组合玻璃相对于系统光轴倾斜。

② 中继光学系统可以是旋转对称系统或者是非旋转对称系统。

③ 出瞳距离大和视场大。

为了校正像差，此类光学系统由多组透镜组成，结构较复杂，装调和加工要求精度高；另外，体积和重量也较大，飞行员长时间佩戴会引起颈部疲劳。

为了提高系统的成像质量和光学效率，南开大学赵秋玲、张慧娟等人在折射/反射头盔显示系统基础上，利用二元光学技术对折射/反射/衍射混合型头盔显示光学系统进行了分析和研究。

6.4.3.4　护目镜组合玻璃式光学系统

上述分析表明，组合玻璃造成光束的折转角不能太大（一般小于 25°），同时，为了增大视场和出瞳距离，组合玻璃和中继光学系统都相当复杂，并且，飞行员眼睛与护目镜之间额外设置有光学元件，不仅减小系统和外界景物的光学透射率，而且影响观察视野，很不舒服。

1972年2月，美国空军和霍尼韦尔公司大胆设想，将组合玻璃元件与头盔护目镜合二为一，直接利用护目镜完成大离轴角（40°～60°）需求下的图像转换与放大，从根本上解决视场与系统尺寸、重量之间的矛盾，同时又不影响飞行员对外景的观察。为了使头盔重心尽量与头部重心一致，霍尼韦尔公司将阴极射线管（CRT）安装在离护目镜很远的头盔后部，利用光纤束或中继透镜将CRT图像经头盔顶部传输到头盔前部。

该头盔瞄准/显示系统的护目镜，除了提供保护功能外，同时还要将字符显示画面反射给飞行员，并传送HUD以及其它座舱显示器显示的外部视景图像，并适当地透射外部视景，从而为强烈阳光下工作提供良好条件。为此，英国BAE系统公司研发的头盔瞄准/显示系统配备有两套护目镜：一套是内盔显示/冲击保护护目镜；一套是外盔眩光/激光保护护目镜。

护目镜的形状取决于完整的HMD的光学设计，甚至优化到一个特殊的外形（抛物面或其它面型）。一般来说，是一个倾斜的、具有一定曲面形状的光学元件，如果应用过程中产生变形，会造成上下左右光程的不对称，产生较大的不对称像差（例如，相对畸变甚至达30%～50%），无法满足光学像质的技术要求。为了补偿护目镜产生的这种不对称像差，通常是在中继系统设计中使用偏心/倾斜透镜，令系统结构复杂化。

鉴于此，护目镜设计不能仅考虑对飞行员的安全性（即具有防护功能的"机械组件"），作为一个"系统工程"，还需重点研究其对光学性能的影响。必须结合HMD光学系统的整体参数和像质优化，选择护目镜的材料，确定其外形尺寸（曲率半径和厚度）和表面光洁度及处理工艺（例如膜系设计）等。比较理想的是，头盔研制单位与显示系统研制单位共同研发和设计护目镜元件，既考虑到机械性能和安全性，又兼顾其光学特性。因此，设计护目镜式瞄准/显示光学系统时，必然会遇到下述约束条件：

① 头盔重量和重心、头盔外形和像源位置。

② 头盔护目镜的厚度与长度（或宽度）相当悬殊，刚性较差，形状和位置精度很难保持一致；共焦抛物面的加工和测试都具有一定难度。

③ 护目镜材料的抗溶性和塑变稳定性。

④ 弹射和受到撞击时，对头盔护目镜光学性能的影响。

⑤ 最佳反射/增透膜系的设计和涂镀。

为在亮背景条件下满足军标规定的对比率1.2的技术要求，护目镜内表面需涂镀一层反射/透射膜。作用是：

① 保证外界景物具有尽可能高的透射率。

② 显示符号和视频图像具有最高的反射率。

③ 前表面产生的"鬼像（也称为二次像）"亮度最低，以致不被人眼察觉。

这三个要求是彼此矛盾的，必须认真考虑和平衡，以获得最佳镀膜效果。

为了降低护目镜的制造难度，有时采用球面结构护目镜，但在这种情况下，准直光学系统一定会复杂化，可能需要采用偏心、倾斜或者柱面镜校正球面护目镜对光线大折转角所造成的影响。

研究表明，在系统结构和重量都受限的情况下，考虑到材料和制造工艺等因素的约束，最佳护目镜/组合玻璃合二为一的方案是采用旋转对称共焦抛物面结构，主要考虑是：

① 旋转对称共焦抛物面形状比较接近空军标准对头盔护目镜的技术要求。

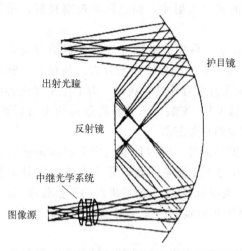

图 6-87 护目镜组合玻璃式瞄准/显示光学系统

根据共焦抛物面特性，双互补反射表面形式的对称护目镜可以自校准大离轴角（50°）反射产生的像差（例如球差、彗差和像散），从而获得较为满意的视场和图像质量，并能设计一个较简单和具有大 F 数的旋转对称折射式中继光学系统，并通过移动投影显示系统调整出射光瞳位置。

如图 6-87 所示，可以用两种思路理解该光学系统：

a. 共焦抛物面护目镜一部分与平面反射镜和折射式中继透镜组成转像光学系统，形成中间图像；共焦抛物面护目镜的另一部分作为显示光学系统的组合玻璃，将字符/图像以平行光形式投射给飞行员。

b. 平面反射镜与共焦抛物面护目镜组成一个望远系统（称为"无焦系统"），其中，护目镜一部分相当于望远系统物镜，另一部分相当于望远系统目镜。折射式中继光学系统是一个准直光学系统，直接将字符/图像转换为平行光束，然后被反射式望远系统将图像传输给驾驶员。

由于护目镜具有较大的光线折转角，所以需要采用电校正方法校正畸变。表 6-25 列出霍尼韦尔公司护目镜式头盔瞄准/显示系统的技术性能。

表 6-25 护目镜式头盔瞄准/显示系统技术性能

参数	指标
视场/(°)	$\phi 20$
出射光瞳直径/mm	$10.16 \sim 15.24$
灰度梯度	$7 \sim 8$ 级
准直光学部件的 MTF(空间频率 33.5lp/mm)	
视场中心	0.83
0.4 视场	0.78
0.8 视场	0.58
分辨率/TV 线	
CRT	300
CRT 和光纤束	300

② 共焦抛物面对称护目镜便于制造和在头盔上安装。

可以通过热模压工艺制造出不同形状且没有表面缺陷和应力的对称形状聚碳酸酯材料的护目镜。

需要利用高温涂镀技术在护目镜内表面镀制金属滤光膜和介质分光膜，并在外表面涂镀抗反膜。

③ 头盔材料采用密度较小的聚丙烯或聚碳酸酯材料，使头盔光学系统体积小、重量轻，飞行员佩戴舒适感更强。

聚丙烯或聚碳酸酯材料具有以下特点：

a. 光学透射率高。玻璃：91%；聚碳酸酯：89%；聚丙烯：92%。

b. 相对密度小，仅为玻璃材料的三分之一。聚碳酸酯：1.22g/cm^3；聚丙烯：1.19g/cm^3。

c. 抗冲击强度高。聚丙烯或聚碳酸酯材料具有高于玻璃材料50倍的抗冲击强度。

d. 具有良好的尺寸稳定性和牢固性。

应当注意，聚丙烯材料耐热性较差，软化温度较低（82℃），长期暴露于阳光辐射下，容易变形；而聚碳酸酯具有较好的耐热性，软化温度高达135℃，在高温下具有良好的耐热性，并适合高温下镀膜。一般更多选择聚碳酸酯作为护目镜材料。

另外，采用塑料类材料的护目镜可能导致无关玻璃透明度的光学性能的降低，例如双折射（俗称"彩虹现象"）、多次成像、畸变和雾状模糊等现象，会降低透射式观察物体的对比度。

飞行员通常需要佩戴双护目镜的头盔：透明的护目镜适用于正常和低亮度环境，深色护目镜适合高亮度环境，并通过手动方式进行转换。

最佳方案是采用连续可变光学透射率的护目镜，通过闭合回路控制系统实现透射率的自动调节，护目镜的光学透射率由电场的电压决定。为此，霍尼韦尔与休斯光学产品公司（Honeywell and Hughes Optical Products）研发出另外一种护目镜式小型头盔瞄准/显示系统，如图6-88所示。

该系统组合玻璃采用一块透明丙烯酸材料，组合玻璃内设计有两个抛物面形反射表面并具有一个公共等效焦点。光线在组合玻璃内以全内反射方式传播，无需镀膜，因此，除了显示符号和外景，飞行员几乎感觉不到"眼睛前面还有其它可视物"。旋转对称投影显示系统光轴与纸面垂直（为了使读者易于理解，

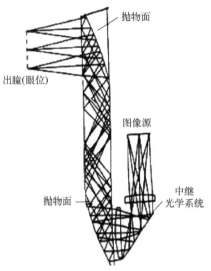

图 6-88 护目镜式小型头盔瞄准/显示系统

图6-88中转折了90°）；采用1/2in（12.7mm）CRT图像源；系统视场20°，出瞳孔径10mm。

6.4.4 自由曲面组合玻璃型光学系统

长期以来，术语"自由曲面（free form surface，FFS）"用来表述较复杂的非球面形状，例如"两个正交轴上具有不同半径的超环面（toroidal surface）"。

1954年，诺贝尔奖获得者、物理学家Luis W. Alvarez将自由曲面渐进多焦透镜应用于眼科领域；James Baker等人首次将自由曲面技术应用在成像光学系统（Polaroid SX-70相机）中。

2004年，美国精密工程师协会会议上，在论文《自由曲面反射镜在光学设计中的优势》（*Benefits of freeform mirror surfaces in optical design*）中，首次提出自由曲面反射镜的概念。

随着科学技术的发展，光学设计理念不断更新和精密光学制造技术不断进步，目前，

"广义非球面"（包括自由曲面）的概念（即仅使用一个半径无法确定面形的表面）正在越来越多地应用于光学系统设计中。

（1）自由曲面的类型

可以利用多种函数表征光学自由曲面，概括起来有五种类型：

① 球面和锥面。截止到 20 世纪 80 年代，设计大孔径或中等孔径的望远镜系统时，球面和锥面是主要选择的表面形状。典型的表面结构是汉斯·李波尔（Hans Lippershey，约 1609 年）和伽利略（Galileo，1610 年）发明的折射式望远镜和卡塞格林（Cassegrain，1672 年）发明的反射式望远镜，以及哈勃（Hubble）空间望远镜（采用抛物面主镜和双曲面次镜）。

② 旋转对称非球面。1899 年，恩斯特·阿贝（Ernst Abbe）提出采用满足幂级数公式的旋转对称非球面作为光学表面成像，能够获得更好的光学像质。但是，直至 2000 年，在先进的制造技术和测试技术出现之前，很少采用这种非球面。随着磁流变抛光（magneto-rheological finishing，MRF）技术的商业化（制造成本大大降低）以及手机相机的大量涌现，旋转对称非球面开始进入主流光学系统设计中。

2008 年，Forbes 提出一种新的方法，建议利用 20 阶非球面定义 MRF 制造技术中的光学表面，以弦高为单位表述其表面系数，通常称为"Q 多项式表面"，并被 CODE V 光学软件采用。

③ 多项式表面。

a. X-Y 多项式表面。诺贝尔奖获得者、物理学家 Alvarez 建议的 X-Y 多项式曲面是为了解决某些特定问题而提出的第三类光学表面形式，基本表达方式是：

$$t = axy^2 + \frac{a}{3}x^3 - bx + c \tag{6-12}$$

X-Y 多项式曲面的基本特点是在一维方向上增加一些感兴趣的自由度。众所周知，几乎在所有的光学设计中，都需要一个二维的光学表面，其主要应用于眼科、非成像/照明系统中，尤其适用于矩形孔径而非圆形孔径的照明系统。在成像光学系统设计中，由于这种表达式在圆形孔径内没有正交性，因此，对于光学设计技术，并非是一种有利的光学表面形式。同时，也不适合用于光学表面测试。

b. 泽尼克多项式。泽尼克（Zernike）多项式是最普遍采用的光学自由曲面表述方式，具有相互正交性的特点，并与像差理论中的初级像差有一定的对应关系，因此，可以应用于成像光学系统设计中。如式(6-13) 所示。

$$z = \frac{cr^2}{1 + \sqrt{1 - (1+k)c^2 r^2}} + \sum_{i=1}^{N} A_i Z(\rho, \theta)_i \tag{6-13}$$

式中，z 是矢高尺寸；k 是锥体常数；c 是表面曲率；r 是光轴之上的高度，并且，$r^2 = x^2 + y^2$；A_i 是泽尼克多项式系数；$Z(\rho, \theta)_i$ 是 Zernike 多项式，ρ 和 θ 分别是极坐标下的半径和角度。

光学设计软件 CODE V 中的 Zernike 多项式有两种形式：标准 Zernike 圆形多项式（ZRN）（1934 年，由诺贝尔奖获得者 Frits Zernike 提出）和条纹 Zernike 多项式（ZFR）（20 世纪 70 年代，由亚利桑那大学 John Loomis 提出）。通常，利用前者表征和设计自由曲面表面面形，用后者表征光学波前和光学系统波像差。

在利用标准 Zernike 圆形多项式设计光学系统自由曲面时，可以根据头盔显示光学系统对像质、尺寸和重量的严格要求，并针对各种像差单独进行分析，通过改变自由曲面面形有选择地单独处理各种像差，最终达到提高光学系统性能的目的。

④ 离轴锥面。离轴锥面是一种边缘相对于对称中心具有较大偏离量的常规锥面。

大约 1972 年，采用离轴锥面的最初目的是校正天文光学系统中的三种初级像差（球差、彗差和像散）。

20 世纪 80 年代，"星球大战计划"激发了光学设计界在基本的离轴锥形反射镜基础上研发无遮拦望远镜（或者三反射镜结构）的兴趣。在"节点像差理论（NAT）"基础上研发出一种非对称光学系统的设计方法。此时，制造技术、对准技术和测试技术成为约束因素。实际上，迄今为止报道的这种方法都是要求"在研表面需要是旋转对称锥面或非球面的一部分"（据 K. Fuerschbach 研究表明，此项限制正在突破）。通常情况下，采用小范围计算机控制抛光，如果偏离量过大，则需要采用应力抛光技术进行加工。

⑤ 旋转非对称多项式非球面。旋转非对称多项式非球面，更专业地说，称为"ϕ 多项式非球面"，其中，Zernike 多项式是其很重要的一个分类型。这种新型技术正在快速改变着光学世界，引导光学设计、光学制造，尤其是光学测试技术的积极创新。在这种自由曲面成功应用之前，都无法独立控制三种赛德尔像差（球差、彗差和像散），致使视场和 F 数受限。

"ϕ 多项式非球面"对于光刻技术的发展将会产生重要影响。例如对于紫外（EUV）光刻术，可以将衍射极限从目前的 $1\mu m$ 提高到 13nm。

概括起来，光学自由曲面是指不规则、非旋转对称、各处曲率不相同、可以根据成像质量的需要自由构成的表面。自由曲面的非对称性为光学设计提供了更多的自由度，突破了传统的光学系统理念。光学表面的设计参数已经由过去简单地包括一个半径和一个锥体常数而扩展到无数多个表面参数，并且可以由设计者控制或者软件自动控制。光学自由曲面的应用减少了光学元件的数量，提高了系统性能，其灵活的空间布局足以平衡由非对称性引入的像差。自由曲面已经在传统的照明系统、投影系统和民用成像系统中逐渐得到广泛应用，在机载头盔瞄准/显示系统中，也越来越多地得到重视，目的是在保证大视场和大出瞳前提下，满足图像清晰、系统性能进一步提高、体积小、重量轻和重心偏移小的要求。

近年来，世界各国都在积极研发自由曲面成像技术。美国国家航空航天局（NASA）、欧洲航天局（ESA），以及亚利桑那大学光学研究中心是主要代表单位。国内一些单位（例如香港理工大学、国防科学技术大学、清华大学、北京理工大学、广东工业大学、中国科学院长春光学精密机械与物理研究所）也在积极研究自由曲面技术的应用，包括自由曲面的建模和表述方法、像差分析理论，以及自由曲面的制造和检测工艺。

（2）自由曲面组合玻璃的应用案例

案例一，离轴自由曲面组合玻璃。

中国科学院大学（李华等人）对由曲面组合玻璃和折射/衍射混合中继光学系统组成的头盔显示器进行了较为深入的研究，并在相同的技术条件下，对三种不同表面形式组合玻璃（10 阶非球面表面、25 阶 Zernike 多项式表面和高斯径向基函数自由曲面）的设计结果进行了比较。

表 6-26 列出离轴自由曲面组合玻璃头盔显示器光学系统的性能要求。

表 6-26 离轴自由曲面组合玻璃头盔显示器光学系统的性能要求

参数	指标
微型图像源	
微型显示器类型	OLED（有机发光二极管）
外形尺寸（对角线）/mm	15.5(0.61″)

参数	指标
有效工作区域/mm	12.7×9.0
分辨率/像元	800×600
中继光学系统	
结构布局	离轴形式
有效焦距/mm	21.31
F 数	1.42
其它系统参数	
视场/(°)	45×32
出瞳直径/mm	15
出瞳距离/mm	50
波长范围/nm	486~656
渐晕(整个视场范围内)	<10%
组合玻璃使光线的转折角/(°)	60

该头盔瞄准/显示系统是一种离轴型、具有较大视场和对外界景物有较高光学透射率的光学系统。初始结构如图 6-89 所示，由图像源（OLED）、中继透镜组（一个双胶合透镜、一个正弯月形透镜、一个双凸透镜和一个光楔，其中，双凸透镜的第二个表面是衍射面）和一个包括 10 阶非球面表面的组合玻璃组成：

① 利用非球面组合玻璃面型校正诸如轴上彗差和双目像散之类的偏置像差。

② 利用倾斜和偏心中继透镜组校正透视畸变（perspective distortion）、线性和双目像散。

③ 利用光楔校正组合玻璃倾斜产生的彗差。

④ 利用双凸透镜面上的衍射面（或衍射元件）校正初级和次级色差、色球差以及高级像差。

在上述初始结构基础上，如果采用 25 阶 Zernike 多项式曲面代替非球面组合玻璃，则在图像质量得到改善的同时，中继光学系统也由 5 片透镜简化为 4 片（一个负透镜、两个双凸正透镜和一个光楔，其中，衍射面设计在第二个双凸透镜的第二个表面上），如图 6-90 所示。

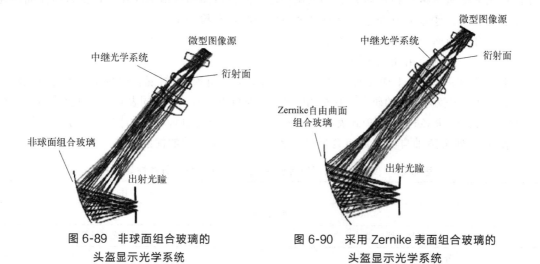

图 6-89 非球面组合玻璃的
头盔显示光学系统

图 6-90 采用 Zernike 表面组合玻璃的
头盔显示光学系统

该系统优点：

① 中继透镜组的光学元件数由 5 个减少为 4 个，系统重量变轻。

② 组合玻璃与中继透镜组之间的距离缩短，因此，整个系统尺寸更小，更紧凑。

③ 光学系统的像质得到进一步提高，平均 MTF 由 38% 提高到 50%。

图 6-91 是光学系统中的组合玻璃面形采用高斯径向基函数表面代替 Zernike 多项式表面，有效地减小高级轴外像差，光学系统的成像质量平均 MTF 由 50% 提高到 59%。

为了便于比较，将三种不同表面形状组合玻璃的头盔显示光学系统的技术性能（设计值）列在表 6-27 中。显然，采用自由曲面形状组合玻璃的头盔显示光学系统性能更好。

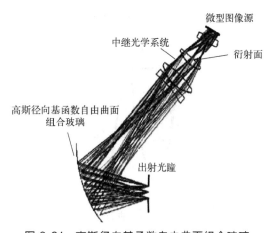

图 6-91　高斯径向基函数自由曲面组合玻璃

表 6-27　不同表面形状组合玻璃的头盔显示光学系统的技术性能

参数	组合玻璃表面形状		
	非球面	Zernike 自由曲面	高斯径向基函数 自由曲面
光学系统尺寸/mm	54×181	62×132	56×128
重量/g	152	138	136
中继系统光学元件数目	5	4	4
视场/(°)	45×32		
出瞳直径/mm	15		
出瞳距离/mm	50		
波长范围/nm	486～656		
全视场平均 MTF(在 33.3 lp/mm 频率处)	0.38	0.5	0.59
RMS 波前误差	平均值:1.0764λ, 标准偏差:0.422450λ	平均值:0.82087λ, 标准偏差:0.60364λ	平均值:0.56781λ, 标准偏差:0.19514λ
最大畸变	−8.77%	−4.59%	−1.54%

案例二，单自由曲面棱镜式组合玻璃。

成都电子科技大学和广东工业大学等单位都对自由曲面（FFS）棱镜式头盔瞄准/显示光学系统进行了研究。如图 6-92 所示，典型结构由自由曲面棱镜系统（包括投影成像棱镜和补偿棱镜两部分）、OLED 微型显示器组成。补偿棱镜的作用是消除投影成像自由曲面棱镜对外景图像产生的严重倾斜和变形。

一般情况下，为了减轻重量，棱镜材料采用聚甲基丙烯酸甲酯（PMMA）（折射率 1.49）。

所谓自由曲面棱镜是将整个头盔显示光学系统集成在一块棱镜上，通过棱镜内部的全内反射面和自由曲面构成完整的光路，实现图像的传输和外景的透射，达到简化整个光学系统的目的。

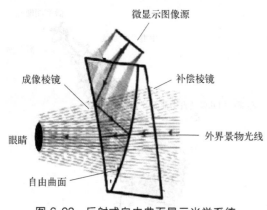

微显示图像源

成像棱镜　　　　　　　补偿棱镜

眼睛

外界景物光线

自由曲面

图 6-92　反射式自由曲面显示光学系统

从图像源发出的光线首先经过第一个表面折射后进入 FFS 棱镜，在棱镜内部经内表面两次反射形成准直光线，并在半透明自由曲面上与外界景物叠加，再从 FFS 棱镜中第一个反射面透射出，进入人眼。

应当注意，第一个反射面既要有全内反射功能，还要具有光线透射功能，因此，无法涂镀反射膜，必须正确地选择材料和利用材料的全内反射特性，通过控制光线的入射角实现全内反射和折射双重功能。如果入射角小于全反射的临界角，则光线不能全部反射而有部分光线直接透射，造成系统光学效率降低，甚至形成杂散光，因而必要时，该表面也可以设计为自由曲面。由于自由曲面大多数采用非对称结构，一般情况下，子午面和弧矢面的曲率半径不尽相同，因此焦距也不相等，可以在相互独立的情况下进行像差矫正，极大地提高了光学表面改善像质的能力。另外，系统中无须采用中继光学系统，光线在棱镜中只是经过两次反转（其中一次是全内反射），不仅使光学系统更紧凑和轻巧，图像亮度也更高。

表 6-28 分别列出成都电子科技大学和广东工业大学研发的自由曲面棱镜式头盔瞄准/显示光学系统的技术性能。

表 6-28　自由曲面型头盔显示系统技术性能

参数	广东工业大学	成都电子科技大学
OLED 微型显示器		
OLED 尺寸/mm	15.5（对角线）	15（对角线）
有效面积/mm²	12.7×9.0	12×9
分辨率	852×600 像元	800×600 像元
显示光学系统		
有效焦距/mm	15	18.5
出瞳直径/mm	8	8
出瞳距离/mm	>17	22
F 数	1.875	2.31
外景观察系统		
工作波长范围/nm	486.1～655.3	486.1,587.6,656.3
视场/(°)	45(H)×32(V)	46(H)×28(V)
渐晕（上下边缘）	0.15	—
MTF(20lp/mm)	>0.1	基本上>0.2，0.7 视场内>0.4
畸变	大部分<2%,最大<5%	大部分<2%,边缘视场<7%

在技术性能基本相同的条件下，与传统的旋转对称型折射式准直光学系统相比，体积和重量具有明显优势，总长度减小了二分之一，重量仅是后者的七分之一，如表 6-29 所列。

表 6-29 自由曲面式与折射式准直光学系统技术性能比较

参数	自由曲面棱镜式	传统折射式
视场/(°)	$\phi 53.5$	$\phi 52$
出瞳直径/mm	18	
出瞳距离/mm	8	7
焦距/mm	15	
重量/g	5	35
总长/mm	12	25

案例三，双自由曲面棱镜式组合玻璃。

北京理工大学（程德文等人）设计了一个双自由曲面"轻型大视场自由曲面棱镜头盔显示器"光学系统，如图 6-93 所示。主要光学性能列在表 6-30 中。

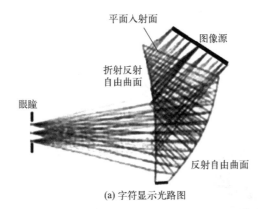

(a) 字符显示光路图

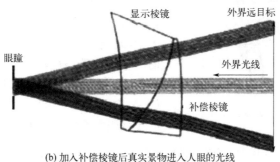

(b) 加入补偿棱镜后真实景物进入人眼的光线

图 6-93 双自由曲面棱镜式头盔显示器光学系统

表 6-30 双自由曲面棱镜式头盔显示器技术性能

参数	指标
工作波长/nm	656.27,587.56,546.074,486.13
设计波长/nm	587.56
视场/(°)	45(H)×34(V),对角线:56
眼距/mm	20
出瞳直径/mm	4
图像源/mm	25.4,纵横比 4:3

自由曲面棱镜式头盔光学系统的引入，使光学系统从一组多透镜共轴光学系统简化为单一棱镜，实现了减轻重量和缩小体积的目的，同时增加了设计自由度，可以更好地校正像差。因而具有视场大、体积小和重量轻的优点，缺点是出瞳孔径和出瞳距离小。为此，需要折中考虑，通常是牺牲视场角以增大出瞳直径和出瞳距离。另外，显示棱镜和补偿棱镜采用光学塑料，光学透射率较低，表面加工精度难以达到高精度要求。

案例四，自由曲面/衍射面混合型头盔显示器。

① 中国科学院长春光学精密机械与物理研究所（姜洋等人）为了解决普通头盔显示器大视场/大出瞳距与小型/轻量化之间的矛盾，除了设计有上述两个自由曲面外，还将平面入射面改型为旋转对称的超环非球面衍射面，从而在单一表面上同时具有折射和衍射两种成像特性，增加了设计自由度，进一步改善了成像质量，解决了单片透镜无法校正色差的问题。

实践表明，自由曲面棱镜式头盔光学系统设计和优化过程中，需要注意以下问题：

a. 自由曲面棱镜是一种离轴非对称结构，边界条件比较复杂，不仅需要将透镜中心和边缘厚度控制在合理范围内，还要对光学表面的偏心、倾斜和光束上下边缘位置进行约束。

b. 从图像源发射的光束在棱镜内需经过两次反射。在第一个反射面上，光线首先经过反射而后经过透射，必须保证该面上的入射角大于全反射临界角，否则，会使部分光线不能全反射而直接透射，造成系统有效透射率减低和产生有害的杂散光。

c. 自由曲面棱镜中含有一个凹反射面，会产生较大畸变。优化过程中，一定要将该表面的倾斜量和偏移量限制在一定范围内，以免造成较大的单色像差。

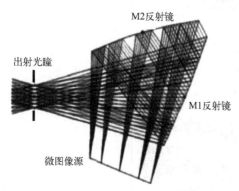

图 6-94　自由曲面反射式头盔显示光学系统

d. 一般情况下，外界场景或目标的光线经过自由曲面棱镜后会发生严重折转和偏移。由于头盔显示器既要观察图像源的符号又需观察外界目标，为此，需要增加一个辅助棱镜进行补偿。

② 棱镜式头盔显示系统虽然具有紧凑的结构，但色散较大。为了解决该问题，中国科学院大学和长春光学精密机械与物理研究所合作研发的一种头盔瞄准显示光学系统由自由曲面反射镜 M1（Zernike 自由曲面）和自由曲面反射镜 M2（X-Y 自由曲面）组成，如图 6-94 所示。

该光学系统的技术性能列于表 6-31 中。

表 6-31　自由曲面反射式头盔显示光学系统技术性能

参数		指标
基本布局		离轴反射式
出瞳直径/mm		8
焦距/mm		50
视场/(°)		50(H)×25(V)
出瞳距离/mm		＞27
微显示图像源像素尺寸/μm		15
M1 自由曲面反射镜	倾斜角/(°)	−23.26
	尺寸/mm	72×45

参数		指标
M2 自由曲面反射镜	倾斜角/(°)	−23.86
	尺寸/mm	74×46
MTF(奈奎斯特频率;33lp/mm)	全出瞳/全视场	>0.1
	出瞳范围:<4mm;全视场	>0.4
像散/mm (全视场范围内)	最大值	0.057
	平均值	0.028
畸变(最大值)		−11.43%

该结构形式的光学系统优点是没有使用透射玻璃材料，不存在色差，小型轻量化，非常适合头盔显示使用。缺点是存在较大像散，需通过图像处理技术进行预校正。

案例五，自由曲面棱镜和薄透镜组合形式。

上海理工大学（杨波等人）提出一种大出瞳自由曲面头盔显示器光学系统设计方法，采用自由曲面棱镜和薄透镜的双透镜组合方式(其中，各包含一个平面光学面)，从而解决了大出瞳（出瞳直径10mm）和大视场（45°）问题，并降低了加工和调整难度。如图6-95所示，主要性能列在表6-32中。

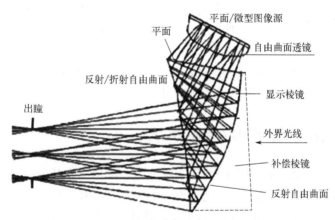

图 6-95　大出瞳自由曲面头盔显示器光学系统

表 6-32　大出瞳自由曲面头盔显示器光学系统技术性能

参数		指标
图像源	类型	对角线长度0.61in,有机发光二极管(OLED) 微型显示器
	分辨率	800×600 像元
	像元尺寸/μm	15×15
光学系统	焦距/mm	18
	视场/(°)	45(对角线)
	出瞳直径/mm	10
	出瞳距离/mm	30

参数			指标
自由曲面棱镜	外形尺寸/mm		30×30×15
	重量/g		12
自由曲面透镜	外形尺寸/mm		13×11×4
	重量/g		1.5
成像质量	MTF(30lp/mm)	轴上	>0.3
		边缘视场	>0.1
	最大视场畸变		<5%

目前，自由曲面头盔显示系统尚未得到广泛应用（应用偏重于照明系统），主要原因是：

① 光学设计方面。曲面描述方法还不完善，光学特性参数和像差计算方法不准确，可以借鉴的初始结构实例较少，仅依靠光学设计软件进行优化，局部极值非常多，优化过程中很容易陷入一种局部极值，需要花费很长时间寻找一个全局最优值。

② 制造工艺困难。自由曲面表面不具有旋转对称性，表面上各点具有不同的曲率半径，不能采用常规的"整体模具研磨技术"，而需要采用一种"子孔径研磨/抛光技术"进行加工。通过计算机控制一个小型磨具，按照设计确定的加工轨迹对光学表面研磨。通过控制磨具在光学表面的驻留时间、相对压力和转速来控制材料切削量。需要反复检验和修正，才能满足表面形状的设计要求，因此，难以精确制造出完全满足设计要求的面形。

③ 检测技术困难，难以精确评定设计误差。

应当相信，随着科学技术的快速发展，该项技术一定会逐渐成熟并在机载光电领域（包括头盔瞄准/显示系统）中得到越来越多的应用。

6.4.5　光学全息头盔瞄准/显示系统

与利用衍射光学技术的平视瞄准/显示系统类似，采用全息波导（衍射）成像技术的新型头盔瞄准/显示器，能够大幅度降低光学系统的重量、体积和能耗，提高结构的稳定性和增强图像的显示效果，从而大大提高飞行员的工作能力。

6.4.5.1　平面光学全息型头盔瞄准/显示光学系统

为了减轻重量和减小体积，以及提高外景的光学透过率，头盔瞄准/显示系统中可以采用全息光学组合玻璃代替普通（球面、平面或者非球面）分光组合镜（或护目镜）。

设计含有全息光学组合玻璃的头盔瞄准/显示光学系统时，应当注意，正常情况下，飞行员眼睛相对于护目镜或者组合玻璃的位置是固定的，眼睛瞳孔 4～6mm，不像平视显示器那样，头部相对组合玻璃有较大的横向移动；即使考虑到头盔有"瞬时滑动"情况，出瞳孔径也只需 15mm 左右，因此，无需考虑在大通光口径或 64mm 瞳孔距尺寸上的"视差"或像差的校正和评价。

1995 年，Y. Amitai 等人研发成功"双全息光学元件面罩显示系统"，如图 6-96 所示，由一个全息光学准直成像元件和一个简单的线性全息光栅组成，二者记录在同一块基板上。在此系统中，全息准直成像透镜将图像源输入的显示图像光束准直，每个视场角的光线都被衍射成具有一定角度（在基板内满足全内反射条件）的平面波，并将其约束在基板内；线性光栅的功能是将平行光束衍射到基板外，在距离 $R_{眼}$ 处的观察者就可以同时观察到位于无穷远的图像和外景目标。

为保证像差尽可能小，一方面，采用递推全息光学记录技术（参考《全息光学——设计、制造和应用》，周海宪等，化学工业出版社，2006 年），在记录全息准直成像元件的过程中使用具有一定像差量的记录波前，提前对像差进行补偿；另一方面，由于记录光波波长不同于成像波长（例如，记录波长 458nm，成像波长 633nm），因此，记录时的光学布局参数也不同于成像时的光学布局参数。

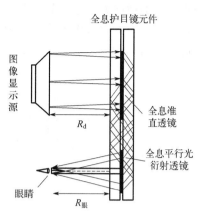

图 6-96　双全息光学元件
面罩显示系统

该系统的最大优点是无需使用复杂的计算全息元件以及非球面，设计和记录方法较简单，同时具有较低色散和良好像质。缺点是视场较小。表 6-33 列出双全息光学元件面罩显示系统的主要设计参数。

表 6-33　双全息光学元件面罩显示系统的主要设计参数

参数		指标
系统视场角/(°)		±6
显示图像源到全息准直元件的距离(R_d)/mm		87.8
双全息元件中心间的实际展开距离(R_H)/mm		32.3
眼睛瞳孔直径($d_{眼}$)/mm		4
眼睛到线性光栅的距离($R_{眼}$)/mm		40
双全息光学元件间的垂直距离(D_h)/mm		24
全息基板	厚度(T_h)/mm	3
	折射率	1.51
λ_o/nm		457.9
λ_c/nm		632.8($\mu=1.38$)
递推记录中间全息光学元件的记录参数(o、r 和 c 分别代表物体光束、参考光束和再现光束)		
产生最终全息光学元件的物体光束所使用的参数	R_o^o/mm	170.26
	β_r^o/(°)	78
	R_c^o/mm	−1905
产生最终全息光学元件的参考光束所使用的参数	R_o^r/mm	−126.7
	β_r^r/(°)	−9.5
	R_c^r/mm	200

图 6-97 是双全息光学元件面罩显示系统的色散变化和不同视场下的弥散斑。为了校正色散，采用递推记录技术，借助中间全息光学元件，将精准的成像波前转换到最终全息成像元件的记录平面中，由图 6-97(a) 可以看出，相对于未经校正的弥散斑尺寸（图中虚线），经过校正的弥散斑尺寸（图中实线）大大减小，基本上达到了衍射极限；图 6-97(b) 表示

像点最大的横向偏移量与输出波长漂移的关系。显然，在存在同等数量级的波长漂移情况下，经过校正的弥散斑尺寸（图中实线）像质（横向色散）明显优于单个全息光学元件（图中虚线）（在±2nm内）。

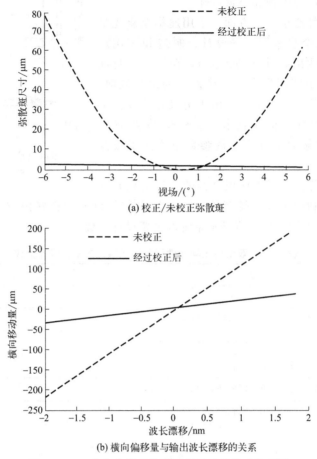

(a) 校正/未校正弥散斑

(b) 横向偏移量与输出波长漂移的关系

图 6-97 双全息光学元件面罩显示系统的成像质量

美国休斯公司采用非球面波像差校正方法记录全息组合玻璃以校正非旋转对称中继光学系统中的非对称像差；以色列利用递推技术和中间全息元件校正方法制造全息组合玻璃以简化光学系统结构，删除了中继光学系统。

6.4.5.2 平板光学波导式头盔瞄准/显示系统

机载头盔瞄准/显示光学系统的设计目的是在大出射光瞳范围内和大视场条件下提供清晰图像。但是，传统头盔瞄准/显示系统是以中继光学系统和护目镜成像技术为基础，扩大视场和出射光瞳的代价是导致光学系统更复杂、更庞大和成本更高，增加了头盔重量，改变了头盔重心，导致飞行员感到不适。

光波导技术是一种无需使用传统的复杂光学透镜布局情况下实现光束变换的新方法。

平板光学波导式头盔显示系统的工作原理：采用小巧而简单的准直光学系统成像，利用光波导结构增大出射光瞳的尺寸。如图 6-98 所示，微显示器显示的字符图像被准直光学系统准直后，形成平行光束并被入射耦合器件耦合进入平板波导元件，在平板波导元件上下表面发生全反射并沿波导方向向前传播，再经出射耦合元件耦合出波导元件，以平行光束进入人眼。

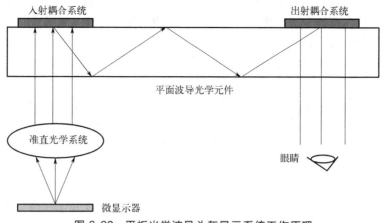

图 6-98 平板光学波导头盔显示系统工作原理

根据平板光学波导传播过程中入射和出射耦合方式的不同,平板光学波导头盔显示技术分为全息波导型和几何波导型两种。

全息波导型是采用全息光学元件作为光线的输入和输出组件,几何波导型是采用传统的光学元件〔例如反射(棱)镜和分光镜等〕作为光线的输入和输出组件。

6.4.5.2.1 全息波导式头盔瞄准/显示系统

(1)基本概念和原理

如上所述,为了满足机载头盔瞄准/显示系统总体技术对大出瞳、大视场和良好像质的要求,传统光学设计技术采取了同轴、离轴、偏心/倾斜、折射、反射和折射/反射混合型(包括棱镜式结构)等多种结构形式,但收效甚微,反而使光学系统愈加复杂,采用更多数量的透镜/反射镜元件,成本更高,重量/重心偏离期望值更大。

1995 年,以色列 Y. Amitai 提出将全息波导光学技术应用于头盔瞄准/显示光学系统中。

2001 年,美国物理光学公司(Physical Optics Corporation)首次提出采用基于三色的复用像差补偿全息光学头盔显示系统(包括沉浸式和透射式两种),利用三组单色全息光栅消除纵向色差,但透射式结构的缺点是系统出瞳太小,使用受限。

2006 年,以色列威茨曼科学院提出平板波导技术,利用三个全息光栅实现了大出瞳孔径,但存在大出瞳孔径内图像亮度不均匀的问题。

2008~2015 年,索尼(Sony)公司利用高亮度照明光源以及双面体全息光栅式输入耦合组件,研制成功单色高亮度透射式头盔瞄准/显示系统,透射率达到 85%,显示亮度 1000cd/m², 并提出基于全息波导技术的双层波导/三层全息的波导成像结构,利用多个单色全息光栅实现彩色显示。

2009~2012 年,英国 BAE 系统公司开始研发全息光学波导显示技术在机载头盔瞄准/显示器中的应用,利用体全息光栅技术研制成功 Q-Sight 全息波导头盔显示器,并首次装备部队。

国内一些大学(北京理工大学、浙江大学和东南大学)和科研院所(中航工业集团公司洛阳电光设备研究所,中科院长春光学精密机械与物理研究所等)都在积极研发全息光学头盔瞄准/显示系统。

全息光学波导技术是一种利用光线衍射原理和全反射原理传输和控制光线的新型显示成

像技术。换句话说，首先，利用简单的小型透镜准直图像，并利用一块（诸如玻璃棱镜）耦合装置将准直入射光束耦合到平板波导元件中。平板波导元件作为光波传播媒质和全息光学元件作为光路折转器件，合理排列衍射图像和控制光束方向，最后将微型显示器的图像传输到眼睛，并达到扩大出射光瞳孔径的目的，为小型化和轻型化的头盔显示开辟了一条新途径。

采用全息波导技术，不仅摒弃了头盔显示系统中复杂的光学系统结构，而且，光线可以根据衍射和全反射原理偏离垂直方向传播，减小传播距离，将光学系统重心后移到头部以内，完全满足头盔瞄准/显示系统轻型化和小型化要求。

全息光波导技术基于以下光学原理：

① 波导板中的全内反射（TIR）原理。如图 6-99 所示，光束透过棱镜后以大于玻璃-空气临界角（布儒斯特角）的角度入射到一块玻璃板表面，光线在光学介质（诸如玻璃）中以无能量损耗（即全反射）的方式传播，使光束在不损失能量的情况下通过玻璃板进行传输，因此无需在光波导板表面镀膜。

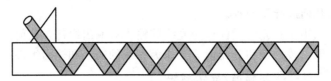

图 6-99　光束在波导板中的全内反射原理

② 全息光栅的衍射原理。光学波导元件中设计有两个全息光学元件（输入和输出全息元件）。如图 6-100 所示，如果两层玻璃板中制造一个全息光学元件，入射到波导板内的光线投射到全息光学元件上。根据衍射定律，分成两束光："衍射光束"和"透射光束"。控制全息光学元件制作（记录）过程中的记录条件，从而控制每次衍射中两束光的方向和能量，保证在特定方向上实现受控衍射。一束光从波导板中垂直出射，另一束光在波导板中发生全反射，继续向前传播。当再次遇到全息光学元件时，再次衍射和透射，重复上述传播过程，直至最后。

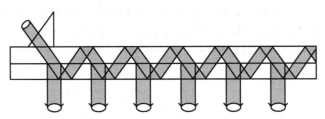

图 6-100　光束在波导板内的衍射和全内反射原理

机载光学（全息）波导式瞄准/显示技术无需采用传统光学领域中复杂的中继转像透镜/反射镜系统而是采用全息波导元件，从而优化和简化光学系统结构布局；并利用全息波导元件的衍射效应和全反射光学原理，完成图像传输和显示，实现对光学能量的逐次分配，从而既扩大显示系统的出瞳孔经，又减轻重量和减小体积。

扩大光学系统出射光瞳孔径的技术是指利用一种扩束装置将一束窄（或小孔径）准直光束放大为一束大孔径准直光束的技术。在传统光学领域，这种扩束装置是由两组折射或者反射光学组件组成的望远镜系统，并在包括激光、光纤、医学诊断、全息学、X射线学、空间和大气研究等多个领域得到应用。

随着光学全息成像技术和制造工艺的成熟，从 20 世纪 70 年代开始，全息光学元件就开始应用于机载成像技术，机载衍射平视显示器是其典型代表。

1995 年，以色列威茨曼科学研究所 Y. Amitai 等人提出全息平面波导头盔显示系统的概念，建议将全息光学元件（HOE）用作全息波导系统的耦合元件，以扩大头盔瞄准/显示系统的出射光瞳孔径。

2006 年，为了解决大出瞳孔径问题，以色列威茨曼科学院对平板波导技术进行了研究，结果表明，要满足机载头盔瞄准/显示系统对大眼距（>30mm）、大视场（>40°×30°）和大出瞳直径（≥30mm）的技术要求，需采用三全息光学元件的显示系统。

如图 6-101 所示，三全息光学元件显示系统由三个具有横向位移、记录在同一块底版上的全息衍射光学元件组成，借助分束和合束原理，扩大入射光束在二维方向上的孔径：第一个全息光学元件 HOE1 将图像源发出的入射光进行准直（其功能类似于普通的准直光学系统，但是，如果已经是平行入射光束，则该元件无需光焦度）并将光束衍射（耦合）到基板内，通过波导元件内多次全内反射，将第一次衍射后的光束传输到第二个全息光学元件 HOE2 上。为了保证整个视场范围内达到所需要的均匀亮度，HOE1 应具有尽可能高的衍射效率。

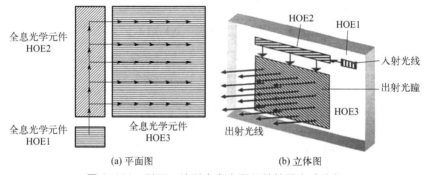

图 6-101　利用三片型全息光学元件扩展出瞳孔径

应当注意，HOE1 是一个小的线性光栅，而 HOE2 是一个较大的线性光栅并且记录着具有不同衍射效率的光栅结构，因此，在一维方向（X 方向）扩展传播过程中发生多次衍射，每次衍射光束都具有同等的光强度。

根据光学全息元件的工作原理，在理想条件下，每次衍射过程都将光能量分为两束：0 级（透射）和 +1 级或 −1 级（衍射）光束。透射光束继续向前传播，衍射光束被导入第三个全息光学元件 HOE3 上，从而扩大 X 方向的出瞳孔径；HOE2 将 X 方向扩展后的光束以相同的原理再次经过连续不断的衍射/透射的分束过程，最后，将扩展后的光束耦合出基板，达到二维方向（X 和 Y 方向）扩大出瞳范围的目的。

概括地说，全息光学元件 HOE1 衍射后的光束被约束在基板内传输，被 HOE2 衍射的光束传输给 HOE3，而 HOE3 则在垂直于基板方向将光束衍射出基板，从而使入射在输入耦合器（HOE1）上的小输入孔径图像源光束，即使眼点距离较大时也能获得大孔径的出射光瞳，其有效放大倍数等于输出光束耦合器（HOE3）的面积与输入光束耦合器（HOE1）的面积之比。

该设计方案中每片光栅对光线的调制作用都不相同，因而偏转方向和角度也不同。通常，在设计全息光学元件作为耦合器时，必须考虑和控制影响衍射效率的光栅沟槽形状和方向以及沟槽深度（即全息条纹要具有合适的倾斜度和深度），保证输出光学元件（输出耦合器）在整个视场都具有相同的高均匀亮度。

参考图 6-102，根据全息光学基本原理，若采用两束平行记录光束（一束光与基板表面法线夹角是 α_{11}，另一束与基板法线夹角是 α_{12}）记录全息光学元件，则根据下列公式可以确定干涉条纹的形状（包括倾斜角 α_{int} 和沟槽深度 z），很明显，沟槽深度随曝光量成比例增大。

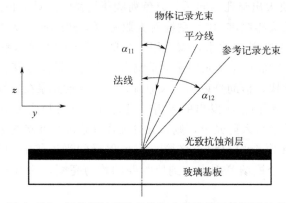

图 6-102　具有倾斜干涉条纹的全息光学元件记录技术

$$I(y,z)=I_0 \cos^2 \left[Ky - K\sin(\alpha_{\text{int}})z \right] \tag{6-14}$$

$$K = k n_{\text{ph}}(\sin\alpha_{11} + \sin\alpha_{12})/2 \tag{6-15}$$

$$k = \frac{\lambda}{2\pi} \tag{6-16}$$

式中　I_0——光栅平面中心的光强度；

　$I(y,z)$——光栅平面上任意位置（y,z）处的光强度；

　　　y——沿光栅方向的坐标；

　　　z——光栅沟槽深度坐标；

　　　λ——记录光波长；

　　n_{ph}——光致抗蚀剂的折射率；

　　α_{int}——光致抗蚀剂内的条纹倾斜角。

通过优化设计每次衍射过程的衍射效率，保证在完成出瞳的二维扩展的同时，获得多束能量相等的成像光束。

为了在第二和第三块全息光学元件上获得所需要的变衍射效率，全息光学元件记录过程中，曾经研发和试验过不同的方法。例如，使记录光束通过一块中性变密度模板（采用具有变灰度等级的重铬酸盐明胶或者在玻璃板上涂镀具有变厚度层的铜膜）或者用计算机控制一块可移动记录曝光模板，考虑到平面波高斯光强度分布以及光致抗蚀剂材料的特性确定可变速度（即可变曝光量）的量值，并且，模板的运动速度与光栅横向坐标是一种非线性的函数关系。记录光束波长 363.8nm，成像波长 514.5nm。然而，由于研制出的样机的衍射效率低、杂散光严重和图像模糊，并没有获得真正的应用。

21 世纪，随着科学技术的进一步发展，已经研究出多种全息头盔显示光学系统方案：例如，美国物理光学公司利用三组单色光栅控制系统色差，研发出基于三色复用像差补偿全息光学元件（MAC-HOE）的头盔瞄准/显示系统（其中两片全息光栅用于显示），该系统具有较大视场，但出瞳较小；英国 BAE 系统公司研发出"基于体全息波导技术的 Q-Sight 全息波导头盔显示器"；以色列威茨曼科学院深入地研究了"线性光栅扩展出瞳的平板波导显示技术"；日本 Sony 公司研制出由双层全息光学元件组成的"全色体全息波导头戴显示装置"，将不同光栅常数以及倾角的体全息光栅层叠放置，通过优化光栅倾角来抑制光栅色散以及波长选择特性，从而实现全色显示；法国 Thales Visionix 公司利用一种由卢姆斯公司（Lumus）开发的光波导光学元件（lightguide optical element，LOE），为 A-10 运输机研发出能够真正实现全色显示的天蝎（Scorpion）型头盔瞄准/显示系统（需要说明的是，LOE 并非全息光栅，而是一种更加简单的多反射层结构元件）。

国内对机载全息波导瞄准/显示技术的研究较晚，与国外还有一定差距，中国航空工业集团公司洛阳电光设备研究所、北京理工大学和长春光学精密机械与物理研究所都在积极开展全息波导瞄准/头盔显示系统的研究工作，主要性能设计值是：视场 20°×20°，出瞳范围 20mm×20mm。

合肥工业大学（程鑫等人）开展了"全息波导头盔彩色显示技术"的研究，针对彩色全息波导头盔显示系统中的色散问题，建议采用四层波导技术（各层采用不同折射率材料）对各波长对应的光路进行色差校正，取得了一定进展，工作原理如图 6-103 所示。

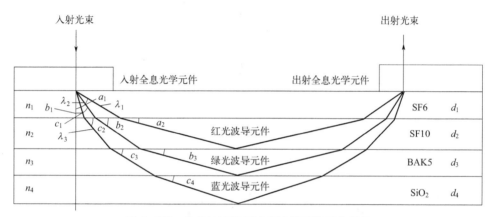

图 6-103　色差校正四层波导光学系统工作原理

可见光被入射全息光学元件衍射后，分成红绿蓝三色光进入第一层波导元件，在第一层与第二层波导元件之间以不同的折射角度分别进入不同的波导元件，并各自在波导元件内发生全反射，进而以不同的输出角入射在出射全息光学元件上，衍射后以相同的出射角出射，形成彩色图像被人眼观察。

英国 BAE 系统公司研发的"基于体全息波导技术的 Q-Sight 全息波导头盔显示器"，采用两片全息光学元件分别用作入射耦合光栅和输出耦合光栅，具有很高的显示亮度和对比度，以及零畸变的高质量图像，是目前唯一装配部队的全息波导头盔显示系统。

（2）Q-Sight 全息波导头盔瞄准/显示器

全息波导头盔瞄准/显示光学系统由微型显示器［采用高亮度 LED 光源照射的硅基液晶显示器（LCOS）］、微型折射准直系统、输入和输出全息光栅以及平面波导板组成。高衍射效率的透射全息光栅位于两片波导板之间，这种夹层结构有效地保证了全息光学元件的稳定性，免受外界环境（包括温度和湿度）对全息光学特性的影响。由于无需中继系统，因此，系统的外形尺寸和重量减小，成本降低。

如图 6-104 所示，一个简单的小孔径准直光学系统将图像源产生的图像转换为平行光束，在波导元件的输入区被耦合元件（玻璃棱镜或者全息光学元件）耦合到波导元件内，波导元件内第一块全息光栅的衍射效应（或者调制）使平行光线改变方向从而满足全反射条件，沿着波导方向无损传播，并以全反射传输方式通过传输区（或全内反射区）。在波导元件输出区，全反射条件被破坏，一部分光束从波导元件透射出来，其余光束继续向前，以"Z"字传输路线逐次按照设计好的衍射/反射/透射能量比继续传播，并以平行光线的形式从第二块全息光学元件（输出耦合元件）输出，最终完成波面转换和成像显示。显然，全息光学平面波导元件是利用全内反射原理和衍射效应将一个小出瞳孔径的图像扩展为大出瞳孔径的图像显示。通过合理设计光栅的衍射效率，保证每次出射的光能量相等，从而可以在较大的观察孔径内显示较为均匀的图像画面，同时，外景目标也很清晰。

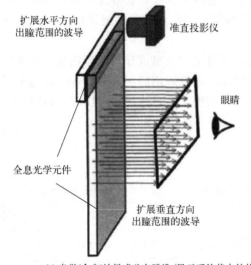

(a) 光学(全息)波导式头盔瞄准/显示系统基本结构

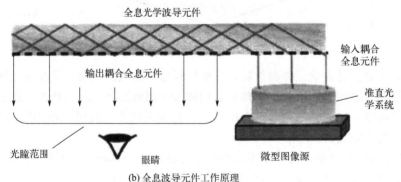

(b) 全息波导元件工作原理

图 6-104　全息波导头盔瞄准/显示器

光学全息波导瞄准/显示技术已经在第 3 章中详细讨论过，在此不再赘述。

机载全息波导瞄准/显示技术的特点：

① 合理选择全息波导光学元件的参数实现光瞳扩张，无需设计大孔径准直光学系统，因而孔径小，透镜数目少，结构简单和重量轻。与同等性能指标的普通头盔瞄准/显示光学系统相比，重量约减轻一半。

② 成像光束在波导元件中是根据光的衍射和全反射原理传播，在充分保证位置一致性和角度一致性的条件下，光波能量可得到充分利用。相比之下，约提高 30%，并具有良好的图像亮度均匀性。

③ 采用光束衍射和逐次透射的输出方式，出瞳范围扩大 2 倍以上。

④ 波导元件需要对光能量在一定空间范围内进行多次分配，因此，单次显示能量的利用率较低，仅为像源出射能量的 3%～5%。为了具有足够的显示亮度，必须采用亮度尽可能高的图像源。

英国 BAE 系统公司在国际上较早开始研发机载全息波导瞄准/显示技术。为了减小 DCG（重铬酸盐明胶）型全息光学元件自身缺点对批量生产的影响，该公司研发出适合批量生产单片式低成本、经久耐用的全息波导光学元件的制造工艺，称为"全息图粘贴工艺"（也称为"模压技术"），即利用母板将全息图"粘贴"在玻璃基板上，因而，平板波导元件更轻和更小型化，功耗更低，耦合效率更高。在此基础上，首次研制成功 Q-Sight 100（截至目前，已经研发成功 Q-Sight^{TM}2000 型）机载光学全息波导头盔瞄准/显示系统，如图 6-105 所示。

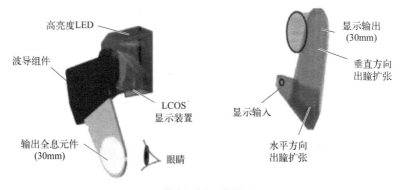

(a) 基本组成和工作原理

(b) 头盔显示器外形图

(c) 全息波导显示光学元件

图 6-105　Q-Sight 100 头盔瞄准/显示系统

Q-Sight 100 头盔瞄准/显示器是第一个应用全息平板波导技术的机载头盔瞄准/显示系统，主要为旋转翼飞机研发，首先装备于英国皇家海军 MK8 型"山猫"舰载直升机上。

Q-Sight 100 头盔瞄准显示器采用模块化设计，光学系统简单，结构紧凑，头部体积小，重量轻，减轻了颈部负荷，改善了飞行员的舒适性，提高了安全性和态势感知能力。因此，非常适合安装在现役的机载头盔上，既不会影响标准头盔的保护功能，也无需进行大的改进就能实现昼/夜观察。

Q-Sight 100 头盔瞄准/显示系统有单目（圆视场 ϕ30°）和双目（视场 40°×30°）两种类型，主要性能列在表 6-34 中。

表 6-34　Q-Sight 100 全息波导头盔显示器主要性能

参数		指标
波导元件的材料		重铬酸盐明胶(DCG)
图像源	照明光源	Imagine 公司的高亮度 LED 背光照明
	显示屏	硅基液晶(LCOS)显示器,像素 1920×1080
视场/(°)	单色	初期 40×30(其中,单目 30°,双目叠加 40°)~50×30,新型号最大视场可达 70×30
	多色	15~20
出瞳孔经(轴上)/mm		$\phi 35$
出瞳距离/mm		>25
外景透射率		>80%(最高达 90%)
畸变		接近零
亮度控制/fL	白天	背景亮度 10000,图像亮度 1800,借助遮阳板,保证对比度达到 1.2:1
	夜间	能够在极低照度下提供高精度亮度控制
功耗/W	头盔上	<5
	整体	10
头戴重量/oz		<4(小于 120g)
工作环境		与夜视系统兼容在一个头盔上,满足昼/夜环境下工作,实现白天和夜间操作无缝转换,增强昼/夜间操作的态势感知能力
兼容性		便于与其它头盔显示系统的驱动器和图像生成器升级兼容,降低难度和费用

注：1oz＝28.35g。

　　BAE 系统公司研制的 Q-Sight 100 全息光学波导头盔显示系统可以与微光夜视系统配套使用,因此也称为"Q-Sight 100 昼夜头盔显示器",如图 6-106 所示。

图 6-106　Q-Sight 100 昼夜头盔显示器

　　2013 年,BAE 系统公司研发出彩色全息波导头盔显示器,需要设计更复杂的全息光学系统。

（3）一些具体设计问题

由于全息成像技术和波导技术的特殊性，设计全息波导头盔瞄准/显示光学系统时，需要注意以下问题：

① 双全息光学元件结构布局。全息光学波导头盔瞄准/显示系统最终输出的图像是一个具有大出射光瞳和大视场的二维图像，因此，必须采用二维全息光学元件结构布局：每个全息光学元件承担一维光路扩展。换句话说，两个全息光学元件分别承担水平方向和垂直方向的出射光瞳扩展。

② 显示视场。光学波导显示元件的光栅常数、微型显示器的有效波长（如果是彩色显示，波长的影响更大）和波导介质材料对视场大小都有直接影响，共同决定着系统的视场范围。

在满足全反射条件下，衍射光线在波导中的角度越大，显示系统的视场也越大；但在波导板尺寸一定情况下，如果波导中衍射光线角度过大，一定视场的光线将不满足全反射条件，会导致出瞳不连续（或者"漏光"）而无法实现大出瞳孔径显示。

假设采用相同波导介质和相同光栅常数的全息元件，对于单色全息波导显示，由于采用的光源是人眼敏感的黄绿色光，因而具有较大的视场；而对于彩色波导头盔显示系统，彩色显示的色域范围、视场和（倾斜）观察角之间相互制约，因此，视场要小得多。

一般情况下，耦合入射的全息元件与调制出射的全息元件具有相同的周期结构，准直透镜的输出视场与显示的输出视场相同。

③ 显示一致性。即使对于单色光全息光学波导头盔瞄准/显示光学系统，光源发出的图像光束也会有一定的光谱范围，透射光栅的衍射效率会随波长而变化。为了保证背景光具有良好的色彩保真，同时具有良好的图像显示对比度和色彩，因此，保证显示图像的一致性就特别重要，包含两方面内容：

a. 同一波长而不同角度的光线衍射效率相近。

b. 不同波长而相同角度的光线衍射效率相近。

对于单色显示，显示一致性意味着不同出瞳区域的亮度和对比度一致；对于彩色显示，要注意不同区域的色彩失真。研究表明，采用高亮度微型显示器和较低衍射效率的光栅结构，以及对不同像素点的亮度校正技术有希望保证整个光瞳范围内的色彩保真度。

目前，机载头盔瞄准/显示系统要求微型显示器既具有高亮度，又具有较高的单色性。例如，采用大功率/高亮度的LED光源和窄带滤光片的方法（单色性得到改善，但光能利用率大大降低），或者采用具有高偏振态的半导体激光器（LD）（光束发散角小，光谱宽度小于1nm）。

④ 入射光瞳能量泄漏问题和出射光瞳不连续问题。根据全息波导元件的工作原理，若输入全息光学元件设计不合理，例如输入光栅长度过大，那么，衍射光线在经过一个周期传输后会再次进入输入光栅发生二次衍射，此次衍射后的光线一般不再满足全内反射条件，因此，无法受到约束而在波导元件中继续传播，会在波导的另一侧折射出波导元件，导致入射光波能量泄漏，降低耦合输入效率。因此，必须控制耦合输入全息元件的尺寸和光束在波导元件中的传输周期。

只要保证进入波导传输区的传输周期最短的光线不发生入射光束能量泄漏问题，则所有的入射光线都不会有问题。

众所周知，全息波导元件内传输的光线具有不同的视场角，因而，对应着不同的全内反射角和传输周期。

研究表明，当传输周期小于传输光束宽度时，该视场光束可以紧凑地拼接在一起；但是，当传输周期大于传输光束宽度时，该视场光线在拼接时会出现缝隙，导致出射光瞳不连续，如图 6-107 所示。

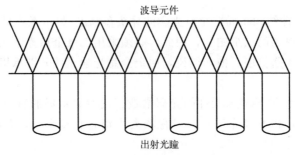

图 6-107　全息波导元件出瞳不连续问题

设计全息波导头盔瞄准/显示系统时，如果准直光学系统的出射光瞳孔径过小或者波导元件的厚度过大，或者波导元件中衍射光线角度过大都可能出现系统出瞳不连续或者输入光栅能量泄漏现象。一般情况下，耦合入射的全息元件与调制出射的全息元件具有相同的周期结构，为了避免这种现象发生，如图 6-108 所示，输入（输出）光束宽度（通常情况下，入射光束宽度与输入区全息光栅长度相等）h、光线在波导板内的传输周期 $T_{\min}$、光波导板厚度 d 以及传输周期最短的光线经耦合输入衍射后与波导表面法线的夹角（或波导板内全反射角）$\alpha_{\min}$ 应满足以下关系式：

$$T_{\min} = h = 2d \tan\alpha_{\min} \tag{6-17}$$

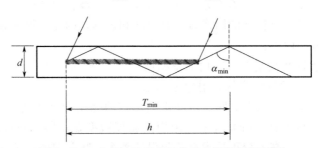

图 6-108　全息波导光学元件参数间的相互关系

满足式(6-17)的全息光学平板元件就可以形成如图 6-109 所示的大孔径连续出射光瞳。

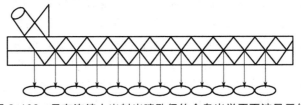

图 6-109　具有连续大出射光瞳孔径的全息光学平面波导元件

⑤ 出射光瞳的有效显示区域。扩展出射光瞳的过程是：入射光束首先沿水平方向传播，然后沿垂直方向传播。随着光程增加，水平视场的光线会逐渐偏离波导元件，因此，有效的出瞳孔径则随着波导元件长度的增加而减小。一般情况下，有效出瞳孔径呈现等腰梯形形状，如图 6-110 所示，在有效观察区域内可以观察到所有视场，而在其它区域，则无法观察到显示的图像符号。

⑥ 彩色平面波导技术。由于机载头盔瞄准/显示系统除了观察符号显示外，还需要透过组合玻璃观察外界景物，因此，必须慎重考虑使用不同颜色的符号。

a. 符号必须特别清晰易辨。

b. 不适合采用饱和蓝色。

c. 同样照度下，红色符号更易引人注意。

d. 白色符号是最易混淆的颜色。

e. 彩色符号相对于外界景物的可视度主要取决于符号亮度的对比率，尤其受限于最小亮度符号的亮度。

f. 最多采用 5 种颜色是比较安全和实际的。

彩色头盔瞄准/显示技术尚有许多问题需要研究。

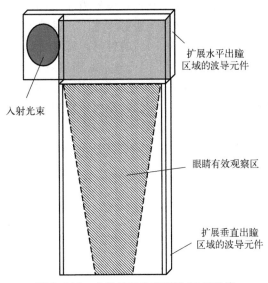

图 6-110　全息波导头盔瞄准/显示系统中的有效出瞳区域

6.4.5.2.2　半透射膜波导式头盔瞄准/显示光学系统

半透射膜波导式头盔瞄准/显示光学系统的工作原理是采用内嵌在平板波导元件内的半透射膜完成光的反射/折射成像和显示，技术比较成熟，设计较容易，制造成本较低。另外，与上述全息波导显示技术相比，系统入射/反射耦合效率更高，具有更高的光学效率。

半透射膜波导式头盔显示系统有两种结构：

① 单个半反射/半透射结构的波导式头盔显示光学系统。

② 棱镜/全息平板波导头盔显示光学系统。

（1）单个半反射/半透射波导式光学系统

从 1946 年光学全息术发明以来，经历了 70 多年的研究和发展，在许多方面得到应用，并成功研发出衍射光学平视瞄准/显示系统。但是应当看到，制备高质量的全息光学元件有一定难度，因此，一定程度上也影响了在头盔瞄准/显示系统中的应用和推广。

为了避免这个问题，Epson（爱普生）公司和浙江大学研发了一种利用半透射膜阵列的半透射/半反射光学特性扩展出射光瞳的技术，称为"半透膜平板波导显示技术"，如图 6-111 所示。

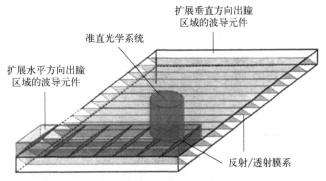

图 6-111　半透膜平板波导显示系统工作原理

半反射/半透射波导式头盔瞄准/显示光学系统的关键技术是设计或确定半透射膜系矩阵中各级元件的反射率/透射率之比。通常采用渐变透射率来提高能量的有效利用率，并非一定是 50％反射率和 50％透射率，需要适当设计透反射比例以确保图像亮度均匀性以及显示颜色的一致性。为了保证外景的高透射率，在设计中采用低透射率膜系。

为了保证像质，实现"鬼像"与正常图像分离，浙江大学对双层结构（上层镀有膜层，下层为无膜层和非 45°倾斜角膜系阵列）和三层结构（45°倾斜角膜系阵列）的平板波导元件进行了深入分析，如图 6-112 所示。其中，h_1 和 h_2 分别为上层和下层材料的厚度；W 是半透膜层的长度；θ 为半透膜阵列的倾角；视场角为 2β；d 为相邻半透膜层间的间隔。

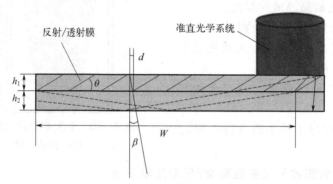

图 6-112 双层结构半透膜平板波导元件

研究结果表明，波导中的中心视场光线倾角 α_0 与半透膜倾角满足下列关系：

$$\alpha_0 = 90° - 2\theta \tag{6-18}$$

为避免产生"鬼像"（或者杂散光），各参数之间需满足以下条件：

$$W \leqslant 2h_2 \times \cot[2\theta - (\alpha_0 - \beta)] \tag{6-19}$$

显然，h_2 越大或者 $2\theta - (\alpha_0 - \beta)$ 越小，W 的取值越大，显示的瞳孔口径越大。在满足全反射条件下，当 $2\theta - (\alpha_0 - \beta)$ 取最小值 2β 时，W 的最大值为：

$$W = 2h_2 \times \cot(2\beta) \tag{6-20}$$

应当注意，厚度（h_2）过大，整个系统的体积和重量会增加，因此，要综合并折中考虑。

另外，相邻半透膜的前后端间隔 d 应满足以下关系（白天条件下，人眼瞳孔直径定义为 2mm）：

$$h_1 \times \tan\beta \leqslant d \ll 2 \tag{6-21}$$

研究发现，无论哪种结构，在研发过程中，都应关注以下问题：

① 水平扩展波导中，半透膜反射率依次渐变，而垂直扩展波导中，半透膜反射率（在可见光范围内）约为 5％～7％，光能量的利用率较低，输出图像亮度有限。为了使观察图像有足够的显示亮度，与全息波导显示技术一样，必须采用高亮度输出图像源。

② 半透膜阵列制造工艺的难度。

③ 重量和体积问题，有利于系统轻型化和小型化。

（2）棱镜/全息平板波导式光学系统

相比之下，全息波导头盔瞄准/显示光学系统中的衍射作用会造成较大的色差、视场光束的衍射效率较低，以及衍射杂散光会影响系统的成像质量。

为了克服该问题，谷歌（Google）公司和中国科学院大学/中科院长春光学精密机械与物理研究所（曾飞等人）分别深入研究了"基于棱镜-光栅结构的衍射波导头盔显示技术"，利用分光棱镜与衍射光栅（DOE）相结合的技术扩展出瞳和采用对称双光栅技术消除系统色散，如图 6-113 所示。

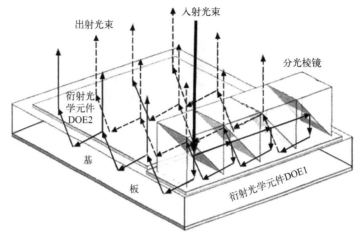

图 6-113　棱镜/全息平板波导元件

棱镜/光栅组合式头盔瞄准/显示系统扩展出瞳孔径的工作原理：微显示器发出的图像光线经过准直透镜形成平行光线，耦合进入分光棱镜阵列；按照一定的分光比完成分光后，形成多个成像光束，每个成像光束都能够独立成像；第一个衍射光栅（DOE1）将入射的平行光束衍射并进入平板波导，衍射作用使光线在上下表面的入射角增大，满足全反射条件，并沿波导元件方向传输；第二个衍射光栅（DOE2）对光束衍射后，光束相对于波导上下表面的入射角减小，不满足全反射条件，从波导中出射，被人眼观察。

在该系统中，入射衍射光学元件与出射衍射元件的结构参数完全相同，属于对称式双级光栅结构，可以实现对称型像差补偿，较大程度上减小了引入衍射光栅带来的像差。根据光栅方程可以推导出，对于满足衍射条件的波长不存在色差，因而，也有利于减少系统的色差。

该系统分光棱镜阵列沿水平方向由 8 个棱镜组成，材料 ZF7，每个棱镜的尺寸是 $2.5mm \times 2.5mm \times 2.5mm$，重量 0.65g。实际上，棱镜分光扩展出瞳的原理与上述全息光栅扩展出瞳的原理类似，参考图 6-109。微型显示器图像经准直光学系统准直后，准直光束入射到分光棱镜阵列，每个分光棱镜都会使光能量约 1/8 反射到衍射光学波导中，剩余的光能量透射到下一个小棱镜（实际上，为了保证整个光瞳范围内图像亮度均匀，每块小棱镜的反射/透射比是不完全相同的），则水平方向的出瞳范围就扩大了 8 倍；在垂直方向，采用全息光栅扩展出瞳，其原理与上述系统相同，一级衍射光出射，剩余的光能量传播到下一级光栅，随着全息光栅不断向外衍射能量，沿波导方向传播的能量越来越少，因此，为了保证出瞳范围内亮度均匀，每次衍射的输出效率都应当更高（换句话说，衍射效率是逐次递增的）。末端的吸收膜层吸收残留的少量透射光。光学系统的出瞳范围由原来的 $\phi2mm$ 扩大到 $20mm \times 20mm$，由 40 个直径相同的圆出瞳组成，如图 6-114 所示。显然，保证出射光瞳扩展的连续性是设计中需要注意的重要问题之一。

6.4.6　视网膜式头盔瞄准/显示系统

上述不同类型的头盔显示器都存在以下问题：

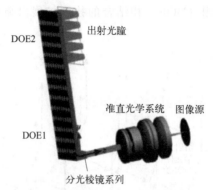

(a) 棱镜/全息平板波导头盔显示光学系统

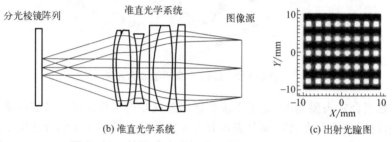

(b) 准直光学系统　　　　　　　　(c) 出射光瞳图

图 6-114　棱镜/全息平板波导头盔显示光学系统

① 必须注意外界光的强弱变化，微型图像源显示的图像亮度与外界目标亮度只有保持适当比例才能在人眼视网膜上形成比较清晰的显示。

② 当飞行员观察不同距离的物体时，例如机舱外无穷远目标和舱内有限远物体时，则无法在视网膜上形成清晰图像。

视网膜投影显示技术是解决该问题的有效方法。

视网膜显示技术是以麦克斯韦观察法原理为基础，利用准直光学系统将激光光束准直扩束和空间光调制器（SLM）对准直光束调制并形成图像后，透过滤波投影系统传输到飞行员眼睛，在视网膜上形成清晰度远高于传统光学系统的图像，如图 6-115 所示。

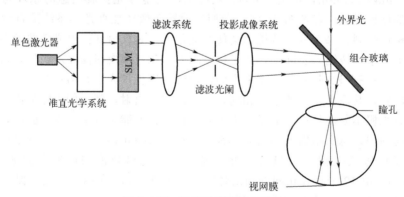

图 6-115　视网膜投影显示系统

单色激光器发射激光光束，经过准直光学系统准直后，出射平行光束作为背照光源照射 SLM，每个像素发出的平行光束经过滤波光学系统滤除高次衍射光波后，投影系统生成的图像被组合玻璃传输给飞行员眼睛，在视网膜上形成清晰的图像，同时能够观察到外界目标和微型显示器产生的图像和字符。

实际上，该头盔瞄准/显示系统中的投影系统是一个中继光学系统，将滤波光阑成像在眼睛的瞳孔位置，换句话说，SLM 发出的所有平行光线都会聚于眼睛的瞳孔中心，直接成像在视网膜上。对于外界环境，眼睛的水晶体是一个可调焦的双凸透镜，眼睛聚焦于外界一定距离上的物体时，该物体图像保持清晰，其它物体处于模糊状态。当眼睛观察外界不同距离上的物体或者说进行视度调节以保持外界景物的清晰图像时，由于显示光学系统传输的所有光线都通过眼睛成像系统（水晶体）中心（或者主点），光线的传播方向不会改变，也始终保持着清晰的可视图像。因此，该系统造成飞行员眼睛中存在两种可视图像：头盔瞄准/显示系统始终保持的清晰图像和随眼睛视度调节变化的外界一定距离上的物体清晰图像。

1991 年，美国华盛顿大学 HIT 实验室首次利用低功率激光器作为照射光源，研制成功可以直接投射到人眼视网膜上的虚拟显示器。此后（1994～2002 年），与 Microvision 公司合作研发视网膜扫描显示（RSD）技术，使视网膜显示技术实用化，并由单色激光显示扩展到彩色显示。世界各国（例如日本）也在开展这方面的研究和探讨。

西安工业大学（杨震）在对视网膜投影显示技术进行了工作原理研究的基础上，采用倒置伽利略望远镜式准直光学系统和改进型滤波/投影成像系统，设计了一种视网膜投影显示光学系统，并研制出相关的原理样机，进行了原理验证。

6.5
未来的头盔瞄准/显示技术

20 世纪 60 年代发明 HMDS 以来，经历了近 60 年的发展历程，技术上越来越成熟，基本上达到平视瞄准显示系统的精度，在提高飞机作战效能和减轻飞行员负担上起到了非常重要的作用，应用越来越广泛。

随着光电技术的快速发展，综合头盔瞄准/显示系统已经能够利用机上不同类型的光电传感器将外景的昼夜视频图像及相关字符清晰地显示在飞行员眼前，因此，在"虚拟座舱概念"指引下，尝试利用综合头盔瞄准/显示系统作为机载主设备，完全代替平视瞄准/显示系统。典型例子（目前唯一案例）就是美国 F-35 飞机仅装备有头盔瞄准/显示系统，这对平视瞄准/显示系统形成很大挑战。

一些资料研究表明，由于 F-35 飞机没有装备平视瞄准/显示系统，其部分功能由头盔显示器承担，VSI 公司研制的头盔瞄准/显示系统存在的问题使美国军方意见很大，曾一度利用 BAE 系统公司研制的 Q-Sight 100 综合头盔瞄准/显示系统作为替代，并要求对问题做进一步改进。

2012 年，R.J.Smith 撰写的报告还指出，F-35 头盔瞄准/显示系统与分布式多孔径光电系统配合使用，出现了一些不利的情况，例如显示"字符"难以辨认、数据的显示时间持续延迟以及无法正确显示夜视数据等，导致飞行员飞行或模拟训练时感到不舒服，出现眼睛发胀、头晕和恶心等症状，从而无法完全满足战斗机的要求，带来难以处理的负荷。主要原因是头盔瞄准系统的动态环境差。因此，一些研究者认为，只有头盔瞄准/显示系统的瞄准精度完全达到或接近平视瞄准/显示系统的高瞄准精度（1～2mrad），才有可能彻底替代 HUD 而作为机载的主显示设备，否则，还需要利用平视瞄准/显示系统完成传统炸弹、机炮和火箭一类非制导武器的投放。

从目前的情况来看，头盔瞄准/显示系统与平视瞄准/显示系统还会并存相当长一段时间。但是，至少说明头盔瞄准/显示系统在机载火控系统中的位置越来越重要，发展和进步也越来越快。

各型先进战斗机仍继续发展，尤其是无人战斗机（UCAV）发展迅速，但在无人战斗机完全智能化之前，有人机将继续发挥重要作用。应当相信，HMDS将作为主要的机载光电设备得到更广泛应用。

展望下一代头盔瞄准/显示系统，应当是一个更先进的数字昼/夜观察和瞄准系统：

① 利用护目镜综合显示瞄准/飞行控制符号和数据以及微光/红外输入的外景（或目标）图像。

飞行员可以在白天用眼睛观察外部目标，而在夜间或不良天气条件下在护目镜上观察图像，从而保证飞机昼/夜飞行和执行任务。

② 飞机上安装有6个红外（IR）探测系统，头盔上设计有微光/红外两个探测系统，形成一个综合瞄准/显示的大视场系统，为飞行员提供全方位的"球形视场"覆盖范围。

除了具备昼夜工作能力外，还要完全承担平视瞄准/显示器的功能及瞄准精度。

③ 飞行员头部舒适性进一步改善，安全性进一步提高。

与传统头盔显示系统相比，这种综合头盔瞄准/显示系统更紧凑，重心偏离量更小。

④ 必须提高HMDS跟踪系统的采样速率（达到100Hz以上）以便适应头部的活动速率。

由于会相应带来信息处理量的增加，因此需要研究新的先进数据处理方法和预处理技术，提高处理机的处理能力和解算速度。

⑤ 尽量采用先进技术，进一步减轻重量（<1.6kg）和减小体积：

a. 模块化技术，例如内/外盔，昼/夜/综合型等。

b. 先进的图像源技术。例如高分辨率、高亮度、低功耗的小型平板图像源显示技术，以及彩色显示器（HMD）技术（彩色CRT或者彩色液晶显示器）以增加编码多维性而更利于目视识别。

c. 先进的光学成像系统和技术。利用衍射光学技术、波导光学技术、二元光学技术、自适应编码孔径成像（ACAI）技术和视网膜视景成像技术等代替（或部分代替）传统的折射式(或折反式)光学系统，形成新一代高精度头盔显示器。

以自适应编码孔径成像（ACAI）技术为例，采用ACAI会使光学系统具有更好的角分辨率、宽的无畸变视场、良好的图像质量以及非常轻的结构，因此，用编码孔径替代传统的成像光学组件可以减小光学系统尺寸和减轻系统重量。

d. 采用光纤图像导像技术。绝大多数安装在头盔上的小型图像源的亮度和分辨率都受到一定限制，如果将一个大型、高亮度和高分辨率的图像源安装在头盔之外，通过光纤图像导向装置将图像传输给头盔显示则有助于解决上述问题。

e. 研发混合头部跟踪器（hybrid head tracker），提高视线跟踪精度。

f. 发展全天候头盔显示技术和采用图像融合技术，进一步提高图像质量。

参考文献

[1] 戚建中. 头盔显示器在民机上的应用 [J]. 电光与控制，1995 (1)：18-20.

[2] 武国庆，等. 武装直升机火控系统发展研究 [J]. 电光与控制，2000 (3)：16-21.

[3] 武国庆，等. 头盔瞄准具/显示系统在武装直升机上的应用研究 [J]. 电光与控制，2000 (1)：24-28.

[4] 王永年. 头盔显示器的任务、现状和研究方向 [J]. 电光与控制，1999 (2)：1-9.

[5] 戚建中. 头盔瞄准/显示武器系统研究 [J]. 电光与控制，1997 (3)：33-38.

[6]　于家骥. 驾驶员头盔上的平视显示器装置 [J]. 电光与控制, 1991 (1): 30-34.

[7]　Havig P, Goff C, McIntire J, et al. Helmet-mounted displays (HMDS): why haven't they taken off? [J]. SPIE, 2009, 7326: 91-99.

[8]　孙滨生. 平板显示器促进头盔显示器的发展 [J]. 电光与控制, 1996 (3): 21-27.

[9]　蔡若虹. 电磁式头盔瞄准/显示系统机上试验研究 [J]. 电光与控制, 1999 (3): 31-37.

[10]　李瀛. 以色列 Elbit 公司头盔瞄准显示系统-DASH 系统简介 [J]. 电光与控制, 1993 (4): 50-53.

[11]　刘玉, 等. 液晶头盔显示器设计及应用研究 [J]. 电光与控制, 2000 (3): 56-60.

[12]　李晓霞. 双目头盔显示器光学设计中对双目叠加的探讨 [J]. 电光与控制, 1998 (1): 37-40.

[13]　李春亮. 全息头盔显示器的光学设计 [J]. 电光与控制, 1991 (3): 41-43.

[14]　孙隆和, 等. 头盔瞄准显示器和光电火控系统 (对俄) 考察报告 [J]. 电光与控制, 1992 (4): 1-10.

[15]　郜勇, 等. 头盔显示器光学系统的研究 [J]. 电光与控制, 2002 (3): 37-40.

[16]　杨胜杰, 等. 头盔显示器视差调校的量化研究 [J]. 电光与控制, 2009 (5): 86-89.

[17]　庄纪纲, 等. 利用专用工装实现球面光楔加工 [J]. 电光与控制, 2012 (8): 93-96.

[18]　向华, 等. 头盔 CRT 显示部件互换性技术 [J]. 电光与控制, 2012 (6): 79-83.

[19]　周亮, 等. 紧凑型折反式头盔光学系统设计 [J]. 电光与控制, 2013 (3): 65-68.

[20]　董耀荣, 等. 扩大光电头盔瞄准具探测范围的方法研究 [J]. 电光与控制, 1999 (3): 1-37.

[21]　丁贤澄, 等. 光电头盔瞄准具研制 [J]. 电光与控制, 1997 (1): 46-50.

[22]　张征宇. 苏-27 飞机头盔目标指示器定位原理及其实现方法 [J]. 电光与控制, 1993 (4): 46-50.

[23]　赵慧敏. 光电头盔位置探测系统改进方案 [J]. 电光与控制, 1992 (1): 12-15.

[24]　赵慧敏. 光电头盔瞄准具数学模型的推导 [J]. 电光与控制, 1993 (21): 27-33.

[25]　刘玉, 等. 显示技术与机载平视显示、头盔显示的应用研究 [J]. 电光与控制, 1999 (3): 50-59.

[26]　孙滨生. 头盔显示器的供选小型显示器 [J]. 电光与控制, 1998 (3): 13-20.

[27]　魏炳鑫. 光学纤维在平显和头盔中的应用 [J]. 机载火控, 1984 (3): 12-16.

[28]　Cameron A A. Optical waveguide technology and its application in head-mounted displays [C]. Head-and Helmet-Mounted Displays XVII and Display Technologies and Applications for Defense, Security, and Avionics VI. SPIE, 2012, 8383: 109-119.

[29]　Cameron A. The application of holographic optical waveguide technology to the Q-Sight family of helmet-mounted displays [C]. Head-and Helmet-Mounted Displays XIV: Design and Applications. SPIE, 2009, 7326: 150-160.

[30]　Franck D, McIntire J, Marasco P, et al. Current and future helmet-mounted displays for piloted systems [C]. Head-and Helmet-Mounted Displays XIV: Design and Applications. SPIE 2009. 7326: 100-109.

[31]　Foote B, Taddeo L. VSI digital day/night development [C]. Head-and Helmet-Mounted Displays XIV: Design and Applications. SPIE 2009, 7326: 76-81.

[32]　戚其良, 等. 微型平视显示器 [J]. 电光与控制, 1986 (3): 29-34.

[33]　史云飞. 视频记录系统光学系统设计探讨 [J]. 电光与控制, 1993 (2): 19-24.

[34]　张本余, 等. 战斗机 HUD 视频记录系统 [J]. 电光与控制, 1991 (2): 31-39.

[35]　朵英贤, 等. 中国自动武器 [M]. 北京: 国防工业出版社, 2015.

[36]　中国航空工业总公司. 机载头盔瞄准/显示系统通用规范: HB 7393—96 [S]. 1996.

[37]　国防工业技术科学委员会. 机载头盔瞄准/显示系统通用规范: GJB 4052—2000 [S]. 2000.

[38]　国防工业技术科学委员会. 武装直升机头盔瞄准/显示系统通用规范: GJB 4496—2002 [S]. 2003.

[39]　郭辉. CMOS 传感器技术的发展与走势 [J]. 中国安防, 2015, 5: 6-10.

[40]　曹新亮, 等. 两种图像传感器性能特点的对比分析与研究 [J]. 延安大学学报 (自然科学版), 2004, 26 (1): 27-43.

[41]　邵铭, 等. 1.06μm 激光对 CCD、CMOS 相机饱和干扰效果对比研究 [J]. 应用光学, 2014, 35 (1): 163-167.

[42]　Schreyer H, et al. Integrated Helmet System with Image Intensifier Tubes [J]. Display, 1994, 15 (2): 98-105.

[43]　武长青, 等. 机载头盔瞄准/显示系统国内外现状和发展总况 [J]. 西北光电, 1999 (4): 18-24.

[44]　李雪丽. 计算机实时监测的电磁定位系统的研究 [D]. 北京: 北京交通大学, 2008.

[45]　邓晶. 头盔瞄准系统中电磁发射接收误差的修正原理 [J]. 火力与指挥控制, 1990, 15 (2): 51-54.

[46]　孟举. 基于视频图像处理的头部位置跟踪算法研究 [D]. 西安: 西北工业大学, 2007.

[47]　卜铁. 光电式头盔瞄准具检测研究 [D]. 长春: 长春理工大学, 2004.

[48] 陆南燕. 头盔显示器的关键技术及有关设计问题综述 [J]. 红外与激光工程, 2002, 31 (3): 237-243.

[49] 张航. 眼跟踪技术及其在头盔显示器上的运用 [C]. 第二届中国航空学会青年科技论坛文集, 2006.

[50] 蔡国松, 等. 眼跟踪技术 [J]. 电光与控制, 2004, 11 (1): 71-73.

[51] 武媛媛. 眼动跟踪技术研究 [D]. 西安: 西安电子科技大学, 2009.

[52] 刘涛, 等. 头盔显示器的光电技术发展研究 [J]. 光电技术应用, 2005, 20 (3): 1-3.

[53] 王长生, 等. 头位跟踪技术研究 [J]. 装备制造技术, 2009 (2): 133-134.

[54] 葛兴国, 等. 基于双 CCD 的某型光电式头盔瞄准具改进方法研究 [J]. 光学与光电技术, 2009, 7 (5): 36-38.

[55] 黄丽琼, 等. 基于图像和惯性的头盔组合跟踪原理 [J]. 火力与指挥控制, 2017, 42 (8): 179-182.

[56] 万航雁, 等. 基于微惯性器件的头部运动综合测量方法研究 [J]. 电光与控制, 2018, 25 (4): 83-86.

[57] 罗斌, 等. 光学头部姿态跟踪的多传感器数据融合研究 [J]. 自动化学报, 2010, 36 (9): 1239-1249.

[58] 徐怀远. 惯性与视觉融合的姿态测量技术研究 [D]. 天津: 天津大学, 2016.

[59] 刘硕硕. 头盔式视线跟踪技术研究 [D]. 南京: 东南大学, 2016.

[60] 孙晓辉. 基于头型特征的个性化头盔设计方法研究 [J]. 科学技术创新, 2018 (29): 177-178.

[61] 李芳, 等. 直升机飞行员综合显示头盔优化技术设计研究 [J]. 医疗卫生装备, 2017, 38 (3): 28-31.

[62] 孙晓辉. HGU-55/P 标准头盔特征研究 [J]. 科学技术创新, 2018 (30): 165-166.

[63] 李华. 头盔显示器光学系统关键技术研究 [D]. 北京: 中国科学院大学, 2015.

[64] 中国人民解放军总装备部. 飞行保护头盔通用规范: GJB 1564A—2012 [S]. 2012.

[65] 田晓焱. 基于机器视觉的头盔瞄准具转动角度的测量 [D]. 西安: 西北大学, 2006.

[66] 李定涛. 基于 DSP 的视觉系统设计 [D]. 武汉: 华中科技大学, 2005.

[67] 钱俊. 双目视觉系统的设计与实现 [D]. 南京: 南京理工大学, 2015.

[68] 孙迅, 等. 双目立体视觉系统设计 [J]. 科技信息, 2008 (34): 1-2.

[69] 包秋亚. 全息头盔显示光学系统设计研究 [D]. 长春: 长春理工大学, 2008.

[70] 杨敏娜. 头盔式近眼显示技术研究 [D]. 西安: 西安工业大学, 2012.

[71] 赵逢元. 护目镜双目显示光学系统研究 [D]. 南京: 南京理工大学, 2014.

[72] 郜勇. 机载头盔瞄准/显示器光学系统的研究 [D]. 南京: 南京航空航天大学, 2003.

[73] 王永生. 机载头盔瞄准显示系统动态性能分析 [J]. 电光与控制, 2013, 20 (8): 1-5.

[74] Smith R J. Why F-35 Pilots Sudenly have the Jitters [DB/OL]. [2013-05-09]. http://www.foreign policy, com/articles /2012/06/18. /flight blindness.

[75] 李瀛. 以色列 Elbit 公司头盔瞄准显示系统—DASH 系统简介 [J]. 电光与控制, 1993 (4): 50-53.

[76] 季旭东. 头盔显示 (HMD) 的视觉原理与处理 [J]. 光电技术, 1997, 38 (2): 63-67.

[77] Ashcraft T W, Atac A. Advanced Helmet Vision System (AHVS) integrated night vision Helmet Mounted Display (HMD) [J]. Proc. of SPIE, 8383: 1-10.

[78] 宁新建. 直升机用眼镜式微型平视显示器 [J]. 直升机技术, 1995 (2): 30-33.

[79] 李训牛, 等. 机载头盔显示系统的主要光学实现形式 [J]. 红外技术, 2016, 38 (6): 486-491.

[80] 刘军, 等. 反射式自由曲面头盔显示器光学系统设计 [J]. 红外与激光工程, 2016, 45 (10): 1-6.

[81] 潘思豪, 等. 紧凑型离轴三反光学系统的自由曲面设计 [J]. 电光与控制, 2019, 26 (3): 97-102.

[82] 蓝秀娟. 投影显示系统的研究与设计 [J]. 广州: 广东工业大学, 2017.

[83] 王涌天. 自由曲面光学系统设计及其应用 [J]. 光学与光电技术, 2012, 10 (3): 13-16.

[84] 程德文, 等. 轻型大视场自由曲面棱镜头盔显示器的设计 [J]. 红外与激光技术, 2007, 36 (3): 309-311.

[85] 杨波, 等. 自由曲面反射器的计算机辅助设计 [J]. 光学学报, 2004, 24 (6): 721-724.

[86] 卢东杰. 基于 FFSP 的大视场视透式头戴显示器光学系统的设计 [D]. 成都: 成都电子科技大学, 2011.

[87] 王先超, 等. 机载全息波导瞄准显示技术发展综述 [J]. 电光与控制, 2015, 22 (12): 67-71.

[88] 曾飞, 等. 全息波导头盔显示技术 [J]. 中国光学, 2014, 7 (5): 731-738.

[89] 刘辉. 基于平板波导的头盔显示技术研究 [D]. 杭州: 浙江大学, 2012.

[90] 曾飞, 等. 基于棱镜-光栅结构的全息波导头盔显示系统设计 [J]. 光学学报, 2013, 33 (9): 1-6.

[91] 李玉渊. 基于平板光波导的微投影光学系统研究 [D]. 成都: 成都电子科技大学, 2016.

[92] 赵秋玲. 折/衍混合头盔显示光学系统研究 [D]. 天津: 南开大学, 2004.

[93] 张慧娟, 等. 折/衍混合增强现实头盔显示器光学系统设计 [J]. 光学学报, 2004, 24 (1): 121-124.

[94] 杨新军, 等. 穿透型折/衍混合头盔显示器的光学系统 [J]. 光电子·激光, 2004, 15 (11): 1301-1304.

[95] 周杰. 反射式投影显示光学系统的理论分析和应用研究 [D]. 杭州：浙江大学，2005.

[96] 林琳. 折/衍混合投影式头盔显示光学系统设计研究 [D]. 天津：天津大学，2006.

[97] 李华，等. 自由曲面机载头盔显示器光学系统设计 [J]. 光学学报，2014 (3)：214-219.

[98] Li H，et al. Design of an off-axis helment-mounted display with freeform surface described by radial basis functions [J]. Optics Communications，2013 (309)：121-126.

[99] 包秋亚. 全息头盔显示光学系统设计研究 [D]. 长春：长春理工大学，2008.

[100] Kevin P，et al. Freeform optical surfaces：a revolution in imaging optical design [J]. Optics & Photonics news，2012，23 (6)：30-35.

[101] 程鑫. 头盔显示系统中全息波导技术研究 [D]. 合肥：合肥工业大学，2018.

[102] 程鑫，等. 用于全息波导头盔彩色显示的色散校正设计 [J]. 电光与控制，2017，24 (12)：71-74.

[103] 李华. 头盔显示器光学系统关键技术研究 [D]. 北京：中国科学院大学，2015.

[104] 赵逢元. 护目镜双目显示光学系统研究 [D]. 南京：南京理工大学，2014.

[105] 孟祥翔. 大视场虚拟现实头盔显示器光学系统研究 [D]. 北京：中国科学院大学，2015.

[106] Shechter R，et al. Compact beam expander with linear grating [J]. Applied Optics，2002，41 (7)：1236-1240.

[107] Amitai Y，et al. Visor-display design based on planar holographic optics [J]. Applied Optics，1995，34 (8)：1352-1356.

[108] Gurwich I，et al. Design and experiments of planar optical light guides for virtual image displays [J]. SPIE，2003，5182：212-221.

[109] Schreyer H，et al. Integrated helmet system with image intensifier tubes [J]. Display，1994，15 (2)：98-105.

[110] 吴卫玲. 头盔显示器的技术发展综述 [J]. 科技信息，2010 (33)：61-62.

[111] 武国庆，等. 武装直升机火控系统发展研究 [J]. 电光与控制，2000 (3)：16-21.

[112] AIAA AVIATION Forum. F-35 Mission Systems Design，Development，and Verification [C]. Atlanta，Georgia，2018 Aviation Technology，Integration，and Operations Conference.

[113] Atac R. Applications of the Scorpion Color Helmet-Mounted Cueing System [J]. Proc. of SPIE 2010，7688：1-7.

[114] Atac R. Low-cost helmet-mounted cueing system for A-10C [J]. Proc. of SPIE，2009，7326：1-12.

[115] Task H L，Parisi V M. Effects of Aircraft Windscreens and Canopies on HMT/D Aiming Accuracy：Part 2 [J]. SPIE，1997，3058.

[116] 孙为民，等. Pulfrich（普尔弗里希）现象分析 [J]. 高师理科学刊，2005，25 (4)：23-24.

[117] Levinsohn R，Mason R. Advance in Helmet Mounted Display Technology [J]. SPIE，1997，3058.

[118] 王长生，等. 头位跟踪技术研究 [J]. 装备制造技术，2009 (2)：133-134.

[119] Nlanton B. Hybrid Head-tracker Being Examined for the High-accuracy Attack Rotorcraft Marker [J]. SPIE，2002，4711.

[120] Mulholland F. Helmet-Mounted Display Accuracy in the Aircraft Cockpit [J]. SPIE，2002，4711.

[121] 姜洋，等. 折/衍混合自由曲面式头戴显示器光学系统设计 [J]. 光学精密工程，2011，19 (3)：508-514.

[122] 杨波，等. 大出瞳自由曲面头盔显示器光学系统的设计 [J]. 光子学报，2011，40 (7)：1051-1054.

[123] 陈云亮，等. 头戴显示器中自由曲面棱镜的设计 [J]. 应用光学，2009，30 (4)：552-557.

[124] 高阳，等. 全息波导元件的光线追迹及误差分析 [J]. 电光与控制，2017，24 (7)：75-80.

[125] 丁贤澄，等. 光电头盔瞄准具研制 [J]. 电光与控制，1997 (7)：46-50.

[126] Lewis J G. Helmet mounted display and sight system [C]. Proceedings of the 35th Annual National Forum of the American Helicopter Society，1979.

[127] 周海宪. 头盔显示技术的发展 [J]. 红外技术，2002，24 (6)：1-7.

[128] Potin L，et al. Helmet With Night Vision System and Optic Capable of Being Substituted for Day Vision：USP6342872 B1 [S]. 2002.

[129] 闫占军，等. 全息波导技术在眼跟踪系统中的应用研究 [J]. 电光与控制，2011，18 (12)：61-65.

[130] 杨震. 视网膜投影显示技术的研究 [D]. 西安：西安工业大学，2011.

航空光学工程

航空光学工程

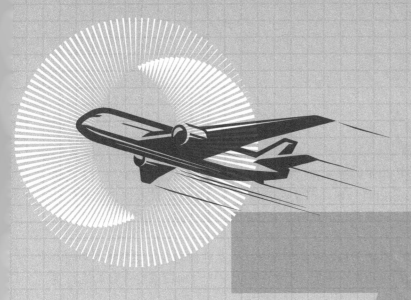

第7章
电视摄像技术

7.1
概述

航空遥感成像技术已经广泛应用于资源普查、地形绘制、边防缉私、地形测绘、灾情防救等民用领域和军事侦察监视及地面目标跟踪等诸多领域。主要特点是获取信息的时效性强、目标图像可视性和针对性强、获取目标信息的方式灵活且准确率高，可以在短时间内获得较宽的侦察范围。

追溯历史，"航空摄影技术"（也称为机载高空摄像技术）是在航空人工摄影技术基础上逐步发展来的，是指利用飞机上的专用航空摄影/成像装置从空中对地面或空中目标进行观察/拍摄的一种技术。

1858年，纳达尔在法国巴黎上空，第一次从气球上利用相机拍摄照片。19世纪末，美国莱特兄弟（W. Wright）发明飞机后，就开始了从飞机上对地面景物和目标进行观察和拍摄。

中国首次航空摄影始于1931年，与德国合作拍摄了钱塘江一段河道的图像。当时的高空摄影技术仅限于欣赏和民用。

随着飞行和摄像技术的快速发展，高空摄影技术逐渐应用于国民经济的各个领域，尤其在军事领域受到青睐，直至目前已研发出各种类型的机载侦察吊舱。

航空侦察相机源自第一次世界大战，英国研发的C型侦察相机首次应用于BE2C侦察机。早期侦察相机焦距较短、载片量小、画幅窄、地面目标分辨率低。

20世纪70年代，为了满足对更高分辨率图像的需求，光学系统由短焦距发展到长焦距，像面尺寸由窄幅发展到宽幅，图像由低分辨率发展到高分辨率，胶片型侦察相机已经具有相当高水平，美国仙童公司KA-112全景式航空相机和芝加哥工业公司KS-146画幅式航空相机是其典型代表。

20世纪80年代，随着科学技术的进步，CCD探测技术日益成熟，CCD航空侦察相机得到快速发展。因此，按照成像介质分为胶片式和CCD式航空侦察相机。

胶片式航空侦察相机分辨率高，但实时性差；CCD航空侦察相机分辨率相对较差，但实时性强，因而成为发展主流。

最初，机载航空相机主要功能是利用可见光成像原理负责白天环境下对空/对地的观察、探测、跟踪任务。其成像原理类似于普通的摄像物镜系统，尤其是CCD摄像系统以及显示技术的应用，成像/显示原理更接近于电视成像系统，因此，也称为机载可见光电视摄像系统（或者航空照相机）。

机载可见光电视摄像系统可以单独使用（例如最初使用的白天型侦察吊舱或相机），也可以与红外分系统、激光分系统、微光分系统综合设计为一个功能更全面的大型光电设备（例如导航吊舱、侦察吊舱和瞄准吊舱）。

在多光谱综合光电系统中，即使采用较为复杂的二次成像技术（一次成像系统是直接对无穷远成像的摄像系统），由于整体光学系统可以视为共孔径望远分系统与摄像分系统的组合，望远系统的出射光束是平行光束，则后面再次成像的光学系统仍可视为独立的摄像物镜分系统，成像原理和设计技术与普通的摄像系统没有太大区别。

机载可见光侦察相机经历了以下发展阶段：

① 胶片型侦察阶段。

② CCD/CMOS 型侦察阶段。

③ 多光谱（或超光谱）型侦察阶段。

在宽光谱（$0.4 \sim 14\mu m$）探测器研发成功之前，可见光电视成像系统是重要和独立的机载光电设备之一。即使机载红外系统可以用于昼夜观察和探测，但可见光成像系统获得的图像与飞行员眼睛观察到的图像一样，色彩和对比度都比较丰富，分辨率也比较高，非常有利于人们的视觉观察系统识别目标，如图 7-1 所示，尤其是低照度 CMOS 探测器的研制成功，使可见光电视摄像系统的应用范围扩展到照度低于 10^{-3}lx 的夜间，广泛应用于机载光电系统中。

(a) 可见光电视系统的图像　　　　　　(b) 红外成像系统的图像

图 7-1　可见光成像系统与红外成像系统的成像效果

在现代化战争中，随着飞机航程和导弹射程的增加，侦察卫星和预警机探测距离加大，以及空运能力提高，导致战役目标的配置纵深越来越大，战役战术目标的数量不断增长，活动目标逐渐增多，配备的防空火力更强以及反侦察能力（例如防可见光/红外光的伪装网、抗电子侦察的干扰/欺骗措施以及施放烟幕等方法）大幅提高。因此，为了能够给部队实时提供战场态势感知和可靠的目标侦察/监视情况，机载侦察监视系统（ISR）已经成为世界各国优先发展的机载军用光电设备。

7.1.1　机载侦察监视系统基本类型

7.1.1.1　有人/无人驾驶侦察机监视系统

根据载机平台类型，机载侦察监视系统分为有人驾驶侦察机和无人驾驶侦察机两种类型。

有人驾驶侦察机分为专用型侦察飞机（例如美国 U-2 和 SR-7 战略侦察机、TR-3A 战术侦察机以及 RC-135 战术/战略两用侦察机）和（通过加装吊舱形式）兼具侦察功能的战斗机、攻击机、轰炸机。

专用型侦察飞机由于受到价格因素的影响，目前发展重点是改进在役飞机，提高侦察性能，增强实时能力和灵活性，美国 U-2 高空侦察机是典型代表。例如，SYERS 光电侦察系统由一个可见光/红外波段改进为三个可见光/两个短波红外波段以及研装多光谱敏捷侦察系统（MARS）等。

战斗机、攻击机和轰炸机上加装侦察吊舱，兼顾执行侦察任务，已经得到广泛采用。

无人驾驶侦察机覆盖范围宽、分辨率高，能实时向战场指挥中心提供情报数据。具有体积小/重量轻、雷达反射截面小、造价低及没有人员安全问题、可以在多数气候条件下昼夜完成监视和目标捕获任务等优点，因而越来越受到关注。

一般来说，只有较小和较轻的无人侦察机才配装单光电传感器，而绝大多数无人侦察机都会配装多种传感器，典型代表是"捕食者"无人侦察机设计有一个小型前视红外系统和两个昼夜用摄像机（一个固定焦距900mm，另一个采用10倍变焦镜头），并准备装备新型超光谱相机。

根据续航时间、航程和大小，无人驾驶侦察机分为长航时、中程、短程、近程和微型五种类型。

7.1.1.2 微波雷达/电子/光学侦察监视设备

根据工作波长，航空侦察/监视设备分为微波雷达、电子和光学三种类型。

（1）微波雷达侦察设备

微波雷达侦察设备分为合成孔径雷达和真实孔径雷达。

合成孔径雷达技术（synthetic aperture radar，SAR）是一种主动成像技术，利用微波遥感技术精确测量接收到的目标区域的回波能量后进行数字处理从而形成逼真图像，在不利的环境下（例如，厚云层、灰尘、烟雾和遮挡物）也能进行高分辨率实时成像，因此，可以全天时对目标进行侦察和监视，正在成为一种通用的侦察技术。

真实孔径雷达技术（real-aperture radar，RAR），由于天线孔径制约，限制了发展，使用较少。

（2）电子侦察设备

对雷达、通信、指挥和控制等电子设备进行监听、测向、定位。可以在机内安装，也可以安装在外挂的吊舱内。

（3）光学侦察相机

按照成像光谱范围，航空侦察相机分为可见光、红外光和双/多波段侦察相机。

可见光侦察相机是最传统的航空光学侦察设备，主要白天应用，突出优点是高分辨率。

红外侦察相机（也称为热成像设备）是利用被侦察目标与周围环境的热辐射温差产生热对比图像，从而发现各种隐蔽或伪装目标，主要包括前视红外和红外行扫描仪型航空侦察设备。前者应用于海军和陆军的航空侦察系统，以适应对具有较强红外辐射特性的目标（例如舰艇和装甲车）的搜索和探测；后者应用于空军航空侦察系统，进行较大范围区域内目标的搜索和探测。

双/多波段侦察相机是应用多波段成像的全天时或全天候侦察相机。

7.1.1.3 低空/中空/高空光学侦察设备

按照工作高度，航空侦察相机分为低空（飞行高度为200~3000ft，约60~1000m）、中空（飞行高度为2500~25000ft，约800~8000m）和高空侦察相机（飞行高度为25000ft以上）。

（1）低空侦察相机

低空侦察相机主要应用于在高威胁（战时）环境中，为了完成低空高速穿越任务而直接在目标上空搜集图像（飞机正下方的扫描行宽度±5000ft，约±1500m）。由于该项任务是用于对目标毁伤效果进行评估，因此，距离目标很近，工作时速度/距离比很高，所以，其最大特点是以短焦距（焦距小于300mm）光学系统为基础工作并采取垂直成像方式。

国外主要装备在英国的联合侦察吊舱（JRP）、美国空用战区侦察系统（TARA）和海军陆战队先进机载战术航空侦察系统（ATARS）中，其中，ATARS配装的低空光电系统

（LAEO）的光学系统的焦距只有 1in（25.4mm）。

（2）中空侦察相机

中空侦察相机用于飞越领空和防区外任务中的图像搜集。

工作方式：在高威胁环境中，飞机以低空穿越方式飞行，拉升到中空飞行，快速地对所关注的区域拍摄，然后返回到低空安全退出。

在低威胁环境中，飞机在中空飞行，飞机在飞越领空时可以对飞机正下方成像或者在防区外对左方/右方/前方倾斜拍摄。因此，中空侦察相机的焦距较长，一般是 6~18in（约150~500mm），主要采取垂直/倾斜的成像方式，应用于对地（海）面固定和活动目标执行战役/战术侦察。

英国 Vinten 公司 8010(焦距 100mm，取代焦距 70mm 的胶片式全景相机) 和 8040 系列（改进型 8042）（焦距 450mm，取代焦距 126mm 的胶片回收型画幅式相机）可见光航空侦察相机，以及 BAE 系统公司的中空光电航空相机 MAEO（焦距 305mm）是典型代表（如图 7-2 所示）。

BAE 系统公司中空线阵可见光航空相机 MAEO 的特点是：

① 采用推扫成像方式。

② 通过 TDI 线阵 CCD 的时间延时积分功能补偿相机的前向像移。

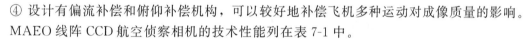

图 7-2 MAEO 线阵
CCD 航空侦察相机

③ 在相机前方设计一个转向棱镜以扩大水平方向视场，同时，起到稳定相机光轴的作用，保证飞机横滚时不受影响。

④ 设计有偏流补偿和俯仰补偿机构，可以较好地补偿飞机多种运动对成像质量的影响。

MAEO 线阵 CCD 航空侦察相机的技术性能列在表 7-1 中。

表 7-1 MAEO 线阵 CCD 航空侦察相机技术性能

参数	指标
探测器像元数	12000
像元尺寸/μm	10
光学系统焦距/mm	304.8
成像方式	推扫

20 世纪 90 年代，美国开始研制面阵 CCD 探测器航空相机，解决了线阵 CCD 探测器在推扫成像过程中易受飞机姿态变化等因素影响的问题。由于面阵 CCD 航空相机对地面目标区域同时成像，曝光时间更短，因而受载机姿态变化的影响小，大大提高了航空侦察能力和战场生存能力，ROI 公司的 CA-260 和 CA-261 型航空相机，以及 BAE 系统公司的 F-985C 型航空相机（如图 7-3 所示）是其典型代表。

中空面阵列可见光 CCD 航空侦察相机的主要特点是：在成像器件中采用嵌入式像移补偿技术（ROI 公司在 CA-260/261 侦察相机上采用嵌入式分段像移补偿技术，在不同区域内使 CCD 的行频与像移速度匹配；BAE 系统公司在 F-985C 航空相机上采用嵌入式渐变像移补偿技术，

图 7-3 BAE 系统公司的面阵
CCD 航空侦察相机

使 CCD 传感器与焦面处的帘幕式快门相互协同工作），保证既有较大视场，又能获得较好成像质量。表 7-2 列出几种典型产品的技术性能。

表 7-2　中空可见光面阵 CCD 航空侦察相机技术性能

参数		ROI 公司		BAE 系统公司
		CA-260	CA-261	F-985C
探测器像元数		2048×2048	5040×5040	9216×9216
像元尺寸/μm		12×12		8.75×8.75
光学系统	焦距/mm	37.5/300.0	304.8/405.7	25.4/457.2
	F 数	4.5,4.0	6,8	—
成像方式		分幅	步进分幅	分幅

除了中低空可见光航空相机外，还研发出中低空线阵红外航空相机（例如，BAE 系统公司的 AN/AAD-5、D-500 和 D-500A 等产品）和中低空面阵红外航空相机（例如，ROI 公司的 CA-265 和 CA-247 等产品）。

ROI 公司 CA-265 侦察相机是一种中波红外分幅式侦察相机，是仿照 CA-260 相机的 400 万像素的红外相机，被称为"真正无快门侦察型红外相机"。表 7-3 列出该相机的主要技术性能。

表 7-3　CA-265 航空相机的技术性能

参数		指标
焦距/mm		304.8/150
F 数		2
光谱范围/μm		3～5
探测器	类型	PtSi 面阵探测器
	像元数目	1986×1986
帧频/(帧/s)		2.5

该红外航空侦察相机尽管分辨率较低，但能够全天时工作，并以前视或斜视方式成像，因此，得到广泛应用。

（3）高空长焦距航空侦察相机

中低空航空侦察摄像系统的焦距都较短，显然，飞行高度较低，载机容易受到攻击，为此，需要研发长焦距和适合高空远距离工作的航空侦察相机。

高空侦察相机是在防区外应用远距离倾斜航空摄影技术对地（海）面进行战略/战术侦察，完成图像信息搜集。通常，载机飞行高度 20000～50000ft（约 6000～25000m），光学系统焦距较长（1000～3000mm）。全球鹰无人机的综合传感器装置（ISS）是其典型代表，光学系统焦距 1778mm。

7.1.1.4　可见光航空侦察相机

按照成像原理，航空侦察相机分为摆扫型（whisk broom）、推扫型（push broom）和分幅式相机（步进/全景）。

摆扫式航空相机在拍照时，通常采用 45°扫描反射镜绕光轴摆扫以增大对地面景物的横向观察范围，提高地面收容宽度，如图 7-4（a）所示，一次收集一个像素。

推扫式航空相机安置在垂直于航天器的飞行方向，采用广角光学系统，在整个视场内成像。把探测器按扫描方向（垂直于飞行方向）阵列式排列来感应地面响应。飞行器向前飞行时候，一次可以收集一行图像，如图 7-4（b）所示，并借助于与飞行方向垂直的"扫描"线记录，构成二维图像。

与摆扫式相比，推扫式接收的信号要强于摆扫式，可以同时拍摄由 n 个单元组成的线性面积。

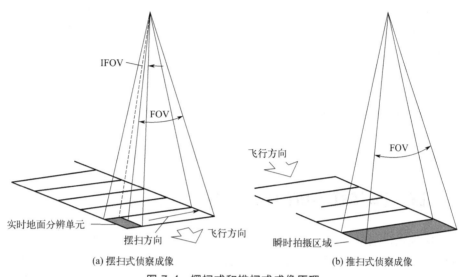

(a) 摆扫式侦察成像　　　　　　　　(b) 推扫式侦察成像

图 7-4　摆扫式和推扫式成像原理

分幅式侦察相机是利用分光系统，将多台相机集成于一体，实现分幅拍摄的一种侦察技术。如果采用增强电荷耦合器件（ICCD）相机和快光电子控制技术，可以大幅度提高摄影频率和图像质量的综合性能。

分光系统有两种形式：平行光分光和会聚光分光。图 7-5 是平行光分光系统的基本原理。

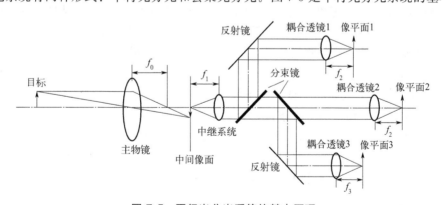

图 7-5　平行光分光系统的基本原理

本章主要介绍可见光航空侦察系统，包括画幅式航空相机、全景式航空相机和长焦距倾斜式航空相机。

（1）画幅式航空侦察相机

画幅式航空侦察相机的特点是，在侦察摄影时光学系统光轴不变，而是利用快门的开关将视场内地面目标成像在感光介质上，具有自动像移补偿、自动曝光和自动数据记录等功能。可以通过更换不同焦距的光学镜头，实现高/中/低空应用。

典型产品包括：美国的 KS-87、英国的"Vinten"360/690、俄罗斯的 AФA-75 和法国的 AA6-700。

典型光学性能：光学系统焦距 35～800mm；中心动态分辨率 50～100lp/mm。

（2）全景式航空侦察相机

全景式航空侦察相机也称为摇头式/摆扫式航空相机，主要应用于中/低空侦察。

与画幅式侦察相机的区别：摄影时只利用具有较高分辨率的光学中心部分，在垂直于飞行方向的范围内扫描，从而实现宽覆盖范围的侦察监视，因此，视场角较大，拍摄航迹甚至包括两侧地平线间的广大范围。

典型产品包括：美国 KA-91/95、英国"Vinten"950、俄罗斯 A-84 和法国 AP-40。主要性能：光学系统焦距 75～600mm，水平视场 90°～180°。

（3）外挂吊舱形式的长焦距倾斜航空侦察相机

光学系统焦距 1.6～2.8m，侦察距离大于 100km。典型产品包括：美国 KA-112A/146/990、法国 AA3-38-100 和俄罗斯 AK-108Ph 等。

7.1.2 机载侦察监视系统的技术要求

为了适应现代化战争需要，航空侦察/监视系统必须满足以下要求：

① 随着地（海）面活动目标数量不断增加，需要对其快速识别和定位，从而为精确制导武器实时和准确地提供目标信息，即具有高时效性。

首先，尽量采用具有实时侦察能力的侦察设备，例如 CCD 成像型的可见光/红外航空侦察相机以及合成孔径雷达等。

其次，具有飞机-地面、飞机-飞机以及飞机-卫星之间的实时信息传输系统，以便实时和准确地传输、处理和记录信息。

② 航空侦察目标的普遍性决定了其侦察监视空间范围的宽广性，因此，航空侦察系统必须具有尽可能大的视场角。例如，中低空使用的 CCD 航空侦察相机的视场需要大于 120°；画幅式航空侦察相机具有摇摆照相功能；实时成像系统的有效工作时间或者胶片型成像系统的载片量要尽可能大。

③ 现代化战争中，夜间和不良气象条件下的作战成为常态，换句话说，全天候侦察和监视已经成为完成航空侦察的必要条件，除了要求 CCD 在白天环境下具有高分辨率成像外，还要求将工作波段向近红外扩展，从而能适应于黄昏和黎明较弱光照环境。为了满足全天候使用以及反伪装/反干扰要求，应使用红外/多光谱成像技术或者与微波成像技术相结合。

④ 地面目标种类繁多，形状和尺寸各异，为了在复杂背景下有效捕获目标，航空侦察系统应具有较高分辨率。

⑤ 为了有效保存自己，应尽量采用大半径侦察技术，设计或应用远距离侦察能力的长焦距倾斜航空照相系统，实现在敌防空火力圈外的侦察能力。

⑥ 无人机侦察系统，对微型化、轻型化和低成本有更严格要求。

机载光电侦察系统通常采用多频谱同载、多视场转换成像的工作模式，即宽视场用于大范围监视和目标搜索，窄视场实现目标详查、识别和跟踪。

7.2
机载电视摄像系统

机载可见光电视摄像系统由光学系统、探测器（包括 CCD/CMOS 探测器和照相胶片）、调光机构、变倍机构、控制电路、图像处理模块组成，如图 7-6 所示。

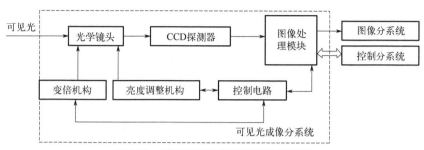

图 7-6　可见光电视摄像系统工作原理

机载电视摄像系统有胶片型和 CCD/CMOS 型两种类型。

7.2.1　胶片型机载电视摄像系统

20 世纪初，国外一些公司就开始研制以胶片为载体的航空侦察相机，经历了光学系统焦距从短到长、图像分辨率从低到高和载（胶）片量从少到多的发展过程。

英国在第一次世界大战期间研发了一种 C 型（胶片式）侦察相机，装备于 BE2C 侦察机上记录空中侦察获得的信息。

1922 年，美国开始研制 DTRIP CAMERA 型号的胶片型相机，但真正得到迅速和大规模发展是在第二次世界大战后，典型代表是胶片式 KA 系列和 KS 系列机载航空吊舱型相机。

1962 年，美国侦察光学公司 ROI 研制成功 KA-45 型侦察相机。

1969 年，美德联合研制成功世界上最大量产的 KS-87 型航空侦察相机，有 B、C、D、D1 和 E 多种型号，如图 7-7 所示。设计有多种焦距（分别为 76mm、152mm、304mm 和 456mm）的镜头；可以采用前视、垂直和倾斜

图 7-7　KS-87 型航空侦察相机

多种方式拍照；胶片宽度 127mm；自动曝光控制。表 7-4 列出 KS-87 类型三种规格航空侦察相机的性能。

表 7-4　KS-87 型侦察相机技术性能

参数	指标		
焦距/mm	76	152	456

参数	指标		
相对孔径	1：4.5	1：6.7～1：2.8	—
分辨率/(lp/mm)	40(EK3404 胶片)	45(EK3404 胶片)	45
载片量/m	305		
胶片展平方式	真空展平		
重叠率	控制面板控制		
曝光时间/s	1/1500～1/60		0.67～16.7
最大拍照速度/(幅/s)	4		
最大像移补偿	0.201(重复率 56%)		
速度/(m/s)	0.402(重复率 12%)		
最大速高比	1.56(重复率 56%)	0.78(重复率 56%)	0.78
	3.12(重复率 12%)	1.56(重复率 12%)	
电源	28V DC 10A		
	11V AC 400Hz		

　　早期侦察相机光学系统的焦距较短，载片量小，画幅窄，地面分辨率低。

　　20 世纪 70～80 年代，相继成功研制出多种类型的长焦距、大载片量、宽画幅和地面分辨率较高的倾斜式全景航空侦察相机，典型产品包括 KA 系列［例如，KA-99、KA-102 和 KA-112 等型号）和 KS 系列［例如，美德合资的 Z/I IMAGING 公司研制的 KS-153A 型胶片相机和芝加哥航空公司（CAI）研制的 KS-146 画幅式相机］，特点是焦距长，倾角宽远，具有自动检测/调整焦距、自动像移补偿和自动计算速高比等功能，图像质量好和侦察距离远，大规模装备部队。

　　1979 年，仙童公司在 KA-99A 相机的基础上改进设计，研制成功 KA-112 型摆扫倾斜成像全景式长焦距侦察相机，焦距长 1830mm，其视场范围 30°。

　　该系统采用自动曝光技术、自动检测/调焦技术、自动像移补偿控制技术、自动调光技术、自动温度控制技术和主动稳像等技术，并利用飞机惯导系统输出数据自动计算速高比，因此，具有高空、大倾角、远距离侦察能力和较高的图像分辨率，是一种较先进的全自动化航空侦察相机，如图 7-8 所示。

图 7-8　KA-112 航空侦察相机

　　美国芝加哥航空公司（CAI）同时研制成功 KS-146 型分幅式航空侦察相机，除了具有先进的热控、调焦和像移补偿技术外，还具有自动曝光控制技术和主动稳像技术等。系统焦距1676mm，飞行摄影时照相分辨率达70lp/mm（目标对比度20：1），如图7-9所示。表7-5列出机载侦察吊舱KA-112A全景式航空相机和画幅式航空相机KS-146的相关性能。

图7-9 KS-146分幅式航空侦察相机

表7-5 KS-146和KA-112A胶片式机载侦察相机的技术性能

参数	KS-146	KA-112A
焦距/mm	1676	1830
F数	5.6	5.6
横向视场角/(°)	21.4	30
纵向视场角/(°)	3.9	3.5
俯角范围/(°)	0～±30	—
快门类型	可变狭缝式焦面帘幕式快门	可变狭缝式焦面帘幕式快门
曝光时间/s	1/1500～1/30	1/1500～1/125
重叠率/%	12或56	（扫描角15°时纵向重叠）55
分辨率/(lp/mm)	70（目标对比度20：1）	80（目标对比度2：1）
像移补偿方式	采用扫描头反射镜转动及ΔIMC补偿方式	有前移补偿的脉冲工作方式
最大速高比	采用飞机惯导自动输入或手动装定	0.033
胶片类型	EK3412	EK3412
胶片规格/mm	全色无齿孔胶卷厚度：0.06 片幅114×114	胶片厚度：0.625
载片量/m	305	610
胶片展平方式	负压展平	—
重量/kg	423	288
外形尺寸/mm	1524(L)×546(W)×914(H)	2774(L)×594(W)×483(H)
电源	28V DC；115V AC；400Hz	

1950年末，我国开始研发胶片型航空相机，1964年，二二八厂生产出新中国第一部全自动黑白航空相机（型号航甲12-75，焦距750mm）。

20世纪70～80年代，西安飞机工业公司研发出适用于中空侦察、航测和检查轰炸效果的白天型航甲13-40航空侦察相机（焦距400mm），装备空军和海军航空兵部队。

胶片型航空侦察相机的优点是：

① 较好的图像细节和层次，分辨率高。

② 前向运动补偿和角位移补偿。

③ 性能可靠，覆盖范围大。

④ 全球适用，易处理和运行。

⑤ 完善的注记和测量系统。

⑥ 良好的定标和后勤支持（如冲印和扩印）。

尽管胶片型侦察相机的成像和处理技术都比较成熟，且分辨率高和图像信息丰富，但后期图像处理工作麻烦，必须通过胶片回收的方式才能获得拍摄图像信息，尤其不能实现信息实时传输，制约了航空侦察相机的工作效率。主要缺点：

① 光谱工作范围 500～700nm，仅适用于白天和光照较好的环境下工作，无法保证和支持全天 24h 的长期侦察任务。

② 无法满足或不易支持现代战争需要将搜集到的信息图像快速实时地传输给后方指挥/作战人员的要求。

③ 无法满足任务需求方面的变化。

20 世纪 90 年代之前（冷战时期），主要的战术侦察任务是在战时/高威胁环境中低空飞越领空进行侦察。之后，大多数侦察任务都发生在和平时期，飞越邻国领空是不受欢迎的，因此，基本上在远距离防区外。为了搜集情报信息和图像，必须飞行边境监视任务，最低飞行高度限制在 3000m（约 10000ft），因而迫切要求使用更长焦距的光学系统获得高质量的图像。

海湾战争（1991 年）中，充分暴露了胶片型航空侦察相机的弱点：受天气条件制约，无法 24h 昼夜使用；必须在冲洗后才能显现图像；在实施第一次攻击后，无法及时提供能评估打击效果的图像以确定第二次攻击目标，因此，满足不了现代化战争的快节奏需求。

20 世纪 80 年代初，国际上开始研发以 CCD/CMOS 光电成像元件为代表的实时传输型电视摄像系统，优点是可以将所获取的空中/地面目标信息传输给机载显示装置（例如平视瞄准/显示器、头盔瞄准/显示器或其它显示装置），提供给飞行员观察或直接传输给地面基站，供多人实时观察或存储记录。

CCD/CMOS 型电视摄像系统的发展从低分辨率到高分辨率、从短焦距到长焦距、从线阵到面阵、从可见光到红外光、从单波段到双波段，在机载领域得到迅速发展和广泛应用。

7.2.2 CCD/CMOS 型电视摄像系统

1969～1970 年，美国贝尔实验室发明了电荷耦合器件可见光图像探测器，航空侦察相机进入一个新的研发阶段。

相对于胶片型航空侦察相机，CCD 传输型航空侦察相机的优点是：

① 采用实时传输信息的 CCD 探测器作为接收装置，利用一系列数字化存储、压缩和无线电传输技术，瞬间从侦察飞机"下载"到地基指挥站，为后方指挥部门实时提供超视距场景信息和确定目标位置，避免了返航后处理的风险，大大提高了航空侦察相机的工作效率。因此，也称为"传输型航空侦察相机"。

② 采用数字处理技术，图像增强和压缩都比较容易。

③ 光谱带宽由胶片式的 500～700nm 扩展到 500～900nm 或者更宽。

近红外波段的烟雾/薄云穿透率得到很大提高，即使在大气环境较为恶劣情况下，也能获得较高信噪比的清晰图像。若采用低照度 CCD，还能满足低照度环境（例如黄昏和黎明）

下的应用，一定程度上改善了夜间侦察能力。

④ 可以通过机载定位系统提供图像中侦察目标的位置，为制导武器提供精准的攻击坐标。

⑤ 减少了诸如储片、输片和收片等机构，使航空侦察相机的结构更紧凑，可靠性更高。随着无人机的快速发展，小型化的机载侦察相机一定会得到更广泛的应用。

CCD航空侦察相机具有高分辨率、大视场以及宽光谱高灵敏度的特点，是实施可靠探测与识别、准确捕获与跟踪、精准打击和保存自己的决定性因素，目前，已经成为现代军用飞机的必装设备。

机载CCD传输型航空侦察相机大致经历了以下四个发展阶段。

7.2.2.1　CCD相机和胶片型相机兼容技术

20世纪70年代中期，ITEK公司已经将胶片型KA-102A侦察相机改装成胶片/CCD两用型侦察相机（型号KA-102A/EO），可以视为第一代机械式CCD航空侦察相机的典型代表。主要特点是：采用线阵CCD探测器和推扫成像方式工作。表7-6是其主要性能。

表7-6　KA-102A/EO航空侦察相机主要性能

参数		指标
光学系统		折射式
光谱范围		可见光
焦距/mm		1680
相对孔径		1:4
视场/(°)		$\phi 3.9$
线阵CCD	结构尺寸	5(片)×1728像元(每片)
	像元尺寸/μm	13
地面像元分辨率/m(斜距58.6km)		0.45
工作方式		推扫式
重量/kg		522(采用不锈钢材料)
长度/m		2.95

初期的传输型航空侦察相机以线阵CCD作为图像接收介质，采用推扫或摆扫成像方式。显著特点是用线阵CCD探测器取代以胶片为代表的接收介质，英国Vinten公司的8010（线阵列焦平面上每行包括4096个像元，并且具有扩展的可见光光谱）和8042系列航空侦察相机以及BAE系统公司的MAEO航空侦察相机是典型代表，如图7-10所示。主要技术性能列在表7-7中。

(a) 8010型线阵CCD侦察相机

(b) 8042型线阵CCD侦察相机

图7-10　第二代吊舱型机载侦察相机

表 7-7　英国 Vinten 公司的中低空线阵列可见光 CCD 航空侦察相机技术性能

参数	8010 系列	8042 系列
探测器像元数	4096	12228
像元尺寸/μm	12	8
光学系统焦距/mm	38/152	450
成像方式	推扫	摆扫

20 世纪 70 年代后期，仙童公司（Fairchild，成立于 1920 年）开始研制完全 CCD 传输型航空侦察相机，并在 C141 飞机上试飞。表 7-8 列出主要性能。

表 7-8　美国仙童公司研制的 CCD 航空侦察相机主要性能

参数	指标
光学系统焦距/mm	3660
相对孔径	1：12
视场/(°)	$\phi6$
CCD 类型	6 片线性 CCD 组成的 TDICCD
地面像素分辨率/m(飞行高度:9km;斜距:54km)	0.3

20 世纪 80 年代（1987 年），我国歼侦-8/F 飞机侦察吊舱（由德国 MBB 公司负责）就配置了仙童公司研制的胶片型侦察相机 KA-112A 以及 CCD 侦察相机。光学系统焦距 1800mm，侦察距离达 100km。具备自动调焦、自动斜距调焦和自动像移补偿能力。

7.2.2.2　线阵 CCD 探测器和扫描成像技术

20 世纪 80 年代后期，ITEK 公司研制的 ES-250 轻型 CCD 航空侦察相机，特点是采用线阵 CCD 探测器和扫描成像方式获取图像，有可见光/红外光两个工作波段，代表了当时 CCD 传输型航空侦察相机的发展水平。表 7-9 列出主要技术性能。

表 7-9　ES-250 轻型 CCD 相机主要性能

参数		指标
光学系统	结构形式	全反射式
	焦距/mm	2540
	相对孔径	1：10
	视场/(°)	$\phi6$
	光谱范围	可见光/近红外
CCD 探测器	类型	延迟积分 CCD(TDICCD)器件
	像元数	10000(TDICCD)
曝光时间/ms		6
重量/kg		126(采用碳纤维复合材料)
地面像元分辨率理论值(斜距 100km)/m		0.5
工作方式		推扫式

7.2.2.3 面阵 CCD 分幅式航空侦察技术

线阵 CCD 航空侦察相机以推扫方式成像，图像清晰度很容易受到推扫角变化的影响，图像存在严重畸变。

面阵 CCD 的研制成功很好地解决了该问题，为光电分幅式航空侦察相机奠定了基础，可以像胶片式航空侦察相机一样分幅式工作。

1974 年，美国无线电公司 RCA（Radio Corporation of America）、仙童公司（Fairchild Semiconductor）和得克萨斯仪器公司（Texas Instruments）研发成功固态图像传感器（面阵型）CCD 相机，并在 20 世纪 80～90 年代得到快速发展。

1992 年，美国侦察光学公司 ROI（Recon/Optical Inc.）成功研发出帧转移电子积分前向像移补偿技术，开启了第三代航空侦察相机的研制阶段，航空侦察相机真正进入光电分幅式相机新阶段，CA-260 航空低/中空侦察相机和 CA-295 型（大面阵 CCD）中高空双波段（可见光/红外光）长焦距斜视航空侦察相机是其典型代表，采用先进的数字信号处理技术、稳像技术和长焦距倾斜控制技术，是世界上先进的航空侦察相机。

图 7-11　CA-260 航空侦察相机

案例一，CA-260 分幅式低/中空航空侦察相机。

CA-260 分幅式航空侦察相机外形与 KS-87 胶卷式相机类似（如图 7-11 所示），安装在飞机内或外挂吊舱内。首次在机载领域采用晶片式焦平面阵列（FPA）CCD 探测器成像技术和"片上分级前向运动补偿技术"，大大提高了图像质量。

"分级前向运动补偿技术"是将焦平面阵列 FPA 分成若干条形区域，在对景物曝光期间，使电荷沿着图像运动方向从该像素转移到相邻像素。在垂直于图像运动方向上，电荷的转移速率是变化的。每个条形区域的像素具有自己独立的和均匀的转换速率。在整个阵列范围内，以离散形式保证电荷转移速度与图像运动速度同步，从而实现前向像移补偿。

CA-260 航空侦察相机的工作原理（如图 7-12 所示）：

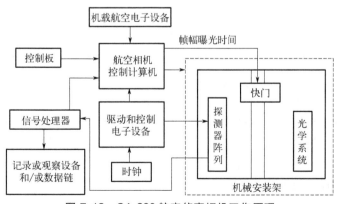

图 7-12　CA-260 航空侦察相机工作原理

机载航空电子设备将飞行速度和高度信息输入侦察相机的控制计算机，飞行员通过控制板将俯仰角输入计算机中。

计算机事先存储有任务规定的各种参数,例如光学系统焦距、工作模式(侧向倾斜或者前向倾斜)、阵列尺寸、像元尺寸以及补偿技术中分割区域的数量等。对输入数据进行处理后,计算机发出指令并通过开/闭快门控制帧幅的曝光时间周期以及驱动控制电子设备的信息。驱动和控制电子设备发出信号将CCD阵列的条状区域分割成一个或者更多组元,并以预设的转换速率转换像元信息。计算机的功能就是根据飞机速度、距离地面高度、俯仰角以及其它参数调整预设的转换速率。主时钟以预设的主时钟转换频率分配脉冲来驱动和控制电子设备。

探测器阵列的目标/景物信息反馈到信号处理装置,然后将该信息发送到记录装置、观察显示装置或者数据链(以便发射到遥远的接收站)。信号处理装置还可以将曝光控制信息反馈给计算机,以调整帧幅的曝光时间,从而获得最佳信号质量。

CA-260航空侦察相机的技术性能明显优于线阵"推扫式"侦察相机,分辨率可达42lp/mm,主要技术性能列在表7-10中。

表 7-10　CA-260 航空侦察相机技术性能

参数		指标
光学系统	焦距/mm	38.1
		76.2
	视场/(°)	35
		18
	F 数	4.5
CCD 阵列探测器	像素数目	2048×2048
	像素尺寸/μm	12×12
	有效成像面积/mm	24.6×24.6
帧幅速率(最大)/(幅/s)		2.5(在 12MHz 视频速率下为 10)
MTF(Nyquist 频率处)		0.48
外形尺寸/mm	相机	536(L)×286(W)×368(H)
	电源	464(L)×135(W)×273(H)
重量/kg	相机	29.51
	电源	11.35

案例二,CA-261型中空可见光航空侦察相机。

1999年,经过多年研究和试验,将CA-260分幅式航空相机的前移补偿技术与CA-236型航空侦察相机的远距离倾斜扫描成像/稳定技术相结合,研发出更为先进的CA-261型中空可见光航空侦察相机,增加一个扫描反射镜和别汉消旋棱镜,首次形成具有宽覆盖率的分布式分幅成像模式,如图7-13所示。

该系统有4种操作模式:

(1)自动模式

根据基本的相机参数以及惯导系统(INS)输入的飞机参数,自动选择最大侧向覆盖面积(覆盖面积可以达到34300km^2/h)。在每次相机步进启动时,计算机都会根据适当的速/

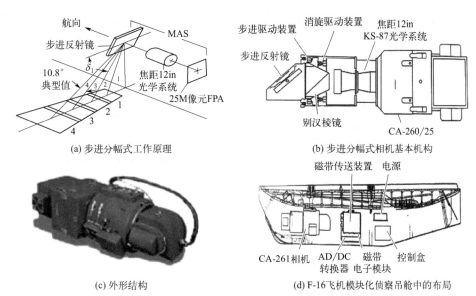

(a) 步进分幅式工作原理

(b) 步进分幅式相机基本机构

(c) 外形结构

(d) F-16飞机模块化侦察吊舱中的布局

图 7-13　CA-261 航空侦察相机

高比（V/H）和周期计算出最大的（步进）帧幅数。在最低高度点，帧幅的前向叠加是零。随着相机在水平方向开始扫描，由于倾斜距离增加，前项叠加量增大。扫描头部的稳定装置对横滚在相机摄像周期内产生的不利影响进行补偿，并且，横滚速率取决于曝光时间。例如，10ms 曝光时间，可以允许横滚速率达 22.5°/s。横滚校正仅限于机载平台光窗的尺寸和位置，别汉棱镜校正图像旋转。

（2）N 选择模式

在某一选定的俯视角前提下，飞行员可以选择穿越航线帧幅数的期望值 N，允许小于由 V/H 值确定的最大帧幅数。

该模式可以避免存储或传输不必要的数字图像。

（3）体视模式

在选定的俯视角下，为了显示立体图像，至少提供 56% 的前向覆盖。

（4）特定目标多方位成像模式

飞行员将相机设置在一个固定的目标点上，根据速高比 V/H、俯角和方位角拍摄尽可能多的图像。

1996 年 12 月和 1997 年 7 月，分别在 P-3 飞机和 F-16 飞机上进行了试飞验证。

CA-261 航空侦察相机的技术性能列在表 7-11 中。

表 7-11　CA-261 航空侦察相机技术性能

参数	指标
焦距/mm	304(12in)
CCD 像元数	5040×5040（约 $2.5×10^7$）
像元尺寸/μm	12×12
帧速率/(帧/s)	2.5
角分辨率/(μrad/像元)	39.4

参数	指标
每帧视场角/(°)	11.3×11.3
关注视场	方位-方位
覆盖范围	每次 4 幅
最大速高比/(rad/s)	0.22
每帧前向叠加量	10%

案例三，CA-295 中/高空双波段长焦距斜视航空侦察相机。

CA-295 航空侦察相机是在中/低空 CA-260 和中空 CA-265 航空侦察相机基础上，成功研发的一种中/高空双波段长焦距斜视侦察相机，如图 7-14 所示。

图 7-14　CA-295 中/高空双波段航空侦察相机

CA-295 中/高空航空侦察相机采用大面阵成像传感器和全景分幅方式成像，利用卡式反射光学系统主镜和次镜的旋转补偿前向飞行产生的像移，并利用成像传感器嵌入式补偿技术补偿扫描方向上的像移。主要特点是：

① 采用（CA-260）可见光探测器以及分幅成像芯片上前向像移补偿技术。
② 采用（CA-235）（无人机型）紧凑型机构和长焦距远距离倾斜成像技术。
③ 采用（CA-261）分步分幅成像技术，拍摄超宽视场马赛克式图像。
④ 采用（CA-265）中空中波红外（MWIR）成像技术。

CA-295 航空侦察相机采用四百万像素中波红外探测器和二千五百万像素的可见光探测器同时或分别获取图像技术、先进的数字信号处理技术、稳像技术和长焦距倾斜控制技术。尽管侦察相机的光瞳直径固定不变，但可以随着焦距的变化而变化，因此，无论是白天或者夜间，都能够捕获高分辨率的数字图像，大大提高了照片判读和精确对准能力。另外，紧凑的外形尺寸也适合集成于多种机载平台上。工作原理如图 7-15 所示。

如图 7-16 所示，CA-295 航空侦察相机光学系统是一个折射/反射式结构，由三部分组成：一个焦距 1270mm（50in）的折射/反射式物镜（由椭圆形主镜和抛物面次镜组成的卡式望远物镜与一个场镜组成）、氟化钙材料的分束棱镜和两个折射光学成像通道。红外光学通道采用放大率 1∶1 的二次成像系统（图像分辨率完全取决于折射/反射式物镜）；可见光通道采用 1∶1～2∶1 变放大率二次成像系统，有效工作焦距 1270～2540mm。

为了进行瞄准，主镜可以在方位方向实现±8°的移动，相机整体实现横滚以提供俯仰角。该航空侦察相机通过预设的任务数据或者人工干预实现瞄准或指示。一旦瞄准，从任何一点转到关注点的时间小于 2s；相机指示精度（俯仰方向或方位方向）小于±0.2°；为了消

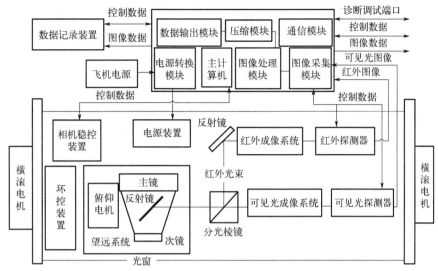

图 7-15　CA-295 航空侦察相机的基本组成和工作原理

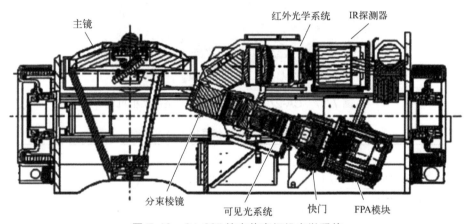

图 7-16　CA-295 航空侦察相机光学系统

除飞机运动造成的像质恶化，设计一种固态稳定系统以稳定横滚轴和方位轴；横滚轴补偿速度是±30°/s;方位补偿速度是±10°/s。

表 7-12 列出 CA-295 双波段（可见光/红外光）分幅相机的技术性能。

表 7-12　CA-295 航空侦察相机的技术性能

参数	可见光	红外光
焦距/mm	1270～2540	1270
相对孔径	1：8～1：4	1：4
CCD 像元数	5040×5040	2048×2048
像元尺寸/μm	10×10	25×25
最大速高比	0.18	0.36
帧速率/(帧/s)	2.5	

参数	可见光	红外光
每帧视场角/(°)	2.27×2.27	
光谱范围/μm	0.5～0.9	3～5
覆盖率/[(°)/s]	5.5	
重叠率	沿飞行航线方向(ILOF)模式 10%	
	沿垂直于飞行航线方向(XLOF)模式 55%	

CA-270航空侦察相机是一种中低空双波段侦察相机，与CA-295相机不同之处是利用一块步进反射镜代替了折射/反射式物镜。外形结构如图7-17所示，技术性能列在表7-13中。

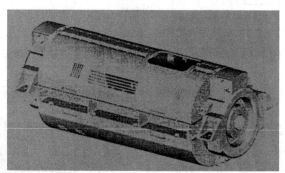

图 7-17　CA-270 双波段中/低空航空侦察相机

表 7-13　CA-270 航空侦察相机技术性能

参数		可见光	红外光
光谱范围/μm		0.5～0.9	3～5
焦距/mm		304.8(12in)	
探测器	像元数/10⁶	25	4(1968×1968)
	像元尺寸/μm	10×10(第三代 Si 阵列)	30×30(PtSi)
每帧图像的视场/(°)		9.5	
帧幅速率/(幅/s)		4.0	
最大速高比/(rad/s)		0.6	
外形尺寸/mm		431.8(W)×1092.2(L)	
重量/kg		136.2	
功率/W		800	

分幅式相机与推扫式相机的区别：

推扫式相机工作时，行与行之间的图像信息从空间不同点获得，然后合成一幅，因而从一行图像到另一行图像会因侧滚、俯仰和偏航角的差异导致失真。

分幅式相机工作时，从空间一点拍摄整幅图像，图像的几何保真度很高，并可采用立体图像精确跟踪目标。

20 世纪 80 年代开始，可见光 CCD/CMOS 电视摄像系统已经成为机载探测和跟踪空中、地面、水下目标的主要手段之一，并列为机载必装备传感器。尤其是在白天环境，可见光图像的清晰度以及色彩的真实性都好于其它波段，与人眼直接观察效果基本一样。

1995 年，低噪声 CMOS 有源像素传感器单片数字相机研制成功。

可见光电视摄像系统通常以白天型（400～700nm）应用为主。为了兼顾到黎明和黄昏环境，研发出能在低照度环境下工作的机载微光型电视摄像系统（将探测器的成像光谱范围扩展到 900nm 左右的近红外光谱区，或者将探测器的可接收环境照度范围降低到 10^{-4} lx 以下）。目前广泛应用的机载昼夜光电探测设备，具有分辨率高、体积小、重量轻和抗冲击能力强等优点。可以单独使用（例如，机载高空侦察相机），也可以与其它传感器综合使用（例如机载瞄准吊舱）。

7.2.2.4　双波段航空侦察技术

安装在无人机（UVA）平台上的可见光/红外双波段双视场（宽/窄视场）侦察相机系统广泛应用于情报收集、目标监视和侦察，全球鹰无人机的综合传感器装置（ISS）（升空高度 18km）以及捕食者的多光谱瞄准系统（MTS）（升空高度 15km）是典型代表。

高空长焦距航空侦察相机有两种类型：可见光单波段类型和可见光/红外双波段类型。由于后者能够 24h 昼夜执行远距离侦察监视任务，因此得到广泛应用和快速发展。

表 7-14 列出中高空无人机侦察相机的主要技术性能。

表 7-14　中高空无人机侦察相机的主要技术性能

参数			可见光	红外光
光谱范围/μm			0.4～0.75	3～5
对角线视场/(°)		宽视场	3.7	1.5
		窄视场	1.52	0.83
焦距/mm		宽视场	670	830
		窄视场	1630	1500
F 数		宽视场	10	5.5
		窄视场	4.9	4.5
探测器		类型	CCD	IR FPA
		像素大小/μm	7.4	15
		像面大小(对角线)/mm	43.33	24.72
成像质量		Nyquist 频率/(lp/mm)	67.5	33.3
	MTF	宽视场	>40%	>15%
		窄视场		>20%
升限高度/km			13	
摄像斜距/km			90	40
地面采样距离(GDS)/m			0.5	

机载光电成像广域侦察监视系统（WAAS）有三种工作模式：宽区域搜索模式（wide area search mode，WASM）、定向区域搜索模式（或点收集模式，spot collection mode，

SCM）和目标跟踪/成像模式（target tracking/stereo mode，TTSM）。工作原理如图 7-18 所示。

图 7-18　机载广域侦察监视系统（WAAS）工作原理

（1）WASM 模式（系统的主要工作模式）

采用光机扫描方式，根据载机飞行高度、速度、侦察覆盖宽度、成像传感器的视场大小和图像重叠率等参数，采用步进凝视方式在垂直航向方向摆动步进扫描画幅成像，通过后续图像处理和拼接，实现无缝覆盖的侦察和监视，如图 7-19 所示。

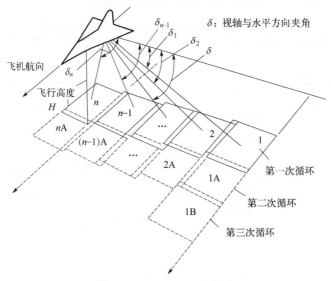

图 7-19　WASM 工作模式

（2）SCM 模式

通过任务平台协同指示、地理坐标引导等方式，控制视轴始终指向需要搜索的目标区域，并进行高分辨率侦察和监视、目标识别和精确定位。

（3）TTSM 模式

在自动跟踪目标状态下对目标高分辨率成像和精确定位。

国外中/高空长焦距航空侦察相机的典型产品包括：Raytheon 公司的全球鹰侦察相机（采用面阵 CCD 和两轴稳像技术）和 DB-110 系列航空相机，Goodrich 公司的 SYERS（千禧年系列）（应用于 U-2 高空侦察机，具有广域搜索、点目标和体目标跟踪三种图像搜集模式），ROI 公司的 CA-247/270/279/295 航空相机（全景分幅技术和双向像移补偿技术），仙童公司（后被 BAE 系统公司收购）的 F-9812 航空相机和 ELOP 公司的 LOROP 双波段航空相机。表 7-15 列出这些系统的技术性能。

表 7-15　几种中/高空航空侦察相机的主要性能

参数	全球鹰相机		DB-110		CA-295	
	可见光	红外光	可见光	红外光	可见光	红外光
焦距/mm	1750		2794	1397	1270~2540	1270
像元数	1024×1024	640×480	5120×64	512×484	5040×5040	2048×2048
像元尺寸/μm	9×9	20×20	10×10	25×25	10×10	25×25
飞行高度/km	19.8		3.05~24.38		15.25	

案例一，ROI 公司的 CA 系列航空侦察相机。

ROI 公司成功研制的宽视场/双波段（可见光和红外光）CA 系列型航空侦察相机，可以提供全天时侦察能力，实现凝视成像和多目标跟踪功能，代表性产品包括 CA-295 航空侦察相机（参考图 7-14）和 CA-247 型航空侦察相机（参考图 7-20）。

CA-247 型航空侦察相机主要性能：焦距 152.4mm；红外光谱范围 3~5μm；视场 18.5°；帧频 4.5 帧/s。

衡量航空侦察相机性能的一个重要参数是探测距离。通常情况下，机载侦察系统的探测距离是光学系统通光孔径、焦距、调制传递函数、光学透过率、探测器的响应特

图 7-20　CA-247 双波段中/高空型航空相机

性、目标特性（大小和表面反射率等）、光照条件和背景特性的函数。实际侦察中，由于目标/背景和光照条件很难确定，实际结果与理论值相差很大。

对于远距离目标，被航空侦察相机探测和识别应满足以下条件：

① 目标所成的像应具有一定大小。目标尺寸 l、探测距离 R、光学系统焦距 f' 和 CCD 探测器像元尺寸 ΔN 应满足下列关系：

$$R \leqslant \frac{lf'}{\Delta N N_e} \tag{7-1}$$

式中，N_e 为根据 Johnson 准则规定"发现目标所需要的像元数目"。航空侦察系统发现目标需要目标能成像在 2×2 个像素以上。

显然，利用航空摄像物镜光学系统的变倍调焦功能是满足"目标所成像具有一定大小"的措施之一。

② 目标具有一定的光照度，保证靶面接收的辐射能量大于靶面的接收灵敏度。

位于一定距离 R 上的目标，需要具有一定的（最低）照度 $E_t(R)$ 才能被 CCD 探测器探测到：

$$E_t(R) = \frac{1}{4}\pi B_t \tau_a(\lambda, q, R, \theta)\tau_t\left(\frac{D}{f'}\right)^2 \tag{7-2}$$

式中　　　B_t——目标亮度；

τ_t——光学系统透射率；

$\tau_a(\lambda,q,R,\theta)$——大气的光谱透射率，是光学波长 λ、气象参数 q（包括能见度、温度、湿度和大气压等）、探测距离 R 和目标角度位置 θ 的函数；

(D/f')——光学系统的相对孔径。

显然，通过调整航空摄像物镜的相对孔径可以满足"靶面接收的辐射能量值应大于靶面的接收灵敏度"的要求。

③ 目标与背景在靶面上应有一定的表观对比度（或信噪比）。

目标与背景的表观对比度 C_R 定义为：

$$C_R = \left| \frac{B_t(R) - B_b(R)}{B_b(R)} \right| \tag{7-3}$$

式中，$B_t(R)$ 和 $B_b(R)$ 分别代表距离 R 位置上可以观察到的目标和背景发射亮度。研究表明，随着观察距离增加，对于具有一定固定对比度的目标，在距离 R 处的表观对比度 C_R 会减小。为了使位于探测距离 R 处的机载航空侦察相机能从背景中探测和识别目标，该位置处的 C_R 必须满足上述对比度阈值。

显然，为了满足这项要求，除了取决于光学系统和电子线路的性能外，还与该系统选择的工作波段有关。

通常认为，人眼要把目标从背景中识别出来，在较为明亮的背景下（白天情况），目标与背景的表观对比度 C_R 应当不小于 3%。当然，C_R 值越大，识别和跟踪目标越有利。

华北光学仪器厂（王宝然）通过对大量物体的光谱特性分析后，建议选择 $400\sim950\text{nm}$ 光谱区域作为 CCD 摄像系统的工作波长范围，如图 7-21 所示。

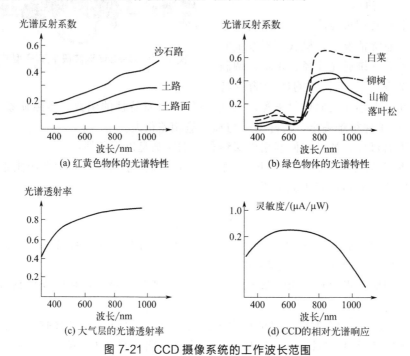

图 7-21 CCD 摄像系统的工作波长范围

由图 7-21 曲线看出：

① 对于晴朗天空，大气传递函数随波长增加而增大。

② $700\sim950\text{nm}$ 范围内的目标与背景表观对比度远高于 $400\sim700\text{nm}$ 区。

③ CCD 图像接收器在较宽的光谱范围（400～950nm）内应具有较高的光谱响应。

设计光学系统时，一定要考虑近红外光谱区的材料选择和对优化像质的需要。

案例二，多相机拼接型民用航空测绘相机。

中国测绘科学研究院研制的一种以面阵探测器为基础的航空相机 SWDC（si wei digital camera），利用 4 个相机（单机像素数目 3900 万，像元尺寸 6.8μm）拼接而成，并且集成了 GPS 航空天线、数字罗盘、航空摄影管理计算机、地面后处理计算机以及大量空中/地面软件等先进技术，具有视场大、分辨率高、基高比大、高几何精度、真彩色、体积小和重量轻等特点，即使在阴天有云条件下也可获得清晰图像，如图 7-22 所示。目前该产品主要应用于民用航空领域，表 7-16 列出技术性能。

图 7-22　SWDC 航空测绘相机

表 7-16　SWDC 航空相机技术性能

参数		指标
光学系统焦距/mm		50/80
探测器尺寸	像元数目	13000×11000/11000×8000
	像元大小/μm	6.8/9
像元角（以 9μm 像元为例）/rad		1/5555 或 1/8888
彩色/黑白		24bit RGB 真彩色（五彩红外）
旁向（Y 向）视场角（2ω）/(°)		91/59
航向（X 向）视场角（2ω）/(°)		74/49
旁向覆盖率（宽高比）		2.0/1.1
60% 重叠度时的基高比		0.59/0.31
光学畸变		优于 2μm

表 7-17 对国内外几种典型数码航空相机的技术性能进行了比较。

表 7-17　几种数码航空相机的技术性能比较

参数	ADS40/80	DMC	UCX/UCXp	SWDC
投影成像方式	多中心 CCD 三线阵	虚拟单中心 CCD 面阵	单中心 CCD 面阵	虚拟单中心 CCD 面阵

参数	ADS40/80	DMC	UCX/UCXp	SWDC
CCD 幅面(像元数目)	12000 三线	13824×1680	17310×11310	14500×10000
像元尺寸/μm	7.5	12	6	6.8
光学系统焦距/mm	62.77	120	100	35/50/80（可选）
图像颜色		融合彩色		真彩色
相对航高		高		低
像移补偿	—		有	无
数据后处理软件	专用		通用	

未来航空侦察相机的发展主要集中在以下几个方面：

① 面阵 CCD 探测器为主，并且向着更多元像素、高灵敏度以及图像实时处理和传输方面发展。

分幅式航空侦察相机由于具有分辨率高、高速数据采集、存储与传输快、多波段和立体成像等特点将成为 CCD 航空侦察相机的发展重点。

② 具有广域搜索与目标定位能力的战场监视与实时跟踪相结合的航空侦察相机。

③ 具有反隐身和反欺骗能力的多光谱/超光谱航空侦察相机。

④ 进一步发挥模块化、数字化、集成化和通用化优势，力争实现跨平台使用目标。各种不同类型的航空侦察设备相组合，装备在不同类型的战斗机或者无人机载机平台上。

实际上，随着各种军用飞机对光电性能的高要求，可以将 CCD 摄像系统与红外光学系统以及激光测距系统相组合，形成双波段（可见光/红外光）或者多频谱侦察吊舱设备，从而更好地执行全天候和全天时侦察、探测、测距、瞄准任务，该内容将在第 11 章详细讨论。

7.3

光学系统

可见光 CCD/CMOS 航空侦察相机由光学系统、变倍机构、调光机构、CCD/CMOS 探测器、成像处理模块、控制电路和图像显示系统（或者存储记录系统）组成，如图 7-23 所示。

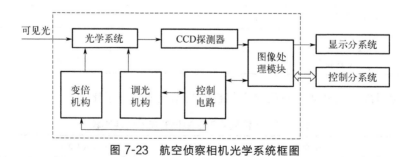

图 7-23　航空侦察相机光学系统框图

光学系统将目标/景物的可见光投射到 CCD 探测器上，光电转换和成像处理模块对信号处理后，输出标准视频信号，显示在显示屏上或者远距离传输给地面基站，直接观察或者存储记录。

当成像器件 CCD/CMOS 选定后，光学系统结构形式和性能决定了航空侦察相机的性能和外形尺寸（包括体积、重量和形状）。

与普通摄像光学系统一样，航空侦察相机光学系统可以采用两种形式：固定焦距系统和变焦距系统（离散和连续变焦两种方式）。

高分辨率是航空侦察相机的关键技术性能。为了获得高分辨率，需要尽可能地设计较长焦距的光学系统，但会受到有效通光孔径的限制。因此，在光学系统成像质量及外形结构的众多因素之间需要综合考虑，不能过分强调某一性能而忽略其它因素。

7.3.1　折射式光学系统

折射式光学系统是机载光电设备望远/照相物镜系统最常用的形式，无论是设计、制造还是检测技术都很成熟，参考专利或备用资料就能较容易地确定光学系统的初始结构，借助先进的计算机和光学系统设计软件（例如 CODE V，Zemax）便能较快计算出满意的结果。

中国科学院长春光学精密机械与物理研究所（辛宏伟）介绍了一种折射型航空侦察相机，采用 8 片双高斯型光学系统，并利用可变光阑改变像面照度，如图 7-24 所示。光学系统设计参数列在表 7-18 中。

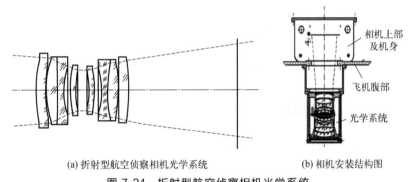

(a) 折射型航空侦察相机光学系统　　　　(b) 相机安装结构图

图 7-24　折射型航空侦察相机光学系统

表 7-18　折射型航空侦察相机光学系统设计参数

参数		指标
焦距/mm		300
最大口径/mm		130
F 数		5.6
视场(2ω)/(°)		21.8
像面尺寸/mm		$\phi160$
外形尺寸	长度/mm	340
	最大外径/mm	$\phi210$
总重量/kg		15

长春理工大学（李玉瑶）设计了一种中-低空折射型航空侦察相机光学系统，采用 7 片型结构，如图 7-25 所示。并分析了二级光谱、温度及大气压力变化对图像质量的影响，技术性能列在表 7-19 中。

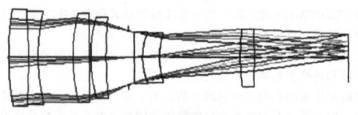

图 7-25　航空侦察相机光学系统

表 7-19　折射型航空侦察相机光学系统技术性能

参数		指标
工作波长/nm		420~850
工作高度/m		2900~3200
CCD 探测器	像元数目	4008(H)×5344(V)
	像元尺寸/μm	9×9
焦距/mm		400
视场角/(°)		8.6
所有视场 MTF(截止频率 60lp/mm)		>0.75
弥散斑均方根半径/μm		<3
最大畸变		<0.5%
系统总长度/mm		489.1
后截距/mm		133.3

7.3.2　折反式光学系统

全反射式光学系统优点是光学材料对有效工作波段没有限制，特别适合用作多波段（或者宽波段，例如紫外、可见光、近红外、激光、红外）共孔径系统，没有色差，结构简单，与后置二次成像折射系统共同组成折反射式航空侦察光学系统，ROI 公司研制的第三代 CCD 航空侦察相机（CA-295 型中高空长焦距斜视型相机）是典型代表，如图 7-26 所示。

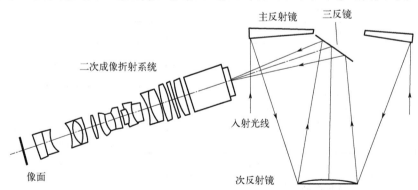

图 7-26　CA-295 航空侦察相机可见光光学系统

主要优点是：

① 反射面不会产生色差，因此，二级光谱量很小。

② 反射面物像空间介质均为空气，因此，反射镜对像面位移不会因气压变化受到影响；

另外，折射组件光焦度都很小，因此，折反系统对环境气压变化不敏感。

③ 折反系统结构远比折射系统简单。

缺点是：共轴反射系统存在中心遮拦，会损失能量和降低调制传递函数。因而，可能需要采用离轴反射式结构。

7.3.3 双波段光学系统

随着伪装技术的发展，航空侦察相机发现和识别目标的难度越来越大，一般航空侦察系统装备的可见光和红外光侦察系统都是各自独立的成像系统，体积和重量难以完全满足对航空机载设备的要求。为了利用全波段实现全天候和高分辨率侦察目标，研发双波段或者多波段航空侦察相机势在必行。

多数情况下采用可见光/红外光双波段成像系统，有两种方式：其一采用能够响应两个波段的双波段探测器共光路光学系统；其二是由两个分别响应不同波段的探测器组成部分共光路光学系统。

长春理工大学光电工程学院（王平等人）设计了一种可见光/红外光双波段航空侦察相机光学系统，选择部分共光路光学系统结构形式，如图 7-27 所示。采用卡塞格林式非球面光学系统，由抛物面主镜、双曲面次镜、平面反射镜、场镜、分光棱镜/平面反射镜、红外光学成像分系统和可见光成像分系统组成。分光棱镜透射可见光而反射红外光。

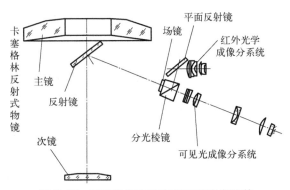

图 7-27 双波段航空侦察相机的光学系统

可见光光学系统的焦距 900mm，视场 0.71°，全视场调制传递函数大于 0.5；红外光学系统焦距 600mm，视场 0.52°，全视场调制传递函数大于 0.6。成像效果如图 7-28 所示。

(a) 可见光图像

(b) 红外光图像

图 7-28 双波段航空侦察相机成像效果图

7.4
振动控制技术

飞机在飞行过程中受气流等因素影响，姿态变化较大，因此，在 CCD 成像过程中，地面/空中目标的像点位置会由于飞行姿态（俯仰/偏航/横滚）变化而变化。在一些高分辨率机载光电设备中，即使在垂直拍照（非摆扫）情况下，选择了高性能的探测器，光学系统的设计结果也完全满足技术要求，但最终获得的图像质量并不理想，存在不同程度的模糊。在这种情况下，应当考虑图像模糊的主要原因是飞机姿态变化或振动造成：光电设备与飞机载体直接连接的各点振幅和相位不一致，导致光学系统光轴发生错位，从而影响光学系统的图像清晰度和分辨率。

为了补偿飞机姿态或者振动引起的像移，通常在光电设备与飞机之间安装三轴陀螺稳定平台，将光电设备安装在稳定平台上。控制系统在相机垂直于地面拍照情况下启动速度控制，既保证拍照时垂直于地面，也实现实时偏流补偿。

振动控制技术有：

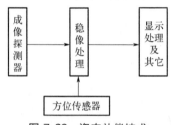

图 7-29　姿态补偿技术

① 电子稳像技术。通过信号处理方式达到稳像目的。有辅助设备稳像和图像处理自动稳像两种方式。

a. 通过辅助设备（例如位置陀螺）获得飞机的姿态变化，并在信息处理中利用姿态信息处理图像，实现图像稳定，称为姿态补偿技术，如图 7-29 所示。

b. 基于图像处理的自动稳像技术，有块匹配法和特征匹配法两种形式。

电子稳像技术的缺点是会造成图像信息损失和图像失真（留有残影）。

② 光学稳像技术。光学稳像技术分为两种情况：防光学系统抖动稳像和防探测器抖动稳像。

a. 在光学系统中设计有防抖动补偿光学组件，如图 7-30 所示。根据抖动方向和程度，补偿组件相应调整位置和角度，使光路保持稳定。

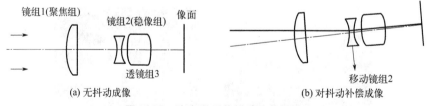

图 7-30　防光学系统抖动稳像技术

b. 防探测器抖动稳定技术。通过改变探测器位置和角度，保持稳定成像。
光学稳像的缺点是使相机结构复杂和体积增大，因此，较少使用。
③ 被动隔振技术，采用减震器和阻尼器组成的减振系统，使相机与飞机隔离。
由于被动隔振技术无需能源，结构简单，可靠性高，经济实用，在机载光电设备中，得

到广泛应用。

④ 主动控制技术，利用气浮速率陀螺控制俯仰轴系统和光轴系统。

图 7-31 是 Willanm E. Humphery 在美国专利 USP3608995 和 USP3608996 中介绍的一种光学稳像技术。4 块平面反射镜放置在陀螺稳定装置上。平行光束经透镜 2 和反射镜装置后形成的像与透镜 1 的等效节点 J_1 重合；平行光束经透镜 1 和反射镜装置后形成的像与透镜 2 的等效节点 J_2 重合。陀螺的转点 G 位于连线的垂线上。

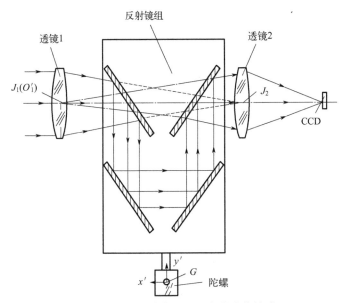

图 7-31　一种航空相机的光学稳像技术

7.5
像移补偿技术

高分辨率是机载光电系统的关键性技术指标。航空侦察相机与一般摄像装置的区别是，飞机飞行中曝光或成像时间内被拍摄目标的图像与感光介质（胶片或者 CCD）之间一直处于动态成像或相对运动状态，其结果会造成成像模糊（俗称"拖尾效应"），使航摄图像的分辨率明显下降，这种现象称为像移，是航空侦察摄影中的一个特殊问题。

如果存在的像移没有采取相应措施得以补偿，那么，目标与周围背景间距就存在或大或小的过渡区，并随像移的增大而扩大。当过渡区达到一定程度，会导致相邻两个目标的图像互相叠加而无法分辨。

（1）航空侦察相机产生像移的原因

主要是曝光成像瞬间，航空相机随着飞机的运动而相对于拍摄目标运动，因而在探测器像面上的影像位置也发生变化；同时，飞行中产生的振动也会引发像移。

按照产生原因，像移分为：

① 飞机前向飞行造成的前向像移。

② 光学系统扫描产生的摆扫像移。

③ 利用稳定陀螺装置精心设计的机载减振系统能够减少飞机振动以及气流波动造成的影响，但实验证明，飞机姿态变化（俯仰、横滚和偏航）仍会产生一定程度的像移。

④ 垂直气流造成飞行高度起伏而产生的像移。

⑤ 环境温度和压力的变化，以及目标距离的变化等也会影响成像质量。

归纳起来，航空侦察相机的像移由三类运动方式引起：匀速直线运动、周期振动和随机运动。如果对这些因素的影响不进行补偿，则最终会导致像质恶化，分辨率下降，图像模糊和对比度变差。

（2）像移计算公式

按照式(7-4)计算飞机飞行中造成的前向像移位移量δ：

$$\delta = \frac{V \times f'}{H} \times t \tag{7-4}$$

式中　V——飞机飞行速度；

　　　f'——光学系统焦距；

　　　H——飞机飞行高度（航高）；

　　　t——曝光时间。

表7-20列出不同飞行速度和曝光时间的图像位移量（μm）。其中，假设光学系统焦距1000mm，飞行高度2万米，飞行速度500～1200km/h。

表7-20　飞行速度、曝光时间和像移量的关系

图像位移量/μm　　飞行速度/(km/h)　　曝光时间/ms	500	600	700	800	900	1000	1100	1200
5	34.7	41.7	48.6	55.6	62.5	69.4	76.4	83.3
10	69.4	83.4	97.2	111.1	125	138.9	152.8	166.7

由上述公式看出，光学系统焦距越长，飞行速度越快，曝光量越长，像移量越大。通常认为，如果像移量控制在0.3～0.5个像元尺寸（像元尺寸一般是20μm）内，不会造成图像模糊，无须补偿。

表7-20中计算数据显示，像移量一般都较大，采取像移补偿（IMC）措施是必要的。

对于摆扫侦察情况，由飞机前向飞行造成的像移速度V_i按照式(7-5)计算：

$$V_i = V \frac{f'}{H} \cos\theta \tag{7-5}$$

式中，θ是光轴摆扫角度。

若曝光时间为t，则像移量是：

$$\delta = V \frac{f' \cos\theta}{H} t \tag{7-6}$$

如果摆扫角$\theta = 0$，即垂直向下拍照，则简化为式(7-4)形式。

（3）像移补偿要求

随着科学技术的发展，CCD探测器的制造工艺水平不断提高，像元尺寸越来越小，一方面能够提高系统的分辨率，另一方面，像移量与像元尺寸之比更大，更需要像移补偿，补偿难度也更大。

中国科学院长春光学精密机械与物理研究所（刘明）的研究表明，航空侦察相机的像移补偿应满足下列要求：

① 保证像面上各点的补偿精度（即像移补偿残差）在允许范围内。

② 补偿系统不能影响其它部分的工作。

③ 不能降低系统的成像质量（即不能导致离焦）或者降低光学透射率。

④ 在像移速度范围内，尽量采用简单方法进行补偿而无须增加外部设备或借助复杂的人工干预。

（4）像移补偿技术

包括机械补偿技术、光学补偿技术、电子补偿技术和数字式像移补偿技术等。

由于产生像移的原因不同，为了获得更好像质和更高分辨率，需要采用不同的像移补偿方法，甚至需要综合利用多种像移补偿方法。例如，美国 KS-146 航空侦察相机采用光学像移补偿法；CA-260/270/290 系列侦察相机采用电子像移补偿法；KA-112A 航空侦察相机采用机械式和光学式综合像移补偿法。

① 机械式像移补偿技术　机械像移补偿法是利用机械结构在曝光期间随图像移动而移动感光介质（胶片或者 CCD/CMOS）的补偿像移技术。即移动胶片/CCD 接收装置，尽量保持与光学系统焦平面一致。简单说，使图像"冻结"，从而起到像移补偿作用。例如德国 IMK 相机和美国 KA-112A 航空侦察相机就是利用胶片移动法消除扫描和横滚造成的像移；长春理工大学（程晓薇等人）设计的"柔性导轨为主体的像移补偿机构"，结构上容易实现又能达到精度要求。

机械补偿方法适用于地球转动、飞机横滚和俯仰，以及光学系统扫描引起的像移。优点是感光面上各处的补偿速度一致，无需附加光学系统，但对结构及制造精度要求较高，需要大功率传动装置，限制了在广角镜头航空相机上的应用。

② 光学式像移补偿技术　光学式像移补偿法是使光学系统中某一元件在曝光期间，按照与像面上像移速度一致的原则旋转或移动（包括改变移动速度），从而改变光线传播方向而补偿像移的技术。最常采用的措施是旋转物镜前方的回转反射镜以补偿前向像移，如图 7-32 所示。利用式(7-7)计算反射镜旋转角度 ω：

$$\omega = \frac{V}{2H} \qquad (7-7)$$

图 7-33 是利用旋转扫描反射镜组件实现像移的光学补偿。扫描反射镜安装在支撑框架内，绕着垂直于光学系统光轴的轴旋转。伺服系统控制扫描反射镜以一定速率扫描以补偿前向运动、俯仰/偏航造成的像移。

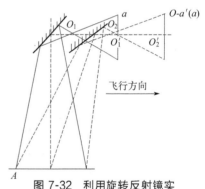

图 7-32　利用旋转反射镜实现光学像移的补偿

扫描反射镜组件上设计有速率陀螺以感知俯仰/偏航速度。当光学系统摆扫到任意角度 θ 时，陀螺测量到的俯仰/偏航角速度矢量以及扫描反射镜旋转轴上的分量是：

$$\omega_{p/y} = \omega_p \cos\theta + \omega_y \sin\theta \qquad (7-8)$$

式中　ω_p——飞机的俯仰角速度；

ω_y——飞机的偏航角速度；

θ——光学系统摆扫角。

其中，陀螺输出电压信号（$V = K\omega_{p/y}$，K 是陀螺的结构常数）作为伺服系统的输入信号，实现对俯仰/偏航像移的补偿。

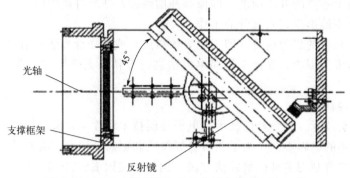

图 7-33 用于光学补偿像移的旋转扫描反射镜组件

光学反射镜补偿像移技术主要应用于大孔径长焦距全景侦察相机中。优点：反射镜体积小，重量轻，容易控制；除了可以补偿前向像移外，还能补偿俯仰和偏航引起的像移。但对反射镜速度的控制精度要求较高：$0.5\% \sim 3\%$。

③ 电子式像移补偿技术　该像移补偿技术是针对 CCD 侦察相机（不适合胶片式相机）设计的，应用于 TDICCD 全景式相机的摆扫像移补偿，利用一系列 CCD 电荷转移驱动技术控制 CCD 曝光。有三种类型：帧角度像移补偿法、面阵 TDI（时间延迟积分）模式的像移补偿法和阶梯式像移补偿法。

④ 数字式像移补偿法　数字式像移补偿方法又称为图像式像移补偿法或者软件像移补偿法，是利用点扩散函数和维纳滤波对 CCD 相机的图像进行事后处理/恢复和分析，实现像移补偿，但实时性较差。随着科学技术发展，尤其是 CCD 探测器的广泛应用及精度提高，软件式像移补偿法会得到更广泛和深入应用。

（5）像移补偿实例

图 7-34 是 TDICCD 全景式航空侦察相机像移补偿工作原理示意图。

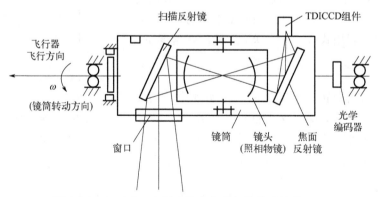

图 7-34　TDICCD 全景式航空侦察相机像移补偿原理

上述侦察相机采用折反式光学布局，其中包括扫描反射镜和焦面（回扫）反射镜（均与水平光轴成 45°角）。相机水平放置，与飞机飞行方向平行（或者说，光学系统光轴与飞机机轴一致）。当光学系统绕着水平轴旋转拍照时，来自地面目标的光线通过扫描反射镜折转 90°，并通过折反物镜系统成像，最后以会聚光束形式投射到焦面（回扫）反射镜上，再次折转 90°，成像在 TDICCD 焦平面上。

需要强调，扫描反射镜和焦面（回扫）反射镜是斜视实时航空侦察相机的主要组成部分，对保证相机的高成像质量起着重要作用，功能是：

① 由于长焦距航空侦察相机体积较大和质量较重，无法垂直安装，通常采用水平安装，因此，必须设计有扫描反射镜，既实现光路折转，也扩大了侦察视场。同时，通过驱动扫描反射镜改变光线的入射角，不仅保持反射光线方向不变，还达到补偿前向像移的目的。

② 该系统采用光学焦面（回扫）反射镜补偿飞行前向像移、俯仰和偏航引起的像移，采用旋转编码器（使其产生一个反向角速度）补偿相机横滚产生的像移，利用电子式帧角度补偿法补偿相机摆扫产生的像移。

③ 扫描反射镜可以实现自准直检焦。众所周知，长焦距航空侦察相机的焦距很容易受到环境条件（例如温度和大气压力）的影响，后截距变化很大，最终造成实际像点偏离理想像平面，因此，实现自动检调焦距具有十分重要的意义。

自动检测焦距时，扫描反射镜处于垂直镜筒光轴的位置。自动调焦信号处理器的光源发射光束，经焦面（回扫）反射镜反射，并通过光学成像系统入射到扫描反射镜上，反射后沿原路回到自动调焦信号处理器的同一个光栅上。然后，根据检测结果指令，焦面（回扫）反射镜的位置伺服系统和控制执行机构移动焦面反射镜以改变系统的后截距，从而达到自动调焦的目的。

7.6

自动调焦技术

与普通光电设备或光学系统不同，机载光电设备工作在高空环境（高达 30km），温度可以低至 -50℃，气压降到 0.1Pa。环境温度变化会造成光学系统内部温度场不均匀分布，光学元件面型、厚度和折射率变化以及机械结构变形，这是影响光学系统聚焦特性和成像质量的主要因素。

如上所述，航空侦察相机的特点是光学系统焦距长，高空斜视和目标距离远。焦距越长，温度变化造成的离焦现象越严重，因此，对于长焦距和高分辨率的航空相机，必须考虑环境变化影响并采取必要的补偿措施（例如，将航空相机放置在密闭的吊舱内），保证焦面位置不变或者变化很小。

另外，在设计机载光电设备时，采用"消热差设计"（也称"无热化设计"）技术消除环境温度变化的影响，进一步提高光学系统的像质。

消热差设计虽然能够大大减小机载环境温度变化对成像质量的影响，但残留的离焦量仍无法完全满足要求，因此，应根据不同的环境条件，包括温度、高度、飞行速度和曝光时间等，统一考虑自动调焦问题，也称为"光电自准直调焦"。

光电自准直调焦技术基本原理是：在某一飞行高度摄影前，通过光电自准直焦距检测仪检测和确定光学系统对无穷远目标成像时对应的焦平面（理想像面）位置并用作调焦基准，对上述不同环境温度条件下造成的基准面变化进行有针对性补偿，然后根据不同飞行高度引起的像移数据确定调焦透镜（或者 CCD 面）的位置。

该方法具有通用性好和精度高的优点，但焦平面位置的检测时间较长，需要 90s，并且需要复杂的控制技术，无法满足部队"航空侦察快速机动"的要求。为此，提出一种"数据采集和计算自动调焦技术"，根据实时采集的大气压力、温度和摄影斜视距离计算出离焦量以控制需要的调焦量。与上述光电自准直调焦方法相比，该方法无需预先准备时间，基本上可以满足快速机动和快速拍摄的要求。实践也证明，这种技术稳定可靠，在不同高度快速机动摄影时，均能获得高清晰的图像。

大气压力变化造成的离焦量 $\Delta f'_p$，按照式(7-9)计算（假设温度20℃）：

$$\Delta f'_p = \frac{f' n_e (n_0 - 1)(p - p_0)}{(n_e - 1) p_0} \tag{7-9}$$

式中　f'——光学系统标称焦距；

　　　p——某飞行高度环境的大气压力；

　　　p_0——地面装配时标准大气压力；

　　　n_0——空气折射率；

　　　n_e——光学材料折射率。

环境大气压力减小会造成焦距变短，焦平面向光学系统方向移动。温度变化会造成材料折射率、表面曲率半径、透镜间隔和厚度变化。按照式(7-10)计算温度变化造成的离焦量 $\Delta f'_T$：

$$\Delta f'_T = (f'\alpha - \Phi)\Delta T \tag{7-10}$$

式中　α——光学系统框架结构材料的膨胀系数；

　　　Φ——温度变化1℃的离焦系数；

　　　ΔT——温度变化范围。

斜距摄影模式时，摄影高度和角度（光轴与垂线夹角）都在变化。根据物像共轭关系，物距变化，像距也变化，即斜距变化会产生离焦量。这种由于飞行高度和扫描角度变化而引起的像点（面）位置变化与环境变化无关，离焦量应按照式(7-11)计算：

$$\Delta f'_L = \frac{f'^2}{L} = \frac{f'^2}{H}\sin\theta \tag{7-11}$$

式中　L——摄影斜视距离；

　　　H——飞行高度；

　　　θ——斜视摄影角度（与水平线夹角）。

总的离焦量是：

$$\Delta f' = \Delta f'_p + \Delta f'_T + \Delta f'_L \tag{7-12}$$

可以事先计算出不同大气压力和温度下的离焦量，制成相应表格或曲线备查。另外，借鉴光电自准直调焦方法中"调焦基准"的概念，设置斜视距为无穷远、大气压 0.1Pa 和温度 20℃ 时的焦平面位置为标准焦平面位置（也称为离焦量零位），在不同飞行高度和不同斜视角度拍摄时，可实时迅速计算出离焦量并加以补偿。

对于变焦光学系统，为了补偿变倍组造成的像面移动，需要专门设计补偿镜组，请参考第2章相关内容。

7.7
CCD 航空侦察系统的最小焦距

在航空侦察系统中，人眼能看清目标所需的显示器上扫描线为 $6.4\text{lp} \pm 1.5\text{lp}$。在以

CCD 为光电接收元件的显示系统中，要求不低于 10 个像素，若给出作用距离，则可以求出光学系统最小焦距：

$$f = \frac{LY'}{Y} \tag{7-13}$$

式中　Y'——目标图像所需显示线宽度；

　　　Y——目标宽度；

　　　L——作用距离。

1/2in CCD 光敏面尺寸为 6.4mm(H)×4.8mm(V)，像素数为 795(H)×596(V)，每个像素占据光敏面的宽度是：

$$t = \frac{4.8}{596} = 0.008\text{mm}$$

若航空侦察相机作用距离 $L = 10$km，目标宽度 $Y = 4$m，要求目标像 Y' 不小于 15 个像素（相当于 0.12mm），计算得到光学系统最小焦距 $f' = 300$mm。

7.8

光能量控制技术

地球表面照度范围是 $10 \sim 10^5$lx（低照度 CCD/CMOS 靶面照度 10^{-4}lx），军用目标的景物漫反射系数为 $0.1 \sim 0.2$，景物亮度则是地球表面照度与景物反射系数的乘积。

机载光电系统工作时，通常可认为物体（或目标）位于无穷远，景物图像能够充满整个像面。为避免曝光量过饱或不足造成拖影和产生假信号，保证机载成像系统具有良好像质，必须适当控制进入系统的光能量，采用三种方法：

（1）可变光阑

来自目标的光能量（目标信息）由光学系统成像后，通过光阑传输到探测器 CCD/CMOS。自动控制系统对光信号进行比较，若光能量大于预设值，则给可变光阑装置发送电信号，启动马达改变光阑孔径。另外，可变光阑孔径不能过小，否则，对系统的分辨率和调制传递函数会有较大影响。

（2）渐变光密度中性滤光片

变密度滤光片的透过率与滤光片的转角成指数变化。两个相同密度的变密度滤光片以相同速度反向旋转，通过滤光片的密度变化改变能量，直到光能量信号满足要求为止。

光学能量的改变在通光孔径内是均匀的，不会改变系统的分辨率与 MTF。

（3）可变光阑加电子快门

CCD 由许多光敏像元组成，每个像元就是一个 MOS 电容器，将光子能量转换成电荷，并将这些电荷转移到寄存器，最后由 CCD 电荷积分结构读出。用电子快门控制光能量，就是通过改变 CCD 的积分时间控制光能量。采用电子快门加可变光阑方法实现光控时，可以避免光阑口径太小出现的 MTF 下降问题，系统的结构尺寸也不会太大。

众所周知，曝光范围取决于光圈大小和快门曝光时间。传统方法是只改变一种参数而使曝光范围很窄，不能满足地面景物亮度变化很大（例如 $10^{-2} \sim 10^5$lx）时对像质的需要。

快门有两种：片板式镜间快门和帘幕式焦面快门。国内外目前多采用后者。中国兵器工业集团二二八厂（曲国志等人）设计了一种高可靠性、长寿命帘幕式（金属钛箔材料）焦面快门，在曝光时间（1/1200～1/150s）范围内连续可调，对图像灰度均匀性影响小于 6%，使用寿命达 30 万次以上。

图 7-35 是某机载摄像系统快门曝光时间与光圈的关系曲线图。其中 F 数为 5.6～16；曝光时间（t）调节范围 1/1200～1/150s；EV 为曝光值。

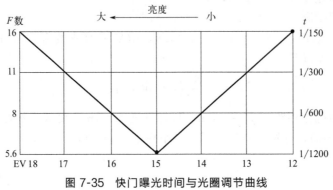

图 7-35　快门曝光时间与光圈调节曲线

对三种方案比较可知，可变光阑口径小到某限度时将影响成像质量；渐变密度机构所占空间尺寸大，在机载电视系统中受到制约。综合各方面因素，电子快门加可变光阑方案更适合航空侦察系统。

7.9
图像拼接技术

面阵 CCD 航空侦察相机是从空间一点同时拍摄较宽帧幅的图像，减少了大量线阵间的逐行排列，大大节省了数据处理时间。但是，受材料工艺水平的限制，仅依靠单片 CCD 探测器所成的像无法满足大视场宽幅航空图像的要求，必须对多个 CCD 器件的图像进行拼接。

图像拼接技术是将两幅或多幅不同时刻、不同视场或不同系统获取的图像序列融合在一起，生成一幅无缝大视场图像。

图像拼接技术有三种方式：机械拼接技术、光学拼接技术和扫描拼接技术。

（1）机械拼接技术

机械拼接技术分为机械直接和机械交错拼接技术。

直接拼接技术是利用机械方式将几个 CCD 探测器首尾连在一起，结构简单，容易实现；缺点是存在较大的拼接缝隙，图像出现空白，成像质量降低。

交错拼接技术是将多个 CCD 探测器装配成双列交错式焦面形式，即第二行的 TDICCD 正好填充第一行 TDICCD 的间隙，首尾像元分别对齐，在相机飞行方向错开一定位置，实现无缝拼接效果。但安装精度要求很高时，实现起来有一定难度。

美国 Z/I 公司研制的 DMC 航空侦察相机是机械拼接技术的典型代表。如图 7-36 所示，由 4 个全色波段（Pan）和 4 个多光波（MS）CCD 器件组成。曝光瞬间，所有 CCD 同时成像，四个全色波段 CCD 分别获取航向左前/左后和右前/右后图像，通过拼接处理后输出一幅等效的大视场图像。

"九五"期间，我国采用机械拼接技术研制出由一个 9000×9000 全色波段 CCD 和三个 2000×2000 的 R、G 和 B 波段组成的第一台航空侦察/测量相机。

（2）光学拼接技术

光学拼接技术是利用棱镜分光原理，将成像平面分割成空间分离的多个像面，形成光程相等的共轭面，将多个 CCD 分置在这些共轭面上，并使相邻两片 CCD 首尾相接，在像方空间内形成大视场探测器阵列，从而等效于大面积或大视场面阵 CCD 探测器。

分光棱镜可以是半透射半反射式结构，也可以是全透全反射式结构，如图 7-37 所示。

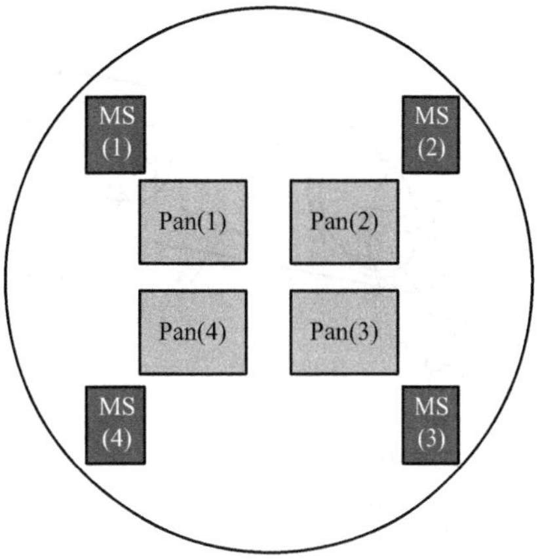

图 7-37（a）是采用半透半反式分光棱镜和三片式 CCD 进行拼接，透射共轭面处的 CCD1 和 CCD3 与反射共轭面处的 CCD2 首尾搭接，其搭接误差小于 1/3 个像元（像元尺寸 $13\mu m \times 13\mu m$）。

图 7-36 Z/I 公司 DMC 航空侦察
相机的机械拼接视图

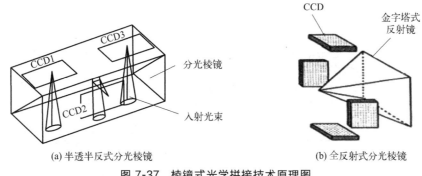

(a) 半透半反式分光棱镜　　(b) 全反射式分光棱镜

图 7-37　棱镜式光学拼接技术原理图

需要注意，这种拼接方法精度较高，但棱镜会受到分光拼接棱镜材料、加工工艺和胶合剂性能的影响，存在色差，因此，通常应用于透射式光学系统中，可以使拼接棱镜与透镜相组合以消除色差。另外，由于加工工艺限制，一般拼接长度不超过 220mm，从而限制了在更大视场中的应用。

图 7-37（b）是全反射式分光棱镜（称为金字塔式反射镜）和四片式 CCD 进行拼接，光能利用率高。目标光线经光学系统成像后，首先被金字塔形分光棱镜反射为四部分，4 个 CCD 器件成对排列在等效的焦平面上，图像分别传输到相应的 CCD 探测器上，每个 CCD 获取 1/4 目标图像信息。由于金字塔形分光棱镜位于折射光学系统和焦平面之间，所以，每个棱面反射的光线都略大于航摄侦察区域。通过图像拼接处理后，可以提供大视场的等效图像。

（3）扫描式拼接技术

扫描式拼接技术是基于一个 CCD 探测器和特殊的机械扫描装置实现大视场宽幅图像。

采用扫描拼接技术的航空侦察相机有两种形式：卧式光学转筒步进扫描式（应用于美国第三代航空侦察相机）和棱镜步进扫描式（应用于美国第四代航空侦察相机）。

卧式光学转筒步进扫描式是通过步进扫描装置驱动整个光学系统所在的光学转筒，分别对目标区域成像，如图 7-38 所示。主要特点是，在相机成像过程中，相机成像光学系统各

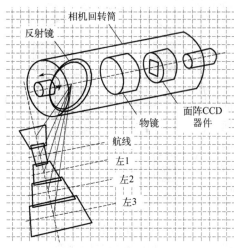

图 7-38 卧式光学转筒步进扫描式拼接技术

个部件的相对位置保持不变；与棱镜步进扫描式相比，无须引入佩肯棱镜，因而扫描机构更简单。缺点是由于受到飞机姿态和飞行速度不确定性的影响，对图像拼接算法要求较高。

与普通卧式相机相比，棱镜步进扫描式相机的布局与之基本一致，但增加了一个佩肯自稳定棱镜，CA-261可见光航空侦察相机是其典型结构，如图7-39所示。摄影期间，步进装置仅仅带动反射镜对目标区域扫描成像，在不同时刻，以不同的成像倾角对地面目标侦察/摄像，达到增大航线两侧视场的目的。由于采用单CCD探测器和棱镜步进扫描式结构，因此，与机械拼接和光学拼接方法相比，结构更简单，有效降低了相机处理系统的复杂性和相机体积。缺点是，反射镜扫描时必须保证其中心始终在光轴上，因此，对控制、机械安装和加工精度要求很高，并需要根据飞行姿态等参数对佩肯棱镜（Pechan prism）反向旋转进行调整。

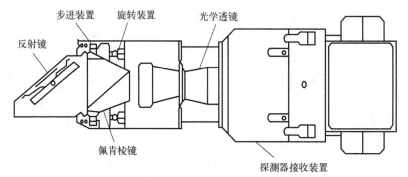

图 7-39 CA-261 可见光航空侦察相机的基本结构

通过比较知道，机械拼接技术和光学拼接技术是根据需求采用多CCD探测器，并通过一次成像获取信息和扩大视场。扫描拼接技术只采用一个CCD探测器，借助机械扫描装置获取图像信息和增大视场。前者易于精准查找重叠区域和接缝，但结构复杂，体积较大；后者结构和电路简单，但对处理技术要求较高。

需要注意，上述三种图像拼接技术都需要借助计算机并通过数字图像拼接技术将获得的图像信息进行处理，从而增大航空侦察相机的视场。

7.10
机载摄录像系统

机载视频摄录像系统的发展过程经历了机载照相枪（记录介质是照相胶片）和机载视频摄录像系统（磁带/硬盘磁记录介质和半导体记录介质）阶段。

7.10.1　航空照相枪

空战初期，击落敌机数量完全依靠飞行员计数实现，很容易出现误差。随着科学技术的进步，机载照相枪应运而生，主要功能是自动记录飞机的战斗结果，避免人为的计算错误。

航空照相枪是安装在飞机（机翼、机头或机舱）上用来记录空中射击实况的小型胶片式摄像设备，也是早期的机载录放设备，由于外形像枪而得名。

1882年，法国人艾蒂安-朱尔·马雷（Etienne-Jules Marey）首先发明了连续摄影枪（收藏在法国勃艮第博物馆）。将照相枪枪口对准拍摄目标，然后通过改变枪管长度进行调焦。1s可以连续拍摄12张照片，将运动物体的图像轨迹记录在同一张照片上，如图7-40所示。

图 7-40　马雷连续照相枪

20世纪30年代，美国和日本完全按照机枪的外观/结构和制式设计照相枪。美国仙童公司设计的CG-16机载照相枪（设计有25ft长的16mm电影胶卷）就是仿照布朗宁和柯尔特机枪，具有长的枪管和环形瞄准具，采用弹匣供片和扳机控制快门。枪身设计有拉柄或活动枪架，既可以安装在机翼上，也可以安装在旋转枪架上（取决于战斗机或轰炸机），从外形看与机枪一样，如图7-41（a）所示。图7-41（b）是日本生产的八九式航空照相枪，曾经大量装备海军的"零"式战斗机：采用 Hexar Ser.175/F4.5 光学物镜和2.5m长的35mm胶片，拍摄速度10帧/s。

(a) 美国CG-16机载照相枪　　　　　　　(b) 日本八九式机载照相枪

图 7-41　初期的航空照相枪

1940年2月22日，英国首次将航空照相枪应用于实战，拍摄了截击德国飞机的空战情景。在第二次世界大战期间，美日双方作战过程中都大量使用了航空照相枪，并在国际上得到普遍应用。

照相枪多数安装在军用飞机（例如歼击机或教练机）光学瞄准具或者平视瞄准/显示器的上方，与其光轴保持一致，是用来记录空中射击实况的小型摄影机。当飞行员或者射手按下射击按钮发射武器进行攻击时，照相枪与其同步或独立工作，以 4～24 幅/s 的速度将目标和光电设备的瞄准标志同时连续拍摄记录下来，事后用于分析和判断射击效果，并从胶片上分辨出目标距离、攻击角和瞄准误差。

平时训练中，航空炸弹成本昂贵，为了节约经费，可以使用航空照相枪训练飞机上的射手，并根据胶片记录判读射手的射击效果。另外，也可以单独工作，例如监视/记录加油机加油管对接情况等。

随着科学技术的进步，机载照相枪的外形和内容都发生了变化，例如图 7-42 所示：图 (a) 是美国设计的一种照相枪，安装在机翼下遥控操作，无须飞行员或射手操作，完全没有了"枪"的外形；图 (b) 是日本生产的机翼固定式照相枪，采用 Optor 75mm 和 $F/3.5$ 光学物镜和 16mm 胶片；图 (c) 是德国蔡司公司二战时期研制的照相枪，使用 16mm 胶片，可以拍摄 2000 幅照片，与战斗机的机枪设计为联动，机枪开火则照相枪同步工作；图 (d) 为国产歼击机（歼-5/6）的照相枪。

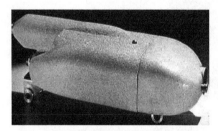

(a) 美国W-7型机载照相枪

(b) 日本机翼固定式照相枪

(c) 德国蔡司公司二战期间研制的机载照相枪

(d) 国产歼击机(歼-5/6)机载照相枪

图 7-42　固定式航空照相枪

照相枪一般由三部分组成：

① 光学摄录镜头。

② 暗箱。

③ 胶卷盒。

机载照相枪应符合国军标 GJB 653—89《航空照相枪通用规范》技术要求：

① 能够记录飞机起飞到着陆的全过程，要求照相枪具有足够的拍摄时间，至少满足飞

行一个架次的要求。

② 若照相枪安装在座舱内，照相胶卷的分辨率必须能够分辨仪器仪表的指示或读数，或者平视瞄准/显示系统显示的符号或数据，或者飞行员面部表情变化。

③ 适应机舱内环境条件，例如不能外加照明器，干扰噪声要小等。

④ 有拍摄记录标记（例如，年月日时分秒），并有回零和对时装置。

⑤ 在保证不漏光前提下，防撞/阻燃/隔热，胶卷盒内温度低于 60℃。

⑥ 安装/拆卸方便，固紧牢靠。

⑦ 体积小，重量轻，噪声低。

⑧ 使用机上电源。

7.10.2 机载视频摄录像系统

（1）概述

飞机上早期使用的照相枪主要是采用感光胶片式暗盒记录信息，由于记录胶卷不能过长，因此，只能用于记录飞行过程中特定时刻空中射击实况或训练效果，无法完整记录飞机从起飞到着陆一个飞行架次的全过程，画面不能始终连续，无法适应长时间飞行的机载环境要求；另外，地面处理比较麻烦。主要存在以下问题：

① 采用幻灯机式判读器，需要专门判读暗室，判读环境受限，判读精度低，工作效率低。

② 对判读人员的素质要求高，影响射击质量分析的人为因素较多，工作可靠性差，规范性差。

③ 胶片不宜保存，成本高。

20 世纪 80 年代，随着图像录放技术的不断发展，开始为战斗机研发机载视频记录系统，逐步取代上述的机载照相枪。英国马可尼（Marconi）公司、美国的 Video-spection 公司和 DRS-Precision 公司研制的视频记录系统分别装备在英国"狂风 DR4"、瑞典"JAS-39"和美海军"E-6A"等飞机上。大部分系统采用 CCD 探测器的摄像光学系统和模拟记录方式的盒式磁带记录器。

1986 年 5 月，我国以中航洛阳电光设备研究所为代表开始研制第一代机载单色视频磁带记录系统。1988 年，开始研制机载彩色视频摄录像系统，主要由 CCD 固体摄像机、微型录像机和驱动器组成。

机载视频摄录像系统（CTVS）是为平视瞄准/显示系统或雷达显示器设计的新型图像记录仪。除了替代机载照相枪的功能外，还能和机上有视频输出功能的产品交联，记录飞行员训练和作战过程中观察到的前方视景及舱内平显、下显、电子飞行指示器和前视红外传感器等视频信息，以及飞行员的耳机信息和事件标记等。飞行或训练结束后，在地面能快速、真实和直观地重放和再现飞行中外景和舱内的显示画面，为评估飞行员的操作技术、作战效果以及对意外事故进行调查分析提供依据。也可用于教练机后舱观察前方。

表 7-21 和表 7-22 分别列出 20 世纪末英国、美国和法国机载视频摄录像系统的技术性能。

表 7-21 英国机载视频摄录像系统的技术性能

项目	Vinten 公司			Ferranti 公司		
型号	2786	3100	3150	FDG800	FD5500	FD5030 FD5031

项目	Vinten 公司			Ferranti 公司		
记录介质类型	1/2in 磁带	MOS	CCD	8mm 磁带	—	MOS
记录时间/min	60	—	—	60/90	—	—
视频 制式	PAL	PAL/NTSC	PAL/NTSC	PAL/NTSC	NTSC/PAL	NTSC
视频 视场/(°)	—	20×16	20×15	—	21×16	20.7×15.6
视频 带宽	2.3MHz-5dB	—	—	2.8MHz	—	—
视频 分辨率/线	240	—	320	240	350	400
视频 信噪比/dB	40	—	>44	40	—	—
视频 背景照度/lx	—	100~1000	—	—	—	—
音频 通道数	1	—	—	1	—	—
音频 频响	150~4000Hz −5dB	—	—	100~5000Hz ±3dB	—	—
音频 信噪比/dB	40	—	—	>40	—	—
工作温度/℃	−30~+60	−30~+60	—	+5~+40	无需冷却	—
体积/mm 摄像头	230×150×145	89×107×38	56×105×24	190×127×152	115×100×55	—
体积/mm 控制器		—	162×95×146		—	—
重量/kg 摄像头	3.5	0.8	0.5	4	0.85	0.85
重量/kg 控制器		1.5	1.7		—	—
电源	$28V_{DC}$/25W	$28V_{DC}$/1A	$28V_{DC}$/8W	$28V_{DC}$/30W	7.5W	$28V_{DC}$/6.5W
备注	—	—	—	—	MTBF>4000h,用于 GR5 HUD	MTBF>4000h,用于 ISIS 系列机炮瞄准具或 HUD

表 7-22　美国/法国机载视频摄录像系统的技术性能

项目	美国				法国	
公司	Teac		Video-spection	仙童	Ometa	
型号	V-250AB-R	VCM-100	2531	AN/AXQ-16(V)	OEV201	OTA-204
记录介质类型	1/4in 磁带	MOS	—	CCD	—	CCD
记录时间/min	51	—	—	—	120	—
视频 制式	NTSC/PAL	—	NTSC/PAL	—	—	—
视频 视场/(°)	—	—	—	—	—	21×16
视频 带宽	3MHz-5dB	—	—	—	3MHz	—
视频 分辨率/线	>240	—	—	—	—	—
视频 信噪比/dB	40	—	—	—	—	—
视频 背景照度/lx	—	30(最小)	1000,最小 34	—	—	10000

项目		美国				法国	
音频	通道数	1	—	—	—	2	—
	频响	100～7000Hz —±3dB	—	—	—	—	—
	信噪比/dB	40	—	—	—	—	—
工作温度/℃		—15～+55	—15～+55				71(最高)
体积/mm	摄像头	107×139×156	56×55×140	100×76×76	83×76×76	218×270×110	120×94×117
	控制器		—	120×162×95	—		—
重量/kg	摄像头	<3	0.45	0.22	1.1	5	0.5
	控制器		—	10			—
电源		28V±1V_{DC}	12V_{DC}/250mA	28V_{DC}/17W,115V,400Hz,3相		110V/400Hz,单相20VA	
备注		—	—	用于F-15/F-16/A-10的HUD		—	

随着 CCD/CMOS 器件的迅猛发展，视频摄像机的分辨率大幅度提高，多数产品的水平分辨率都在 400TV 线以上，有的高达 800TV 线（例如美国 Video-spection 公司生产的 2091 型视频摄像机水平分辨率达到 875TV 线）；与衍射平视瞄准/显示系统配合使用，视场扩大到 24°(H)×18°(V)，甚至达到 30°(H)×22.5°(V)；记录时间由初期的 1h 提高到 4h；记录形式由单卡/单通道发展为单卡多通道/多卡座，满足多通道视频记录的需求（例如，美国仙童公司为 F-22 研制的单卡多通道系统可以记录平显和三个下显等四路视频信息）。

通常，要求机载视频摄录装置从黎明到黄昏时间段，都能够摄取和显示清晰图像，因此，电视摄像物镜在如此大的外界照度变化下，应有较大的相对孔径和较宽的光圈自动调整范围（要求自动调光动态范围大于 5000∶1，响应时间小于 1s）。

机载视频摄录像系统（CTVS）应满足表 7-23 中的技术要求。

表 7-23　机载视频摄录像系统（CTVS）技术要求

参数		指标
光谱响应范围(不加滤光片)/nm		450～1060
滤光片		为了记录平显信息,通常采用红外截止/绿光透过的滤光片
信噪比(景物亮度为5fL)/dB		20
接收传感器		焦平面面阵CCD
光学系统	F 数	2～8
	自动可变光圈	可以使镜头 F/2.8 变到 F/256
	几何畸变	无
视频信号	信噪比/dB	≥40
	分辨率/TV线	≥340
	线性度	最少10个灰度等级

参数	指标
重量/kg	<1.1
平均故障时间(理论值)/h	5000
安全性	直接对着太阳时,CCD 传感器不会受到太阳损伤

（2）机载视频摄录像系统基本组成

目前，机载视频摄录像系统（CTVS）主要由 CCD 视频摄像系统（包括黑白和彩色两种，多数情况下采用单色摄像机）、盒式视频记录装置（AVTR）、控制装置和电源组成，如图 7-43 所示。

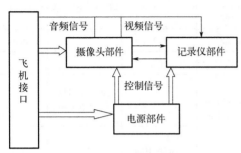

图 7-43　机载视频摄录像系统

视频摄录像系统摄像部件由两个分离组件组成：视频传感头（VSH）和电子部件（EU），即视频摄像物镜和光电转换组件。

视频传感头包含 CCD 传感器、设计有自动可变光阑的摄像物镜以及包括扫描驱动器在内的界面电子装置。主要功能是将景物成像在 CCD 面上，完成图像转换，并通过光圈的自动调节调整进入光学系统中的光通量大小，防止外界景物光线太强而湮没平视瞄准/显示系统显示的符号和数据。

机载视频摄录像系统的摄像物镜是视频传感组件的一个重要部件，其设计质量的优劣直接影响整个视频摄录像系统的性能。为了保证在低对比度条件下成像清晰（即使光圈变化到最小相对孔径），光学系统的调制传递函数（MTF）在 60lp/mm 时必须达到 0.5。

机载视频摄像物镜采用改进型大相对孔径双高斯型物镜，如图 7-44 所示，由 7 片透镜组成，光学性能是：

图 7-44　双高斯型机载视频摄录像物镜系统

① 视场：±12°。

② 相对孔径：1/2.8～1/2。

③ 焦距：23.821mm。

④ 光圈响应时间不大于 0.6s。

⑤ 在空间频率 60lp/mm 时，传递函数≥0.5。

⑥ 光学系统畸变：<2%。

电子部件包括时钟发生器、控制逻辑、视频处理、机内测试电路（BIT）、BIT 开关和指示器、电源等；功能是完成视频信号的产生、转换、合成、放大等。

记录部件的主要功能是完成音频/视频信号的采集、压缩编码、存储等功能。按照不同的技术特征，机载视频摄录像系统记录部件分为不同类型：

① 按照摄录信号的颜色分为黑白和彩色。

② 按照记录介质类型分为固态型（半导体存储器）、非固态型（磁带、硬盘或光盘）和半固态型（半导体存储器＋硬盘）。

③ 按照存储信号形式分为模拟式和数字式。

美国仙童公司为 F-22 飞机研制的单卡多通道视频摄录像系统能够同时记录平视瞄准/显示系统和三个下视显示器的视频信息，记录时间 2h，水平分辨率 400lp/mm。

2005 年，天津大学研发了一种兼容胶片式航空照相枪的嵌入式数字影像暗盒（取代感光胶片式暗盒），成像分辨率达百万像素，图像采集速率 10 帧/s，实现无缓存/无压缩实时存储，内嵌闪存总容量 512MB，从而实时记录飞机训练或作战信息。主要由三部分组成：

① 数字化成像组件。将数字化（模/数）转换功能集成在数字摄像机内，直接输出图像信号。若自身设计有图像存储器，可以自行保存数字图像，无需采集卡，否则，需根据输出接口规则选择不同的数字图像信号采集卡，图像接收器是 CCD/CMOS。

② 图像存储组件。包括图像采集卡的缓存，计算机内存和硬盘、光盘、磁带存储器以及闪存，用于暂时或者永久存储数字成像组件获取的数字图像。

③ 计算机。数字摄像机设计有高速计算机接口，实时采集图像，实时传送到计算机处理，无需图像采集卡。

2006 年，西北工业大学设计了机载多路数字音视频记录系统，记录座舱内外视景，座舱各仪表画面（包括平显、下显、电子飞行指示器以及红外传感器等视频信息）以及座舱内语音内容等信息，最多可记录 8 路视频和 2 路音频，时间长达 20h 左右。并能通过地面回放系统快速、直观、真实地再现飞行中座舱外视景以及座舱内显示画面和语音信息，为评估飞行员操作技术、作战效果以及对意外事故进行调查分析提供依据。

2013 年，成都理工大学应用 CCD 图像传感器技术、数字信号处理（digital signal processing，DSP）技术和 H.264 视频压缩编码算法为预警机研制出一种机载摄像/视频记录系统，由摄像系统和视频记录系统两部分组成。图像输出格式 PAL 制，CCD 有效像素 976×582，光学系统视场 ϕ76°，焦距 6mm。

摄像系统将驾驶舱内的景象转换为图像，进行数模转换，对亮度、色度等参数进行修正，提供 PAL-D 格式的模拟视频信号，并传输到显示屏上。

视频记录系统是记录舱内采集到的 6 路视频信号（包括舱内环境和飞行员操作过程），从而真实地反映飞行员在空中的情况，并可以通过地面回放设备再现飞行过程，以评估飞行员操作技术和作战效果，为意外事故的调查提供依据。

记录介质即存储视频和音频的介质，是影响机载视频摄录像系统性能的关键因素。

照相枪的记录介质是胶片；机载摄录像系统采用非固态记录介质（磁带、硬盘或光盘），传统的磁带记录系统体积大，检索不方便，图像清晰度低，成本高。

随着大规模集成电路和半导体存储技术的发展，已经广泛使用机载数字视频记录系统。

无论采用模拟还是数字记录方式，记录过程中都存在活动的机械部件，因此，很容易受到高过载、冲击和振动（尤其是炮震）等因素的影响，因而存在以下问题：

① 记录的图像质量不理想。

② 机载环境适应性差。

与地面视频录放系统相比，机载视频录放系统处于一种特殊的工作环境，需要具有更强的耐高低温、耐高低气压、耐加速度、耐冲击和耐振动能力，因此，摄录像系统需要采用一体化气密结构，防止湿气侵入，保持干燥。

研究结果表明，提高机载视频摄录像系统的成像质量和解决环境适应性的关键措施是采用数字化视频记录技术与半导体固态记录器件相结合。采用半导体存储器纯电子式的录像重放装置，存取非常快，可随时读取任意场和帧，无机械可动部分，有良好的图像质量，无疑具有更大吸引力。目前，机载视频摄录像系统正在向小型化、轻量化和更高图像分辨率的方向发展。

（3）机载视频摄录像系统的安装方式

机载视频摄录像系统在飞机上有以下三种安装方式。

① 与平视显示器一起使用时，视频摄录像系统（CTVS）多数安装在驾驶员与平视显示器（HUD）的组合玻璃之间，如图 7-45 所示。

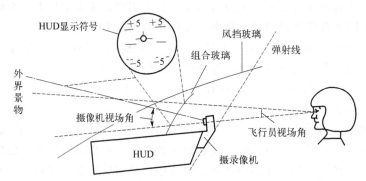

图 7-45　CTVS 安装在飞行员与 HUD 组合玻璃之间

在这种情况下，视频摄录像系统将飞行员观察到的外界景物与平视瞄准/显示系统显示的符号以光学组合方式同时记录下来，实时将信息提供给其它处理和显示设备。同时，可以在地面或机上重新播放，及时评估飞行员的操纵技术和作战效果，还能记录机载设备的异常现象和故障，有助于对意外事故进行调查分析，因此，对提高驾驶员的训练素质和作战水平都具有重要意义。缺点是摄像机的光学部分会妨碍驾驶员的前视视场。

② 视频摄录像系统安装在风挡玻璃与 HUD 组合玻璃之间，如图 7-46 所示。

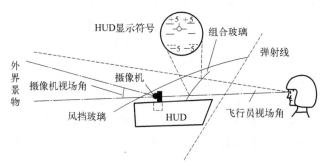

图 7-46　CTVS 安装在风挡玻璃与 HUD 组合玻璃之间

与第一种情况不同，摄像机仅摄取外界景物，通过电学方法将视频摄录像系统摄取的外景图像与 HUD 显示符号进行处理和混合，并通过改变光圈大小控制亮度。与第一种情况相似，可能会遮蔽一部分观察视场。

该光学系统设计时，需要考虑风挡玻璃对成像质量的影响。

③ 机载视频摄录像系统安装在机舱外，如图 7-47 所示。

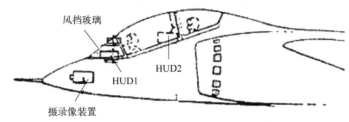

图 7-47　机舱外安装视频记录系统

应当注意，从光学设计角度，采用第一种安装方式，对机载视频摄录像系统的摄像物镜有更高要求：例如，应能摄取平视瞄准显示系统显示的整个画面（意味着应有更大视场），图像应有较高分辨率、对比度和灰度等级。同时，为了在较大的照度变化范围内摄取到清晰图像，物镜应有较大的相对孔径（或者小 F 数）。另外，需要考虑 HUD 组合玻璃和飞机风挡玻璃对外界景物像质的影响，因而，增加了光学系统的设计难度。

参考文献

[1]　Seong S，Yu J，Ryu D，et al. Imaging and radiometric performance simulation for a new high-performance dual-band airborne reconnaissance camera [C]. SPIE，2009，7307：26-38.

[2]　Heim G B，et al. A 5.5 mrga-pixel high performance low-light military video camera [J]. SPIE，2009，7307：16-25.

[3]　Chang C Y，Bender P A. Global Hawk Integrated Sensors Suite-Recent Upgrades and Images [M]. AIAA，2005.

[4]　刘明，等 . 国外航空侦察相机的发展 [J]. 电光与控制，2004，11 (1)：56-59.

[5]　Bialecki L J. Drift Sight replacement in the U-2 [J]. SPIE，2005，5801.

[6]　Lareau A G. Electro-optical imaging array with motion compensation [J]. SPIE，1993，2023：65-79.

[7]　Lareau A G. Flight demonstration of the ca-216 step frame camera [J]. SPIE，1997，3128：17-28.

[8]　Lareau A G. Dual-band framing cameras：technology and status [J]. 2000，4127：148-156.

[9]　许兆林，等 . 一种宽范围自动曝光控制系统的设计 [J]. 电光与控制，2008 (2)：74-77.

[10]　吴艳梅，等 . 无人机载光学侦察系统实时目标定位器设计 [J]. 电光与控制，2008 (11)：47-49.

[11]　牛娇蕾，等 . 机载 CCD 数字图像的增强 [J]. 电光与控制，2007 (6)：139-143.

[12]　黄猛，等 . 小型面阵航空相机系统的像移补偿 [J]. 电光与控制，2009 (3)：68-70.

[13]　张德新，等 . 宽角航空 CCD 侦察相机拼接方案综述 [J]. 电光与控制，2010 (4)：50-52.

[14]　许兆林，等 . 新型航空相机自动调焦系统的设计 [J]. 电光与控制，2011 (4)：77-80.

[15]　曲国志，等 . CCD 航空相机用长寿命帘幕式快门 [J]. 电光与控制，2011 (11)：77-79.

[16]　许兆林，等 . 图像清晰度评价函数在航空相机中的应用 [J]. 电光与控制，2012 (7)：57-84.

[17]　陈建发，等 . 紧凑型四反射镜光学系统设计 [J]. 电光与控制，2012 (12)：76-79.

[18]　陈举忠 . 真空摄像器件向何处去？ [J]. 真空电子技术，1994 (5)：4-9.

[19]　程晓薇，等 . CCD 数字航空相机高分辨力成像关键技术与发展 [J]. 电光与控制，2009，16 (4)：7-10.

[20]　许永森，等 . 国外传输型航空相机的发展现状与展望 [J]. 光机电信息，2012，27 (12)：38-42.

[21]　金伟其，等 . 微光像增强器的进展及分代方法 [J]. 光学技术，2004，30 (4)：460-464.

[22]　李玉丹，等 . 微光与红外成像技术 [M]. 北京：北京理工大学出版社，1995.

[23]　周立伟 . 微光成像技术的发展与展望 [C] //庆祝王大珩院士从事科研活动六十五周年专集 . 天津科学技术出版

社，2003.

[24] 金伟其，等. 夜视领域几个热点技术的进展及分析 [J]. 光学技术，2005，31（3）：405-409.

[25] 徐江涛，等. 微光像增强器的最新发展动向 [J]. 应用光学，2005，26（2）：21-23.

[26] 强勇，等. 战场感知系统目标识别技术的进展 [J]. 火控雷达技术，2008，37（1）：1-8.

[27] 石作伟. 微光像增强器荧光屏参数测试技术研究 [D]. 南京：南京理工大学，2008.

[28] 田金生. 微光像传感器技术的最新进展 [J]. 红外技术，2013，35（9）：527-534.

[29] Battagila J，Brubaker R. High Speed Short Wave (SWIR) Imaging and Range Gating Cameras [J]. Proc. of SPIE，2007，6541.

[30] Cameron A. Marconi Avionics Integrated Night vision in Helmet-mounted Displays [J]. Gec Review，1999：14.

[31] Hansen P. Overview of SWIR Detector，Camera，and Applications [J]. Proc. of SPIE，2008，6939 (1).

[32] 刘明，等. 像移补偿技术综述 [J]. 电光与控制，2004，11（4）：46-49.

[33] 张玉欣，等. 像移补偿技术的发展与展望 [J]. 中国光学与应用光学，2010，3（2）：112-117.

[34] 李清军. 面阵 CCD 相机像移补偿技术 [J]. 计算机测量与控制，2008，16（12）：1951-1953.

[35] 许兆林，等. 航空 CCD 侦察相机系统研究 [J]. 航空计测技术，2001，21（5）：3-6.

[36] 梁翠屏，等. 简析光学系统自动调焦的方法 [J]. 电光与控制，2006，13（6）：93-96.

[37] 惠守文. 长焦距斜视实时航空相机离焦补偿 [J]. 光学精密工程，2003，11（2）：162-165.

[38] 张德新. 面阵航侦 CCD 相机系统设计及其图像拼接技术研究 [D]. 哈尔滨：哈尔滨工业大学，2010.

[39] 李朝晖，等. 空间相机 CCD 焦平面的光学拼接 [J]. 光学精密工程，2000，8（3）：213-216.

[40] 张莉. 机载视频摄录像系统 [D]. 成都：成都电子科技大学，2006.

[41] 何杰. 感光胶片式照相枪数字化成像关键技术的研究 [D]. 天津：天津大学，2005.

[42] 朱攀蓉，等. 机载多路数字音视频记录系统的设计与实现 [J]. 计算机工程与设计，2006，27（3）：393-395.

[43] 危自福，等. 小型机载数字视频记录系统的设计与实现 [J]. 电子工程师，2006，32（9）：43-45.

[44] 赵维毅. 基于 CCD 与 DSP 技术的机载视频监控摄像头的设计 [D]. 成都：成都理工大学，2013.

[45] 史云飞. 视频记录系统光学系统设计探讨 [J]. 电光与控制，1993（2）：19-24.

[46] 张本余，等. 战斗机 HUD 视频记录系统 [J]. 电光与控制，1991（2）：31-39.

[47] 何杰. 感光胶片式照相枪数字化成像关键技术的研究 [D]. 天津：天津大学，2005.

[48] 周东林，等. 机载视频记录系统发展研究 [J]. 电光与控制，2001（2）：21-25.

[49] 魏炳鑫. 机载视频记录系统电视摄像物镜的设计 [J]. 电光与控制，1988（3）：1-6.

[50] 周九飞，等. 航空胶片相机胶片注释方法 [J]. 液晶与显示，2013，28（3）：408-412.

[51] 王冰，等. 不同气象条件下机载电视侦察系统探测距离等效推算方法 [J]. 光学技术，2013，39（4）：372-376.

[52] 王凌. 无人机载高倍比连续变焦电视系统设计 [D]. 西安：西安工业大学，2012.

[53] 王宝然. 机载电视摄像系统中的最佳光谱工作的选择 [J]. 激光技术，1987，11（6）：53-57.

[54] 李波，等. 国外航空侦察相机的发展情况 [J]. 现代科学仪器，2013（2）：24-27.

[55] 张远健. 长焦距高分辨率航侦相机物镜设计 [D]. 长春：长春理工大学，2012.

[56] 许永森，等. 国外传输型航空相机的发展现状与展望 [J]. 光机电信息，2010，27（12）：38-42.

[57] 吉书鹏，等. 一种光机扫描型机载广域侦察监视系统设计 [J]. 红外技术，2018，40（1）：20-26.

[58] 任航. 面阵 CCD 航测相机前向像移补偿技术研究 [J]. 半导体光电，2012，33（4）：591-595.

[59] 高士英. 空军航空侦察装备发展需求 [J]. 应用光学，2000(S1)：1-4.

[60] 刘明. 基于图像复原的航空摄影前向像移检测与补偿技术研究 [D]. 北京：中国科学院，2004.

[61] 王平，等. 可见与红外双波段航空侦察相机光机设计 [J]. 机械工程学报，2012，48（14）：11-15.

[62] 王海涛，等. 一体化红外双波段成像光学系统 [J]. 红外与激光工程，2008，37（3）：489-492.

[63] 王平，等. 机载光电侦察平台复合减振设计 [J]. 光学精密工程，2011，19（1）：83-89.

[64] 辛宏伟. 航空侦察相机设计与镜头结构分析 [J]. 光机电信息，2010，27（12）：68-72.

[65] 李玉瑶. 航空相机物镜的设计研究 [D]. 长春：长春理工大学，2010.

[66] 黄忠贤，等. 国产 SWDC 航空数码相机及其应用 [J]. 测绘通报，2009（9）：36-38.

[67] 刘宗杰，等. 国产 SWDC 航空数码相机及其应用研究 [C]. 中国测绘学会 2010 年学术年会论文集，2010.

[68] 张德新，等. 宽角航空 CCD 侦察相机拼接方案综述 [J]. 电光与控制，2010，17（4）：50-52.

[69] 肖姝. 航空相机的像移补偿 [D]. 长春：长春理工大学，2008.

[70] 荆新利，等. 美军航空侦察设备探析 [J]. 国防科技，2006（7）：12-16.

［71］ 付芸. 航空相机扫描反射镜系统研究与设计 ［D］. 北京：中国科学院，2003.

［72］ 毛小南. 航空相机技术的新突破—第四代电光相机步入航空侦察领域 ［J］. 现代兵器，1998 (10)：32-34.

［73］ Lareau G. Electro-optical imaging array with motion compensation ［J］. SPIE，1993，2023：65-79.

［74］ Lareau A G，et al. Dual-band framing cameras：technology and status ［J］. SPIE，2000，4127：148-156.

［75］ 朱强华，等. 稳像技术 ［J］. 舰船电子对抗，2006，29 (3)：77-80.

［76］ 周庆才，等. 光学稳像技术在空间通讯及航空、航天中应用的探讨 ［J］. 空间科学学报，2004，24 (1)：74-79.

航空光学工程

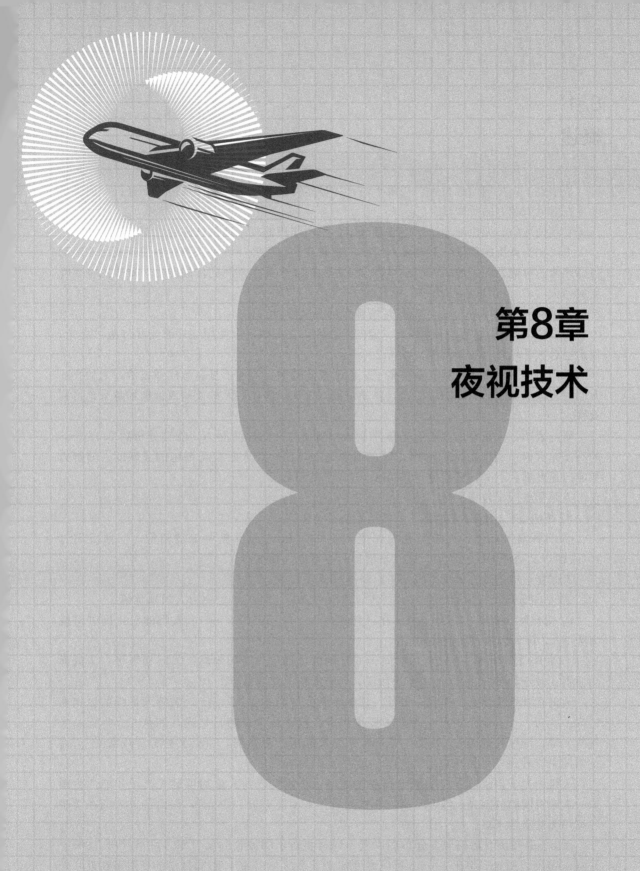

第8章

夜视技术

8.1

概述

战争史上，早期的战役大多局限于白天，虽然突袭和隐蔽要在夜幕掩护下进行，但多半发生在能见度较好的时间段。

对现代战争，无论陆地、空中或者海上，夜间作战的战略地位越来越重要。

人眼视觉系统的局限性和缺陷，限制了夜间或微弱光照环境中获得物体细节或高速运动目标图像的可能性。因此，人们创造出许多办法提高士兵在夜间的作战能力，希望能将夜晚变成白天（"night into day"）。典型例子包括：

① 第一次世界大战，采用探照灯增强夜间视觉能力。

② 第二次世界大战，为了达到一定的隐蔽性，在探照灯上使用红外滤光片屏蔽可见光，仅透射近红外辐射（波长范围 700～1200nm）。

利用上述方法在一定程度上提高了人们的视觉效率，但由于是有源成像技术，为敌我双方同时提供了观察能力，隐蔽性差，容易被敌方发现，因此，无源夜间成像技术越来越得到重视。

研究表明，人眼在白天自然光条件下有相当强的视觉探测能力，能够分辨约 0.15mrad 的高反差目标；而在光照低于 10^{-1}lx 的微弱光照环境中，人眼视觉细胞的灵敏度、分辨力和响应速度都会下降，只能分辨约 15mrad 以上的目标。

人眼受限因素包括：

① 响应波长。仅对光学波段中可见光波段响应。

② 目标辐射能量。人眼瞳孔处照度大于 10^{-1}lx 才能形成可识别图像，当照度超过 10^5lx 时，又会产生眩目现象，进一步增加，会造成人眼损伤。

人眼能适应的动态照度范围是 10^{-1}～10^5lx。

③ 空间分辨率。人眼的空间分辨率（极限分辨角）是 1′，也称为人眼视觉锐度。

④ 对比度（灰度）分辨能力。在最佳亮度下（5～1000cd/m^2），人眼的对比度分辨能力为 2%，称为人眼的阈值对比度。

⑤ 时间分辨能力。在接收以时间为变量的脉冲信号或者闪烁时，人眼相当于一个低通滤波器。截止频率 50～60Hz，换句话说，人眼的快门速度低于 0.02s。

人的视觉系统白天工作状态最佳，视觉频谱宽度为 400～700nm，敏感度最强的区域在 550nm 附近。而在晚上，可见光光子要少得多，仅存在少量的自然光，如月光、星光、大气辉光等，统称为夜天光。因为它们和太阳光比起来十分微弱，所以又称为"夜微光"。通常借此只能看到较大和高对比度物体，无法分辨物体细节。

人眼的光子接收器（柱状细胞和圆锥细胞）必须接收到大量的可见光光子才能产生图像。人眼视网膜的感光灵敏度不高，在微光条件下不能充分"曝光"，因而造成人们在夜暗环境中无法正常观察。

图 8-1 是夜间光谱辐照度分布图以及不同材料对不同波长的反射率。可以看出，800～900nm 范围内的光子率比 500nm 可见光处的光子率高 5～7 倍；不同材料的反射率在近红外区都在升高，而且绿色植被在 800～900nm 之间的反射率比在 500nm 处的反射率高 4 倍。

因此，夜间近红外区得到的光子比在可见光波段得到的光子多。在某些背景下，特别是在绿色植被下，对比度还要高一些。

应当强调，夜光环境中，除了存在目标反射的微光外，目标本身还会不同程度地向外辐射红外光。实际上，世界上一切物体每时每刻都在向外辐射红外线，所以，无论白天黑夜，空间中都充满了各种物体的红外线。但不论其强弱，人们都无法直接看到。

夜间作战技术的迅速发展使得战争在时间、空间和地点等方面都出现了许多特点：时间上没有白天和黑夜之分，空间上不分平面和立体，地点上不限于空中和陆地。尤其是在夜间能见度极低情况下，光电夜视设备具有观察直观、隐蔽性强、探测精度高、反应速度快、识别性能好和不受电磁波干扰等优点，从而在夜间能够观

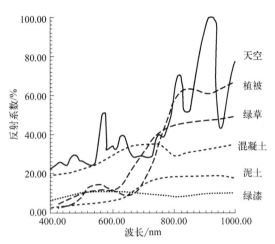

图 8-1　夜间光谱辐照度分布和
地面不同材料的反射率

察更远距离的景物，增强识别复杂地形和目标的能力。因此，海陆空各种作战平台，掌握先进的夜视技术对控制战场形势具有至关重要的意义。装备夜视观察/瞄准系统的军事装备已经遍及世界各国的各军兵种及各种武器，"拥有黑夜"变成了"共享黑夜"。

夜视技术的重要性显而易见。夜战的首要任务是发现和识别敌方，从而获得战争的主动权；其次，夜战武器系统的打击距离取决于所配装火控系统的夜视距离，发现距离越远，越能有效地发现目标，获得战场上的优先打击权；最后，夜视武器及其运输装备（例如飞机）在黑暗环境中可借助夜视技术以较高速度运动，获得较好的机动性。

夜视技术始于 20 世纪 30 年代。1934 年，德国首次研制出红外变像管。利用光子-电子转换原理，使处于高真空下的银氧铯光阴极能接收红外辐射。光子首先转换为电子，然后，通过荧光屏再将电子转换为光子，以获得人眼能够观察的图像。光子-电子-光子相互转换的原理奠定了现代夜视技术的理论基础。

8.1.1　夜视技术类型

夜视技术分为主动式夜视技术和被动式夜视技术两种类型。

（1）主动夜视成像技术

实际上，最早的夜视成像技术是主动红外夜视成像技术。为了能够看清目标和景物，需要利用红外大灯照射夜空中的目标，增大目标的反射光强度。

主动红外夜视系统的研究工作始于 20 世纪 30 年代末期，显著特征是"自身设计有照明光源"（例如红外灯或者红外激光光源，波长 $0.9\sim1.2\mu m$），类似于手电筒一样照射物体或目标，并通过光学系统和探测接收设备接收目标反射回来的回波信号成像，再转换为可见光。优点是工作距离和成像效果受自然界影响较小，成像质量明显优于被动成像系统。

主动红外夜视技术在第二次世界大战中得到进一步发展和应用。主要应用于各种运输车辆和坦克等战斗车辆的夜间侦察、搜索和瞄准。其作用距离取决于红外探照灯的功率。功率

越大，作用距离越远（采用 $500\sim1000W$ 的红外光源，作用距离可达 800m 以上）。由于多数情况对重量和体积都有限制，探照灯功率不能太大，因而作用距离一般 300m 左右。典型例子包括：

① 在第二次世界大战中，美国第一次使用主动红外瞄准镜，保证了战争的隐蔽性和突发性，取得了较好战绩。

② 德国将红外夜视仪装备在 Panther 坦克上。

20 世纪 60 年代末之前，主动红外夜视仪处于主导地位，例如德国（1956 年之后）几乎所有的装甲车、特种部队和炮兵部队都装备了主动红外夜视仪。但是，这种设备的缺点是体积大、重量重、耗电多、灵敏度较低，观察范围和距离都受限于探照灯。最致命的缺点是主动红外夜视系统需要有红外光源（包括红外探照灯和供电装置等）照射目标，容易暴露自己，隐蔽性差。尽管之后采用脉冲激光照明光源和选通控制成像技术，理论上可以在零照度环境中全天候成像，并能提高夜视作用距离，但并未从根本上解决上述致命性问题。

（2）被动夜视成像技术

被动夜视成像技术主要研究两个方面的内容：一是利用夜间环境的微弱自然光照度，采用微光夜视成像技术使微弱照度下的目标可见，即微光夜视技术；二是利用大气中红外窗口（例如中波红外和长波红外波谱），即物体本身的热辐射使目标可见，即被动红外夜视成像技术。

① 微光夜视技术。微光夜视技术是研究夜天空或者能见度不良条件下微弱辐射在景物上的反射光并放大其能量而获得可视图像，从而将人眼看不见的目标和场景的灰度图像转换、增强、处理和显示为适合人眼观察的可见光图像。

工作波段在可见光-近红外光谱区域 VNIR 和短波红外光谱区域（$0.4\sim2\mu m$），可以提供目标所在场景的细节信息，有较高的清晰度。主要特点是功耗低、便携性好和视场分辨率高。

微光夜视技术有直视型和电视型微光夜视技术两种类型。

直视型微光夜视技术在夜天光下的视距可以达到几百至几千米；微光电视夜视技术的视距可达 $10\sim20km$。

微光夜视技术的缺点是受自然光照度和大气透明度影响较大，景物之间反差小，图像平淡而层次不分明。

② 红外夜视技术。被动红外夜视技术（也称为红外热成像技术）是依靠景物本身各部分的温差以及景物与背景的温差，并通过光学系统和探测接收设备使微弱信号清晰成像，换句话说，是直接探测景物热辐射而获得可视图像的技术。通过转换、增强和处理技术将人眼看不见的目标和场景自身辐射的温度图像显示为适合人眼观察的可见光图像。工作波长在中波红外光谱 MWIR（$3\sim5\mu m$）或者长波红外光谱 LWIR（$8\sim12\mu m$），具有识别伪装的能力，能够发现隐蔽在树林和草丛中的人员、车辆与火炮等目标。主要特点是观测距离远、不受夜间气象影响，可全天候使用。

需要强调，红外夜视技术与微光夜视技术的成像原理完全不同，既适用于夜间或微弱照度环境工作，也可以在白天环境中清晰成像。并且工作在不同的电磁波谱区域，因此，导致探测或识别目标的能力有较大差异。

与主动红外夜视成像技术相比，被动红外夜视技术隐蔽性好。缺点是工作距离和成像效果受天空背景、气象条件和目标温度对比度等诸多因素的限制，对于探测和识别远程微弱目标、恶劣气象条件下观察以及特殊环境下（例如水下）成像都有一定难度。

微光夜视技术和被动红外夜视技术主要特征是"不需要主动照明光源"，因此统称为被动夜视技术。

8.1.2 夜视技术的典型应用

夜视技术在多次战争中都发挥了举足轻重的作用，军事需要大大推动了夜视技术的发展，受到世界各国的充分重视，并明确规定"夜间以及恶劣气候条件下不应影响部队的战斗行动"。典型的案例包括：

① 在越南战争中，美国首次使用第一代微光夜视仪，很大程度上遏制了敌方的夜间军事行动。

② 马尔维纳斯群岛战争中，装备着各种微光和红外夜视仪的英军对斯坦利海港发动夜间攻击，很好地验证了夜视技术在现代战争中的有效性。

③ 海湾战争中，多国部队对伊拉克发动大规模空袭，多数情况是从夜间开始且在夜间结束，即"零时起航，5时返航"，取得了良好的战争效果。

综观夜视技术的发展，主动红外夜视技术发展阶段是"夜间战斗距离等于白天战斗距离的一半"，被动微光夜视技术发展阶段是"夜间战斗距离等于白天战斗距离"，被动红外夜视技术发展阶段是"夜间比白天看得更远"。

表 8-1 列出不同类型夜视成像系统的技术性能。

表 8-1 夜视成像系统技术性能

夜视技术类型		技术特性
主动夜视技术	红外夜视	1. 场景反差大、闪烁小、成像清晰。 2. 自身携带红外光源，受环境照明条件的影响较小，观察效果比较好。 3. 比较成熟，造价低廉。 4. 体积和重量较大。 5. 作用距离有限。 6. 隐蔽性差
	激光夜视	1. 成像质量好。 2. 能够穿透烟雾。 3. 全天候工作。 4. 作用距离较远。 5. 隐蔽性差，易被暴露
被动夜视技术	微光夜视	1. 被动成像，隐蔽性好。 2. 体积小，重量轻。 3. 夜天光下成像质量好，"全黑"和"烟雾"及白天环境下无法工作。 4. 作用距离短
	红外夜视	1. 能够穿透烟雾工作。 2. 可以昼夜工作。 3. 作用距离远。 4. 成像质量较好。 5. 成本高

下面分别介绍微光夜视技术和红外夜视技术。

8.2
微光夜视技术

8.2.1　概述

　　众所周知，人眼能够观察到自然界中的景物，是因为眼睛接收到景物表面的反射或散射太阳光。而夜晚或者黎明/黄昏，由于没有太阳光照射或者光线微弱，人们就看不见或看不清自然界中的景物了。

　　理论上，在完全没有光照的情况下，微光夜视系统是看不到物体的。实际上，夜晚并非"完全黑暗"，多数情况下，自然界或天空中总会存在月光、星光和气体辉光等微弱的光照。所谓"微光"泛指夜间或低照度下微弱的光，由于其光照度太弱（低于人眼视觉阈值），能量低到不能引起人眼视觉。

　　微光夜视成像技术，通常理解为真空电子成像技术，也称为图像增强技术，是在夜天光或微弱照度条件下，利用电真空和电子光学技术将目标的反射辐射增强、转换和显示为适合人眼正常观察的可见光图像的一种技术，从而弥补人眼在空间、时间、能量、光谱和分辨能力等方面的局限性。就时域而言，是克服"夜盲"障碍，在夜间行动自如；就空域而言，使人眼在低光照空间仍能正常观察；就频域而言，将视觉频段有效扩展到长波区域，直至红外光谱区域。

　　研究结果和实践证明，微光夜视系统可以在极低光照度环境（10^{-5}lx）下被动式工作，例如，第二代和第三代微光夜视仪可以分别在目标亮度为 $1 \times 10^{-4} \sim 3 \times 10^{-4}$lx 和 2×10^{-5}lx 的环境条件（即无星、无月、有云的黑夜）下，将不能引起人眼良好视觉的低照度目标转变为人眼可以观察的明亮图像，大大改善了人眼在微弱光照下的视觉性能，因而，在各种领域（尤其军用领域）得到迅速发展和广泛应用。

　　表 8-2 列出不同夜间环境下的地面景物照度。

表 8-2　夜间不同天气情况下地面景物的照度

天气情况	地面景物照度/lx
无月浓云	2×10^{-4}
无月中等云	5×10^{-4}
无月晴朗	8×10^{-4}
多云残月	$(1 \sim 2) \times 10^{-3}$
1/4 月晴朗	1×10^{-2}
半月晴朗	1×10^{-1}
满月浓云	$(2 \sim 8) \times 10^{-2}$
满月薄云	$(7 \sim 15) \times 10^{-2}$
满月晴朗	2×10^{-1}
黄昏黎明暮曙光	1

在低光照条件下，为了能清晰地看清不同环境照度下的目标，需采用具有不同性能的微光夜视系统：在较弱光照度环境下，通常采用高信噪比 SNR 的器件，而在较高光照度的环境下，一般采用高 MTF 的器件，如图 8-2 所示。

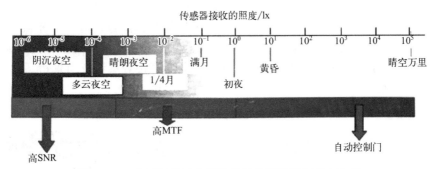

图 8-2　不同环境照度与不同微光像增强器的对应关系

由于微光成像技术在夜间或能见度不良条件下，具有观察、测距、瞄准、制导和跟踪能力，并且图像清晰、不易受到电子侦察干扰、体积小、质量轻、价格低和维修方便，因而受到各国军事领域的重视。

20 世纪 60 年代初，微光夜视技术得到迅速发展，成为主要的夜视成像技术。60 年代中期，开始在军事领域得到广泛应用，并装备军队（包括机载航空领域的应用），在近几十年的多次局部战争中都发挥了重要作用，包括夜间侦察、瞄准、车辆驾驶等。

20 世纪 90 年代，机载微光夜视系统的研发和应用越来越广泛，最初应用在武装直升机领域，后逐渐应用于飞行速度快、飞行高度高和姿态变化大的歼击机。飞行员头盔夜视仪（或者微光电视系统）与红外、激光和雷达等系统相组合，形成完整的机载光电侦察/测量/告警系统。

与此同时，民用领域对微光夜视技术的需求也不断扩大，开始应用于高空遥感领域中（例如城市灯光与灾害监测、低云与大雾监测、冰雪监测、尘埃/烟雾/雾霾监测、夜间多种光源的探测与侦察以及人类活动监测等），充分利用低照度环境能获得目标可见/近红外光波段的特性，提供类似白天分辨率的夜间图像。

机载微光夜视系统有两种形式：直视式机载头盔微光夜视仪（NVG）和机载微光电视。前者通过目镜直接观察，结构简单，成本低廉；后者通过各种视频成像器件（例如 CCD/CMOS 或者 ICCD/ICMOS）将微弱的目标光线转换为视频信号，实现可见光图像的输出并叠加多种飞行信号（例如高度和速度等），提供给飞行员观察。

能够利用如此微弱光线的目视观测，取决于两方面技术的重大突破：

① 研制成功灵敏度极高的光电阴极（例如 S-20 多碱光电阴极和砷化镓负电子亲和势光电阴极），使夜视仪的光电增益大大提高。

② 采用了光学纤维微通道板（MCP）面板，大大提高了亮度增益，有效减少或消除了像差，改善了成像质量，从而使极其微弱光线下的图像放大到人眼可清晰观察的亮度，无需主动红外照明就可实现微光观测。

机载（直视式）微光夜视系统由微光物镜、像增强器、目镜和电源组成。按照光学原理，这种微光夜视仪是一个带有微光像增强器并且对近红外光（波长 600～950nm）敏感的望远镜系统。

依据光能量放大原理，光学系统将微弱的环境/目标光线成像在微光像增强器上，其光电阴极受到微光照射后，产生与光强对应的一定数量的电子，并在高压电场作用下，经微通道板（例如第二代/三代微光像增强器）高倍率放大后，加速轰击荧光屏，激发出大量光子，使荧光屏上的景物图像的光强比入射到物镜上的微光强度增强几千至几万倍，即在荧光屏上显示一个可见光图像。一般可将夜天光或微弱的目标景物反射或辐射的信息图像亮度增强 10^4 倍以上，从而使夜间目视不可见目标转变为可见的目视图像。对于头盔微光夜视系统，飞行员可以借助（双筒或单筒）目镜观察到一个放大的、接近白天亮度的绿色清晰图像；如果是机载微光电视系统，飞行员可以借助显示器用眼睛直接观察到夜间景物。图 8-3 是微光夜视仪的工作原理图。

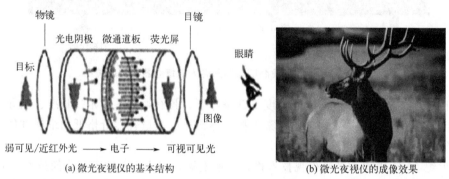

(a) 微光夜视仪的基本结构　　(b) 微光夜视仪的成像效果

图 8-3　微光夜视仪的工作原理

机载微光夜视仪主要应用于夜间贴地飞行的武装直升机和夜间攻击机。如果夜间气象条件良好，装备有微光夜视镜的飞行员可以完成 100～200m 高度的低空机动。如果微光夜视仪上设计有红外照明系统，还能帮助飞行员阅读座舱内的地图和仪表。

不同的微光夜视仪适用于星光或月光环境中的不同作战场合，最早应用于步兵和地面夜间观察，目前广泛应用于世界各国军用飞机（例如美国 A-10、F-15C、F-16、C-130、AH-64；俄罗斯的米-17、米-24 和"虎"式直升机；国内主要装备在武装直升机、空中加油机和军用运输机上），并与平视和头盔瞄准/显示系统相结合，形成昼/夜瞄准显示能力。

表 8-3 列出机载（直视型）微光夜视系统典型产品（AN/AVS-6 和 AN/AVS-9）的技术性能。

表 8-3　直视型机载微光夜视系统的技术性能

参数		指标
放大倍率		1
视场/(°)		40
目镜视度调节范围(屈光度)/D		−6～+2
出瞳直径/mm		10
眼点距离/mm		10
双目出瞳调节范围/mm		52～72
调整机构调整范围	垂直方向/mm	25
	前后方向/mm	27
	倾斜方向/(°)	>10

参数		指标
重量/g	夜视镜	≤500
	安装组件	≤150
使用飞行高度/ft		0～15000
工作温度/℃		−32～+52

美国、英国、法国、俄罗斯和中国多种机型都装备有微光夜视系统，尤其是轰炸机、歼击机、运输机和各种旋转翼飞机，大大提高了夜战能力。集中应用于以下方面：

① 在灯火管制环境下，帮助飞行员完成飞机起降、舱内仪表观察和舱外目标搜索。

② 有效缩短夜间飞行编队距离。

③ 观察空中夜间加油过程。

④ 可以辅助观察它机或本机特定波段激光照射产生的激光光斑。

⑤ 与其它机载设备配合，完成图像或数据融合，实现综合显示。

8.2.2　微光夜视技术的发展

微光像增强器是微光夜视成像技术的核心器件，微光夜视技术的发展与微光像增强器（参考第 4 章）密切相关，主要分为以下几个阶段：

（1）第一代微光夜视技术

20 世纪 60 年代，研制成功第一代微光像增强器，增益达到 5 万倍至 50 万倍，接近人眼正常观察物体需要的亮度条件。

1965～1967 年，第一代微光夜视仪研制成功。

20 世纪 70 年代，完成标准化工作，批量生产和装备部队。典型产品有 AN/PVS-2 星光镜、AN/TVS-2 武器瞄准镜和 AN/TVS-4 微光观察仪，主要用作地面轻重武器和装甲车辆的微光观察镜、瞄准镜和远距离夜间观察装置，逐步取代了主动红外夜视仪。

第一代微光夜视仪的技术性能是：

①（单）像管尺寸有效直径（光阴极/荧光屏）：$\phi 18mm/\phi 7mm$ 或 $\phi 40mm/\phi 13mm$。

② 光阴极灵敏度 ≥225～250$\mu A/lm$（最高可达 270$\mu A/lm$）。

③ 辐射灵敏度（850nm 处）：20mA/W。

④ 分辨率 ≥25～32lp/mm。

⑤ 畸变：17%。

⑥ 在放大倍数小于 1 的情况下，单管亮度增益可达 2000 以上，三级级联像增强的亮度增益是（2～3）×10^4（最大可达 10^5）。

⑦ 噪声因子 1.3。

⑧ 探测距离：对人 1500m；对坦克 3000m。

第一代微光夜视仪采用三级级联结构，缺点是体积大和重量重、畸变大（15%～25%）、跟踪活动目标时出现图像模糊（俗称"霜斑"），采用黑色瞄准十字线，瞄准精度低（约 0.1mrad），防强光能力差等。

表 8-4 和表 8-5 列出美国和法国第一代微光夜视仪的技术性能。

表 8-4　美国第一代微光夜视仪技术性能

参数		单人武器瞄镜（AN/PVS-2）	多人武器瞄镜（AN/TVS-2）	夜间观察仪（AN/TVS-4）
放大倍率		4	6.5	7
视场/(°)		10.8	6	9
物镜焦距/mm		135	235	255
视距/mm	月光下	400	1000	1200
	星光下	300	600	1000
30%对比度时的分辨率/(lp/mm)	10^{-1}lx	2.6	4.6	4.35
	10^{-3}lx	5.5	2.3	2.56
像增强器类型		18mm 三级级联	25mm 三级级联	40mm 三级级联
尺寸(长度×直径)/mm		447×φ81	560×φ165	760×φ260
重量/kg		3.4	7.8	16.8
主要用途		M-14/16 步枪,M-67 无坐力炮,M-72 火箭炮,M-60 机枪	106mm 无坐力炮,12.7mm 机枪,夜间观察巡逻	地面观察/监视

表 8-5　法国第一代微光夜视仪（OB25 型微光瞄准具）技术性能

参数	指标
视场/(°)	$2\omega=11$
倍率	4
分辨率/mrad	1.5
作用距离(星光下)/m	对人 400
	对车辆 500
	对坦克 700
重量/kg	2.9

（2）第二代微光夜视技术

1970 年，研制成功由多碱阴极 $Na_2KSb(Cs)$ 和微通道板电子倍增器（包括亮度自动控制装置 ABC）组成的第二代微光像增强器，单级微光像增强器代替了三级级联的第一代微光像增强器。有倒像式和近贴式两种类型。

第二代微光夜视仪的特点是：像增强器体积大大缩小（长度仅为一代管的 1/5～1/3）和重量大大减轻，畸变小，分辨率高，增益高，具有自动亮度控制（ABC）和防强光能力，且图像"霜斑"小，克服了"光晕现象"，同时，光谱范围向红外波段延伸，有益于充分利用夜天空的近红外光谱能量。

二代微光像增强器的典型产品包括：美国 ITT 公司的 F-4791 型像增强器（增益达到 10^6 和 8000h 的寿命）和英国 EEV 公司的 P8079HP 高性能微光像增强器，极限分辨率有较大提高，视距增加 25%。

美国研制的 AN/PVS-5A 型微光夜视镜采用高质量的光学系统和二代薄片型微光像增强器，图像清晰，操作方便，安装在飞行员头盔上，两节 AA 电池可以工作 30h。主要性能列于表 8-6 中。

表 8-6　AN/PVS-5A 型微光夜视镜主要性能

参数		指标	参数		指标
倍率		1	温度/℃	工作	−45～+45
视场/(°)		40		存储	—
分辨率(照度10⁻³lx 时)/(lp/mm)		0.76	相对湿度		95%
物镜	焦距/mm	26.6	抗浸水能力(最大)/m		1
	相对孔径	1:1.4	重量/g		860
调焦范围/mm		250～∞	观察距离/m	发现	识别
目镜瞳孔间距/mm		58～72	人	200	136
像增强器		φ18mm 二代薄片管	坦克	565	395
电源类型		BA1567/U 或 AA 电池	电源寿命/h		15～30

表 8-7 和表 8-8 分别列出美国和法国第二代微光夜视仪（OB25 型微光瞄准具）的技术性能。

表 8-7　美国第二代微光夜视仪技术性能

参数			单人武器夜视瞄准镜（AN/PVS-4）	多人武器夜视瞄准镜（AN/TVS-4）	远距离夜间观察仪（Long-NOD Ⅱ）
二代像增强器			18mm 倒像管	25mm 倒像管	25mm 倒像管
视场/(°)			14.5	9	5.6
放大倍率			3.7	6.2	9.4
视距/m	人	探测	1000	1310	1572
		识别	727	990	1180
	坦克	探测	2202	2664	3196
		识别	1583	1903	2283
30%对比度下分辨率(10⁻³lx)/(lp/mm)			2.11	3.44	4.6
外形尺寸/mm			240×120×120	310×160×170	410×260×260
重量/kg			1.7	3	11.6

表 8-8　法国第二代微光夜视仪技术性能

参数		指标
视场/(°)		$2\omega=11$
倍率		3
分辨率(10⁻³lx 照度下)/mrad		0.6
作用距离(星光下)/m	人	450
	车辆	650
	坦克	900
重量/kg		1.9

与一代微光夜视仪相比，第二代微光夜视仪结构更紧凑、重量更轻和成像质量更好（畸变小，空间分辨率高，图像具有很好的可视性，尤其是具有自动防强光性能），因此，观察距离更远。20世纪80年代后，微光夜视仪完全采用二代微光像增强器，并成功应用于军用头盔领域。另外，将瞄准线改为亮线，瞄准精度提高到约0.25mrad，观察距离更远。

（3）第三代微光夜视技术

1972年，RCA公司利用砷化镓（GaAs）负电子亲和势NEA光电阴极研制成功第三代微光像增强器（C33105型）。

20世纪80年代中期，美国启动了"Omnibus三代微光技术发展计划"，国际电话电报公司（ITT公司）和Northrop Grumman（前Litton）EOS公司研制出用砷化镓（GaAs：Cs）负电子亲和势NEA光电阴极（代替多碱阴极）和防离子反馈膜微通道板为主要特征的薄片式像增强器（标准型），在更宽的光谱范围（向蓝光谱和红光谱区域延伸）内具有更高的灵敏度，在照度更低的夜间环境下能探测到更弱的目标信号和形成更清晰的图像，鉴别率和信噪比等性能参数进一步提高。

在此期间，欧洲Jacques Dupuy在不改变二代管光电阴极材料的基础上，参考三代微光像增强器的制造工艺对二代微光像增强器制造工艺和结构进行优化改进，进而研制出具有更高信噪比和分辨率的"超二代微光像增强器"，使光阴极灵敏度由$225\sim450\mu A/lm$提高到$600\mu A/lm$，且减小了微通道板的噪声因子、改善了整体像增强器的MTF，使鉴别率和输出信噪比接近三代增强器的性能水平，称为"二代半像增强器"或"超二代像增强器"。

利用三代/超二代微光像增强器研制的微光夜视仪称为三代微光夜视仪。

20世纪80年代末，为机载飞行员专门设计了AN/AVS-6型双管双目夜视成像系统（简称ANVIS），如图8-4所示，供直升机或固定翼飞机飞行员夜间飞行、着陆以及观察/识别/跟踪目标。光谱范围$625\sim950nm$。微光物镜镀介质膜系（相当于蓝色滤光片）以将波长低于625nm的光波滤除，从而提供与座舱蓝绿光照明相兼容的能力。

图8-4　AN/AVS-6飞行员头盔夜视成像系统

飞行员头盔夜视仪AN/AVS-6（简称ANVIS）由标准的SPS-4型飞行员头盔、双筒三代微光夜视仪和29V的电池组成。与陆军用AN/PVS-5相比，性能有很大提高，近红外光谱具有最佳响应。虽然在较高光照度情况下，与AN/PVS-5性能差别不大，但在观察星光照明下的景物时却有更高的对比度和分辨率。在同一探测距离下，微光性能约提高一个数量级，环境照度可以由$10^{-4}lx$降至$10^{-5}lx$。即使在雨雾恶劣天气下，也能获得较好的性能。表8-9列出AN/AVS-6型飞行员夜视系统技术性能。

表8-9　AN/AVS-6型飞行员夜视系统技术性能

参数	指标
调焦范围/mm	$280\sim\infty$
系统放大率	1
物镜/目镜焦距/mm	27

参数	指标
物镜 F 数	1.2
视度调整范围（屈光度）/D	−6～+2
瞳孔间距调节范围/mm	52～72
亮度增益（最小）	2000

整机调整范围	上下	可以翻动
	倾斜调整/(°)	8
	垂直与前后最小调整/mm	16

工作温度/℃	−32～+52
电源（安装在头盔后部以调整重心）	一个 BA-5567/U 锂电池或两个碱性 AA 电池，电压 2.9V
重量/g	463

1992 年，ITT 公司利用三代微光像增强器研制成功 AN/AVS-9（F4949 系列）双目头盔微光夜视仪，技术性能列在表 8-10 中。

表 8-10　AN/AVS-9（F4949 系列）微光夜视仪技术性能

参数	指标
响应光谱范围/μm	可见光～0.9（IR）
视场/(°)	40
放大率	1
分辨率/(cy/mrad)	典型值 1.36，最小值 1.30
亮度增益（最小）	5500

光束平行性/(°)	会聚度	≤1.0
	发散度	≤0.3

最小视度调节范围（屈光度）/D	−6.0～+2.0
眼距调节范围/mm	51～72
垂直调节范围/mm	25
前后调节范围/mm	27
倾斜调节范围/(°)	10

焦距/mm	物镜	27（F/1.23）
	目镜	27

出瞳	孔径/mm	轴上	14
		全视场	6
	出瞳距离（眼距）/mm		25

调焦范围/cm			41～∞

重量/g	双目光学系统（最大）		550
	托架	固定翼飞机	250
		旋转翼飞机	330

工作温度/℃			−32～+52

1996 年左右，美国 ITT 公司研制成功 AN/PVS-8 机载轻型微光夜视仪，主要特点是：

① 提高了强光环境下的分辨率。

② 视场进一步扩大。

③ 采用电子学方法与飞机的弹射机构相连，弹射时自动与飞行员头盔分离，具有相当好的安全性。

国外许多国家的飞机都装备有三代微光夜视仪，包括美国的阿帕奇武装直升机和 AH-1 "超眼镜蛇"直升机、C-130H 大力神运输机、F-15 和 F-16 战斗机，俄罗斯的 KA-50 和米-28 武装直升机，以及法国的幻影-2000 和以色列 MKⅢ等。

北方夜视科技有限公司利用超二代微光像增强器研制的机载头盔微光夜视仪有三种形式：单管单目微光夜视仪、单管双目微光夜视仪和双管双目微光夜视仪。应用最广泛的是双管双目微光夜视仪，如图 8-5 所示。双管双目微光夜视仪（A 型）性能列在表 8-11 中。

A型　　　　　　　　　　　　　　B型

图 8-5　双管双目机载微光夜视仪

表 8-11　双管双目机载微光夜视仪（A 型）主要性能

参数		指标
视场/(°)		40
放大率		1 ± 0.05
像增强器类型		超二代
物镜调焦范围/mm		$250\sim\infty$
视度调节范围(屈光度)/D		$-6\sim+2$
瞳孔间距调节范围/mm		$52\sim72$
分辨率(照度 1×10^{-1}lx)/mrad		$\leqslant1.0$
目标对比度		85%
作用距离(30m×30m 目标)/km	探测	$\geqslant6$
	识别	$\geqslant4$
出瞳直径/mm		$\phi14$
出瞳距离/mm		25
重量/g		505(B 型 320)
电压(电池供电)/V		$2.2\sim3.4$

第三代微光夜视技术的特点是：

① 采用透射式 GaAs 光阴极。

② 采用镀有 Al_2O_3 防离子反馈膜的低噪声微通道板和荧光屏。

③ 采用双冷铟封近贴式结构。

与二代微光夜视仪相比，增强了灵敏度，改善了分辨率，尤其在近红外光谱区域的光学性能更佳。满足"在 200ft 或更低高度、飞行速度 150 节（相当于 277.8km/h）以及密云星光环境照度下能够识别地形障碍物"的要求。

（4）第四代微光夜视仪

为了克服离子阻挡层的缺陷，人们做过多种尝试和努力，例如，研发新的光阴极材料而使感光波长灵敏范围向红外波段延伸、无离子阻挡膜或者薄离子阻挡膜的微通道板、无光晕成像技术以及自动门控技术等。2000 年左右，在砷化镓（GaAs）型负离子亲和势光阴极基础上，利用单块非镀膜体电导材料 MCP 和"自动门控技术"成功研发出"第四代微光像增强器"，也称为"三代无膜管"，Northrop Grumman 公司（EOS 分公司）的 MX-10160A "无膜管"和 ITT 公司的 Pinnale 型"薄膜管"F9815RG 是其典型代表。若仅考虑极限分辨率和信噪比，DEP 公司的 XR-5^{TM} 也属于四代或准四代产品。

利用无膜微光像增强器研制的四代微光夜视仪不仅能在云遮星光的极暗条件下有效工作，而且也可以在黄昏和拂晓在内的各种光照条件下工作。极限分辨率大于 64lp/mm，动态照度范围 $10^{-5} \sim 10^3$ lx。

（5）第五代微光夜视仪

随着科学技术的高速发展，成功研制出能在一定低照度（例如，1/4 月光）环境下工作的电荷耦合器件（CCD）和互补金属氧化物半导体（CMOS）图像传感器（APS），典型产品是 ITT 公司研制的 CCD-65L 型、WATEC 公司研制的 WAT-902H 型和 EP 公司研制的 SunStar300 型等星光级 CCD 摄像机，可以在 3×10^{-4} lx 低靶面照度下工作。美国仙童公司成功研制出微光 CMOS 并应用于数字融合夜视系统中。

第五代微光夜视技术是将微光像增强器与 CCD/CMOS 相集成或组合成微光电视系统，应用在机载导航系统中并将信息实时传输给地面指挥站，可以通过大屏幕显示器供多人观看或记录存储。由于图像显示面积大，即使长时间观察也不会感觉疲劳。由此组成的微光电视系统称为低照度电视系统或微光电视，广泛应用于机载微光夜视系统中。

8.2.3 微光夜视仪的基本类型

微光夜视仪有两种类型：直视型和电视型微光夜视系统。

8.2.3.1 直视型微光夜视系统

微光夜视镜最初是为地面部队研发，早期的机载微光夜视镜都是直视型微光夜视系统。直视型微光夜视系统有三种结构形式，如图 8-6 所示。

① 单管单目微光夜视仪。

② 单管双目微光夜视仪。

③ 双管双目微光夜视仪。

初期，大多数微光夜视镜都采用单微光像增强器/双目镜结构，但是发现，这种双目观测方式不适合要求较高的机载环境，因此，在机载环境中，逐步采用双微光像增强器/双目镜结构形式，如图 8-6(c) 所示。

机载双管双目微光夜视仪左右通道各设计一个微光像增强器，用以提供必要的景深和体视感，同时方便双眼分别调焦。一般地，微光夜视仪中都会设计一个滤光片，用于过滤蓝光

(a) 单管单目微光夜视仪

(b) 单管双目微光夜视仪

(c) 双管双目机载微光夜视仪

图 8-6　直视型微光夜视仪

和绿光，保证近红外波长光束进入光阴极。为了保证微光夜视仪的成像质量和恒定的像面亮度，还会设计有亮度自动控制（ABC）系统。

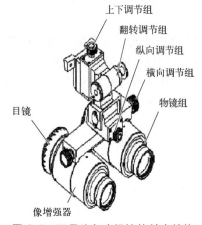

上下调节组
翻转调节组
纵向调节组
横向调节组
物镜组
目镜
像增强器

图 8-7　双目头盔夜视镜的基本结构

机载微光夜视仪具有两个特点：

① 微光夜视仪的电源由头盔后部的电池提供，完全独立于飞机电源。

② 为了安装于不同形式的飞行员头盔和满足不同的飞行员使用，设计有安装组件，包括上下、左右和前后调整机构及翻转调节机构（不用时，将夜视镜向上翻转，移出视场），如图 8-7 所示。

研究表明，人眼的水平视场约为 165°，垂直视场为 150°。标准的头盔式微光夜视仪（NVG）（例如 ANVIS）的图像源普遍使用 ϕ18mm 的微光像增强器，完全叠加的视场为 40°。然而，目视分辨率与视场成反比，扩大视场就会使分辨率降低。佩带夜视镜的人员尽管可以通过头部转动弥补夜视仪的有限视场，但仍感到不方便。

为了获得宽视场，美国空军航空系统中心（ASC）与 Kollsman 公司研发了一种由 4 个 ϕ16mm 微光像增强器（重量约为 18mm IIT 的一半）而非传统的 2 个 ϕ18mm 微光像增强器组成的全景双目夜视系统（PNVG），在扩大视场的同时，保持具有相同的图像分辨率，并在 UH-60 "黑鹰" 直升机上完成了低空飞行和着陆试验，如图 8-8 所示。

该微光夜视系统的视场由原来的 40°×40°扩展到 95°×38°，扩大了飞行员的侧面视野。其突出部分比 ANVIS-9 夜视镜略短，减轻了系统重量，缩减了镜筒尺寸，改变了重心以减轻头部疲劳程度。攻击机驾驶员只需转动眼球，而不必转动头部即可看到更宽的视野，危机时全景夜视眼镜还可以自动从飞行员头上安全剥离。

长春理工大学利用三通道双目成像原理对 100°（H）×40°（V）微光夜视仪进行了研究，

如图 8-9 所示。利用光学系统的合像原理，使用三个像增强器，增加了两个辅助物镜，在主物镜和辅助物镜合像的过程中，通过左右两个辅助物镜使系统视场变宽。

图 8-8　四通道微光夜视镜

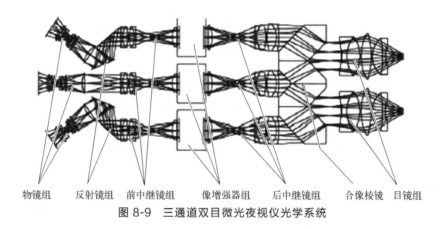

物镜组　　反射镜组　前中继镜组　　像增强器组　　后中继镜组　　合像棱镜　目镜组

图 8-9　三通道双目微光夜视仪光学系统

该光学系统特点：

① 三个物镜成像系统（三个微光物镜和像增强器），经过棱镜合像系统后，被双目系统观察。

② 单个物镜视场 $2\omega=40°$，三个视场之间有 $5°$ 视场覆盖，总视场 $100°$。

③ 与全视场 $100°$ 的单个物镜（焦距约为 7.3mm）相比，该单物镜焦距为 24mm，大大降低了光学系统设计难度和复杂性。

④ 相同条件下（例如 $F/1$），该物镜系统总通光面积是相同大视场物镜的 10 倍以上，角分辨率是 3 倍以上，因此，三通道双目微光夜视仪在观测目标亮度和分辨率上有很大优势。

⑤ 缺点是重量较重和尺寸较大。

8.2.3.2　电视型微光夜视系统

1960 年，研发成功微光电视系统，主要由以下部分组成：

① 由微光像增强器和 CCD 摄像系统组成的成像装置。

② 图像传输与控制设备。

③ 图像处理与液晶显示设备。

机载电视型微光夜视系统是指能够接收和显示极微弱星光（10^{-1}lx 以下）照射下景物

图像的机载夜视装置，广泛应用于地面、空中和海上侦察、监视和武器火控系统中。与机载直视型头盔微光夜视仪不同的是直接将图像传输或显示在监视器屏幕上，可供多人/多地点同时观察，或经适当处理后与其它信息（例如平视或者头盔瞄准/显示系统产生的字符）叠加在一起，提供给飞行员观察。

目前，微光电视系统主要用于武装直升机或者低空慢速飞行的歼击机，大大提高了飞机的夜间打击能力。

微光电视系统一般安装在武装直升机腹部，纵轴初始位置与飞机纵轴平行，可以绕直升机纵轴作水平和俯仰方向运动。当武装直升机在夜间搜索/跟踪敌方目标时，在控制器的控制下，驱动微光摄像机头部做水平和俯仰运动以摄取目标。微光像增强器对夜天光照亮的微弱目标图像进行增强。同轴安装的测位仪测出摄像头偏离直升机机体纵轴的各个角度并将其送入控制器，完成坐标系的转换计算。

微光 CCD 摄像系统具有变焦、聚焦和滤光等功能。通常在高灵敏度的电视摄像管前安装 1 级或 2 级微光管，首先将微光图像增强，然后由摄像机拍下。摄像机摄取的各种目标信息及系统显示符号等，在控制器的控制下完成信号处理，在液晶显示器上输出微光图像或者通过头盔显示系统显示给飞行员观察，并根据计算出的相对位置关系，操纵飞机机动飞行、搜索、跟踪和瞄准目标。

数字微光夜视技术的进一步发展，使像增强器输出的信息数字化，直接用电子方法增强和传输。即利用 CMOS 探测器将电子像增强信号显示在荧光屏上，从而将微弱的二维空间光学图像转换为一维的数字视频信号，并再现为适合于人眼观察的图像。数字化微光夜视技术的两个显著功能是信息合成和图像融合。该技术涉及图像的光谱转换、增强、处理、记录、储存、读出、显示等物理过程，通过数字技术手段的改造、提高，使数字技术和微光夜视技术得到完美融合。

因此，机载微光摄像机完成夜间目标拍摄后，可以以无线电波的形式不断地将获得的电视图像转换成电信号传送到远处（或后方）地面指挥部，并将图像显现在大型屏幕上，很方便地供多人同时观看，这也是数字微光电视技术的突出优点。

近年来，随着电子处理技术（包括图像处理和信息融合技术在微光技术领域的应用）的发展和固体微光器件的研制成功，机载微光夜视技术得到迅速发展，在完成宽光谱、大动态范围、全天候条件下的观察、瞄准、测距、跟踪、制导和告警等军事任务中，发挥着重要作用。

2007 年，美国 Xenonics Holdings 公司成功研发出新型便携式、轻型超级可视数字夜视观察设备（Super Vision 型），将肉眼看不到的微光目标转换成清晰图像并显示到高分辨率显示器上，技术性能包括：

① 放大倍率：2～8。

② 分辨率≥1280×768 像元。

③ 环境适应照度：昼夜兼用（$3×10^{-4}～10^5$ lx）。

④ 景深：0.6m～∞。

8.2.4　微光夜视仪的基本性能

美国国际电话电报公司（ITT）的研究表明，评价微光夜视设备的成像质量主要考虑四种因素：技术性能、人的因素、适用性和总成本。

8.2.4.1 技术性能

(1) 分辨率

分辨率是指微光像增强器的分辨率或者系统的分辨率。

对于微光像增强器，使用"每毫米线对数（lp/mm）"表示其分辨能力。例如，第二代像增强器最低分辨率为36lp/mm；第三代像增强器分辨率可达45～50lp/mm。

对于微光夜视系统，分辨率是指系统分辨点/线/面物体的能力，一般用线或角度为单位表示能够分辨独立的两个点目标之间的间距。系统分辨率单位cy/mrad（周数每毫弧度）。例如，月光环境下，夜视仪AN/PVS-5分辨率是0.72cy/mrad，AN/PVS-6的分辨率0.86cy/mrad。

飞行员最关心的是系统分辨率，是飞行员真正体验到的分辨率，也是考核系统光学质量的分辨率。而评价具有相同光学质量和滤光片的夜视系统时，微光像增强器的分辨率是一个非常重要的判据。

分辨率高低与环境照明条件密切相关，如果目标对比度高，那么，在高亮度条件下分辨率也高。

通常情况，大部分系统都会测量出高照度和低照度环境下的分辨率，并在很低/很高照度之间的某个点给出一个最佳值。关键是要以同样放大率、同样照度条件和相同的测量方式完成分辨率测量，数值越高，则显现一幅清晰图像的能力越强。

需要注意，一些微光夜视系统在视场中心区域可以形成清晰图像，但边缘区域并不清晰，主要原因是光学系统问题；另外，一些夜视系统在较高照度下像质好而在较低照度下像质较差也是其原因。

(2) 视场

对于直视型微光夜视仪，眼睛应视为观察仪器的一部分。就眼睛而言，其瞬时视场是椭圆形状，约为120°(V)×200°(H)。微光夜视仪（假如双目系统的视场是重叠的）的视场是40°，因此，在飞行过程中，常常会出现"隧道效应"，如图8-10所示。为了弥补这种视场损失，一般使头部连续转动。

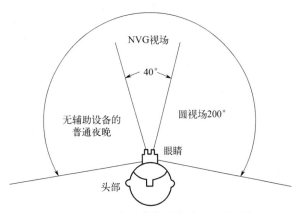

图8-10 人眼视觉系统与微光夜视系统的视场

为什么不采用更大视场的微光夜视仪？研究表明，1倍放大率观察系统的视场与分辨率是矛盾的，增大视场会导致分辨率降低。并且，据William E. Mclean的研究结果认为，飞行员更希望较高的分辨率而不是增大视场。

（3）作用距离与场景/目标的照度

研究表明，当阴极面照度在 $10^{-3} \sim 1$lx 范围时，光学调制传递函数 MTF 对目标的探测和识别起着关键作用；当照度低于 10^{-3}lx 后，信噪比（SNR）起主导作用。为了适应更宽光谱的应用环境，最好选择具有选通功能的高性能微光像增强器，可以使动态范围扩大到日光照明的情况（10^5lx）。

设计中，主要考虑微光像增强器的光阴极灵敏度、信噪比 SNR 和增益。

① 光阴极灵敏度。微光像增强器的光阴极灵敏度值越高，微光夜视仪在很黑的夜空下探测目标的能力越好。应当注意，在夜间，聚集在近红外光谱区域的光能量要比可见光谱段更多，因此，当某种设备声称具有高灵敏度时，首先要确认光谱区域，因为具有蓝光谱（或者可见光谱）高灵敏度的设备不可能完成具有较低的总体灵敏度而在近红外区域又具有较高灵敏度的设备所执行的任务。

当天空变得越来越暗时，影响系统探测能力的最重要因素是信噪比 SNR。由于 SNR 决定着微光像增强器低照度下的分辨率，因此，SNR 越大，信号与背景噪声相比越清晰，越能更好地观察和探测较低照度下的目标。

② 亮度增益。亮度增益是指夜视装置对输入光亮度的放大倍数，通常分为微光像增强器亮度增益和微光夜视系统增益。

一般认为，微光像增强器增益越高，微光夜视仪对目标图像光能量的放大能力越大。例如，美国军用Ⅱ代和Ⅲ代微光像增强器的增益是 20000～37000。需要注意，如果微光像增强器的增益太高，而光学系统的成像质量不好，那么，微光像增强器就会变成一个"噪声器"，信噪比下降。另外，高增益还意味着微光像增强器的驱动较难和寿命较短，因此，增益是一个比较矛盾的参数，需综合考虑夜视系统的各种参数。

还要注意，在任何夜视系统中，微光物镜的透射率、成像质量以及滤光片的加入都会降低夜视系统的增益，因此，飞行员最重视的是夜视系统的亮度增益，美国军用微光夜视系统的亮度增益通常是 2000～3000。

③ 畸变。畸变对微光夜视仪的应用有较大影响。尽管三代和 18mm 二代微光像增强器声称已经消除了几何畸变，但有时还会遇到能够感知的 S 形和剪形畸变。当应用于摄像、视频录制或者武器瞄准时，更需注意畸变和边缘视场分辨率。

8.2.4.2　人的因素

① 头部支撑重量。评价重量时应考虑到头盔佩戴时间较长的问题。短时间佩戴可接受的重量不一定适用较长时间的佩戴。

头盔微光夜视仪在机载领域中的应用增加了飞行员的头部支撑重量，例如，美军 AN/PVS-5 夜视镜使头盔重量增加到 2.54kg，会造成飞行员颈部肌肉的紧张和疲劳，并增加失事过程中颈部严重损伤的危险性。

通过对直升机碰撞损伤问题的研究表明，飞行员佩戴 1.5～1.8kg 的头盔，不会出现颈部惯性损伤情况，因此，1982 年，在 AH-64 阿帕奇飞行头盔研制过程中，美国 USAARL 提出 1.8kg 的重量限制。但对用于夜间飞行的头盔夜视仪的调查表明，包括头盔、微光夜视仪 ANVIS、电池包、配重和其它辅助设备在内的总重量是 2.1～3.1kg，平均头部支撑重量 2.6kg；其中，ANVIS 平均配重 0.36kg（范围 0.25～0.62kg），超出规定极限重量 1kg 左右。

头盔系统允许的最大重量限制到 2.5kg。

② 立体视觉感。无论微光夜视系统或者红外夜视系统，其观察、探测、识别性能都会受到视觉主观因素以及客观因素的影响。

客观因素的影响显而易见，诸如辐射源、大气效应、像增强器和红外探测器、光学系统以及高压供电系统等，许多资料都讨论和分析过。下面着重介绍视觉主观因素的影响。

第 4 章已经介绍过，人眼在白天是依靠感光灵敏度不高的锥状细胞工作，夜间则依靠鉴别率较低的杆状细胞工作，因此，人眼在夜间很难分辨出远方物体的颜色，这也是夜视仪与白天可见光仪器的根本区别。

夜视成像仪器的目的是将人眼的视觉范围从白天可见光扩展到夜间微光和红外光。

研究表明，裸眼夜间观察时的极限分辨率 $\alpha_{\min}$ 满足如下关系：

$$\alpha_{\min} = \frac{1}{PK\sqrt{B_\phi}} + \alpha_{0\min} \tag{8-1}$$

式中　P——常数，一般取 $P=2$；

　　　K——目标对比度；

　　　B_ϕ——背景亮度；

　　$\alpha_{0\min}$——背景亮度为零时的最小鉴别角，约为 $0.8' \sim 1'$。

当人眼通过夜视仪器观察时，观察者是通过目镜观察，像屏上显示的目标图像亮度 B、背景亮度 B'_ϕ 和目标与背景的固定对比度 K'，应满足下列关系式：

$$\alpha' = \frac{1}{PK'C'\sqrt{B_\phi}} + \alpha'_0 \tag{8-2}$$

式中　α'——给定观察距离上，屏上目标相对目镜的张角；

　　　α'_0——$B'_\phi = 0$ 时，仪器的极限鉴别角；

　　　C'——对比恶化系数。

根据约翰逊（Johnson）准则，人眼发现、识别、分辨一个静止目标的空间频率至少是 1 个周期、4 个周期和 6 个周期。而对于夜视系统，为了发现一个目标，仅靠一个亮点信号是不够的，至少应获得目标的粗略轮廓，即目标的空间频率至少选择 4 个周期，如果瞄准和攻击目标，就必须看清目标，那么，应当选择更高的空间频率。

装甲兵技术学院（薛南斌等人）的研究表明，假设夜视系统的放大率为 Γ，目标高度为 H，探测距离为 L，建议选择空间频率 4 个周期作为发现目标的条件，并且，对探测距离的估算要满足如下公式：

$$\frac{\Gamma H}{2 \times 4L} \times 3440' = \frac{1}{2K'C'\sqrt{B_\phi}} + \alpha'_0 \tag{8-3}$$

显然，增大夜视系统的作用距离，必须提高背景亮度 B'_ϕ 和对比恶化系数，以及减小（$B'_\phi = 0$ 时）仪器的极限鉴别角 α'_0。

当用双眼观察外界景物时，会产生明显的远近感觉，称为双眼立体视觉。经验证明，这种感觉只在 16m 以内（有资料称"10m 之内"）才能产生。研究也表明，佩戴有双管双目微光夜视仪（例如 AN/PVS-5 和 ANVIS）的飞行员，由于是按照正常人眼间距观察两个图像，因此，理论上具有立体视觉感。1991 年，对微光夜视仪的一项距离评价研究发现，裸眼昼/夜条件下的距离评价与 40°微光夜视仪没有太大差别。有的研究资料还表明，当环境亮度低于微光亮度级时，微光夜视仪的立体视觉感还优于裸眼视觉。

③ 易操作性是指飞行员在黑暗环境中无法看到设备情况下的操作能力。

④ 需要考虑紧急情况下弹射的安全性以及高压电源的安全性。

8.2.4.3　适用性

（1）光学性能参数之间的平衡

对于大部分侦察/搜索应用，为了保证不错失重要目标或者情景，系统放大倍率越大或者视场越窄，则扫描一片区域需要的时间就会越长。

对于远距离观察或者武器瞄准应用，可能需要采用变放大率方式，但是一定要考虑到其它性能特性要求，例如，增大放大率会使视场变小和 F 数增大，因而会聚的光能量会减小，因此，需要采用在很低照度下具有优良性能的微光像增强器和高性能光学系统。

如果的确需要变放大率系统，应考虑如何容易和快速地变化放大率。

对于机载双目直视微光夜视系统，认为采用 1：1 光学系统和 40°视场就能提供最佳光学性能。

（2）座舱照明兼容性

微光像增强器的工作原理是将入射光子增强，光放大倍数高达数千。但是，微光夜视仪无法区分入射光子是来自座舱外部目标还是座舱内部灯光（例如飞行仪表、泛光灯、警报/故障信号灯以及电子/电光显示器等）。在外部环境亮度级别足够高时，影响较小，对在极低的环境照度下而又需要较高增益时，座舱光源会逆向降低增益，从而降低系统性能。

为了大幅度降低座舱内部的照明强度曾经做了大量的研究工作，包括涂镀具有低反射性能的黑色涂料、设计隔离光栅/滤光镜/低亮度灯以及关闭显示器等措施，但是，效果并不理想。

一些研究结果认为，较好的解决方法是：

① 微光物镜内表面镀上一层介质膜（相当于设计一个蓝色滤光片），将波长小于 625nm 的光谱反射，从而从根本上保证 400~625nm 的光无法入射到微光夜视仪中。

② 无论设计新机型或者改造旧机型，都应当要求座舱照明条件满足"兼容夜视成像系统"的技术规范（国军标 GJB 1394—1992《与夜视成像系统兼容的飞机内部照明》）。

（3）耐气候性

夜视系统在不利环境条件下能够正常工作的能力是另一个重要的因素。主要是关心影响图像观察的内部雾化效应，因此，防潮湿能力至关重要，尤其是当微光夜视仪应用在河流/海洋附近或者热带多雨季节时，更需要重视该问题。

8.2.4.4　总成本

影响微光夜视系统总成本的因素包括微光像增强器的寿命（称为"可靠性"）、保修范围、可维修性、售后服务支持以及作为重要质量指标的整体工艺。

8.2.5　直视型微光夜视仪光学系统

直视型微光夜视系统是利用光学系统收集星光、月光和大气辉光等微弱光照射目标而产生的反射光并经微光像增强器增强后，人们通过目镜直接进行观察的夜视系统。

实际上，机载微光夜视仪的光学系统可以视为一个望远光学系统。区别是，在物镜的焦平面上，设计有一个光电转换/电子倍增器件——微光像增强器，如图 8-11 所示，由微光物镜、像增强器（包括高压电源）和微光目镜组成，并且，微光物镜和目镜分别设计。在某些情况下，光学系统可能会变得更复杂些，需要设计转像系统和其它辅助光学元件。

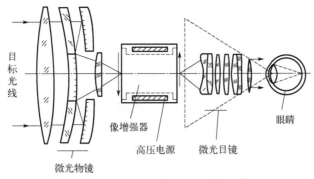

图 8-11　直视型微光夜视成像系统

与地面用微光夜视仪相比，机载微光夜视仪具有以下特性：

① 视角放大率必须是 1 倍。

② 消除眩光影响。

③ 重量和体积有严格限制。

④ 兼顾近距离阅读仪表板和远距离观察外界景物。

选择微光像增强器时，需要考虑以下因素：

（1）灵敏度

微光夜视系统是利用景物对夜天光的反射成像，夜天光覆盖了可见光、近红外和短波红外光波段，其峰值和主要辐射能量均在短波红外波段，该波段的辐射能是可见光和近红外光波段之和的数十倍。

研究表明，三代砷化镓光阴极的光谱响应与夜空辐射的匹配率大约是二代多碱光阴极的 3 倍；InGaAs 的光谱响应与夜空辐射的匹配率大约是三代砷化镓光阴极的 10 倍，是二代多碱光阴极的 30 倍。

应使微光像增强器的灵敏度曲线尽量符合夜空光谱近红外区，从而接收更多能量，提高转换效率。多数三代微光像增强器的光谱响应是 $0.5\sim0.9\mu m$，Litton 公司利用扩展红外技术，将光谱响应范围拓展到 $1.1\mu m$。

微光像增强器光灵敏度越高，系统信噪比就越高，在黑暗条件下"观察物体"的能力越强。

（2）信噪比

信噪比是控制微光探测极限的重要的系统参数，决定了微光夜视仪弱光下的分辨能力。信噪比越高，通过系统后的信号与背景对比越清楚，"观察能力"越强。提高了信噪比，可以使目标探测、识别与辨认所需要的环境光降至最低限度。三代微光像增强器信噪比约是二代的 2 倍左右。

（3）亮度增益

亮度增益表示微弱光信号被放大的程度。增益值越高，放大光能量的能力越强；然而，若增益过大，信噪比反而降低，也意味着很难驱动，寿命缩短。因此，光阴极灵敏度、信噪比和亮度增益之间一定要保持最佳匹配。

（4）分辨率

微光像增强器的分辨率表示输出端面（荧光屏面）上 1mm 空间内可以清晰观察的线对数目，即高分辨率能提供清晰分辨和识别目标所需的图像细节。在适当的亮度条件（例如清晰的月光或者星光）下，分辨率是影响系统性能的重要参数。

二代微光像增强器最低分辨率是 36lp/mm，三代微光像增强器分辨率大于 50lp/mm。ITT 公司和 Litton 公司研制出 6μm 微通道板后，分辨率提高到 64lp/mm。

一般地，微光像增强器分辨率越高，图像越清晰，至少应当选择分辨率高于光学系统分辨率的微光像增强器，二者的综合效果才能真正反映飞行员观察到的图像质量。

研究表明，目视分辨率与视场成反比，扩大视场会使分辨率降低。尽管人眼水平视场约 165°和垂直视场约 150°，但夜视镜视场都选择 40°左右（也有较大视场的微光夜视镜，例如 Sfim 公司 50°视场夜视镜和 Delft 传感器系统公司 60°的立体视场夜视系统）。

8.2.5.1　一体式机载微光夜视仪

初始，微光夜视仪为地面应用研发，多数采用手持式单管单目结构，之后，逐步发展为双管双目形式，并应用于航空军事领域。

（1）单微光像增强器式机载微光夜视仪

早期的机载微光夜视仪多数由单个折/反射式物镜、一个二代像增强器和两个"等效目镜（包括中继系统、分束棱镜和目镜）"组成，称为"单管双目机载微光夜视镜"，如图 8-12 所示。

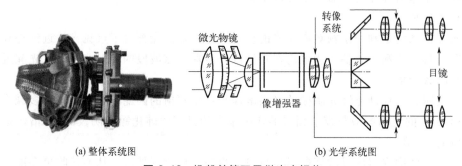

(a) 整体系统图　　　　　　　　　　(b) 光学系统图

图 8-12　机载单管双目微光夜视仪

单管双目微光夜视仪的优点是：

① 一个像增强器，成本较低。

② 无需考虑双光路之间的匹配（包括亮度、放大率和像质等）。

③ 调整和操作较容易。

（2）双微光像增强器式机载微光夜视仪

单管双目结构形式不太适用于高飞行速度和高瞄准精度要求的飞机。在相同光通量情况下，微光物镜孔径较大。因此，多数机载微光夜视仪都采用双管双目镜形式，如图 8-13 所示。微光物镜采用透射式结构，像增强器中设计有扭像器（例如，光纤倒像器近贴式像增强器）以解决倒像问题，因而省略了中继转像系统和分束棱镜，简化了光学系统，结构更简单。

双管双目微光夜视仪的优点是：

① 光学系统简化，折射型物镜代替了折/反射式物镜，简单目镜代替了复杂的"等效目镜"。

② 光通量接收效率较高，有利于提高观测效果。

③ 物镜系统设计有"减蓝"滤光片，与蓝/绿光座舱照明兼容。

双管双目微光夜视仪的缺点是增加了双光轴平行性的调整难度和提高了对像增强器一致性的要求。

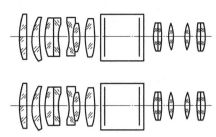

(a) 机载头盔双目双管夜视镜   (b) 双目夜视镜光学系统

图 8-13　双管双目机载微光夜视仪

与陆军地面使用的普通头盔式夜视镜相比，佩戴头盔微光夜视仪的飞行员在空间有限的机舱内操纵飞机，不仅飞行速度非常快，还要在夜间观察和探测目标，因此，除了要求光谱灵敏度、信噪比、亮度增益和极限分辨率等性能满足技术要求外，还必须考虑以下特殊要求：

① 增加微光夜视系统不会影响头盔的完整性，要考虑到面部保护措施以保证不会伤害飞行员，尤其在紧急情况下能迅速取下夜视镜。

② 飞机姿态和速度随时变化，眼睛与微光夜视镜在头盔上安装点的相对位置也随时变化，因而出射光瞳需要有较大孔径。

③ 与机舱照明兼容，保证座舱眩光不影响飞行员对座舱内各种仪表的观察。

飞行员佩戴微光夜视仪执行夜间任务时，为了看清仪表指示和其它信号，座舱内通常采用白炽灯照明。另外，飞机操作平台上设计有大量的显示屏、仪表板和指示灯等发光装置。如图 8-14 所示，这些光源除了辐射可见光外，还辐射近红外光，并具有较高能量。实践证明，这些干扰源都会使光灵敏度极高的微光夜视仪产生眩晕，如同人眼在强光下无法看清夜间景物一样。严重时（例如，大于某一辐射度阈值）会导致像增强器瞬间烧毁，完全丧失夜视功能。

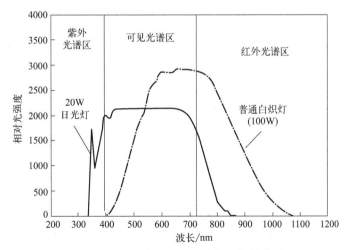

图 8-14　普通白炽灯和日光灯的辐射光谱

头盔微光夜视仪的环境照明兼容要求是指飞行员佩戴微光夜视仪执行侦察任务时，飞机座舱的环境照明系统（包括各种仪表板等）不会干扰夜视仪正常发挥夜视功能，保证飞行员能够顺利完成任务，因此，机载夜视兼容照明技术是安全实现夜视作战的重要保证，必须满足国军标 GJB 1394—1992《与夜视成像系统兼容的飞机内部照明》的要求。

微光夜视系统的工作波长范围是 500～930nm（例如第 Ⅲ 和 Ⅳ 代像增强器），在短波红外光谱范围内显示出极好的量子性能。为了减少上述干扰，必须对座舱仪表设备发出的短波红外辐射总强度加以控制。最初尝试包括采用黑色遮蔽带遮挡受照的电子仪器或者完全关闭仪表装置、使用化学物质的辉光替代普通座舱的照明、用红外吸收滤波器改进显示器和仪表（例如，F-16 飞机）等方法，从而设计出兼容夜视镜的显示器和仪表。

但是，即使采取了上述措施，受照仪表和显示器也会辐射夜视仪光谱范围内的光能。实践证明，微光物镜前面设计负蓝滤光片（或者"减蓝"滤波片），能够有效降低对可见光和近红外光线的灵敏度，改变图像增强器的光谱响应，与座舱照明的蓝/绿光兼容，可以在座舱内使用 300～600nm 光谱范围的照明灯，保证既可以使用警告指示器和显示器，也不会产生较大的干扰问题。

物镜安装负蓝滤光片（例如美国的 AN/AVS-6 微光夜视仪）有两种类型：A 型和 B 型。二者的截止波长不同：A 型消除 625nm 以下可见光，B 型消除 665nm 以下波长。

当然，进行飞机整体设计时，也要考虑舱内照明设备对夜视仪的兼容问题，例如利用滤波技术消除发光器件辐射的近红外部分或者改装成夜视兼容的照明器件。

座舱外照明系统（例如着陆灯、尾灯、防撞灯等）对微光夜视仪的影响也必须考虑。为此，有的资料建议采用与近红外夜视兼容的灯泡替代原有灯泡，例如双模式夜视防撞灯；利用滤光片将 1 类编队灯的颜色调整为 NVIS 绿，2 类编队灯为航空绿色，油料指示器贴夜视滤光片等措施。

④ 要尽可能减小由夜视镜增加的边界视场，保持目镜具有足够的眼点距离，使驾驶员能够向下越过夜视镜直接观察仪表。

⑤ 尽量保证飞行员佩戴头盔式微光夜视镜的舒适性，具有合适的重心位置、重量和体积，防止前倾。

⑥ 光学系统 1 倍放大率。

通常希望普通微光夜视仪的放大率更大，观察的距离更远。但对于飞行员，重要的是要求通过微光夜视仪观察到的目标大小及视觉距离如同没有使用仪器时一样真实，因此，要求系统放大率必须是 1 倍。

另外，如果放大率较大，体积和重量会相应增加。

⑦ 高低空温差较大的环境条件（例如，内部"结雾"）会影响观察能力，必须具备防潮和防湿气的能力。

⑧ 设计有亮光源自动保护电路（BSP），自动降低光阴极电压以保护微光夜视仪免受强光伤害。

最终考核微光夜视仪技术性能的参数是观察距离（称为"视距"），主要受限于光子噪声、光学系统性能和人眼视觉性能。

在理想气象条件下即不考虑大气影响时，微光夜视系统视距 R 按照以下公式计算：

$$R = \frac{h}{n\delta} \tag{8-4}$$

式中　　h——被测目标的最低高度；

　　　　n——发现、识别和认清目标所对应的空间频率。根据约翰逊准则，分别选择 1、4

和 8 对线（目标临界尺寸）；

δ——系统极限分辨角。

一个理想微光夜视系统的极限分辨角 δ 是目标对比度 C 和亮度 L_0、像增强器信噪比 S/N、光电阴极面极限分辨率 m、电子电荷 e、光灵敏度 s 和积累时间 t 以及光学系统基本性能（包括物镜焦距 f、光学透过率 τ 和有效孔径 D）的函数：

$$\delta = \left\{ \left[\frac{2(S/N)}{DC} \right]^2 \frac{(2-C)e}{L_0 \tau t s} + \left(\frac{1}{fm} \right)^2 \right\}^{\frac{1}{2}} \qquad (8\text{-}5)$$

微光夜视仪的极限分辨角一般为 $5'$（约 1.3mrad）。若以识别目标为准（例如坦克，$h=4\text{m}$），则视距为 700m，发现距离可达 1400m。

无论是单管双目或者双管双目微光夜视仪，对光学系统的技术要求基本相同，如表 8-12 所列。

表 8-12 直视型微光夜视仪光学系统的技术要求

参数		指标
工作波段/nm		$300 \sim 900$
放大率		$100\% \pm 5\%$
光学视场/(°)		$> \phi 40$（理想情况下, $50 \sim 60$）
调焦范围/mm		$200 \sim \infty$
出瞳距离/mm		$20 \sim 30$
出瞳孔径/mm		$8 \sim 10$
视度调节范围(屈光度)/D		$-6 \sim +2$
系统分辨率 /mrad	对比度 85%，照度 10^{-1}lx	$0.7 \sim 1 (\leqslant 1.4)$
	对比度 35%，照度 10^{-3}lx	$\leqslant 2.6$
系统增益		$2000 \sim 3000$
畸变(全视场)		4%
眼距/mm		$52 \sim 72$
低亮度性能		阴天/星光下可工作
座舱兼容性		不会降低性能
前后调整范围/mm		$25 \sim 30$
垂直调节范围/mm		$\geqslant 16$
倾斜调整范围/(°)		10
连续工作时间/h		$10 \sim 20$
可靠性/h		$MTBF > 1000$
重量/g		$\leqslant 750$（最好 $\leqslant 600$）

1992 年，ITT 公司采用 9800 系列微光像增强器研发成功 F4949 型机载双目微光夜视仪并被美国军方命名为 AN/AVS-9，如图 8-15 所示，技术性能列在表 8-13 中。

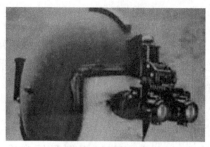

(a) 机载头盔微光夜视仪   (b) 双目微光夜视镜

图 8-15   AN/AVS-9（F4949 系列）头盔微光夜视仪

表 8-13   机载双目微光夜视仪 AN/AVS-9 技术性能

参数			指标
光谱响应范围/μm			可见光～0.9
视场/(°)			40
放大率			1
分辨率/(cy/mrad)		典型值	1.36
		最小值	1.30
亮度最小增益			5500
光轴平行性/(°)		会聚度	≤1.0
		发散度/双目视差	≤0.3
视度最小调整范围(屈光度)/D			－6～＋2
眼距调整范围/mm			51～72
垂直调整范围/mm			25
前后调整范围/mm			27
倾斜调整范围/(°)			10
物镜		焦距/mm	27
		F 数	1.23
目镜焦距/mm			27
出瞳	孔径/mm	轴上	14
		全视场	6
	眼距/mm		25
调焦范围/cm			41～∞
双目望远系统重量(最大)/g			550
支架重量/g		固定翼飞机	250
		旋转翼飞机	330
工作温度/℃			－32～＋52

　　湖光仪器厂采用 XR-5™ 系列具有宽动态范围的微光像增强器研制成功 Y/CML2 型双目头盔夜视仪，技术性能列在表 8-14 中。

表 8-14 Y/CML2 型双目头盔夜视仪技术性能

参数			指标
微光像增强器	系列		XR-5
	型号		××2540G
光学系统	放大倍率		1
	视场/(°)		40
	物镜	焦距/mm	26.93
		F 数	1.224
	出瞳孔径/mm	轴上	14
		轴外(最小)	6
	眼点距离/mm		≥25
	分辨率/mrad	照度10^{-1}lx 和对比度 0.85	0.94
		照度10^{-3}lx 和对比度 0.35	2.1
	目距调节范围/mm		51～72
	视度调节范围(屈光度)/D		-6～+2
	调焦范围/cm		25～∞
视距范围/m	直立人(无星光,10^{-3}lx)	探测	300(实测值)
		识别	180(实测值)
	地貌识别	满月(10^{-1}lx)	>4000～5000
		半月(10^{-2}lx)	>3000～4000
		星光(10^{-3}lx)	>2000～3000
调节范围	垂直方向/mm		≥25
	前后方向/mm		≥27
	倾斜方向/(°)		0～-10
夜视仪重量/kg			≤2.3(其中夜视镜 0.49)
工作温度/℃			-30～+50

表 8-15 列出比利时光学与精密仪器公司研制的 HELIMUN 直升机微光夜视系统的技术性能。

表 8-15 HELIMUN 直升机微光夜视系统的技术性能

参数	指标	
视场/(°)	40	60
放大率	1	1
分辨率(典型值)/(lp/mrad)	≤0.8	≤1.1
视度调整范围(屈光度)/D	-5～+2	-6～+6
目距调整范围/mm	52～76	
倾斜调整最小值/(°)	10	

参数		指标	
出瞳/mm	孔径	10	
	眼距	26	19
调焦范围/mm		25～∞	
IR-LED 照明		兼容	
负蓝滤光片		标准	
重量(包括电池)/g		610	

8.2.5.2 分体式机载微光夜视仪

上述一体化机载微光夜视仪,无论是单管双目或者双管双目结构,都采用望远镜形式。夜视镜安装在驾驶员头盔前方,导致夜视镜、头盔和头部的联合重心由正常头部重心向前方偏移,很容易造成头盔前倾,对驾驶员是一种额外负担,常规飞行中易使驾驶员感到疲劳,突然机动还可能造成驾驶员颈部受伤。采用头盔后部安装平衡物纠正部分重心偏移,但会增加头部负担总量,限制了头部在头盔中的运动,极大地减小了驾驶员的潜在观察范围。

为了解决该问题,研发出一种分体式微光夜视仪,即将微光夜视物镜与目镜接收部分分开,整个光学系统的重心向后推移,尽量接近头盔的重心,同时增加机动灵活性,如果需要,还可以与平视瞄准/显示系统组合使用。

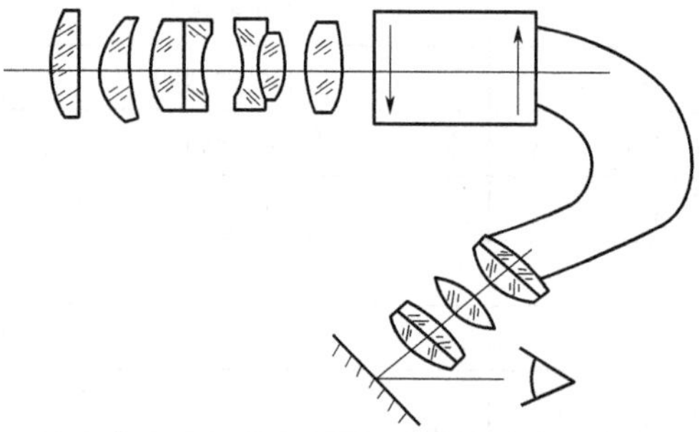

分体式微光夜视仪有两种类型:光纤分体式微光夜视仪和光电分体式微光夜视仪。

光纤分体式微光夜视镜利用光学纤维的全反射原理直接将像增强器上的图像传输到目镜焦平面上,经目镜放大后被飞行员观察,如图 8-16 所示。

这种分体式微光夜视仪结构简单,成本低,但光纤较脆且光纤束较硬,使用不太方便。

图 8-16 光纤分体式微光夜视仪光学系统

光电分体式微光夜视镜又称为光电转换式微光屏幕显示仪,由接收系统和显示系统组成,如图 8-17 所示。接收系统包括微光物镜、像增强器、光锥聚光器(具有一定的放大率)和 CCD。显示系统由液晶显示屏和目镜组成。通过光电转换电缆将两个系统柔性连接。利用光锥聚光器和 CCD、光电转换电缆将图像传输到目镜焦平面上,最后经目镜形成平行光,投射给飞行员。

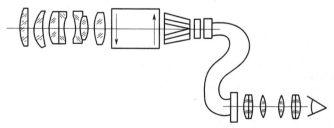

图 8-17 光电分体式微光夜视镜光学系统

相比之下，这类微光夜视仪光能量转换效率高，柔性转换电缆便于在复杂环境下使用，同时也有利于发展为多功能显示。

8.2.5.3 直视式机载微光夜视镜的改进

直视式机载微光夜视镜的主要问题是体积大、重量重和人机工效差。昆明物理研究所（李力等人）以直升机飞行员头盔夜视系统为例进行了视觉及舒服性优化技术分析，建议采取以下优化改进措施：

（1）采用自动门控技术设计新型三代或者三代＋微光像增强器

光谱响应可以从可见光拓展到近红外波段，与夜天光或大气传输窗口相匹配，并且，具有更高灵敏度、分辨率和信噪比。像增强器的输入动态范围从 $10^{-5}\sim1$lx 扩展到 $10^{-5}\sim10^{4}$lx，基本上实现昼夜工作和抗强光干扰，提高实战效果。不仅避免强光下工作损坏器件，而且改善了飞行员视觉舒适性。

（2）优化微光夜视镜光学系统的技术性能

① 系统出瞳孔径从 10mm 增大到 14mm 以上，在飞机剧烈晃动和高过载时无需调整夜视镜就能观察整个视场，以增加视觉的舒适感。

② 系统出瞳距离从 20mm 增大到 25mm 以上，扩大飞行员眼睛余光观察仪表的范围，进一步改善视觉舒适感。

③ 设计超大视场的微光夜视系统［例如，美国空军航空系统中心（ASC）与 Kollsman 公司研发了一种由 4 个 φ16mm 微光像增强器组成的大视场微光系统；长春理工大学研制的由三个微光像增强器组成的大视场微光系统，视场由 40°增大到 90°以上］，更符合人们裸眼观察习惯：飞行员仅通过眼睛转动就可以扫描外部世界而非通过头部运动获得宽视场，从而减轻飞行员的观察负担，增加安全性，进一步提高作战效率。

（3）减重优化技术

塑料光学元件比玻璃光学元件质量更轻、抗冲击能力更强，可以制造为更复杂的面型，甚至可以用自由曲面透镜代替普通面形的传统透镜，不仅改善了成像质量，还进一步减轻了重量，同时可以与固定架和隔圈等支撑组件整体制作，使光学系统的装配更方便和简单。

对于机械组件，如果采用增强聚碳酸酯材料代替传统的铝合金材料，或者在保证可靠性条件下，适当采用镁合金材料，也会进一步减轻系统重量。试验结果证明，采用增强聚碳酸酯材料和镁合金材料可减重多达 50%。

（4）增加信息显示系统

在头盔夜视系统中增加信息显示系统（例如，由电子地图或者数据采集处理系统 DAS 提供），使飞行员不用频繁观看仪表就能操控飞机航行和作战，如图 8-18 所示。

图 8-18 能够显示更多信息的超大视场头盔夜视镜

8.2.5.4 微光物镜

微光夜视光学系统由物镜、微光像增强器和目镜（除微光电视系统外）组成。微光物镜和目镜通常分别设计。

微光夜视系统的目镜与可见光和红外光普通目镜的设计技术基本相同，比较成熟，与微光像增强器的内容分别在第 2 章、第 4 章介绍过。本节重点介绍微光物镜设计技术。

物镜是微光夜视系统的重要组成部分，其成像质量直接影响微光夜视系统的整体性能。设计过程中需考虑以下因素：

① 有效通光孔径大。如上所述，限制微光夜视系统视见度的因素之一是景物信号中的噪声。噪声与进入系统的光子数目平方根成反比，而受纯光子噪声限制的信噪比则与所捕获的光子数目平方根成正比。为保证像面具有足够照度，微光物镜应具有尽可能大的相对孔径。

② 由于夜间天空辐射既有可见光，也有近红外光（甚至短波红外），因此，与可见光成像系统相比，微光物镜需考虑在较宽光谱范围（0.4～0.9μm，甚至更长波长）内成像（例如，消色差问题）。

③ 光阴极是一种非常敏感的光电转换器件，为了保证具有良好的成像质量，必须最大限度地消除杂散光。

④ 微光像增强器是低通滤波器，为了与其极限分辨率相适应，微光物镜需要在低频段具有较高的调制传递函数特性，例如在 10lp/mm 空间频率时，MTF 不低于 75%。

微光物镜有三种结构形式：折射型、折射/反射型和折射/衍射混合型。

（1）折射型微光物镜

折射系统的优点是具有较大视场、较易校正像差、在相对孔径相同情况下长度较长，因此，适合用于大视场、大相对孔径和小孔径微光夜视仪的设计。

应当注意，为了满足成像质量要求，多数情况采用较复杂的结构形式或者说必须设计更多透镜，从而导致系统体积增大和重量增加。另外，轴上像差容易校正，轴外像差（尤其是高级像差）较难校正。为了校正像差，会产生大量渐晕，因此，视场边缘照度下降很快。

折射型微光物镜通常又分为两种类型：双高斯型和匹兹伐型。

① 双高斯型微光物镜。基本对称型双高斯微光物镜的最大优点是轴外像差自动抵消，在宽光谱范围内比较容易校正球差。随着结构复杂化，该物镜相对孔径可达 1：1 甚至更大。

图 8-19（a）是 85 型头盔微光夜视镜光学系统；图 8-19（b）是微光航空侦察仪摄像物镜光学系统。

航空侦察仪微光物镜光学性能包括：光谱范围 500～900nm；孔径 152mm；相对孔径 1：1.5；轴上 MTF（在 25lp/mm 时）约为 60%。

② 匹兹伐型微光物镜。匹兹伐型光学系统基本由两个正光焦度的双胶合透镜组成。优点是结构简单，球差和彗差校正较好，但是，大视场情况下场曲严重，因此，比较适合小视场情况。图 8-20 是一种经过改进的匹兹伐型微光物镜光学系统，其中，焦距 100mm，相对孔径 1：1，视场 2ω=10°。

（2）折射/反射型微光物镜

折射/反射系统的优点是长度短和重量轻，大孔径的性能优于折射系统，但次镜会使视场受限，因此，比较适合小视场、长焦距和大孔径微光夜视仪设计。

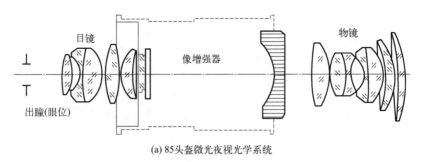

(a) 85头盔微光夜视光学系统

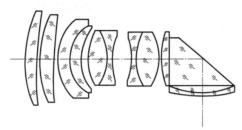

(b) 航空侦察仪的微光物镜

图 8-19   微光夜视物镜光学系统

为了提高机载微光夜视物镜的成像质量，同时，更好地实现小型化和轻型化（减少物镜系统中透镜数目，从而减轻体积和重量，减缓重心前倾的影响），有时会考虑采用折射/反射型微光物镜形式。例如，采用马克苏托夫物镜（或者 Bouwers 系统）结构（参考第 2 章）设计长焦距/大孔径远距离观察瞄准微光夜视系统。

马克苏托夫望远物镜实际上由一个卡塞格林反射物镜与一个球面弯月形校正板（也称为马克苏托夫校正透镜）组成，也称为卡塞格林式折射/反射式物镜。主镜非常靠近系统焦平面位置，次镜表面中心部分作为反射面而外径部分作为透射面，如图 8-21 所示。优点是有益于宽光谱范围消色差，具有良好的光学成像质量。

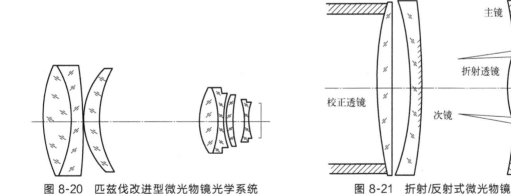

图 8-20   匹兹伐改进型微光物镜光学系统

图 8-21   折射/反射式微光物镜

长春理工大学（陈巍等人）设计的折射/反射式微光物镜由两部分组成：一部分是由主镜和次镜组成的反射式结构，主要承担系统的光焦度；另一部分是由前校正透镜（校正反射镜产生的球差和彗差）和后校正透镜（位于反射镜焦面附近，校正反射镜产生的像散等轴外像差）组成的折射式补偿透镜组，目的是进一步提高成像质量，如图 8-22 所示。

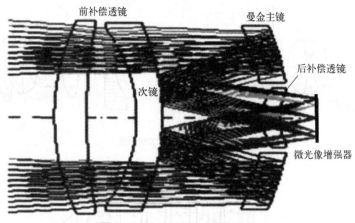

前补偿透镜　　　　　　　　　曼金主镜

　　　　　　　　　后补偿透镜

次镜

微光像增强器

图 8-22　折射/反射式微光物镜

　　该物镜系统的显著特点是采用曼金（Margin）型主反射镜（由一个反射镜和一个与其相贴的全球面弯月形折射透镜组成，以达到消球差和减小彗差的目的）结构，可以增加设计自由度，进一步减少补偿透镜数量（提高光学透射率）和保证具有更好的成像质量。主要性能列在表 8-16 中。

表 8-16　折射/反射式微光物镜的主要性能

参数			指标
微光像增强器	光阴极类型		S25
	有效工作直径/mm		$\phi18$
	中心分辨率/(lp/mm)		50
	信噪比/dB		18
光学系统	工作波长/nm		$560.82\sim867.22$
	焦距/mm		100
	F 数		1.4
	视场/(°)		10
	畸变		<1%
	MTF(50lp/mm)	轴上	>0.4
		轴外	>0.2
	总长度/mm		67

（3）折射/衍射混合型微光物镜

　　折射/衍射混合系统除了具有传统光学系统功能外，还可以实现色差校正和消热差等一系列特殊功能。由于扩展了光学设计自由度，为设计和制作高性能光学系统提供了新的参量，因此，在改善微光物镜的成像质量、减小系统体积和重量等方面具有不可比拟的优势。

　　20 世纪 90 年代，二元光学元件已经应用到成像领域。科学家们对二元光学元件在微光物镜系统（通常也称为折/衍混合微光物镜）中的应用进行了比较深入的研究。

　　第 3 章已经较详细讨论过二元光学元件，在此不再赘述。

8.2.5.5 典型案例

案例一，高斯结构型折射/衍射型微光物镜。

采用折射/衍射型微光物镜的显著优点是：无需采用非球面及其它特殊面型就可以使微光物镜系统像差得到较好校正。

中国航空工业集团洛阳电光设备研究所（王希军等人）对机载微光夜视仪折射/衍射混合物镜的设计方法进行了研究。如图 8-23 所示，图（a）是常用的一种高斯结构型微光物镜，并作为初始结构（焦距 24.32mm，后截距 12.98mm）进行改进和比较；图（b）是设计有一个二元光学面的微光物镜，二元光学面位于第八面（平面）上，可以看出，利用一个二元光学表面和一个折射透镜代替了双高斯光学系统中双胶合透镜，透镜数量由 7 片简化为 6 片，结构简化；图（c）系统中设计有两个二元光学面，分别分布在第二面和第六面上（均为平面），透镜数目简化为 5 个；图（d）系统中设计有三个二元光学面，分别位于第二面、第六面和第八面上，前两个表面为平面，第八面为球面，透镜数目简化为 4 个。

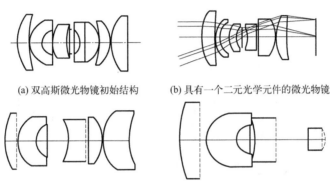

(a) 双高斯微光物镜初始结构　　(b) 具有一个二元光学元件的微光物镜

(c) 具有两个二元光学元件的微光物镜　(d) 具有三个二元光学元件的微光物镜

图 8-23　折射/衍射型的微光物镜

表 8-17 列出含有两个二元光学表面的折/衍混合微光物镜的结构参数。表 8-18 列出该微光物镜与微光像增强器（ITT 公司的 F9800C 近贴式三代微光像增强器）的传递函数。

表 8-17　折/衍混合微光物镜的结构参数

表面		曲率半径/mm	轴上厚度/mm	光学材料
1		105.86	47.14	ZK5
2		∞	7.13	
3		-226.94	5.80	ZF5
4		948.43	46.00	
5		94.23	20.00	K10
6		∞	86.00	
7		-21.79	4.00	ZF5
8		-25.79	1.98	
衍射面的相位系数	二元光学表面（表面2）	$a_1=4.46216\times10^{-5}$, $a_2=-1.96394\times10^{-8}$, $a_3=-7.30118\times10^{-12}$, $a_4=1.69586\times10^{-15}$		
	二元光学表面（表面6）	$a_1=-3.00992\times10^{-4}$, $a_2=1.94670\times10^{-7}$, $a_3=-2.75873\times10^{-11}$, $a_4=-4.45204\times10^{-15}$		

表 8-18　折/衍混合微光物镜与像增强器的 MTF

空间频率 /(lp/mm)	微光像增强器	1 片二元光学元件的 物镜系统	2 片二元光学元件的 物镜系统	3 片二元光学元件的 物镜系统
2.5	83%	99.65%	99.83%	99.80%
7.5	60%	96.89%	98.53%	97.22%
15	38%	87.57%	94.12%	94.49%
25	18%	37.92%	79.30%	90.92%

案例二，伞兵用头盔微光夜视仪折/衍混合物镜。

西安工业大学光电工程学院（宋波等人）利用二元光学元件为某型伞兵头盔设计了一种折/衍混合物镜光学系统，如图 8-24 所示。该系统由 7 片透镜组成，第四表面和第九表面为球型衍射面。为了便于比较，表 8-19 同时列出该折/衍混合微光物镜系统与普通折射型微光物镜的主要技术性能。

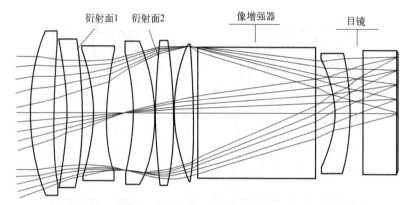

图 8-24　伞兵某型头盔（单筒）微光夜视仪折/衍混合物镜

表 8-19　伞兵头盔折/衍混合微光物镜与普通折射型微光物镜技术性能比较

参数	性能	
物镜类型	折射型物镜	折/衍混合型物镜
MTF(轴上)(40lp/mm)	0.62	0.69
MTF(轴外)(40lp/mm)	0.32	0.43
边缘视场渐晕	7.4%	7.2%
畸变	6.5%	4.2%

8.2.6　机载微光电视系统

微光电视技术是指极微弱的景物辐射光（例如月光、星光、气体辉光及散射光）经微光物镜系统成像后聚焦在成像器件的光敏面上，产生的视频信号经图像处理后，在屏幕上显示为可视图像，从而可直接观察的一种成像技术。因此，微光电视系统是一种由微光像增强器与电视摄像系统相结合，无须目镜而直接观察的微光夜视系统，也称为"低光照度电视系统"。

微光电视通过监视器进行夜间观察外界景物，可以供多人同时观察或者配用多个监视器供不同指挥层次观察。在机载应用中，将夜景图像耦合在头盔瞄准/显示系统中，并与图像源产生的字符叠加在一起，供飞行员观察、跟踪和瞄准夜间目标。

由于可以利用信息处理技术滤除噪声，改进信噪比，增强图像对比度，因而，具有较高图像质量。可以根据不同的观察条件要求变更积累时间，通过改变扫描速度而获得最佳的视觉增益，也可以选择具有较大显示屏面积的显示器，因此，人眼长时间观察不会疲劳。

与一般工业电视技术相比，微光摄像技术不仅能在黎明前或黄昏后的较低照度（地面照度约 1lx）下，也可以在最低照度（无月黑夜，10^{-4}lx）下正常工作；而工业电视的光照度要求较高（至少要求照度 10^2lx）。

20 世纪 70 年代，在多碱光电阴极和光纤面板研制成功之后，微光电视成像技术得到迅速发展，广泛应用于民用和军事领域（包括飞机、军舰和潜艇、坦克和侦察车以及监视告警系统等）。在航空领域中的应用包括：

① 夜间侦察/监视敌方阵地和人员行动情况。

② 夜间图像/信息（包括地形、装备以及隐蔽的目标）的实时记录、传送和显示，尤其是可以对某些重要或者感兴趣的情节和目标进行重放、慢放和"冻结"。

③ 在电子干扰或雷达功能受抑制的严重情况下，可以作为机载火控系统的补充侦察手段。

④ 可以与机载激光测距机和红外搜索跟踪系统组成新的机载火控系统。

⑤ 具有远距离信息传送功能，可实时传送信息至后方决策指挥部门，实现多人多地"资源共享"。

军用微光探测系统在使用过程中既需要获得图像的高分辨率空间信息，又需要获得图像的时间变化信息，并记录下这些信息。2000 年前后，开始利用微光增强型摄像系统（ICCD）和时间选通控制技术研制新型微光夜视探测系统。已经研发出图像增强型 CCD/CMOS（即 ICCD/CMOS）和电子轰击型 CCD/CMOS（即 EBCCD/CMOS）等带有前置增强级的 CCD/CMOS 混合微光像传感器，进一步提高了信号的光电子数和信噪比，使 CCD/CMOS 的低照度成像效果进一步得到较大幅度提升。

微光像增强型选通成像系统（ICCD）的选通分辨率和时间分辨率（脉冲门宽特性）对探测系统的性能起着决定性作用。前者取决于光学系统、微光像增强器、耦合器件和 CCD 等环节的设计；后者取决于微光像增强器的选通设计。工作原理如图 8-25 所示，微光物镜将目标图像形成在三代微光像增强器的光阴极上，在选通控制电路的驱动下，微光像增强器以一定的频率开启和关断，完成选通工作。耦合部件（光学耦合透镜或者耦合光锥）将像增强器显示的增强图像传输到 CCD 探测器上，并转换为电子图像信息。通过图像采集卡和计算机处理后，将图像显示在显示器上。

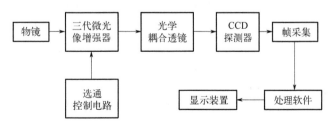

图 8-25　微光像增强型选通成像系统工作原理

西安应用光学研究所（刘宇等人）对三代微光像增强器摄像系统选通成像技术进行

了研究，选择标准的18mm三代微光像增强器和1024×1024像元的CCD作为主要成像组件。为此配置的选通快门电路采用串联雪崩原理，分别有3.3ns、4.9ns和15.2ns三挡选通门宽。采用大相对孔径（$F/1.2$）折/反式微光物镜和放大倍率1∶1的转像光学系统。对光锥耦合和光学透镜耦合两种方式优缺点比较后，选择光学透镜耦合方式。实验结果表明，在环境照度为10^{-3}lx和10^{-5}lx条件下，系统分辨能力分别达到600TV线和400TV线。

机载微光电视系统的头部安装在武装直升机或固定翼飞机的腹部，初始位置的纵轴与飞机纵轴平行。在控制器控制下，微光摄像系统头部可以绕飞机纵轴完成水平和俯仰方向运动，同时，由同轴安装的测角仪测量出头部的偏离角度，并在显示器上显示输出图像，飞行员根据目标偏离瞄准光环中心的具体方位，操纵飞机进行机动跟踪飞行，从而实现目标的搜索、跟踪和摄取。

图8-26 美国F-35飞机装备的夜视头盔显示器

图8-26是美国F-35飞机装备的夜视头盔显示器。微光电视系统形成的外景增强视频可以通过头盔显示系统显示在护目镜上，从而实现增强场景与飞行数据的叠加。

微光电视系统由微光电视摄像机、视频传输通道、控制组件和接收显示装置组成。微光电视摄像机包括摄像物镜、摄像管及相关电路（包括扫描电路、视放电路和保护电路等）。

微光摄像管是微光摄像系统的关键组件，有两种类型：真空摄像器件（例如硅增强靶管SIT、分流直像管ISOCON和超高灵敏度摄像管ISIT或者IEBS，如图8-27所示）和固体摄像器件（例如，像增强电荷耦合器件ICCD和电子轰击电荷耦合器件EBCCD）（参考4.3.3.2.5节）。

（1）真空摄像器件

微光摄像管的发展历史可以追溯到20世纪40年代的超正摄像管。

20世纪50年代，研发出分流摄像管和光导摄像管。在$10^{-6}\sim10^{-5}$lx极低照度环境下，分辨率可达1000TV线。

20世纪60年代，研制成功电子轰击硅靶（EBS）微光摄像管和二次电子电导（SEC）微光摄像管。

20世纪70年代，研发成功高灵敏度碲化锌镉摄像管，入射窗采用光纤面板，直接与二代或三代微光像增强器耦合，具有更好的微光性能，逐渐得到广泛应用。

真空微光摄像器件的典型产品是硅增强靶管SIT和分流直像管ISOCON。

硅增强靶管的靶面是在极薄的硅片上紧密排列的二极管阵列，当输入面阴极逸出的光电子被加速到上万电子伏并轰击靶面时，就会引起电子-空穴对的游离，随后空穴被扫描电子束中和，信号便由靶上的信号板读出。

分流直像管是低照度（$10^{-6}\sim10^{-5}$lx）下完成摄像的最佳真空器件。工作原理是利用电子束靶上被返回的散射电子构成信号，因此，具有高灵敏度、低滞后、高分辨率和大动态范围的优点。

为了便于比较，表8-20列出几种真空微光摄像器件的工作原理和优缺点。

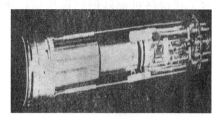
(a) 硅靶摄像管SIT

(b) 二次电子导电摄像管SET

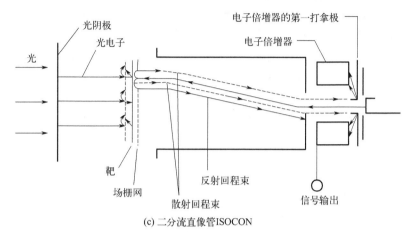
(c) 二分流直像管ISOCON

图 8-27　微光电视真空摄像器件

表 8-20　微光真空摄像器件的工作原理和优缺点

微光真空摄像器件类型	工作原理	优缺点
二次电子导电摄像管 SEC/增强型 ISEC	光电子通过移像段聚焦在很薄的氯化钾靶上,大量二次电子被激发,移向信号电极,使氯化钾中形成正电荷,形成信号电流,从信号电极输出	优点:无惰性,响应快,较高的增益。缺点:靶易烧坏,增益达不到光电子噪声的极限条件
增强硅靶摄像管 SIT/增强型 ISIT	原理基本相同。不同的是靶由极薄的硅二极管 PN 结阵列组成。在高速电子作用下,N 型区出现大量电子空穴对,并在各结区扩散,形成电位起伏的图像。扫描电子束使靶面充电,信号电极输出信号	优点:高灵敏度和信噪比,强光下性能好,低对比度下分辨率下降较小。缺点:结构复杂,价格较高,使用受限
分流直像管 ISOCON-IS/增强型 IIS	移像段使光电子聚焦到高阻玻璃或氧化镁薄膜的靶表面。扫描电子束与靶面作用后产生两条性质不同的返回电子束;反射回程束和散射回程束。管内的转向电极和分离电极使散射回程束进入电子倍增器,并输出信号	高灵敏度,低惰性,动态范围宽,防止强光超负载破坏,变化光阴极电压以调控增益。另外,结构简单,价格较低,操作方便

电荷耦合器件（CCD）发明以来，微光像增强器（IIT）与 CCD 相耦合并应用于微光电视中以提高微光电视的探测灵敏度和图像亮度，取得了良好的夜间成像效果，并在军事领域获得广泛使用，而很少应用真空微光成像器件。

（2）固体成像器件

微光固体成像器件（ICCD/CMOS 和 EBCCD/CMOS 等）具有更高分辨率、响应度、灵敏度和成像质量，以及抗强光性能，同时具有小型化、功耗低、寿命长和价格低等优点，对真空摄像器件市场形成强有力的挑战，逐渐得到广泛应用。第 4 章已较详细介绍了固体成像器件。

对于采用固体成像器件的微光电视系统，为了获得尽可能好的成像质量，通常有如下要求：

① 微光物镜透射率高，入瞳孔径大。

② 采用高效率耦合方式（光纤或者中继透镜）将像增强器与CCD连接。

③ 采用高灵敏度和高分辨率光阴极的微光像增强器。

④ 选用转移损失率低、功耗低、噪声和暗电流小的CCD。

⑤ 小型化，使体积更小和重量更轻。

美国电气公司为空军AC-130飞机研制的AN/ASQ-145被动式微光电视系统和法国为直升机研制的UVR-700型稳定跟踪微光电视系统是这类产品的典型代表。

机载UVR-700型稳定跟踪电视系统包括四个基本组件：UVR-700增强型摄像机、视频对比跟踪器、双轴陀螺稳定设备和显示器。技术性能列在表8-21中。

表 8-21　机载 UVR-700 型稳定跟踪微光电视系统技术性能

参数		指标
电视摄像机型号		UVR-700
传感器型号		27873 FPS 光导摄像管
探测距离(四分之一月光下)/m		5000
识别距离(四分之一月光下)/m		1500
电子跟踪器		能够跟踪 20% 对比度的目标
两自由度系统的固定操纵台		平衡环内高低方向，环外方位方向
输入电压(操纵台和摄像机跟踪器)/V		直流 28
系统总功率	电压/V	28
	平均电流/A	3
	峰值电流/A	8
系统尺寸/mm	伺服电子部件	140×165×430
	控制器	280×305×380
	摄像机头和操纵台	460×590×510
系统重量/kg	伺服电子部件	6.3
	控制器	8.2
	摄像机头和操纵台	15.4

与直视式微光夜视系统相比，微光电视系统具有以下特点：

① 图像转换过程中，通过适当处理，能够提高图像的显示质量。

② 实现图像的远距离传送或遥控摄像。

③ 满足多人和多地点同时观看的要求。

④ 录像以便长期存储。

机载微光电视技术未来发展方向：

① 寻求具有更高灵敏度和更低噪声的探测/摄像器件，以便获得更远的观察/探测距离。

② 向多功能全天候方向发展，希望像被动式红外系统一样，或者与红外系统/激光系统相组合，在昼夜和复杂气候条件下也能工作。

③ 进一步向小型化和数字化方向发展。

④ 目前装备的微光夜视仪都是单色图像，缺点是信噪比低且图像缺乏深度感，不利于探测和分辨目标。利用人眼对彩色具有较高分辨率和灵敏度的特点，实现彩色夜视可以极大提高目标的探测和识别概率。因此，彩色夜视技术已得到越来越多的重视，成为今后夜视发展的重要方向。

8.3
红外夜视技术

微光夜视仪已经在军事和民用领域得到广泛应用，但是，在军事领域应用中发现有下面局限性：

① 作用距离有限。在星光条件下，仅能观察到800m距离的人员和1500m距离的车辆。为此，在环境条件许可的情况下（例如非战场环境），还需要额外采用辅助照明系统（例如激光照明）的有效措施提高视距（类似于主动红外探测模式）。

为了尽量降低暴露概率和激光照明系统的发射功率，通常要求：

a. 选用脉冲工作方式。

b. 激光工作波长大于760nm。

c. 激光波长与微光成像波长之差尽可能小。

d. 体积小和重量轻。

② 作用距离与环境照明及天气条件密切相关。观察效果受气象条件影响很大，雨雾天气不能正常工作。在环境照度极低或者外界目标在近红外频谱区的对比度很低时，微光夜视仪的性能降低，对于完全黑暗的天气，则无法工作。

③ 图像灰度等级有限，瞬间动态范围差，高增益时有闪烁，并且只敏感于目标场景的反射，与目标场景的热对比无关。

被动式红外夜视成像技术可以应用在完全漆黑的夜空环境，也可应用在有烟/雾的工作环境，并对环境亮度变化不太敏感，非常适合应用于昼夜环境中。

被动红外成像技术包括短波红外成像和热成像两种类型：短波红外成像是指接收景物反射夜天光短波红外光成像，类似于上述微光夜视技术的成像原理（区别是景物反射不同波段的光束）；热成像是指接收景物自身辐射的长波红外和中波红外光波成像。前者是夜视成像技术，后者是昼夜成像技术。

微光夜视成像技术得到成功应用之前，主要采用红外主动夜视成像技术，被动式红外夜视成像技术是在此基础上发展而来的。

根据成像机理不同，红外夜视成像技术分为红外主动夜视成像技术、短波红外被动夜视成像技术和红外昼夜成像技术。

8.3.1 红外主动夜视成像技术

20世纪30年代，研制成功第一支Holst主动红外变像管，如图8-28所示。第二次世界大战期间和朝鲜战争中，主动红外夜视成像技术得到工程化应用，也是最早研制成功的夜视装置，从此拉开了人类夜视研究的序幕，人类第一次清晰看到黑暗中的目标并开始应用于军队实战。

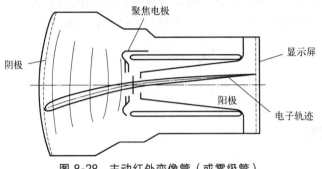

图 8-28 主动红外变像管（或零级管）

主动红外成像系统由红外照射灯、红外物镜、采用银氧铯（Ag-O-Cs）光阴极的变像管和红外目镜组成。工作原理：红外灯发射红外辐射光（波长 $0.76 \sim 1.15 \mu m$）照射目标，红外物镜接收目标反射回来的红外辐射，聚焦成像在红外变像管的银氧铯光电阴极上，激发产生光电子，并被管内的电子透镜（约 20kV 高压）加速并聚焦、光谱转换、亮度增强和电子成像。荧光屏在高能电子轰击下，发射出正比于电子密度与动能的可见光图像，从而完成从近红外辐射到可见光辐射的图像转换，在荧光屏上显示出目标的可见光图像。变像管荧光屏位于目镜焦平面位置，图像以平行光形式出射，从而可以舒服地进行观察，如图 8-29 所示。

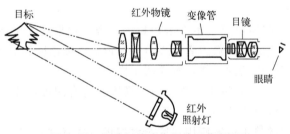

图 8-29 主动红外成像系统工作原理

20 世纪 90 年代，采用主动激光红外夜视技术，研发出"二代红外夜视仪"，系统由红外激光照明器（起辅助作用）、变焦镜头、超低照度红外摄像机等设备组成，具有背景反差好、成像清晰、不受外界照明影响等特点，进一步降低图像噪声，具有很高清晰度和更远的观测距离。在无星光的黑暗环境中，观察/监视距离提高到 $1500 \sim 5000m$ 的人员、车辆、设施等目标，并能够实现昼夜连续监控/侦察。

主动红外成像系统主要装备在步枪、机枪、火炮和车辆等军事设备上，完成近距离（300m 左右）侦察与搜索。例如红外瞄准镜（30W 氙灯，作用距离 100~300m）、红外观察仪（大于 200W 氙灯，作用距离 400~1200m）和红外驾驶仪（10W 氙灯，作用距离 50~200m）。

红外探照灯一般采用氙灯作为光源，主动发射红外线（红外波长 $0.76 \sim 1.15 \mu m$）照射目标。

红外变像管是一种电真空光电图像变换器件，是主动红外夜视系统的核心器件，如图 8-28 所示，由光电阴极、电子光学系统和荧光屏三部分组成。峰值灵敏度波长 800nm，长波限可以扩展到 1150nm。功能是完成光谱转换、亮度增强和成像三个转换过程：

① 近红外辐射图像转换到低能光电子图像。

② 低能光电子图像转换到高能光电子图像。

③ 高能光电子图像转换到可见光图像。

20 世纪 50～60 年代初，随着光阴极、荧光屏和聚焦场的改进，红外变像管定型，美国 JAN6929 和 JAN6914 型红外变像管是其典型代表，主要技术性能列在表 8-22 中。

表 8-22　美国 JAN6929 和 JAN6914 型红外变像管技术性能

参数		JAN6929 型	JAN6914 型
工作电压/V		12000	16000
最低鉴别率/(lp/mm)	中心	50	
	边缘	12	
放大率		0.75	
转换指数（最小值）		10	15
聚焦方式		静电	
光阴极有效直径/mm		19	25
变像管长度/mm		59	75
工作温度/℃		−54～+52	

主动红外夜视仪的最大优点是能够充分利用红外灯源发射的窄带光束照射目标，不受外界照明条件的影响，即使在"全黑"环境条件下也能工作，闪烁小和成像清晰，观察效果比较好；充分利用军事目标与自然界景物反射能力的显著差异，在一定程度上很容易识别目标伪装；另外，红外变像管的工艺比较成熟，造价低廉，成本低。

主动式红外夜视仪虽然成像清晰和对比度好，但缺点是，需要配备红外光源照射，隐蔽性差易暴露，且较笨重和能耗大。同时，观察范围和视距受限于红外照射灯的功率和尺寸，最大作用距离是：

① 识别人：800～1000m。

② 识别车辆：2000～2200m。

③ 夜间驾驶：50～100m。

应当强调，红外灯发射的红外光束虽不能被肉眼察觉，但能被对方仪器探测，因此，主动式红外夜视成像技术的主要缺点是隐蔽性差，几乎所有情况都需要开启红外发射器作为辅助光源，才能看清黑暗中的目标，很容易暴露。因此，主要应用于天文观察、宇宙探测、航天航海、深水考查、安防和核物理实验等民用领域。

为了解决主动红外夜视技术隐蔽性差的问题，夜视技术在军事领域的研究重点转向被动式夜视成像技术（红外被动夜视成像技术包括短波红外被动夜视成像技术和中长波被动昼夜成像技术）。

8.3.2　短波红外被动夜视成像技术

研究表明，夜天光辐射光谱范围包括可见光（0.4～0.7μm）、近红外光（0.7～1.0μm）和短波红外光（1.0～3μm）。值得注意，辐射能量峰值主要位于短波红外区域，特别是在晴朗星空的夜间，短波红外辐射亮度随波长增加，并远远超过可见光亮度，是可见光和近红外波段之和的数十倍。

目前，红外成像技术的波段主要覆盖短波、中波和长波红外的三个大气窗口。虽然都是被动红外成像，但在机理上存在差异：中波和长波红外成像是利用室温景物自身发射的热辐射，短波红外成像则是利用室温景物反射环境中普遍存在的短波红外辐射。但应强调，当目标的温度升高到能发射足够强的短波红外辐射时，短波红外成像则变成既接收目标自身发射，又接收景物反射的短波红外辐射。

短波红外是指在 $1\sim2.5\mu m$ 的红外波段，所有物体都反射环境中普遍存在的短波红外辐射。研究表明，决定室温景物表面对短波红外辐射反射率差与可见光反射率差的因素非常类似，因此，室温景物反射的短波红外辐射通量分布的图像——红外图像，同样也可以复现室温景物表面反射率差所形成的可见光图像的大部分细节。鉴于此，短波红外被动夜视成像技术成为机载夜视成像的主要技术之一。

短波红外夜视成像系统主要由红外望远物镜、红外焦平面阵列探测器、信号处理部件/软件、光机平台等组成。与微光夜视成像系统的最大区别是采用短波红外焦平面探测器。

图 8-30 是云南光学仪器厂（田金生）在《微光像传感器技术的最新进展》一文中给出的三幅照片，分别是利用可见光（白天）、短波红外和长波红外探测器拍摄，可以看出，短波红外夜视成像技术具有更好的夜视效果，接近白天拍摄效果。

(a) 可见光图像　　　　　　(b) 短波红外图像　　　　　　(c) 长波红外图像

图 8-30　利用不同光波拍摄的图像

HgCdTe 和 InGaAs 短波红外探测器是目前较为理想的两种红外夜视探测器。

在 4.3.3.2.4 节已经介绍过，通过改变 InGaAs 材料组分可以实现与夜天光的最佳光谱匹配，并制成具有良好成像性能的短波红外焦平面探测器（也有资料称为"InGaAs 光阴极微光像增强器"）。

在室温条件下工作的 InGaAs 短波红外探测器具有高电子迁移效率、高量子效率和良好的抗辐射特性，在 $0.4\sim1.7\mu m$ 宽光谱成像范围中，$0.9\sim1.7\mu m$ 范围的量子效率大于 80%，在 $1.68\mu m$ 达到目前短波红外探测器的最高性能。美国 Indigo 公司和 Sensors Unlimited 公司已经分别研发成功 320×240 像元和 640×512 像元 InGaAs 短波红外焦平面探测器。

国内短波红外焦平面探测器的初期研制工作集中在峰值波长 $1.55\mu m$/截止波长 $1.7\mu m$ 的 InGaAs 光电探测器。先后研制出 256×1、512×1、640×1 像元线列短波红外焦平面探测器。2014 年左右，北方夜视科技集团（史衍丽等人）开始设计和研发 320×256 增强 InGaAs 阵列（像元尺寸 $30\mu m\times30\mu m$，像元间隔 $2\mu m$）短波红外焦平面探测器，光谱范围 $0.4\sim1.7\mu m$。

表 8-23 列出 InGaAs 短波红外焦平面探测器的主要技术性能。

表 8-23　InGaAs 短波红外焦平面探测器的技术性能

参数	640×512 型	320×256 型
类型	PN 结	
像元数	640×512	320×256
像元尺寸/μm	—	30×30
读出电路(ROIC)	CMOS	
响应波长/μm	0.9~1.7	1~1.7
峰值波长/μm	1.68	1.69
探测率/(cm·Hz$^{1/2}$/W)	$5×10^{12}$	—
量子效率	85%	—
工作温度/℃	室温	20

实践证明，比较常用的 HgCdTe 短波红外探测器需要制冷才能正常工作，相比之下，InGaAs 的优势在于非制冷条件下也有较高探测率。若降低工作温度，则比碲镉汞具有更高的探测性能。更为重要的是，以 InGaAs 材料作为光敏面的全固态微光器件，可以通过结构优化和衬底减薄技术，使探测器在可见光部分也有更强吸收，实现从可见光到短波红外的宽光谱成像。因此，在提高性能、缩小系统体积、降低功耗和成本等方面具有明显技术优势。

美国 U-2 飞机装备有 Goodrich 公司研制的光电侦察系统 SYEARSII，如图 8-31 所示。其中，采用了 InGaAs 短波红外探测器，在利用反射光成像的同时还兼有显著的大气渗透能力，该系统具备了透过大气长距离侦察的卓越性能。

(a) U-2飞机　　　　　　　　　(b) SYEARSII系统

图 8-31　安装有短波红外侦察相机的机载 SYEARSII 系统

需要注意，短波红外成像技术不仅应用于机载红外夜视成像领域，在其它方面（例如红外成像制导技术、激光探测、远距离定位与跟踪、情报侦察、光电对抗技术和识别绿色涂料伪装的军事目标）也有广泛应用。

InGaAs 光阴极像增强器与传统的超二代及三代微光像增强器相比，光谱辐射灵敏度高，并且可以通过调节 In 的组分使其响应波段覆盖夜天光辐射的主要波段，与夜天光光谱曲线有较好匹配，因此，有望作为一种新型高性能夜视器件，进一步提高夜间观察视距。

8.3.3　红外昼夜成像技术

红外昼夜成像技术是利用景物本身各部分辐射的温度差获得图像细节的一种成像技术，

也称为热成像技术。通常采用中波红外（3~5μm）和长波红外（8~14μm）两个波段。

热成像技术既克服了主动红外夜视仪需要人工红外辐射源并由此带来易暴露的缺点，又可以克服被动式微光夜视仪完全依赖环境自然光的缺点，具有一定的穿透烟、雾、霾、雪以及识别伪装的能力，不受战场上强光和闪光干扰，从而可以实现远距离和全天候观察，尤为适合军事应用（包括航空领域）。

关于红外热辐射昼夜成像技术将在第 10 章和第 11 章详细讨论。

综合考虑，微光夜视成像技术与红外夜视成像技术的主要区别是：

① 微光夜视仪（包括短波红外夜视成像系统）是借助景物反射微弱的夜光成像，而红外昼夜成像技术是依靠目标与背景辐射成像，并且，红外辐射在大气中有较强的传输能力（无论白天和黑夜），因此，能够昼夜全天候工作。

② 微光夜视仪对近距离目标成像，红外夜视成像仪对远距离目标成像，相比之下，微光夜视仪视距较短。

③ 恶劣天气条件对微光夜视技术成像效果影响较大，红外夜视成像仪具有穿透烟、尘、雾、霾和识别伪装的能力。

④ 微光夜视仪图像清晰，可以提供目标所在场景的细节信息，符合人眼对亮度变化的感知习惯，但红外夜视成像仪对场景亮度变化不敏感，不符合人眼视觉观察习惯。

⑤ 微光夜视仪体积小、重量轻、价格低、使用和维修方便、不易被电子侦察和干扰，多数情况更适用单兵（包括飞行员）头盔或者武器瞄准具。红外成像系统体积和重量通常都较大，多数情况适于安装在车辆或飞机上。

⑥ 微光夜视仪的响应速度快，使微光电视容易实现高速摄影。

⑦ 微光夜视仪频谱响应范围向短波范围扩展的潜力大，包括高能离子、X 射线、紫外线、蓝绿光景物的探测成像。

⑧ 随着计算机技术的发展，很多红外成像系统具有完整的软件系统，可以实现图像处理、图像运算等功能，使图像质量得到很大改善。

⑨ 红外热成像能够透过伪装，探测出隐蔽的热目标，甚至能识别刚离去的飞机和坦克等留下的热迹轮廓。

表 8-24 列出短波红外夜视成像技术、微光夜视成像技术和非制冷红外成像技术的主要技术性能。

表 8-24 短波红外/微光夜视/非制冷红外成像技术性能

参数	微光夜视	非制冷红外	短波红外夜视
光谱范围	可见光~近红外	长波红外	短波红外
工作原理	外部光电效应,接收反射光	红外辐射热效应,接收辐射光	红外辐射量子效应,接收反射光
技术基础	电真空,半导体技术	半导体技术,红外 FPA 技术	
灵敏度	高	更高	最高
截止波长/μm	0.9	14	2.5
量子效率	约30%	—	60%~95%
吸收率	—	80%	—
探测距离/m	近(200~2000m)	远(1000~5000m)	
光学系统长度/mm	微光夜视与短波红外夜视系统相同,非制冷红外系统最长		

参数	微光夜视	非制冷红外	短波红外夜视
优点	被动成像,隐蔽性好。与雷达和激光探测相比,保密性强,不易被电子侦察干扰		
	分辨率高,图像清晰	二者相比,环境适应性较好,在夜间和恶劣天气(烟雾雪霾)下工作能力较强	
	结构简单,体积小,重量轻	依靠温差进行探测,具有较强的识别伪装目标的能力	
	价格较低	不会受强光照射的影响	
	操作可靠,使用方便,维修容易		
缺点	怕强光,抗干扰能力差	分辨率较低,图像层次不够分明	
	视距与周围环境条件(照度等级,大气透过率等)密切相关	也会受到天气状况影响,很难完全保证所需工作距离	
		结构复杂,体积较大,价格昂贵	

8.4
夜视集成技术

实践表明,单独采用微光夜视技术并不能完全满足现代化飞机夜间作战的需要,机载夜视技术的未来发展重点体现在以下方面:①微光夜视与 CRT 显示集成技术;②微光夜视与红外成像集成技术;③综合成像技术。

8.4.1 微光与 CRT 显示集成技术

与白天执行导航和作战任务一样,武装直升机和低空飞行的固定翼飞机夜间飞行时,飞行员同样面临两项矛盾的任务:一方面必须观察舱外景物以识别航线上是否存在障碍物体或者感兴趣目标(包括威胁);另一方面,需要获得机舱内传感器(或仪表)产生的关键信息(例如飞行高度和速度等)。不同于白天,夜间执行任务时舱外一片漆黑,光照度很低,若飞行员观看座舱内仪表,则无法进行态势分析;若不观看仪表,此时高度和姿态的可视标志照度不足,尤其是在不同特征的地形进行低空飞行时,这些延迟会导致极为危险的情况,可能丧失识别危险以完成飞机机动/回避的时机,碰撞的危险性更大。

如图 8-32 所示,传统佩戴的机载直视式夜视镜直接置于飞行员眼前,在观察外界景物时,飞行员无法随时观察座舱内仪表的各种参数,也妨碍观察平视瞄准/显示系统的图像。通常的解决方法是设计具有较长眼点距离的目镜,转动眼球,向下"窥视"仪表,但飞行员反复聚焦,很容易造成疲劳。

为了减轻武装直升机和固定翼飞机飞行员佩戴微光夜视镜完成低照度/夜间(阴天和全黑天气条件下)"贴地飞行(nap of the earth)"的工作负载以及危险性,一种改进措施是设计一种组合目镜光学系统,使飞行员透过组合目镜既能直接观看平视瞄准/显示系统显示的图像,又同时看到夜间增强的外景像。

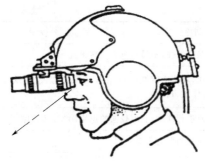

图 8-32 直视微光夜视仪的工作原理

受到白天型头盔瞄准/显示系统的启发，若在机载微光夜视系统中设计一个符号显示系统，将 CRT 产生的符号信息叠加在外部世界的夜视图像上，飞行员在观察到夜间或低能见度条件下的外部景物时，可同时观察座舱仪表显示的信息。

需要注意，微光像增强器（IIT）的输出亮度低，而 CRT 的亮度高且亮度变化范围较宽，二者的亮度匹配是一个非常重要的问题。

微光夜视系统与 CRT 显示系统的集成有两种方式：光学图像组合方式和电子图像组合方式。

（1）光学图像组合方式

该方式是较为广泛应用的集成方式，有三种光学系统结构。

① 对现役夜视镜进行简单改进，增加符号显示功能。

Marconi 公司的北美分公司 Tractor 在 AN/AVS-6 微光夜视镜基础上，插入一个头盔显示系统，为美国空军研发出一种 AN/AVS-7 型微光/CRT 集成夜视系统（称为 "AN/AVS-7NVG HUD"），如图 8-33 所示。飞行员无需移动头部或眼睛就能观察由 AN/AVS-6 微光像增强器生成的、叠加有飞行参数的外部景物。

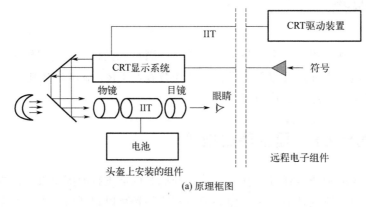

(a) 原理框图

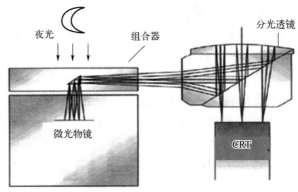

(b) 光学成像组合系统

图 8-33 AN/AVS-7NVG HUD 光学集成图像

工作原理是：直径 0.5in（12.5mm）的高分辨率 CRT 产生的显示符号经物镜准直输出，作为外部视景的一部分叠加在 NVG 的外部视景上，一同入射到标准的微光夜视物镜系统中。符号和场景图像都由微光物镜成像在像增强器的光阴极上，即将符号叠加在夜间外部视景上。由于符号和外景信息具有完全相同的屈光度聚焦，所以，飞行员可以舒适/无疲劳地进行夜间观察。该系统分辨率高于1.5mrad。

值得注意，控制符号显示亮度，使其与像增强器光电阴极上的外部场景能够直接综合，从而使飞行员无需做任何移动或眼睛调焦，通过微光夜视系统就能同时观察到夜间外景和各种态势符号。

表8-25是AN/AVS-7型微光/CRT综合夜视系统的技术性能。

表 8-25　AN/AVS-7 型微光/CRT 综合夜视系统的技术性能

参数	指标
分辨率/mrad	≤1.5
视场(正方形,对角线)/(°)	32
图像闪烁/跳动	无
头部组件重量/g	110
安装	紧急情况下，能够快速断开。 可以侧滑安装到 AN/VIS-6 目镜上，指旋螺钉固定
兼容性	AN/AVS-6(V)1,AN/AVS-6(V)2, 空军 F4949 夜视镜

应当说明，这种集成式微光夜视镜结构和安装方式兼顾到AN/AVS-7白天型结构。利用夜视镜快速断开连接器，直接将AN/AVS-7白天型头盔显示装置准确插入夜视镜位置，其它都没有变化。

该集成微光夜视仪在当时被认为是为飞行员解决白天/昼夜共用头盔的最好方法，可以避免飞行员交替观察夜间景物和头盔平视瞄准/显示系统的符号数据，能够集中精力同时阅读飞行参数和观察外部夜景。

② 将 CRT 显示图像集成在微光目镜之后。

Marconi 的北美公司 Tractor 设计了另外一种光学集成系统 ANVIS E-HUD（Aviator Night Vision Image System Eyepiece Head-Up Display），称为"显示器植入目镜中结构"，如图 8-34 所示。

这种集成系统的优点是：

a. 在绿色的夜视场景上显示琥珀色符号，改善了符号与背景的对比度。

b. 在夜视镜关闭或外界光线极弱情况下，头盔显示器也能正常显示符号。

c. 该系统最初设计采用 CRT 显示器，后采用小型平板装置（有源矩阵电致发光显示器 AMEL），大大减小了重量和重心偏移。

d. 结构紧凑，可以保持 25mm 眼距。

③ CRT 与微光像增强器的光学图像直接集成。

英国马可尼公司为德国 PAH-2 "虎"式直升机研制的"骑士"综合头盔显示器采用组合程度更高的机载光电设备，真正提供 24h 的工作能力，是该类产品的代表，光学系统如图 8-35 所示。前视红外系统（FLIR）与微光夜视仪的视场都是 30°×40°，保持系统的放大率是 1:1，为飞行员提供一个无需调整就能昼夜使用的显示器。

该系统的微光物镜置于驾驶员眼睛两侧，保持同一水平，保证头盔不会遮挡物镜对外部景物和目标的观察。进入微光物镜的光线通过棱镜后，向上偏转 90°。微光像增强器尽量向后放，最好位于头盔护耳前面或附近。

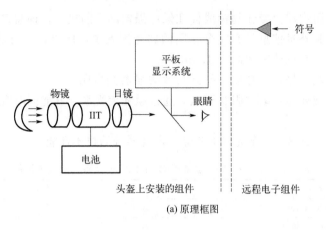

(a) 原理框图

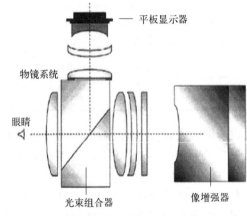

(b) 光学图像组合

图 8-34　ANVIS E-HUD 光学图像集成系统

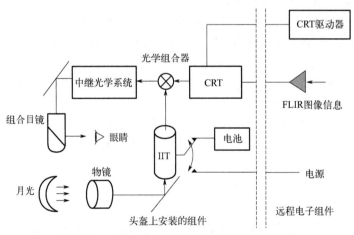

图 8-35　"骑士"昼夜型头盔显示器光学系统

　　前视红外系统（安装在飞机头部下侧、视场 $30° \times 40°$ 的飞行员红外观瞄装置）摄取的图像经数字化处理后，直接传输到头盔显示系统的 CRT 中，因此，CRT 在显示自身产生的各种字符参数时，还同时显示头部控制的 FLIR 装置的前视红外图像，并一起显示给飞行员。

　　中继光学系统位于头盔两侧，CRT 和微光像增强器的像面均位于中继透镜的焦平面位置，将集成后的图像（微光图像或红外图像）与字符传送至组合目镜，形成准直图像，供飞行员观察。

飞行员可以在微光夜视仪和红外成像仪之间选择。使用红外成像仪时，应关闭微光像增强器，飞行员只能看到 CRT 产生的红外图像和飞行参数；当使用微光夜视仪和飞行参数时，将热像仪（TI）断开，同时开通两个像增强器和 CRT，飞行符号就可以叠加到微光夜视系统摄取的夜间外景上。

光学组合器（实际上是一个分束镜）对 IIT/CRT 两个通道的透射率都是 50%。保证微光夜视系统具有较高增益，从而保证夜间工作良好。为了在阴天/多云的白天环境下对外界光有良好的观察效果，组合目镜对外界光的最佳透射率至少设置到 70%。

该系统具有以下特点：

a. 具有双传感器（红外热成像仪和微光像增强器）显示能力，可根据需要进行转换。

b. CRT 既可以提供飞行和武器瞄准信息，也能显示前视红外（FLIR）图像。

c. 白天和夜间飞行条件下均能良好工作。

d. 符号可以叠加在昼夜真实外景上。

e. 双目显示。

为了满足上述要求，设计时除了满足成像质量、空间和重量技术条件外，还需考虑以下问题：

a. CRT 有足够亮度以便对着阳光（亮度 $3400cd/m^2$）也能清晰分辨显示符号。

b. 组合目镜的外景光透射率至少是 70%。

c. 在夜间观察时，IIT（或 FLIR）与 CRT 有相同亮度。

d. 两个 IIT（或红外系统）光轴平行。

e. 头盔对 IIT（或者红外系统）和 CRT 图像均无遮拦。

f. 光学组合器具有良好的平行度和稳定性。

g. 系统的出瞳孔径和眼点距离足够大。

h. 若替换 IIT/FLIR/CRT，不应改变光学组合器的最佳位置。

（2）电子图像组合方式

通常情况下，将安装在头盔上的小型微光夜视摄像系统（一般是图像增强 CCD 摄像机）获取的夜视图像与前视红外系统（FLIR）的图像都反馈到头盔显示器的驱动电子组件上，并与 CRT 产生的显示符号进行电子组合，再以常规方式在 CRT 上显示，经目镜准直后，显示给飞行员，如图 8-36 所示。由于图像是非光学混合方式，因而能够使 CRT 显示器的性

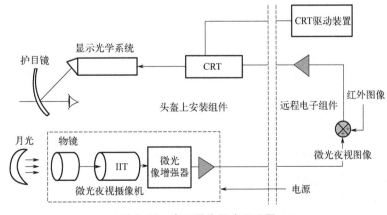

图 8-36　电子图像组合原理图

能最大化。另外，微光像增强器的图像是以光栅格式提供，可以提高图像的对比度，减少直接观察所致缺陷（例如，图像浮散等）。再者，无需将 IIT、FLIR 与 CRT 的图像进行光学集成，可以减少头部装置的重量和体积，尤其有益于快速喷气式战斗机的应用。典型产品包括："Crusader（十字军战士）"、"EF2000"双目护目镜投影式头盔显示器以及为 AH-12 直升机研制的双目头盔显示器。

这种集成显示技术将机载头盔显示器、微光夜视仪和前视红外系统的功能集成在一种光学装置中，既可以在白天，也可以在夜间执行各种任务，因此也称为"综合集成显示技术"。

8.4.2 微光/红外集成技术

微光夜视技术与红外夜视技术是实现军用机载夜视观瞄的两个必不可少的技术途径。前者利用目标与背景的反射光差异，后者利用目标与背景的红外辐射温差；前者解决近距离（200～2000m）目标观察，后者解决中/远距离（1000～5000m，甚至更远）目标观察；前者工作波段是近红外光谱区域（0.9～1.06μm，甚至到 2μm 的短波红外），后者工作波段是中波/长波红外光谱区；前者适合应用于山区和沙漠等热对比度小的环境，后者在雾霾/雨雪等低能见度环境更具有明显优势；另外，前视红外系统可以提供前向观察，但缺少转弯和拐角观察的灵活性。因此，微光夜视成像技术和红外成像技术在完成机载夜视观察/瞄准任务中各有利弊，在不同条件下发挥着不同作用。

微光及红外图像都是信噪比较低的单色图像，图像缺乏体视感（深度感），不利于目标探测。越来越多的研究表明，微光图像具有场景细节丰富的特点，但灰度范围小且信噪比低，很难分清目标与背景之间的边界，并容易受到天气和外界环境的干扰；红外成像具有穿透（雨雾雪）能力强和图像轮廓清晰的优点，但图像自身对比度差和分辨率较低，细节表现能力欠佳，不利于目标识别。若采用图像融合技术将微光图像与红外图像融合在一起，则可以取长补短，进一步提高对图像信息的分析和提取能力，不仅可以通过亮度，也可以通过色彩探测和识别物体，尤其在低亮度/低对比度条件下，目标与背景的色度差别对从周围背景中发现和识别伪装目标有很大影响。目前，微光夜视技术正在向红外光谱区（研发中波红外/长波红外像增强器）以及融合/集成技术方面发展。

微光和红外图像融合技术（也称为彩色夜视技术）是一种双光谱图像融合技术，既依靠亮度差别，也依靠颜色差别来区别背景与目标。利用信息的互补性将微光夜视仪形成的微光图像与红外系统形成的红外图像融合成一幅图像，有效扩展系统目标探测的空间和时间覆盖范围，提高系统的空间分辨率，显著改善夜视系统像质和增大作用距离，增强场景理解，突出目标，有利于在隐藏、伪装和迷惑的军用背景下更快更精确地探测和识别目标，为探测跟踪不同波段的目标特征提供准确信息，最大限度解决多传感器数据共享问题，提高系统全天时/全天候工作能力以及目标检测和抗干扰能力，提高作战指挥的准确性和可靠性，可以广泛应用于军事领域的夜间驾驶、火控和侦察/监视设备。

进入 21 世纪，夜视技术的发展主要表现在以下方面：

① 具有更大的夜视视场。
② 具有更轻和更小的成像装置。
③ 微光与红外夜视技术的融合。
④ 彩色夜视技术。

2008 年，美国 ITT 公司成功研发了 AN/PSQ-20 增强型夜视镜（ENVG），以光学方式融合了两种类型的成像技术。基本原理是：将一个红外传感系统安装在飞机舱外前部，并随着飞行员头部转动而运动；红外传感器生成的同一目标的图像叠加在微光夜视图像上，经计算机图像处理后，全面获得目标信息（包括光谱或波谱信息），最大限度地提取各传感器分系统的有利信息而综合成高质量图像，并显示在头盔显示器上，进一步提高了原始图像的空间分辨率和光谱分辨率，充分发挥了人眼彩色视觉特性，最终达到提高探测和识别目标的能力。图 8-37 是基于 RGB 空间的微光与红外图像融合体系框图。

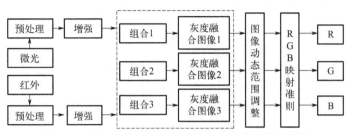

图 8-37　基于 RGB 空间的微光与红外图像融合体系

微光夜视与红外成像的彩色融合技术分为以下 5 个步骤。

① 预处理：去除微光噪声和校正红外图像失真。

② 增强：微光与红外图像的增强应有一定比例。

③ 组合：可以采用直接映射、线性组合和非线性三种组合方式。

④ 动态范围调整。

⑤ 完成预处理图像的 RGB 映射，实现彩色夜视图像显示。

在图像融合过程中，可以根据输入图像特征，选择适当的灰度调整技术使整个图像亮度具有较小差异，从而使视觉观察更连续。融合效果如图 8-38 所示。

(a) 微光图像

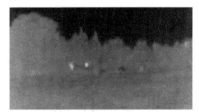

(b) 红外图像

(c) 融合后图像

图 8-38　微光/红外的融合图像

8.4.3　综合集成夜视技术

20 世纪 90 年代，荷兰、美国、法国和俄罗斯等国开始研制多种彩色夜视设备，国内一些单位，例如中科院西安光机所、南京理工大学、昆明物理研究所、北京理工大学和洛阳电光设备研究所也相继开展这方面的研究。

2010 年，美国 OKSI 公司研发出一款真彩色夜视融合摄像系统，如图 8-39 所示。使用可见光波段和近红外波段的 EMCCD 三代微光像增强系统与长波红外相机相组合的光学系统，并在 EMCCD 之前加了一个快速响应的 Bayer 液晶滤光片（可以在 1ms 内快速转换状态，视频处理速率达到 180 帧/s），通过调节电压可以获得不同颜色状态的彩色图像信息，在嵌入式系统中将 Bayer 图像与长波红外图像融合生成彩色图像。

(a) Color low-light camera   (b) Color EMCCD   (c) Mosaic Filter

图 8-39 OKSI 公司的真彩色夜视融合系统

参考文献

[1] 刘红漫. 国外头盔夜视镜系统的发展概况 [J]. 电光与控制，1996 (2)：38-43.

[2] Sisodia A. Design of an advanced helmet mounted display（AHMD）[J]. SPIE，2005，5801.

[3] 郭晖，等. 微光夜视技术发展动态评述 [J]. 红外技术，2013，35 (2)：63-68.

[4] 付芸，等. 三通道微光夜视仪光学系统总体设计 [J]. 长春大学学报，2013，23 (4)：408-410.

[5] 王岩，等. 武装直升机微光电视瞄准原理分析 [J]. 弹箭与制导学报，2006，26 (3)：343-348.

[6] 杨寅权. 高清激光夜视仪在高速公路监控中的应用 [J]. 中国交通信息化，2013 (7)：101-103.

[7] 陈大明，等. 夜视仪在铁路视频监控中的应用 [J]. 中国铁路，2012 (9)：76-79.

[8] USP 432212. 一种适合于头盔瞄准系统的宽视场红外传感器 [S].

[9] 王希军，等. 机载微光夜视仪折衍混合物镜的设计研究 [J]. 电光与控制，2002，9 (3)：34-36.

[10] 陈闽，等. 电子倍增 CCD 微光传感器件性能及其应用分析 [J]. 电光与控制，2009 (1)：47-50.

[11] 李春亮. 飞行员夜视成像装置适用的第三代像增强器 [J]. 电光与控制，1992 (4)：37-42.

[12] Franck D. Current and Future Helmet Mounted Displays for Piloted Systems [J]. SPIE，7326.

[13] Bob F. VSI Digital Day/Night Development [J]. SPIE，7326.

[14] Cameron A A. Integrated Night Vision in Helment-mounted Displays [J]. GEC REVIEW，1999，14 (1).

[15] 非寒. 具有夜视能力的头盔显示系统 [J]. 国际航空，2007 (5)：26-28.

[16] 田金生. 微光像传感器技术的最新进展 [J]. 红外技术，2013，35 (9)：527-534.

[17] 曹新亮，等. 两种图像传感器性能特点的对比分析与研究 [J]. 延安大学学报（自然科学版），2006，26 (1)：27-43.

[18] 金伟其，等. 夜视领域几个热点技术的进展及分析 [J]. 光学技术，2005，31 (3)：405-412.

[19] 徐江涛，等. 微光像增强器的最新发展动向 [J]. 应用光学，2005，26 (2)：21-23.

[20] 孙夏南. 微光像增强器亮度增益和余辉测试技术研究 [D]. 南京：南京理工大学，2012.

[21] 金伟其，等. 微光像增强器的进展及分代方法 [J]. 光学技术，2004，30 (4)：460-464.

[22] 李晓峰. 第三代像增强器研究 [D]. 北京：中国科学院，2001.

[23] 徐国强，等. 武装直升机微光电视瞄准原理分析 [J]. 火力与指挥控制，2004，29 (3)：110-112.

[24] 王岩，等. 武装直升机微光电视瞄准原理分析 [J]. 弹箭与制导学报，2006，26 (3)：343-348.

[25] 周海宪，等. 机载微光夜视仪的研究 [J]. 应用光学，1999，20 (5)：15-23.

[26] 周海宪. 综合机载微光夜视仪 [J]. 应用光学，2001，22 (4)：17-22.

[27] Schreyer H, et al. Integrated Helmet System with Image Intensifier Tubes [J]. Display, 1994, 15 (2): 98-105.

[28] 张本余, 等. 国外飞行员夜视镜的研究与应用 [J]. 国际航空, 1993 (2): 48-49.

[29] Givens G. Helmet Mounted Display (day/night) [J]. SPIE, 2735: 203-214.

[30] 白宏刚. 红外夜视技术及其军事应用 [J]. 现代物理知识, 2011, 23 (6): 44-46.

[31] 蔡占恩. 双波段彩色夜视光学系统设计 [D]. 北京: 中国科学院, 2010.

[32] 高文, 等. 彩色夜视技术的研究发展 [J]. 液晶与显示, 2016, 31 (21): 1168-1179.

[33] 李金平, 等. 微光夜视技术的发展现状及民用领域拓展 [J]. 中国军转民, 2016 (10): 71-74.

[34] 孟凡龙. 基于多波段的彩色夜视技术的研究 [D]. 南京: 南京理工大学, 2013.

[35] 骆媛, 等. 微光 (可见光)/红外彩色夜视技术处理算法及系统进展 [J]. 红外技术, 2010, 32 (6): 337-344.

[36] 俞飞. 微光双谱单通道彩色夜视技术 [D]. 南京: 南京理工大学, 2009.

[37] 张闯. 单通道双谱微光彩色夜视技术研究 [D]. 南京: 南京理工大学, 2007.

[38] 江峰. 军用夜视技术及其对抗措施 [J]. 红外, 2008, 29 (7): 32-36.

[39] 门金凤, 等. 飞机夜视兼容照明技术 [J]. 应用光学, 2008, 29 (3): 354-359.

[40] 周立伟. 夜视技术的现状与发展前景 [J]. 半导体光电, 1985 (1): 1-23.

[41] 曾桂林, 等. 微光 ICCD 电视摄像技术的发展与性能评价 [J]. 光学技术, 2006, 32 (8): 337-343.

[42] 王岩, 等. 武装直升机微光电视瞄准原理分析 [J]. 弹箭与制导学报, 2006, 26 (3): 343-348.

[43] 张振中, 等. 微光夜视技术的发展及评价 [J]. 山西科技, 2007 (3): 110-111.

[44] 刘文彬. 微光成像技术在航空机载领域的应用研究 [J]. 电子测试, 2019 (3): 57-59.

[45] 张天荣. 一种头盔式微光观察镜的研制技术 [D]. 南京: 南京理工大学, 2008.

[46] 艾克聪. 微光夜视技术的现状和发展设想 [J]. 应用光学, 1995, 16 (3): 11-22.

[47] 孙晓辉. HGU-55/P 标准头盔特征研究 [J]. 科学技术创新, 2018 (30): 165-166.

[48] Ashcraft T W, Atac R. Advanced Helmet Vision System (AHVS) integrated night vision Helmet Mounted Display (HMD) [J]. Proc. of SPIE, 8383: 1-10.

[49] Schreyer H, et al. Integrated helmet system with image intensifier tubes [J]. Display, 1994, 15 (2): 98-105.

[50] 张吉登, 等. EBCCD——一种新型夜视器件简介 [J]. 电子管技术, 1984 (5): 34-40.

[51] 周立伟. 微光成像技术的发展与展望 [C] //母国光. 现代光学与光子学的进展. 天津: 天津科学技术出版社, 2003.

[52] 刘文彬. 微光成像技术自航空机载领域的应用研究 [J]. 电子测试, 2019 (3): 57-59.

[53] 张敬贤, 等. 微光与红外成像技术 [M]. 北京: 北京理工大学出版社, 1995.

[54] 吴宗凡, 等. 红外与微光技术 [M]. 北京: 国防工业出版社, 1998.

[55] 谭显裕. 微光夜视和红外成像技术的发展及军用前景 [J]. 航空兵器, 2001 (3): 29-34.

[56] 张元涛. 空间高灵敏度大动态范围微光成像技术研究 [D]. 北京: 中国科学院大学, 2018.

[57] 陈一超, 等. 三波段微光彩色夜视方法研究 [J]. 应用光学, 2015, 36 (3): 430-434.

[58] Cameron A A. Integrated Night Vision in Helmet-mounted Displays [J]. GEC Review, 1999, 14 (1).

[59] Mclean W E. A Performance History of AN/PVS-5 and ANVIS Image Intensification Systems in U. S. Army Aviation [J]. SPIE, 3058.

[60] 刘宇, 等. 三代微光像增强摄像系统选通成像系统研究 [J]. 应用光学, 2014, 35 (1): 27-30.

[61] 陈巍, 等. 折反式微光夜视物镜的光学设计 [J]. 应用光学, 2012, 33 (3): 500-503.

[62] 李力, 等. 直升机飞行员头盔夜视系统视觉及舒适性优化技术分析 [J]. 红外技术, 2017, 39 (10): 890-896.

[63] 胡传国. 用于微光观瞄系统的激光照明器 [J]. 应用光学, 2001, 22 (3): 5-8.

[64] 薛南斌, 等. 影响夜视仪器观察因素的分析 [J]. 红外技术, 2003, 25 (4): 26-31.

[65] 金伟其, 等. 夜视图像的彩色融合技术及其发展 [J]. 红外技术, 2003, 25 (1): 6-12.

[66] 张鸣平, 等. 夜视系统 [M]. 北京: 北京理工大学出版社, 1993.

[67] 蒋席珍. 国外夜视技术的发展 [J]. 红外技术, 1984, 6 (4): 193-199.

[68] 蒋席珍. 国外夜视技术的发展 (续) [J]. 红外技术, 1984, 6 (5): 257-261.

[69] 艾克聪. 微光夜视技术的现状和发展设想 [J]. 应用光学, 1995, 16 (3): 11-22.

[70] 宋波, 等. 头盔式微光夜视仪中折衍混合物镜的设计 [J]. 电光与控制, 2008, 15 (2): 61-78.

[71] 蔡毅, 等. 短波红外成像技术及其军事应用 [J]. 红外与激光工程, 2006, 35 (6): 643-647.

[72] 郭晖, 等. 向短波红外延伸的微光夜视技术及其应用 [J]. 应用光学, 2014, 35 (3): 478-482.

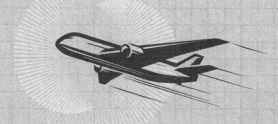

航空光学工程

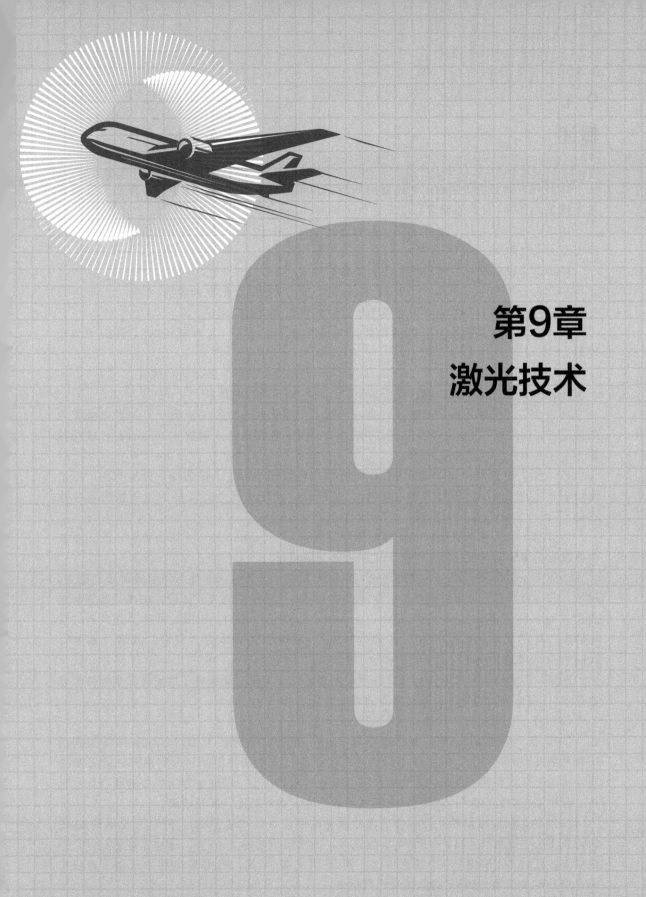

第9章

激光技术

9.1
概述

1916 年，著名的美国物理学家爱因斯坦发现了激光受激辐射工作原理，提出"受激辐射"概念，之后，陆续有众多科学家进行了研究。

1916～1930 年，拉登堡等人完成氖的色散研究，并于 1933 年绘制出色散系数与放电电流密度的函数曲线。

1940 年，法布里·坎特发现负吸收现象。

1942 年，查尔斯·汤斯（Charles Townes）提出"微波激射"的想法。

1947 年，兰姆和雷瑟夫提出"粒子数反转实现受激辐射"理论。

1950 年，阿尔弗雷德·卡斯特勒和让·布罗塞尔发明了"光泵激技术"，并用于激光发射。

1951 年，查尔斯·汤斯（Charles Townes）开始对微波放大技术进行研究。

1952 年，帕塞尔等人实现了粒子数反转，观察到了负吸收现象。

1953 年，韦伯采用放大电磁波方法，发明了受激辐射诱发原子或分子，并提出微波辐射器原理；Charles Townes 经过三年的努力，实现了微波受激发射放大（maser），成功制造出世界上第一台"微波激射器"。

1954 年，巴索夫和普罗霍罗夫合作研制出一台氨分子束量子振荡器，提出利用"不平衡量子系统的三能级方法放大激发辐射"，被广泛应用于无线电光波段的量子振荡器和放大器。

1957 年，斯科威尔研发成功固体顺磁微波激射器。Gordon Gould 博士认为，既然微波可以激发受激辐射，红外乃至可见光也应该能受激辐射。

1958 年，汤斯和肖洛在《物理评论》杂志上发表了著名的《红外与光学激射器》论文，提出：在一定条件下，可以将微波受激辐射放大器的原理推广到光波波段，制成受激辐射光放大（light amplification by stimulated emission of radiation，LASER）器件。此经典"激光原理"奠定了激光技术的发展基础。"laser"最初中文音译为"莱塞"或者"镭射"，1964 年在钱学森先生建议下正式改称为"激光"。

同年，苏联科学家巴索夫和普罗霍罗夫发表论文《实现三能级粒子数反转和半导体激光器建议》，提出利用半导体制造激光器的可能性。

1959 年，汤斯提出了建造红宝石激光器的建议。

1960 年，美国加利福尼亚州休斯（Hughes）实验室科学家 T. H. Maiman 博士受到汤斯和肖洛发表的红外光子辐射理论的启发，5 月 15 日成功研发出第一台实用的红宝石激光器：将闪光灯线圈缠绕在指尖大小的红宝石棒上，能够产生一条能量相当集中的纤细红色光柱。若将该光束射向某一点时，该点温度可以达到太阳的温度，甚至更高。

1961 年，研制出世界上第一台单脉冲激光测距仪（科利达 I 型），同时又提出调 Q 概念，并于次年成功研制出第一台调 Q 激光器，输出峰值功率 600kW，脉冲宽度达到 10^{-7}s 数量级，是激光发展史上一个重大突破。到 20 世纪 80 年代，利用调 Q 技术研制出峰值功率达到 GW 和脉宽达到 ns 的脉冲激光测距机。

1961 年 8 月，中国科学院长春光学精密机械与物理研究所成功研制出我国第一台红宝石激光器。

1961 年，第一台军用激光测距机通过美国军方的论证试验（并于 1969 年，首次批量装备美国陆军部队），激光测距机进入实用阶段，开启了激光时代。

1962 年，Keyes 和 Quist 第一次提出砷化镓材料的光发射现象，GE 公司的 Hall 利用两个镜面构成谐振腔，研制成功第一个同质结构注入式半导体激光器。

1963 年，Kroemer 和 Alferov 提出了异质结构的新思路，此后，主要发展方向是气相外延和液相外延技术的研究。

1965 年，第一台二氧化碳激光器诞生。

1968 年，AGA 公司成功研制出 He-Ne 激光测距机（AGA-8 型），测距达 60km。

1968～1970 年，美国贝尔实验室成功研发出 AlGaAs/GaAs 单异质结激光器。

1970 年初，美国 Hayashi 和 Panish 研发出双异质结半导体激光器。

1970 年，中国航空工业部（现称为中航工业集团公司）洛阳电光设备研究所开始研制 1Hz 激光测距机，配套于水轰-5 飞机的光学瞄准具。采用钇铝石榴石晶体作为激光工作物质和硅光电二极管作为回波接收光敏元件。对空工作距离 9880m；对地工作距离达到 18080m。

20 世纪 70 年代后，Nd:YAG 激光器技术的发展日趋成熟。

1978 年，在发光半导体技术的飞速发展下，成功研发出第一台量子阱激光器，极大增强了半导体激光器各项性能。与双异质结半导体激光器相比，具有更低的阈值电流，更高的输出功率和更稳定的工作效率。

1979 年，中航洛阳电光设备研究所开始研发 10Hz 机载 Nd:YAG 激光测距机，与强五飞机火控系统配套交联。输出功率：60～100mJ；标称测距 75～6540m（最大测程可达 10km）；测距精度：±5m。主要由六个部件组成：激光头部，包括发射系统（采用相交圆聚光腔激光器件，提高激光效率）和接收系统（采用国产 APD-1 高压雪崩硅光电二极管作为光敏元件），并采用非球面发射/接收天线；激光发射电源（采用 DC-CD 逆变式阶段充电激光发射电源）；冷却系统；距离信号处理器；伺服放大器；控制盒。

20 世纪 80 年代，国外半导体激光器技术的发展日趋成熟。1982 年，研制成功阵列半导体激光器；1984 年，开始研发半导体激光泵浦固体激光器；次年，D. L. Spies 采用单管 LD 做端面泵浦源和 1cm 激光介质 Nd:YAG 棒，研制成功第一台高效全固态激光器。

20 世纪 90 年代后，多种类型激光测距机广泛应用于民用和军事领域。1990 年，美国研制成功畸变量子阱激光器；1992 年，美国贝尔实验室研制成功直径只有 2～10μm 世界上最小的半导体激光器；同年，日本研制出室温下连续工作寿命最长（5000h）的高输出半导体激光器；1997 年，美国 MIT 研制出第一台原子激光器。

激光是 20 世纪 60 年代研发的新光源，是继原子能、计算机和半导体之后，人类的又一重大发明，具有方向性好、亮度高、单色性好和能量密度高等特点。激光器的问世和发展不仅使古老的光学科学和光学技术获得新生，而且形成一门新兴产业。

激光使人们有效地利用前所未有的先进方法和手段，获得空前的效益和成果，从而促进了生产力的极大进步，以激光器为基础的激光应用在全球迅猛发展，几乎涉及所有领域。最典型的代表是 1969 年阿姆斯特朗登月安放了反射镜，然后由地面发射激光至月球，测量反射回来的光，确定了地球—月亮之间的精确距离（平均距离 384401km；近地点平均距离 363300km；远地点平均距离 405500km）。具有代表性的应用还包括：激光电视、激光光谱分析、激光加工（切割、焊接、打孔、表面处理、快速成型）、激光通信、激光生物学应用、激光生命科学研究、激光医学应用、激光在农业和畜牧业方面应用、激光水下传输应用、激光全息无损检验；激光大气监测；CD、VCD、DVD、BD 光盘；激光打印机、复印机、扫描仪和激光照排机、商品防伪标签和条形识别码，以及激光在能源领域的应用等。

激光以其特有的单色性、方向性以及相干性，首先在军事上得到应用，包括激光武器、激光制导、激光测距、激光雷达、激光陀螺、激光侦察对抗、激光告警和大气激光通信等。

激光技术在军事武器中的应用主要体现在四个方面：

① 提高武器的命中精度，例如激光测距机和激光制导武器的应用。

② 夺取战斗中的主动权，例如激光致盲武器。

③ 夺取战略主动权，例如高能激光武器。

④ 有效的自身防护能力，例如机载激光对抗/防卫系统。

9.2

激光器

20 世纪 60 年代，发明了第一台红宝石激光器。到目前为止，已经研发出数百种不同类型的激光器，产生的激光振荡谱线有几千条，光谱范围涵盖 11.61nm（真空紫外线）～774μm（亚毫米波），最大连续输出功率达几十万瓦，最大脉冲输出功率达百兆兆瓦，并且新的激光器仍在不断研发和应用。

激光器是利用受激光辐射产生光并放大的一种器件，是各种激光设备（包括机载激光测距机、机载激光水下探测系统、机载激光通信系统和激光武器等）的重要组成部分和关键器件。

（1）激光器组成

激光器由三部分组成：工作物质、激励源和谐振腔，如图 9-1 所示。

图 9-1　激光器组成

① 工作物质。在一定外界激励条件下，很多物质（包括固体、气体、液体和半导体）都有可能成为激活物质并产生激光，这种激活物质称为激光工作物质。

② 激励源（或泵浦源）。激活工作物质的外界方法有光激励、电激励和化学激励等，无论采用哪种激励方法都需要设计激励源，即泵浦源。

不同的工作物质，需要采用不同的激励源：例如固体激光器采用脉冲氙灯、碘钨灯或者半导体激光器等光激励方法，而气体激光器则利用电激励方法。

激励源的作用是使工作物质中处于基态能级的粒子不断跃升到较高激发态能级上，造成粒子数反转分布，为产生激光准备条件。

③ 谐振腔。大多数被激活的工作物质受激辐射的放大作用不强，还会被介质中的吸收和散射等因素抵消。谐振腔的作用就是增强受激辐射的放大作用。

光学谐振腔由两块反射镜组成：一块全反射镜和一块部分反射镜。沿谐振腔光轴方向传播的光波在两块反射镜之间来回反射，多次通过被激活的工作物质。激光不断被放大，最终形成具有良好方向性的激光光束。

（2）激光器类型

按照激光波长，激光器分为紫外激光器、可见光激光器、红外激光器、X光激光器和多波长可调谐激光器等。

① 按照工作物质分类：

a. 固体激光器，例如红宝石激光器和钕掺杂钇铝石榴石（Nd：YAG）激光器，体积小，脉冲辐射功率高。

b. 气体激光器，工作物质是惰性气体，单色性和相干性较好。

c. 液体染料激光器，波长连续可调，效率高，输出功率可以与气体或固体激光器相比。

d. 半导体激光器，通过外加电场、磁场、温度和压力改变激光波长，直接将电能转换为激光。

② 根据工作方式分类：

a. 连续激光器（例如氦氖、氩离子和氦镉气体激光器，CW光纤激光器）。

b. 脉冲激光器（例如红宝石和钕玻璃固体激光器）。

连续激光器定义为：以不间断的方式稳定地输出激光的激光器，激光连续输出周期大于或等于0.25s。

脉冲激光器定义为：在一个固定的（可以调节的）时间（脉冲宽度）内以单脉冲或脉冲列的方式输出激光的激光器，单个激光脉冲宽度小于0.25s。包括短脉冲激光（脉宽 ns级）、长脉冲激光（ms级）和皮秒级（10^{-12}s）激光。

激光应用技术的进步与激光器的发展密切相关，下面简单介绍几种常用激光器。

9.2.1 红宝石脉冲激光器

红宝石激光器是最早研发的一种激光器。谐振腔中的工作物质是一根淡红色的红宝石（Al_2O_3晶体）固体激光棒，其中掺有0.05%的铬离子（Gr^{3+}）。红宝石棒两个端面精磨抛光，平行度达1′。一个端面镀银，成为全反射面，另一个端面是半镀银面，是部分反射面，透射率10%。

红宝石激光器属于三能级系统，采用氙灯作为泵浦源。在脉冲氙（Xe）灯照射下，红宝石晶体中的粒子吸收氙灯发射的光子而被激发，形成波长694.3nm、谱线宽度0.01～0.1nm和光斑直径3～6mm的激光束，如图9-2所示。

红宝石激光器的缺点是：

① 属于三能级系统，器件阈值高。

② 晶体性能随温度变化明显。

③ 激发效率较低。

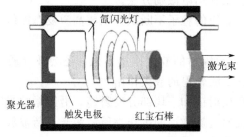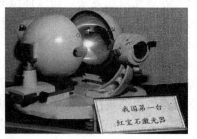

图 9-2　红宝石激光器

④ 输出发散角大，一般为 3～10mrad。

⑤ 体积和重量大，耗电多。

⑥ 对人眼不安全。

1961 年，美国研制出第一台红宝石激光测距机（柯利达Ⅰ型）。中科院长春光机所也研制成功掺钕红宝石激光器。

1962 年，第一台军用激光测距机成功进行了示范表演。

1971 年，美国陆军炮兵部队首先装备了 AN/GVS-3 型红宝石激光测距机，供炮兵前方观察使用。

目前，在军事领域，已经不再使用红宝石激光器。

9.2.2　Nd：YAG 脉冲激光器

用钕掺杂钇铝石榴石（neodymium-doped yttrium aluminium garnet，Nd：YAG）晶体作为激活物质制造的固体脉冲激光器，称为 Nd：YAG 脉冲激光器，激光波长 $1.064\mu m$。

机载脉冲激光测距机最常用的激光器是 Nd：YAG（或近红外钕玻璃）固体激光器，增益高，激光阈值低，功率高，对波长 $1.064\mu m$ 光波的吸收少，热传导性和热冲击性都较好。

1977 年，美国首次成功研发小型化手持 Nd：YAG 激光测距机（AN/GVS-5 型），从此，Nd：YAG 激光测距机进入批量生产和广泛应用阶段，逐步扩大应用到海军/空军领域，为激光测距和目标指示、远距离激光精确制导武器奠定了基础。

20 世纪 80 年代之前，Nd：YAG 激光器都使用闪光灯泵浦方式注入能量，转换效率低，重复频率低，体积大，寿命短。

随着科学技术的发展，迫切要求增大激光器输出功率。半导体激光器作为泵浦源的最大优点是转换效率高和发光谱线宽，用半导体激光器代替闪光灯作为 Nd：YAG 激光器的泵浦光源大大提高了激光器的功率和质量。

激光二极管的工作波长 810～950nm（近红外大气窗口，与硅光电探测器的峰值响应也比较匹配），与 Nd：YAG 激光晶体的峰值吸收线有极好的光谱匹配性能（理论上，二者的耦合效率可以达到 100%，而闪光灯泵浦的光耦合效率只有 20%），大大提高了激光器的整体效率。

采用激光二极管泵浦技术（DPL）直接注入电能，能够提高电光转换效率（约 4 倍）和重复频率（可达几千赫甚至几兆赫），输出脉冲宽度达纳秒级。同时电源和冷却系统的重量大约减少 75%～90%，因此，半导体泵浦方式逐步替代了氙灯泵浦方式。

表 9-1 列出 Nd：YAG 激光器两种泵浦方式的技术性能。

表 9-1 两种泵浦方式的技术性能

对比参数	氙灯泵浦	半导体泵浦
电光转换效率/%	1～3	≥10
寿命	百万次	千万次
光束质量	适中	较好
维护性	复杂	容易
可靠性	一般	较高

1990 年，美国麦克唐纳·道格拉斯公司研发的半导体激光二极管阵列泵浦 Nd:YAG 激光器首次应用于机载激光测距机中，并在 FA-18 飞机上试飞。

Nd:YAG 脉冲激光测距机采用以下先进技术：

① 发射光学系统采用望远镜结构，可以将束散角压缩到几个毫弧度，可靠性提高 100 倍，保证精准地照射到目标。

② 接收探测器采用雪崩光电二极管或者硅光电二极管。

③ 激光波长 $1.064\mu m$，人眼不可见，隐蔽性好。

④ 采用重量轻、体积小、成本低和不耗电的 BDN 被动染料片 Q 开关。

⑤ 采用大规模集成电路实现接收电路的固体组件化。

主要技术性能：

① 工作波长：$1.064\mu m/0.532\mu m$。

② 脉冲宽度：9～30ns。

③ 输出能量：200mJ/脉冲。

④ 冷却条件：二极管阵列空气冷却。

⑤ 重量：4.5～6.8kg。

与红宝石激光测距机相比，Nd:YAG 脉冲激光测距机具有隐蔽性好、效率高、重复工作频率高、重量轻、体积小和耗电少等诸多优点，逐渐替代了红宝石脉冲激光测距机。

主要缺点是：

（1）对人眼睛伤害较大

近距离使人眼致盲，远距离使人眼致眩，因此，西方一些国家（例如美国和德国）限制使用这类激光测距机。

（2）全天候测距能力低

激光测距机的工作波长没有位于中波和长波红外光谱窗口，因此，在大气中的传播能力低，易受干扰，尤其在雾霾和战场烟尘环境，严重影响测距效果，甚至无法测距。

（3）兼容性差

许多机载光电设备都有不同的工作光谱范围，例如红外成像系统，因此，无法实现光学系统和探测器共用。即使红外成像系统观测到空/地目标，但由于不同波段在大气中的穿透能力不同，激光测距机不一定都能实时测出目标距离。

图 9-3 是俄罗斯苏-27 飞机上装备的激光测距机，由激光辐射器（含冷却器）、收发组件（含发射天线、接收天线和信息处理部件）、激光电源、时间间隔测量器、控制部件、转换器组成。主要性能列在表 9-2 中。

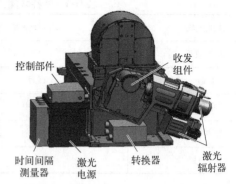

图 9-3 苏-27 飞机激光测距机

表 9-2 苏-27 飞机激光测距机主要性能

参数		指标
工作波段/μm		1.060
输出能量/mJ		130
脉冲宽度/ns		18
发散角/mrad		3.2
工作频率/Hz		0.25±0.02,2±0.05
测距范围/km		对空 0.3~10.4,对地 0.3~28
测距精度/m		±5
工作时间 /min	0.25Hz	≥11.5
	2Hz	≥3.5
虚警率		≤1%
质量/kg		26.3(不含电缆)

随着科学技术的发展，全固态多波长激光器在激光探测、激光雷达、光通信以及军事光电对抗中得到广泛应用。

20 世纪 70 年代，贝西亚利用闪光灯泵浦源和钇铝石榴石晶体激光介质实现了双波长（1.064μm 和 1.319μm）激光输出。

1994 年，林文雄等人利用 LD 端面泵浦 Nd：YAG 也获得了双波长（1.064μm 和 1.318μm）的激光输出。

1998 年，Ruffing 等人利用皮秒 Nd：YVO$_4$ 激光器实现了三波长（0.629μm、0.532μm 和 0.446μm）激光输出。

2006 年，西北大学利用钇铝石榴石晶体作为激光介质和磷酸氧钛钾等倍频晶体实现了红绿蓝三色激光输出。

2013 年，中航工业洛阳电光设备研究所（沈兆国等）利用激光二极管（LD）侧面泵浦 Nd：YAG 声光调 Q 1.064μm 激光器作为泵浦源、偏振技术，以及利用外腔式光参量振荡器（OPO）对非线性晶体 PPLT（周期性极化钽酸锂）进行频率转换技术实现了三波段共轴输出：140W 的 1.064μm、8.3W 的 1.46μm 和 6.3W 的 3.9μm 激光束。

多波长固态激光器的优点是：体积小、结构紧凑、高能量输出、功耗小、效率高和操作维护简单，因而得到较广泛应用。

9.2.3 CO₂ 脉冲激光器

20 世纪 80 年代，大部分激光测距机都使用波长 $1.064\mu m$ 的 Nd:YAG 激光器。如上所述，使用中，其缺点逐渐引起人们重视，尤其是与长波红外成像系统兼容性差以及对外差探测技术（试验证明，外差探测的灵敏度是直接探测的 80 倍）的使用约束，使人们开始重视 CO_2 激光器的研发和应用。

CO_2 激光器有流动型、横向激励型、高气压型、气动型、波导型和射频激励型等众多类型。由于气压高和放电不稳定，激光测距机一般采用脉冲工作方式的横向激励大气压 (TEA) 型 CO_2 激光器。

CO_2 激光器工作波长 $10.6\mu m$，远离眼睛的透射波长，不会损伤视网膜。战术用中小功率 CO_2 脉冲激光束对眼睛的损伤阈值极高，约为波长 $1.064\mu m$ Nd:YAG 激光束的 2000 倍，输出功率不可能达到损伤人眼睛角膜的水平。

根据北约组织（NATO）"激光安全标准 3603"规定，CO_2 激光测距机的激光能量水平对人眼是"零距离安全"，在训练和演习中不会损伤或致盲被照射的人眼，甚至不必佩戴防护镜或在仪器内加装滤光片。

CO_2 脉冲激光束在低能见度条件下仍有良好性能，激光器输出波长可调并适宜外差探测。另外，与长波红外成像系统兼容，十分有利于军事应用。

9.2.4 1.5μm 波段人眼安全脉冲激光器

按照激光光束形成机理，人眼安全激光器分为两类，如表 9-3 所列：
① 激光介质直接受到外来能量的泵浦而产生安全激光光束。
② 非安全激光束通过非线性变换产生安全激光光束。

表 9-3 人眼安全激光器分类

直接泵浦技术		非线性变换技术			
激光介质	波长/μm	非线性介质	非线性过程	泵浦源波长/μm	输出波长/μm
CO_2	10.6	CH_4	SRS	Nd:YAG 1.064	1.54
Er:YAG	2.94/1.54	H_2			
Ho:YAG	2.06	KTP	OPO		1.54/1.61
Tm:YAG	2.01				
Er:YAP①	1.66	KTP	SHG	Er:YAG 2.94	1.47
Er:玻璃	1.54				

① Er:YAP—掺铒铝酸钇晶体。

根据 GJB 470A—97 规定：激光系统对人的危害程度分为四类，如表 9-4 所列。

表 9-4 激光器危害等级分类

类别	定义
1 类	在任何情况下,可达发射极限（AEL）值不应超过眼照射极限值,或由于工程设计因素而保证安全,使用时无需采取防护措施

类别		定义
2 类		是发射可见辐射的低功率激光器,发射方式可以是连续或脉冲。当照射时间小于 0.25s 时,发射功率或能量不超过 1 类 AEL 值。连续发射功率极限为 1mW。这类激光并不是安全的,但可通过眨眼提供保护
3 类	A	在 400～700nm 波长范围内: 1)连续波发射功率不超过 5mW。 2)重复脉冲及扫描激光器发射功率不超过 2 类 AEL 值的 5 倍。 3)束内任意点的辐照度不超过 25W/m²。 其它波长范围内: 1)激光辐射不超过 1 类 AEL 值的 5 倍。 2)束内任意点的辐照度也不超过 25W/m²。 利用具有放大倍率的光学仪器对此类激光器进行内视是有害的,但可通过眨眼对可见辐射提供保护
	B	发射能量或功率超过 1 类或 2 类,但连续波激光功率不超过 0.5W,脉冲激光的辐照量不超过 $10^5 J/m^2$,直接束内视此类激光有害,而未聚焦的漫反射脉冲激光无害,在 13cm 以外,10s 以内观看漫反射连续激光也是安全的
4 类		是发射连续波激光功率大于 0.5W,脉冲激光辐照量大于 $10^5 J/m^2$ 的大功率、高能量激光器,不仅直射或镜反射激光有害,漫反射激光也有害,可灼伤皮肤,引起火灾,使用时应特别小心

何为人眼安全激光器?凡对人眼危害距离为零,使用时无需采用控制措施的激光器定义为人眼安全激光器。

研究表明,人眼组织的前部对于 $0.4～1.4\mu m$ 波段的光束具有很高的透明度和折射能力,在这一波段的激光能量可以到达视网膜并在能量(或功率)达到一定值时,对人眼造成暂时甚至永久性的损伤。

一般认为,波长大于 $1.4\mu m$ 的光束(中红外或者远红外)会被人眼前部的角膜吸收,视网膜上的光能量(或功率)密度极小,对人眼是安全的,通常以激光器的"照射限值"作为衡量标准。

按照 GJB 470A—97 定义,激光器的照射限值(exposure limit,EL)定义为:眼和皮肤受激光照射即刻或经一定时间后未引起可见损伤发生或无不良生物学改变的激光最大辐射量或辐照度。

表 9-5 列出几种军用激光器平行光束内视的照射限制值(参考 GJB 470A—97)。

表 9-5　几种典型军用激光器平行光束内视的照射限值

激光器类型	发射方式	波长/nm	照射时间/s	照射限值/(J/m²)
ArF	单脉冲	193	$10^{-9}～1.8\times10^{-5}$	30
KCl		222		
XeCl		—		4.0×10^2
XeF		353		31.5
Ar⁺	连续	488	0.25	6.4
He-Ne	连续	632.8		
半导体	连续	905	10	3.15×10^2

激光器类型		发射方式	波长/nm	照射时间/s	照射限值/(J/m²)
Nd:YAG 激光器	倍频	单脉冲	532	$10^{-9} \sim 1.8 \times 10^{-5}$	5.0×10^{-2}
		10Hz			1.6×10^{-2}
		20Hz			1.1×10^{-2}
	Nd:YAG	单脉冲	1064	$<10^{-9}$	5.0×10^{7}
				$10^{-9} \sim 5.0 \times 10^{-5}$	5.0×10^{-2}
		10Hz		—	1.6×10^{-2}
		20Hz		—	1.1×10^{-2}
		单脉冲		5.0×10^{-5}	5.4×10^{-2}
		连续		10	5.1×10^{-2}
	频移	单脉冲	1540	$<10^{-9}$	10^{11}
				$10^{-9} \sim 10^{-6}$	10^{4}
铒玻璃激光器		单脉冲	1535	$10^{-9} \sim 10^{-6}$	10^{4}
CO₂ 激光器		单脉冲	10600	$10^{-9} \sim 10^{-7}$	1.0×10^{2}
		单脉冲		$10^{-7} \sim 1.8 \times 10^{-5}$	3.15×10^{-2}
		连续		10	3.2×10^{4}
Ho:YLF[①]		单脉冲	2060	$10^{-9} \sim 10^{-7}$	1.0×10^{2}
DF		单脉冲	3800		

① Ho:YLF—掺钬氟化钇晶体。

由表 9-5 照射限值看出，铒玻璃激光器产生的波长 1.53μm 激光对人眼最为安全，在平行光束内裸眼视看 1.53μm 波长激光束（铒玻璃激光器）而不会造成眼睛损伤的极限能量密度 D（J/m²）远大于 1.064μm 波长的激光束（Nd:YAG 激光器）（约高 10^5 倍），也比 CO₂ 激光器（波长 10.6μm）高 100 倍。另外，1.53μm 波长激光正好处于大气短波红外光谱透射窗口，对战场烟雾和雨尘的穿透能力较强，具有更强的环境适应能力，因此，在相同条件下具有更强的测距能力，得到广泛应用。

人眼安全激光测距机是指使用 1.5μm 波段激光光束进行测距的设备。相对于 CO₂ 脉冲激光测距机，不仅对人眼安全，大气穿透能力强，而且目标反射系数高，还可以采用非制冷接收器（例如 InGaAs 探测器）。另外，发射光学系统（包括透镜、棱镜和分束镜）可采用普通光学材料，成本低。

1.5μm 波段激光测距机的常用激光器是铒玻璃激光器，采用掺入 Yb^{3+}：Er^{3+}：Nd^{3+} 离子激活的磷酸盐铒玻璃激光棒作为工作物质，用闪光灯泵浦或激光二极管泵浦（例如 Kigre 公司），直接产生 1.535μm 激光。优点是结构简单和成本较低。缺点是阈值较高和转换效率较低，例如，产生 25～30mJ 的激光输出就需要注入 12～15J 的能量，转换效率只有 2%；重复工作频率低（低于 5Hz），不适合高重复频率领域使用；并且寿命短，通常仅适用于地面测距（步兵、装甲兵和炮兵）。1983 年，美国 OEC 公司首先研制和生产出 LH-83 型铒玻璃激光测距机（图 9-4），陆续应用于民用和军用。

研究表明，采用不含硅或少含硅的掺铒磷酸盐玻璃及敏化荧光技术能够降低铒玻璃激光器的阈值和提高转换效率和重复频率。

拉曼频移 Nd:YAG 激光器是另外一种产生 1.5μm 波段激光光束的激光器。拉曼介质有

图 9-4 美国 LH-83 型铒玻璃激光测距机

两种：甲烷和氘气体。在 $1.064\mu m$ Nd：YAG 激光泵浦下，可以分别输出 $1.54\mu m$ 和 $1.56\mu m$ 的激光。

由于 $1.54\mu m$ 波长最适合人眼安全，所以，多数情况使用甲烷介质。基本原理是：在 Nd：YAG 激光器中加入高压甲烷（CH_4）气体，通过受激拉曼散射，将 $1.064\mu m$ 激光波长频移转换为波长 $1.53\mu m$ 的人眼安全激光。输出的脉冲激光光束宽度比 Nd：YAG 激光脉冲窄，具有更好的光束质量，可以在较高的重复频率下工作，最高转换效率达到 40%。

拉曼频移 Nd：YAG 激光器的优点是可以充分应用现有的 Nd：YAG 激光器、光学系统以及燃料被动 Q 开关；缺点是采用高压气体作为转换介质，结构复杂，体积大，难以密封，输出能量不太高，一般为 20mJ/脉冲。

1990 年，美国休斯公司研发的光电跟踪系统（EOTS）采用高频率人眼安全激光测距机，与红外成像系统和 CCD 电视系统相综合，组成火炮防空系统。技术性能包括：

① 最大测距范围：9995m，可以调节到 19995m。

② 最小测程：50～750m。

③ 重复频率：15Hz。

④ 输出能量：35mJ。

⑤ 脉冲宽度：14ns。

⑥ 束散角：0.5mrad。

表 9-6 列出人眼安全拉曼频移激光测距机的技术性能。

表 9-6　人眼安全拉曼频移激光测距机的技术性能

公司	型号	脉冲能量/mJ	测程/m	测距精度/m	重复频率/Hz	重量/kg
南非 Eloptro 公司	LH-40	8	20000	±5	—	1.5
	LR-40	17～23	40800	±5	20	13.325
美国雷神公司	ELITE-Ⅱ	35	20000	±10	1/20	—
美国休斯公司	EOTS	35	9995（可以调到 19995）	±5	15	—
德国蔡斯公司	CE628	14	19995	±5	25	11.5
	HALEM-Ⅱ	10	25000	±5	1	3.2
	Molem	—	30000	±5	—	2.5

9.2.5　光参量振荡激光器

1962 年，Armstrong 等人提出光参量放大和产生可调谐光的概念。

光参量振荡激光器（OPO）是利用技术成熟的高功率固体/光纤激光器作为泵浦源泵浦非线性晶体，实现激光频率转换，以获得所需要的激光输出。

1965 年，C. C. Wang 和 C. W. Racette 在实验中首次观察到非线性过程中的参量增益，贝尔实验室利用 Q 开关多模 Nd：$GaWO_3$ 激光通过 $LiNbO_3$ 晶体的方法，获得了 $0.97 \sim 1.15 \mu m$ 激光输出。

20 世纪 80 年代末，世界各国陆续开展光学参量振荡激光器的研究，产生不同调谐波长的激光束应用于不同领域。例如，利用调 Q 的 $1.06 \mu m$ YAG 激光器作用于非线性晶体（例如 KTP、BBO 和 KTA），当满足非临界相位匹配条件时，产生 $1.57 \mu m$ 波长安全激光束。

1994 年以来，美国 BIG SKY 公司、Litton 公司以及以色列光电公司先后研制出 $1.57 \mu m$ 人眼安全 OPO 激光测距机。美国 Schwartz 光电公司研制的 OPO 器件性能已经达到 500mJ/脉冲。

图 9-5　$1.57 \mu m$ OPO 人眼安全激光测距机

1998 年，国内成功研制出 $1.57 \mu m$ OPO 人眼安全激光测距机，如图 9-5 所示，技术性能列在表 9-7 中。

表 9-7　国产 $1.57 \mu m$ OPO 人眼安全激光测距机技术性能

参数		指标
发射光学系统	口径/mm	40
	放大倍率	8
	系统长度/mm	110
接收光学系统口径/mm		72
测程范围/km		$0.20 \sim 7.05$
测距精度/m		± 5
重复频率/Hz		20
束散角/mrad		≈ 1.2

理论分析和实验研究都表明，当一种频率较低的弱信号光束与另一种频率较高的强泵浦（激励）光束同时入射到非线性介质时，弱的入射光会得到放大，强的泵浦光有所减弱，同时，非线性介质还将辐射出频率等于上述两束入射光频率之差的第三种相干光，即闲频光，这种效应称为光学参量放大效应。

在光参量放大的基础上，如果激光谐振腔同时采用光学反馈装置，那么，在参量放大作用大于腔内各种损耗条件下，可以同时在频率 ω_i 和 ω_s 位置产生相干光振荡，这就是光学参量振荡（OPO）激光器的工作原理。实际上，光参量振荡技术是利用参量转变过程实现非线性频率转换的方法，因此，光参量振荡激光器的特点是其输出频率可以在一定范围内连续变化，并且，不同的非线性介质和不同的泵浦源，可以得到不同的调谐范围。

OPO 激光器主要采用两种非线性晶体：准相位匹配材料（有效非线性系数大，例如周期性极化 PPLN、PPLT、PPKTP、PPRTA 和 PPSLT 等）和传统的双折射相位匹配材料（非线性系数较小，如 KTP）。表 9-8 列出部分非线性晶体材料的主要性能。可以看出，ZGP（磷锗锌 $ZnGeP_2$）晶体的非线性系数最大，热导率也高，尺寸能做得较大，是较理想的非线性晶体。

表 9-8　OPO 晶体的技术性能

晶体材料	非线性系数 /(pm/V)	光谱范围 /μm	吸收系数 (1~4μm)/cm^{-1}	损伤阈值(1064nm) /(MW/cm^2)	匹配方式	晶体尺寸 /mm
PPLT	15	0.4~4	—	>100	—	(3×3)×30
PPKTP	8.7	0.4~4	—	>900	—	(1×2)×30
PPSLT	10	0.4~4	—	>570	—	(1×2)×30
LiIO$_3$	$d_{31}=5.4$	0.33~5.5	<0.06	>60	I 类	(10×10)×15
KTA	$d_{24}=3.2$	0.35~5.3	<0.01	>600	II 类	(10×10)×20
KTP	$d_{33}=3.75$	0.35~4.5	<0.01	>900	II 类	(15×15)×25
ZnGeP$_2$	$d_{36}=75$	0.7~12	<0.01	>30000	I 类	(8×12)×25
AgGaS$_2$	$d_{36}=13$	0.5~13	<0.09	>25	I 类	(10×7)×20
AgGaSe$_2$	$d_{36}=33$	0.7~18	<0.09	>25	I 类	(10×7)×20

　　2010 年，挪威国防研究局（Esper Lippert 等人）采用 1.907μm 掺 Tm（铥晶体）光纤激光器泵浦 ZGP（磷锗锌）晶体，获得高质量激光束并应用于机载定向红外激光对抗系统（DIRCM）中。

　　光学参量振荡激光器（直腔型）有两种结构形式（如图 9-6 所示）：双共振参量振荡激光器和单共振参量振荡激光器。

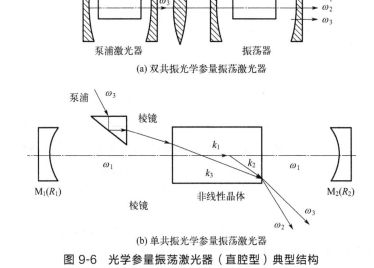

(a) 双共振光学参量振荡激光器

(b) 单共振光学参量振荡激光器

图 9-6　光学参量振荡激光器（直腔型）典型结构

　　① 双共振参量振荡激光器（或者两级光参量振荡激光器）　如图 9-6(a) 所示，采用 1μm 激光器作为泵浦源（例如 1.064μm 的 Nd：YAG 激光器），泵浦一级 KTP OPO 或者 MgO：PPLN OPO 获得 2μm 以上的光参量输出，进而泵浦二级 ZGP OPO 或者 MgO：PPLN OPO，获得机载定向红外对抗系统中的中波红外激光。

　　② 单共振参量振荡激光器（或者一级光参量振荡激光器）　如图 9-6(b) 所示，直接采用 2μm 波长的激光作为泵浦源（例如掺 Tm^{3+} 激光器或掺 Ho^{3+} 激光器），直接泵浦 OPO 就可以获得中波红外激光。

伴随着 OPO 激光器的发展，其腔型也从直腔型逐步发展为 3 镜、4 镜和多镜折叠环形腔结构。

光参量振荡激光器具有调谐范围宽、高重复频率、结构简单和工作可靠等优点，并由于能够研制出高质量（非线性系数大和破坏阈值高）的非线性晶体，转化效率大大提高（高达47%），因此，得到广泛应用，包括军事领域中机载激光测距系统（人眼安全波长激光器）、机载激光通信系统、机载红外激光对抗系统等。

需要注意，由于温度变化会影响光参量振荡激光器的输出功率和效率，所以，需要具有高精度的温度控制能力，热管理模块在完成实时废热排散的同时，需满足温度控制精度和均匀性要求。因而在机载高热流密度和高温（约 120℃）环境条件下，一定要优化控制措施，提高控制水平。

9.2.6　半导体激光器

半导体激光器是指以半导体材料为工作物质的一类激光器。

半导体激光器发射的波长范围之广是任何类型激光器所不及的，通过选用不同的有源材料或改变多元化合物半导体各组元成分而获得范围很广的激射波长以满足不同需要，广泛应用于众多领域中。

20 世纪 60 年代末~70 年代初，芬兰技术研究院和奥卢大学电子工程系联合几家公司，首先开始研究半导体激光器技术，之后国际上许多国家相继开展研究，美国 GE 公司的霍尔（Hall）利用两个镜面构成的谐振腔首次观察到正向偏置 GaAs PN 结的相干光发射，成功研发出第一个注入式半导体激光器。

早期的半导体激光器属于同质结注入型激光器。由 GaAs 和 GaAlAs 半导体激光器作为光源的激光测距机具有重复频率高、体积小、重量轻和成本低等优点，因而受到普遍关注。缺点是输出功率低，测程近，其应用范围受到限制。

20 世纪 80 年代中期，陆续解决了激光器件、光学系统以及信号处理电路中的一些关键技术，后期逐渐转入应用研究阶段，研发出一种以半导体激光器为光源的半导体激光测距机及各种不同用途的样机。

1995 年以来，国内外对人眼安全半导体激光测距技术的研究发展迅速，各种成熟产品不断出现，美国 Bushnell 公司、Tasco 公司、LaserTech 公司和 Leica 公司研制的各种半导体激光测距机装机应用。

20 世纪 80 年代，国内一些单位（8358 所、中科院上海光机所、中国计量学院和西南技术物理研究所等单位）在固态/气态激光测距机的研究基础上也开始研究半导体激光测距机，并取得了许多研究成果。

随着基础理论的研究，晶体生长和半导体器件制造技术更加成熟，同质结、单异质结、双异质结和量子阱半导体激光器相继研制成功，隧道再生耦合大光腔结构的脉冲半导体激光器通过多有源区结构将峰值功率基本稳定在 150W 左右。

半导体激光器具有全固态、体积小、重量轻、成本低、效率高、可调制、稳定低压运转和可靠性高等优点。半导体激光器的峰值功率范围是几瓦至几百瓦，脉冲电流是几安培至几十安培，覆盖波长范围很宽（0.325~34μm），因此，是近程/中程脉冲激光测距机的首选光源。

半导体激光器的发展历史分为三个阶段：

① 同质结半导体激光器。

② 异质结（包括单异质结和双异质结）半导体激光器。

③ 量子阱半导体激光器。

半导体激光器分为四种类型：

① 单管式半导体激光器。

② 单元阵列式半导体激光器。

③ 一维线阵式半导体激光器。

④ 二维面阵式半导体激光器。

与其它类型激光器相比，半导体激光器具有以下特点：

① 一个发射单元在快轴方向的源尺寸很小（约为 $1\mu m$），在慢轴方向源尺寸很大（约数百微米）。

② 由于半导体激光器采用非对称激活通道，由端面发射的激光光束具有较大的发散角，在平行及垂直方向的发散角范围分别是 $10°\sim20°$ 和 $30°\sim60°$，是发散角最大的一种激光器。

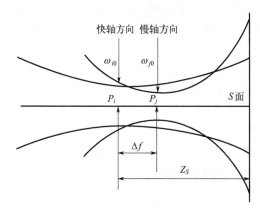

图 9-7　半导体激光器的椭圆光斑特性

③ 由于光束发散角在垂直和平行于 PN 结方向存在很大差异，因此，远场光斑为椭圆形，如图 9-7 所示。若将激光束慢轴方向光束特性曲线旋转 90°绘制在快轴方向光束特性曲线上，可以明显看出其椭圆性。其中，P_i 和 P_j 分别代表快轴和慢轴方向光束的束腰中心。

④ 光束两个方向的束腰不在同一位置。激光光束快轴方向的束腰位于腔面上，慢轴方向的束腰距腔面一定距离，位于激光器腔体内。换句话说，在垂直和水平发射方向的束腰不重合，存在着严重的固有像散，当利用普通球面透镜系统成像时，获得的是"离焦图像"。

表 9-9 列出波长 650nm 半导体激光器主要技术性能。

表 9-9　波长 650nm 半导体激光器的技术性能

参数		指标
波长/nm		650
输出功率范围/mW		0～50
工作模式		TEM_{00}
光束发散角/(°)	水平方向	10
	垂直方向	30
线宽/nm		<0.1

由于半导体激光器结构的特殊性，其有源宽度远大于厚度，导致平行和垂直于结平面方向的发散角极不对称，远场呈现椭圆形光斑，并有像散，光强分布不均匀，像质较差。

半导体激光器光束的这些特性极大地限制了实际应用，为使光束传播中能量集中以提高测量距离和测量精度，实际应用中，必须利用光学系统对其发射的高斯激光光束进行预准直、圆化和像散校正（如果用作侧面泵浦固体激光器，还需进行光束均匀化处理），再利用发射光学系统进行扩束或压束，这是有效利用半导体激光器的基本前提。因此，必须注意以下问题：

① 尽量选用像散小的半导体激光器。半导体激光器在横向是利用有源层两侧折射率差所形成的光波导效应对有源区光子进行限制，而在侧向有增益波导与折射率波导两种光限制类型。

目前大量采用的侧向折射率波导结构中，其横向高斯光束束腰在解理面上且为平面波前，与侧向束腰位置很接近，约几个微米数量级。从校正像散考虑，选择折射率波导结构的半导体激光器对光学系统有利。如果对成像质量要求不高，可以近似认为这类半导体激光器发射的激光光束是个点光源，像散忽略不计。

② 根据半导体激光器的基础理论知道，半导体激光器输出光束的光场有远场分布和近场分布。

近场分布定义为激光出射面邻近区（到出射面的距离约等于光束波长）的光束光强分布。

远场分布定义为激光光束距离激光出射面 d（到出射面的距离远大于光束波长，即 $d \gg \lambda$）处的光强分布。

本节主要讨论半导体激光束远场分布条件下的光束质量。

如果对激光束准直度要求很高，即准直后光束的发散角很小（例如几个毫弧），那么，准直光学系统的倍率会很大，可能无法采用传统的倒置伽利略望远镜结构压窄发散角。为了使半导体激光器具有更高的能量使用和传输效率，必须设计激光预准直整形系统，从而对半导体激光器发射的光束实现初步准直、圆化和像散校正。

国内外学者研究过多种校正方法［例如，折/衍混合透镜系统，梯度渐变折射率（GRIN）微型透镜，台阶形反射镜整形系统和二元光学校正系统等］，并取得一定成果。

半导体激光束的预准直整形目的是：压缩激光束的发散角，缩小快轴/慢轴方向发散角的差距，使远场激光束由椭圆光斑变为圆形光斑，从而提高激光束质量和能量利用率。

实践证明，即使在中等或者小倍率情况下，也需采用特殊面型校正像差，综合考虑制造工艺、批量生产以及在机载激光测距机领域应用等实际问题，下面介绍几种较为实用的典型结构形式。

案例一，采用两个相互垂直的双椭圆柱面透镜的光学系统进行预准直整形，如图 9-8 所示。

两个焦距不同的椭圆柱面透镜相互垂直，调整二者间的相互位置，使半导体激光器的发光面与椭圆柱透镜的焦平面重合。柱面透镜的作用使垂直于柱面母线方向的光束发生折射，从而改变发散角，而平行于柱面母线方向的光束不改变传播方向，保持光束发散角不变。激光光束在通过两个柱透镜传播后，光束的发散角会发生不同程度的变化，最终保证两个方向的激光光束都与光轴平行，实现预准直。北京理工大学对 905nm 半导体激光器光束进行准直，可以将快慢轴发散角由 30°和 15°分别压缩到 4.4mrad（约 15′）和 3.6mrad（约 12.4′）。

案例二，采用椭球面透镜/椭球面楔形透镜组合光学系统。

如图 9-9 所示，在理想条件下，该方法只能实现快轴方向的光束预准直，无法实现慢轴和其它方向的预准直。慢轴方向激光束的发散角达到 10^{-4}rad（$\approx 20.63''$）数量级。

若将椭球面修改为自由曲面，即自由曲面透镜＋自由曲面楔形柱面镜的组合式预准直整形系统，研究表明，为了保证能够与半导体激光器表面紧密配合，自由曲面透镜的前表面设计为平面。自由曲面透镜的作用是实现激光束准直和像散的校正，发散的激光束经过自由曲面透镜后被预准直为平行于光轴、远场分布为椭圆形的激光光束；楔形柱面透镜的前表面与自由曲面重合，后表面在子午面内设计成具有一定倾斜角的楔形面，椭圆激光光束进入柱面透镜后，长轴方向光束受到压缩，而短轴方向的光束没有变化，合理选择楔形镜的材料和楔形角，从而将激光光束的椭圆光斑整形为圆形光斑，最终形成没有像散、平行于光轴、远场分布为圆形的激光光束。在理想条件下，预准直后的发散角可以达到零。

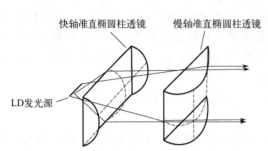

图 9-8　双椭圆柱面透镜型发射光学系统

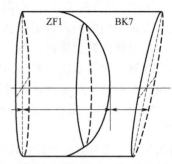

图 9-9　椭球面透镜/椭球面楔形透镜组合系统

表 9-10 是自由曲面透镜和楔形柱面透镜组合系统的结构参数。

表 9-10　自由曲面透镜和楔形柱面透镜组合系统的结构参数

参数		指标
第一表面距离光源的距离/mm		10
自由曲面透镜	中心厚度/mm	12
	材料	ZF1
楔形柱面透镜	中心厚度/mm	3
	短边尺寸/mm	6.9
	长边尺寸/mm	15.1
	材料	BK7
	楔形角/(°)	36.7
组合透镜系统	高度/mm	5.5
	宽度/mm	3.0

案例三，非球面透镜＋双棱镜准直整形系统。

该方案中，绕光轴旋转对称的非球面（旋转双曲面）凸平透镜系统的主要功能是压缩激光光束的发散角，使光束准直后变为平行的椭圆光束，子午面内束宽远大于弧矢面内束宽。一对棱镜组用于将慢轴方向的平行光束进行二次扩束，从而使椭圆光束转换为对称的圆形光束，如图 9-10 所示。

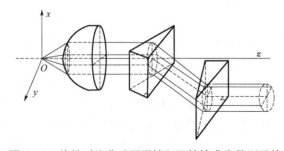

图 9-10　旋转对称非球面透镜和双棱镜准直整形系统

显然，该方案是假定激光器不存在固有色散或固有色散很小，即忽略不计的情况。如果激光器（例如半导体激光器）存在较大的固有色散，则需考虑采用有校正色散作用的柱面镜系统。

案例四，非球面和球面柱面透镜准直整形系统。

非球面柱透镜对快轴方向光束进行预准直，使发散角得到压缩，而慢轴方向光束的发散角没有变化。球面柱透镜预准直慢轴方向的光束，使发散角得到压缩，而快轴方向的发散角没有变化。控制两个柱面透镜之间的距离，使预准直后快慢轴方向光束的光斑半径相等，不同放大倍率对应不同的输出光束光斑直径，从而使光束整形为近似圆形。若在后面再设计一个望远镜发射系统，则可以达到扩束或缩束的目的，如图9-11所示。

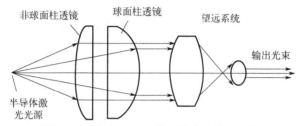

图 9-11　非球面/球面柱面镜准直整形系统

案例五，柱透镜和梯度折射率透镜（GRIN）准直整形系统。

有两种组合形式：柱透镜在前或在后，如图9-12所示。

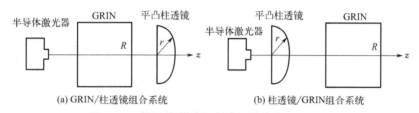

(a) GRIN/柱透镜组合系统　　　　(b) 柱透镜/GRIN组合系统

图 9-12　柱透镜/梯度折射率透镜准直整形系统

研究表明，图9-12(a)所示系统孔径较大，系统总长度较长，因此，为了便于集成和体积小，通常采用图9-12(b)的结构形式：柱面透镜在前和渐变折射率透镜在后。

半导体激光器发射的激光束首先经过柱透镜，压缩快轴方向的发散角并校正固有像散。光束经过柱透镜后，快轴方向发散角大小发生变化，而慢轴方向的发散角大小没有变化；激光束经过柱透镜后的出射光束为共腰等发散角的圆形光束。渐变梯度折射率透镜中的介质折射率沿着垂直于光轴的径向变化，等折射率面是以光轴为旋转对称轴的圆柱面系，其折射率分布符合以下规律：

$$n^2 = n_0^2 \left[1 - \alpha^2 (x^2 + y^2) \right] \tag{9-1}$$

式中　n_0——轴上折射率；

　　　α——介质分布常数；

　　x,y——梯度折射率透镜径向点的坐标。

理论和实验都表明，梯度折射率透镜沿光轴的微量移动能够造成光束发散角变化。将径向渐变梯度折射率透镜设计在距圆柱透镜的适当距离上，可以使输出激光光束得到很好的预准直，偏离最佳位置会使发散角变大，梯度折射率透镜光路如图9-13所示。

需要说明，上述半导体激光器多数采用电流注入式激励方式，调制半导体激光器的电流将直接影响光增益和输出光功率，因而可输出一定脉宽和功率的激光脉冲。

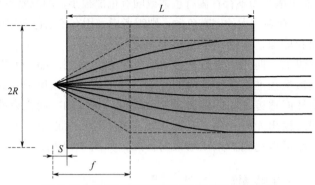

图 9-13　GRIN 透镜位置与光束预准直的关系

为了满足对高功率激光器的需求（例如机载定向红外激光对抗系统），研发出两类半导体激光器：光泵浦半导体激光器（OPSDL）和量子级联半导体激光器。

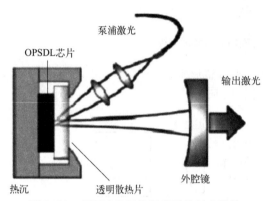

图 9-14　光泵浦半导体激光器的基本结构

① 光泵浦半导体激光器。光泵浦半导体激光器由 OPSDL 芯片、二极管激光泵浦模块和凹面输出镜组成，如图 9-14 所示。

OPSDL 芯片是一种外延生长的异质结构，包括一个分布式高反射率的布拉格反射镜（DBR），半导体激活区生长在 DBR 的前端面。

光泵浦二极管激光器经光纤输出的激光被聚焦透镜会聚到 OPSDL 芯片上，在表面形成一个直径几百微米的光斑。泵浦光点直径和腔模直径共同决定激光器的横模模式和光束质量，匹配得好，可以达到衍射极限。

② 量子级联激光器。量子级联激光器（QCL）是以半导体低维结构材料为基础，基于量子工程设计新原理的单极性半导体激光器。

与传统二极管半导体激光器带间能级辐射不同的是，光学有效区域没有体半导体材料，而是有成分呈周期性变化的一系列材料薄层形成的超晶格。在与器件长度相垂直的方向引入可变电势，并适当控制薄层厚度，使系统中两个次能带间的粒子数反转，从而实现激光发射。

由于量子级联激光器可以由多级量子阱模块串联组成有源区，换句话说，可以将几个量子级联半导体激光器（如图 9-15 所示，三个 QCL 依次排列在一个半导体芯片上）的输出光束进行有效合成，形成外腔式量子级联半导体激光器（EC-QCL），因此，可以通过单电子注入倍增光子输出方式获得高功率激光输出，广泛应用于机载定向红外激光对抗系统（DIRCM）和机载激光能量武器系统（DEW）领域中。

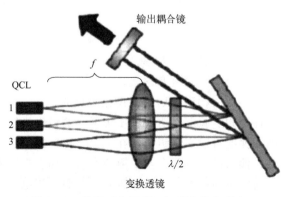

图 9-15　外腔式多源量子级联半导体激光器

1971年，苏联Kazarinov和Suris首次提出强电场下多量子阱中量子化的电子态之间可以实现光放大的概念，之后得到各国的重视和研究。

1994年，美国贝尔实验室研制成功第一台量子级联激光器，引起美国军方关注。在美国DAPAR支持下，进展迅速，输出功率从几十毫瓦提升到1瓦以上。美国西北大学研究的脉冲式量子级联激光器的单激光峰值功率可达203W，脉宽200ns。

量子级联激光器输出覆盖近红外至远红外的波长范围，尤其是在中波和长波红外波段（$3.4\sim25\mu m$）更具优势。以脉冲形式输出时，脉宽可以在ns数量级，重复频率达到100kHz。由于覆盖中波和长波红外两个大气窗口，因而在机载红外激光对抗领域中格外受到青睐。

半导体激光器发展相当快，产品种类已超过300多种，应用范围很广，几乎覆盖民用和军用各个领域。目前，半导体激光器主要应用于信息/通信技术领域，军事应用领域包括激光雷达、激光测距、激光引信、激光陀螺、激光瞄准告警和激光制导跟踪等。

与其它激光测距机相比，半导体激光测距机的优点是结构简单，缺点是发射功率小，因此，探测距离有限，目前主要应用于中近程军事测距方面。而在机载领域，主要用于飞机战场侦察，诸如低空飞行直升机的下视、防撞以及主动激光制导等领域。

伴随科学技术的发展，半导体激光器的输出功率逐步提高。

1983年，波长800nm的单个LD输出功率是100mW左右，而1992年，美国就制造出连续波输出功率达到121W的线阵半导体激光器。目前，输出功率150~3000W的许多高功率的半导体激光器陆续研究成功，高功率和高效率的半导体激光器正在全世界迅速发展。半导体激光器光束输出质量的大幅度提高和发射功率的进一步增大，未来有可能取代Nd：YAG激光器。

9.2.7 光纤激光器

光纤激光器是用以掺稀土元素光纤（或者普通非线性光纤）作为激光增益介质的激光器，属于先进的固体激光器。光纤激光器具有比较理想的光束介质，超高的转换效率（高达40%），光束像质好（达到1.1倍衍射极限）、很容易塑形分布安装、体积小、重量轻、散热性能好、环境适应性强（适于极端温度、振动和冲击的恶劣作战环境）、完全免维护并且坚固。

光纤激光器是由泵浦源、耦合器、光纤工作物质和谐振腔组成的。泵浦源采用大功率激光二极管阵列，耦合器可以采用不同的耦合方式（例如端面熔接式、微棱镜式、透镜式或锥导管式等）将泵浦光耦合到光纤中，光子被光纤吸收，形成粒子数反转，受激发射的光波经谐振腔（反射镜式、光纤光栅式或者光纤环式）的反馈和振荡形成激光输出，如图9-16所示。

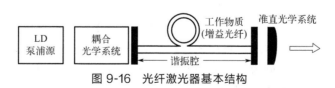

图9-16 光纤激光器基本结构

实际上，光纤激光器是一个波长转换器，是将泵浦光波长转换为所需要的激光波波长。在光纤中掺入不同的稀土离子，采用适当的泵浦技术即可获得不同波段（$0.38\sim3.9\mu m$）的激光输出，例如，掺铒光纤激光器是将 980nm 的泵浦光转换为 1550nm 的激光输出。

光纤激光器的输出可以是连续或脉冲的，取决于激光工作介质。

（1）光纤激光器的分类

① 掺杂稀土元素的光纤激光器。基质材料是石英玻璃、氟化锆玻璃和单晶，掺杂离子是 Nd^{3+}、Er^{3+}、Yb^{3+} 和 Tm^{3+} 等。

② 染料光纤激光器。在纤芯、包层或者二者中加入激光染料。

③ 非线性光纤激光器。利用光纤中受激拉曼散射（SRS）和受激布里渊散射（SBS）非线性效应产生波长可变换的激光光束。

（2）光纤激光器特点

① 光纤作为导光介质，利用光的全反射原理。

纤芯直径小，耦合效率高，芯内易形成高功率密度。

② 散热性好，无需庞大的制冷系统。

③ 低阈值，高增益，转换效率高，容易实现高重复频率、高功率激光输出。

光纤激光器的输出功率与泵浦光成比例线性增大，其转换效率可以达到 85%。例如在 950nm 泵浦光激励下，1080nm 波段的量子效率高达 88%。

④ 光束质量较好，线宽窄。

⑤ 全光纤激光器的光路完全由光纤和光纤元件构成，之间采用光纤熔接技术连接，整个光路完全封闭在光纤波导中，无需设计隔离措施即可自成体系，实现与外界环境的隔离。光路封闭，对环境（包括湿度、温度、尘埃和振荡等）有高度的适应性和稳定性，平均免维修时间在 10 万小时以上。

⑥ 谐振腔内无光学镜片，具有极好的柔性，光路可盘绕和沿细小的空间穿行，结构紧凑，体积小。

光纤激光器的缺点：由于光纤纤芯很细，相对于固体激光器，其单脉冲能量小，限制了对激光单脉冲能量有较高要求的应用。

目前，光纤激光器主要应用于民用领域，包括通信、传感、打标、焊接、切割、医疗、激光核聚变等。在军事领域，正在研发 1550nm 超窄线宽光纤激光器作为远距离测距机中的小型发射光源，用来完成几百公里的激光目标指示和测距（包括机载领域应用）。

（3）光束合成光纤激光器

光束合成光纤激光器是未来机载激光武器的重要选择。

光束合成光纤激光器的概念基于三种技术：非相干合成技术、光谱合成技术和相干合成技术。

① 非相干合成技术的结构形式最简单，最容易实现，但光束质量较差，严重限制了激光的射程和杀伤力。例如美国海军研制的舰载激光武器，利用几何光束耦合方式将六个 5.5kW 的标准单模光纤激光器合成功率为 33kW 的单束光，光束质量较差，环围能量比（或靶面上能量比）BQ=17，限制了激光武器的性能。

② 光谱合成技术也属于非相干合成技术，但可以获得近衍射极限像质的激光光束，并且，无需锁相，技术上容易实现，获得较为广泛的应用。美国洛克希德-马丁公司利用光谱合成器将多模块输出光束合成为单一光束：2014 年 1 月，成功地将 100 个 300W 光纤激光器的输出合成为单一的 30kW 的激光光束，合成效率为 90%；2017 年 3 月，又研制成功 60kW 的高功率（实测值 58kW）激光武器系统，光学质量达到衍射极限，电光转换效率大于 43%。光谱合成技术的缺点是受到可用光源光谱宽度、激光增益带宽以及功率和热耗散

的限制，输出功率无法达到兆瓦数量级。

③ 相干合成技术是通过相控方法将多个波长完全相同的激光束的振幅同相位叠加，从而产生高功率和高像质的单一激光束。如果子系统的孔径相同，则合成后的远场亮度比单束光大 N^2 倍，是非相干法合成光束的 N 倍。重要的是，这种方法对标定功率没有限制，2014 年和 2015 年，美国林肯实验室已经分别获得 34kW 和 44kW 的功率输出，是未来机载激光武器应用中颇具竞争力的一种激光光源。其缺点是系统复杂难以实现：为获得高效的激光相干合成，各单束激光子系统必须有相同的波长、精确的相位控制、窄激光线宽和均匀的偏振特性。

2014 年 3 月，美国 DARPA（美国国防高级研究计划局）宣布取得初步试验成功的"亚瑟王神剑项目（Excalibur）"就是利用相干光学相控技术，成功研发的一种小型化、更紧凑的激光武器（重量仅为高能化学激光系统的十分之一），利用激光相控阵天线与低功率激光器相结合，能够产生高能激光束。

如图 9-17 所示，激光武器由三组光纤激光器组成 21 束光学相控阵（每束面积 $10cm^2$），每组 7 个波前经过校正的 15kW 光纤激光器，经锁相后获得单孔径 105kW 的功率输出，光束质量 2.9DL（衍射极限），电光转换效率 19%。2014 年，已经成功验证：这种低功率阵列激光器能够精确击中 7km 远的目标。此后，又研发一种配装于飞机（包括有人机和无人机）上的吊舱式激光武器（称为激光吊舱），主要目的是验证小型化部件技术、高精度目标跟踪识别技术和轻量化敏捷波束控制技术等。

图 9-17　"亚瑟王神剑项目"激光武器

2018 年，俄罗斯已经列装了部分车载激光武器。

光纤激光器的关键问题是解决高功率化和小型化。随着科学技术的发展和进步，基于石墨烯的光纤激光器正受到关注，相信会得到广泛应用。

9.2.8　自由电子激光器

1950 年，Motz 提出自由电子受激辐射的概念，但在 1953 年进行试验时，由于条件所限，并未获得证实。

1971 年，美国斯坦福大学的 John M. J. Madey 博士等人再次提出恒定横向周期磁场中的磁致受激辐射理论，首次在毫米波段实现了受激辐射，并在 1976 年第一次实现了远红外自由电子激光放大，观察到了 $10.6\mu m$ 波长的光放大，代表着一种产生相干辐射的全新概念。

1977 年，Deacon 等人研制成功第一台自由电子激光振荡器。

1983 年，法国研制成功可见光频段自由电子激光器（FEL），成为 20 世纪 70 年代后发展起来的一类新型激光器。

1993 年，中国科学院高能所成功研制出我国第一台自由电子激光器。

如图 9-18 所示，自由电子激光器由电子加速器、摆动器和光学系统组成。

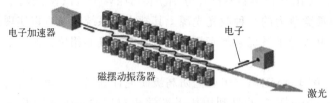

图 9-18　自由电子激光器的工作原理

工作原理如下：电子加速器产生高能电子束，摆动器内沿长度方向产生交替变化的磁场；当高能电子束经过偏转磁铁摆动器（扭摆磁铁）时，利用通过周期性摆动磁场的高速电子束和光辐射场之间的相互作用，电子作扭摆运动而产生电磁辐射（光脉冲）；在反射镜谐振腔作用下，电子束团反复发生作用，并将其动能逐渐转换为光场能量，光场振幅增大，直至光强达到饱和，形成激光辐射，并通过光学系统输出，因此称为自由电子激光器（FEL）。

改变电子束的加速电压可以改变自由电子激光器的激光波长，称为电压调谐，其调谐范围很宽，理论上可获得任意波长。

自由电子激光器的高效率、大功率、短脉冲和波长可调等优点，是一般激光器无可比拟的，有望在许多领域得到广泛应用。在军事应用领域，例如机载激光武器、激光反导和激光雷达等方面正在进行深入研发。关键问题是既要功率大，又要小型化，并尽量采用短波长激光。

9.2.9　中波红外激光器

$3\sim5\mu m$ 中波红外激光在军事和民用领域都有重要的应用前景，是目前国内外的热点研究课题。

产生中波红外激光的技术有三种：

（1）非线性技术

非线性光学技术是现代量子学领域中一个新兴的重要分支，已经成为扩展激光波长范围的重要手段（包括中波红外激光波段）。

利用非线性技术产生中波红外激光波段的理论基础是利用激光在非线性晶体中传播产生的频率变换效应，包括：

① CO_2 激光倍频技术　1970 年，W. B. Gandrud 和 R. L. Abrams 利用 Te 晶体首次实现了 CO_2 激光倍频，但是，由于材料限制，倍频效率和损伤阈值都较低。

2000 年，美国 Lookheed Martin 公司利用 $AgGaSe_2$ 非线性晶体和泵浦波长为 $9.27\mu m$ 的 CO_2 激光束倍频产生了波长 $4.6\mu m$ 和功率 3.05W 的中波红外激光束。

2004 年，中国科学院安徽光机所利用 $AgGaSe_2$ 非线性晶体和泵浦波长 $9.23\sim10.65\mu m$ 的 CO_2 激光束产生了波长 $5.3\mu m$ 中波红外激光束。

② 光学参量振荡器（OPO）技术　类似于 CO_2 激光倍频方式，同样是采用非线性光学效应。由于晶体存在非线性极化场，在满足相位匹配下，泵浦入射光将产生闲频光和信

号光。

2008 年，法国 French-German Research Institute of Saint-Louis 利用 Tm：YAG 激光器（波长 2.013μm）作为泵浦源和 $ZnGeP_2$ 非线性晶体材料（长度 16mm）产生了波长 3.59～3.61μm 的信号光和波长 5.57μm 的闲频光。

2011 年，中国工程物理研究院利用波长 2.1μm 的 KTP-OPO 激光器作为泵浦源和 $ZnGeP_2$ 非线性晶体产生了波长 4.10μm 的信号光和 4.32μm 的闲频光。

③ 绝热过程非线性频率转换过程　光参量（OPO）和 CO_2 激光倍频产生中波红外激光的方法的缺点是转换效率不高，为此，2008 年，Haim Suchowski 等人提出绝热过程非线性频率转换技术。

绝热频率变换的出现使得转化效率大大提高，并且不需要精确的相位匹配，例如，即使温度波动、入射角度不能精确匹配以及存在晶体极化周期误差都不会对输出光效率产生大的影响。另外，还打破了对同时满足超短脉冲转化带宽和高转化效率的限制，为高效宽带脉冲转化奠定了基础。

2010 年，以色列 Telaviv 大学利用绝热频率转换技术首次实现了温度调制激光频率转换过程。利用重复频率 10kHz 的 Nd：YAG 激光器作为光参量振荡器的泵浦光源和 $KTiOPO_4$ 晶体产生了波长 1.553～1.5961μm 的信号光和波长 3.197～3.433μm 的闲频光。

2013 年，华南师范大学（魏军雄等人）提出利用绝热差频法和掺杂（MgO）$LiNbO_3$ 晶体进行有效波长转换的方案，并利用数学公式从理论上证明可以输出近红外（波长约 1.064μm）激光和中波红外（波长约 3.53μm）激光。

（2）量子级联技术（或者半导体技术）

半导体激光二极管具有体积小、重量轻和寿命长等特点，一直是激光领域的关注热点。

1994 年，贝尔实验室发明了第一台量子级联激光器。

1998 年，中国科学院上海微系统和信息技术研究所研发出国内第一台量子级联激光器。

2000 年，中国科学院半导体研究所采用应变补偿结构量子级联激光器产生了 3.5μm 中波红外激光，之后，陆续研发出 5.5μm、7.8μm、9.75μm、10μm 和 11.2μm 法布里-珀罗量子级联激光器，同时还研制成功 5.5μm 和 7.8μm 分布反馈式量子级联激光器。

2002 年，Faist 小组研制出第一个室温下连续工作的中红外量子级联激光器。

2004 年，中国科学院上海微系统和信息技术研究所研制成功我国第一个中红外分布反馈式级联激光器。

2007 年，Faist 小组研制出室温下能够连续工作的外腔式宽调谐量子级联激光器，激光波长可以从 7.96μm 调整到 8.84μm。

2011 年，美国西北大学研制成功波长 4.9μm 的法布里-珀罗式中波红外量子级联激光器。

新型半导体激光器的未来发展方向是更小尺寸、更低功耗和更高集成度，将电光转换效率和输出功率提高到数瓦级或者更高。

（3）晶体掺杂离子技术

在增益介质中掺杂不同杂质（有两种掺杂方式：掺杂稀土元素 Tm、Ho 和 Er；掺杂过渡金属 Cr 和 Fe），利用杂质的能级跃迁实现中波红外的激光输出是产生中波红外激光束的另一种方法。

由于依靠单晶或者玻璃材料中掺杂实现中波红外激光的技术的热导率低和掺杂浓度低，因而限制了其输出功率和光束质量。伴随着科学技术的发展，人们逐渐将研究重点转向多晶材料的透明激光陶瓷。

1959 年，美国通用电气公司首先打破了陶瓷不透光的概念，成功研制出具有透光性的氧化铝陶瓷。

1964 年，Halth 等人通过真空热压烧结法制造出 $Dy：CaF_2$ 透明陶瓷，在液态条件下首次实现了激光振荡，其振荡阈值与单晶相似，开创了应用透明陶瓷产生激光的时期，使用的增益介质也从单晶或者玻璃转向多晶材料的透明激光陶瓷。

1995 年，I. Kesue 首次研制出高透明的 Nd：YAG 透明陶瓷。

2000 年后，Nd：YAG 陶瓷激光器的输出功率不断提高，在单晶和玻璃中可掺杂的离子几乎都可以在激光陶瓷中掺杂，从此，中红外激光的应用越来越广泛。

9.3
激光光束的基本性质

激光光束是光受激辐射放大而形成的，激光光束具有高亮度、高方向性、高单色性和高相干性。

根据激光技术基础理论，激光光束不是均匀的平面或球面光波，而是一种振幅和等相位面都在变化的高斯球面光波。准确地说，在近轴近似条件下，可以认为是非均匀球面波，也称为"高斯光束"。沿传播方向传输的都是高斯光束。

理论和实践证明，无论激光器采用何种形式的稳定腔，在可能存在的激光束形式中，最重要且最具典型意义的是基模（TEM_{00}）高斯光束，如图 9-19 所示。

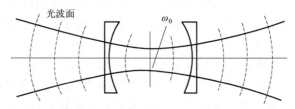

图 9-19　激光光束的空间传播

若高斯光束沿 z 轴方向传播，光束半径是按照双曲线规律随传输距离变化。基模高斯光束在传播方向（z 向）截面内的场振幅分布特性如图 9-20 所示，横截面上的光强分布为一圆斑，中心处光强最强，向边缘方向光强分布逐渐减弱，具备这种光强分布特征的激光束称为基模高斯光束。

截面内的场振幅分布可以表示为以下数学形式：

$$E = E_0 \frac{\omega_0}{\omega(z)} \exp\left[-\frac{r^2}{\omega^2(z)}\right] \tag{9-2}$$

式中　E_0——与坐标无关的常数；

　　ω_0——基模高斯光束束腰半径；

　$\omega(z)$——高斯光束在传播方向 z 处（振幅下降到最大值的 $1/e$ 处）的光斑半径；

　　r——高斯光束在传播方向任意 z 处的光斑半径：

$$r^2 = x^2 + y^2 \tag{9-3}$$

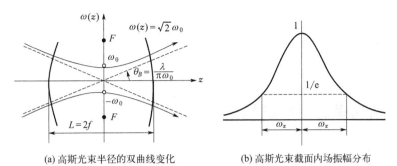

(a) 高斯光束半径的双曲线变化　　　　　(b) 高斯光束截面内场振幅分布

图 9-20　基模高斯激光光束的传输特性

通常认为，在高斯光束截面内，振幅下降到最大值的 $1/\mathrm{e}$（或者功率能量下降到最大值的 $1/\mathrm{e}^2$）时，离光轴的距离 $r=\omega(z)$ 称为该处高斯光束等相位面上的光斑半径。

9.3.1　基模激光束束腰光斑半径

基模激光束在传播方向 z 处的等相位面是以 r 为半径的球面（束腰处和无穷远处的等相位面为平面），光斑半径是：

$$\omega(z)=\omega_0\sqrt{1+\left(\frac{z}{f}\right)^2} \tag{9-4}$$

在 $z=0$ 时，最小值 ω_0 称为基模高斯光束的束腰半径，该位置称为高斯光束的束腰位置。通常情况下，激光光束束腰半径越小，准直距离越长，准直性越好。

$$\omega_0=\sqrt{\frac{\lambda f}{\pi}} \tag{9-5}$$

式中，f 是共焦参数。

9.3.2　等相位面曲率中心和曲率半径

等相位面曲率中心和曲率半径 $R(z)$ 在传播中按照双曲线规律变化：

$$R(z)=z\left[1+\left(\frac{f}{z}\right)^2\right] \tag{9-6}$$

可以看出：

① $z=0$，$R(z)\rightarrow\infty$，表明束腰处的等相位面是平面。

② $z\rightarrow\pm\infty$，则 $|R(z)|\approx\rightarrow\infty$，表明距离束腰无限远处的等相位面也是平面，曲率中心位于束腰位置。

③ 当 $z=\pm f$，即瑞利长度（共焦参数）时，$|R(z)|=2f$，达到极小值。

④ 当 $0<z<f$ 时，$R(z)>2f$，等相位面的曲率中心位于 $(-\infty,-f)$ 区间内。

⑤ 当 $z>f$ 时，$z<R(z)<(z+f)$，等相位面的曲率中心位于 $(-f,0)$ 区间内。

一般认为，基模高斯光束在瑞利距离范围内（$z=\pm f$）是近似平行的，在此范围之外，高斯光束迅速发散，所以，瑞利距离也称为准直距离。高斯光束的束腰越小，准直距离越长，准直性越好。

瑞利距离范围内光斑半径：

$$\omega(z) = \sqrt{2}\,\omega_0 \tag{9-7}$$

瑞利距离 f（或共焦参数）：

$$f = \frac{\pi\omega_0^2}{\lambda} \tag{9-8}$$

9.3.3 高斯光束的远场发散角

根据高斯光束理论，在瑞利范围之外高斯光束迅速扩散，如图 9-21 所示。

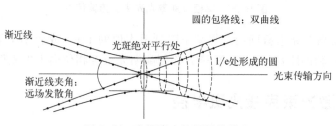

图 9-21 高斯光束的远场发散角

远场发散角定义为：当 $z \rightarrow \infty$，高斯光束振幅强度减小到最大值的 $1/e$ 时，其与 z 轴的夹角称为远场发散角。全远场发散角内的光功率应占总功率的 86.5%，并按照以下公式计算发散角。

$$2\theta = \frac{2\lambda}{\pi\omega_0} = 2\sqrt{\frac{\lambda}{\pi f}} = 1.128\sqrt{\frac{\lambda}{f}} \tag{9-9}$$

可以看出，当高斯光束的束腰半径 ω_0 为有限大小时，其远场发散角不为零。通常利用倒置伽利略望远光学系统压缩高斯光束发散角（半导体激光器除外）。

9.4
机载激光测距技术

9.4.1 概述

在激光测距技术发明之前，通常采用常规光学测距技术。无论合像式还是体像式测距方法，其测距精度都随距离变化，测程越远，精度越差，并且测距系统的体积受限于测距基线长度，操作也比较复杂。

1961 年，美国发明第一台红宝石激光器（柯利达Ⅰ型）后，激光技术在军事和民用方面得到了快速和广泛的应用。

1962 年，开始进行激光测距技术的研究，第一台军用激光测距机成功进行了示范表演，并很快应用于各种测量中，包括大地测量、地形测量、工程测量、航空摄影测量、人造地球卫星的观测和月球的光学定位等民用测量领域。

1963～1967 年，美国休斯飞机公司相继研制成功多种试验型军用激光测距机。1969 年，激光测距机开始装备美国陆军部队。

1971 年，美国陆军为炮兵部队装备了 AN/GVS-3 型红宝石激光测距机，并逐渐扩展到其它军事领域（包括军用飞机）中。西欧、日本及苏联等地区和国家相继开始研发机载激光测距机，发展迅速，在军事上得到广泛应用，对作战和训练产生了革命性影响。

20 世纪 70 年代，英国 Ferranti 公司开始研制 105 型空地激光测距机，安装在"美洲豹"（Jaguar）和"鹰"式攻击机上，与光学瞄准具（或平视瞄准显示系统）和惯导/攻击系统交联，组成激光/惯导攻击系统，为飞机对地攻击提供精确的目标距离信息；法国 Thomson-CSF 公司研制的 TAV38 型激光测距机，安装在"幻影"F1（Mirage F1）和部分"美洲豹"（Jaguar）战斗机上。

20 世纪 80 年代初，法国研制的 TMV630 空地激光测距机与平视瞄准显示系统以及惯导系统组成激光/惯导攻击系统，为飞机提供精确的目标距离信息，装备法国的阿尔法喷气战斗机以及德国的 Alpha Jet 战斗机。中国航空工业集团公司洛阳电光设备研究所也研发了多种型号的机载激光测距机（例如 79Y4 型、Q5HK-15 型和 ALR-1 型激光测距机）装备部队，从此，机载激光测距机的研究和应用进入成熟阶段，并得到世界各国的广泛应用。表 9-11 列出三种典型产品的技术性能。

表 9-11　三种典型激光测距机的技术性能

参数	英国	法国	中国
型号	105D	TMV630	ALR-1
最大测程/km	10	10	10
最小测程/m	300	160	200
测距精度/m	3.5	4	5
重复频率/Hz	10	3～5,10	10
工作波长/μm	1.064	1.064	1.064
工作温度/℃	−40～+50	−30～+65	−40～+60
供电功耗	28VDC,平均 280W	28VDC,平均 300W	28VDC,平均 200W 115V,400Hz,100VA
外形尺寸(长×宽×高)/mm	357×261×198	520×145×187	540×160×170
重量/kg	13	15(不含冷却器)	15
MTBF/h	1000	1420	500

激光测距技术是利用射向被测目标的激光光束测量目标距离的一种方法。突出优点是测距精度高、与测程远近无关、测距迅速和操作简单、可以数字显示且适合数字信息处理、体积小和重量轻，因此，很快代替了光学测距技术，成为现代军事侦察和测距领域的重要技术。

根据激光束的工作方式，激光测距技术分为两种模式：连续激光测距模式和脉冲激光测距模式。

连续激光测距技术是用无线电波段固定频率的高频正弦信号，对激光光束幅度进行连续调制，再利用连续调制后的激光光束照射被测目标，并测定调制光往返测程一次所产生的相位延迟（或相位变化），间接测定信号传播时间，根据调制光波长，换算此相位延迟所代表的被测目标距离，因此，也称为相位式激光测距技术。

相位激光测距技术的优点是测距精度高（mm 数量级，相对误差保持在百万分之一内），目前主要应用在 0～1km 的高精度/近距离大地和工程测量领域。缺点是结构复杂，必须设计一套高性能频率发生器，并且被测目标必须是合作的，测量距离有限，适合民用领域。

脉冲激光测距技术具有脉冲能量在时间上相对集中和瞬时功率很大的特点，最早应用于测绘领域。由于激光发散角小，脉冲持续时间极短和瞬时功率极大（兆瓦以上），无论是否存在合作目标，测程都很远，可以应用于 0～50km（例如军用测距机）的远距离目标测量（对合作目标，测程更远）。同样是通过测量光脉冲从发射至接收到待测目标返回光束所需的往返时间而获得距离。

脉冲激光测距技术广泛应用于地形地貌测量和地月距离测量，在机载空空和空地中远程机载侦察/探测、武器制导和精准打击中起着关键作用。

连续激光测距技术与脉冲激光测距技术的主要区别在于：

① 在总平均光功率输出相同的条件下，脉冲激光器能够产生很高的瞬间输出光功率，使远距离上的目标具有很强的反射光信号，因而，可测距离更远。

连续激光相位测距技术通常用于近距离测量（几十米内），脉冲激光测距技术更适合远距离目标测量（几十公里）。

② 脉冲激光测距技术具有很高的测距精度，一般是 $\pm(1～5)\mathrm{m}$，其误差仅为其它光学测距仪的 $1/100～1/5$。

实际上，仅从测距精度考量，连续测距技术的相对误差更小，在几千米距离上的测量误差是毫米数量级，相对误差仅有百万分之一。

③ 脉冲激光测距技术只要接收到回波脉冲就可以结束计时，因此，单次测量所需要的时间非常短，测量速度较快。

④ 连续波激光测距技术需要在目标位置放置反射镜等辅助装置（称为"合作目标"）。而脉冲激光测距技术由于具有很高的瞬时功率，无需合作目标。

相比之下，脉冲激光测距技术具有结构简单、测量速度快、对光源相干性要求较低、抗干扰能力强和隐蔽性好等优点，对提高空中、海上、陆地精准打击和武器命中精度起着关键作用，因而成为军事应用的首选测距方式。

9.4.2　激光测距技术的发展

激光测距技术可以分为三个发展阶段：

第一阶段，20 世纪 60 年代末～70 年代初，激光测距技术的标志是采用波长 694.3nm 的红宝石激光器和光电倍增管接收探测器（例如美国的 AN/GVS-3、GVQ-10、VVS-1 和 VVQ-1，以及日本的 70 式），少量装备部队。

由于隐蔽性差、效率低、接收电路灵敏度低、功耗大、体积大、重量重和价格昂贵，很快被第二代激光测距机代替。

第二阶段，激光测距机采用 $1.064\mu\mathrm{m}$ 近红外 Nd:YAG 激光器（少数为钕玻璃激光器）和硅光电二极管（或硅雪崩光电二极管）探测器，效率高，小巧，对人眼不可见（隐蔽性好），相对于红宝石激光测距机具有更好的隐蔽性；最小测程 150～400m，最大测程大于 10km，测距精度 $\pm(0.5～10)\mathrm{m}$。

1977 年，美国首次研制成功手持小型 Nd:YAG 激光测距机（AN/GVS-5 型），尺寸类似于 7（放大倍率）×50mm（有效孔径）军用双目望远镜，重量 2kg。挪威和英国研制的

LP7 型激光测距机也正式装备北约部队。

20 世纪 70 年代末到 80 年代初期，我国开始研制激光测距机，主要侧重陆军步兵和炮兵使用。74 式激光测距机是国产第一代军用激光测距机（脚架式），主要性能：测程范围 200～7000m；测距精度 ±10m；测距频率 6 次/min。

20 世纪 80 年代中期，Nd:YAG 激光测距机开始批量生产和广泛应用，大量装备坦克和高炮，如图 9-22(a) 所示的 CJ85-200 型激光测距机和图 9-22(b) 所示的 Y/IJL88-200 型地炮激光测距机。

(a) CJ85-200型激光测距机

(b) Y/IJL88-200型激光测距机

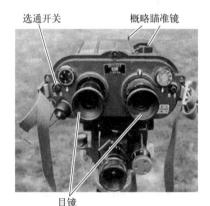

(c) CJ85-200型目镜侧视图

(d) CJ85-200型物镜侧视图

图 9-22　地面军用 Nd:YAG 激光测距机

机载激光测距机的发展稍后于坦克和高炮激光测距机，主要装备于战斗机和武装直升机，表 9-12 列出国外激光测距机的主要技术性能。

表 9-12　国外机载用第二代 YAG 激光测距机的技术性能

国家	型号	测距范围 /km	测距精度 /m	峰值功率	束散角 /mrad	接收视场 /mrad	跟踪范围/(°)	
							方位	俯仰
英国	105	0.3～10	<5	75～200mJ	1.5	2～3	20	
	105D	最大 10	±5	—	—	—	20	

国家	型号	测距范围/km	测距精度/m	峰值功率	束散角/mrad	接收视场/mrad	跟踪范围/(°)	
							方位	俯仰
法国	TCY115	0.45~1.99	±10	4mW	<0.7	<0.5	360	70
	TAV-38	10	±5	—	—	—	±10	
瑞典	L.M	0.16~20	4	>1.5mW	0.7	1	±10	
美国	AT/RR	0.25~29.995	±5	—	—	—	—	

20 世纪 80 年代初，国内开始研制机载激光测距机。主要技术性能如下：

① Nd:YAG 激光器。

a. 重复频率：10Hz。

b. 束散角：2mrad。

c. 输出能量：20mJ。

② 跟踪范围。

a. 方位角：20°。

b. 俯仰角：12°。

③ 跟踪精度：5′。

④ 测量距离。

a. 测距范围：150~5000m。

b. 测距精度：±(5~10)m。

第三阶段，人眼安全激光测距机（ESLRF），包括短波红外激光波长 1.5~2.1μm 和长波红外激光波长 10.6μm 两个工作波段。

短波红外激光测距机包括：

① 波长 1.54μm 的饵玻璃激光测距机。

② 1.73μm Er:YLF 激光测距机。

③ 2.06μm Ho:YLF 激光测距机。

④ 拉曼频移 Nd:YAG 激光测距机。

1992 年，美国亚特兰大激光公司研制成功人眼安全二极管激光测距机。

1996 年，美国 Bushnell 公司研发成功 Yardaga400 型 LD 激光测距机（被评为世界 100 项重要科技成果之一）。此后，加拿大 NEWCON 公司研发的 LRB-25000 型超远距离钕玻璃激光测距仪，工作波长 1.54μm，激光束发散角 1mrad，测量最大距离 25km，测距精度 ±5m。

英国最早研制 CO_2 脉冲激光测距机。1975 年，弗伦蒂公司和皇家信号/雷达研究院联合研制出世界上第一台 CO_2 脉冲激光测距机（称为 303 型），之后，又相继研发出 307/311/317 型 CO_2 激光测距机。主要性能：采用横向激励大气压（TEA）CO_2 激光器，初期测距范围 6km（之后达到 20km），测距精度 ±5m。

美国也是研发和应用 CO_2 脉冲激光测距机较早的国家（例如美国的"斯米尔"激光测距机），主战坦克 M1A1 和 M1A2 都装备了 TEA CO_2 脉冲激光测距机，主要性能包括：重复频率 1Hz；输出脉冲强度 $10mJ/cm^2$（实测值 2.5~4.5mJ/cm^2）；最大测距范围 5.7km。装备海军"复仇者"CO_2 脉冲激光测距机测距范围 10km，测距精度 ±10m。

20 世纪 80 年代，我国开始研制 TEA CO_2 脉冲激光测距机，重复频率 20Hz，测程 10km，测距精度 ±5m。

CO_2 激光测距机属于长波红外激光测距机,是最重要和应用最广泛的分子气体激光器,突出优点是:

① 对大气和战场烟幕具有良好的穿透性。战场上的烟雾由白磷、红磷和六氯乙烷组成,表 9-13 列出战场烟雾对 CO_2 激光器和 Nd:YAG 激光器的吸收系数。

表 9-13　战场烟雾对不同波长激光的吸收系数

参数	CO_2 激光测距机	Nd:YAG 激光器
工作波长/μm	10.6	1.064
磷(红磷,白磷)/(m^2/g)	0.36	2.3
六氯乙烷/(m^2/g)	1.10	3.00
混合烟雾平均值/(m^2/g)	0.49	—

显然,二氧化碳激光器的工作波段较长($10.6\mu m$),大气中悬浮粒子造成的散射和吸收较小,在大气中的传输能力强,明显优于 $1.064\mu m$ 的激光,并能透过雾霾和战场烟尘,对能见度影响小。

研究和试验表明,在相同大气和战场条件下,相同能量输出的脉冲二氧化碳激光测距机与 Nd:YAG 激光测距机相比,测距能力是 4:1;对同一目标测距,激光输出功率比为 1:3。如果传输 10km 的距离,其传输性能比 $1.064\mu m$ 激光器大 20dB。

② 人眼安全激光测距机。研究表明,人的眼球极易透过 $1.064\mu m$ 激光波,损伤视网膜,而不易透过 $10.6\mu m$ 激光波。

根据美国标准,允许人眼接收 $10.6\mu m$、$1\sim100ns$ 激光脉冲的最大曝光量为 $10mJ/cm^2$。换句话说,二氧化碳激光测距机对人眼的安全距离(至发射孔径的距离)是 0.3m 以外,而 YAG 激光测距机的安全距离是几百米到几千米。因此,中小功率的二氧化碳激光测距机输出波长远离眼睛的透射波长(可见光和近红外光),不会损伤眼睛视网膜。

③ 与长波红外光($8\sim12\mu m$)处于同一波段范围,可以与观察/瞄准/定位设备组成综合系统,共用光学系统、扫描系统、制冷器和探测器等,结构紧凑,体积小,重量轻,成本低。

④ 效率高。与 Nd:YAG 激光测距机相比,转换效率由 1%~3%(最高 5%)提高到 10%~20%(最高 25%)。

⑤ 较高相干性和较长波长,容易实现外差探测。实验证明,二氧化碳激光测距机信噪比非常高,外差探测的灵敏度是直接探测灵敏度的 80 倍,可以将很微弱的信号从噪声中检测出来。

主要缺点是:

① 大气中水蒸气含量较大或较潮湿条件下,CO_2 脉冲激光测距机的工作波长 $10.6\mu m$ 极易被水分子吸收,尤其是雨天和目标被冰雪覆盖时,目标呈多镜面对称反射,限制了最大测距能力。

② 目标对该波长的反射率较低,反射系数远低于 $0.694\mu m$、$1.064\mu m$ 和 $1.54\mu m$ 激光波长。

③ 需要使用制冷 HgCdTe 探测器接收返回的激光束,因此,必须设计专用制冷器件和前置放大器,增加了系统的复杂性和成本。

20 世纪 90 年代之前,CO_2 脉冲激光测距机主要应用于地面炮兵和海军,20 世纪 90 年代后,美国海军为大型预警机和侦察机研发的"门警"(Gatekeeper)型机载光电远距离跟踪传感器系统采用光学参量振荡（OPO）Nd:YAG 激光器和 InGaAs 雪崩光电二极管探测器，波长 $1.57\mu m$，脉冲能量 500mJ，脉冲宽度（半宽）20ns。表 9-14 列出 CO_2 脉冲激光测距机的主要技术性能。

表 9-14　CO_2 脉冲激光测距机的技术性能

国别	型号	测距范围 /km	测距精度 /m	重复频率 /Hz	峰值功率 /kW	束散角 /mrad	应用
英国	307	0.3～10	±5	1～2	220	0.7	火控,潜艇
	307 改	0.3～20			600	0.5	炮兵,火控
	马可尼	0.05～10			220		
美国	MIEI	0.4～6	±10	1	—	0.5	
	HSTV(L)	5		5	—	—	

随着半导体激光器输出功率的大幅度提高，开始了新型全固化固体测距技术的研究，单光子激光测距机的最大探测距离可达几百千米。

9.4.3　激光测距机的基本结构

脉冲激光测距系统由瞄准光学系统、激光发射系统（包括 Q 开关脉冲激光辐射器、发射光学系统、取样器）、激光接收系统（包括接收光学系统、光电探测器）、放大电路（包括低噪声前置放大器和视频放大器）、接收电路（包括阈值电路、脉冲成形电路、门控电路、逻辑电路和复位电路）、计数显示器（包括石英晶体振荡器）和激光电源（包括低压电源和高压电源）组成，如图 9-23 所示。

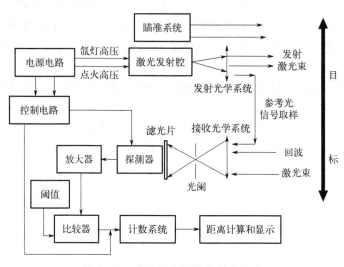

图 9-23　脉冲激光测距机基本组成

第一，瞄准系统。对目标测距必须首先瞄准目标，没有瞄准系统的测距机无法工作，因此，激光测距机必须与瞄准系统（对机载光电侦察/瞄准系统，通常是红外瞄准系统或可见光成像系统）配合使用。为了准确测距，瞄准光学系统的光轴一定要与激光测距机发射光学系统/接收光学系统的光轴平行。

第二，激光发射分系统。激光发射分系统的作用是将高峰值功率的脉冲激光射向目标，包括：脉冲激光器、发射光学系统、取样器。

第三，激光接收分系统。激光接收分系统的作用是接收从目标漫反射回来的激光脉冲回波并计算和显示目标距离，包括：探测接收器、接收光学系统、放大器、处理控制电路、计数显示器。

第四，激光电源。包括：高压电源、低压电源。

9.4.3.1　激光测距机发射分系统

脉冲激光发射系统主要由激光器和发射光学系统组成。

如9.2节所述，激光器由工作物质、谐振腔和激励源组成。本节主要讨论发射光学系统。

激光器产生的光束并非绝对的平行光束，通常有几个毫弧度的发散角。如果对其不加以控制或整形，则由于距离较远，到达目标的光斑直径会很大。例如，发散角3mrad的激光束在2km处目标上的光斑直径约为6m。机载激光测距机的探测距离都较远，可能在20km之外，因此，到达目标的激光光斑尺寸很大，能量相当分散，返回到接收系统的能量更弱，严重影响探测能力。

通常，需要设计一个光学系统将激光束发散角压窄，缩小被测目标处的光斑直径，并且，发射光学系统的放大倍率越大，光束的发散角越小，远距离目标处的激光光斑直径越小，单位面积上的能量密度越大，即能量越集中，返回到接收光学系统的能量也越强，这就意味着激光测距机的作用距离越远。

激光测距机发射光学系统传统上采用望远镜系统，借此扩展或压缩激光光束直径和减小其发散角，从而提高光束的准直度。

激光扩束系统有透射式和反射式两种形式。

① 透射式激光扩束系统，分为伽利略型和开普勒型两种结构。

a. 开普勒望远镜系统的特点是物镜和目镜都设计为正透镜，如图9-24所示。为了满足扩束或缩束的需求，通常选择较大倍率（20倍以上）。为了抑制高频噪声，在物镜焦平面位置设计一个小孔径（直径0.05~0.1mm）空间滤波器，使非对称光束变为对称分布，光能量分布更加均匀（例如Nd:YAG激光器中的半导体激光泵浦源）。

开普勒望远镜系统的缺点是两个实焦点重合，造成激光能量非常集中，容易损坏光学元件。另外，轴向长度大，结构不够紧凑，重量大，不利于小型化和轻量化。

b. 伽利略式望远系统的物镜是正透镜而目镜是负透镜，虚焦点位于系统外。不仅能缩小外形尺寸，并且在强功率激光束通过负透镜后，光束发散，避免因会聚而产生空气击穿现象，从而避免损伤激光器。如图9-25所示，图（a）应用于压缩光束，图（b）应用于扩展光束。

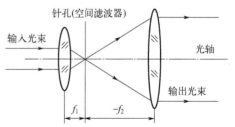

图9-24　开普勒型激光望远系统

伽利略式望远系统的缺点是无法设置空间滤波器，通常应用于低倍率（小于20倍）的扩束或缩束系统中。

应当注意，在机载测距系统中，一般采用倒装式伽利略望远镜系统，最简单的结构形式由两个透镜组成，如图9-25（b）所示：第一个是短焦透镜用以聚焦，第二个是长焦透镜用以扩束，俗称"倒伽利略望远镜"。

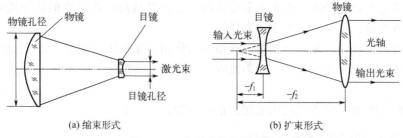

(a) 缩束形式　　　　　　　　　(b) 扩束形式

图 9-25　伽利略望远镜系统

倒伽利略望远镜的发射光学系统的特点是：具有共虚焦点，其轴向间距为正透镜与负透镜焦距（或后截距）的绝对值之差，因此，整个光学系统的轴向尺寸很小；另外，除能避免空气击穿效应和提高能量利用率外，结构简单、体积小和重量轻也是得以广泛应用的原因之一。

在设计发射天线的物镜和目镜时，除了使物镜和目镜的像差相匹配补偿外，适当调整物镜与目镜的距离也很重要，在物镜和目镜球差校正不完善的情况下，可以使发射天线产生的光束发散（或会聚）角较小。

② 反射式激光扩束系统，分为共轴双反射式和离轴双反射式两种结构。

a. 共轴双反射式激光扩束系统，有格里高利望远系统和卡塞格林望远系统，如图 9-26 所示。

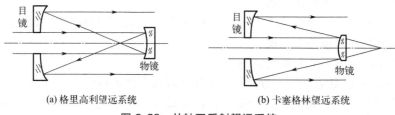

(a) 格里高利望远系统　　　　　　　(b) 卡塞格林望远系统

图 9-26　共轴双反射望远系统

格里高利望远系统中两个反射镜面都是凹抛物面，卡塞格林望远系统中也是两个抛物面，但主镜为凹抛物面，次镜为凸抛物面，相比之下，镜筒长度较小。

共轴反射式激光扩束系统优点：

Ⅰ. 适用于大孔径光学系统。

Ⅱ. 采用合适膜系，可以在很宽范围内（紫外到远红外）都有很高的反射率，而且没有色差。

Ⅲ. 采用非球面表面，进一步改善像差校正能力。

Ⅳ. 结构简单。

共轴反射式激光扩束系统缺点是：

Ⅰ. 中心遮光。

Ⅱ. 相对于透镜，非球面制造较难。

b. 离轴双反射式望远系统。与共轴双反射望远系统相比，离轴望远系统的最大优点是激光束没有中心遮拦，如图 9-27 所示。

机载激光测距机，对发射光学系统性能及外形尺寸都有严格限制。通光孔径影响测距机的横向尺寸，轴向尺寸影响测距机长度。合理确定光学系统的外形尺寸是一个需要多方权衡进行折中的问题。

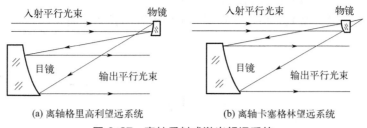

(a) 离轴格里高利望远系统　　　　　(b) 离轴卡塞格林望远系统

图 9-27　离轴反射式激光望远系统

采用伽利略型望远系统作为发射天线，假设物镜和目镜的有效通光孔径分别为 D 和 D'，则发射光学系统的扩束倍率是：

$$\Gamma = \frac{D}{D'} \tag{9-10}$$

目镜直径取决于激光束从谐振腔出射时的光束直径，通常为 6～7mm。物镜有效通光孔径 D 越大，则扩束倍率 Γ 越大。

当激光束通过发射天线后，一方面，激光光束直径被扩束 Γ 倍，同时使波束角压窄 Γ 倍，放大率 Γ 也称为发射天线波束角的压窄倍率。

假如激光束从谐振腔出射的激光束发散角（波束角）为 ω，则发射光学系统的输出波束角 ω' 是：

$$\omega' = \frac{\omega}{\Gamma} \tag{9-11}$$

扩束后光束的束散角与望远系统的放大倍率成反比，因此，通过发射天线后就变为大孔径/小发散角的激光光束。减小光束发散角就意味着激光光束获得较好准直，照射到目标上的光斑直径也小，光能量集中，因而具有更远的测量距离。

激光光束到达被测目标形成的中央光斑半径：

$$R = \frac{L \times 1.22\lambda}{D} \tag{9-12}$$

式中　L——测量距离；

　　　　λ——激光光波波长。

光学系统的轴向尺寸，主要取决于物镜焦距，而物镜的相对孔径（物镜的有效通光孔径与焦距之比）决定着物镜结构的复杂程度，也影响到激光测距机的体积和重量。若物镜采用非球面透镜结构，则必须考虑加工难易程度和成本等因素。

机载激光测距机是一种远距离瞄准/测距/指示系统，利用激光光束亮度高和方向性好的特点，对远距离空地目标进行跟踪、瞄准和照射，要求激光束经过远距离传输，到达目标后仍有很高的能量集中度，因此，对光束的准直性有很高要求。

精心设计和制造的激光器输出的激光束可以视为高斯光束，激光发射光学系统设计应以高斯光束的传输和变换特性为基础。

薄透镜对高斯光束的转换，如图 9-28 所示。

图 9-28 中　ω_0——物方入射高斯光束束腰半径；

　　　　　　　l——物方激光束腰到透镜的距离；

　　　　　　　ω_0'——像方输出高斯光束束腰半径；

l'——像方激光束腰到透镜的距离；

ω_c , l_c——像方激光光束在任意距离上的束腰半径和距离。

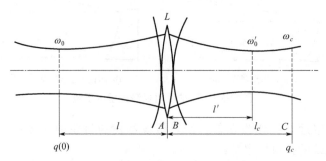

图 9-28　薄透镜传输高斯光束示意图

高斯光束薄透镜成像公式(9-13)和式(9-14)，完全可以确定像方高斯光束的特性（F 为薄透镜焦点）：

$$l' = F + \frac{(l-F)F^2}{(l-F)^2 + \left(\dfrac{\pi\omega_0^2}{\lambda}\right)} \tag{9-13}$$

$$\omega_0' = \frac{F^2 \omega_0^2}{(F-l)^2 + \left(\dfrac{\pi\omega_0^2}{\lambda}\right)^2} \tag{9-14}$$

研究表明，高斯光束经光学系统变换后仍然保持高斯光束特性。对高斯光束成像规律的理解，不能完全模拟几何光学的原理和公式，只有满足一定条件［式(9-15)］，才能转换为几何光学中的近轴成像公式：

$$\left(\frac{\pi\omega_0^2}{\lambda}\right) \ll (l-F)^2 \tag{9-15}$$

也就是说，必须满足物方激光光束的束腰半径非常小（点光源），以及束腰至透镜的距离足够大的条件（可以认为，几何光学中的透镜变换是高斯光学的特殊情况，即 $\omega_0 \to 0$ 的情形），才能利用几何光学的近轴方法和公式处理高斯光束。实际上，上述条件无法得到满足，因此，高斯光束与几何光学近轴光线的传播特性有如下不同：

① 当入射高斯光束的束腰位于薄透镜物方焦平面时（即 $l=F$），像方高斯光束束腰也处在透镜像方焦平面处（$l'=F$），且光束发散角达到极小（透镜焦距一定）。完全不同于几何光学中"位于焦平面上的物体成像于无穷远"的概念。

② 当入射高斯光束束腰至光学系统的距离远大于系统焦距时，在系统的像方焦点处可以得到聚焦后的束腰。

③ 当入射高斯光束束腰离光学系统的距离小于薄透镜焦距时（$l<F$），即物方激光束腰位于透镜焦距以内，仍具有正的 l' 值，不同于几何光学中无法形成实像的概念。

应当注意，在实际应用中，望远镜发射光学系统是对高斯光束而非平面光束或球面光束进行转换（准直和扩束），如图 9-29 所示（以开普勒望远系统为例）。首先利用一个短焦距透镜将高斯光束聚焦，获得极小束腰斑，然后，再用一个长焦距透镜改善其方向性，减小光束发散角。

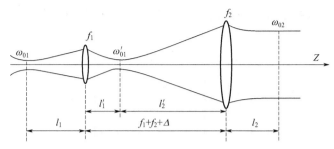

图 9-29 望远系统对激光高斯光束的变换

f_1—目镜焦距；f_2—物镜焦距（$f_2 > f_1$）；Δ—物镜与目镜的间隔（在望远系统中，通常要求物镜后焦点与目镜
前焦点重合，但在激光发射系统中，为了获得最佳扩束效果，常常使其具有一定离焦量）；ω_{01}—物方激光束腰半径；
l_1—物方束腰到目镜的距离；ω_{02}—像方激光束腰半径；l_2'—像方束腰到物镜的距离

为了简单，假设望远镜系统的物镜和目镜都是薄透镜，根据上述薄透镜的基本物像关系，可以求得望远发射光学系统的基本成像公式：

$$l_2 = f_2 \tag{9-16}$$

$$l = f_1 + f_2 + \frac{f_1^2(l_1 - f_1)}{(l_1 - f_1)^2 + Z_{01}^2} \tag{9-17}$$

$$\left(\frac{\omega_{02}}{\omega_{01}}\right)_{\max} = |M_r|\sqrt{1 + \frac{(l_1 - f_1)^2}{Z_{01}^2}} \tag{9-18}$$

$$M_r = \frac{f_2}{f_1} \tag{9-19}$$

$$Z_{01} = \frac{\pi\omega_{01}^2}{\lambda} \tag{9-20}$$

式中　$(\omega_{02}/\omega_{01})_{\max}$——望远镜系统的最大扩束比；

　　　M_r——望远镜系统的放大倍率；

　　　Z_{01}——物方共焦参数；

　　　l——物方激光束腰到透镜的距离。

必须注意，上述近轴计算公式没有考虑透镜的实际厚度，并且，望远光学系统的放大倍率越大，透镜厚度越大，因此，设计中不能忽视光学系统的厚度影响。

9.4.3.2 激光测距机接收分系统

激光测距机接收分系统工作原理是：光学系统接收目标漫反射回来的微弱脉冲激光信号，光电探测器将其转换为电脉冲信号，经前置放大器和主放大器放大，送至比较电路进行判别；计数器测量激光束传播时间，并根据公式计算出目标距离。

激光测距机接收的目标回波信号非常微弱。有两种提高激光测距机性能的方法：增大激光器的发射功率和提高目标回波的接收灵敏度。二者相比，后者不会增加测距机的体积、重量和功耗，因而研究激光测距机的回波接收技术尤显重要和实用。

脉冲激光测距接收技术有两种：直接探测技术（或非相干探测技术）和相干探测技术，如图 9-30 所示。

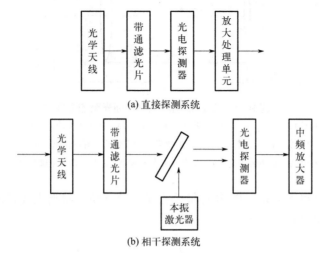

图 9-30　脉冲激光探测接收技术

直接探测技术只响应光功率随时间变化的信息。相干探测技术却可以探测光频电场的振幅、频率和相位所携带的全部信息，并通过光外差探测方式实现解调。

直接探测系统包括接收光学系统（包括带通滤光片）、光电探测器和放大器等组件；相干探测系统还增加了本振激光分系统。由于信号光与本振光是在光电探测器上相干涉，因此，光电探测器的作用相当于一个光混频器，对信号光和本振光的差频分量响应，输出中频光电流。

相干探测技术具有以下特点：

① 转换效率高，对天然的微弱光信号具有高探测能力。

② 良好的滤波性能。由于只有中频频带内的杂散光才能进入系统，其它杂散光形成的噪声均被中频放大器滤除，因此无需放置窄带滤光片（直接探测技术中，需要设计 1nm 的窄带滤光片）。

③ 良好的空间和偏振鉴别能力。

与直接探测技术相比，相干探测技术对调试精度要求很高，实现起来更困难和复杂，信号光波和本振光波必须满足以下条件：

① 必须具有相同的模式结构，都是单频基模运转。

② 波矢方向尽可能保持一致。

③ 在光混频面上必须重合，为获得最大信噪比，光斑直径最好相等。

④ 两光束的波前曲率要匹配。

⑤ 偏振相同。

由于存在一些技术问题，因此，更广泛应用的是直接探测技术，其组成包括：

① 光电探测器。

② 激光接收光学系统。

③ 前置放大器。

④ 主放大器。

⑤ 衰减装置。

⑥ 控制装置。

(1) 光电探测器

在脉冲激光测距机中，光电探测器是激光测距机的核心部件，其功能是将接收到的微弱光信号转换为电信号。由于是接收目标反射回来的微弱信号，并且需要精确计量激光脉冲的传播时间，所以，光电探测器应具有较高的灵敏度、较短的响应时间、较好的线性度、较宽的带宽和较高的信噪比。

激光测距机选择光电探测器需考虑两个重要参数：响应时间（或者上升时间）和灵敏度。

实际上，激光测距机的发射脉冲宽度决定了对探测器响应时间的要求（通常在 $1\sim100ns$，最好 $<10ns$）。当然，探测器的峰值响应波长应尽量接近激光测距机的工作波长，从而保证激光测距机具有较高的灵敏度。此外，需要考虑噪声、尺寸、重量、功耗和成本等因素。

可供选择的光电探测器包括：光电倍增管（PMT）、硅光电二极管、PIN 硅光电二极管、雪崩光电二极管（APD）、MSM 光电探测器、HgCdTe 光电二极管和肖特基势垒光电二极管等。

需要说明，光电倍增管是激光测距机最早使用的探测器。尽管光电倍增管具有较高增益（10^8 倍）和较低噪声，并且光谱范围较宽（包括紫外光、可见光和近红外光），但光谱响应随波长的增长而迅速下降，对近红外波长光（包括 $1\mu m$ 波长的光）的量子效率极低，因此，用于接收 $1.064\mu m$ 波长的激光时，量子效率和灵敏度急剧下降，同时，噪声因子较大。由于对入射激光光束的性能要求苛刻（例如光斑要大，照度要均匀），致使接收光学系统复杂且庞大。另外，抗外部强磁干扰性差，动态响应范围小，并且需要多组电压，因而较少应用于脉冲激光测距机，仅适用于红宝石激光器和倍增钕激光器。

半导体 PN 结光电探测器是一种体积小、重量轻、灵敏度高和响应速度快的固体探测器，其核心是用 P 型和 N 型半导体材料形成的 PN 结。当半导体材料吸收光能量后，在 PN 结上产生光生伏特效应，将光信号转换为电信号。

为了进一步提高半导体光电探测器的响应速度和探测灵敏度，在 PN 结 P 区与 N 区之间增加一个 I 区（本征区），构成 PIN 型光电探测器。与 PN 结型光电探测器相比，量子效率更高，响应速度更快。

利用半导体材料研制成功的非雪崩光电二极管型（包括 PN 型和 PIN 型）光电探测器是探测可见光与近红外光较好的一种固态探测器，峰值响应波长是 $0.85\sim0.9\mu m$，在 $0.4\sim1.1\mu m$ 波长范围内的相对响应约为峰值的 50%。除尺寸小、结构简单和牢固性好等优点外，更大优势是 $1.064\mu m$ 波长的量子效率比光电倍增管高达 50%。

硅光电二极管探测器优点是：

① 对 $1.064\mu m$ 波长的光量子效率较高。

② 电源电压低。

③ 噪声小。

④ 体积小，寿命长，可经受震动冲击。

缺点是本身没有内增益，所以，制作高增益、宽频带和低噪声的前置放大器较困难。目前多数应用在对接收系统体积和重量要求苛刻但对接收灵敏度和响应速度要求不高的领域。

表 9-15 列出不同材料半导体光电探测器的技术特性。

表 9-15　不同材料半导体光电探测器技术特性

类型	材料	光谱响应范围/μm	响应度范围	上升时间
光导型	Si	0.4～1.2	0.4～0.5A/W	6～50ns
PIN 型	Si	0.35～1.13	0.5～0.65A/W	2～40ns
	Si＋放大器	0.17～1.15	8～25V/mW	20～85ns
	GaAs＋放大器	0.89～1.15	3～15V/mW	20～40ns
	InGaAs	1.064	0.8A/W	0.006～5ns
光伏型	Ge	0.7～1.8	0.3～0.4A/W	8～10ns
	HgCdTe	9.4～10.6	3.0～3.8A/W	3～3.2ns
	InAs	1.0～3.6	0.4～0.6A/W	8～10ns
	PbSnTe	5～13	1.0～1.5A/W	40～50ns
	Si	0.20～1.13	0.07～0.65A/W	1ns～50μs

　　20 世纪 70 年代，在硅光电二极管探测器基础上研发的雪崩光电探测器（APD）增加了内部增益（最大内增益达 10^6 以上）和光量子放大倍增作用，使电信号增大上百倍（一个光子可产生 10～100 对光生电子和空穴，碰撞电离不断发生，形成"雪崩"倍增现象），使电流大大增加。倍增后噪声仅与放大器的自身噪声相当，从而突破了晶体管带宽放大器的噪声水平限制。

　　工作在雪崩击穿电压下的光电二极管是具有内放大作用的 PN 结类光电二极管，利用半导体中载流子雪崩倍增效应使光激发载流子数增加，从而产生雪崩式倍增和电流增益，因此称为雪崩光电二极管。

　　与硅光电二极管探测器相比，不仅显著提高了光电探测器的信噪比（比 PIN 灵敏度约高两个数量级），因而电流增益高和频率响应速度快，带宽可达 100GHz，而且进一步提高激光测距机的作用距离，体积小、工作偏压低和稳定性好，是一种较为理想的高灵敏度光电探测器，非常适合 1.064μm 激光测距机。

　　表 9-16 列出了不同材料雪崩光电探测器的技术性能。由此看出，硅 APD 光电二极管适用于波长 1.064μm 激光测距机，锗 APD 光电二极管适合 1.54μm 和 1.57μm 激光测距机。

表 9-16　不同材料 APD 的技术性能

器件类型	光谱范围/μm	响应度（与电压有关）/(A/W)	上升时间/ns	暗电流（与电压有关）/nA
APD(Ge)	0.4～1.8	与电压有关	0.3～1	100
APD(Si)	0.5～1.1	10～125	0.1～2	10～250
APD(InGaAs)	0.9～1.7	7～9	0.1～0.5	6～160

　　表 9-17 列出几种常用光电二极管探测器的技术性能。

表 9-17　激光测距机常用光电探测器的技术性能

类型	主要特点
PN 结硅光电二极管	光谱响应：0.4～1.2μm； 响应峰值：0.85～0.9μm； 电流响应率：0.4～0.5A/W； 光电转换效率低，响应速度慢

类型	主要特点
PIN 结硅光电二极管	频带宽:10GHz; 线性输出范围宽; 输出电流小; 主要应用于近距离测量
雪崩光电二极管	电流增益:100～1000 倍; 探测灵敏度:高于 PIN 两个数量级; 带宽:100GHz 左右; 需要电压较高:20～200V; 噪声:较大; 受温度影响大; 主要应用于远距离测量
金属-半导体-金属(MSM) 光电探测器	工作速度高,响应快; 暗电流低; 寄生电容低; 结构简单、易于制造和成品率高

（2）接收光学系统

为了将目标反射回来的激光能量尽可能地会聚到激光接收探测器上,同时适当选择视场以减少杂散光干扰,以提高接收系统的灵敏度和信噪比,需要在激光探测器前面设计一个接收光学系统。

根据应用环境和技术要求,激光测距机的发射/接收光学系统有两种形式:共轴光学系统和双轴光学系统。

第一种形式,如果激光测距机单独使用,多数发射/接收光学系统采用共光轴系统,从而保持发射与接收光学系统光轴严格平行或者一致,减少测距/瞄准误差。

第二种形式,如果激光测距机与其它光电仪器组合使用(例如机载光电吊舱中可见光系统或红外成像系统),则更多采用双轴光学系统。在这种情况下,对光轴的一致性有着严格要求:不仅激光发射/接收光学系统光轴保持严格一致,激光双轴光学系统与可见光或红外光学系统的光轴也要求具有较高的一致性。

对于激光测距机接收光学系统,通常视目标为无穷远。根据技术要求,可以选择摄像物镜直接成像,也可以选择望远系统＋会聚物镜成像,如图 9-31 所示。

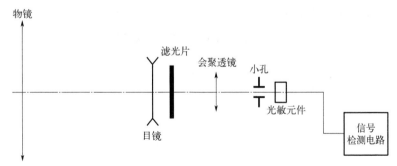

图 9-31　机载激光测距机接收光学系统

脉冲激光测距机的接收光学系统接收具有良好单色性的激光光束(例如 $1.064\mu m$ 或者 $1.54\mu m$),可以不考虑色差校正,至少无需特别关注。该光学系统可以看作是望远系统＋会聚成像系统,也可以视为望远物镜+中继转像系统。由于是非成像系统,因此对像质的关注重点是返回激光光束成像的弥散斑大小。

望远镜之后的窄带干涉滤光片是滤除诸如太阳辐射、地表对太阳光的漫反射以及激光束后向散射等杂散光,即滤除频带外的背景光,以尽量减少杂散光的影响。窄带干涉滤光片带宽通常要求小于 0.5nm(由于制作原因,一般是 3~10nm),中心波长透射率 50%~80%。

应当注意,滤光片的透射率与光束在滤光片上的入射角有关。通常所说滤光片透射率是指光束垂直入射条件下的数值。光束入射角小于 15°时,透过率变化不大;当入射角继续增大时,透过率会锐减。

如果将窄带滤光片设计在探测器前面,由于入射光束经过接收光学系统会以光锥形式会聚到探测器上,焦距越短,光锥角越大,透过率越低。为了充分利用激光返回能量,最好将窄带滤光片设计在接收光学系统之前(若前端设计有望远系统,建议放置在望远系统与会聚系统之间,如图 9-31 所示)。

望远物镜或者会聚成像物镜的焦平面位置设计有一个小孔光阑(或者视场光阑),实际上是一个空间滤波器。光阑孔的尺寸(代表接收视场的大小)刚好透过会聚后的全部光线,即仅允许视场内的光线通过。另外,光学接收系统在像面上形成的目标光斑尺寸(直径)一定要小于光敏面,否则,将产生损耗。考虑到发射/接收光学系统光轴一致性的调整精度,实际应用中,建议接收光学系统的视场要稍大于发射光学系统的发散角。

激光测距机的小型化越来越受到重视,实现体积更小、更高效的远距离测量是目前激光测距领域的研究重点,为此,采用轻型化望远物镜成像方式接收目标的反射激光束受到广泛重视。

天津大学与中航工业飞行自动控制研究所(潘俊旭等人)为探测 50km 远距离目标激光测距机设计了一种小探测靶面(75μm 雪崩光电二极管探测器)、大通光孔径(120mm)、小 F 数(0.6)激光接收光学系统。该系统采用三组四片式"正+负+正"结构,其中,第四块透镜的前表面采用非球面以减小球差,并使系统满足小型化

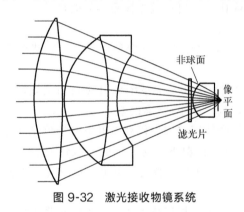

图 9-32 激光接收物镜系统

(系统长度 108mm)要求。为了减少大气环境杂散光对接收系统的影响,在接收镜头中设计一个滤光片,放置在非球面之前,如图 9-32 所示。主要技术性能列在表 9-18 中。

表 9-18 激光接收光学系统的技术性能

参数		指标
工作波长/μm		1.064
接收视场/mrad		1
成像质量	弥散斑直径 RMS 值/μm	<1
	纵向球差/μm	−0.25~+0.25
	场曲/μm	0.25
	像散和畸变	接近 0
滤光片峰值透过率		≥85%

为保证机载激光测距机具有足够的测距精度和较远的作用距离，还要设计合适的放大电路、控制电路、计数电路、显示系统和电源电路等。

9.4.4 机载脉冲激光测距机的典型案例

通常，激光测距机要与红外方位仪（IRST）组成综合机载火控系统（俗称"光电雷达"），使光电瞄准系统具有对空/地测距功能。图 9-33 是一种机载搜索跟踪系统中脉冲激光测距机光学系统的典型组成框图。

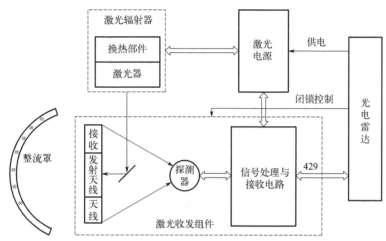

图 9-33　激光测距机光学系统框图

该激光测距机系统技术性能列在表 9-19 中。

表 9-19　激光测距机系统技术性能

参数		指标
工作波长/μm		1.064
测距频率/Hz		0.25/2
测距误差/m		±5
测距范围/m	对空	300～8000
	对地	300～15000
脉冲宽度/ns		20±5
发散角/mrad		2.6～4.8
工作时间	准备状态/h	≥3(间隔 25min)
	值班状态(0.25Hz)/min	≥11.5
	主状态(2Hz)/min	≥3.5
激光测距机出口能量(不含整流罩)/mJ		≥125
光轴精度/(′)		≤2
系统有效通光口径/mm		≤ϕ70
准测率		≥98%

参数	指标
虚警率	≤1%
准备时间/min	≤5
工作温度/℃	-45~+60

激光测距系统与红外探测分系统采用共光路方案，主要包括整流罩、扫描反射镜、红外/激光分光镜。通过激光/红外分束镜将中波红外与1.064μm的激光光束分开。激光测距光学系统由发射和接收分系统两部分组成，保证在探测到目标的同时，完成目标的距离探测，如图9-34所示。

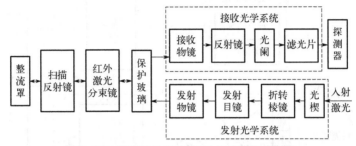

图9-34 光电雷达激光/红外分系统组成框图

激光发射系统一般采用倒置伽利略望远系统形式，并将整流罩视为激光发射光学系统望远物镜组的一个光学元件。通过设计望远目镜组，对物镜组像差进行补偿。为便于调整光轴，设计一个双光楔装置，如图9-35所示。该光学系统优点是：

① 缩短光学筒长，使结构紧凑。

② 利于光学消像差。

③ 避免高能量激光会聚点对光学元件的损伤。

④ 结构简单，全部采用球面透镜，便于光机加工和装调。

⑤ 光学长度≤97mm。

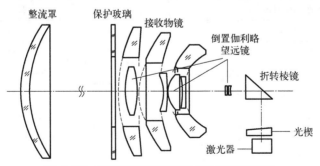

图9-35 倒置伽利略望远镜式发射光学系统

技术性能包括：

① 激光出口光斑直径：φ6mm。

② 激光出口光束发散角：2.6~4.8mrad。

③ 光束发散角压窄倍率：2倍。

④ 发射光学系统透过率：≥85%。

激光接收分系统是一个大孔径望远物镜系统（开普勒望远镜系统或直接采用望远物镜形式），使接收视场内尽可能多的微弱目标回波能量会聚到光电探测器上。设计一个高性能窄带滤光片，最大程度地降低背景杂散光影响，提高对目标的检测率（或者增大探测距离）。为使接收光学系统具有较高的光学透过率，采用尽量少的透镜，因此，大孔径望远接收物镜采用三片型中空结构（激光发射物镜置于中空位置，如图 9-35 所示），可以与激光发射光学系统设计为一体化共轴光学系统，如图 9-36 所示。同样，也将整流罩作为激光接收光学系统中的一个光学元件进行优化设计。

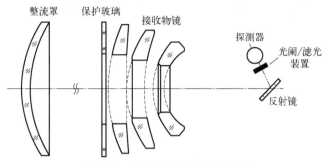

图 9-36　激光接收物镜光学系统

技术性能包括：

① 工作波段：$1.064\mu m$。

② 探测器接收光敏面直径：$\phi 0.8mm$。

③ 接收有效通光口径：$\phi 70mm$。

④ 接收视场：2.9mrad。

⑤ 焦距：172mm。

⑥ 激光窄带滤光要求：$\leqslant 5nm$。

⑦ 激光接收光学系统截止波段：$200\sim 1200nm$。

⑧ 激光接收光学系统对截止波段的截止深度：$\leqslant 0.1\%$。

⑨ 接收光学系统透过率：$\geqslant 80\%$（包含窄带滤光片）。

⑩ 弥散斑：$\leqslant \phi 0.05mm$。

⑪ 接收系统长度：181.4mm。

设计激光测距机时，需要注意以下参数的选择：

第一，发射系统通光口径。通光口径的大小影响激光输出光通量，并会引起不同程度的衍射效应。研究表明，当通光口径大于激光入射光束口径的 1.5 倍以上，衍射效应可忽略。激光发射的高能量能够对光学零件造成永久性损伤，因此，需提高激光光学零件（膜层）的抗激光损伤阈值。适当增大激光发射系统的出射光束口径，也会适当提高抗激光损伤能力（例如，通光孔径为 $\phi 6mm$，抗激光损伤阈值可以提高到 $800MW/cm^2$）。还需考虑对结构边界尺寸的限制。

第二，发射/接收光学系统共光轴设计。

9.4.5　机载脉冲激光测距机的基本原理和性能

20 世纪 60 年代，地面防空系统的迅速发展，令世界各国都认识到，必须研制机载激光测距机从而为低空/高速攻击方式提供精确的目标距离信息。与雷达测距方式相比，激光测距技术采用的激光波束窄、无旁瓣、低空性能好、测距精度高，尤其适合低空小掠地角的攻击方式。

机载激光测距机是在高速运动和大幅度机动条件下使用，因此，有其特殊性要求：

① 激光脉冲必须有较高的重复频率（$1\sim10s^{-1}$）。低重复频率测距机用于导航，高重复频率为机载火控系统提供目标距离信息。

② 激光波束要窄。

要采取必要措施（例如机载惯性导航系统，或与机载电视/前视红外系统组合使用等）保证激光束在高速飞行条件下能够准确地对准目标。

9.4.5.1 工作原理

脉冲激光测距机的工作原理，如图 9-37 所示。

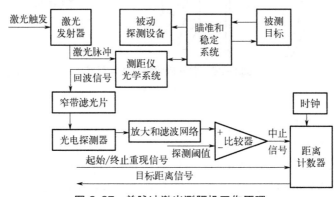

图 9-37 单脉冲激光测距机工作原理

首先利用瞄准系统瞄准目标。

然后接通激光电源，启动激光器，通过发射光学系统压窄激光脉冲光束的发散角，在导向稳定系统作用下，向被瞄准的目标发射一束光能量很强和脉宽很窄的激光脉冲信号或者激光脉冲编码串。

在激光束离开测距机时，光束采样器采集部分激光发射信号作为参考信号并传输到接收系统，作为计数器开门的脉冲信号，标定激光的发出时间，启动数字计时器开始计时。

激光脉冲光束通过大气传输到目标，其中一小部分被目标反射并回到激光测距机，经接收光学系统、光阑和干涉滤光片成像到探测器（例如雪崩光电二极管）上，转换为电脉冲信号，经过放大器放大，进入计数器并作为关门信号，停止计时。

计数器根据开门到关门期间进入的钟频脉冲个数，测量激光脉冲到达目标并由目标返回到接收器的往返时间，由此依据式(9-21)计算出被测目标距离 L，并传输给显示单元。

$$L=\frac{ct}{2\langle n\rangle} \tag{9-21}$$

式中　c——光速，真空中的光速为 2.99792458×10^8 m/s，接近地表时的光速为 2.9971×10^8 m/s；

　　　t——激光束到目标的往返时间，s（由计数器测得）；

　　　$\langle n\rangle$——光路上的平均折射率。

根据电磁波传输理论，光波在大气介质中传输，受到大气中气体分子、液体分子、粉尘颗粒、气溶胶等介质的吸收和散射影响。光波的传输群速度为真空光速的 $1/\langle n \rangle$，受到大气中多种因素的影响，平均折射率 $\langle n \rangle$ 表示为：

$$\langle n \rangle = f(t, P, e, \lambda_g) \tag{9-22}$$

式中　t——大气温度；

P——气压；

e——湿度；

λ_g——谱线宽度范围内各单色光波的波长平均值，即群波波长。

一般认为，$\langle n \rangle = 1$。

值得注意，上述激光测距技术是指"采用单脉冲发射方式和直接（接收）检测技术提取目标回波，并获得被测目标距离"。与其它测距方式（例如无线电定位）相比，测距精度高，抗干扰能力强。但也看到，激光在大气中的衰减非常快，尤其是能见度差、军用远距离测距的光电火控系统应用中，经常受到限制，无法满足要求。

多脉冲测距技术对突破这种测距技术瓶颈具有重要意义。与普通的激光测距技术相比，可以将最小可探测功率降低数倍，从而使激光测距能力（包括探测灵敏度和作用距离）得到大幅度提高。

多脉冲激光测距机系统组成和工作原理与普通激光测距机基本相同，如图 9-38 所示。区别是前者采用多脉冲激光电源（例如三脉冲激光电源）激励光源放电，形成多个脉冲为一串（也称为"一帧"）的脉冲串。接收系统对返回的多脉冲激光串进行"相关处理""波形匹配滤波""多帧信号检测相关处理"后，提高了信噪比。根据信号在时间上的相关性和噪声的随机性，通过多次数据相关从噪声中提取信号，降低了最小可探测功率，从而提高了远

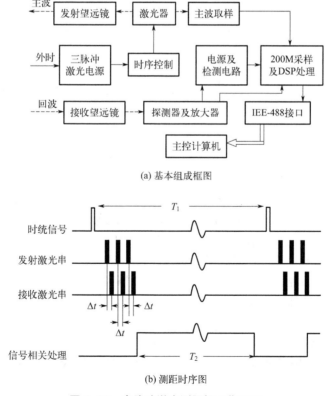

(a) 基本组成框图

(b) 测距时序图

图 9-38　多脉冲激光测距机工作原理

距离的探测能力。长春理工大学设计的多脉冲激光测距机在歼-6飞机上的试验表明，在能见度40～60km大气条件下，飞行高度3km的最远测距达38km。与单脉冲激光测距机相比，最低可探测功率降低7倍。

最大探测距离是表征激光测距机性能的最重要参数，影响探测距离的因素包括：

① 脉冲激光器的发射峰值功率。与普通激光测距机相比，机载激光测距机受装机空间和使用环境限制，例如体积/重量和可靠性/可维修性等会有更高的技术要求，设计中需采取特殊措施（包括整机一体化、组件模块化和标准数字接口、接收/发射光学系统合二为一）以满足对探测距离、一次性校靶和自检测功能等方面的要求，否则会影响脉冲激光器的发射峰值功率。

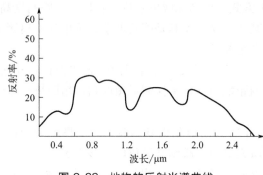

图 9-39　地物的反射光谱曲线

② 被测目标的漫反射率以及反射的有效表面积。不同地物的物质组成不同，对激光波长具有不同的漫反射特性。同一物体的波谱曲线反映不同波段的相应反射率，如图 9-39 所示，并且与激光束的入射角，地物表面颜色、粗糙度、风化程度及含水性等因素密切相关。

国防科学技术大学（许翔）收集了一些目标和军用色彩对 $1.064\mu m$ 激光束的漫反射率，如表 9-20 所列。

表 9-20　不同目标和色彩对 $1.064\mu m$ 激光束的漫反射率

目标类型		漫反射率	目标类型		漫反射率
天然目标	（风化）铝	0.55	军用涂层	浅棕色	0.257
	建筑水泥	0.5		浅黄绿色	0.118
	新钛合金	0.47		黄绿色	0.118
	（风化）钛合金	0.48		绿褐色	0.121
	黏泥土土壤	0.08		灰色	0.071
	草地	0.47			
	橡树叶	0.48			

③ 发射/接收光学系统。

a. 发射/接收光学系统具有高透射率。

b. 为了使激光束对准目标发射和接收机对准目标接收，必须要求瞄准光学系统、发射光学系统和接收光学系统的光轴严格平行，如图 9-40 所示。

c. 机载激光测距机通常要与平视瞄准显示系统（HUD）和大气机等设备交联，组成激光测距平显导航攻击系统，同步瞄准，同时完成对目标的测距任务，为平显导航攻击系统实时提供飞机至目标的精确距离，以成功完成对目标的有效攻击。

④ 机载噪声影响。

⑤ 大气与环境条件影响。

根据 GJB 470A—1997 规定，表 9-21 列出了各种能见度天气下不同激光波长的大气衰减系数。

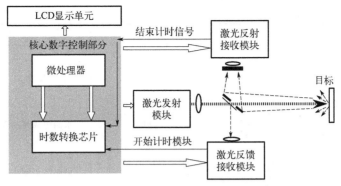

图 9-40　发射和接收光学系统基本结构布局

表 9-21　各种能见度天气不同激光波长的大气衰减系数

大气衰减系数 波长/nm	海平面能见度/km 3.0 （浓雾）	5.0 （雾）	6.0 （薄雾）	15.0 （晴天）	23.5 （标准天气）	40.0 （很晴）
532	—	8.0×10^{-6}	5.0×10^{-6}	2.7×10^{-6}	1.7×10^{-6}	1.0×10^{-6}
694.3	—	6.5×10^{-6}	4.0×10^{-6}	2.2×10^{-6}	1.4×10^{-6}	8.2×10^{-7}
905	9.5×10^{-6}	5.7×10^{-6}	3.6×10^{-6}	1.9×10^{-6}	1.3×10^{-6}	7.1×10^{-7}
1064	8.8×10^{-6}	5.3×10^{-6}	3.3×10^{-6}	1.7×10^{-6}	1.2×10^{-6}	6.8×10^{-7}

脉冲激光测距技术一般采用近红外或者中波红外激光束。目前，脉冲激光测距机使用的激光波长包括 $0.53\mu m$、$0.69\mu m$、$0.8 \sim 0.85\mu m$、$1.06\mu m$、$1.54\mu m$、$2.8\mu m$、$5.3\mu m$ 和 $10.6\mu m$ 等波段。最经常采用的是四种激光器：$1.06\mu m$ Nd:YAG 激光器、$1.54\mu m$ 的拉曼频移 Nd:YAG 激光器和铒玻璃激光器，以及 $10.6\mu m$ 的 CO_2 脉冲激光器。

表 9-22 列出脉冲激光测距机在不同应用领域的主要技术性能。

表 9-22　不同应用领域中脉冲激光测距机的主要技术性能

类型	典型性能	备注
轻型便携式	1. 测程范围:4~10km。 2. 测距精度:±10m。 3. 重复频率:1Hz。 4. 束散角:1~2mrad	步兵和炮兵侦察用手持式激光测距机
地面车载式	1. 测程范围:4~10km。 2. 测距精度:±(5~10)m。 3. 重复频率:0.1~1Hz。 4. 束散角:0.4~1mrad。 5. 目标分辨率:约20m	坦克、步兵战车、自行火炮或导弹制导火控用激光测距机
对空火炮和导弹防御	1. 测程范围:4~20km。 2. 测距精度:±(2.5~10)m。 3. 重复频率:6~20Hz。 4. 束散角:0.5~2mrad	—
机载	1. 测程范围:4~10km。 2. 测距精度:±(5~10)m。 3. 重复频率:4Hz。 4. 束散角:0.4~1mrad	武装直升机

类型	典型性能	备注
机载	1. 测程范围：5～20km。 2. 测距精度：±(1～10)m。 3. 重复频率：5～20Hz。 4. 束散角：0.1～0.5mrad	固定翼飞机
舰载	与车载火控和对空防御激光测距机相同	水面舰载脉冲激光测距机
	1. 测程范围：300～6000m。 2. 测距精度：±(5～10)m。 3. 重复频率：1～5Hz。 4. 束散角：1～1.5mrad	潜艇潜望脉冲激光测距机
太空载	1. 最大测程：>1000km。 2. 脉冲能量：0.1～10J。 3. 测距精度：±(5～10)m。 4. 重复频率：10～100Hz。 5. 束散角：<20mrad	超长战略用激光测距机，光束在真空中传播具有衍射极限特性
云高	主要用于测量机场/卫星发射点的云层高度。可以为前沿军事基地、机场或军用卫星发射的安全提供可靠的气象数据	

表 9-23 列出不同类型军用激光测距机的主要技术性能。

表 9-23 不同类型军用激光测距机的技术性能

参数	红宝石	Nd:YAG	CO_2	拉曼频移 Nd:YAG	铒玻璃	光参量振荡（OPO）
波长/μm	0.6943	1.064	10.59	1.543	1.54	1.57
激光器类型	固体（晶体）	固体（晶体）	气体	固体或气体波长转换	固体（玻璃）	非线性晶体频率转换
激励方式	闪光灯	闪光灯或者激光二极管	放电释放		闪光灯或者激光二极管	
脉冲能量/mJ	10～50	10～100	10～100		10～30	
脉宽/ns	2～50	8～20	20～100	6～15	20～30	5～15
重复频率/Hz	单次	单次～20	1～50	单次～30	单次	单次～30
探测器类型	Si APD	Si APD	制冷 PV HgCdTe		InGaAs APD 或 PIN	
对人眼安全等级	Ⅳ级，不安全	Ⅲb 到Ⅳ级，不安全	基本上在Ⅲa 级，安全		Ⅰ到Ⅲa 级，安全	

9.4.5.2 到达目标表面的总光功率

假设激光器发射的峰值光功率为 P_L，发射光学系统的光学透过率为 T_E，大气的衰减系数为 σ，被测目标的距离为 R，则到达平面目标表面的峰值总光功率 P_T 为：

$$P_T = P_L \times T_E \times e^{-\sigma R} \tag{9-23}$$

9.4.5.3 被测目标表面的辐照度

为了简化研究，一般情况下（例如入射光的入射角小于 $60°$），将被测目标视为"朗伯反射表面"，即"漫反射表面"。也就是说，每单位面积单位立体角在任何方向发出的光功率都是固定不变的，即辐射度 L 为常数。另外，将被测目标视为二次光源，若已知目标漫反射率，则可以按照下列公式计算被测目标的表面辐照度：

$$L=\frac{\rho \times P_{\mathrm{T}}}{\pi A_{\mathrm{T}}} \tag{9-24}$$

式中　A_{T}——发射激光脉冲在被测目标表面形成的光斑面积；
　　　ρ——被测目标的漫反射率。

9.4.5.4 测距系统接收到的回波光功率

如图 9-41 所示，被测目标距离为 R，被测目标为漫反射面，表面法线与激光发射光学系统光轴夹角为 β，激光发射系统光轴与接收系统有效最大视场主光线夹角为 δ。

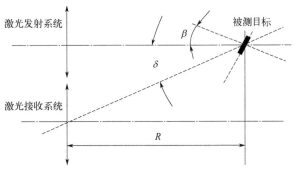

图 9-41　激光测距机与被测目标的空间关系

考虑到机载环境条件下，被测目标的距离 R 非常远，发射系统发射的激光束与接收的回波激光束夹角非常小。还假定被测目标的表面积大于激光光斑面积以及激光光斑能够全部成像在接收光学系统视场内，则回波激光束光功率 P_{R} 的简化表达式［即满足 $\cos\delta \approx 1$ 和 $\cos(\beta+\delta) \approx \cos\beta$］是：

$$P_{\mathrm{R}}=\frac{\rho P_{\mathrm{L}} T_{\mathrm{E}} T_{\mathrm{R}} T_{\mathrm{F}} A_{\mathrm{R}} \cos\beta}{\pi R^{2}} \times \mathrm{e}^{-2\sigma R} \tag{9-25}$$

式中　T_{R}——接收光学系统的透过率；
　　　T_{F}——干涉滤光片的透过率；
　　　A_{R}——接收光学系统的面积。

可以看出，增大接收天线光学系统有效通光孔径（即面积 A_{R}），可以提高光探测器接收的激光回波功率，有助于提高激光测距范围。

9.4.5.5 最大可探测距离

激光测距方程是表述激光测距系统光电探测器接收的部分发射功率（也称为激光回波功率或者接收功率）与激光测距机性能参数（包括发射功率、光束发散角、光学系统透射率和接收视场）、传输介质（例如大气）的衰减以及目标特性（包括目标有效截面和反射率等）之间的关系的方程。

根据《国外军用激光仪器手册》，机载激光测距技术可以分为：漫反射小目标的测距技术、漫反射大目标的测距技术和漫反射细长目标的测距技术。

（1）漫反射小目标测距方程

当目标至激光测距机的距离很远时（例如空空或者空地远距离高空侦察/测距），激光束在目标上的光斑面积通常会大于目标的有效反射面积，目标表面全部漫反射截获的激光束。

该情况可视为对漫反射小目标的距离测量，通过对雷达测距方程进行改进，用激光束发散角 θ_s 代替雷达发射天线的增益，则得到以下测距方程：

$$P_r = P_s \frac{A_r \sigma}{4\pi \theta_s^2 R^4} T_r T_s T_a \tag{9-26}$$

式中　P_r——接收功率，W；

　　　P_s——发射功率，W；

　　　θ_s——发射光束的发散角，（°）；

　　　R——被探测目标距离，m；

　　　A_r——接收光学系统孔径，m^2；

　　　σ——目标的雷达散射面积，m^2；

　　　T_r——接收光学系统透射率；

　　　T_s——发射光学系统透射率；

　　　T_a——大气或其它传输介质透射率。

（2）漫反射大目标测距方程

近距离空空侦察和低空空地探测时，投射到被测目标上的光斑面积通常小于目标的有效反射面积，并且，假设目标表面的漫反射符合朗伯散射原理。

这种情况通常认为是对漫反射大目标距离测量，测距方程可以用式（9-27）表述：

$$P_r = P_s \frac{A_r \rho \cos\varphi}{\pi R^2} T_r T_s T_a \tag{9-27}$$

式中　ρ——目标反射率；

　　　φ——目标表面法线与发射激光束的夹角。

（3）漫反射细长目标测距方程

假设激光束是垂直投射在漫反射细长目标的表面上，将 $\sigma = 4\pi\rho R c\tau$ 代入式（9-26）中，得到以下测距公式：

$$P_r = P_s \frac{A_r \rho c\tau}{\theta_s^2 R^3} T_r T_s T_a \tag{9-28}$$

式中　c——光速；

　　　τ——脉冲宽度。

（4）最大可探测距离

随着被测目标距离增大，激光测距机接收的返回激光光波的光功率越小，直到探测器的最小可探测功率 P_{min}。当回波强度小至与噪声相当时，则激光测距系统无法分辨目标，此时对应的最远距离称为激光测距机最大可探测距离 R_{max}。根据上述公式，最大可探测距离分别是：

① 漫反射小目标的最大可探测距离：

$$R_{max} = \left(P_s \frac{A_r \sigma}{4\pi \theta_s^2 P_{min}} T_r T_s T_a \right)^{1/4} \tag{9-29}$$

② 漫反射大目标的最大可探测距离：

$$R_{\max} = \left(P_\mathrm{s} \frac{A_\mathrm{r}\rho\cos\varphi}{\pi P_{\min}} T_\mathrm{r} T_\mathrm{s} T_\mathrm{a} \right)^{1/2} \qquad (9\text{-}30)$$

(5) 确定光学系统结构需考虑因素

显然，为了获得最大可探测距离，需要增大发射天线和接收天线的有效通光孔径，但会直接影响激光测距机的体积和重量，甚至机上安装。因此，确定光学系统的结构形式是一个系统工程，需全面权衡和反复论证，在此必须考虑以下因素：

① 激光发射系统

a. 尽量提高激光器的发射功率 P_L。

b. 尽可能提高发射光学系统光学透射率 T_E。

c. 尽可能减小激光束发散角，即设计较大倍率的倒伽利略望远系统。

② 激光接收系统

a. 尽可能选择接收灵敏度高的接收探测器，即对最小可探测功率具有更高敏感性。

b. 使发射光学系统具有尽量高的光学透射率 T_F 和 T_R。

c. 设计尽量大孔径（A_R）的接收光学系统。

d. 尽可能设计高信噪比接收电路，保证信号不被噪声淹没。

e. 接收视场与光束发散角尽可能匹配。

③ 对于外部环境条件

a. 选择大气透过率较高或者天空晴朗、非雾霾雨雪天气飞行。

b. 选择有效漫反射面积大的被测目标。

c. 选择表面漫反射率高的被测目标。

值得注意，激光测距机在白天工作时，背景噪声主要是太阳光的辐射能，尤其是进入接收系统的无关物体反射的太阳光能量。

为了提高信噪比，除了在接收光学系统中增加光阑和干涉滤光片外，有时还需在系统前端设计窄带滤光片，对背景光进行限制，即事先滤掉大部分背景辐射。

另外，尽量减小窄带滤光片的带宽和接收光学系统的视场角，以降低背景辐射进入探测器的功率和提高信噪比。

9.4.5.6　机载激光测距机的典型技术性能

20 世纪 70 年代末，机载激光测距技术逐渐成熟，英国费伦蒂公司率先研制出机载 105 型空地激光测距机（后改进为 105D 型），并与 FIN1020 型数字惯性导航装置以及 ISIS195R 光学瞄准具（或平视显示器）组成机载激光惯导/攻击系统 LINAS。表 9-24 列出典型激光测距机的主要技术性能。

表 9-24　典型激光测距机的技术性能

参数	英国 105D 型	法国		瑞典
		直升机 TCV115	战斗机 TAV-38	
激光器	Nd:YAG	Nd:YAG	Nd:YAG	Nd:YAG
波长/μm	1.064	1.064	1.064	1.064
Q 开关	LiNbO₃			

参数		英国 105D 型	法国		瑞典
			直升机 TCV115	战斗机 TAV-38	
重复频率/s^{-1}		1～10(可调)	1s^{-1}连续发射 3 个脉冲,一般 12min^{-1}	—	1～10(可调)
输出能量/mJ		—	100	—	—
峰值功率/mW		—	4	—	>1.5
脉冲宽度/ns		—	25	20	15
光束发散角/mrad		—	≤0.7	—	0.7
作用距离/m		10000	450～1990	10000	160～20000
测距精度/m		±5	±10	±5	4
平均无故障时间/h		100	—	—	—
尺寸/mm		308×265×195	390×190×180		515×160×160
重量/kg		8.7	8	8.5	15
接收元件		低压雪崩光电二极管	硅雪崩光电二极管		
接收视场/mrad		—	≤0.5	—	1
最小可探测功率/W		—	≤2×10^{-8}		
跟踪装置测角范围/(°)	俯仰	20	70	±10	±10
	水平	20	260	±10	±10
	横滚	±360	—	—	—
电源/V		机上直流电源 24～28	直流电源 19～28		机上直流 27

9.4.6　激光雷达技术

20 世纪 60 年代,激光器研制成功。激光技术的发展为雷达探测技术提供了一种理想的辐射光源。激光良好的相干性及工作频率的量变使雷达的分辨率(包括空间分辨率、时间分辨率和频率分辨率)和"四抗"能力(抗电子战能力、抗反辐射导弹攻击能力、抗低空/超低空突防能力和抗隐身目标能力)发生了质的飞跃。在低可观测性目标的探测、高分辨率目标的识别、高精度跟踪/测量等方面都表现出明显优势。

20 世纪 80 年代,世界上开始研究激光成像雷达。

20 世纪 90 年代,德国首次研制成功商用激光雷达系统。

激光雷达(light detection and ranging,LIDAR)的全称是"激光探测和测距系统"。

激光雷达技术是传统雷达(技术)概念的延伸,是将具有极高工作频率的光机系统与成熟的雷达技术相结合而形成具有独特性能的一种探测技术。该技术将激光测距设备、全球导航卫星系统(GNSS)设备和惯性导航系统(INS)设备相集成,以飞行平台为载体,通过扫描或非扫描形式记录目标姿态、位置和反射强度等信息,并经信息处理后获得所需要的空间信息。

与普通的微波雷达探测技术相比,激光成像雷达探测技术的优点是:

① 激光信号源发射的信号波束窄,探测数据多,采集数据量更大,每秒可对数十万个点进行测量,有利于对真实物体表面进行还原与建模。

② 探测距离远。例如，美国麻省理工学院林肯实验室研制的"火炮"激光雷达作用距离达到 800km。

③ 测量精度高。激光波长短和频率高，因此，测量精度得到极大提升。测距精度接近米数量级，测角精度达到分数量级。

④ 激光雷达的分辨率高，包括角分辨率、速度分辨率和距离分辨率。

⑤ 无需很大的发射和接收孔径，就能获得高精度测量数据。因此，体积小和重量轻，也不会占用太多飞行器的空间，尤其适合对地面进行低空探测。

⑥ 主动式探测方式。相对于普通被动式雷达，不易受地物回波、自然光和太阳高度角的限制和影响。

9.4.6.1　激光成像雷达的结构和工作原理

初期研制的机载激光雷达的结构形式和工作原理都类似于激光测距机，是一种非成像系统（或者称为"点源成像"），主要区别是以激光光源代替了电磁波源（毫米波或者微波），保留了扫描系统以扩大搜索视场。

在机载激光成像雷达系统中，激光成像测距系统由激光发射系统、激光接收系统和信息处理系统组成（包括参考振荡器、激光光源、强度调制器、激光发射系统、激光接收系统、CCD 和视频处理系统等），如图 9-42 所示。

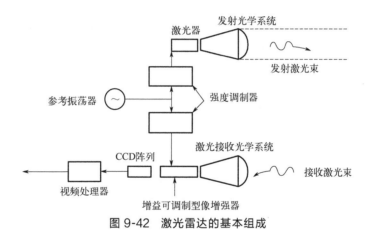

图 9-42　激光雷达的基本组成

激光成像雷达技术主要采用波长 0.9μm、1.06μm、3.8μm 和 10.6μm 的激光光束，其频率高出微波频率几个数量级，因而使雷达的测量精度、分辨率和抗干扰能力有了很大飞跃，在军事领域（包括航空领域）得到了广泛关注和应用。

激光雷达的工作原理，如图 9-43 所示：激光器在激励源作用下发射高斯分布形状的激光束；经光束整形和扩束获得能量均匀分布的高质量激光束，从而增大探测距离；激光接收光学装置接收目标反射和散射的激光信号，光电探测器将光信号转换为电信号；检测处理电路分辨出激光回波信号和杂波干扰脉冲，并放大回波信号，将回波信号传输至计算机进行数据采集与处理，获取目标的空间信息（方向、距离和速度等）。

9.4.6.2　激光成像雷达的类型

按照成像方式，激光成像雷达技术分为扫描激光成像雷达、非扫描激光成像雷达和合成孔径激光成像雷达技术。

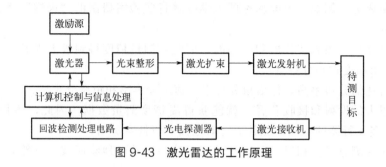

图 9-43　激光雷达的工作原理

（1）扫描型激光成像雷达技术

与其它光学扫描成像技术一样，扫描激光成像雷达技术是以激光束快速扫描目标，原理基于 APD 单元探测器，类似于光束指向可控的窄视场激光测距技术。为了结构紧凑和简单化，采用发射和接收共光学孔径的结构形式。工作中，窄激光束对目标进行逐点扫描，接收系统接收并记录每一点的激光回波信息（包括扫描角度和时间信息），从而获得各点的角度位置和距离。最后，将成像系统、测距系统和测速系统获得的信息按照一定顺序进行处理，获得更精确的目标三维图像特性。

扫描激光成像雷达技术有光机扫描型（有机械运动）和光学相控阵（OPA）型（无机械运动）两种类型。

① 光机扫描型激光成像雷达　有三种光机扫描方式：棱镜扫描方式、高速偏转镜扫描方式和双振镜扫描方式，如图 9-44 所示。

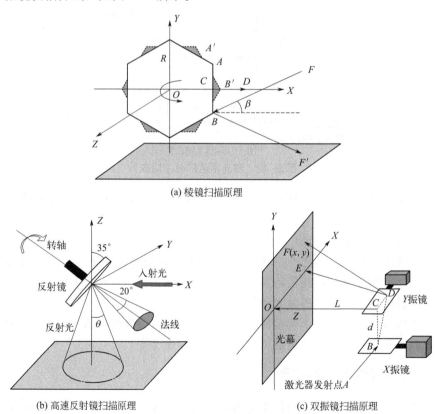

(a) 棱镜扫描原理

(b) 高速反射镜扫描原理

(c) 双振镜扫描原理

图 9-44　光机扫描型激光成像雷达

研究表明，棱镜式扫描系统的扫描轨迹比较单一，同一时间获得的目标数据较少，扫描效率低，转镜与入射光位置对扫描轨迹的非线性有一定影响；高速旋转平面反射镜扫描方式具有椭圆形扫描轨迹，机械结构简单、运行平稳，同时可以覆盖较大的探测区域，根据激光入射方向和反射镜的安装角度能够调整扫描轨迹；双振镜扫描方式的显著特点是通过控制振镜可以获得各种形式的扫描曲线。

光机扫描型激光成像雷达的特点是一个脉冲对应一个目标点。由于激光瞬时发散角和接收视场角都很小，能量较集中，因此，探测距离较远；另外，光机扫描方式扫描角度大、光损耗小、抗干扰性能强、结构简单和速度稳定性高，因而获得广泛应用。

案例一，美国麻省理工学院林肯实验室研发的机载激光成像雷达系统采用双轴扫描器，如图 9-45 所示。

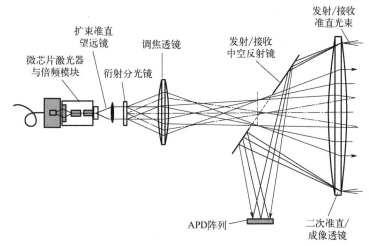

图 9-45　双轴扫描型机载激光成像雷达光学系统

该系统特点是：

a. 发射系统采用工作波长 532nm、脉冲重复频率 5～10kHz、被动 Q 开关、固态倍频 Nd：YAG 微芯片激光器。

b. 激光发射系统采用衍射分光镜将扩束后的激光束分成 32×32 元细光束阵列，从而能够高效率地照亮 32×32 元 APD 阵列各像元对应的视场。

c. 接收系统采用盖革工作模式的 32×32 元 APD 阵列，像素间距 $100\mu m$，并与 CMOS 电路集成在一起。

d. 视场 10.3mrad×10.3mrad。

双轴扫描型机载激光成像雷达的光学性能列在表 9-25 中。

表 9-25　双轴扫描型机载激光成像雷达技术性能

参数	指标
激光波长/nm	532
接收孔径/mm	75
有效焦距/mm	300
F 数	4.0
焦平面阵列像元数目	32×32

参数	指标
视场/mrad	10.3×10.3
距离分辨率/cm	15
远场传输模式	32×32点列，与探测器阵列匹配

案例二，2007 年，中国科学院上海技术物理研究所（王建宇等人）研制成功机载三维激光成像雷达系统，光学系统如图 9-46 所示。

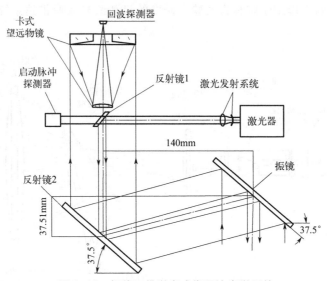

图 9-46　机载三维激光成像雷达光学系统

该系统采用 Nd:YAG 激光器作为发射系统光源，发射光学系统由正负透镜组成（扩束倍数分别为 3.75 倍和 10 倍），以检流计摆动电机和镀银膜的石英玻璃振镜系统实现光束扫描（最大光学扫描视场±25°，最大扫描频率50Hz），雪崩激光二极管阵列作为激光回波探测器，卡塞格林式反射望远系统作为激光回波接收光学系统（瞬时视场5.0mrad），并与发射光学系统共轴。其中激光器发散角可调（0.3/0.8mrad），小发散角适用于飞行高度较高（1000m 以上）的常规模式，大发散角适用于较低飞行高度（800m 以下）的人眼安全模式。设计结果表明，距离精度 35cm，方位角测量精度 0.5mrad。

需要注意，借助常规光学天线、机械扫描装置和单元（或者线列）光电探测器成像的传统型激光成像雷达，由于受限于光学天线尺寸、激光束发散角较大（通常为 1～2mrad）以及机械扫描帧速率较低（典型值 3Hz 以下），因此，很难满足高空间频率和高帧速率的性能要求。另外，由于光机扫描形式受机械传动精度的影响，光机扫描精度有限，而且结构复杂，体积和重量都难以满足小型化要求。

基于光学相控阵的电扫描激光成像雷达技术是有效的解决方法之一。

② 基于光学相控阵的电扫描激光成像雷达　类似于微波雷达相控阵技术，激光扫描成像雷达技术也可采用光学相控阵技术（OPA），利用电子可编程方式以及光波波长短的优势，通过调节各相控单元（光学移相器）出射的光波间的相位关系和控制光学孔径上的相位分布来控制光束方向和形状，提供可编程随机无惯性波束扫描，从而解决了波束指向的快速、灵活控制和空间扫描问题，使光电系统的体积更小和成本更低。表 9-26 列出不同光学

相控阵方式的特点。

表 9-26　不同光学相控阵方式的特点

参数	铌酸锂晶体	PLZT 压电陶瓷	液晶	光波导阵列
响应时间级别	ps	ns	ms	ns
驱动电压/V	<10	1000	<10	<10
扫描角度/(°)	<0.1	<0.1	<10	≈30

20 世纪 60 年代，微波相控阵技术发明后，人们就试图将相控阵的概念延伸到光波频段，但由于光波长比微波小许多，制造工艺难度非常大，直至 1971 年，Meyer 才首次利用 64 个钽酸锂移相器研制出一维光学相控阵，成功验证了光学相控阵的概念。

美国雷神公司是国际上研发光学相控阵技术的主要公司。1982 年开始，分别利用砷化镓铝（AlGaAs）和液晶材料研制成功由更多单元组成的一维和二维光学相控阵原理装置，相控阵器件的口径尺寸达到 4.3cm×4.3cm，相控单元数 43000 和光束偏转角度范围 5°，指向控制精度达到 μrad 数量级。2004 年，相控阵激光雷达的作用距离达到 4km，距离分辨率为 20cm，体积约为 120mm×120mm×120mm，重量 2kg，功耗小于 10W。

（2）非扫描激光成像雷达技术

20 世纪 90 年代，焦平面阵列探测器的研制成功促进了非扫描激光成像雷达技术的发展和进步。1996 年，美国提出"激光雷达焦平面阵列"（LR-FPA）成像的概念。

非扫描激光成像雷达技术是指利用发射激光信号的目标回波强度二维分布信息以及目标距离信息而合成目标图像的一种成像技术，因此，也称为"非扫描 3D 激光成像雷达技术"。由于工作时需用激光光束照明被探测区域，因而又称为"闪光型或照明型"激光成像雷达技术。

非扫描型激光成像雷达技术通常需要采用距离选通成像技术（参考 9.6 节），既能抑制激光大气传输的后向散射问题，又可以辅助系统获取目标距离信息，具有成像速度快、帧频高和视场大的优点，同时，由于无需光束扫描，使系统简化、体积减小和重量降低，对脉冲重复率以及发射/接收光束之间的平行度要求较低，因而获得广泛应用。

应当注意，在非扫描型激光成像雷达技术中，要求激光器发射的激光束照射整个被探测目标，接收的激光回波也需要均匀地分布在探测器的所有探测单元上，因此，需要对激光束进行均匀化处理，意味着将降低发射激光的峰值功率，即为了达到远距离探测目的，需要发射更高峰值功率的激光束。

非扫描型激光雷达成像技术分为连续波激光雷达成像技术和脉冲激光雷达成像技术。脉冲型激光雷达成像技术的工作原理是根据窄脉冲记录激光到达目标的时间，然后计算出目标距离；连续波激光雷达成像技术是基于相位差原理，通过连续激光在起点和终点扫描产生的相位差计算出二者之间的距离。二者比较，前者具有更低的平均发射功率和整体功耗，同时，采用相干检测方式会有更高灵敏度，但存在操作复杂和视场小等缺点。脉冲激光雷达采用直接探测方法获取回波信号，因此，无法进行多普勒测速。另外，较高的脉冲功率也会对器件和人眼造成一定伤害。

① 连续波激光雷达成像技术　连续波激光雷达成像技术是采用连续激光信号作为探测信号，具有峰值功率低和分辨率高的特点，又分为连续波激光相位成像技术和连续波激光调频成像技术。

a. 连续波激光相位成像技术。连续波激光相位成像技术基于相位激光测距技术，采用单频信号调制激光，并通过对反射激光信号进行鉴相而获得目标距离信息。

b. 连续波激光调频成像技术。随着激光技术、微波光子技术和光通信技术的快速发展，连续激光波调频成像技术受到越来越多的关注。

频率调制连续波（FMCW）激光雷达成像技术是一种发射功率恒定但光载波频率（或相位）持续周期性变化的雷达成像技术，是将调频连续波测距技术与激光探测技术相结合，具有测距范围大、距离分辨率高、可以实现多普勒测速和有利于片上集成等优点。

与现代普通雷达类似，频率调制连续波（FMCW）激光雷达成像技术采用线性调频光信号作为探测信号。

线性调频信号经光学分束器分束，一路作为本振光信号，另一路作为探测信号由准直光学系统照射到目标表面。

待测目标的反射激光信号由准直系统接收，通过光纤环形器和光纤耦合器后，与本振光合束，进入光电探测器进行相干拍频，并利用相干检测方法测量回波信号与发射信号之间由距离延时引入的调制频率差和相对速度引入的多普勒频率差。

光电探测器产生的光电流信号进行低通滤波后进行信号处理，获得反射激光信号的回波延时，从而获得目标的距离和速度，如图 9-47 所示。

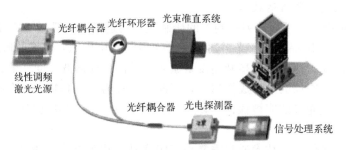

图 9-47　频率调制连续波激光雷达成像系统

研究表明，频率调制连续波（FMCW）激光成像雷达的性能（最大探测距离、距离分辨率和角分辨率等）主要受限于发射光源（核心组件是能够产生线性调频光信号的激光光源）的性能，关键是要根据测量目的对光载波的频率进行不同形式（三角波形式、锯齿波形式或正弦波形式）的调制，并通过比较反射光信号与本振光信号的瞬时频率差获得目标距离，因此，研究重点是能够产生性能优越的光调频信号的调制方法（内调制技术和外调制技术）。这部分内容已经超出本书的研究范围，有兴趣的读者请参考相关著作和文献。

② 焦平面阵列脉冲激光雷达成像技术　非扫描三维焦平面阵列脉冲激光雷达成像技术是利用脉冲激光照明和高灵敏度 APD 焦平面阵列实现高帧频单次距离-强度三维成像技术，如图 9-48 所示，其组成包括近红外脉冲激光照明器、接收光学系统、焦平面阵列组件、信号处理器和显示器。

该探测技术的关键器件是雪崩二极管阵列（APD）面阵探测器。将高精度的时间差测量电路集成到每个探测像元的后面，因此，每个像元相当于一个独立的探测器，可以单独输出信号。后续电路测量从激光发射至接收激光回波的时间差，从而反演出每个像元对应的距离信息。因此，只需发射一个激光脉冲就可以获得被测物体的三维图像。

焦平面阵列脉冲激光成像技术与传统的点像激光成像雷达不同的是：

Ⅰ. 激光发射器。具有大发散角（可调）、高照射功率、窄脉冲宽度和体积小的特点，能够保证激光束对目标/场景的同时覆盖，并具有足够的照度和均匀度。例如由 Nd：YAG 为

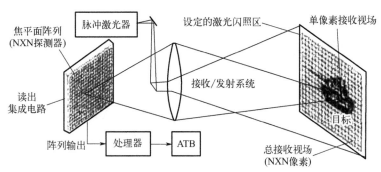

图 9-48　焦平面阵列脉冲式激光成像雷达系统

增益介质和 Cr^{4+}：YAG 为饱和吸收体的晶体扩散键合结构形成的二极管泵浦被动 Q 开关微型激光器。

Ⅱ. 近红外 APD 焦平面阵列。近红外 APD 焦平面阵列由雪崩电光二极管阵列和读出集成电路阵列组成，并采用铟柱工艺将二者焊接在一起。读出集成电路阵列采集每个像元视场的回波距离信息。

焦平面阵列脉冲激光成像技术的优点是：

Ⅰ. 图像分辨率取决于探测器阵列的像元数而非激光束质量。

Ⅱ. 无需高重频和窄波束的激光辐射源，且发射和接收光路无需进行严格的平行性校正。

Ⅲ. 瞬间成像，因此，当激光成像雷达与目标存在相对运动时，没有稳定瞄准线也不会导致图像失真，非常适合机载装备使用（包括战斗机、直升机和无人机）。

Ⅳ. 对地面伪装目标和树林中隐蔽目标具有良好的探测/识别能力。

Ⅴ. 作用距离较远，且不存在图像模糊问题。

Ⅵ. 无需复杂的高速扫描装置，体积小，重量轻，成本低。

（3）合成孔径激光雷达（SAIL）成像技术

与微波合成孔径雷达技术类似，合成孔径激光雷达技术是采用激光进行信号探测，以及利用与目标相对运动的小孔径天线而获得高分辨率的一种雷达成像技术。

由于可以产生比微波信号更高的多普勒频移，因此，合成孔径激光雷达技术可以使用更小光学孔径（天线）实现更高图像分辨率的远距离激光成像探测，同时获得待测目标的距离和速度，打破了光学孔径衍射极限的限制，受到广泛重视。

20 世纪 60 年代，国际上开始研发合成孔径激光雷达技术。

2004～2005 年，美国 Aerospace 公司的 Beck 等采用波长为 $1.5\mu m$ 的脉冲光纤激光源对静止目标进行了 SAL 成像实验。该实验利用运动的发射接收孔径对镜面目标和漫散射目标成像，是第一次真正意义上的二维 SAL 成像实验，距离和方位分辨率达到了 $60\mu m \times 50\mu m$，如图 9-49 所示。

2012 年，美国蒙大拿州立大学利用 1550nm 超宽带线性调频激光光源演示了聚束合成孔径雷达成像技术。

2014 年，中国科学院电子学研究所利用 1550nm 啁啾激光源研制成功合成孔径激光雷达。

2018 年，完成逆合成孔径激光雷达成像实验，图像径向分辨率达 2.5cm。

合成孔径激光成像雷达探测技术尚在研发之中，相信不久的将来就能进入实用阶段。

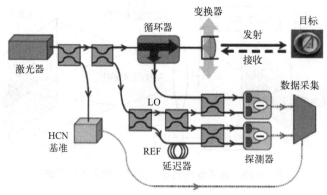

图 9-49   二维合成孔径激光雷达成像系统基本组成

9.4.6.3   机载激光成像雷达的应用

由于机载激光雷达探测技术具有高工作频率、高分辨率、高抗干扰能力、高低空探测能力和良好的隐蔽性，因此，在民用和军事领域都得到广泛应用，包括：

① 用于空中侦察的机载激光探测成像系统。1992 年，美国为海军设计的 "Radiant Outlaw"（有资料译为 "辐射亡命徒"）系统，将 CO_2 激光成像雷达组装在 Pack Tack 吊舱中，可以完成多模式识别，并识别目标表面振动和微多普勒信号，从而获得高分辨率主动激光探测成像。

该激光成像雷达的输出功率 100W，光束发散角 100mrad，工作波长 3.8～4.5μm，采用 256×256 凝视型焦平面阵列红外探测器。

2011 年，美国麻省理工学院林肯实验室研制成功的机载激光雷达成像系统可以穿透树叶探测隐蔽和伪装的军事目标。

美国雷神公司为高性能飞机和无人机研发的 ILR100 型成像激光雷达，飞行高度 120～460m，采用 GaAs 激光器发射的激光束扫描，获得的图像可以显示在机载显示器上，也可传回地面站。

② 低空飞行的障碍回避用机载激光成像系统。直升机低空或贴地飞行时，利用主动激光成像雷达提示直升机避开障碍和危险物，防止撞击和躲避较严重威胁（例如电力线、铁塔、钢缆和树木等地面观测性目标）。

典型例子包括美国 Fireteck 公司（从 1994 年开始）为 UH-1H 直升机研制的机载激光（1.54μm 人眼安全激光）防撞探测系统；德国戴姆勒-奔驰宇航公司研制的 Hellas 激光探测障碍系统（工作波长 1.54μm，探测距离 300～500m，视场 32°×32°，可以探测 1cm 以上的电线和障碍物）；英国马可尼公司与德国达索电子技术公司等联合研制的 Eloise 二氧化碳激光成像雷达（也称为直升机机载障碍报警系统），可提前 10s 提供前方有 5mm 电缆的报警，从而使直升机能在恶劣气候条件下作战。

③ 机载大气监测成像系统。成像激光雷达通过测量大气中自然出现的少量颗粒的后向散射检测风速、紊流和实时测量风场等。由于返回的后向散射很微弱，因此，用于大气监测成像的激光雷达需要采用更为灵敏的激光接收系统。

战斗机高空投掷炸弹等武器时，经常遇到大风干扰向下的弹道轨迹。美国空军器材司令部利用机载激光探测技术实时提供投掷区域的风场信息，通过调整投掷点以补偿风力的影响。

美国相干技术公司先后利用闪光灯泵浦激光器、二极管泵浦激光器和人眼安全激光器研制成功大气监测激光成像雷达,并分别在 C-141 和 C-130 飞机上完成了试飞。

④ 机载激光成像制导技术。以二极管泵浦激光器为基础的激光成像雷达系统可以提供以距离和强度为基础的高分辨率图像,因此,成像激光雷达寻的器可以为空地和空空武器(包括空空和空地制导炮弹、炸弹和导弹)提供自主精确制导手段。第 13 章中将详细介绍机载激光成像制导技术。

⑤ 机载水下目标激光成像探测技术。利用蓝绿激光波长在水中的传输窗口效应,可以在飞机上直接对水下目标(例如潜艇和水雷)进行快速探测、定位和成像。典型产品包括美国 Kaman 公司为 SH-2F/G 直升机研制的"魔灯"(Magic Lantern)激光探测成像系统以及桑德斯公司为 SH-60"海鹰"直升机研制的吊舱型搜索水雷用激光成像雷达。9.5 节将详细讨论机载水下激光成像探测技术。

⑥ 探测化学/生物战剂用激光成像雷达。化学/生物武器是一种大规模杀伤武器。面对不断扩散的化学/生物武器的威胁,需尽快研制出能在战场上使用、快速响应和较灵敏的监视系统,以最快速度提供报警。

研究表明,每种化学战剂仅吸收特定波长的激光,而对其它波长是透明的,被化学战剂污染的物体表面则反射不同波长的激光,激光成像雷达则利用化学战剂的这种特性完成对化学/生物武器的探测和识别。

这类激光成像雷达采用 Nd:YAG 激光器和 CO_2 激光器,根据差分吸收、差分散射、弹性后向散射和感应荧光等原理探测化学/生物战剂。1988 年,法国与美国合作研究 Mirela 化学战剂激光成像探测技术,先后研制了以距离分辨技术和 CO_2 激光器为基础的差分吸收型激光成像雷达系统、以频率捷变 CO_2 激光器和先进探测算法为基础的激光雷达成像系统,以及以可调谐频率捷变 CO_2 激光器为基础的激光雷达成像系统。

⑦ 空间监视用激光成像雷达。美国利用高性能 CO_2 激光成像雷达系统的精密跟踪和高分辨率能力,进行远距离探测、跟踪、成像和核查运行轨道上的卫星,成功试验了在最远距离(1000km)上对卫星、巡航导弹和化学武器的探测,不仅可以探测到距离 24km 远的直升机,而且能够分辨直升机旋转翼桨叶的个数和长度,以及旋翼的间距和转速。

⑧ 防御弹道导弹用激光成像雷达。

⑨ 靶场测量用激光成像雷达。

⑩ 多光谱激光成像雷达。

9.4.7 单光子激光测距机

(1) 单光子激光测距机的发展

20 世纪 80~90 年代,随着隐形飞机的快速发展,能够探测隐形目标的前视光电探测仪已成为世界各国三代机的标配设备。

然而,根据测距原理分类,激光测距主要包括干涉法(V. Burgarth 等人)、三角法(吴剑锋等人)和飞行时间法(陈千颂等人)。由于测距原理不同,导致测距性能各不相同,如测量距离、精度等。三角法和干涉法多用于近距离测距,只有飞行时间法适用于远距离测距,测量距离在 20km 以上。但是,激光测距系统的探测距离远不及红外系统的观察距离(二者相差数十公里),当目标位于激光作用距离之外而又在红外探测范围之内时,直接导致飞行员只能发现目标而无法获得精确的距离信息。

案例一，法国"阵风"飞机机头上方的电视/红外光学瞄准系统中电视跟踪系统作用距离为45公里，其红外前视成像系统对战斗机大小目标的最大发现距离为80公里，对大型客机/运输机的发现距离是130公里，并能对目标红外成像，而激光测距仪的作用距离仅为33公里。

案例二，俄罗斯苏-27光电系统OEPS-27，红外探测距离达到40公里以上，但实际上只能在10公里以内提供精确的激光瞄准目标数据。

从各国机载光电探测系统现状来看，"红外探测距离远，激光作用距离近"的问题普遍存在，因此，机载光电探测系统的整体性能改善关键在于激光探测性能的提高。

近年来随着激光器、探测器以及相关电子学的发展，激光测距技术又衍生出一种新的测距方式，即单光子激光测距法。可以对光子进行响应，进而实现更远距离的测量。

20世纪90年代中期，一种基于量子理论的单光子激光测距技术首先在核能技术领域研发成功和得到应用，并推广到大气环境监测和侦毒等激光雷达设备中，最后拓展到空间技术领域（可追溯到20世纪70年代阿波罗计划中的月球测距项目）中，利用单光子探测和多事件计时方法测量时间间隔而获得卫星距离。

由于该项技术采用低能量和高重复频率的脉冲激光发射技术，超高灵敏度的单光子探测器和时间相关光子计数技术，所以能够达到单光子量级的探测灵敏度（最小探测功率约 $10^{-16}\sim10^{-15}$ W），从而实现远程、高分辨率、点对点精确测距，称为微脉冲激光测距技术（micro-pulse laser ranging，MLR）或者千赫兹激光测距技术（kHz SLR）。

1994年，美国国家航空航天局（NASA）戈达德空间飞行中心Degnan等人提出采用高重复频率微脉冲激光器（即小能量，高频率）进行人造卫星测距（SLR）的概念，并开展SLR2000研究项目。采用被动调Q模式，工作频率2kHz，单脉冲能量135μJ，测距距离达到2万公里。之后，一些国家相继开始单光子激光测距技术的研究。

1996年，上海天文台采用Nd：YAG锁模激光器（激光频率为2kHz，单脉冲能量为1mJ），非制冷单光子雪崩光电二极管接收器件和时间间隔计数器（HP5370B），成功完成对上千公里的卫星测距，单次观测精度达到3cm。

1998年，美国NASA采用单光子测距体制，启动机载微脉冲3D空基对地测高仪项目。2001年完成科研试飞。

2002年，澳大利亚的EOS公司利用Stromlo激光测距工作站口径0.76m和1.8m望远镜以及高能激光器，实现对距离1250km、大小10cm的空间碎片进行测距，进一步证明了单光子激光测距技术探测和跟踪空间小碎片物体的能力。

2003年，奥地利Graz观测站采用重复频率2kHz和单脉冲能量0.4mJ的半导体泵浦激光器，配以皮秒计时器、相应接口和软件，成功完成了卫星激光测距，测量精度3～4mm。

2009年，长春天文台卫星激光测距系统实现白天千赫兹卫星激光测距，达到国际先进水平。

（2）单光子激光测距机的关键技术

随着远程精确打击武器装备飞机，对光电探测系统有了超视距、多目标对空和对地探测的作战需求，要求激光测距机对空中小目标和地面大目标的测量距离必须有数量级的提高。

为了满足机载超视距对空和对地探测的作战需求，需解决以下关键技术：

a. 低功率、高重复频率（kHz）激光发射系统。激光辐射器组件产生高重复频率、低功率、窄线宽激光脉冲串（脉冲串频率1000～2000Hz）以适应光子计数测量时间的需要。

b. 超高灵敏度的盖革模式雪崩光电二极管探测器。

c. 采用不同的计数方法测量时间。

传统机载激光测距机采用单脉冲、窄脉宽、非相干探测技术实现对目标的直接探测，但受限于机载的有限空间，激光测距机测程较短。

随着激光器技术、雪崩探测器技术和高速数字信号处理技术的发展，主要采取以下措施：

a. 采用三脉冲测距机制，在每个重复周期连续发射间隔数百微秒的三个激光脉冲。

b. 采用高灵敏度制冷探测器提高探测灵敏度，实现对微弱回波信号的光电转换。

c. 采用高速数字信号处理技术完成对三次回波的相关检测，提高信噪比，最终达到提高激光测距机作用距离的目的。

试飞验证表明，对空中小目标（例如歼-7飞机）的测量距离达60km，但与红外观察距离相比，仍有不小差距。

理论研究表明，当被探测目标的光信号极微弱时，光的粒子性会凸现。当功率小到一定程度，光子呈现出不连续的随机分布，继续减弱光信号，直至出现单个光子（即单光子）。

历史上首次实现单光子探测能力的器件是由光电电子管和电子倍增管结合在一起的光电倍增管（PMT）。

1913年，德国物理学家盖革（Hans Wilhelm Geiger）发明了探测高能亚原子粒子的计数器。由于APD载流子的雪崩现象与检测放射性颗粒的盖革-穆勒探测器工作方式一致，因此，人们将APD反向偏置电压大于雪崩电压的工作模式也称为"盖革模式"，SAPD称为盖革模式雪崩光电二极管（Gm-APD）。

20世纪60年代，研制成功盖格模式雪崩光电二极管（APD），真正实现了全固态器件的单光子激光探测。

光电倍增管体积大、易损坏，需要千伏电压；雪崩光电二极管是一种光伏型探测器，不仅有量子效率高、体积小、驱动电压低和可集成等优点，更重要的是最适用于探测近红外激光波段。因此，广泛采用雪崩光电二极管（APD）。

雪崩光电二极管（APD）分为两类（按照制造材料划分）：Si基APD（包括Si-APD和Ge-APD）和InGaAs-APD，对应不同的光谱范围：

a. Si-APD光谱范围（例如加拿大Perkin Elmer公司和意大利MPD公司）：$400\sim1100\mu m$。在可见光$400\sim700\mu m$波段具有最好性能。

b. Ge-APD光谱范围：$800\sim1550\mu m$。

c. InGaAs-APD光谱范围：$900\sim1700\mu m$。典型产品是瑞士日内瓦大学、ID Quantique公司研制的ID200系列InGaAs/InP APD单光子激光器。由于该探测器在近红外光波段有更低噪声和更高量子效率，因而得到广泛应用。

美国MIT林肯实验室、波音Spectrolab公司和Princeton Lightwave公司相继开展InGaAs/InP盖革式雪崩二极管（APD）的研究，波长$1.0\sim1.7\mu m$，二极管阵列从4×4元发展到256×256元，能探测到隐蔽在树林或军事掩护网下的目标，距离分辨率可达$3\sim5cm$。

InGaAs/InP盖革模式雪崩二极管结构如图9-50所示，包括石英玻璃光窗、单片集成微透镜、InGaAs/InP雪崩光电二极管（APD）阵列芯片、CMOS读出电路芯片（完成时间测量功能）、In柱倒装互连装置和三级半导体热电制冷器。

根据偏置电压不同，雪崩光电二极管（APD）有两种工作模式：盖革模式和线性模式。应当强调，为了获得足够大的增益触发雪崩，APD必须工作于盖革模式。换句话说，

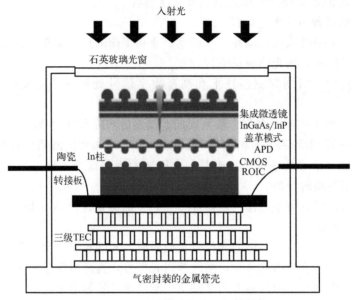

入射光

石英玻璃光窗

集成微透镜
InGaAs/InP
盖革模式
APD
CMOS
ROIC

陶瓷
转接板

In柱

三级TEC

气密封装的金属管壳

图 9-50　盖革模式雪崩二极管结构

施加在 APD 两端的反向偏置电压要大于其雪崩电压（短暂工作时间：ns 数量级），只有在这种状态下，一个光生载流子才有可能触发极大增益的自持式雪崩，从而具有单光子探测能力。

单光子盖革模式雪崩光电二极管有如下特点：

a. 单光子量级的探测灵敏度。

b. 在像素级完成信号数字化。

c. 可以获得目标的三维信息。

普通激光测距机以发射激光作为"开门"信号，以激光回波作为"关门"信号，因次，必须有较高的探测概率和较低的虚警率才能探测到回波信号。

单光子激光测距机的时间测量与上述计数器直接测量不同，是利用所谓"事件时间分析仪"（ETA）实施。基本原理是利用多次测量的数据结果判断信号有无及其时间特性，最终计算出时间/距离结果。

基本过程叙述如下：激光发射系统发射激光，同步产生"start"计时开始信号，如图 9-51 所示，每次发射看作一次测量，将一段时间分为许多微小时间段的组合，每个时间段相对于激光发射时刻是确定的；当一个或多个目标漫反射光子经过接收光学系统后，聚焦成像在 SAPD 探测器上，造成单光子雪崩触发，产生一个瞬态电流脉冲，该脉冲经相应电路处理后可直接控制 ROIC 计时电路的数字电压脉冲信号，使 ROIC 计时电路停止计数，并锁存计时电路计量值；每一个到达脉冲落入一个时间段，并标注上时间标志，ETA 记录下该次测量所接收到的全部单光子脉冲（脉冲个数不限），根据一次测量无法探测和分析出信号脉冲或者噪声脉冲，但信号回波和噪声落入同一个时间段的可能性非常小，通过对多次测量数据的统计，会发现某一时间段中光子计数的次数远大于其它时间段，从而判断该时间段是信号出现的时间段，从而获得光子飞行时间；根据上述事件时间分析仪（ETA）探测和分析得到的时间测量值，计算被测目标距离值。

单光子激光测距技术的特点是：

a. 首先完成探测，并记录下所有的脉冲，多次测量后，根据概率再判断脉冲信号。

b. 单次测量中，允许高虚警率和低探测率，即激光回波信号能量可以非常低，低至单光子能量水平，从而避免回波强度起伏对测距精度的影响，提高测距精度。

c. 增加探测距离有多种方法：提高发射功率、增大接收系统的光学孔径或增加测量次数。实践证明，后一种方法

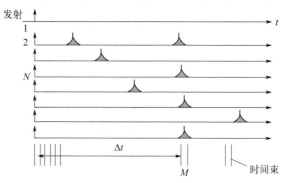

图 9-51　单光子激光测距的时间测量原理

方便且实用性强。提高测距数量，对大量数据进行数据处理，并利用工作程序随时调整测量次数，能够提高系统的灵敏度，从而增大作用距离。

d. 测距精度取决于 ETA。测距精度受激光脉冲宽度、随机倍增机制等因素的影响较小。

e. 高重复频率（kHz）、低功率发射系统（μJ 数量级），保证激光器长时间工作而不会造成自身和光学系统损伤，提高了激光器的可靠性。同时，对人眼有良好的安全性。

由于单光子测距机的灵敏度可达到单光子数量级，对噪声同样响应，因此，抑制噪声也是实现单光子测距的关键。

表 9-27 列出单光子激光测距机的主要技术性能。

表 9-27　单光子激光测距机技术性能

参数	指标
作用距离/km	≥100
测距频率/Hz	1.5（脉冲串间隔时间 500～1000μs）
出射激光束散角/mrad	≥0.5
激光接收视场角/mrad	≥0.55
虚警率	≤1%
探测概率	≥95%
工作波段/μm	1.064
激光窄带滤光要求/nm	0.2
发射系统光轴与接收系统光轴平行度/(″)	≤10

（3）典型案例

单光子激光测距技术是近些年研究较多的新型机载激光测距技术，测距量程和测距精度比传统激光测距技术有很大提高。探测灵敏度达单光子数量级，将机载光电探测距离从现有的几十公里提高到上百公里，实现超远距离探测，与红外观察距离达到最佳配合，提升了飞机的作战能力。

案例一，2002 年，Degnan 设计了机载平台下的光子计数激光高度仪，该系统通过被动调 Q 激光器产生千赫兹的脉冲激光，脉冲能量为微焦量级，飞机以几千赫的速度飞行时，测距仪可以对地面建筑物、树冠和地形地貌进行绘制，且精度在分米量级。

案例二，2005 年，麻省理工学院林肯实验室（Marino 等人）设计了一种机载单光子测

距系统，通过 32×32 元的阵列硅基 APD 单光子探测器，利用高重复频率激光照射目标获取目标距离直方图，可用于对地面隐藏、伪装目标的探测。

案例三，2015 年，中国航空工业集团公司洛阳电光设备研究所（吴兴国和袁帅映等人）根据空间光学微脉冲激光测距原理，开展机载单光子激光测距技术和工作原理的研究，对单光子测距回波特征进行了仿真，如图 9-52 所示。为满足机载远程测距的应用需求，对激光回波信号、背景光特性进行了理论研究和数值计算。将空间滤波和光谱滤波组合使用，选择滤光片带宽为 0.5nm，接收视场为 0.2mrad，有效地抑制了背景光噪声，实现了 100km 的远程测距。使用分光，采用近远场通道，压缩近距测距的强回波信号，减小测距盲区到 500m 之内。通过实验验证了微脉冲激光测距系统能够对 500m～100km 内测距回波信号进行有效探测，有效提高了测距系统的动态范围，探测概率不小于 96%，虚警率（PFA）不大于 0.3%。该方法对于抑制近场强回波光束效果明显，同样，对于远距离测量回波也会抑制，由于远场回波中包含目标回波光子数较少，所以，分光容易降低远场的信噪比。

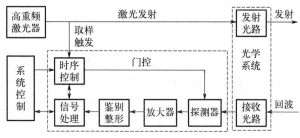

图 9-52　机载单光子激光测距机工作原理

工作原理是：激光器发射高重频激光脉冲，一部分经光取样传输给时序控制电路启动信号处理模块计时，其余部分经发射光路射向目标；目标反射信号经大气和接收光路后，传输到探测器；探测器进行光电转换得到光电流，进行放大和鉴别整形，最终输入信号处理模块进行光子计数及距离检出。

案例四，2017 年，北京航天控制仪器研究所、中国航天科技集团公司量子工程研究中心（王天顺等人）研制了适用于机载的单光子远程激光测距系统，研究结果表明：在能见度大于 23km 的环境下，单光子测距系统完成了 35km 的测距试验，距离分辨率达到 2m。同时，信道仿真分析表明，微脉冲机载单光子测距系统的最大理论测程可突破 160km，但测量频率会降低。单光子测距系统实物样机如图 9-53 所示，尺寸大小 360mm×250mm×260mm，重约 10kg。

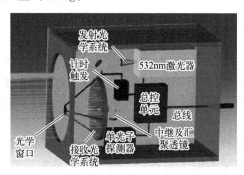

(a) 单光子测距系统

(b) 单光子测距实物样机

图 9-53　单光子测距机系统

9.5
机载水下目标探测技术

9.5.1 概述

1896 年，美国约翰·霍兰发明了可以发射鱼雷的潜艇。

第一次世界大战，潜艇技术被广泛应用于海战并发挥了巨大作用。1914 年 9 月 22 日，德国 U9 潜艇一个小时就击沉 3 艘英国 12000t 巡洋舰。

二战初期，世界各国的潜艇数量发展到 694 艘，据统计，二战期间各国潜艇共击沉运输船 5000 余艘，战后发展更为迅速。

1954 年，第一艘核潜艇"鹦鹉螺"号研制成功。

1960 年，"乔治·华盛顿"号核潜艇在水下成功发射"北极星"弹道导弹。

20 世纪 90 年代以来，中国周边国家和地区竞相建立和发展潜艇部队，潜艇技术有突破性进展，尤其是核潜艇技术的发展（包括航速、潜深和最大续航力）取得了惊人突破，从而使中国海洋安全面临的潜艇威胁日益加剧。

现代战争中，水下潜艇不仅可以攻击敌方舰船，还能进攻空中飞机，已经成为水下和海中最重要的威胁，致使反潜作战成为各国海军的核心任务，各种反潜设备也发挥着越来越巨大的作用。

现代反潜技术，已经由早期以水面舰艇为主发展到当今空中、水面、水下和太空（卫星）的立体协同反潜技术，其中航空反潜技术是主要的反潜技术，本节将重点介绍。

航空反潜技术是指从空中（机载）平台运用声学和非声学措施对潜艇完成搜索、定位、跟踪和识别，并与武器系统共同完成对目标确认、攻击和评估。

与其它反潜形式相比，航空反潜形式具有反应速度快、搜索范围广、搜潜效率高和攻击效果好的优点，在对抗过程中还具备单向搜索和攻击的优势。

按照作战平台类型，航空反潜技术分为反潜巡逻机和反潜直升机两种类型。

反潜巡逻机既可以进行目视观察和雷达探测，使用声呐浮标、吊放声呐和磁探测仪探测水下潜艇，也可以用红外探测仪、激光探测仪及电场分析仪等搜索潜艇，具有载荷能力大、搜索面积广和留空时间长等特点。

反潜巡逻机又分为岸基反潜巡逻机、舰载反潜巡逻机和水上反潜巡逻机三种形式。典型产品包括美国 P-3C 和 P-8A 反潜巡逻机、法国"大西洋"反潜巡逻机和俄罗斯"伊尔-38"反潜巡逻机。

反潜直升机是指装有探潜和攻潜设备的武装直升机，分为轻型、中型和重型三种类型。反潜装备由搜潜系统、数据处理/显示系统、导航系统、通信系统和武器系统组成，而搜潜系统包括声呐浮标系统、磁探测仪、搜索雷达和电子支援装置等。

反潜直升机存在飞行速度低、航程短和控制海域面积小的不足，但同时具有可垂直起降、海上低空悬停、搜索定位准确、机动灵活和使用方便等优点，因而深得各国重视和广泛应用。典型产品包括美国的 SH-60 系列、英国"MK2 海王"以及俄罗斯"卡 27PL"反潜

图 9-54 直-9C 反潜直升机

直升机。

20 世纪 50 年代，中国海军采用苏式"别-6"水上反潜机。

20 世纪 80 年代，成功研制出水轰-5 反潜巡逻机。

20 世纪 90 年代，中国开始配备直-8 和直-9C 舰载反潜直升机（如图 9-54 所示）。前者装备有吊放声呐、搜索雷达以及反潜鱼雷等攻潜武器，后者加装了机载搜索雷达和红外光电设备，同时，配装了（俄罗斯）"卡-28"专用舰载反潜直升机。

9.5.2 水下目标探测技术分类

目前，水下目标探测分为两种类型：声学探测技术和非声学探测技术（包括无线电和光电子学等探测技术）。

（1）声学探测技术

潜艇目标特性中，最强特性是声反射特性。声呐探测技术（包括无线电探测技术）是潜艇（以及其它水下目标）探测的主要方式，也是比较成熟的一种传统方式。

航空声呐反潜技术包括两种形式：反潜直升机用的吊放声呐形式和固定翼反潜巡逻机用的声呐浮标形式。

① 吊放声呐反潜技术　吊放声呐反潜技术是用电缆将水下分机垂直吊入海水中，对潜艇目标进行水下探测的声呐装备于反潜直升机上，在悬停状态下使用，如图 9-55 所示。采用主动方式发射声脉冲信号，并接收目标回波信号，对目标定位。典型产品包括美国 SH-60F"海鹰"和 MH-60R"攻击鹰"反潜直升机使用的 AN/AQS-22 吊放声呐，以及意大利等国 EH101、NH90 和 S-70B 反潜直升机装备的 HELRAS 吊放声呐。

图 9-55　美国海军 MH-60R"攻击鹰"反潜直升机吊放声呐

② 声呐浮标反潜技术　声呐浮标搜潜系统是反潜巡逻机普遍使用的一种搜潜器材，由投入水中的声呐浮标和机上设备（包括浮标投放器、声呐浮标/甚高频浮标接收机、声呐浮标参考系统和浮标信号处理系统）组成。主要用于搜索、跟踪、定位和识别水下潜艇目标，并能对海洋环境的噪声和温度进行测量。一般在已知有潜艇活动的海域并在短时间内对较大范围进行搜索，或者为重要目标担负反潜巡逻警戒时使用。

声呐浮标分为搜潜浮标、海洋环境噪声测量浮标和温度深度测量浮标三种类型。

声呐浮标反潜的工作原理：利用声呐浮标接收潜艇发出的噪声或者主动回波信号，经过无线电调制发送到飞机上。机上声呐浮标处理系统处理（处理方式包括频谱分析、匹配相关和波束形成）浮标发回的声数据，解算并提取信号的各种特征（包括频谱、包络谱和时延等），然后将处理结果显示在显控台上。

声呐浮标反潜技术经历了三个发展阶段：

第一阶段，20 世纪 40～60 年代，主要采用全向探测反潜技术，并开始研究和探索定向探测技术。典型产品包括 AN/SSQ-41 被动全向浮标和 AN/SSQ-47 主动全向浮标。

第二阶段，20 世纪 70～80 年代，主要采用定向探测反潜技术。典型产品包括 AN/SSQ-53 被动定向浮标和 AN/SSQ-62 主动定向浮标。

第三阶段，20 世纪 90 年代开始，随着水下高航速、高水平安静性以及强续航能力核潜艇的成功研制，各种新型减振、降噪及消声技术在潜艇上广泛应用，潜艇的辐射噪声和目标强度不断降低，使传统声学探潜方式面临挑战。从此，在传统的声呐浮标单基地反潜基础上，开始探索和研究使用声呐浮标技术进行多基地探测。产品包括 AN/SSQ-125 新型主动声源浮标和 AN/SSQ-101 平面扩展阵被动定向声呐浮标。同时，与非声学探潜方式以及航空载机平台相结合，有效地解决了传统声学探潜存在周期长、机动性差、效率低和测区范围有限等缺点，取得了较好的探潜/探雷效果，从而成为国际探潜领域的研究热点，具有广阔的应用前景。

声呐浮标种类繁多，包括主动定向探测浮标、被动定向探测浮标、垂直线列阵浮标、扩展阵浮标、声源浮标、环境噪声/温度测量浮标和通信浮标等。

早期的声呐浮标是被动式非定向声呐浮标，功能简单，只能判断作用距离范围内有无潜艇。由于被动式浮标测向精度不高而导致定位不准，因此，随后研发出主动测距的声呐浮标（包括定向和非定向两种类型），定向浮标可以测出潜艇噪声所在方位。

但实践证明，无论海水还是淡水，对声呐浮标都有很强的吸收衰减作用，即使采用现代声呐成像技术，也很难解决成像质量差的问题，无法满足现代战争对海下目标探潜/探雷的需求，主要缺点是：

a. 受到海水成分分布、温度、盐度和水压等因素影响，声波传播速度变化很大，导致传输速度很慢（不会超过声速），传输距离短，信息量小，探测方向和距离等误差很大。

b. 难以对水下目标直接二维成像，识别困难。

c. 海洋环境的复杂噪声对声呐探测造成很大干扰，误报率较高。

d. 容易暴露自身位置，隐蔽性差。

（2）非声学探潜技术

非声学探潜技术分为电磁探潜技术和光学探潜技术。前者包括机载 SAR 雷达（毫米波合成孔径雷达）探潜技术和低频磁异常探潜技术；后者包括激光探潜技术、可见光/红外光探潜技术和光谱成像探潜技术。本节主要介绍机载光电探潜技术。

表 9-28 列出美国一些典型的非声学机载反潜探测设备。

表 9-28　美国一些典型的非声学机载反潜探测设备

载机型号	非声学类型	设备型号
—	磁异常探测器	AN/ASQ-81，AN/ASQ-504
—	夜视探测仪	AN/AVS-9

载机型号	非声学类型	设备型号
P-3C	电磁探测仪	AN/ALQ-78,AN/ALR-66
SH-60B		AN/ALQ-142
S-3B		AN/ALR-76
P-3C	雷达系统	AN/APS-115
SH-60B		AN/APS-124
S-3B		AN/APS-137
MH-60	红外探测系统	AN/AAQ-16
S-2/P-3		AN/AAQ-22 SAFIRE 红外成像系统
P-3		（分布式孔径系统） AN/AAR-37,AN/AAQ-36A
MH-60R/S	激光探测仪	AN/AES-1

① 机载雷达搜潜技术 机载雷达搜潜技术搜索和跟踪露出海面的潜艇潜望镜或通气管，以及水面航行状态的潜艇或其它水面舰艇，对目标进行高分辨率成像，完成海上反潜和巡逻等任务，并兼有对空探测、导弹制导或其它多种功能。

机载雷达不仅具有探测距离远和搜索面积大的优点，而且不受复杂气象和黑夜的影响。通常条件下，雷达天线的尺寸越大，探测距离、区域及分辨能力越强。在机身下方两侧及机翼下安装有大尺寸的侧视雷达天线，可同时对航线两侧大面积水域进行探测，因而具有较强的目标识别能力和抗干扰能力。

20 世纪 40 年代，由于战前研制的机载搜潜雷达效果不理想，二战爆发初期，反潜飞机依然沿用一战时期的目视搜索方式，效率低下。

随着反潜作战的不断发展，英国和美国开始加强反潜器材（尤其是新型反潜雷达）的研制。1940 年末，新型厘米波雷达（ASV）开始装备飞机，但白天效果有限，夜间探潜时还有约 1 英里（mile）的近距盲区，因此，反潜飞机夜间搜潜系统只好采用"雷达＋探照灯"的方式。

1946 年，发明了单脉冲雷达技术。

20 世纪 50 年代，雷达探测技术得到了长足进步。1959 年，单脉冲雷达技术开始应用于航空领域。

20 世纪 60 年代，随着半导体技术和集成电路技术在机载电子设备中的应用，机载雷达的体积、重量、功耗和成本大大下降，机载反潜雷达得到快速发展。

20 世纪 70 年代，多普勒雷达技术和合成孔径雷达技术得到快速发展和应用，在数字技术的推动下，机载反潜雷达技术趋于成熟。

20 世纪 80 年代，逐步向着轻型、多功能和软件化发展，对潜艇的发现距离更远，抗干扰能力进一步加强，基本上奠定了雷达在机载反潜中的重要地位。

由于常规潜艇需经常浮起充电、通信联络、观察瞭望、侦察、导航校准、与友邻潜艇部队协同以及完成各种战术动作，因此，雷达首先会发现潜艇。

与普通空中搜索雷达不同的是，为了从海面杂波后向散射引起的强干扰信号中探测出像潜望镜如此小的目标，搜潜雷达必须采用脉冲压缩技术，使雷达最小分辨率高达 0.45m 数量级，与通气管和潜望镜的结构尺寸相匹配，从而较好地解决了高分辨率与远距探测之间的矛盾。

② 航空磁探潜技术（MAD） 金属结构的潜艇航行时必然会引起磁场变化，反潜飞机贴近海面低空飞行，利用机载磁探测仪探测潜艇水下活动时引起的地磁场变化，从而对目标性质进行鉴别。

磁探测仪用于对水下铁磁性目标的鉴别和精确定位，是通过测量指定区域的地磁场变化以及对磁异参数综合处理与分析来确定潜艇的位置，并具有磁信号显示、目标识别和声音提示以及实时磁补偿功能，有效补偿声学探潜设备不能区别水下目标性质的技术缺陷。

由于磁探测仪尺寸较大，一般安装在固定翼反潜飞机的尾部。

航空磁探潜仪分为固定式和拖曳式两种安装方式。前者用于固定翼反潜机，后者用于反潜直升机。

1918 年，美国就进行了船只拖曳式磁探测仪探测潜艇的试验。

1941 年，航空磁探测仪在美国和英国研制成功。

1942 年，首次利用"磁饱和"式磁力仪探测潜艇，探测距离只有 120m。

1943 年，大多数反潜飞机都装备了航空磁探测仪。

20 世纪 50 年代，出现了"质子旋进式"磁探仪。

20 世纪 60 年代，岸基反潜巡逻机得到优先发展，普遍装备航空磁探潜系统。

20 世纪 70 年代开始，美国海军将攻击航母改为多用途航母，集攻击航母和反潜航母于一身，航母群的相关舰船上都配备有反潜直升机。

2000 年以来，美国研制了先进的光泵磁力仪磁探测传感器 AN/ASQ-233，安装在 P8-A 多用途反潜巡逻机上，灵敏度和精度提高了一个数量级。

航空磁探潜技术是在飞机上安装高灵敏度的航空磁力仪，采用被动工作方式并通过测量海洋中磁性物体（例如潜艇、沉船和水雷等）所在位置的地磁场畸变引发的局部磁异常，探测和识别潜艇等水下目标。

磁探潜技术能够正确识别目标性质并准确测定目标方位，从而为飞机攻击潜艇提供准确数据。由于采用被动工作方式，因此具有隐蔽性好、可靠性高和不受海洋噪声干扰的优点。

需要注意，磁探测仪受水文气象条件影响较大，当雨、雪、云、雾天气和海浪超过 5 级时，探测效率会急剧下降。大多数情况下，由于磁探潜技术的作用距离较近（作用距离最多不超 1000m），一般采用低空或者超低空探潜方式，通常是在获知目标概略位置后，再用磁探潜仪进行验证和精准定位。

③ 机载红外探潜技术 潜艇在水下航行时会不断地将热量散射到周围海水中，这些热量会引起海面水温发生变化，或者潜艇表面、通气管和潜望镜与海水产生一定的温差。

机载红外探潜技术是利用潜艇机械在水下工作时导致周围海水温度的微小变化形成热尾流而对其进行探测的一种反潜技术。

机载红外探潜系统是红外、电视和激光测距三位一体化的结构，是一种全天候和隐蔽性较好的光电搜潜设备，具有对目标手动/自动稳定跟踪和测量目标距离的能力，并能在夜间完成红外辅助导航功能。

反潜机在海面上低空飞行搜潜时，红外光学系统连续接收到海水的热辐射，并通过红外探测器将热辐射图像信号转变为电信号，从而根据电信号的变化（实际上是海水温度的变化）判断潜艇的存在。

需要注意，机载红外探潜系统成像需满足一定条件，容易受到风浪、雨和雾等自然条件的影响，因此，通常用于发现浅航目标。

④ 机载蓝/绿激光探潜技术　蓝/绿激光在水中传播造成的衰减比其它光谱波段小得多，可以传播几百米远，因此，利用蓝/绿激光探潜技术可以解决上述探潜设备无法解决的一些难题。

9.5.3　光束在海水中的传输特性

1963 年，S. Q. Duntley 和 G. D. Gilbert 等人发现，海水对可见光 $0.47\sim0.58\mu m$ 蓝绿光波段具有更低的衰减度，为水下目标的光学探测技术提供了理论依据。换句话说，海洋中也存在类似于大气中的透光窗口，如图 9-56 所示。

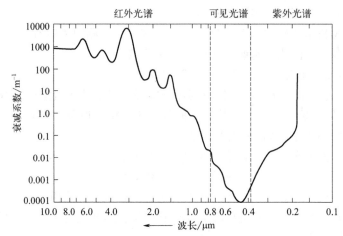

图 9-56　海水对不同光谱的衰减曲线

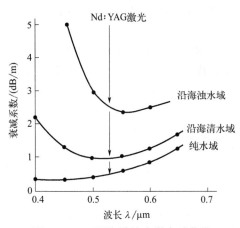

图 9-57　不同海域的光谱衰减曲线

实际上，水体的衰减系数（包括散射系数和吸收系数）不仅与光波波长有关，而且与水体成分的组成有关。其单位可以采用三种表示方法：Np/m，dB/m 和 m^{-1}。不同水体存在着不同的"光学透射窗口"，对应着衰减系数最小的光谱波段。该"光学透射窗口"随海水的清洁程度而发生偏移，海水越清洁，透射窗口越是向短波方向移动，如图 9-57 所示。

在大洋深海中，水体环境好，清澈透明度高，对激光的吸收能力弱，透射光谱窗口是 $0.45\sim0.52\mu m$（最佳透射光谱 $0.48\mu m$）。

对于近海浅海区域，由于水体污染，杂质和悬浮颗粒增多，吸收和散射严重，光学透射窗口偏移到 $0.52\sim0.55\mu m$（最佳透射光谱 $0.53\mu m$）。

各种类型海水的光学透射窗口列在表 9-29 中。

表 9-29　各类海水的光学透射窗口

海水类型	衰减 /dB	衰减系数 /m^{-1}	透射光谱 /μm	可探测水下目标深度/m		
				最大理论值	发现目标值	识别目标值
特别清澈海水	0.09~0.13	0.02~0.03	0.43~0.47	333	267	200
公海海水	0.17~0.3	0.04~0.07	0.47~0.49	143	114	86
大陆架附近海水	0.39~0.45	0.09~0.12	0.49~0.51	83.3	67	50
海滩附近海水	0.65~0.75	0.14~0.18	0.51~0.55	55.6	44	33
近海和港口海水	1.38~1.75	0.37~0.43	0.55~0.57	23.3	19	14

实际应用中，要根据工作环境的实际情况，综合考虑多种因素的影响，合理选择光谱范围作为光学系统的设计波长，以减小水体对激光传输成像的影响，从而获取更为清晰的水下目标图像。

9.5.4　水下目标激光直接探测技术

9.5.4.1　水下目标激光直接探测技术的发展

1968 年，美国 Syracuse 大学的 Hickman 和 Hogg 首先阐述了激光水深探测技术的可行性，成功研发出世界上第一台激光海水测深系统，应用于海洋、海岸和岛礁的探测，初步建立了海洋激光探测技术的理论基础。之后，世界上许多国家相继开展蓝绿激光探测海下目标技术的研究和应用。

案例一，机载激光海洋测深系统。

1998 年，中国科学院上海光学精密机械研究所开始研究海洋激光雷达探测技术，分别于 2002 年、2004 年和 2017 年研制成功一代（LADM-Ⅰ型）和二代（LADM-Ⅱ型）双波长（1064nm 和 532nm）以及三代（Mapper5000 型）三波长（增加 1550nm 波长）机载激光海洋测深系统，测深精度达 0.23m。

图 9-58 是 LADM-Ⅰ型第一代机载激光海洋测深光学系统，海面高度测量激光光束（波长 1064nm）没有经过扫描镜，直接垂直向下发射，以雪崩光电二极管（APD）作为专用望远光学系统的探测器接收海平面反射，并通过计算脉冲传播时间测量海平面平均高度；发射的 532nm 激光束经过扫描镜，大孔径接收物镜接收水体和海底反射的激光回波，中继光学系统将中间像转换到光电倍增管探测器上，从而完成测量。通过调整视场光阑以完成不同水质的测量。

图 9-59 是第二代（LADM-Ⅱ型）双波长（1064nm 和 532nm）机载激光海洋测深光学系统，在 LADM-Ⅰ型基础上做了如下改进：

① 采用 1000Hz 半导体抽运 Nd:YAG 全固态激光器，脉冲重复频率提高 5 倍。

② 采用比例分光和门控技术，扩大探测的动态范围，分为深水探测（大比例分光）和浅水探测（小比例分光）两个通道。

③ 配备了高精度码盘、惯性测量单元（IMU）和差分全球定位系统（DGPS），提高系统的位置和角度测量精度。

④ 激光发射和接收系统（即海面高度测量和水深测量系统）采用同轴光学系统。

⑤ 接收系统采用卡塞格林反射式结构，消除色差，结构紧凑。

⑥ 利用分光镜完成波长分光和比例分光。

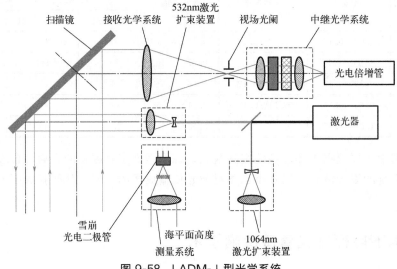

图 9-58 LADM-Ⅰ型光学系统

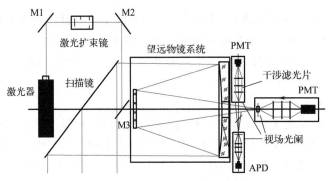

图 9-59 LADM-Ⅱ型光学系统

2017 年，三波长 Mapper5000 型机载激光海洋测深系统完成定型。如图 9-60 所示，改进之处包括：激光重复频率进一步提高到 5000Hz，增加了激光偏振探测通道，增加 1550nm 激光波长（采用光纤激光器）用以完成高分辨率的陆地探测，采用视场分光、偏振分光和波长分光技术。

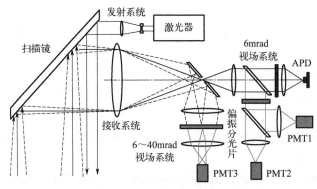

图 9-60 Mapper5000 型机载激光海洋测深光学系统

表 9-30 列出三代机载多波长激光雷达系统的技术性能。

表 9-30　三代机载多波长激光雷达探测系统的技术性能

参数	LADM-Ⅰ	LADM-Ⅱ	Mapper5000
激光波长/nm	1064/532		1550/1064/532
激光 PRF/Hz	200	1000	5000
海平面高度精度/m	0.26	0.19	0.12
探测深度/m	50	0.5~50	0.25~51
深度精度/m	0.31	0.3	0.23
水平面精度/m	3	1	0.26
表面格栅/m	5×5	2.5×2.5	1.1×1.1(深海),0.25×0.25(地貌)
重量/kg	300	350	98

案例二，激光水下目标探测技术在军事领域的应用。

随着激光水下目标探测技术日益成熟，越来越广泛地从民用领域扩展至军事领域，探测水下鱼雷、潜艇、海底地形地貌和水下航行器方面都做了大量的研发工作。20 世纪 90 年代后，机载激光水下目标探测系统的研究逐步进入实用化阶段。

激光探测仪是一种主动式探测/成像系统，由激光发射系统、激光接收系统（包括光学系统和接收器）、电子装置和记录/显示装置组成。当反潜飞机在预定海域低空搜潜飞行时，激光器发射蓝/绿光脉冲激光束，一部分被反射而另一部分进入水中，遇到潜艇或海底则发生漫反射，透出海面的激光束被接收系统接收，经电子装置处理发现目标后再次发射激光束进行扫描，使其回波成像，准确判断是否为潜艇目标。

1988 年，美国国防部先进项目局主持制定了"机载激光探雷系统 ALARMS"的研发计划，卡曼（Kaman）宇航公司开始为海军直升机研发机载"魔灯"（Magic Lantern）探潜/探雷系统（ML-30 和 ML-90），在海湾战争中得到成功验证。1996 年，正式装备美国海军直升机。

"魔灯"机载激光探雷/探潜系统采用固体 Nd：YAG 激光器，最初是闪光灯泵浦，后改为半导体泵浦，利用距离选通技术消除后向散射光的影响；利用 ICCD 增强型 CCD 摄像机提高图像接收灵敏度；以 6 个 CCD 摄像机分别对不同距离选通，提高水下探测深度；还设计有一个激光导引头的灭雷器，形成一套完整的激光搜索-探雷-灭雷系统。也可用于探测潜艇。

苏联为图-95 "熊Ⅳ"型轰炸机研发了机载"紫石英"激光探潜系统，同样使用蓝绿光激光光源。扫描系统作横向慢扫，扫描角 45°，最大探测深度 45m。

瑞典 Sabb 公司和加拿大光学技术公司联合研发了"鹰眼"机载激光探潜系统（兼有海洋测量功能），装在机载光电吊舱内。飞行高度 300m，飞行速度 15~60m/s，采用 Nd：YAG 固体激光器，发射 1.06μm 近红外激光，倍频后输出 0.532μm 绿色激光，重复频率 200Hz，最大探测深度 70m。

中国、澳大利亚、法国和荷兰等国家都在开展这方面的研究。1996 年，华中科技大学首次研制出国内第一台机载蓝绿光激光水深探测系统（CALYT），并在南海进行了机载激光探测试验，最大探测深度达 80~90m。之后，国内多家单位（例如清华大学、重庆 44 所、中国科学院和天津 8358 所等）也相继开展此类项目的研究。表 9-31 列出几种国际上典型产品的技术性能。

表 9-31　几种典型机载探潜/探雷系统的技术性能

项目	俄罗斯	瑞典		加拿大	澳大利亚		美国	
型号	紫石英	FLASH	Hark Eye	LARSEN500	LADS	LADS Mk II	魔灯30	SHOALS
飞行高度/m	200	500	300	500	100～1000	500	400～1500	200
飞行速度/(m/s)	100	可变	15～60	70	70	90	—	可变
横向扫描角度/(°)	45	15	0～25	15	可变	—	—	15～25
激光搜索宽度/m	914	—	250	268	250	240	—	—
测量效率/(km²/h)	—	可变	—	70	50	65	34～137	可变
有效探测深度/m	30	白天27,夜间34	公海35,沿海20	1.5～40	2～50	70	24.38	—
最大探测深度/m	45	50	70	50	70	—	—	50
测深精度/m	—	0.3	0.3	0.3	0.3		0.0076～0.0203	0.3
激光波长/μm	—	1.06,倍频到0.53					1.06,倍频到0.532	
脉冲重复频率/Hz	—	168	200	20	168	900	40	200
滤光片带宽/nm	—	1	—	1	1.2	—	—	2
脉宽/ns	—	7	—	8	5	5	<30(选通脉宽<10)	5
能量/mJ	—	5/2	—	5/2	8	峰值1MW	脉冲能量500	5/2
接收天线	—	马克苏托夫型,视场50mrad,焦距1430mm	—	马克苏托夫型,视场50mrad,焦距1400mm	卡式系统,孔径180mm,视场40mrad,焦距1100mm	—	6个CCD系统,采用选通技术	马克苏托夫型,视场50mrad,焦距1430mm

9.5.4.2　水下目标激光直接探测系统的工作原理与系统组成

（1）工作原理

目前，普遍采用 Nd∶YAG 激光器作为机载激光水下探测系统的探测光源，其 $1.06\mu m$ 输出激光波长经倍频后形成波长 $0.532\mu m$ 的蓝绿光激光束，工作原理类似于激光测距，机载激光探测系统从空中向海面发射包含两种波长的高功率和窄脉冲激光束，以 $1.06\mu m$ 的近红外脉冲激光束作为参考波长，被海平面反射，测量飞机距海平面的高度，以倍频后波长 $0.532\mu m$ 的蓝绿光激光束经海平面折射入海水中探测水下目标，遇到海底或目标（障碍物）时发生反射，再次经水面返回空中。机载光电接收系统先后接收海平面和目标反射的两束光，测量出其时间差 Δt，并根据激光的入射角度、海水折射率等参数，依据式(9-31)计算目标（潜艇或水雷）的水下深度 R。以适当的脉冲重复频率进行扫描，不断向下发射激光脉冲串，根据连续接收到的若干个目标反射光信号，并经过计算机处理，就可以获得目标的大致形状，为判断是否潜艇或水雷提供依据。

$$R=\frac{\Delta t C_0 \cos\left\{\arcsin\left[\sin\left(\dfrac{\theta}{n}\right)\right]\right\}}{2n} \qquad (9\text{-}31)$$

式中　Δt——脉冲激光束的时间差；

　　　C_0——真空中的光速；

　　　θ——激光束的入射角度；

　　　n——海水的折射率。

（2）基本组成

水下目标激光直接探测系统由激光发射分系统、激光接收分系统、距离选通同步控制电路和显示控制分系统组成。

① 激光发射分系统　包括激光器和发射光学系统。激光器是机载激光水下探测系统的核心器件，其辐射性能对实现系统整体技术指标起着关键作用。基本要求是：a. 在海水中具有良好的传输性能，工作波长必须与最佳"水中光学透射窗口"一致；b. 具有较高的峰值功率；c. 具有较窄的脉冲宽度。

满足蓝绿光光谱（$0.47\sim0.58\mu m$）要求的高功率激光器包括：铜蒸气激光器、高脉冲能量染料激光器、溴化汞准分子激光器、电光调 Q Nd:YAG 倍频激光器和蓝绿光半导体激光器。

由于电光调 Q Nd:YAG 倍频激光器具有峰值功率高、脉宽窄、寿命长、转换效率高（采用半导体泵浦技术）、体积小、重量轻、稳定性好以及不怕冲击和振动等优点，制造工艺也比较成熟，因此，备受水下探测技术青睐。

电光调 Q Nd:YAG 倍频激光器采用半导体泵浦，电光转换效率提高许多倍，输出能量很高；输出波长为 $1.064\mu m$ 激光束，经倍频后产生波长 $0.532\mu m$ 绿色激光，与海水的"光学窗口"吻合，在海水中具有良好的传输性能。

激光发射光学系统是设计有转动反射镜的扫描装置，随着飞机向前飞行，激光束可以横向扫描出一个连续的"S"形轨迹。扫描角决定激光搜索海域的宽度。

② 激光接收分系统　包括接收光学系统和探测器。激光接收分系统是一个 CCD 型摄像机，基本要求是：a. 对蓝绿光光谱响应；b. 对低照度物体光（例如 10^{-5}lx）敏感。

为了提高图像质量和消除环境杂散光的影响，通常在系统中设计有窄带滤光片，保证对 $0.532\mu m$ 的绿光有高透射率。

目前，广泛用于激光水下探测成像技术的光电图像探测器是电荷耦合元件（CCD）。

理论和实践已经证明，在低照度环境（例如激光回返能量很弱时）中，具有选通功能的图像增强型 CCD（ICCD）摄像机优于普通 CCD 摄像机，既能增加探测器增益，又起到快门作用；由于灵敏度高，还降低了对激光脉冲功率的要求。随着电子轰击式 CCD（EBCCD）技术的日渐成熟，其具有无噪声增益和成像质量好（高 MTF）的优点，EBCCD 摄像机将成为所有光照条件下都能获得高分辨率的理想成像系统。

③ 距离选通同步控制电路　距离选通成像是减小水的后向散射的有效方法。利用水对可见光光谱（$450\sim550nm$）的选择性消光效应，采用脉冲激光器主动照明和选通型光电接收器（目标光返回时选通门打开，其它时间关闭），通过调节激光束的聚焦状态（发散角）照射目标场景，能够提高目标场景照度，同时减小后向散射的影响，克服被动成像的缺点。具有成像清晰、对比度高、可免受环境光源影响等优点，实现水下长距离的选通成像探测。

对纳秒级脉冲激光，如果希望获得被探测水下目标的清晰图像，必须设计有距离选通式同步控制电路，保证激光发射器与 ICCD/EBCCD 摄像机同步，并能提供门宽和延时选择。有关激光选通成像技术的详细内容，请参考 9.6 节。

④ 显示控制分系统　显示控制分系统的内容已经超出本书范畴，在此不做介绍。

（3）特点

与其它水下探测技术相比，激光直接探测技术应用于机载探潜/探雷领域具有如下优点：

a. 主动式工作。与其它探测方式相比，除声呐探测技术能主动/被动兼顾外，其它诸如磁探测仪、气体分析仪和红外探测器都是被动式工作。因此，激光探潜技术非常适合探测经过降噪后的水下目标、浅海水域和港湾。

b. 可以获得水下目标的二维或者三维图像，能够显示目标的形状和大小等特征，易于识别。

c. 采用大发散角（几百毫弧度）激光束（用于机载激光测距的窄光束发散角只有几个毫弧度），单脉冲光束的覆盖区域更大，扫描和搜索速度也更快。

d. 战术机动性好，覆盖面积大。能够对大面积海域进行快速实时探测，每小时可达几百平方公里。

e. 方向定位准确，探测精度高，响应速度快。

f. 受水温和盐度变化影响较小，抗干扰性强。如果采取窄带滤光技术，可使海洋环境光（如海平面反射）的影响降至最低。

g. 具有多种功能。

除探潜/探雷作用外，对具有激光导引头的鱼雷和灭雷器还可以进行导引，兼有探潜/反潜和探雷/灭雷的双重功能。同时容易拓展用于民用领域：水深测量、海底地貌绘制、大陆架探测和水下打捞等。

研究表明（参考表 9-29），激光对水体穿透能力有限，蓝绿激光探测水下目标最适合清澈的海水区域。近海水质混浊，污染严重，透光率低，衰减严重，因而探测深度小，使用受到限制。目前，机载激光水下探测系统的一般探测深度是 30~40m，最大深度是 70m，因此，工作范围主要在近海水域。为了解决该问题，海军工程大学建议采用"蓝绿激光探测技术和红外波段激光声探测技术"相结合的复合探测方法。蓝绿激光波段工作于海水清澈区域，红外激光波段在海水水质较差的区域，并建议：以海水光学衰减阈值系数作为波段切换的依据。

激光水下复合探测技术的关键是激光红外波段的激光致声技术。基本原理表述如下：激光器发射红外波段激光光束，通过调焦发射光学系统使焦点位于水面上下任意位置，利用强功率激光束与水介质的热膨胀作用或者光击穿原理形成光声源；声波向四周传播，当遇到障碍物或目标时，发生反射或散射，返回的声波被机载声传感器接收。由于激光声源的声频谱宽（几赫兹至几百千赫兹），非常有利于目标探测和识别。

另一个问题是机载激光探测潜艇/水雷系统属于激光主动探测系统，对于军事领域的应用，使用过程中是否具有良好的隐蔽性，即所发射的激光能否被各种探测手段截获，从而暴露所在位置并危及自身安全，是一个备受关注的问题，需要认真研究和解决。

9.5.5　航空尾迹探潜技术

航空尾迹探潜技术是以海平面上潜艇尾迹特征（包括航迹尾流、气泡尾流、热尾流、生物尾流和磁尾流等）为基础的非声学探潜技术。

航迹尾流，即潜艇在水下航行时产生内波、湍流和 Kelvin 尾迹与海底地形、海表面波相互作用，使海表面波分布出现局部异常，并在海面上扩展形成大面积的尾迹特殊波纹，改变了海面粗糙度。不同的海面粗糙度对电磁波的后向散射特性不同，利用合成孔径雷达

SAR（一种灵敏度极高的小尺寸波检波器）探潜技术探测该特殊波纹并以图像形式显示，从而完成潜艇的发现、跟踪和定位。

气泡尾流，即潜艇航行时，由于螺旋桨泵喷推进器运转使海水空化、粗糙艇体表面与水介质相互作用、核潜艇内高温冷却水的排放等因素影响，使潜艇尾部海水形成一条含有大量气泡的气泡幕带，称为气泡尾流。可以利用传统的激光探潜技术，通过直接测量高功率窄脉冲蓝绿激光束对海水中潜艇反射光的时差实现潜艇目标探测，还可以利用"潜艇气泡尾流处的回波图像明显区别于其它区域回波图像"的特点，确定潜艇活动迹象，进而推断其活动方向和轨迹。

热尾流，即由于潜艇温度比周围海水高 0.05℃以上，航行中，螺旋桨/艇体与海水摩擦产生热量以及其它热辐射都会使海水温度升高。热尾流与周围海水的温差大约 0.005～0.02℃。对于核潜艇，为了冷却核动力装置需要释放大量的温热尾流，从而使其身后的水温进一步升高。机载红外探潜仪是利用海水温度变化实现水下潜艇探测的设备。一般由红外光学组件（包括光学系统和探测器）、电子装置和记录显示装置组成。具有探测速度快、精度高、分辨率高、昼夜全天候被动式工作、不受电磁/强光/眩光干扰等优点。当反潜飞机在预定海域低空飞行搜潜时，红外光学组件连续接收到海水的热辐射，聚焦到探测器并转换为电信号，经电子装置处理后由显示记录装置显示或记录。飞行员根据记录的海水温度是否正常分析和判断潜艇是否存在。在海水温度和空气湿度合适条件下，可探测到较深距离目标。夜间反潜探测时，如果水下潜艇的热辐射与周围海水的温差较大，则探测距离更远。红外成像技术的快速发展，使国际先进的红外探测仪的探测能力达到 0.001K 数量级［例如英国 NPL 公司研制的红外探测仪（红外滤光辐射计）的温度分辨率 0.001K，准确度 0.01K；德国 OPTIKS 公司研制的 DAD-900 中长波红外滤光辐射计温度测量范围 5～50℃，温度分辨率 0.001K］。

生物尾流，即由于水下潜艇航行会干扰海水各层的生物场，从而形成数百米甚至上千米的生物光尾迹。另外，核动力潜艇的热废水还会造成大量浮游生物死亡，形成海洋色调特有的迹象。研究表明，生物尾流光学效应会持续数小时。机载多光谱/高光谱探潜技术可以依据潜艇航行时产生的生物尾迹使海水固有的光学特性产生微小变化，利用具有 10nm 精细分辨率的光谱成像仪（具有几十或数百个谱段）获取相关谱段的光谱特征图像，检测海水内部物体及其变化，从而探测到潜艇踪迹。

低频磁尾流包括两种方式：潜艇磁性或磁化导致的磁异常是恒定磁场；由于其防腐蚀处理及海水扰动，使潜艇水下航行时产生轴频磁场、涡流磁场和尾流磁场等。与传统的磁异常探潜技术不同，低频磁异常探潜技术主要是探测潜艇的极低频电磁场特征。研究表明，理论上作用距离可达 2km 以上，适合机载使用。该技术尚在研究中。

9.6
激光选通成像技术

9.6.1　概述

激光选通成像技术的研究源于 20 世纪 70 年代，发展于 90 年代，正逐步扩展应用于机载水下激光探测、激光告警、夜间和微光成像等领域。

1996 年，美国（INTEVAC 公司等）开始研究激光距离选通运动目标成像技术，对导弹进行主动跟踪和距离选通成像；加拿大光子学研究开发中心（INO）开展水下救援和水下寻矿等激光主动成像技术的研究。

2005 年，英国 SELEX&AS 公司研发出集激光 GPS 定位、激光照明成像和激光测距为一体的主动成像系统（LCTS）。

加拿大设计的 LUCEI 激光成像系统，采用 KDP 晶体倍频，输出波长 $0.532\mu m$，有效观察距离是普通相机的 3～5 倍。

美国 INTEVAC 公司设计的距离选通激光照明二维成像系统（LIVAR4000），如图 9-61 所示，采用闪光灯泵浦、OPO 移相 Nd：YAG 激光器，工作波长 $1.57\mu m$，实验室成像距离 28km。

图 9-61　LIVAR4000 激光选通成像系统

英国 SELEX&AS 公司研制的 Nd：YAG 激光成像系统工作距离达到 10km。

国内一些单位（包括中科院长春精密机械和物理研究所，国防科学技术大学，东北光电技术研究所，南京理工大学，长春理工大学和华中光电技术研究所等）也陆续开展激光选通成像技术的研究。

在众多机载光电系统中，激光选通成像系统与红外成像（变焦）系统位于同一个稳定的目标瞄准平台上，光学视轴保持一致。一般地，红外成像系统和脉冲激光选通成像系统是两个独立系统，有各自的光学系统、制冷组件、探测器、信号处理电子设备和电源，因此，电光系统的功耗、重量、尺寸和成本都很高。

9.6.2　激光选通成像系统基本组成和工作原理

目前，机载光电设备综合了可见光电视、红外成像系统（近红外、中红外和远红外）和激光测距系统等先进的光电设备，大大提高了空军的作战能力。然而，电视系统和红外成像系统属于被动成像系统，环境和目标的变化对其性能影响很大。在低亮度、后向散射严重和大气传输特性较差的天气条件下，大气中散射介质的吸收作用很大程度上限制了成像距离，散射作用则造成图像对比度下降。因此，红外成像和电视系统由于温度对比度低或分辨率能力有限而影响对目标的识别和探测，而激光技术仅应用于测距和制导。

被动式成像系统（例如可见光和红外成像系统）虽然分辨率高，可以获得目标的详细纹理和细节等信息，但遗憾的是只有二维图像而没有目标距离信息，无法有效识别和提取图像中的目标和背景，具有一定的局限性。

为了解决红外被动成像系统对远距离目标识别的局限性问题，通常采用较长焦距光学系统应用，增大光学系统有效孔径或延长积分时间的方法以提高系统灵敏度和作用距离。由此产生的问题是显著增加成本和体积，并且在机载动态环境中还需要更复杂和精准的稳定瞄准系统。

研究表明，近红外脉冲激光距离选通成像技术是大气条件下广泛使用的远距离目标探测成像技术，是将近红外脉冲激光器与选通型 CCD 摄像装置组合成"距离选通激光成像系统"，由被动成像方式转换为主动成像方式，在低照度和背景复杂条件下同时获得目标的强度像和距离像，完成对目标三维信息（强度信息和距离信息）的实时高分辨率探测，从而保证在全天候条件下具有更强的探测和识别目标能力，具有成像清晰、对比度高和不受环境光源影响等优点，突破了上述被动成像系统远距高分辨率成像的诸多限制，更重要的是还能提供距离信息。

9.6.2.1　距离选通激光成像系统基本组成

（1）近红外脉冲激光器

远距离选通成像时，很容易出现激光照射能量和照射范围过大或过小、激光能量分散不均现象，因此，选择激光器时必须考虑其发散角和脉冲功率等参数，以及与选通距离的关系。脉冲激光照明需满足以下条件：

① 合适的工作波长。一般情况下，可以采用两种波长的激光器：Nd∶YAG 脉冲激光器（波长 $1.064\mu m$）经倍频后的 $0.532\mu m$ 激光束和 $1.54\mu m$ 波长的人眼安全激光束。

② 较高的峰值功率，保证有足够的作用距离。

③ 合适的激光束散角。

④ 较窄的脉冲宽度，以便将脉冲信号与后向散射杂散光更好分开。

⑤ 大气传输性能好。

（2）选通型摄像机

采用窄快门脉冲成像器件，通常在 CCD 摄像机前加装选通像增强器，保证在很短时间内（通常 5ns）开启或关闭，实现纳秒级选通，既增加光探测器增益，又起到快门作用（即 ICCD）。所以，一般采用 ICCD 摄像机（如图 9-62 所示）与激光器组成激光距离选通成像系统。

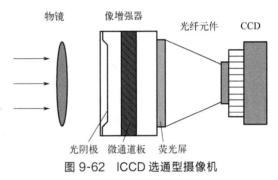

图 9-62　ICCD 选通型摄像机

（3）延迟同步门控电路（根据不同应用，选择不同的同步时序方法）

同步控制电路由快门开启与激光照射同步的定时电路组成。主要功能是利用门控电路实现高精度延时控制，保证脉冲激光器和 ICCD 摄像机同步，并提供选通脉冲宽度和延迟时间选择。

定时时间主要取决于目标距离和激光脉冲往返传输时间，因此，目标成像与距离选通时间内的目标漫反射光有关。如果选通脉冲宽度与激光脉冲宽度都很窄，则只能探测到目标附近的漫反射光，从而大大改善了激光回波信号的信噪比，有效提高了对小、暗和远目标的识别/探测能力。

9.6.2.2　工作原理

激光选通成像（LGI）技术的工作原理是：

激光发射很强峰值功率的短脉冲，并照射被测成像目标，目标漫反射光返回到 CCD 摄像机。当激光脉冲处于往返途中时，摄像机选通门关闭，有效抑制背景噪声，同时阻挡气体中悬浮微粒的后向散射光等杂散波干扰；当目标漫反射的脉冲光到达摄像机时，开启选通门，使目标成像。选通门开启的持续时间必须与激光脉冲一致，使被观察目标反射回来的激光脉冲刚好在 CCD 相机选通工作的时间内到达相机并成像。如图 9-63 所示。

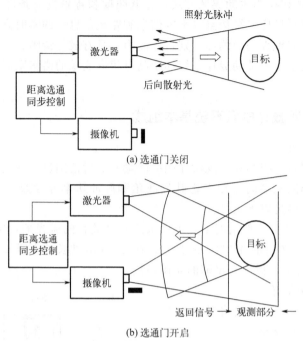

(a) 选通门关闭

(b) 选通门开启

图 9-63　距离选通激光成像/测距工作原理

激光门控距离选通过程可以归纳如下：

① 激光发射功率很强的短脉冲，接收器的选通门关闭。

② 激光脉冲处于往返途中，受到大气吸收、散射、后向散射和背景辐射的影响，选通门仍然关闭，避免诸因素干扰。

③ 目标的激光漫反射光到达 ICCD 摄像机，开启选通门，漫反射光成像。

④ 接收到目标的漫反射光后，选通门关闭。

实际上，距离选通成像系统在不发射激光时也可以利用自然光被动成像，白天光功率更大，适当选择门控时间，可同样获得边缘清晰的二维图像。

9.6.3　激光选通主动成像技术

与机载可见光和红外成像技术相比，激光选通成像技术是主动成像技术。

根据波长分类，激光选通主动成像技术分为可见光激光成像、近红外激光成像和远红外激光成像。

根据散射介质环境，又分为大气成像、水下成像和生物医学成像等。

按照目标与成像系统的相对位置分为反射式成像和透射式成像。生物医学等领域的激光主动成像技术是透射式成像，机载（大气）和潜艇（水下）远距离激光主动成像技术属（目标漫反射）反射式成像。

与被动成像技术相比，激光主动成像技术具有以下特点：

① 经过准直的近红外脉冲激光能够产生瞬时高亮度值，在很远距离上，都远远大于被动的红外发射。另外，与更长波长的被动红外系统相比，在相同光学孔径下具有更好的光学分辨率。因此，相比于标准的热成像，其分辨率轻而易举地提高了一个数量级，作用距离也

更远（目前最远作用距离达 20km）。

② 采用距离选通同步控制技术（或时间选通技术）。

控制/消除大气后向散射影响的方法有两种：空间分离法和距离选通法。

空间分离法是在空间上将发射部分和接收部分远距离隔开，因此体积较大；距离选通法是使用距离门选通技术（也称为时间门选通技术），按时间先后分开不同距离上的散射光和目标反射光，是目前国内外用以克服后向散射的一种有效手段和研究热点。

激光距离选通技术中，同步控制电路使激光器与摄像机同步，提供选通门宽度、脉冲宽度和延迟时间选择，并根据观测景深调节发射激光束的发散角，照亮目标全部或关键特征部位，满足接收系统的探测要求，从而能够通过抑制选通门以外的信号，降低景物中的干扰杂波，提高图像对比度。

③ 脉冲激光器发射较短的激光脉冲（脉宽 20ns），积分时间短至几十纳秒，具有"冻结景物"的效果，"冻结"了系统或场景的任何运动（包括平台的自身抖动）以及大气湍流的影响，而保留高空间频率内容的场景。

④ 具有一定的穿透能力，可以探测隐藏于植被下和伪装网中的目标。

距离选通激光成像技术组合利用脉冲激光器和选通 CCD 摄像机，以传播时间的先后分开不同距离上的杂散射光和目标漫反射光，保证目标漫反射回来的激光脉冲恰好在其选通周期内进入摄像机成像，从而避免了传统的被动成像和连续主动成像的缺点，具有成像清晰和对比度高的优点。

案例一，SELEX 公司初期采用双通道光学系统，其中短波通道（1.55μm）口径 144mm、焦距 1400mm 和视场 0.31°×0.25°；热成像通道（3.4～4.14μm）口径 140mm、焦距 420mm 和视场 1°×0.8°。通过可切入/切出的折转平面反射镜选择光学通道，切入反射镜为主动模式成像，切出反射镜为被动模式热成像。

为了克服上述问题，SELEX 公司开发了一种称为 Swan（天鹅）的双模式红外探测器（其中波红外波段的灵敏度为 16～18mK），可以将被动红外成像、可见光成像以及激光选通成像设计在一个电光系统中，并根据需要，通过电控可以在主动成像与被动成像模式之间进行转换，如图 9-64 所示。

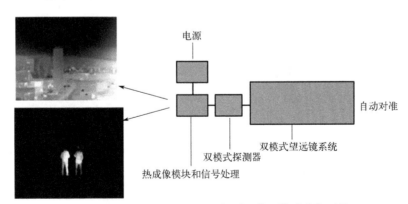

图 9-64　SELEX 公司 Swan 探测器的双模式成像系统

需要说明，对于激光选通成像系统，探测器的灵敏度必须比普通的热成像探测器高约 100 倍，响应时间快 10000 倍。为了满足这些要求，SELEX 公司采取了如下措施：

① 利用碲镉汞（HgCdTe）光电二极管的雪崩增益。

激光选通成像技术采用非常短的积分时间，一般不到 $1\mu s$，没有足够时间累积泄漏电流和过量噪声，因此，探测器阵列的缺陷水平和过量噪声在很高的雪崩增益下仍明显很低，与无雪崩增益的标准热成像阵列相似。碲镉汞（HgCdTe）光电二极管的可用雪崩增益高达 150 倍，而在大多数应用中，增益为 20～40 倍就足够了。

② 利用 CMOS（互补金属氧化物半导体）多路转换器的快速接口电路。

③ 利用像元层次的选通电路接通或关闭探测器。

④ 选通电路直接由激光系统的主计算机控制，获得以图像为基础的精确距离选通。

案例二，河南平原光电有限公司（张跃民等）采用距离选通技术和微光夜视技术设计的微光望远镜，在相同的无月星光条件下（1×10^{-3}lx）可以将中型卡车的识别距离从 800m 提高到 1400m。

工作原理：采用带选通功能的像增强器和脉冲辅助照明时，由激光器发射短脉冲激光对目标照射；当目标反射光到达像增强器时，选通门开启，目标反射光进入像增强器；选通门开启的持续时间与激光脉冲一致，因此，形成的目标图像只与特定距离的反射光有关，从而实现滤出后向反射光和非目标反射光，达到只观察选定距离内目标的目的。不仅保证目标清晰，而且提高夜视距离。主要光学性能列在表 9-32 中。

表 9-32　距离选通微光望远系统的光学性能

参数		指标
物镜焦距/mm		100
物镜孔径/mm		70
系统视场/(°)		9
激光波长/nm		808
激光束散角/(°)		1.5×0.7
激光脉冲宽度/ns		700
激光功率/W		3
环境照度/lx		10^{-3}
大气能见度/km		10
选通距离/mm		1400
微光像增强器	类型	超Ⅱ代
	阴极灵敏度/(μA/lm)	700～800
	信噪比/dB	25～28
	亮度增益/[cd/(m² · lx)]	8×10^{3}～16×10^{3}
	分辨率/(lp/mm)	64～70

激光选通成像技术的最大缺点是在军事上应用（例如军用歼击机、运输机和武装直升机）有暴露危险，但与被动成像系统相比（例如在航空侦察方面）有着无法取代的优点。可以首先利用被动成像系统发现目标，再利用主动成像系统捕捉详细信息。由于相机曝光时间及曝光延迟可以控制在几个纳秒数量级，所以，可以完成远距离成像和探测。另外，可以应用于武装直升机完成雨雪雾恶劣天气及海面上的任务。随着新型探测器、激光器、平台和信号处理技术的进展，其应用领域会得到快速增长。

9.7
多光谱激光照明成像技术

多光谱成像探测技术是在多波段遥感技术基础上发展而来的。与宽波段或单一波段成像技术相比，采用多光谱或超光谱成像系统可以在很高的地物干扰背景下改善对低反差目标的探测和识别，显示出多通道、窄带、信息量大和准确度高的特点，最初仅应用于航空摄影。

为适应高空摄影中经常遇到低温、低湿、静电放射以及近乎真空的空间影响，图像接收系统由照相胶片发展为电视 CCD 或电子扫描技术，多光谱图像的采集和处理已经实现了实时化和数字化，可以利用多通道传感器进行不同波段的同步摄像或扫描（例如，苏联设计 9 个光学镜头的摄像机，摄取 9 种不同波段的图像），取得同一地面景象不同波段的图像或数据，从而获得有价值的信息。该方法具有较高的分辨率以及能实时传输图像到地面，因此，在空间遥感技术上得到广泛应用，称为"多光谱传感器"。

20 世纪 80 年代初，美国喷气推进实验室（JPL）提出一种新技术——光谱成像技术，是将光学、光谱学、精密机械、电子和计算机技术融于一体的技术，能够同时获得光谱特征和空间图像信息。

1983 年，在美国国家航空航天局（NASA）支持下，研制成功第一台机载航空成像光谱仪。

多光谱成像技术的成像原理：将入射的全波段或者宽波段光信号分成若干个窄波段光束，根据不同物体对不同波长光线的反射率差异获得不同光谱波段的图像，清晰分辨出肉眼无法观测到的物体。为了更有效地提取目标特征并进行识别，多光谱光学成像系统需要具有更精细的光谱分辨能力，因而需将光谱分得更窄更细。美国莱特实验室与戴顿大学共同研发的多光谱激光成像雷达系统，激光波长范围 $1.35\sim5\mu m$，脉冲能量 3.3mJ，脉宽 3ns，可以在杂乱回波中对隐蔽目标成像和识别。

1996 年，美国科学与技术公司研制的机载多（高）光谱成像系统（AAHIS），很容易探测出隐藏在海面下的暗礁、鱼雷、鲸鱼和潜艇等目标。2003 年，在 P-3C 巡逻机和 SH-60 直升机上试飞了超光谱成像系统（LASH）（可直接置于机载综合光电吊舱中），增强了复杂背景下弱目标检测能力，如图 9-65 所示。

(a) AAHIS高光谱成像仪　　　　　　　　(b) LASH超光谱成像系统

图 9-65　机载多光谱成像系统

传统的多光谱成像探测系统连续光谱通道多达几百个，通道带宽仅为 nm 数量级（例如，美国研制的超光谱成像仪具有 384 个连续光谱通道，可见光/近红外带宽只有 5nm）。

随着科学技术的发展，多光谱（遥感）探测技术已经从被动探测技术发展到多光谱扫描成像主动探测技术。由于激光具有高亮度、方向性强、单色性好和相干性好的优点，激光光束自然成为多光谱成像主动探测技术的照明光源。

激光多光谱成像技术不仅保持了单激光光谱成像技术的高角度分辨率、高距离分辨率和抗干扰能力强的优点，而且，还可以获得 3D+1 图像，即比通常的 3D 图像增加了光谱（频谱）维。采用不同波长的激光束对目标照明成像，利用目标对不同波长激光的反射率差异获取目标的高对比度图像，解决了单波长激光照明出现的图像局部模糊问题。

采用多光谱激光成像技术的最大优点是能够获得被测物体表面以及近表面物质材料的几何、物理和化学特性，可有效识别经过伪装的目标。因此，关键是获得多色激光光源，换句话说，获得图像的频谱信息取决于激光光源的频率成分。

可以采取两种方法获取多波段激光光源：

① 采用多个不同波长的激光器相组合，合束后扫描成像。

② 采用光参变振荡器对激光波长进行调制，从而产生某波段或几个波段的激光。但转换效率低，探测距离有限，限制了扫描成像的帧频，难以探测相对速度较大的运动目标。

除了激光器，对光学系统的设计也增加了难度。

20 世纪 90 年代，我国开始跟踪和研发多光谱/超光谱成像技术。

1998 年，上海技术物理研究所率先研制成功机载成像光谱仪 OMIS-I，采用平面光栅分光，结合线列探测器并通过光机扫描实现了光谱范围覆盖 $0.4\sim12.5\mu m$，可以在可见近红外~长波红外波段获得 128 个通道的光谱图像数据，成为中国高光谱成像技术发展的代表性产品。

截至目前，研究方向和产品主要集中在民用方面。机载军用领域的应用尚处于研发阶段，也是未来研究和应用的热点技术。

9.8
机载激光通信技术

机载激光通信技术是以激光光束为载体实现信息传输的一种通信方式，有两种传输形式：有线激光传输方式（即光纤通信方式，传输媒介是光纤）和无线传输方式［即自由空间光通信（FSO）方式，传输媒介是大气/空间/水下等］。机载激光通信是无线传输通信方式的典型应用。

机载激光通信技术是飞机在空中以激光光波（一般是近红外激光光束）为信息载体、以大气为传输媒介，用于高速率空空（包括作为星地激光通信的中继站）和空地实现语音、图像和信息传输的一种通信方式。

与地基激光通信技术相比，由于位于高空，能有效地克服地面障碍物的影响，并且机动性更强，便于实现机动部队的快速接入。

与传统机载无线电通信技术相比，具有通信容量大、传输速率高（高 4~5 个数量级，激光单路传输速率达 10Gbit/s）、通信频率带宽更宽的优点，完全满足高速率实时传输数据的需求。

9.8.1　机载激光通信技术的研制历程

激光器发明后，美国就开始研究机载激光通信技术。

20 世纪 70 年代，美国空军实验室（AFRL）已经验证了实现机载激光通信技术的可能性。

1980 年，美国麦道（McDonnell Douglas）公司在 KC-135 飞机上演示验证了机载对地激光通信系统（AFTS）。下行波长 532nm，上行波长 1.064μm，通信速率 20kbit/s。

1984 年，美国"机载激光通信试验"项目（HAVELACE）在两架 KC-135 飞机间完成了相距 160km 的激光通信试验，飞行高度 20000～25000ft，通信速率 19.2kbit/s，误码率优于 10^{-6}。

1995～2005 年，在美国空军试验室（AFRL）支持下，Thermo Trex 公司开始研制新一代机载激光通信系统 RILC，封装在球形转塔中。1996 年研制的机载对地激光通信系统在 T-39 飞机上完成试验（飞行高度 11km）：信号光波长 810nm，信标光波长 852nm，通信速率 1Gbit/s，通信距离 20～30km。1998 年研制的空空激光通信系统（飞行高度 4 万英尺）在两架 T-39 飞机上完成试验，通信速率 1Gbit/s，通信距离 50～500km。由于某些原因，该项目只完成了部分项目测试。

21 世纪初，许多国家相继开展机载激光通信系统的研发（例如美国 NRL 和林肯实验室，德国的 NRL 等）。

2003 年，ITT 公司（现称为 Exelis 公司）吸取 RILC 项目的教训，采用货架产品和成熟技术开始研究新的机载激光通信项目 FALCON（快速机载激光通信系统）；2011 年，与美国空军实验室（AFRL）合作在 DC-3 飞机上完成空空激光通信试验，通信速率 2.5Gbit/s，通信距离 94～132km，误码率 10^{-6}。

2005 年，美国 NASA 属下的喷气推进实验室（JPL）开始研制高空无人机空地激光通信系统（optical communication demonstrator-2，OCD-2），飞行高度 18～23km，通信波长 1.55μm，通信速率 2.5Gbit/s，跟踪精度 18μrad，激光发射功率 200mW。

2003～2005 年，欧空局（ESA）利用气球进行空中激光通信技术（使用终端称为 FELT）研究，从高度 20km 空中向距离 64.3km 地面成功发送 1.25Gbit/s 的数据，误码率低于 10^{-9}；2006 年 12 月，完成卫星（40000km）-飞机（在 9.97km）间激光通信，激光通信装置（Silex）通信速率 50Mbit/s。

2006 年，美国 AOptix 公司为飞艇研发的激光通信系统采用自适应光学系统证明：发射系统使用自适应光学系统（Adaptive Optics，AO），可以提高对方接收到的光功率，而接收系统使用 AO 可以提高光斑的斯特列尔比（Strehl Ratio），进一步提高了跟踪精度和通信速率。2009 年，在 P68 型飞机上完成试飞验证，飞行高度 12kft，斜程距离大于 100km，数据传输速率 2.5Gbit/s。

2006 年，法国 LOLA 项目完成了 GEO 地球同步卫星与 Mystere-20 飞机间的激光通信试验，如图 9-66 所示，主要性能包括：飞机飞行高度 6～10km，飞行速度 300km/h，卫星-飞机之间距离 38000km，数据传输速率 50Mbit/s。

2008 年，德国宇航中心（DLR）利用 Do-228 型飞机进行了空地激光通信试验，如图 9-67 所示。飞行高度 3km，激光波长 1.55μm，通信速率 155Mbit/s，通信距离 10～

85km；2010 年，进一步完成了通信速率 1.25Gbit/s 和通信距离 10～100km 的演示验证。

(a) 卫星与飞机间的激光通信　　　　　　　(b) Mystere-20 飞机

图 9-66　GEO 地球同步卫星与 Mystere-20 飞机间的激光通信试验

图 9-67　安装有激光通信系统的 Do-228 飞机

2009 年，美国麻省理工学院（MIT）林肯实验室在 FOCAL 项目中利用 Twin Otter（双獭型）飞机完成了空地激光通信试验，飞行高度 12kft，通信速率 2.5Gbit/s，通信距离 25km。

2008～2013 年，德国宇航局在 DODfast 项目支持下完成"狂风"战斗机的空地（移动站）间的激光通信试验，如图 9-68 所示。通信速率 1.25Gbit/s，粗跟踪模式达到 40km 通信和 85km 跟踪，精跟踪模式达到跟踪距离 79km 和通信距离 50km。

2014 年，美国通用原子公司展示了无人机机载激光通信系统，与 GEO 卫星进行高速激光通信，如图 9-69 所示。

图 9-68　装备有激光通信系统的"狂风"战斗机

图 9-69　装备有激光通信系统的无人机

表 9-33 列出美国和德国机载激光通信系统典型产品的主要技术性能。

表 9-33　典型机载激光通信系统的技术性能

时间	项目	国家	链接类型	飞机类型	通信距离/km	传输速率/(bit/s)
1996	HAVELACE	美国	空地	T39	20～30	1G
1998			空空		50～500	
2006	LOLA	法国	GEO 卫星-飞机	Mystere-20	38000	50M

时间	项目	国家	链接类型	飞机类型	通信距离/km	传输速率/(bit/s)
2008	ARGOS	德国	空-地	Do-228	10～85	155M
2009	FOCAL	美国	空-地	"双獭"Twin Otter	25	2.5G
2010	ARGOS	德国	空-地	Do-228	10～100	1.25G
2011	FALCON	美国	空-空	DC-3	132	2.5G
2013	DODfast	德国	喷气歼击机-地	Panavia Tornado	50	1.25G
2017	ALCOS	美国	UAV-卫星	MQ-9 Reaper	36000	1.8G

国内一些单位也积极开展激光通信技术的研究，包括空间激光通信技术（哈尔滨工业大学）、地基激光通信技术（武汉大学和中电 34 所）、水下激光通信技术（中科院上海光机所）和机载激光通信技术（中航工业集团公司洛阳电光设备研究所和长春理工大学）。2011 年，长春理工大学完成了直升机 17.5km 和 1.5Gbit/s 的通信验证；2013 年，完成了（运-12）运输机 144km 和 2.5Gbit/s 的通信验证。

9.8.2 机载激光通信系统的组成

9.8.2.1 基本组成

机载激光通信系统由光学分系统、捕获跟踪瞄准分系统和通信分系统组成（如图 9-70 所示）：光学分系统完成对信标激光和信号激光的接收与发送；捕获跟踪瞄准分系统用于实现通信平台之间的光轴对准；通信分系统实现平台间的信息传输。

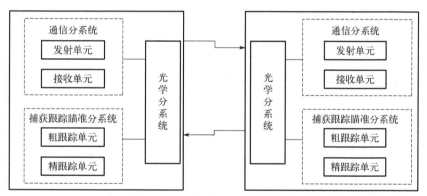

图 9-70 机载激光通信系统组成

9.8.2.2 工作原理

由于飞机姿态变化范围大和振动频率高，为了在机载环境下实现通信双方光轴的高精度对准，通常采用粗跟踪系统和精跟踪系统组成的两级复合系统。机载激光通信的基本原理是：

（1）粗跟踪技术

粗跟踪系统的跟踪精度较低和带宽较窄，但跟踪范围大，一般由粗跟踪相机（具有光斑探测器）、伺服控制单元及两轴四框架伺服转台组成。其功能是对目标实现视轴的初始指向、开环捕获和动态粗跟踪，将目标稳定在精跟踪系统的视场范围内。

初期对准方式多数采用 GPS 技术与 INS 惯导技术相结合，并通过无线电等链路交互获得对方的位置/姿态信息。

捕获、对准和跟踪系统 ATP（Acquisition，Tracking，Pointing）驱动系统框架完成对目标系统位置的初始指向，并通过主动互发较大视场角的信标激光光束，指引双方快速实现信标开环捕获，进入粗跟踪。

为了实现快速捕获，选择视场较大且能对信标激光波长成像的 CCD 电视系统配合 GPS 系统进行粗跟踪探测。由于无需区域扫描，因而可减少捕获时间。

所谓开环捕获，是通信终端通过位置和姿态传感器获得相应参数，配合激光光束扫描接收系统探测入射激光束，使对方信标光落入接收视场中。

一般地，无人机飞行速度是 300km/h，有人驾驶飞机的速度为 900km/h 以上，两机的相对速度甚至达到 1200km/h，在 20～100km 的通信范围内，目标机的相对运动（角度）范围是 1.7～8.3mrad。综合 GPS 性能，并使粗跟踪系统的最小视场大于该值（例如 2 倍，达到 16mrad），就能满足粗跟踪捕获视场需求。

（2）精跟踪技术

精跟踪系统的跟踪范围小，但跟踪精度较高和带宽较大，由二维快速倾斜压电陶瓷（PZT）振镜、具有高采样频率的 CCD 相机光斑中心检测单元（光斑探测器）和数字伺服跟踪单元组成。

目标机的信标激光束进入载机的精跟踪探测器视场后，开始进入精跟踪状态。

为了提高精跟踪系统的跟踪精度，可以采用 CCD 相机亚像素细分技术和自动调整积分时间技术实现光斑高精度检测，并利用快速振镜（FSM）的精跟踪控制提升系统伺服带宽，与精跟踪控制器以及图像处理单元进一步抑制和实时补偿粗跟踪残留误差，提高光轴对准精度，实现信标激光束精确覆盖对方光学孔径，完成两端系统光学天线间的精确对准，建立信标链路，从而满足通信系统对窄光束的高精度对准要求。

（3）信号链路技术

载机对通信数据信息调制，并加载到发散角较小（机载激光通信光束的发散角通常是 50μrad～2mrad）的信号激光束中，通过与信标机光路共轴的信号发射光学天线完成发射，再由目标端接收天线完成信号接收和探测，并解调出通信数据，建立信号链路。

（4）交互通信技术

需要注意，在捕获信标光并建立通信后，需要抑制干扰并实施动态瞄准。为了保证高精度对准（要求跟踪精度小于数 10 个微弧度），应实时调整光学天线位置以保证实现动态跟踪，使双方接收的激光光斑能稳定持续地覆盖对方接收系统的光学孔径（即接收的激光光斑必须位于探测器像面的中心范围）。双方互发激光信号，完成激光通信。

在机载大机动条件下，飞机平台的高频强振动和低频扰动特性对实现稳定跟踪和精确定位有较大影响。研究表明，机载平台低频扰动幅度更大和高频振动的带宽更宽，意味着，实现高精度机载激光通信系统的动态跟踪非常困难，需格外重视。

机载激光通信系统可以装备于运输机、歼击机和各型无人机。一般地，有人机飞行高度是 5～15km，无人机、飞船和高空气球飞行高度是 17～25km。因此，围绕着机载平台，可以很方便地开展空星（通信速率：1Gbit/s；通信距离：大于 100km）、空空、空地和空潜（通信速率：1～2.5Gbit/s；通信距离：50～100km）等链路通信，并成为未来空间光通信组网的重要节点和枢纽，如图 9-71 所示。

（5）机载激光通信系统的显著优点

① 通信容量大，通信带宽比无线电带宽增加数百倍。

② 激光发散角小（毫弧度数量级，点对点通信），直线定向传播，只有光斑范围内才能接收到信号，不易被发现和截获，具有极高的保密性。

③ 通常采用近红外波段，远小于微波通信波长，具有良好的抗电磁干扰性。

④ 易受大气影响。激光在通信过程中容易被吸收和散射，恶劣气候条件下甚至造成通信中断。

⑤ 体积小、重量轻、功耗低和可靠性高。

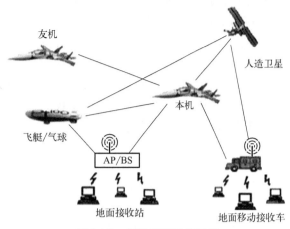

图 9-71　机载激光通信网络

9.8.3　机载激光通信光学系统

与空间和地面激光通信系统相比，机载激光通信系统具有独特的应用环境：飞机高速飞行时，振动强烈，低频扰动幅度大，姿态变化快，随机性强，振动和扰动幅度不仅远大于可靠通信要求的光轴对准误差，也远大于开环指向所需的光轴对准精度。同时对体积、重量和功耗也都有严格要求，因此，机载激光通信系统的研发更具挑战性。

机载激光通信系统的主要技术性能包括：通信距离、通信速率、误码率。

通信距离和通信速率是机载激光通信系统通信能力的直观体现，与链路特性、飞行高度、空空或空地通信以及大气特性（吸收、散射和湍流）都有密切关系。误码率是对数据传输可靠性的一种度量，不同的背景光环境、链路损耗和接收系统性能都会影响通信质量，即误码率。

从机载激光通信系统的研制历程可以看出，为了完全满足技术性能要求，需重点解决以下技术问题：

① 机载大气环境下的激光通信技术。由于地表大气的散射影响，与星际激光通信系统相比，近地表面的天空背景光对通信的影响要强万倍，从而使接收信噪比大大降低，严重影响信标接收和通信接收系统的性能（包括捕获探测概率和通信误码率），因此，必须采用有效的设计措施（例如优化光学系统结构参数、采用最佳窄带滤光片带宽和合适的积分时间等）减小或避免强天空背景光对激光传输的严重干扰。

在关注天空背景光影响的同时，还必须强调大气信道对机载激光通信系统性能的影响。

研究表明，大气的吸收和散射会使激光功率衰减；大气抖动将产生激光散斑效应和光束偏折效应，从而影响跟踪精度和视轴对准精度；大气湍流会产生光功率波动效应，影响误码率；大气引起的时间扩散效应会影响通信速率等。因此，对于完全在大气中传输的空基链路激光光束，更容易受到大气衰减和湍流的影响，即使发射和接收两端能够精确对准，系统接收光功率的衰减和随机起伏依然会显著降低系统的性能与可用性。对于高空环境中的机载平台，诸如低温和低压等因素也会对系统性能与环境适应性提出挑战。

为了降低大气信道对机载激光通信系统性能的影响，需要采用大气自适应光学系统，例如大孔径接收光学系统、多孔径发射光学系统、光纤耦合发射与接收系统、具有卓越纠错性能和低误码率的 Turbo 编码技术等。

② 对机动目标的快速捕获技术。在机动目标（尤其是空空目标）之间实现激光通信的首要问题是为完成作战飞机间快速捕获对方而建立通信连接。

飞机的振动和抖动很容易造成对准偏离，因此，对大气传输中激光束的对准和接收的要求很高。为了消除这些不利影响，除了传统的激光发射/接收子系统外，还必须设计光束捕获、瞄准和跟踪子系统（ATP）。

为了实现对机动目标的快速捕获，采用粗跟踪和精跟踪两级复合跟踪控制方法。

粗跟踪系统具有低带宽和大视场，主要完成扫描、快速捕获、对准和稳定粗跟踪。

精跟踪系统动态范围小，具有较高的伺服带宽和高跟踪精度，保证快速和高精度对准和跟踪。

长春理工大学（姜会林等人）采用高精度主动和被动视轴稳定技术，取得了良好效果。一方面利用无角位移特种橡胶实现被动减振，以抑制机载平台的高频振动分量对视轴的影响；另一方面，选用宽带、低漂移速率陀螺为核心器件的主动视轴稳定系统，有效抑制低频和大幅度扰动，初步稳定在 $30\mu rad$ 以内，为高频率捕获和粗跟踪奠定基础。之后，通过宽带精跟踪伺服单元对残余误差进一步抑制，直至满足动态跟踪精度要求（$2\sim3\mu rad$）。

③ 满足机载环境对小型化（体积小，重量轻）的苛刻要求。机载激光通信系统是包含信标和信号激光器、光学天线（包括发射和接收系统）、伺服机构和通信单元的集成系统，不仅光路和组件多、结构复杂，而且受到机载平台体积、重量和功耗的苛刻限制。

为了满足激光通信系统小型化要求，可以采取信标和信号激光发射与接收共孔径系统设计，并通过采用光纤耦合技术将激光器、激光电源、数据编/解码器、图像处理等模块集成到激光控制箱中，达到减小系统尺寸和飞机载荷的目的。

④ 高环境适应性（包括低温、低气压、高风速和大气附面层的影响）和可靠性，例如机载激光通信系统的高动态特性：接收激光信号的强度动态范围较大，需要采用光强度自动调整等自适应技术，最终完成自适应接收；采用两轴四框架球形结构抑制高风速的风扰力矩；采用密封结构抗低气压影响等。

案例一，1980 年，美国麦道（McDonnell Douglas）公司在 KC-135 飞机上演示验证了机载对地激光通信系统（AFTS）（最初为空间领域研制，后因经费问题而改为机载领域使用），表 9-34 列出该系统的主要技术性能。

表 9-34　机载对地激光通信系统（AFTS）技术性能

参数		指标
发射光学系统	光束发散角(可选择)/μrad	5
		100
		1.5
	激光波长/μm	0.532(下传)
		1.064(上传)
	望远系统	191mm 卡塞格林式望远镜
跟踪精度	开环/(°)	±2
	闭环/μrad	9~12

参数	指标
信标通信传输速率/(kbit/s)	20
平均误码率(测量距离20km)	$<10^{-6}$(实测值:$10^{-6}\sim10^{-3}$)
安装方式	机舱内部,通过支撑结构与机身被动隔震,并进行温度和环境控制

机载对地激光通信系统（AFTS）由孔径191mm望远镜、粗/精瞄准跟踪相机、跟踪光束控制镜、提前/对准光束控制镜和激光发射系统组成，如图9-72所示。

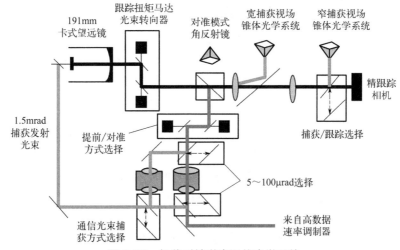

图 9-72　机载对地激光通信光学系统

案例二，1994年，Trermo Trex公司研发的机载激光通信系统地面样机，具备150km通信距离和1.13Gbit/s双向通信能力。1995～2005年，正式开始研制装机激光通信系统RILC，安装在47cm的球形转塔中，主要技术性能列在表9-35中。

表 9-35　机载激光通信系统 RILC 主要技术性能

参数		指标
球形转塔	直径/cm	47
	光窗直径/cm	20
激光波长/μm	通信	0.810
	信标	0.852
滤光片带宽/nm		0.02
工作环境	温度/℃	-62～+55
	气压	1/3标准大气压

图9-73是光学系统外形结构，包括粗跟踪/精跟踪照相系统、可见光监测系统、通信探测器、通信激光器、信标激光器、转塔伺服系统和快扫反射镜。

案例三，长春理工大学是国内较早开展激光通信技术研究的单位，包括飞艇-船舶空地激光通信、直升机之间和固定翼飞机之间激光通信多领域的应用研究。包括下列组件：

（1）光束捕获、跟踪和对准分系统（ATP）

对于机载激光通信系统，尤其是双机间空空激光通信系统，由于飞机位置不确定，需要

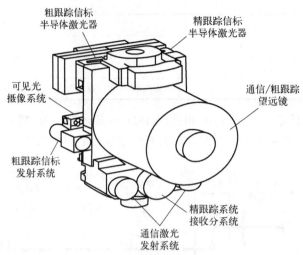

粗跟踪信标
半导体激光器

精跟踪信标
半导体激光器

可见光
摄像系统

通信/粗跟踪
望远镜

粗跟踪信标
发射系统

精跟踪系统
接收分系统

通信激光
发射系统

图 9-73　机载激光通信系统 RILC 的光学系统结构

进行实时定位，并因姿态扰动较大，姿态测量精度有限，所以，存在着较大的开环捕获不确定区域（确定为 35mrad）。

为适应这种工作环境，高概率快速捕获目标，通常采用以下措施：

① 采用 INS/GPS 捷联导航装置实时测量目标机的位置和姿态，再通过大功率数传电台将信息传递到对方，实现开环捕获。

② 为了适应双机具有较大相对运动角速度的工作环境，需采用大视场和大束散角的凝视或扫描步数较少的扫描方式实现开环捕获。

③ 采用超窄带滤光片，抑制强天空背景光。

④ 减小接收光学系统的有效工作孔径和减少 CCD 的积分时间。

（2）通信收/发分系统

在光束捕获、跟踪和对准分系统（ATP）完成精确跟踪后，系统开始进行动态激光通信。利用掺铒光纤放大器将功率几毫瓦的信号放大为瓦数量级的信号发射出去。采用基于振幅频率分布（APD）的探测器（铟镓砷材料）实现高码率和高灵敏度接收。

（3）光学分系统

如图 9-74 所示，由下列光学系统组成：

① 信标/粗跟踪激光发射系统（包括粗/精反射镜转换开关）。

② 信标/粗跟踪激光接收系统（包括光斑检测单元）。

③ 通信/精跟踪共用卡式望远镜系统。

④ 激光通信发射系统。

⑤ 激光通信接收系统。

⑥ 精跟踪接收光学系统（包括光斑检测单元）。

⑦ 可见光监视成像系统（一些资料未将此系统列入机载激光通信系统中）。

应当注意，通信发射光学系统和接收光学系统以及精跟踪接收光学系统是共用卡塞格林望远镜和压电陶瓷（PZT）高速振镜，因此，对共轴性要求很高。

表 9-36 列出长春理工大学（2011～2013 年）研制的机载激光通信系统演示验证样机的主要技术性能。其中双固定翼飞机间激光通信的总水平接近国际先进水平。

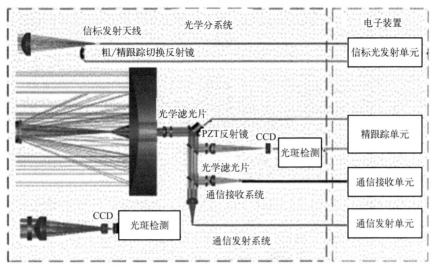

图 9-74 机载激光通信光学系统

表 9-36 机载激光通信系统的技术性能

参数			指标
光束 ATP 分系统	粗跟踪方式	跟踪视场/rad	0.01
		跟踪精度/rad	1.5×10^{-4}
		在捕获视场 0.008rad 和信标束散角 0.002rad 条件下,可以完成快速捕获	
	精跟踪方式	跟踪视场/rad	3.2×10^{-4}
		伺服带宽/Hz	300
		跟踪精度/rad(优于)	2×10^{-5}(室外)、3×10^{-6}(室内)
通信收/发分系统		通信速率/(bit/s)	2.5×10^{9}
		误码率	10^{-7}
		接收灵敏度/dBm	-33
总重量/kg			68
峰值功耗/W			350
通信距离/km		飞艇-船舶	20.8(通信速率 1.5Gbit/s,发射功率 500mW)
		双直升机间	17.5(通信速率 1.5Gbit/s,误码率 10^{-6})
		双固定翼飞机	114(通信速率 2.5Gbit/s,误码率 6.2×10^{-5})

　　案例四,中国航空工业集团公司洛阳电光设备研究所(张元生等人)针对有人机与无人机协同作战时的通信保障需求,对应用于机群间安全通信的机载激光通信系统的组成、工作原理和关键技术进行了较深入分析、探讨和试验验证。光学系统如图 9-75 所示,采用信标/信号激光发射/接收共孔径系统,结构紧凑,实现小型化和模块化设计,有效降低了系统的尺寸和重量。其中,信标发射光学系统用于目标指引,信号发射/接收光学系统用于通信,粗/精跟踪光学系统保证机载通信平台光学天线间精确对准。主要技术指标列在表 9-37 中。

表 9-37　机载激光通信系统技术性能

参数		指标
通信距离(空地)/km	理论值	100
	验证值	20
通信速率/(bit/s)	无人机	1.25G
	有人机	155M
误码率	在 2.5Gbit/s 通信速率下	小于 1.7×10^{-8}
	在 155Mbit/s 通信速率下	小于 1.2×10^{-7}
跟踪精度/μrad	粗跟踪	20
	精跟踪	5

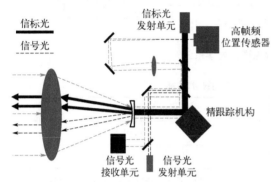

图 9-75　机载激光通信光学系统

案例五，西北核技术研究所（涂遗等人）利用 40W 紧凑型半导体激光器作为激光信标系统光源，设计了具有一定发散角的机载单色信标系统。采用一体成型的鳍式壳体结构解决系统散热和重量问题；采用迭相调制技术和同步 BUCK 变换电路实现有限机载体积内的大电流恒流驱动问题；采用数模混合双向温控系统解决高低温环境下输出光功率和中心波长的稳定控制问题；设计一种双凹透镜组成的光学系统作为扩束装置，实现对激光发散角的发散和可调节。

如图 9-76 所示，激光光源中心波长 810nm，输出功率 40W，采用光纤传输和耦合方式（耦合效率 80%，输出发散角 13°）及双凹光学系统，满足发散角 60°，以及在环境温度（0～15℃）下输出光功率稳定性和波长控制精度的技术要求。

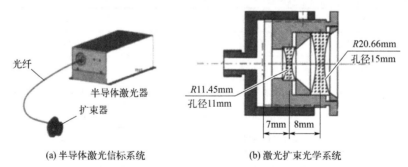

(a) 半导体激光信标系统　　(b) 激光扩束光学系统

图 9-76　机载半导体激光信标系统

机载激光通信系统在飞机上有三种安装方式：吊舱式、完全舱内式和半埋式。不同安装方式各有优缺点，取决于安装环境和具体的技术要求。

机载激光通信技术未来需解决和研究的问题包括：

① 目前主要研发通信速率 2.5Gbit/s 的机载激光通信系统，未来目标是向更高速率（大于 10Gbit/s）方向发展。

② 克服大气信道对机载激光通信的影响，包括合理选择最佳激光大气传输窗口波长；采用更先进的信道编码方式；增大发射/接收光学天线孔径；增大发射功率，采用自适应光学技术、多孔径发射技术和多波长通信技术等，进一步降低大气衰减、背景光、天气现象（包括晴、阴、风、雨、雾和霾等）和湍流的干扰，提高激光通信质量。

③ 激光通信与微波通信相结合的机载通信形式，优势互补，充分利用微波通信不受天气影响的优势。

④ 通信模式由单向通信向双向对称通信和立体空间组网通信发展，构建天、空、地和水下一体化无缝通信系统。

9.9
机载激光武器系统

定向能武器包括激光武器、粒子武器和微波武器。

激光武器以其独特的技术特点和作战优势，一直是新概念武器装备发展所关注的焦点。

9.9.1 机载激光武器的发展

机载激光武器是一种搭载于航空平台的新型定向能武器系统，通过透射高能激光至目标易损部位并驻留一段时间，产生烧蚀效应、激波效应和辐射效应，从而实现对目标的毁伤，可用于拦截助推段弹道导弹、反卫星导弹、防御巡航导弹、空空导弹和地空导弹以及对地面目标实施精准打击等作战任务。

机载激光武器通常需要与机载定向对抗系统或机载告警系统联合使用，在收到敌方寻的导弹逼近告警后，定向对抗系统进行干扰或者采用高能激光武器进行攻击。

激光武器的主要工作介质是光束，不受电磁干扰并以光速飞行，因而攻击速度快，转向灵活，机动性强，抗电磁干扰，费效比高，隐蔽性好，可实现精准打击，同时，弹储量不受限制，参战时间长，已成为目前世界各国军事武器装备的研究热点。美、俄、以色列等国投入了巨额资金，制定了宏大计划，组织了庞大的科研队伍，开发各种应用领域的激光武器。

1962年，首台激光器发明后，美国国防部就提出激光防御弹道导弹的概念，即包括机载激光器在内的定向能反导拦截武器的发展设想。

20世纪70年代（1976年），美国国防部制定了ALL计划（空基激光实验室项目）。

1979年，ALL研发的激光器输出功率已经达到456kW，持续时间8s。经过处理后从武器系统输出的功率达到380kW。

1983年，将二氧化碳激光器（波长$10.6\mu m$）安装到经改装的NKC-135A（波音707飞机的军用型）同温层机载激光武器试验机上，在1km外的目标上激光能量密度可达$100W/cm^2$，击毁了从A-7型"海盗式"战斗轰炸机上发射的5枚AIM-9B"响尾蛇"空空导弹和一架BQM-34A火峰靶机，成功验证了在空中（公里级距离）使用高能激光束对来袭空空导弹和巡航导弹目标的拦截能力和技术可行性，如图9-77所示为ALL机载激光武器。由于二氧化碳激光器波长较长（$10.6\mu m$），当时达到的功率较低（50万瓦），有效拦截距离还不到5km，而且也没有获得适当的作战需求，1984年，该计划停止实施。

图 9-77 ALL 机载激光武器

20 世纪 80 年代中后期，苏联和英国已经在陆地和军舰上试装实验性战术激光武器，美法德等国也进行了大量实验。1981～1993 年，苏联第一架 A-60 样机利用"伊尔-76MD-90E"运输机（命名为别里耶夫 A-60）为原型机加以改造，完成首次机载激光武器试飞实验。

1992 年，美国国防部战略防御计划局（SDIO）提出机载激光器计划（ABL），旨在研制能够拦截和摧毁助推段的敌方战术弹道导弹的激光武器。1994 年，开始实施该项目，主要用来寻找、跟踪和击毁处于助推段的弹道导弹，能独立进行目标探测和实施多目标攻击，使携带核、生、化弹头的碎片落在敌方区域，迫使攻击者放弃攻击行动，起到有效的遏制作用，是第一个面向作战使用的机载激光武器项目。

2002 年开始实施"先进战术激光系统"（ATL）项目。

2014 年，美国海军首次在"庞塞"号两栖船坞运输舰（USS Ponce LPD-15）上部署 XN-1 激光武器系统，可以击落无人机或使军舰瘫痪。

2015 年，美国开始测试一种可以安装在无人机上的机载激光武器，并于 2017 年宣布研制成功能够拦截洲际导弹的无人机机载激光武器，从此，机载激光武器成为激光技术的一个重要应用。

2020 年前后，美国陆续开展低功率激光武器装机试飞。首先从 C-17 和 C-130 运输机等大型机载平台上测试激光武器，随后逐步小型化，装备在 F-15、F-16 和 F-35 等战机上，可以从空中对地面进行精确打击。

美国"机载激光武器"ABL 项目（美国导弹防御局弹道导弹防御系统的组成部分）和"先进战术激光系统"（ATL）项目（美国空军 2000 年启动的机载激光系统演示项目）的研究证明，30kW 激光武器能够在几千米的距离上破坏和摧毁无人机、火箭弹和炮弹等；100kW 的激光武器可以用于飞机自卫；300kW 激光武器能够摧毁较远距离的飞机和地面目标。

2021 年 6 月，以色列国防部国防研究发展局和埃尔比特系统公司首次成功完成了机载高功率激光武器的第一阶段测试，在具备先进的光学探测能力的飞机上装载激光武器成功拦截了 1000m 以外的数架无人机，均获得成功。主要优势是能在人口聚集区远处击退威胁，有效阻止威胁的范围，并对识别目标进行跟踪。

9.9.2　机载激光武器的组成和工作原理

机载激光武器包括：系统结构、任务处理机、激光器系统（激光测距子系统、信标照射激光器子系统、激光跟踪子系统和激光毁伤子系统）、高精度随动控制子系统、稳定瞄准子系统和温控子系统，如图 9-78 所示。

机载激光武器系统的工作原理：飞机接到作战命令，前往作战地域，飞机雷达实时监控该区域的目标情况，并根据火控系统的分析解算确定是否采用激光武器攻击目标。

温度控制系统为激光系统提供合适的工作环境，保证激光束产生、传输和像质的稳定。

目标感应器将目标的位置信息反馈给机载任务处理机，通过运算处理并发出指令给随动控制器。

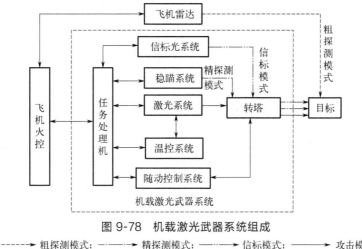

图 9-78　机载激光武器系统组成
--------▶ 粗探测模式；──▶ 精探测模式；──▶ 信标模式；──▶ 攻击模式

激光发射光学系统（反射镜）固定在随动跟踪装置上，高精度跟踪转塔通过控制反射镜的方位和俯仰位置来改变光束方向，保证激光发射系统光轴随时精准跟踪目标。

稳定瞄准系统用于精确探测目标。

在攻击目标前，首先发射信标光束，测量大气传输特性，调整光学系统参数，进行大气畸变补偿，保证毁伤激光束处于最佳攻击目标状态。

激光武器瞄准系统与攻击传输系统采用共孔径发射，使用同一传动转塔，形成闭环系统，有效地避免安装误差、信息转换误差和飞机扰动的影响。

一旦火控系统发出对目标的攻击命令，大功率激光系统立刻发射激光，利用激光器产生的高功率激光束能量摧毁飞机、导弹、防空武器和光电设备等目标，使其失效或被摧毁。

9.9.3　激光武器的类型

按照激光武器对目标的攻击能力分为三类：

第一类，战略型激光武器。用于攻击战略导弹、侦察卫星等，例如美国研制的天基 IFX 激光武器。

第二类，战役型激光武器。攻击导弹、歼击机和防空阵地等，例如机载激光武器（ABL）。

第三类，战术型激光武器。用于损伤人眼或者光电探测设备，包括低能激光干扰、致盲激光武器和高能战术激光武器。

按照承载平台可以分为陆基激光武器（包括车载激光武器）、舰载激光武器、机载激光武器和天基激光武器。

机载激光武器系统是一种应用于飞机平台的新型定向能武器，既可以作为战略型激光武器（例如美国 ABL 项目），也能作为战役/战术型激光武器（例如美国的 ATL 项目）。

机载战略型激光武器研制的技术难度大；机载战役/战术型激光武器相对容易一些，包括两种形式：“硬杀伤”和“软杀伤”激光武器。

硬杀伤激光武器是利用强激光光束直接破坏目标；软杀伤激光武器是利用低功率能量激光束烧伤人眼或破坏光电设备（例如，制导系统、导航仪、夜视仪和红外探测器等），使人眼暂时或永久失明，或使整个武器设备失控或失效，像常规武器那样直接杀伤敌方人员、击毁坦克和飞机等，作用距离可达 20km 以上。

随着大功率激光器技术、高精度测控/随动控制技术、光学设计/制造技术、温度控制技术以及机载环境适应性等技术的进步和突破，机载激光武器的使用正在成为现实，并且，由于作战使用效费比高而倍受世界各国重视，成为机载领域的研究重点和热点。

9.9.3.1 战略型机载激光武器技术

9.9.3.1.1 战略型机载激光武器的研制

1996 年，美国空军与波音等三家公司签订研制 ABL 的合同。

1997～1999 年，机载激光武器（ABL）项目开始研制作战样机（包括系统设计、风险评估、飞机改造和激光器等子系统），在波音 747-400F 飞机改装的平台上实验，拦截处于助推阶段的战区弹道导弹。

1998 年，TRW 公司研制的几十万瓦的单个激光模块首次成功完成地面激光发射实验，持续时间 5s。

（1）ABL 的工作原理

分为探测目标、跟踪目标和杀伤目标三个步骤。

① 探测目标。ABL 项目是以摧毁助推阶段弹道导弹为主，激光武器载机（计划）在距敌方弹道导弹发射区 300～400km 远的高空巡逻。利用广域监视系统全方位探测和搜索助推段的弹道导弹。

当弹道导弹飞出云层顶端后，外部远程预警雷达侦察系统捕获来袭导弹/飞机目标，将目标数据信息传输给激光武器载机总体控制分系统，引导具有 360°视场的红外搜索跟踪系统（IRST）不断搜索探测主动段飞行的导弹，当检测到敌方导弹发动机喷射的尾焰时，进行目标识别。作战管理系统根据广域监视系统获得的目标信息，由机载计算机计算出导弹的航向、速度以及瞄准点，判断获得的目标是否为潜在的威胁目标。

② 跟踪目标。一旦确定为弹道导弹目标，则作战管理系统立即使机身顶部的 CO_2 连续激光主动测距系统发射一束低能量的激光束，粗略锁定目标，提供目标的距离、发射点和落点信息，同时使飞机头部激光炮塔内的望远镜转向并对准目标方向。随后，主动测距/跟踪（固体 Yb：YAG）激光系统（TILL）（波长 $1.03\mu m$）和信标照射激光系统（BILL）（波长 $1.064\mu m$，重复频率 5kHz）照亮目标；导弹对 TILL 的反射光被高分辨率成像系统成像，进一步精确确定导弹位置、外形以及易损部位，完成对目标的精跟踪并确定目标的瞄准点；BILL 测量激光与目标之间的大气扰动，并根据计算，调整和改变自适应反射镜（变形镜）的面形参数以完成大气畸变补偿。

③ 杀伤目标。根据测距光束返回信号产生的连续、精确和高分辨率跟踪信息，并通过软件计算出对目标打击的优先级，当目标处于适当位置（或距离）时，系统发出攻击命令，安装在机头转塔内直径为 1.5m 的反射镜将高能激光束发射出去，并在目标上驻留一定时间（约 3～5s），将目标烧穿、引燃或引爆，完成对目标的破坏或摧毁。

（2）搭载 ABL 的样机

2002 年，第一架改造后的搭载 ABL 的样机 YAL-1A 进行多次试航飞行试验。如图 9-79 所示，其组成包括：

① 重型载机平台，改装后的波音 747-400F 飞机（YAL-1A 型飞机）。

② 广域态势感知系统。

(a) 机载激光武器(ABL)飞机外部视图

(b) ABL的激光炮塔

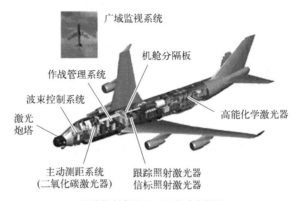

(c) 机载激光武器(ABL)飞机内部视图

图 9-79　搭载 ABL 的样机

由安装在飞机头部、尾部和机身两侧的 6 个经改进的 F-14 红外搜索/跟踪系统（IRST）组成，视场 360°；一个改进的 LANTIRN 光电瞄准吊舱，探测和确定攻击目标或来袭目标。

③ 毁伤激光器——高能（兆瓦级）连续氧碘化学激光器（COIL）。

菲利普实验室 1975 年发明的化学激光器由 6 个互联模块组成（安装在飞机后半部），每个模块重 3t。其中，波长 $1.315\mu m$，功率 200 万～300 万 W，拦截试验最远"有效杀伤距离"80km。

④ 光束控制/火控系统。

确保将激光束射向目标，并在目标上驻留一定时间，以保证目标损伤或摧毁；主要功能是对目标测距、粗/精瞄准、大气补偿以及调整和发射高能激光束。包括以下部分：

a. 安装在飞机头部的激光炮塔。

ABL 项目中的激光炮塔是激光武器的发射窗口，安装在机头位置，是一个孔径约 1.5m 的望远系统；而 ATL 项目的激光炮塔安装在机腹位置。

b. 二氧化碳主动式测距激光系统，波长 $10.6\mu m$。

c. 主动照明（kW 级 Yb:YAG）高重频激光系统 TILL，波长 $1.03\mu m$。

d. 信标照明（kW 级 Nd:YAG）激光系统 BILL，波长 $1.064\mu m$。

e. 自适应光学系统。担负目标测距、粗/精瞄准、大气补偿以及调整和发射高能激光等功能。

⑤ 作战管理、指挥/控制和通信系统（BMC4I）。担负作战任务规划和指挥、控制和通信等功能，提供有源（改进的 LANTIRN 光电目标瞄准吊舱）和无源（改进的 F-14 红外搜索跟踪系统）侦察、威胁排序、杀伤评估、联合战区互用和自防御组合等传感器。

（3）ABL 完成的试验及结局

2002～2010 年，机载激光武器（ABL）项目完成了各项子系统的研制和地面及空中飞行试验，包括：

2002 年，第一架样机 YAL-1A 进行了数次适航飞行试验。

2004 年，洛克希德·马丁公司交付"飞行转塔"子系统。

2004 年，6 模块 COIL 集成激光器成功发射激光（持续十分之几秒）。

2005 年 1 月，发射 7 次激光（每次不到 1s）；12 月，一次发射的激光持续时间超过 10s，从而在地面实验室实现了具备杀伤能力的激光光束。

2006 年，完成低能激光发射试验以及机载激光武器的地面测试。

2006 年和 2008 年，分别完成 3 架（具有初始作战能力）和 7 架激光战机（具备全面作战能力）全系统集成，开始进行空中拦截试验，完成机载激光武器系统的空中模拟攻击试验。

按照计划，部署 7 架 ABL 项目的飞机为一个完整机群：2 架组成一个巡航值班班次（工作 8h）；3 个班次 6 架飞机 24h 值班，1 架备用，保证对单个战区形成全天时监视和攻击弹道导弹的作战能力。

2009 年，开始进行全系统集成后的试飞试验，成功拦截一颗靶弹，是一次具有里程碑意义的演示。

2010 年，应用 1MW 的化学氧碘激光器（COIL）成功拦截两颗靶弹（固体燃料战术导弹"小猎狗-黑雁"和液体导弹"飞毛腿 B"）。另外，该机载激光武器还具有反卫星能力。

至此，机载激光武器（ABL）项目已经完成一系列试验，包括：

① 装有束控/火控系统的飞行试验。

② 6 个独立的化学氧碘激光器（COIL）模块集成在一起产生单束激光的演示试验，技术性能如下：

　　a. 发射波长：$1.315\mu m$。

　　b. 发射功率：1MW（计划 2～3MW）。

　　c. 最长持续出光时间达到 5.25s。

　　d. 从捕获到摧毁和评估，一次作战时间：12s。

　　e. 每次攻击间隔时间：1～2s。

　　f. 目标跟踪与瞄准误差：亚微弧度。

③ 机载炮塔旋转试验。

④ 弹道导弹防御系统互联的通信系统试验。

机载激光武器（ABL）项目是一个庞大的系统工程，包含众多的核心技术。毁伤级水平的激光光束输出功率达到兆瓦数量级（1MW），证明了机载激光武器捕获、跟踪、摧毁弹道导弹的能力和可能性，其研究成果和进展引起世界各国的广泛关注。

2010 年，美国导弹防御局（MDA）接管 ABL 项目。尽管上述飞行试验证明了激光武器的有效性，但远没有达到计划要求和实战需求（2～3MW 发射功率）。并且认为，利用氧碘化学激光器大幅度提高发射功率几乎是不现实的（包括体积重量和制造成本）。因此，再次降低了机载激光武器系统的技术目标，延长了样机的研制时间，并做出重大调整，由战略机载激光武器研究转向战术机载激光武器（例如 ATL）研究，确定 ABL 不仅用于战区导弹防御，而且用于国家导弹防御。

2011 年 12 月，美国国防部决定终止 ABL 机载激光器研发项目。

2012 年 2 月 14 日，波音公司的 ALTB 机载激光武器试验平台在加利福尼亚州爱德华兹空军基地进行了最后一次谢幕试飞，研发十多年的机载激光武器项目（ABL）被终止。

9.9.3.1.2 战略型机载激光武器（ABL）的关键技术

战略型机载激光武器（ABL）的研制历时十多年，耗资巨大，高达 53 亿美元。被终止的主要原因是技术复杂，面临许多有相当研制难度、颇具挑战性的技术。包括：

① 高能氧碘化学激光器大量使用高活性危险化学品（H_2O_2 和 KOH），后勤支援既危险又繁重；据计算，如果产生 1MW 能量的激光，每秒钟需要消耗 100kg 化学染料，根据预计巡航范围要求，需要携带化学染料达 20t。

② 该系统使用四种波长激光光源。这些激光系统密切合作，如图 9-80 所示，才能使整个系统达到预期的技术指标。

a. 波长 $1.03\mu m$ 的固体 Yb:YAG 激光光源（TILL），照亮导弹前端，为跟踪系统提供稳定图像。

b. 波长 $1.064\mu m$ 的 Nd:YAG 激光作为自适应光学的信标照明光源（BILL）。

c. 波长 $1.315\mu m$ 的高功率作战激光光源（HELL）。

d. 波长 $11.15\mu m$ 的主动测距 CO_2 连续激光光源（百瓦级）。

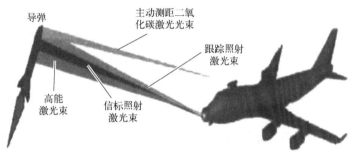

图 9-80 ABL 多种激光系统配合作战示意图

③ 光束/火力控制发射系统（BC/FC）是最复杂的子系统，包含 127 块反射镜、透镜和窗口，尺寸从 $1\sim5.5\text{in}$ 不等，如图 9-81 所示。

(a) 主镜　　　　　(b) 次镜　　　　　(c) 保角镜

图 9-81 机载激光武器光学系统关键元件

技术难点是：

a. 光学元件材料的不均匀性和加工精度等带来的误差，重力和紧固压力等因素带来的装配误差，以及放大器中泵浦不均匀性和激光介质被辐照后产生的热效应等都会造成光束质量下降。

b. 激光武器与目标之间处于高速相对运动状态，相对距离不断变化，为了保证激光系统光束束腰始终位于目标表面上以实现最佳光斑聚焦，必须具有束腰调节功能，并且，对束腰调节机构的要求很高。

c. 改进束控系统，包括获得更好的透镜和反射镜系统以及更好地控制抖动和改善大气传输。但对于兆瓦级激光束，其光束发散趋势要比低功率激光束强得多，大幅度提高束控系统的性能难度很大。

d. 光学膜系必须具有很高的抗损伤能力，具有极高的反射/透射能力，极低的温度膨胀系数等。另外，具有非常高反射性能的光学镀膜材料和变形反射镜技术使 ABL 项目可以采用非制冷光学系统，消除了 ALL 项目中的光束倾斜和抖动。首次采用世界上一些最先进的加工和镀膜工艺。

④ 飞机在 12～14km 空域飞行，实践证明，该高度领域内激光束的稳定性存在问题，影响激光武器的射程和精度。

众所周知，当高能强激光束通过大气（尤其是近地层）传输时，会受到折射、吸收、散射、湍流等不同光学效应的影响，产生波前畸变，引起到靶光斑的扩展与漂移。如果功率足够大，还会产生大气击穿和热晕等非线性效应，使到达目标的光束质量变差和功率密度下降。因此，面临的主要问题是补偿在边界层产生的极端湍流，确保激光在近声速飞行条件下向任何方向都能发射激光。如果不补偿大气扰动，则激光束只能打击正前方目标，严重影响作战效能。

补偿上述影响和干扰的有效方法是采用强激光自适应光学技术，例如，美国 Lockheed Martin 公司研发的"航空自适应气动光学束控炮塔"采用自适应光学、空气动力学和气流控制技术相结合的方法，补偿了大气扰动（包括极端湍流效应）造成的影响，实现了全方位精准射击。

另外，在机载震动环境中满足亚微弧或微弧的跟踪精度，并在一定时间内持续稳定在目标上还有相当难度。

⑤ 高能氧碘化学激光器的能量功率低。实验验证和研究结果表明，对于战略机载激光武器，强激光破坏工作状态下，摧毁导弹发动机（包括固体/液体火箭发动机和航空喷气发动机）的激光强度至少需要 $10^3 W/cm^2$。但是，机载激光武器（ABL）项目最大产生 1MW 功率毁伤激光光束，有效工作射程只有 80km，射程太短，限制军事用途；如果希望达到原计划的巡航距离（300～400km），发射功率至少需要达到 2MW。

表 9-38 列出了不同作战距离处激光武器毁伤光束光斑半径与功率密度的关系（根据项目计划，发射功率达到 2～3MW）。

表 9-38　不同作战距离处激光武器毁伤光束光斑半径与功率密度

作用距离/km	100	200	300	400	500	600
光斑半径/m	0.059～0.064	0.118～0.128	0.176～0.193	0.235～0.257	0.294～0.321	0.353～0.385
功率密度(发射功 2MW)/(W/cm²)	9770～11630	2443～2907	1086～1292	610.6～726.7	390.8～465.1	271.4～323
功率密度(发射功 3MW)/(W/cm²)	14660～17440	3664～4360	1628～1938	916～1090	586～698	407～484

⑥ 武器系统过于笨重。原计划 14 个模块中的 6 个试验模块重达 82t，远超系统总重 79.5t 的技术要求。

⑦ 机载激光武器系统是集光、机、电和热一体化的新概念武器系统，系统的集成技术涉及诸多方面和领域。如何通过优化设计和合理布局实现武器系统的功能和性能，同时，尽

量满足小型化要求，还需要做大量工作。

尽管由于复杂的化学激光武器和民用飞机性能的限制等原因，ABL项目中断了研究，但通过该项目的实施，使美国在激光器技术、能源制备技术和光束控制技术等领域均取得了重大进展，为后续的新型机载激光武器的发展奠定了坚实基础。

9.9.3.1.3 替代ABL项目的无人机DER项目

美国国防部在终止了装备有化学激光武器的机载激光武器（ABL）项目近三年后，在吸取经验和教训的基础上，开始了一项新的利用无人机执行导弹助推段防御的计划，称为高空长航无人机DER项目。

实际上，无人机DER计划是原ABL项目的更新。其作战概念、面临的技术和战术挑战都是相同的，改变的有两点：

① 电激光器代替化学激光器。

② 无人机代替有人驾驶的大型飞机。

美国军方在放弃了兆瓦级化学激光器项目（ABL）后，国防高级研究计划局（DARPA）开始转向电激光器的研发，包括兆瓦级二极管抽运碱金属激光器（DPAL）和光纤合成激光器（FCL）。这两种激光器能够定标到非常高的功率（兆瓦级），有很高的电光转换效率（>40%）。另外，机载无人机最大的挑战是研制出重量更轻、体积更小和射程更远的激光器（最终目标功率密度达到1～2kg/kW），有利于安装到无人机上。

更重要的是，电激光器能够针对不同距离的不同目标调节激光功率，具有双重功能：除有助于拦截助推段导弹外，还能对付敌方的战斗机和防空导弹，进行自卫。

与其它机载平台相比，将一台高功率/紧凑的激光武器集成在一架高空长航无人机上（如图9-82所示），在20km的平流层高空飞行，能有效避开地面建筑物及近地面复杂空气流场对激光光路的干涉和散射，极大地减少了激光束的能量损失且提高了光束瞄准精

图9-82　无人机激光武器系统

度，拦截和攻击效率得到很大改善，因此，无人机的持续飞行与激光武器的几乎无限时特性相结合，大大提高了载机的作战能力和生存能力。

9.9.3.2　战术型机载激光武器技术

高功率机载激光武器不仅可以用于战略防御和战区防御，也能用于战术防御和战术进攻，例如反导弹、反卫星以及精准打击和非致命打击（暂时致盲）。

与地基和车载激光武器相比，机载战术激光武器更为机动灵活，战术打击效果更佳。研究和试验结果表明，机载战术激光武器能够在防区7km外和40s内（不包括目标捕获时间）损伤下列目标：3个火箭和导弹发射架（6s）、30副卡车轮胎（8s）、11副通信天线（5.5s）、11具光电瞄准具（1.1s）、4门迫击炮（8s）、5挺机枪（8.4s）以及若干车辆覆盖物或者22名士兵（3s）。

（1）先进战术激光系统（ATL）的研制

先进战术激光系统（ATL）是美国空军2000年启动的一个机载激光武器系统演示验证项目。

2002 年，该项目正式立项，由波音公司、诺格公司和罗克韦尔公司共同承担。波音公司论证了 20kW 氧碘化学激光器（当时唯一成熟的技术）的原型样机，排除了密封排气系统技术的渗漏现象。

先进战术激光系统（ATL）项目的初始计划是研制一种可以应用于机载（AC-130 攻击机和倾转旋翼机 V-22）或地面战车的激光武器系统，目的是希望充分利用 ABL 项目取得的科研成果，采用较小发射功率的激光束（百千瓦级）密封型化学氧碘激光器（COIL）防御巡航导弹和对作战区域的"战术级"地面目标实施精准打击。初始设计目标是在 3km 以上距离制止地面车辆移动或使通信目标失效（计划初期作战高度 150m，杀伤距离 5～15km），在保证具有较小或者无间接破坏的前提下摧毁和破坏或损伤目标，用于支援战场作战和城市军事行动。

2005 年，布拉希尔公司向波音公司交付光束指挥炮塔装置（安装在机身下部）。

2006 年，改装后的 C-130H 运输机试飞，收集飞行航线数据。

2008 年，完成全系统首次地面试验。实验结果表明，可以通过选择特定的瞄准点和激光光斑驻留时间来选择对目标的破坏程度和性质，即选择摧毁、破坏或使目标失能。因此，该系统可以精确控制毁伤效果，既可以用作致命武器，击毁地空反舰导弹或巡航导弹，也能作为非致命武器迅速使敌方武器系统失效。

2009 年，先进战术激光系统（ATL）项目安装在改装的 C-130H 运输机上，完成了空中对地面静止和运动车辆的打击验证实验，作战距离 14.5km，作战时间 10～12s，每次发射持续时间 3～5s 和发射间隔时间 1～2s，发射 100 次后，进行燃料补充和维护保养，大大推进了机载激光武器系统的实用化进程。

（2）先进战术激光系统（ATL）的组成和性能

ATL 由以下子系统组成，如图 9-83 所示。

① C-130H 运输机。

② 作战指挥管理系统。

③ 高度机动的自封闭型氧碘化学激光器（COIL）（激光束宽 10cm）。

④ 红外探测监视系统（总视场 360°），由安装在飞机头部、尾部和机身两侧的 6 个红外探测分系统组成。

⑤ 光束与火力控制系统（BCFCS），是一个可收放、伸缩式装置，安装在 C-130H 运输机底部，主要功能是对目标测距、跟踪、瞄准、大气畸变补偿以及调整和定向激光束。其组成包括：

a. 旋转炮塔。该炮塔直径 1.27m，重量约 3000kg。塔内设计有反射望远镜式光束引导仪以及对激光光束具有极高透射率的半球形光窗。主镜是一个反射率极高、无须制冷和可变形的阵列反射镜（设计有宽带控制回路），主要作用是将光束聚集到目标上。反射镜直径越大，出射光束的发散角越小，光束聚焦质量越好。

b. 跟踪照射激光器（TILL），核心部件是吊舱式二氧化碳主动测距激光器。

c. 信标照射固体激光器（BILL）。

d. 空中自适应光学系统（ABCS），对大气扰动的影响进行实时校正，补偿激光在传输过程中发生的光学畸变。

激光大气补偿试验表明，在强湍流情况下，激光沿水平路径传输 51km 后，经自适应光学系统补偿的光斑直径比未加补偿的光斑直径减小了 5～20 倍；美国空军对直径 3.5m 自适应望远反射镜的试验还表明，与未补偿的装置相比，经补偿的激光束峰值光强度提高 65 倍。

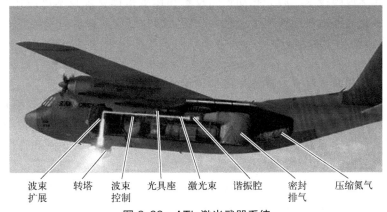

波束　　转塔　　波束　　光具座　激光束　谐振腔　　密封　　压缩氮气
扩展　　　　　　控制　　　　　　　　　　　　　　　排气

图 9-83　ATL 激光武器系统

　　根据不同的作战任务和需求，机载激光武器以吊舱形式或者半埋形式挂载于各种战机上，实现对敌空中和地面目标的攻击和防御。

　　ATL 是战术级空对地目标进行精准打击的激光武器，功率较小，光束定向装置安装在 C-130H 飞机的腹部，而 ABL 是一种战略级机载激光武器系统，侧重于导弹防御，安装在飞机头部。另外，为了防止 ATL 排出的热化学物质被敌方的预警侦察系统监测到，氧碘化学激光器采用高度机动的自封闭型系统，不向大气排放任何有毒气体。

　　ATL 和 ABL 的基本工作原理和操作过程类似，表 9-39 列出其技术性能。

表 9-39　ABL 和 ATL 的技术性能

参数		ABL	ATL
作战目标		机载战略激光武器，主要攻击在助推段飞行的射程在 600km 以下弹道导弹	机载战术激光武器，主要攻击 3km 以上的地面移动车辆和通信目标及飞机
激光器类型		高功率化学氧碘激光器	高度机动的自封闭型化学氧碘激光器
波长/μm		1315	
激光器功率		3MW(工作功率)，1MW(演示验证功率)	75kW(工作功率)，30kW(演示验证功率)，300kW(计划功率)
激光器重量/t		80	20
载机类型		波音 747-400F	C-130H
光学(直径)尺寸/m		1.5(包括自动控制系统)	1.27
工作距离/km	测定值	100	5～15(空地)
	计划值	400	10～15
巡航高度		12～15km	150m
巡航时间/h		8(可加油)	—
射击次数		每次巡航 20～40	5～10
激光运行时间/s		3～5	40
操作成本		超过 40 亿美元(第一台)	几百万美元(生产型)

（3）先进战术激光武器系统（ATL）的进一步改进

　　美国政府对 ATL 项目评估后认为，尽管氧碘化学激光器（COIL）、目标探测技术、大气补偿技术、光学镀膜技术、激光扰动控制技术和作战指挥管理技术已经比较成熟，但是，如果希望机载激光武器最终能够成为一种有效的防御和进攻武器，需要作如下改进：

① 机载战术激光武器应以小型飞机为平台，主要作用是载机防护、空中打击、反导和对地作战。C-130H 运输机作为机载战术激光武器的承载平台，机身大，目标明显，难以伪装，易受到攻击，同时很难有效攻击机尾部视场内的地面目标。

2013 年，美国 DARPA 提出"Project Endurance"项目（译为"持久项目"），目的是发展有人机和无人机可挂载的吊舱式激光武器系统，其最终目标是研发一种小型的低维护性的激光器和轻量化敏捷光束方向控制器。该激光武器吊舱除了目标识别和打击外，还具备情报、监视、侦察（ISR）和目标指示功能。

关注的关键技术包括：小型化部件技术，高精度目标跟踪识别技术，轻量化敏捷光束控制技术和激光与目标相互作用的研究。

② 由于机载战术激光武器的作战环境在大气底层，因此，受气象条件影响较大，对作战环境要求苛刻，云层、尘埃、海浪和雾气都能对激光造成干扰。控制大气扰动的 ABCS（自适应光学修正系统）难以补偿大气的诸多因素对激光束质量的影响，需加快研制更好的大气湍流控制系统。

2014 年，美国 DARPA 提出"航空自适应/航空光束控制"（Aero-adaptive Aero-optic Beam Control，ABC）转塔项目，并对安装在转塔上的高能激光尾炮的原理样机进行了适航试验，结果证明，消除了因在飞机机身上安装转塔而引起的湍流影响。

2016 年，美国国防部导弹防御局（MDA）在定向能项目中开展高空无人机激光武器研究项目。将高效紧凑的激光武器集成到高空长航时无人机上。由于该环境下飞机飞行高度很高，因此，可以最大程度上避免大气环境和云层对激光武器的使用产生不利影响。

③ 氧碘化学激光器的问题。排气口受到大气压力的影响，在气流中形成反压力，破坏激光光束的质量，造成远距离会聚时的能量损失。另外，化学染料采用有毒物质氢氧化钾，对机上存储和运输都很危险；同时需要进一步减轻重量。

为了研发高能固体激光器，美国提出"联合高能固体激光器 IHPSSL"项目，目的是提高固体激光器的发射功率（达到千瓦级），同时降低机载激光武器系统的体积和重量，实现在小型载机平台上的应用。

2009 年 2 月，诺格公司研制的高能固体激光器由 7 个串级激光器组成，采用主振荡器和放大器的拓扑结构，将主振荡器产生的激光分束后用多个放大器进行放大，每个激光放大器由 4 个半导体激光阵列泵浦的 Nd：YAG 板条串级而成，各放大器输出光束进行相干合成后输出，在不到 0.6s 内达到最大输出功率 105kW。

该结构的优点是，一方面可以避免单个激光器高功率输出给激光介质带来损伤，另一方面可以定标放大以获得更高的输出能量。

④ 大型反射镜具有变焦功能，使光束在不同的目标距离上形成最佳光斑，而且应有适度的相位调制能力，以补偿大气湍流造成的光束畸变，同时，还要具备很强的抗损伤能力、极高的反射率和极低的热膨胀系数。该反射镜是一块由众多小反射镜紧密镶嵌而成的大型可变形反射镜，每块小反射镜都设计有独立的驱动单元以控制其伸缩长度和指向单元，工艺复杂，造价极高。并且，反射镜孔径越大，重量和体积越大，需要的转动惯量越大，满足跟踪速度和精度要求的难度更大。

⑤ 飞机振动将造成激光谐振腔不稳定和光束定位器件运动，严重影响激光输出和光束质量，必须将激光器与机体的振动隔离。

9.9.4　高能机载激光器

众所周知，无论是战略型还是战术型机载激光武器，高功率激光器是其核心部件。美国国防部高能激光评审委员会认为，由国防部投资研究的三种激光器技术，包括化学激光器、固体激光器和自由电子激光器都能够达到高功率和良好的光束质量。多年来的经验和教训还表明，高能激光武器发射的有效工作波长最好采用短波长。

ABL 和 ATL 两个项目都采用高能氧碘化学激光器（波长 $1.315\mu m$）。目前单个氧碘激光器的功率只有 200kW 左右，毁伤能力有限，需增大许多倍才能应用于机载。为了满足作战型飞机要求，采用多块氧碘激光器相组合的方式（例如 ABL 项目采用六块组合），功率才达到 1MW。

如前所述，化学激光器能够产生兆瓦级的高功率激光束输出，但是，体积和重量大，释放有毒尾气，一次加注燃料发射次数有限，系统集成困难，无法满足飞机负载限制。

20 世纪 90 年代末，美国各军种陆续放弃了化学激光武器的使用，美国空军的战术机载激光武器（TABL）的光源转向了电驱动，具备高功率、高光束质量、高电光转化效率、高可靠性，功率可调性范围大和环境适应能力强的固体激光器（SSL）。

2020 年，美国特种作战司令部（AFSOC）在武装直升机 AC-130J 上用激光武器代替 20mm 或 30mm 机关炮（采用 $180\sim200$kW 功率的激光器，其重量小于 5000lb）进行演示试验。通过击毁敌方的地空和空空导弹以及机载目标，不仅可以保护自己，而且可以保护整个混编攻击机群，并能精确攻击地面目标。空军研究实验室（AFRL）计划研发小型战术激光武器（激光器发射功率为几万或 10 万瓦，其重量小于 1500lb，体积能装入标准的 600 加仑❶外挂油箱）装备战斗机，防御地空和空空导弹以及机载目标。

目前，正在研制的先进固体激光器（SSL）包括：二极管泵浦碱金属激光器，高能液体固体激光器，平面波导激光器和光纤合成激光器。

（1）二极管泵浦碱金属激光器（DPAL）

对机载激光武器（ABL）项目的分析表明，对于战略型机载激光武器，建造兆瓦级激光器存在着许多严峻挑战。二极管泵浦碱金属激光器（DPAL）综合了固体激光器和气体激光器的优良特性，有希望获得非常高的效率，引起了人们的广泛关注。

DPAL 利用气体介质代替固体介质，使废热从激光腔中通过对流排出，保证输出功率达到兆瓦级。DPAL 的研究集中在碱金属钾、铷和铯（尤其是铷）上。2002 年，LLNL（美国劳伦斯利弗莫尔国家实验室）的 Krnpke 与其同事首次演示验证了采用铷蒸气的共振跃迁激光器。2015 年，研制成功最大输出功率 13kW（累计运行时间超过 100min）的激光器。

一些研究表明，由于碱金属的量子数亏损很小（钾 0.44%，铯 4.7%，铷 1.9%），换句话说，量子效率非常高（钾 99.6%，铯 95.3%，铷 98.1%），这对于提高激光武器的功率非常重要，并由于采用高亮度的二极管或阵列泵浦（早期，采用端面泵浦，后来，例如美国通用原子公司采用侧面泵浦），以及能够以超过 100℃ 的高温排出废气，因此可以获得很高的光-光转换效率（理论值 95%，目前已超过 60%），光束质量也非常好，质量/体积的功率比远低于其它的高功率激光系统，安全性也高（相对于高功率化学激光器）。

目前，高功率 DPAL 尚处实验室研究阶段，面临的主要挑战包括：高能激光二极管

---

❶　美制，1 加仑＝3.785L。

阵列的开发（需要超过 $10kW/cm^2$ 的二极管光强抽运）、碱金属与乙烷之间受激化学反应造成的窗口污染（例如，为了解决该问题，工作在高压下的铷氦激光器用氩气代替碳氢化合物）和光学元件及镀膜层的激光诱导损伤以及热畸变的限制，已经成为强激光武器系统发展的瓶颈。

（2）高能液体固体激光器

这种激光器实际上是一种液冷固体激光器。2015 年，通用原子公司（GA）在执行的"HELLADS 计划（高能液体激光区域防御系统）"中研制的固体激光器是新一代战术激光武器的典型代表，综合了固体激光器高储能密度和液体激光器热管理的特点，将两套 75kW 的固体薄片激光放大器模块组成一个 150kW 的激光谐振腔（如果将更多单元模块组合，可产生更大功率），并将增益薄片置于冷却液中冷却，因此，在获得高功率激光输出的同时保持高的光束质量。主要性能：功率 150kW，功率密度 5kg/kW（最终目标是 $1\sim2kg/kW$，产生 1MW 功率的激光器重量 $1000\sim2000kg$ 才是无人机可以承载的重量），功耗低，能在持续 30s 内始终保持高光束质量，体积（外形尺寸：$1.3m\times0.4m\times0.5m$）和重量是目前同等功率激光器的十分之一。

主要问题是：冷却液包含在激光光路中，冷却液的透明度及与增益介质的折射率不完全匹配将造成激光能量损耗；另一个问题是液体的热光系数远大于固体增益介质的热光系数，很小的温度变化就会引起较大的激光波前畸变，而使光束质量下降。

（3）平面波导激光器

美国海军实施的 GBAD（地基防空机动定向能）项目中，计划采用雷神公司研发的平面波导技术（PWG）研发地面战术车辆上的反无人机用激光武器，也可安装在飞机上。

平面波导技术采用单孔径设计，仅用单个长 30cm 直尺状平面波导激光器就可以产生摧毁小型飞机的激光功率。雷神公司研制的 30kW 平面波导激光器主要包括：高束质的主振荡器，平面波导放大器，高效率抽运二极管，轻型光束定向器，自适应光学系统（光束控制和波前校正）以及远程光学系统。

与其它固体激光器相比，平面波导激光器在泵浦耦合、散热和增益介质制备等方面有着独特优势，其重要特点是即使在武器级激光功率时，增益介质的热畸变也很小。若采用多个相同的 PWG 激光器，无需合成就能获得更高的输出功率。2012 年，单个 PWG 激光器就能产生 25kW 的平均输出功率，光束质量 1.2 衍射极限，电光转换效率 35%。

（4）光纤合成激光器

光纤合成激光器是另外一种先进的固体激光器，其转换效率（高达 40%）、光束像质（达到 1.1 衍射极限）、体积和重量等方面都具有明显优势，已经成为机载战术激光武器的主要光源之一。详细内容参考 9.2.7 节。

表 9-40 列出几种适用于机载激光武器的毁伤性激光器。

表 9-40 适用于机载激光武器的激光器

激光器类型	特点
先进固体激光器（SSL）	100kW 的晶体和陶瓷板条激光器：尺寸、重量和功耗存在问题，无法集成到相关平台中，需要小型化。 100kW Nd:YAG 板条激光器：效率低，热负载高，热管理系统占总重的 45%，不利于散热而导致重量和体积大，光束质量不够好。 100kW Yb:YAG 板条激光器：增益介质具有优良的理化性能，量子亏损仅 8%，百分比热量 11%，光光转换效率 60% 以上，具有较宽的发射带和荧光寿命时间；效率更高，结构更紧凑，非常适合于小型空中平台

激光器类型	特点
高能液体激光器 （一种液冷 SSL）	输出功率 150kW（由两套 75kW 固体薄片激光放大器组成激光谐振腔，增益薄片浸在冷却液中）。尺寸和重量比目前同功率激光器小 10 倍，功率密度 5kg/kW，体积 1.3m×0.4m×0.5m；热管理非常有效；功耗低，能在 30s 内始终保持高光束质量。主要问题是冷却液与增益介质参数（例如透明度和折射率）的匹配问题
光纤激光器	与板条和薄片固体激光器相比，转换效率、光束质量、体积和重量、坚固性和冷却方面都具有明显优势。"全光纤"结构实现高功率工作，是激光武器的主要光源之一。电光转换效率高达 40%，光束质量达到近衍射极限，散热性能好，结构简单，体积小，质量轻，适于在极端温度、振动和冲击恶劣条件下工作。问题是功率受限于非线性效应、热效应和光学损伤，单模光纤激光器的输出功率限制在 10kW，需要采用激光束合成的概念，从而产生单一的高功率和高束质激光束
平面波导激光器	最低输出功率 25kW，重量小于 1134kg，激光持续时间 120s。关键技术是雷神公司的平面波导技术（PWG）。与其它 SSL 相比，在泵浦耦合、散热和增益介质制备方面具有独特的优势，实现武器级功率和束质颇具潜力
化学激光器	利用工作物质的化学反应所释放的能量激励工作物质产生激光，目前常用的是氧碘激光器（COIL）、氟化氢激光器和氟化氘激光器。氧碘激光器（COIL）主要性能：波长 $1.315\mu m$，单个模块的功率是 200kW，14 块组合单元的功率 2～3MW
自由电子激光器	自由电子激光器具有高效率、大功率、短脉冲和波长可调等优点，是一般激光器望尘莫及和无可比拟的，在许多领域得到广泛应用。在军事应用领域，例如机载激光武器、激光反导和激光雷达等方面正在进行深入研发。关键问题是既要功率大，又要小型化，应尽量采用短波长激光

9.9.5　机载激光武器的特点分析

由上述分析知道，无论激光武器的理论优势有多大，由于其背后有着复杂的技术要求，至今世界上还没有一个国家具备真正意义上的机载型激光武器。另一方面，机载激光武器必须考虑其战场生存性和耐用性以及高速飞行中的战机对激光武器的影响，包括超高电能的存储问题以及空中微粒对激光束的折射作用等，否则，机载攻击型激光武器只能存在于理论当中。下面分析机载激光武器的优缺点。

（1）优点

与其它机载武器相比，机载激光武器主要优点是"即时发现，即时打击和持续打击"。

① 反应快。激光束以光速传播，速度非常快，发射激光传输到目标的时间可以忽略不计，被攻击目标难以发现射束来向，无时间机动、规避或对抗。因此，无须测定、调整提前量和瞄准角，在锁定高速飞行目标（或高超声速武器）的同时，便能做到瞬时打击和快速击毁（几秒内就能够杀伤目标），大大争取了作战时间。非常适合拦截快速运动、机动性很强或者突然出现的目标，既可防御来袭导弹，亦可用作攻击武器，可有效地毁伤空中或者地面目标。

② 能量高且集中，击中目标后，可使其破坏、烧毁或熔化。

脉冲激光武器还能够毁坏敌机的机载系统和地面支持系统。损伤程度取决于激光束在目标上产生的辐照度、光束在目标点的稳定停留时间以及辐射与目标的相互作用。

③ 激光武器发射的光束质量为零，发射激光时几乎不产生后坐力，对载机没有影响，可以在载机前后左右多个方位对多个目标同时攻击，连续快速射击，完成较为复杂环境中的战斗任务。

④ 激光武器利用光学系统精准地发射很细的激光束，方向性强，攻击准确度高。跟踪/

瞄准精度一般能达到 0.01～0.1mrad。

⑤ 利用激光武器攻击目标，不会对周围环境造成有害污染。

⑥ 在某种程度上说，只要电能（或燃油）足够，激光武器就可以视为"足够大的弹仓"，几乎不受巡航时间限制，无疑赢得了战机在空中的作战时间。

⑦ 伤力可控。通过调整和控制激光武器的发射功率、时间、方向和距离，可以控制目标的损毁程度和目标数量，对不同目标分别实现非杀伤性警告、功能性损伤、结构性破坏或者完全摧毁等不同的杀伤效果，具有良好的灵活机动性。

⑧ 抗电磁干扰能力强，具有良好的隐蔽性。

⑨ 作战费效比高，每次射击的成本远低于实弹（例如导弹）的价格。例如，高能激光武器每次持续射击时间约为 3～5s，耗费的化学燃料费用 1000 美元，即使 10 次拦截一颗来袭导弹或者一处目标，总成本才 1 万美元，远低于一枚上百万美元的反导导弹或者制导炸弹。

⑩ 对来袭精确制导武器和非制导武器具有防御功能，同时对敌方飞机或地面目标可主动进行精准打击。

（2）缺点

任何事情总是一分为二的，机载激光武器的缺点包括：

① 无论地基或者空基激光武器，大气对激光光束的传输都有很强的衰减作用，不良天气（尤其是雨和悬浮颗粒）的折射和扰动、战场烟尘和人造烟幕的影响更严重，甚至无法形成对目标的有效攻击。

② 随着激光武器射程增加，落在目标上的激光光斑增大，能量密度降低，有效破坏力减弱，换句话说，有效作用距离受到限制。

（3）待解决问题

从目前技术来看，机载激光武器进入实用阶段，还需解决以下问题：

第一，激光武器必须大幅度减小尺寸和重量才能适合飞机上安装。

机载激光武器系统的最大难点之一是需要研制功率足够大、体积和重量足够小、适合机载环境应用的激光器。

目前，机载激光武器的演示和试飞还是以高能化学氧碘激光器为主。为了提高功率，通常采用多个激光器相组合的方式，对功率要求越高，需要的单个氧碘激光器数量越多，体积就越大和重量更重。

最初，美国为 C-130 运输机研发的机载激光武器，希望重量不超过 5000lb。2015 年，美军开始研制战斗机激光武器。众所周知，战斗机的满载量远小于运输机（例如 C-130 满载量 82t，而 F-15 仅 40t），所以，对重量和体积的要求更为苛刻，通常要求小于 1500lb。

为了解决这个问题，提出"吊舱式激光武器"的概念，激光武器不集成在飞机内，而是设计成一个具有大功率（几万或 10 万瓦）、高激光束质量、紧凑、可靠和坚固耐用的独立吊舱系统（包括激光器、数控系统、功率系统和冷却系统，并保护激光器免受外部环境影响），体积相当于标准 600 加仑的舱外油箱，并能集成到气动结构中，确保激光束能在近声速平台上向任何方向准确发射激光。

第二，高精度随动跟踪技术是改变激光束传输方向、引导激光束跟踪目标、实现精确杀伤目标的关键技术。通过高精度传动系统驱动一组反射镜实现激光束方向变化，从而完成对空间不同方位目标的攻击。

第三，高质量光学系统。为了保证激光束的稳定传输，控制束散角和能量的合理分布，使激光能量得到充分利用，激光束整形技术是保证激光束发射质量的重要环节。

另外，机载激光武器属于强激光系统，显然，激光光学发射系统在传输激光过程中需承受极大的能量密度，光学膜层很容易受到激光损伤和热畸变的影响，因此，需要选择合适的光学材料和研究超低损耗非制冷镀膜技术。

随着激光武器射击距离增大，其发射功率会快速增大，为了保证激光武器系统具有高光学像质和透射率，对光学元件会提出以下极苛刻的技术要求：

a. 透镜表面透过率和反射镜反射率：0.99999。

b. 表面均方根粗糙度：0.1nm。

c. 激光损伤阈值：$>100kW/cm^2$。

d. 单个元件的总损耗（包括吸收和散射）：$<2\times10^{-5}$。

第四，集成难度大。机载激光武器是一个复杂的系统工程。系统集成技术需要综合考虑多种波长激光器、广域态势感知系统和温控系统的耐机载环境问题，热能和激光束的稳定传递问题，作战模式，各个子系统之间的相容性以及系统气动外形等问题。

作战型激光武器由多个单型激光器组成，如何确保所有装置同步运动和组装到战机内部，仍然是一个亟须解决的技术问题。或许需要采用新的激光光源，例如光纤激光器。

第五，气候条件影响大。机载激光武器对目标损伤或摧毁程度的评估，取决于最终传输并沉淀在目标上的激光能量。大气环境条件（空气微粒度、雨雾和气流等）对激光束传输的影响非常大，各种线性和非线性效应都会导致光束发散和能量衰减。气候条件越恶劣，影响越严重。

目前正在研究非线性光学大气补偿技术，包括利用激光信标测量大气湍流引起畸变的技术，抑制因飞机和大气湍流引起的高带宽抖动技术等，从而保持激光武器的高射击精度。

最后，需要注意的是，一些军事专家认为：现有的空战模式已经转变为视距外空战，激光武器的最大优点——近距离高能摧毁性便无法得以充分施展，因此，攻击型机载激光武器很可能会成为未来机载武器的鸡肋。

9.10

机载被动式激光防护技术

9.10.1　问题的提出

近年来，科学技术的迅速发展使激光技术在作战环境中的应用不断扩大，包括目标指示、目标测距、区域照射和高能武器。随着更强大功率激光器的广泛应用，使飞行员或者机载光电设备（包括 CCD 和其它类型的探测器、人眼以及可见光和红外范围的成像和非成像传感器）很容易受到激光光束瞬间或永久性伤害或致盲。在某些情况下，尤其是在着陆或起飞等关键飞行阶段，激光辐射会严重阻断信号，使许多成像传感器（包括人眼）瞬间饱和，对军用和商用空中交通造成严重危害。因此，必须尽量避免飞行员眼睛/机载光电设备（尤其是探测器）暴露在强烈的激光辐射中。

眼睛（或探测器）是人体（或机载光电设备）最敏感的器官（或器件）。在战争状态下，外界军用激光器发射功率强大的红外和可见光波长的激光光束，使本机经常处于激光束包围或者照射/瞄准之中，足以对飞行员眼睛造成眩晕或不同程度的伤害，或者使机载光电设备（特别是探测器）暂时或永久损坏。近年来，有相当数量的可见光激光进入商业飞机乘员舱的报告。

一般地，人们的注意力或者研究重点都放在激光光束主动对目标的作用上，例如对被测/观察目标的作用距离和测距精度等。但是，应当注意，为了对付这种对飞行员眼睛和光电设备日益严重的激光威胁，除了积极主动地采取激光对抗措施外，目前，机载被动式激光防护技术越来越受到世界各国的重视，并取得了重大进展，换句话说，这是一个问题的两个方面，除了研究利用激光束"探测目标，打击敌人"的技术外，还要研究如何"保护自己，更好打击敌人"的策略，这也是机载激光对抗技术中的重要组成部分。

眼睛视网膜吸收的激光波长主要是近红外光和可见光。飞行员眼睛暴露在激光辐射中会造成严重的失明或者暂时致盲。

激光光束对眼睛造成的伤害分为四类：

① 激光眩光　激光眩光比太阳眩光还强，尤其在夜间可以覆盖整个座舱盖，造成座舱外景部分或者全部模糊不清，在紧急战术机动动作期间或飞机处于非常姿态时容易造成飞行事故。

② 闪光盲　类似于将眼睛暴露在照相闪光灯下产生的效应。脱离激光照射后，在视界领域内会产生一个盲点，使目标在几秒或几分钟内部分或全部模糊不清。

③ 热损伤　激光束对视网膜组织的烧伤，会产生盲点而影响视觉。

④ 出血性损伤　激光"冲击波"使视网膜或视网膜下血管破裂出血而进入视网膜层或玻璃体，造成视觉障碍。

激光损伤飞行员眼睛视网膜和光电设备探测器的严重程度取决于许多因素，包括激光波长、激光功率和受到激光照射时的距离。表 9-41 表示不同功率激光束造成飞行员眩晕或伤害的程度。

表 9-41　激光束对飞行员的伤害程度

对眼睛伤害程度	能量强度范围/(μW/cm^2)
引起飞行员精神错乱和惊吓	0.05～5
干扰视觉	5～100
暂时闪光致盲	100～1000
永久性眼睛伤害	1000 以上（=1mW/cm^2）

9.10.2　被动式机载激光防护技术的类型

被动式机载激光防护技术主要是采用光学滤光镜（飞行员佩戴的激光防护眼镜或者在机载光电设备光学系统适当位置设计的防激光光学滤光片）方法，无论陆地或者空中，激光防护原理都相同，都是尽可能防止或减少激光光束进入人眼或探测器。主要有两类：

（1）基于线性光学原理的滤光镜技术

① 吸收型滤光镜。吸收型滤光镜是以分子或原子吸收为基础，是最简单、最廉价和应用最广的激光滤光镜。缺点是：

a. 吸收激光会发热，尤其在大功率激光照射下容易烧毁。

b. 在吸收激光的同时还吸收附近其它波长的光（即光的锐截止性不好），导致可见光波段透射率下降。

c. 由于氧化和老化等原因，防护效能下降以致失效。相比之下，防护效果不太令人满意。

② 反射型滤光镜。采用镀膜技术在玻璃等光学基片上涂镀一种四分之一激光波长膜系的非电介质陶瓷氟化物和氧化物。根据干涉原理，被防护激光波长的光束被反射，其它波长光束透射，从而起到防护作用。

③ 吸收/反射型滤光镜。

④ 相干滤光镜。将多层介质材料淀积在光学基片上制成相干滤光镜。由于激光的高相干性，所以，激光光束通过滤光镜后相干相消，起到滤光作用。

⑤ 皱褶式滤光镜。由光学基片、吸收层和皱褶膜层组成，激光束折射率在垂直于基片的方向呈正弦分布，折射率变化周期为四分之一激光波长，通过多次反射形成的干涉最终产生布拉格反射。这种滤光镜具有非常窄的滤光带宽和很高的峰值反射率。

⑥ 全息滤光镜。采用全息光学技术在光敏介质上形成滤光镜，具有高光学密度和窄的滤光带宽，以及更好的光截止性。缺点是对角度比较敏感。

实际上，基于线性光学原理的滤光镜技术是一种窄波段波长滤波技术。由以上介绍可以看出，这类滤波器通常采用染色或彩色材料和特定膜系组成，可以阻断或降低某种特定激光波长（或一定范围内）的透射，选择性地对特定波长范围激光进行保护。在设计这类防激光滤光片时，尤其是飞行员防激光眼镜时，必须考虑到，飞行员用眼睛观察飞机安全飞行所需要的绝大部分信息，因此，飞行员的清晰视距必须达到一定距离，以躲避飞行中飞机和跑道或滑行道上的物体；必须能清晰地观察仪表显示器，观看地图、图表和飞行清单。另外，为了确保夜间具有最佳视觉性能，夜间防激光护目镜除了防护不可见的有害激光外，应当尽可能多地透过可见光以维护良好的夜视能力，同时，在观察座舱内外物体时，飞行员的眼睛还应当适应过渡视觉。

这种窄波段滤波技术的缺点是：仅限于特定波长，而没有考虑其它激光波长可能存在的威胁；没有考虑造成危险的激光光束功率大小和多样性；飞行员观察到的景物和图像的色彩感受到影响。

典型的例子是机载平视瞄准/显示系统投影在组合玻璃或者风挡玻璃上的彩色图像。在这种情况下，飞行员无法观察到正常的"彩色"图像，因此，在视觉感知情况下，在需要保护免受激光辐射暴露的特定环境中使用时，必须考虑到无畸变并有利于观察彩色图像。

(2) 基于非线性光学原理的滤光镜技术

① 光学开关型滤光镜。该型滤光镜称为第三代滤光镜，工作原理类似于液晶显示器，不是对特定波长的光作出反应，而是对激光的能级做出反应，光学开关必须具有次纳米级的反应速度，将纳秒脉冲激光限制在人眼的损伤阈值以下。光学开关滤光镜具有很好的锐截止特性，可以用于宽带激光防护。

② 自聚焦和自散焦限幅器。自聚焦和自散焦限幅器的工作原理是（滤光）光学材料对入射的电磁辐射场的非线性响应并随辐射强度变化（与功率有关）。若材料为正的敏感度（自聚焦），即三阶电极化率变化为正，则材料呈现聚焦性能，会使限幅器内光点上的功率密度增加，聚焦光束进一步聚焦；若材料为负的敏感度（自散焦），即三阶电极化率变化为负，情况则相反，使聚焦光束散开。

③ 热透镜限幅器。主要用于对连续激光束的防护。

④ 光折射限幅器。当激光透射通过晶体材料时，利用光的折射作用防护强激光辐射

伤害。

实际上，基于非线性光学原理的滤光镜技术属于阈值触发式宽带滤光技术。与上述永久性阻断某特定波长的窄带滤光技术不同，非线性动态滤波防护技术是利用被动式固态阈值触发的宽带滤光片和快速光致反应，以被动方式防止激光伤害的方法。激光输入功率低于某一阈值时，滤光片在整个光谱段都具有高透射；只有当接收到的外界激光功率超出一定阈值，滤光片才起到限制或阻断激光束透射的作用，透射率急剧下降。

值得注意，该宽带滤光片在接收到超过阈值而使光电仪器遭到破坏的激光束之前，对所有波长的激光束都无影响。

由于该滤光片是宽带的且与波长无关，所以，该滤光片为空军飞行员提供了一种防护任何激光伤害的良好方法。

参考文献

[1]　付伟. 军用激光技术的发展现状 [J]. 电光与控制, 1996 (1)：23-30.

[2]　朱作珍. 吊舱激光测距/目标指示分系统激光器改进及调制结果 [J]. 电光与控制, 1996 (1)：30-35.

[3]　贾利, 等. 美空军机载激光武器的孪生姐妹：机载战术激光武器 [J]. 飞航导弹, 2006 (11)：26-29.

[4]　谭宇. 战术用脉冲激光测距机测距方程和测距性能研究及其应用 [J]. 电光与控制, 1998 (1)：57-65.

[5]　李华. 大气折射率误差对精密光电测距精度的影响研究 [J]. 电光与控制, 2000 (2)：58-62.

[6]　庞春颖, 张涛. 激光主动成像系统探测距离的计算与仿真 [J]. 电光与控制, 2008 (2)：69-73.

[7]　蓝伟华. 未来机载火控系统研发中几项值得关注的技术 [J]. 电光与控制, 2010 (8)：1-4.

[8]　董涛等. 激光能量补偿系统设计 [J]. 电光与控制, 2011 (8)：76-88.

[9]　王茂蒲. ALR-1 激光测距机与国外同类产品性能对比分析 [J]. 电光与控制, 1995 (2)：47-50.

[10]　魏炳鑫. 机载激光测距机光学系统设计中的几个问题 [J]. 火控技术, 1983 (1)：1-6.

[11]　谭宇. 战术用脉冲激光测距仪测距方程和测距性能研究及其应用 [J]. 电光与控制, 1998 (3)：57-65.

[12]　王古常, 等. 军用脉冲激光测距技术与研究现状 [J]. 光学与光电技术, 2003, 1 (4)：55-59.

[13]　谭显裕. 脉冲激光测距机的发展及军用前景 [J]. 光电子技术与信息, 1996, 9 (3)：5-10.

[14]　甄文庆. 脉冲激光测距机的研究 [D]. 南京：南京理工大学, 2014.

[15]　韩志强. 激光测距机关键技术研究 [D]. 西安：西安电子科技大学, 2006.

[16]　吕晓玲. 半导体激光测距接收系统研究 [D]. 长春：长春理工大学, 2005.

[17]　王秀芳. 脉冲半导体激光测距的研究 [D]. 成都：四川大学, 2006.

[18]　李松山. 激光多脉冲测距技术研究 [D]. 长春：长春理工大学, 2005.

[19]　刘锋. 脉冲半导体激光测距机的研制及应用 [J]. 红外与激光工程, 2003, 32 (2)：118-122.

[20]　于彦梅. 激光测距机及发展趋势 [J]. 情报指挥控制系统与仿真技术, 2002 (8)：19-21.

[21]　许翔. 多功能激光测距系统研究 [D]. 长沙：国防科学技术大学, 2006.

[22]　陆君, 等. 常见自然地物对 $1.06\mu m$ 激光反射特性的研究 [J]. 光电技术应用, 2015, 30 (5)：71-73.

[23]　文晶娅. 激光测距仪光学系统设计及目标漫反射特性研究 [D]. 武汉：华中科技大学, 2007.

[24]　朱煜, 等. 人眼安全激光测距机的一些进展 [J]. 激光杂志, 1998, 19 (6)：1-4.

[25]　时顺森, 等. 人眼安全 $1.57\mu m$ OPO 激光测距机 [J]. 激光技术, 2000 (10)：262-264.

[26]　简莉, 等. 激光测距技术的新进展 [J]. 现代兵器, 1993 (2)：34-38.

[27]　赵宇. CO_2 激光器在激光测距机中的应用研究 [J]. 四川兵工学报, 2006 (5)：17-19.

[28]　肖宇刚. 激光测距瞄准镜光学系统设计研究 [D]. 南京：南京理工大学, 2014.

[29]　王璘, 等. 半导体激光器光束准直系统设计 [J]. 西安工业学院学报, 2004, 24 (2)：140-143.

[30]　田雨. 新型结构准直系统设计与激光束耦合分析 [D]. 成都：成都电子科技大学, 2018.

[31]　李姣. 半导体激光器光束整形方法及在 3D 打印中的应用研究 [D]. 北京：北京工业大学, 2017.

[32]　方珍珍. 大功率半导体激光器非球面透镜组准直整形技术研究 [D]. 成都：成都电子科技大学, 2017.

[33]　支洪武. 半导体激光器光束整形系统研究 [D]. 哈尔滨：哈尔滨师范大学, 2012.

[34]　刘元元. 互注入半导体激光器动态特性研究 [D]. 重庆：西南大学, 2011.

[35]　杨嘉琦. 半导体激光器阵列整形技术的研究 [D]. 长春：长春理工大学, 2012.

[36] 潘春艳，等．变发散角半导体激光器光束整形发射系统设计 [J]．红外与激光工程，2011，40（7）：1287-1293.

[37] 李婧．半导体激光器光束的非傍轴传输特性 [D]．西安：西安电子科技大学，2011.

[38] 蔡奇正．脉冲半导体激光测距发射系统的研制 [D]．西安：西安电子科技大学，2011.

[39] 叶锦函，等．基于532nm半导体激光器的远距离传输高精度准直系统设计 [J]．现代仪器，2010（5）：74-77.

[40] 袁舒．空间光通讯高精度激光束准直系统设计 [D]．成都：成都电子科技大学，2009.

[41] 周炳琨，等．激光原理：第七版 [M]．北京：国防工业出版社，2014.

[42] 周崇喜，等．半导体激光器阵列光束准直和聚焦系统设计 [J]．光学仪器，2000，22（6）：25-29.

[43] 徐效文，等．距离选通激光成像系统发展现状 [J]．仪器仪表学报，2003，24（4）：616-618.

[44] 赵云，等．距离选通激光主动成像技术在直升机中的应用 [J]．直升机技术，2015（4）：20-23.

[45] 王智，等．激光主动照明成像技术 [J]．长春理工大学学报，2004，27（2）：31-34.

[46] 赵岩，等．激光距离选通成像同步控制系统的设计与实现 [J]．红外与激光工程，2005，34（5）：526-529.

[47] 武金刚，等．激光距离选通技术在微光成像系统中的应用 [J]．光学技术，2008，34（4）：630-632.

[48] 王祥科．小型化激光主动成像系统研究 [D]．长沙：国防科学技术大学，2006.

[49] 王冬梅，等．基于距离选通的激光主动照明技术的研究 [J]．微计算机信息，2006，22（7-1）：48-50.

[50] 刘晶红，等．机载环境中激光选通成像技术的发展 [J]．光机电信息，2010，27（1）：1-8.

[51] 张俊伟．距离选通激光主被动像信息融合技术研究 [D]．哈尔滨：哈尔滨工业大学，2016.

[52] 王寿增，等．激光照明距离选通成像技术研究进展 [J]．红外与激光工程，2008，37（9）：95-99.

[53] 范有臣，等．距离选通技术在运动目标激光主动成像中的应用 [J]．激光与红外，2015，45（2）：1427-1432.

[54] 张梓威，等．基于选通成像的新型激光告警技术 [J]．电子科技，2015（3）：1-3.

[55] 刘璐，等．高散射性介质环境中的激光主动成像技术 [J]．光学技术，2015，41（2）：43-47.

[56] 王书宇，等．便携式远距离激光选通成像系统研究 [J]．兵器装备工程学报，2018，39（9）：166-170.

[57] 张宇，等．多光谱探测与激光多光谱探测技术的进展 [J]．激光技术，2007，31（2）：188-191.

[58] 许洪，等．多光谱、超光谱成像技术在军事上的应用 [J]．红外与激光工程，2007，36（1）：13-17.

[59] 李越强，等．光谱成像技术在海上目标探测识别中的应用探讨 [J]．光学与光电技术，2015，13（1）：79-86.

[60] 杨华勇，等．机载蓝绿激光水下目标探测技术的现状及前景 [J]．光机电信息，2003（12）：6-10.

[61] 冯包根．蓝绿激光水下军事应用研究 [J]．舰船电子工程，1999（3）：55-59.

[62] 程藻．基于自适应后向散射滤波技术的激光雷达水下目标探测研究 [D]．武汉：华中科技大学，2016.

[63] 钟森城．激光水下目标成像关键技术研究 [D]．北京：中国工程物理研究院，2012.

[64] 张洪敏．机载激光雷达水下目标探测技术的研究 [D]．成都：成都电子科技大学，2010.

[65] 江飞．激光水下目标探测的研究 [D]．成都：西南交通大学，2008.

[66] 鲁刚，等．水下激光探测系统隐蔽性分析 [J]．激光杂志，2007，28（2）：80-82.

[67] 李哲，等．水下激光探测技术及其进展 [J]．舰船电子工程，2008，28（12）：8-11.

[68] 宗思光，等．水下目标的激光双波段探测技术 [J]．光通信技术，2008（10）：53-56.

[69] 史伟，等．激光雷达用高性能光纤激光器 [J]．红外与激光工程，2017，46（8）：1-5.

[70] 伊炜伟，等．战术机载激光武器 [J]．激光与红外，2018，48（2）：131-139.

[71] 张秀川，等．InGaAs/InP盖革模式雪崩焦平面阵列的研究 [J]．半导体光电，2015，36（3）：356-360.

[72] 侯丽丽，等．InGaAs/InP盖革模式雪崩光电二极管阵列性能一致性研究 [J]．半导体光电，2018，39（3）：326-331.

[73] 郑丽霞．盖革模式雪崩光电二极管阵列读出电路的研究与实现 [D]．南京：东南大学，2017.

[74] 王弟男，等．盖革模式雪崩光电二极管光子计数探测原理研究 [J]．激光与光电子学进展，2012（12）：1-5.

[75] 刘波，等．微脉冲激光人卫测距技术 [J]．红外与激光工程，2008，37（9）：234-237.

[76] 周天文，等．我国脉冲激光测距技术的发展 [J]．激光集锦，2002，12（1）：17-20.

[77] 曾飞，等．机载激光通信系统发展现状与趋势 [J]．中国光学，2016，9（1）：65-72.

[78] 宋延嵩，等．航空激光通信系统的特性分析及机载激光通信实验 [J]．中国激光，2016，43（12）：1-12.

[79] 李小明，等．机载无线激光通信对准-捕获-跟踪系统及动态飞行试验研究 [J]．兵工学报，2016，37（6）：1044-1051.

[80] 姜会林，等．机载激光通信环境适应性及关键技术分析 [J]．红外与激光工程，2007，36（6）：299-302.

[81] 付跃刚，等．机载激光通信系统的杂散光分析 [J]．仪器仪表学报，2006，27（6）：684-685.

[82] 陈鑫．用于机载激光通信的变焦系统设计 [D]．长春：长春理工大学，2008.

[83] 张元生，等．机载激光通信系统关键技术分析与试验验证 [J]．电光与控制，2017，24（10）：80-84.

[84]　任国光，等．美国战区和战略无人机载激光武器 [J]．激光与电子学进展，2017，100002（54）：1-11.

[85]　张笑颜，等．机载反导拦截武器的发展与思考 [J]．海军航空工程学院学报，2016，31（4）：467-474.

[86]　齐宇，等．国外机载激光武器技术进展 [C]．临近空间信息系统，2010年国防空天信息技术前沿论坛论文集，2010.

[87]　蔡猛．颠覆未来作战模式的空中利剑-机载激光武器系统 [J]．机载激光武器研究进展专刊，远望周刊，2017（3）：1-31.

[88]　张立群，等．机载激光武器系统的应用研究 [J]．飞机设计，2011，31（1）：77-80.

[89]　郭劲，等．机载激光武器技术发展探讨 [J]．光机电信息，2010，27（11）：1-6.

[90]　石艳霞．机载激光武器打击能力分析 [J]．中国航天，2007（5）：37-39.

[91]　袁天保，等．美国机载激光武器作战能力分析 [J]．红外与激光工程，2007，36（9）：71-74.

[92]　辜璐．机载激光武器回顾与发展 [J]．红外与激光工程，2006，35（10）：48-51.

[93]　余驰，等．机载激光武器系统作战应用研究 [J]．指挥控制与仿真，2011，33（3）：93-96.

[94]　任国光，等．机载激光武器的发展现状与未来 [J]．激光与红外，2005，35（5）：309-314.

[95]　伊炜伟，等．战术机载激光武器 [J]．激光与红外，2018，48（2）：131-139.

[96]　任国光，等．美国战区和战略无人机载激光武器 [J]．激光与光电子学进展，2017，100002（54）：1-12.

[97]　袁俊．美军机载"先进战术激光武器"取得重要进展 [J]．中国航天，2008（8）：40-43.

[98]　刘毅．机载战术激光武器关键技术探讨 [J]．航空兵器，2011（5）：43-46.

[99]　孙国正．固体 Ramen 激光器与 OPO 激光器比较 [J]．激光技术，2011，35（3）：338-342.

[100]　尹扬，等．运输机防御系统 [J]．动力系统与控制，2018，7（3）：232-238.

[101]　李超，等．机载光学告警与定向干扰一体化技术发展评析 [J]．航天电子对抗，2016（4）：22-25.

[102]　于鹏，等．国外大型军用运输机电子对抗系统装备现状及发展趋势 [J]．舰船电子工程，2016，36（4）：1-6.

[103]　孔东．相位法激光测距仪的研究 [D]．西安：西安电子科技大学，2007.

[104]　于彦梅．激光测距机及发展趋势 [J]．情报指挥控制系统与仿真技术，2002（8）：19-21.

[105]　羊毅，等．激光技术在武器系统中的应用 [J]．应用光学，2000（1）：5-8.

[106]　谭显裕．国内外军用激光测距仪的发展动向 [J]．红外与激光技术，1991（3）：6-13.

[107]　马燕．机载激光的应用与发展 [J]．科教文汇，2006（11）：193-194.

[108]　付伟．激光防护技术及其发展现状 [J]．航天电子对抗，2002（1）：43-46.

[109]　安瑞卿．美国空军飞行员激光眼保护 [J]．航空军医，1994，22（2）：120-121.

[110]　魏莉莉，等．我军机载光电对抗技术装备发展研究 [C]．第二届中国航空学会青年科技论坛文集（第二集），2006.

[111]　张元生．机载光电告警系统技术发展分析 [J]．电光与控制，2015，22（6）：52-55.

[112]　刘广荣，等．水下探测光电成像技术及其进展 [J]．光学技术，2004，30（6）：732-737.

[113]　沈兆国，等．高功率高重频中红外激光器 [J]．电光与控制，2018，25（11）：116-119.

[114]　潘俊旭，等．用于激光测距的小 F/♯ 接收光学系统设计 [J]．应用光学，2020，41（1）：18-23.

[115]　谢飞，等．红外搜索跟踪系统探测距离缩比测试方法 [J]．电光与控制，2019，26（4）：86-90.

[116]　陈国强，等．红外/激光/毫米波共孔径光学系统设计 [J]．电光与控制，2020，27（4）：98-102.

[117]　殷希梅，等．浅谈制导技术的应用与发展 [C]．首届兵器工程大会论文集，2017.

[118]　赵超，等．红外制导的发展趋势及其关键技术 [J]．电光与控制，2008，15（5）：48-53.

[119]　Titterton D H. A review of the development of optical countermeasures [J]. Proc. of SPIE，2014，5615：1-15.

[120]　陈宁，等．先进的机载红外诱饵对抗技术措施发展研究 [J]．航天电子对抗，2017（5）：27-31.

[121]　沈兆国，等．LD 泵浦 Nd：YAG 多波段激光器 [J]．应用光学，2013，34（5）：878-881.

[122]　刘宏博．多波长固体激光器的技术研究 [D]．长春：长春理工大学，2011.

[123]　涂遗，等．机载大功率半导体激光信标系统设计 [J]．应用光学，2012，33（6）：1161-1167.

[124]　陈长水，等．中红外光源研究进展 [J]．红外技术，2015，37（8）：625-633.

[125]　倪树新．新体制成像激光雷达发展评述 [J]．激光与红外，2006，36（9）：732-736.

[126]　刘博洋，等．新型固态化激光雷达技术综述 [J]．科技创新导报，2016（13）：64-67.

[127]　曹秋生．成像激光雷达的无人机载技术探讨 [J]．红外与激光工程，2016，45（10）：1-8.

[128]　赖旭东，等．机载激光雷达技术现状及展望 [J]．地理空间信息，2017，15（8）：1-4.

[129]　贺岩，等．国产机载双频激光雷达探测技术研究进展 [J]．激光与光电子学进展，2018，082801（55）：1-11.

[130]　卢炤宇，等．频率调制连续波激光雷达技术基础与研究进展 [J]．光电工程，2019，46（7）：1-14.

[131]　徐忠扬，等．调频连续波激光雷达技术进展 [J]．真空电子技术，2019（4）：18-26.

[132] 王鑫，等 . 机载激光雷达测深技术研究与进展 [J]. 海洋测绘，2019，39（5）：78-81.

[133] 蒙庆华，等 . 激光雷达工作原理及发展状况 [J]. 现代制造技术与装备，2019（10）：155-157.

[134] 吕琼莹，等 . 基于 MATLAB 的机载激光雷达扫描机构的研究 [J]. 长春理工大学学报（自然科学版），2014，37（4）：24-27.

[135] 张健，等 . 机载激光 3D 探测成像系统的发展现状 [J]. 中国光学，2011，4（3）：213-232.

[136] 王建宇，等 . 机载扫描激光雷达的研制 [J]. 光学学报，2009，29（9）：2584-2589.

[137] 梅风华，等 . 非声探潜技术在航空尾迹探潜上的应用 [J]. 电光与控制，2017，24（7）：62-65.

[138] 张承铨 . 国外军用激光仪器手册 [M]. 北京：兵器工业出版社，1989.

[139] Lucey P G，et al. An Airborne Long-wave Infrared Hypersoectral Imager [C]. Airborne Reconnaissance XXII. San Diego：International Society for Optics and Photonics，1998.

[140] 倪树新 . 新体制成像激光雷达发展述评 [J]. 激光与红外，2006，36（9）：732-736.

[141] 刘腾 . 航空反潜的现状和发展综述 [J]. 中国新通信，2019，21（08）：74-77.

[142] 许滔 . 航空探潜声纳的现状与发展 [J]. 声学与电子工程，2017（2）：53-55.

[143] 谢力波，等 . 航空反潜的新需求——高空反潜武器 [J]. 飞航导弹，2016（1）：40-43.

[144] 周坚鑫，等 . 美国海军航空磁探潜技术概况 [C]. 国家安全地球物理丛书（7）——地球物理与和探测，2011.

[145] 天鹰 . 航空反潜对当前中国海军的重要意义 [J]. 舰载武器，2008（3）：44-53.

[146] 翟文军，等 . 国外航空反潜火控系统的发展 [J]. 电光与控制，2003，10（4）：47-50.

[147] 欧阳绍修 . 固定翼反潜巡逻飞机 [M]. 北京：航空工业出版社，2014.

[148] 吴兴国，等 . 单光子测距回波特征研究与仿真 [J]. 电光与控制，2016，23（1）：33-38.

[149] 焦方金，等 . 军用 85 型与 88 型激光测距机比照 [J]. 轻兵器，2013：18-21.

[150] 吕亚昆，等 . 合成孔径激光雷达成像发展及关键技术 [J]. 激光与光电子学进展，2017，100004（54）：1-17.

[151] 陈千颂，等 . 激光飞行时间测距关键技术进展 [J]. 激光与红外，2002，32（1）：7-10.

[152] 吴剑锋，等 . 激光三角法测量误差分析与精度提高研究 [J]. 机电工程，2003，20（5）：89-91.

[153] 常城，等 . 激光三角法测量的误差研究 [J]. 中国科技信息，2006（23）：61-62.

[154] Burgarth V，Zhang C，Zeid A A，et al. Diode laser interferometer for absolute distance measurement [J]. Technisches Messen，2003，70（2）：53-58.

[155] 邵禹，等 . 单光子激光测距技术研究进展 [J]. 激光与光电子学进展，2021，58（10）：1-9.

[156] Degnan J J. Photon-counting multikilohertz microlaser altermeters for airborne and space borne topgraphic measurements [J]. Journal of Geodynamics，2002，34（3/4）：503-549.

[157] Marino R M，et al. High-resolution 3D iamging laser radar flight test experiments [J]. Proceeding of SPIE，2005，5791：138-151.

[158] 袁帅映，等 . 用于机载远程测距的单光子探测关键技术仿真研究 [J]. 电光与控制，2015，22（2）：80-84.

[159] 王天顺，等 . 可用于机载远程探测的单光子测距技术研究 [C].2017 量子信息技术与应用研讨会论文集 . 北京：中国电子学会 .

航空光学工程

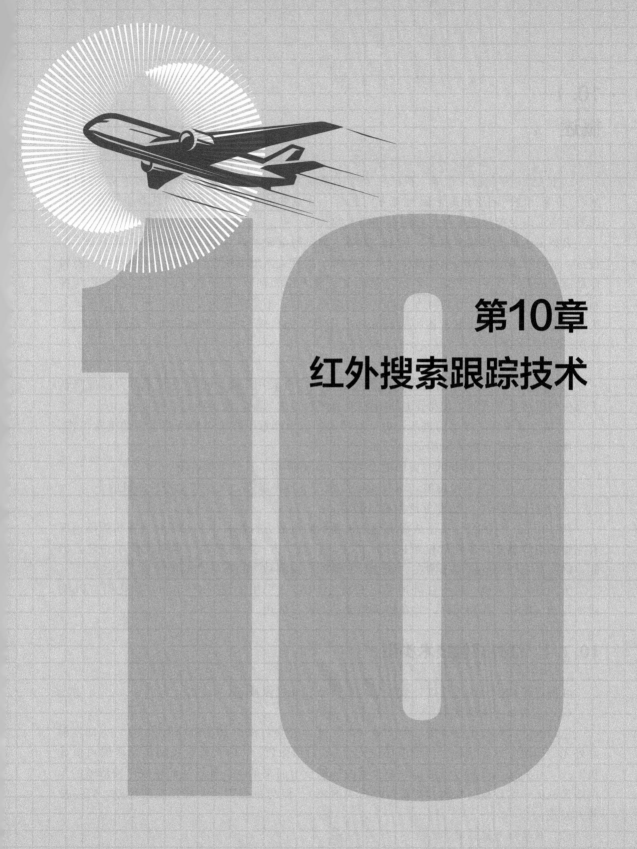

第10章
红外搜索跟踪技术

10.1
概述

20 世纪 80 年代前，作战飞机的主要探测系统是机载火控雷达（即微波雷达），在目标测距/跟踪、地图测绘和地形回避等方面起着十分重要的作用。火控雷达具有全天候工作、探测距离远以及能够完成多目标跟踪和攻击的优点。

火控雷达是有源探测方式，工作时需要主动发射电磁波，且源自峰值功率达数十万瓦的雷达，如同在黑暗的房间里按亮手电筒，在电子战日益激烈的现代空战中，很容易将自身目标暴露给敌人。从隐身考虑，雷达发射的电磁波无论如何降低强度，或多么谨慎管理与控制，雷达告警接收机接收到对方雷达发射的电磁波后，不但能定位发射源位置，而且与计算机数据库对比后还能确定雷达种类和战斗机型号，仍会成为敌方知悉我机行踪及方位的泄密源。

归纳起来，机载雷达探测的缺点是：

① 随着现代科技的不断发展，例如第四代战斗机采用了良好的隐身技术，大幅度降低了飞机的雷达反射截面，使得雷达的探测能力受到很大限制，探测距离急剧下降。

② 随着电子对抗技术的进步，电子战技术的应用严重干扰了机载火控雷达的正常工作，抗干扰能力弱的缺点越来越明显。

③ 飞机的高速巡航和低空突防能力为雷达探测形成了自然干扰屏障。

④ 雷达工作时发射电磁波，本身隐蔽性差，很容易暴露，无法达到隐身的目的。

⑤ 多目标探测时，角度分辨率难以满足要求。

新一代战斗机的设计及作战需求越来越强调躲避敌方探测，但又必须对战斗机周围情况有完整的态势感知。尽管战机可以采用"雷达静默"方式躲避探测，但只能偶尔为之，因此，确实需要解决电磁波探测在"躲避敌方探测和探测敌方目标"之间的矛盾。

美国首先在飞机上装备红外搜索跟踪系统 IRST，采用中波（3～5μm）硫化铅（PbS）或锑化铟（InSb）探测元件，并在机载领域迅速获得应用。

10.1.1 红外成像技术类型

红外成像技术分为主动红外成像技术和被动红外成像技术。

（1）主动红外成像技术

主动红外成像技术是利用红外光源（卤素灯、LED 红外灯和 LED 阵列芯片）主动发射红外光"照明"外界景物，使用低照度 CCD 黑白摄像机、"白天彩色夜间自动变黑白摄像机"或"红外低照度彩色摄像机"接收周围环境反射回来的红外光，从而获取比较清晰的黑白图像画面，实现夜间探测和跟踪（参考第 8 章）。但与机载雷达一样，隐蔽性差，容易被敌方发现。

（2）被动红外成像技术

被动红外成像技术是基于目标与背景红外热辐射所产生的热对比之差成像，即利用辐射测温技术接收目标发射的红外辐射，并通过光电转换和信号处理技术，将温度分布图像转换成视频图像，形成目标可视图像显示输出。

根据获取目标方式，被动红外成像技术分为光机扫描型和凝视成像型两种类型。

① 光机扫描型红外成像技术。红外成像系统研发初期，由于没有面阵列探测器或者说仅要求对较远空中目标进行广域搜索。为了适用于系统本身瞬时视场较小而又需要大视场观察的情况，通常利用光机扫描方式将景物图像进行分割，通过行扫或列扫相结合方式获得整个图像。由于对红外探测器性能要求较低，20 世纪 70 年代后，光机扫描型成为主要的红外成像系统。缺点是光机系统结构复杂、体积较大、可靠性低和成本较高。

② 凝视型红外成像技术。随着半导体工艺和新型红外探测器技术的发展，凝视型焦平面阵列探测器（包括制冷型和非制冷型）研发成功并迅速得到应用，取消了光机扫描系统，并将前置放大电路集成在探测器阵列上。尤其是制冷凝视型红外成像系统具有很高灵敏度和较强抗干扰能力，非常适合应用于军事领域（包括机载光电系统）。

（3）被动红外成像技术的特点

与主动式红外成像技术相比，被动式红外成像技术的特点是：

① 被动探测方式，可以辅助火控雷达探测空中目标。

② 采用陀螺机构稳定光学头部，可以获得高精度的目标角分辨率。

③ 加装激光测距机（例如俄罗斯的机载 IRST 系统），克服了早期 IRST 系统只能提供目标角度而无法提供目标距离的缺点。

10.1.2　机载红外搜索跟踪技术

红外搜索跟踪（infrared search and track，IRST）技术是被动式红外成像技术在机载领域的典型应用，与机载激光测距机和头盔瞄准具构成了一套完善的独立于火控雷达之外的机载光电火控系统。其中，IRST 系统提供目标角度数据，激光测距机提供目标距离数据，头盔瞄准具提供搜索指令，并可以计算出武器投放参数。

机载红外搜索跟踪技术可以独立地对目标进行探测和跟踪，也可与其它机载传感器（例如雷达）配合使用，提供稳定可靠的性能。一方面与雷达形成互补探测，另一方面随着对现代战机反隐身作战要求的提高，逐渐成为主探测设备，通过双机协同方式或与其它传感器协同配合模式，降低或取消雷达使用频率，提高本机的隐身探测能力。

另外，在应对具有低雷达截面特征的目标或者工作在雷达干扰的应用场景中时，IRST 能够继续以其标准性能工作而不会受到干扰，因而可以提供高质量的红外图像，实现对飞机目标的高精度角跟踪。

① 根据应用不同，军用红外搜索跟踪系统分为机载红外系统、舰载红外系统和地基红外系统等。较典型的机载红外搜索跟踪系统包括：美国 AAS-42 红外系统，瑞典 IR-OTIS 红外系统，俄罗斯 OEPS-29 系统，以色列 SPIRTAS，法国 VAMPIR-MB、SPIRAL、VAMPIRML11，以及意大利 SIR-3 系统等。

机载红外搜索跟踪系统，除设计有红外成像系统外，还设计有激光测距系统和控制系统。工作方式类似于机载雷达，即通过反射镜扫描方式搜索、发现、截获和自动跟踪空中目标，因此也称为"机载光电雷达"。

红外搜索与跟踪系统扫描空域的方式与雷达相近，发现敌踪时会在显示器上呈现目标的位置及相关信息；操作方式也与雷达相近，飞行员可设定仅跟踪特定目标，或仅扫描疑有敌机出没的特定方向。

由于飞机上同时装备有机载火控雷达和红外搜索跟踪系统。一般情况下，作战时使用雷达，其它时间使用红外搜索跟踪系统，并利用激光测距仪获得目标距离等信息，保证在敌机毫无察觉下发现对方，从而使我机进入有利位置，在接战时能多出宝贵的几秒，拥有前所未有的空战优势。当敌机大举编队来袭时，能比雷达更快提供各架飞机的位置，并精确跟踪移动目标。另外，可以与其它传感器获得的信息相融合，进一步强化飞行员的态势感知，使其在较远距离就能探测、识别、接战敌对目标，拥有"先敌发现和先敌射击"的先发制敌能力。

②根据对目标跟踪方式，机载红外搜索跟踪系统分为热点式和热像式两种类型：

a. 热点式红外搜索跟踪系统。由于空中目标相对较少，背景简单，成像需求小于对地面搜索，因此，主要针对空中热点目标探测（例如发动机喷口），只能显示目标的红外辐射能力，不能反映目标的实际结构与形状。目标（飞机或导弹）在空中飞得越快，表面温度越高，IRST 对目标的探测距离就越远。

b. 热像式前视红外（forward looking infrared，FLIR）系统。一种快速实时显示的红外成像系统，主要用于对地面目标的探测。

由于地面目标众多、地质地形背景复杂，驾驶员无法根据目标的热点去识别目标，因而需要采用图像跟踪式红外系统探测、捕获和识别目标。

该系统最初安装在飞机机头下方，以前视方式获取飞机前下方地面目标的红外（8～14μm 长波）图像，因此称为"前视红外系统"，主要应用于机载空地火控系统和夜间导航系统中，例如 F-16C/D 和 F-15E 飞机上夜间低空导航和瞄准红外系统（参考第 11 章）。

机载红外搜索跟踪系统是小型无人机最常见的基本任务执行单元，体积小、质量轻，可以使无人机在昼夜和恶劣天气条件下进行拍照，转换成数字信号并通过数据链及时传递给地面，完成目标监视和捕获任务，且不易被发现。与大型飞机相比，无人机上安装的光电/红外搜索跟踪系统承受的震动较小，而且距离目标近得多，能获得更清晰图像，成为新的需求重点。因此，正朝着以下方向发展：

Ⅰ. 小型化和模块化。

Ⅱ. 兼有目标指示和测距功能。

Ⅲ. 缩短目标搜索周期，提高武器系统的反应能力。

Ⅳ. 将多机动目标跟踪系统（包含多探测器数据融合技术和群跟踪技术）与人工智能技术相结合，形成人工智能型多目标跟踪系统。应用人工神经网络理论作为机动多目标跟踪问题的有效手段，对改进现代智能电子系统，特别是军用探测和电子战设备的战术技术性能可以发挥重大作用，甚至带来突破性的进展。

表 10-1 列出几种常用机载探测跟踪系统的技术性能。通过比较可以看出，被动红外成像系统可以昼夜工作且具有一定透烟尘/雾霾成像能力，并且具有结构简单、体积小、重量轻、分辨率高、隐蔽性好和抗干扰能力强等优点，备受机载领域重视。

表 10-1　几种常用机载探测跟踪系统的技术性能

系统类型	优点	缺点
雷达成像	1)全天候,受大气影响小。 2)远距离工作。 3)具有测距能力	1)结构较复杂。 2)主动式工作。 3)成像清晰度较差
可见光电视成像	1)被动工作。 2)分辨率很高	1)对气候较敏感。 2)只能白天工作。 3)工作距离有限

系统类型	优点	缺点
红外成像	1)有主动式/被动式两种工作方式。 2)气候适应性强。 3)可以昼夜工作。 4)分辨率较高	1)没有测距能力。 2)易受浓雾影响。 3)黑白图像
激光成像	1)具有测距能力。 2)气候适应性强。 3)分辨率较高	1)结构较复杂。 2)搜索目标较困难。 3)主动式工作

10.1.3 机载红外搜索跟踪技术的特点

随着光电探测技术的发展，在机载火控系统中的应用形式也是多种多样。基本上可以分为五大类型：雷达搜索跟踪技术、激光搜索跟踪技术、电视搜索跟踪技术、红外搜索跟踪技术和组合式搜索跟踪技术。

与雷达、主动红外成像和激光探测一类主动搜索跟踪技术相比，被动红外成像技术的最显著特点是依靠目标本身的红外热辐射成像，无需辅助光源照射目标，因而隐蔽性好和抗干扰能力强，不会给敌方泄露任何信息，在静默中完成搜索、探测和跟踪。

与可见光观察/瞄准设备相比，被动红外成像系统的工作波长比可见光大许多倍（长波红外，约大10~20倍），因此，透过烟雾和尘埃的能力较强，能够在昼夜和恶劣气候环境下工作，具有良好的伪装目标识别能力，因此，作用距离远、成像质量高和识别能力强，在军事领域展现出卓越性能，成为机载航电设备很重要的组成部分。

与微光夜视技术相比，被动红外成像技术成像质量与环境光照度关系不大，受战场环境下强光和闪光干扰的影响较小，可以昼夜工作。主要依靠目标与背景之间的温差和发射率差所形成的红外辐射特性完成目标的探测和识别，并能快速识别伪装隐蔽的目标。由于拥有完整的软件系统、实时图像处理与运算能力以及迅速和清晰的成像能力，从而能获得更优的像质。

归纳起来，机载红外搜索跟踪系统具有以下特点：

① 被动探测，隐蔽性好。现代战斗机均装备有雷达报警与干扰装置，可以指示雷达波的探测方向，并干扰雷达的工作；但是，又因雷达为主动工作方式，无法隐去自身存在及方位，隐蔽性较差。

机载红外搜索系统采用热点跟踪红外成像方式，通过探测目标的红外辐射实现对目标的搜索和跟踪。由于以被动方式工作，不发射电磁波，也无需人工红外辐射源照射，因此，隐蔽性强，提高了飞机的生存能力。

② 抗干扰能力强。机载红外搜索跟踪系统具有不易受到电磁干扰的优点，在强电子干扰环境下，可以代替或辅助火控雷达搜索/跟踪目标。另外，红外（尤其长波红外）波长比烟雾颗粒直径大，具有较强的抗烟幕干扰能力。

③ 全天候工作。可以在昼夜和雾霾雨雪环境中工作。但在太阳直射或者不良气候条件下，作用距离会降低。

④ 具有较强的识别伪装能力，例如，可以揭露各种军事伪装，"透过"伪装网看清目标或者发现军事人员或车辆活动过后又撤离的地区。

⑤ 增大探测概率。隐形飞机可以吸收雷达发射的电磁波，是隐身的，但本身仍要向外辐射红外线，因此，对于红外搜索跟踪系统，其隐形性能大大降低。另外，在目标飞机高速飞行环境下，速度越快，高度越高，飞机的蒙皮气动热辐射越强，被探测到的概率更高，因而，探测距离更远。

⑥ 较好的低空/地面探测能力。与高空相比，地面/海平面对电磁波具有更强的反射作用，使低空/地面的电磁波背景更为复杂，因而利用传统雷达技术区分背景和目标更为困难，相对而言，红外成像系统具有较好的低空/地面探测能力。

一般来说，红外成像技术可以全天候（昼夜和雾霾雨雪全天时）工作，对于雾霾雨雪等恶劣天气具有较强的穿透力，因而具有更远的作用距离。

用于地面观察，一般可在 1000m 距离识别人，2000m 距离识别车辆。

用于空中侦察，在 1500m 高度上可发现地面单兵活动；在 20km 高空可侦察到地面人群和车辆，并能通过水面航迹与周围海水的温差探测水下 40m 深处潜艇；在 200km 卫星高度可探测地面大部队集结与调动，以及查明伪装的导弹地下发射井和战略导弹的发射动向。

用于水面侦察，可发现 15～20km 远处的舰艇。

用于对空观察，可对 20～30km 距离上的飞机进行跟踪。

当然，具体性能应根据机载红外搜索跟踪系统所采用的相应技术确定。

⑦ 角分辨率高。角分辨率与探测器的像元数和光学系统焦距有关。若焦距一定，像元数越多，像元尺寸越小，角分辨率越高。

普通红外成像系统分辨率可达 0.1mrad，能识别前方几十公里到几百公里远的目标（飞机和舰船）形状以及人造和模拟假目标，远高于火控雷达技术。

⑧ 具有多目标跟踪能力。

⑨ 工作波长短，系统功耗、体积和重量较小，可靠性较高，成本低。

⑩ 探测距离较近。波长较短，在大气传输过程中，大气散射、反射和吸收造成能量衰减较严重，尤其迎头探测目标时，探测距离仅有 100km 左右，远低于火控雷达的探测距离。

若飞机高空（高于 4500m）飞行，大气稀薄，影响会小。

⑪ 无法直接测量目标距离，需要借助雷达或者激光测距仪完成。

10.2
机载红外搜索跟踪系统的发展过程

1800 年，英国天文学家 F. W. 赫谢尔（Friedrich Wilhelm Herschel）使用水银温度计作为探测器，发现了超出可见光区域并能散发热量的光谱区域，并且在相当长的时期内一直使用"不可见光线""热谱线""致热线""暗热"等术语表述这种新谱线。

1830 年，相继研制出温差电偶热敏探测器和测辐射热计等探测器，并利用热敏红外探测器逐渐认识到红外辐射的特性与规律，即"电磁波谱的一部分"。

1940 年前后，以硫化铅红外探测器为代表的光电型红外探测器问世，才真正形成现代的红外技术。

20 世纪 50 年代，半导体物理学的迅速发展，进一步推动了光电型红外探测器的进步。

20 世纪 60 年代，分别研制出适应三个重要大气窗口（近红外 1～3μm，中波红外 3～

$5\mu m$ 和长波红外 $8\sim14\mu m$）、性能优良的红外探测器，被动式红外热成像技术已经应用在民用和军事领域。初期，主要应用于陆军部队，逐渐发展到海军和空军领域，成为机载领域各种飞机在昼夜以及不同气候条件下对目标进行侦察、监视、预警和跟踪的重要手段，已经从近红外波长扩展到中波红外和长波红外光谱，从夜视观察扩展到昼夜全天候探测，目标截获/识别距离达几十公里以上（例如，美国 F-16 飞机，截获距离 60km，识别距离 30km）。

机载红外搜索跟踪技术的发展与红外探测器的发展密切相关，经历了单元红外探测器件、线阵红外探测器件和面阵红外探测器件三个发展阶段。

10.2.1　单元 PbS 红外探测技术

第一阶段（1950～1970 年），IRST 主要作用是夜间近距离简单态势感知，采用单元 PbS 探测器。

20 世纪 50 年代中期，美国为 F-104 飞机研制成功热成像目标方位仪，是第一个利用单元硫化铅（PbS）红外探测器的 IRST。由于只能探测飞机发动机尾喷口的红外辐射，探测距离短，抗干扰能力差，因此，随着 F-104 飞机的退役而很快被淘汰。

20 世纪 60 年代，美国空军 F-101B "巫毒"（Voodoo）及 F-102 "三角剑"（Delta Dagger）战斗机率先安装了真正意义的红外搜索与跟踪系统。典型产品是美国麦克唐纳公司（Mc. Donnal）为海军 F-4B 研制改进的 R1137/AAA-4 红外搜索跟踪系统，安装在飞机机头下方。由于受到当时信号/数据处理技术的限制，无法独立完成搜索和跟踪，因此，采用两个单元光伏型锑化铟（InSb）探测器（工作波段 $3\sim4.5\mu m$），其中，矩形探测器用于目标搜索，圆形探测器用于目标跟踪，配合机载雷达工作，弥补火控雷达的不足，对高空高速目标具有全方位探测能力，对发动机尾喷口的探测距离大于 30km，提高了飞机和火控系统的隐蔽性和抗干扰性。

早期 IRST 的特点表明，这类设备只是一种带有简单目标提示或跟踪处理功能的红外摄像机。采用单元红外探测器，液态氮制冷，结构简单，但不能精确测距，无法独立完成目标搜索跟踪任务，难以作为火控瞄准系统使用，尤其是对空中移动目标，所以，只能辅助火控雷达工作。

研究表明，红外探测器像元数目增大 N 倍，温度灵敏度可以改善 $\sqrt{N}$ 倍、视场增大 N 倍或者帧频提高 N 倍。例如，若要求提高 40% 的识别距离，探测器的像元数应增加到原来的 10 倍。若探测距离提高 1 倍，则探测器像元数应当增加 100 倍，即达到 $10^3\sim10^4$ 个。由于杜瓦瓶的结构和工艺难度问题，设计和使用 200 像元以上的杜瓦瓶是不可取的，即使继续增加像元数，系统性能也不会继续提高。

半导体技术的进步和微电子工艺的研发成功，使集成电路制造工艺有了长足发展，微电子技术应用于红外探测器而使红外焦平面阵列技术（IRFPA）的应用成为现实，为第二代红外探测器的发展带来机会，4×240、4×288、4×480、4×576、4×768 和 4×960 元 CMT 探测器是典型代表。其中，也包括个别小像元数的凝视焦平面探测器（例如 320×240 像元 InSb 探测器）。

10.2.2　多元线阵列红外探测技术

第二阶段（1970～2000 年），IRST 特点是：采用多元线阵列和斯特林循环制冷方法提高了探测器的灵敏度和数据处理速度，增加激光测距装置以及利用机载计算机存储/跟踪目标位置实现多目标跟踪功能，完成昼夜近距格斗。但对于包括太阳/大气辐射的自然（红外）干涉，只能采用增加光学系统通光孔径的方法以尽可能多地会聚目标信号来增大探测距离。

（1）研发过程

20世纪70年代，中距和远程空空导弹出现，随之要求IRST具备更远的探测距离，特别是对目标的迎头探测。微电子集成电路和多元线列探测器的发展，使各国有条件研发工作波段3～5μm、8～12μm或者双波段兼有的新型IRST系统，其特点包括大搜索范围、远距离目标自主捕获、获得高质量图像、在所有作战条件下具有极低的虚警率、能完成被动距离估算以及同其它机上传感器和武器系统综合。

20世纪70年代末，美国休斯公司为海军F-14A"雄猫"（Tom cat）飞机研制的AN/AWG-9红外分系统是该类产品的典型代表。

该系统采用8元锑化铟红外探测器，工作波段3～4.8μm，能够作为一个系统独立完成搜索跟踪任务，其技术性能设计值是：

① 搜索范围：方位±65°，俯仰−80°～+59°。
② 高空迎头探测距离190km，低空为24km，尾追探测距离330km。
③ 采用光机扫描方式和复杂的机电伺服机构。
④ 系统体积和重量较大。

该系统的设计是针对苏联低空突防的轰炸机和反舰导弹，因此，圆柱形IRST安装在机头下方中心线处，如图10-1所示。

图 10-1 F-14A 飞机的 AN/AWG-9 红外搜索跟踪系统

但实际应用中发现，性能达不到设计指标，探测距离无法达到数百公里的设计值，并且，从背景杂波中检测出目标也较困难。

1981年，通用电气公司开始研制新型IRST。1992年，为海军F-14D战斗机研制成功AAS-42 IRST，安装在飞机机头下方的吊舱内。采用长波红外工作波长（8～12μm），晴朗时能在185km距离上探测机身摩擦产生的红外特征信号。该系统可以配合AN/APG-71雷达从各个方向对目标进行探测，而非看到加力燃烧室尾烟的位置才能探测到目标，并提供红外图像供飞行员进行目标识别。AAS-42的窄束和固有抗干扰能力证明其在入侵评估方面十分宝贵，甚至可以对抗正在机动入侵和实施干扰的密集目标。

1991年，英国开始FIRSTSIGHT计划，在"旋风"实验飞机上进行了IRST（包括瞄准和稳定子系统PSM、热成像系统TIS和信号处理装置SPU）的飞行试验，采用长波红外碲镉汞探测器，具有搜索、捕获和单目标跟踪三种工作模式。1993年12月，交付使用。

1998年，瑞典萨博公司（Saab）研制的IR-OTIS系统在"萨博"JA-37飞机上进行飞行试验。采用大视场和小视场两种工作方式（大视场IRST方式和小视场FLIR方式）、工作波段8～12μm、能够提供昼夜被动态势感知，并向飞机的火控系统传送目标数据。该系统既可实现昼/夜条件下的空空目标搜索跟踪，也可用于对地侦察和攻击。

法国在"阵风"战机机首风挡玻璃前面安装了"前扇区光学系统"（FSO），能够通过红外成像、TV 影像识别、激光测距等手段对目标进行搜索，功能更全面。如图 10-2 所示，既可作为传感器单独工作，也能与诸如雷达、SPECTRA 自保护系统及导弹的导引头交联使用。生成的图像显示在主显示器或中间显示器上。在 6000m 高空的空空模式下，红外探测距离 130km，激光测距 33km，电视探测距离 45km 以上。

图 10-2　安装 FSO 的"阵风"飞机

机载红外搜索与跟踪系统虽然于 20 世纪 60 年代为美国空军研发（首先安装于美国 F-101B "巫毒"和 F-102 "三角剑"战斗机），但通常认为，全球第一个安装现代化红外搜索/跟踪系统（俗称为"光电雷达"或光电指示仪）的战斗机是米格-29，如图 10-3 所示。

(a) F-101B飞机装备的IRST　　　　(b) 米格-29飞机装备的IRST

图 10-3　机载红外搜索跟踪系统

苏联苏霍伊设计局为苏-27SK 和米格-29 飞机分别设计了 OEPS-27 和 OEPS-29 光电雷达，二者工作原理和结构基本相同，从技术上讲，都属于第二代 IRST 范畴，主要区别是 OEPS-27 探测距离较远和视场较大，体积较大且较重，如图 10-4 所示。

(a) OEPS-29　　　　　　　　　(b) OEPS-27

图 10-4　苏联研制的红外搜索跟踪系统

苏-27 和米格-29 飞机是当时苏联最先进的空中歼击机。火控雷达和光电瞄准系统（OEPS）同时搜索目标，并通过红外方位仪（或 IRST）/激光器通道实现静默目标指示和交战，机动作战过程中扩展搜索、跟踪和目标指示，包括指示 AAM 导弹对付选中的目标。

以苏-27 光电瞄准系统（OEPS）为例，由红外方位仪、激光测距仪和头盔目标指示器综合组成一个机载火控系统，具有对空/地测距功能。红外方位仪与激光测距机采用共光路（共轴）光学系统（俗称"光电雷达"），结构紧凑，减小了体积和重量，又可同步跟踪目标，尤其在近距离格斗时非常具有优势，确保激光束精确地照射目标和测定目标距离。

激光测距机的工作波长 $1.064\mu m$，采用 64 元锑化铟（InSb）红外探测器（工作波长 $3 \sim 5\mu m$）的前扇区光学系统具有较大的瞬时视场，同时省去平台稳定系统。由于融合了激光测距机和头盔瞄准具，因此，除了将信息显示在 HUD 上，头盔瞄准具（HMS）也能显示 HUD 上的信息，用以控制 IRST，同时提供火控参数和使导弹具有大的离轴发射能力。

红外搜索跟踪系统安装在飞机座舱风挡前面，在晴朗天气下，雷达无需开机即可完成目标搜索与跟踪，避免辐射雷达波而提高隐身效果。探测距离可达 27km，近距离格斗中尾后探测距离达 100km。

表 10-2 列出 OEPS-29 和 OEPS-27 红外搜索跟踪系统的技术性能。

表 10-2　苏联 OEPS-27 和 OEPS-29 的技术性能

参数			OEPS-27	OEPS-29
探测器			64 元线列锑化铟	
探测距离 /km	红外	高空目标	迎头探测距离约 50	15
		低空目标	探测距离约 15	
	激光		8	
扫描范围 /(°)	方位		±60	±30
	俯仰		−15～+60	−15～+30
视场范围 （搜索模式）/(°)	宽视场		60×10	
	中视场		20×5	
	小视场		3×3	
跟踪速度/[(°)/s]			25	
系统重量/kg			175	78

配合载机的改进和发展，在 OEPS-29 基础上，为米格-29SM 和米格-29SMT 飞机研制了改进型红外搜索跟踪系统 OLS-13S 和 OLS-13SM［也称为"光学定位系统"（optical locator station，OLS）］，如图 10-5 所示。

该系统由扫描式红外探测仪（红外探测器 SH52 代替了 SH36）、激光测距仪、综合监视系统以及内置式测试系统组成，OLS-13SM 探测系统设计有人工蓝宝石整流罩、新型护目式激光测距仪。目标探测和跟踪距离更远，可靠性更佳，尺寸及重量都有减小。

图 10-6 是苏-30MKK 飞机安装的改进型红外搜索系统 OEPS-30I（31E-MK）。

（2）技术性能

在该阶段，IRST 具有以下技术特征：

① 采用 4N 型线列红外探测器和斯特林制冷方式，增加了探测灵敏度，增大了探测距离，能够全方位进行探测。

② 功能上与火控雷达分离，作为独立系统，分别监视不同的空域，可以单独完成目标搜索跟踪任务，尤其适合搜索高空和高速截击机目标。

③ 采用集成电路技术，提高数据处理速度。

图 10-5　米格-29SM 配装的 OLS-13SM

图 10-6　苏-30MKK 配装的 OEPS-30I IRST

④ 分辨率可达 1mrad，指示精度达几个 mrad。

⑤ 目标识别距离约 3～6km。

⑥ 为了具有更高的空间分辨率，采用一维光机扫描方式以扩大搜索范围，因而需要复杂的机电伺服机构，造成体积/重量较大，影响可靠性。

红外扫描成像包括五种模式：串扫模式、并扫模式、串-并扫模式（光机串扫-电子并扫）、微扫描模式（光学机械-电子扫描）以及无光机扫描的凝视模式（电子扫描）。表 10-3 列出四种扫描方式的技术性能。

表 10-3　扫描成像方式的性能比较

项目		串扫	并扫	串-并扫	微扫描
光机扫描器	工作方式	行扫和帧扫	当探测元数等于扫描行时，只有一维	行扫和帧扫	扫描范围只有一个探测元
	复杂性	复杂	较复杂	一般	较复杂
	速度/控制	扫描速度高,控制简单	扫描速度低,控制要求高	速度一般,控制较简单	复杂
探测器	非均匀性要求	低	高	二者之间	高
	非均匀校正装置	简单	复杂	复杂	（低端）简单,（高端）复杂
	布局	像元排列与行扫方向一致	像元排列与行扫方向垂直	二维面阵	二维阵列
	像元数	阵列较短,像元较少	阵列较长,像元较多	（一代）较多,（二代）更多	少于凝视型
	封装/制冷	小冷指杜瓦封装和小功率制冷机,成本较低	大冷指杜瓦封装和大功率制冷机,成本较高	大冷指杜瓦封装和大功率制冷机,成本较高	大冷指杜瓦封装和大功率制冷机,成本较高
电子学	频带与范围	宽,对 $1/f$ 噪声不敏感	窄,对 $1/f$ 噪声敏感	中等,介于二者之间	较窄,对 $1/f$ 噪声敏感
	电路	简单,需要进行 TDI 处理	复杂	复杂,既需要进行 TDI 处理,又需要配置前置放大器	很复杂,需要专用驱动电路,将并行信号转换为串行信号

项目		串扫	并扫	串-并扫	微扫描
图像	显示处理	直接处理少数通道的串行视频信号	需要将多路输出信号进行读出和转换	处理方式同于并扫,但复杂程度低于并扫	直接处理少数通道的串行视频信号,需要增加为扫描图像的合成
	像质	均匀性好,对非均匀性校正要求低	均匀性好,对非均匀性校正要求高	均匀性好,非均匀性校正要求一般	均匀性很好,非均匀性校正要求高
系统制造工艺复杂性		低	高	较高	很高

表 10-4 列出一些国家研制的红外搜索跟踪系统的技术性能。

表 10-4 典型机载红外搜索跟踪系统的技术性能

制造商	型号	工作波段/μm	搜索范围/(°)	探测距离/km	装备飞机	主要用途
美国休斯公司	AN/AWG-9(设计值)	3.5~4.8	方位±65,俯仰-80~+59	迎头:低空24,高空190,高空尾后330	美国 F-14A	增加雷达抗干扰能力,可以独立被动探测目标
美国通用公司	AN/AAS-42	8~12	—	晴朗天气:185	美国 F-14D,挪威 F-16	远距离隐蔽探测,同时跟踪多目标
意大利菲亚尔公司	PIRATE系统	8~12	±30	战斗机:74	欧洲战斗机	辅助 ECR90 雷达探测,多目标跟踪
法国汤姆逊公司	OSF系统	3~5,8~12	—	—	法国"阵风"战斗机	辅助雷达测定目标,引导激光测距
俄罗斯自动化设计局	热定向器	3~5	方位±60,俯仰:+15~+60	迎头:10,尾后:50	苏-27/30,米格-29	增加雷达抗干扰能力,被动探测目标

10.2.3 凝视制冷型焦平面阵列红外探测技术

第三阶段（2000 年后），IRST 采用凝视型焦平面制冷红外探测器。探测和识别目标距离远，分辨率高，支持超视距攻击和态势感知；探测/跟踪速度快；宽视场（分布式 IRST 可以达到 360°水平全景视场范围）；可以选择单波段/双波段红外探测技术；多目标探测/跟踪；多传感器融合，使截获概率大大提高。主要技术性能包括：

① 采用大面阵高密度 FPA；像元数 1024×1024~2048×2048。

② 像元间距：<18μm。

③ 有效像元率：99%。

④ 工作温度：120~180K。

⑤ NETD：1~5mK。

⑥ 不均匀度小于 1/2 NETD。

⑦ 无需扫描机构。

⑧ 采用多功能读出电路和相应的算法软件，动态范围大。

之前研发的 IRST 都是非成像系统，只是探测到目标而无法识别目标。20 世纪 80 年代，以美国为代表提出并成功研发出凝视型焦平面 IRST 系统。这种概念与上述 IRST 有根本不同：线性阵列 IRST 使用扫描和较小幅面红外焦平面阵列检测和跟踪敌人的飞机和导弹；凝视型 IRST 采用非扫描型传感器，具有更高性能，结构更紧凑、更轻便和更好的安装灵活性，在杂波抑制、频率更新、较长集成时间和多帧检测技术方面都具备潜在优势，可以支持远程探测和杂波环境下具有大视场（FOV）低误警率的目标跟踪。此后，对机载红外搜索跟踪系统既要求探测距离远，又要求具有识别和辨认目标的能力。

案例一，美国吊装式 IRST 系统。

20 世纪 90 年代，为了提高第三代战斗机和三代改战斗机在复杂电磁干扰环境下对空目标的探测能力，国外开始在这些飞机上加装红外搜索跟踪系统。由于老式飞机机体结构限制，同时，为了尽量减少对飞机空气动力学性能的影响，大多采用吊装方式（称为吊舱式红外搜索跟踪系统）。

（1）AN/AAS-42 吊装式 IRST 系统

1990 年，美国洛克希德-马丁公司研制的吊装式 AN/AAS-42 型 IRST 系统加装在 F-14D 飞机上，由两个外场可更换组件构成——安装在飞机机首下方的传感器头部和座舱后面的电子设备，如图 10-7 所示。该系统安装在机头下方，除了设计有 IRST（右侧）外，还安装有电视摄像机（左侧）。此系统可以独立工作，也可以配合雷达对目标进行探测跟踪，并提供红外图像使飞行员识别。

图 10-7　F-14D 装备的 AN/AAS-42 型 IRST

该系统采用 128×128 元锑化铟双波段凝视型焦平面阵列器件，将红外器件和 CCD 等信号处理电路集成在一块芯片上，一次完成成像探测、积分、滤波和多路转换等功能。光学孔径和处理能力的增加提高了探测距离和截获概率，在晴朗天气下，可以迎头探测到 185km 以外飞机蒙皮摩擦产生的红外特征信号。

F-14D 飞机加装 AN/AAS-42 型 IRST 是针对俄罗斯图-22M "逆火式" 远程轰炸机上强大的电子战装备。当战斗机的火控雷达被图-22M 干扰失效时，仍可利用红外搜索与跟踪系统引导 AIM-54 "不死鸟"（Phoenix）导弹拦截，因此，探测距离必须超过 150km，以保证飞机在护航战斗机所携带的强大电磁干扰机的严重干扰下仍能够正常工作。

（2）舰载机吊舱式 IRST 系统

F/A-18E/F 舰载喷气式歼击-轰炸机（超级大黄蜂）上的吊舱式 IRST 系统是一种长波红外探测系统，红外图像显示在驾驶舱显示器上，从而为飞行员提供对远距离探测、识别和攻击敌方目标的机载态势感知能力。光学系统主要由球形整流罩、扫描物镜、1/2 扫描机构、三次成像望远系统、视场变倍系统组成。工作波长 7.7～10.3μm，可以减少背景反射光干扰，对目标和背景的微小温差很灵敏，具有探测距离远、分辨率高和多目标搜索跟踪能力。图 10-8 和图 10-9 分别是美国 F-15K 和 F/A-18E/F 飞机的 IRST。

图 10-8　美国 F-15K 飞机加装的吊舱式 IRST 系统

图 10-9　美国 F/A-18E/F 飞机加装的吊舱式 IRST 系统

案例二，俄罗斯 OLS-35 红外搜索跟踪系统。

俄罗斯乌拉尔光学机械厂（Urals Optical and Mechanical Plant）为苏-35 战斗机研制出最新机载红外搜索跟踪系统 OLS-35（相当于美国的 AN/AAS-42 系统），采用大面积红外焦平面阵列，既能与雷达同时搜索目标和实现静默目标指示，也可在机动作战中搜索、跟踪和指示目标，如图 10-10 所示。

图 10-10　俄罗斯 OLS-35 IRST 系统

该系统强化了全方位搜索、探测、跟踪目标能力，设计有扫描式红外探测系统、白天电视系统（识别空中及地面目标）、多模式激光测距/目标指示仪、全视野稳定系统以及综合式监视屏幕。激光测距/目标指示仪可精确测量斜距离，将角度及距离传输给光电瞄准导航系统，为中程空空导弹的发射及机炮射击指示目标。

OLS-35 型光电瞄准系统（OEPS）的技术性能包括：

① 扫描范围：方位±90°，俯仰-15°～+60°。

② 迎头探测距离：90km；地面目标（最远）探测距离 30km。

③ 激光测量距离：20km。

④ 重量：80kg。

图 10-11 是米格-35 飞机的光电雷达。

案例三，法国前扇区光电红外搜索与跟踪系统 OSF。

2006 年，法国为"阵风"F2 战斗机研发了前扇区光电红外搜索与跟踪系统（optronique secteur frontal，OSF），采用双波段红外器件，配装了激光测距仪和 CCD 摄像机，如图 10-12 所示。

图 10-11　俄罗斯米格-35 飞机的光电雷达

图 10-12　欧洲"阵风"战斗机的 OSF 型 IRST

前扇区光电系统由泰勒斯（Thales）公司和萨基姆防卫公司（Sagem Defense Security）联合研制，前者负责研制白天电视摄像系统和系统综合，后者负责研制红外摄像系统和中央处理单元。该系统可以提供对空、地面和海面目标的搜索、辨认及自动跟踪功能。飞行员可以通过手动或者自动选择工作模式，另外还提供导航模式，与"阵风"战斗机的导航/攻击系统综合。

与大多数红外搜索跟踪系统不同，OSF 有两个传感器：机鼻右侧半球形体内是红外搜索跟踪系统 IRST，机鼻左侧整流罩内是电视/激光测距仪。前者采用 $3 \sim 5 \mu m$ 和 $8 \sim 12 \mu m$ 双波段的远距红外被动探测/高分辨率传感器，具有很宽的视场，主要功能是自动完成远距离多目标红外探测（约 100km）、跟踪和图像显示。后者又称为"战斗识别系统"（Combat Indentification），主要功能是：远距视觉识别，可对最远 40km 的目标进行辨认；对空地目标完成三维跟踪和定位；激光探测距离 30km 和电视观测距离 50km；具有支持发射空空导弹和炮击的能力。前扇区光电还可以借助"阵风"战斗机翼尖处米卡（MICA）导弹导引头的图像，强化目标探测能力。两者协作可对多个目标同时进行搜索、识别、遥测，在 6km 高空，迎头探测距离达 130km。

案例四，以色列远程、多功能和多光谱机载红外搜索跟踪系统 EL/L-8273。

以色列埃尔比特光电系统公司（Elbit Systems）研制出远程、多功能、多光谱机载红外搜索跟踪系统 EL/L-8273。该系统水平视场 360°，采用 $3 \sim 5 \mu m$ 中波红外、320×256 元 InSb 焦平面阵列探测器和应用先进的多光谱目标识别技术，可以自动、连续地搜索、拦截和跟踪目标。

案例五，欧洲被动式红外机载跟踪装备 PIRATE。

1992 年 8 月，意大利芬梅卡尼尔集团（Finmeccanica，简称卡尼集团）Selex Galileo

Avionica 公司、英国 Thales Optronics 公司和西班牙 TECNOBIT 公司组成欧洲第一集团 Eurofirst（Euro First Consortium）并签订协议，为"台风"战斗机（EF2000）联合研制被动式红外机载跟踪装备（passive infrared airborne tracking equipment，PIRATE，一些资料译为"海盗"系统）。

1999～2001 年完成试飞和系统测试，2003 年生产，2007 年 8 月正式服役，如图 10-13 所示。

图 10-13　台风（EF2000）战斗机装备的 PIRATE

（1）外形结构及光学系统

图 10-14 是 PIRATE 的外形结构以及光学系统，由外场可快速更换的四个子系统组成：

① 传感器头部模块　包括一个稳定扫描器、双放大望远镜、长波红外探测器（LWIR）、伺服控制处理器和信号调整电子组件。

光学系统如图 10-14(b) 所示，主要由双轴稳定头部反射镜、双放大望远镜、消旋棱镜和被动无热化二次成像光学系统组成。

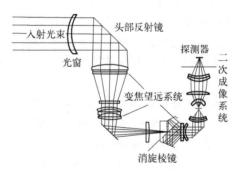

(a) PIRATE外形结构图　　　　　(b) PIRATE长波光学系统(窄视场)

图 10-14　PIRATE 红外机载跟踪系统

此系统采用长波红外探测器和双视场消热差光学系统，功耗小于 550W，可在 74km 范围内探测到高速喷气式飞机；可以跟踪多达 12 个高速目标，跟踪精度小于 2mrad；具有极低的虚警率；可以与其它机载传感器实现数据融合，并向平视瞄准/显示器和多功能显示器提供数据和图像，用于不良天气条件下的导航和地形回避；具有空空和空地两种探测功能。

空空模式下，可以获得迎头目标探测距离 80km 左右；搜索/跟踪模式下，可探测全视野内 50km 外的飞机红外信号，自动进行探测、跟踪和扫描；在前视红外工作模式下，为座舱内的多功能显示器和飞行员头盔瞄准/显示系统提供红外图像。

② 数据处理器　对输入的数据进行处理，保证在高杂波环境下能探测到目标、形成航迹和进行优先排序，然后传送给武器系统。

③ 视频处理电子组件　对输入的红外图像数据进行转换和增强，形成适合 HUD、

HDD 或者 HMD 的显示格式。

④ 内部管理和飞机接口处理组件　包括自检和高速/低速与视频接口之间的通信。

（2）基本组成和工作模式

图 10-15 是 PIRATE 的基本组成。该系统是一个"边跟踪边扫描"的 IRST，可同时执行常规的导航 FLIR 功能。有三种工作模式：IRST 模式、FLIR 模式和备份省电模式。

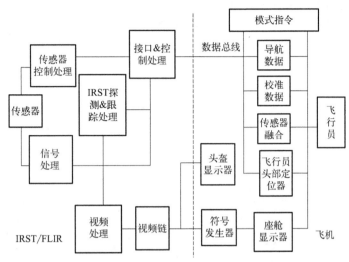

图 10-15　PIRATE 红外搜索跟踪系统基本组成

① 红外搜索跟踪（IRST）模式　在空对空模式中，该设备可对全向、上视、下视和天顶距条件下的多个机载目标进行探测、跟踪、分类并按优先顺序排列。有三种操作方式：

a. 多目标跟踪（MTT）方式　是在指定范围内搜索机载目标（能够跟踪 12 个目标）。优先顺序功能是联合机上其它传感器，在多目标跟踪方式下，搜索具体的扫描空间，一旦指定一个目标，就立刻转换到单目标跟踪方式。

b. 单目标跟踪（STT）方式　跟踪单个目标，以高更新速率提供目标信息，同时具有目标"识别"功能。

c. 随动捕获（SACQ）方式　根据外部提供的坐标捕获单个机载目标，一旦探测到，立刻转换到单目标跟踪模式。

很明显，IRST 模式可以增强机载雷达的搜索跟踪性能，与雷达搜索同一区域，并在雷达工作范围内提供高分辨率搜索，从而改善目标方位跟踪精度并降低虚惊率。也可以单独搜索一个完全不同的区域，以覆盖更大的区域并改善态势感知。

这种工作模式既适合空中目标也适合地面目标。

② 前视红外（FLIR）成像模式　成像模式就是目视识别具有特定意义的单个目标或产生某个场景的红外图像，并显示在 HUD 或者 MHDD 上（还能为 HMD 提供可控图像），从而保证在恶劣天气或夜晚具有辅助导航或降落的能力。

前视红外成像模式主要用于宽视场，以产生红外图像供飞行员解读，有三种操作方式：

a. 降落辅助（LAAD）方式　HUD 显示 IR 图像，帮助飞行员起飞和降落。

b. 飞行导航辅助（FLAD）方式　将前视红外图像显示在 HUD 上，与飞行员视线重叠，帮助飞行员执行空对地交战任务和低空飞行任务。该方式可以选择热标示（TC）功能，用以探测/跟踪和突出潜在的地面目标，但目标获取和识别能力有限。

c. 头盔上获取可控 IR 画面（SIRPH）方式　目标的红外图像显示在头盔瞄准/显示系统上，通过护目镜将对应的飞行路径或瞄准线叠加在外界景物上，并标出红外物体位置及地面目标的热对比，即提供热提示。

需要强调，PIRATE 被动式红外机载跟踪装备不是成像跟踪器。

③ 备份省电模式　将功耗减至最小，减少设备的工作。

案例六，意大利无人机 Skyward 红外搜索跟踪系统。

意大利芬梅卡尼尔集团（Finmeccanica）研制出不同用途的红外搜索跟踪系统，例如，为意大利海军研制的无声捕获/监视系统（SASS）以及为欧洲无人作战飞机研制的 IRST 系统（与目标自动识别系统集成在一起）。并且认为，新研制的"天空一代（Skyward）系统"提出了一种新的架构概念，是新一代机载红外搜索跟踪系统。

Skyward 系统主要包括两部分独立的外场可更换单元：头部组件（Skyward head unit, SHU）和图像处理组件（PU）。有两种结构布局，埋装在（例如"鹰狮"Gripen E）机舱内或者安装在吊舱内（例如 Northrop Grumman 公司的吊舱 OpenPOD），如图 10-16 所示。

(a) 内埋式传感器头部组件

(b) 装备有内埋式SHU的飞机

(c) 处理器单元PU

(d) 吊舱式传感器头部组件

(e) 装备有SHU的红外吊舱

图 10-16　Skyward 红外搜索跟踪系统

Skyward 红外搜索跟踪系统采用长波红外光谱，也可以根据用户需求（例如工作在潮湿/热带地区或者需要较高光学分辨率）改配使用中波红外系统。

SHU 由扫描反射镜部件、变焦光学系统和碲镉汞（MCT）红外探测器（工作温度−200℃）组成，如图 10-17 所示。

Skyward 红外搜索跟踪系统设计有三视场光学系统：宽视场应用于导航和广域搜索，能够较好地匹配平视瞄准/显示系统的角孔径；中视场用于较近/较快目标的探测；窄视场应用于远距离目标探测。通过视场切换完成目标探测/跟踪、自动目标识别和辅助导航等功能。

Skyward 红外搜索跟踪系统对空可完成单目标或者（按优先顺序）多目标探测和跟踪；若采用吊舱式结构，还可以对地面/海上景物成像。有五种工作模式（包括 12 种二级模式）：

① 扫描搜索/跟踪模式（S-TWS）。

② 单目标/多目标跟踪模式（STT/S-MTT）。

(a) 扫描反射镜组件　　　　　(b) 碲镉汞红外探测器

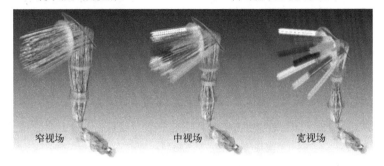

容视场　　　　　中视场　　　　　宽视场

(c) 三视场光学系统

图 10-17　SHU 主要组件

③ 导航模式。

④ 驾驶员头盔管理红外图像模式（SIRPH）。

⑤ 扇形捕获目标模式（SCT-ACQ）。

案例七，F-35 光电分布式孔径系统（EODAS）。

F-35 "闪电Ⅱ" 联合攻击机是洛克希德-马丁公司设计制造的第五代战斗机，有三种形式：F-35A 型，传统跑道起降；F-35B 型，短距离/垂直起降；F-35C 型，航母舰载机。被世界多国（空军、海军陆战队和海军以及 12 个参与 F-35 研制的国家）用来替代老龄化的战斗机和攻击机机队。

F-35 联合攻击机采用新思维方式考虑和设计战斗机的航电系统，其融合来自射频（RF）和红外（IR）谱段的目标探测和对抗信息，编辑和分析后获取的信息量远比其它战斗机多，是一种更先进的多光谱传感器组合系统。包括以下五种光电传感器。

（1）AN/APG-81 有源相控阵（EASA）雷达

AN/APG-81 除了承担雷达功能外，还具有电子支援（RSM）接收机和干扰机的功能；具有有源和无源空-空（A/A）和空-面（A/S）目标探测、跟踪和识别能力，同时提供 A/A 和 A/S 叠加功能；支持中距离空空导弹和合成孔径雷达测绘、地面和海上移动目标探测和跟踪，以及空-面测距；在干扰环境中工作的电子保护，以低的拦截概率降低被机载或面基接收器探测到射频发射的可能性。

（2）AN/ASQ-239 电子战（EW）/对抗（CM）系统

AN/ASQ-239 电子战（EW）/对抗（CM）系统是一种硬件和软件的集成系统，能够为 F-35 飞机提供高水平的空-空和空-面威胁探测和自我保护功能；可以搜索、探测、识别、定位和对抗射频（RF）和红外（IR）威胁。

（3）AN/ASQ-242 通信、导航和识别（CNI）系统

AN/ASQ-242 通信、导航和识别（CNI）系统是一个综合子系统，提供以下功能：

① 保密/防干扰的音频和数据通信。

② 精确的无线电导航和降落能力。

③ 自我识别和超视距目标识别。

④ 与机外信息源连接。

（4）AN/AAQ-37 光电分布式孔径系统（EODAS）

单个摄像机无法提供飞机周围环境的完整图像。为了克服此局限性，美国 Northrop Grumman 为联合攻击机 F-35（JSF）研制了 AN/AAQ-37 光电分布式孔径系统（electro-optical distributed aperture system，EODAS）。

光电分布式孔径系统是在"狙击手-XR"光电吊舱技术的基础上研发成功的，由安装在机身周围六个特定部位完全相同的中波红外光学系统组成。如图 10-18 所示，安装位置使各自视场（方位和俯仰视场都是 95°）相叠加，形成完整的 360°球形视场告警系统，图像显示在飞行员头盔瞄准/显示系统上。

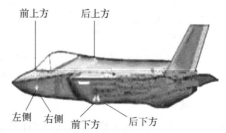

图 10-18　光电分布式孔径系统的结构布局

与传统的仅限于前方视野的中波红外系统相比，分布孔径式光电系统的每个分系统都独立地对视场内目标进行探测、提取特征和辨识跟踪，再利用信息融合技术将来自多个传感器的一系列静止图像实时地匹配和融合，最终构建成无缝的全景拼接图像，提供给飞行员头盔瞄准/显示系统或全景多功能显示器，从而为飞行员提供一个 360°全向球形视野，能看到周围完整的视频图像，具有以前无法获得的态势感知能力。换句话说，分布孔径式光电系统 EODAS 是综合了红外搜索跟踪系统（IRST）、导弹逼近告警系统（MPWS）、红外成像跟踪系统（IRITS）和前视红外夜间导航系统（NavFLIR）的各种功能，以满足全方位远程空中目标搜索跟踪、态势感知、威胁告警、地面/海面目标探测和辅助导航等技术要求，从而形成全局目标身份管理、目标分配和系统决策。

F-35 飞机的光电载荷系统包括两部分：分布孔径式光电系统和光电瞄准系统。前者以对空探测为主，后者以对地探测为主。作战中，二者相互配合，共同实现真正的全向感知/探测/跟踪功能。

10.9 节将详细讨论光电分布式孔径系统光学系统的工作原理。

（5）AN/AAQ-40 光电瞄准系统（EOTS）

洛克希德-马丁公司在增程型"狙击手（Sniper-XR）"红外指示吊舱的基础上，为 F-35 飞机研发了 AN/AAQ-40 光电目标瞄准系统（electro-optical targeting system，EOTS）。

F-35 的主要任务是对地攻击，70％任务针对地面，30％针对空中。因此，光电瞄准系统安装在机头下方而非机鼻上，如图 10-19 所示。其功能是前视红外瞄准成像、激光测距/

照射、激光光斑跟踪和红外搜索跟踪，让飞行员能清楚地观察到雷达发现的地面目标。将在第 11 章详细讨论 EOTS。

(a) EOTS安装位置

(b) EOTS整流罩外形

图 10-19　F-35 飞机的光电目标瞄准系统

案例八，瑞典红外-光学跟踪识别系统 IR-OTIS。

瑞典的萨博公司（Saab Dynamics）在成功研制出导弹红外寻的器（即 FUMO 项目）和以电视 CCD 传感器为基础的目标跟踪器（即 TV-OTIS 项目）之后，为"龙式"37 战斗机成功研制出红外搜索与跟踪系统原型机，试飞实验结果比较理想（在中视场下，尾后捕获距离 73km，迎头捕获距离 50km）。1997 年后，采用 Sofradir 公司的 288×4 长波红外探测器（LWIR）为"鹰狮"（Gripen）JAS-39 战斗机研制成功红外-光学跟踪识别系统（optical tracking and identification system，OTIS）。

IR-OTIS 由两部分组成：传感器系统（SU）和信号处理系统（SPU）。传感器系统包括一台热像仪和一套万向架稳定系统，其中热像仪由长波红外探测器、制冷装置、光学系统（包括扫描装置和成像装置）和图像校正装置（包括图像消旋组件和非均匀校正组件）组成。该系统有三种工作模式：a. IRST 模式，有三种搜索视场——小视场 80°×15°、中视场 120°×15°、大视场 120°×30°；b. FLIR 模式，系统瞄准线（LOS）由飞机控制；c. 跟踪模式，系统瞄准线（LOS）由内部跟踪器控制，可以从 IRST 模式自动转换到跟踪模式。

在 FLIR 和连续跟踪模式中，形成通常的 FLIR 图像；在搜索模式中，形成整个搜索区域的压缩图像，对目标有 1~4 倍的放大，因此，无论对空/对地目标都具备远距离被动式态势感知，如图 10-20 所示。由于 IR-OTIS 在机上的安装位置稍微偏左，因此，可以有限地对地面进行探测。

图 10-20　瑞典 Saab Dynamics 公司研制的 IRST

2008 年，推出改进型新一代"鹰狮"（Gripen NG）战斗机，采用意大利 Selex Galileo 公司研制的红外搜索与跟踪系统。萨博公司在欧洲战斗机 PIRATE 红外搜索跟踪系统的基础上，研发出新一代"天空G型"红外探测系统。

另外，世界各国相继开展红外搜索跟踪系统的研制。1995年3月，英国马可尼公司也研制出一套红外搜索与跟踪技术展示系统，包括指向/稳定器、新型高性能望远镜、红外搜索与跟踪演算组件、目标探测及跟踪演算软件以及高性能热成像仪，安装在"狂风"战斗机（Tornado）上展示了三种操作模式：自动搜索模式、驱使获得模式和单目标跟踪模式。

2010年，开始研发大面阵、高分辨率、智能灵巧型双光谱（中波/长波）或者多光谱红外探测器。采用智能灵巧型系统级芯片，具有高性能数字信号处理功能，甚至具有单片多波段融合探测与识别能力。有更高像元数，更快帧速率，更高分辨率，更宽光谱和智能化。

10.2.4　国内机载红外搜索跟踪技术的发展

（1）第一代机载红外搜索跟踪系统

20世纪60年代，为了打击夜间低空入侵我国领空的间谍飞机，通过分析美制F-104飞机的红外方位仪，我国为歼-××型歼击机研制了2甲型航空红外观察仪（称为920航空红外方位仪），是国内首台夜间近距态势感知的机载红外设备，属于第一代机载红外搜索跟踪系统，如图10-21所示。

图10-21　920航空红外方位仪

该系统技术性能包括：
① 视场：大视场12°，小视场3°。
② 噪声等效温差：0.5K。
③ 空间分辨率：1.7mrad。
④ 扫描频率：25幅/s。
⑤ 作用距离：5km。
⑥ 显示方式：电视光栅型。

920航空红外方位仪安装在机头照相枪位置，由红外接收器、光学显示系统、电子处理系统和电源组成。红外接收器接收敌机尾喷管红外线辐射，调制后电信号经电子放大器放大。光学显示器依时序给出代表目标方位的橙色十字线，并操纵飞机瞄准。

此系统与机载射击瞄准具交联，向飞行员提供空中目标位置，在火控雷达配合下，实现夜间瞄准攻击，使白天型飞机具有夜间作战能力。体积小，重量轻，结构简单，工作可靠，抗电磁干扰性能强，便于机上安装和维护，使用方便。

920航空红外方位仪研制出多种型号，选用单元硫化铅器件（PbS）。在当时科技条件有限情况下，采用多种设计方法，不断改进技术方案：例如为消除座舱玻璃对红外辐射的衰减，将红外接收器与光学显示器分离安装，光学瞄准具与红外观察仪光学系统综合设计等，即称为外交联与内交联。最大发现距离：对歼-××目标机可达55km，对轰-××目标机为15～17km。

缺点是没有多目标识别能力，无法测距，作用距离较近。

（2）第二代机载红外搜索跟踪系统

20世纪80年代，随着科学技术的发展，我国电子和光学技术有了很大进步。锑化铟红外器件制造技术和信号处理技术都获得重大突破，从而开始研制第二代红外搜索跟踪系统。

1982年，采用单元探测器和六面棱镜扫描方式探测红外信号，完成了试验样机的研制。

1994年，成功研发出60元红外热像仪，由光学系统、扫描系统前置放大器、信息处理和视频显示系统组成，为进一步研制红外搜索跟踪系统奠定了基础。

2000 年左右，在分析和研究苏-27 用 OEPS-27 及国际上其它先进型号产品的基础上，在先进座舱显示、被动探测技术和衍射光学平视瞄准/显示系统等预研项目取得突破的支撑下，采用 64 元线阵列红外探测器、激光/红外共孔径系统研制成功红外搜索跟踪系统与激光测距机相组合的机载红外搜索瞄准系统（IRST），并以半埋方式安装在机头前方，如图 10-22 所示，属于第二代红外搜索跟踪系统，迎头探测距离 20km、尾后探测距离 60km、激光测距 4km，大幅度提升了国内作战飞机的昼夜格斗和综合探测能力。

图 10-22　红外搜索跟踪系统

（3）第三代机载红外搜索跟踪系统

大面积红外凝视焦平面阵列器件和高速信号处理芯片等领域的技术突破，使我国航空工业得以迅速发展，开始第三代 IRST 的研制。面向三代改和四代机的远程态势感知、超视距攻击、反隐身、抗干扰的作战需求，与激光测距仪、速率陀螺组件以及平视和头盔瞄准显示系统组成综合光电瞄准系统，如图 10-23 所示。

图 10-23　综合光电瞄准系统

该综合光电瞄准系统采用长波红外光学系统和焦平面探测器信号处理技术，以及远距高灵敏度激光测距和弱小目标检出跟踪技术，主要用于对空目标的探测和跟踪，并能在精确跟踪方式下测量空中和地面目标的距离，抗电磁干扰能力强，可以将高角分辨率和高清晰度图像显示在平视和头盔显示器上，具有远距离目标探测/跟踪、多目标跟踪、提供导弹逼近告警和为激光制导武器提供制导等多项能力。迎头探测距离：50km；尾后探测距离：100km；对空激光测距：28km。

随着我国军民融合发展政策的逐步落实，一些民营企业也开始研发红外搜索跟踪系统，典型产品是中陆航星科技有限公司研发的 EOTS-86 机载内埋式光电搜索瞄准系统和 EORD-31 红外搜索跟踪系统，如图 10-24 所示。

图 10-25 是国内机载红外搜索跟踪系统的发展历程。

（4）机载红外搜索跟踪技术的未来发展

未来战争环境更为复杂，对机载光电探测设备有更高的技术性能要求，主要包括以下方面。

① 更高的多功能综合一体化。将 IRST 大视场搜索/跟踪功能与 FLIR 小视场目标识别功能相结合，同时具有对空/对地功能。甚至具有超宽视场搜索功能，立体覆盖 360°视场范

(a) EOTS-86机载内埋式光电搜索瞄准系统

(b) EORD-31红外搜索跟踪系统

图 10-24　中陆航星科技有限公司的机载光电搜索跟踪系统

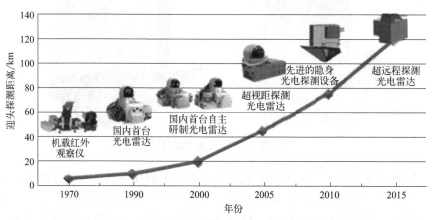

图 10-25　国内机载红外搜索跟踪系统的发展历程

围，在全空域三维方向上自动搜索和跟踪远距离多个空中目标。例如采用曲面焦平面成像的球形探测器（spherical sensor configuration，SSC）。

② 多频谱光学成像技术。早期 IRST 采用中波红外 $3\sim5\mu m$，是针对飞机发动机热辐射的探测。研究表明，长波红外对目标与背景的微小温差更敏感，可以提供更远的探测距离，因而工作波段更偏重长波红外 $8\sim12\mu m$，更适合飞机迎头探测。

研究结果表明，在潮湿条件下，中波红外受到的影响要比长波红外小，但温度降低到 20℃以下性能变差，并容易受到阳光闪烁的影响。因此，最佳方法是采用 $3\sim5\mu m$ 和 $8\sim12\mu m$ 双红外波段或者多波段探测技术，即采用多光谱红外成像技术，优势互补，提高 IRST 系统性能。

③ 更高角度分辨率。随着红外焦平面阵列器件工艺的逐渐成熟，凝视型红外焦平面阵列器件的像元数目越来越大，像素尺寸更小，角度分辨率更高。例如目前 InSb 中波红外探

测器阵列像元数已经达到 1024×1024；HgCdTe 中波红外探测器阵列像元数为 $640 \times 480/512$。据美国雷神（Raytheon）系统公司 2009 年报道，已经研制出"4000×4000"的焦平面阵列探测器，由 4096 行和列排列的大约 1600 万个像素组成，比普通的红外探测器多 4 倍。

④ 与其它机载传感器（例如合成孔径雷达 SAR，激光测照器，通信导航识别系统，着陆进场系统等）数据融合，提高系统的置信度和可靠性，增强雷达和电子对抗能力。

⑤ 毫米波探测技术。红外搜索/跟踪系统不向外界发射电磁波，具有良好的隐身性，但最大弱点是探测距离受限于高度及天气影响：在 1 万米以上的高空，红外探测距离可达 100km 以上，但在低空或天气不佳时，探测距离降为 $10 \sim 30km$，因此，实际中经常需要与雷达相互配合。

毫米波（millimeter wave）在光谱中介于红外与雷达微波之间，频率大约 100 亿～1000 亿赫兹，集红外系统及雷达系统的长处于一身。相对雷达，毫米波波束较窄，在跟踪、锁定及识别目标过程中，具有较高的信号分辨率，可分辨很接近的多个目标，且因波束较窄，不易受到敌人干扰。另外，系统组件较小，天线尺寸可缩小、整体重量也较轻。相对于红外系统，毫米波对云雾及灰尘的穿透力是红外的数百至数千倍，完全不受天气影响。

毫米波传感器不仅可研制成被动式的红外系统，也可研制成主动式的雷达系统，极有可能将红外图像与雷达系统的信号处理相结合，从而使用限制最少，是战斗机先进传感器设计中最受期待的领域。

10.3
红外搜索跟踪系统的基本技术要求

10.3.1 基本组成和工作原理

（1）基本组成

最初设计的机载红外搜索跟踪系统的目的是利用目标自身的红外辐射成像原理辅助火控雷达被动地探测/跟踪目标，提高本机的隐蔽性。

如图 10-26 所示，机载红外搜索跟踪系统由四部分组成。

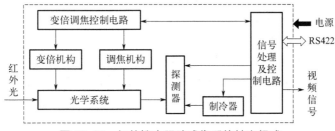

图 10-26　红外搜索跟踪成像系统基本组成

① 传感器分系统。包括光学系统、探测器和电子信号组件。

红外光学系统包括整流罩（或光窗）、扫描反射镜、激光/红外分光镜、固定反射镜和红外物镜（若采用二次成像系统，还设计有望远系统和消旋棱镜，例如为阵风战斗机设计的"海盗"型红外搜索跟踪系统），其功能是将目标和背景红外辐射会聚在红外探测器的光敏面上。

红外探测器组件包括红外探测器、制冷机、电源和处理电路。根据任务需求，采用工作波长 $3\sim5\mu m$ InSb 探测器或波长 $8\sim12\mu m$ CMT 探测器，或者双波长红外探测器。可以选择线列或焦平面阵列器件，要求在工作波段具有高量子效率。

不同类型探测器适配不同光学系统，采用不同的结构布局和红外材料。

电子信号调节组件对传感器信号进行前放和处理。

② 瞄准与稳定分系统。包括瞄准/稳定机构（双轴高速稳定反射镜和捷联陀螺，角度测量、功放和驱动控制等模块）及其电子组件。

功能是对光学系统中一些组件（扫描反射镜、二次成像系统、变焦组件和消旋棱镜）进行稳定/伺服，控制搜索视场/瞄准线，调节数据时域等，完成对指定空域的搜索和对目标的稳定跟踪。

③ 信号处理分系统。包括信号/数据处理器（例如信息处理 CPU 板及处理软件）、滤波器和接口。

其功能是进行数据处理、检测、跟踪和优化（包括阈值、目标优先级和多目标多种算法），搜索空域中潜在目标，并将目标信号从背景杂波中检测出来，降低虚警率，提高探测概率，完成精准跟踪。

④ 控制分系统。管理整个系统的工作状态，完成与上位机的通信和接收，并解析指令、上报红外搜索跟踪系统的状态和目标坐标等信息。最后，将探测到的 IR 目标信息显示在飞机座舱的多功能显示器上。

（2）工作原理

红外成像系统的工作原理：红外光学系统会聚目标或景物的红外辐射能量，通过对光束整形、处理和变换，最后成像在探测器像平面。探测器成像组件完成光电转换和信号处理，输出标准显示信号用于观察和识别。由于只能提供方位而无法提供距离信息，因此，一旦发现目标，需要迅速转换为雷达探测，给出距离信息。

理想的红外系统应满足以下要求：

① 具有高性能成像质量。

② 具有较高的探测灵敏度。

③ 具有足够大的探测/观察视场。

④ 具有良好的信噪比。

⑤ 具有良好的抗干扰能力，不受或减弱外界强光/闪光干扰。

⑥ 实现远距离和全天候观察/探测。

（3）红外搜索跟踪系统与激光测距系统的综合

伴随着科学技术的发展和战场需求，机载红外搜索跟踪系统综合设计了激光测距机，在搜索/跟踪目标的同时，利用光电技术可以独立地提供目标距离，与电子雷达在探测频段上形成互补。由红外搜索跟踪分系统和激光测距分系统综合组成的机载光电搜索跟踪系统称为"机载光电雷达"。

此类红外搜索跟踪分系统能够完成大空域范围的目标搜索/探测/跟踪，具有隐蔽性好、抗电磁干扰能力强、灵敏度和空间分辨率高的优点，获得世界各国的广泛应用，成为现代作战飞机的主要光电装备。

激光测距分系统包括激光发射/接收天线、激光辐射/接收器、相关电路和电源，功能是对目标实现精确测距。

机载红外搜索跟踪系统有两种工作模式：远距离搜索跟踪模式和格斗模式。前者是保证系统在指定空域内以低虚警率方式对远距目标进行扫描搜索/捕获/跟踪，具有远距搜索、引导搜索、边扫描边搜索和单目标跟踪四种状态；后者是保证系统在指定空域内对近距离威胁目标完成搜索/快速捕获/跟踪，具有可偏移扫描、平显扫描、垂直扫描和单目标跟踪四种状态，支持对近距格斗武器的快速引导和攻击。

（4）俄罗斯的红外测向仪

俄罗斯设计的红外测向仪（也称为热定向器）是红外搜索跟踪系统的典型代表，包括红外扫描探测装置（瞄准头部）、电子组件和信息转换组件。使用时，须配有处理观察信息的相应组合件、中央数字计算机以及显示器等，如图 10-27 所示。

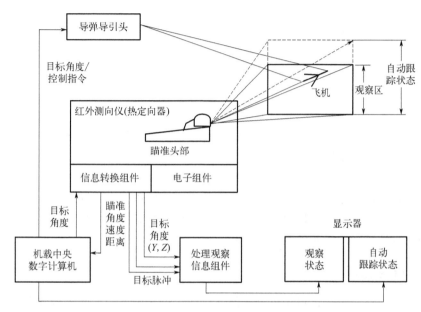

图 10-27　俄罗斯的红外测向仪

该系统用于空空攻击并兼顾对地攻击，有两种工作状态：广域搜索状态和目标自动跟踪状态。

在搜索目标时，搜索指令驱动光路中的扫描反光镜随动扫描，搜索扫描视场为 30°（俯仰）×60°（方位）。同时在显示器上显示目标，完成对目标位置的精确探测。

驾驶员确认目标后，按压识别按钮，自动转入自动跟踪状态。在这种状态下，目标瞄准线会自动保持在系统的视场中心。一旦进入自动跟踪状态，激光测距机就开始进行测距，并将测距信息、目标精确位置和角速度信息一并提供给瞄准计算机以供投放武器使用。

由于红外系统和激光系统是同轴的，即使在空空格斗状态，也能利用激光对目标进行精确测距。

红外测向仪主要性能包括：

① 搜索发现目标距离：（苏-27）25～30km；（米格-29）15km。

② 截获目标距离：10km。

③ 自动跟踪目标时，在俯仰-15°～+30°和方位±30°范围内，瞄准线精度：±10′。

④ 激光测距机的测距精度：±10m。

⑤ 红外探测器：PbSe。

⑥ 重量：（米格-29）68kg；（苏-27）120kg。

⑦ 体积：瞄准头部，694mm×409mm×386mm；

　　　　 电子组件，472mm×215mm×164mm；

　　　　　　　　　 310mm×195mm×140mm；

　　　　 信息转换组件，180mm×270mm×155mm。

⑧ 瞄准精度：（机炮）4.5mrad；

　　　　　　 （火箭）6～8mrad；

　　　　　　 （俯冲投弹）30m。

⑨ 测距机频率：目标距离大于5km时，0.5Hz；

　　　　　　　 目标距离2km时，2Hz。

⑩ 测距机寿命：5万次。

10.3.2　基本技术要求

红外成像系统的性能包含静态性能和动态性能。

静态性能是描述红外系统对静态目标的成像特性，即景物分布（包括温度）不随时间变化或缓慢变化。通常采用单项光学指标评价方式进行测量和评判，因此，只有在实验室环境以理想化目标作为测试对象才能获取相应结果，也因此称为"实验室性能"。

动态性能是描述动态目标的成像性能，例如红外成像系统在不同大气条件下有不同的作用距离，不仅取决于系统本身性能，而且决定于目标特性和大气条件，因此，通常采用综合光学指标评价方式进行测量和评判。

10.3.2.1　静态性能

静态目标成像性能包括：最小可分辨温差、最小可探测温差、噪声等效温差、调制传递函数和光学系统的衍射限。

（1）最小可分辨温差（MRTD）

表述红外搜索跟踪系统探测低对比度目标细节的主观参数，定义为：具有不同空间频率、高宽比7∶1的四条带目标图案［如图10-28(a)］处于均匀的背景中，目标与背景的温差从零逐渐增大，在确定的频率下，刚好分辨（50％概率）出四条带图案时，目标与背景之间的温度差称为该空间频率的最小可分辨温差。显然，MRTD是空间频率的函数。

（2）最小可探测温差（MDTD）

当观察时间不受限制时，在红外热搜索成像系统显示屏上恰好分辨出一定尺寸的方形或圆形目标及其所处的位置时，目标与背景间的温差定义为该对应目标尺寸的最小可探测温差。显然，MDTD是目标尺寸的函数。

（3）噪声等效温差（NETD）

假设一个均匀温度的（黑体）目标处于均匀温度的（黑体）背景中，当利用一个红外系统对标准测试图案进行观察时，则使系统产生的信号电压峰值与噪声电压的均方根值相等，即系统信噪比等于1时目标与背景的温差定义为系统的噪声等效温差。显然，NETD表示红外系统的热灵敏度特性，NETD越小，红外系统的热灵敏度越高。图10-28(b)为NETD的标准测试图案。

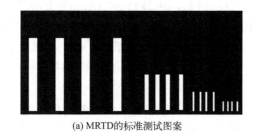
(a) MRTD的标准测试图案

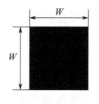
(b) NETD的标准测试图案

图 10-28　红外系统不同参数的标准测试图案

（4）调制传递函数（MTF）

MTF 是描述不同空间频率下红外成像系统细节分辨能力的一种函数，定义为：红外成像系统输出图像对比度与输入图像对比度之比。换句话说，将不同空间频率的响应函数统称为调制传递函数，显然，MTF 是空间频率的函数。并且，根据线性传递不变理论，系统的调制传递函数等于各组成部分调制传递函数的乘积。

（5）光学系统的衍射限

光学系统的衍射限直接影响着对目标的分辨率，尤其是中波红外和长波红外的波长较长，影响更大，是限制红外搜索跟踪系统分辨率的主要因素。

光学系统孔径的衍射作用使一个物点的理想成像不是一个几何像点，而是具有一定几何尺寸的弥散斑，对无穷远目标成像的 IRST 光学系统衍射极限分辨率（俗称为衍射限）表示为：

$$\alpha = \frac{1.22\lambda}{D} = \frac{1.22\lambda F}{f'} \tag{10-1}$$

式中　λ——工作波长；

　　　D——光束孔径；

　　　F——光学系统 F 数；

　　　f'——光学系统焦距。

很明显，决定衍射限的两个因素是波长 λ 和 F 数。研究表明，只要其中一个因素增大，衍射限截止频率就会下降，如图 10-29 所示。

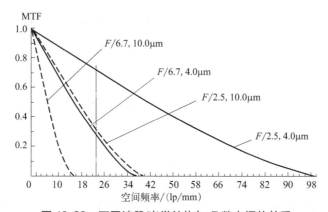

图 10-29　不同波段/光学结构与 F 数之间的关系

从图 10-29 中可以看出，中波红外 $F/2.5$ 光学系统的截止频率远大于长波红外 $F/2.5$ 光学系统的截止频率（2 倍以上）；中波红外 $F/2.5$ 光学系统的截止频率远比中波红外

$F/6.7$ 光学系统的截止频率大（2 倍以上）；但是，中波红外（$4\mu m$）$F/6.7$ 与长波红外（$10\mu m$）$F/2.5$ 的截止频率非常接近（约 $38 lp/mm$）。当然，对于中波红外光学系统，在这个截止频率下保持有合适的分辨率，但 $F/6.7$ 长波红外光学系统，截止频率只有 $15 lp/mm$。这对于中波/长波双波段红外成像系统，希望将多光谱图像形成在同一个普通型红外探测器上将会产生严重问题。

上述表征光学系统成像质量的各单项参数实际上是相互影响和制约的，通常，并没有考虑实际使用状态下的环境因素（温度、湿度、气压、烟雾、霉菌、振动和冲击等）的影响。湘潭大学（王连振等人）对这些方法的优缺点进行了详细分析并列在表 10-5 中。

表 10-5　红外成像系统静态性能评价方法

评价方法	主要用途	优点	缺点
MRTD	主观评价系统综合性能	既反映成像系统和显示设备的客观性能，又反映人的主观因素	受目标空间频率和背景辐射特性影响较大，需要大量实验数据进行修正，对人眼的观察效果不能给予真实反映，无法真实表征红外成像系统的非线性因素，受主观因素的影响较大
MDTD	主观评价目标可探测性	反映系统热灵敏度及空间分辨力，是目标尺寸的函数。可以有效估算点源目标的可探测性。测试装置和方法简单，使用方便	空间频率趋向截止频率时，MDTD 保持有限值
NETD	客观评价探测器灵敏度	表述系统大面积温度灵敏度性能，从理论上可以模型化和预测，对系统设计有帮助，测试装置和方法简单，使用方便	只反映光学系统、探测器及小部分电路特性，没有考虑从测量点到显示之间的噪声或滤波作用，测量的是单帧信噪比，采用电滤波器限制噪声，会使高频相应下降
MTF	客观评价系统空间分辨率	可以衡量红外成像系统真实再现场景目标的程度，包含了红外成像系统的各个部分	以线性系统为理论支撑，实际系统不可能是完全的线性系统

10.3.2.2　动态性能

作用距离是衡量红外成像系统综合性能的重要评价指标，对于系统设计具有决定性作用，不仅与上述各单项评价指标有关，而且与目标特性和大气条件密切相关：对于探测高空目标，背景影响比较简单，主要是天空、少量的散射云层、地平线和太阳；若以下视方式探测，则散射源包括阳光照射下的云层与云层边缘、地球和所有天然与人造特征。因此，是动态性能指标的典型代表。尽管该指标是在系统完成后的实际测试结果，但通常希望在总体设计之前，在考虑到目标辐射强度、大气透过率和图像检出信噪比等条件下对作用距离给出一个预先评估。

（1）点源目标的作用距离估算

实际上，点目标是不存在的，任何目标都有一定形状和大小。但考虑到机载红外搜索跟踪系统主要是空空作战，搜索和跟踪远距离目标的张角很小，远小于系统的瞬时视场，无法分辨其细节，可以近似视为点目标。因此，主要从能量的观点研究各种因素对作用距离的影响。只要红外搜索跟踪系统接收到红外目标辐射的能量足够大，就可以探测出远距离目标的存在并进行跟踪。

根据经典的小哈德逊公式计算红外点源目标的探测距离：

$$R = \sqrt{\frac{\pi D_0^2 D^* J \tau_a \tau_0}{4 \sqrt{A_d \Delta f}(V_S/V_N)}}$$ (10-2)

并考虑到以下因素影响：

① 弥散效应对点源作用距离的影响。

② 探测率温度特性的影响。

③ 背景辐射效应的影响（例如，背景辐射后的目标辐射强度 J'、系统能量利用效率 η 以及红外探测电路的电子噪声 F 等）。

则利用改进后的式(10-3)进行计算，实验也证明，计算结果更接近实际测量值。

$$R = \sqrt{\frac{\pi D_0^2 D^* J' \tau_a \tau_0 \eta}{4F \sqrt{A_d \Delta f}(V_S/V_N)}}$$ (10-3)

式中　D_0——光学系统通光孔径；

　　　D^*——探测器在有效波段范围内的比探测率；

　　　J——目标辐射强度；

　　　J'——考虑到背景辐射后的目标辐射强度；

　　　η——系统能量利用效率；

　　　F——红外探测电路的电子噪声；

　　　τ_a——大气透过率；

　　　τ_0——光学系统透过率；

　　　A_d——探测器有效面元面积；

　　　Δf——电子系统带宽，其中 $\Delta f = \dfrac{1}{2\tau_d}$，$\tau_d$ 为探测器驻留时间；

V_S/V_N——图像检出信噪比。

为了便于理解各种因素对探测距离的影响，可以将小哈德逊公式重新写为式(10-4)形式，如图 10-30 所示。

$$R = \sqrt{\frac{\pi}{4}} \times \sqrt{J} \times \sqrt{\tau_a} \times D_0 \sqrt{\tau_0} \times \sqrt{\frac{D^*}{\sqrt{A_d \Delta f}}} \times \sqrt{\frac{1}{V_S/V_N}}$$ (10-4)

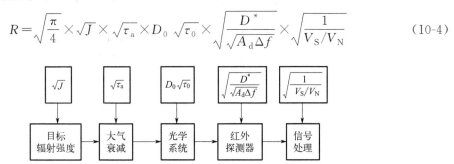

图 10-30　影响红外搜索跟踪系统探测距离的因素

显然，对红外搜索跟踪系统探测距离影响较大的因素是：

① 大气透过率 τ_a。

大气透过率用式(10-5)描述：

$$\tau_a = e^{-x\delta}$$ (10-5)

式中，x 是大气中传播光路的长度；δ 是消光系数，$\delta = a + b$；a 是吸收系数；b 是散射系数。

对 a 影响较大的是大气中的分子成分，例如水蒸气，二氧化碳和臭氧分子。影响 b 的主要因素是大气中的悬浮微粒。

研究表明，大气传输过程中衰减较小的波段是 $3\sim5\mu m$ 和 $8\sim12\mu m$ 两个光学窗口，但不同地区和高度的大气透过率也不相同。

② 光学系统有效通光孔径 D_0 和光学透过率 τ_0。

显然，会聚到探测器光敏面上的红外光能量越多，红外搜索跟踪系统（IRST）的探测距离越远，取决于两个因素：光学系统的孔径光阑直径 D_0 和最大光学效率（即探测器接收到的辐射光通量与入射到红外光学系统光窗上的辐射光通量之比）。

③ 探测器的比探测率 D^*。

在红外热成像系统中，红外探测器是辐射能量接收器，是系统的核心部件。比探测率 D^*（单位：$cm \cdot Hz^{1/2}/W$）与以下参数有关：

$$D^* = D\sqrt{A_d \Delta f} = \frac{\sqrt{A_d \Delta f}}{\text{NEP}} = \sqrt{A_d \Delta f}\frac{V_S/V_N}{EA_d} \tag{10-6}$$

式中　E——入射到探测器上的辐照度；

　　　A_d——探测器光敏元件面积；

　　　Δf——测量电路噪声电带宽；

　　　V_S——探测器输出信号电压的均方根值；

　　　V_N——探测器输出噪声电压的均方根值；

　　　NEP——探测器噪声等效功率。

④ 探测器探测率。

实际上，比探测率是归一化探测率，比探测率越高，传感器性能越好，探测距离就越远。另外，系统信噪比 SNR 越低，系统探测距离也越远。

注意到，基于不同的影响因素，可以推导出不同形式的作用距离计算公式，比较典型的包括：华北光电技术研究所（安成斌等人）提出的以 NETD 为基础的点源作用距离公式、中国人民解放军某单位（邢强林等人）以考虑弥散斑效应为基础的点源目标作用距离公式以及国防科技大学（王卫华等人）以考虑海空背景起伏特性为基础凝视型红外系统的作用距离计算公式。

式（10-7）是华中光电技术研究所（吴晗平先生）根据探测率温度特性与不同的背景辐射特性，推导出的红外成像系统对点源目标的作用距离计算公式：

$$R^2 = \frac{\pi D_0 \tau_0 \tau_a}{4F(\omega \Delta f)^{1/2}\text{SNR}}\left[D^*_{\Delta\lambda}(T_t)J_t - D^*_{\Delta\lambda}(T_b)J_B\right] \tag{10-7}$$

式中　$D^*_{\Delta\lambda}$——波段探测率；

　　T_t，T_b——分别是目标和背景的温度；

　　J_t，J_B——分别是目标和背景的光谱辐射强度；

　　　ω——红外系统的瞬时立体视场角；

　　SNR——信噪比。

式（10-8）是华北光电技术研究所（安成斌等人）以 NETD 为基础提出的红外成像系统对点源目标的作用距离公式：

$$2\ln R + \mu R = \ln \frac{\Delta TS}{\text{SNR}_{DT} \times \text{NETD} \times \alpha \times \beta} \tag{10-8}$$

式中　SNR_{DT}——阈值信噪比，一般取 2.8；

　　α，β——系统的瞬时视场；

S——目标的实际面积；

μ——大气衰减率；

R——探测距离；

ΔT——目标与背景的实际温差。

（2）扩展源目标的作用距离估算

应当注意，一些红外搜索跟踪系统在完成空空探测/跟踪任务的同时，还要兼顾空地/空海领域军事目标（例如坦克、车辆和军舰）的探测。另外，对于专门应用于空地侦察/探测的红外成像系统（例如前视红外成像系统），最显著特点是，不仅要考虑目标的辐射能量，还要考虑目标大小、形状和细节，清晰观察图像细节是基本要求。在此情况下，需要视目标为扩展源目标。

一般地，目标的角尺寸大于红外成像系统的瞬时视场时，定义为扩展源目标。

目前公认的基本计算公式是 MRTD 法。哈尔滨工业大学（李润顺等人）以 MRTD 法作为基本评价标准，综合考虑目标辐射特性、大气的实际情况以及观察等级（发现、定向、识别和认清）要求，推导出下列作用距离计算公式：

$$\mathrm{MRTD}(f)=\frac{\pi^2}{4\sqrt{14}}\mathrm{SNR}_{\mathrm{DT}}f\frac{\mathrm{NETD}}{\mathrm{MTF}(f)}\left(\frac{\alpha\beta}{t_{\mathrm{e}}f_{\mathrm{p}}\Delta f_{\mathrm{n}}\tau_{\mathrm{d}}}\right)^{1/2} \tag{10-9}$$

式中　$\mathrm{MTF}(f)$——系统的调制传递函数；

t_{e}——人眼的时间常数，一般取 0.2；

f——空间频率；

f_{p}——帧频；

Δf_{n}——等效噪声带宽；

τ_{d}——驻留时间；

$\mathrm{SNR}_{\mathrm{DT}}$——阈值信噪比；

α,β——系统的瞬时视场。

考虑到目标长宽比的影响，以及探测概率与视频阈值信噪比的关系，应根据目标的几何尺寸、形状以及分辨等级对上述公式（实验室数据）测得的 MRTD 值进行修正，计算公式为：

$$\mathrm{MRTD}_2=\frac{\mathrm{SNR}}{\mathrm{SNR}_{\mathrm{DT}}}\mathrm{MRTD}=\mathrm{MRTD}\sqrt{\frac{7}{n_{\mathrm{c}}\gamma}} \tag{10-10}$$

式中　n_{c}——约翰逊半周期数；

γ——目标的高宽比。

$\mathrm{SNR}_{\mathrm{DT}}$ 并非计算点源目标作用距离时所取的信噪比，而是跟人眼视觉判读相关的阈值显示信噪比，根据不同的概率取值。

如果目标与背景的初始温差（准确地说，是目标与其上相邻背景的温差）为 ΔT_0，经大气衰减到达系统时的温差为 ΔT，并且等于最小可辨温差 MRTD_2，则下式成立：

$$\Delta T=\Delta T_0\tau_{\mathrm{a}}(R)=\mathrm{MRTD}(f_{\mathrm{T}}) \tag{10-11}$$

式中　$\tau_{\mathrm{a}}(R)$——被测距离空间的大气透过率；

f_{T}——极限空间频率。

则可以推导出以下形式的作用距离计算公式：

$$R=\frac{H}{n_{\mathrm{c}}}f_{\mathrm{T}} \tag{10-12}$$

式中，H 为目标的临界尺寸。约翰逊半周期数 n_c 参考表 10-6，根据对探测概率总体技术要求选择不同探测等级下的数值，代入式（10-12）即可快速计算出面源目标探测距离预估值。

表 10-6 探测概率与约翰逊半周期数 n_c 的关系

探测概率	n_c		
	探测	识别（乐观/保守）	认清
1.0	3	12/9	24
0.95	2	8/6	16
0.80	1.5	6/4.5	12
0.50	1.0	4/3	8
0.30	0.75	3/2.25	6
0.10	0.50	2/1.5	4
0.02	0.25	1/0.75	2
0	0	0	0

（3）不同天气条件对红外成像作用距离的影响

通常，红外成像系统的工作距离是针对理想的气象情况（例如无云无雨），即气象视距 VIS＝5km 和频谱范围 1～20μm 的条件下计算得到的结果。在这种约束下，大气光谱透过率的峰值约为 0.9256，其附近红外目标的大部分辐射能量都能到达红外探测器并被接收，对应的红外光谱范围（称为"大气红外窗口"）包括短波红外 1～3μm、中波红外 3～5μm 和长波红外 8～14μm，如图 10-31 所示。

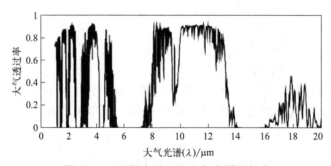

图 10-31 理想条件下的大气光谱透射率

红外搜索跟踪系统的探测能力即作用距离除了受自身元件（例如光学系统、探测器和电器组件等）性能和被探测目标辐射特性影响外，大气传输特性对其也有重要影响（参考附录 A）。

哈尔滨工业大学（张亦宁等人）研究了云雨条件对红外成像系统作用距离的影响，结果表明：

① 探测概率的影响。

系统信噪比是影响作用距离的重要因素。信噪比（SNR）与探测概率 ρ 有如下关系：

$$\text{SNR}(\rho)=1.32392+6.56876\rho-11.20905\rho^2+7.74864\rho^3 \quad (0.1 \leqslant \rho \leqslant 0.9) \quad (10\text{-}13)$$

计算结果表明，随着探测概率提高，红外成像系统对目标的探测距离减小。例如对于目标坦克，探测概率从 10% 提高到 90% 时，探测距离从 13.41km 减小到 10.50km，下降了 21.7%。

② 降雨对大气光谱透过率有明显的衰减作用。

随着降雨速率增加，红外成像系统的探测距离显著下降。例如红外成像系统处于天顶角30°位置探测坦克时，如果降雨速率从 0 增加到 0.4mm/h 甚至达到 4.0mm/h，则作用距离会由 16.39km 迅速减小到 7.94km，直至 3.80km。

③ 云层厚度与云底高度的影响。

一般情况下，红外成像系统位于云层下方、中间和上方，大气光谱透过率与作用距离都会以不同的规律随着云层厚度和云底高度变化。

④ 红外成像系统运行模式（定高度和定角度）的影响。

不同运行模式对坦克的探测结果表明，定高度运行模式与定角度（天顶角）运行模式下的探测距离相差 3.8% 左右。

10.4
目标辐射特性

10.4.1 空中目标

目标红外辐射的波段和强度是决定红外探测系统探测距离的重要外部因素。飞机和导弹的红外辐射源分为三类：一是发动机喷管或排气管的辐射；二是发动机排出的热气流火喷焰辐射；三是蒙皮辐射。

不同飞机机体部分的红外辐射波长不同：发动机喷口和反射太阳光的辐射主要在近红外区；发动机尾气流辐射在中红外区；机身蒙皮辐射在远红外区，飞机目标的辐射光谱分布如图 10-32 所示。

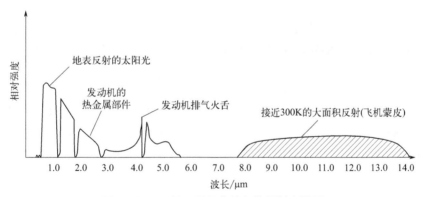

图 10-32 飞机不同部位的红外辐射光谱图

由于产生红外辐射的方式不同，飞机不同部位的零件/部件/表面会产生不同的温度，因而具有不同的红外光谱，如图 10-33 所示。

（1）发动机喷管或排气管的辐射

发动机尾喷口类似于黑体辐射腔的光阑口，可以将其视为灰体辐射，喷管温度与发动机的工作状态直接相关，军用状态下，涡轮辐射温度一般为 450～650℃。喷管轴向温度分布取决于喷管的形状和管壁的隔热情况，涡轮发动机到喷管口截面的温度通常会下降 100～200℃。其光谱分布如图 10-34 所示。

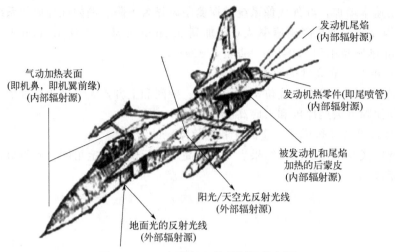

图 10-33　飞机整机红外辐射源分布图

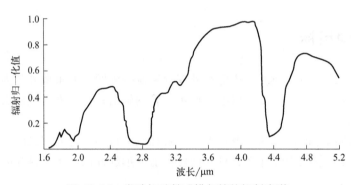

图 10-34　发动机喷管或排气管的辐射光谱

飞机发动机的红外辐射量与发动机类型、推力比、飞行高度、飞行速度和喷出气流的速度有关。旋翼机和直升机的发动机排气管温度要低得多，一般在 $200\sim400℃$，因此，红外辐射也比喷气式飞机弱得多。

（2）发动机排出的热气流火喷焰辐射

尾气流（尾焰中的推进气体）辐射属于气体分子辐射，主要成分是 CO_2、H_2O 和炭颗粒，属于选择性灰体辐射（分子辐射），主要辐射中波红外（$4\sim4.8\mu m$），中心波长是 $4.26\mu m$。其红外辐射光谱分布如图 10-35 所示。

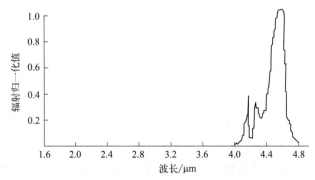

图 10-35　喷气发动机热气流辐射光谱分布

飞机在飞行过程中，尤其在加力时，火焰温度会达到 $1000 \sim 1600 ℃$，由于排气作用而使尾焰拖得很长，火焰长度会达到 10m 左右，且尾焰红外辐射可以辐照向机体前半球，尤其在尾追和迎头方向探测时，尾焰辐射更是重要的辐射源。

（3）蒙皮表面辐射

蒙皮表面辐射是灰体辐射，主要产生长波红外（$8 \sim 12 \mu m$）。

研究表明，飞机的蒙皮红外辐射不仅与材料、结构和热特性有关，还与周围大气、环境及热状态有着密切关系。当飞机在空中高速飞行时，气体高速流过机体表面，气流的部分动能转变为热能（即气动加热），使蒙皮温度升高。同时，由于机体蒙皮面积较大，使蒙皮辐射成为重要的辐射源。

蒙皮辐射由观察方向机体的投影面积、蒙皮的辐射系数和蒙皮的温度决定。蒙皮温度由气动加热和发动机的局部传热确定。

飞机蒙皮的红外辐射分为三类：蒙皮自身辐射、蒙皮反射辐射及背景反射辐射。其中，蒙皮自身辐射是最主要的红外辐射。

空军工程大学工程学院（林杰等人）对某机型飞机整机蒙皮自身红外辐射特性的研究表明，蒙皮自身红外辐射主要受到发射率、飞行速度（马赫数）和整机主要部件（蒙皮部位）三种因素的影响。

① 发射率的影响。

a. 红外辐射强度随观测方向变化。在水平面内，随着方位角增大，前向辐射先增大后减小，但正对机头方向的红外辐射强度最小；在 $(\phi, \theta) = (70°, 0°)$ 和 $(290°, 0°)$ 方向红外辐射强度最大。

在垂直面内，随着俯仰角增大，正侧向红外辐射单调增大；在 $(\phi, \theta) = (90°, 90°)$ 和 $(90°, 270°)$ 方向红外辐射强度最大。

b. 在长波红外光谱范围内（$8 \sim 12 \mu m$），蒙皮发射率与各观测方向的红外辐射强度都呈线性关系。

c. 减小蒙皮表面发射率会降低飞机表面的红外辐射强度，尤其是对正侧方向的红外辐射强度减小幅度较大。

② 飞行速度（马赫数）的影响。

a. 其对红外辐射强度的影响类似于蒙皮表面发射率的影响。

b. 蒙皮温度对红外辐射强度的影响最大。

研究表明，马赫数 1.4（对应温度 289.5K）相对于马赫数 1.2（对应温度 270.1K）而言，温度增加了 7%，辐射强度增加 44%；马赫数 1.6（对应温度 311.8K）相对于马赫数 1.2 而言，温度增加了 15%，辐射强度增加了一倍。

c. 飞行条件下，马赫数变化引起蒙皮温度的变化比表面发射率的影响大。

③ 整机蒙皮部位的影响。前向"危险截面"为机身、垂尾和机头。正侧向"危险截面"为机身、垂尾和机翼。

需要说明，不同机型和不同的环境条件，其结果稍有不同。

一般地，喷气式飞机尾追方向具有最大红外辐射量，而迎头方向的红外辐射量最小。当机载红外搜索跟踪系统侧向或迎头探测飞机时，目标发动机喷口和大部分尾焰辐射被遮挡，蒙皮辐射成为主要辐射源。图 10-36 是某型飞机在不加速条件下，不同观测角度的中波/长波辐射强度。

由以上分析得出：

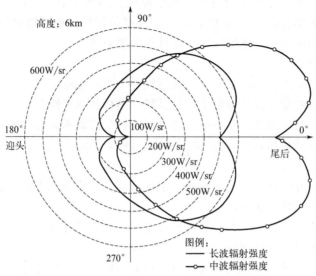

图 10-36　某型飞机不同角度中波/长波红外辐射强度图

　　a. 飞机迎头和侧向辐射强度，长波辐射高于中波。

　　b. 飞机尾后辐射强度，中波辐射高于长波。

　　为了增强飞机的战斗力，可以选择双红外工作波段，同时照顾到迎头探测和尾后探测两种情况，但会带来设计难度：

　　① 需满足飞机对产品光机接口、体积和重量的限制。

　　② 适合双波段红外光学系统的光学材料品种有限，透过率降低，像差校正难度大。

　　③ 双波段红外探测器的研制难度大。

　　④ 中波和长波探测器的积分时间不同，匹配有难度。

10.4.2　舰船目标

　　与空中目标相比，舰船目标红外辐射的特点是以海天为背景和舰船为目标，具有一定的特殊性。海军航空工程学院（王学伟等人）深入研究了背景和舰船目标的红外辐射特性。

　　（1）舰船目标的红外辐射特性

　　舰船表面（包括舰船壳体、甲板和上面建筑）的红外辐射均为灰体辐射，其光谱范围集中在长波红外 $8\sim10\mu m$，其中，反射辐射源为太阳、天空、云和大海，与自身辐射相比，反射辐射较弱。

　　发动机烟囱是舰上较为强烈的辐射源，喷口平均温度达 $250\sim300℃$，光谱范围 $5\sim5.7\mu m$。在烟囱口附近，只有少量的长波红外辐射（$8\sim14\mu m$）。

　　在距离吃水线 $20\sim50m$ 高度位置（一直延伸到烟囱口 $0.5\sim0.75m$ 处），气焰温度 $150\sim200℃$，红外辐射光谱是 $2\sim5\mu m$。

　　对于舰船其它部位（包括甲板和船舷等），多数由相对较薄、传导性好和比热容较小的金属板制成，因此，其特点是白天太阳照射下温度升高很快（高于海水温度），夜晚随海面气温变化（相等或低于海水温度）。若遇到天气骤冷的阴天，由于舰船温度迅速降低，而海水温度变化较小，则会出现白天舰船温度低于海水温度的反常现象。在这种情况下，舰船以海水为背景的长波红外（$8\sim14\mu m$）图像为暗目标。

（2）海天背景的红外辐射特性

天空背景的白天红外辐射以散射的太阳光（红外光谱在 $3\mu m$ 以下）和大气热辐射（红外光谱在 $5\mu m$ 以上）为主，$3\sim5\mu m$ 红外辐射最少。夜间天空的红外辐射主要是大气热辐射。

海面红外辐射由自身的热辐射及其对环境辐射（例如太阳和天空）的反射组成。研究表明，无论白天或者晚上，海面红外辐射主要来自自身的热辐射，辐射波长在 $4\mu m$ 以上。

海天背景包括海面、天空和海天线（即海天交界处）。探测器接收到的红外辐射包括：海面红外辐射、海面反射天空的辐射以及海面至探测器间的大气辐射。如果红外探测器对准的是镜式海面反射形成的亮带区，则海背景的辐射亮度会由于太阳或云层的强烈反射而增大，并且，海面背景的光谱辐射亮度基本上不受太阳和云层的影响。在这种情况下，采用长波红外探测器，可以有效抑制海面杂波干扰，提高探测和识别海面舰船的能力。

（3）海面舰船开尔文（Kelvin）尾迹的红外特征

舰船在海面航行时，由于船体与水面的相互作用，船后会形成一条清晰可见的 V 形尾迹，长度达数千米，并能持续很长时间，称为 Kelvin 尾迹，如图 10-37 所示。风浪较小和船速较快时，Kelvin 尾迹特征更明显。

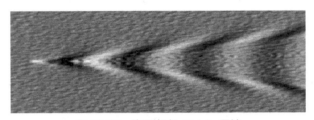

图 10-37　海面舰船 Kelvin 尾迹

通常情况都是采用合成孔径雷达（SAR）成像技术探测舰船目标。实际上，在一定条件下，根据 Kelvin 尾迹与周围海水的红外辐射发射率差异，利用（设计有红外焦平面阵列的探测器）红外成像系统就能完成对舰船的探测，如图 10-38 所示。

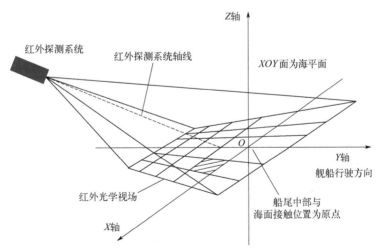

图 10-38　开尔文尾迹红外探测原理

海军工程大学（陈翾等）对海面舰船开尔文尾迹红外特征进行了深入研究后认为：

① 舰船在海面航行时，形成 V 形开尔文尾迹的纹理特征与周围海水明显不同，为利用

尾迹红外探测技术探测舰船目标奠定了基础。

② 利用红外成像系统探测舰船尾迹必须满足式（10-14），即红外探测系统能够感知尾迹与周围海水的辐射温差 $\Delta T(y)$ 不能小于按实际条件修正的探测系统最小可分辨温差 $\mathrm{MRTD}(f, T_\mathrm{b})$，其中，$f$ 是尾迹空间频率，T_b 是周围海水温度。

$$\Delta T(y) \geqslant \mathrm{MRTD}(f, T_\mathrm{b}) \tag{10-14}$$

公式取等式的情况即极限探测条件。

③ 探测方向对开尔文尾迹的红外成像特征有显著影响。

探测方向天顶角越大，尾流区与周围海水的粗糙度差异越明显，表面发射率差异越大，因此，开尔文尾迹的红外成像特征越明显。

换句话说，探测方向天顶角较大时，开尔文尾迹与周围海水的辐射温差较大，对尾迹的探测概率变大。

研究表明，探测方向天顶角小于 35°时，红外探测系统对开尔文尾迹的探测概率几乎为零。在同一探测角度，系统的等效噪声温差越小，对舰船尾迹的探测概率越高。

表 10-7 列出一些军事目标（坦克、飞机、军舰和导弹）的红外辐射特性。

表 10-7　不同目标的红外辐射特性

目标	温度/℃	辐射波段/μm
飞机尾喷管	500～600（内壁达到 700）	3～5
发动机排气管	400（内壁达到 700）	3～5，8～14
导弹尾焰及弹表	600～700	3～5
舰船烟囱，上层建筑	30～90	8～14
坦克排气，发动机	200～400	3～5
自然景物	—	8～14
人体	37	5～20

10.5
整流罩

无论机载红外搜索跟踪系统、机载前视红外成像系统还是机载导弹装置都包含整流罩，除了具有保护功能外，也是光学系统的元件之一。其既要满足气动特性，又要保护内部光学系统免受外部恶劣环境的侵蚀，还起着成像作用，是机载光电设备的关键部件。

实际上，光窗、盖和整流罩是同一个概念。一般将平面光学保护元件称为光窗，曲面光学保护元件称为"盖"，而整流罩就是一种具有相当深度的盖，三者的保护功能相同，本书统一称为"整流罩"。

整流罩是一种具有特定形状的保护罩或者保护光窗，既能将目标红外辐射传输给光学系统和传感器，又是一个满足空气动力学要求的保护性结构。

现代歼击机的最大速度是超声速，巡航速度为亚声速（F-22 以超声速巡航）；直升机飞行速度较低，通常是 $200\sim300\text{km/h}$，先进的直升机可达 $400\sim500\text{km/h}$。

当飞机飞行速度达到亚声速时，整流罩可以用塑料、玻璃、锗或者其它光学晶体材料制成，取决于后面光学系统的工作波长。如果飞行速度达到超声速范围，气流摩擦会使整流罩的表面温度升至非常高，因而需要采用低辐射度的材料。

整流罩表面温度是飞机（或者导弹）马赫数和飞行海拔的函数。随着海拔升高，空气密度变小，空气与整流罩的温度交换变得缓慢。当整流罩表面变得较热时，会使红外搜索跟踪系统的信噪比下降，在极端情况下，严重影响系统成像质量，甚至无法使用。

红外搜索跟踪系统的探测方式正在由尾追探测发展为迎头探测，或者两种方式兼用。前者探测的光谱范围是尾焰辐射的中波红外 $3\sim5\mu\text{m}$，后者探测的光谱范围是飞机蒙皮辐射的长波红外 $8\sim12\mu\text{m}$，同时还要考虑波长 $1.064\mu\text{m}$ 的激光发射和接收。因此，需要综合考虑和选择具有更宽光谱范围的整流罩材料。同时，需采取措施以有效屏蔽无线电波（$1\sim18\text{GHz}$）的干扰。

10.5.1　整流罩的保护作用

在机载应用条件下，多种机载光电设备（红外搜索跟踪系统、前视红外系统、航空侦察相机或者激光测距机等）和机载导弹的光学系统都需要适应不同的工作环境，例如飞机起飞和降落时灰尘/沙石磨蚀以及风雪雨雾等环境的不同影响。

红外搜索跟踪系统中的光学零件都采用高透射率的材料，硬度较低、强度较差。为了保证系统正常工作，防止雨水、砂粒或冰块的高速撞击对系统外露表面造成损伤，致使光学透射率下降，通常会在光学系统最外侧设计有整流罩，即首先要考虑整流罩的保护功能。

飞机由低速飞行发展到高速飞行，由跟踪点目标发展到多目标，而光学整流罩又直接暴露在外部环境中，除了受砂粒、雨水、喷气废气以及海水盐雾的侵蚀外，飞机（包括导弹）高马赫数在大气层中飞行时，与空气会发生高速冲击和摩擦，产生强烈的相互作用和明显的气动加热效应，从而产生很强的红外辐射，大大降低光学系统的信噪比。

另外，整流罩是光学系统的一个光学成像元件，而整流罩内通常又会采取温控和真空措施，因此，内外巨大的热应力、压力差和温度梯度会造成整流罩变形，引发入射光波的波面畸变，直接影响光学系统的成像质量，甚至引起红外探测器饱和（即热障效应），以致无法成像。

综合考虑，机载整流罩应满足以下条件：

① 在多光谱范围（例如可见光、中波红外和长波红外）内具有良好的光学性能，包括高光学透射率、高折射率均匀性、低折射率温度系数、最小的光学散射性和光吸收以及无双折射等特性，以免光学系统图像产生明显畸变或者降低其分辨率。

② 高熔点、高热导率、高抗弯强度及硬度，低弹性模量及膨胀系数，耐热冲击性能良好，适合真空密封。

③ 成型性好，容易加工成高质量、均匀、大尺寸和低成本的各种形状，表面易抛光和镀膜。

④ 在高速飞行导致的高温环境下，理化性能仍然稳定，能够经受喷气燃料、海水、雨水侵蚀以及阳光辐照。在系统的工作波长范围内，整流罩不会产生过多的热辐射。

实际上，目前尚没有一种红外材料能够完全满足上述要求。已经知道，透射中波红外（$3\sim5\mu\text{m}$）的材料有硒化锌（ZnSe）、氟镓酸盐玻璃、尖晶石、硫化锌（ZnS）、蓝宝石、锗

（Ge）和硅（Si）等；透长波红外（8～12μm）的材料有金刚石、硒化锌（ZnSe）、硫化锌（ZnS）、砷化镓（GaAs）、锗（Ge）和硫系玻璃等。

附录 B 列出一些常用整流罩材料的力学性能。可以看出，仅从材料硬度和耐腐蚀性考虑，金刚石是整流罩的理想材料，但很难获得大尺寸；蓝宝石也是整流罩的较好材料，但大尺寸整流罩的成本相当高。

选择整流罩材料除了考虑高硬度和高耐蚀性外，还必须兼顾其它因素，例如波长一致性（色差）、光学透过率和大尺寸元件的可制造性等。

对于应用于中波红外的红外搜索跟踪系统，经常采用透红外玻璃整流罩，优点是具有较好力学和热学性能以及稳定的化学性能，有很强的抗热冲击能力、抗沙尘磨损和雨雪腐蚀能力，能够较好满足机载应用环境。

为满足某些特殊需要，有时会采用材料硬度较差的整流罩，例如较软的晶体材料（氟化镁、硫化锌等）或多波段玻璃材料，因而极易受到恶劣环境的影响。在这种情况下，采取的措施是镀光学膜层：内表面镀增透膜以增大整流罩的透过率，外表面镀宽波段保护膜（通常镀金刚石或类金刚石材料），然后，在金刚石膜系上再覆盖一层抗氧化膜，以避免金刚石材料暴露于高温空气中时氧化，降低固体颗粒和雨滴高速冲击的影响，同时，还有很高的热导率，从而使空气动力学加热对整流罩的热冲击效应降至最小，真正起到保护作用。

10.5.2 整流罩的形状

从飞机总体设计角度考虑，为满足空气动力学理论，最好是将整流罩设计成流线形气动外形，以减小阻力和平稳飞行。在满足战术要求条件下，考虑到光学制造工艺，应尽量采用小尺寸和形状简单的整流罩，通常设计成平面或球面形状。

实践证明，飞机的飞行速度处于低马赫数阶段时，不会产生明显的气动光学效应，因此，最初的整流罩多数采用平面形状或者球形。随着世界各国对高马赫数飞机的研发和应用，其周围气流场的气流密度、温度、气体成分都会发生很大变化，迫切需要设计和装备具有良好隐身性能和空气动力学性能的整流罩，否则，将严重干扰飞机性能和光电系统的成像质量。

（1）整流罩的形状因子

若整流罩长度为 L，直径为 D，则整流罩的形状因子（也称为纵横比因子）定义为：

$$F=\frac{L}{D} \tag{10-15}$$

假设 K 是锥形系数，确定整流罩锥形系数 K 和曲率半径 R 的公式分别是：

$$K=\frac{1}{4F^2}-1 \tag{10-16}$$

和

$$R=\frac{D}{4F} \tag{10-17}$$

显然，纵横比越大，空气阻力越小。图 10-39 是纵横比 0.5～3 的一组整流罩形状。半球形整流罩的纵横比是 0.5，从气动力学的观点，整流罩最佳纵横比是 1.5。

（2）整流罩的纵横尺寸比

整流罩材料厚度是一个值得关注的问题，除了光学系统信噪比和调制传递函数等特性之

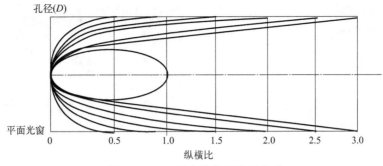

图 10-39 一组光学整流罩形状图

外，还必须满足高速飞行对力学性能的要求。

为避免出现灾难性故障，光学窗口的纵横尺寸比 t/D（厚度与直径比）必须满足式(10-18)。换句话说，光学窗口的纵横尺寸比必须等于或大于有限断裂纵横尺寸比。

$$\frac{t}{D} = 0.556 \left(\frac{\Delta P}{\sigma_f/\text{SF}}\right)^{1/2} \tag{10-18}$$

式中　t——光学窗口的厚度，cm；

D——光学窗口的直径，cm；

ΔP——光窗承受的动态压力，至少承受一个大气压（14.7psi❶）的均匀压力负载；

σ_f——标称材料的断裂强度，psi；

SF——安全系数，通常设置为 4。

已经知道，在中空/低空和马赫数 1.2 的空速条件下，整流罩需要承受大约一个大气压（14.7psi）的均匀压力负载。如果圆形光窗只在外边缘位置有支撑（最常见的固定情况），则最大弯曲力矩出现在光窗中间。

如果是化学气相沉积硫化锌光窗，标称断裂强度 $\sigma_f = 15\text{kpsi}$。光学窗口为了承受大约一个大气压（$\Delta P = 14.7\text{psi}$）的均匀压力负载，根据上式可以计算出，直径 30cm（12in）的硫化锌窗口最小厚度为 1.1cm（约 0.42in）。

在高空，飞机空速更大或光窗孔径更大，则需要设计更厚的光窗。

（3）整流罩类型

① 平行平板整流罩　理论上，平行平板光窗对平行光束或者稍有会聚/发散的光束成像质量没有太大影响，可以使用光学玻璃、塑料、熔凝石英或者晶体材料，允许所希望的辐射光透过，并设计得尽量薄些，既满足"隔绝灰尘、湿气和其它污染物"的要求，又对成像质量和光强度的影响小。在某种情况下，还要保持内外环境之间有合适的压差。

图 10-40(a) 是法国"阵风"战斗机 FSO 前扇区光学系统的平面整流罩。图 10-40(b) 是 F-35 拼接型平面整流罩。

② 球形整流罩　从光学设计考虑，曲面形状的整流罩除了满足动力学条件，减少气动阻力外，还能减少光窗本身的气动摩擦而产生的辐射影响，同时有利于系统校正像差。图 10-41(a) 是苏-27SK OEPS-27 球形整流罩，图 10-41(b) 是美国 F-14D AN/AAS-42 的球形整流罩。

红外搜索跟踪系统的光学瞬时视场一般较小，为了扩大观察范围，需要在整流罩后面放

---

❶　1psi=6894.757Pa。

(a) 法国"阵风"战斗机平面整流罩

(b) F-35飞机拼接型平面整流罩

图 10-40　平面结构型整流罩

(a) 苏-27SK OEPS-27球形整流罩

(b) 美国F-14D AN/AAS-42球形整流罩

图 10-41　球形整流罩

置一块扫描反射镜，扫描镜旋转中心基本上位于整流罩球心，因此，采用半球形整流罩能使观察视场（或扫描视场）达 180°，图 10-42 是苏-27SK OEPS-27 的球形整流罩-扫描反射镜组件。

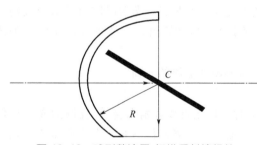

图 10-42　球形整流罩-扫描反射镜组件

机载红外搜索跟踪系统选择半球形整流罩的原因是：

a. 基本符合空气动力学理论。

b. 与扫描反射镜相组合，可以提供较大的观察视场。

c. 内外表面共球心，直径方向有相同厚度，因此，具有较弱的负光焦度，只产生少量像差，对系统成像质量影响较小。

d. 制造容易，成本低。

一般地，整流罩之后还设计有较为复杂的红外成像系统及激光测距系统。半球形整流罩最大优点是对光线会聚/发散影响小且具有较小轴对称像差。因此，将整流罩与后面的红外成像系统或者激光测距系统一起设计，获得补偿和校正，较容易最终满足系统的像质要求。同时，当扫描反射镜位于球面曲率中心附近并绕该中心旋转时，不影响成像质量。

实践和理论都表明，在高速飞行过程中，球形整流罩需要承受较大的空气阻力，气动加热严重；温度过高时，即使采用低发射率材料也会产生较高的红外辐射，对光学系统像质影响较大，严重时，甚至无法成像；为了隐身需要，在整流罩外表面涂镀能有效屏蔽电磁干扰的金属网栅导电薄膜，也会降低光学系统性能。

③ 共形整流罩　共形整流罩（保角整流罩）是一种与整流罩安装处的结构形状融为一体、能实现最佳空气动力学性能的机载整流罩，最典型和最早的共形整流罩技术应用于导弹或炮弹所携带的光电子仪器上。目前，已经应用在现代化高速飞机（包括直升机）上。

雷神公司对共形整流罩的定义是：以提升整流罩空气动力学性能为主要目的，外形能够与飞机整体构形保持一致的光学窗口。因此，多数情况下，利用一些流线形外表面（包括各种二次曲面、非球面和其它有利于提高飞行性能的几何表面）取代传统的平板或球形整流罩，减小飞机周围空气湍流和气动升温对光学系统的影响，提高光学系统的成像质量（例如增大视场和降低红外辐射杂散光干扰）和降低载机的雷达反射截面。

但是，应当注意（参考图 10-39），纵横比越大，具有更深非球面形状的光学整流罩对后续光学系统的成像质量影响也越大，因此，在考虑整流罩外表面形状以尽量满足气动力学原理（或者隐身效果）的同时，还必须考虑整流罩形状对光学系统成像质量的影响。为了补偿共形整流罩外表面的影响，世界各国研究人员都在研究"自由曲面技术"在机载光电系统中的应用，并尝试利用自由曲面形式的内表面补偿这种影响。

共形整流罩有三种结构形式：

a. 多段平板拼接结构，相邻表面外形轮廓一致。

b. 单轴或双轴弯曲的柱面整流罩，或者超环面整流罩。

c. 轴对称非球面型整流罩。

平板拼接式整流罩是一种常见的改进型共形整流罩，避免全向散射；侧面倾斜放置，尽量加大拼接光窗的前缘后掠角；前向和侧向倾角与机翼、垂尾、鸭翼等后掠角尽量保持一致。相比球形整流罩，既有利于改善飞机整体的气动性能，又在一定程度上更接近隐身飞机对表面的要求。

随着 F-35 联合打击战斗机光电瞄准系统的研制成功，平板拼接式整流罩愈发得到广泛应用。

从光学系统成像质量和制造成本综合考虑，早期的单块平板/多段平板拼接型整流罩通常应用于可见光光谱范围。图 10-43 是一个典型的多段平板拼接光学整流罩组件，安装在全景航空照相机前面，飞行过程中，对地平方向的物体进行拍照。该光窗设计为双层结构：外层是熔凝石英玻璃，内层是 BK7 玻璃。为了防止边界层效应将外层玻璃加热而产生有害影响，外层玻璃的内表面镀一层低发射率（金）膜层，既不影响可见光透过率（或影响很小），又能阻挡杂散光反射到相机的像面上。整流罩的其它表面镀可见光增透膜，保证有最高的可见光透射比。

这种结构的连接方式多数采用柔性黏结剂将两块相邻平板玻璃的边胶合在一起。胶合前需要精细倒边，对倒边进行抛光处理，并且为了防止系统光学性能下降，应当保证受阻光束宽度最小。

图 10-44（a）是安装在导弹上由八段平板组成的锥形整流罩；图 10-44（b）是 F-35 战斗机的平板拼接整流罩。

平板拼接型整流罩存在的问题是：由于整流罩是光学系统的一部分，如果多面体结构之间衔接性较差，其接缝处会遮挡视线，同时会增大接缝处的热梯度，也会引起射频散射。从光学角度分析，入射光波波前被接缝分割成若干部分，当后面的成像光学系统连续转动扫描和探测地面/空中目标时，可能会产生干涉现象，从而使光学系统的成像质量下降。

为尽量避免上述问题，通常采用的缓解措施是尽可能增大夹角和材料厚度。

(a) 军用全景航空照相机分段拼装光窗

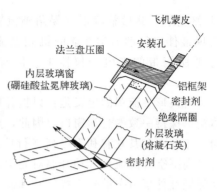

(b) 分段拼装航空照相机局部剖视图

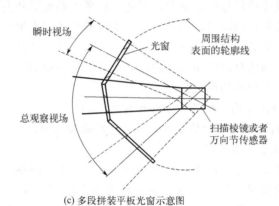

(c) 多段拼装平板光窗示意图

图 10-43　多段平板拼接整流罩

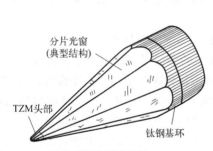

(a) 平板锥形导弹整流罩

(b) F-35平板拼接整流罩

图 10-44　平板拼接型整流罩

2000 年，美国雷神公司首次在导弹上研发成功共形光学整流罩，如图 10-45 所示。

红外搜索跟踪系统一类光电传感器需要通过共形整流罩观察、搜索、跟踪机外景物和目标，随着扫描范围扩大，瞄准线偏离整流罩对称轴越严重，光学系统的图像质量会快速下降，最严重的像差是像散，彗差和球差也会增加，如图 10-46 所示。为了减少像差，需要采用固定或者移动的补偿系统，因而使光学系统复杂化，如图 10-46（c）所示，在椭球型氟化钙整流罩后增加两个固定的非球面透镜（材料分

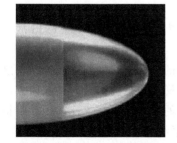

图 10-45　共形光学整流罩

别是 ZnS 和 TI-1173），并且已经尝试在整流罩内表面上使用"自由曲面技术"以完成像差补偿。

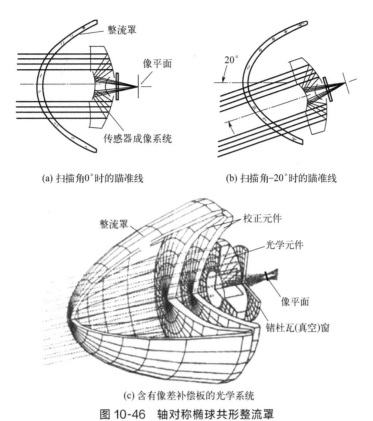

(a) 扫描角0°时的瞄准线　　　　　(b) 扫描角-20°时的瞄准线

(c) 含有像差补偿板的光学系统

图 10-46　轴对称椭球共形整流罩

研究表明，共形整流罩的像差是搜索/探测范围的函数。当光束通过整流罩中心时，整流罩可以视为一个旋转对称光学元件，否则，是一个具有不同曲率半径的光学元件。整流罩外表面各点曲率半径方向和大小随矢高变化，在透射波前会引入严重的非球面度，因而存在较大的非对称像差，并随入射光束在整流罩上的位置而变化，造成图像质量严重恶化：

a. 球差取决于局部弯曲、厚度和折射率。

b. 局部的曲率半径差会造成像散及光焦度变化。

c. 彗差取决于不同观察位置的入射角。

无论如何，非球体共形整流罩的设计和制造技术有很大难度，尤其是应用于大孔径机载光电设备时，具有更大的挑战性。

整流罩设计首先考虑的是飞行性能，能够显著改善空气动力学性能，然后才考虑光学系统性能，因此，一些约束条件使共形整流罩像差的校正变得复杂。一般有三种校正方法：

第一种方法，内表面优化技术。

理论上，根据纵横比决定整流罩外表面：纵横比越高，越符合空气动力学原理，有利于提高飞行性能。但共形外表面在实现与飞机蒙皮外形保持一致的同时，除了会使制造工艺更为困难外（一般认为，纵横比选取 1.5 比较合适），还会将大量像差（主要是像散和彗差）引入光学系统中。如果允许，首先优化整流罩外表面，满足空气动力学要求，然后与内部红外光学系统（包括整流罩内表面）一起校正像差，决定内表面形状，最终满足系统成像质量要求。

为了减少共形外表面引入的像差，目前，世界各国都在尝试利用"自由曲面技术"设计和制造整流罩的内表面。

第二种方法，增加校正组件。

共形整流罩（尤其是非旋转对称结构，整流罩表面与后面成像光学系统的光轴并不垂直）的最大特点是顶点与边缘处厚度不相等，当光线经过有曲率和没有曲率部分传播时，会产生较大的像差（尤其是像散和彗差）。一般地，整流罩外形改变后引入的像差是视场特征的函数，仅依靠整流罩自身优化（包括内表面设计为自由曲面）仍无法完全满足像质要求。

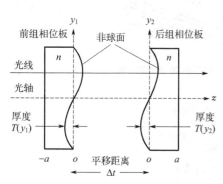

图 10-47　轴向平移非球面相位板

为此，成像光学系统必须进一步复杂化，最简单的方式是设计具有强非球面的固定补偿系统（称为"固定校正器"），例如，F-35 导引头状整流罩后面就增加了两个固定补偿器，进一步补偿整流罩的局部像差。较为复杂的系统可以采用移动补偿器，并且移动量必须与扫描角成一定比例。

第三种方法，采用轴向平移非球面相位板（例如 Zernike 光楔等）。

典型结构是：两个相位板的外表面设计成一对平行平面，而内表面是一对匹配非球面，如图 10-47 所示。一对相位板密切接触时，等效于一块平行平板；当轴向分开时，光路长度发生变化，也会产生相应的像差以补偿整流罩不同视场的像差。

10.5.3　整流罩的隐身技术

由于机载光电系统需要通过光学整流罩窗口接收红外光或可见光目标，从而完成对目标的探测，因此，不能简单地采用改变外形或涂覆吸波材料实现隐身。

光窗作为隐身部件，除了具有良好的光学、力学和热学性能外，还需要具备良好的电磁屏蔽能力，以防止在光电系统内部形成雷达波散射谐振腔，另外，安装位置与方式也对光电系统的雷达散射截面具有较大影响。

整流罩的隐身方式有两种：

① 在光学窗口表面淀积一层既能高效透过红外或可见光，又能屏蔽雷达波的透明导电薄膜材料。

② 在光学窗口表面或窗口内部制作有周期阵列的导电金属网栅，其周期远大于红外或可见光波长，远小于电磁波长，从而保证其具有电磁屏蔽功能，而对系统的光学性能影响较小，同时实现对雷达波的屏蔽和对工作波段的透过。

F-117、F-35 等隐身飞机均采用平面光窗和金属网栅组合形式作为保护层覆盖光电系统的空腔，防止形成雷达波散射谐振腔，并对光窗的放置角度进行了优化设计，达到减小飞机前向雷达散射截面的目的。

10.5.4　光学性能方面的考虑

根据不同的任务需求，机载光电搜索跟踪系统的组成也有很大差别，可以是单一红外探测跟踪系统（例如红外方位仪）、可见光航空成像系统（例如机载全景航空照相机）或者机载激光测距机；也可以是红外探测/激光测距相组合（例如光电雷达），或者是红外探测/激光测距/可见光成像相组合（例如机载吊舱）。

这些设备具有很高的精度，能够实现不同环境条件下的多种功能，光学波段包括可见光和中波红外，甚至长波红外区域。例如，光电雷达同时装备有激光测距机（波长 $1.064\mu m$ 或者 $1.54\mu m$）和红外搜索跟踪系统（IRST）（波长 $3\sim5\mu m$）。光学吊舱同时装备有激光测距机、视频摄像装置（波长 $0.6\sim0.9\mu m$）和长波红外跟踪系统（波长 $8\sim14\mu m$）。因此，机载整流罩除了满足硬度、形状和隐身性要求之外，其光谱范围应满足下述要求：

① 透射光束在宽光谱范围具有高的光学透射率，与多种探测器的波长范围保持一致。
② 折射率有良好的均匀性。
③ 光学散射最小。

从光学性能考虑，适合用作光学整流罩的材料是：光学玻璃、金刚石、陶瓷氧化物、氟化物和半导体材料。附录 B 列出其相关技术性能。

10.5.5　整流罩的热性能

如上所述，对于整流罩静态设计，重点考虑选择具有合适光机性能的光学材料以及具有最佳表面形状，以提高系统空气动力学性能为目的，即以平滑的表面形状适应平台（包括机体或弹体）外形的光学窗口，可以有效降低高速飞行过程中的空气阻力，增大飞行速度或武器射程。但是，在飞机或者导弹在大气层内飞行时［尤其是大马赫数（Ma）飞行］，机载整流罩（无论是机载光电设备还是空空导弹）直接与外界空气接触，在与大气的高速摩擦中会产生很大的作用力和非常高的气动高温（导弹整流罩在 $3Ma$ 飞行速度时，温度高达 $750^{\circ}C$ 左右），并引起罩体材料的物理和力学性能变化，从而造成光学成像质量下降，出现对比度降低，图像闪烁、抖动模糊等现象。如果材料应力超过承受极限，将引起断裂，此即所谓的气动效应。因此，必须考虑采取有效措施抑制气动现象产生的影响。

10.5.5.1　气动效应类型

航天工业总公司北京电子工程总体研究所（费锦东）对高速飞行过程中产生的各种气动效应进行了分析，认为导弹在大气层中高速飞行时产生的气动效应包括三个方面：气动热辐射效应、光学图像传输效应和气动热效应。

（1）气动热辐射效应

当飞机和导弹（尤其是红外成像末制导导引头）以高速在大气层内飞行时，将产生高温激波。激波辐射是一个分子辐射过程，其辐射谱段覆盖从紫外到长波红外波段。

（2）光学图像传输效应

由于来流与头罩表面的相互作用，形成一个密度和温度分布不均匀且不断变化的流场，从外向里分别为波前自由流场、激波层、波后低密度层、湍流层和物面附面层等。

这种复杂的变化流场分作层流流场和湍流流场。层流流场产生像偏移和像模糊，湍流流场将产生像抖动、像模糊和像散射。

空气密度的变化导致其折射率等参量发生改变，使成像光线的传播路径改变，或者引起光波面发生畸变等。

哈尔滨工业大学（张亚萍等人）对整流罩窗口外的流场造成的光学图像传输效应（尤其

是畸变）进行了分析，并计算了头罩前方温度场和应力场的非均匀性对折射率的影响。

当目标的红外光线通过随机的湍流流场时，波前发生畸变，将发生目标图像偏移、模糊、抖动和能量损失，从而使红外探测系统接收到一个抖动、模糊和畸变的目标图像，如图 10-48 所示。同时，因飞行器高速飞行，光学窗口与气流的高速摩擦产生的大量热而造成内部的温度急剧上升并产生变形和热应力，而温度和应力也影响了窗口材料原本均匀的折射率分布，在窗口内部形成了梯度折射率，使折射率成为温度和应力的函数。因为温度的不均匀分布，故窗口热效应对折射率的影响也是非均匀的，不可避免地会使通过窗口的光束产生附加位相，从而引起光波位相和振幅的改变，所以，出射后的等光程波面偏离了理想波面，光波在通过窗口后其波前产生畸变，最后导致目标光线产生偏移和成像质量下降。

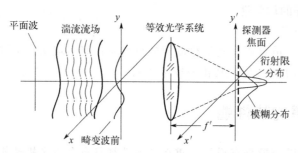

图 10-48 光经过湍流流场发生畸变的光学传输效应

温度及应力对窗口材料折射率的影响分为热光效应和弹光效应。热光效应是指温度直接导致的折射率变化。弹光效应是指应力应变使窗口材料的极化率和介电系数相应变化而导致的折射率变化。研究表明，温度引起折射率的变化是主要因素，弹光效应通常较弱，通常可以不予考虑。

（3）气动热效应

随着飞行速度的提高，整流罩在大气层中高速飞行时将产生严重的气动加热现象。气动加热会使罩体周围空气密度剧烈起伏变化以及罩体自身的温度升高（例如导弹驻点温度可达 3000K）。来流空气受到整流罩的强烈压缩，整流罩外表面边界层内大量的空气动能转化为热能。飞行速度越高（例如大于 $4Ma$），气动加热现象越严重，当整流罩受气动加热影响而温度升至探测器饱和状态下的临界温度时，即产生热障效应，极大地影响着红外探测系统的成像质量和探测精度，必须有效抑制。

2016 年，中国科学院长春光学精密机械与物理研究所（张天翼等人）分析了氟化镁共形整流罩的热障效应，利用红外成像探测技术的基本原理，根据下面公式，计算出红外探测系统氟化镁整流罩所能容忍的极限温度，即探测器饱和状态下整流罩的临界温度。

假设，氟化镁的辐射发射率 $\varepsilon_\lambda = 0.72$；第一辐射系数 $c_1 = 3.74 \times 10^{-12}$ W/cm^2；第二辐射系数 $c_2 = 1.384$ K·cm；λ 为对应波长；T 为整流罩的平均温度。由普朗克公式可以得到辐射场能量密度分布 $R_{\lambda T}$（波长 λ 和温度 T 的函数）：

$$R_{\lambda T} = \frac{\varepsilon_\lambda c_1}{\lambda^5 \left(e^{\frac{c_2}{\lambda T}} - 1 \right)} \tag{10-19}$$

一般情况下，整流罩与探测器靶面同轴，若整流罩等效辐射面积为 A_T，整流罩与靶面的距离为 R，光学系统的透过率为 τ_0，则探测器靶面接收的辐射强度 E 为：

$$E = \frac{R_{\lambda T}}{\pi R^2} A_T \tau_0 \tag{10-20}$$

若探测器靶面接收面积为 A，则接收面辐射功率可以表示为：

$$P = EA \quad (10\text{-}21)$$

则单位时间内整流罩热辐射在探测器靶面上所产生的光子数为：

$$N = \frac{P}{k} = \frac{EA}{hc/\lambda} = \frac{A_T A \tau_0 \eta}{\pi R^2 hc} \int_{\lambda_1}^{\lambda_2} R_{\lambda T}\, \mathrm{d}\lambda \quad (10\text{-}22)$$

式中，k 为单个光子所具有的能量；η 为探测器量子效率。设探测器的积分时间为 t_0，则一个积分时间内共形整流罩热辐射产生的光子数为：

$$N_t = N t_0 \quad (10\text{-}23)$$

若探测器饱和状态下接收的光电子数为 $N_{\max}$，则：

$$N_t = \frac{1}{2} N_{\max} \quad (10\text{-}24)$$

将式（10-21）和式（10-22）代入式（10-23）中，即可以求解出积分时间所对应的探测器饱和状态下整流罩的临界温度 T_c。在探测器相关参数已知的情况下，该计算方法同样适用于其它红外成像系统。

整流罩临界温度 T_c 主要取决于探测器饱和光电子数，表 10-8 是一种中波红外成像探测系统的相关参数，根据上面公式可以计算出氟化镁整流罩的临界温度是 430K（试验结果 460K 左右）。

表 10-8　某中波红外成像探测系统的相关参数

参数	指标
波长范围/μm	3.7～4.3
整流罩辐射等效面积/cm^2	400
光学系统的透射率/%	50
像素数目	256×256
像素尺寸/μm	25×25
光学系统 F 数	2.1
探测器量子效率	0.6
探测器积分时间/μs	6100
探测器饱和状态下电子数目	1.21×10^9 个

图 10-49 是椭球形氟化镁共形整流罩（研究结果表明，椭球形整流罩具有良好的空气动力学性能与光学性能）在三种飞行速度下温度随时间的变化。

利用多项式拟合方法可以计算出整流罩达到临界温度所需要的时间：

$$t_0 = \begin{cases} \infty, & Ma = 2 \\ 9.8, & Ma = 3 \\ 3.6, & Ma = 4 \end{cases} \quad (10\text{-}25)$$

由式（10-25）可知，$Ma = 2$ 时不会产生热障效应；对 $Ma = 4$ 的情况，整流罩升温迅速，只能通过窗口制冷的方法满足成像探测的要求；而对于 $Ma = 3$ 的情况，前半段整流

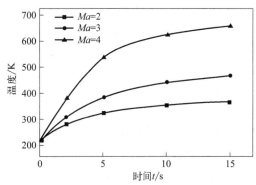

图 10-49　氟化镁共形整流罩温度随时间变化

罩温度低于临界温度，在 10s 之后才产生热障效应。

由上述分析可以看出，与机载导弹武器相比，机载光电探测系统的飞行速度通常是较低的，只用在特定情况下，飞行速度超过 $3Ma$ 才会出现热障现象。下面主要介绍机载导弹在高速飞行条件下抑制热障效应的有效措施。

10.5.5.2 热障效应抑制技术

热障效应分析的目的就是明确在不同飞行速度下整流罩是否能够到达临界温度以及到达临界温度所需要的时间，并尽可能提出避免热障效应的有效方法。通常采用以下措施：

（1）对气动光学效应的校正技术

对气动光学效应的校正将需要采用光学技术（如自适应光学技术、光谱学技术）、电子学技术（各种信号校正、自适应滤波、卡尔曼滤波）和各种图像处理技术等。

① 焦面优化技术　目前机载导引头光学系统是对无穷远目标成像消像差。一旦随高速导弹飞行时，其窗口外流场平均分量相当于一个透镜效应，使导引头对目标的成像产生新的像差而模糊。

若移动接收像面产生的波前畸变与流场平均分量产生的波前畸变符号相反、数量相等，就可以校正波前畸变。

② 自适应变帧频、变积分时间快速红外成像技术　对于高速导弹，在弹目相对距离较远时，探测距离是一个主要因素。

一般来说，红外导引头的探测距离在其它条件（如接收孔径、工作波长和探测器灵敏度 D^* 等）不变的情况下，作用距离 R 与积分时间 τ 的平方根值呈正比关系。当导引头探测器的积分时间增加时，导引头的作用距离将增加，但积分时间的增长会带来新的问题，如因目标的运动带来像点运动以及流场脉动带来图像抖动，都会使图像模糊等。

当导弹不断接近目标，随着弹目相对距离的接近，导引头对目标的成像开始由点目标变成面目标，最终形成图像，并在最后制导阶段，图像细节信息变得尤其重要。此时目标的辐射信号已相当强烈，传统的方法是采用自动增益控制来抑制强目标辐射。而红外成像导引头通过减小积分时间同时实现对目标辐射信号的自动增益控制和提高图像清晰度。

对于高速导弹，红外成像的积分时间对图像清晰度的影响更大。积分时间越短，图像越清晰。在微秒级的短曝光时间内导引头可以克服湍流影响而对目标清晰成像，但清晰的图像具有很高的抖动频率。因此，对于高速导弹可采用自适应变积分时间来提高导引头的远距离探测范围和近距离的目标成像清晰度。随着导弹目标相对距离的接近，在保证一定信噪比的前提下，自动改变导引头的帧频和积分时间。

③ 背景抑制技术　背景抑制技术将涉及三方面的内容。

首先，合理选择窗口及其制冷形式：既要考虑高温隔热制冷的需要，又要考虑制冷方式对气动光学效应的影响，二者兼顾，优化设计。

其次，采取激波辐射光谱抑制技术，屏蔽激波的辐射峰值，避免被红外导引头接收，提高导引头的信噪比。

再次，从提高信噪比的角度，对导引头工作波长优化分析，选择合理的工作波长，最好选在激波辐射强度分布的低谷。

④ 综合模糊识别分析技术　综合模糊识别分析技术即采用图像相关处理、模糊识别、图像灰度统计分析、数字图像重构等信号处理手段进行气动光学效应的分析处理。

（2）镀保护膜技术

西南技术物理研究所（赵洪卫等人）针对尖晶石为材料的红外光学整流罩进行了气动光学效应分析，研究了在 6km 高空和飞行速度 $2.4Ma$ 时尖晶石整流罩的气动力学和气动光学加热效应对导引头跟踪成像的影响，并通过在尖晶石外表面镀制金刚石保护膜，进行了成像验证试验，实现了整流罩的消热设计。

研究结果表明，在尖晶石外表面镀金刚石保护膜，可以提高尖晶石整流罩抗热应力的能力。当用作尖晶石材料保护膜层时，金刚石的热导率远大于尖晶石，传热快，减小了整流罩上的热梯度，特别是在罩体厚度方向上的热梯度，使得尖晶石受到的热应力减小，同时，表面光滑的镀膜层减小了空气流与罩体的摩擦力，从而减少了气动热量。另外，保护膜也增强了整流罩的力学强度，保护了尖晶石罩体。

应当注意，对于高性能机载多光谱共孔径红外成像光学系统，通常认为，锗（Ge）材料具有良好的机械特性，是最合适的红外窗口材料。但研究表明，由于锗材料在室温以上的环境中存在过多的自由载流子吸收，因此，不适应存在气动力加热方面的应用。例如，在5000ft（约 1524m）高度以下以 $0.8Ma$ 速度持续飞行的飞机，会使镀有锗（Ge）增透膜窗口的透射率从 90% 下降到 60%，信噪比下降更严重；当温度接近 150℃ 时，Ge 材料光窗已经不透光了。

美国 Raytheon 公司研发出另外一种"镀膜保护技术"，即采用直接气相淀积技术制作复合光窗，满足机载综合跟踪瞄准技术中对宽光谱（$0.4\sim14\mu m$）高透射率整流罩的技术要求。

众所周知，硒化锌（ZnSe）是一种较理想的光窗材料，在宽波长范围内（$0.5\sim12\mu m$）具有较低的吸收和散射，当波长小于 $12\mu m$ 时，在一定的温度范围内（$23\sim215℃$），即使在超声速飞行产生的高温下，光学透射率变化也不大，基本上不会造成系统性能有大幅下降。实测值与利用零吸收理论透射率定律得到的计算值相差无几，例如，波长为 $10\mu m$ 时（折射率 2.406），透射率测量值 71%（测量厚度 14.05mm），理论计算值 $T=70.9\%$。遗憾的是，这种材料太软，力学性能较差，对雨滴或固体颗粒的撞击太敏感，以至于无法在恶劣气象条件下使用。

化学气相淀积（CVD）硫化锌（ZnS）材料不仅具有良好的耐雨水浸蚀能力，价格也相对便宜。

表 10-9 列出美国 Raytheon 公司生产的 ZnS 和 ZnSe 材料的力学、热及光学性能，以供参考（其中，前 4 项是 Raytheon 公司内部测量值；第 5 项是温度 20~600℃ 范围的测量值；第 6 项是波长 $10\mu m$ 下的测量值）。

表 10-9　Raytheon 公司的 ZnS 和 ZnSe 材料的技术性能

材料	努氏硬度 /(kg/mm²)	弯曲强度 /psi	杨氏模量 /Mpsi	泊松比	膨胀系数 /℃⁻¹	折射率
ZnS	250	约 15000	10.8 ± 0.5	0.29 ± 0.01	7.89×10^{-6}	2.2002
ZnSe	100	约 7500	10.2 ± 0.4	0.28 ± 0.01	8.57×10^{-6}	2.4065

因此，目前广泛采用 ZnS-ZnSe 光窗复合结构，即采用厚度足以承受空气动力学压力负荷的 ZnSe 作为基板，其上覆盖（直接气相淀积或黏结法）一层 ZnS 高耐久性材料。

为了解决上述问题，雷神公司（Raytheon）进行了大量研究和试验，提出了类似于ZnSe 基板上涂镀 ZnS 保护膜层的概念，在化学气相沉积过程中将一薄层 ZnS 淀积在 ZnSe

基板表面，形成一种 ZnS/ZnSe 复合材料结构，既能防止雨水或灰尘浸蚀，其厚度也足以承受空气动力的压力负荷。

具体过程是：将 ZnSe 板重新插入化学气相沉积炉内的反应区之前，对硬化的 ZnSe 表面进行抛光；加热到 650℃之后，将 ZnS 以合适的厚度（不超过 0.5mm）淀积到 ZnSe 表面上。其具有单片 CVD 硫化锌相同的抗腐蚀能力，既保证在 8～12μm 波段高透明度，同时，结构稳固，耐雨蚀性强，在动态环境下，即使由于热胀系数不匹配，因制冷产生相当大应力也不会发生"脱层现象"，是一种可以低成本生产的大尺寸材料，在高速飞行的机载红外应用领域获得广泛应用。

表 10-10 列出 ZnS 和 ZnSe 复合光窗光谱透射率的理论计算值和测量值。

表 10-10 ZnS/ZnSe 复合光窗长波红外光谱的透射率

波长/μm	温度/℃	透射率/%	
		计算值	测量值
8	20	71.6	71.2
	200	71.4	71.0
9	20	71.8	71.7
	200	71.5	71.3
10	20	72.0	72.0
	200	71.2	71.5
11	20	69.8	70.0
	200	67.6	67.8
12	20	69.4	70.0
	200	66.2	66.2

（3）制冷保护技术

若不采取制冷措施，光学窗口材料难以承受如此大的热流。目前窗口制冷的方式有外冷和内冷两大类型。

外冷是国外早期选用的窗口制冷方式，分为外部主动吸热冷却和外部薄膜隔热冷却两种类型。外冷方式的缺点是会产生强的流场扰动而形成强湍流，不利于目标图像的传输，因此，现在基本上采用内冷方式。

内冷方式是在窗口材料内部形成制冷通道，通过流入的制冷介质相变而实现吸热，其可行性取决于内冷窗口制作工艺的可行性。

（4）其它方法

为了校正（克服）这种热效应对头罩的热破坏作用，保证导引头正常工作，可以采用侧面开光学窗口的技术措施，并且在导弹初制导、中制导阶段设计外层保护罩。

10.6

红外光学系统

机载红外搜索跟踪系统的初始任务只是利用红外光学系统提供目标方位（角度）信息，

辅助机载火控雷达工作，因此，也称为红外方位仪。

随着科学技术进步，红外搜索跟踪系统中增加了激光测距系统，既可搜索跟踪又可完成测距，能够独立工作，采用光电形式实现火控雷达的功能，但光学系统比较复杂，由红外光学系统和激光发射/接收光学系统组成，如图 10-50 所示。红外分系统采用中波红外（3～5μm）或者长波红外（8～12μm），激光分系统采用 1.064μm 波长或者 1.54μm 人眼安全激光波长。

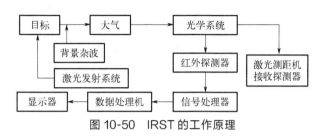

图 10-50　IRST 的工作原理

红外搜索跟踪光学系统的结构形式主要取决于探测器。

红外探测器分为制冷型和非制冷型，机载领域主要采用制冷型红外探测器。为了使红外系统能够达到最大灵敏度和获得最大探测距离，需要对探测器进行低温制冷，通常是将探测器安装在低温"杜瓦瓶"组件中并设置冷光阑限制孔径外非成像光线（或杂散光）对像质的干扰，为此，首先应当保证 100％冷光阑效率（或者冷屏效率），即将红外探测器的冷光阑作为光学系统的出瞳。

机载红外搜索跟踪光学系统有两种结构形式——一次成像方式和二次成像方式，如图 10-51 所示。

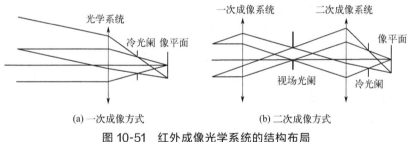

图 10-51　红外成像光学系统的结构布局

10.6.1　一次成像系统

一次成像系统的优点是轴向尺寸较小，透镜数量较少。但是，在保证冷光阑效率 100％且视场较大时，为了将探测器的冷光阑作为光学系统出瞳，必然导致光学系统（或物镜）有效通光孔径明显偏大，对于长焦距光学系统，通光孔径会非常大，以至于无法实现。因此，通常适用于短/中焦距红外光学系统。

早期的红外成像仪采用单元探测器，扩大搜索跟踪范围的最简单方式是利用扫描反射镜从左到右、从上到下进行扫描，从而生成场景图像。

20 世纪 70 年代，研发成功线性阵列红外探测器，虽然仍采用反射镜扫描系统，但反射镜仅通过上下或旋转方式实现线性扫描。

线性扫描红外搜索跟踪系统具有以下特点：

① 采用红外摄像物镜型的结构形式接收中波红外辐射，并传输给探测器。

② 对应瞬时视场较小（只有几个或零点几个毫弧度），采用光机-反射镜扫描方式可获得较大的搜索/跟踪视场，因此，光学系统中包括会聚光学系统及扫描光学系统两个部分。

③ 光机扫描组件的主要形式有：旋转反射镜，旋转折射光楔，旋转多面体反射棱柱（或者变倾角多反射面转鼓）等。

④ 以尾后探测为主，尾后探测距离 40～50km；迎头探测为辅，探测距离 10～20km。

由于早期机载红外搜索跟踪系统的主要任务是搜索和发现空中远距离目标（例如飞机），并且以尾喷管火焰的热辐射（中波红外）作为工作波段，属于点目标成像，即红外光学系统具有较大视场或者较短焦距，因此，多数光学系统采用一次成像技术。俄罗斯苏-27 和米格-29 飞机装备的红外搜索跟踪系统是其典型例子，如图 10-52 所示。

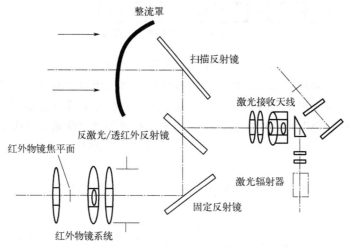

图 10-52　光电雷达的光学系统

该红外光学系统由两部分组成：红外成像分系统和激光测距分系统。

光学整流罩是同心半圆形状，直径方向厚度 7mm。作为一个透镜元件，对入射光线的会聚/发散作用很弱，通过整流罩的无穷远目标的红外辐射仍可视为平行光线。

红外搜索跟踪系统接到搜索指令后，扫描反射镜对飞机前方空域进行快速搜索。

红外/激光分束镜镀有透射红外/反射激光膜系，红外光线透射分光镜后，传输到红外物镜上。为了减少空间尺寸，红外摄像物镜设计成折反射式中空结构形式。红外物镜收集目标和景物的红外辐射并会聚成像在探测器上，经过光电转换、滤波、放大和 A/D 采样，形成含有景物的红外辐射的视频图像信号。一路传给图像处理组件，对红外图像进行目标检出和跟踪等处理，计算目标偏差，实现稳定跟踪，一旦进入单目标跟踪状态，可以指定激光测距机对目标完成测距，获取目标的距离信息，并向火控系统提供目标参数；另一路传给机上显示系统，供驾驶员发现、识别、跟踪目标，并导引激光制导炸弹，实现准确打击，可以大大提高作战飞机的战斗力。

激光测距分系统由激光发射/接收光学天线、激光辐射器、冷却系统、接收放大器、信息处理板和激光电源组成。激光发射光学系统和激光接收光学系统是两套分离的光学系统，也可以是共轴光学系统。激光发射光学系统是一个倒置伽利略望远镜结构，同轴安装在中空发射光学系统内。有关激光测距机的工作原理、组成和设计分析方法，第 9 章已详细阐述，不再赘述。

机载红外搜索跟踪光学系统实质上就是一个红外摄远物镜,有折射式、折反式和折射/衍射式。

10.6.1.1 单波段红外光学系统

（1）中波红外光学系统

案例一,六片型中波红外折射/衍射混合系统。

西安应用光学研究所（沈良吉等人）设计了一种中波红外（$3.7\sim4.8\mu m$）折射/衍射混合系统,如图 10-53 所示。表 10-11 和表 10-12 分别列出光学系统结构参数和技术性能。

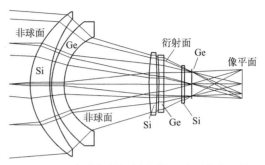

图 10-53　中波红外折射/衍射混合型光学系统

表 10-11　中波红外折射/衍射混合型光学系统结构参数

序号	面形	曲率半径/mm	厚度/mm	材料
1	非球面	36.117	7.588	Si
2	球面	47.131	0.700	
3	球面	33.356	5.000	Ge
4	非球面	23.431	33.545	
5	球面	112.836	3.100	Si
6	球面	−175.619	0.700	
7	球面	−144.574	2.000	Ge
8	平面	∞	0.000	
9	平面(衍射面)	∞	7.000	
探测器	窗口　平面	∞	1.00	Si
	平面	∞	2.75	
	滤光片　平面	∞	0.30	Ge
	平面	∞	0.12	
	光阑　平面	∞	20.00	—
	像平面　平面	∞	—	

注：1. 第一面非球面系数：

$c=2.76878\times10^{-2}$,$k=-0.15$,$A=-0.223900\times10^{-6}$,$B=-0.502986\times10^{-10}$。

2. 第四面非球面系数：

$c=4.26785\times10^{-2}$,$k=-0.026$,$A=0.719086\times10^{-6}$。

3. 第九面衍射面：

衍射级：1 级；中心波长：$4.25\mu m$；相位系数：$C_1=1.4\times10^{-4}$,$C_2=-1.822\times10^{-7}$。

表 10-12　光学系统技术性能

参数	指标
焦距/mm	70
视场/(°)	±5
F 数	2
制冷型凝视焦平面探测器像元尺寸/μm	15

参数		指标
工作温度/℃		$-40\sim+60$
冷屏效率		100%
MTF(空间频率 30lp/mm)		接近衍射极限
点列图(直径 RMS)/μm	$-40℃$	6.55
	20℃	4.82
	60℃	8.00
最大热离焦量($-40℃$)/μm		13.6(小于焦深 34μm)

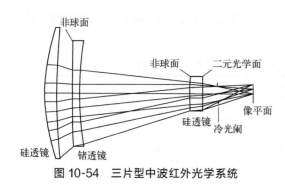

图 10-54　三片型中波红外光学系统

案例二，三片型中波红外折射/衍射混合系统。

中国科学院西安光学精密机械研究所等单位（白瑜等人）联合设计了一种更简单的中波红外（$3.7\sim4.8\mu m$）消色差和消热差折射/衍射混合光学系统，由两种材料（硅和锗）三片透镜（正-负-正）组成，为了校正像差和热差，采用两个非球面和一个二元光学面，如图 10-54 所示。主要性能列于表 10-13 中。

表 10-13　三片型中波红外光学系统技术性能

参数		指标
工作波段/μm		$3.7\sim4.8$
凝视焦平面探测器	像元数目	320×240
	像元尺寸/μm	30×30
光学系统	焦距/mm	96.43
	F 数	2.5
	视场/(°)	7.12
	总长度/mm	139.37
	孔径光阑位置	像平面前 23.65mm,与冷光阑重合,冷光阑效率100%
	最大离焦量/μm	26.14
	焦深/μm	53.13
	MTF　0 视场	在空间频率 16lp/mm 处,子午和弧矢 MTF 均大于 0.7,接近系统衍射极限
	MTF　0.5 视场	
	MTF　1 视场	
工作温度/℃		$-50\sim100$
光学材料		光学透镜材料:硅-锗-硅。机械镜筒材料:铝

（2）长波红外光学系统

案例一，五片型长波红外光学系统。

昆明物理研究所（明景谦等人）利用二元衍射光学元件设计了一个 5 片透镜组成的长波红外光学系统，如图 10-55 所示。光学材料依次为 ZnSe、ZnS、Ge、ZnSe、ZnS，第一透镜后表面为二元光学面，第三透镜前表面是高次非球面。表 10-14 列出光学性能。

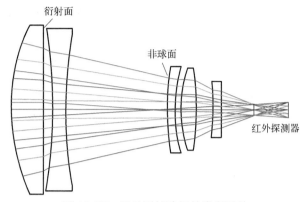

图 10-55　五片型长波红外光学系统

表 10-14　五片型长波红外光学系统技术性能

参数			指标
红外探测器	红外波长/μm		7.5~10.5
	像元数目		288×4
	像元尺寸/μm		25×28
红外光学系统	光学元件数目		5
	材料		ZnSe、ZnS、Ge、ZnSe、ZnS
	焦距/mm		103
	F 数		1.67
	视场/(°)		4.5×4.5
	焦深/μm		±41.83
不同温度下离焦量/mm	−40℃	像距	0.632
		像面漂移	0.045
	20℃	像距	0.587
		像面漂移	0
	60℃	像距	0.559
		像面漂移	0.028
调制传递函数（MTF）（18lp/mm）	−40℃	子午	0.3731
		弧矢	0.3731
		衍射限	0.3827
	20℃	子午	0.3728
		弧矢	0.3728
		衍射限	0.3745

参数			指标
调制传递函数 （MTF） （18lp/mm）	60℃	子午	0.3656
		弧矢	0.3656
		衍射限	0.3689

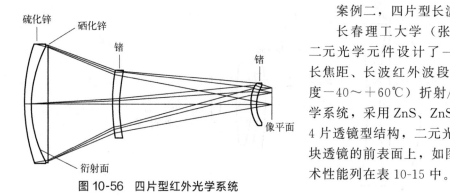

硫化锌　硒化锌　锗　锗　像平面　衍射面

图 10-56　四片型红外光学系统

案例二，四片型长波红外光学系统。

长春理工大学（张婉怡）同样利用二元光学元件设计了一种大相对孔径、长焦距、长波红外波段消热差（工作温度 −40～+60℃）折射/衍射混合摄远光学系统，采用 ZnS、ZnSe 和 Ge 三种材料 4 片透镜型结构，二元光学面设计在第二块透镜的前表面上，如图 10-56 所示。技术性能列在表 10-15 中。

表 10-15　四片型长波红外光学系统技术性能

参数		指标
波长范围/μm		8～12
红外探测器	像元数目	640×512
	像元尺寸/μm	30×30
光学系统	焦距/mm	200
	F 数	2.2
	视场/(°)	7
	工作距离总长/mm	160
	最大离焦量/μm	38.914
	焦深/μm	±96.8
	MTF(17lp/mm 处)	在工作温度范围内,各视场 MTF 均大于 0.45,达到衍射极限
	工作温度/℃	−40～60
	光学材料	光学镜筒材料:硫化锌、硒化锌、锗、锗; 镜筒材料:铝

案例三，三片型红外光学系统。

四川长虹电子科技有限公司（张发平等人）利用二元光学元件设计了更简单的长波红外光学系统，探测器像元尺寸更小（17μm×17μm），采用三片型折射/衍射混合型结构（Ge＋IG6＋Ge，二元衍射面位于前锗透镜上，后锗透镜上设计一个非球面），如图 10-57 所示。表 10-16 列出其技术性能。

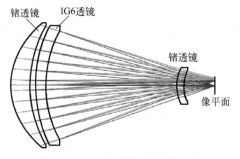

锗透镜　IG6透镜　锗透镜　像平面

图 10-57　三片型红外光学系统

表 10-16　三片型长波红外光学系统技术性能

参数			指标
波长范围/μm			8～12
红外探测器	像元数目		640×512
	像元尺寸/μm		17×17
光学系统	焦距/mm		100
	F 数		1.1
	光学透射率		≥80%
	总尺寸/mm		φ93×107(L)
	最大离焦量/μm		13.54
	焦深/μm		24.2
	弥散斑最大值/μm	0 视场	9.386(−40℃)
		0.7 视场	11.906(−40℃)
		1 视场	12.996(+60℃)
	最大畸变		<1.6%
	最大场曲/mm		<0.1
	MTF(30lp/mm 处)		在工作温度范围内,各视场 MTF 均达到 0.49,接近衍射极限
	衍射面	衍射级	1
		位相函数因子 A_1	−0.071
		位相函数因子 A_2	3.561×10⁻⁷
		位相函数因子 A_3	−6.834×10⁻¹¹
	工作温度/℃		−40～60
	光学材料		锗、IG6、锗

　　案例四，无人机用长波红外光学系统。

　　昆明物理研究所（李萍等人）借助二元光学面和非球面为无人机设计了一种折射/衍射型长波红外消热差光学系统。为了满足"光学元件少、体积小、重量轻和像质好"的要求，光学系统由三片透镜组成，其中，采用两个非球面和一个二元光学面，并且，仅选择 Ge 和 Umicore 公司生产的硫系玻璃（GASIR2）两种材料，镜筒采用材料铝，如图 10-58 所示。光学性能列在表 10-17 中。

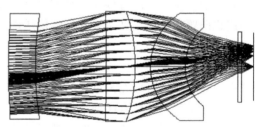

图 10-58　无人机用三片型长波红外光学系统

表 10-17　无人机用三片型长波红外光学系统技术性能

参数		指标
红外探测器	类型	氧化钒探测器
	像元数目	320×240
	像元尺寸/μm	38×38
	波长/μm	8～12

参数			指标
光学系统	焦距/mm		17.5
	视场/(°)		40×30
	F 数		1
	像质(全温度范围内)	MTF(13lp/mm)	>0.6
		均方根弥散斑直径/mm	<38
		最大畸变	<7.786%
二元光学元件	环代数目		8
	最小环带间距/mm		0.72
	环带深度/μm		3.53
工作温度/℃			−80~+120
系统总长度/mm			46

10.6.1.2 双波段红外光学系统

通常，机载红外搜索跟踪系统的光学系统都设计为中波红外或长波红外单波段系统，以适应对空中目标的尾追探测或迎头探测。研究表明，采用双波段光学系统能获得比单波段更多的目标信息，在完成对空探测的同时，能一定程度地兼顾对地探测，在存在杂乱回波的情况下，具有更高的探测概率。

与单波段红外光学系统相比，双波段红外光学系统的设计难度之一是材料选择：首先，可选择的光学材料比单波段红外系统少得多，适合如此宽波段的光学材料非常有限，像差校正困难；另外，任何一种红外光学材料的折射率在如此宽的双波段范围内变化都很大，导致系统焦距和后截距具有较大差异，消色差难度大。

解决消色差问题的直接方法是采用反射式红外光学系统，尤其是设计离轴式结构以解决中心遮拦问题，从而提高系统的光学传递函数。但会使孔径增大，成本增加，且受到机舱空间的限制。

衍射光学元件的研发成功为双波段红外光学系统的设计开启了新的方向，尤其是采用双层谐衍射光学元件可以在消色差的同时，提高衍射效率和简化光学系统结构。

二元光学衍射元件有两种结构形式：普通型和谐衍射型。谐衍射型光学元件分为单层和双层。第3章已详细讨论了衍射光学元件的基本原理、结构形式和计算公式，下面重点介绍其在双波红外光学系统中的应用。

10.6.1.2.1 采用普通衍射型二元光学元件

西安电子科技大学（白瑜）分析了全反射式和折射/反射式双波段红外消热差光学系统后，设计出一种反射/折射/衍射混合式长焦距宽光谱（中波红外和长波红外）消热差探测成像光学系统，如图10-59所示。

在双波段红外探测器研制成功之前，通常采用纯反射式或者反射/折射混合式望远系统，经分束镜后，分别由中波红外/长波红外两个折射光学系统成像在各自的红外探测器上。

为了进一步校正像差，获得更高的成像质量，在长波红外光路中引入两个衍射面代替原来的非球面，中波红外光路中引入一个衍射面。表10-18列出技术性能。

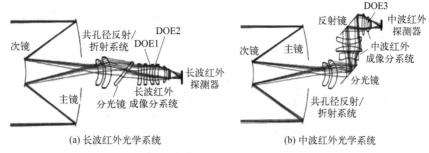

(a) 长波红外光学系统　　　　　　　(b) 中波红外光学系统

图 10-59　混合式长焦距双波段红外光学系统

表 10-18　混合式长焦距双波段红外光学系统技术性能

参数		长波红外	中波红外
工作波长/μm	波长范围	7.5～12.0	3.5～5.0
	中心波长	9.7	4.2
光学系统	焦距/mm	292	
	F 数	1.93	
探测器	像元数	320×256	
	像元尺寸/μm	30×30	
工作温度范围/℃		10～40	
成像质量	调制传递函数 MTF(空间频率 16lp/mm)	＞0.35	＞0.64
	单个像元内的最低能量集中度(10～40℃)	51.92%	72.04%
	畸变　温度 20℃	1.14%	2.8%
	畸变　温度 10℃	1.10%	2.85%
	畸变　温度 40℃	1.43%	2.78%

10.6.1.2.2　采用谐衍射型二元光学元件

谐衍射透镜的最大特点是相邻环带间的光程差是设计波长 λ_0 的整数 P 倍（$P \geqslant 2$），在空气中透镜的最大厚度为 $P\lambda_0/(n-1)$（其中，n 为透镜材料的折射率），为普通衍射透镜厚度的 P 倍。

与普通衍射透镜相比，谐衍射透镜的优点是在一系列分离的波长位置（满足 3.2.2 节相关条件）可以获得相同的光焦度，因此，在一定程度上克服了普通衍射光学元件色差大的缺点。适当选择相关参数和中心设计波长就可以将谐衍射透镜应用于双波段红外光学系统的设计中，下面介绍几种具体的设计实例。

（1）单谐衍射透镜型双波段红外折射/衍射光学系统

案例一，双波段定焦红外折射/衍射光学系统。

华中科技大学（李升辉等人）采用谐衍射光学元件设计了一种双波段折射/衍射红外光学系统（中波红外 3～5μm 和长波红外 8～12μm），以消除宽波段色差和宽温度范围内（−40～60℃）的热差，其中设计参数：$P=2$，中心波长 $\lambda_0=10\mu m$。如图 10-60 所示，光学系统由 4 片透镜组成：硒化锌（ZnSe）球面透镜、硫化锌（ZnS）非球面透镜、锗（Ge）非球面谐衍射面透镜和硫系玻璃非球面透镜。

该系统产生的二级谐波长 10μm 和五级谐波长 4μm 正好分别落在长波和中波波段的中

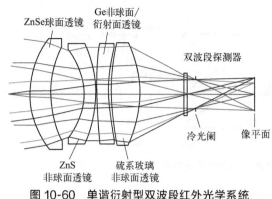

心位置，对应的衍射级次为 $i=1$、2、3、4、5、6、7、8，谐波波长分别为 $20\mu m$、$10\mu m$、$6.67\mu m$、$5\mu m$、$4\mu m$、$3.33\mu m$、$2.85\mu m$、$2.5\mu m$。波长 $10\mu m$ 的第二衍射级在波段 $8.8\sim11.5\mu m$ 上和波长 $4\mu m$ 的第五衍射级在波段 $3.8\sim4.3\mu m$ 上的平均衍射效率都达到 93%，保证中波红外和长波红外光在不同衍射级都能实现谐振共焦成像，满足光学系统对成像质量的要求，从而使用较少光学元件就可以校正双波段红外光学系统的像差和热差，在改善像质、

ZnSe球面透镜
Ge非球面/衍射面透镜
双波段探测器
冷光阑
像平面
ZnS非球面透镜
硫系玻璃非球面透镜

图 10-60　单谐衍射型双波段红外光学系统

减少体积和重量以及宽波段消热差等方面表现出传统光学系统不可比拟的优势。主要技术性能列在表 10-19 中。

表 10-19　单谐衍射型双波段红外光学系统技术性能

参数		指标
双波探测器	光谱范围/μm	$3\sim5,8\sim12$
	像元数目	320×256
	像元尺寸/μm	30
焦距/mm		45
视场/(°)		12.18×9.15
像面尺寸/mm		9.6×7.2
F 数		2
衍射效率	$i=2,\lambda=10\mu m$	93%
	$i=5,\lambda=4\mu m$	
MTF(16lp/mm)	温度-40℃	轴上>0.5，轴外>0.4
	温度 20℃	
	温度 60℃	
弥散斑（RMS 均方根值）	温度-40℃	小于一个像素
	温度 20℃	
	温度 60℃	
畸变		$<2\%$
工作温度/℃		$-40\sim60$

案例二，双波变焦红外折射/衍射光学系统。

中国科学院长春光学精密机械与物理研究所（董科研等人）利用单个谐衍射光学元件设计了一种双波段（中波红外 $3.7\sim4.3\mu m$ 和长波红外 $8.7\sim11\mu m$）双焦距（长焦距 80mm 和短焦距 40mm）红外折射/衍射光学系统。该系统由两种材料（Ge 和 ZnSe）四块光学元件组成，其中，变倍镜组为负透镜，补偿组为含有衍射面的正透镜，谐衍射面设计在第 6 表面上。变倍时，变倍组校正前固定组产生的像差（主要是球差和彗差），补偿组不仅进一步减少残留单色像差，而且可以利用衍射表面很好地校正系统色差。系统光阑与冷光阑重合，冷光阑效率100%，系统无渐晕，如图10-61所示。光学性能列于表10-20中。

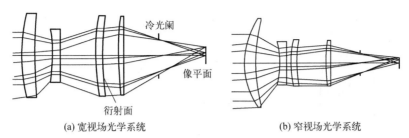

(a) 宽视场光学系统　　　　　　　(b) 窄视场光学系统

图 10-61　双波段变焦红外折射/衍射光学系统

表 10-20　双波段变焦红外折射/衍射光学系统技术性能

参数			指标
红外探测器	类型		共焦双波段红外探测器
	像元数目		128×28
	像元尺寸/μm		80
	工作波长/μm		3.7~4.3,8.7~11
光学系统	焦距/mm	短焦系统	40
		长焦系统	80
	视场/(°)	短焦系统	11.6
		长焦系统	5.8
	F 数		2
	前固定组与变倍组距离/mm	短焦系统	6.7
		长焦系统	12.9
	变倍组与补偿组距离/mm	短焦系统	23.4
		长焦系统	3.2
	补偿组与后固定组距离/mm	短焦系统	9.1
		长焦系统	23.2
	光阑位置/mm	与第四透镜距离	20
		与像平面距离	28
	MTF (18lp/mm)	中波系统	>70%
		长波系统	>50%
	光斑均方根直径/μm		均小于像元尺寸
	能量会聚度(在一个像元内)		均大于85%
	冷光阑效率		100%
	总长度/mm		106

（2）双谐衍射透镜型双波段红外折射/衍射光学系统

实践表明，单层衍射光学元件的衍射效率只能在某一波长处达到100%，对其它波长，衍射效率下降明显。2002年，首次建议利用双层衍射光学元件提高宽波段衍射效率。

双层谐衍射光学元件是由2个单层谐衍射面相对精确啮合组成的，每个单层衍射面的微结构都被加工在普通透镜表面上，因此，具有相同周期和2个设计主波长。图10-62描述双层谐衍射光学元件结构和带宽积分平均衍射效率与红外波长的关系。

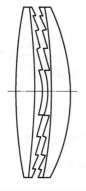

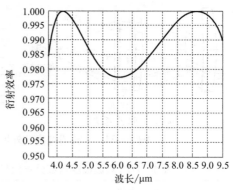

(a) 双层谐衍射光学元件   (b) 平均衍射效率与红外波长的关系曲线

图 10-62   双层谐衍射光学元件

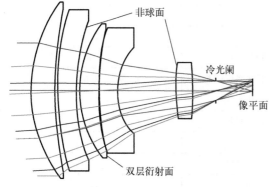

图 10-63   五片型折/衍混合双波段红外光学系统

案例一，五片折射/衍射混合型红外光学系统。

中航工业集团公司洛阳电光设备研究所（赵翔等人）设计了一种包含双层衍射光学元件的 5 片型双波段折/衍红外物镜的光学系统，其中包括两个非球面和两个谐衍射表面（分别位于透镜 3 的后表面和透镜 4 的前表面），二者基底表面的曲率半径相同，如图 10-63 所示。系统结构参数和光学性能分别列在表 10-21 和表 10-22 中。

表 10-21   五片型折/衍混合双波段红外光学系统结构参数

项目	面形	曲率半径/mm	厚度/mm	材料
透镜 1	球面	74.6	13.21	ZnSe
	球面	217.3	1.00	
透镜 2	球面	151.2	8.43	Ge
	非球面	98.4	1.81	
透镜 3	球面	54.9	12.52	ZnSe
	球面	197.5	0.5	
透镜 4	球面	197.5	9.99	ZnS
	球面	32.0	30.67	
透镜 5	非球面	231.5	8.63	ZeSe
	球面	−199.9	16.99	
光阑	平面	∞	20	与冷光阑重合
像面	平面	∞		

注：表面 4 的非球面系数：$a_1 = 1.1675 \times 10^{-7}$，$a_2 = 2.2785 \times 10^{-11}$，$a_3 = 6.5532 \times 10^{-17}$，$a_4 = 2.7786 \times 10^{-18}$。
表面 9 的非球面系数：$a_2 = -1.7018 \times 10^{-7}$，$a_3 = 8.8557 \times 10^{-10}$，$a_4 = 3.4481 \times 10^{-13}$。
表面 6 和 7 是衍射表面，纵向微结构高度分别是：$H_1 = 215\mu m$，$H_2 = -243\mu m$。

表 10-22　五片型折/衍混合双波段红外光学系统性能

参数		指标
工作波段/μm	中波红外	3.7～4.8
	长波红外	7.7～9.5
探测器	类型	斯特林制冷
	像元数目	320×256
	像元尺寸/μm	30
F 数		2
焦距/mm		100
半视场/(°)		3.5
冷光阑效率		100%
双层衍射光学元件的平均衍射效率		＞98.5%
MTF(16lp/mm)		＞0.5
温度范围/℃		-55～+70

案例二，四片型折衍混合双波段红外光学系统。

中国科学院大学（毛文峰等人）对相同技术条件下传统的折射式双波段红外（3～5μm和 8～14μm）物镜光学系统和包含双层谐衍射透镜的折衍混合红外物镜光学系统进行了分析、计算和比较。

传统折射式双波段红外摄像物镜由三种红外材料［硫化锌（ZnS）/硒化锌（ZnSe）/砷化镓（GaAs）］六个透镜组成，其中第 3 面和第 9 面是非球面，其它表面均为球面，如图 10-64(a)所示。

计算结果表明，传统折射式双波段红外物镜光学系统总长度较长，成像质量也不理想。若在系统中使用谐衍射透镜，合理设计其在系统中的位置，如图 10-64(b) 所示，在第 2 面（硫化锌）和第 3 面（硒化锌）中引入双层谐衍射面，并且在优化过程中严格控制衍射面上的光线入射角（研究表明，光线在衍射面上的入射角度小于 6°时，入射角度的变化对衍射效率的影响几乎为零），可以获得较好的像质（如表 10-23 所列）。最终设计结果：中波红外所有视场的 MTF 均高于 0.68，85% 以上能量会聚在一个像元内；长波红外所有视场 MTF 均高于 0.65，80% 以上能量会聚在一个像元内，成像质量有很大提高。另外，前组两个透镜孔径较大，谐衍射透镜的微结构特征尺寸也较大，易加工。最终，折衍混合光学系统还减少两个透镜，仅使用两种材料（硫化锌和硒化锌），并且无需使用非球面，对减少光学系统总长、体积和减轻重量，都有重要意义。

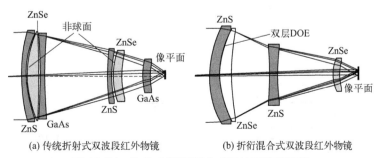

(a) 传统折射式双波段红外物镜　　　　(b) 折衍混合式双波段红外物镜

图 10-64　传统式/折衍混合式红外双波段物镜

表 10-23　四片型折衍混合双波段红外光学系统技术性能

参数		指标
工作波长	波长范围/μm	3～5,8～14
	主设计波长/μm	3.8,11.7
F 数		1.2
焦距/mm		100
视场/(°)		5
红外探测器	类型	共焦双波段
	像元数目	384×288
	像元尺寸/μm	35×35
MTF(所有视场) (特征频率:14.3lp/mm)	中波红外	大于 0.68
	长波红外	大于 0.60
能量集中度 (轴上和轴外)	中波红外	≥85%
	长波红外	≥80%
双层谐衍射元件 (双波段内)	积分衍射效率	≥96%
	光学材料	ZnS,ZnSe

案例三，三片型折衍混合双波段红外光学系统。

长春理工大学（张欣婷等人）利用双层谐衍射元件设计了一个大相对孔径（F/1.2）双波段（中波红外和长波红外）三片型消热差红外光学系统，如图 10-65 所示。技术性能列在表 10-24 中。

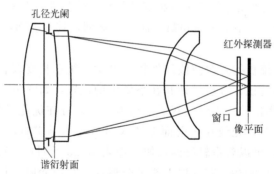

图 10-65　三片型折衍混合双波段红外光学系统

表 10-24　三片型双波段/双谐衍射透镜红外消热差光学系统主要性能

参数		指标
红外探测器	类型	非制冷型
	波长范围/μm	3～5,8～12
	像元数目	640×480
	像元尺寸/μm	25×25
光学系统	视场/(°)	22
	F 数	1.2
	焦距/mm	50
	材料	Ge、AMTIR1、Ge
	总长度/mm	78

参数		指标
光学系统	焦深/μm	±23
	MTF(20lp/mm)	所有视场内均大于0.5
	点列图均方根直径	均小于1个像元
消热差后最大离焦量/μm		15
工作温度范围/℃		−40～60

10.6.2　二次成像系统

随着科学技术的进步，飞机性能不断提高，功能也随之扩大，在一些情况下，除了执行空空任务外，还要执行前视红外系统（FLIR系统）的对地功能，工作波段从单波段（尾喷管中波红外辐射探测）发展到双波段（包括迎头长波红外辐射探测）。

凝视型焦平面阵列红外探测器的成功研制和应用使其成像面上集成了上百万个探测像元；采用制冷方式扩大了探测范围；与集成电路芯片连接以便读取图像；光机系统中无需设计扫描反射镜及光机运动装置，令瞬时视场增大。为了保证孔径光阑与探测器冷光阑一致，开始设计二次成像形式的红外搜索跟踪系统。

二次成像系统可以视为望远物镜＋中继光学系统的组合形式，也可以看作望远光学系统（望远物镜＋望远目镜）＋会聚成像分系统，如图10-66所示。其中，图10-66（b）是JENOPTIK Laser、Optik、Systeme GmbH公司研制的远距离红外探测跟踪系统二次成像光学系统。可明显看出，前面三片透镜是摄像物镜结构，后面四片透镜是中继转像透镜结构。实际上，也可以将转像透镜组中前两片透镜组视为目镜，与前面物镜组成望远系统，出射光束近似是平行光束，后两片透镜组是二次成像分系统。表10-25列出该系统主要技术性能。

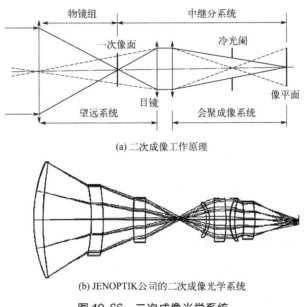

(a) 二次成像工作原理

(b) JENOPTIK公司的二次成像光学系统

图10-66　二次成像光学系统

表 10-25　JENOPTIK 红外探测/跟踪系统技术性能

参数	指标
光谱范围/μm	3～5
焦距/mm	450
F 数	1.5
视场/(°)	约 3
工作温度/℃	−20
光学透过率	＞90％
能量会聚度(工作温度下)	＞80％
畸变	＜3％
灰度	最小
最大直径/mm	＞300

　　为欧洲战斗机研制的"海盗"（PIRATE）被动红外机载跟踪设备是一个"边跟踪边扫描"的二次成像红外搜索跟踪系统（IRST）的典型例子，兼具红外搜索/跟踪（IRST）及前视红外两种功能，具有空空和空地两种搜索跟踪模式，如图 10-67 所示，工作原理表述在图 10-68 中。第 11 章将详细介绍二次成像红外光学系统的设计技术。

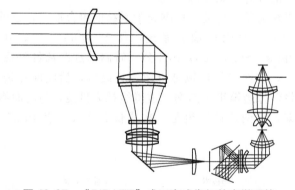

图 10-67　"PIRATE"式二次成像红外光学系统

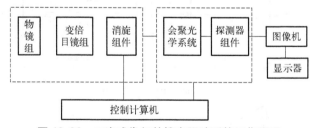

图 10-68　二次成像红外搜索跟踪系统工作原理

10.6.3　需要注意的具体问题

（1）镀膜问题

红外光学系统（包括红外搜索跟踪系统与前视红外系统）有两个特点：

① 光学系统比较复杂，光学透镜数量较多。为了更好地校正像差，获得较好的成像质量，红外光学系统（尤其是前视红外二次成像系统）都会采用较为复杂的结构形式，包含的透镜数量较多，因此，对系统光学透射率影响很大。表 10-26 列出了不同透镜数量和不同透射率对成像系统总透射率的影响。

表 10-26　透镜数量与光学透射率的关系

透镜数量	总透射率				
1	95.0%	96.0%	97.0%	98.0%	99.0%
5	77.4%	81.5%	85.9%	90.4%	95.1%
6	73.5%	78.3%	83.3%	88.6%	94.1%
7	69.8%	75.1%	80.8%	86.8%	93.2%
8	66.3%	72.1%	78.4%	85.1%	92.3%
9	63.0%	69.3%	76.0%	83.4%	91.4%
10	59.9%	66.5%	73.7%	81.7%	90.4%

从表 10-26 中数据看出，即使每个波段单个透镜的透过率达到 95%，但由于透镜数量的影响（以 10 个透镜的光学系统为例），总的透过率也只有约 60%。若镀膜后单透镜光学透过率为 99%，那么总透过率将高达 90%，相对提高了 50%。因此，提高镀膜的工艺水平对提高光学系统的光学透射率具有非常重要的意义。

② 大多数红外材料都具有较高的折射率。例如，锗材料在波长 $3.8\mu m$ 处的折射率 4.026（$5.3\mu m$ 处折射率是 4.015），硫化锌材料在波长 $5.0\mu m$ 处的折射率是 2.246。根据菲涅耳反射率公式计算出的表面反射率分别是 60.1% 和 38.4%。

可以看出，材料折射率越高，表面的反射损失越大，进一步说明了必须对红外材料镀高效增透膜以有效减少反射，提高光学透射率。

除了折射透镜和衍射透镜外，红外光学系统还包含反射镜元件。平面反射镜用于折转光线，球面和非球面反射镜用于成像。

最经常使用的反射镜材料是冕牌光学玻璃（热膨胀系数较高，多用于热稳定性要求不高的非成像系统）、低膨胀系数的硼硅酸盐玻璃、人造熔凝石英和微晶玻璃，有时也采用金属基板或者碳化硅。为了保证红外光学系统具有较高的光学效率，通常要求红外反射镜必须具有很高的反射率。表 10-27 列出了反射镜数量与系统总反射率的关系。

表 10-27　反射镜数量与系统总反射率关系

反射镜数量	系统反射率				
1	97.0%	97.5%	98.0%	98.5%	99.0%
3	91.3%	92.7%	94.1%	95.6%	97.0%
4	88.5%	90.0%	92.2%	94.1%	96.1%
5	85.9%	88.1%	90.4%	92.7%	95.1%
6	83.3%	85.9%	88.6%	91.3%	94.1%
7	80.8%	83.8%	86.8%	90.0%	93.2%
8	78.4%	81.7%	85.1%	88.6%	92.3%

一般以金属膜作为反射镜的反射膜，四种常用金属膜系是裸铝膜、保护铝膜、银膜和金

膜，在 $3\sim15\mu m$ 光谱范围内的反射率均高于 95％。其中，银膜和金膜在宽光谱范围内具有更高反射率，例如，金膜在 $0.8\sim50\mu m$ 光谱范围内的反射率是 99％。

对于反射型光学系统或者折射/反射光学系统，如果仅仅工作在红外光谱范围，镀金反射膜系的最佳反射率＞98％，有效工作波长 $1\sim10\mu m$；如果共孔径光学系统中包括可见光 TV 成像系统，则通常采用镀银膜系以达到提高可见光透过率的目的。例如，在中波红外（MWIR）和长波红外（LWIR）光谱范围内，镀银膜系反射率很容易达到 97％，可见光（波长 600nm）反射率大于 95％，即使波长 400nm 时反射率也大于 90％。为了实现从可见光到长波红外的理想性能，可能需要交替涂镀金银膜系。

有两种镀膜方案：其一是采用宽带膜系；其二是镀双波段膜系。前者提供的性能较低，但性能随镀膜厚度的变化相对较小。对于双波段抗反膜膜系，若采用适当的限制约束，使透镜上的镀膜均匀误差保持在10％以下，则性能优于宽波段抗反膜膜系。表 10-28 列出三种常用基底材料 ZnSe、CaF_2 和 BaF_2 在镀过增透膜后双波段的平均透射率（样片厚度 1mm）。

表 10-28　三种基底材料的双波段平均透射率

基底材料	平均透射率	
	中波红外	长波红外
ZnSe	96.8％	97.9％
CaF_2	96.3％	89.7％
BaF_2	96.3％	96.1％

昆明物理研究所（谢启明等人）对 CaF_2 基底材料（样片厚度 3mm）的实验结果表明，在 $700\sim900nm$ 波段的平均光学透射率达到 95.2％，$1.064\mu m$ 激光波段的平均透射率达到 96.18％，$3.7\sim4.8\mu m$ 中波红外波段的平均透射率达到 96.23％。

另外，进入光学系统的离轴光线，当通过某透镜后再进入下一透镜时，可能有很大的局部入射角，若镀膜设计对入射角太严格或太敏感，会使波段远端波长有较大衰减。

需要考虑的另一个镀膜问题是膜系的寿命问题。

（2）滤光片

大多数红外探测器都对可见光敏感，因而对成像质量会产生不良影响。最简单的解决方法是在探测器的镜头前方设计滤光片，滤除不必要的可见光及红外线。一般是在探测器半透明外罩上镀数层很薄且厚度各异的玻璃膜，各层膜的反射系数不同且厚度为被探测红外波长的倍数，从而排除有害光线，只透过所需红外谱线。

（3）冷反射问题

冷反射现象是红外成像系统特有的一种图像异态。探测器焦平面上的图像被光学系统中某一表面反射，又成像在探测器焦平面附近，此时，探测器可以探测到比环境温度低许多的自身冷信号。

换句话说，红外探测器除接收正常成像的目标和景物辐射外，还会收到上述表面反射的微弱信号，即本身及周围低温腔冷环境形成的"冷像"，成为不能滤掉的交流噪声信号叠加在目标信号上，在视场中心形成黑斑。

冷像的辐射强度不稳定，随着视场和环境条件而变化。当目标信号成像在黑斑区域时，能量会被淹没，无法探测。这种由于有害反射而造成的成像缺陷，称为"冷反射"。

设计有扫描机构的红外光学系统，冷反射现象较为明显。即使采用凝视型焦平面阵列探测器，仍然存在冷反射现象。值得庆幸的是，凝视系统中的冷反射是固定不变的，可以通过非均匀校正消除，但会减小系统的动态范围。

在二次成像方式中，存在着能产生"冷反射"的两种典型情况：中间像面位于某个透镜表面顶点或者球心处。因此，可采用两种方法减小冷反射现象：①控制中间像面位置，使其附近的透镜表面与其保持一定的轴向间隔；②控制中间像面位置远离其附近表面的曲率中心。

10.7
消热差技术

20 世纪 40 年代，J. M. Perry 对均匀变化温度场中光学系统的热性能研究发现，温度变化是影响光学系统像质的重要因素，同时提出"光学系统无热化"的概念。

20 世纪 60 年代，随着光学照相技术的高速发展，高分辨率摄像设备对光学成像系统的像质要求越来越高，因此，成像质量随温度变化而下降的问题已经成为其广泛应用的主要影响因素，引发人们对光学系统热性能的关注和研究。

Tryggve Baak 利用干涉测量法分别测量了不同温度范围肖特玻璃范围内的 34 种型号玻璃的折射率温度系数。研究表明，尽管在可见光和红外系统中都存在着热效应，但由于红外光学材料折射率温度系数 dn/dT 较大（例如单晶锗 dn/dT 是可见光玻璃的 80 倍），环境温度在红外光谱领域造成的热效应更大。

对锗光学透镜元件和铝壳体组件的热效应计算和分析显示，当温度由 20℃升至 40℃时，调制光学传递函数（MTF）降低 30%；当温度变化到 −20℃时，MTF 降低 50%。因此，红外光学系统校正热差更为重要，称为"消热差设计技术"（或"无热化设计技术"）。

20 世纪 70～80 年代，消热差设计技术取得了长足发展，从最初的机械被动消热差和机电消热差技术发展到二元光学消热差技术。

1981 年，Thomas H. Jamieson 详细研究了光学系统的热效应。

1990 年，Roggers 采用试探法，通过求解无热化方程组（即总光焦度方程，消色差方程和消热差方程）求解每个透镜元件的光焦度，并尽量使用低色散材料实现消热差光学系统设计。

1995 年，Russell M. Hudyma 研究了利用色散阿贝数-热差关系表进行密接光学系统的消热差设计。

1996 年，M. Olixieri 等人详细分析了光学系统的热离焦特性。Tamagawa 和 Tajime 建立了一个表征光学材料特性的无热图；Rayces 和 Lebich 在表征玻璃材料热性能和色散特性的 γV-V 图的基础上设计了一种专用的无热化三片式物镜，从而使消热差设计技术进入工程实用化阶段。

20 世纪 90 年代以来，二元光学元件成像理论和制造技术逐渐成熟，进一步促进了光学系统（尤其是红外成像系统）消热差设计的广泛应用和快速发展。美国 Jahns、Londono 以及 Bowen 和 Behrmann 等都对二元光学元件的负色散和消热差特性进行了深入研究，弥补了消热差技术中可以采用的红外光学材料的稀缺问题。

国内许多高校（北京理工大学、浙江大学、中国科技大学等）和科研单位（中国航空工业集团公司洛阳电光设备研究所、中国科学院长春光学精密机械和物理研究所、西安应用光学研究所等）也都相继开展光学系统消热差技术的研究，设计和生产出不同类型的消热差红外光学系统，陆续应用于诸如航空和航天等各个领域。

10.7.1 环境温度的影响

光电子仪器一般工作在环境温度相对稳定的空间中，认为在常温/常压条件下，光学系统中各元件的结构和特性固定不变。但对于机载光电探测/跟踪/瞄准设备，工作环境复杂，需要承受温度和气压的变化范围较大，工作温度一般是－40～＋50℃，并且，要求在如此宽的温度范围内必须保持焦距不变和像质良好。

温度变化对光学系统性能的影响是多方面的，尤其是红外光学材料的热特性比可见光波段严重得多。温度变化时，光学材料的折射率和阿贝数都会发生较大变化，透镜和镜筒的热胀冷缩也会导致光学系统表面曲率半径、光学元件厚度、元件中心间隔等结构参数发生变化，最终引起光学系统焦距改变，以致像面漂移而使成像质量恶化。因此，设计红外光学系统时需要考虑温度变化的影响，必须采用消热差设计技术以满足使用要求。

环境温度变化造成的影响很复杂，最简单的情况是温度均匀变化。此时，透镜曲率半径、厚度和空气间隔会按照下述公式随着温度变化，其中，x_g 和 x_m 分别表示光学材料的线膨胀系数和镜座的热膨胀系数。

曲率半径 R：$\qquad\qquad\qquad R + dR = R(1 + x_g)dt$ $\qquad\qquad$ (10-26)

厚度 D：$\qquad\qquad\qquad\quad D + dD = D(1 + x_g)dt$ $\qquad\qquad$ (10-27)

空气间隔 L：$\qquad\qquad\quad L + dL = L(1 + x_m)dt$ $\qquad\qquad$ (10-28)

当光学系统在一个较宽的温度范围内工作时，例如红外搜索跟踪系统的工作温度范围是－40～＋60℃，设计时不仅要考虑材料的热胀冷缩或者光学表面的面形变化，还要考虑透镜像空间和材料折射率的变化。对某些特定波长，在一定的温度范围内，光学材料的折射率温度系数是一个常数，或者变化微小，甚至不变，但对于红外光学材料，其折射率温度系数（与可见光光学材料相比）较大，因此，对折射率的影响较大，导致每条光线的光程变化更大，使原来聚焦的成像光束发散，造成像质恶化。

温度为 t（℃）和 760mmHg[1] 空气压力下，空气折射率按照以下规律变化：

$$n_t - 1 = (n_{15} - 1)\left(\frac{1.0549}{1 + 0.00366t}\right) \qquad (10\text{-}29)$$

式中，n_{15} 是 15℃时的空气折射率，是波长 λ 的函数，并按照以下公式计算：

$$(n_{15} - 1) \times 10^8 = 8342.1 + \frac{2406030}{130 - \gamma^2} + \frac{15996}{38.9 - \gamma^2} \qquad (10\text{-}30)$$

$$\gamma = 1/\lambda$$

式中，λ 为波长，μm。

为了综合评价光学系统热特性（即温度变化造成折射光学系统焦距变化），根据焦距计算公式，定义一个参数——光热膨胀系数 X_f：

$$\begin{aligned} X_f &= \frac{1}{f} \times \frac{df}{dt} = \alpha - \frac{1}{n - n_{空气}}\left(\frac{dn}{dt} - n\frac{dn_{空气}}{dt}\right) \\ &= -\left[\frac{1}{n - n_{空气}}\left(\frac{dn}{dt} - n\frac{dn_{空气}}{dt}\right) - \alpha\right] \end{aligned} \qquad (10\text{-}31)$$

---

[1] 1mmHg＝133.3224Pa。

式中 X_f ——材料的光热膨胀系数；

$n, n_{空气}$ ——标准条件下光学材料和空气间隔的折射率；

α ——透镜材料的热膨胀系数。

实际中，空气折射率 $n_{空气}$ 随温度变化很小，为此，可以得到以下简化公式：

$$X_f = \frac{1}{f} \times \frac{\mathrm{d}f}{\mathrm{d}t} = \alpha - \frac{1}{n-1}\left(\frac{\mathrm{d}n}{\mathrm{d}t}\right) \tag{10-32}$$

为了保证宽温度范围内光学系统具有良好的成像质量或者光焦度基本不变，必须既校正光学系统像差，又消除热差对系统像质的影响，即消热差化。

表 10-29 列出几种常用红外材料的热特性参数［更多光学材料的光热特性，请参考《光机系统设计》（第四版）Paul R. Yoder 著；周海宪、程云芳译］。

表 10-29　几种常用红外材料的热特性参数

材料	波长/μm	折射率	热膨胀系数/($\times 10^{-6}℃^{-1}$)	折射率温度系数/($\times 10^{-6}℃^{-1}$)
Si	5.3	3.422	2.7～3.1	159
Ge	10.6	4.001	6.0(250～300K)	424(250～300K)
ZnS	10.6	2.192	4.6	46.3
ZnSe	10.6	2.403	7.1(273K)	52

研究表明，利用二元光学元件（也称为衍射光学元件）消热差是目前最佳的消热差技术。根据二元光学元件的工作原理，其焦距由环带位置决定：

$$f = \frac{n_0 r_m^2}{2m\lambda} \tag{10-33}$$

式中，r_m 为第 m 个环带的半径；λ 为工作波长；n_0 为像空间折射率。

当环境温度改变时，环带半径与温度的变化关系遵守如下规律：

$$r_m(t) = r_m(1 + \alpha \Delta t) \tag{10-34}$$

应当注意，当环带半径随环境温度变化时，空间介质折射率也要发生变化，因而会对衍射元件的焦距造成综合影响，如式（10-32）所示。二元光学元件的焦距变化量是像面介质温度变化和材料光热膨胀系数的函数：

$$\Delta f = f\left(2\alpha + \frac{1}{n_0} \times \frac{\mathrm{d}n_0}{\mathrm{d}t}\right)\Delta t \tag{10-35}$$

其中，二元光学元件的光热膨胀系数定义为：

$$X_{f,d} = 2\alpha + \frac{1}{n_0} \times \frac{\mathrm{d}n_0}{\mathrm{d}t} \tag{10-36}$$

由此看出，光热膨胀系数 X_f 表示衍射光学元件在温度均匀变化时焦距的变化率。按照薄透镜理论，光热膨胀系数 X_f 与透镜形状无关，仅与材料性质有关。折射光学元件的光热膨胀系数是折射率和线膨胀系数的函数，而衍射元件的光热膨胀系数与材料折射率无关，仅是材料线膨胀系数的函数。

此外，由于红外材料的折射率温度系数 $\mathrm{d}n/\mathrm{d}t$ 很大，所以折射元件的热差系数为负值，衍射元件的热差系数为正值。因此，二者组成的折衍混合系统可以补偿温度变化引起的像面漂移。

对于多个光学元件组成的复杂光学系统，其光热膨胀系数是所有透镜和空间热效应的综合结果。假设整个光学系统由 m 个透镜组成，则整个系统的光热膨胀系数为：

$$X_{f,t} = f_t \sum_{k=1}^{m} \phi_k X_{f,k} \qquad (10\text{-}37)$$

式中 f_t——整个系统的焦距；

ϕ_k——第 k 个薄透镜的光焦度；

$X_{f,k}$——第 k 个薄透镜的光热膨胀系数。

显然，当 $X_{f,k}$ 与外部壳体材料的线膨胀系数一致时可以实现温度变化造成的像面漂移补偿。

对于一个由折射元件和衍射元件组成并工作在双波段光谱范围的红外光学系统，应同时保证在两个波段以及较宽的工作温度范围内像面位置不变和数值孔径不变，成像质量也都能达到技术要求。为此，必须同时满足下列方程组，通过合理分配各光学元件光焦度以及适当选择光学/机械材料，完成系统消色差和消热差设计，从而保证光学系统的成像质量。

$$\phi = \frac{1}{h_1} \sum_{i=1}^{j} h_i \phi_i \qquad (10\text{-}38)$$

$$\Delta f_c = \left(\frac{1}{h_1 \phi}\right)^2 \sum_{i=1}^{j} (h_i^2 c_i \phi_i) \qquad (10\text{-}39)$$

$$\frac{\mathrm{d}f}{\mathrm{d}t} = \left(\frac{1}{h_1 \phi}\right)^2 \sum_{i=1}^{j} (h_i^2 x_i \phi_i) = \alpha_m Z \qquad (10\text{-}40)$$

式中 h_i——近轴光线在各透镜组的高度，其中，h_1 是近轴光线在第一透镜上的高度，如果是密接型透镜，近似认为 $h_i = h_1$，则光焦度分配式(10-38)简化为 $\sum_{i=1}^{j} \phi_i = \phi$；

ϕ——系统总光焦度；

ϕ_i——各透镜的光焦度；

c_i——各透镜的消色差系数；

x_i——各透镜的消热差系数；

α_m——机械结构的线膨胀系数；

Z——外部机械结构长度。

10.7.2　消热差技术类型

机载红外光学系统的空间工作范围是 $0 \sim 20\mathrm{km}$，随着升空的高度变化，外部环境温度会发生剧烈变化，变化范围 $-50 \sim +70^{\circ}\mathrm{C}$，甚至更大。红外光学系统工作在如此大的温度范围内，一般都会产生很大的热离焦，换句话说，光学系统的像面位置和成像质量都会发生较大变化，这种由于温度变化产生的成像差异称为"热像差"。

相对于可见光光学系统，红外光学系统具有其独特性质：材料的选择性小、透过率低，红外波长长和系统色差大，尤其是折射率温差系数大。显然，由于红外光学材料的折射率温度系数较大，因此，在较大的温度变化环境下，光学材料和机械材料的热效应会造成光学系统（包括光学元件和机械元件）结构参数（例如透镜表面的曲率半径、材料折射率、元件的厚度和间隔）发生不同程度的变化，必然导致红外光学系统焦距和像平面位置变化，或产生"热像差"，导致图像模糊和对比度下降，像质恶化。

"消热差技术"的目的就是消除温度变化对光学系统成像质量的影响。一些资料将"消热差技术"称为"无热化技术"。作者认为，实际中无法设计出"完全无热化光学系统"，因此，使用术语"消热差设计技术"更科学。

消热差技术就是保证焦平面位移量在允许的焦深范围内。根据瑞利判据，当焦面位移量小于一个系统焦深时，实际波面与参考波面的最大波像差不超过四分之一波长，此波面可视为理想波面，即成像效果较为理想。

实施"消热差技术"，需考虑以下因素的影响：

① 红外材料折射率随温度 t 变化。

一般情况下，光学材料与空气间隔的折射率随温度而变化〔如式（10-41）和式（10-42）所示〕，并且，红外光学材料的温度系数（β）要比普通光学玻璃的数值大许多。例如，普通 K9 玻璃的温度系数 dn/dt 是 $2.8 \times 10^{-6}\,℃^{-1}$，而单晶 Ge 的温度系数约为 $396 \times 10^{-6}\,℃^{-1}$，相差 150 倍，对折射率影响尤为明显。

$$n_{透镜} = n_0 + \beta_{透镜}\,dt \tag{10-41}$$

$$n_{空气} = n_{0(空气)} + \beta_{空气}\,dt \tag{10-42}$$

② 红外光学元件形状（表面曲率半径）随温度 t 变化。

通常，假设温度均匀变化，表面曲率半径 r 的变化主要取决于光学材料的热膨胀系数 α：

$$r' = r(1 + \alpha_{透镜}\,dt) \tag{10-43}$$

③ 红外光学元件厚度和空气间隔 d 随温度变化。

$$d' = d(1 + \alpha_{透镜}\,dt) \tag{10-44}$$

$$d'_{空气} = d_{0(空气)}(1 + \alpha_{空气}\,dt) \tag{10-45}$$

④ 镜筒（金属或塑料）材料的长度 L 随温度变化。

$$L' = L(1 + \alpha_{镜筒}\,dt) \tag{10-46}$$

式中，r、d 和 L 以及 r'、d' 和 L' 分别代表温度变化前后的曲率半径、厚度和镜筒长度。

消热差技术有四种形式：机械被动式消热差技术、机电主动式消热差技术、光学被动式消热差技术和波前编码消热差技术。

10.7.2.1　机械被动式消热差技术

机械被动式消热差技术是最早提出的一种光学系统消热差设计技术，利用两种对温度具有不同敏感度的机械材料（具有不同膨胀系数的机械元件）或者记忆合金，通过其在轴上自然膨胀或收缩移动一个或一组光学透镜的轴向位置（或者通过外部控制系统和调焦机构），从而补偿由于温度变化引起的像面位移，达到消热差目的。

工作原理：当温度变化时，由于系统的焦距发生变化，像平面移动。为了保证像质不变，对探测器位置进行微量调整，实现温度补偿。与光学被动式光学消热差技术相比，系统较复杂，精度稍低，可靠性低，一般适合定焦系统的温度补偿，如图 10-69 所示。

图 10-69（a）是一种单级消热差技术，采用一种高膨胀固体材料以补偿由于温度变化造成的透镜元件离焦。通常，选择具有特定长度和膨胀系数的一种材料，保证其随温度的变化量能够满足所需要的离焦补偿量。多数情况下，这是一种理想情况，实际上，很难找到完全合适的机械材料能恰好补偿光学系统的离焦量。

图 10-69（b）是采用两种机械材料完成热补偿的双级消热差技术，同时对不同膨胀系数材料的长度进行合理分配，最后达到光学系统设计所需要的补偿量。

机械消热差技术的优点是具有良好的热性能，稳定性好和成本低。但应当注意，其显著

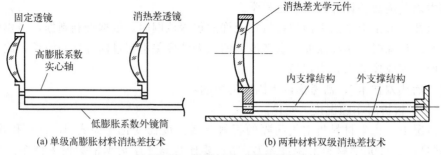

(a) 单级高膨胀材料消热差技术	(b) 两种材料双级消热差技术

图 10-69　机械被动式消热差技术

特点是需要计算不同温度下的最佳像面位置，然后根据最佳像面位移并通过金属的不同伸缩量来补偿像面位移。

从光学设计角度，这种方法只能补偿最佳像面位移，而无法补偿热效应导致的像差变化，即使能够补偿最佳像面的位移，也很难保持原来的像质。因此，仅仅依靠该方法无法维持原来的成像质量，需要综合要求光学系统产生的离焦与机械结构的离焦相补偿，保证整个系统不会产生温度离焦，从而获得较好像质。

机械消热差技术的缺点是增加了机械补偿部件，体积变大和重量加重。

10.7.2.2　机电主动式消热差技术

机电主动式消热差技术是利用温度传感器测量出温度的变化量，将温度信息传输给处理器并实时计算出温度变化导致的像面位移量，再借助电机驱动透镜完成轴向移动，以补偿温度造成的像面位移，保证温度变化后的离焦量在系统的焦深内。为了方便，调节镜组设计在系统前端或后端，如图 10-70 所示。

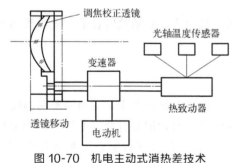

图 10-70　机电主动式消热差技术

该方法的优点是：采用大量的温度传感器，可以处理系统温度的梯度变化，准确求解温度与像面的关系。

与机械式被动补偿技术一样，无法矫正热效应导致的像差失衡。另外，需要增加电源、电子线路和驱动电机等电子设备，体积和重量都会增大，系统可靠性下降，也会产生一定的瞄准误差，因此，尽量不要应用于瞄准精度要求很高的仪器。

昆明物理研究所（束慧琴等人）利用主动式温度自适应技术对实现非制冷双视场（9°×7.2°和 4°×3.2°）长波红外（8~12μm）成像光学系统消热差领域（-40~50℃）的应用进行了深入研究，采用非制冷氧化钒红外焦平面探测器（像元数目：320×256；像元尺寸：25μm× 25μm），图 10-71 是调焦变倍机构图。

研究表明，调焦校正透镜在同一温度不同视场所需的调整量是不相同的，并且，在不同温度下的调整量差异并非线性固定值。

主动式温度自适应技术的基本原理是基于温度传感器的温度信息以及视场模式（大视场或者小视场）来控制调焦机构的运动。具体来说，将变倍镜组在不同温度和大小视场下的调焦补偿量进行量化，计算出对应的焦距量化值，并将其写入红外成像系统伺服控制板主控芯片的 FLASH 中保存。切换视场后，读出环境温度值，并根据已存储的对应温度点相关数据

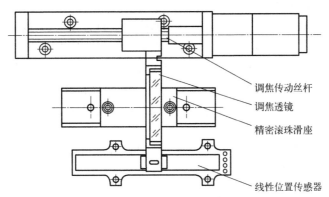

調焦传动丝杆
调焦透镜
精密滚珠滑座
线性位置传感器

图 10-71　主动式温度自适应调焦变倍机构

和利用线性插值法计算出该温度下的焦距值,控制电机驱动调焦装置运动至相应实际位置,从而达到最佳成像效果。

若温度变化,温度传感器测量出新的温度值,微调调焦透镜位置,使红外系统始终保持最佳成像效果。

10.7.2.3　光学被动式消热差技术

实践表明,机械被动式消热差技术和机电主动式消热差技术的最大优点是容易实现。但都是补偿像平面位移而无法补偿系统成像质量,更重要的是采用机械装置或者机电主动式装置不可避免地使系统复杂化、体积增大、重量增加和可靠性降低。因此,目前得到广泛应用的是光学被动式消热差技术。

光学被动式消热差技术是根据不同光学材料间的热学特性(具有不同的折射率温度系数 dn/dt:负值或者正值;不同的线膨胀系数等),将不同热特性的光学材料组合,通过合理选择光学/机械材料并合理分配光焦度来消除温度变化对系统焦距和像质的影响,或者利用具有不同光学特性的成像元件(普通光学元件或者衍射光学元件)相组合,保证系统像面位置在较宽的温度范围内不变,具有良好的成像质量。

相比之下,光学被动式消热差技术无需增加机械补偿部件和电子器件,无需设计移动部件或者补偿组件,无需供电,结构简单、尺寸小和重量轻,提高了系统的可靠性,且在消热差的同时实现像差平衡,确保在一定的温度范围内具有稳定的成像质量,适用于定焦和小倍率变倍系统,因而得到较广泛应用。表 10-30 比较了三种消热差技术的优缺点。

表 10-30　三种不同消热差技术的比较

参数	机械式补偿技术	机电主动式补偿技术	光学被动式补偿技术
可靠性	一般	依赖电子元件质量	较好
环境稳定性	较好	无法承受恶劣环境	取决于光学材料
重量	重	较重	较轻
成本	低	高	较低
供电	否	是	否
可维护性	好	一般	好

光学被动式消热差技术有三种形式:折射型消热差技术、折射/反射型消热差技术和折射/衍射混合型消热差技术。

（1）折射型消热差技术

折射型光学被动式消热差技术又称为材料匹配型消热差技术，是指"根据光学材料热特性之间的差异，利用光学与机械材料的合理组合来消除或减轻温度变化对系统成像质量造成的影响，使红外光学系统像质基本上保持不变或者使整个系统的离焦量在允许的范围内"。

目前应用的红外光学材料有三类：单晶材料、多晶材料和红外玻璃材料。附录 B 给出碱金属和碱土金属卤化物红外材料、透红外玻璃材料、透红外半导体材料和硫属红外材料的光-机-热技术性能。

根据单透镜光焦度与材料折射率的关系式，可以推导出透镜光焦度 ϕ 随温度 t 和波长 λ 的变化规律，如下列公式所示：

$$\phi = (n-1)\left(\frac{1}{r_1} - \frac{1}{r_2}\right) \tag{10-47}$$

$$\chi = \frac{\Delta\phi_t}{\phi} = -\frac{1}{f} \times \frac{\mathrm{d}f}{\mathrm{d}t} = \frac{1}{n-1}\left(\frac{\mathrm{d}n}{\mathrm{d}t} - n\frac{\mathrm{d}n_0}{\mathrm{d}t}\right) - \alpha_{透镜} \tag{10-48}$$

$$c = \frac{\Delta\phi_\lambda}{\phi} = \frac{n_{\lambda1} - n_{\lambda2}}{n_{\lambda0} - 1} \tag{10-49}$$

式中　χ——热差系数；

$\mathrm{d}n/\mathrm{d}t$——材料的折射率温度系数；

c——色差系数；

n——红外透镜材料的折射率；

t——环境温度；

ϕ——光学系统光焦度（$\phi = 1/f$）；

$\alpha_{透镜}$——透镜材料的热膨胀系数。

表 10-31 列出常用红外光学材料在不同光谱范围内的技术参数。

表 10-31　几种常用红外光学材料的技术参数

材料	折射率				$\partial n/\partial t(10\mu m)$ /($\times10^{-6}$℃$^{-1}$)	$\alpha_{透镜}(20℃)$ /($\times10^{-6}$℃$^{-1}$)
	$4\mu m$	$8\mu m$	$10\mu m$	$12\mu m$		
锗（Ge）	4.0243	4.007	4.0032	4.002	396	5.7
硅（Si）	3.4255		3.4179		150	2.7~3.1
硫化锌（ZnS）	2.252	2.223	2.2005	2.170	39	6.6
硒化锌（ZnSe）	2.4331	2.417	2.4065	2.393	61	7.1
AMTIR1	2.5141	2.5141	2.4976	2.490	72	12
砷化镓（GaAs）		3.307	3.278	3.266	185	5
Ge$_{28}$As$_{12}$Se$_{60}$			2.6038		91	
Ge$_{20}$As$_{15}$Se$_{65}$	2.6058		2.5858		58	
三硫化砷	2.4112		2.3816			26.1
蓝宝石	1.6753		—			
氟化钙	1.4097		—			18.9
氟化钡	1.458		—			18.4
氟化镁	1.3526					14.0（平行方向），8.9（垂直方向）

表 10-32 列出常用红外材料在中波红外（3.5～5.0μm）和长波红外（7.5～12.0μm）光谱的热差系数和色差系数。

表 10-32　常用红外材料的热差系数和色差系数

材料	$\chi_{3.5\sim5.0}/℃^{-1}$	$c_{3.5\sim5.0}/℃^{-1}$	$\chi_{7.5\sim12}/℃^{-1}$	$c_{7.5\sim12}/℃^{-1}$
Ge	1.25×10^{-4}	0.009782	1.16×10^{-4}	0.001279
Si	6.66×10^{-5}	0.004150	—	—
ZnSe	3.42×10^{-5}	0.005631	3.43×10^{-5}	0.016689
ZnS	2.45×10^{-5}	0.008859	2.57×10^{-5}	0.041966
MgF_2	2.00×10^{-4}	0.074257	—	—
CaF_2	5.05×10^{-4}	0.046118	—	—
AMTIR1	3.32×10^{-5}	0.003643	3.70×10^{-5}	0.008731
蓝宝石	9.21×10^{-6}	0.130676	—	—
GaAs	8.07×10^{-5}	0.006650	8.55×10^{-5}	0.009312
IG2	3.09×10^{-5}	0.005118	3.16×10^{-5}	0.008732
IG3	4.22×10^{-5}	0.006496	4.37×10^{-5}	0.005805
IG4	-9.55×10^{-6}	0.005061	-7.29×10^{-6}	0.005564
IG5	2.11×10^{-5}	0.005809	2.50×10^{-5}	0.008917
IG6	-4.20×10^{-6}	0.005924	-2.59×10^{-6}	0.006116

考虑到透镜光焦度与焦距 f 的关系（$\phi=1/f$），代入上述公式中，得到焦距随温度变化的关系式：

$$\frac{\partial f}{\partial t}=-\chi f \tag{10-50}$$

如果能够保证光学系统的离焦量 $\partial f/\partial t$ 等于红外探测器到系统最后一个表面距离的变化量（即焦深），那么，就达到了系统消热差的目的，无论温度如何变化，探测器上都能形成清晰图像。

若红外光学系统机械镜筒（金属材料）的热膨胀系数是 $\alpha_{金属}$（通常，镜筒选择铝材料，热膨胀系数 $\alpha=23.6\times10^{-6}℃^{-1}$），显然，下列关系式成立，其中，$L$ 为机械结构件长度：

$$\frac{\partial f}{\partial t}=\alpha_{金属}L \tag{10-51}$$

综上所述，设计红外光学系统（物体位于无穷远）时，为了保证在较宽的温度变化范围内具有良好的成像质量，即为了满足光焦度分配、轴向消色差和消热差的要求，应当满足式(10-38)～式(10-40)的要求。

下面介绍几种利用折射型光学透镜设计消热差红外光学系统的典型案例。

案例一，西安电子科技大学（宋岩峰）分别对全球形表面的双透镜中波红外和三透镜/四透镜长波红外消热差光学系统进行了研究，如图 10-72 所示。

图 10-72(a) 为双透镜中波红外消热差光学系统。

相对孔径 1/4，焦距 50mm，视场 6°，冷光阑效率 100%，工作温度 -30～+70℃，镜筒材料是铝，结构参数列在表 10-33 中。

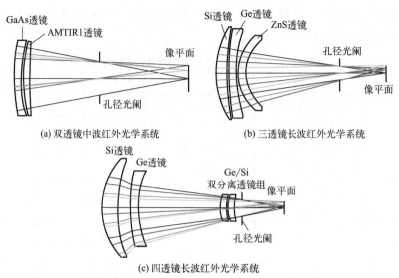

图 10-72　光学被动式消热差红外光学系统

图 10-72(b) 为三透镜长波红外消热差光学系统。

相对孔径 1/3，焦距 100mm，视场 6°，冷光阑效率 100%，工作温度 -30~+70℃，镜筒材料是铝，结构参数列在表 10-34 中。

图 10-72(c) 是四透镜长波红外消热差光学系统。

相对孔径增大到 1/2，工作温度范围扩大到 -80~+200℃，结构参数列在表 10-35 中。

表 10-33　双透镜中波红外消热差光学系统结构参数

透镜/表面		面形	曲率半径/mm	厚度/mm	材料
透镜 1	表面 1	球面	25.3	2.00	GaAs
	表面 2		16.5	0.50	空气
透镜 2	表面 3		17.2	2.00	AMTIR1
	表面 4		58.1	20.3	空气
光阑		平面	∞	26.00	空气
像平面		平面	∞	—	—

表 10-34　三透镜长波红外消热差光学系统结构参数

透镜/表面		面形	曲率半径/mm	厚度/mm	材料
透镜 1	表面 1	球面	67.4	6.0	Si
	表面 2		203.2	1.0	空气
透镜 2	表面 3		221.3	4.0	Ge
	表面 4		99.6	1.0	空气
透镜 3	表面 5		35.6	4.5	ZnS
	表面 6		31.5	52.2	空气
光阑		平面	∞	26.00	空气
像平面		平面	∞	—	—

表 10-35　四透镜长波红外消热差光学系统结构参数

透镜/表面		面形	曲率半径/mm	厚度/mm	材料
透镜 1	表面 1		71.6	10.0	Si
	表面 2		147.6	8.1	空气
透镜 2	表面 3		192.1	4.5	Ge
	表面 4	球面	89.6	51.1	空气
透镜 3	表面 5		40.9	3.5	Ge
	表面 6		27.7	1.0	空气
透镜 4	表面 7		31.5	4.0	Si
	表面 8		57.0	5.0	空气
光阑		平面	∞	26.00	空气
像平面		平面	∞	—	—

　　计算结果表明，适当选择透镜的材料组合，可以实现一定程度的消热差，随着透镜的数量增加，还能增大红外光学系统的相对孔径及扩大工作温度范围。

　　应当指出，密接分离型红外系统虽然有一定的消热差效果，但由于选用了较少类型材料，并且透镜表面全部设计为球面，像差校正能力有限，轴向像差较大，视场较小。

　　案例二，中国科学院长春光学精密机械与物理研究所（张续严等人）利用被动式光学消热差技术设计了一种大相对孔径的长波红外光学系统，如图 10-73 所示。

　　该系统增加了非球面（第三透镜前表面为二次曲面），不仅实现了消热差，还完成了消色差。主要性能列在表 10-36 中。

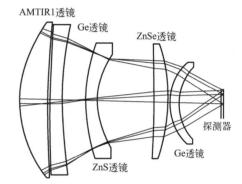

图 10-73　大相对孔径消热差长波红外光学系统

表 10-36　大相对孔径长波消热差红外光学系统技术性能

参数			指标
光学材料			AMTIR1、Ge、ZnS、ZnSe、Ge
镜筒材料			铝
光学系统		工作波长/μm	8～12
		F 数	1
		表面形状	第 3 块透镜第 1 表面是二次曲面,其它均为球面
		焦距/mm	60
		总长度/mm	89
		视场/(°)	11.4
	MTF	中心视场	约 0.7
		边缘视场	大于 0.6
	工作温度/℃		−40～+60

案例三，双波段消热差红外光学系统。

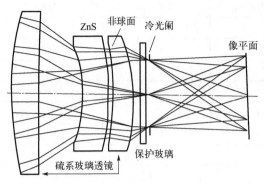

图 10-74　三片型双波段红外消热差光学系统

研究和实践都表明，双波段红外成像系统利用目标在中波和长波红外两个波段的辐射特性进行融合探测，可以进一步提高作战性能，在隐身和反隐身、真伪识别等方面起着重要作用。双波长机载红外探测、跟踪、瞄准系统的应用越来越广泛，因此，研究双波长机载红外光学系统的消热差化设计技术势在必行。

宁波大学（姜波等人）通过合理选择光学材料设计了一种紧凑型双波段（中波红外 $4.4\sim5.4\mu m$ 和长波红外 $7.8\sim8.8\mu m$）消热差光学系统，如图 10-74 所示，主要技术性能列在表 10-37 中。

表 10-37　三透镜双波段红外消热差光学系统技术性能

参数			指标
红外探测器	类型		双波段量子阱类型
	波长/μm		中波:4.4～5.4, 长波:7.8～8.8
	像元数目		384×288
	像元尺寸/μm		25×25
	冷光阑到像面距离/mm		20
光学系统	焦距/mm		30
	F 数		2.1
	视场/(°)		18.40×13.80
	工作距离/mm		22.24
	热离焦量 /μm	−40℃	−12.47
		20℃	0
		60℃	8.31
	焦深/μm	波长 4.9μm	±43.22
		波长 8.4μm	±73.21
	RMS 弥散半径 /μm	−40℃	<9.290
		−10℃	<9.328
		20℃	<10.784
		60℃	<12.423
	MTF		接近衍射极限
	冷光阑效率		100%
	温度范围/℃		−40～+60

该系统特点：

① 采用两种光学材料：硫系玻璃材料 $Ge_{20}Sb_{15}Se_{65}$ 和硫化锌 ZnS。

② "正-负-正"三片型结构。

③ 第五面采用偶次非球面。

案例四，轴向变焦方式双视场消热差红外光学系统。

中国科学院长春光学精密机械与物理研究所（李岩等人）利用中波红外（3.7～4.8μm）320×240制冷型探测器，采用二次成像技术满足冷光阑效率100%的要求，有效地减小了光学系统的通光孔径，并通过采用不同光热系数的红外材料和面形（两个非球面），对轴向变焦方式双视场（焦距50mm和200mm）红外光学系统的消热差技术（工作温度－20～＋60℃）进行了研究。光学系统由8片红外透镜组成，分别采用硅、锗和硫化锌三种红外材料：前固定组是Si，变倍组是ZnS和Si，后固定组是Si和Ge，二次成像组是Si、Ge和Si。镜筒选用铝合金，如图10-75所示。

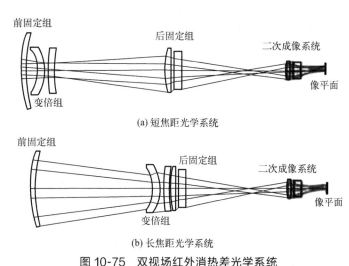

(a) 短焦距光学系统

(b) 长焦距光学系统

图 10-75 双视场红外消热差光学系统

为了消除像差，前固定组透镜的后表面和变倍组后透镜的前表面设计为非球面。表10-38列出其主要技术参数。

表 10-38 双视场红外消热差光学系统技术性能

参数		指标
工作波段/μm		3.7～4.8
焦距/mm	短焦系统	50
	长焦系统	200
F 数		4
红外探测器	类型	制冷型
	像元数目	320×240
	像元尺寸/μm	30×30
最大孔径/mm		66
系统长度/mm		290
变倍组轴向行程/mm		84
工作温度范围/℃		－20～＋60
冷光阑效率		100%

参数			指标		
成像质量	MTF（Nyquist 频率下）		>0.5		
	一个像素内能量集中度		70%		
	弥散斑半径均方根最大值/μm	温度/℃	20	−12	60
		短焦系统	15.17	16.66	21.989
		长焦系统	13.169	14.935	16.879
	畸变		<2.5%		

案例五，径向变焦方式双视场消热差红外光学系统。

天津津航技术物理研究所（顿雄等人）利用径向切换式变焦技术设计了一种被动消热差长波红外双视场望远光学系统，主要用于扫描成像，该系统后续可以再组合二次成像系统，如图 10-76 所示。为了消热差和消像差，该系统采用 ZnSe、Ge 和 ZnS 三种光学材料和 5 个特殊形面（1 个二元光学面和 4 个非球面）。主要光学性能列在表 10-39 中。

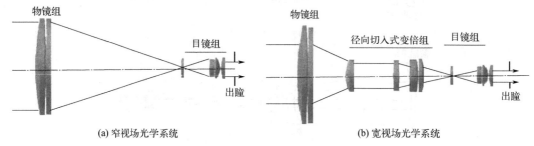

(a) 窄视场光学系统　　　　　　　　　　(b) 宽视场光学系统

图 10-76　径向变焦式双视场消热差红外光学系统

表 10-39　径向变焦式双视场长波红外光学系统技术性能

参数		指标
光谱范围/μm		7.7~10.3
视场/(°)	宽视场	7.48
	窄视场	3.24
入瞳直径/mm	宽视场	65
	窄视场	150
变倍比	宽视场	5.38
	窄视场	12.42
MTF(18lp/mm)		≥0.45
工作温度/℃		−55~70
系统总长/mm		≤350

一般来说，为了能够任意选择光热膨胀系数、校正色差和满足系统光焦度的要求，至少需要三透镜组合系统。遗憾的是，军用航空领域的应用要求很高，不仅要求热稳定，即热焦移小，而且要求光学系统在宽波谱范围内（即中波红外 $3\sim5\mu m$ 和长波红外 $8\sim12\mu m$）成像质量高，同时要求重量轻和体积小。另外，从经济观点出发，红外透镜材料价格昂贵，大孔径三透镜组合消色差消热差系统成本很高。因此，既消像差又消热差的另外一种有效措施是

设计折射/反射混合型消热差红外光学系统。

（2）折射/反射型消热差技术

设计光学系统时，经常受到空间体积要求的限制，通常会采用反射或者折射/反射式结构以获得较长焦距和较短的光学总长度。

从消热差考虑，纯反射式光学系统中的反射镜一般采用与镜筒相同的材料，因此，当反射镜处于较大的温度变化范围且材料发生线膨胀时，像面位置基本不变，仍能清晰成像。

如果采用制冷型红外探测器且需要扩大光学系统视场，通常会使系统出瞳与探测器冷光阑匹配，选择折/反射式二次成像结构，其中，一次成像系统是反射式，二次成像系统是折射式（也称为中继成像系统）。由前面讨论已经知道，由于折射式二次成像系统的焦距较短、红外光学材料具有较大的温度系数以及与镜筒材料热胀冷缩特性不一致，势必产生较大热差，因此，对于折射/反射式红外光学系统，关键问题是二次成像系统的消热差技术。

案例一，折射/反射式中波红外消热差光学系统。

西南技术物理研究所（邓键等人）设计了一种改进型卡式二次成像中波红外（$3.7\sim4.8\mu m$）消热差系统，即利用曼金型纯球面折反镜（第二面为反射面的负弯月形折反镜）代替卡式反射镜中的次镜，除了在一次成像中引入负热差外，前后表面曲率半径和厚度都可以作为校正像差的自由度，使之平衡二次成像系统的像差，也使二次成像系统结构简单化，仅由三片透镜（一个非球面）和两种材料（Ge 和 Si）组成，如图 10-77 所示。

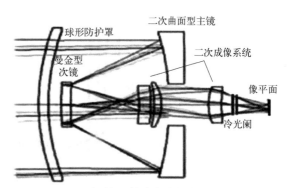

图 10-77　折射/反射式中波红外消热差系统

该系统主镜（二次曲面）与镜筒都采用铝合金材料，次镜采用 Ge 材料以补偿二次成像系统的热差和色差；二次成像系统采用 Si（正透镜）和 Ge（负透镜）两种材料，并在 Ge 透镜上设计有一个非球面，用以平衡剩余像差，最终获得了较好的成像质量。主要技术性能列在表 10-40 中。

表 10-40　折射/反射式中波红外消热差系统主要性能

参数	指标
工作波长/μm	$3.7\sim4.8$
工作温度/℃	$-45\sim+60$
像元尺寸/μm	30×30
光学系统焦距/mm	168
F 数	2
通光孔径/mm	90
系统总长度/mm	146
冷光阑效率	100%
MTF(17lp/mm)	>0.5

案例二，双波段双视场无热化红外探测系统。

研究表明，不同的景物或目标在不同环境中具有不同的辐射特性，例如在靠近热源或者背景杂散辐射较强的情况下，长波红外具有较强的辐射能力；在湿热环境中，中波红外探测更具明显优势。所以红外双波段侦察/探测系统已经获得广泛应用。

2008年，美国雷神公司（Raytheon）与夜视/电子传感器委员会（NVESD）采用反射式共用望远系统、二次成像系统和中波/长波两套红外探测器联合研发了一种双波段（中波红外和长波红外）多视场红外光学系统。

随着科技进步，中波/长波红外双色探测器研制成功，中国航空工业集团公司（陈建发等人）在充分分析上述光学系统结构的基础上，采用反射镜式望远系统＋会聚成像变焦系统设计了一种结构更为简单的双波段双视场消热差红外光学系统，如图10-78所示。

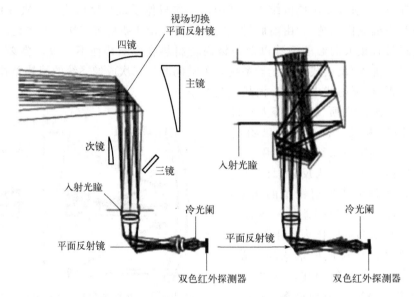

(a) 大视场光学系统　　(b) 小视场光学系统

图 10-78　双波段双视场消热差红外探测系统

该系统主要特点是：

① 反射式望远镜采用类似于雷神公司的四反射镜形式，不仅使双波段没有色差，而且，当镜面材料与结构材料一致（例如铝合金）时，可以实现消热差设计。其中，主镜是凹抛物面，次镜是凸双曲面，三镜是平面反射镜，四镜是高次非球面。

② 采用平面镜切入方式转换视场，结构简单。

③ 采用一体化光学结构和双色红外探测器实现双波长探测。

④ 二次成像系统由六片透镜组成，合理选择透镜材料（Ge、ZnS、ZnSe、Ge、ZnSe 和 ZnSe）和镜筒材料（铝合金）实现消热差，如图10-79所示。

⑤ 望远系统出瞳与二次成像系统入瞳重合，并位于第一片透镜上。

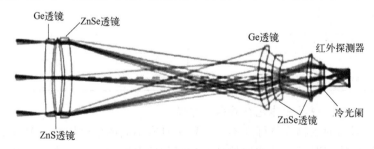

图 10-79　折射式二次成像系统

双波段双视场消热差红外探测系统的主要技术性能列在表 10-41 中。

表 10-41　双波段双视场消热差红外探测系统技术性能

参数			指标
波长/μm	中波红外		4.5～5.1
	长波红外		7.7～9.7
光学系统	焦距/mm	短焦距	100
		长焦距	300
	视场/(°)	宽视场	6(±3)
		窄视场	2(±1)
	F 数		2
	畸变	中波红外 大视场	1.4%
		中波红外 小视场	1.2%
		长波红外 大视场	1.2%
		长波红外 小视场	1.12%
	MTF	中波红外 短焦距	0.7
		中波红外 长焦距	0.5
		长波红外 短焦距	0.6
		长波红外 长焦距	0.5
	弥散斑直径/μm		<17.8
	透射率	大视场 中波红外	84%
		大视场 长波红外	73%
		小视场 中波红外	80%
		小视场 长波红外	69%
	冷光阑效率		100%
红外探测器	类型		制冷型双色红外探测器
	像素数目		320×256
	像素尺寸/μm		30×30
工作温度/℃			−60～+70

（3）折射/衍射混合型消热差技术

利用二元光学元件消热差技术是目前比较先进的消热差技术。其原理是：折射元件的热差系数为负值，衍射元件的热差系数为正值，二者组成折衍混合系统可以补偿温度变化引起的像面漂移，因而具有结构简单、稳定性高和成本低的优点，对于温度变化较大的机载应用具有重要意义。

由于红外光的波长较长，降低了二元光学元件的制造难度，因此，首先应用于机载红外光学系统中。

如前所述，满足式(10-38)～式(10-40)，可以同时实现系统的消色差和消热差。

折射/衍射混合光学系统消热差和消色差的具体设计实例，可参考 10.6.1.1 节相关内容。

10.7.2.4　波前编码消热差技术

对上述三项消热差技术的研究发现，无论采用哪种方法，都会受到客观因素限制而无法达到最佳效果。机械被动式和机电主动式消热差技术虽然容易实现，但只能补偿像面位移而无法补偿焦距，并且由于采用复杂的机械装置而使体积和重量都较大，可靠性降低；光学被动式消热差技术结构简单、外形尺寸小、可靠性高且无需供电，但能满足消热差条件的红外光学材料种类较少，尤其是适用于中波红外或长波红外领域的材料更是有限。在红外系统设计中，常常需要采用多个非球面透镜相组合完成消热差和消像差，增加了设计和制造难度，同时，还要考虑满足100%冷光阑效率、尺寸和重量，以及经济成本等要求，因此，通过现有的具有不同折射率温度系数的材料组合很难消除环境温度带来的影响。

1995年，美国科罗拉多大学的Dowski和Cathey创造性地将传统的扩大光学系统焦深的方法与数字图像处理技术相结合，提出一种光学/数字混合成像技术，也称为波前编码成像技术。

波前编码成像技术是讨论光学系统离焦情况下的光学特性，以傅里叶光学变换理论为指导，将模糊函数表示为离焦系统的光学传递函数，通过稳相法实现对光波波前的重新编码，从而使光学系统焦深扩展或者说对离焦不敏感，较好控制由于环境温度变化等造成的离焦效应，保证在大视场和大焦深条件下能获得接近衍射极限的成像质量。

相对于普通的红外光学系统，波前编码红外光学系统受环境温度变化的影响可以忽略不计，即红外光学系统实现了消热差。

国内外众多单位相继开展波前编码成像技术的研究，已经成为近年来光学领域的研究热点，并取得了一定成果。

本书3.5节介绍过波前编码成像技术的基本原理，如图10-80所示。波前编码成像技术包括两个步骤：光学调制编码和图像复原编码。通常是在频域内利用傅里叶变换完成解码，卷积和采用波前编码系统在20℃时的点扩散函数PSF编写相应的MATLAB程序，从而对中间图像实现复原。

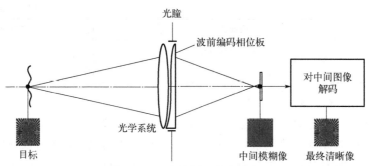

图 10-80　波前编码成像技术

应当强调，与传统的光学成像技术不同，波前编码成像技术在中间像面不是形成一幅清晰的光学图像，只有通过对中间"模糊图像"解码，才能重新形成高质量的清晰图像。

与机械被动式和机电主动式消热差方法相比，无需增加复杂的机械系统。与光学被动式消热差技术相比，无需额外增加光学元件，只是在光瞳处设计一块波前编码相位板（一个三次相位分布的相位掩模板）对非相干光波前进行调制，使系统的点扩散函数（PSF）和调制传递函数（MTF）在一个较大的焦深范围内对离焦误差极不敏感，从而使调制传递函数没有零区域，图像信息不会丢失。然后，利用数字处理技术对图像进行解码，获得清晰图像，达到消热差的目的。

案例一，波前编码双透镜红外消热差光学系统。

哈尔滨工业大学（吕天宇）利用波前编码技术对由两块锗透镜组成的红外光学系统完成消热差设计。如图 10-81 所示，将光学成像技术与数字图像处理技术相结合，在光学系统光瞳处设计一块波前编码相位板［三次相位板数学表达式如式(10-52) 所示］，对光波波前重新调制，致使红外光学

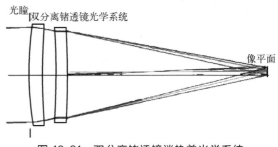

图 10-81　双分离锗透镜消热差光学系统

系统对离焦不敏感。这种技术与上述消热差理念完全相同，同样能够达到消热差目的。

$$\phi(x,y)=\alpha(x^3+y^3)\qquad |x|\leqslant1,|y|\leqslant1 \tag{10-52}$$

该红外光学系统有效焦距 100mm，$F/3$，工作波长 8～12μm，视场±1.5°，方形光阑设置在系统第一表面光瞳处。

该系统在没有采用波前编码成像技术之前，只有在室温（20℃）时，对焦良好，MTF响应值接近衍射极限，满足成像质量要求的最大工作温度变化范围为±8℃；如果工作温度超出这个工作温度，则 MTF 的响应值下降十分明显，因此，目标的中/高频信息丢失，光学系统对目标层次和细节的表现能力不足，如图 10-82 所示。

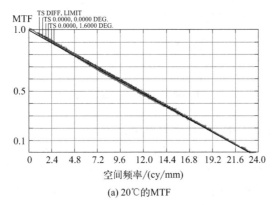

(a) 20℃的MTF

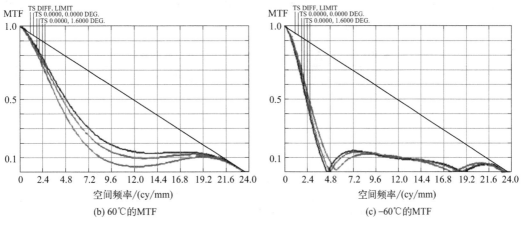

(b) 60℃的MTF　　　　　　　　　　(c) −60℃的MTF

图 10-82　非波前编码红外光学系统的调制传递函数

仿真结果表明，在加入相位板（选择 $\alpha \geqslant 2.5\pi$）后，系统在较宽温度范围（$-60 \sim 60℃$）内的 MTF 曲线都具有良好的稳定性，整个频域没有出现零点，如图 10-83 所示，因此，利用一种滤波算法就可以进行图像恢复，从而达到消热差而获得高清晰图像的目的。

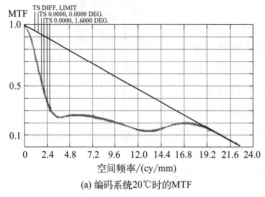

(a) 编码系统20℃时的MTF

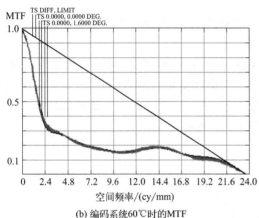

(b) 编码系统60℃时的MTF

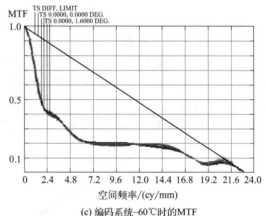

(c) 编码系统-60℃时的MTF

图 10-83　波前编码系统的调制传递函数

案例二，波前编码三透镜红外消热差光学系统。

西安工业大学（张发强等人）利用波前编码成像技术和三种材料（Ge、ZnS 和 ZnSe）设计了一种三透镜结构形式的红外消热差光学系统。利用 ZEMAX 扩展宏程序和 MATLAB 软件求解相位板参数和数据处理，确定三次相位板参数 $\alpha = 4.8$。由于采用非对称三次相位板，因此，具有更强的"对离焦不敏感能力"，如图 10-84 所示。光学系统结构参数和技术性能分别列在表 10-42 和表 10-43 中。

表 10-42　三透镜波前编码消热差光学系统结构参数

透镜/面形		表面类型	曲率半径/mm	厚度/mm	半孔径/mm	材料
相位板	1	扩展多项式		3	15.29	ZnSe
	2	∞				
光瞳	3	∞				
透镜1	4	标准球面	58.071		15.19	Ge
	5		81.347	5		
透镜2	6	标准球面	−46.575	30	9.65	ZnS
	7		−53.309	4		

透镜/面形		表面类型	曲率半径/mm	厚度/mm	半孔径/mm	材料
透镜 3	8	标准球面	19.138	20	6.5	Ge
	9		19.091	5.5		
像面	10	∞		2.732		

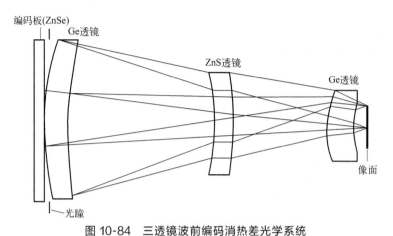

图 10-84　三透镜波前编码消热差光学系统

表 10-43　三透镜波前编码消热差光学系统技术性能

参数		指标
非制冷红外探测器	波长/μm	8～12
	像元数目	320×256
	像元尺寸/μm	25×25
光学系统	焦距/mm	45
	F 数	1.5
	视场/(°)	10
	MTF(20lp/mm)	0.2(全频域,没有零点)
相位板 α		4.8
工作温度/℃		−40～+60
Nyquist 频率/(lp/mm)		20

　　值得注意,尽管波前编码消热差技术越来越受到国内外重视,越来越多的领域和单位开始研发和尝试应用,但迄今为止,尚没有航空领域的应用产品,多数处于研发阶段。

10.8
红外探测器

　　红外探测器是机载红外探测/跟踪/瞄准技术中的关键组件,通过光电转换将目标的红外辐射信号转换成可度量的电学信号或可视的光学信号,从而实现对目标的全天候观察和跟踪。

红外探测器分为非制冷型和制冷型红外探测器。为了能够获得较远的探测距离和良好的成像质量，机载军用领域多数采用制冷型红外探测器。

关于红外探测器的工作原理、技术要求、基本结构和类型，请参考第 4 章。

10.9
光电分布式孔径系统

机载光电分布式孔径系统具有以下功能：

① 全向探测和跟踪近距空中目标，支持近距全向攻击。

② 具有全向导弹逼近红外告警能力。

③ 探测和跟踪空中多个远距目标，支持超视距攻击能力。

④ 探测和跟踪地面目标，为空中近程精确制导武器提供目标火控信息。

光电分布式孔径系统的特点是：

① 全方位态势感知。通过图像和数据融合技术将全向信息传输给头盔瞄准/显示系统或多功能显示器，实现全方位态势感知和全空间敏感。

② 多功能一体化。光电分布式孔径系统采用一组精心布置在飞机上的光电传感器阵列实现全方位和全空间感知，并采用信号处理方法实现地面、空中目标探测、跟踪、瞄准、威胁告警、战场杀伤效果评估、夜间与恶劣气象条件下的辅助导航和着陆等多种功能，从而利用一种机载光电子设备就能完成多个单独的专用机载光电设备才能实现的功能，包括红外搜索跟踪系统和前视红外系统，大大降低稳瞄系统的重量、体积、功耗和成本，提高瞄准精度和可靠性。

③ 取消了传统的分立式多光路系统的支撑和转向机构，大大降低了体积、重量和成本。

④ 提高隐身性。采用内埋式结构，飞机外表面上没有明显突出物，有利于降低载机雷达反射面（RCS）面积和提高气动性能，尤其是超机动和超声速巡航时的气动性能。

案例一，美国海军研究局和 Northrop Grumman 公司研发的 AN/AAQ-37 光电分布式孔径红外系统（electro-optical distributed aperture infrared system，EODAIRS）。最初希望装备在 F-22 飞机上，但由于技术原因，最后安装在联合攻击战斗机 F-35 飞机上，如图 10-85 所示。

分布式孔径红外系统（DAIRS）概念非常简单，用多个、固定的凝视型传感器代替大型的、费用昂贵的、万向架稳定的传感器。

Northrop Grumman 公司直接将 6 个完全相同的红外探测系统（1024×1024 像元凝视型大面积红外焦平面阵列探测器）镶嵌在机身的合适位置上。每个传感器视场 90°×90°，其中 3 个分别安装在飞行员座舱周围 90°、180°和 270°方向，第 4 个传感器位于飞机前端下方，另外两个安装在机尾排气装置两侧。飞行员在任何一个方向都能获得良好的战场环境图像，即使向下俯视，也能"穿透"机舱底层结构观察到战机下侧方位的景象，从而为飞行员提供 4π 球面覆盖，即全球面的态势感知，包括导弹威胁告警、红外搜索与跟踪、战斗伤亡评估、瞄准辅助和领航飞行，同时，还可以为舰船、地面装甲车以及无人作战飞机提供延伸的态势感知，如图 10-86 所示。

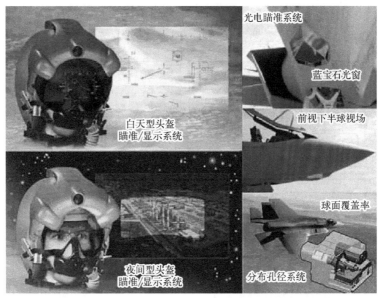

图 10-85　F-35 飞机 AN/AAQ-37 光电分布式孔径系统

(a) EODAS在F-35上的安装位置

(b) EODAS光电系统外形示意图

图 10-86　光电分布式孔径系统（EODAS）

分布式孔径红外系统中每个传感器的数据被传输到"全局存储器"，由系统软件算法处理。可以将图像显示在头盔瞄准/显示系统或平板多功能显示器上，对全机 360°范围内来袭的导弹或逼近的飞机进行红外探测及跟踪，并提供相关符号辅助飞行员了解空情。

F-35 飞机上没有设计平视瞄准/显示系统，而是通过头盔瞄准/显示系统为飞行员提供感兴趣的显示画面，并将其头部指向需要攻击的目标，进行指示和发射导弹。

由于采用高分辨率传感器（相当于人眼的分辨率），因此，可以为目视飞行和导航提供昼夜成像数据，从而自动识别飞行中的飞机、导弹以及离散事件。EODAS 最突出的优点是可以提供"穿透机舱底部"的视觉，并利用各种技术将来自多个传感器的一系列静止图像实时匹配和融合，最终构建成一个无缝全景拼接图像，并尽可能多地提取局部环境信息，使飞行员能够通过飞机底部和机翼看清目标和地形，从而协助飞行员着陆进场。另外，与雷达和其它机载系统进行协同工作，可将飞行员的态势感知能力提升到前所未有的高度，如图 10-87 所示。

EODAS 系统由两个部件组成：传感器和处理器，包括宽视场低畸变光学系统和局部惯性传感器关键组件。

宽视场低畸变光学系统可以保持每个探测器视场上的图像质量均匀，并使图像接合处的

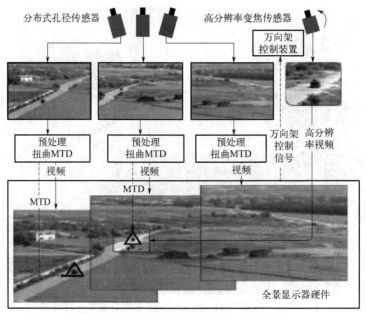

图 10-87　EODAS 图像实时融合原理

赝像减至最少，有助于形成无缝显示。另外，光学透镜设计有微扫结构，光学元件的轻微移动可以在探测器上形成图像转换，从而增加探测器阵列上的取样密度。

局部惯性传感器用于感知每个传感器相对于主基准（飞机的惯导系统）的瞄准方位，有助于图像配准程序增强图像和将图像加入无缝全局存储器中，保证传感器重叠区域图像能够获得良好的配准调整，避免飞机角运动（横滚、俯仰和偏航）和平移运动（例如速度）引起图像漂移，使两次成像间不会因跳动而导致图像模糊。

光电分布式孔径系统（EODAS）的缺点是：

① 图像移动。不同传感器安装在载机的不同部位，承受的振动和扭转力各异。飞机的横滚、俯仰、偏航和平动都会造成传感器上图像移动。当多个目标从一个传感器的视界范围移动到另一个传感器视界内，很难清楚地识别目标之间的关系。

② 图像处理技术。EODAS 采用 6 个百万像素级红外探测器，为了保证全向感知，一定要采取"图像缝合技术"，并实时叠加在 HMD 上供飞行员观察，因此，无畸变或极低畸变的无缝图像极为重要，为图像处理技术带来很大难度。

③ 内部制冷问题。环控问题，在低速固定翼飞机和低空低速直升机中很难解决。

案例二，西安工业大学（刘钧等人）设计了一种四通道制冷型中波/长波红外双波段双视场全景成像光学系统，包括：水平周视方向是 3 个互成 120°的红外光学系统，顶视方向是 120°的红外光学系统（实际上，视场设计值是 122°，其中有 2°重叠部分），球心位置是 4 块直角棱镜拼接而成的合束棱镜，每个通道均采用二次成像系统且具有相同的光学结构，如图 10-88 所示。

该系统由 4 个红外双波段双视场二次成像光学系统组成。采用凝视制冷型中波红外和长波红外探测器（像元数 640×512，像元尺寸 $28\mu m$），红外光学系统长/短焦距分别是 31.3mm 和 6.36mm，变焦比 5，$F/2$。红外光学系统采用轴向离散变焦形式，如图 10-89 所示，光学技术性能列在表 10-44 中。

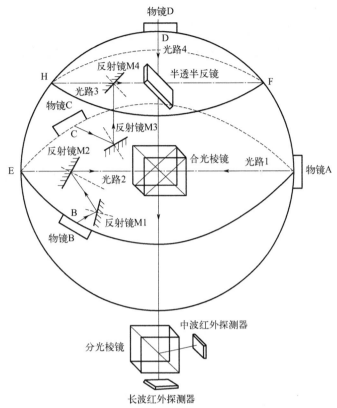

图 10-88 分布式孔径全景成像光学系统

表 10-44 四通道双波段双视场红外全景成像系统技术性能

参数			指标
红外探测器	像元数目		640×512
	像元尺寸/μm		28×28
工作波长/μm	中波红外		3.5～4.8
	长波红外		7.8～9.8
焦距/mm	短焦距		6.36
	长焦距		31.1
变倍比			5
F 数			2
冷光阑效率			100%
MTF (奈奎斯特频率 18lp/mm)	中心视场		—
	边缘视场	中波红外	>0.5
		长波红外	>0.4(考虑到消热差,>0.3)
弥散斑			大部分在一个像元内
能量分布	中波红外		一个像元内全视场能量集中率约90%
	长波红外		一个像元内全视场能量集中率约80%
工作温度/℃			−40～+60

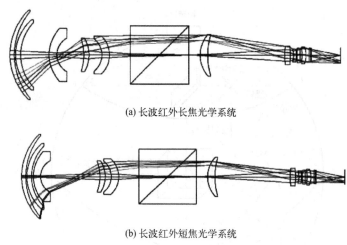

(a) 长波红外长焦光学系统

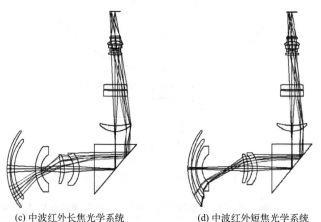

(b) 长波红外短焦光学系统

(c) 中波红外长焦光学系统   (d) 中波红外短焦光学系统

图 10-89 双波段双视场全景红外光学系统

实际上，光电分布式孔径技术仅是应用于红外搜索跟踪和态势感知系统的全景成像技术的典型代表之一。换句话说，从光学系统设计技术分析，除了分布式孔径结构布局外，全景成像技术还可以采用以下五种形式：

（1）线扫描方式

通过转台方位的连续旋转将周围景物的红外辐射按照顺序投射到红外探测器上以实现全景成像，这也是最早采用的全景红外搜索方式，当时，主要采用制冷型长波红外线列（例如 288×4 元）探测器，应用于陆军地面定点布放或者移动平台的实时对空搜索和跟踪，后来为海军研制了改进型。

（2）凝视型慢扫描方式

凝视型相机在快速扫描时会造成图像拖尾，在未采取补偿措施情况下，可以选择慢速扫描方式，将扫描转台的转速控制在一定方位内，保证在凝视器件的每个积分时间将存在的图像拖尾程度控制在允许或可接收范围内。

随着计算机技术和数字图像传感器的发展，对数字相机绕轴旋转所获得的序列图像可以完成无缝拼接，从而完成全景成像。

（3）凝视型步进扫描方式

为了补偿凝视型相机扫描时的图像拖尾现象，通常采用不等速运动的步进控制技术，尽量保证全景扫描过程中的每个积分时间场景相对固定，并通过对多个凝视视场图像的拼接完成全景成像。

南京理工大学（何伟基等人）利用面阵红外探测器 TDI 扫描成像技术对数字时间延迟积分（TDI）全景成像系统进行了深入研究，在红外焦平面前设计一个光机扫描结构以控制图像移动。将获得的平移后图像输入处理电路（包括采样电路和数字处理电路）进行图像移位累加处理，从而得到所需的图像。

步进凝视扫描全景成像方式和线扫描全景成像方式是目前中端红外搜索跟踪系统采用较多的两种方案。二者区别是：

① 作用距离　红外搜索跟踪系统的作用距离与目标辐射功率、背景大气条件、红外光学系统（包括探测器）性能有密切的复杂关系。研究表明，在相同条件下，系统空间截止频率对系统的作用距离起着决定性作用，并取决于探测器像素间的中心距离。

线阵扫描型 FPA 行与行探测元之间的中心距离可以通过错开排列而连续减小直至到零，因此，有足够的空间截止频率。增加参与时间延迟积分的探测元数量，可以提高线列 FPA 的红外灵敏度，从而与空间分辨率具有较好的平衡。如果要求红外搜索跟踪系统在某一方向具有足够视场且空间分辨率不能很低，最佳选择是采用线阵扫描型 FPA。

凝视型 FPA 的探测元不能错开排列，探测元之间的沟道决定了其空间截止频率，因此，探测元之间的中心间距大于扫描型 FPA。换句话说，空间截止频率低于扫描型 FPA，计算出的调制传递函数 MTF 结果明显说明了这一点。

实际上，中等尺寸（254×254 元和 384×288 元）凝视型 FPA 成像呈现有明显的马赛克效应。另外，长波红外较长线阵（例如 576、786 或 1024 元以上）扫描型 FPA 的空间分辨率优于 640×512 元凝视型面阵 FPA，作用距离更远，非常有利于对空搜索小目标。

② 接收能量　由于入射红外辐射信号在线阵扫描型 FPA 每个探测元上驻留（或者积分）的时间很短（只有十几个微秒），而步进凝视型系统的积分时间高达几毫秒甚至几十毫秒，因此，非常有利于提高系统的信噪比以及系统的极限作用距离，也是步进凝视型红外搜索跟踪系统越来越受到重视的原因。

③ 搜索效率　由于线阵列扫描型与步进凝视扫描型工作机制不同，尽管在相同帧频情况下扫描一周需要相同的时间，但在突发事件的紧急情况下，步进凝视型扫描系统的捕捉能力更具优势，搜索效率更高。

④ 经济性　线阵列扫描型全景成像系统非常有利于横向扫描成像，可以通过增大器件线列长度提高水平分辨率。而步进凝视扫描型全景成像系统要达到同样的成像质量，探测元的数量至少增加两个数量级。显然，大面积凝视型 FPA 制造技术难度大，经济成本也更高。

⑤ 器件适应性　鉴于线阵列扫描型搜索跟踪系统的积分时间短（只有十几微秒），因此，除了少数例外，绝大多数采用长波红外制冷器件；而步进凝视扫描型红外搜索跟踪系统则由于积分时间较长，可以在同一架构下采用不同的探测器（例如制冷长波/中波红外、非制冷长波红外或者可见光），对器件的选择更灵活。

（4）反向扫描补偿方式

这是一种带有补偿方式实现凝视型全景成像的技术，在光学系统中设计一个反向扫描补偿反射镜以补偿扫描平台的转动。当扫描平台转过一个凝视视场时，补偿反射镜快速返回到初始位置，准备进行下一次补偿。

（5）全景光学成像方式

鱼眼透镜源自 20 世纪 70 年代，最初用于胶片球幕电影放映领域，能够获得大而清晰的影像，之后应用于其它工业领域，包括机载红外搜索跟踪领域。

鱼眼透镜是一种超广角物镜。由于其前镜片呈抛物面形状而向前凸出，颇似鱼眼，故俗称为"鱼眼透镜"，也称为"全景镜头"。

鱼眼透镜的显著特点是，具有非常短的焦距（小于 16mm）、接近或大于半球的全景视场、具有大的相对孔径和长工作距离。为此，鱼眼透镜由负光焦度的前透镜组（其中，第一片透镜是凹向光阑的弯月形负透镜）和正光焦度的后透镜组组成。

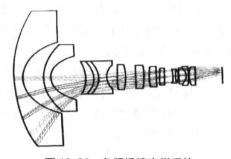

图 10-90 是 210°视场鱼眼透镜的光学系统。需要注意，为了获得超大视场，必须允许存在桶形畸变，就是说，除了中心视场的景物保持不变外，其它水平和垂直方向的景物都会有畸变，视场边缘畸变相当大。

通过对全景成像技术的分析可以看出，机载光电分布式孔径技术的优势是通过增加成像系统数量可以消除扫描机构，降低系统的复杂性和提高态势感知的实时性，已经引起航空领域的高度重视并将

图 10-90　鱼眼透镜光学系统

获得广泛应用。

10.10
基于同心多尺度成像技术的机载光电探测系统

按照传统光学成像原理，一个光学成像系统无法同时实现宽视场和高分辨率，因此，需要利用宽视场/低分辨率光学系统进行搜索/观察，采用窄视场/高分辨率光学系统进行细节识别/分辨，即采用变焦距光学系统。

新型机载设备的发展及现代战争需求的不断增加，迫切需要研制一种既有较大探测视场又有较高分辨能力的机载光学系统。

实际中，已经有许多研究人员进行了大量探讨，典型例子包括：

① Sargent 等人利用高分辨率相机扫描方式获取了宽视场高分辨率图像。由于扫描获取的宽视场图像是由多幅图像拼接而成，帧与帧之间存在时间间隔，因此，主要适用于静止目标。

② Suntharalingam 等人通过将多个探测器拼接而获得连续的更大的探测器，进而获得较大视场和较高分辨率的图像，同样存在拼接缝隙而很容易使图像内存在盲区。

③ 中科院西安光学精密机械研究所（闫阿奇等人）采用反摄远结构设计的鱼眼透镜彩色相机可以获得较大视场（焦距 2.1mm，对角线视场达 210°）。但系统的畸变较大，边缘视场畸变更大，造成整个像面的分辨率不一致以及边缘视场的信息损失较大。

④ Wilburn 等人采用相机阵列同时获得不同视场的图像，并通过图像拼接获得全景图像。但是，该系统外形体积大，成本高。

本节介绍一种同时具有宽视场和高分辨率的多尺度光学机载成像技术。

10.10.1 多尺度成像技术

光学成像技术通常有三种类型，如图 10-91 所示。

图 10-91（a）是普通的单孔径成像系统（包括折射系统和反射系统）。这种光学结构的最大特点是无法同时获得大视场和高分辨率。一般情况下，随着视场增大，光学系统成像质量变差，鱼眼透镜光学系统是其典型代表。

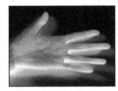

(a) 普通的光学系统成像

图 10-91（b）是一种由微光学元件组成的微透镜阵列，微光学元件具有相同的结构参数，虽然具有较大视场，但大视场的像差较大，因此，分辨率仍然较低。

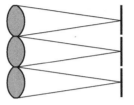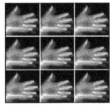

(b) 3×3 多孔径小型光学透镜阵列成像

图 10-91（c）是一种多尺度光学成像系统。由一个大物镜和一个小型光学元件（孔径尺寸 1～10mm）阵列组成。大孔径物镜具有较强的光束聚集能力和宽视场探测能力，多孔径小型光学元件阵列具有不同的结构参数（包括面型和厚度等），即具有不同的尺度，因此，可以分别校正大物镜不同视场的像差，保证全视场都具有较高的成像质量或分辨率。

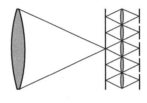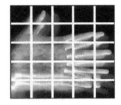

(c) 5×5 双级多尺度光学系统成像

图 10-91　多尺度光学成像技术

2009 年，美国杜克大学 David J. Brady 和 Nathan 提出一种同时具有宽视场和高分辨率的多尺度光学成像技术（multiscale lens design）。

多尺度光学成像技术的工作原理简述如下：大物镜系统会聚外界目标或景物的光能量并形成中间像，小透镜阵列位于中间像面之后并具有两种功能，作为中继系统将中间像成像在探测器上，同时校正中间像的像差。

需要说明，多尺度光学成像系统必须与抽样技术、编码技术以及数字处理技术相结合才能获得更好的成像质量。

① 大孔径物镜与多孔径小透镜阵列相组合大大降低了对平衡几何像差与视场的需求。

② 将系统视场分为多个较小视场，一方面与大视场相关的像差会大幅度下降，同时，不同的小透镜可以独立地（例如采用非球面或者自由曲面）校正不同视场像差，因而，可以大大提高成像质量，也放宽了对设计的限制。

③ 与全孔径中继光学系统相比，更加紧凑和小型化，在一定程度上减小了大物镜系统的复杂性和体积。

④ 模压技术和芯片集成技术非常适合小尺寸光学元件的制造，大大降低了系统成本。

需要强调，如果小透镜阵列的功能只是将大透镜的中间像转换到探测器阵列上，例如目前广泛采用的焦平面阵列微透镜系统，那么，小透镜的孔径应设计的尽可能小。事实是，小透镜阵列的作用不仅有转像功能，还必须校正大透镜的不同视场像差。

众所周知，波前像差的校正能力随孔径增大而增强，一般认为，小透镜的最佳孔径是接

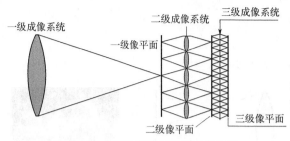

图 10-92　三级多尺度光学成像系统

近衍射极限成像的最大孔径。按照目前的设计和制造工艺水平，最佳孔径选择 $100\sim1000\lambda$。

⑤ 无需采用拼接技术就可以将多个离散的焦平面阵列综合为一幅各视场照度均匀的图像。

⑥ 适当地设计多孔径小透镜阵列，保证能够对不同范围的目标调焦和形成三维图像。图 10-92 是三级多尺度成像系统。

10.10.2　同心多尺度成像技术

Brady 最初提出的多尺度光学技术中建议多孔径（微光学元件）中继系统采用不同的结构布局（位于不同位置的自由曲面和非球面），目的是提高其局部像差校正能力。实际中，制造和装配工艺都比较困难。

2013 年和 2014 年，Brady 等人进一步建议采用同心多尺度光学成像概念。就是说，将成像大物镜设计为同心球形物镜并保证多孔径阵列不同位置的光学元件完全对称一致，从而降低设计和制造难度。

根据光学成像理论，大视场物镜的像平面是一个曲面。一般情况下，普通的光学成像系统都采用整体结构是平面形状的探测器，因此，视场越大，系统的像差也越大。

为了减少像差（使球差最小）以及将彗差降至可接收程度，通常对物镜设计采取两种措施：变化光阑位置和弯曲透镜形状，但会增加场曲和像散。

Brady 等人对一个 $F/8$ 的物镜系统进行了深入研究，结果表明，利用多尺度光学系统可以很容易做到这一点。如果将微型中继光学系统和探测器的结构改进成与弯曲的像平面相拟合的曲面形状，并且，每个微型中继光学系统都是正面面对某一视场，不仅本身产生小像差，而且能够进一步校正球形对称物镜的残余像差，最后利用计算机对图像进行拼接，形成广域宽视场高分辨率图像。

如图 10-93 所示，图（a）采用平面结构布局的多尺度光学系统，系统最大半视场约 28.9°；图（b）采用曲面结构布局，系统半视场达 36.5°。

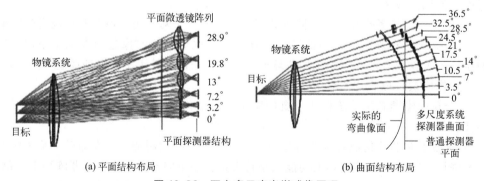

(a) 平面结构布局　　　　　(b) 曲面结构布局

图 10-93　同心多尺度光学成像原理

在同心多尺度光学成像理论指导下，Brady 和 H. S Son. 等人以及 D. L. Marks 等人分别设计了 AWARE-2 型和 AWARE-10 型十亿超高像素相机，视场和分辨率分别达到 $120°\times 50°/40\mu rad$ 和 $100°\times 60°/25\mu rad$。验证结果表明，采用同心多尺度成像技术既可以成功避开探测器拼接和光学设计/制造一系列技术挑战，同时也真正实现了宽视场和高分辨率（十亿超高像素）成像，如图 10-94 所示。

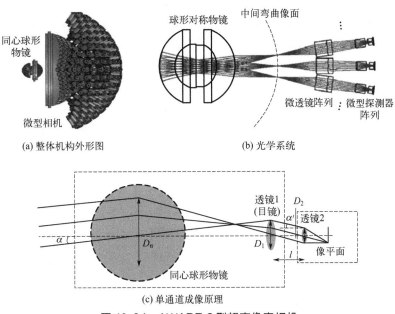

(a) 整体机构外形图　　　　(b) 光学系统

(c) 单通道成像原理

图 10-94　AWARE-2 型超高像素相机

该系统工作原理：球形对称物镜对大视场场景一次成像，形成弯曲的中间像面；二次成像系统由 N 组（具有完全相同的结构和性能）通道的微型中继光学系统组成，每个单通道中继光学系统都由两组透镜组成（也可视为由一个开普勒望远系统和一个二次成像系统组成，望远系统的出瞳与二次成像系统的入瞳匹配），并将中间像形成在探测器上；微型光学系统（或相机）阵列对广域视场进行分割并且各分视场之间有所重叠，每个微型光学通道进一步校正球形对称物镜的残余像差，最后，利用计算机对子图像进行拼接，形成宽视场高分辨率图像。

10.10.3　中波红外机载同心多尺度光学成像系统

2018 年，西安电子科技大学与西安应用光学研究所（吴雄雄等人）在分析了上述相关资料基础上，认为"同心多尺度成像技术成功地避开了探测器拼接和光学设计等一系列技术挑战，是实现机载宽视场高分辨率成像的最佳方式之一"，优化设计了一种中波红外（3～5μm）机载同心多尺度光学成像系统，如图 10-95 所示，主要光学技术性能列在表 10-45 中。

表 10-45　机载红外同心多尺度光学系统技术性能

参数	指标
工作波长/μm	3～5
系统焦距/mm	24
F 数	2

参数		指标
视场/(°)		±4
弥散斑半径 RMS 值 /μm	0°视场	7.90
	2.8°视场	5.97
	4.0°视场	8.41
调制传递函数 MTF	40lp/mm	>0.3
	30lp/mm	>0.4

物镜系统采用双层同心球形对称结构，如图 10-96 所示。其中，n_1 和 n_2 分别是外层透镜的折射率；r_1 和 r_2 分别是球形对称透镜的曲率半径；f 是球形对称透镜的焦距。

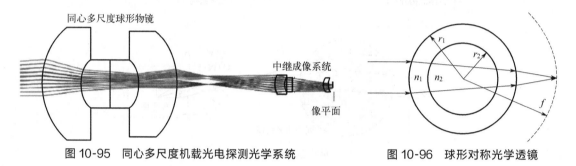

图 10-95　同心多尺度机载光电探测光学系统　　　　图 10-96　球形对称光学透镜

球形对称透镜的焦距是：

$$f'_0 = \frac{1}{2} \times \frac{n_1 r_1 n_2 r_2}{r_2(n_1-1)n_2 + r_1(n_2-n_1)} \tag{10-53}$$

研究表明，机载同心多尺度红外光电系统的探测距离随着球形对称物镜焦距 f'_0 的增大而增大，随着中继透镜组中前透镜焦距 f'_1 的减小而增大，而后透镜的焦距 f'_2 对探测距离影响不大。有效焦距之间应满足下列关系式：

$$f' = \frac{f'_0 f'_2}{f'_1} \tag{10-54}$$

10.11

IRST 的未来发展

红外成像技术的未来发展过程中，研究内容主要集中在以下方面：

① 红外探测器的研究。红外探测器是机载红外成像技术的核心，某种程度上代表着红外搜索跟踪技术的发展和进步。未来的研究重点包括：

a. 由单波段探测发展到双波段或者多波段复合探测。

为了同时满足尾追探测和迎头探测、全天候探测、全区域探测的需要和提高识别伪装目标的能力，研发双（多）波段红外探测器和 IRST 系统势在必行。

b. 采用大面积智能化焦平面阵列凝视型探测方式。

发展红外焦平面阵列、读出电路和信号处理相结合的智能化焦平面阵列（smart FPA）探测器，灵敏度高、虚警率低、探测距离远，提高搜索和态势感知速度，减少外部信息处理，进一步减小体积和减轻质量，降低工耗和成本，提高可靠性。

② 红外光学系统的研究。利用二元光学、微光学、自由曲面和多/超光谱等先进的光学成像技术，研发新的机载红外光学系统。

③ 超高速集成电路的研究。由于采用焦平面阵列凝视型探测器，尤其是在边扫描边跟踪多目标的情况下，信号处理量很大，势必需要应用大容量和高处理速度的计算机。

④ 轻量化、小型化和智能化，同时满足大型飞机和无人机的任务需求。

⑤ 开发多传感器管理和信息融合技术。

参考文献

[1] 孙隆和，等. 头盔瞄准显示系统和电光火控系统考察报告 [J]. 电光与控制，1992（4）：1-10.

[2] Wakaki M，et al. 光学材料手册 [M]. 周海宪. 等. 译. 北京：化学工业出版社，2010.

[3] Herzig H P，et al. 微光学，元件，系统和应用 [M]. 周海宪，等，译. 北京：国防工业出版社，2002.

[4] Vizgaitis J. Third Generation Infrared Optics [J]. Infrared Technology and Applications XXXIV. SPIE，2008，6940：260-269.

[5] Baker I，Owton D，Trundle K，et al. Advanced infrared detectors for multimode active and passive imaging applications [J]. Infrared Technology and Applications XXXIV. SPIE，2008，6940：831-841.

[6] 高国龙. 法国的碲镉汞红外探测器 [J]. 红外，2011，32（8）：39-46.

[7] Guzzetti L E，et al. Infrared Search and Track and Imaging System：Testing in the Laboratory and During flight [J]. SPIE.

[8] Klein C A，Benedetto B，Pappis J. ZnS，ZnSe，and ZnS/ZnSe Windows：their impact on FLIR system performance [J]. OPTICAL ENGINEERING，1986，25（40）.

[9] Becket J. Gated IR Imaging with 128×128 HgCdTe Electron Avalanche Photodiode FPA [J]. SPIE，2007，6542.

[10] William F O. Processing requirements for the First Electro-Optic System of the Twenty-first Century [J]. IEEE，1997.

[11] 安东. 军用红外热成像系统的最新技术进展和应用 [J]. 现代军事，2009（10）：70-72.

[12] 张雪等. 红外探测器发展需求 [J]. 电光与控制，2013，20（2）：41-45.

[13] 岳桢干. 非制冷型红外探测器达到新的性能水平和成本目标 [J]. 红外，2013，34（3）：40-46.

[14] 陈吕吉，等. 四片式非制冷长波红外热像仪双视场光学系统 [J]. 红外技术，2020，32（1）：25-28.

[15] 左明，李栩辉，戚建中. 扫描式热成像系统的研制 [J]. 电光与控制，1996（4）：36-38.

[16] 田种运，等. 红外焦平面组件的近期发展 [J]. 电光与控制，1998（2）：57-62.

[17] 王建霞. 红外成像系统点目标探测视距研究 [J]. 电光与控制，2001（1）：24-27.

[18] 陈苗海. 机载光电导航瞄准系统的应用和发展概况 [J]. 电光与控制，2003，10（4）：42-46.

[19] 王娟，等. 红外热像仪的作用距离计算 [J]. 电光与控制，2004，11（3）：17-19.

[20] 左明，等. 利用前视红外设计的视景增强系统 [J]. 电光与控制，1995（1）：47-49.

[21] 张鸣平，等. 夜视系统 [M]. 北京：北京理工大学出版社，1993.

[22] 韩红霞，等. 高分辨率 InGaAs 短波红外成像系统 [J]. 电光与控制，2013（2）：66-69.

[23] 仇振安，等. 隐身飞机中光电系统及光窗无线电隐身性能分析 [J]. 电光与控制，2013（5）：94-96.

[24] 郭小青，等. 中波红外玻璃的研究 [J]. 电光与控制，2011（8）：56-59.

[25] 李运动，等. 红外系统变倍机构研究与分析 [J]. 电光与控制，2015（5）：87-90.

[26] 潘明杰，等. 红外搜索跟踪系统探测距离估算方法 [J]. 电光与控制，2012（9）：47-49.

[27] 张荆. 机载红外搜索跟踪装置概况 [J]. 电光与控制，1991（2）：23-30.

[28] 申洋，等. 机载红外搜索跟踪系统（IRST）综述 [J]. 红外技术，2003，25（1）：13-18.

[29] 王颖丽. 第三代红外搜索和跟踪（IRST）系统 [J]. 激光与红外，2009，39（10）：1017-1921.

[30] 顾吉林. 典型天气大气辐射传输特性研究 [D]. 大连：大连海事大学，2016.

[31] 王合龙. 机载光电系统及其控制技术 [M]. 北京：航空工业出版社，2016.

[32] 李世祥. 光电对抗技术 [M]. 北京：国防科技大学出版社，2000.

[33] 张华卫，等．大相对孔径制冷型红外相机镜头的光学设计 [J]．红外技术，2015（2）：124-129．

[34] 陈建发．基于热光阑的大 F 数制冷型红外光学系统 [J]．电光与控制，2017，24（3）：81-84．

[35] 金国藩，严瑛白，邬敏贤．二元光学 [M]．北京：国防工业出版社，1998．

[36] 焦明印，等．透射式双波段红外搜索跟踪系统光学物镜 [J]．红外技术，2016（6）：296-304．

[37] 蔡毅，等．红外成像技术中的 9 个问题 [J]．红外技术，2013，35（11）：671-682．

[38] 孙婷，等．单层与双层谐衍射元件的衍射效率对比分析 [J]．红外与激光技术，2009，38（4）：622-624．

[39] 裴雪丹，等．入射角对双层衍射光学元件衍射效率的影响 [J]．光学学报，2009，29（1）：120-124．

[40] 张康伟．多层衍射光学元件衍射效率特性的研究 [D]．长春：长春理工大学，2010．

[41] 裴雪丹，等．多层衍射光学元件设计原理与衍射效率的研究 [J]．光子学报，2009，38（5）：1126-1131．

[42] 赵翔．基于有效带宽积分平均衍射效率的多层衍射光学技术研究 [D]．北京：中国航空研究院，2017．

[43] 刘环宇，等．红外双波段谐衍射光学系统设计 [J]．电光与控制，2011，18（5）：50-53．

[44] 潘枝峰，等．红外双波段/双视场望远系统设计 [J]．电光与控制，2014，21（9）：71-75．

[45] 崔庆丰．折衍混合成像光学系统设计 [J]．红外与激光工程，2006，35（1）：12-15．

[46] 毛文峰，等．红外双色宽波段高衍射效率衍射光学系统设计 [J]．光学学报，2014，34（10）：1-7．

[47] O'Shea D C．Diffractive Optics：Design，Fabrication and Test [M]．Washington：SPIE Press，2004．

[48] Qiang S，et al．The Dual Band Design of Harmonic Diffractive-Refractive Optics System [J]．Axta Optica Sinica，2004，24（6）：830-833．

[49] Qiang S，et al．Optical System of Harmonic Diffractive Refractive for Infrared Dual-color Detector [J]．Infrared and Laser Engineering，2003，32（3）：317-321．

[50] 乔明霞，等．长波红外双视场扫描型光学系统 [J]．电光与控制，2013（3）：77-80．

[51] 李运动，等．中波红外连续变焦机构设计分析 [J]．电光与控制，2013（1）：94-97．

[52] 吴力民，等．红外探测器比探测率与光学系统工作温度关系研究 [J]．航天返回与遥感，2010，31（2）：36-41．

[53] 曾戈虹．HgCdTe 红外探测器性能分析 [J]．红外技术，2012，34（1）：1-3．

[54] 邹永刚，等．InGaAsSb 量子阱的 MBE 生长和光致发光特性研究 [J]．光散射学报，2011，23（4）：336-339．

[55] 张臣．半导体量子阱材料 [J]．张臣，半导体材料，2001，38（6）：18-21．

[56] 卫婷婷．量子阱红外探测器研究现状及展望 [J]．科技信息，2009（22）：94-96．

[57] 连洁，等．量子阱红外探测器的研究与应用 [J]．光电子激光，2002，13（10）：102-109．

[58] 邢伟荣，等．量子阱红外探测器最新进展 [J]．激光与红外，2013，43（2）：144-147．

[59] GB/T 17444—2013．红外焦平面阵列参数测试方法 [S]．

[60] 蓝天，等．光电分布式孔径系统的应用和发展研究 [J]．红外与激光工程，2007，36：553-556．

[61] 赵江．红外/紫外侦察告警技术 [J]．红外与激光工程，2006，35：147-151．

[62] 王慧君，等．机载红外预警探测系统 [J]．激光与红外，2007，37（11）：1133-1136．

[63] 周峰，等．国外机载红外预警系统发展动态分析 [J]．激光与红外，2017，47（4）：399-403．

[64] 张娴婧．红外制冷探测器高效冷屏的设计与优化 [D]．杭州：浙江大学，2017．

[65] 范永杰，等．前视红外成像系统的新进展 [J]．红外与激光工程，2010，39（2）：189-194．

[66] 熊钟秀．机载自由曲面共形光学系统设计 [D]．天津：天津大学，2017．

[67] 唐大为．折/衍混合红外双视场光学系统设计 [D]．北京：中国科学院，2010．

[68] 马昆林，等．国外机载/舰载传感器的发展现状 [J]．传感器与微系统，2009，28（5）：1-3．

[69] 红外与激光工程编辑部．现代光学与光子学的进展 [M]．天津：天津科学技术出版社，2013．

[70] 张华卫，等．大相对孔径制冷型红外相机镜头的光学设计 [J]．红外技术，2015，37（2）：124-129．

[71] 张续严，等．大相对孔径长波红外光学系统无热化设计 [J]．应用光学，2011，32（6）：1227-1231．

[72] 朱峰．基于光机热集成的机械被动式消热差红外镜头设计 [D]．昆明：昆明理工大学，2017．

[73] 孟庆超，等．红外光学系统的无热化设计 [J]．红外与激光工程，2008，37：723-727．

[74] 沈良吉，等．3.7μm～4.8μm 波段折/衍混合红外光学系统的无热化设计 [J]．应用光学，2009，30（4）：683-686．

[75] 白瑜，等．红外 3.7～4.8μm 波段折射/衍射光学系统的消热差设计 [J]．光子学报，2009，38（9）：2261-2264．

[76] 张婉怡．红外折衍混合摄远光学系统无热化设计 [J]．应用光学，2017，38（1）：12-18．

[77] 张发平，等．基于二元衍射面的长波无热化光学系统设计 [J]．红外技术，2020，42（1）：25-29．

[78] 李升辉，等．基于谐衍射的红外双波段共口径消热差光学系统设计 [J]．红外技术，2020，42（1）：19-24．

[79] 张发强，等．折衍混合长波红外光学系统消热差设计 [J]．红外与激光工程，2015，44（4）：1158-1163．

[80] 宋岩峰. 现代红外光学系统设计 [D]. 西安：西安电子科技大学，2008.

[81] 李西杰. 双波段共口径连续共变焦光学系统设计 [D]. 西安：西安工业大学，2018.

[82] 董科研，等. 谐衍射红外双波段双焦光学系统设计 [J]. 光学精密工程，2008，16 (5)：764-770.

[83] 张森. 双波段红外变焦光学系统设计 [D]. 哈尔滨：哈尔滨工业大学，2012.

[84] 李岩，等. 谐衍射红外双波段双视场光学系统设计 [J]. 光学学报，2013，33 (11)：1-5.

[85] 张欣婷，等. 双层谐衍射双波段红外消热差光学系统设计 [J]. 光学学报，2013，33 (6)：1-5.

[86] 刘琳，等. 基于谐衍射特性的红外双波段光学系统设计 [J]. 激光与红外，2012，42 (1)：85-88.

[87] 范长江，等. 含有双层谐衍射元件的红外双波段光学系统消热差设计 [J]. 光子学报，2008，37 (8)：1617-1621.

[88] 牟蒙，等. 轻小型折衍射混合红外中波摄远物镜无热化设计 [J]. 红外技术，2015，37 (5)：387-391.

[89] 刘秀军，等. 中波红外制冷型光学系统消热差设计 [J]. 应用光学，2013，34 (3)：392-396.

[90] 姜波，等. 紧凑型双波段无热化红外光学系统设计 [J]. 红外技术，2015，37 (12)：999-1004.

[91] 郭钰琳，等. 可见光/中波红外双波段共孔径光学系统设计 [J]. 红外技术，2018，40 (2)：125-132.

[92] 程伟宁. 中长波共孔径光学系统设计 [J]. 光电技术应用，2016，31 (3)：1-3.

[93] 汤天瑾. 红外相机共孔径双波段成像光学系统 [J]. 应用光学，2015，36 (4)：513-518.

[94] 毛文峰. 红外宽光谱高衍射效率衍射光学元件设计及应用研究 [D]. 北京：中国科学院大学，2014.

[95] Pwrry J W. Thermal effects upon the performance of lens systems [J]. The Proceeding of the Physical Society，1943，55 (310)：257-285.

[96] Baak T. Themal coefficient of refractive index of optical glasses [J]. Journal of the Optical Society of America，1969，59 (7)：851-857.

[97] Rogers P J. Athermalized flir optics [J]. Proc. Of SPIE，1990，1354：742-751.

[98] Rayces J L，Lebich L. Thermal compensation of infrared achromatic Objectives with three optical materials [J]. Proc. of SPIE，1990，1354：752-759.

[99] Tamagawa Y，Tajime T. Expansion of an athermal chart into a multilens system with thick lenses spaced apart [J]. Optical Engineering，1996，35 (10)：3003-3006.

[100] Tamagawa Y，Wakabayashi. New design method for athermalized optical systems [J]. Proc. of SPIE，1992，1752：232-238.

[101] 姜凯. 离轴折反射式中波红外连续变焦光学系统研究 [D]. 北京：中国科学院大学，2013.

[102] 白瑜. 长焦距宽光谱红外双波段消热差探测成像光学系统研究 [D]. 成都：电子科技大学，2017.

[103] 李岩，等. 双视场红外光学系统的无热化设计 [J].2013，34 (3)：385-390.

[104] 张洪伟，等. 红外双波段双视场成像告警系统设计 [J]. 光学精密机械，2020，28 (6)：1283-1294.

[105] 陈建发，等. 中波红外光学系统光学被动无热化设计 [J]. 电光与控制，2013，20 (12)：88-91.

[106] 陈建发，等. 双视场长波红外光学系统无热化设计 [J]. 激光与光子学进展，2013 (6)：1-5.

[107] 王合龙，等. 双波段双视场折反式光学系统无热化设计 [J]. 激光与电子学进展，2013 (11)：1-9.

[108] 张卓，等. 双波段红外光学系统无热化设计 [J]. 电光与控制，2015，22 (5)：63-67.

[109] 李利. 双波段红外光学系统的无热化设计 [D]. 南京：南京航空航天大学，2012.

[110] Fortunato L，et al. SKYWARD：the next generation airborne Infrared Search & Track [J]. Proc. of SPIE，2016，9818：1-16.

[111] 张志福，等. 热成像共用系统技术 [J]. 红外技术，2013，35 (12)：808-811.

[112] 陶亮，等. 高可靠性红外热像仪的设计方法 [J]. 红外技术，2014，36 (12)：941-948.

[113] 王连振，等. 红外成像系统综合性能评价方法研究 [J]. 红外技术，2015，37 (1)：57-62.

[114] Hudson R D. Infrared System Engineering [M]. John Wiley Sons，1969.

[115] 安成斌，等. 红外成像系统作用距离计算 [J]. 激光与红外，2010，40 (7)：716-719.

[116] 吴晗平. 红外搜索系统的作用距离与综合性能评价 [J]. 应用光学，1995，16 (2)：23-28.

[117] 邢强林，等. 红外成像探测系统作用距离分析方法 [J]. 光子学报，2004，33 (7)：893-896.

[118] 王卫华，等. 海空背景凝视红外成像系统作用距离研究 [J]. 红外与毫米波学报，2006，25 (2)：150-152.

[119] 吴晗平. 红外搜索系统 [M]. 北京：国防工业出版社，2013.

[120] 李润顺，等. 红外成像系统作用距离的估算 [J]. 红外与激光工程，2001，30 (1)：1-3.

[121] 骆清铭，等. 热成像系统作用距离的研究 [J]. 激光与红外，1990，21 (3)：36-39.

[122] 吕天宇，等. 基于波前编码技术红外光学系统无热化研究 [J]. 长春理工大学学报，2012，35 (2)：26-28.

[123] 吕天宇. 基于波前编码技术红外光学系统无热化设计 [D]. 哈尔滨：哈尔滨工业大学，2010.

[124] 李萍，等. 用于无人机的长波红外消热物镜设计 [J]. 红外技术，2012，34（4）：205-208.

[125] Chen Y, et al. Design of solar-blind UV optical system for missle approach warning [J]. 红外与激光工程，2014，43（9）：2964-2969.

[126] 束慧琴，等. 主动式温度自适应技术在非制冷热像仪光学系统中的应用 [J]. 红外技术，2013，35（10）：612-616.

[127] 邓键，等. 折反式红外镜头的无热化研究 [J]. 应用光学，2014，35（1）：146-149.

[128] 顿雄，等. 被动无热化切换式长波红外双视场望远镜 [J]. 应用光学，2011，32（4）：767-772.

[129] 白瑜，等. 中波红外成像无热化光学系统设计 [J]. 应用光学，2012，33（1）：181-185.

[130] 王学伟，等. 舰船目标红外图像特性研究 [J]. 应用光学，2012，33（5）：837-840.

[131] 康丽珠，等. 飞机目标红外辐射特性研究现状概述 [J]. 红外技术，2017，39（2）：105-115.

[132] Mahulikar S P, et al. Infrared Dignature Studies of Aircraft and Helicopters [J]. PIERS Proceedingd, 2009，8：18-21.

[133] 林杰，等. 飞机整机蒙皮自身红外辐射特性建模与分析 [J]. 红外技术，2012，34（5）：286-291.

[134] 陈洁，等. 应用于红外搜索跟踪和态势感知系统的全景成像系统 [J]. 红外技术，2016，38（4）：269-279.

[135] Laikin M. 光学系统设计（Lens Design）：第四版 [M]. 周海宪，程云芳，译. 北京：机械工业出版社，2012.

[136] 李维善，等. 球幕投影数字鱼眼镜头的光学设计 [J]. 应用光学，2016，37（1）：39-44.

[137] 刘钧，等. 制冷型中／长红外双波段双视场全景光学系统设计 [J]. 应用光学，2016，37（3）：456-464.

[138] 张亦宁，等. 不同云雨条件下红外热成像系统作用距离评估 [J]. 应用光学，2016，37（2）：288-296.

[139] 明景谦，等. 红外 $7.5 \sim 10.5 \mu m$ 波段折射／衍射光学系统的消热差设计 [J]. 红外技术，2006，28（5）：261-265.

[140] Sargent R, et al. Timelapse GigaPan：capturing, sharing, and exploring timelapse gigapixel imagery [C]. Fine International Conference on Gigapixel Imaging for Science，2010.

[141] Suntharalingam V, et al. A 4-side tileable back illuminated 3D-integrated Mpixel CMOS image sensor [C]. IEEE International Solid-State Circuits Conference，2009.

[142] 闫阿奇，等. 航天鱼眼透镜的设计 [J]. 光学学报，2011，31（10）：1-4.

[143] Wilburn B, et al. High performance imaging using large camera array [J]. ACM Transactions on Graphics，2005，24（3）：765-776.

[144] Brady D J, et al. Multiscale lens design [J]. natute，2009，17（13）：10659-10674.

[145] Brady D J, et al. Multiscale gigapixel photography [J]. natute，2012，486（7403）：386-389.

[146] 吴雄雄，等. 基于同心多尺度成像的机载光电系统探测能力分析 [J]. 光学学报，2018，38（4）：1-9.

[147] Brady D J, et al. Multiscale Lens Design [J]. Optics Express，2009，17（13）：10659-10674.

[148] Brady D J, et al. Multiscale gigapixel photography [J]. Nature，2012，486（7403）：386-389.

[149] Tremblay E J, et al. Design and scaling of monocentric multiscale imagers [J]. Applied Optics，2012，51（20）：4691-4702.

[150] Marks D L. Engineering a gigapixel monocentric multiscale camera [J]. Optical Engineering，2012，51（8）.

[151] Son H S, et al. Optomechanical design of multiscale gigapixel digital camera [J]. Applied Optics，2013，52（8）：1541-1549.

[152] Marks D L. Characterization of the AWARE 10 two-gigapixel wide-field-view visible imager [J]. Applied Optics，2014，53（13）：54-63.

[153] Zhang E, et al. Non-Ge Optics and Low-Cost Electronics Designs for LIR Imagers [J]. Proc. of SPIE，4820：550-571.

[154] Zhang E, et al. Pixel by Pixel VIS/NIR and LIR Sensor Fusion System [J]. Proc. of SPIE，2003，4820：535-549.

[155] Sparrold S W. Arch Corrector for Conformal Optical Systems [J]. SPIE，1999，3705：189-200.

[156] Mitchell T A, et al. Variable aberration correction using axially translating phase plates [J]. SPIE，1999，3705：209-220.

[157] 孙婷，等. 红外宽波段双层谐衍射光学系统的设计 [J]. 红外与激光工程，2013，42（4）：951-954.

[158] 王鹏程，等. 双波段红外光学系统无热化设计 [J]. 激光与光电子学进展，2013，50（6）：129-132.

[159] Fortunato L, et al. SKYWARD：the next generation airborne Infrared Search & Track [J]. Proc. of SPIE，9819：1-16.

［160］ 黄静，等. 点源目标的红外成像系统作用距离分析 ［J］. 科学技术与工程，2007，7 (18)：4587-4590.

［161］ 程珂. 红外变焦系统的研究 ［D］. 北京：中国科学院，2005.

［162］ 陈奇军. 纪念"变焦镜头之父"弗兰克·巴克博士辞世 31 周年 ［J］. 中国摄影，2014 (7).

［163］ 薛栋林，等. 基于自由曲面的离轴三反光学系统 ［J］. 光学精密工程，2011，19 (12)：2813-2820.

［164］ 罗秦，等. 大视场离轴三反光学系统设计 ［J］. 红外，2017，38 (8)：14-18.

［165］ 徐义航. 具有自由曲面的离轴三反光学系统设计 ［J］. 哈尔滨：哈尔滨工程大学，2017.

［166］ 程洪涛. 基于变形镜的三反射离轴变焦物镜设计 ［J］. 光学学报，2013，33 (12)：1-7.

［167］ 潘思豪，等. 紧凑型离轴三反光学系统的自由曲面设计 ［J］. 电光与控制，2019，26 (3)：97-102.

［168］ 刘敏，等. 引入表面微结构的 3.7～4.8 μm 红外折衍混合物镜设计 ［J］. 红外技术，2019，41 (10)：918-923.

［169］ 谢忠华. 大变倍比折射/衍射混合切换变焦光学系统设计 ［J］. 红外技术，2016，38 (11)：928-934.

［170］ Akram M N. Design of a Dual Field-of-View Optical System for Infrad-Red Focal-plane Array ［J］. SPIE，2002，4767：13-23.

［171］ 张昌义. 红外成像探测技术发展趋势浅谈 ［J］. 电子世界，2018 (12)：41-42.

［172］ 刘毓博. 机载大视场高分辨率红外成像系统研究 ［D］. 北京：中国科学院大学，2017.

［173］ Jha A R. 红外技术应用 ［M］. 张孝霖，等，译. 北京：化学工业出版社，2004.

［174］ 袁影. 新概念超分辨率红外成像方法研究 ［D］. 西安：西安电子科技大学，2014.

［175］ 蔡毅，等. 红外技术在未来军事技术中的地位和作用 ［J］. 红外技术，1999，21 (3)：1-7.

［176］ 王晗. 浅谈远红外技术的应用发展 ［J］. 现代物理知识，2005 (4)：29-30.

［177］ 何丽. 走向新世纪的红外热成像技术 ［J］. 激光与光电子学进展，2002，39 (12)：48-51.

［178］ 红外与激光编辑部. 现代光学与光子学的进展 ［M］. 天津：天津科学技术出版社出版，2003.

［179］ 高珊. 用于第三代前视红外系统的双 f 数光学系统 ［J］. 新光电，2009，3 (3)：69-80.

［180］ Gat N，Zhang J，Li M D，et al. Variable cold stop for matching IR cameras to multiple f-number optics ［C］. Defense and Security Symposium，International Society for Optics and Photonics，2007.

［181］ 邢素霞，等. 非制冷红外热成像技术的发展与现状 ［J］. 红外与激光工程，2004，33 (5)：441-444.

［182］ 史衍丽，等. 高性能 InP/InGaAs 宽光谱红外探测器 ［J］. 红外技术，2016，38 (1)：1-5.

［183］ 丁全心，等. 光电探测与制导技术在机载成像系统中的应用与展望 ［J］. 红外与激光技术，2007，36 (9)：7-14.

［184］ 黄燕群，等. 非制冷红外热像仪在便携式发射装置的应用 ［N］. 弹箭与制导学报（网络版），2020-10-21.

［185］ 金立峰，等. 非制冷红外焦平面成像系统的高速 DSP 组件 ［J］. 电光与控制，2013，20 (9)：99-101.

［186］ 刘琳. 中波红外大相对孔径非制冷热像仪光学系统的研究 ［D］. 苏州：苏州大学，2010.

［187］ 张芳，等. 不同地域大气对中远红外辐射传输的影响 ［J］. 光学学报，2017，37 (4)：1-8.

［188］ 谢民勇，等. 基于目标与背景红外辐射对比度的红外隐身效能研究 ［J］. 红外技术，2011，33 (2)：113-115.

［189］ 王娟，等. 红外热像仪的作用距离估算 ［J］. 电光与控制，2004，11 (3)：17-19.

［190］ 刘丹丹，等. 边界层气溶胶类型对中红外光波传输的影响 ［J］. 激光与红外，2015，45 (2)：189-193.

［191］ 沈满德. 超宽温折衍混合红外搜索跟踪光学系统设计 ［J］. 红外与激光工程，2012，41 (12)：3355-3359.

［192］ 姜振海. 超声速共形整流罩风洞试验及其光机特性 ［J］. 光学精密工程，2012，20 (9)：142-148.

［193］ 张义广，等. 超声速红外长波光学整流罩设计技术研究 ［J］. 红外与激光工程，2007，36 (6)：1314-1318.

［194］ 赵洪卫，等. 尖晶石整流罩气动效应研究 ［J］. 红外与激光工程，2012，41 (2)：297-301.

［195］ 张亚萍，等. 红外末制导中的光学效应分析 ［J］. 激光与红外，2006，36 (6)：487-490.

［196］ 费锦东. 气动光学效应校正技术初步分析 ［J］. 红外与激光工程，1999，28 (5)：192-195.

［197］ 张天翼，等. 氟化镁共形整流罩热障效应分析及实验验证 ［J］. 红外与激光工程，2016，45 (02)：1-5.

［198］ 李升辉，等. 折/衍混合红外光学系统的消热差设计 ［J］. 光学与光电技术，2006，4 (4)：1-3.

［199］ 张欣婷，等. 双层谐衍射红外消热差系统设计 ［J］. 光子学报，2013，42 (12)：1524-1527.

航空光学工程

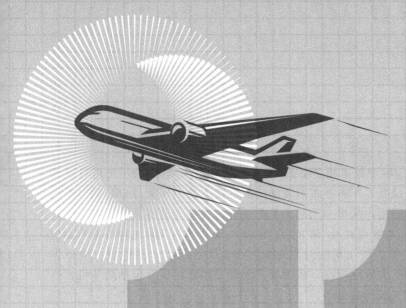

第11章
综合跟踪瞄准技术

11.1
概述

20 世纪 60 年代以来，光学与电子技术相互渗透、互相结合，有力地推动了先进机载光电技术的快速发展和应用，大大提高了军事技术装备的作战性能。光电探测/跟踪/瞄准系统已经在机载火控系统中得到广泛应用，从单一的激光测距系统、可见光侦察系统或点源红外成像系统发展到可见光/激光组合系统或红外/激光组合系统，或者红外、激光和可见光相组合的综合导航跟踪瞄准多功能系统，使飞机的对空对地攻击能力、昼夜作战能力、空中告警、目标探测和作战效能等都有了大幅度提高，成为第三代和第四代飞机（包括战斗机、运输机、直升机和无人机）的标配机载光电设备。

机载综合跟踪瞄准系统的任务有两个：对地面目标搜索、跟踪，战场态势感知、导弹来袭告警、辅助导航与起飞着陆；兼顾对空中目标探测和跟踪。

（1）综合跟踪/瞄准系统与红外搜索跟踪（IRST）系统的区别

① 具有不同的组成方式 机载红外搜索跟踪系统可以单独使用，也可以与其它机载设备组合使用。

与激光测距系统相组合既能发现空中目标，也能探测其距离。与机载火控雷达相配合可以更有效地完成空域监视、威胁判断、自动搜索和跟踪目标。

机载综合跟踪瞄准系统由前视红外（FLIR）系统、可见光成像系统和激光测距/照射系统组成，俗称机载光电吊舱系统，完成对空/地（主要对地）探测任务。

② 完成不同的作战任务

a. 对空探测与对地探测。机载红外搜索跟踪系统主要用于机载空空火控系统，对空中或海面目标进行搜索与跟踪，远距离和高分辨率地探测和跟踪飞机和巡航导弹等目标。特别适合探测背景简单的天空和海上目标，不存在目标识别问题（识别目标需要成像）。通常设置一个信号阈值，若信号超过该阈值即认为是潜在目标。

相对于地面背景，空中背景比较简单，目标距离较远。例如，目标机侧面面积最大不过 $20\mathrm{m}^2$，迎头面积仅约 $1\mathrm{m}^2$，而探测距离约 50km 甚至更远（远至 150km）时，以目标尺寸与探测距离相比，目标机可以视为点目标，因而，探测方式仍属于点源探测。

机载前视红外系统应用于机载空地火控系统中（兼顾空中目标），可以在昼夜和能见度较差的全天候环境下，完成导航以及对地面目标的定位、识别和攻击。

b. 成像与非成像。红外搜索跟踪系统是非成像系统，通过探测运动或静止目标的光辐射确定目标相对于系统测量基准的偏离量。探测器接收的目标辐射，通过光电转换测出目标的方位信息，并向跟踪系统输出能够反映目标方位的误差信号。跟踪机构按照误差信号驱动系统测量部件使偏离量减小，保持测量基准对准目标，实现对目标的实时跟踪。因此，探测距离与被探测目标的辐射强度和信噪比密切相关。

前视红外跟踪系统是成像系统，探测器将探测到的目标转换为图像，利用跟踪算法测量出目标图像在视场中的位置、探测距离以及目标与背景的温差。

③ 具有不同的工作光谱范围 机载红外搜索跟踪系统主要跟踪空中目标（例如远距离的飞机或空中导弹，可视为点目标），尾喷火焰主要辐射中波红外光谱（$3\sim5\mu\mathrm{m}$），蒙皮辐

射是长波红外光谱（8～12μm）。因此，可以采用不同波长的红外探测器对应不同的探测方式（尾追探测方式或者迎头探测方式）。

早期的红外搜索跟踪系统没有配装激光测距机，只能提供方位信息。配装激光测距机（激光波长1.064μm）后，还可以提供距离信息，其功能类似于机载电子雷达，也称为"光电雷达"。

机载综合跟踪瞄准系统集成有激光测距机（1.064μm）、可见光电视成像系统（0.4～0.7μm）和前视红外光学系统（8～14μm）。早期产品采用长波红外探测器，为了进一步提高图像分辨率，目前多数采用中波红外探测器（3～5μm）。

④ 具有不同的安装位置 机载红外搜索跟踪系统一般采用半埋方式安装在机身座舱玻璃前方，以利于空中搜索和跟踪。

需要说明，红外搜索与跟踪系统的安装方式采用内置式还是外挂式不可一概而论，需视情况而定。由于光电传感器的小型化，可以采用半埋式结构把红外搜索/跟踪系统（或前视红外系统）安装在战斗机舱内或机鼻部位，无需吊挂在机翼下，既减少风阻，也不会占用原本可挂载武器的挂架。但是，采用吊舱式红外搜索/跟踪系统的优势在于：对重量及空间没有严苛限制，适应性和成像性能更好。

机载综合跟踪瞄准系统一般采用吊舱结构安装在机身（或机翼）下方，以方便对地探测和跟踪。

⑤ 具有不同的扫描视场和截获跟踪方式 机载红外搜索跟踪系统搜索范围和截获跟踪方式非常类似于电子雷达，仅设计有固定视场，利用头部扫描反射镜扩大搜索范围，约±60°。

机载综合跟踪瞄准系统包括FLIR与激光测距/指示器和可见光TV成像系统，设计有宽视场和窄视场或者连续变焦方式：宽视场用于探测，窄视场用于跟踪、识别和攻击，并且，可以通过整机旋转扩大总视场（例如小吊舱绕垂直轴转动，大吊舱头部转动可以使俯仰搜索范围达到-135°～+30°）。一旦瞄准目标即可投放激光制导武器（或红外成像制导武器），利用激光指示器将激光制导武器引导到目标上。

⑥ 具有不同的探测/跟踪算法 IRST视场较大，每帧频包含大量像素，高出FLIR数倍；由于有关数据只提供计算处理使用，与雷达一样，采用边跟踪边扫描方式和探测/跟踪算法，帧频时间（根据作战要求）在1～10s之间；在采用高速计算机和相关算法情况下，可以实现多目标跟踪。

FLIR采用图像跟踪方式和相关跟踪算法，需要实时显示。为避免画面闪烁及便于人工识别，工作帧频25～30帧/s。一般无需多目标跟踪。

（2）机载综合跟踪瞄准系统组成

机载综合跟踪瞄准系统由以下单元组成：

a. 光电传感器单元（electro-optical sensor unit），包括可见光、红外和激光系统等的不同组合形式——红外/激光组合系统、电视/激光组合系统以及红外/激光/电视综合系统。

b. 控制处理单元（control processor unit）。

c. 供电单元（power supply unit）。

d. 环境控制单元（environmental control unit）。

（3）机载综合跟踪瞄准光电系统的四种组合形式

第一种形式：红外/激光组合系统。

前视红外系统具有昼夜和恶劣气象条件下捕获、识别和图像跟踪地面目标的能力；激光测距机能够精确测量目标距离，并发射激光束准确指示目标，从而使制导武器精准地完成攻击任务。

第二种形式：可见光电视/激光组合系统。

适用于白天作战和巡航任务：可见光电视系统用于捕获、识别和跟踪地面目标；激光测/照系统用来指示目标，从而引导激光制导武器准确攻击地面目标。

第三种形式：红外/可见光电视组合系统。

适用于机载综合光电监视/侦察系统，对目标的自身辐射及反射外界可见光/近红外波段信息进行收集、会聚和成像。

第四种形式：红外/激光/电视组合系统。

集中了多种光电传感器技术的优点，适应各种攻击环境，弥补单一传感器或上述各组合形式的不足。

（4）机载综合跟踪瞄准系统的特点

① 集成度高，工作光谱范围宽。

a. 工作波段范围包括可见光波段（$0.4\sim0.7\mu m$）、激光测距（$1.064\mu m$）和照射波长（人眼安全波长 $1.38\mu m$ 或 $1.54\mu m$）、中波红外波段（$3\sim5\mu m$）和长波红外波段（$8\sim12\mu m$）。

b. 有效工作时间从白天扩展到夜间、全天时、全天候，提高了低能见度条件下的目标探测、识别和瞄准攻击能力。

② 技术性能高。

a. 采用更多像元数目（中波、长波和双波段）的红外探测器，例如 640×512、1024×1024 或者 1280×1080 像元红外探测器，CCD 可见光探测器（光谱范围扩展到近红外）也达到百万像素级（甚至 500 万像素）。

b. 光学系统采用大孔径/共孔径、大变倍甚至自聚焦系统，例如，MTS-B 转塔型瞄准吊舱光学变倍达到 148 倍，红外/可见光最小视场分别达到 $0.23°\times0.31°$ 和 $0.08°\times0.11°$。

c. 采用高清晰全数字化/图像融合技术，提升场景感知和图像清晰度、目标定位以及远距离目标探测能力。

③ 高稳定精度使系统具有隔离载机扰动的超强能力。

a. "狙击手"（Sniper AT）瞄准吊舱光学基座采用 6 个隔振装置的稳定技术。

b. AN/AAQ-30 转塔型光电吊舱采用 5 轴柔性稳定平台和电子稳像技术。

c. BRITE Star-Ⅱ 瞄准吊舱采用 6 轴稳定技术。

d. MX-25 采用 5 轴主动稳像和 6 轴被动减振技术。

e. 稳定平台内置高精度 GPS/IMU 组和惯性模块，实现地理引导，完成目标位置、速度和运动方向等特征的高精度自主测量。

机载综合跟踪瞄准设备通常吊挂在机身或机翼下方，是具有流线外形的一种舱体式有效载荷容器装置，因而通常称为"吊舱"。

根据内置设备的不同功能，机载吊舱分为导航吊舱、侦察吊舱、瞄准吊舱、红外测量吊舱、电子干扰吊舱及电子情报吊舱等。本章重点介绍机载导航吊舱、机载侦察吊舱和机载光电瞄准吊舱。

11.1.1　机载导航吊舱

机载导航吊舱用于飞机昼夜飞行时导航。其功能是与地形跟随雷达一起探测载机前方地形障碍物的视角和视距，然后，计算机综合载机的飞行参数计算出飞机的航迹角，产生控制指令以完成载机的自动或手动地形跟随飞行。前视红外系统在平视瞄准/显示系统的屏幕上形成航线前方地形障碍物的平面图像，增强飞行员在夜间和恶劣气象条件下的地形跟随飞行能力，提高安全性。

导航吊舱最初是一个单独系统，例如美国的 LANTIRN 吊舱就是由导航吊舱 AA-Q13 和瞄准吊舱 AA-Q14 两个独立的系统组成，如图 11-1 所示。

 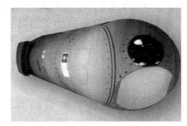

(a) AA-Q13导航吊舱　　　　　　　(b) AA-Q14瞄准吊舱

图 11-1　LANTIRN 吊舱

LANTIRN 吊舱的导航吊舱和瞄准吊舱可以分别使用，互不干扰。主要功能：

① 低空导航。在昼夜和不良天气下显示飞行航线前方的地形图，提供航线上的地形信息。

② 目标搜索及识别。前视红外系统对航向前方及两侧进行搜索，并将信息输入目标自动识别系统，引导导弹攻击地面目标。

③ 目标跟踪与瞄准。红外前视系统一旦捕获目标，就进入自动跟踪状态，完成激光瞄准，以便投掷激光制导武器。

AA-Q13 导航吊舱是一个由大视场前视红外系统和地形跟随雷达组成的夜间低空导航吊舱，如图 11-2 所示，地形跟随雷达安装在带有圆锥头的长圆柱体中，其上方截面为五边形的长柱体的前段安装着前视红外装置。

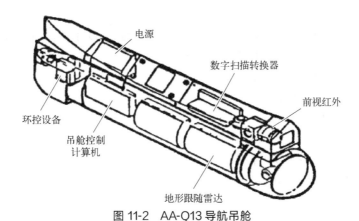

图 11-2　AA-Q13 导航吊舱

导航吊舱是一套完善的低空夜视导航系统，包括五大部分（11 个外场可更换组件）：

① 地形跟随雷达。

② 红外前视系统。

③ 控制计算机。

④ 电源。

⑤ 环境控制系统。

机载导航吊舱工作原理：地形跟随雷达不断发出飞机前下方地形高度信号，通过计算机传输给飞机的自动驾驶仪，保证飞机自动地始终以较低高度飞行；红外前视系统使飞行员通过平视瞄准/显示系统能够在夜间观察到与白天相似的外界地形地物的景象，提供 1：1 的前视红外地形图像（应当注意，飞行员通过平视瞄准/显示系统观察的外界景物图像与前视红外系统通过 CRT 显示的外界景物红外图像的景物尺寸和位置应完全相同，才能避免飞行员误判），以此识别地标和了解飞机到达的区域，操纵飞机左右偏航，保证夜航安全。所以，导航吊舱的主要功能是昼夜导航和地形回避。

导航吊舱前视红外光学系统包括下列组件：

① ZnS 光窗。

② 楔形镜组。通过楔形镜元件的相对运动扩大观察范围，在飞机转弯或观察舱外景物时使用。

③ 望远镜系统。采用固定焦距、宽视场和全透射式结构。用以提供大入瞳孔径和小出瞳孔径。

④ 六面体扫描转鼓组件。六面体上粘贴的平面反射镜具有不同的倾角，因而采用一维旋转的转鼓即可实现二维扫描。

⑤ 平面反射镜。望远镜出射的平行光束，经转鼓扫描到一个固定平面反射镜上，再进入会聚成像系统中。

⑥ 会聚成像系统。将目标成像到红外探测器上。

⑦ 红外探测器。将红外辐射转换为电信号，经图像处理和 D/A 转换视频合成后，显示在衍射光学平视显示器（DHUD）上，显示出叠加有各种符号与数据的高清晰度的真实外景图像，保证飞行员操纵飞机低空安全地飞越地面、障碍物和水面。

该导航吊舱的前视红外系统（FLIR）采用 180×1 元并行扫描碲镉汞红外探测器，工作波段 $8 \sim 12 \mu m$，固定视场 $28°(H) \times 21°(V)$，与高亮度和宽视场的衍射光学平视显示器（DHUD）的视场一致。

值得注意，LANTIRN 系统的导航吊舱仅用于低背景亮度条件。当飞机在良好的白天作战时，不使用 FLIR 图像，DHUD 上也不显示地形图像。

AA-Q13 导航吊舱的主要特性：

① 吊舱外形尺寸：$\phi 304.8mm \times 2000mm$。

② 重量：193.95kg。

③ 红外视场：$28°(H) \times 21°(V)$。

④ 前视红外装置外形尺寸：$\phi 198mm$（直径）$\times 198mm$（长度）。

⑤ 地形跟随雷达高度调节值：60m、90m、120m、150m 和 300m。

⑥ 飞机转弯倾斜角限于 45°。

⑦ 转弯角速度：5.5°/s。

⑧ 探测距离（能见度 $\geqslant 10km$）：$\geqslant 10km$。

对于导航吊舱，观察的地形与大型建筑物均以天空为背景，天空与地物的有效温差一般大于 3℃（要求 10km 以外温差 $\geqslant 1℃$ 即可），所以，完全可以探测到 10km 以外的各种地形和景物。

随着科学技术的发展，机载设备逐渐合二为一，例如，以色列拉斐尔公司和美国诺斯罗普·格鲁曼公司合作研发了一种综合型吊舱——"蓝盾（LITENING）"吊舱（有文献译为"蓝丁"吊舱）是其典型代表，同一个吊舱兼有瞄准和导航功能，解决了瞄准和导航的矛盾。

11.1.2　机载侦察吊舱

航空侦察是指使用航空器（包括飞机、飞艇、漂浮气球等军用和民用设备）在环绕地球的大气层内，对所感兴趣的地面特定目标或区域进行侦察和监视。

航空侦察设备研制初期，白天型可见光航空侦察相机安装于机舱内。为实现通用性，采用方便实用的吊舱式外挂结构，以降低对载机的要求。因此，航空侦察吊舱可以简单理解为航空侦察相机的改进型，由于吊挂在机舱外面，因而称为机载侦察吊舱。典型例子包括：

① 美国 F-14 飞机采用的 TARPS 机载侦察吊舱是较早的一种侦察吊舱，特点是采用胶片式侦察相机（例如 KA-87、KA-99）和 AN/AAD-5 红外行扫描仪。

② F/A-18 装备的 SHARP 侦察吊舱，配置了 CA-279/M 和 CA-279/H 数字式侦察相机，具有昼夜全天候战术侦察能力，能够在 80km 外对目标完成探测、识别和定位，并提供三维图像。

现代空中作战和侦察任务对光电侦察吊舱的技术要求越来越高，工作波段（不包含激光测/照系统）从白天可见光（400~700nm）发展到夜间红外光（短波红外和中波红外）及可见光/红外光双波段昼夜型，接收器件从胶片型发展到 CCD 传输型。侦察吊舱内集成的各类光电设备越来越多，根据不同任务要求，组装成不同的设备和挂装于不同类型的飞机中。

机载侦察吊舱具有大视场、高分辨率成像、昼夜侦察与监视、快速获取敌方情报等特点，还可以通过机载侦察吊舱将高分辨率图像情报实时传输给地面图像采集站，通过分析这些图像情报，对较远距离的敌方目标完成探测、识别和瞄准，并在打击目标后对其毁伤程度进行评估，是提供战场支援和夺取信息优势的重要手段。因此，该侦察吊舱也称为机载广域监视与侦察系统。

11.1.2.1　机载侦察吊舱分类

机载侦察吊舱可以分为以下五种类型。

① 按照任务类型，航空侦察吊舱分为普查式和详查式两种，前者应用于大范围侦察和监视，具有中等分辨率和大视场范围；后者应用于重点目标的细节观察，具有很高的分辨率。

② 按照飞行高度，航空侦察吊舱分为中低空（4km 以下）、中空（10km 以下）和高空（25km 以下）侦察吊舱。

a. 低空/高速侦察吊舱。主要应用于高威胁（战时）环境中直接在目标上空搜集图像［飞机正下方的扫描行宽度 ±1500m（约 5000ft）］，高度为 60~1000m（约 200~3000ft），工作时速度/距离（V/R）比很高，所以，低空侦察吊舱的光学系统以短焦距为主。

美国海军陆战队 F-18 飞机装备的先进战术航空侦察吊舱系统（ATARS）是中低空侦察吊舱系统的典型，焦距约 25.4mm（1in）。

b. 中空侦察吊舱。主要任务是帮助飞行员飞越领空和防区外搜集图像。工作高度 800~8000m（2600~26000ft），光学系统焦距为 150~450mm（6~18in）。

工作方式是：在高威胁环境中，飞机低空穿越飞行，拉升到中空后，对所关注的区域快速拍照，然后返回低空安全退出。在低威胁环境中，可以中空飞行，或（在飞越领空时）对飞机正下方成像，或（在防区外）左方、右方或前方倾斜拍照。

用于中空白天侧视倾斜（推扫式）拍照的 F-18 飞机先进战术航空侦察系统（ATARS）是这类吊舱的典型代表，光学系统焦距为 304.8mm（12in）。

c. 高空远距离倾斜航空侦察吊舱。主要应用于和平时期以及高威胁环境中进行远距离成像，一般在防区外完成信息搜集。工作高度 6000~15000m（约 20000~50000ft），拍摄范围从 8~16km 高度开始向外扩展直到地平线。光学系统焦距约 1000mm（36in）或更大。

典型产品是美国雷神公司为 U-2 飞机研制的全天候高级光电侦察系统，采用可见光/红外双波段光学系统，焦距 1778mm（约 70in）。

表 11-1 列出不同类型侦察吊舱飞行高度与焦距的关系。

表 11-1 机载侦察吊舱飞行高度与焦距的关系

飞行高度	成像方式	飞行高度/m	光学焦距/mm	备注
中低空飞行	垂直成像	60~1000	<300	评估对目标打击毁伤效果
中空飞行	垂直/倾斜成像	800~8000	150~500	对地(海)面固定和活动目标战役战术侦察
中高空飞行	倾斜成像	6000~15000 以上	1000~3000	高空远距离对地(海)面战略/战术侦察

作为空中侦察、测量和打击的重要手段，机载光电侦察吊舱日益受到青睐，许多国家都投入巨资进行研发，多种型号的机载光电侦察吊舱已经服役。例如，BAE 系统公司研制的 Argus-IS 系统（自动实时地面全部署侦察成像系统）在 17500ft 高空可以清晰分辨地面行人使用的手机型号。美国 Goodrich 公司研制的侦察吊舱中安装有 DB-110 航空侦察相机，适用于低/中/高空的探测范围。

③ 按照成像原理和拍照方式，分为摆扫式、推扫式和凝视式（或者面阵式）侦察吊舱。

摆扫式成像方式一般应用于广域搜索而侦察吊舱本身视场有限的情况。飞机向前飞行的同时，相机进行翼向（或称径向）扫描，并通过线阵探测器获得连续的景物图像，从而获得更大视场或者侦察范围。通常认为，对于摆扫式侦察方法，由于具有运动部件，因而，对相机在飞机中的稳定性及飞机的飞行速度有较高要求。

推扫式成像方式是侦察吊舱本身具有较宽的固定视场，在飞机向前飞行的过程中通过线阵/面阵探测器获取外景信息，各帧图像之间稍有重叠，最终形成连续的完整图像。由于系统没有运动部件，因此，系统稳定性好，具有高分辨率。

凝视式成像方式是侦察吊舱瞄准/跟踪某一固定目标或者区域，并将其稳定地成像在线阵/面阵探测器上。

④ 按照成像光谱范围分为可见光、红外、紫外和多光谱侦察吊舱。

⑤ 按照成像介质分为胶片式和 CCD（包括低照度 CMOS）式（包括线阵和面阵）侦察吊舱。

早期，机载侦察设备都采用（主要是可见光）胶片成像介质，光学焦距较短，载片量小，画幅窄，地面分辨率低（约 0.1m），需要近距离临空侦察，因此，侦察效果不甚理想。

CCD 传输型侦察吊舱具有更多优点，采用长焦距可见光/红外双波段成像系统，实时完成高空远程情报侦察、目标监视和搜索定位等任务，得到广泛应用。

表 11-2 列出几种机载光电广域侦察/监视系统（WAAS）的主要性能。

表 11-2　国外机载广域侦察/监视系统的技术性能

型号	Angel Fire	LEAPS	Gorgon Stare	Vigilant Stare	Argus-IS	PSS(HAWKEYE)
研发国家	美国	英国	美国	美国	英国	美国
服役机型	空中国王 A-90	RQ-7 影子无人机	RQ-9 收割者无人机	空中国王 350	A160T	载人飞行器
侦察范围/km²	16	15	64	16	40	64
地面分辨率/m	0.5	0.25	1	1	0.15	<1
帧频/Hz	1~2	2~10	30	30	12~16	1
飞行高度/m	6000	3600	4000~6000	4000~6000	6000	3600
重量/kg	300	25	500	500	450	150

11.1.2.2　机载侦察吊舱的代表性产品

随着现代科学技术的发展，世界各国都非常重视对重要目标的保护及反侦察工作，包括利用地形地貌掩护、目标人为遮蔽和更多的机动等。为适应战场变化，需要研发出具备昼夜全天候侦察能力、更高图像清晰度和实时传输情报能力的中低空机载侦察吊舱，甚至能够与电子/雷达系统组成复合侦察体系。

下面介绍几种具有代表性的机载侦察吊舱。

（1）以色列 RecceLite 侦察吊舱

以色列拉斐尔（Rafael）公司研制的 RecceLite 吊舱是集跟踪、监视和侦察于一体的集成化战术侦察吊舱，具有以下特点：

① 该侦察吊舱的红外和可见光传感器均有 3 个视场，可以实现全天时成像目标搜索、侦察和监视，并能够以自动和手动方式同时收集红外、近红外和可见光多波段数字图像，提供互补信息，覆盖宽广的侦察区域。

② 采用 4 轴稳定平台技术，保证红外（IR）和可见光（VIS）光学系统（包括近红外光）共轴瞄准成像。

③ 以垂直、倾斜、点凝视等工作模式实现区域侦察和监视、目标搜索和识别，集成惯性导航组件实现图像帧定位、地理匹配和侦察图像拼接。

④ 可以将图像及其数据记录在固态存储装置中，也可以（有选择地）通过吊舱自带的数据链将图像实时传送到地面站，然后采用数字图像融合处理技术获得中远程图像。

RecceLite 侦察吊舱是一种机内自冷型多传感器战术侦察吊舱系统，借鉴了 LITENING 瞄准/导航吊舱的经验，内部设计有多个轻型和紧凑的模块结构，具有昼夜侦察能力。如图 11-3 所示，主要包括：

① 透射式光学系统。包括 CCD 可见光电视成像系统和焦平面阵列前视红外系统，采集的图像可显示在飞行员头盔瞄准/显示系统上。

② 数字视频/图像处理分系统。

③ 固态记录分系统，并可以将图像直接传输到地面站。

④ 战术数字数据链传输分系统。

⑤ 多用途地面站。

可见光光学系统是一个高分辨率数字摄像系统，由 4 兆像素的焦平面阵列探测器和高倍

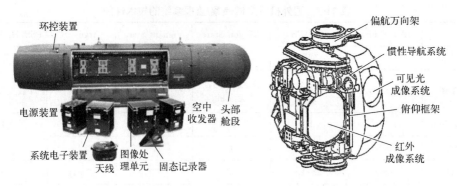

图 11-3 RecceLite 机载侦察吊舱

(a) 侦察吊舱组成单元   (b) 头部舱段基本组成单元

率变焦物镜组成。红外光学系统采用高分辨率第三代 InSb 焦平面阵列（FPA）探测器。表 11-3 列出了主要光学技术性能。

表 11-3 RecceLite 吊舱技术性能

参数		指标
可见光摄像系统		
FPA CCD 探测器	像素数	2000×2000
	像素尺寸/μm	7.4×7.4
光谱范围/μm		0.4～0.8
最高帧频/(帧/s)		15
焦距范围/mm		42～270
F 数		3.2
视场范围 /(°)	窄视场	3.2×3.2
	中视场	7.1×7.1
	宽视场	20.5×20.5
红外成像系统		
探测器类型		InSb FPA 探测器
探测器像元数		640×512
光谱范围/μm		3～5
制冷方式		线性斯特林
视场范围 /(°)	窄视场	0.7×0.9
	中视场	2.8×3.7
	宽视场	18×24
视频输出		RS170/CCIR 可选
吊舱系统	总长度/m	2.18
	直径/cm	40.6
	重量/kg	215

实际上，由于 RecceLite 侦察吊舱的模块结构是一种以 LITENING 瞄准吊舱为基础设计的机内自冷型多传感器战术侦察系统，与飞机接口相同，可以方便地安装在各种飞机上，

非常方便配置，因而节省了研制成本和投入使用的时间。

（2）美国猛禽"RAPTOR"机载侦察吊舱

20 世纪 90 年代初期，雷神公司对航空侦察相机用户进行的调查研究表明，照相胶片既不能支持 24h 全天候侦察任务，也不可能支持从现代信息收集到快速交付给作战人员所需的时间要求；从保护环境考虑，利用全电子系统代替和淘汰湿胶片的化学处理/处置工作势在必行；另外，为了搜集情报，多数情况下采用战时/高威胁环境方式飞越其它国家领空是不太可能的，必须采用远距离防区外（高空长焦距光学系统）方式获取图像资料。

1995～1997 年，美国雷神公司成功研制出一种高分辨率、多功能和双波段（可见光近红外和中波红外）航空侦察系统 DB-110，并首次安装在 Goodrich 公司研制的吊舱中，应用于波兰空军的 F-16 战斗机上，因此，有资料称为"Goodrich 公司研制的 DB-110 侦察吊舱"；此后，配装于英国皇家空军"狂风"战斗机的"猛禽"（RAPTOR）侦察吊舱中，红外光学系统作用距离最远可达 36km，可见光系统作用距离达 72km，也有资料称为"猛禽DB-110 侦察吊舱"，如图 11-4 所示。

(a) RAPTOR机载外挂侦察吊舱

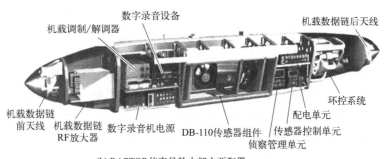

(b) RAPTOR侦察吊舱内部主要配置

图 11-4　RAPTOR 机载侦察吊舱

RAPTOR 机载侦察吊舱先后装备在诸如"狂风"战斗机、F-111、F-4、P-3、F-15/16等机载侦察飞机上，并陆续被英国空军（RAF）和日本海上自卫队（JMSDF）装备，也开始装备在无人机（UAV）"捕食者-B"上。

RAPTOR 侦察吊舱的核心装置是雷神公司研制的 DB-110 航空侦察相机，DB 是"Dual-Band"双波段缩写，110 代表光学系统焦距 110in，如图 11-5 所示。

RAPTOR 侦察吊舱是一种新型双波段侦察系统，同时设计有可见光近红外（0.4～1.0μm）和中波红外光（3～5μm）成像系统，原型产品设计有 4 组光学系统：一组长焦距/双波段共光路光学系统以摆扫全景成像方式工作，另外三组短焦距光学系统采用推扫与分幅方式成像。改进型产品增加了一组超短焦距（63.5mm）即超宽视场的中波红外光学系统，

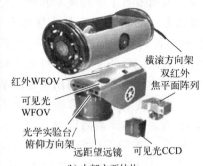

(a) 外形整体结构　　　　　　(b) 内部主要结构

图 11-5　DB-110 航空侦察相机

因此，在低于 1000ft（304.8m）高度也能获得高质量的飞行图像。另外，由于具有可供选择的远距离和近距离侦察模式，因而无论白天黑夜或者低、中和高空都能确保完成各项侦察任务。

该系统使用数码相机拍摄大面积地域的高分辨率图像，并利用软件分析数字图像，而不是依靠人工判读照片；利用红外系统记录飞机飞行路径地面上的物体；既可以用机载存储设备记录大量数据，又能实时提供昼夜侦察、瞄准和战场毁伤评估信息，并将详细数据实时传送给地面站的图像分析人员，同时，飞行员还可以通过座舱显示器观察拍摄到的信息（飞机以 900km/h 速度飞行）。

归纳起来，RAPTOR 侦察吊舱的特点是：

① 采用两轴陀螺稳定平台技术，视轴稳定精度可达亚像素级；高精度的视轴稳定使光电传感器具有最佳曝光时间，实现图像信噪比最大化，有较强的弱对比度目标探测和透雾探测能力。

② 采用可见光传感器"扫描"和红外传感器"步进凝视"组合摆扫的成像方式。

③ 可见光成像系统选择 5120×64 元阵列分段延时积分硅 CCD 探测器，像元尺寸 $10\mu m$。在扫描方向通过调节 TDI 等级，获得大动态和高信噪比侦察图像。

④ 中波红外系统选择制冷型 640×512 像元 InSb 焦平面（FPA）传感器，像元尺寸 $25\mu m$。通过可变积分时间和宽频数字信号获得高动态红外图像和弱小目标探测。

⑤ DB-110 侦察相机光学系统包括一个共孔径卡式反射望远镜，分束镜将可见近红外光与中波红外光分离，可见近红外光（TV/NIR）摄像系统（线阵/面阵 CCD 探测器）和中波红外（MWIR）成像系统（锑化铟探测器）分别设计有远距光学系统和近距光学系统（即长/短两种焦距），对应的光学系统将分离后的光束分别成像在可见近红外和中波红外焦平面上。近距望远系统（16in 的可见光系统和 14in 的中波红外光系统）设计在远距望远系统（110in 的可见光系统和 55in 的中波红外光系统）背面，工作时，可根据需要选择远距或近距系统。横滚框架能够将 DB-110 侦察系统旋转 180°，使所需要的光学系统通过飞机窗口直接指向地面。

可见近红外光和中波红外光学系统有三种组合形式，包含五组焦距（如表 11-4 所列）：长焦距（焦距 2794mm）可见近红外光窄视场光学系统与长焦距（焦距 1379mm）中波红外窄视场（辅助）光学系统。

a. 短焦距（焦距 406.4mm）可见近红外光宽视场光学系统与中焦距（焦距 355.6mm）中波红外宽视场光学系统。

b. 短焦距（焦距 63.5mm）中波红外超宽视场光学系统（在第三代 DB-110 侦察相机中）。

其中，二组长焦距光学系统以摆扫方式成像，三组短焦距光学系统采用推扫与分幅方式成像。

表 11-4 光学分系统的焦距

序号	分光学系统		焦距/mm
1	卡塞格林反射式光学系统 （长焦窄视场）	TV/NIR 系统	2794
		MWIR	1397
2	TV/NIR 宽视场光学系统		406.4
3	MWIR 宽视场光学系统		355.6
4	MWIR 超宽视场光学系统		63.5

所有视场的组合光学系统都应用两个相同的焦平面阵列以及双波段窄视场望远镜系统实现广域侦察监视和目标识别定位：广域搜集、点目标和体目标跟踪，其中可见近红外光波段是通过传感器连续扫描形成大覆盖面积的图像，红外波段则是通过步进凝视和传统扫描相结合的方式形成大面积连续覆盖区域图像。

⑥ 侦察过程中，通过稳定平台横滚轴和俯仰镜摆扫运动实现方位（垂直航向）180°、俯仰（沿航向）±20°宽域扫描成像。

图 11-6 是英国空军旋风式飞机（TORNADO）"猛禽"侦察吊舱拍摄的（白天）可见光和（夜间）红外光图像。

(a) 可见光近红外(白天)图像　　　　(b) 中波红外(夜间)图像

图 11-6 RAPTOR 侦察吊舱拍摄的图像

RAPTOR 侦察吊舱是按照摆摇镜头扫描方式工作，即可见近红外光系统使用线阵列形成连续"扫描"，而红外系统使用两个焦平面阵列"步进凝视"相组合的摆扫成像方式工作，搜集每一帧红外图像，如图 11-7 所示。曝光期间，面阵列对单个地面区域进行聚焦（保持不动）；信号累积期间，利用回扫反射镜保持瞄准线稳定。一旦完成曝光，焦平面阵列则对准下一处地面位置进行摄影，且与前一次曝光有少量重叠，从而完成对地面目标的连续覆盖。

RAPTOR 侦察吊舱工作过程中，横滚框架提供扫描运动，而俯仰框架控制向前运动补偿（FMC）。侦察吊舱垂直于飞行航迹扫描地面景物，并通过稳定平台横滚轴和俯仰轴摆扫运动，使其视界角从一侧地平线运动到另一侧地平线，实现方位（垂直航向）180°和俯仰（沿航向）±20°的宽覆盖范围成像。为了使扫描效率最大，该系统采用双向成像，即从飞机航迹到地平线向外扫描以及返回扫描两个方向同时搜集图像。

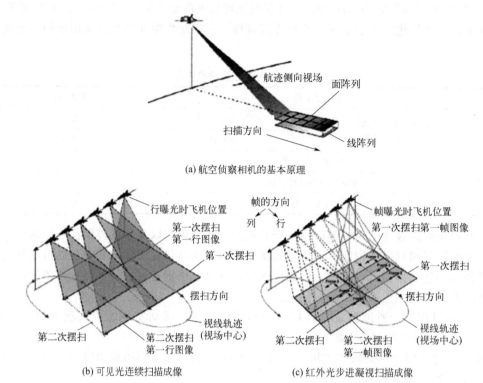

(a) 航空侦察相机的基本原理

(b) 可见光连续扫描成像

(c) 红外光步进凝视扫描成像

图 11-7　RAPTOR 侦察吊舱成像原理

RAPTOR 侦察吊舱的光学分辨率可达 0.2～1m（点测量模式：分辨率为 0.33m；广域搜索模式：分辨率为 1m）；升限高度约为 19.8km；24h 工作，测量图像信息覆盖范围 40000 平方海里。

表 11-5 列出 RAPTOR 侦察吊舱的光学性能。

表 11-5　RAPTOR 侦察吊舱光学性能

参数	可见光/NIR 系统	红外系统
焦距/mm	2794/406.4	1397/355.6/63.5
F 数	10	5
光谱范围/μm	0.4～1	3～5
单帧视场角/(°)	1.05×1.05	1.05×1.05
探测器类型	线阵	面阵
焦平面类型/像元数	硅 CCD 5120×64 分段延时积分	锑化铟（两个焦平面阵列，每个 512×484)
像元尺寸/μm	10×10	25×25
数字化/bit	10	12
最大帧速率/(帧/s)	2.5	2.5
成像稳定性	—	回扫反射镜
最大作用距离/km	72	36
工作模式	摇镜头扫描	
重叠区域	可选择(0～100%)	

参数		可见光/NIR 系统	红外系统
视界角 /(°)	沿航迹	±20	
	航迹测向	180	
飞行高度/km		3.03～24.38	
重量/kg		140	—
外形尺寸/mm		1270(L)×φ470	
载机		黄蜂侦察机	

（3）国内某型机载综合光电监视侦察吊舱

20 世纪 70 年代，在歼侦-6 型飞机（仿制米格-19）上，成功研制出机载高空、中低空红外侦察相机。

20 世纪 70 年代末，利用单元 PbS 红外探测器研制成功二甲型红外观察仪（920B，920C），并装备歼六丙飞机，工作波段 1～3μm，半导体制冷，具有 φ20°视场，作用距离 6～8km。

20 世纪 80 年代初期，采用单元 PbS 红外探测器成功研制出机载红外方位仪（773G），作用距离 10km。主要性能：光学系统视场 φ6°；搜索视场：方位±25°，俯仰±9°。

20 世纪 80～90 年代，我国航空工业有了突飞猛进的发展，研发出大量具有新一代性能的先进飞机，例如歼-8、歼-10 和歼-20 等，一些先进的光电技术开始应用于航空领域。

1987 年，成功研制出歼侦-8 型（又称歼侦-8R）侦察飞机（如图 11-8 所示），替代了歼侦-6 飞机，配备了我国第一代航空侦察吊舱（加装了美国仙童公司研制的 KA-112A 长焦距航空相机）和孔径雷达，能够在 2 倍声速（2.24 马赫）和 18000m 高度从外挂吊舱的两个窗口进行全景照相侦察，具有很强的可见光照相侦察能力，成像清晰度达到当时世界最高水平。飞行高度达

图 11-8　国产歼侦-8 型侦察机

1.78 万米，最远侦察距离 500km，进一步为空军提供高海拔（9500～15000m）和高速度（照相速度适应 900～1593km/h）条件下的侦察/监视能力，主要技术性能列在表 11-6 中。

表 11-6　歼侦-8 型侦察吊舱技术性能

参数		指标
照相胶片	胶卷长度/m	610(550 张照片)
	一张照片视场/(°)	3.5×30
	一次照相覆盖范围/km	160(宽)×640(长)
分辨能力/km	分辨坦克型号	35
	分辨中小型飞机型号	68
	分辨大型飞机型号	139

20 世纪 90 年代后，开始研发近红外 CCD 数码相机（0.6～0.9μm）和中波红外成像系统（3.7～4.8μm）组成的综合光电监视/侦察吊舱，由光机组件、电子组件和电源组件组

成，如图 11-9 所示。

(a) 光机组件   (b) 电子组件   (c) 电源组件

图 11-9 机载综合光电侦察吊舱

机载侦察吊舱光学系统由前视红外分系统和电视成像分系统组成，通常不会设计有激光测距/照射系统。

图 11-10 是机载侦察吊舱光学系统的工作原理。

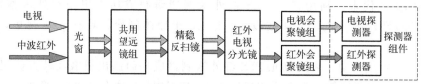

图 11-10 侦察吊舱光学系统工作原理

机载侦察吊舱光学系统工作原理：光窗能够透射中波红外和可见近红外光双光谱光波，同时保护后面光学系统免受大气有害成分的侵害；采用二次成像技术，共用望远镜组［反射式或折/反射式，如图 11-11(a) 所示］将大孔径入射光束压窄，并以平行光束出射，以实现后续精稳、反扫及分光，如果需要，还可以实现变倍（或变焦），如图 11-11(b) 和图 11-11(c) 所示；精稳反扫镜完成横滚、俯仰方向高精度稳定控制以及横滚方向反向扫描，分光镜透射 $3 \sim 5 \mu m$ 中波红外光束和反射 $0.4 \sim 0.9 \mu m$ 可见近红外光束，并分别传输到中波红外成像系统和可见光/近红外电视成像系统。

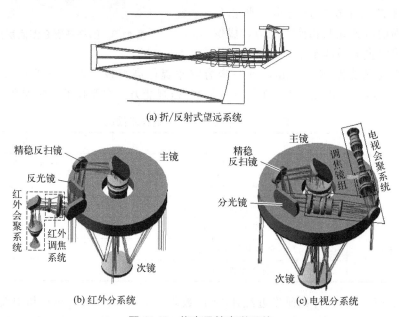

(a) 折/反射式望远系统

(b) 红外分系统   (c) 电视分系统

图 11-11 侦察吊舱光学系统

机载综合光电侦察吊舱技术性能列在表 11-7 中。

表 11-7　机载综合光电侦察吊舱技术性能

参数		指标
吊舱系统		
入瞳直径/mm		250
视场(航向×翼展方向)/(°)		0.80×0.64 通过回扫反射镜实现翼展方向 1.0
共用望远系统放大倍率		9
物距范围/km		3～∞
畸变		±1.5%
杂光系数		≤3%
红外分系统		
波长范围/μm		3.7～4.8
探测器阵列尺寸(像元数)		1280×1024
像元尺寸/μm		15
探测器 F 数		5.5
光学系统焦距/mm		1375
光学系统透过率		≥0.45
光学传递函数(26lp/mm)	中心视场	≥0.23
	全视场	≥0.07
温度范围/℃		−55～+70
冷光阑效率		100%
冷反射		无
电视分系统		
波长范围/μm		0.6～0.9
CCD 探测器尺寸(像元数)		3840×3072
像元尺寸/μm		5.5
光学系统焦距/mm		1512
光学系统透过率		≥0.45
光学传递函数(全视场,91lp/mm)		≥0.2
工作温度范围/℃		−55～+70

2001 年，海军航空工程学院设计了一种小型化折反射式 CCD 航空侦察系统，表 11-8 列出其技术性能。

表 11-8　折反射式 CCD 航空侦察系统技术性能

参数	指标
光学系统焦距/mm	2400
相对孔径	1：10
视场/(°)	φ9.5
探测器类型	线阵 TDI CCD

参数	指标
总像元数	20000
像素尺寸/μm	10×10
像素分辨率(摄像距离:120km)/m	0.5

11.1.2.3　机载侦察吊舱的未来发展

军费开支有限和飞行员安全等问题使有人驾驶专用侦察飞机越来越少，除了采用无人侦察飞机外，在战斗机、攻击机和轰炸机上加装侦察吊舱，兼顾执行侦察任务，已经得到广泛采用。未来机载侦察吊舱的发展，主要集中在以下方面：

① 集成化战术侦察吊舱。

为满足作战任务需求，集成跟踪/瞄准、监视和侦察于一体的机载吊舱会得到更广泛应用；需要时执行侦察任务，作战时携带武器，而不影响战机的作战性能。例如，若在光电瞄准吊舱中增加图像传输舱段，配备数字化存储系统和数据链系统，就可以实时传输信息，起到侦察吊舱的作用。

② 无人机侦察吊舱具有重量轻、结构简单、成本低、使用安全方便和战场生存能力强、昼夜连续侦察监视等优点，就执行侦察任务考虑，无人机侦察吊舱将是未来的发展重点。

图 11-12 是为无人机设计的一种小型面阵 CMOS 式侦察吊舱相机结构。CMOS 探测器尺寸：36mm×24mm；像素尺寸：$7.2\mu m \times 7.2\mu m$；有效像素数目：4992×3328 元。

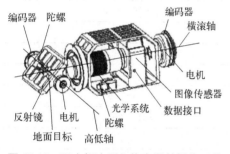

图 11-12　无人机小型化侦察吊舱摄像系统

这种小型侦察吊舱摄像系统是一种步进画幅式航空相机。有两种工作方式：固定角度（包括垂直向下、左侧倾斜和右侧倾斜）拍摄和一定范围内的步进摆扫拍摄。

垂直向下拍摄是光学系统光轴固定并垂直于地面进行拍摄。其前向像移取决于飞行速度 V、光学系统焦距 f'、曝光时间 t 和拍摄高度 H。

倾斜拍照是相对于垂直向下拍照而言，优点是：

a. 不仅能显示目标的侧面形状，还能直接显示地形地物的高低起伏。

b. 在相同的飞行高度下，拍摄面积比垂直向下拍照大。

c. 拍摄时无须通过目标正上方，具有良好隐身效果，有利于任务完成。

步进摆扫拍摄是相对于固定角度拍摄而言。由于光学系统可以旋转，相当于扩大了观察范围或拍摄视场，因而拍摄目标范围更宽。

光学系统的摆扫轴与飞机飞行方向平行，摆扫方向与无人机飞行方向垂直。横滚电机带动光学系统绕着摆扫轴转动扫描。安装在相机内的反射镜、成像系统和 CMOS 图像探测器随着转动，地面景物通过扫描反射镜和光学镜头成像在 CMOS 图像探测器上，从不同角度完成对地面角度拍照。在某个角度进行拍照时，设置适当的拍照周期，实现相邻两次成像期间的一定重叠率，并将拍摄的照片/视频存储在图像存储器中。

③ 多光谱/超光谱成像型侦察吊舱。

多光谱（可见光/红外/激光）和超光谱成像技术是利用目标与背景杂波之间的固有光谱

差别成像，具有更细的分辨能力，更好的反伪装、反隐身和反欺骗能力。多光谱或者超光谱航空相机对于沿海/沿岸的空中侦察十分有效。

美国将机载超光谱成像系统首先安装在"捕食者"和"先驱"无人机上，并为海军EP-3飞机设计具有远距离大范围探测能力的自指示长波红外超光谱成像系统（HISTAR），希望与APY-6合成孔径雷达组合使用。

④ 从军用光学系统设计角度，偏重于全天候长焦距系统，将广域搜索（战场监视）与目标定位（实时跟踪）能力相结合。

一般情况下，红外搜索/侦察系统要求具有宽视场以覆盖大面积区域，又要求具有高分辨率以清晰识别目标。为解决二者矛盾，通常是设计两个视场进行转换：低分辨率宽视场和高分辨率窄视场。其缺点是选用窄视场时会失去态势感知，丢失目标。

为了克服这种缺点，加拿大国防研究与发展中心（DRDC）采用一种机载高分辨率红外成像步进凝视技术以提高机载搜索/侦察效率，保证机载搜索/侦察系统可以指向宽视场中的任何地方，并通过对窄视场摄像进行步进凝视（获得高分辨率图像）以及对所产生的图像进行正确拼接。由于是从不同位置和方向获得的所有图像构成，因而可以快速构成大覆盖面积的高分辨率的嵌接图像，达到既覆盖宽视场场景又具有窄视场高分辨率的目的。

11.1.3 机载光电瞄准吊舱

光电瞄准吊舱的主要作用是执行侦察、监视、瞄准任务或对特定区域进行搜索，发现目标后进行跟踪，通过激光照射引导制导武器精准打击目标，之后用于毁伤效果评估。一些吊舱还可用于非传统情报收集、监视、侦察和目标捕获（NT-ISTAR），能获得袭击前的监视视频，检查简易爆炸装置（IED），以及跟踪诸如飞机、舰船或车辆等目标，并为友机和/或地面部队传输这些信息，在对地侦察和打击任务方面起着极重要作用。

按照 GJB 3572—99《瞄准吊舱通用规范》，光电瞄准吊舱包括以下分系统：

① 前视红外成像分系统。

② 电视摄像分系统。

③ 激光测/照分系统。

④ 视频跟踪分系统。

⑤ 图像处理分系统。

⑥ 中央控制计算机分系统。

⑦ 稳定平台/伺服分系统。

⑧ 环境控制分系统。

⑨ 电源分系统。

应具有下列功能：

① 激光测距。

② 激光照射。

③ 激光光斑跟踪。

④ 电视成像。

⑤ 前视红外成像。

⑥ 提供瞄准线信息。

⑦ 自动/手动/从动搜索。

⑧ 自动/手动/从动跟踪。

⑨ 其它。

机载光电瞄准吊舱分为吊舱型和转塔型两种结构,俗称"大吊舱"和"小吊舱",分别应用于战斗机/轰炸机和运输机(高机动性飞机,体积大,重量重)以及直升机和无人机,如图11-13所示。一般外挂于机身,既增加系统使用灵活性和适应性,也能提高系统技术性能(例如视场范围),从而保证在各种飞行状态下都能完成探测、跟踪和攻击任务。

(a) WMD-7型光电瞄准吊舱

(b) 转塔型光电瞄准吊舱

(c) 小型昼夜型光电吊舱(无人机)

图 11-13 机载瞄准光电吊舱

按照工作任务,机载吊舱分为:武器吊舱(包括机炮吊舱和航箭吊舱)、光电瞄准吊舱(包括侦察/探测/瞄准)、电子干扰/情报吊舱、火控吊舱和后勤辅助吊舱(例如加油吊舱)。本节主要介绍光电瞄准吊舱。

11.2

光电瞄准吊舱类型

根据不同的技术要求,国军标 GJB 3572—99 将光电瞄准吊舱分为不同类型。

① 按照作战时间，分为白天型和昼夜型吊舱。前者适合白天简单气象条件下作战，后者适于白天和夜间有限复杂气象条件下作战使用。

② 按照传感器组合类型，分为单传感器和多传感器型吊舱。前者仅装备一种传感器（例如前视红外吊舱），后者装备两种以上传感器（电视/激光、红外/激光或者电视/激光/红外等）。

③ 按照功能，分为激光跟踪吊舱（跟踪其它激光照射器照射在目标上的编码激光光斑）、激光照射吊舱（引导激光制导武器）、前视红外成像吊舱（引导红外制导武器）和前视红外成像/激光照射吊舱（兼具激光照射和前视红外成像功能）。

④ 根据载机平台，光电瞄准吊舱又分为：

a. 固定翼作战飞机光电瞄准吊舱，体积大，质量重，俗称"大吊舱"。

b. 直升机光电瞄准吊舱，体积和质量较小，俗称"小吊舱"。

c. 无人机光电瞄准吊舱，对小型化和轻型化要求更严格。

下面分别介绍固定翼作战飞机、直升机和无人机光电瞄准吊舱。

11.2.1 固定翼作战飞机的光电瞄准吊舱

由于外形尺寸较大，固定翼作战飞机的光电瞄准吊舱俗称为"大吊舱"，主要应用于歼击机和轰炸机（当然，也可以使用"小吊舱"）。

最具代表性的光电瞄准吊舱包括：

① 法国 Thales 公司研发的白天型自动跟踪激光集成系统（automatic tracking and laser integration system，ATLIS）吊舱。

② Lockheed Martin 公司研发的"蓝天"型夜间红外低空导航和瞄准（low-altitude navigation and targeting infrared for night，LANTIRN）系统。

③ 以色列拉斐尔公司（Rafael）与美国 Northrop Grumman 公司联合研制的 LITENING 吊舱（一些资料译为"莱特宁"）。

④ 美国雷神公司（Raytheon）研发的高级瞄准前视红外系统（advanced targeting forward-looking infrared，ATFLIR）吊舱。

⑤ Lockheed Martin 公司研发的"狙击手"（Sniper）高级瞄准系统吊舱（advanced targeting pod，ATP）。

⑥ F-35 飞机的光电瞄准系统（electron-optical targeting system，EOTS）吊舱。

11.2.1.1 自动跟踪激光测照集成吊舱

20 世纪 70~80 年代初，法国 Thales 公司（1974 年，美国 Martin Marietta 公司与法国 Thomson-CSF 公司开始合作研制，1998 年，Thomson-CSF 公司合并到 Thales 公司）研发成功白天型自动跟踪激光集成系统（ATLIS）吊舱，是一种白天型空-地激光指示吊舱，主要装备法国"美洲虎"A 攻击机、幻影 2000D 战斗机、"超军旗"舰载攻击机和 F-16A/B 战斗机，如图 11-14 所示。

（1）ATLIS 吊舱组成

ATLIS 吊舱用于白天探测、识别和自动跟踪地面目标和物体，同时具有对地精确

图 11-14　F-16 飞机装备的 ATLIS 吊舱

武器制导与攻击能力。

ATLIS-Ⅱ型光电瞄准吊舱长 2.5m，直径 30cm，重量 130kg，如图 11-15 所示。

其结构包括四个舱段：

① 头部舱段：包括用于稳定瞄准线的万向支架组件、光电系统［可见光/近红外 TV 摄像系统、激光测距机/指示仪（LRF/D）和四象限激光跟踪器］。

② 电子舱段：包括电子装置组件、跟踪器、计算机和伺服电子装置。

③ 电源舱段：包括吊舱电源和激光电源。

④ 尾部舱段：包括吊舱环境控制和液体冷却装置。

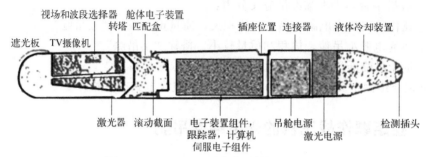

图 11-15　ATLIS-Ⅱ型瞄准吊舱的总体结构

主要包括以下光电设备：

① 电视摄像系统，采用高分辨率硅光导电荷耦合器件（CCD）。

② 由四象限激光寻的器组成的激光光斑跟踪器。

③ 采用对比度和区域相关跟踪方式的视频跟踪器。

④ TMY83 激光目标指示器/测距器。

⑤ 陀螺稳定的万向支架光学装置，有效通光孔径 $\phi91$mm，视场 0.5°～6°，12 级可调。

⑥ 辅助电子装置和座舱操纵装置。

（2）ATLIS 瞄准吊舱光学系统

ATLIS 瞄准吊舱光学系统是一个双波段（扩展到近红外光谱区的可见光波段和激光波段）双视场（1°×1°和 6°×6°）光学系统，如图 11-16 所示。为了对攻击目标进行精准跟踪和激光指示，激光系统与可见近红外光成像系统的视轴必须精确对准。该光学系统由以下部分组成：

① 多功能共孔径物镜。由三个光学透镜元件组成，是 TV 摄像系统、激光测距/指示系统和激光光斑跟踪器的共孔径物镜。

② 分光镜。将可见近红外光摄像系统的工作波长（0.55～0.9μm）与激光测距/指示系统的工作波长（1.064μm）分开，透射可见近红外光/反射激光束。

③ 可见近红外光束透过分光镜后，再次被分束镜分为两束：一束为窄视场系统，另一束为宽视场光束，变倍系统分别由两块透镜和四块透镜组成，并利用一组双反射镜（或者梯形棱镜）切换视场。

④ 激光测距/指示器的发射光学系统与接收系统采用共孔径倒置伽利略望远系统结构；经过再次分束后，激光接收系统和激光光斑追踪系统分别设计为望远物镜型成像系统。

⑤ TV 摄像/激光系统设计有热校靶装置，通过内部校靶，保证电视系统与激光系统具有良好的光轴一致性，如图 11-17 所示。

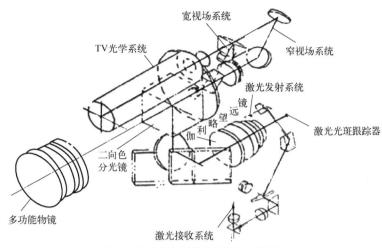

图 11-16　ATLIS 瞄准吊舱光学系统

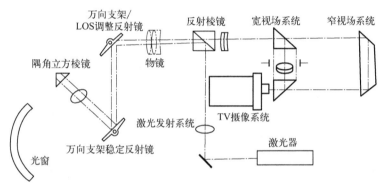

图 11-17　ATLIS 吊舱内的电视/激光热校靶系统

（3）ATLIS 吊舱的光学性能

ATLIS 吊舱采用由三轴陀螺和万向支架组成的陀螺稳定共用反射镜结构接收伺服指令并完成＋15°～＋160°的俯仰扫描，装备有各种光学系统的头部安装在稳定的隔振光学平台上，接收伺服跟踪指令，绕着纵轴完成横滚运动，并与俯仰运动一起实现系统的跟踪功能。通过控制棱镜组件切断 TV 摄像系统的窄视场实现宽/窄视场变换以及控制 TV 摄像管处的照度。

ATLIS 瞄准吊舱的主要光学性能列在表 11-9 中。

表 11-9　ATLIS 吊舱的主要光学性能

参数			指标
工作波长/μm	电视摄像系统	可见光	0.55～0.7
		近红外	0.7～0.9
	LLRF/D 系统	激光	1.064
电视摄像系统	型号		硅光导摄像机
	视场/(°)	宽视场	6×6
		窄视场	1×1

参数			指标
激光测距/指示系统	激光器	型号	TMY83
		工作物质	Nd:YAG
	激光跟踪器		四象限激光二极管
	发射系统	输出功率/mW	5
		脉宽/ns	20
		频率/脉冲/s(可调)	10～20
	接收系统	接收器	雪崩光电二极管
		视场/mrad	1
	作用距离/km		16
	测距精度/m		±5(最佳测距精度达到1m)
	整机重量/kg		10.5

（4）ATLIS 吊舱的进一步改进

尽管 ATLIS 吊舱解决了飞行员白天作战的远距离目标识别问题，但并不具备全天候作战能力。现代战争通常是在昼夜和全天时条件下连续进行，若仅适合白天和良好气象条件下作战，其作战时间十分有限，作战效能较低，飞机大部分时间处于停机状态。

1978 年，美军根据中欧地区的气候特点以及未来战争双方都会充分利用夜间和复杂气象条件掩护军事行动的战略需求，提出了研发夜间红外低空导航和瞄准系统的设想，要求提供昼夜和恶劣气候条件下的全天候作战能力，增加了红外成像系统，改善了低照度（如黄昏、黎明和雨后）和湿热条件下的性能。实践表明：

① 装有前视红外系统的战斗机出勤率提高 2～2.5 倍，每月不能出勤的天数由原来的 14 天减少为 5 天，生存能力提高 3～6 倍。

② 与白天型瞄准吊舱相比，低空导航和瞄准吊舱使飞机的平均日作战时间由 4～5h 增至 21h 左右。

③ 精确制导使命中率提高 3～4 倍。

④ 全被动探测系统，不受地面和海面杂波的干扰，具有良好的低空探测性能，与雷达相比，具有更好的隐身效果。

Thales 公司采用 TRT 公司（法国电话与无线电通信公司）的前视红外系统，通过改进 ATLIS 吊舱，研发出可更换型激光指示吊舱（convertible laser designator pod，CLDP），集成有可见光电视摄像系统和长波红外成像系统，适合于昼夜作战和探测，并与 ATLIS 吊舱共有一个可互换的头部，因此，在机场（约 2h）就可以完成与上述白天型吊舱的头部互换。

11.2.1.2 红外低空导航和瞄准吊舱

1980 年，为使美国空军战术飞机能够在夜间和恶劣气象条件下执行近距空中支援任务，美国 Lockheed Martin 公司研发成功先进的夜间红外低空导航和瞄准（low-altitude navigation and targeting infrared for night，LANTIRN）系统，俗称"蓝天"吊舱。

"蓝天"吊舱不仅为美国主战飞机 F-15E 和 F-16C/D 提供了夜间导航和瞄准能力，而且可以全天候精确使用激光制导武器进行攻击，是一种具有综合导航和目标指示功能的吊舱。

"蓝天"吊舱由两个吊舱组成（参考图 11-1）：AN/AAQ-13 导航吊舱（专用于昼夜即恶

劣气候条件下的低空导航）和 AN/AAQ-14 瞄准吊舱（用于捕获、跟踪和识别多目标）。瞄准吊舱和导航吊舱中 FLIR 传感器的视频图像分别显示在多功能显示器和平视瞄准/显示系统上。

"蓝天"吊舱系统安装在 F-16 飞机发动机进气口下方；在 A-10 飞机中，则把该系统的两个吊舱分别安装在左机翼和右机翼之下的两个存放台上，二者一起或单独完成作战任务，互不干扰。

"蓝天"瞄准吊舱主要突出夜间作战和对地攻击能力，尤其是对地攻击过程中空地导弹的自动投放，因此，没有设计可见光摄像系统，只有前视红外成像系统和激光测距/照射系统。作战中，利用激光照射目标并提供红外实时图像，保证昼夜间都具有目标捕获能力，引导激光制导炸弹精准攻击，极大增强了飞机在持续变化的战争环境下主动分辨和攻击运动目标的能力。

前面已经介绍过导航吊舱 AAQ-13，下面重点介绍 AN/AAQ-14 瞄准吊舱。

(1) AN/AAQ-14 瞄准吊舱组成

AN/AAQ-14 瞄准吊舱是由头部系统、激光测/照系统 [1.06μm 波长激光用于测距照射，1.54μm 波长（眼睛安全）激光用于训练]、中央电子装置、吊舱控制计算机、导弹校靶相关器、目标识别器、环境控制装置和电源等 8 个外场可更换组件组成的，如图 11-18 所示。

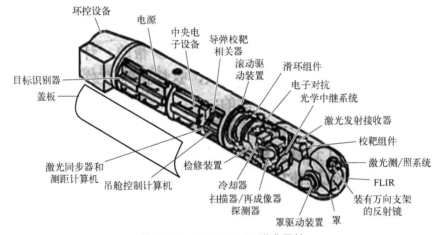

图 11-18　AN/AAQ-14 瞄准吊舱

AN/AAQ-14 瞄准吊舱包括四个舱段：

① 头部舱段。包括红外窗口和整流罩、稳定反射镜/万向架组件、中继光学系统和变视场光学系统、激光发射/接收系统以及前视红外/激光校靶模块。

LANTIRN 瞄准吊舱的光学系统由双视场前视红外成像系统和激光测距/照射系统组成，与衍射光学平视瞄准/显示系统和驾驶员头盔瞄准/显示系统交联，允许飞机在夜间和恶劣气象条件下超低空飞行。该吊舱强调对地攻击中空地导弹的自动投放，飞行员头盔瞄准/显示系统随其头部转动寻找对准目标时，前视红外系统同步转动，获取实时瞄准攻击效果。使用各种精确制导武器攻击地面目标，最高瞄准精度 0.9m，极大提高了战斗效能。

a. 前视红外系统是一个双视场（宽视场 $\phi6°$ 和窄视场 $\phi1.69°$）光学系统，宽视场用于目标截获，窄视场用于目标识别，与激光测距/照射系统采用分光路结构形式，采用动态校靶概念和解算方法。

双视场前视红外系统安装在两轴转台上，有两种操作模式：宽视场模式截获目标，窄视场模式对目标进行独立放大识别。吊舱不工作时，转台转向内侧，避免将传感器暴露于外界。

前视红外系统获得的数据和图像传输到多功能下视显示器（MFD），飞行员能够远距离进行目标特征识别。

激光测距/目标指示器主要为激光制导炸弹提供照射，同时能够自动跟踪地面移动目标。另外，可以利用激光测距机精确测量本机与一个预定目标（计算机中预置的某一地理坐标）的距离，以更新本机的惯性导航系统（INS），精确地保持其准确度，从而在目标附近没有视觉参考的情况下，投射制导或非制导武器。

b. 整流罩之后，采用稳定反射镜/万向支架组件将前视红外系统与激光测距/发射系统组合，并通过中继光学系统和变焦光学系统将红外传感器组件置于平台之后；而激光发射组件和接收组件以及红外/激光校靶模块置于稳定反射镜/万向支架组件上。

c. 前视红外系统采用电机驱动方法（有别于英国 TIALD 吊舱和以色列 LITENING 吊舱）消除像旋转，保证图像的正立性。

d. 激光系统与红外系统采用动态校靶方法保证光轴的一致性。

e. 整个头部绕横滚轴转动，稳定反射镜作俯仰转动，两种运动都是根据跟踪万向支架的指令信号单独完成。

在计算机控制下，转动万向支架支撑的整流罩可转动前视红外系统的瞄准线。

f. 对于前视红外系统的视频图像，飞行员可以选择：显示在下视多功能显示器或者平视瞄准/显示系统上；还可以传送给自动图像跟踪器、导弹校靶相关器、导弹控制器或者自动目标识别器。

② 横滚舱段。包括前视红外探测器（180 元 HgCdTe）（与导航吊舱红外探测器基本相同）、扫描器、冷却器、点跟踪器和信号调制多路转换器。

③ 中央舱段。包括目标识别器（选装）、电源、导弹校靶相关器、瞄准吊舱控制计算机、激光同步器和测距计算机以及中央电子装置。

④ 后部舱段。环境控制系统控制吊舱内的环境温度。

（2）AN/AAQ-14 瞄准吊舱的功能

① 自动跟踪目标，用于投放激光制导炸弹和常规炸弹。

② 进行激光照射（激光照射器：AN-AVQ25），用于投放激光制导炸弹。作战激光波长 $1.064\mu m$，训练激光波长（人眼安全）$1.54\mu m$。

③ 控制、截获、分类和优选目标。

④ 自动向红外制导导弹传递目标信息。

⑤ 前视红外系统视场：宽视场（$6°×6°$）截获目标；窄视场（$1.69°×1.69°$）识别和跟踪目标。

系统搜索总视场：俯仰，$-150°\sim10°$；偏航，$\pm5°$；横滚，$\pm240°$。

⑥ 吊舱外形尺寸：$\phi380mm×2500mm$ 红外系统有效通光孔径：$\phi202mm$。

⑦ 重量：236kg。

⑧ 瞄准线稳定精度：$50\mu rad$。

⑨ 瞄准线跟踪精度：$\leqslant0.3mrad$。

1984 年，原理样机试验成功。1986 年，批量生产并装备部队。1991 年，实战应用于海湾战争中。

该类型吊舱的优点是，能够在昼夜及恶劣气候条件下工作。由于前视红外系统采用较长红外波长，因此，在有烟雾和灰尘的环境下仍具有较好的探测性能，甚至有在几百英尺低空下进行夜战的能力。另外，依靠目标的温差成像，具有较强的抗干扰能力，可以清楚地将目标图像显示在显示器上，因而，即使关闭灯光也能透过平显观看前视红外图像，与领队机保持彼此目视并跟随飞行。

还应注意，与红外成像系统相比，可见光 TV 系统具有更高的图像分辨率，飞行员更习惯观看可见光 TV 图像，所以，如果在光电瞄准吊舱重量和体积允许的条件下，应尽可能在光电吊舱中同时装备前视红外和可见光 TV 系统。

LANTIRN 吊舱最初为低空飞行任务设计。在海湾战争中发现其探测距离短和使用高度低等缺点，飞行员为了避开肩射地空导弹与高炮火力的威胁，需要在中高空（7500m 以上）飞行，因此，应用受到一定限制。

（3）AN/AAQ-14 瞄准吊舱的改进

20 世纪 90 年代起，对 LANTIRN 吊舱进行改进并开始研发综合型光电瞄准吊舱，包括可见光电视摄像系统、红外成像系统和激光测距/照射系统，不仅具有昼夜观察、探测和识别目标的能力，还具备远距离目标探测和精确引导制导武器攻击目标的能力。

美国 Northrop Grumman 公司对"蓝天"吊舱进行了改进型设计，加装了全球定位系统和惯性导航子系统（GPS/INS），并改进了吊舱作战飞行软件（OFP），用于提高武器系统的管理能力和加强对空目标探测能力，完成激光制导炸弹和常规炸弹的投射任务，通常称为"增程型光电瞄准吊舱"，保证从 12000m 高空（之前是 7500m）也能够完成高精度投弹。

"蓝天"AN/AAQ-14 瞄准吊舱的改进升级分为两步：LANTIRN 2000 型（海军型）和 LANTIRN 2000＋型。

LANTIRN 2000 吊舱有如下改进：

① 采用量子阱工艺技术制造的第三代前视红外凝视型红外探测器。工作波长 8～12μm（或 3～5μm），640×512 像素。大幅度提高了图像分辨率，使目标探测/识别/跟踪距离提高 25％，空中目标的锁定跟踪距离达 32～48km，武器安全投放距离增大了 50％，可靠性提高了 23％。

② 激光测/照系统。

a. 采用双波长（1.064μm 和 1.540μm）二极管泵浦 Nd：YAG 激光器（即"40kft"激光器），分别用于作战和训练。

b. 提高激光发射功率。

c. 缩小激光束发射角，保证投弹精度。

③ 采用更加紧凑和功能更强的增强型计算机系统，体积更小，重量减少一半，电源能耗减少三分之二。

④ 加装惯性导航/全球定位系统（INS/GPS），用于武器系统管理。

⑤ 改进吊舱作战飞行软件（OFP）。

⑥ 加强对空目标探测能力。

⑦ 提高可靠性和模块化设计，吊舱可靠性提高 23％。

⑧ 成本大幅度降低。

LANTIRN 2000＋吊舱进一步完成下列改进：

① 采用可见光 CCD 电视摄像系统、较为先进的图像处理技术和软件以及与前视红外系统图像的融合技术，进一步提高了目标识别和跟踪距离，降低了目标跟踪误差，为飞行员提

供全天候态势感知能力。

② 增加了激光定位跟踪器，改善了目标识别能力。

③ 采用数字记录光盘系统，记录战场毁伤评估状况及侦察情况，提高了系统的侦察能力和作战效果评估。

④ 采用目标自动识别系统，协助飞行员对目标分类，减轻了飞行员的工作负担。

11.2.1.3 激光/红外瞄准与导航吊舱

考虑到瞄准和导航的需求和矛盾，并兼顾到昼夜和空空使用要求，LITENING 吊舱同时具备瞄准和导航功能，使飞行员在昼夜和恶劣天气条件下实施机动和低空飞行，完成定位、识别、跟踪和摧毁目标。

LITENING 光电吊舱系列包括：LITENING-Ⅰ/Ⅱ型、LITENING-ER 型、LITENING-AT 型和 LITENING-G4 型。LITENING-Ⅱ型光电吊舱如图 11-19 所示。

图 11-19 LITENING-Ⅱ 吊舱

LITENING-Ⅱ型光电吊舱分为三部分：前部、中部和尾部。

① 前部，包含以下光学系统，如图 11-20 所示：

图 11-20 LITENING-Ⅱ
吊舱光机系统截面

a. 前视红外成像系统。采用锑化铟凝视型中波红外探测器（其中，Ⅱ型像元数 256×256，AT 型像元数 640×512，G4 型像元数 1024×1024）。

红外光学系统通光孔径 148mm，焦距 180mm。

宽视场 24°×18°，可以通过平视或者头盔瞄准/显示系统观察红外导航信息和目标瞄准信息（或者将目标瞄准信息显示在座舱多功能显示器上），适用于低空夜视飞行。

b. CCD TV 摄像机。有宽、窄两个视场。采用先进的图像处理算法对 CCD 和前视红外图像进行融合，进一步提高目标的捕获距离。在良好能见度条件下，对一个 10m 直径目标的识别距离超过 36km，对 30m 直径的目标识别距离达 108km。

另外，具有多目标搜索提示和空对空目标跟踪能力。

c. 激光测距/照射系统。采用二极管泵浦 Nd:YAG 固体激光器，输出激光能量为 100mJ，双波长工作模式：

波长 1.06μm 的激光系统用于点跟踪，可以在全视场搜索模式下进行离轴激光搜索跟踪，形成空中支援协同作战能力。

波长 1.57μm 的激光系统属于人眼安全波长工作模式，主要用于训练。

d. 激光光点（光斑）探测（laser spot detector，LSD）。

所有光学传感器都安装在双框架四轴陀螺稳定平台上，形成一个结构紧凑的光机组合件，通过万向架、陀螺和加速度计形成具有捷联特性的陀螺稳定系统。

该系统利用高精度陀螺稳像技术隔离载机振动和姿态运动。内置高精度组合惯导组件自动与载机 INS 校准，并通过与光电传感器系统的精准对准实现瞄准线精确指向和定位目标，瞄准线稳定精度优于 $10\mu\mathrm{rad}$。

前部还包括整流罩（或者头罩）系统和相应的横滚驱动系统组成的稳定/跟踪系统。

② 吊舱中部，包括以下分系统：

a. 系统控制电子分系统。

b. FLIR 电子分系统。

c. 伺服电源分系统。

③ 吊舱尾部，包括以下分系统：

a. 电源变换系统（AC/DC）；

b. 环境控制系统。

相关资料表明，整个吊舱光学系统采用分光路布局形式，可见光电视系统、前视红外光学系统和激光测距/照射光学系统分别设计有独立窗口。由于各光学系统均采用无折转元件式直接成像的光学结构，结构紧凑，但整个径向尺寸较大（仅前视红外光学系统的通光孔径就达 148mm），保证三光轴一致性也有难度。

与 ATLIS 吊舱相比，最显著特点是突出了夜视功能。

11.2.1.4　红外成像/激光照射吊舱

1986 年，在美国 LANTIRN 吊舱基础上，英国费伦蒂（Ferranti）公司研制成功热成像机载激光照射（thermal imaging airborne laser designator，TIALD）吊舱，增加了电视成像系统，具备昼夜工作能力，与 LITENING 类似，兼顾了瞄准和导航功能。

1999 年，弗伦蒂（Ferranti）公司与 BAE 系统公司合并，因此，一些资料也称为"BAE 公司研制 TIALD 吊舱"。

TIALD 吊舱由 4 个舱段组成：头部舱段、横滚舱段、电子舱段和尾段。有以下特点：

① 电视摄像系统（$0.5\sim0.9\mu\mathrm{m}$）、长波红外（$8\sim12\mu\mathrm{m}$）和激光测距/照射系统（$1.06\mu\mathrm{m}$）均设计在吊舱头部舱段之内，形成了"费伦蒂稳定反射镜结构"（即双轴稳定反射镜系统），为稳定系统的设计和性能提供了良好基础。

② 电视、红外和激光测距/照射系统采用多波段共孔径结构，头部尺寸和径向尺寸减小。

前视红外系统由视场切换系统、电子变焦系统和别汉棱镜消像旋系统组成，简化了系统设计和装调难度，增强了系统使用的灵活性，具有较好的维修性。

③ 横滚段与电子舱段之间设计有逆升压式涡轮冷却系统以解决吊舱的温度调节问题，满足工作温度的要求。

2003 年，TIALD 吊舱进行改进，研发成功 TIALD-500 系列吊舱，据资料显示，主要表现在以下方面：

① 中波红外系统代替长波红外系统，并采用 BAE 系统公司 384×288 元凝视焦平面阵列红外探测器，使探测、识别和辨认距离约增大 30%～40%。

② 安装了诺斯罗普-格鲁曼公司的 LN-200 惯性测量装置，可以精准提供当地地理位置信息源，并能与其它系统相互协调转换目标信息。

③ 增加对准传递函数，保证飞机从开始机动（包括起飞滑跑）就能自动地使吊舱瞄准

线与飞机平视瞄准/显示系统进行校靶。

11.2.1.5 先进瞄准前视红外吊舱

美国雷神公司（Raytheon）研制的 AN/ASQ-228 型高级瞄准前视红外（ATFLIR）吊舱综合设计有一个采用 3.7～5μm 中波红外、640×512 凝视焦平面阵列的前视红外光学瞄准系统 FLIR，一个 CCD 电视摄像机，一个大功率抽运式半导体激光测距机/目标照射器和一个激光光斑跟踪器，取代了 F/A-18"大黄蜂"和"超级大黄蜂"战机原来装备的三种吊舱——前视红外瞄准吊舱、红外导航吊舱和激光测距/照射吊舱，削减了三分之二的零部件，明显增加了系统可靠性，以半埋形式挂载于战机左侧进气道下方的挂架上，如图 11-21 所示。

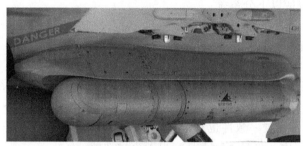

图 11-21 ATFLIR 光电吊舱

ATFLIR 吊舱的主要任务是利用前视红外系统投放激光制导炸弹和空对地导弹，扩展功能包括对非制导武器和全球定位系统（GPS）武器的支持、轰炸损伤评估和空空目标跟踪和确认，真正能够在更高高度和更远距离上成功探测、识别和跟踪目标。探测距离超过 40 海里，激光测距机和目标照射器在超过 50000ft 高度上仍然有效。这一性能提高了飞机的生存能力，使飞行员从远大于防区外距离上就能对目标进行识别和处理。

（1）ATFLIR 吊舱的特点

ATFLIR 吊舱是世界上首台第三代前视红外瞄准系统，显著特点是吊舱内光学传感器采用共孔径光学系统，前视红外、可见光传感器、激光测距/照射器和激光光斑跟踪器安装在同一个陀螺稳定平台上。前视红外中心像素与激光束之间可以实现连续自动校靶，可以从 6.0°宽视场快速切换到 2.8°或 0.7°窄视场。另外，横滚驱动装置可以使吊舱连续 360°横滚而不会出现倒转，并且无需重新截获目标就可以精确实施对地攻击，作战效能得到大幅度提升。导航用前视红外系统安装在载机挂装吊舱的适配器上，如图 11-22 所示。

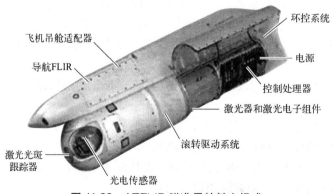

图 11-22 ATFLIR 瞄准吊舱基本组成

稳定平台可连续进行自动校准调整，将红外/可见光与激光测距/目标照射系统瞄准线（LOS）之间的校准误差减至最小，是其性能提高并超过以前各型系统的关键。

与 GPS 机载接收数据相连，向 GPS 制导武器提供目标的地理位置参数，并连续自动瞄准目标，从而准确识别、跟踪和定位空中/地面目标，有效地投放激光制导炸弹和空对地导弹。

目标跟踪器捕获和跟踪地面/空中目标。跟踪器和伺服控制器驱动可见光光电系统（EOSU）和滚动驱动系统，将共用光路的瞄准线对准目标，从而使系统自动对准目标，无须飞行员进行干预。

利用激光光斑跟踪器（LST）跟踪由地面部队和另一架飞机指示的目标，并将信息提供给跟踪器和控制系统，使共用光路自动对准照射光斑。

ATFLIR 吊舱的显著特点是数据链系统能够使地面部队与飞行员共享视频图像，为战斗中的地面进攻部队提供实时态势感知和更新信息的能力，即"非传统情报/监视/侦察"能力，简称 NTISR。

ATFLIR 数据链系统通过射频（RF）数据链将在 F/A-18 战斗机座舱显示器中看到的视频图像传送给地面控制员和指挥员，可以清楚地了解敌方部队以及战场状况，大大提升了发现和攻击敌人的能力，加速战场损坏评估的处理过程。空中指挥员也能快速了解是否击中摧毁目标，以及是否需要再次攻击。

（2）ATFLIR 吊舱的功能和性能

① 可见光传感器、前视红外传感器和激光测距/照射系统共用经自动校准的共孔径光路，具有较高的目标瞄准和导引精度。

② 使用激光光斑跟踪器（LST）跟踪地面部队或友机指示的目标。

③ 作为网络中的节点，可以将跟踪和定位数据传输给其它节点。

④ FLIR 传感器可以缩进吊舱内，免受异物冲撞。

⑤ 工作波长范围。前视红外波长：$3.7 \sim 5.0 \mu m$；电视摄像波长：$0.4 \sim 0.7 \mu m$；激光测距/照射波长：$1.06 \mu m$ 波长用于武器投放，$1.54 \mu m$ 用于人眼安全训练和测距。

⑥ InSb 焦平面阵列（FPA）红外探测器，像元数目 640×512。

⑦ FLIR 视场。宽视场 $\phi 6.0°$，中视场 $\phi 2.8°$，窄视场 $\phi 0.7°$。

⑧ 工作距离。

a. 空中准确识别目标距离 6100m 以上。

b. 空中激光指示、红外和激光目标跟踪距离达 12192m。

c. 在 15.2km 飞行高度对斜距离 75km 的目标进行精确定位和指示，为新型"联合系列"空对地直接攻击弹药、联合防空区外发射弹药提供精准的目标方位。

⑨ 能够进行 360°连续横滚，在无须顾及飞行机动情况下可持续观察敌方威胁并捕获和跟踪地面及空中目标，提高系统生存能力。

⑩ 外形尺寸 $\phi 330mm(13in) \times 1830mm(72in)$。

⑪ 重量 190.5kg（420lb）。

若配装红外搜索与跟踪（IRST）系统（$8 \sim 12 \mu m$ 波长），可以提供高质量远距离目标的跟踪数据，从而弥补 ATFLIR 远程超视距空战能力的不足，进一步提升其空战能力。

11.2.1.6 Sniper-XR 型先进瞄准吊舱

2000 年以后，美国洛克希德-马丁公司研制成功多用途瞄准/导航系统，称为狙击手-XR

（Sniper-XR）型先进瞄准吊舱，出口型命名为"PANTERA"（豹型）精确攻击导航与瞄准吊舱（属于第三代瞄准吊舱）。由高分辨率前视红外、CCD电视摄像机、激光测距/照射器、激光点跟踪器和激光指示器组成，具有对地面和海上目标昼夜精确打击能力，主要装备F-15"鹰"、F-16"战隼"、A-10"雷电Ⅱ"、F-18、B-52、B-1等机种。

Sniper-XR先进瞄准吊舱采用先进的目标瞄准技术和高分辨率图像处理技术，具有夜间作战的低海拔导航能力和红外瞄准能力，使飞行人员在防区外就能对战术级大小目标进行识别，使敌方防空系统失效。同时，可以在喷气式飞机噪声传播的范围之外对目标进行识别，执行城市反游击作战。

Sniper-XR先进瞄准吊舱光机系统具有以下特点：

① 前视红外、电视摄像系统和激光系统采用共孔径光学技术（孔径127mm），容易校靶，避免多孔径光学系统造成视轴误差，充分发挥其最佳性能，同时大大降低校靶成本。与"蓝天（LANTIRN）"吊舱相比，成本降低了40%，可靠性保持率达到98%。

② 将前视中波红外系统、双频激光测距/照射器、白天用CCD电视摄像系统、激光光斑跟踪仪（LST）和激光指示/标识器、视频数据链和数据记录仪等传感器集成在具有6个隔振器的平台上，确保无抖动情况下有效瞄准目标，获得稳定目标图像。

与传统万向架结构的芯轴式稳定平台不同，该吊舱采用光学基座减振设计，有效改善了系统的隔振性能。同时采用自动校准和电子消旋稳像技术，因此，具有较高的视轴稳定性能。

③ 前视中波红外系统采用第三代高分辨率超大规模锑化铟焦平面阵列中波红外探测器（512×640）和微机电扫描装置，具有背景辐射噪声小、双视场（宽视场4°和窄视场1°）和电子变焦能力。

④ 吊舱可连续滚动（360°旋转），俯仰角-155°～+35°。

⑤ 可以通过选择光学变焦或电子变焦方式探测、识别、跟踪和瞄准160km距离之外的固定和活动目标（其目标确认距离为第一代吊舱的2～3倍），从而提供更精准的目标瞄准能力和武器投放能力，实现防区外探测和瞄准。

⑥ 激光光斑跟踪仪还可以利用另一架飞机的激光器进行瞄准，并精准投放炸弹。

⑦ 头部光窗采用独特的楔形结构（平时安装在复合材料的保护罩内），避免了球形头部和空腔结构有可能因气流诱导产生声音振动，特别是在超声速飞行状态下，效果更明显。另外，楔形头部还能部分降低雷达反射截面积，增强飞机的隐身性能，如图11-23所示。

图 11-23 美国 F-16 飞机装备的"狙击手-XR"吊舱

⑧ 加装数据链后，可以将图像信息通过数据链传给地面部队，为其提供战场环境实时信息。

⑨ 平均故障间隔时间预期 662h，使用寿命预期 10000h（或 20 年）。

⑩ 吊舱长度 252cm，直径 30.5cm（11.9in），重量 181kg，包括转接器在内的重量 202kg。

由于研发时间不同，不同国家的机载吊舱系统各具特色，具有不同的技术特征和先进性，但共同点是突出对地攻击和精确制导能力。从白天空地攻击发展到夜间低空突防和对地激光照射的空地攻击，直至具有昼夜对地攻击能力，并兼顾到高湿热气象条件下的作战效果。表 11-10 列出典型瞄准吊舱的技术性能。

表 11-10　国外典型瞄准吊舱的技术性能

项目		LANTIRN（美国）	TIALD（英国）	LITENING（以色列）	ATLIS（法国）	CLDP（法国）
视场/(°)	FLIR	6×6	10×6.7	24.5×18.4，7.2×5.4		12×12
		1.6×1.6	3.6×2.8，1.8×1.1，0.9×0.6	2.0×1.5		4×4
	TV		3.6×2.8，1.8×1.1，0.9×0.6	4.6×3.5，1.3×1	1×1，6×6	
红外性能	探测器	180 元 MCT（Ⅱ代 256×256，Ⅲ代 640×512）	TICM Ⅱ 探测器 SPRITE	120 元 MCT，240 元 MCT		240 元 MCT
	作用距离/km	12～15	15	15～18		15
激光性能	测距/km	10	10	20	15	15
	激光器	Nd:YAG	Nd:YAG	Nd:YAG	Nd:YAG	Nd:YAG
精度/μrad	稳定	80～100	—	30	80	70～90
	跟踪	—	—	—	230	480
搜索范围/(°)	俯仰	−150～+10			−160～+15	—
	横滚	±180	连续	连续	—	连续

11.2.1.7　F-35 JSF 型光电瞄准系统

上述瞄准吊舱多采用机外（腹部或翼下）挂吊安装方式，显然，观察范围（或视场）会受到飞机机体、吊舱自身、其它外挂物和吊挂架的遮挡，从而产生视场盲区，如图 11-24 所示。

为了解决该问题，美国为空军 F-35 联合攻击战斗机（JSF）研发了 AN/AAQ-40 型光电瞄准系统（electro-optical targeting system，EOTS），2005 年首飞，2007 年装备在 F-35 飞机上。

F-35 联合攻击战斗机（JSF）是美国及其盟国 21 世纪的主力战斗机（第五代战机）之一（F-35A 陆基型，F-35B 垂直起降型，F-35C 舰载型），2015 年在英国皇家空军服役。主

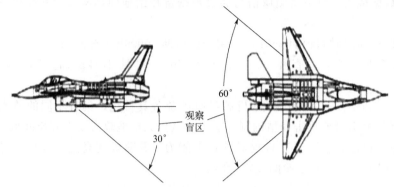

图 11-24　光电瞄准吊舱的视场盲区

要任务是对地攻击，同时，对空空威胁进行远程探测，让飞行员清楚地观察到雷达所发现的地面目标。

通常，光电瞄准系统在雷达初步探测基础上，为 F-35 飞行员提供一种更加靠近目标区域的探测。在这种工作模式下，雷达先对目标进行远距离确认，若发现感兴趣的地面（或空中）目标，飞行员即刻转换成红外/可见光光学设备，利用光学变焦或电子变焦进一步识别、跟踪和瞄准，确认距离远至 160km，并利用激光光斑跟踪器锁定地面固定目标和移动车辆或者空中目标。如图 11-25 所示。

图 11-25　F-35 飞机 EOTS 工作原理

洛克希德-马丁公司研发的光电瞄准系统是 F-35 飞机的四大关键系统（有源相控阵雷达、综合电子战系统、光电分布孔径系统和光电瞄准系统）之一，主要功能是前视红外瞄准成像、激光测距/照射、激光光斑跟踪和红外搜索跟踪，完成空地探测和瞄准，并辅助 EO-DAS 增强导弹来袭告警能力，兼顾到空空远距离探测和瞄准。设计目标是：70% 任务针对地面，30% 任务针对空中。

光电瞄准系统采用第三代中波红外（3～5μm）1024×1024 锑化铟凝视焦平面探测器、激光识别目标系统和白天可见光摄像系统，并利用高速光纤与机上综合式中央计算机相连，使其具备自动校靶以及飞机对准功能。该系统设计有两个视场：宽视场用于搜索，窄视场用于瞄准和探测较远距离目标，同时，还可以在雷达静默情况下提供目标信息。采用人眼安全半导体泵浦激光测照器，并采用紧凑型共孔径光学系统，重量不到90kg。

EOTS系统装备在一个多面体的人工蓝宝石整流罩内，集成了前视红外、红外搜索跟踪系统和激光测照/指示/瞄准等系统，相当于将传统的光电雷达、前视红外吊舱和瞄准吊舱的功能融合在一起，但没有采用常规吊舱的挂装形式，也没有采用红外搜索跟踪系统位于机鼻上的设计，而是潜装在机头下方雷达与座舱舱壁之间，如图11-26所示，机鼻下端的菱形突起物体就是EOTS的光窗窗口。

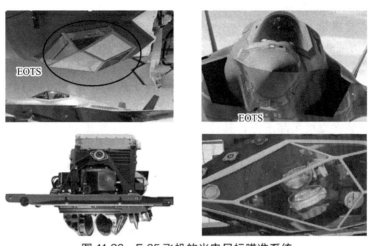

图 11-26　F-35 飞机的光电目标瞄准系统

EOTS光窗（或者整流罩）由7块表面镀膜的蓝宝石晶体组成，如图11-27所示。可以提供360°全向（水平方向）视野，同时，可以降低对飞机雷达散射截面积（RCS）的影响，在雷达静默模式下完成对目标甚至是隐身目标的搜索和探测。除了提供高分辨率成像、高空远程目标搜索/探测/识别/跟踪、威胁告警、定位瞄准和引导制导武器精确打击能力外，还可以最大限度地隐身。同时，投弹后能快速掉转机头立刻脱离，从本机侧面甚至后面方向继续为制导炸弹提供目标指示。

图 11-27　EOTS 的整流罩

光电瞄准系统是一个高性能、轻型多功能机载光电瞄准系统，也是世界上首次将机载前视红外和红外搜索跟踪系统功能相结合的光电瞄准系统。其技术由"狙击手"瞄准吊舱派生而来，性能与LANTIRN吊舱类似。主要特点是：

① 具有对地并兼顾对空目标红外搜索跟踪瞄准能力。

② 采用共孔径光学系统，由可见光摄像机、红外成像系统、激光测距机、光斑跟踪器和激光指示器组成。

③ 采用第三代焦平面阵列中波红外探测器。

④ 采用人眼安全激光测距/照射系统，具有主动和被动测距能力。

⑤ EOTS是一个内置的光电瞄准吊舱，光窗由7片蓝宝石平板玻璃拼接而成，散射雷达信号，减小对飞机RCS的影响，具有良好的隐身效果。

⑥ 提供水平方向 360°全向视场工作范围。

⑦ 可以把探测信息投影在头盔显示器上。

F-35 联合攻击战斗机（JSF）设计的显著特点是头盔瞄准/显示系统完全取代了平视瞄准/显示系统。

EOTS 直接通过头盔瞄准/显示系统为飞行员显示外景信息、飞行状态数据、任务信息、威胁和安全状态信息，引导武器系统指向所关注的区域，或发出视觉警示，提醒飞行员应该关注的区域。

⑧ 安装在独立的稳瞄平台上（没有直接安装在机体上），具有很高的稳定精度（2～5μrad），能够自动校靶和校轴。

⑨ 轻量化，总重量 90.8kg。

EOTS 存在的问题：

① 动态像差问题。由于光窗是拼接式平面结构，当光学系统通过不同角度的平面光窗结合部对外界目标成像时，光程会随瞄准角变化，换句话说，会产生不同的光程差，因而造成像差的动态变化，为此，对平板光窗的拼接精度要求很高。

② EOTS 安装在飞机头部下方，其位置约束了对空探测能力，无法对前上方空域进行探测，对空探测能力受限，最高只有 30%。

F-35 飞机装备的 EOTS 系统与 EODAS 相互配合，可以同时完成对空/对地全向探测。

11.2.1.8　国产机载光电瞄准吊舱

20 世纪 70 年代末～80 年代初，我国开始研制机载光电瞄准吊舱（也称为电视/激光组合系统）。

与国外光电吊舱的研制历程相似，首先研制白天型 K/PZS-01（H）型瞄准吊舱（209所），如图 11-28 所示，由可见光电视摄像系统和激光测距/照射系统组成。主要功能是观察、跟踪和瞄准目标并测量目标相对于载机的位置，对目标实施激光照射和投放激光制导炸弹，提高飞机对地面目标的攻击能力。

图 11-28　K/PZS-01（H）光电瞄准吊舱

2000 年后，开始研发全天候昼夜型光电瞄准吊舱 K/JDC01。目前正在研究更为先进的全天候、全方位和多光谱模式的光电瞄准吊舱，与国外分布式孔径系统属于同一代产品，将空地探测的前视红外系统功能与空空红外搜索跟踪系统的功能综合在一起，进一步提高飞机的探测、观察、搜索、跟踪、识别、武器投放能力。

根据有关资料报道，有以下几种类型：

（1）K/PZS-01（H）型瞄准吊舱

如图 11-28 所示，装备在 Q-5L 强击机上，为 LS500J 激光制导炸弹提供引导。目标发

图 11-29　J-10AH 装备的 K/JDC01A 光电瞄准吊舱

现距离 20km，激光最大测距距离 15km。

（2）K/JDC01A 型瞄准吊舱

K/JDC01 型瞄准吊舱，装备在 JH-7A 轰炸机上，为 LS500J 或 GB500 激光制导炸弹提供导引。

改进型 K/JDC01A 瞄准吊舱，采用红外/可见光双波段成像模式，能够自动跟踪地面目标。红外和可见光系统发现距离分别为 20km 和 22km，目标识别距离分别为 15km 和 17km，激光最大照射距离 13km。

装备在 J-10 系列飞机进气道右侧机腹部，主要为 LS500 激光制导炸弹提供导引；装备在 J-10B/C 上的 K/JDC01A 还可以为新一代 GB500 激光制导炸弹提供引导。如图 11-29 所示。

（3）YINGS-Ⅲ（330）型瞄准吊舱

类似于美国 AN/AAQ-33 "狙击手" 光电瞄准吊舱，由激光测距仪、高分辨率 CCD 电视摄像机和红外成像仪组成。采用多平面固定式石英光窗，高速飞行条件下具有良好的气动稳定性，在复杂气象条件下可以远距离锁定目标。2016 年，首次参加珠海航展，如图 11-30 所示。

图 11-30　鹰隼-Ⅲ（YINGS-Ⅲ）型昼夜光电瞄准吊舱

（4）WMD-7 昼夜瞄准吊舱

WMD-7 昼夜瞄准吊舱是集红外、电视、激光于一体的机载光电探测系统，安装在 JF-17 "雷电" 战斗机上。整个吊舱采用模块化设计，分成头部、横滚段、环控段和电子舱四大部分，如图 11-31 所示。2010 年 7 月 19 日，首次参加 47 届范堡罗航展，后又参加珠海航展。

图 11-31　WMD-7 瞄准吊舱

在昼夜条件下，WMD-7 昼夜瞄准吊舱利用红外和可见光对地面目标进行搜索、识别和跟踪；在跟踪状态下，利用激光对目标测距和照射，引导激光制导炸弹等精确制导武器或普通航空炸弹对目标实施精确打击和轰炸。表 11-11 列出 WMD-7 瞄准吊舱主要技术性能（注：资料源自中国江苏网军事频道或者《武器百科大全》）。

表 11-11　WMD-7 瞄准吊舱技术性能

参数		指标
头部活动范围 /(°)	方位	150
	俯仰	−150～+10
红外/可见光系统 视场/(°)	大视场	4.3×5.8
	小视场	1.4×1.9
激光测距/照射系统	波长/μm	1.064
	测距范围/km	0.5～18
	最大照射距离/km	13
重量/kg		280

（5）类似 F-35 的光电瞄准系统

歼-×× 新型飞机装备有类似 F-35 的光电瞄准系统，如图 11-32 所示。

图 11-32　歼-×× 飞机装备的光电瞄准系统

11.2.2　直升机光电瞄准吊舱

近 10 年来，直升机和无人机在国内外发展很快，按照用途可以分为军用、警用和民用三类。目前，直升机机载吊舱除用于武装侦察直升机、无人侦察机外，还用于目标特性测量、光电制导武器模拟、电力巡线、海上缉私、环保监测等方面。

直升机机载光电跟瞄系统通常采用球状转塔型光电吊舱结构，俗称"小吊舱"。

转塔型光电吊舱已经成为直升机（尤其是武装直升机）的标配设备，在侦察、告警、目标指示、控制瞄准和导航跟踪等方面起着重要作用；在电力巡视、海上缉私和环保监测等民用方面也得到广泛应用。典型产品包括：美国 OH-58D 侦察直升机的前视红外吊舱、AH-64 武装直升机用于目标捕获与指示的瞄准具/夜视传感器吊舱 TADS/PNVS，以及中国直九武装直升机机载光电跟踪系统等。

光电传感器通常安装在球形转塔内，采用陀螺稳定平台技术隔离载机震动，实现视轴稳定和目标搜索，如图 11-33 所示，由三个子系统组成。

(a) 手柄　　　　　　　　　　(b) 转塔子系统　　　　　　　　(c) 显控子系统

图 11-33　转塔型光电瞄准吊舱

（1）转塔子系统

包括稳定平台和光电系统，配备有可见光/微光摄像机、红外摄像机和激光测照器。根据需要，还可配置激光照明器、激光指示器和激光告警器、短波红外/多光谱相机等。

（2）计算机显示控制子系统

包括计算机控制单元、视景显示单元、操纵单元、自动跟踪单元和接口单元。

（3）手柄

与固定翼飞机相比，直升机（尤其是武装直升机）对机载光电设备的技术要求更严格。除体积小和重量轻外，从光学系统考虑，要求在剧烈震动和热环境中仍能正常工作，满足技术规范规定的视场、渐晕、透射率、校靶、入瞳尺寸和位置以及漫射光抑制等方面的要求，以获取优质图像。

11.2.2.1　国外武装直升机光电吊舱

武装直升机光电吊舱设备（也称为稳瞄系统）的发展类似于上述固定翼飞机导航/瞄准吊舱，分为白天型、昼夜型和多波段高分辨率型三个研发阶段。

11.2.2.1.1　白天型搜索/瞄准吊舱

20 世纪 60～80 年代，转塔型光电吊舱没有设计和安装红外热像仪，作用距离有限，约 5km，主要用于白天搜索和瞄准。

白天型搜索/瞄准吊舱采用反射镜稳定或陀螺直接稳定，或两轴两框架陀螺稳定平台方式，稳定精度 50～100μrad，属于第一代稳瞄系统。典型产品包括美国贝尔直升机公司为美军 AH-1 "眼镜蛇" 攻击直升机（特种反坦克直升机）研制的 M65 型观瞄设备以及法国 "小羚羊" 直升机装备的 M397 型观瞄设备，全部采用可见光直视光学系统进行观察瞄准。

11.2.2.1.2 昼夜型搜索/瞄准吊舱

20 世纪 90 年代，武装直升机技术迅速发展，同时红外成像技术逐渐成熟，开始研发昼夜两用型吊舱装置，加装了扫描型红外成像系统，采用两轴四框架陀螺稳定平台，稳定精度提高到 $20\sim40\mu$rad，探测距离约 10km，是第二代光电稳瞄系统。美国 AH-64A "阿帕奇" 直升机、意大利的 A-129 "猫鼬" 直升机和苏联米-28 "浩劫" 直升机以及中国直-9 武装直升机和直-×× 直升机都装备了昼夜型搜索瞄准吊舱。

美国 AH-64 直升机是美国陆军编号，休斯公司（先后并入麦道公司和波音公司）编号休斯-77，1981 年命名为 "阿帕奇"。1984 年 1 月正式生产并交付部队。

图 11-34　AH-64A 武装直升机航电系统

在 "阿帕奇" 直升机研制年代，由于红外技术水平有限，前视红外系统（FLIR）的体积过大，无法与其它观瞄设备集成在一个转塔内，只能采取复杂的三转塔设计方案，如图 11-34 所示。

AH-64A 拥有当时一流的观测/火控系统，如图 11-34 所示，主要的观测系统都位于机首，分为两个部分：AN/ASQ-170 目标获得系统（target acquisition designation system，TADS）以及 AN/AAQ-11 飞行员夜视系统（pilot night vision system，PNVS）。

AN/ASQ-170 目标搜索指示瞄准系统 TADS 主要由以下五个单元组成：

① 激光测距机。
② 前视红外系统。
③ 炮手专用光学（直接）瞄准仪。
④ 可见光电视摄像系统。
⑤ 激光指示仪。

TADS 全部安装于一个位于机鼻且具有双轴稳定系统的旋转塔内，水平旋转范围 ±120°，垂直俯仰范围 -60°～+30°。机组乘员在激烈的战术运动中可以利用目视光学（直接）瞄准仪（DVO）、可见光电视摄像系统（DTV）和前视红外系统（FLIR）提高全天候和恶劣气候条件下目标搜寻、探测、捕获和识别能力，并根据战术、气候和可视度等条件，各分系统单独或者组合使用。

AH-64A 飞行员夜视系统以 FLIR 取代星光夜视镜作为机上的主要夜视系统，安装在机鼻上方的一个独立旋转塔内，瞬时视场 30°×40°，水平旋转范围为左右各 90°，垂直俯仰范围 -45°～+20°，专供夜间飞行使用。飞行员利用单眼观察头盔瞄准/显示系统上的外景实时 "红外图像"，保证进行危险性高的夜间地貌飞行时（低高度、等高度和超低空飞行）拥有更清晰的外部影像，大幅度增加了 AH-64A 的夜间战斗能力。

传统星光夜视镜的基本运作原理是放大外界微弱可见光源，在恶劣天候、浓烟等外来光源被阻断的环境中效能将大打折扣，此外也无法穿透掩蔽物；而被动地感测外界红外线信号的 FLIR 在理论上能克服此种障碍，甚至可以侦测到树丛与掩体中的敌方目标，因此，在当时算是一大革新技术。

AH-64A 中有两套前视红外系统，属于第一代红外成像技术，采用长波（8～12μm）红外线阵探测器，像素数（分辨率）1×128，机械式扫描成像，最大侦察/探测距离 13km。缺点是：光学和红外观瞄系统在恶劣气象中受影响太大，探测性能降低；发射 HELLFIRE 导弹时必须露出机头进行制导，很容易被击中；操作复杂，开关多达 1250 个。为此，麦道公司推出了一系列改进计划，先后研制出 B、C、D、E 型。

B 型加大了左前方的电子设备舱，具有发射 AIM-92 "毒刺"空空导弹的能力，加装了 GPS 和自动目标移动系统（ATHS0），改善了可靠性、适用性和维护性。

D 型与 C 型的主要区别是安装了"长弓"（Longbow）毫米波搜索雷达，可以控制与发射 HELLFIRE 导弹。直升机在复杂地形掩护下，可以穿过恶劣大气环境发现机载红外设备无法发现的地面杂波中的伪装目标，探测其特性并与数据库中资料进行比较，排列出威胁等级。跟踪瞄准目标时，不仅速度快，而且适用于多目标，也称为"长弓-阿帕奇"攻击直升机，如图 11-35 所示。

AH-64D 型直升机，除了换装"长弓"火控雷达和"箭头"（Arrowhead）型光电吊舱外，还增加了数字式情报传输系统等先进设备，能够扫描 360°空中目标和 270°地面目标，不受雨雾影响，具有全天候作战能力，作战性能大大提高。

AH-64D 型直升机光电瞄准吊舱由目标获得系统、飞行员夜视系统和前视红外成像系统组成，如图 11-36 所示。目标获得系统和前视红外系统是武器射手使用的昼/夜光瞄设备，分置左右两侧：前者是昼间瞄准设备，包括白天电视成像系统和激光测/照系统；后者是夜间瞄准用前视红外系统。飞行员夜视系统向飞行员的头盔瞄准/显示系统提供高分辨率红外图像，在夜间和恶劣环境条件下辅助飞行员驾驶直升机。

图 11-35　AH-64D 武装直升机

图 11-36　Arrowhead 型吊舱光电系统

E 型是 D 型的改进型，主要改进数据链系统和起落架。

11.2.2.1.3　多波段高分辨率光电瞄准系统

多波段（或多光谱）高分辨率光电瞄准系统代表着机载光电系统的未来发展方向：集成多波段传感器（包括红外、可见光和激光光谱范围）以提升目标打击能力；拓宽视场覆盖范围（突出宽视场更大和窄视场更小的特点）以提高图像的分辨率；增强图像的实时处理能力（包括图像增强、融合和拼接以及多目标自动提示、捕获和跟踪）、提高地理定位和跟踪精度。

（1）Star SAFIRE HD 型光电侦察吊舱

美国 FLIR 系统公司研制了两种直升机转塔型多光谱光电吊舱：侦察型和瞄准型。前者包括：Star SAFIRE，Star SAFIRE Ⅱ，Star SAFIRE Ⅲ 和 Star SAFIRE HD；后者包括：

BRITE Star Ⅰ，BRITE Star Ⅱ和 BRITE Star DP。

图 11-37　Star SAFIRE HD
转塔型光电瞄准吊舱

世界上第一台全数字高清晰稳像式 Star SAFIRE HD 机载转塔型光电侦察吊舱是典型代表（如图 11-37 所示），最多可同时安装 7 种光电传感器，主要包括：

① 采用 640×512 元 InSb FPA 探测器的多视场中波红外光学系统（第二代采用 1024×1024 元红外探测器）。

② 采用 1280×1024 元高清彩色电视系统。

③ 微光夜视系统。

④ 人眼安全激光测距仪。

⑤ 激光照明器。

⑥ 激光指示器。

⑦ 用于地理指向和目标定位的数字组合惯性测量组件（GPS/IMU）。

Star SAFIRE HD 光电瞄准吊舱可以安装在军用直升机、固定翼飞机及其它类型飞机上，特点是：

① 将彩色可见光数码相机和中波红外（MWIR）摄像机融为一体，集成为高分辨率/低照度彩色成像系统，提供扩展的多光谱昼夜高清百万像素的高分辨率成像功能。

② 避免了模/数转换对分辨率造成的损失，确保所有场景细节能完整传回平台。

③ 采用 6 轴稳定平台技术，稳定精度≤5μrad。

④ 全数字高清晰红外/可见光系统具有 120 倍连续变倍功能（视场 0.25°～30°），能够实现宽视场、远距离以及高清晰成像和目标探测识别。

⑤ 内置 GPS/IMU，使其具有多模式跟踪运动目标的能力。

表 11-12 列出美国 FLIR 系统公司研制的直升机转塔型多光谱光电吊舱的技术性能。

表 11-12　美国 FLIR 系统公司的转塔型光电吊舱的技术性能

型号	性能
AN/AAQ-22 Star SAFIRE 转塔型光电吊舱	1. 配备四种昼夜探测系统:CCTD TV 摄像机,人眼安全激光测距机,NVG 兼容激光照明器,远距离观测镜以及导航/雷达系统接口。 2. 三轴陀螺稳定平台:360°(H)×(30°～120°)(V),重 43.6kg。 3. 中波红外系统:波段 3～5μm,InSb 探测器像元数 320×240,宽视场 30°×22.5°、中视场 5.7°×4.3°和窄视场 1.4°×1.03°。 4. TV 光学系统。1/3in ICCD 彩色探测器,分辨率:460 线(NTSC)和 450 线(PAL),最大视场 21°×15.6°和最小视场 2.1°×1.6°。 5. 观测镜:焦距 688mm,视场 0.4°,工作温度－40～＋55℃
LEO-Ⅱ-A1/A2 转塔型光电吊舱	1. 四轴陀螺稳定平台。360°(H)×(20°～105°)(V),重 34kg。 2. 长波红外光学系统。波段 8～12μm,线性多元 SPRITE 探测器,典型视场 20°×13°～5°×3.3°,远距离观测视场 12°×9°～3°×2°,电子连续变焦 8 倍。 3. TV 光学系统。采用 SONY Hyper-HAD 探测器,分辨率 750TV 线;视场 26°×19°～0.8°×0.6°,电子变焦 32 倍
Ultra Force 转塔型光电吊舱	1. 四轴陀螺稳定平台。360°(H)×(20°～85°)(V),重 15kg。 2. 非制冷长波红外辐射计,320×240 阵列。波长 7.5～13μm,视场 24°×18°～6°×4.5°,电子变焦 4 倍。 3. TV 光学系统。3in 超 HAD ICCD 彩色探测器,分辨率 70 线(PAL)和 460 线(NTSC),视场 2.7°～48°,18 倍光学变焦和 4 倍电子变焦

型号	性能
Ultra 7000 转塔型光电吊舱	1. 可以在红外波段和可见光间进行转换,不会失去目标。 2. 双轴稳定平台。水平转动 360°,旋转速度 0～50°/s,最大加速度 60°/s²,重 11.7kg。 3. 中波红外光学系统。斯特林制冷型 256×256 像元 InSb 焦平面阵列探测器,波长 3～5μm,视场 17.6°×16.5°～1.76°×1.65°。 4. 可见光 TV 系统。探测像元数目:795(H)×596(V)(PAL),811(H)×598(V)(NTSC)。分辨率:450 线(NTSC),443 线(PAL)。视场 22.3°×16.9°～2.2°×1.7°
Star SAFIRE Ⅱ 转塔型光电吊舱	1. 稳定平台。可变速转动范围 360°(H)×(30°～120°)(V),重 43.3kg。 2. 中波红外光学系统。320×240 像元 InSb 焦平面阵列探测器,波长 3～5μm,三视场,33.3°×25°、25°×18.8°和 4°×3°。 3. TV 光学系统。视场连续变化范围 1.4°～24°。 4. 激光测距系统。波长 1.54μm,光束发散度<1mrad,测距距离 10km 时测距精度±5m。 5. 激光照射系统。波长 820～850nm,与夜视双目镜兼容
LEO-Ⅱ-QWIP 转塔型光电吊舱	1. 四轴万向稳定装置,将极高的热灵敏度和 30∶1 的光学放大率相结合,具有较远距离的探测能力。 2. 稳定平台。转动范围 360°(H)×(20°～105°)(V),稳定精度<13μm RMS,瞄准精度<8mrad,重 39kg。 3. 红外光学系统。GaAs 320×240 焦平面阵列长波红外探测器,波长 8～9μm,三视场:30°×24°、6°×2.8°和 0.99°×0.74°。4 倍电子变焦。 4. 彩色 TV 变焦系统。SONY Exware-HAD 行间转移面阵 CCD,有源像素 752(H)×582(V),分辨率 800TV 线,视场 29.6°～0.55°,焦距 9.5～256.5mm,变倍比 54

(2) 舰载直升机光电探测瞄准系统

舰载直升机出现于 20 世纪中期,最初的作用是随舰活动投放声呐完成搜潜任务,为反潜作战服务。随着海上战场的形势变化,舰载直升机的战术作用由单一搜潜转向搜潜、反潜和反舰综合支援任务。目前,已经发展到包括水下作战、水面作战、海面监视、战斗支援以及反水雷等多项任务于一体的综合化作战,被公认为是各国海军水面舰艇的基本武器装备。

20 世纪 80 年代,美国和欧洲启动舰载直升机研发项目,典型代表是美国"海鹰"SH-60BMK-Ⅲ直升机"拉姆普斯计划"和欧洲(包括法国、德国、意大利和荷兰)联合研制的海军型 NFH90 直升机。

与其它飞机相比,舰载直升机的工作环境温度变化很大,海洋上空湿度大,烟雾浓,霉菌多,工作环境相当恶劣,对舰载直升机光电系统会产生很大影响。尤其是环境因素对光电设备的影响并非单一,而是多因素的复合作用。例如,适当温度和湿度易生霉菌、高温和高湿条件会加速腐蚀和氧化、风雨天气容易形成烟雾环境、高温和冲击振动会产生相互激励等,因此,对三防设计要求很严格。

① 舰载直升机光电探测瞄准系统特点。

a. 多波段、多传感器、多功能的集成和融合,以增强舰载直升机信息获取能力。为此,工作波段包括可见光、近红外、中红外和长波红外的多光谱范围;光电传感器一定包括标准制式和高清晰度的电视摄像机以及微光电视摄像机,近红外、中红外和长波红外成像仪,激光测距机、激光目标指示器和激光照射器。

b. 采用惯性稳定控制技术。在机载环境下,载机振动、姿态变化以及气流扰动都将影响光电探测瞄准系统的瞄准线稳定、图像质量以及命中率,舰载大环境下问题更突出。因此,需要采用惯性元件和伺服系统构成的稳定平台以实现瞄准线稳定。

c. 海上特殊背景对光电系统的探测和图像处理提出更高要求。海上气候十分恶劣,经常出现大风、台风、海雾和潮汐等,给光电系统成像带来很大麻烦。除了利用多光谱/超光谱和

3D激光成像新技术改善图像质量外，还需要对图像处理算法进行改进，以获得更清晰图像。

d. 采用系统综合化设计技术，减轻舰载机光电系统的体积和重量。舰载机的研制比同型陆基飞机难度大、周期长和成本高。一般要求尽可能体积小、重量轻和功耗低，同时还需要满足"多波段、多传感器、多功能集成和融合"的技术要求，因而需要对整个光电系统进行综合和优化考虑，采用微机电部件和高强度轻质材料以降低传感器组件的体积和重量，保证在最小体积和重量下安装更多传感器，并将不同传感器组件中的通用电子部件分离出来进行综合设计以提高集成度。

② 典型案例。

案例一，MH-60R"海鹰"直升机光电探测瞄准系统。

美国海军 MH-60R"海鹰"直升机的任务系统配置有：光电探测瞄准系统、电子支援系统、多模式雷达、投放式声呐以及数据链系统，携带有反潜鱼雷以及反舰/反坦克导弹等武器系统，成为一种多任务作战平台。

光电探测瞄准系统已经成为舰载直升机的标准配置，其中，Raytheon 公司研制的多光谱目标定位系统 AN/AAS-44C（V）是其典型产品，主要应用于广域监视、目标获取、跟踪、测距以及为"海尔法"导弹提供激光指示等，称为"多光谱目标定位系统"，在反潜作战（搜潜和攻潜）和水面作战（海面监视和反舰作战）中发挥着重要战术作用。表 11-13 是其主要性能。

表 11-13　多光谱目标定位系统的技术参数

参数			指标
传感器工作波长范围 /μm	中波红外系统		3～5
	电视摄像系统	可见光	0.4～0.7
		近红外	0.6～0.89
	激光系统	测距	1.06
		照射	1.54
		跟踪	0.86(或 0.83)
视场 /(°)	光学系统	宽视场	33×44
		中宽视场	15×20
		中视场	5.7×7.6
		窄视场	1.2×1.6
		极窄视场 电视	0.21×0.28
		极窄视场 红外	0.6×0.8
	电子变倍	2:1 电视	0.11×0.14
		2:1 红外	0.3×0.4
		4:1 电视	0.06×0.07
		4:1 红外	0.15×0.2
转塔活动范围	方位/(°)		360(连续)
	俯仰/(°)		−120～+60
	方位最大转动速率/[(°)/s]		170
工作温度/℃			−54～+55

参数		指标
外形尺寸/mm	转塔	$\phi 43 \times 475$
	电子装置	$366 \times 125 \times 193$
重量/kg	转塔	57
	电子装置	13

案例二，Euroflir 410 多光谱光电系统。

Sagem 公司为欧洲 NFH90 直升机（以及法国海军的 AS565 反潜直升机）研制的 Euroflir 410 多光谱光电系统挂载于直升机鼻隼下，如图 11-38 所示。

图 11-38　NFH90 直升机

Euroflir 410 多光谱光电系统包括红外热成像系统、高清电视系统、低照度电视系统、激光测距机系统、激光指示器、激光照明器和光斑跟踪器，具备视频跟踪、地理跟踪、地理指示和地理定位能力。

任务是：在水面作战中，配合"海洋眼"多模预警雷达 AN/ASP-143B（Ⅴ）3 协同完成对海面监视，担负目标精准成像功能，完成目标探测和识别、对目标的激光指示以及对"飞鱼"反舰导弹的制导。

性能包括：人物目标的探测距离 14km、识别距离 6.5km 和认清距离 3km；目标装甲车的探测距离 18km、识别距离 9.5km 和认清距离 5.5km；转塔重量 45kg。

案例三，AN/AAS-44（Ⅴ）吊舱式红外激光探测跟踪系统。

美国舰载直升机 SH-60B 安装有型号为 AN/AAS-44（Ⅴ）的吊舱式红外激光探测跟踪系统，主要包括红外热像仪和激光测距/照射器，表 11-14 列出其技术性能。

表 11-14　AN/AAS-44（Ⅴ）红外激光探测跟踪吊舱技术性能

参数			指标
运动范围/(°)	水平方向		连续 360
	俯仰方向		$-105 \sim +60$
视场/(°)	红外变倍系统	宽视场	22.5×30.0
		中视场	5.00×6.67
		窄视场	1.26×1.68
	电子变倍系统	2∶1	0.63×0.84
		4∶1	0.32×0.42

参数		指标
光电转塔 外形/结构尺寸	直径/mm	423
	高度/mm	473
	重量/kg	51.7

案例四，SAFIRE Ⅱ光电/红外传感器。

美国舰载无人机 MQ-8B 安装有 SAFIRE Ⅱ 光电/红外吊舱，由中波红外系统（波长 3～5μm，InSb FPA 探测器）、自动聚焦彩色 CCD TV（16 倍光学变焦）和激光照射/测距/跟踪系统组成（可以根据需要选配自动跟踪器和目标识别激光照射器）。可以在各种观测和气候以及昼夜条件下完成火力侦察，提供稳定的远距图像，如图 11-39 所示。主要特性列在表 11-15 中。

图 11-39　MQ-8B 舰载无人机

表 11-15　SAFIRE Ⅱ光电/红外吊舱技术特性

参数			指标
转塔	尺寸/mm		445.8×383.5
	重量/kg		44.5
	扫描速率/[(°)/s]		60
红外光学系统	波长/μm		3～5
	InSb 红外探测器像元数		320×240
	探测分辨率(微扫描)		640×480(像元数)
	视场 /(°)	宽视场(待选)	33.3×25
		大视场	25.2×18.8
		中视场	3.4×2.6
		小视场	0.8×0.6
	制冷方式		循环制冷
自动聚焦彩色 CCD TV(可选)	最低照度/lx		0.2
	光学变焦		16 倍(1.5°～24°)
	电子变焦		4 倍
铒玻璃激光测距机 (可选)	波长/μm		1.54
	最大测量距离/km		20
	测距精度/m		±5

参数		指标
激光照射器	波长/nm	810
弹着点显示器(可选)		彩色视频 PAL
	视场/(°)	0.4×0.3

案例五，MX-20HD 探测/跟踪吊舱。

加拿大韦斯凯（Wescam）公司为美国海军 P-8A "海神" 海上巡逻机研制出 MX-20HD 转塔型高性能光电探测/跟踪吊舱，用于远程海上巡逻和反潜作战任务，如图 11-40 所示。

该吊舱集红外、电视和激光系统于一体，支持 7 个传感器（包括 3 个激光照明器选项使用）同时工作，实现可见光和红外摄像机高清晰度成像。为满足远距离探测和识别需求，红外系统采用 75 倍大变焦光学系统，电视系统采用 400 倍大变焦光学系统，确保系统在防区外使用时能够提高细节观察能力。同时采用高稳定性陀螺稳定平台［包括 5 轴陀螺稳定（3 个内框，2 个外框）和 6 轴被动隔离方式］，与光电系统一起对目标精准定位、自动对准飞机和自动图像对焦，稳定精度不大于 4μrad，从而获得高精度瞄准。

该吊舱具有以下特点：

a. 不同波段传感器（包括高清电视系统、前视红外系统、激光照明/测距/指示系统）高度综合。

b. 电视/红外光学系统采用多视场（宽视场、中视场、窄视场、很窄视场和超窄视场）、高变倍形式和高分辨率小视场结构布局。

c. 广泛采用光电瞄准新技术，使用了诸如复合控制稳定技术和 IMU 等新技术，大大提高了系统性能，系统稳定精度达到 5μrad。

d. 采用动态数据交换（DDE）和图像融合等先进技术，图像后端处理能力大大提高，进一步改善了目标观察效果。

（3）Euroflir 410 多光谱侦察仪

法国赛峰（Safran）电子和防务公司研制的 Euroflir 410 多光谱侦察仪（multi spectral spotter，MSS）是一种高度综合和模块化系统（例如惯性模块、地理基准模块、扫描模块和目标自动跟踪模块），安装在法国战术巡逻无人机上，具有 "超长范围" 能力，能够很好地完成情报、监视和侦察任务，如图 11-41 所示。

图 11-40　MX-20HD 转塔型光电探测/跟踪吊舱　　图 11-41　Euroflir 410 多光谱侦察仪（MSS）

Euroflir 410 多光谱侦察仪安装在四轴陀螺稳定平台上，包括以下光电组件：

① 高清中波红外（MWIR）（3～5μm）热成像系统。具有光学变焦功能，有很窄和超窄视场，确保昼夜探测和辨认识别能力。

② 高清低照度近红外系统（HDNIR）。与彩色通道相比，能够提高特定气候条件下的探测距离和灵敏度，并能与景物照明一起使用。

③ 短波红外（SWIR）成像仪。具有超窄视场。在恶劣气候条件下（烟雾），具有较高的灵敏度和激光光斑观察能力。

④ 高清彩色 TV 摄像系统。具有光学变焦功能，有很窄和超窄视场，保证高清彩色摄像能力（HDTV）。

⑤ 激光测距系统（LRF）。

⑥ 激光指示系统（LPTR）。为地面武装力量提供目标指示。

⑦ 激光照明系统（LI）。提供景物照明以便容易识别，在低照度条件下提供更好的景物观察和目标识别，并能配合近红外成像或微光夜视成像系统工作。

⑧ 激光（制导）照射系统（LD）。为激光制导武器照射目标，与短波红外（SWIR）成像仪配合实现激光光斑的观察功能。

甚高分辨率多光谱侦察仪可以在烟、尘、雾和含盐成分环境下提供极佳的远距离目标探测和识别能力。无论选择何种变焦模式，都能提供相同的红外和 TV 视场；激光指示器可以为空对地武器提供精确导引；采用高精度嵌入式惯性导航系统（INS），具有自动的地理定位功能（包括地理定位、地理指示、地理追踪和地理扫描），无需主系统提供外部导航数据；另外，内置的惯性测量装置（IMU）与光电成像系统视轴调校对准，瞄准线有很高精度，能够高性能地对目标完成精准地理定位（10km 斜距离范围内，误差 10m），具有高精度的地理参照功能。为了获得足够好的图像，设计有内置增益增强特性的图像处理功能，例如采用低照度图像处理技术［包括缺陷像素对消、非均匀校正、拜尔（Bayer）去马赛克、电视（TV）系统的比色校正和白色平衡、自动对焦的图像分析］以满足目标探测、识别、去模糊和图像融合的需求。由于设计有多种有效链接方式（以太网、RS422 接口、美军标 MIL-STD-1553 总线），界面接口具有很高灵活性，能够与诸如雷达外部设备相连接。

Euroflir 410 多光谱侦察系统（MSS）在整个温度范围内能够提供可靠和稳定的校靶性能，校靶精度（最大值）如下：激光测距机最大值 200μrad，激光指示器和激光照射器达到 150μrad。

（4）MX 转塔型吊舱系列

加拿大 Wescam 公司（目前是 L-3 通信公司的分公司）研发了一系列转塔型光电吊舱，如图 11-42 所示。

MX 系列光电吊舱包括：

① MX-12 型光电吊舱。安装有 5 个传感器，重 25kg，是质量最轻的一种吊舱。

② MX-15 型光电吊舱。配装有内置惯性测量组件和 6 个光电传感器，重 42.7kg，其中，有两种标配光学系统：第三代 InSb FPA 高倍率中波红外光学系统和彩色 CCD 变焦电视摄像系统。供选装设备：带有观察镜头的 CCD 彩色/黑白摄像系统、人眼安全激光测距/指示器。

该吊舱装备在美国海军 P-3C 海上巡逻机、海岸警卫队 HU-25 "猎鹰" 海上监视飞机以及海关总署各种飞机上，称为 AN/AAQ-35 型吊舱，如图 11-43 所示。

为了满足小型化和低照度环境下增强目标辨别距离的需求，在 MX-15 型吊舱基础上，

图 11-42　MX 系列转塔型光电吊舱

相继研发出 MX-15I 型光电吊舱和 MX-15DI 型光电吊舱，以及 MX-15D 型全数字多光谱高清晰观瞄吊舱，配装有 6 种独立的数字图像传感器和 4 种激光传感器，采用 4 轴稳定和 6 轴减振技术，具有集成度高、传感器配置灵活、性能指标高、功能强和重量轻的特点。主要应用于固定翼飞机、旋转翼飞机和无人机的情报侦察和监视。

③ MX-20 先进多光谱光电吊舱。采用 5 轴稳定和 6 轴减振技术，配装有 7 种光电传感器，稳定精度小于 $4\mu\mathrm{rad}$，重量 84kg，应用于远距离侦察监视和目标识别。装备在美国海军 P-3 海上巡逻机（称为 AN/ASX-4 光电转塔）和加拿大改进型 CP-140 "奥罗拉" 飞机上。配装的传感器包括：

图 11-43　MX-15 型光电吊舱

　a. 4 视场红外光学系统（$0.24°\sim18.2°$）。

　b. 彩色 CCD 变焦光学系统（$2.75°\sim18.2°$）。

　c. 小视场 CCD 变焦系统（$0.17°\sim0.92°$）。

　d. 光学连续变焦电子倍增 CCD（EMCCD）系统（$0.14°\sim0.73°$）。

　e. 激光测距机。

　f. 激光照明器。

　g. 激光指示器。

④ MX-25/MX-25D 型光电吊舱。全数字型高清远程多频谱光电瞄准系统，用于高空、远距离侦察监视、目标识别和激光照射制导武器引导。

表 11-16 列出了几种转塔型吊舱的主要功能和技术性能。

表 11-16　国外转塔型吊舱的主要功能和技术性能

参数	Star SAFIRE HD	MX-20HD	MTS-B	Euroflir 410 MSS
吊舱系统性能				
框架结构	6 轴稳定	5 轴陀螺稳定	4 轴陀螺稳定	4 轴陀螺稳定
传感器配置	红外/标清电视/微光电视/人眼安全激光测距机/激光照明器/激光指示器等	红外/高清电视/弹着点电视/低照度弹着点电视/激光测距机/激光照明器等	红外/电视/激光测距机、激光指示器、激光照明器等	高清中波红外（MWIR）/短波红外（WIRS）/低照度近红外系统/彩色 TV 摄像系统/激光测距、指示器/照明器/（制导）照射器

参数	Star SAFIRE HD	MX-20HD	MTS-B	Euroflir 410 MSS
方位覆盖范围/(°)	360	360	360	360
俯仰覆盖范围/(°)	−120～+30	−120～+90	−135～+40	−120～+20
稳定精度/μrad	≤5	≤4(RMS)	≤10(1σ)	≤5(RMS)
最大回转角速度/[(°)/s]	—	—	114	方位/俯仰最大速度：1rad/s,最大加速度：2.5rad/s²
外形尺寸/mm	φ380×450	φ530×670	φ560×750	φ420×500
重量/kg	≤45	≤84.1	≤105	<53
红外成像系统				
探测器类型	InSb FPA	InSb FPA	—	InSb FPA
探测器像元数	640×512	640×512/1024×1024	640×512	1280×720/640×512
工作波段/μm		3～5		
视场/(°)	0.25～30	18.2/3.7/0.73/0.24	45×34,22×17,7.6×5.7,3.7×2.8,0.63×0.47,0.31×0.23	WFOV：27×22/20×16。NFOV：3.4×1.9/2.6×2.0。VNFOV：1.2×0.7/0.92×0.73，Ezoom(局部放大或延伸变焦)：0.31×0.17/0.15×0.12
光学系统变倍比	120倍	—	电子变倍：2倍和4倍	光学变倍：8倍,电子连续变倍：直至4倍
系统孔径/mm	—	279	—	—
电视系统/微光电视系统				
探测器类型	彩色CCD/微光ICCD	1.彩色高清CCD。2.彩色/黑白高清CCD	—	彩色单CCD(拜耳滤波器)
工作波段/nm	—	—	400～800(近红外+彩色)	400～700
分辨率(像素数)	1280×720	1920×1080	768×576	1920×1080
光学视场/(°) 彩色	29～0.25	1.连续变焦,两种可选：41.3～2.2和21.3～1.83。2.四种视场：0.61～0.115	45×34,22×17,7.6×5.7,3.7×2.8,0.63×0.47,0.11×0.08	WFOV：25×14,NFOV：2.5×1.4,VNFOV：0.66×0.38,UNFOV：0.33×0.19,Ezoom：0.08×0.05
光学视场/(°) 微光	30～0.25	0.92/0.46/0.29/0.17		
光学变倍比	120	—	电子变倍：2倍和4倍	宽/窄视场：10倍,其它视场：2倍

参数		Star SAFIRE HD	MX-20HD	MTS-B	Euroflir 410 MSS
夜间观察仪					
高清低照度近红外电视	波长/nm	—	—	—	700～950
	探测器类型	—	—	—	CMOS
	探测器像素数	—	—	—	1920×1080
	视场/(°)	—	0.14～0.73 (4个视场)	—	0.39×0.22
	局部放大视场/(°)	—	—	—	0.10×0.05
短波红外激光光斑观察仪	波长/nm	—	—	—	1000～1800
	探测器类型	—	—	—	InGaAs
	探测器像素数	—	—	—	640×512(VGA)
	视场/(°)	—	—	—	0.55×0.44
	局部放大视场/(°)	—	—	—	0.14×0.11
激光测/照系统					
测距激光器类型		人眼安全激光器	人眼安全激光器	人眼安全激光器	人眼安全激光器
激光波长/μm		1.54(测距)	1.54(测距)	1.57(测距), 1.06(照射)	1.54(测距), 1.06(照射)
最大测距距离/km		25	30	0.3～20	0.1～20
测距精度/m		±5			
激光照明器		激光束散角1°; 功率:1～2W	激光器:半导体二极管; 工作波长:860nm; 工作模式:连续,脉冲; 激光束散角:宽、窄 和超窄(与Night Spotter匹配)	测距频率:5脉冲/s; 照射频率:基频 20脉冲/s;脉冲编 码不少于8种 5脉冲/s	激光器:半导体二极管; 波长:830nm; 功率:2.8W; 照明视场:3mrad×5mrad; 眼睛标称危害距离 (NOHD):400m
激光指示器		功率:100mW	与激光照明器相同	—	波长:830nm; 功率:100mW; 发散角:0.4mrad; 眼睛标称危害距离 (NOHD):850m
激光发射器		—	—	—	激光器:泵浦二极管; 波长:1.06μm; 能量(最小):75mJ; 发散角:≤0.2mrad; 指示编码符合(北约) STANAG 3733标准; 重复速率:每15分钟 连续工作2分钟

11.2.2.2　国外警用直升机光电吊舱

随着全球恐怖主义日益猖獗,世界各国积极研究各种反恐措施。直升机的空中配合可以大大提高武警和公安部队的机动作战能力和办案效率。美国 FLIR 公司(主要产品:

Ultra7500 和 Ultra8500)、瑞典 Polytech 公司（主要产品：WhiteStar275I）和以色列 IAI 公司为准军用（例如警用）直升机研制的瞄准吊舱和导航吊舱（主要产品：POP200）是警用直升机的重要设备，可以保证昼夜进行巡逻和监视，360°回转搜索，远距离发现目标，随时摄像取证，并将信息传输到地面指挥中心。

表 11-17 列出国外典型警用吊舱的技术性能。

表 11-17　警用直升机光电吊舱的技术性能

参数		Ultra7500	WhiteStar275I	POP200
公司		美国 FLIR	瑞典 Polytech	以色列 IAI
陀螺稳定平台				
尺寸/mm		$\phi 229 \times 343$(H)	$\phi 275 \times 390$(H)	$\phi 254 \times 380$(H)
重量/kg		11.8	13.5	16.5
方位视场/(°)		连续 360		
俯仰视场/(°)		连续 360	$-110 \sim +20$	$-110 \sim +40$
回转速率/[(°)/s]		0.02～50	0～60	0～60
稳定度		光纤陀螺稳定,50μrad	四轴光纤陀螺平台,100μrad	40μrad
可见光摄像机				
图像探测器		—	0.25″超 HADCCD	0.25″彩色 CCD
像素		768×494(NTSC),752×582(PAL)	768(V)×494(H)	768(V)×576(H)
水平分辨率		大于 470TV 线(NTSC),大于 460TV 线(PAL)	大于 470TV 线	—
光学放大		18 倍	18 倍	16 倍
水平视场角/(°)	窄视场	0.7×0.6	2.7～48 变焦视场	1.7～27(水平)
	宽视场	48×32		1.7～0.85(电子)
照度/lx		0.2(F/1.4)		
红外成像系统				
探测器类型		InSb 焦平面阵列	非制冷长波探测器	制冷 InSb
视场角/(°)		22×16.2～2.2×1.62	24×18,6×4.5	宽:22×16(最小焦距 25mm),中:6.9×5.2(最小焦距 80mm),窄:1.72×1.29(最小焦距 320mm),超窄:0.85×0.65
IFOV		—	宽:1.5mrad,窄:0.65mrad	—
像素		320×240	320×240	320×240
NETD(30℃时)/℃		—	<0.07	—
波长/μm		3～5	7.5～13	3～5

11.2.2.3 国内武装直升机光电吊舱

20 世纪 80 年代，在引进法国 SA-365N "海豚" 直升机专利技术基础上，我国研制生产出一种双发轻型多用途国产化直升机，即直-9 直升机（HAMC Z-9/Harbin Z-9）。主要应用于人员运输、近海支援、空中摄影、海上巡逻、观测鱼群、护林防火和海上石油开采等领域，此后逐渐改装成各种军用武装直升机，并应用于反潜、反坦克、侦察和通信等军事领域。

1985 年，在直-9A 直升机上开始研制第一代武装直升机 "直-9W"，驾驶舱顶部安装有红箭-8 反坦克导弹的观瞄制导装置和稳瞄红外装置，可以执行反坦克、压制地面火力和突袭地面零星目标等任务，解决了我国军队长期没有武装直升机的问题，但存在 "不具备全天候作战能力、航程有限和航电系统相对落后" 等问题。

2000 年后，为陆航部队研发出直-××型等多种改进型武装直升机，机头下部安装了新的转塔型光电吊舱，如图 11-44 所示，配备有可见光成像、红外成像、夜视头盔和激光测距机等光电设备，可以实现昼夜观瞄。

(a)   (b)

图 11-44　直-××型武装直升机

2007 年，我国成功研制出直-××型武装直升机原型机，采用类似于 AH-64 直升机的转塔型光电吊舱，包括 TADS/PNVS 系统，分别置于独立旋转和工作的两个分系统中，如图 11-45 所示。"桶状" TADS 系统由前视红外装置、白天型电视、直视光学瞄准具、激光测距/目标指示/跟踪系统组成，可以水平旋转和两端上下独立旋转。

图 11-45　直-××型武装直升机（原型机）

对阿帕奇武装直升机三转塔式瞄准吊舱进行深入分析后，认识到其最大缺点是转塔布局过多，因直升机飞行振动导致内部光电系统光轴无法对齐，影响瞄准精度，需花费太多人力和精力进行校准。

直-××型武装直升机在研发中经历多次修改，最大变化之一是安装在机鼻下的光电瞄准系统：上方仍然是驾驶员夜视导航系统，下方观瞄系统由"桶状"改为"球状"，如图 11-46(a) 所示。改进型吊舱类似于 AH-1Z "超眼镜蛇（或蝰蛇）"武装直升机的 AAQ-30 "鹰眼 XR" 吊舱 [图 11-46(b)]，仍然安装在飞机头部，如图 11-46(c) 所示，内部包括前视红外系统、CCD 电视摄像系统、激光测/照系统。此外，还配备了双目头盔瞄准/显示系统，与机炮/空空导弹等武器连线。测距距离达到 12km。

(a) 直-××武装直升机 (b) "鹰眼"吊舱 (c) 直-××光电吊舱

图 11-46　直-××武装直升机光电吊舱

直-××武装直升机兼侦察直升机，类似于意大利的 A129 "猫鼬" 武装直升机，是基于直-9、H-410A、H-425 和 H-450 民用直升机的一种轻型军用武装直升机。如图 11-47 所示，光电吊舱外挂于飞机机头下，由前视红外探测系统、CCD 摄像机和激光测距/目标指示系统组成。

图 11-47　直-××武装直升机兼侦察直升机的光电瞄准吊舱

与直-××武装直升机的主要区别是没有装备前视红外导航系统。主要任务是攻击敌方主战坦克、步兵战车、装甲车辆、坚固工事等重要地面目标，用以压制地面火力，打击敌地面兵力，迟滞敌方行动；也可以攻击敌方直升机等低空飞行目标，参与夺取超低空制空权，为直升机护航。

表 11-18 列出国内武装直升机机载转塔型光电瞄准吊舱的技术性能。

表 11-18　国内转塔型光电吊舱的技术性能

参数	×××-1 型	×××-2 型	×××-3 型
组成	转塔	转塔	转塔+电子组件
稳定结构	2 轴 4 框陀螺稳定	2 轴 4 框陀螺稳定	2 轴 4 框陀螺稳定+二级稳定

参数			×××-1 型	×××-2 型	×××-3 型
传感器配置			三视场红外热像仪，连续变焦标清电视系统，人眼安全激光测距机	三视场红外热像仪，连续变焦标清电视，固定视场标清电视，激光测照器	六视场红外热像仪，四视场高清黑白电视，二视场高清彩色电视，激光测照器
稳定精度/μrad			≤30	≤20	≤5
转动范围	方位/(°)		360 连续	−90～+90	360 连续
	俯仰/(°)		−105～+10	−60～+30	−135～+40
红外	工作波段		中波红外(3～5μm)		
	像素数		640×512	640×512	640×512
	视场/(°)		24×19.2，4×3，1.6×1.3	24×18，4.8×3.6，1.2×0.9	45×34，22×17，7.6×5.7，3.7×2.8，0.63×0.47，0.31×0.23
电视	彩色	波长/μm	0.4～0.8(近红外＋彩色)		
		像素数	1024×768	1024×768	1920×1080
		视场/(°)	24×18～0.92×0.69	22×16.5～2×1.5	45×34，22×17，7.6×5.7，3.7×2.8，0.63×0.47，0.11×0.08
	黑白	像素数	1024×768	1024×768	
		视场/(°)	24×18～0.92×0.69	0.8×0.6	
激光	测距波段/μm		1.57	1.54	1.57
	测距频率/Hz		1	5	5
	束散角/mrad		—	—	≤0.2
	最大测距距离/km		20	15	20
	测距误差/m		±5		
	测距频率/(脉冲/s)		—	—	5
	照射波段/μm		无	1.064	
	照射频率/Hz		无	20	
	照射能量/mJ		无	70～100	100～150
转塔	外形尺寸/mm		φ480×850	φ450×550	φ560×750
	重量/kg		70	63	≤105

注：×××-3 型电子组件外形尺寸 366mm×1/2ATR，重量≤12kg。

11.2.2.4 国内警用直升机光电吊舱

2001 年，中国哈尔滨飞机制造公司在直-7A 基础上，成功研制出武警用直升机直-9F；2005 年，在直-9A/H410 基础上为公安系统研制成功警用直升机 H410G，具有速度快、机动灵活性强的优点和独特的空中优势，对提高武警部队和公安机关处置突发事件的快速反应能力具有重要作用。在 H410A 基础上为海监部门研发出 H425 直升机，专门设计有四个高性能机载光电系统等设备（昼间变焦成像系统、激光测距系统、红外光学系统和夜视头盔），固定在陀螺稳定平台上，提供昼间变焦彩色电视摄像功能、前视红外成像功能（昼/夜）、宽光谱侦察电视功能（选装）、自动跟踪功能（选装）、ARINC429 通信功能（选装）和激光测距功能（选装），用于监视、搜救、维持治安、边境或沿海巡逻、公共安全（防火和救援）等领域。最大飞行速度 280km/h，在海拔 3000m 的高原上可执行救助和运输等多项任务，是国内最先进的民用直升机，各项指标达到甚至超过国际同类直升机水平，如图 11-48 所示。

目前，国内正在积极研发民用直升机光电观察吊舱，并逐渐得到广泛应用，例如电力巡线、海上救助打捞、监测森林和火灾预警等。图 11-49 是香港彼岸科仪有限公司研制的光电吊舱。表 11-19 列出武汉华之洋光电技术有限公司和香港彼岸科仪有限公司产品的主要技术性能。

(a) 直9-F武警用直升机　　(b) H425公安用直升机

图 11-48　国产警用直升机

图 11-49　香港彼岸科仪公司的天眼吊舱

表 11-19　国内民用直升机光电吊舱的主要技术性能

参数	JQZ-1	天眼 4M
研发公司	武汉华之洋光电技术有限公司	香港彼岸科仪有限公司
稳定度	3mrad	$50\mu rad$
可见光分辨率	480TV 线	460TV 线
红外光分辨率（像素）	320×256	320×240
最大转动速度/[(°)/s]	—	60
最大转动加速度/[(°)/s²]	—	200
温度适应性/℃	-15～+45	-15～+45

11.2.3　无人机光电吊舱

无人飞行器（unmanned aerial vehicle，UAV）简称无人机，是利用无线电遥控设备和自备程序控制装置完成操纵的不载人飞行器的总称，例如无人直升机、无人战斗机、无人垂直起降飞机等。与载人飞机相比，具有体积小、造价低、使用方便、对作战环境要求低、战场生存能力强等优点，在未来空战中占有重要地位，是近年来受到各国重视并迅速发展的一种机载平台。

无人机的研发历史可以追溯到 20 世纪 20 年代（约在 1917 年）。90 年代（尤其是海湾战争）后，人们充分认识到无人机在战争中的作用，开始快速发展和广泛应用。美国于

1939 年开始研制无人靶机，60 年代后，相继研发出"火蜂""先锋""捕食者""全球鹰"以及"捕食者"改进型等战略和战术无人侦察机。

20 世纪 60 年代，我国已经成功试飞了"长空一号"无人机，是我国独立研制的第一架大型喷气式、多用途、无线电遥控的高亚速飞机，供导弹打靶或防空部队训练所用。之后，北京航空航天大学研制的"长虹-1"（或"无侦-5"），类似于"火蜂"无人侦察机，最大实用航程 400km，主要机载设备包括光学照相机/前视红外摄像机。在执行可见光照相侦察任务时，照相机镜头能够绕其纵轴倾斜旋转或者垂直向下，从五个窗口进行拍摄。西北工业大学研制的 ASN-206 无人机的侦察监视设备包括垂直相机和全景相机、红外探测设备、电视摄像机和定位校准设备，可用于昼夜空中侦察、战场监视、侦察目标定位、校正炮火射击、战场毁伤评估、边境巡逻，尤其是可见光/红外摄像机拍摄到的视频影像能够实时传输到地面站进行观察和监视。中航工业集团总公司相继成功研制 WZ-2000 低速/可自主起降无人机、BZK-005 中高空远程无人侦察机和中空、长航时、察打一体化多用途 GJ-1 型（攻击-1）"翼龙"无人机（相当于美国 MQ-1B "捕食者"无人机），能够配备各类光电监测/瞄准装置和合成孔径雷达等设备，可以实现点目标侦察、区域侦察、电子侦察干扰/攻击、单机侦察/攻击和多级协同等使命目标。

2008 年，中航洛阳光电技术发展中心研制出 PLY-2/PLY-3 两型警用无人机昼夜光电吊舱系统，并在国际警用装备博览会上展出。中国航天科工集团研制的"WJ-600"型/彩虹-4 (CH-4) 型高速高空无人机装备有各种先进的光电侦察、合成孔径雷达等电子侦察设备，将侦察、通信、指挥和攻击多种作战功能融合在一起，类似于"全球鹰"无人机，承担空中侦察、深入敌区完成对地/空打击任务。

实践证明，无人机在机载侦察和监视方面具有卓越能力。在无人机的研发过程中，各国竞相应用先进的高新技术，例如美国将合成孔径雷达（SAR）、可见光和中波红外（MWIR）传感器在内的综合传感器组合系统（ISS）成功集成到"全球鹰"无人机上，提供了高空长续航时间的战术侦察能力，在"捕食者"无人机上设计有多光谱（或超光谱）瞄准系统（multi-spectral targeting system，MTS）。

11.2.3.1 "全球鹰"无人机的 EO/IR 侦察吊舱

1995 年，美国诺斯洛普·格鲁曼公司开始研制 RQ-4 "全球鹰"（global hawk）无人机，1998 年首飞，额定飞行高度为 60000ft，2000 年 6 月，服役于美国空军与海军，如图 11-50 所示。

"全球鹰"装备的光电侦察吊舱包括高分辨率合成孔径雷达和光电/红外系统（EO/IR），是一种具有广域搜索侦察和目标精确定位能力的长焦距/双波段光电系统。

装有 1.2m 直径天线的合成孔径雷达设计有一个 X 波段、600MHz、3.5kW 峰值的活动目标指示器，能在将近两万米的高度穿透云雨、沙尘暴等障碍，连续地进行长距离、长时间和全区域运动目标的动态监视，准确识别地面各种飞机、导弹和车辆的类型，故有"大气层内侦察卫星"之称。

"全球鹰"既可进行大范围雷达搜索，又可提供 7.4 万 km² 范围内的目标光电/红外图像。在将近两万米的高空，合成孔径雷达获取的条幅式侦察照片精度达到 1m，定点侦察照片可达到 0.30m。对 20～200km/h 行驶的地面移动目标，可精确到 7m。

可见光/红外接收装置（ERU）包含一个可见光凝视焦平面阵列（FPA）探测器（柯达 KAI-1010 数字 CCD 成像探测器，工作波段 0.4～0.8μm）和一个锑化铟三代中波红外凝视焦平面阵列探测器（工作波段 3.6～5μm），以及一个共光路菱形铝全反射镜光学系统（主反射镜直径 12in）。可见光摄像系统采用 Basler A201b 型工业照相机，提供高图像分辨率，白天工作，相机头部稍做改装以便安装到光电/红外接收装置内，并与其封装在一起。

双波段光学系统的全反射式共孔径结构安装在两轴稳定框架的内环中，并采用高精度两轴稳定平台和快速反射镜（FSM）全数字复合控制技术，通过稳定平台横滚轴在垂直航向的摆动扫描、俯仰轴在飞行航向的补偿运动，以步进凝视成像宽覆盖搜索模式和点采集模式实现广域扫描搜索、目标检测、高精度稳像和像移补偿，如图 11-51 所示。

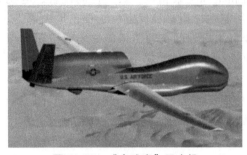

图 11-50 "全球鹰"无人机

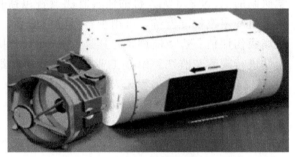

图 11-51 "全球鹰"光电侦察系统

当载有全部的综合传感器组合时，能够保持昼夜 24h 工作，视轴稳定精度可达 3μrad，实现 30 帧/s 的高帧频凝视成像，可提供 74000km² 范围内高分辨率的可见光/中波红外图像。各传感器每天能够搜集数千平方千米的带状地图图像以及数千幅 2km×2km 面积的块状图像，目标定位的圆误差概率最小可达 20m。

"全球鹰"更先进的优点是，能与现有的联合部署智能支援系统（JDISS）和全球指挥控制系统（GCCS）联结，图像能直接而实时地传输给指挥官，用于指示目标、预警、快速攻击与再攻击以及战斗评估。机上装备有备份的数据链，从发现目标、照相、数据处理，再经卫星传回地面控制站，经图像专家处理并传递到各个作战部门约需 9min。

11.2.3.2 多光谱光电吊舱

案例一，"捕食者" MTS-A/B 多光谱光电吊舱。

雷神公司在 AN/AAS-44（V）红外激光测距/探测/跟踪系统的基础上，为"捕食者"和"收割者"无人机研发了一系列多用户、数字式、多光谱（可见光/激光/红外）探测观瞄系统 MTS（Multi-Spectral Targeting System），有 A 和 B 两种类型。MTS-A 主要装备美国海军 MH-60R 直升机和美国空军 MQ-1 "捕食者"无人攻击机，MTS-B 装备美国空军 MQ-9 "捕食者-B"无人攻击机和海军 MQ04C "人鱼海神"无人机，如图 11-52 所示。

MTS-B 吊舱系统设计有多种波长传感器，根据任务需求和应用环境，可以选择合适的光电设备集成不同的工作模式，主要用于侦察和瞄准，利用目标与背景杂波的固有光谱差别进行成像，具有更好的反伪装、反隐身和反欺骗能力，从而实现远程空中监视、高空目标截获、跟踪、测距和激光指示，引导空地精确制导导弹和激光制导武器，并具有跟踪多个弹道导弹目标的能力，尤其适于沿海沿岸的空中侦察。

MTS-A/B 由转台单元和电子处理单元组成。

转台单元除惯性测量单元外，还装备有红外/可见光探测系统、激光测距系统和激光照射/指示系统，如图 11-53 所示。其中，中波红外系统（3～5μm）采用 640×480 元 InSb 红外探测器,可见光电视系统采用$0.4\sim0.7\mu m$彩色CCD和$0.6\sim0.8\mu m$黑白CCD。

图11-52 "捕食者"无人机MTS-B光电瞄准吊舱

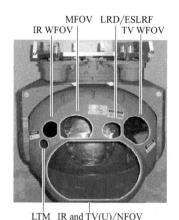

图11-53 MTS-B光电瞄准吊舱的基本组成

MTS-B装置包括六个光学系统:

① 红外/电视小视场和超小视场[IR and TV(U)/NFOV]光学系统。

② 红外/电视中视场(MFOV)光学系统。

③ 红外大视场(IR WFOV)光学系统。

④ 电视大视场(TV WFOV)光学系统。

⑤ 激光测距/照射(LRD/ESLRF)光学系统。

⑥ 激光目标指示器(LTM)光学系统。

MTS-B吊舱的突出特点是图像融合技术。利用局域图像自动优化处理技术将拍摄的30万像素(640×480)红外和可见光图像自动进行信噪比分析,然后选择两幅图像中最清晰的像素叠加生成一幅图像,保证融合输出的图像质量明显优于单一波长形成的图像,最大限度地显示图像信息、提高态势感知和远距离监视能力。

该系统具备$360°$全视场方位搜索能力,俯仰搜索范围$-40°\sim+135°$;具有内部制冷功能,视轴稳定精度优于$10\mu rad$,使用升限高度大约15km,除无人机外,还可以用于直升机和其它机种。表11-20列出MTS-A和MTS-B吊舱的主要技术性能。

表11-20 MTS-A和MTS-B吊舱的技术性能

参数		MTS-A	MTS-B
转塔	尺寸/cm	$\phi47\times48$	$\phi56$
	重量/kg	60	104
电子单元	尺寸/cm	$35.4\times11.4\times19.3$	—
	重量/kg	11.3	
波段/μm		$0.4\sim0.7,0.6\sim0.8,3\sim5$	
焦平面阵列		制冷640×480 InSb探测器	
红外光学系统视场/(°)		0.6×0.8, 1.2×1.6, 5.7×7.6, 17×22, 34×45	0.23×0.31, 0.47×0.63, 2.8×3.7, 5.7×7.6, 17×22, 34×45

参数	MTS-A	MTS-B
可见光系统 视场/(°)	0.21×0.27, 1.2×1.6, 5.7×7.6, 17×22, 34×45	0.08×0.11, 0.47×0.63, 2.8×3.7, 5.7×7.6, 17×22, 34×45
电子变焦	2:1 和 4:1(小视场时的 IR/TV)	

雷神公司还开发了一种小型化出口型多光谱瞄准吊舱：直径 12in（30.48cm）、重量约 60lb（27.2kg）。利用可见光和红外光谱探测器，提供高清晰度的全视频数据，具有与上述产品相同的成像和瞄准能力。

案例二，国产无人机双波段瞄准吊舱。

国产无人机双波段（中波红外和可见光）多视场光电瞄准吊舱光学系统如图 11-54 所示。

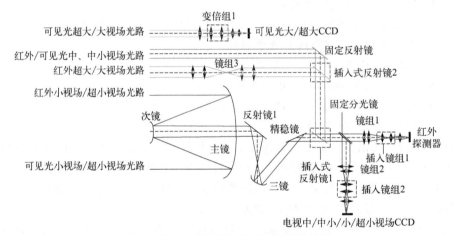

图 11-54　无人机双波段多视场光学系统

双波段多视场光学系统由四个分系统组成，包括一套红外探测器、两套可见光 CCD 探测器和五个变换机构（插入式反射镜 1、插入式反射镜 2、轴向变倍组、插入式变倍透镜组 1、插入式变倍透镜组 2）。

① 第一光学系统是卡塞格林式离轴三反射型望远系统＋二次成像光学系统。

望远系统由主镜、次镜、反射镜 1 和三镜组成。其作用是将光束压窄，并提供平行光束，出瞳位于精稳镜附近。

经过精稳镜和分束镜（透射红外光和反射可见光）后，将红外波段与可见光波段分开，分别与红外成像系统和可见光电视成像系统相组合，并保证两个成像系统的入瞳与望远系统出瞳匹配，有效控制并校正光瞳像差。

该系统主要关注红外和可见光系统的小视场。根据选择的探测器参数（$F/4$，像素尺寸 $20\mu m$）和吊舱的空间限制，以红外小视场的对应口径作为红外光学系统最大口径，其它视场采用变 F 数热光阑设计：在红外成像系统和可见光电视成像系统中分别切入插入式变倍透镜组 1 和插入式变倍透镜组 2 各自实现超小视场。

② 第二光学系统负责红外系统视场和可见光电视系统的中/小视场。特点是：

a. 在第一光学系统光路中切入"插入式反射镜1",切断与卡式望远系统的连通,而与第二光学系统接通。

b. 该系统实际上是一次成像系统,分别采用与红外/可见光小视场和超小视场系统相同的成像系统。

③ 第三光学系统负责红外系统大/超大视场,特点是:

a. 在上述光学系统中切入"插入式反射镜2",从而与透射式红外望远系统和卡式反射望远镜组成的系统具有不同的放大倍率。

b. 与红外小/超小视场共用成像系统。

④ 第四光学系统是一套独立成像的光学系统(单独的CCD),通过轴向变倍镜组1实现可见光大/超大视场。

表11-21列出该系统的主要光学技术性能。

表 11-21 双波段多视场光学系统技术性能

视场类型		焦距/mm		F 数		入瞳尺寸/mm	
		红外	电视	红外	电视	红外	电视
大视场	超大视场	15.45	9.6	4	3	3.87	3.2
	大视场	31	19.86	8	3	3.87	6.62
中视场	中视场	96.3	59.66	4	3.5	24	17
	中小视场	192.9	121.52	8	7	24	17.4
小视场	小视场	1155.85	720	4	3.5	295	205
	超小视场	2259.5	1447.5	8	7	295	205

与"捕食者"无人机 MTS-B 光电瞄准吊舱技术性能相比,二者红外光学系统具有完全相同的视场;对电视光学系统,该系统视场稍大。

11.2.3.3 轻型无人机的红外光学系统

在现代战争中,高空无人侦察机已经成为侦察卫星以及有人侦察机的重要补充手段,具有成本低、控制灵活和昼夜持续侦察等优点。由于可用的吊舱体积和重量已经确定,因此,为无人机吊舱设计光学系统更具有挑战性,基本要求如下:

① 特定的飞行高度。

② 对地面目标具有尽可能高的分辨率。

③ 尽可能小型化和轻量化。

从光学设计考虑,在特定飞行高度下,如果探测器尺寸一定,增大光学系统焦距能够提高分辨能力,但体积和重量明显增大。因此,对高空无人机不断增长的需要导致红外光学系统的小型化/轻型化设计成为研究热点。确定每一种设计方案都必须折中考虑光学系统性能、重量、体积和成本,因此,研究重点放在较轻重量和较小体积的基础上选择光学设计方案,更具挑战性。

(1) 基本结构形式

光学系统有三种结构形式:折射型、折射/(反射)衍射混合型、反射型,如图 11-55 所示。Troy A. Palmer 以焦距 50mm 的中波红外光学系统设计为例,详细分析了轻型无人机光学系统的设计。

图 11-55(a)是一种简单的双分离型光学系统(假设,光学材料选用硅和锗,焦距

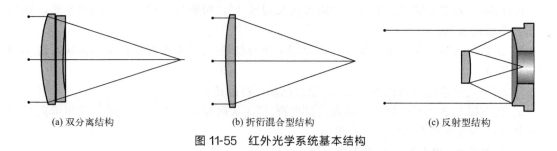

(a) 双分离结构　　　　(b) 折衍混合型结构　　　　(c) 反射型结构

图 11-55　红外光学系统基本结构

50mm），由一个正光焦度硅透镜和一个负光焦度锗透镜组成。如果双分离结构采用相同材料（例如硅），重量会减少约 50%，但像差校正的难度会更大，需要采用非球面。

图 11-55（b）是一个由正光焦度的硅透镜元件（密度小，重量轻）和消色差（MWIR 波段）相位全息图组成的折射/衍射混合系统，衍射面叠加在硅透镜第二表面上，代替第二个负光焦度锗元件的功能。

二者相比，折衍混合透镜的设计重量比双分离透镜更轻，约为后者重量的 70%，但整个系统的光谱透射率较低。如果硅和锗透镜在 3～5μm 范围内的平均透射率是 97%，则双分离透镜系统平均透射率约为 94%；折衍混合透镜衍射面在 3～5μm 范围内透射率损失约 7%，总透射率约 90%。

另外，理论上，折衍混合透镜的总成本少于双分离透镜。

图 11-55（c）是卡塞格林（Cassegrain）式全反射系统，由主镜（凹面）和次镜（凸面）组成。共轴反射型结构的最大优点是能够提供最短的系统长度，是上述折射系统无法比拟的。缺点是中心有遮挡，导致系统的总光学效率低和低空间频率的分辨率显著下降。采用离轴反射系统是解决（共轴系统）中心遮挡问题的最好方法，同时采用适当的减重技术，例如用 6061 铝材料代替玻璃材料作反射镜基底，其重量会比双分离透镜系统轻。若采用特殊的低密度材料（例如碳化硅）以及先进的轻质反射镜复制技术，则反射系统重量能减少一半，与折衍混合透镜装置的重量相当。

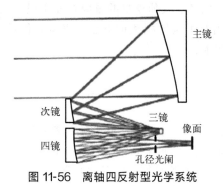

图 11-56　离轴四反射型光学系统

主镜

次镜

三镜

四镜

像面

孔径光阑

（2）典型案例

案例一，中航工业集团公司（陈建发等人）设计了一种用于可见光光谱范围的离轴四反射镜结构，如图 11-56 所示，由主镜、次镜、三镜和场镜（四镜）组成。光阑设计在四镜之后，系统出瞳位于像面（即焦平面）之前，有利于设置视场光阑和抑制杂散光。光学系统成像质量接近衍射极限，像差得到良好校正。

表 11-22 和表 11-23 分别给出了该系统的主要光学性能和结构参数。

表 11-22　离轴四反射镜型光学系统技术性能

参数	指标
波长/nm	300～790
焦距/mm	1000
F 数	5

参数	指标
视场/(°)	1.6
MTF(50lp/mm,最大视场)	0.8
最大弥散斑半径/μm	1
畸变(max)	1%
场曲(max)	0.15%
系统尺寸/mm	300×400×500

表 11-23　离轴四反射镜型光学系统的结构参数

项目	半径/mm	二次曲面系数
主镜	−770.28	−0.9300
次镜	−382.97	−6.5913
三镜	441.45	—
四镜	281.02	−0.0997
孔径光阑	0	到像面距离 108.2mm

案例二，北京空间机电研究所（葛婧箐等人）利用制冷型 320×256 元凝视型焦平面阵列探测器以及全球形表面透镜设计了一款机载轻/小型（110g）中波红外连续变焦光学系统。整个光学系统与红外探测器组成 ϕ230mm 的小型光电吊舱，如图 11-57 所示。

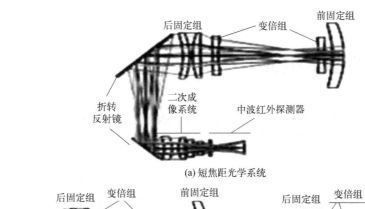

(a) 短焦距光学系统

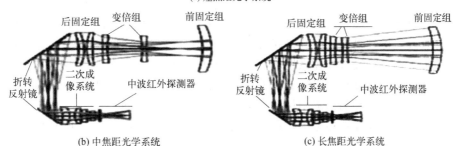

(b) 中焦距光学系统　　(c) 长焦距光学系统

图 11-57　机载轻/小型中波红外连续变焦光学系统

该光学系统由变焦系统和二次成像系统组成：变焦物镜系统采用机械补偿方式，由前固定组、变倍镜组（包括变焦透镜和补偿透镜，分别采用 Si 和 Ge 材料）和后固定组 5 个透镜组成，二次成像系统包括 4 片透镜，全部采用球形表面，从而降低加工和检测难度。主要技术性能列在表 11-24 中。

表 11-24　机载轻/小型中波红外连续变焦光学系统的技术性能

参数		指标
工作波段/μm		3.7～4.8
探测器	像元数目	320×256
	像元尺寸/μm	30×30
	像高/mm	12.294
光学系统	变倍比	4:1
	焦距变化范围/mm	36.5～150
	视场/(°)	11.57×14.36～2.93×3.66
	F 数	4
	透镜表面形状	全部球面
	变倍方式	机械补偿
	成像质量 MTF(16lp/mm)	>0.55(所有视场)
	畸变	<5%(短焦距最大)
	场曲/mm	−0.5～+0.5
	弥散均方根/μm	<30
系统外形尺寸	长度/mm	≤280
	重量/g	110

11.3

光电瞄准吊舱的基本组成

战斗机和轰炸机的飞行速度快，作战中机动性强，因此要求光电瞄准吊舱（大吊舱）跟踪范围大和定位精度高。同时，考虑到飞机的气动要求，吊舱外形必须满足一定的径长比（直径/长度），并且轴线方向要平行于飞行方向。

转塔型光电吊舱（小吊舱）体积小、重量轻，与飞机固连在一起，成为飞机的组成部分，一般地，这种吊舱的轴线垂直于飞机的飞行方向，可以位于机腹下方或者机背上方。实际上，武装直升机的转塔型光电瞄准吊舱（小吊舱）可以视为歼击机光电瞄准吊舱（大吊舱）的简化形式（例如没有环控系统等），只是安装方式不同。

对于固定翼飞机、旋转翼飞机和无人机安装的光电瞄准吊舱，其探测、跟踪方式和成像原理基本相同，光机系统的基本结构和光学系统形式也基本相同。

从光学系统的组成和功能考虑，通常包括三部分：红外成像系统（中波红外、长波红外或者双波段红外）、高分辨率可见光摄像系统和激光测距/照射系统。本章主要讨论歼击机/轰炸机装备的光电瞄准吊舱。

11.3.1　基本结构

歼击机/轰炸机的光电瞄准吊舱由四部分组成：头部舱段、横滚舱段、环控舱段和电子舱段，如图 11-58 所示。

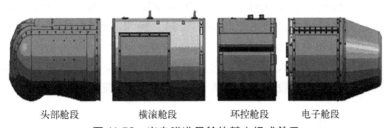

头部舱段　　　横滚舱段　　　环控舱段　　　电子舱段

图 11-58　光电瞄准吊舱的基本组成单元

（1）头部舱段

一个三轴五框架支撑回转的稳定平台结构，方位和俯仰机构安装在横滚框架上。稳定平台可实现方位和俯仰运动，以完成瞄准线的稳定以及对目标的跟踪。

头部舱段内设计有头罩组件、陀螺/稳定组件、红外组件、电视/激光接收组件、激光照射组件、激光辐射器、激光发射电源、激光接收前放组件、电视电子组件和红外变倍电子组件等。

头部与横滚内框组成气密舱，保证光学系统在干燥和洁净的环境中工作。

（2）横滚舱段

支撑头部并实现横滚运动（注：LANTIRN 吊舱和 LITENING 吊舱，将头部舱段和横滚舱段统称为"滚动头部舱段"），包括图像处理组件、激光电子组件、横滚陀螺组件、导电滑环组件和旋转热交换器。

横滚内框随头部相对于外框作横滚运动，内外框之间采用导电滑环传输电信号，保证横滚 360°连续运动不受约束。

（3）电子舱段

安装有各功能板、控制计算机、伺服电子组件和电源转换组件。

（4）环控舱段

包括涡轮、换热器、与横滚段和电子舱段对接的环控接口、温度控制系统及承力壳体。

环控段两侧分置两个进气道，冷却空气通过一系列通风管道输送到吊舱内易发热零部件上，散掉舱内功耗及气动加热产生的热量，使舱内整体温度限定在工作温度范围内。

值得注意，国外一些光电瞄准吊舱（例如 LANTIRN 和 ATFLIR 吊舱）舱段结构的排列顺序稍有不同，例如电子舱段在前而环控舱段在后等。另外，根据执行任务不同，内部结构也稍有变化，例如 LANTIRN 吊舱没有装备可见光电视系统，而 ATFLIR 光电吊舱设计有中波红外 FLIR，一个光电（EO）摄像机以及一个激光测距机和目标照射器等。未安装目标识别器和导弹校靶相关器的吊舱，就属于前视红外跟踪/激光照射吊舱。

随着科学技术的发展，并根据实战需求，为实现光电瞄准吊舱与地面图像和信息交联（包括机载到地面的下行链路和地面到机载的上行链路），在上述四舱段结构基础上，一些光电瞄准吊舱在尾段增加了图像传输数据链舱段，典型代表包括：

① 雷神公司空间与机载系统部在 2005 年为美国海军的"先进前视红外目标瞄准"（ATFLIR）吊舱引入了最先进的高速数据链通信技术，提供 Ku 波段工作能力，与通用数据链兼容，速度大为提高，可快速收发图像，增强了目标精确瞄准能力，具备全双工双向安全通信功能。这种高速通信不仅保障飞机与地面部队的即时通信，还提高了与舰上指控系统的通信能力，能够更快速与地面设备共享实时视频图像。

② Lockheed Martin 公司为 Sniper 前置瞄准吊舱增加视频下行数据链，使之具有视频下行数据传输能力，座舱视频信号可向地面接收机同步传输，为在敌方城市环境下的地面部队提供较强的作战态势感知能力，满足非传统的情报、预警和侦察（NT-ISR）要求，大大增加了 Sniper 前置瞄准吊舱对地面部队的近空支持能力。

下行链路主要传输模拟或数字视频信号及其它相关数据，上行链路传输地面的遥控指令等数据。该舱段是一个独立舱段，当系统无需图传数据链功能时，可以卸掉。

11.3.2 工作原理

光电瞄准吊舱是多光谱探测/辐射系统，工作原理如图 11-59 所示。

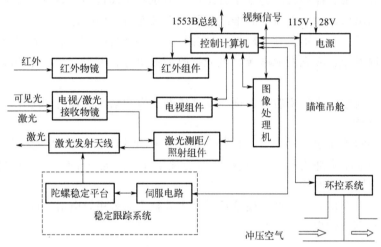

图 11-59　光电瞄准吊舱基本组成和工作原理

（1）光学系统

光电瞄准吊舱光学系统由红外、激光和电视光窗，红外望远系统，激光发射天线，电视/激光接收光学系统和稳定平台，视场切换、调焦和消旋等组件组成。主要功能是对目标红外辐射、太阳照射地面景物的漫反射可见光进行收集和成像，对激光发射光束进行准直、会聚目标漫反射的激光束，完成昼夜观瞄和精确制导武器的引导。

① 前视红外成像分系统。由红外光学二次成像系统和凝视红外焦平面探测器组成，其功能是对红外光学系统形成的地面景物热辐射图像进行光电转换，输出模拟视频信号；同时，为便于调整图像，红外分系统提供黑热/白热、增益、偏置和焦距等外部调节控制功能。

② 电视成像分系统。由光机头部和电视控制电子组件组成。对电视光学系统形成的地面景物的可见光图像进行光电转换，输出模拟视频信号。考虑到机载环境的照度变化和吊舱框架运动造成的图像旋转，具有调光和消旋等外部控制功能。

③ 激光测/照分系统。包括激光辐射器组件、激光电子组件、前放组件。功能是按照控制计算机指令，进入测距或照射方式。在测距方式下，完成对目标距离的测量；在照射方式下，经激光发射光学系统后，对目标实施照射。

（2）视频稳定跟踪系统

由稳定平台、头罩、视场切换、消旋等控制回路组成。由于采用三轴（方位、俯仰、横滚）陀螺稳定平台、先进控制算法和程序修正跟踪模式，其跟踪速度快和精度高。功能是利用陀螺构成相对于惯性空间的陀螺稳定平台，隔离载机的振动和姿态运动，稳定红外、电视激光的瞄准线，并在图像处理机控制下驱动稳定平台完成对目标的精确跟踪。

（3）图像处理分系统

由视频预处理、综合算法和电源组成。其功能是完成对电视、红外的视频图像的信息处理，实时计算出瞄准线的方位和俯仰角偏差，与稳定跟踪系统共同实现对目标的自动跟踪。

（4）环境控制分系统

由环控装置、风机、电加热器以及温度传感器组成。功能是为吊舱提供冷源，吸收气动加热传入舱内的热载荷和电气设备产生的热载荷，并在低温情况下具有加热功能，保证舱内电子/电气设备和光学设施正常工作。

（5）电源分系统

由电源滤波器、控制继电器、电源过流保护电路、电源转换模块组成。功能是对机上供电进行滤波和二次电源转换，为吊舱各分系统提供稳定可靠的电源，同时，在计算机控制下实现各分系统的供电时序控制。

（6）舱体

包括头部舱体、横滚段舱体、环控段舱体和电子舱段舱体。在满足机载环境条件下，将组成吊舱的光电系统、机电元器件等设备布置在限定空间内，通过合理布局实现瞄准吊舱系统的功能并满足性能要求。

近年来，对光电瞄准吊舱的技术要求越来越高，其功能也越来越多，下面介绍光电瞄准吊舱的基本技术要求。

11.4
光电瞄准吊舱的技术要求

11.4.1 基本要求

现代战争中，新型飞机（包括歼击机、轰炸机、运输机、武装直升机、察打一体无人机）发展快速，具有更高的飞行高度和更快的飞行速度，所携带的制导武器投放距离越来越远，对光电瞄准系统的能力需求也越来越高，主要表现在以下三个方面：

（1）远距离探测和识别能力

当前防空武器的作用距离越来越远，导致作战飞机靠近目标完成侦察与打击时的自身安全受到更大威胁。因此，光电瞄准系统需要具有更远的作用距离、更高的飞行高度和更清晰的识别能力，即增强作战飞机对地/空的远程探测和攻击能力，满足战机从中空和防区外对目标进行侦察和打击的需求，提高作战飞机生存能力。

（2）多种精确制导武器引导能力

新型GPS/惯性制导武器的广泛使用，对光电瞄准系统的作用距离、分辨率、制导精度等有了更高要求，目标精确地理定位技术愈发受到重视。光电瞄准系统加装IMU惯性测量装置后，可实现对目标的准确地理定位，为GPS精确制导和惯性制导炸弹、近程红外/电视制导导弹和炸弹等提供攻击目标的精确位置和图像信息，从而提高作战飞机引导多种制导武器的精准打击能力。

（3）宽域搜索监视能力

对作战飞机不但要求具有防区外的探测能力，同时希望得到较大视场，一方面用于获得大范围的视景态势，提高态势感知能力；另一方面要具备全天候作战和抗电磁干扰能力，满足恶劣气象和战场环境下的辅助导航和起降需求。

11.4.2 影响光电吊舱性能的主要因素

研究表明，影响光电瞄准吊舱性能的因素包括：吊舱安装方式、光电系统结构、光学系统性能（包括分辨率、视场、瞄准线活动范围和精度、工作距离）以及大气辐射对传输特性的影响。

（1）光电瞄准吊舱的安装方式

光电吊舱的安装方式以外挂式为主，歼击机/轰炸机的光电瞄准吊舱外挂于机腹或机翼下，而直升机有三种安装位置：机头位置（例如 AH-64 和 Apache 直升机）、顶部位置和主旋翼位置。为了保证战时的使用灵活性和机动性，以及气动性能影响和改装的可能性，需要认真分析和选择外挂位置。

（2）光电系统的结构布局

在机载条件下，将各类光电传感器系统、机电元器件等尽量布置在限定的空间内，通过合理布局实现光电瞄准吊舱系统的各项功能并满足各项性能要求。

飞机上（尤其是军用飞机）安装的光电设备越来越多，除了前视红外系统，还设计有可见光电视摄像系统和激光测距/照射/指示系统，有时还要求设计近红外探测系统、微光夜视系统等，如此众多的宽光谱光电系统组装在空间有限的吊舱内，重要的是保证具有优良的技术性能，因而需要统筹考虑和合理布局，最终形成满意的实施方案。

（3）大气对红外辐射传播的影响

电磁波谱中，仅有四个红外辐射波段（近红外 $0.76\sim1\mu m$、短波红外 $1\sim3\mu m$、中波红外 $3\sim5\mu m$ 和长波红外 $8\sim14\mu m$）在大气传播中不被快速吸收或散射，称为红外大气透射窗口。

研究表明，大气环境对红外辐射传输的影响很复杂，既有大气对各种成分的吸收，又有大气中悬浮颗粒物（雨、雪和沙尘等）的散射和反射影响。总之，与大气状态、景物特征和传播路径都有关联。

关于红外辐射在大气中的传输特性和影响，请参考附录 A。

（4）光电瞄准吊舱系统的分辨率

光电瞄准吊舱的分辨率主要取决于两个方面：探测器（包括红外探测器和 CCD 探测器）的分辨率和光学系统的分辨率。

对于前视红外系统或者可见光 TV 系统，接收探测器一定要具有高分辨率（具有大量像元数）。例如前视红外系统，目前采用的长波红外碲镉汞（MCT）焦平面阵列探测器的分辨率（或像元数）是 $128\times128\sim640\times512$；一些中波碲镉汞（MCT）焦平面阵列可达 2048×2048 个像元；中波红外锑化铟（InSb）焦平面阵列探测器分辨率是 640×512 个像元，最高可达 2048×2048 个像元；非制冷红外焦平面阵列探测器的分辨率是 320×240、640×480 个像元，甚至达 1024×1024 个像元。

值得注意，目前虽然可以研发出大规模红外焦平面阵列探测器，但成本很高，而且探测器的结构决定其填充因子小于 100%。换句话说，在探测器光敏面上存在盲区，不能捕捉到视场内的所有信息。事实证明，在凝视型红外焦平面阵列探测器中引入微光机电扫描技术，即利用压电陶瓷的电致伸缩特性驱动光学元件运动，从而通过改变光学元件的空间位置改变其生成图像的空间位置，获得微扫图像，可以在不增加红外焦平面阵列探测器像素总数的情况下，提高红外成像系统的分辨率，扩大热成像系统的作用距离，消除探测器由填充因子带来的探测盲区。同时，这种微扫描系统还使探测器具有一定的稳像功能，开发成本低，性价比较高。

光学系统分辨率（空间分辨率）是描述光学成像系统分辨物体（或目标）细节的能力。是指光学系统可以分辨的空间两物点间的最小距离或者实际空间中代表的一个最小角度。分辨率越高，表现的细节越多。

理想光学系统的极限分辨率符合瑞利判据，与光学系统数值孔径（或者 F 数）及光波波长有关。如果探测器已经选定（包括总体外形尺寸和像素数目），则空间分辨率仅与光学系统有关，通常以探测器的有效像元数作为衡量探测器分辨率的指标。在光学系统焦距和视场一定的情况下，探测器像元尺寸越小或者有效像素数目越大，则空间分辨率越高。

实际上，分辨率通常还取决于最小可分辨温度（红外系统）和最小可分辨对比度（TV系统），直接与探测目标距离相关。众所周知，任何光能量辐射通过大气媒介，都会减弱获取的信号能量，噪声增加和对比度减小。目前补偿信号损失的最常用方法是增大光学系统有效通光孔径和提高接收探测器的增益或灵敏度。

随意增大有效通光孔径的方案是不可取的，探测器性能也不可能无限提高，因此，需要综合和折中考虑（例如体积、重量、成本和像质等）。

另外，还要注意机载成像设备所处环境对成像特性的影响，即观察/探测目标的面积会根据探测装置的对准角度而改变，不同的观察角度会造成同一目标具有不同的观测面积，例如，从正面观察和自上而下观察，其探测面积会有很大差异，因而影响观察效果。

美国国家航空航天局天空实验室对普通人表面积的研究表明，假设目标高度170cm，宽度50～60cm，从水平方向观察，总面积为$2m^2$，但以$25°$的视角观察，表面积变为74cm×60cm，即$0.444m^2$，因此，在确定目标辐射量或光学系统分辨率时，应适当进行调整。

（5）光学系统的视场

一般情况下，光电瞄准吊舱要求具有变视场：离散型变视场或连续型变视场。宽视场搜索目标，窄视场观察/识别和自动跟踪目标。

国军标 GJB 3572—99 规定：光电瞄准吊舱前视红外系统应设计有两个（宽和窄）或三个（宽、中和窄）矩形视场：宽视场$12°～18°$，中视场$4°～9°$和窄视场$1.2°～3.0°$；电视视场应有一个或两个矩形视场：宽视场$3°～6°$和窄视场$1.0°～1.5°$。

另外，需要考虑垂直方向和水平方向视场的尺寸设置。例如美国 LANTIRN-1 吊舱采用1∶1规格：$10.6°(V)×10.6°(H)$和$2.5°(V)×2.5°(H)$；以色列的 LITENING 吊舱采用2∶3规格：$17°(V)×24°(H)$、$5.4°(V)×7.8°(H)$ 和 $1.5°(V)×2.2°(H)$；俄罗斯采用3∶4规格：$13.5°(V)×18°(H)$和$1.2°(V)×1.6°(H)$；我国光电瞄准吊舱视场的尺寸比例设计为4∶3规格：例如$24°×18°$，$4.8°×3.6°$。

必须考虑的另一个问题是信息显示方式，例如 LANTIRN 导航吊舱的 FLIR 信息显示在 HUD 上，而瞄准吊舱前视红外系统（FLIR）的图像显示在多功能显示器上。

LANTIRN 导航吊舱前视红外系统视场是 $28°×21°$；瞄准吊舱有大小两个视场$10.6°(V)×10.6°(H)$和$2.5°(V)×2.5°(H)$；视场小则探测距离远、放大率大和跟踪精度高。

一般情况下，瞄准吊舱 FLIR 的放大率为几倍到几十倍。如果把放大的外景图像叠加到

DHUD 上，飞行员据此操纵飞机会很危险；其次，瞄准吊舱滚动头部可以使 FLIR 的瞄准线随飞机轴线俯仰 $-150°\sim+10°$ 和方位转动 $\pm150°$ 以跟踪目标，因此，FLIR 获得的图像很可能是偏离航线正前方的外景，在这种情况下，把偏离航线的外景图像叠加到驾驶员视线方向是不合适的。

导航吊舱的 FLIR 具有固定大视场，外景图像与真实外景尺寸之比接近 1:1，吊舱本身不转动，只探索飞机航线前方，因此，HUD 叠加的是航线上近似真实的外景图像。

（6）瞄准线活动范围

国军标 GJB 3572—99 规定：吊舱瞄准线活动范围应不小于下列其中一种情况：

① 方位：$-150°\sim+150°$，俯仰：$-150°\sim+10°$。

② 横滚：$-360°\sim+360°$，俯仰：$-150°\sim+10°$。

通常，光电吊舱（尤其是瞄准吊舱）观察瞄准线的活动范围采用第一种情况。继续增加，如俯仰超过 $150°$，虽然对飞机投弹后的机动退出更有利，但工程实现较困难。

（7）瞄准线精度

机载光电吊舱系统的瞄准线精度是指前视红外系统、激光测/照系统、电视摄像系统瞄准线之间的偏差。

系统瞄准线误差由两部分构成：一是准直误差，表述激光光轴与跟踪瞄准系统（红外系统和电视系统）光轴之间的偏差；二是跟踪误差，表述跟踪瞄准轴与目标中心线之间的误差。

影响瞄准线精度的主要因素包括：系统光轴间的（静态和动态）调校误差、热畸变引起的各系统光路变化、冲击/振动/过载以及气流扰动导致的机械结构变形、大气效应引起的光束抖动和强度起伏、激光光斑的不均匀和不稳定。

要获得较高的瞄准线精度，必须对系统设计进行深入和细致的研究，合理分配各分系统造成的精度误差，提出相应的控制措施。

（8）工作距离

表 11-25 列出国军标 GJB 3572—99《瞄准吊舱通用规范》对工作距离的规定。

表 11-25　瞄准吊舱的工作距离

项目		指标
前视红外系统	发现距离/km	≥16
	识别距离/km	≥12
可见光电视系统	发现距离/km	≥16
	识别距离/km	≥12
激光测照系统	激光测距	最大测程/km	≥15
		最小测程/m	≤150
		测程准确度/m	≤5
	激光照射	最大距离/km	≥12
		指示准确度/mrad	≤0.5
	光斑跟踪	最大距离/km	≥15
		指示准确度/mrad	≤2

表 11-26 列出国外几种典型光电瞄准吊舱的主要技术性能。

表 11-26　几种典型瞄准吊舱的技术性能

参数		LANTIRN-1（美国）	TLALD（英国）	LITENING（以色列）	AN/ASS-38（美国）
视场/(°)	FLIR	10.6×10.6	10.6×6.7	24×17	12×12
		2.5×2.5	3.6×2.9，1.8×1.2（0.9×0.6）	7.8×5.4，2.2×1.5（1.1×0.75）	3×3
	TV	—	3.6×2.4，1.8×1.2（0.9×0.6）	—	—
LOS探测范围/(°)	俯仰	−150～+10	−150～+30	—	—
	方位	±180	连续	—	—
外形尺寸/mm		φ380×2500	φ305×2900	—	φ330×1820
重量/kg		227	210		155
精度/μrad	稳定	20	—		35
	跟踪	20	—	30～40	50
	指示	—	—		400
备注		—	—	仿 LANTIRN-1,未加改进	—

11.5
光电瞄准吊舱的光学系统

　　光电瞄准吊舱是一个光机电综合系统，涉及光学、精密机械、红外、激光、电视成像、稳定与跟踪、图像处理、航空环控技术、大规模计算机软件开发等多项技术学科。将红外、激光和电视三种光电传感器综合到外挂吊舱内，具有夜视/夜瞄和精确引导制导武器的功能和性能；整机采用通用化、模块化设计，便于装调、维修和推广使用；环控舱与飞机独立，增加了吊舱挂装的通用性。

　　如前所述，光电吊舱包括导航吊舱、侦察吊舱和瞄准吊舱。无论吊舱型（安装在战斗机和轰炸机上）还是转塔型（安装在直升机、运输机和无人机上）吊舱，光学成像、探测和识别原理以及光学系统结构基本类同。

　　与其它类型光电吊舱（例如导航吊舱或侦察吊舱）相比，光电瞄准吊舱的光学系统更复杂，也更具有代表性，本节重点分析光电瞄准吊舱的光学系统。

　　（1）基本结构和工作原理

　　光电瞄准吊舱光学系统包括：

　　① 整流罩组件。

　　② 稳定扫描反射镜组件。

　　③ 共孔径物镜或望远系统。

　　④ 固定反射镜和分束镜组件。

　　⑤ 前视红外（FLIR）系统。

⑥（低照度）高清电视成像系统。

⑦ 激光测/照系统（工作波段 $1.06\mu m/1.54\mu m$，工作频率 $10\sim20\mathrm{Hz}$ 可调），包括测距系统、指示系统、照射系统和照明系统。

⑧ 探测器组件（包括红外探测器、电视 CCD 和激光接收器）。

如图 11-60 所示，光电瞄准吊舱的光学系统包括前视红外系统、可见光/近红外电视成像系统和激光测距/照射系统，也称为"三光轴系统"。工作原理：光电瞄准吊舱根据火控系统指令，驱动安装有光电传感器的光机稳定平台扫描搜索/发现目标，并保证平台上的三光轴光电传感器的瞄准线（光轴）不受机载环境影响；红外成像系统/电视摄像机分别以光机扫描方式（或电子扫描方式）将视场中的景物信号传输到光学系统中，这些信号蕴含着目标和背景信息，分别代表景物的温度（或对比度）；红外探测器/可见光电视 CCD 装置将接收到的信号进行图像处理后传输给显示器（多功能光栅显示器或平视瞄准/显示系统）；当目标进入光学宽视场后，切换到窄视场完成识别和辨认；飞行员通过观察显示器判定是被探测或跟踪目标，则转入识别模式，进入目标捕获/自动跟踪状态；通过激光测距/照射系统将测得的目标距离提供给火控计算机解算，在显示图像的同时计算出目标精确距离，并上报给飞机的其它任务系统，实现对目标的精准定位。

激光接收系统、电视成像系统与前视红外系统是共轴光学系统，进入目标自动跟踪后，若满足火控攻击要求，则启动激光照射/指示分系统发射激光以照射目标，并引导激光制导武器跟踪目标上的激光光斑，完成精确攻击。

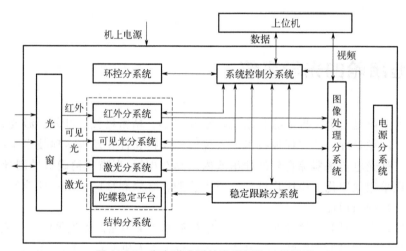

图 11-60　光电瞄准吊舱光学系统工作原理

（2）光学系统类型

光电瞄准吊舱的光学系统结构有两种类型：离散型和共孔径型。

① 离散型光学结构。光电瞄准吊舱的发展历史较短，20 世纪 70 年代开始研制白天型，重点解决昼间地面目标的探测/识别与自动跟踪，法国研制的 ATLIS 光电瞄准吊舱是其典型代表。

为了满足夜间作战需要，将红外热像仪与激光测距机相组合，例如 LANTIRN 瞄准吊舱，具备了夜间作战能力。无论白天还是夜间型，由于光学传感器数量较少，光学系统多采用离散型结构。

20 世纪 90 年代，为了做到远程目标识别、昼夜全天时使用和精确引导制导武器攻击目标，开始研究更为先进的光电瞄准吊舱并设计多光谱光学系统，包括红外前视系统、高清电视摄像系统和激光测距/照射/指示/照明系统。所有光学组件，包括整流罩、扫描反射镜、红外成像组件、电视/激光接收组件、激光测/照等组件都需要安装在头部舱段（多轴/多框架支撑的回转稳定平台结构）内，对体积和外形尺寸的要求很大。

为满足成像质量及对系统形状和尺寸的结构要求，光电瞄准吊舱的光学系统开始部分采用共孔径型结构，例如 Sniper 吊舱系统和 EOTS 吊舱系统。

② 共孔径型光学系统。光电瞄准吊舱共孔径型光学系统有两种类型：共物镜结构和共望远镜结构。

a. 共物镜结构。一种结构形式是前视红外系统、电视成像系统和激光测/照系统共物镜形式。光线经过整流罩和共物镜后，随动反射镜将其折转到固定反射镜，然后进行分光处理。最后，共用物镜组与红外光学成像分系统组成红外光学系统、与电视光学镜分系统组成电视光学系统、与激光发射天线组成激光发射光学系统、与激光接收光学镜组组成激光接收光学系统。有效扩大了光学有效工作口径，节省了系统结构空间，减小了系统外形尺寸。实际上，该光学系统形式可视为共用物镜＋中继转像系统形式。

b. 共望远镜结构。另外一种结构是共孔径望远系统代替共孔径物镜，随动扫描反射镜安置在望远系统之前。目标辐射透过整流罩、随动扫描反射镜以及望远系统后，光束得到压缩并经分束镜分束，与电视/激光接收系统和前视红外分系统分别组成完整的成像系统，而激光发射系统单独形成光路，通常称为"三光轴系统"。主要优点是可以压缩成像光束有效孔径，并采用反射式/折反式望远系统以减小系统的体积和重量。

需要提醒的是，无论哪种结构，都必须保证前视红外系统、电视成像系统与激光测/照器瞄准线平行。一旦前视红外系统或者电视成像系统完成对目标的搜索、识别和跟踪，激光测/照器也同时完成了瞄准和测距过程。校准系统能够进行连续的自动校准调整，从而使不同光学系统轴线与瞄准线之间的平行度误差最小，精准地击中目标。

下面分别介绍前视红外分系统、可见光电视成像分系统和激光测照/指示分系统。

11.5.1 前视红外光学系统

20 世纪 80 年代后，红外成像技术迅速发展，尤其是红外探测器技术的快速发展和逐渐成熟，其成像系统已经从单元探测器和二维光机扫描结构、多元线阵探测器和一维光机扫描结构，发展到无需光机扫描的"凝视型"红外成像系统。尽管仍采用传统红外材料设计单 F 数光学系统，但已经开始设计具有更大孔径、更大窄/宽视场切换率及更小视场的光学系统，并广泛应用于空间防御、机载火控、昼夜观察和成像制导等领域。

前视红外成像分系统是机载光电瞄准吊舱的必备探测设备。如图 11-61 所示，红外光学系统接收目标物体或背景发射的红外光线，成像在红外探测器上，经图像处理和光电转换后，将视频信号输送给机上显示系统，供飞行员搜索、观察、识别目标所用。

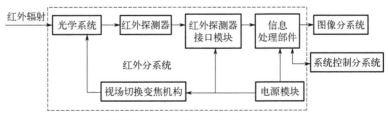

图 11-61　前视红外分系统的工作原理

11.5.1.1　概述

前视红外成像系统是利用目标自身的红外辐射完成昼夜探测，属于全被动式探测系统。与机载雷达系统相比，具有更好的隐身效果，抗干扰能力更强，不受地面和海面杂波干扰，具有良好的低空探测性能。

1991年，成功研发出第一代前视红外系统，在海湾战争的推动下，前视红外探测系统得到迅速发展和广泛应用。1993年，研制出第二代前视红外系统，1997年，发展为第三代前视红外系统，到目前为止，已研发至第四代产品。

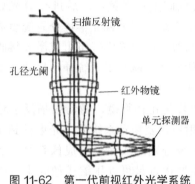

图11-62　第一代前视红外光学系统

（1）第一代前视红外系统

第一代前视红外系统采用长波碲镉汞线阵列红外扫描探测器（8～12μm）接收图像，具有180×1个像素，像元尺寸50μm。为了形成一幅完整的大视场红外场景图像，光学系统中需要加入光机扫描元件，利用反射镜从左到右、从上到下进行机械扫描，使成像系统每次捕获一行图像，并利用反射镜的运动决定外部场景成像在哪一行图像上，从而完成对目标的探测、跟踪和瞄准，如图11-62所示。

第一代前视红外系统的显著特点是利用光机扫描技术扩大探测范围。有三种扫描方式：

① 摆动平面反射镜。使用单元探测器时，平面反射镜相对于两条互相垂直的光轴摆动。使用多元探测器（例如288×4个像元的线列探测器）时，平面反射镜相对于一条光轴做扫描运动。

扫描反射镜应尽量靠近孔径光阑。

② 旋转双光楔。两个光楔具有不同楔角δ_1和δ_2，分别以不同速度ω_1和ω_2旋转，光楔的旋转角分别是θ_1和θ_2，最后组合成不同的摆动角。

③ 旋转反射镜鼓。如果需要高速扫描，可采用旋转反射镜鼓形式。与平面反射镜的工作状况基本一致，但只能用于平行光束。

众所周知，前视红外系统是探测目标的红外辐射信号，但目标之外区域也会发射红外辐射，因而对图像造成有害干扰，降低像面对比度和调制传递函数，使图像清晰度变差，能量分布混乱，甚至在像面上产生光斑，导致像质下降。

（2）第二代前视红外系统

第一代FLIR系统的最大缺陷是红外探测器接收到大量的背景辐射，系统灵敏度低。为此，第二代前视红外系统的显著特点是红外探测器中设计有一个F数固定不变的冷光阑，从而减少热辐射，保护探测器免受杜瓦瓶内壁热辐射的影响，同时抑制系统内部产生的杂散光。换句话说，减少背景光通量和背景噪声，提高了组件信噪比、探测率和系统的灵敏度。

第二代红外探测器有两种类型：一种是平行扫描的长波（8～12μm）碲镉汞（HgCdTe）探测器，另一种是中波（3～5μm）焦平面阵列凝视型（640×640像素）锑化铟探测器。凝视型焦平面阵列红外探测器集成了上百万个探测元（像素），并与集成电路芯片连接以读取图像，类似可见光电视CCD成像，无需扫描运动部件，是现代热像仪广泛选用的一项技术。

为了满足冷光阑效率100%和减小光学系统通光孔径，第二代前视红外光学系统采用二次成像系统：无焦望远系统＋二次成像系统，或者望远物镜＋转像系统。

第二代前视红外系统可以采用凝视型焦平面阵列中波红外（MWIR）探测器，也可采用线阵型长波红外（LWIR）探测器。

对于凝视型中波红外系统，通常采用望远系统＋二次成像透镜组结构，使冷光阑成像在二次成像透镜组前方某一位置，并与望远系统出瞳重合。除了保证100％冷光阑效率外，望远物镜和目镜组之间形成一个实像，通过调节焦距及物镜与目镜组间隔，实现变焦要求，还能减少系统透镜的孔径。

对于线阵扫描型长波红外系统，一般采用望远物镜＋转像系统结构形式，将冷光阑成像在扫描反射镜位置，如图11-63所示。

（3）第三代前视红外系统

第三代FLIR系统采用变F数冷光阑和能同时响应两种红外波段的双色焦平面阵列探测器，如图11-64所示。

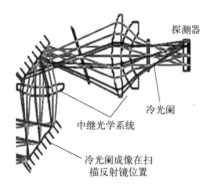
图11-63 第二代长波FLIR中继光学系统

图11-64 第三代前视红外系统探测器

变F数红外光学系统可以根据战场态势，特别是根据观察和探测目标的距离选用合适的F数，灵活地完成视场切换，满足大视场范围搜索目标和极小视场识别/跟踪目标的需求。

第三代FLIR系统特点是：

① 采用双F数光学系统和可变冷光阑的杜瓦瓶（改变杜瓦瓶制冷空间中的孔径光阑直径而不损耗冷光阑效率），避免了冷光阑和固定F数的局限性。

② 采用双波段焦平面阵列，将MWIR和LWIR综合到同一个系统中，分辨率达到$640×480$和$1280×720$像元，像元尺寸$20\mu m$。

③ 控制及图像处理电路高度集成化，能够完成双色数据的图像处理、视场切换和可变冷光阑等组件的控制。

④ 结构紧凑、整机尺寸小、轻便。

美国为海军陆战队"鱼鹰"V-22飞机研制的第三代前视红外系统采用$640×480$元焦平面凝视型红外探测器，像素尺寸$20\mu m$，与当时使用的同类产品相比，具有更高的分辨率，探测距离是第二代前视红外系统的2倍，并能透过除云以外更恶劣的气象条件进行探测。

（4）第四代前视红外系统

第四代前视红外系统继承了第一代和第二代FLIR的优点，红外探测器仍然采用碲镉汞（HgCdTe）材料，同时，采用先进的信号处理技术，红外光谱范围覆盖了可见光（$0.4\sim0.7\mu m$）、近红外和中波红外（直至$5\mu m$）以及远红外波段（$8\sim12\mu m$），从而获得更多的目标信息，具有较高的分辨率。

11.5.1.2 有效光谱范围的合理选择

11.5.1.2.1 前视红外系统设计技术

前视红外系统在对空/地成像中，大气条件对成像质量有着重要影响，中国兵器研究院（蔡毅等人）对该问题进行了深入研究，主要从三个方面考虑。

（1）被探测目标的红外辐射能量

如果被探测目标可以视为黑体且是一个热点（例如远距离空中飞行物），工作波长应选择在目标温度对应的峰值辐射波长；对于扩展面源目标，工作波长应选择在目标温度变化导致辐射出射度变化最大的对应波长。表 11-27 列出了温度 300K（相当于 27℃）黑体目标的红外辐射通量。

表 11-27 温度 300K 黑体目标的红外辐射通量

波段/μm	1～2.5	3～5	8～14
辐射通量/（W/m²）	0.0027	5.8611	172.5672

由此看出，在 300K 温度下，长波红外的辐射通量比中波红外大 29 倍，比短波红外大 63914 倍；而中波红外的辐射通量比短波红外大 2170 倍。

图 11-65 是黑体在温度 200～2000K（摄氏温度－73～1727℃）范围内长波、中波、短波红外辐射通量比值与温度的关系。其中，622K、929K 和 1286K 分别定义为长波红外与中波红外、长波红外与短波红外以及中波红外与短波红外的等值温度。研究表明：

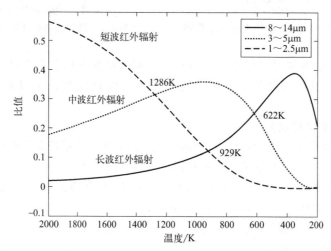

图 11-65 黑体长波、中波、短波红外辐射通量比值与温度的关系

① 当物体温度高于等值温度 622K（约 349℃）时，选择长波红外波长有利。

② 当物体温度介于等值温度 622～1286K（约 349～1013℃）时，中波红外辐射通量均比长波红外和短波红外大，这也是战斗机涡扇喷气发动机尾喷管的温度，因此，也是第三代红外成像探测技术和导弹制导技术首选中波红外波长的原因。

③ 当物体温度大于等值温度 1286K（1013℃）时，短波红外辐射通量均大于长波红外和中波红外，是战斗机涡轮喷气发动机尾喷管的温度，因此，第二代/三代空空制导导弹红外制导系统选择短波红外波段。

（2）大气红外透射窗口

夜晚天空辐射的所有光能量几乎都在短波红外波长范围（1～1.7μm）。短波红外成像系统在没有月亮的夜晚也能接收辐射而清楚地显示物体，检测到人眼看不到的光线和目标。与中波或长波红外成像系统不同，短波红外系统能够透过窗口玻璃感知目标光线，并且，短波红外图像没有颜色，目标容易识别。

短波红外成像技术可以提供可见光和微光夜视技术不能提供的信息，在室温下利用景物反射环境中的短波红外辐射完成探测和跟踪目标。可以实现昼夜全天候目标检测，并具有较强的穿透雾霾和烟尘能力，在烟雾下能清晰分辨目标细节，因此，图像具有更好的动态范围和更清晰的细节，从而实现目标识别。由于短波红外成像技术一般是非制冷工作方式，灵敏度有限，因此，主要应用于地面或近距离夜间侦察和监视等领域，机载远距离或超远视距的探测和跟踪应用尚少。

中波红外和长波红外是机载光电领域经常使用的光谱范围。

根据普朗克黑体辐射定律，中波红外光谱主要应用于观察高温物体，长波红外光谱重点用于常温物体轮廓探测。

中波红外成像技术因波长较短而具有较高的分辨率，因此，在良好的战场条件下，机载中波红外系统的作用距离大约是同孔径长波红外相机的 2.5 倍。

另一个方面，红外波长越长，透射能力越好，长波红外的透射波段范围最宽，约 6μm，而中波红外的透射波段只有 2μm。长波红外技术在观察地面温度下的目标时能够获得较多的辐射光子数，因此，具有更高的探测灵敏度，并且在热目标、燃烧物、烟雾、障碍物甚至寒冷天气等恶劣战场条件下，由于存在光子匮乏问题，采用长波红外技术更具优势。但在高温和潮湿的环境下（例如热带海洋气候），中波红外在大气中的透射率比长波红外高。

通常，在干燥条件下，8～12μm 波段比 3～5μm 波段有更好的透射率和透烟雾能力，在一定程度上能够解决由温度和空气中水汽导致的光能量衰减，性能得到很大提高，因此，光电瞄准吊舱（包括导航吊舱）最初都采用长波红外波段，但对高热/高湿地区则相反，中波红外比长波红外有更高的大气透射率，探测能力更强。

（3）红外探测器的响应光谱

机载红外成像技术采用红外探测器的响应光谱必须与红外大气窗口匹配。由于制冷状态下一些红外探测器（例如碲镉汞和锑化铟探测器）可以达到背景限，因此，这些探测器已经成为机载红外探测/瞄准设备的主流红外探测器。

随着科学技术的快速发展，中波红外制冷型焦平面阵列探测器的制造工艺已趋于稳定，性能有了很大提高。与长波红外探测器相比，成本大幅下降，因此，目前国内外光电瞄准吊舱应用中波红外探测器的比例很高。

选择机载红外探测系统的工作波长主要考虑以下因素：

① 飞行高度对目标背景红外辐射的影响。

② 大气对红外辐射传输的影响。中波红外辐射对高浓度水蒸气和大气微粒具有更好的传输特性，长波红外辐射在相同情况下具有更高的吸收率。因此，在海上或者具有大容量水蒸气区域工作的机载设备选择中波红外工作波长有更佳成像效果。

③ 战场环境中烟雾和灰尘的影响。一般地，烟雾和灰尘对中波红外辐射具有较强的吸收能力，所以，在这种环境下机载光电设备选用长波红外更合理。

④ 季节天气的影响。从目标辐射的红外能量考虑，温度较低时，中波红外可利用的能

量有限，因此，在寒冬环境工作时，采用长波红外会形成更清晰图像；而在夏天炎热条件下，尤其在含有大量水蒸气和大气微粒的情况中，选择中波红外辐射更合适。

⑤ 探测距离的要求。对探测距离小于10km的目标，无论采用中波红外还是长波红外工作波长，都能获得较好的图像效果；但对于大于10km的目标，采用中波红外系统要比长波红外系统有更好的成像质量。

⑥ 相对于不变背景下具有较小温度变化的目标，采用长波红外工作的探测器具有更佳的探测性能。

机载瞄准吊舱系统主要是对地探测和瞄准，在干燥条件下，地面目标和背景在长波红外波段可辐射更多光子，因此，探测器的积分时间大大缩短，即使飞机快速移动也不会使图像变得模糊。

综上分析可知：利用短波红外波段可以探测喷气式发动机的尾烟、炮管尾烟、弹药爆炸物和其它红外热目标；利用中波红外波段可以探测高温物体，例如飞行中的涡轮发动机和活塞式发动机及其它类似温度的目标；利用长波红外波段可以探测常温物体，例如人体热量、建筑物结构和其它具有类似温度的目标。因此，这三个红外波段是军事应用领域最为关注的红外波段。

实际应用中，选择何种红外波段作为最佳工作波段，还是一个有争议的课题，需根据环境条件和具体的技术要求确定。

需要注意，上述分析是针对单波段红外探测器而言。随着科学技术的发展，红外探测器性能有了很大提高，量子阱红外探测器可以在单个探测器焦平面阵列上实现多波段成像（例如德国AIM公司生产的中波/长波双波段红外探测器），使红外成像系统在短波、中波和长波红外波段之间切换，甚至在多个红外波段上同时形成高像质图像。考虑到全天候条件下工作，最好选择双波段（例如中波红外和长波红外）或者多光谱探测系统进行探测以获得更多的目标信息，甚至存在杂乱回波情况也能探测目标，从而有限地剔除探测目标的伪装信息，提高目标的探测效率和识别能力。

11.5.1.2.2 可见近红外光电视成像系统

理论上，对地面静止/活动目标进行搜索、探测和识别时，前视红外和可见光TV系统都是理想的成像装置，后者侧重于白天，图像分辨率更高；如果兼顾白天和黑夜条件下工作，采用前视红外系统更合适。

可见光与红外成像技术的成像机理不同。

红外成像技术是依靠目标与背景的红外辐射差异凸显目标，但忽略了图像明暗等信息，因此无法反映目标的颜色纹理等特征，不利于人眼观察。

可见光能够弥补红外成像这一缺点，能够较好地反映场景中的明暗信息及图像细节（即清晰反映图像上的轮廓和边缘等信息），便于人眼观察和识别。

采用多光谱成像技术是未来的发展趋势，可以充分利用可见光与红外光间的互补作用，发挥二者的综合效果。

经验表明，在雨天、黄昏和黎明等气象条件下，外界景物和目标会产生"零热对比度"现象，即一切物体的温度大致处于平衡，即没有温度差或者温差很小，在这种情况下，机载光电瞄准吊舱系统前视红外系统较难探测到目标，而在近红外光谱区域却有较高的目标/背景对比度。例如，在可见光区域（$0.4\sim0.7\mu m$），人造目标与树叶（即目标与背景）的对比度数值一般较小，但在近红外（$0.7\sim1\mu m$）区域，树叶反射率急剧提高，由可见光区域的20%提高到近红外区域的70%，因此，为了提高远距探测/瞄准吊舱系统的探测/识别能力，应把电视系统的工作波段扩展到更长的波长范围（即采用工作波长包括可见光和近红外波长的CCD接收装置），也因此具备响应光谱宽和量子效率高等优点，改善了对比度和提高了大气穿透率，从而弥补前视红外系统在该特定环境下的不足。

微光电视系统借助星光或月光观察，在夜间低照度（$10^{-3} \sim 10^{-1}$lx）环境下也能有效工作。因此，采用近红外/微光像增强器的夜视系统（NVG）（光谱范围$0.8 \sim 1.7 \mu m$）的显著优势是可以充分利用夜天空辐射能量，在没有月亮的夜晚也能清晰地显示目标图像，且图像细节比中/长波红外成像系统更丰富，也更容易识别。缺点是无法在强光下使用，同时，与红外系统相比，探测距离较短，无法探测到烟雾遮挡及丛林中伪装的目标。另外，成像质量易受气候影响，在雨/雾、湿气、烟/尘条件下无法工作，因此，近红外微光夜视系统主要应用于军用直升机中。

微光电视和前视红外系统观察到的目标具有相同的空间特征，但对比度等级相差很大。把这些变化显示为色彩差别，然后再进行图像融合，能够提高目标背景的对比度和增大景象的动态距离，可更有效地进行目标搜索，增强飞行员发现隐藏目标和避免目标丢失的能力，减轻工作负荷，提高安全性。

11.5.1.2.3 激光测距/照射系统

理论上，激光测距/照射系统可以采用$0.12 \sim 0.3 \mu m$工作波段的激光器，提供与雷达同样的性能。实际上，因受大气水蒸气的影响，通常都采用工作波长$1.064 \mu m$或者$1.54 \mu m$的激光器，前者用于测距和照射，后者用于训练。

11.5.1.3 变F数技术

11.5.1.3.1 红外探测器

红外探测器分为制冷型红外探测器和非制冷型红外探测器。

非制冷型红外探测器的灵敏度较低，主要应用于民用领域，在一定条件下，也可用于中/低端性能要求的军用领域，但较少用于机载光电瞄准吊舱。

制冷型红外探测器通常工作在77K低温环境下，信噪比要比非制冷型高出$1 \sim 2$个数量级，能够分辨背景与目标间的更细微温差，探测距离更远，是机载光电吊舱主要应用的红外探测器。

第4章已经详细阐述过红外探测器的工作原理、技术要求、基本结构和类型，在此不再赘述。本节重点讨论前视红外光学系统设计中与制冷型红外探测器相关的问题，即冷光阑和变孔径问题。

（1）冷光阑

制冷型红外探测器焦平面阵列及相关组件在低温环境中可以分辨更小的温差，因此需要封装在制冷的杜瓦瓶中。为了抑制传输到像面的杂散光辐射，在探测器焦平面之前放置一个冷屏（即冷光阑），如图11-66所示。

冷光阑是红外探测器杜瓦瓶中决定其F数的重要组件，主要作用是：

① 限制探测器（或者探测系统）视场及背景红外辐射通量，只允许需要的红外辐射进入，阻止不需要的杂光辐射通过，从而降低背景噪声，提高探测器组件的信噪比和探测率。

② 本身温度很低，可以减少自身辐射，有效隔离诸如杜瓦瓶内壁产生的红外杂散辐射以及其它电磁辐射干扰，达到更好的成像效果。

冷光阑有多种结构。研究结果表明，圆锥形冷光阑比圆柱形效果更好，如图 11-67 所示。

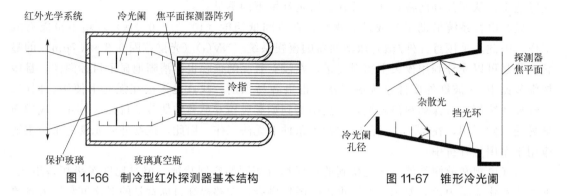

图 11-66　制冷型红外探测器基本结构　　　　图 11-67　锥形冷光阑

由于冷光阑要冷却到探测器温度，并控制着光学系统的立体角，因此，只有来自所需视场（即有效视场）的"热辐射"（红外光线）才能到达探测器像面，同时，光阑温度很低，可大量减少自身辐射，因而具有更好的成像效果。

（2）变孔径冷光阑

F 数是制冷型红外探测器的一个重要参数。

与光学系统相似，若冷光阑通光孔径直径为 D，冷光阑至探测器像平面的距离为 L，则 D/L 定义为红外探测器的相对孔径，L/D 定义为红外探测器 F 数：

$$F_{探} = \frac{L}{D} \tag{11-1}$$

可以看出，锥角越大（或红外探测器的 F 数越小），效果越佳。原因是：当冷光阑轴向长度一定，锥形结构的有效面积比圆柱形的内壁大，因而，杂散光需经过更多次散射才能到达探测器接收面。另外，冷光阑内壁可以涂覆更大面积"黑色"吸收涂层，结合使用挡光环，利用涂料的表面粗糙度对杂散辐射进行漫反射，或者利用表面的多孔性散射吸收杂散辐射，使杂散光在锥形冷光阑中的衰减量更大。

应适当选择冷光阑孔径。冷光阑孔径过大，不必要的背景辐射和杂散光会进入系统，使像质恶化，降低成像效果；冷光阑孔径过小，会遮挡成像光束的有效红外辐射，即存在渐晕，造成图像亮度不均匀。

红外探测器冷光阑效率定义为：到达探测器像平面的辐射期望值（理论值）与实际到达的辐射总量之比。

如果光学系统 F 数表示为 $F_光$，探测器 F 数表示为 $F_探$，则冷光阑效率（或冷屏效率）定义为探测器 $F_探$ 与光学系统 $F_光$ 之比的平方：

$$\eta = \left(\frac{F_{探}}{F_{光}} \right)^2 \tag{11-2}$$

显然，光阑匹配意味着冷光阑效率等于 1，即 $F_光 = F_探$，否则造成光能量损失。

为了保证冷光阑效率达到 100%，或者说减少探测器背景噪声的必要条件是保证红外光学系统与制冷型红外探测器的 F 数一致，即有效入射光束能够充满探测器冷光阑。

① 固定 F 数的红外探测器。

a. 固定焦距的红外光学系统。

一般情况下，红外探测器的冷光阑孔径是固定不变的。设计制冷型红外光学系统时，定焦光学系统与探测器的 F 数尽量一致，即轴上最大孔径光束通过光学系统后的会聚角应当与探测器的成像"立体角"相同，保证较高的冷光阑效率，俗称"光阑匹配"。

光电瞄准吊舱的研发过程表明，第二代前视红外光学系统已经采用设计有固定 F 数冷光阑的中波（$3\sim5\mu m$）、凝视型（640×640 像素）锑化铟红外探测器。如图 11-68 所示，图（a）是二者 F 数完全匹配，杂散光成像在像平面外，不会对图像造成干扰；否则，如图（b）所示，杂散光大量进入探测器，使图像质量恶化。表 11-28 列出冷光阑效率与红外光学系统 F 数和探测器 F 数的关系。

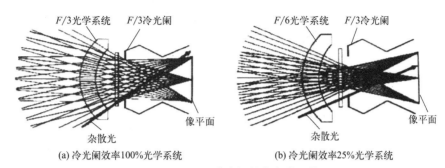

图 11-68　不同冷光阑效率光学系统

表 11-28　红外探测器冷光阑效率与 F 数关系

参数		光学系统 F 数					
		1	2	3	4	5	6
冷光阑 F 数	1	100％	25.0％	11.1％	6.2％	4.0％	2.8％
	2		100％	44.4％	25.0％	16.0％	11.1％
	3			100％	56.2％	36.0％	25.0％
	4				100％	64.0％	44.4％
	5					100％	69.4％
	6						100％

b. 变焦红外光学系统。

红外变焦光学系统中红外探测器的 F 数多为常数，改变焦距大小仅能改变光学系统的通光孔径，换句话说，只有一个视场占用了整个通光孔径，如图 11-69 所示，窄视场占用了整个通光孔径，宽视场仅占用通光孔径的少部分，损失了大部分能量，很难满足成像质量的要求。

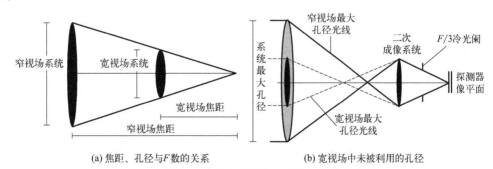

图 11-69　传统变焦光学系统的 F 数与通光孔径的关系

华中光电技术研究所（赵坤等人）提出"双孔径方法"，并设计了一种双孔径三视场（10倍变倍比）中波红外（3.7~4.8μm）变焦系统，如图 11-70 所示。

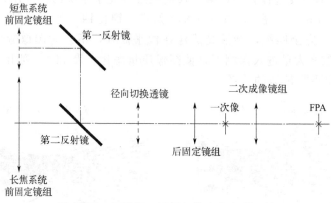

图 11-70　双孔径三视场红外变焦光学系统

实际上，该系统是径向切换变焦光学系统的改进型，区别在于"切换前固定镜组"。因此，短焦光学系统的前固定镜组是由"专用短焦前固定镜和第一反射镜"组成，反射镜2与短焦径向切入透镜组成短焦变倍镜组，同时与中焦/长焦的其它部分共同组成短焦光学系统，中焦和长焦光学系统则共用一个大孔径前固定透镜组，通过另一个径向切换系统完成中焦/长焦的变换。

该光学系统的焦距分别是 300mm、150mm、30mm，变倍比 10，F/10，光学系统如图 11-71 所示。计算结果表明，在相同的焦距条件下，双孔径变焦光学系统的冷反射得到了有效控制，可以在红外成像系统中得到广泛应用。

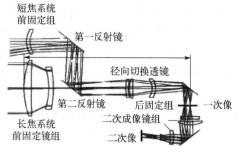

(a) 短焦光学系统(焦距30mm)

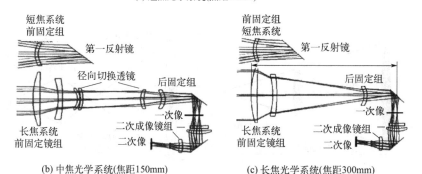

(b) 中焦光学系统(焦距150mm)　　　(c) 长焦光学系统(焦距300mm)

图 11-71　双孔径红外变焦光学系统

② 变 F 数冷光阑元件。

红外光学系统有一次成像与二次成像两种形式。

对于固定焦距的一次成像红外光学系统，为了使整个系统没有渐晕，减少杂散光辐射，保证冷光阑效率 100%，必须将冷光阑与光学系统孔径光阑设计为一对共轭物像，换句话说，使冷光阑位于光学系统的出瞳位置，但势必造成光学系统通光孔径太大。因此，该设计方案仅适用于焦距较短的光学系统。

在单 F 数系统中，提高 F 数会提高分辨率，但同时会降低灵敏度，并且，也不可能全面优化系统各视场分系统的成像质量。第三代红外光学系统采用了大面阵、小尺寸像元和高灵敏度的多光谱探测器，研究表明，采用变 F 数技术可以大大提高红外光学系统的性能，使多视场系统的不同视场分系统都能获得高分辨率和灵敏度。

变 F 数红外光学系统是视场变化时制冷红外探测器 F 数也随之改变的光学系统，同时改变焦距和通光孔径以实现对大小视场切换，即完成大视场搜索与极小视场监视的转换，从而达到提高通光孔径利用效率和成像质量的目的，如图 11-72 所示（以 F/3.0 和 F/1.5 为例）。

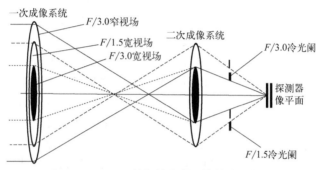

图 11-72　双 F 数红外光学系统的孔径关系

可以看出，当光学系统处于宽视场（同样适合窄视场）工作状态，在保持光学系统焦距不变的情况下，改变冷光阑通光孔径的大小就能改变系统的 F 数（3.0 或者 1.5），使系统具有更大的通光孔径。

a. 变 F 数红外光学系统是通过改变红外探测器冷光阑通光孔径的大小实现其不同焦距（或视场）条件下与探测器冷光阑的匹配。

b. 通过改变冷光阑大小实现大视场搜索与小视场识别的切换，能够提高有效通光孔径的利用率。

c. 在一定条件下（例如要求有固定的最大孔径和宽视场），模拟计算结果表明，系统作用距离与 F 数密切相关，如图 11-73 所示。窄视场时作用距离更远，宽视场时信号采集更多，灵敏度也更高。

d. 能够在一定程度上减小通光孔径对系统外形尺寸的限制，缩小体积，实现系统小型化。

实现变 F 数红外光学系统设计的关键是具有变 F 数的红外探测器，通常采用两种方法：在探测器内部设置变 F 数冷光阑和在探测器外部设置变 F 数"热光阑"（warm stop）。

变 F 数"热光阑"是一种设置在探测器外（或者制冷体外）、在常温下工作的光阑，无需制冷，成本低。

变 F 数冷光阑是封闭在杜瓦瓶内，有滤光片式冷光阑和变孔径冷光阑两种形式。前者

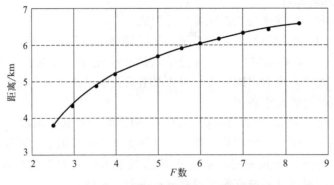

图 11-73 系统作用距离与 F 数的关系

用于双红外波段光学系统，后者适合单波段连续变焦光学系统。变孔径冷光阑表面镀有低反射率/高吸收率涂层，并经过发黑处理，对高温背景能量的屏蔽效果更佳，像质更好。

变孔径光阑有三种类型：

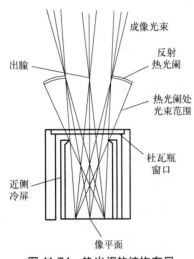

图 11-74 热光阑的结构布局

a. 反射热光阑。在杜瓦瓶窗口附近设计一个反射热光阑（也称为"热屏""虚冷光阑""冷反射镜"），其作用是反射杜瓦瓶内返回的冷辐射，阻挡到达探测器的其它热背景辐射，如图 11-74 所示。与视场切换装置类似，可以将热光阑移出原位或移进系统中。

应当指出，该方法是尚未研发出具有可变冷光阑的红外探测器时采取的一项措施，主要应用于需要小孔径和小 F 数的窄视场中。由于置于探测器之外，因而必须尽可能紧靠探测器杜瓦瓶窗口以获得最大的冷光阑效率。如果需要在制冷状态下工作，还需单独设计制冷装置，势必增大体积和重量，因此，通常在常温下工作（也称为"温光阑"），效果不如冷屏内的可变冷光阑。

案例一，中国航空工业集团公司洛阳电光设备研究所（陈建发等人）对反射型热光阑技术进行了研究，在红外探测器外侧设计了一个球面形状的热光阑：到像面距离 28mm，光阑孔径 4.67mm，表面曲率半径 16.8mm，光阑外径 20mm，可以在 $F/3$ 和 $F/6$ 之间切换，如图 11-75 所示。

设计结果表明，通过优化热光阑的设计参数，可以消除热光阑的自身辐射、外界环境的杂散辐射以及冷反射对系统性能的影响，验证了设计大 F 数或者变 F 数红外光学系统（没有合适的变 F 数红外探测器情况下）的可行性。

案例二，2007 年，Nahum 等人在红外光学系统中设计了一个外置式可变冷光阑组件，如图 11-76 所示，实现了 $F/10.5$ 光学系统与 $F/4.1$ 红外探测器的连接，满足了成像需求。外置式热光阑的缺点是需要额外设计制冷装置。

b. 滤光片式冷光阑。对双波段红外光学系统，在冷光阑位置设计一个由圆形和同心圆环组成的滤光片，中心圆上涂镀透中波红外膜系，同心圆环上涂镀透长波红外膜系，使两种波段产生不同的 F 数。中心红外波段的窄视场有一个较小的 F 数，通过滤光片中心区，其它区域产生较大的长波红外。

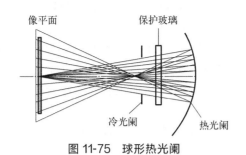

图 11-75　球形热光阑

图 11-76　外置可变孔径冷光阑

c. 变孔径冷光阑。可以采取两种方法实现可变冷光阑：多孔径法和连续变孔径法。

多孔径法类似于径向变焦光学技术。首先，在杜瓦瓶的冷空间内（根据技术要求）预置若干个不同直径的通光孔径，然后，依靠机械或其它定位技术确定不同孔径的位置，提供不同孔径的冷光阑。

2014 年，中国科学院长春光学精密机械与物理研究所（刘莹奇等人）研发了一种多孔径冷光阑并申请了专利，在杜瓦瓶中同时安装有不同孔径光阑的孔径光阑盘和不同波段滤光片的滤光片盘，通过适当组合完成对红外冷光阑孔径的调节。显著特点是每个位置上可以使用不同形状的孔径，类似于反射热光阑。

连续变孔径法是利用照相机调整光圈的类似技术改变红外探测器冷光阑孔径。由于该光圈组件位于冷屏内，与探测器保持相同温度，除了易于保持 100% 冷屏效率外，还可以非常方便地设置所需要的任何 F 数，并且，光阑位置固定，无需移动组件，因而得到众多研究者的青睐。美国雷神公司（Raytheon）第三代红外系统就是采用这种变 F 数红外探测器，从而对多视场红外系统的分辨率和灵敏度同时进行了优化。

美国陆军与美国 OKSI 公司联合研发了快门式内置可变冷光阑（刀片虹膜式调整机构），集成在红外焦平面探测器的杜瓦瓶内，由多个叶片组成，通过旋转驱动板调整冷光阑孔径，与红外变焦光学系统同步变化至所需要的孔径，如图 11-77 所示。

随着对视场范围、图像质量和小型化的需求不断增大，变 F 数红外光学系统的优势愈显突出，应用也越来越广泛。

图 11-77　内置式可变冷光阑结构

11.5.1.3.2　光学系统

前视红外光学系统研发过程中，尤其是成功研发出设计有可变冷光阑的红外探测器之前（例如第二代传统的红外光学系统），探测器的 F 数是固定不变的。为了满足宽视场搜索目标和窄视场跟踪/识别目标的技术要求，通常将前视红外系统设计为变焦光学系统，不同视场对应着红外探测器的同一个 F 数工作，因此，一些设计指标之间出现矛盾，导致提出不合理的设计要求。例如，如果变焦过程中，光学系统有效通光孔径固定不变，焦平面探测器的像面尺寸一定，则增大光学系统焦距就会使视场（或瞬时视场）变小，对应的 F 数数值变大，虽然，增大 F 数数值会提高分辨率，但会降低灵敏度，不可能全面优化系统各种功能。

红外变焦系统可以有两个或者多个视场，但对于具有固定 F 数冷光阑的红外探测器，只有一个视场是真正满足"冷光阑匹配"，能量得到充分利用，成像质量最佳。

若设计是保证窄视场（长焦距）条件下满足"冷光阑匹配"，那么，当光学系统切换到宽视场（短焦距）时，会有相当部分通光孔径未被使用；若保证宽视场（短焦距）条件下满足"冷光阑匹配"，则光学系统切换到窄视场（长焦距）时，有效成像光束无法全部充满冷光阑，冷光阑效率<1。换句话说，仅仅改变光学系统的 F 数而没有改变冷光阑的有效通光直径，冷光阑效率的降低将产生大量无法接受的噪声。

按照光学设计考虑，为了满足（双波段）双 F 数红外探测器的性能要求，需要设计具有相同焦平面阵列（FPA）和双 F 数的双波段光学系统，同时改变光学系统的焦距和通光孔径对远近视场进行切换，在同一像平面（无需重新对焦，并有满意的像质）位置形成高质量（MWIR 和 LWIR）图像，使红外光学系统在分辨率和灵敏度两方面都达到最佳。就是说，在光学系统处于大视场情况下，保持焦距不变，通过改变冷光阑大小，改变系统 F 数，从而使系统获得更大的有效通光孔径，提高通光量和成像质量。

在红外变焦系统中，为了保证（双波段）不同视场（焦距或者 F 数）都能够获得最大的冷光阑效率或最佳性能，最好的方法是改变冷光阑有效通光直径。第 2 章已经较为详细地讨论和分析过变 F 数红外光学系统，在此不再赘述。

下面讨论光电吊舱前视红外光学系统初始设计阶段，如何根据总体技术要求选择和确定光学系统的 F 数。

光学系统的 F 数定义为光学系统焦距 f' 与入射光瞳直径 D 之比。

$$F_{光} = \frac{f'}{D} \tag{11-3}$$

由于空间限制，对固定的最大通光孔径有严苛要求。变焦系统中，焦距变化会造成系统 F 数变化。F 数数值大，意味着焦距长，反之，焦距短。

在固定焦距红外光学系统中，红外探测器的 F 数固定不变。增大光学系统焦距会造成有效通光孔径增大；对于变焦距光学系统，通常情况下，只能保证一种视场（或焦距）对应的 F 数与红外探测器的 F 数相匹配，其它视场的有效通光孔径则无法得到充分利用。

随着变 F 数红外探测器（外置变孔径热光阑或者内置变孔径冷光阑）的研制成功，合理选择光学系统的 F 数显得尤为重要，主要考虑以下几个原则。

① 根据视场或孔径决定光学系统 F 数。宽视场采集信号更多，窄视场作用距离更远。

前视红外系统通常把作用距离（探测/识别）作为优先考虑的技术指标，因此，采取以固定窄视场通光孔径（长焦距窄视场对应大通光孔径）为主和宽视场通光孔径（或者说短焦距宽视场对应的通光孔径）为辅的原则。

② 根据中心波长成像质量决定 F 数。选择中心波长有两个原则：

a. 以分辨率极限为基础选择中心波长 F 数时，要考虑能使探测器在奈奎斯特极限频率时的 MTF 达到 15%。

b. 以信号极限为基础选择中心波长 F 数时，要考虑使光学系统的衍射限弥散圆直径等于红外探测器的像元间距。

根据光学成像理论，应当兼顾该波长下光学传递函数和衍射弥散斑两个方面。

从分辨率考虑，保证在此波长和探测器的奈奎斯特极限频率下的传递函数大于 15%，建议其它波长也不要低于此值。

从几何像差考虑，衍射弥散圆直径应等于（或小于）探测器的像素间距（像素对角线尺寸），以此确定系统的最小 F 数数值。

③ 不同波长范围的最佳 F 数范围。对于理想望远系统或照相物镜系统，其衍射分辨率（角度）近似表示为：

$$\alpha = \frac{0.61\lambda}{n'\sin U'_{\max} f} \qquad (11\text{-}4)$$

通常，光学系统均位于空气中，折射率 $n'=1$，系统焦距 $f'=-f$，轴上光束最大会聚角 $\sin U'_{\max} \approx \dfrac{D}{2f'}$，所以，上式转换为：

$$\alpha = -\frac{1.22\lambda}{f'}F \qquad (11\text{-}5)$$

显然，如果保持系统分辨率和焦距不变，则不同波长的红外系统需要采用不同的 F 数，满足下列公式：

$$\frac{\lambda_1}{\lambda_2} = \frac{F_2}{F_1} \qquad (11\text{-}6)$$

对于双波段光学系统，选择最佳 F 数较为复杂。小像元尺寸情形中，两个波段最佳 F 数重叠区较少，因此，需要采用多视场和多 F 数（变 F 数探测器）方法解决该问题。

例如，对于像元尺寸 $20\mu m$ 的红外探测器，中波红外光学系统优化时可以选择的 F 数范围是 $2.7\sim7.0$，长波红外光学系统优化时可以选择的 F 数范围是 $1.3\sim3.3$。由于双波段 F 数之间重叠区域很少，因此，选择 F 数需更加小心，还要考虑其它因素，或许需要考虑安排三视场或更多视场。

根据不同波长、探测器性能和像质要求，表 11-29 列出了选择 F 数的参考值。

表 11-29　根据焦平面阵列和波长选择最佳 F 数的参考值

波长 /μm	奈奎斯特 MTF	F 数	像元间距 /μm	像素对角线 /μm	探测器奈奎斯特频率 /(lp/mm)	衍射弥散圆 /μm
4.25	15%	7.0	20	28.3	25	72.5
	63%	2.7				28.3
9.0	15%	3.3				72.5
	63%	1.3				28.3
4.25	15%	9.8	28	39.6	18	101.0
	63%	3.8				39.6
9.0	15%	4.6				101.0
	63%	1.8				39.6

应当注意，对于双 F 数光学系统，F 数间隔越大，性能提高越快。为了保证整个系统都具有良好的成像质量，需要通过优化光学系统补偿由此产生的影响。

④ F 数的变化以探测器像元尺寸为准。前视红外光学系统瞬时视场与探测器像元尺寸存在以下关系：

$$\text{瞬时视场(IFOV)} = \frac{\text{像素对角线长度}}{\text{系统焦距}} \qquad (11\text{-}7)$$

$$= \frac{\text{像素对角线长度}}{D_{\text{入瞳有效直径}}} \times \frac{1}{F} \qquad (11\text{-}8)$$

显然，为了保持相同的瞬时视场，使用不同像元尺寸的红外探测器，需要选用不同的 F 数。例如中波红外系统有两种探测器，像素分别为 $20\mu m$ 和 $28\mu m$，若前者选用 $F/7.0$，则为了保持相同的瞬时视场，后者应当选择 $F/9.8$（等于像素大小之比与 $F/7.0$ 乘积）。

⑤ 一般地，实际光学系统的分辨率是指光学系统成像之后，探测接收器（例如红外探测器和 CCD 接收器）所能分辨的最高空间频率。因此，分辨率的高低取决于光学系统与探测器的性能。如图 11-78 所示，曲线 1 是某探测器的阈值曲线，代表接收面在不同对比度下所能分辨的极限空间频率；曲线 2 是对应光学系统的 MTF 曲线，两条曲线交点对应的空间频率即系统的截止频率，对应的 MTF 就是组合系统的 MTF（或者分辨率）。

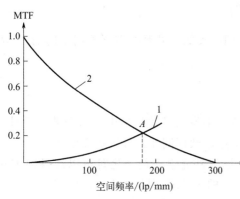

图 11-78 光学系统和探测器的组合空间频率与分辨率

⑥ 可以直接选用若干指定空间频率（称为特征频率）的传递函数值评价系统或者红外探测器的成像质量。根据国标 GB/T 17444—2013《红外焦平面阵列参数测试方法》和国军标 GJB 2700—96《卫星遥感器术语》规定，红外焦平面探测器的调制传递函数（MTF）定义为：在奈奎斯特频率（Nyquist frequency）（特征频率）范围内，各正弦空间频率的调制辐照下，焦平面输出信号调制度与辐照信号调制度之比。探测器奈奎斯特频率定义为"对信号无失真采样的最低频率，数值上等于信号变化频率的两倍"，具体到机载光电仪器，是与两倍探测器（对应于像元）尺寸的倒数对应的空间频率。例如，像素尺寸 $20\mu m$ 的红外焦平面探测器的奈奎斯特频率是 25lp/mm，像素尺寸 $28\mu m$ 的红外焦平面探测器的奈奎斯特频率是 18lp/mm。

对于望远物镜或者摄影系统，我国规定胶片型相机照相物镜特征频率为 25lp/mm 和 10lp/mm，国外也有选择 30lp/mm 和 15lp/mm 的。表 11-30 给出了相关参考数据，虽然该数据是针对胶片型照相物镜，但仍可用作其它接收装置（例如 CCD 相机）的设计参考数据。

表 11-30 胶片型相机照相物镜的技术性能

特征频率	10lp/mm		25lp/mm	
视场	轴上	0.707	轴上	0.707
MTF(全孔径)	0.7～0.55	0.35～0.3	0.4～0.3	0.15

众所周知，理想光学系统对一个点光源衍射成像为一个弥散斑，并把中央亮斑作为衍射像。两个衍射像之间所能分辨的最小间隔定义为理想光学系统的衍射分辨率。按照下列公式计算弥散斑直径 d：

$$d = \frac{1.22\lambda}{n'\sin U'_{\max}} \tag{11-9}$$

当一个光学系统的工作波长 λ 和 F 数确定后，应考虑到以下实际情况：

a. 望远系统或者照相物镜系统（入瞳直径 D）是对无限远目标成像，因此：

$$\sin U'_{\max} \approx \frac{D}{2f'} \tag{11-10}$$

其中，$U'_{\max}$ 是轴上最大孔径光束会聚角。

b. 系统通常位于空气中，$n'=1$，代入式（11-9）中，可以得到理想光学系统点光源衍射极限弥散斑：

$$d=2.44\lambda\frac{f'}{D}=2.44\lambda\times F\,数 \tag{11-11}$$

显然，当一个光学系统的有效工作波长（中波红外选择 4.25μm 和长波红外选择 9.0μm）和 F 数确定后，可以计算出理想光学系统的衍射极限弥散斑：例如 $F/7.0$ 光学系统（中心波长 4.25μm，探测器像素尺寸 20μm）的衍射极限弥散斑直径是 72.59μm，而 $F/9.8$ 光学系统（中心波长 4.25μm，探测器像素尺寸 28μm）的衍射极限弥散斑直径是 101.63μm。

为方便读者参考，表 11-31 列出红外光学系统 F 数、MTF、光斑弥散圆与红外探测器奈奎斯特频率、像素尺寸和波长之间的对应数据。

表 11-31 红外系统最佳 F 数、像素尺寸和波长的关系

波长/μm	像素尺寸/μm	像素对角线/μm	探测器奈奎斯特频率/(lp/mm)	F 数	奈奎斯特频率下的 MTF	光点弥散圆直径/μm
4.25	20	28.3	25	7.0	15%	72.6
4.25	20	28.3	25	2.7	63%	28.0
9.0	20	28.3	25	3.3	15%	72.5
9.0	20	28.3	25	1.3	63%	28.6
4.25	28	39.6	18	9.8	15%	101.6
4.25	28	39.6	18	3.8	63%	39.4
9.0	28	39.6	18	4.6	15%	101.0
9.0	28	39.6	18	1.8	63%	39.5

11.5.1.4 二次成像技术

为了满足红外探测器 100% 冷光阑效率，同时使光学系统具有合适的通光孔径，短焦距光学系统通常采用一次成像形式，而长焦距光学系统一般采用二次成像形式，如图 11-79 所示。

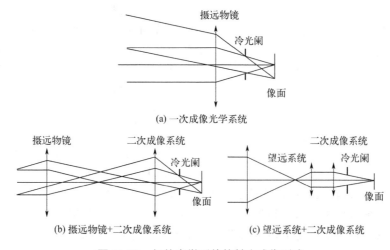

图 11-79 红外光学系统的基本成像形式

一次成像红外光学系统设计技术比较成熟，前面介绍了许多设计实例，本节重点介绍二次成像技术。

机载综合光电搜索跟踪技术为了满足宽视场探测和窄视场跟踪的技术要求，通常采用双视场或多视场二次成像红外光学系统，必要时，还需要采用双波段（例如，中波红外和长波红外）成像技术。

二次成像系统的优点是：

① 以红外探测器冷光阑为红外光学系统出瞳，更方便与制冷型红外焦平面探测器实现"光阑完全匹配"，确保冷光阑效率达到 100%。

② 在一次像面位置加入视场光阑，可以有效抑制杂散光。

③ 能有效减小光学透镜的有效通光孔径。

④ 可以选择在望远系统或者会聚成像系统中实现变焦。

望远镜系统＋会聚成像系统是广泛采用的二次成像形式之一。一方面，出射光束是平行光束，如采用单光谱红外探测器，则可以利用分束镜对不同波长分束，容易完成与后面不同光谱的光学成像系统对接；另一方面，望远镜系统的出瞳在目镜外侧，与后面成像系统入瞳很容易匹配，保证 100% 的冷光阑效率。因此，通常用作前视红外系统、可见光电视成像系统和激光接收系统的共孔径光学系统。

望远镜系统可以是全反射型结构、透射型结构，或者反射/透射混合型结构，取决于具体的技术要求及光电吊舱空间的可用性。

11.5.1.4.1　单波段前视红外光学系统

（1）基本类型

第一代前视红外光学系统采用扫描式长波红外（LWIR）系统，孔径光阑设计在无焦望远系统与成像系统之间，即扫描反射镜附近，因此，探测灵敏度受限于到达 FPA 的背景辐射。

第二代前视红外系统的重大变化是设计了"冷光阑"，大大减少了有害辐射，但 F 数固定不变，因此，多视场红外光学系统需要在分辨率与灵敏度之间作出选择或者平衡。为了缩小光斑尺寸和透镜通光孔径，前视红外光学系统需要将冷光阑成像在光学系统最前面通光孔径上，如图 11-80 所示。

第三代前视红外系统采用双波段和双 F 数焦平面阵列红外探测器以消除固定 F 数冷光阑的约束和限制，从而在一个红外系统中可以兼顾中波红外和长波红外的优点，同时具有高分辨率和高灵敏度，但必须设计一个近乎理想冷屏效率的双 F 数光学系统。

图 11-81 是一种由望远镜子系统和二次成像子系统组成的透射型前视红外光学系统，其中，望远镜子系统包含物镜组（前物镜和后物镜）、随动反射镜、折转反射镜、变倍镜组和目镜组。

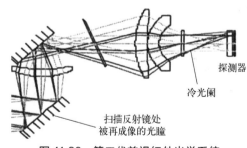

图 11-80　第二代前视红外光学系统

望远光学系统压缩光束口径以减小后续光学零件尺寸，并在望远镜系统中实现变倍功能：采用小视场时，将变倍镜组切出光路；大视场时，变倍镜组切入光路。

二次成像系统的功能是将从望远镜射出的准直光束聚焦在探测器焦平面上。探测器焦平

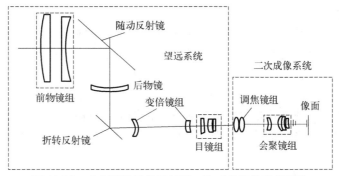

图 11-81　光电瞄准吊舱透射型二次成像红外光学系统

面前面的"冷光阑"是系统的出射光阑。一般地，会聚成像系统由调焦透镜和会聚成像透镜组组成，调焦镜轴向运动以保证温度变化时能够补偿像面位移，并采用电子消旋方式消除图像旋转，保持图像清晰，如图 11-82 所示。光学系统技术性能列在表 11-32 中。

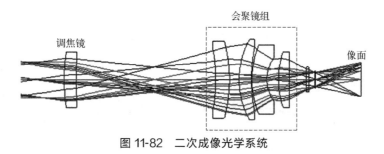

图 11-82　二次成像光学系统

表 11-32　透射型前视红外二次成像光学系统的技术性能

参数		指标
工作波段/μm		3.7~4.8
探测器像素数目		640×480
像素尺寸/μm		15
系统 F 数		4
光学系统视场 /(°)	宽视场	3.6×2.7
	窄视场	1.2×0.9
光学系统透过率		≥0.65
冷光阑效率		100%
冷反射		无
望远系统出瞳位置		与红外成像组件入瞳重合
MTF(32lp/mm,温度 20℃时)	轴上	≥0.3
	轴外 0.9 视场	≥0.2
−55~60℃范围内与 20℃相比,MTF 下降量		≤0.05
RMS 弥散斑直径/μm		≤15
φ15μm 内衍射能量会聚度		≥30%
畸变		≤5%
轴外与轴上的照度之比		≥80%

（2）红外变焦光学系统

在机载红外光学系统中，为了实现对远距离目标的搜索和探测以及对目标的细节识别，采用传统的固定焦距红外光学系统已经无法满足需求，采用变焦红外光学系统势在必行。

机载红外变焦系统需要观测的目标移动速度越来越快，探测/瞄准的目标距离越来越远，较低照度工作环境下的需求也更强，因而对机载红外变焦光学系统的焦距（长）、孔径（大）、变倍比（大）和成像质量（细节分辨率）都提出了更高要求。

第2章对变焦光学系统的基本原理和结构形式进行了详细讨论和分析，在此主要介绍单波段红外变焦光学系统。

① 径向切换变焦技术。

案例一，双视场径向切换变焦光学系统。

在二次成像红外光学系统中，通常将变焦功能设计在红外望远镜分系统中，并且，一般使红外望远系统物镜和目镜固定不变，通过移动变倍透镜组和补偿透镜组改变物镜焦距，同时对像面移动进行适当补偿，保持望远系统具有良好的成像质量并输出平行光束。

中国航空工业集团公司洛阳电光设备研究所（乔明霞和曾威）采用径向切换透镜组方式设计了一种双视场变焦红外光学系统（采用 Ge 和 ZnS 两种材料），如图 11-83 所示。

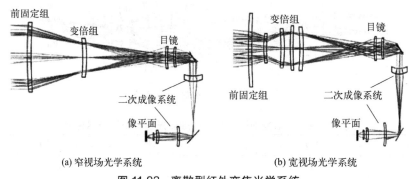

(a) 窄视场光学系统　　　　　　　　(b) 宽视场光学系统

图 11-83　离散型红外变焦光学系统

该系统由望远系统、扫描反射镜和会聚成像系统组成。望远系统包括物镜组、变倍镜组和目镜组。变倍镜组是由一块负透镜和三块正透镜组成的分离式光学系统，以窄视场光学系统为基础，将变倍镜组径向垂直切入窄视场光学系统中，转换到宽视场。为了提高光学系统成像质量和光学透过率，光学系统中透镜数量应尽量少，因此，窄视场光学系统中目镜和会聚分系统包含 7 个非球面，宽视场变倍镜组包含 3 个非球面。

基本工作原理：目标光束经过望远系统准直和压缩后，投射到扫描镜上，扫描镜以一定的角度（±6.5°）扫描转动，将不同视场的光束传输到会聚光学系统中，并聚焦在红外探测器像面上，最后输出可视图像。孔径光阑设计在探测器的冷光阑上，保证冷光阑效率100%。会聚光学系统的入瞳与望远光学系统的出瞳匹配且重合，从而减小系统渐晕和扫描反射镜的尺寸。适当选择望远系统的放大率，保证扫描反射镜具有合适的外形尺寸和扫描角度。表 11-33 列出该系统的主要技术性能。

表 11-33　径向切换式双视场红外光学系统的技术性能

参数	指标
波长/μm	7.7~10.3
F 数	1.67

参数			指标
视场/(°)		窄视场	3.73×2.8
		宽视场	9.34×7
系统焦距/mm		窄视场	165
		宽视场	66
会聚系统焦距/mm			24
变倍透镜组焦距/mm			95.12
放大倍率		窄视场	6.86 倍
		宽视场	2.75 倍
变倍比			2.5
冷光阑效率			100%
MTF		10lp/mm	0.8
		20lp/mm	0.45
畸变			<1.5%
冷反射			无
工作温度/℃			−40~+60
探测器			288×4 线列探测器
外形尺寸/mm			320×180×135

案例二，三视场径向切换变焦光学系统。

国外一些吊舱装备的变焦光学系统设计为三视场结构形式，典型产品包括 Sagem 公司研制的 EUROFLIR TM 型光电吊舱的三视场长波红外系统（24°、4.8°和 1.5°），以色列 Aerospace 公司研制的多用途光电吊舱三视场长波红外系统（24.5°×18.4°、7.2°×5.4°和 2°×1.5°）和三视场中波红外系统（16.4°×12.3°、3.6°×2.7°和 0.9°×0.7°）。

西安应用光学研究所（胡博等人）利用"大/中视场透镜切换方式和大/小视场平面反射镜切换方式"设计了一种三视场长波红外变焦光学系统，其中，视场分别是 0.8°×0.6°、8°×6°和 24°×18°。三视场共用二次成像透镜组，保证 100% 冷光阑效率。

如图 11-84 所示，三视场变焦系统实际上是两种不同双视场切换方式的综合。通过双平面反射镜（包括上/下反射镜）组件切入/切出光路实现小视场与大/中视场之间的转换：切入系统是小视场，而切出视场则是大/中视场。双平面反射镜切出系统光路后，再利用径向双视场变焦方式实现大/中视场的变换。

二次成像光学系统是三视场红外光学系统的共用成像系统。为了实现 100% 的冷光阑效率以及减小第一片透镜的通光孔径，孔径光阑设置在冷光阑位置。设计中，根据对系统的总体要求，首先考虑二次成像光学系统，对两套光学系统分别进行初步设计，确定结构参数，再对两个光学系统进行具体设计，直至满足成像质量要求。主要技术

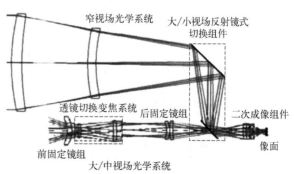

图 11-84 三视场长波红外变焦光学系统

性能列在表 11-34 中。

表 11-34　三视场长波红外光学系统的技术性能

参数		指标
红外探测器	波长/μm	8～12
	像元数目	640×512
	像元尺寸/μm	15×15
光学系统	F 数	2
	视场/(°) 大视场	24×18
	视场/(°) 中视场	8×6
	视场/(°) 小视场	0.8×0.6
	弥散斑最大值/μm	11
	MTF(20lp/mm)	>0.4(接近衍射极限)
	冷光阑效率	100%

华中光电技术研究所（赵坤等人）采用类似方法设计了一种双孔径三视场（10 倍变倍比，$F/4$）中波红外（3.7～4.8μm）变焦系统，焦距分别是 300mm、150mm、30mm，如图 11-71 所示。

径向变焦方式的最大优点是变焦视场光学系统中没有连续运动组件，并且透镜数量少，光轴方向尺寸紧凑，装配调整简单，透镜组之间空气间隔大，光学透过率高，光学系统像质和稳定性好，切换速度快，在军用和民用领域得到广泛应用。缺点是视场数量有限，无法连续观察和跟踪目标；另外，光学系统的径向口径较大，空间受限。

② 轴向连续变焦技术。轴向移动变焦方式是透射型机载红外变焦光学系统的另一种变焦形式，基本原理是通过轴向移动变焦透镜组（包括变倍镜组和补偿镜组）连续改变望远系统的放大倍率，并保证系统出射光束是平行光。

案例一，长波红外 5 倍变焦光学系统。

图 11-85 是美国 Optics-1 公司为海军 P-3Orion 飞机设计的一种 5 倍长波红外变焦光学系统，采用制冷型红外探测器。下反射镜前面的红外望远系统（包括 4 个非球面）是一个伽利略形式无焦变倍系统，其中，变焦组件由两个正-负光焦度型的移动透镜组成，下反射镜后面是会聚成像系统。红外望远系统的出瞳与会聚成像系统的入瞳相匹配，最终与红外探测器的冷光阑匹配，保证 100% 冷光阑效率。主要性能列在表 11-35 中。

表 11-35　长波红外 5 倍变焦光学系统主要性能

参数		指标
红外探测器	类型	HgCdTe 线探测器阵列
	工作波长/μm	8～12
变倍比		5(0.9～4.5)
轴上光学透过率		>75%
景深(调焦范围)/ft		500～∞
MTF(环境温度下)		0.85
冷光阑效率		100%

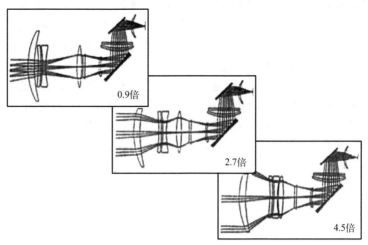

图 11-85　Optics-1 公司红外变焦光学系统

案例二，中波红外 5 倍连续变焦光学系统。

图 11-86 是一个中波红外连续变焦光学系统，是望远物镜＋中继光学系统结构形式，包括 7 个透镜，其中三个透镜采用非球面。变焦物镜由前固定组、变倍组、补偿组和后固定组组成。技术性能列在表 11-36 中。

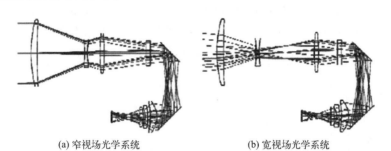

(a) 窄视场光学系统　　　　　　　　　(b) 宽视场光学系统

图 11-86　望远物镜型连续变焦红外光学系统

表 11-36　望远物镜型连续变焦红外光学系统的技术性能

参数	指标
红外探测器像元数	320×256
波长/μm	$3 \sim 5$
系统视场/(°)	$2 \times 1.5 \sim 10 \times 7.5$
变倍比	$5 : 1$
焦距/mm	$55 \sim 275$
F 数	4
冷光阑效率	100%

轴向连续变焦系统的主要优点是视场转换过程中能够保持清晰图像的连续性，视觉效果好，非常有利于机载领域观察、探测和跟踪高速运动目标。主要缺点是该类型变焦光学系统的透镜数量多，系统光学透射率低，切换时间长，视场变换过程中的图像质量易受影响，设计难度较大。

当然，如果需要，也可以实现轴向离散（例如双视场、三视场或更多）变焦，在保证良好成像质量的前提下，能够弥补径向变焦方式造成图像中断以及光轴一致性精度不高的缺陷，同时，也可以使结构简单、控制方式简化和外形尺寸/重量/成本得到有效缩减。

案例三，31 倍步进式变焦光学系统。

中航工业集团公司洛阳电光设备研究所（张良等人）利用轴向变倍光学补偿步进变焦方式设计了一款高变倍比（31 倍）六焦距变焦光学系统。如图 11-87 所示，通过一个镜组移动实现系统焦距变化，变焦的同时保持像质良好。系统由前固定组、变倍组和后固定组组成，其中，前固定组和后固定组均为正透镜，变倍组为负透镜，当变倍组沿轴向移动时，整个系统的焦距随之改变。

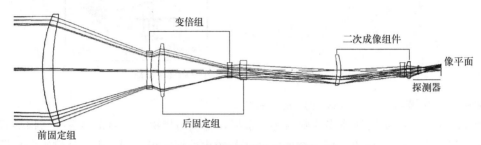

图 11-87　高变倍比步进变焦光学系统

一般来说，优化过程中利用前固定组和变倍组使不同焦距位置的像差相等，并尽可能小，并利用后固定组校正残留像差，使光学系统整体像差最小。主要技术性能列在表 11-37 中。

表 11-37　高变倍比步进变焦光学系统技术性能

参数			指标					
工作波段/μm			3～5					
放大倍率			31:1					
焦距变化范围/mm			12.87～430					
视场范围/(°)			1.3～40					
F 数			4					
入瞳直径/mm			110					
光学透射率			＞70%					
冷光阑效率			100%					
探测器	像元数目		320×256					
	像元尺寸/μm		30×30					
系统总长/mm			400					
成像质量	MTF (16lp/mm)	—	位置 1	位置 2	位置 3	位置 4	位置 5	位置 6
		焦距/mm	430	120	30	22.4	15	12.87
		轴上	0.65	0.63	0.59	0.61	0.63	0.46
		轴外 (子午/弧矢)	0.46/ 0.64	0.53/ 0.56	0.59/ 0.55	0.48/ 0.47	0.58/ 0.61	0.52/ 0.62
	一个像元内 能量分布	窄视场	70%					
		宽视场	100%					

案例四，三次成像机载中波红外连续变焦（30倍）光学系统。

昆明物理研究所（付艳鹏等人）基于制冷式640×512凝视焦平面阵列中波红外探测器（3.7~4.8μm），采用新颖的三组元变倍形式和三次成像结构，以及微扫描成像技术设计了一种高变倍比（30倍）中波红外连续变焦光学系统。变焦范围25~750mm（视场0.73°×0.55°~22.5°×16.9°），$F/4$，如图11-88所示。

在长焦距（750mm）情况下，为了尽量减小第一片大物镜系统孔径且满足$F/4$的要求（即保证系统冷光阑效率100%），选用三组元变焦（变倍组、补偿组和二次成像变倍组）和三组元成像光学结构，有效解决了大变倍比情况下移动透镜组行程过长问题：变倍透镜组1行程70.86mm，变倍透镜组2行程33.37mm，变倍透镜组3行程17.97mm。

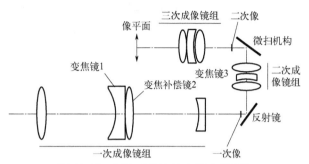

图11-88 三次成像连续变焦光学系统

该系统共设计有10个透镜（Si、Ge和ZnSe三种材料），其中包括一个衍射面、三个非球面和6个球面，光学系统透过率达66%。

一次成像组件采用"＋、－、＋、－"结构，变倍比15倍；二次成像组件采用"＋、－、＋"结构，变倍比2倍；三次成像组件采用"＋、－、＋"结构。由于设计中增加了两块折转反射镜，使系统结构更紧凑［外形尺寸310mm（L）×190mm（W）×230mm（H）］。

该系统采用高精密导轨和电机伺服机构控制变倍透镜组的轴向移动，补偿温度变化造成的像面离焦，保证在－40~＋60℃温度范围内清晰成像。轴上视场MTF达到衍射极限，0.7视场（30lp/mm）MTF大于0.3，各变焦位置的弥散斑直径均方根值≤15μm。

此系统采用2×2微扫描模式，即一种有效抑制欠采样频率谱混淆技术，大大提高了红外焦平面成像的分辨率和系统的成像性能。

11.5.1.4.2 双波段前视红外光学系统

目前，大多数机载红外光学系统都属于单波段光学成像系统。实践证明，当这类系统应用于不同区域、不同气候、不同温度环境或者探测目标经过巧妙伪装的情况时，因同一目标在不同波段具有不同的辐射特性，因此，光学系统收到的某种单红外波段信息会减弱，探测准确度下降或收到假信号，甚至无法探测到目标。换句话说，单波段红外系统获取信息的能力严重不足，侦察和识别目标的难度很大，无法满足现代军用飞机全天候侦察、高分辨率识别和实时传输的要求。

不同红外波段具有不同的特点和优势，采用双光谱或多光谱成像技术，可以相互补充，在不同的应用领域和环境都能形成清晰图像，提高系统的识别能力和识别速度以及机载光电设备的工作效率和作战能力，从而实现在恶劣环境中工作，因此，实现双波段红外（尤其是中波/长波红外双波段）探测/跟踪势在必行，已经成为热门研究项目。

常见双波段红外光学系统有两种形式：一种是由两个不同响应波段的红外探测器形成的完全或部分分光路系统；另一种由双波段红外探测器和共光路系统组成。因此，根据采用的红外探测器类型，双波段红外光学系统有分孔径、共孔径和部分共孔径三种结构，如图11-89所示。

① 分孔径红外光学系统 在双波段红外探测器研制成功之前，双波段红外成像系统是

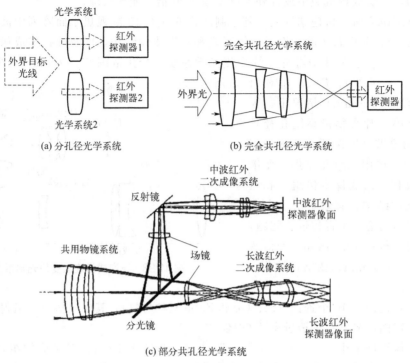

(a) 分孔径光学系统　　　　　　　　(b) 完全共孔径光学系统

(c) 部分共孔径光学系统

图 11-89　双波段红外光学系统的结构布局

以两种不同类型的红外探测器为基础的分体式结构。

中波红外和长波红外光谱范围很宽，但 $5\sim8\mu m$ 光谱范围是一段断谱，因此，不同红外波段的光学成像系统采用对其波谱灵敏的探测器成像，即红外光学系统采用"分孔径结构形式"。

如图 11-89(a) 所示，完全分孔径红外光学系统需要利用两个独立的、完全不同结构的光学系统和对不同光谱灵敏的红外探测器分别成像。优点是分别设计，没有制约，设计自由度大，实际上，这两个红外光学系统之间（无论是设计或其它方面）没有直接关系，独立设计，分别优化和各自评价。

缺点是体积和重量大，光学系统的相对位置难以保证，无法保证小型化和高稳定性技术要求。

② 共孔径红外光学系统　　红外探测器制造技术的快速发展使双波段红外探测器研制成功并开始应用于军事领域，能够同时接收不同波段的光能量成像，因此，双波段红外光学系统也采用完全共孔径式结构（称为"一体化结构"），如图 11-89(b) 所示。

共孔径式红外光学系统利用一个光学系统和一个双波段红外探测器对红外辐射目标成像，结构简单，体积小和重量轻。但由于可供选择的红外材料有限（尤其是折射式结构），光学像差校正难度大，需要在系统中增加衍射透镜，可同时实现消色差和消热差，进一步改善成像质量，且结构简单，具有轻量化和小型化优点。

中国海军装备部与中国航空工业集团公司洛阳电光设备研究所（张卓等人）联合设计了一种双波段（中波红外 $3.7\sim4.8\mu m$ 和长波红外 $7.7\sim9.5\mu m$）无热化折射型红外光学系统，如图 11-90 所示。由 6 片透镜组成，其中，设计了 5 个非球面和 1 个衍射面，以减少光学元件的数目，提高系统的成像质量和光学透射率。采用 320×256 元和像元尺寸 $30\mu m$ 的制冷型双色红外探测器和二次成像技术，孔径光阑位于第一像点处，保证冷光阑效率达到100%。适当选择红外光学材料（Ge、ZnSe 和 ZnS 三种红外材料）和镜筒材料（铝）以及利用谐衍射光学元件的负色散特性可获得良好的消热差效果。主要结构参数和技术性能分别列在表 11-38 和表 11-39 中。

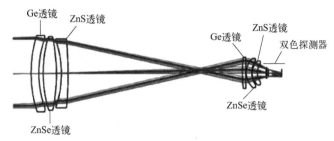

图 11-90　六片双波段折射/衍射型红外光学系统

表 11-38　双波段折射/衍射型前视红外光学系统的结构参数

透镜	面序号	面型	曲率半径/mm	材料
1	1	球面	180.60	Ge
	2	球面	146.30	
2	3	非球面	182.02	ZnSe
	4	球面	−256.36	
3	5	球面	−151.24	ZnS
	6	非球面	−704.32	
4	7	非球面	209.92	Ge
	8	谐衍射面	∞	
5	9	非球面	29.00	ZnSe
	10	非球面	29.76	
6	11	球面	20.22	ZnS
	12	球面	17.67	

注：谐衍射面的主要参数：相位调制因子 $p=2$。
中波红外：设计波长 $4.25\mu m$，衍射级 $m=2$，平均衍射效率 92.6%。
长波红外：设计波长 $8.5\mu m$，衍射级 $m=1$，平均衍射效率 98.6%。

表 11-39　双波段折射/衍射型前视红外光学系统技术性能

参数		中波红外	长波红外
波长范围/μm		3.7～4.8	7.7～9.5
焦距/mm		200	
F 数		2	
视场/(°)		3.4	
探测器	像元数目	320×256	
	像素大小/μm	30×30	
MTF(频率 18lp/mm 处)		>0.5	
畸变		<2.3%	<2.4%

参数		中波红外	长波红外
色差/μm	初级色差	<0.98	<0.37
	二级光谱	<3.94	<2.92
冷光阑效率		100%	
工作温度范围/℃		−60～+70	

③ 部分共孔径双波段红外光学系统　比较而言，采用折射或反射式部分共孔径形式，会大大降低设计难度，同时，具有较高的能量效率。

如图11-89(c) 所示，部分共孔径成像系统由共用一次成像系统（"共用望远物镜"或者"共用望远镜系统"，是折射或反射形式）、分光镜（平面分光镜或者棱镜）、两个二次成像折射系统和两个具有不同响应光谱的红外探测器组成。缺点是各光路中的透镜数量较多，光学透射率较低。

案例一，共用物镜式双波段红外光学系统。

西安应用光学研究所（焦明印等人）设计了一种"共用物镜系统分光式"双波段（中波 $3.7\sim4.8\mu m$，长波 $7.5\sim10.5\mu m$）红外光学系统，$F/1.3$，瞬时视场 $\pm1.75°$，如图 11-91 所示。

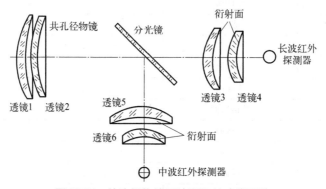

图 11-91　共孔径物镜双波段红外成像系统

该系统由 6 个透镜和 1 个平面分光镜组成（实际上，各波段都由 4 个光学透镜组成），其中，平面红外分光镜（或采用立方分光棱镜，但吸收高达 17%）采用单晶锗做基底材料，前表面镀有反射中波红外/透射长波红外的分光膜系。

该系可以视为两个一次红外成像物镜：其一是由透镜 1（单晶锗）和透镜 2（CVD ZnSe）、分光镜以及透镜 5（单晶锗）和透镜 6（CVD ZnSe）组成的中波红外物镜；其二是透镜 1 和 2、分光镜以及透镜 3 和 4（CVD ZnSe）组成的长波红外物镜。

与望远系统分光式红外成像系统相比，其结构简单，透镜数量少。为了获得良好像质，透镜表面面形比较复杂，主要特点是：

a. 透镜 1 和 2 的前表面为高次非球面。

b. 该平面分光镜在会聚光路中倾斜 45°放置，导致长波红外成像系统光轴平移。为了补偿分光镜在会聚光路中产生的非对称像差，必须使透镜 3 和 4 离轴放置，同时使透镜 3 前表面面型复杂化：采用复曲面面形，子午与弧矢方向曲率半径不同。

c. 透镜 5 和 6 的前表面设计为高次非球面。

d. 透镜 3~6 的后表面采用非球面衍射面形 (中波 λ＝4.35μm；长波 λ＝9.35μm)，不仅可以校正色差和二级光谱色差，还能减少光学零件数量，具有较高的光学透射率。

e. 为了补偿环境温度造成的像面离焦，透镜 4 和 6 可以轴向移动。

主要技术性能列在表 11-40 中。

表 11-40 共用物镜分光式双波段红外光学系统的技术性能
（a）几何弥散圆直径

相对视场	几何弥散圆直径/μm		衍射第一环直径/μm
	中波	长波	
0	5.7	6.1	中波：13 长波：24
0.7	6.4	8.5	
1.0	7.5	12.6	

（b） MTF

相对视场	空间频率 c/mm	MTF					
		水平方向		垂直方向		平均值	
		中波	长波	中波	长波	中波	长波
0	10	0.92	0.84	0.88	0.84	0.91	0.84
	30	0.81	0.61	0.76	0.59	0.80	0.59
1.0	10	0.91	0.86	0.90	0.77	0.90	0.80
	30	0.76	0.58	0.69	0.36	0.72	0.46

由于大孔径高品质的折射材料难以获取，因此，机载光电瞄准吊舱前视红外技术采用二次成像技术时，折射型共孔径分光路系统的像差校正会受到一定约束。目前，折射/反射式混合型光学系统是广泛采用的结构形式，如图 11-92 所示，有共轴反射式和离轴反射式两种形式。

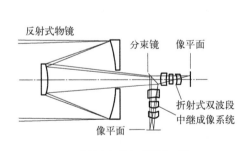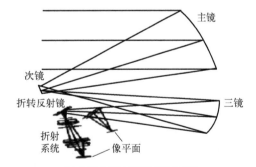

(a) 共轴式折射/反射混合系统　　　　　(b) 离轴式折射/反射式混合系统
图 11-92 折射/反射式双波段混合光学系统

该系统特点是，系统采用镀有短波/中波或中波/长波红外分光膜系的平面分光镜，将不同波段的红外光分成两束，通过不同的二次成像系统分别将各自红外光束会聚到相应的红外探测器上，每条红外光路单独校正像差。

案例二，共轴型卡塞格林物镜作为共孔径红外光学系统。

a. 共孔径中波/长波红外光学系统。中国电子科技集团公司光电研究院（程伟宁）采用卡塞格林反射式共孔径物镜和二次成像技术对中波/长波双波段红外光学系统进行了研究。如图11-93所示，使系统出瞳与探测器冷光阑相匹配以保证冷光阑效率100%；采用分光镜/反射镜结构将中波红外和长波红外分离，并在卡式物镜焦平面附近设计一个透射式场镜以校正前端反射物镜的轴外像差，满足视场要求。通过分别设计后续的中波红外和长波红外成像光学系统（中波光学系统选用硅、锗和硒化锌材料，长波光学系统选用锗和硒化锌材料），确保具有良好的光学质量，实现中/长波红外双波段探测的目的。主要光学性能列在表11-41中。

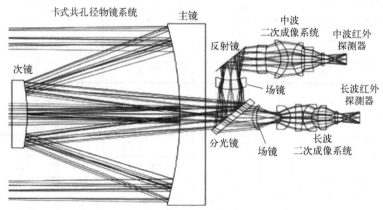

图11-93　共孔径（反射）物镜分光式双波段红外光学系统

表11-41　反射物镜分光式双波段红外光学系统的技术性能

参数			指标
红外探测器（制冷型）	中波红外	波长/μm	3～5
		像元数目	640×512
		像元尺寸/μm	15×15
	长波红外	波长/μm	8～12
		像元数目	384×288
		像元尺寸/μm	25
光学系统	中波红外	焦距/mm	400
		F数	2
		视场/(°)	1.77
		MTF(33lp/mm)	0.5
	长波红外	焦距/mm	400
		F数	2.24
		视场/(°)	1.72
		MTF(20lp/mm)	0.4
	望远物镜	焦距/mm	500
	二次成像系统	放大倍率	0.8
	冷光阑效率		100%

　　b. 共孔径可见光/中波红外光学系统。西安工业大学（郭钰琳等人）利用卡塞格林共轴反射式望远光学系统对可见光/中波红外双波段共孔径光学系统进行了研究，如图11-94所

示。利用卡式无焦望远系统将准直光束压缩并用作可见光和中波红外光的共用光束，然后，利用平面分光镜/反射镜将可见光波段与中波红外波段分离，并由不同波段的光学系统分别成像在各自的探测器上。

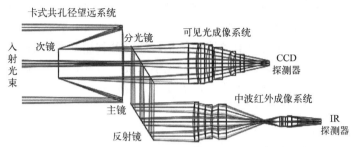

图 11-94　可见光/中波红外双波段共孔径光学系统

反射式望远系统不会对系统产生色差，因此，只需校正像散和场曲，大大降低了设计难度，其剩余像差由可见光及中波红外成像系统分别校正。主要技术性能列在表 11-42 中。

表 11-42　可见光/中波红外双波段共孔径光学系统技术性能

参数			指标
可见光探测器	波长/μm		0.45~0.9
	像元数目		1920×1080
	像元尺寸/μm		3.45×3.45
中波红外探测器	波长/μm		3.6~4.8
	像元数目		640×512
	像元尺寸/μm		15×15
光学系统	焦距/mm	可见光	500
		红外	600
	F 数	可见光	4
		红外	4.8
	视场/(°)	可见光	0.38×0.43
		红外	
	MTF	可见(150lp/mm)	0.3
		红外(33lp/mm)	0.2
	弥散斑均方根直径	可见光/μm	3.45
		红外/μm	
	畸变	可见光	±0.1%
		红外	±0.5%
工作温度范围/℃			−40~60
系统消热差			机电主动式补偿方式
冷光阑效率			100%
识别距离/km	可见光		10
	红外		5

可以看出，折射光学系统可以满足大视场和大相对孔径要求，与反射系统相比，没有中心遮拦，因而具有较高的光学效率。更重要的是容易满足双视场技术要求。缺点是材料种类有限，像差校正较难。

反射光学系统最大优点是可以在较宽的光谱范围内无色差地工作，无需校正色差，因而是解决双波段光学系统色彩校正复杂性的有效方法，非常适合共孔径光学系统结构。无论反射式望远镜系统还是物镜系统都具有紧凑的结构，能充分利用空间，缩小系统轴向尺寸；同时，反射光学系统对光能量的衰减远小于透射光学系统。另外，反射镜基底材料种类多，成本低，容易实现无热化设计，冷反射小。最大缺点是视场有限，有中心遮拦；如果采用离轴反射系统，会增大系统的装调难度。

折/反射式光学系统最大优点是能够减轻系统重量和减小其长度，并有利于校正像差。一些学者也尝试在系统中采用衍射透镜或者衍射面。

三类分孔径双波段红外系统各有优缺点，采用何种形式，要根据具体情况决定。

11.5.1.4.3 双波段红外变焦光学系统

双波段红外光学系统通常是对中波红外（3～5μm）和长波红外（8～12μm）两个波段同时成像并完成像差校正。尽管该系统是在一个较宽的红外波段（3～12μm）内成像，但不能视为宽光束成像仪，原因是双波段红外探测器同时读出两个波段的成像信息，但生成两套图像，每个波段的像差要分别校正，并且最佳像面必须非常接近，因而应视为两个分离的红外波段成像在同一像面上。

对于工作在中波和长波红外双波段范围的光学系统，实现红外双波段光学系统的消色差比较困难。光学系统的传统消色差方法是采用正负透镜的组合形式实现，缺点是导致光学系统复杂化，光学透过率下降，很难满足对系统光学透射率的要求。

为了减少光学系统的透镜数量，一种有效方法是采用衍射光学元件（包括普通衍射元件或谐衍射光学元件），形成折/衍混合光学系统。该方法以其独特的色散性质实现红外双波段光学系统消色差，既满足系统的成像质量要求和简化结构，又能消热差和提高系统透过率。

下面介绍几种双波段变焦光学系统的设计实例。

案例一，折射型双波段双视场红外变焦光学系统。

中国科学院长春光学精密机械与物理研究所（张葆等人）利用折射式光学元件和双波段红外探测器，为机载光电侦察跟踪设备设计了一种双波段（中波红外和长波红外，主波长分别是4μm和10μm）双视场共孔径红外光学系统，由变焦系统和二次成像系统组成，其中，变焦系统包括5片透镜：两片透镜组成前固定组，两片透镜组成变倍组，一片透镜组成固定组；二次成像系统由三片透镜组成。适当选择光学元件材料（第1、4、6、8透镜是锗材料，其它透镜为砷化镓材料）和非球面表面（分别在第1、2、4和5透镜上），提高了系统校正像差能力和实现功能多样性，具有结构紧凑和成像质量好的优点，如图11-95所示。主要性能列在表11-43中。

表 11-43 双波段双视场红外变焦光学系统的技术性能

	参数	指标
双波段 红外探测器	波长范围/μm	3.7～4.8,8～12
	像元数目	320×240
	像元尺寸/μm	30

参数			指标
光学系统	焦距/mm	长焦距	200
		短焦距	50
	视场/(°)	窄视场	6.224
		宽视场	27.778
	F 数		2
	透射率		>75%
	MTF (17lp/mm)	中波	>0.5
		长波	>0.4
	能量集中度		80%集中在一个像元上
	畸变		<5%
	冷光阑效率		100%
	外形尺寸/mm		220×150×130

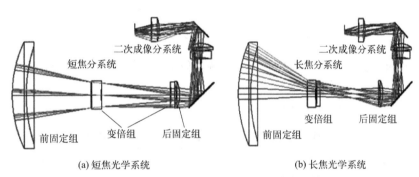

(a) 短焦光学系统　　　　　　　　　(b) 长焦光学系统

图 11-95　双波段双视场红外变焦光学系统

案例二，折射/衍射混合型双波段双视场红外变焦光学系统。

2008 年，中国科学院长春光学精密机械与物理研究所（董科研等人）利用折射/衍射透镜设计了一种双波段/双视场共光路红外光学系统，其中采用同心叠层结构的共焦双波段红外探测器（中波：$3.7\sim4.3\mu m$；长波：$8.7\sim11\mu m$），焦平面能够同时吸收中波/长波红外辐射。光学系统采用"正透镜—负透镜—正透镜—正透镜"四片透镜机械补偿形式，第一块透镜材料硒化锌（ZnSe），其余材料是锗（Ge），全球面形状，谐衍射面设计在正透镜补偿组（第六表面）上，如图 11-96 所示。

该共孔径双波段红外光学系统具有变焦功能，实现大视场搜索和小视场观察，保持像面稳定并具有良好的成像质量。其结构特征是：

① 前固定组是弯月形，在压缩光线的同时会产生球差和彗差。

② 变倍组是负透镜，实现变倍的同时校正前固定组的像差。

③ 正透镜补偿组中设计有谐衍射面，在补偿像面移动的同时，既减小系统的球差、彗差，又很好地校正系统色差。

④ 确定谐衍射透镜结构参数时，选择 $k=2$，对应中心波长 $8.4\mu m$；选择 $m=2$ 和 $m=4$，对应波长分别是 $8.4\mu m$ 和 $4.2\mu m$。

⑤ 后固定组压缩光线，并补偿前面系统产生的球差和场曲。

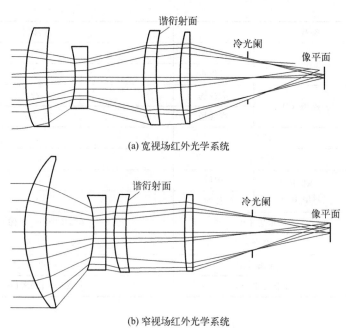

(a) 宽视场红外光学系统

(b) 窄视场红外光学系统

图 11-96　双波段双视场共孔径红外光学系统

⑥ 系统光阑设置在第四块透镜之后和探测器像平面之前，与冷光阑重合，确保100%冷光阑效率。

主要技术性能列在表11-44中。

表 11-44　双波段双视场红外光学系统的技术性能

参数			指标
红外探测器	波长/μm		中波：3.7～4.3，长波：8.7～11
	像元数目		128×128
	像元尺寸/μm		80
	像元间距/μm		20
焦距/mm			40/80
视场/(°)			11.6/5.8
变倍比			2
F 数			2
透镜间隔/mm	前固定组与变倍组	短焦系统	6.7
		长焦系统	12.9
	变倍组与补偿组	短焦系统	23.4
		长焦系统	3.2
	补偿组与后固定组	短焦系统	9.1
		长焦系统	23.2
光阑位置/mm	至像平面		28
	至后固定透镜		20
冷光阑效率			100%

参数		指标
MTF(18lp/mm)	中波双焦系统	＞0.7
	长波双焦系统	＞0.5
弥散斑能量（双波段/长短焦情况下）		＞85%
系统总长/mm		106
光学材料		Ge 和 ZnSe

案例三，双波段三视场红外光学系统。

北方夜视科技集团有限公司（贾星蕊等人）对双波段双视场红外材料分析后，采用二次成像技术，设计了一种共光路双波段（中波红外 $4\sim5\mu m$ 和长波红外 $8\sim9\mu m$）三视场红外光学系统。如图 11-97 所示，光学系统由前固定组、变倍组、补偿组和二次成像分系统组成（没有后固定组）。为了更好地校正像差以获得较好的成像质量，整个系统采用 4 个偶次非球面，并且，变倍组和补偿组分别设计成两片透镜，结构紧凑，布局小型化。

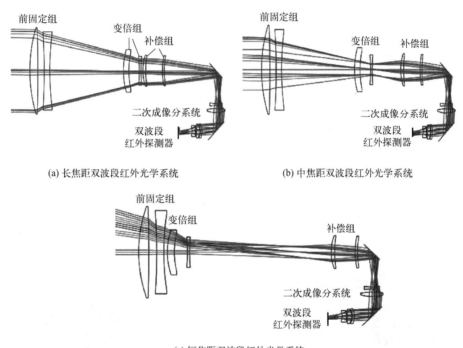

(a) 长焦距双波段红外光学系统　　　　　　　(b) 中焦距双波段红外光学系统

(c) 短焦距双波段红外光学系统

图 11-97　双波段三视场红外光学系统

双波段三视场红外光学系统的主要技术性能列在表 11-45 中。

表 11-45　双波段三视场红外光学系统的技术性能

参数		指标
红外探测器	类型	双波段中/长波 QWIP 探测器
	波长/μm	中波红外：$4\sim5$，长波红外：$8\sim9$
	像元数目	384×288
	像元尺寸/μm	25

参数			指标
光学系统	焦距/mm	短焦距	20
		中焦距	190
		长焦距	400
	视场/(°)	宽视场	20.4×27
		中视场	2.2×2.9
		小视场	1.0×1.4
	F 数		3
	光学材料		Ge,ZnSe,AMTIR1,BaF$_2$
	MTF	长波红外	>0.3
		中波红外	>0.5
	弥散斑均方根直径最大值/μm	长波红外	<12.1
		中波红外	<13.4
	工作温度范围/℃		−40～50(机械主动式消热差)
外形尺寸/mm	光学系统总长		480(系统折转后:336×136×180)
	变倍组行程		120
	补偿组行程		60

设计结果表明,在短焦距,系统两个波段的焦平面位置重合;在长焦距,系统对温度变化比较敏感,需要像面有一定的离焦量才能接近衍射极限。

案例四,折射/反射式四视场红外光学系统。

2008年,美国雷神公司(Raytheon)与夜视/电子传感器委员会(Night Vision and Electronic Sensors Directorate,NVESD)联合研发出第三代前视红外系统。该系统由第三代双波段双 F 数红外探测器、反射式望远系统和折射式成像系统组成,如图 11-98 所示。

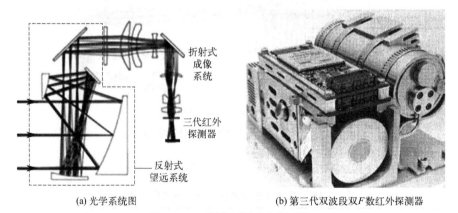

(a) 光学系统图 (b) 第三代双波段双F数红外探测器

图 11-98　反射/折射式光学系统

双波段双 F 数红外探测器是红外技术发展过程中的一大飞跃,可以消除固定 F 数冷光阑的约束和限制,从而在一个红外系统中就能兼顾中波红外和长波红外的优点,同时具有高分辨率和高灵敏度。

为了充分发挥这种优势,必须设计一个能够达到接近理想冷屏效率的新型双波段双 F

数红外光学系统。

实践表明，折射/反射式红外光学系统工作光谱范围宽，色差小，轴向尺寸小，设计灵活，比较适合设计共孔径、双 F 数、双波段、大变倍比红外光学系统，是第三代前视红外光学系统较理想的成像方式。该系统具有以下特点：

① 在 Nahum《基于调整刀片虹膜的前视红外相机的连续可变冷光阑》的设计基础上，Eric 等人设计了适用于低温环境的可变冷光阑红外探测器，采用刀片虹膜式调整机构。为了控制精度，采用双稳态螺线管电机，并采取措施保证冷光阑自身没有温差以及减小刀片虹膜调整中的摩擦力，提高了成像效果。

第三代红外探测器在不影响冷光阑效率的条件下，通过改变杜瓦瓶制冷空间中的孔径光阑直径（≤44.5mm）设计了两种可相互转换的 F 数；外部尺寸约 90mm×127mm×114mm。三代红外探测器也称为"三代前视红外引擎（3GEF）"。

② 红外光学系统采用二次成像技术，是一个共孔径双波段（中波/长波红外）、四视场（WFOV：宽视场；NFOV：窄视场；XFOV：超宽视场；UFOV：超窄视场）、双 F 数折射/反射式红外光学系统（包括两个分离的标准光学组件：反射型望远镜系统和双波段折射成像系统），如图 11-99 所示。

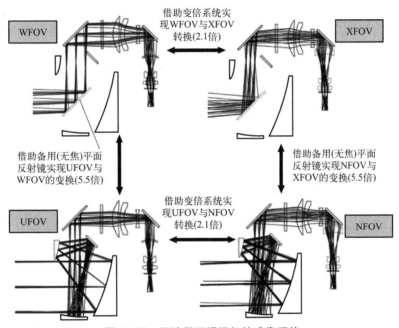

图 11-99　双波段四视场红外成像系统

系统包括以下组件：

a. 无焦反射型望远系统。由三块离轴非球面（或球面）反射镜和二块平面反射镜组成。轴向放大率 5.5 倍。

b. 透射成像系统由 6 块透镜组成，其中包括由两块可移动透镜组组成的轴向双视场镜组。两个视场的有效焦距比 2 倍（$F/6.0$ 倍和 $F/3.0$ 倍），如图 11-100 所示。

c. 可折转平面反射镜。可折转平面反射镜控制入射光束是否通过无焦望远系统，将成像光学系统与双视场无焦望远镜组成双 F 数四视场光学系统。当无焦望远系统中加入平面反射镜时，入射光束不再通过该反射望远系统而直接被反射到后续的透射型光学成像系统中。

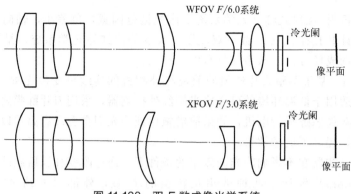

图 11-100 双 F 数成像光学系统

d. 分束镜。分束镜是为组合其它光谱系统（例如可见光相机）而设置的。中波红外和长波红外的透射率不得低于 85%，希望大于 95%。

e. 多光谱光窗。比较合适的光窗材料选择 CVD 多光谱硫化锌，其耐用性和透射率都很好。为了能够经受空中苛刻环境的磨损，需要增镀一层保护膜，进一步提高宽光谱透射率。

可以看出，尺寸较小的（无焦）平面反射镜是一个关键元件：切入光路会使反射式望远系统退出光路，从而获得宽视场，再通过切换后面的变倍系统获得超宽视场，二者变倍比为 2.1；将平面反射镜切出光路，则反射式望远系统（三反射镜）进入光路，可以获得超窄视场，再通过切换后面的变倍系统获得窄视场；在窄视场状态下，切入平面反射镜，也可以转换到超宽视场。总之，通过无焦望远系统、平面反射镜与变倍成像系统的适当组合，使该光学系统形成两种 F 数（3 和 6）和四种视场。

如果要求 UFOV 状态下满足 $F/6$，则其它视场（NFOV、WFOV、XFOV）满足 $F/3$，冷光阑孔径分别为 4in、3.8in、0.73in 和 0.69in，光学系统焦距分别为 609.6mm、289.6mm、111.7mm 和 53.3mm。由于采用离轴反射镜结构，三个非球面反射镜对光学系统的光束均无遮挡，具有较高的调制传递函数。光学性能列在表 11-46 中。

表 11-46 第三代 FLIR 成像光学系统的技术性能

参数	UFOV	NFOV	WFOV	XFOV
焦距（EFL）/in	24.0	11.4	4.4	2.1
入瞳直径（EPD）/in	4.0	3.8	0.73	0.69
F 数	6.0	3.0	6.0	3.0
视场（FOV）/(°)	0.9×1.2	1.9×2.5	5.0×6.6	10.4×13.8
放大倍数	11.5	5.5	2.1	1.0

使用反射光学系统是解决双波段/宽波段光学系统色差校正问题的简便方法，同时，可以设计成相对紧凑的结构，通过光路折转减小光学系统的整个轴向长度。上海大学（程洪涛）建议将变形镜技术（例如双压电片变形反射镜）应用于三反射镜式离轴变焦物镜中，将光学自由曲面应用于反射式变焦系统中的研究也正在开展。

反射式变焦光学系统有遮挡式和无遮挡式两种结构，详细内容请参考第 2 章。

11.5.1.5　内部校靶技术

　　瞄准吊舱是集激光测距与指示系统、可见光电视成像系统和前视红外搜索跟踪系统于一体的光电火控系统。在多通道系统中，影响系统瞄准精度的主要因素包括激光发散角（约0.5mrad）、大气抖动（约0.04mrad）、系统稳定精度（约$50\mu rad$）和跟踪精度（约$50\mu rad$）以及校靶精度。

　　电视 CCD 系统用于白天对目标跟踪瞄准，红外热成像系统能为部队提供夜间和不良条件下对敌攻击能力，因此必须重视激光与电视和红外系统的校靶问题。

11.5.2　可见光电视/激光接收成像分系统

　　目标发出的光线经过共孔径光学系统，例如反射/透射型望远镜系统后，经过红外/可见光（包括激光）分束镜分束，将目标辐射的可见光及激光回波传输到电视/激光接收成像分系统。如图 11-101 所示，望远镜型共孔径光学系统输出的平行光束，经过可见光/激光分束镜后，从照射目标返回的激光光束（$1.064\mu m$）被反射到激光接收分系统中，并被激光雪崩管接收，转换为电信号，计算出目标距离；目标发射的可见光光束透过分束镜，被固定反射镜反射到可见光（$0.4\sim0.7\mu m$）成像系统中，成像在 CCD 器件上。经过光电转换和信息处理，输出标准图像显示在相关显示器上。

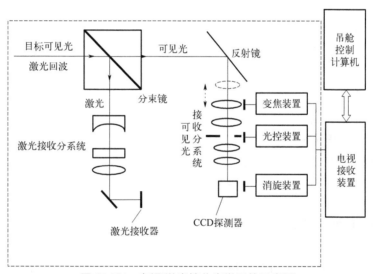

图 11-101　电视/激光接收光学系统示意图

　　电视摄像系统和激光测/照系统分别在第 7 章和第 9 章详细阐述过，在此不再赘述。表 11-47 列出一种可见光电视/激光成像分系统的主要技术性能。

表 11-47　电视/激光接收系统的技术性能

参数	指标
电视系统	
焦距/mm	150.06
相对孔径	1 : 3.75
视场角/(°)	1.4×1.9;4.3×5.8

参数	指标
系统总长度/mm	221.78
光学前片到后片总长/mm	189.87
后工作距离/mm	32.0118
激光接收系统	
系统焦距/mm	200
入瞳直径/mm	50
视场角/mrad	1.25
光敏面尺寸/mm	0.5
系统总长度/mm	222.7
后工作距离/mm	46.04
系统透过率	0.65
不含滤光片透过率	0.80
激光测距/照射系统	
波长/μm	1.064
发射天线透过率	≥93%
发射天线实际压窄倍率	≥5 倍
接收天线总透过率	≥70%
激光器输出脉冲能量/mJ	≥130
激光脉冲宽度/ns	15±5
激光重复频率/Hz	1/5/10
激光器输出远场发散角/mrad	≤1.5
光轴稳定性/mrad	≤0.1
最小测程/m	≤200
最大测程/km	≥20
测距精度/m	≤±5
最大照射距离/km	15
虚警率	≤1%
准测率	≥98%

11.5.3 未来的发展

在现代战争中，不但要求机载火控系统精度高、作用距离远、功能智能化，而且要求具备昼夜和恶劣天气条件下的工作能力。

目前服役的系统可以在防区外攻击大型目标，并与激光制导武器相配合进行远距离攻击。但在应对较小型目标时，尽管能够探测，但无法进行有效识别（除非飞机离目标特别近）。在这种情况下，由于重要的目标是在近距离防御系统保护之下，载机要靠近目标，需要冒很大风险，因此，急需提高识别距离。

另外，若目标藏匿在伪装网、森林和高杂波环境中，或者是与背景温度差别很小的目标，或静止不动的目标，目前跟踪瞄准技术很难探测到，必须离得足够近才能辨认和识别，因此，需要研发新的技术，例如多频谱和超频谱成像技术，进一步提供更高的目标识别能力和增强隐蔽突防能力，能够在更远距的防区外作战，提高飞机的生存能力。

未来机载综合光电跟踪瞄准技术的研发重点是：

（1）更高性能的探测器

机载光电跟踪瞄准系统是一个综合系统，包括可见光探测器、红外探测器和激光回波接收器等多种探测器，因此，系统性能（例如探测距离、探测精度、抗恶劣环境能力）取决于所有探测器的高性能，是一个系统工程，必须向高精度、小型化和数字化方向发展。

（2）多光谱或超光谱成像技术

光谱成像技术在获取目标二维图像信息的同时，还可获取目标的一维光谱信息，因此，能够同时反映被探测目标的外形影像及理化特征，即获得更丰富的目标信息，在目标材质识别、异常目标检测、伪装目标识别和复杂背景抑制等探测技术领域有着广泛应用，可以极大提高航空侦察探测能力。

（3）系统模块化

近年来，现代化作战飞机对机载光电跟踪瞄准系统的要求越来越高。可见光、微光、红外和激光等多种传感成像技术集成一体，并与雷达、数字图像、定位导航、自动驾驶仪和数控引擎等设备相辅使用。但机载陀螺稳定平台的空间有限，因此，必须采用模块化设计，根据任务需求，采用插入式结构，对有效载荷进行灵活配置，朝着功能综合化、体积小、重量轻和小型化的方向发展。

（4）光学系统共孔径化

目前，已经成功研发双波段红外（中波红外和长波红外）探测器，但仍然无法与可见光和激光接收系统共享一个探测器，即使采用共孔径望远系统，系统中至少还需要三种波长接收系统，无法有效实现小型化。

另外，共孔径光学系统需要解决光学元件材料和光学薄膜镀制工艺等技术问题。

（5）信息实时化，并具备一定的智能化功能

机载光电跟踪瞄准系统探测到的图像距离等信息，需经过通信系统（空地无线电通信设备或卫星通信设备）及时传送到地面指挥控制中心。传输数据量与实时性要求的矛盾日益突出，一方面要求通信链路拓宽频带和提高信息传输容量，另一方面要求吊舱系统在信号传输前做相应的前端处理，如数字图像信号的综合处理、信息融合等，从而提高信息的实时性。

参考文献

[1]　Uyeno G. Raytheon Advanced Forward Looking Infrared（ATFLIR）Pod [J]. SPIE，2006，6209.

[2]　Lyengar M. The Goodrich 3rd generation DB-110 system：operationalon tactical and unmanned aircraft [J]. SPIE，2006，6209.

[3]　王永年. 瞄准吊舱设计研究 [J]. 电光与控制，1993（3）：1-11.

[4]　王建霞，等. 机载热成像与激光指示器的动态校靶研究 [J]. 电光与控制，1996（3）：27-30.

[5]　邹盛怀. 航空火控系统中的高新技术 [J]. 电光与控制，1998（1）：1-10.

[6]　赵妙娟，等. 热成像组件光机扫描方案分析 [J]. 电光与控制，2001（4）：35-38.

[7]　陈苗海. 机载光电导航瞄准系统的应用和发展概况 [J]. 电光与控制，2003，10（4）：42-46.

[8]　孙隆和，等. 机载光电探测、跟踪、瞄准系统技术分析及发展研究 [J]. 电光与控制，1995（2）：1-10.

[9]　王一坚，等. 激光/电视分光膜的设计与研制 [J]. 电光与控制，2010（11）：79-81.

[10]　车宏，等. 光电跟踪系统瞄准精度测试技术 [J]. 电光与控制，2010（9）：34-37.

[11]　王建霞. 机载电视系统的光能控制与成像质量的研究分析 [J]. 电光与控制，1994（2）：23-27.

[12]　卢广山. 国外瞄准吊舱研究情况对比分析 [J]. 电光与控制，1997（4）：72-80.

[13]　张荆. 低空夜间导航和瞄准红外系统（LANTIRN）[J]. 电光与控制，1986（2）：36-42.

[14]　何铮进，等. 无人机红外预警技术研究 [J]. 中国电子科学研究院学报，2011（6）：587-591.

[15] 李文魁, 等. 直升机机载光电吊舱的发展现状及对策 [J]. 中国惯性技术学报, 2004, 12 (5): 75-80.

[16] 万里青, 等. 瞄准吊舱 ART 现状及发展 [J]. 国际航空, 1995 (11): 58-60.

[17] 吉书鹏. 机载光电载荷装备发展与关键技术 [J]. 航空兵器, 2017 (12): 3-11.

[18] 宋宇. 机载吊舱光学系统方案论证与设计 [D]. 哈尔滨: 哈尔滨工业大学, 2014.

[19] 刘明. 航空侦察相机的发展分析 [J]. 光机电信息, 2010, 28 (11): 32-37.

[20] 辛宏伟. 航空侦察相机设计与镜头结构分析 [J]. 光机电信息, 2010, 27 (12): 68-71.

[21] 王建华, 等. 机载红外探测系统综述 [J]. 激光与红外, 2013, 43 (6): 599-602.

[22] 周建军, 等. 无人侦察机光电载荷发展研究 [J]. 视频应用与工程, 2011, 35 (21): 141-144.

[23] 吴技. 国外航空侦察系统的现状与发展趋势 [J]. 电视技术, 2009, 49 (6): 107-112.

[24] 张燕. 杜瓦中冷光阑的杂散光抑制研究 [J]. 红外, 2010, 31 (7): 1-8.

[25] 范永杰, 等. 前视红外成像系统的新进展 [J]. 红外与激光工程, 2010, 32 (2): 189-194.

[26] 谭松年, 等. 变 F 数红外光学系统的进展和关键技术 [J]. 红外技术, 2016, 38 (5): 367-373.

[27] 高珊, 等. 用于第三代前视红外系统的双 F 数光学系统 [J]. 新光电, 2009 (3): 69-80.

[28] Gat N, Zhang J. Continuous variable apeature for forward looking infrared caneras based on adjustable blades: USA8462418 B1 [P]. 2013-06-11.

[29] 张华卫, 等. 大相对孔径制冷型红外相机镜头的光学设计 [J]. 红外技术, 2015, 37 (2): 124-129.

[30] 丁学专, 等. 二次成像中波红外折射衍射光学系统设计 [J]. 红外技术, 2009, 31 (8): 450-457.

[31] Jamieson T H. Ultra-wide waveband optics [J]. Optical Engineering, 1984, 23 (2): 80-91.

[32] Hauming H, Naique W. Two-waveband ($3\sim5\mu m$ and $8\sim12\mu m$) thermal imaging system [J]. Optical sensor, 1992, 1814: 119-128.

[33] 许永森, 等. 国外传输型航空相机的发展现状与展望 [J]. 光机电信息, 2010, 27 (12): 38-43.

[34] 陈建发, 等. 紧凑型四反射镜光学系统设计 [J]. 电光与控制, 2012, 19 (12): 76-79.

[35] 张金全, 等. 机载前视红外 (FLIR) 系统现状及发展趋势 [J]. 红外技术, 2000, 22 (2): 17-22.

[36] 秦显忠. TADS/PNVS—AH-64 攻击型直升机的 "眼睛" [J]. 航空电子技术, 1992: 43-46.

[37] 闫礼俊. 临近空间吊舱环境适应性技术研究 [D]. 长春: 长春理工大学, 2013.

[38] 刘嘉真. 减振器对机载吊舱稳定精度的影响研究 [D]. 北京: 中国科学院大学, 2016.

[39] 石利霞. 机载光电对抗稳定平台目标跟踪干扰技术研究 [D]. 长春: 长春理工大学, 2009.

[40] 安连生. 应用光学: 第三版 [M]. 北京: 北京理工大学出版社, 2001.

[41] 张娴婧. 红外制冷探测器高效冷屏的设计与优化 [D]. 杭州: 浙江大学, 2017.

[42] 黄智强, 等. 遮光罩和挡光环程序化设计的原理及实现 [J]. 光电工程, 2006, 33 (4): 119-123.

[43] 路学荣, 等. 导航吊舱红外前视系统的分析研究 [J]. 航空兵器, 1996 (3/4): 101-104.

[44] 范有余, 等. 一种新型中红外材料及其隐身功能研究 [J]. 红外与激光工程, 2010, 39 (1): 12-16.

[45] 袁旭沧. 光学设计 [M]. 北京: 北京理工大学出版社, 1988.

[46] 陈晶, 等. 全球鹰无人机的升级及试验情况 [J]. 飞航导弹, 2015 (7): 15-17.

[47] 林岳峥, 等. 全球鹰无人机的技术特点与应用趋势 [J]. 飞航导弹, 2011 (9): 21-24.

[48] 刘明, 等. 国外航空侦察相机的发展 [J]. 电光与控制, 2004, 1 (1): 56-59.

[49] 李波, 等. 国外航空侦察相机的发展情况 [J]. 现代科学仪器, 2013 (2): 24-27.

[50] 申洋, 等. 机载红外搜索跟踪系统 (IRST) 综述 [J]. 红外技术, 2003, 25 (1): 13-18.

[51] 岳桢干. 美国研究人员谈红外系统的最新进展 [J]. 红外, 2014, 35 (11): 46-47.

[52] 王林桂. 多频谱技术的发展和应用 [J]. 舰船电子对抗, 2003, 26 (2): 5-10.

[53] Lange D, et al. The Goodrich DB-110 system: Multi-Band Operation Today and Tomorrow [J]. Proc. of SPIE, 2003, 5109: 22-36.

[54] Brownie R S. Trends in Podded Reconnaissance System [J]. Proc. of SPIE, 2003, 5109: 37-41.

[55] 张葆, 等. 红外双波段双视场共光路光学系统 [J]. 光学精密工程, 2015, 23 (2): 395-401.

[56] 贾星蕊, 等. 红外双色三视场光学系统设计 [J]. 红外技术, 2014, 36 (7): 549-555.

[57] Vizgaitis J. Third Generation Infrared Optics [J]. Proc. of SPIE, 2008, 6940.

[58] 李波, 等. 国外航空侦察相机的发展情况 [J]. 现代科学仪器, 2013 (2): 24-27.

[59] 许永森, 等. 国外传输型航空相机的发展现状与展望 [J]. 光机电信息, 2012, 27 (12): 38-43.

[60] 张良, 等. 光学补偿式红外高变倍比步进变焦光学系统的设计 [J]. 应用光学, 2013, 34 (5): 738-741.

[61] 王娟，等．红外热像仪的作用距离估算 [J].电光与控制，2004，11（3）：17-19.

[62] 焦明印，等．一种紧凑离轴反射式多波段共用光学系统 [J].红外技术，2014，36（12）：949-952.

[63] 沈君辉，等．舰载直升机光电系统发展及其关键技术 [J].应用光学，2015，36（2）：161-170.

[64] 王会鹏，等．一种烟幕遮障下的伪装目标协同识别方法 [J].红外技术，2014，36（5）：404-408.

[65] Palmer T A. The Trials（and Tribulations）of Light Weight UAV Optical System Design [J]. SPIE，2007，6542.

[66] 付跃刚，等．宽谱段红外消热差光学系统设计 [J].应用光学，2014，35（3）：510-514.

[67] 谢启明，等．电视、激光和红外三波段减反膜技术 [J].红外技术，2013，35（7）：383-390.

[68] 汤天瑾，等．红外相机共孔径双波段成像光学系统 [J].应用光学，2015，36（4）：513-518.

[69] 王毅，等．大气、地表条件对目标-背景对比度的影响分析 [J].量子电子学报，2004，21（1）：92-97.

[70] 刘莹奇，等．可以改变红外相机冷光阑与成像波段的装置：103792761A [P].2014-05-14.

[71] 赵坤，等．双孔径红外变焦光学系统设计 [J].红外与激光工程，2013，42（11）：2889-2893.

[72] 焦明印，等．透射式双波段红外搜索跟踪系统光学物镜 [J].红外技术，2016（6）：296-299.

[73] 付艳鹏，等．机载新颖连续变焦中波红外光学系统设计 [J].红外与毫米波学报，2013，32（4）：309-312.

[74] 李培茂，等．双波段红外光学系统设计与像质评价 [J].红外与激光工程，2013，42（11）：2882-2888.

[75] 胡博，等．三视场红外搜索光学系统的设计 [J].应用光学，2013，34（3）：397-401.

[76] 张良，等．中波/长波双色多视场光学系统设计 [J].红外与毫米波学报，2013，32（3）：254-258.

[77] 李岩，等．双视场红外光学系统的无热化设计 [J].应用光学，2013，34（3）：385-390.

[78] 李岩，等．谐衍射红外双波段双视场光学系统设计 [J].光学学报，2013，33（11）：1-5.

[79] 董科研，等．谐衍射红外双波段双焦光学系统设计 [J].光学精密工程，2008，16（5）：764-770.

[80] 薛栋林，等．基于自由曲面的离轴三反光学系统 [J].光学精密工程，2011，19（12）：2813-2820.

[81] 罗秦，等．大视场离轴三反光学系统设计 [J].红外，2017，38（8）：14-18.

[82] 徐义航．具有自由曲面的离轴三反光学系统设计 [D].哈尔滨：哈尔滨工程大学，2017.

[83] 程洪涛．基于变形镜的三反射离轴变焦物镜设计 [J].光学学报，2013，33（12）：1-7.

[84] 潘思豪，等．紧凑型离轴三反光学系统的自由曲面设计 [J].电光与控制，2019，26（3）：97-102.

[85] 李俊阳，等．具有自由曲面的离轴三反光学系统设计方法研究 [J].激光与光电子学进展，2020，57（9）：1-9.

[86] 刘敏，等．引入表面微结构的3.7～4.8μm红外折衍混合物镜设计 [J].红外技术，2019，41（10）：918-923.

[87] 张婉怡．红外折衍混合摄远光学系统无热化设计 [J].应用光学，2017，38（1）：12-18.

[88] 谢忠华．大变倍比折射/衍射混合切换变焦光学系统设计 [J].红外技术，2016，38（11）：928-934.

[89] 刘毓博．机载大视场高分辨率红外成像系统研究 [D].北京：中国科学院大学，2017.

[90] 袁影．新概念超分辨率红外成像方法研究 [D].西安：西安电子科技大学，2014.

[91] 蔡毅，等．红外技术在未来军事技术中的地位和作用 [J].红外技术，1999，21（3）：1-7.

[92] 王晗．浅谈远红外技术的应用发展 [J].现代物理知识，2005（4）：29-30.

[93] 何丽．走向新世纪的红外热成像技术 [J].激光与光电子学进展，2002，39（12）：48-51.

[94] 高珊．用于第三代前视红外系统的双 F 数光学系统 [J].新光电，2009，3（3）：69-80.

[95] Gat N，Zhang J，Li M D，et al. Variable cold stop for matching IR cameras to multiple f-number optics [C]. Defense and Security Symposium，International Society for Optics and Photonics，2007.

[96] 邢素霞，等．非制冷红外热成像技术的发展与现状 [J].红外与激光工程，2004，33（5）：441-444.

[97] 丁全心，等．光电探测与制导技术在机载成像系统中的应用与展望 [J].红外与激光技术，2007，36：7-14.

[98] 金立峰，等．非制冷红外焦平面成像系统的高速 DSP 组件 [J].电光与控制，2013，20（9）：99-101.

[99] 刘琳．中波红外大相对孔径非制冷热像仪光学系统的研究 [D].苏州：苏州大学，2010.

[100] 束慧琴，等．主动式温度自适应技术在非制冷热像仪光学系统中的应用 [J].红外技术，2013，35（10）：612-616.

[101] 陈吕吉，等．四片式非制冷长波红外热像仪双视场光学系统 [J].红外技术，2020，32（1）：25-28.

[102] 陈建发．基于热光阑的大 F 数制冷型红外光学系统 [J].电光与控制，2017，24（3）：81-84.

[103] 薛南斌，等．影响夜视仪器观察因素的分析 [J].红外技术，2003，25（4）：26-31.

[104] 金伟其，等．夜视图像的彩色融合技术及其发展 [J].红外技术，2003，25（1）：6-12.

[105] 张卓，等．双波段红外光学系统无热化设计 [J].电光与控制，2015，22（5）：63-67.

[106] 谷亮，等．氟化钙光学晶体材料 [C].中国晶体学会第五届全国会员代表大会暨学术大会论文集，2012.

航空光学工程

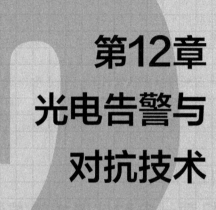

第12章
光电告警与
对抗技术

第二次世界大战以来，精确制导武器在世界各国迅速发展，各种地空型和空空型导弹都成为参战飞机的严重威胁。单兵便携式防空导弹系统（man portable air defense system，MANPADS）价格低和操作方便，在世界范围内的装备拥有量较大，一部分甚至流落在世界各地的非政府和恐怖组织手中，对于飞机，尤其是低空低速飞行的直升机和民用飞机的安全造成了极大威胁。

根据英国 BAE 系统公司统计，1973～2002 年期间损毁的 1650 架飞机中，被红外导弹击落的比例高达 49%。海湾战争中，多国部队被导弹击落的 27 架飞机中，多数是被红外导弹击落。

为了有效保护飞机和飞行员安全，世界各国从 20 世纪下半叶开始积极研制针对不同型号机载导弹的逼近告警系统（missile approach warning system，MAWS），即运用光电/雷达技术，对敌方来袭导弹/飞机进行探测、搜索、定位、辨识和测定，并确认其威胁程度，向载机平台报告相应情报，发布告警信息或直接启动定向干扰对抗装置。光电对抗技术已经是战争能力的重要组成部分，成为克敌制胜的必要和有效手段。

机载光电对抗技术是在面对陆、海、空、天各种光电威胁下，双方战机或者空地领域在光波频段（包括紫外光、可见光、激光和红外光）的抗争技术，为破坏或摧毁敌方光电侦察设备和光电制导武器（制导导弹、制导炮弹和制导炸弹）以及保证我方战机和制导武器正常发挥效能而采取的一种战术行动。

12.1

机载光电对抗技术的发展

大约几千年前，利用光能改变传感器性能或破坏一种元件的技术就已经得到初步应用。

公元前 212 年，在欧洲舒拉丘兹（Syracuse）战役中，阿基米德（Archimedes）试图利用大型阵列平面反射镜聚焦阳光烧毁罗马舰队的船帆，是光学对抗技术最早期应用的典型例子。

古希腊学者霍普里德斯（Hoplites）利用抛光的盾牌反射阳光作为心理战的一部分。

1415 年，阿金库尔战役（Agincourt）中，亨利五世率领弓箭手利用阳光当空照射（使法国士兵眼睛晕眩）的适当时刻才开始进攻。

近代战争中，飞机在攻击敌人时沿太阳光照射方向飞行（称为"飞出太阳"战术）等都属于利用光学对抗技术扰乱敌方防御的典型实例。

几个世纪以来，利用"烟幕技术"遮蔽或隐藏辐射可见光光谱的物体或目标是一种能够扰乱传感器探测功能（例如隐蔽武器的部署和机动）的简单技术，至今，这种对抗技术仍在应用。最初的方法是利用可燃材料产生大量的小颗粒烟雾使可见光散射，致使无法观察到目标辐射的光束。随着其它光学波段传感器的研发成功，隐蔽对抗技术变得更为先进和复杂。

第一次世界大战期间，与潜水艇遭遇时，为了减少军舰损失，英国采取了许多措施，其中有一种被动式对抗方法就是利用迷彩图案，避免清晰地显示舰身的长度、角度以及行进方向，从而避免敌方对船体尺寸进行计算而获得合适的进攻点。

第二次世界大战促进了对抗技术的发展，研发出一些使雷达系统失效的技术并成功应用于光学领域，同时，研发出红外（例如，应用于监视领域）技术，继而出现了对抗这些系统以及对抗"对抗系统"的技术。

20世纪50年代,红外寻的防空制导导弹问世,使军用飞机面临红外制导武器的严重威胁。

一般地,红外制导导弹是通过探测飞机的红外热辐射实现导引。红外导引头最初对准天空中最热的部分,例如飞机发动机或发动机组件的后部,因此,利用普通的曳光弹或正对阳光方向实施灵活机动就可以欺骗红外导引头而摆脱威胁。

20世纪60年代,是光学对抗技术的重要发展阶段。首先,Theodore Maiman验证了闪光灯泵浦红宝石激光器的激光作用。1964年,在英国皇家航空研究中心利用这类激光器损毁了一个距离400m的光导摄像管,是欧洲首次完成的激光损伤试验。俄罗斯瓦维洛夫国家光学仪器厂也完成了类似试验。

在此期间,还研发出热寻的导弹,同时开始推动"使这类武器失效"的技术研究,但因尺寸小和参与时间短,难以成为硬杀伤武器。典型例子是利用某种化学成分(镁/聚四氟乙烯/氟橡胶MTV)研发出一种照明弹,由于MTV的燃烧会产生非常强(与机载红外源类似)的红外源,因而,可以对这种跟踪飞机上以发热点为瞄准点的制导武器进行诱导。

为机载领域研制的这类对抗系统称为机载红外干扰机,是利用一种发热体产生红外能量,并将其调制成一系列脉冲以迷惑或欺骗导弹寻的器的目标跟踪系统。另外,还采用其它实用技术,例如延长战斗机的尾喷管以减少热寻的导弹的截获效率。

20世纪70年代,是超高功率激光器的验证阶段。初期,美国空军研发出100kW的激光器,稍后,激光器的功率达到0.5MW,以此验证定向能量武器系统(DEW)的潜在性能。一个典型例子是美国海军利用集成在一种精确定位系统中的化学激光器(NACL)击落一枚拖曳反坦克导弹;另一个验证试验是美国空军机载激光器试验室(ALL)利用气体动态二氧化碳激光器使飞行中的响尾蛇导弹失效。

1977年,美国空军在新墨西哥州Kirkland空军基地Phillips实验室开始研究化学氧碘激光器。

20世纪80年代,美国开始执行"星球大战"计划,进一步强化了定向能量武器技术(DEW),典型例子是研制先进的中红外化学激光器(MIRACL)。同时,为反传感器应用(anti-sensor applications)而研发的固态和液态激光器[亦称为"激光传感器致损武器(laser sensor damage weapons,LSDW)"]也取得了很大进步。通常,激光能量武器造成的结构性损伤称为"体外损伤技术(out-band damage technique)",造成的内部传感器损伤称为"体内损伤技术(in-band damage technique)"。从这个意义上讲,定向激光红外对抗系统也可以称为"低能量损伤激光武器"。

20世纪90年代,为了解决红外寻的导弹的持续威胁,美国利用较为传统的技术(包括利用弧光灯和光学会聚技术,聚焦形成一束很窄的光束)首先研制出第一台红外定向对抗系统(DIRCM),其代表是"复仇女神(Nemesis)"DIRCM系统(底部是多波段Viper激光器),如图12-1所示。之后,世界许多国家(包括澳大利亚、法国、德国、西班牙、以色列和中国)也研制出各种适合军用和民用飞机装备的机载红外定向对抗系统,其中使用的小型化固态红外激光器有了快速发展。

机载红外对抗系统的发展与红外制导导弹的快速发展密切相关。

20世纪50年代,红外寻的防空制导导弹问世,早期的红外制导导弹使用工作波长1μm和2μm的红外探测器(包括美制"红眼"和AIM9"响尾蛇"空空导弹,以及苏制AA-2"环礁"空空导弹)。红外导引头对准天空中最热的部分,例如飞机发动机或发动机组件的后

(a) "复仇女神" DIRCM系统的机上安装　　　(b) "复仇女神" DIRCM系统

图 12-1　机载 "复仇女神" DIRCM 系统

部，瞄准目标是飞机尾部喷气发动机排出的高温尾气，通过探测飞机的红外热辐射实现导引，使军用飞机面临红外制导武器的严重威胁。因此，对抗技术采用施放曳光弹、氙弧光灯照射或正对阳光方向实施灵活机动就可以欺骗红外导引头而摆脱威胁，有效地对抗红外制导导弹的攻击。

红外技术的快速发展，中波红外（3～5μm）探测器应用于新一代红外制导导弹中，能够瞄准飞机温度较低的部位，全方位或者迎头攻击飞机，因此，必须采用高亮度、高定向性和高相干性的机载红外激光对抗系统。

21 世纪以来，从高功率氙灯源逐步转向激光源 DIRCM 系统。以红外波长激光器为辐射光源的定向对抗技术成为主流，研发出各类机载平台的定向红外激光对抗系统（DIRCM）。目前，国内外机载定向红外激光对抗系统已经应用于战斗机、军用直升机、大型军用运输机、加油机及民用客机多种机型。

与其它红外干扰对抗源相比，在相同功率下，定向红外激光对抗系统可以以更强辐射功率和更高精度保证干扰和对抗效果。

概括起来，机载光电告警与对抗系统分为三个发展阶段，主要区别在于干扰源，如图 12-2 所示。

(a) 第一代定向干扰机　　　(b) 第二代定向干扰机　　　(c) 第三代定向干扰机

图 12-2　机载定向对抗系统

第一代机载红外干扰对抗技术的特点是采用红外曳光弹作为干扰源，全向发射，干扰效率低。

第二代机载红外干扰对抗技术的特点是采用诸如红外氙弧灯等装置作为干扰源，干扰波段包括近红外和中红外波段。

较早研制的宽带干扰机采用电阻加热单元（热砖）或弧光灯产生较强的红外辐射，利用机械斩光组件进行载波调制，以干扰防空导弹红外导引头工作，实现对飞机的防护。后期发展了强辐射弧光灯的红外干扰机，采用一个由调制屏环绕的宽角度热辐射灯，将能量定向发射到导弹导引头方向。

1989 年，美国国防部提出"复仇女神"定向红外对抗系统（DIRCM）AN/AAQ-24（V）研制计划，目的是在红外制导导弹临近飞机时提供报警和对抗。1993 年美国特种作战司令部参加了该项计划，1995 年 4 月与英国签订了联合研制合同。

美国 Northrop Grumman 公司和 Rockwell 公司，以及英国宇航系统公司和马可尼公司联合研制的产品采用大功率、可调谐（氙）弧光灯作为红外光源发射高强度红外光束诱骗和损伤导弹。

1996 年，批量生产并装备 MC-130E/N、AC-130H/U 等飞机。

第三代机载红外干扰对抗技术的特点是以激光器取代红外弧光灯。

实践证明，常规的红外干扰手段对新型红外制导武器的干扰效果不尽人意，因此提出了以高功率激光作为红外能量源的定向红外对抗（DIRCM）概念。

激光定向红外对抗的基本原理是利用激光束的相干性，将能量集中到很小的空间立体角内，采用各种干扰程序或调制手段使敌方红外导引头工作紊乱而无法识别或锁定目标，从而造成导弹脱靶，甚至使红外导引头致眩、致盲或者硬破坏，实现对飞机的全方位防护。因此，定向红外对抗技术是一种能跟踪红外制导导弹并把能量聚焦到红外导引头上的红外对抗系统。

机载光电告警与对抗技术主要包括三个方面：

① 机载光电告警技术。

② 机载跟踪/瞄准技术。

③ 机载干扰对抗技术。

12.2
机载光电告警技术

机载告警系统有主动型和被动型两种。前者典型代表是脉冲多普勒雷达告警系统，后者代表是光学告警系统。本节主要介绍光学被动式告警系统。

机载光电告警系统主要应用于实时探测来袭目标特征、方位和威胁程度，并及时发出告警指示。可以单独使用（例如机载预警系统），也可与其它分系统（例如，跟踪/瞄准系统和干扰系统）共同组成机载光电对抗系统。

机载光学告警系统由探测分系统（包括光机组件、探测器组件和成像处理组件等）和信息处理分系统（包括信息处理组件和电源组件等）组成。光学系统将目标辐射信息清晰成像在探测器上，探测器和成像处理组件进行光电信号转换和放大并形成视频信息，信息处理分系统对图像信息进行处理，完成目标检出、识别和任务调度等任务，如图 12-3 所示。

机载光电告警技术包括紫外告警技术、红外告警技术和激光告警技术。

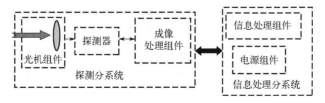

图 12-3　机载光电告警系统基本组成

机载紫外告警系统是一种利用220～280nm中紫外（UV）探测来袭导弹或飞机尾焰中紫外辐射而发现目标的一种新型被动式导弹告警系统。

机载红外告警系统是根据飞机/导弹尾气中红外（IR）辐射探测威胁目标的一种宽视场光电系统。

机载激光告警器是一种能迅速探测激光威胁源存在，确定其方位、种类和工作特性并进行声光报警，通知相配合的武器系统进行对抗的一种被动式光电探测系统。

经过几十年发展，已经形成日趋完善的机载光电告警体系。

12.2.1　机载紫外告警技术

紫外辐射是指电磁波谱中10～400nm波长范围的电磁波。其中，200nm以下的紫外辐射定义为"真空辐射"；200～300nm定义为"中紫外辐射"；300～400nm定义为"近紫外辐射"。

研究表明，太阳是最强的紫外辐射源。通过大气层时，氧原子的强烈吸收作用滤除了真空紫外线部分，因此，该波段的紫外辐射只能在外太空中存在；对流（或平流）层上部的臭氧层强烈地吸收中紫外辐射，在近地大气层中几乎不存在真空紫外和中紫外波谱，因而，该区域定义为"太阳日盲区"，如表12-1所示。

表 12-1　紫外辐射光谱分布

软 X 射线	紫外线				可见光
	VUV	UVC	UVB	UVA	
	真空紫外	远紫外	中紫外	近紫外	
		日盲区			
10nm	200nm	280nm	300nm 315nm	400nm	

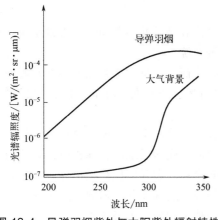

图 12-4　导弹羽烟紫外与太阳紫外辐射特性

对固体导弹（或者飞机）火箭发动机的羽烟紫外辐射特性的研究表明，导弹在攻击目标过程中，从导弹发动机喷管喷出的燃烧产物中包含大量的高温可燃性气体，其中热辐射和化学荧光辐射会产生一定的紫外辐射，光谱范围主要是220～280nm。但是，由于太阳发出的波长在300nm以下的紫外辐射均被大气有效拦截，因此，目标源发出的紫外辐射与背景中太阳发出的紫外辐射形成鲜明对比，并不在同一数量级（如图12-4所示）。

（1）紫外告警系统的工作原理

紫外告警系统的工作原理是根据"太阳光谱盲区缺少紫外波"的理论，并通过探测导弹羽烟的紫外辐射（与天空"暗背景"形成良好的景物对比）光谱及强度分布计算来袭导弹的种类和威胁方向，并发出警报，为机载平台提供针对各种短程地空和空空导弹的近程防御，以及时采取对抗措施（包括合理规避和进行攻击）。由于该告警系统避开了最强大的自然光源（太阳）造成的复杂背景，因此，明显减轻了信息处理负担，为导弹告警系统提供了一种极其有效的手段。

导弹在发射过程中，助推段和末助推段都会在尾焰中发出强烈的紫外光，即使在自由飞行段，导弹蒙皮也会发出紫外光，再入段导弹头部产生的等离子体也会发出紫外光，因此，为紫外告警系统探测紫外辐射提供了有利条件。

与雷达告警系统相比，紫外告警系统属于无源告警，具有隐蔽性好的优点。与红外告警技术相比，由于紫外告警技术工作在"日盲区"紫外波段，具有虚警率低、响应速度更快（无需低温冷却，可以瞬间启动，具有很高的实时性）、无需扫描、飞行中无需再校正、凝视成像以及体积小和重量轻等优点，对低空和超低空高速来袭导弹都能进行有效探测和告警，因而备受青睐。

另外，紫外告警系统与其它告警系统具有很好兼容性，可与激光和红外告警系统综合应用。例如机载红外/紫外综合告警系统可以优势互补，具有更远的探测距离，从导弹发射的瞬间就能跟踪探测并具有较高的目标方位探测精度，成为目前世界上型号最多和装备量最大的逼近告警系统（MAWS）。因此，紫外告警系统以其独特的优势迅猛发展，在导弹逼近告警系统的发展中占有极其重要的地位，图 12-5 是战斗机上装备的紫外告警系统。

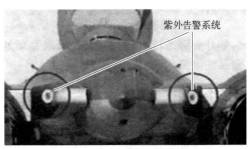

图 12-5　机载紫外告警系统

（2）紫外告警系统的组成

如图 12-6 所示，紫外告警系统由探测单元（为了形成全方位角和覆盖大的空域，可能由若干个紫外探测系统组成）、信号处理单元（对光电转换后的信号进行处理）和决策单元（确定有无威胁源，以及对多个威胁程度排序）组成。

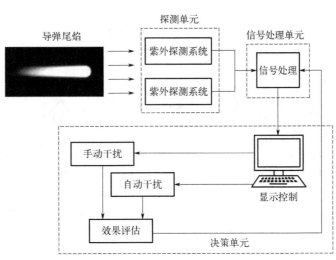

图 12-6　紫外告警系统的组成

20 世纪 60～70 年代，世界各国开始研发机载紫外波段告警技术，主要集中在对导弹尾焰紫外辐射的测量上，对紫外辐射理论进行了大量研究，掌握了紫外波段的大气传输特性。

初期，主要研究光谱区 200～300nm 紫外光的传输特性，之后扩展到真空紫外区 100～300nm。由于探测距离较近，所以，紫外告警技术又称为"导弹逼近告警技术"。鉴于当时该项告警技术尚不成熟，发展很慢，人们的兴趣也开始转向红外告警技术的研究。

20 世纪 80 年代初（1983 年左右），美国重新考虑利用导弹羽烟紫外辐射对来袭导弹告警。经过几年研究，一项关键的紫外线传感器技术（包括高紫外灵敏光阴极、CCD 器件和高增益微通道板技术）取得了突破，由此，机载紫外告警技术进入快速发展阶段。

紫外告警系统作为机载光电对抗系统的重要告警手段之一，具有以下特点：

① 紫外探测器具有较高灵敏度。

② 紫外探测器结构简单，无需制冷和扫描，体积小。

③ 空间紫外背景辐射少，位于太阳盲区，信号检测容易，虚警率下降。

④ 紫外告警可在多目标威胁状态下，按威胁程度快速建立多个优先级，并给出最佳对抗决策。

⑤ 缺点：相比之下，角分辨率低，灵敏度较低。

紫外告警系统有两种类型：概略型紫外告警系统（采用紫外光电倍增管）和成像型紫外告警系统（采用紫外像增强器）。

12.2.1.1 概略型紫外告警系统

1983 年，美国洛拉尔（Loral）公司（现为 BAE 系统公司一部分）开始研制首台原型导弹逼近紫外告警系统 AN/AAR-47。20 世纪 90 年代中期，ATK 公司也参与研究。

1998 年，ATK 公司研制出一种小型、轻质、无源紫外威胁告警系统，是 AN/AAR-47 改进型（AN/AAR-47A 型和 AN/AAR-47B 型），增加了具有先进处理能力的传感器和软件，具有紫外/激光（工作波长 0.2~1.1μm）复合告警能力，由 4 个非成像型紫外光电倍增管探测器、1 台英特尔 8086 中央处理器和 1 个信号控制指示器组成。非成像紫外光学系统分别指向 4 个方向，能够在导弹到达前 2~4s 发布警报。

2008 年，又增加了敌方火力指示器，可以探测火箭榴弹和曳光弹，进一步增强了导弹探测能力。

最初的紫外告警系统探测器采用非制冷单阳极光电倍增管，接收导弹羽烟的紫外辐射能量，因此，称为概略型紫外告警系统，如图 12-7 所示。

(a) 基本组成 　　　　(b) 鱼鹰飞机上的AN/AAR-47

图 12-7　AN/AAR-47 型紫外告警系统

尽管 AN/AAR-47 概略型紫外告警系统并非成像系统，但经过不断升级和改造后，具有良好的探测性能和兼容性，可以探测和告警导弹攻击的大致方向，可以识别假目标，自动触发投放诱饵弹对抗投放器，并且隐蔽性好、体积小、重量轻、可靠性高和功耗低，备受世界各国军方青睐。缺点是角分辨率差和灵敏度低。

除美国 AN/AAR-47 概略型紫外告警系统外，典型产品还包括以色列 Rafael 公司 Guitar-300/320 以及南非 Saab Avitronics 公司 MAW-300 紫外告警系统。表 12-2 和表 12-3 分别列出 AN/AAR-47 型和南非 Saab Avitronics 公司 MAW-300 紫外告警系统的主要技术性能。

表 12-2　AN/AAR-47 型紫外告警系统技术性能

参数	紫外探测器	处理器	信号指示器
外形尺寸/mm	203×127×127	254×203×203	154×127×51
重量/kg	1.6	7.4	1.0
单视场/(°)	92	—	—
总视场/(°)	360(H)×92(V)	—	—
角分辨率/(°)	90		
系统总重量/kg	14.6		
系统总功率/W	70		

表 12-3　MAW-300 型紫外告警系统技术性能

参数	外形尺寸/mm	重量/kg	单视场/(°)	总视场/(°)
紫外探测器	134×130×130	2.3	110	360(H)×110(V)
控制器	224×99×152	2.5	—	—

概略型紫外告警系统工作原理：紫外探测系统将各自视场内特定波长的紫外辐射光子（包括目标和背景）收集起来，通过紫外窄带滤光片后到达光电倍增管阴极接收面，经光电转换成光电子脉冲并送入信号处理模块，再经信号预处理送入数据处理模块，并根据目标特征以及预置算法对输入信号作出有无导弹威胁的统计判决，从而为飞行员指示威胁导弹的方位，保护直升机和低空飞行飞机免受来袭导弹袭击。

AN/AAR-47 型紫外告警系统可以与 AN/ALE-39 红外干扰弹/箔条投放器等对抗系统配合使用，也可以与 AN/AAR-39A 型雷达告警接收机一起使用。Lockheed Sanders 公司研制的定向红外对抗系统也是采用 AN/AAR-47 紫外告警系统作为机载导弹逼近告警系统。

紫外告警设备在飞机上可以采取内装和吊舱两种安装形式。内装时，紫外传感器嵌入飞机蒙皮适当位置，各传感器在同一平面内的相邻夹角为 90°。处理器安装于机舱内。系统可以自动连续工作，快速判明威胁并引导对抗措施。

最初，紫外告警系统主要装备于美国海军直升机和轻型固定翼飞机、A-16、C-130S 和 P-3S 运输机，可以探测和告警导弹攻击的大致方向，自动触发投放诱饵弹的对抗投放器。在海湾战争中，装备在英国、澳大利亚和加拿大的直升机和运输机上，例如英国的奇努克直升机、"猎人"海上侦察飞机、CH-47A "海王"直升机和 C-130 运输机。

12.2.1.2　成像型紫外告警系统

继概略型紫外告警系统 AN/AAR-47 之后，美国及西方一些国家又研制出不同形式的成像型紫外告警系统。典型产品包括美国 Northrop Grumman 公司 AN/AAR-54（V）和 AN/AAR-57、法国 MBDA 和德国 EADS 公司联合研制的 MILDS AN/AAR-60、以色列 Rafael 公司 Guitar-350、法国的 CMWS 以及俄罗斯 101KS-U 型紫外告警系统等。

成像型紫外告警系统可视为以像增强器为探测器的第二代紫外告警系统，以多元或面阵器件为探测器，接收导弹羽烟紫外辐射，对所警戒的空域进行探测，并分选和识别威胁源。

成像型紫外告警系统的优点是：角分辨率高、探测和识别能力强、对导弹能进行分类识

第 12 章　光电告警与对抗技术　1113

别、能引导红外对抗光束、具有引导红外弹投放器和红外定向干扰机的双重能力以及良好的态势估计能力。

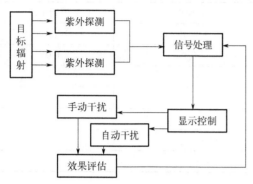

图 12-8　成像型紫外告警系统结构

（1）工作原理

成像型紫外告警系统基本工作原理是：通过大相对孔径的广角紫外物镜接收导弹尾焰的紫外辐射，通过解算图像位置，对所探测的空域进行成像探测、识别和分类威胁源，从而给出来袭导弹的相应位置及距离的估算值，如图 12-8 所示。

相对于第一代概略型紫外告警系统，成像型紫外告警系统具有更强的目标探测/识别能力和更高的角分辨率（1s 的截获时间和 1°的角精度），精确提供威胁目标的方向，告警灵敏度提高了 30%，探测距离更远（约为 5km，是概略型紫外告警系统的两倍），从而解决了第一代概略型紫外告警系统角分辨率和探测灵敏度都低的问题。另外，具有很强的假目标识别能力、多目标探测能力和对威胁等级进行排序的能力，引导烟幕弹和红外诱饵弹的投放以及指引定向红外干扰机对准目标。

1998 年，丹麦、荷兰和挪威完成了 AN/AAR-54（V）紫外告警系统在 F-16 飞机上的试飞。

2003 年，马来西亚购买的俄罗斯的苏-30MKW-300 战斗机就装备有南非研制的 MAW-300 导弹逼近紫外告警系统。

2004～2005 年，AN/AAR-60 紫外告警系统相继在战斗机上完成了第一阶段和第二阶段试飞。

20 世纪 90 年代研制的新型导弹临近告警系统中，紫外型导弹告警系统几乎占到一半，成为光电对抗领域的一个热点。下面介绍几种有代表性的成像型紫外告警系统。

（2）典型案例

案例一，AN/AAR-54（V）紫外告警系统。

1997 年，美国 Northrop Grumman 公司与西屋公司合作为 C-17 和 C-130 大型运输机成功研制出 AN/AAR-54(V)型无源紫外导弹逼近告警系统（早期称为 PMAWS-2000 系统），用来探测超声速导弹的发射和逼近。

该系统采用威胁自适应设计，因此，能够使用通用的硬件和软件，可以在高杂波环境下同时跟踪多个威胁（最多达到 10 个），迅速精确地对每个辐射源进行分类，并将威胁信号发送到对抗系统中，因此，可以为定向红外对抗系统（DIRCM）提供导弹跟踪信息和目标指示，从而使对抗系统在全天候和各种高度下作出最优反应。

AN/AAR-54（V）成像型紫外告警系统由凝视型（256×256 元或者 512×512 元）紫外探测器、大视场（具有 360°覆盖范围）和高分辨率的光学系统、先进的综合航空电子组件和 ADA 算法软件组成。使用 1～6 个传感器（Litton 公司研制的 AMAWS 最多采用 8 个传感器，其中，6 个传感器单元就可以覆盖全球空域）提供全方位探测，每一个传感器空间锥形视场 94°，分辨角达到 1°，虚警率低，探测距离提高 1 倍，对肩射式导弹的探测距离大于 5km。在飞行过程中，还可以进行内测，为单个传感器或者电子线路的损坏提供可更换部件，如图 12-9 所示。表 12-4 列出主要技术性能。

图 12-9　AN/AAR-54(V) 型紫外告警系统

表 12-4　AN/AAR-54(V) 型紫外告警系统技术性能

参数	体积/mm	重量/kg	功率/W	视场/(°)	角分辨率/(°)
探测器	112×87×87	1.75	8	120	1
控制器	216×160×96.5	4.8	34	—	—

AN/AAR-54(V) 可以探测地空导弹以及空空导弹，可安装在固定翼飞机（包括无人机）、直升机以及地面陆军的坦克和战车上，最常用的是特种作战直升机和低空飞行运输机，如 MC-130。

案例二，MILDS AN/AAR-60 成像型紫外告警系统。

法国 MBDA 公司与德国 EADS 公司研发的 MILDS（译称"米尔兹"）AN/AAR-60 型紫外告警系统是一种基于高性能凝视型紫外成像探测器的机载导弹告警系统。采用先进的软件算法完成探测并以紫外光谱波段成像显示导弹尾焰的紫外辐射，不仅能指示目标来袭方向、高度以及各导弹的优先性，还能估算其距离，并自动启动对抗措施（包括投放红外干扰弹、启动红外干扰机或者机动飞行），是目前世界上体积最小和性能最好的探测器之一。

MILDS 系统最多可包括 6 个紫外探测器（硅 CCD 阵列）以提供全空域覆盖，每个探测器 120°锥形视场，包括预处理、信号处理和通信处理器。由于各探测器自带处理器，每个处理器可控制全系统，因此仅剩一个探测器时也能正常工作。另外，每一个像素对应的视场比单元光电倍增管视场小得多，相同视场下噪声小，与使用光电倍增管的 AN/AAR-47 概略型紫外告警系统相比，其信噪比能够提高几个数量级，如图 12-10 所示。

图 12-10　MILDS AN/AAR-60 紫外告警系统

MILDS 系统可在海拔 14km 下工作，探测距离约 5km，可同时应对 8 个目标，响应时间 0.5s，平均故障间隔时间（MTBF）＞9600 飞行小时。表 12-5 列出 AN/AAR-60 成像型紫外告警系统主要技术性能。

表 12-5　AN/AAR-60 型紫外告警系统技术性能

参数		指标
单个探测器	工作波长/μm	300
	体积/mm	120×120×120
	锥形视场/(°)	120

續表

参数		指标
单个探测器	角分辨率/(°)	1
	重量/kg	2
系统	6个覆盖全视场/(°) 方位视场	360
	俯仰视场	70
	响应时间/s	0.5
	平均故障间隔时间(MTBF)/h	＞9600
	探测距离/km	5
	工作高度/km	＜14
	可以探测目标数量	8
	总重量/kg	20
	虚警率	约每90min出现一次

MILDS AN/AAR-60紫外告警器应用在运输机和直升机平台上，如CH-47和C-130。2010年研制成功并生产的升级型AAR-60(V)-2装备在欧美F-16战斗机上。

案例三，Guitar-350成像型紫外告警系统。

2001年，以色列为战斗机、直升机、运输机上红外对抗系统研发了一种Guitar-350成像型紫外告警系统，如图12-11所示。其中，战斗机采用6个紫外告警探测器（单个探测器视场角为120°），覆盖全球形空间视场；直升机采用4个紫外告警探测器，覆盖水平360°视场和俯仰120°视场。预警时间提前4~6s。总质量不超过15kg，总功率不超过200W。

图12-11　Guitar-350成像型紫外告警系统

该系统采用大孔径紫外物镜，因此，具有更高的灵敏度和更远的告警距离。系统处理部分包含内部惯性角度单元（internal inertial angular unit），因而可补偿飞机的摆动操作。已经成功验证，可对空空导弹、反甲导弹和地空导弹多种类型导弹进行预警、探测导弹发射以及对飞行中导弹进行追踪，并利用复杂的系统算法排除假目标（闪光弹等）的干扰。

案例四，101KS-U成像型紫外告警系统。

俄罗斯研制的101KS-U成像型紫外告警系统（包括单窗口101KS-U01型和双窗口101KS-U02两种类型），安装在苏-57飞机上，是101KS光电系统的一部分（苏-35也装备类似光学设备），如图12-12所示。其中单窗口型分别安装于飞机前部两侧，双窗口型安装在机腹和机背，从而形成全机360°覆盖。该系统最显著的特点是，一个光学窗口设计有两个光学系统：大孔径系统用于紫外告警，小孔径系统用于激光感应。

案例五，SE-2成像型紫外告警系统。

根据2002年05月21日国防报报道，东北电子技术研究所成功研制出第二代SE-2型导

(a) 101KS-U紫外告警系统

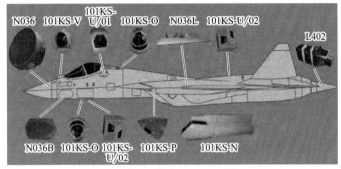

(b) 苏-57飞机上101KS-U配置

图 12-12 俄罗斯 101KS-U 成像型紫外告警系统

弹逼近紫外告警系统，由 4 个探测分系统组成，每个分系统视场 92°×92°，共同形成 360°×92° 的空间告警/监视区域，其角分辨率达到了 1°，探测距离约 4km，如图 12-13 所示，在第 3 届中国国际国防电子展览会上公开展出。

12.2.1.3 紫外告警光学系统

紫外波长较短（100～300nm），普通光学玻璃的透射波长为 350～2400nm，不能透射紫外光，因此，无法利用普通玻璃设计紫外告警光学系统。另外，较短波长的紫外光很容易引起散射效应而产生大量杂散光。同时，反射系

图 12-13 SE-2型紫外告警系统

统虽然没有色差，但视场通常比较小，无法满足大视场紫外告警系统的需求，因此，需要慎重选择紫外光学系统的结构形式，一般选择摄远物镜结构，不仅可以实现大视场，而且具有一定工作距离。

研究表明，适合日盲紫外波段的透射光学元件材料非常有限，例如熔石英、氟化物、UBK7 玻璃、硼硅玻璃和透紫玻璃等。

考虑到材料的耐辐射、理化和加工性能，认为可选用的最佳紫外光学材料是氟化钙、氟化镁和熔石英三种材料（由于氟化镁双折射性较强，而氟化钙和熔石英二者均有较低折射率和较小阿贝数差，因此，通常选择氟化钙正透镜和二氧化硅负透镜）。

案例一，折射型紫外告警光学系统。

北京空间机电研究所（王保华等人）设计了一种由 5 片透镜组成的紫外光学系统，如图 12-14 所示。其中，采用第二代增强型电荷耦合器件（ICCD）作为紫外探测器，并设计有紫外滤光片以有效屏蔽日盲紫外波段对探测系统的影响。表 12-6 和表 12-7 分别列出该系统的结构参数和光学性能。

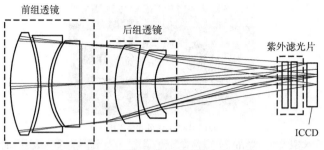

图 12-14 折射型紫外告警光学系统

表 12-6 紫外告警光学系统结构参数

透镜/表面	曲率半径/mm	厚度/mm	光学材料	(半)孔径/mm
透镜 1	67.07	14.45	氟化钙	26.45
	−71.31	1.50		25.73
透镜 2	−67.84	4.50	二氧化硅	24.88
	38.87	1.50		22.26
透镜 3	39.88	13.01	氟化钙	23.40
	551.97	1.77		21.46
光阑	∞	16.29		21.20
透镜 4	38.74	11.79	氟化钙	20.49
	91.02	1.60		17.81
透镜 5	38.11	7.68	二氧化硅	17.94
	22.69	52.26		15.14
滤光片	∞	3.00	二氧化硅	12.36
	∞	2.00		12.24
	∞	3.00		12.12
	∞	20.75		12.00
探测器屏玻璃	∞	5.50	二氧化硅	10.76
	∞(像平面)			10.58

表 12-7 紫外告警光学系统的光学性能

参数		指标
工作波长/nm		240～280
焦距/mm		150
F 数		3
视场 $2\omega/(°)$		±4
紫外探测器	像素尺寸/μm	25
	像素数目	1024×1024
光学像质	传递函数(20lp/mm)	>0.7
	单个像素内能量集中度	>90%
系统总长度/mm		160

案例二，折/衍混合紫外告警光学系统。

为了提高系统接收紫外光辐射（光谱范围 240～280nm）的能力和扩展系统的探测范围，2012～2018 年，长春理工大学（于远航、陈宇、孙毅、范雯雯和朱海宇等人）相继对紫外告警光学系统设计技术进行研究，希望利用非球面和二元光学表面技术扩大系统视场和增大相对孔径。

① 折射/双衍射面混合型紫外告警光学系统。2012 年，于远航等人设计的紫外告警光学系统由 5 片透镜组成，同样采用二氧化硅和氟化钙两种晶体材料，但与北京空间机电研究所设计的折射型紫外告警光学系统不同，该系统包括两个衍射表面（第 1 透镜表面和第 6 透镜表面）和一个非球面（第 3 透镜表面），光阑位于第 2 和 3 透镜之间，如图 12-15 所示。光学性能：工作波长 240～280nm，焦距 50mm，$F/3.5$，视场 40°，系统最大均方根弥散斑半径 6.520μm，能量集中度达到 90%。

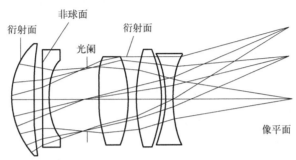

图 12-15　折射/双衍射面混合型紫外告警光学系统

② 折射/单衍射面混合型紫外告警光学系统。2014 年，陈宇等人对上述紫外告警光学系统进行了改进设计，仍由 5 片透镜（焦距 50mm，$F/4$）组成，但前组包括三片透镜、后组包含两片透镜，如图 12-16 所示。区别是系统采用两个非球面（第 2 和 3 表面）和一个衍射表面（第 1 表面），保证了光学性能基本不变（视场 43°），成像质量完全满足要求。

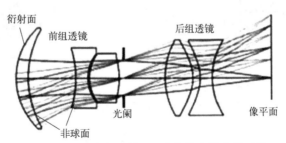

图 12-16　折射/单衍射面混合紫外告警光学系统

2016 年，孙毅设计的紫外告警光学系统（由 6 个透镜组成）仅使用一个非球面（第 4 表面）和一个衍射面（最后一个透镜面，即第 13 表面）就基本满足技术要求，其中，焦距 38mm，$F/4$，视场 40°，弥散斑最大均方根半径 4.807μm，能量集中度达到 98.91%，系统总长 58.3mm。

2018 年，范雯雯设计的紫外告警光学系统，采用 5 片型类似结构和相同像元尺寸的紫外探测器，通过优化设置非球面（第 9 面和 10 面）和衍射光学面（第 4 面）在系统中的位置，使系统视场扩大到 60°和 $F/3$。

为了滤除日盲紫外波段以外的杂散辐射，在系统前端设计有紫外滤光片（紫外透射率

53%），光学系统（镀膜后）平均透射率84.77%，总透射率44.93%。光学系统的成像质量基本不变［最大弥散斑半径（RMS）为8.670μm；约96.73%的紫外辐射能量会聚在半径为6.75μm的圆内］。

③ 紫外告警变焦光学系统。2015年，朱海宇等人为了满足刑侦过程中远距离搜索和近距离拍照的需求，采用非球面和衍射面设计了一种日盲紫外机械补偿变焦光学系统（7片透镜结构），焦距变化范围40～80mm，视场6°～12°，F/4。在整个变焦过程中，各视场MTF（截止频率21lp/mm）均在0.7以上，畸变小于5%，像质优良，像面稳定。

案例三，大视场大相对孔径紫外告警光学系统。

为了提高紫外告警系统的信噪比和降低虚警率，采用反远距/准像方远心光路结构可以使大视场大孔径紫外告警系统具有优良成像质量和均匀的像面照度。

反远距型光学系统由两组透镜组成：靠近物方的前组负焦距透镜和后组正焦距透镜，两组透镜相隔一定距离，孔径光阑设置在后组，前组透镜承担较大视场，后组透镜承担较大的相对孔径。

典型的设计例子包括：2014年，中国科学院长春光学精密机械与物理研究所（王红）设计的视场110°、焦距7mm和F/3紫外（254～272nm）告警光学系统（选择熔石英和氟化钙两种材料）；2020年，北京空间机电研究所、北京理工大学（郑国宪等人）联合设计的大视场（130°）大相对孔径（F/1.5）日盲紫外（光谱范围255～275nm）告警光学系统，如图12-17所示，由8片均为熔石英光学材料的球面透镜和4片滤光片组成。表12-8列出该类紫外告警光学系统的光学性能。

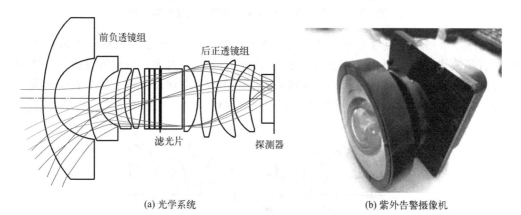

(a) 光学系统　　　　　　　　　(b) 紫外告警摄像机

图 12-17　大视场大相对孔径紫外告警光学系统

表 12-8　大视场大相对孔径紫外告警系统技术性能

参数	北京空间机电研究所	中科院长春光机所
光谱范围/nm	255～275	254～272
焦距/mm	9.00	7.00
视场/(°)	130	110
系统孔径/mm	6	—
F 数	1.5	3
后截距/mm	9.35	—
系统总长度/mm	108.99	—

参数		北京空间机电研究所	中科院长春光机所
系统透射率(不包括滤光片)		>0.96	0.863
成像质量	MTF(全视场)	>0.36	—
	最大弥散斑半径 RMS 值/μm	<108.3	<53.7
	像面最大照度差	<8%	<15%
	相对畸变(0.85 视场)	—	<20%

紫外告警技术作用距离近，无法满足某些情况（例如快速运动战斗机）远距离告警要求，因此，定向对抗系统中的告警系统逐渐被红外告警系统代替。研究表明，为了降低虚警率，最好采用双色告警系统。

12.2.2　机载红外告警技术

机载红外告警系统是基于红外探测原理（采用红外扫描或凝视成像探测器）而被广泛应用的光学告警系统。设计技术指标包括：工作波段、作用距离、告警时间、探测视场、瞬时视场、探测概率和虚警率等。

（1）工作波段

根据威胁目标的辐射光谱特性、杂波条件以及使用情况选择红外告警系统的工作波段。

通过对飞机和导弹飞行中热辐射特性分析和研究知道，导弹在攻击过程中，会在红外波段产生大量的羽烟信息，羽烟尾焰温度在几百甚至几千摄氏度，由于中波红外波段的辐射强度远大于长波或者短波波段，因此，多数情况下，机载红外告警系统都采用中波红外波段实现对高温远距离小目标（飞机或导弹）的被动探测，具有隐蔽性好、抗干扰能力强、探测目标广和作用距离较远的特点。

（2）作用距离

依据红外探测原理，作用距离定义为告警概率达到50%的距离。其远近与目标辐射特性、大气透过率、光学系统透过率、系统带宽、光学系统口径、信噪比和探测器像元大小有关。

（3）探测视场

告警系统可探测的空域覆盖范围。通常希望具备全空域告警视场，即探测视场为4π立体角空间。

（4）瞬时视场

探测器线性尺寸对系统物空间的二维张角，由探测器形状、尺寸和光学系统焦距决定。瞬时视场代表告警系统的空间分辨能力，应根据战术使用需求，如作用距离、目标特性等指标统筹考虑。

（5）探测概率

定义为视场中出现目标时，系统能探测到的概率，要求探测概率不低于95%。

（6）虚警率

探测视场内没有目标但系统误认为有目标而发出告警信息，该错误出现的概率即虚警率。

虚警率包含两个方面：一是外界没有红外目标而系统却输出告警信号；二是外界存在红

外辐射源但非作战对象，系统误判为作战对象并告警。因此，要求系统把虚警率限制在一定范围。

机载导弹逼近红外告警系统分为两种类型：扫描型和凝视型。

扫描型机载导弹逼近红外告警系统保证光机扫描装置能够带动光学系统和红外探测器共同转动，空间视场内被探测目标的红外辐射信号入射到探测器上并快速转换为电信号，保证信息读取和处理同步化，快速获得来袭导弹的方位角和俯仰角。

凝视型机载导弹逼近红外告警系统采用红外焦平面阵列探测器，无须机械扫描，帧时达30ms 至几百毫秒（扫描型是 1～10s），因此，具有帧时短、灵敏度高和分辨率高等特点。

机载红外告警系统的工作原理：来袭导弹在飞行中不仅弹体被自身推进系统加热，而且将羽状炽热气体向后喷射到空气中；弹体和气体尾羽的温度远高于环境温度并向外辐射大量红外线；机载红外告警系统就是通过探测弹体和尾羽发射的红外辐射识别威胁导弹，确定其详细特征并发出告警警报。

机载红外告警系统利用分散安装在飞机平台上的多个告警器完成被动式探测，对各个方向来袭飞机/导弹都能进行侦察和告警，因而具有全向空域的实时探测能力，精度高、反应快、费效比低和抗电磁干扰能力强，能快速输出目标威胁等级和目标方位等信息，有效提高飞机的战场生存能力，是飞机平台的重要防御设备。

20 世纪 60 年代前，机载红外告警系统的研究方向是对付导弹对飞机尾后的攻击。由于技术条件有限，只能应用于简单作战环境的飞机后面告警，而且，作用距离短，精度低，虚警率高。

20 世纪 60～70 年代，随着计算机技术、探测器材料和制造工艺的进步，机载红外告警系统有了飞跃发展，开始使用红外线列/焦平面探测器，研制成功第二代告警系统，告警范围达 0°～360°，告警距离提高到 10km。代表产品包括为 B-52 轰炸机研制的 AN/ALR-21 红外警戒接收机、为 F-111 和 F-111A 装备的 AN/ALR-23 红外警戒接收机、为 F-111A/D/E/F 和 FB-111 飞机以及直升机研制的 AN/AAR-34 红外接收机。

案例一，SAMIR 导弹告警系统。

法国 Sagem 公司和 MBDA 公司为幻影-2000 和"阵风"战斗机联合研制的 SAMIR 导弹告警系统，由红外传感器及高速信号处理和指示显示单元组成，如图 12-18 所示。采用模块化结构、先进的信号处理技术、红外双色探测技术和综合冷却技术，具有多目标探测能力、高探测概率和低虚警率。

(a) 红外光学传感器　　　　　　(b) 高速信号处理/显示单元

图 12-18 "阵风" SAMIR 导弹告警系统

主要性能：工作光谱范围 2～5μm；线形阵列（10 元×2 列）双光谱碲镉汞（HgCdTe）

探测器；扫描成像方式的视场覆盖范围 180°(H)×85°(V)；角分辨率 1°；重量 9kg；外形尺寸 295mm×170mm×160mm。

案例二，AN/AAR-44(V) 小型化机载红外告警系统。

1980 年，典型的 AN/AAR-44 改进型 AN/AAR-44(V) 小型化机载红外告警系统研制成功，装备在 C-130 飞机上。采用 InSb 线阵（10 元×2 列）探测器，工作波长 3～5μm，角分辨率 1°，告警覆盖范围：水平和垂直方向都是 180°。显示器可以提供扇形威胁指示、外部对抗指令和声音告警。

研究表明，飞行器的尾焰和坦克发动机喷出的高温气体具有很强的中波红外辐射，但设备本身有较强的长波红外辐射。对于导弹火箭发动机也有两种情况：其一是从发射到命中一直燃烧；其二在途中就燃烧完毕。因此，探测燃烧时的高温羽烟，最好选择对 3～5μm 敏感的中波红外波段，而探测燃烧完后靠空气动力加热的低温导弹，最好选择 8～12μm 敏感的长波红外波段。实际上，利用中波/长波红外双波段复合探测/告警系统可以有效提高复杂环境的目标探测精度。

案例三，双光谱红外告警系统。

20 世纪 70～90 年代，随着长线列、超长线列、面阵红外焦平面探测器的迅速发展，Lockheed Martin 公司为 F-22 飞机成功研发第三代机载红外告警系统（AN/AAR-56 双光谱红外告警系统），6 个 128×128 元红外焦平面阵列探测器协同工作。

1997 年，在 AN/AAR-44 基础上改进研发的另一种机载红外告警系统是 AN/AAR-58。特点是：

① 探测头、扫描器和处理器均设计安装在一起，重量减轻到 9kg，仅为 AN/AAR-44 的 1/3。

② 采用双波段转动扫描器，视场覆盖 75% 的全域范围。如果要求全空域防护，可以安装两套装置。

③ 改进了算法，进一步减小了虚警率。

④ 安装在机舱内，也可以安装在吊舱内。

2009 年，德国 EADS 公司首次为 A400M 运输机成功研发双色红外导弹告警系统，采用先进的红外超点阵探测器技术，大幅度降低了虚警率。

美国空气喷气发动机通用公司利用雷达与红外系统研制成功 AN/AAR-43 双模凝视型红外告警系统，告警距离达 10～15km，从而使红外告警系统具有全方位和全俯仰警戒能力，可同时对多目标进行搜索、跟踪和定位，自动引导干扰系统工作，并利用先进的成像显示装置提供清晰的战场情况。

无论是空中还是地面目标，其机动性和隐蔽性都在不断提高，常规的定焦红外探测/告警系统很难实现对来袭目标的有效探测、告警和跟踪，需要研发一种双视场变焦红外系统以实现大视场搜索和小视场跟踪，保证视场切换中不丢失目标，切换后仍具有较高的稳定精度。

案例四，红外双波段双视场成像告警系统。

中国科学院长春光学精密机械与物理研究所（张洪伟等人）设计了一款红外双波段双视场成像告警系统，由光窗（或整流罩）、分光镜、中波红外分系统（包括中波红外定焦光学系统、中波红外探测器和电路组件）、长波红外分系统（包括长波红外径向切换式变焦光学系统、长波红外制冷型探测器和电路组件）组成，如图 12-19 所示。

该告警光学系统具有以下特点：

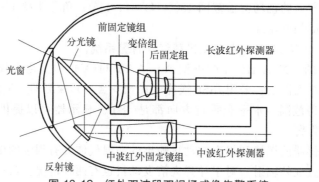

图 12-19　红外双波段双视场成像告警系统

① 光窗两个表面的曲率半径分别是 120.2mm 和 116.6mm，焦距约 13000mm，外界入射光经光窗后仍是平行光，因此，分光镜位于平行光束中，不会引起太大像差。

② 适当选择光学材料以达到消热差目的。

中波红外光学系统采用 ZnS 和 HW14 两种红外材料，长波红外光学系统采用 ZnSe 和 HW14 两种红外材料，光窗采用 ZnS，分光镜采用 Ge 材料。

③ 为了减小系统孔径，中波/长波红外光学系统均选择二次成像结构。

④ 通过加入非球面，并合理选择上述材料，进一步校正系统像差，提高光学系统成像质量。

⑤ 在长波红外光学系统一次成像附近，设计有径向切换变倍组，实现双视场工作。

双波段双视场红外告警光学系统结构如图 12-20 所示，表 12-9 列出主要技术性能。

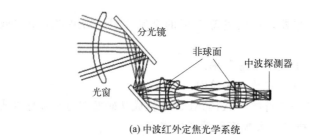

(a) 中波红外定焦光学系统

(b) 长波红外长焦距光学系统　　　(c) 长波红外短焦距光学系统

图 12-20　双波段双视场红外告警光学系统

表 12-9　双波段双视场红外告警光学系统技术性能

参数	中波红外分系统	长波红外分系统	
		大视场	小视场
波长/μm	3.7～4.8	7.7～9.7	
视场/(°)	25.05×20.22	25.07×20.19	10.35×8.34
视场切换时间/ms	—	80	

参数		中波红外分系统	长波红外分系统	
			大视场	小视场
焦距/mm		21	21	53
F 数		2		
成像质量	MTF	＞0.5	＞0.2	
	畸变	2.95％	2.95％	0.5％
探测器	像素尺寸/μm	15		
	特征频率/(lp/mm)	33		
工作温度/℃		−40～+60		

目前扩大探测视场的方法有三种：光机扫描式、分布探测式、超大视场凝视式。光机扫描式需要高精度光机扫描机，体积较大，一般用于地面车辆、坦克或舰船的地空、面空红外搜索与跟踪。机载红外告警系统通常采用后两种工作方式，实现全向或超大空域告警功能。

案例五，分布式红外孔径系统。

如 10.9 节所述，F-35 分布式红外孔径系统（DAIRS 或 DAS）可以视为目前最好的机载红外告警系统之一，6 个多功能红外成像系统的传感器均采用 1024×1024 元阵列红外探测器，每个红外系统覆盖 90°×90°视场，用视场拼接技术保证红外告警系统构成 4π 立体角，如图 12-21 所示，并与头盔显示器配合以确保飞行员能全方位观察。因此，除了具有近距红外全向态势感知（SAIRST）、下视红外目标指示和辅助导航等多项功能外，还具有导弹逼近告警能力，虚警率低，告警距离可达 20km。

欧洲一些国家（荷兰、意大利、法国）提出镶嵌分布式（MOSAIC）凝视红外告警系统，如图 12-22 所示，由六个红外探测系统（SH）与一个威胁识别系统（TRH）组成。每个探测告警系统均采用两个凝视红外焦平面阵列（3～5μm，1024×1024；8～12μm，512×512），视场为 20°×20°；威胁识别系统采用 1024×1024 像元、3～5μm 波段的凝视红外焦平面阵列。

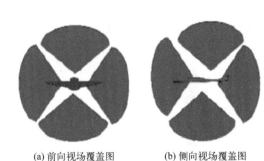

(a) 前向视场覆盖图　(b) 侧向视场覆盖图

图 12-21　分布探测式机载
红外告警系统视场

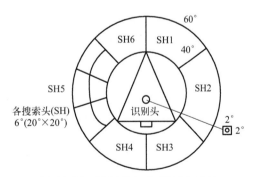

图 12-22　镶嵌分布式（MOSAIC）
凝视红外告警系统

超大视场凝视式红外告警系统是分布探测式红外告警技术的拓展式应用，单个红外告警系统的探测视场由原来的 90°×90°扩大到 135°甚至 180°，即采用超广角红外镜头代替上述普通的红外物镜，从而减少红外探测/告警系统数目和整机体积。法国 Thales 公司研制的多光谱红外告警系统（MIRAS），单个系统视场为 $184°\times135°$，3 个探测系统就可以拼接构成 4π 立体角的防御空域。

图 12-23　TBM-3W 预警机

案例六，红外预警机。

预警机即空中指挥预警机（air early warning，AEW），诞生于第二次世界大战后期。1945 年 3 月，世界上第一种预警机——美国海军的 TBM-3W 正式服役。如图 12-23 所示。

直至 20 世纪末，预警雷达都是预警机的主要探测设备，利用整套远程警戒雷达系统搜索、监视空中或海上目标，指挥并引导飞机执行作战任务。因此，一直面临"隐身"目标、低空突防、反辐射导弹和电子干扰等四大严峻挑战。为了对付这些挑战，除了雷达本身不断改进之外，预警机还集成有与雷达互补的探测设备，如 ESM/ELINT（电子支援措施/电子情报侦察）、CSM/COMINT（通信支援措施/通信情报侦察）、红外搜索与跟踪设备以及先进的电子自卫设备等，以提高预警机的整体作战效能，同时提高复杂电磁环境下自身的生存能力。

2002 年，开始探讨无人机用于反导预警的作战概念，将预警天线与侦察天线共装在无人机的机翼上，实现一架无人机可同时完成对空中目标预警和对地面目标监视的能力。到目前为止，美国先后利用 RQ-4 "全球鹰" 无人机（如图 12-24 所示）、MQ-9 "死神"（Reaper）无人机和 "鬼眼" 无人机以及以色列利用 "埃坦（Eitan）" 无人机进行多次试飞试验，结果表明，在 1000km 外能探测到弹道导弹，并通过交叉定位可以实现对弹道助推段的立体跟踪。无人机预警探测技术已经引起世界各国广泛关注。

图 12-24　RQ-4 无人预警机

2015 年左右，瑞典萨博（Saab）公司研发的 "全球眼"（Global Eye）最新预警机系统是全球首个在单一平台上实现陆、海、空同时探测、跟踪与监视的预警机系统，可见光/红外告警系统置于飞机最前方，如图 12-25 所示，并在 2016 年新加坡航展上首次亮相。

图 12-25　"全球眼" 预警机系统

机载红外预警系统是指安装在预警机或无人机上的红外搜索跟踪系统，能够对作战目标实现大范围和远距离搜索、发现、跟踪与识别，具有较高角分辨率和识别能力，并及时发出告警，其工作原理和功能类似于上述红外告警系统。

与雷达预警机相比，采用被动无源探测方式，具有抗电子干扰能力强、隐身性能好和探测隐身目标能力强、体积小、质量轻和功耗低的特点。

与地基红外预警探测系统相比，飞机平台的高度能保证红外波段具有较高的大气透过率，因而可以大幅度提升探测距离数倍以上。

远程进攻武器的发展对飞机的威胁越来越大，要求红外预警探测技术功能更全，探测距离更远，精度更高。因此，机载红外预警探测系统除了装备有红外告警系统外，其探测信息既可以与雷达信息互为印证和融合，获得更多的目标信息，也能与主动激光测距仪相结合实现对目标的自主发现与定位。

美国从导弹预警卫星投入使用开始，便着手发展机载红外预警技术，以期建立以预警卫星、预警飞机和地面系统为基础构成的完整红外和光学系统导弹监视网。

针对未来信息化作战需求，新一代预警机的主要特征是在网络信息体系中设计与运用，同时服从各类武器装备发展具有的无人化、智能化与网络化协同等普遍趋势。

① 机体与任务电子系统的深度融合（称为"智能蒙皮"）是第四代预警机的主要技术特点。

② 第四代预警机的单体和集群形式同时存在于网络信息体系，是其产品形态的另一重要特点。

③ 载荷形式上的重要特点是，以微波（及米波）告警为主的同时，采用光电手段（最典型的是红外光电探测系统）执行对隐身空气动力目标的探测任务。可以对低热辐射目标进行全方位搜索，在信号处理上将传统的高信噪比成像转变为低信噪比检测。

相比于有源微波系统，光电系统无源工作，对低/零功率作战适应性更好，作用距离更远，抗干扰能力更优，方位分辨能力和精度更高，便于区分密集目标，并改善目标识别性能。微波与光电互补性更显必要。

光电探测用于预警机将是第四代预警机在产品形态多样化上的重要体现，尚需解决以下问题：

a. 预警机探测距离更远且下视观察，受背景影响严重，传播过程中光能损失大，需研究杂波消除问题。

b. 为提高情报与信息质量，应提供距离信息，真正实现被动光电系统的"三坐标"能力，为此需要开展多基地协同测距、多波段协同测距与激光协同测距等研究。

c. 进一步小型化以适应更小的无人预警机平台。

d. 需要对目标特性开展充分的基础研究。

④ 有人机与无人机协同是第四代预警机在作战运用上的重要特征。编队协同是网络信息体系下实现装备体系赋能和能力涌现的重要途径。从协同效能上看，有人无人协同可以实现探测增程、识别增准、决策增速，创新作战样式和提升作战能力。

12.2.3 机载激光告警技术

20世纪60年代激光出现以来，激光技术发展迅猛，尤其在军事领域得到了广泛应用。20世纪90年代起，为各种军事用途研制了种类繁多的激光器。工作波段（0.532～

10.6μm)、工作方式（单脉冲、重复频率、准连续和连续工作）和编码方式（脉冲编码、空间花样编码和偏振编码）各不相同，军用激光光源多种多样。

面对日益严重的激光威胁，世界各国都在加速研发激光告警技术，激光对抗正在成为机载光电对抗的重点。典型例子有美国 Dalmo Vietor 公司研制的 MWR 多传感器警戒接收机、Huges 公司研制的微型激光警戒传感器 MINLAWS 和 Tractor 公司研制的短脉冲激光告警机 SLIPAR 等，英国马可尼公司研制的 1220 系列激光警戒接收机、491 型激光告警器和 PA7030 型激光告警系统，以及俄罗斯研制的 SOLO 型激光告警器。

俄罗斯为重型战斗机苏-35S 研制的 SOLO 型（俄文"激光照射检测装置"）激光告警器（LWR）安装在机头两侧，探测范围覆盖了飞机左右半球的大部分方向，最大探测距离 30km，如图 12-26。与遍布机身的六个 SOAR（俄文"来袭导弹探测装置"）构成一个分布式光学孔径系统［一个用于前向观察，安装在 IRST 装置附近；一个用于后向观察，安装在驾驶舱后面的机背上；两个安装在前机身的两侧；还有两个传感器（一个前向观察、一个后向观察）安装在机鼻下方的一个小"凸起"中］，对提高飞行员的三维空间状态感知能力具有重大意义。

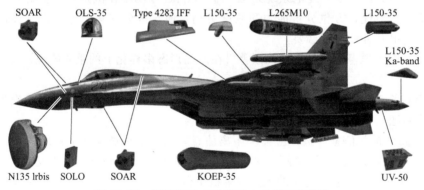

图 12-26　俄罗斯苏-35S 飞机上的激光告警器

12.2.3.1　机载激光告警系统技术要求

与地基激光告警技术相比，机载激光告警系统应满足下列技术要求：

① 足够宽的视场，可接收各方向的激光照射，通常要求（对地面目标）360°×90°。

② 足够宽的工作光谱范围，能够覆盖敌方发射的各种激光波长。

③ 较高的分辨能力，可以从阳光、闪电、曳光弹和战场各种弹药爆炸产生的干扰辐射中分辨出来袭激光。希望虚警率接近零（至少小于 10^{-3}/h 数量级），探测概率接近 100%。

④ 能够精确判定激光威胁源的方位、波长和强度。要求定位精度 1mrad，波长探测精

度 $0.01\mu m$。

⑤ 响应时间尽可能短，达到毫秒级。

⑥ 动态范围大（达 80dB），以适应各种激光威胁源（测距机、指示器和高能武器）辐射功率差异较大的情况。

⑦ 激光告警距离大于 10km。

⑧ 具有多目标告警能力。

表 12-10 列出一些典型机载激光告警装置的技术性能。

表 12-10　一些典型机载激光告警装置的技术性能

国家	公司	型号	主要结构	主要性能
美国	Dalmo-Victor 和 Perkin-Elmer 公司	MWR	采用 4 只激光传感器，每只传感器中封装有 1 个 F-P 标准具调制器、2 个光电探测器和数字化线路	可以识别激光和非相干光，可以测量激光波长、脉宽、脉冲重复频率、强度和入射方向 单传感器视场：90° 波长范围：$0.45\sim1.1\mu m$ 虚警率：$<10^{-3}/h$
	Perkin-Elmer 公司	AN/AVR-2 和 AN/AVR-2A	安装在机身两侧，由 4 个传感器单元、1 个接口单元和 1 个比较器组成	具有 360°告警范围和足够的灵敏度，可以识别激光测距机、激光目标指示器和激光驾束制导武器等发射的激光束。能够精确定位和声光告警
		AN/AVR-3	采用 8 个激光传感器 机载微处理机控制，用于探测两个威胁频段内的激光辐射 在显示器上，以字符形式向驾驶员显示激光类型和到达角 具有完善的可编程能力	—
	Huges 公司	MINLAWS	由 6 个传感器组成	除了提供激光检测、到达角和波长鉴别外，还可以对威胁源的瞬时特性进行详细分析
	ALL 系统公司与 IMO 光电系统公司	HALWR	采用 CCD 成像探测技术	波长 $0.4\sim1.1\mu m$ 单个探测器视场：方位 30°；俯仰 20° 角分辨率 15°：方位 1mrad；俯仰 1.5mrad 捕获概率：98%
	电子战系统研究实验室	LARA 激光接收分析仪	由 1 个分束棱镜和 2 块球面反射镜组成干涉仪，形成干涉图，利用二维阵列探测器检测	可以测定激光波长和精确定向，无需机械扫描，可获单次激光短脉冲
	—	天窗	采用光纤耦合技术，安装 4~6 个传感器，在雷达告警接收机的显示器上显示方向信息	—
英国	马可尼公司	PA7030	由 1 个直接探测器和 4 个间接探测器组成	主要安装在直升机上 波长：$0.45\sim1.1\mu m$ 直接探测器视场：方位 360°；俯仰 55° 方位角分辨率：15°

国家	公司	型号	主要结构	主要性能
英国	马可尼公司	1220	基于母线的模块化结构,独立的小型显示器和控制装置以及可编程序库	工作波长:(基本)0.35~1.1μm,(可选择)1~1.8μm,8~11μm 探测器视场:方位360°;俯仰55° 方位角分辨率:±25° 备用波长:1~1.8μm,8~11μm 光谱分辨率:15~100nm 方位角分辨率:±25°(可选择15°或10°)
	Ferranti公司	453,491	使用若干个分散的传感器探测,将激光信号送到中央处理器 传感器是一个25mm半球,突出在飞机蒙皮之外,在蒙皮内占据50mm深的空间 给出声响告警以及威胁方向的可视显示	工作波长:0.3~1.1μm(可选择0.3~1.8μm) 波长分辨率:≥30nm 探测器视场:方位360°;俯仰180° 角分辨率:45° 脉宽探测范围:≥5ns
	—	LWS-200	由4个(或6个)激光告警传感器,1个分析仪和1个多功能显示单元组成	视场:水平360°,俯仰－40°~＋20° 波长:0.5~1.8μm(可选择0.5~12μm) 探测概率:100% 探测激光器类型:红宝石、GaAs、Nd:YAG、拉曼频移激光器(也可选择二氧化碳激光器)
	与挪威合作	RL1和RL2	RL1有5个PIN探测器,用9个发光管表示威胁源大致方向,RL2只有1个探测器	目前只应用于车载 视场:方位360°;俯仰90° 角分辨率:45° 虚警率:<10^{-3}/h RL2只能判断有无激光
法国	Thomson-CSF公司	TV518	4个传感器组成,通过纤维光学系统与雷达警戒探测器的数字和模拟处理装置相连	工作波长:1.06μm 探测器视场:方位360°;俯仰－30°~＋60° 角分辨率:45°
德国和法国	德国Alcatel SEL公司与法国联合研制	TWE	由激光告警探测装置(4只激光探测器)和雷达告警装置组合而成,可显示全部探测目标	工作波长:0.4~1.1μm,1.4~2.4μm,8~12μm 方位视场:360° 俯仰视场:±45° 方位分辨率:10°
德国	Eltm公司	LAWA	—	红宝石/二氧化碳激光器发射激光,探测器视场:方位360°;俯仰－20°~＋60° 角分辨率:5°
	MBB公司	COLDS	利用光纤延迟等技术确定激光方位,用分振幅和相移等技术产生干涉波长	波长:0.4~2μm,可延伸到2~6μm 视场:方位360°;俯仰±45° 角分辨率:3° 可以精确判定激光类型、方位和编码

20 世纪 90 年代，中国（电子科技集团）开始研制机载激光告警器。

2010 年左右，LHRGK003A 型激光告警器装备在直-××型武装直升机上，如图 12-27 所示。

(a) 装备有激光告警器的直升机

(b) 多面体激光告警器

图 12-27　直-××型武装直升机的 LHRGK003A 型激光告警器

2018 年，直-××通用运输直升机装备激光告警器。

LHRGK003A 型激光告警器安装在直-××型武装直升机左右短翼末端，采用多面体设计。三个圆形窗口分别呈 60°夹角，探测方向覆盖侧前方、侧面和侧后方，对左右半球覆盖面积大，基本无死角，具备一定的预警能力。主要光学性能：波长 $0.66\sim1.1\mu m$；方位角分辨率 1.5°；虚警率<10^{-3}/h。

12.2.3.2　机载激光告警系统的组成和分类

（1）基本组成

机载激光告警系统由激光接收系统（包括光学系统、探测器和处理电路）和显示器两部分组成。一般地，接收光学系统和探测器安装在机舱外部，接收激光辐射，显示器安装在机舱内，向飞行员报警并提供威胁源的相关信息。图 12-28 是激光告警系统的基本组成。

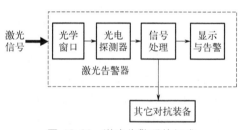

图 12-28　激光告警系统组成

（2）激光告警系统类型

激光告警技术分为主动激光告警技术和被动激光告警技术。军事上应用最多和重点研发的是被动激光告警设备，也称为"激光告警器"或者"激光警戒接收机"。

根据探测器类型和工作原理，激光告警器有以下三种类型：光电二极管阵列型告警器（方位分辨率较低），相干型告警器（分辨率为中等），光谱识别型告警器（分辨率最高）。

① 二极管阵列型（包括拦截探测型和散射探测型）　光电二极管阵列型告警器是将硅光电二极管以圆阵列形式布置，覆盖较大的警戒范围，探测波长为近红外波段。

二极管阵列型探测器的激光告警系统有两种接收形式：拦截探测型和散射探测型。

a. 拦截探测型是在告警器内设计有 n 个光学聚焦系统，均匀分布在 360°方位范围内，分成 n 个扇形区，组成一个圆形阵列。设计每个光学系统时，要考虑相邻两区应有一定的重叠区域。

b. 散射探测型主要应用于无法适应上述直接拦截的情况，通过探测大气气溶胶散射的激光能量实现告警，因而有可能在受到威胁之前给予告警。缺点是不能提供威胁源方位，受大气因素影响较大。

典型光学系统由一个圆锥接收棱镜（包含一个下凹锥形）、一个窄带滤光片、菲涅耳透镜和硅光电二极管探测器组成，如图12-29所示。

这类告警器的优点是技术难度小且成本低，因而成为开发种类最多的激光告警器。代表产品包括挪威和英国联合研制的RL1和RL2型、英国1220系列、以色列LWS-20型和"第三只眼"型。

② 相干识别型告警器　相干型告警器工作原理是利用激光束的高度时间相干性分析入射的激光辐射，如图12-30所示，光学系统有Fabry-Perot型和Michelson型两种形式。

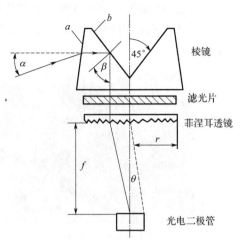

图12-29　散射探测型光学系统

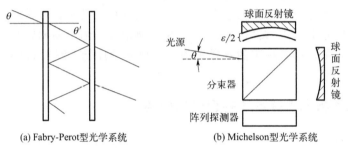

(a) Fabry-Perot型光学系统　　(b) Michelson型光学系统

图12-30　相干识别型激光告警器光学系统

a. 法布里-珀罗型光学系统。法布里-珀罗（Fabry-Perot）型光学系统由两块平行的透明玻璃板组成，平板表面上镀有半反半透光学膜系，构成Fabry-Perot光学标准具。入射光一部分透射平板，一部分被后表面反射到前表面，二次反射后透过后表面，出射光束之间形成干涉。当Fabry-Perot光学标准具旋转时，激光入射角发生变化，入射激光的透射率随旋转角而变化。在某些角度，形成相长干涉，而另外一些角度则形成相消干涉。根据这种原理确定激光威胁源的方位、波长和频率等特性。美国Perkin-Elmer公司研制的AN/AVR-2和AN/AVR-2A型和Huges公司研制的MINLAWS型激光警戒系统是其典型代表，能够识别360°视场范围内的制导激光束，可以精确定位，确定波长和方位角，并提供声光告警。缺点是对激光的空间相干性要求较高，制造难度大。

b. 迈克耳逊型光学系统。迈克耳逊（Michelson）型光学系统由分束器、两块球面反射镜和阵列探测器组成。两块反射镜形成的共轭像间距是 $\varepsilon/2$，在探测器面上形成同心干涉环。只要探测器检测到干涉环，就证明有激光束存在，并根据圆心位置确定激光入射方向，由干涉条纹间隔确定激光波长。缺点是解决干涉圆环的重叠问题有难度，无法精确探测激光波长。

两种相干型激光告警系统的区别是：法布里-珀罗（Fabry-Perot）型激光告警器需要通过机械扫描才能确定激光束的存在及其特性参数，因而，很难截获单次激光短脉冲；迈克耳逊（Michelson）型激光告警器不需要机械扫描，因而可以截获单次激光短脉冲。另外，若采用阶式法布里-珀罗（Fabry-Perot）型结构，可以有效消除背景光干扰。

西安电子科技大学（程玉宝）提出一种基于劈尖干涉的激光告警技术。通过测定激光干涉条纹间距，计算来袭激光波长，工作原理如图 12-31 所示。

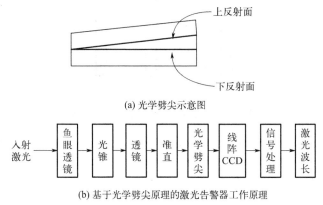

(a) 光学劈尖示意图

入射激光 → 鱼眼透镜 → 光锥 → 透镜 → 准直 → 光学劈尖 → 线阵CCD → 信号处理 → 激光波长

(b) 基于光学劈尖原理的激光告警器工作原理

图 12-31　劈尖干涉型的激光告警技术

如图 12-31（a）所示，光学劈尖由两块具有小夹角的平板玻璃组成。劈尖上下表面分别镀以高反射率膜系，以实现多光束干涉。图 12-31（b）显示，激光告警器光学系统由鱼眼广角透镜、光锥、准直透镜、光学劈尖和线阵 CCD 探测器组成。鱼眼透镜将来袭激光耦合到光锥中，并成像在准直透镜焦点上，准直透镜将平行光束垂直入射到光学劈尖表面上，在劈尖下表面产生明暗相间的干涉条纹。线阵 CCD 器件经过数模转换和信息处理，求出信号的时域周期，进而获得入射激光波长。

需要提醒，相干型激光告警系统不仅可以区分激光和非相干光，分辨激光的入射方向，还能测定激光波长，因此是一种比较理想的激光告警设备。

③ 光谱识别型光学系统　光谱识别型激光告警系统包括非成像型和成像型两种形式。最初采用非成像型结构，技术成熟又简单，光电探测器通常采用 PIN 光电二极管（1 个或多个二极管阵列型，均匀分布在 360°圆形范围内或者半球面上）。

a. 工作原理。当光学系统接收到外界入射的激光光束时，光束成像（或光点）一定位于光轴两侧的一定视场范围内。当两个光学系统通道同时接收到激光光束，则激光威胁源一定位于两个系统视场相重叠的范围内，从而确定激光威胁源的方位和相关参数。

光谱识别型激光告警器的工作原理类似于 CCD 摄像机，优点是方位分辨率高，但成本也较高。

代表产品包括：美国 Tractor 公司研制的 SLIPAR 短脉冲激光告警接收机和 KYLIGHT 激光告警机；德国 Eltro 公司研制的小型激光告警机；俄罗斯研制的 SpeltrF 激光告警系统和英国研制的 453 型警戒系统。

b. 基本组成。光谱识别型机载激光告警系统由广角远心鱼眼透镜、干涉窄带滤光片和 CCD 面阵探测器组成，如图 12-32 所示。鱼眼透镜超大视场覆盖半球空域，实现凝视探测，可以接收半个球面的激光能量；窄带滤光片能够滤除杂散光，降低虚警率，实现对特定波长的告警；CCD 探测器像元尺寸很小（μm 数量级），可以对激光威胁源进行精确定位，定位精度达 1mrad 以上。通过模/数转换装置将 CCD 面阵上产生的整帧视频信号转换成数字形式，存储在数字存储器中。通过减噪处理，将表示信号的亮点显示在显示器上。

当激光光束入射时，鱼眼透镜在 CCD 成像面上形成一定大小的弥散斑。随着入射角（即光学系统视场角）增大，像差（尤其是彗差和像散）增大，像面上的弥散斑变

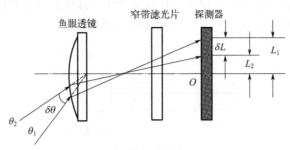

图 12-32 光谱识别型激光告警系统

成非圆对称形，甚至在弧矢面方向也呈非轴对称形状。这种非对称性在焦点前后附近尤为明显。

　　为了弥补鱼眼物镜系统的这种缺点，军械工程学院光电应用技术研究所（应家驹等人）建议，在机载激光告警系统中采用离焦成像方式，使激光在 CCD 成像面上形成具有一定大小的圆形弥散光斑。试验表明，当光线入射角≤60°时，离焦光斑基本保持圆形；当光线入射角＞60°时，离焦光斑逐渐变为椭圆形，但仍具有较好的对称性，最终达到精确定位的目的。

　　光谱识别型机载激光告警系统的缺点是只适用于特定单波长激光告警。目前，军用激光装备的主要工作波长限于 $0.85\mu m$、$1.06\mu m$、$1.5\mu m$ 和 $10.6\mu m$ 几种。典型产品包括美国 ALL IMO 公司联合研制的 HALWR 型高精度激光告警接收机以及加拿大研制的 HARLLD 线阵探测器型高角分辨率激光探测器等。

　　光谱识别型激光告警系统的最大不足是无法探测入射激光光束的波长。目前能够达到该项要求的只有相干识别型激光告警器。

　　研究表明，在典型的作战条件下，光电对抗系统的反应时间与激光告警系统的方位分辨精度密切相关，如表 12-11 所示。目前，激光告警器能够达到的技术水平列在表 12-12 中。

表 12-11　光电对抗系统的反应时间与方位分辨精度

方位分辨精度/(°)	捕获目标时间/s
90～360	4～10
8	3～4
1～2	1～2
0.1	0.1

表 12-12　激光告警器的主要技术性能

参数		指标
灵敏度/(W/cm^2)		$10^{-6} \sim 10^{-3}$
动态范围（辐照度比）	分析	$10^4 \sim 10^8$
	破坏	$10^8 \sim 10^{12}$
虚警率		10^{-3}/h
探测概率		0.9～0.99
谱分辨率/μm		约 0.01
到达角分辨率/(°)		1～45

（3）机载激光告警系统未来发展

① 目前研制的激光告警器工作波长大多处于 $0.4\sim1.1\mu m$ 硅探测器的光谱响应范围内，随着激光器新技术（例如 CO_2 激光器，可调谐燃料激光器等）的发展，各种激光波长的威胁越来越大（例如中波红外制导导弹），因此，激光告警系统的工作波长不能仅局限于可见光和近红外光波段，需要研发适应于多波长领域的激光告警器。

表 12-13 是目前军用激光发射光束的技术参数。

表 12-13　军用激光发射光束的技术参数

参数	激光测距机	目标指示器	激光照明器	激光雷达	地基武器	高能武器
波长/μm	0.69,1.06, 1.54,10.6	1.06,1.54, 10.6	0.9,1.06	0.532,1.06, 3.8	0.532,1.06, 1.54,3.8	0.24,1.3,2.7, 3.8,10.6
重复频率/Hz	$0.1\sim20$	$10\sim20$	$10^3\sim10^5$	$\leqslant200$	$\geqslant2000$ $\leqslant20000$	$\geqslant20000$ 或 连续
功率/W	峰值 $10^5\sim10^7$	峰值 $10^5\sim10^7$	峰值 $10\sim10^2$	—	平均 $10^4\sim10^7$	平均 $10^5\sim10^9$

② 通常，要求激光告警器的波长探测精度为 $0.01\mu m$。这种宽光谱监视和高精度波长测定的矛盾会导致系统（尤其是处理系统）复杂化，降低反应速度。

③ 需要更高精度的方向定位，相干识别型激光告警器将会得到进一步重视和发展。

④ 大视场与高精度的矛盾，即要求激光告警器的接收视场覆盖整个警戒空域，同时要求定向精度达到1mrad，会使光学系统窗口增多，结构复杂。

⑤ 高探测概率与低虚警率。

⑥ 脉冲激光光束的告警问题。

⑦ 由于激光制导武器普遍采用编码技术，因此，机载激光告警器应具有多目标处理和多波长识别能力以及较强的编码识别能力。

⑧ 与其它机载光电设备（例如雷达和红外/可见光探测设备）相结合，形成全波段和一体化的机载告警/自卫/对抗设备，避免受雷达瞄准的地面高炮以及激光制导炸弹/肩射式热寻的导弹的威胁。

⑨ 进一步向模块化发展，提高系统的稳定性和可维修性。

12.3
机载跟踪/瞄准技术

机载光电对抗系统中精密跟踪/瞄准分系统的主要功能是稳定光学系统的光轴，提供精准的瞄准点，缩小干扰光束（例如激光光束）的光斑尺寸，确保始终以足够精度瞄准和跟踪红外制导导弹的导引头。

与其它机载精密跟踪/瞄准系统的工作原理类似，采用被动式全天候探测方式，图像清晰，具有良好的抗电磁干扰能力和隐蔽性，在强电磁对抗环境中，可以代替无法工作的雷达而担负主要的探测瞄准任务。

不同的是，机载光电对抗系统对激光器和红外探测器的精确时序控制、图像处理能力和伺服控制的实时性都提出了更高要求。

① 对导引头类型的快速准确识别技术。不同的红外导引头具有不同的工作体制，包括单元调幅调制、单元调频调制、多元圆锥扫描/玫瑰线扫描、面阵凝视成像等方式。不同导引头采用不同工作波长，从短波红外直至中长波红外波段。未来双波段或多波段导引头以及复合制导导引头会不断增加，因此，识别难度更大。

为了能够有效识别各类红外导引头，需要建立更完善的导引头数据库，并通过闭环技术对回波波形进行分析和比对，实现导引头类型和参数的快速/准确识别。

② 采用合理的激光干扰编码技术。激光调制编码方式对导引头有明显的干扰效果。由于大多数导引头的信号处理方式是未知的，相同类型导引头后端信号处理过程会有很大差别，尤其是部分导引头采用了抗干扰算法，为导引头激光干扰编码设计带来很大难度，为此，必须采用合理的激光干扰编码技术才能具有快速干扰和降低激光能量的能力。

③ 由转塔跟瞄方式改进为快速指向光学扫描方式，能够对来袭导弹进行精准测距和测速，降低系统的反应时间，提高对来袭导弹的感知能力。

④ 采用光控阵技术，使干扰激光束在飞机大机动时仍能稳定地干扰导弹导引头。

⑤ 提高设备小型化程度，系统构型向内埋方式发展，减小外露尺寸，降低气动阻力，同时降低对系统使用环境的要求。

12.4

机载干扰技术

机载光电干扰技术是利用光电技术改变来袭目标的典型光电特征，从而扰乱、欺骗、压制或摧毁敌方光电侦察设备或精确制导武器的一种对抗技术。

按照干扰源投射后的空间特性分为点源、多点源、面源和点/面复合源干扰方式。

按照干扰源投射后的光谱特性分为光谱平衡型和非光谱平衡型干扰方式。

按照干扰源投射后运动特征分为伴飞型和非伴飞型干扰方式。

按照干扰源投放方式分为火工投放和光电投放干扰方式。

按照干扰源对抗范围分为定向和非定向红外对抗方式。

机载红外干扰系统包括红外干扰机、红外诱饵弹、激光有源干扰设备和定向红外干扰设备。粗略分为主动对抗系统和被动对抗系统。

被动机载干扰系统定义为采用下述技术的系统：对某种特定威胁并没有对应的反作用，只是利用被动方式干扰对方某种探测器的性能（包括特征控制和采用伪装技术）。

主动机载干扰技术是需要对某种威胁存在的警报作出反应，例如在机外施放烟雾/照明弹或者安装有红外干扰系统（包括定向能量武器系统）的机载装置辐射红外干扰/攻击。所以，主动干扰技术可以进一步分为：固定在主平台上的干扰系统和机外投掷的干扰系统（例如烟雾系统）。前者简称为机上干扰技术（on-board technique），后者简称为机外干扰技术（off-board technique）。

主动干扰技术和被动干扰技术的工作原理都是在热寻的导弹的传感器中产生失效机制，从而对机载平台起到保护作用。如果两种技术相组合，则会产生更强大的保护效果。

12.4.1　机外干扰技术

机外红外干扰技术是通过投放（红外干扰弹等形式的）燃烧剂，形成红外辐射，模拟飞机或者其它需要保护目标的红外特征，以强于真实目标的红外辐射干扰和诱骗来袭导弹，在运动特性和时间上干扰红外导弹对目标的跟踪，从而达到保护目标的目的。

为此，需要满足两个条件：a. 红外干扰的辐射波段与被袭目标的辐射波段相近；b. 红外干扰的辐射强度大于被袭目标的辐射强度。

施放红外诱饵弹是最早出现的主动式红外干扰技术，多数应用于飞机自卫。基本原理是通过自身药剂燃烧产生比飞机更强的红外辐射（工作波段覆盖 $1\sim3\mu m$ 和 $3\sim5\mu m$），诱骗敌方红外制导导弹对其跟踪，从而脱离真实目标。

（1）机外干扰技术类型

机外干扰技术有三种形式：点源红外诱饵式干扰技术、面源红外诱饵式干扰技术和烟雾遮蔽式干扰技术。

① 点源红外诱饵式干扰技术　点源红外诱饵式干扰技术主要采用 MTV 型烟火材料作为干扰源，燃烧温度达到 $2000\sim3000K$，可以释放强烈的红外辐射，对导引头形成质心干扰。

点源干扰是在非常靠近主平台（通常是飞机）位置以及寻的导弹的视场范围内提供一个非常明亮的红外光源，其辐射强度远高于发射平台的辐射强度，能够为攻击方寻的导弹提供一个颇具吸引力的光源，从而诱导寻的导弹慢慢地偏离我方飞机，实现拦截和对抗目的。为了保证连续有效性，也可以对逼近导弹（或多个导弹）发射一连串的照明弹。

如图 12-33 所示，这类干扰技术适用于大多数红外导弹，对第一代导弹的干扰效率可达100%。由于载机自身红外特性以及面临的威胁不同（例如导引头体制、威胁方位和威胁距离等），因此，不同的载机或者同一载机面临不同威胁时，需要采用不同的最佳投放策略。一般情况下，一种类型飞机会设置多种投放策略，针对不同威胁自动选择最佳方式。

图 12-33　典型的点源红外干扰技术

② 面源红外诱饵式干扰技术　面源红外诱饵式干扰技术分为固体材料和液体材料两种类型。目前国外已经装备和正在研发的面源红外干扰弹（SMD）包括 M211 型、MJU 型系列、ASD3627、ALE-50/IR 和 Comet 型等产品，装备在轰炸机、运输机、战斗机、攻击机、电子战飞机和直升机等各种机型上。

a. 固体类材料包括自燃式箔片材料和点燃式箔片材料。

自燃式箔片材料是一种表面多孔的合金材料，在空气中暴露 1s 后温度就能达到 800℃

以上，其工作原理是通过材料氧化（而非自燃）产生红外辐射，能够逼真地模拟载机发动机的羽流温度和辐射光谱特征，因而，可有效干扰红外制导导弹，如图 12-34 所示。

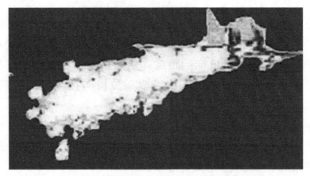

图 12-34　典型的固体自燃式面源红外干扰技术

点燃式箔片材料是在其上涂覆一层点火药，通过发射时形成的火焰或预先在弹筒内将箔片引燃，出筒后受气流作用分散形成大面积红外云团，燃烧温度达到 2000～3000K。但由于与载机辐射光谱差异明显，因此，难以有效对抗双色/多色导引头。

b. 液体类材料是采用羟基铝材料作为干扰源。

液体类材料喷出后可以在空气中瞬间形成双波段红外辐射，火焰长达几米，与喷气式飞机羽烟的实际尺寸接近，具有明显的对抗效果。典型产品包括加拿大防御公司的 MJU-5188（适用于战斗机）和 MJU-5130B（适用于运输机）红外干扰诱饵。

③ 烟雾遮蔽式干扰技术　烟雾遮蔽干扰技术最大优点是低成本。

烟雾遮蔽技术是利用烟雾的光学散射和吸收作用阻挡载机的辐射光线传输到敌方导弹接收传感器，遮断光路而使敌方导弹无法跟踪、捕获和瞄准我机，从而使其导引头传感器失效。

烟雾遮蔽技术的典型例子是采用一种先进的磷基弹药释放的烟雾可以同时遮蔽中红外和远红外波段；采用一种烈性炸药快速施放烟雾，从而使散射颗粒（例如黄铜金属薄片）迅速扩散而形成一块遮蔽云，有效遮蔽近红外、中红外和远红外波段光束的传播。如果其中添加碳纤维，还可以有效地实现毫米波段辐射的遮蔽；利用一种高纯度矿物油（俗称"烟雾油"）和石墨粉，并采用机械方法能够产生大面积的近红外烟雾云等。

综上所述，机外干扰技术可以提供一种非常简单且极为有效的红外干扰系统。若受到现代化红外制导成像系统的威胁，尤其是当飞机遭受红外导弹的尾追攻击时，这种机外干扰技术特别有效。

机外干扰技术的缺点：弹药容量（或装载量）有限；作战规则约束了某些情况下的部署以及前视作战时照明弹与飞机之间的快速脱离。

（2）典型案例

案例一，英国 Chemring 集团（CHG）合金表面公司的红外诱饵。

英国 Chemring 集团（CHG）合金表面公司的红外诱饵是由获得专利的自燃材料组成，能够合成为辐射式诱饵的红外信号，适合工作在任何现有的或未来计划的曳光弹波段，经过改装还可以与大部分特定的飞机信号特征相匹配。大部分诱饵明显可见，配以特殊材料在夜间是不可见的。

该公司专门研制出适合干扰便携式导弹的曳光弹，分别为美国海军/空军提供 MJU-27和 MJU-50 两种曳光弹，为英国皇家空军直升机生产 ASD-118L 曳光弹。

案例二，ATK发射公司研发的红外干扰弹。

ATK发射公司为美军研发出一种基于硼材料的MJU-62/B型红外干扰弹，应用于AN/ALE-40型对抗布撒系统，由一个BBU-36/B型脉冲弹布撒和点燃。飞行员利用该系统能够针对威胁类型施放金属箔条或者干扰弹，以干扰导弹对飞机的自动寻的。

研究表明，红外干扰弹的基本成分由聚四氟乙烯树脂和镁组成，其燃烧产物有氟化镁、氧化镁和碳等高温炽热固体微粒。红外诱饵弹的静态辐射光谱特性与飞机在额定状态尾向辐射光谱特性基本一致，辐射强度要比飞机高2～3倍。

为了摆脱机外红外诱饵的干扰，红外制导导弹已经由单波段转向双波段制导模式，典型产品是美国毒刺（stinger-post）双色制导武器，具有红外/紫外双色探测器及两个微处理器，增大了目标探测范围及目标识别能力，具有抗红外诱饵干扰能力。

应当注意，典型干扰弹有丰富的紫外光谱（镁的原子光谱），使干扰弹的紫外/红外双色比约是飞机的3倍多，红外诱饵具有明显高于背景的紫外辐射。随着燃烧温度提高，光谱的辐射强度峰值将更加趋向紫外。红外诱饵弹在紫外探测器上显示亮点而飞机却是暗点，利用正负脉冲很容易判别红外诱饵弹与目标，所以，常规红外诱饵弹无法欺骗双色导引头。

案例三，东北电子技术研究所与南京理工大学化工学院（卢君等人）对利用烟火技术对抗双色制导导弹的方法研究后认为，应当采用低温诱饵技术，使烟火药燃烧温度低于800K或者接近被保护平台温度，同时产生与平台相似的红外光谱辐射，而总辐射强度仍能达到或接近规定的辐射强度，从而提高干扰效果。

12.4.2 机上干扰技术

为了解决机外红外干扰技术中红外诱饵弹数量有限问题，开始研制机上干扰技术，红外干扰机是典型代表。

与机外干扰技术相比，机上红外干扰系统属于非消耗性干扰技术，是通过发送经调制的强红外辐射脉冲，用以破坏和降低红外导引头的截获目标能力或者破坏其观测/跟踪系统的跟踪能力。

绝大部分红外寻的导弹都采用十字线分划技术对接收的热能进行空间过滤并确定目标相对于导引头光学瞄准线的位置。十字分划线将接收的能量分割为一系列以时间为基准的脉冲，然后由探测器转换为电信号，并利用这些信号控制导弹到目标的飞行路线。

（1）工作原理和分类

机上干扰系统的工作原理：发射一连串的红外能量脉冲至攻击导弹的导引头中，通过选择干扰波形的强度和调制使逼近红外导弹的导引头中的目标跟踪系统被迷惑或失效，从而保证拦截成功。

机上红外干扰技术分为两种类型：非相干光源和相干光源。

① 非相干光源最早采用电加热陶瓷棒或强弧光灯，产生高功率、非相干、全向红外辐射，工作波长通常是近红外波段。经过调制，发射带有调制编码的红外脉冲，与目标红外辐射同时进入红外导弹导引头，使导引头产生虚假跟踪信号，从而实现对导引头的诱骗干扰。由于当时主要采用调幅调制盘式红外导引头，只有简单的抗背景干扰能力，无任何抗人工干扰措施，因此，利用这种简单方法很容易获得较好的干扰效果。BAE公司研制的AN/ALQ-144红外干扰机[参考图12-2(a)]是典型代表。

② 相干光源是采用中波红外激光光源，属于定向红外干扰技术，具有功率密度高、准直性好和作用距离远等优点，克服了上述非相干红外干扰机存在体积大和功耗高的缺点，因而，也是目前最先进和通用的机载干扰对抗技术。

（2）机上红外对抗技术的发展

机上红外对抗技术大致经历了三代发展阶段。

① 第一代红外对抗系统采用电加热棒产生红外能量，并利用一对旋转的开槽圆筒调制红外发射量，因此，是全方位发射红外能量。干扰系统的辐射强度与机载平台辐射强度之比取决于平台的热特性（最合适的比例范围是 15：1～20：1）。干扰调制波形中的伪红外脉冲会造成导弹控制系统接收到相互矛盾的要求，以此干扰其飞行路线。

② 第二代红外干扰技术以金属蒸汽弧光灯作为红外光源，相对于加热棒干扰技术，可以获取更大的干扰功率。

采用氙灯非相干干扰光源，只能干扰工作在 $1\sim2\mu m$ 波段的第一代红外制导导弹；采用铯弧光灯的 ALQ-157 干扰器则可以干扰工作波长位于中红外波段的更长波长端（即 $3.8\sim4.7\mu m$ 波段）的红外制导导弹。

由于弧光灯发射具有黑体特性，静态红外干扰系统（IRCM）是一个各向同性辐射器，全向均匀发射，当机载平台的热特征很高时，效率受限，通常在某方向的辐射效率很低，因此，对于具有高性能探测器的红外寻的导弹（IV），需要改变干扰方法，即采用定向红外对抗技术（DIRCM），如图 12-35 所示。

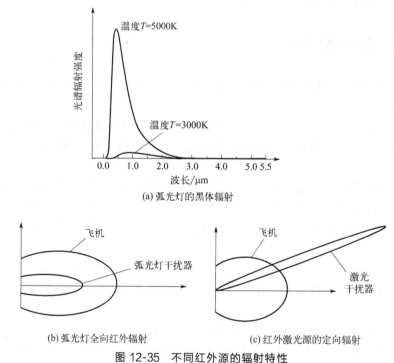

(a) 弧光灯的黑体辐射

(b) 弧光灯全向红外辐射   (c) 红外激光源的定向辐射

图 12-35　不同红外源的辐射特性

③ 第三代红外干扰技术是采用中波红外激光相干光源。

由于导引头中的探测器系统具有很高的灵敏度，激光损伤阈值远比飞机/导弹外壳材料的激光损伤阈值低几个数量级，同时又工作在一个精密的光学成像系统和较高放大倍率的电路系统中，因此，利用中功率或者高功率红外激光干扰能量很容易使探测器饱和、致盲、被摧毁或者破坏。即使能量有限而不能完全损伤红外探测器，也可以形成特别有效的失效机制。

（3）激光干扰分系统组成

激光定向干扰分系统通常包含精确跟踪/瞄准分系统，如图 12-36 所示。

主要包括以下组件：

① 红外成像分系统。正如 12.3 节所述，机载精密跟踪/瞄准系统由红外光学系统、探测器和成像处理电路组件组成。主要功能是红外光学系统将目标和背景的红外辐射会聚在探测器上，经过光电信号转换、放大、滤波和采样后，生成图像视频信息。

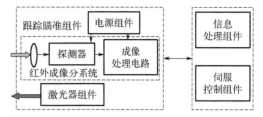

图 12-36　激光干扰分系统

② 伺服控制组件。对瞄准线进行稳定，隔离载机振动对系统的影响；接收目标的位置信息，瞄准线对指定空域快速随动指示，最终完成对目标的捕获和稳定跟踪。

③ 激光器。产生红外波长的激光束，实现对目标的干扰。

④ 信息处理组件。完成复杂背景下目标的自动检出，实时解算跟踪目标与中心的偏差，并对干扰效果进行评估。

⑤ 电源组件。紧凑型高效激光器（中波红外波段）的成功研制为机载光电对抗系统提供了一种有效生成具有足够光强度的红外激光干扰源技术。机上对抗系统将相干光能量聚焦在位于小束散角内的红外导引头上，很容易使导引头内的红外探测器达到饱和。

显然，定向红外辐射系统是将干扰源辐射的红外能量会聚成一窄光束以提高某个方向上的辐射强度，但以牺牲其它所有方向上的辐射强度为代价，因此，也称为红外定向对抗技术（directed infrared countermeasures，DIRCM）。

12.5

机载红外定向对抗技术

伴随红外探测技术、红外制导技术和计算机技术的迅猛发展，红外制导导弹经历了不断改进和提高的过程。第三代红外导弹已经具备了利用光谱、强度和空间分布等差异识别真假目标的能力，第四代导弹制导技术进一步增强了抗干扰抑制能力，因此，传统的非定向抗干扰技术远远不能满足机载对抗技术的需要，各种飞行平台（尤其低空和慢速飞行的大型运输机和直升机）面临新的更大挑战。

据不完全统计，精密制导武器中红外制导导弹约占 60%，而飞机被红外制导导弹击落的数量，在 1973～2001 年期间约占 49%，其中 1984～2001 年期间占 90%。另外，红外制导导弹对飞机构成严重威胁，不仅威胁到战斗机，也威胁到直升机和民航飞机。因此，采用传统的简单干扰技术已经无法取得良好的对抗效果。

利用红外激光定向干扰方式的机载对抗技术是目前对抗红外制导导弹的最有效方法，技术要求包括：

① 足够宽的波长范围（1～5μm）和实时的波长调谐能力，从而实现对不同波长体制制导导弹的有效干扰。

目前，红外制导导弹导引头采用两种类型的红外探测器（参考第13章）：非制冷型短波红外探测器（$1 \sim 3 \mu m$）和制冷型中波红外探测器（$3 \sim 5 \mu m$）。因此，干扰系统发射的红外激光波长应分别与其波长范围相匹配。

② 足够功率（瓦数量级）。

③ 良好的光束质量。需要注意，干扰激光束在到达来袭导弹导引头之前，要经过长距离的大气传输。大气中的水和二氧化碳分子对特定波段（例如 $2.7 \mu m$ 和 $4.3 \mu m$）具有强烈的吸收作用，在大气传输中会造成严重衰减，为此，选择干扰激光束应尽量避开二氧化碳的易吸收波段。

④ 在恶劣环境下正常工作（例如，温度范围 $-55 \sim +70 ℃$ 的机载环境）。

⑤ 较小体积、重量和功耗。

12.5.1　红外定向对抗系统的基本组成

红外定向对抗系统通常需要与红外（或紫外）告警系统组合使用，因此，也称为红外告警/激光干扰定向对抗系统。一般由五部分组成：

（1）复合全向导弹告警分系统

机载定向红外激光对抗系统需要与机载红外导弹逼近告警系统集成使用。

导弹逼近告警系统采用红外波段探测导弹羽烟的方式探测、发现、识别来袭导弹，并根据战术需要对导弹威胁进行识别，将威胁源的方位和速度等信息提供给系统计算机。

（2）数据融合处理分系统

将信号处理单元预处理的信号输入计算机，依据目标特征和预定算法对输入信号进行统计判决（即数据融合处理），确定有无导弹威胁源。若存在威胁源，则给出种类、角方位和速度；若没有，则指示告警系统继续搜索和探测。

（3）综合控制分系统

根据数据融合系统获得的数据、大气数据计算机获得的大气环境参数以及飞机飞行状态，控制精密瞄准/跟踪系统和激光干扰系统瞄准来袭目标。

（4）精密瞄准/跟踪分系统

由瞄准跟踪器、目标指示器、信号处理器和自适应补偿器组成。

综合控制系统接收到告警信号后，指令瞄准/跟踪系统进入精跟踪阶段，提供精准的瞄准点和激光束光斑大小，保证激光发射系统始终瞄准/跟踪导弹导引头。

（5）激光干扰分系统

由高能量激光器、发射望远镜和自适应光学系统组成。

激光信号处理器接收反射回来的激光，并分析传输路径上的大气效应，通过自适应补偿系统对激光发射器进行调制，同时对飞机的各种运动（包括相对于地面的整体运动、慢速摇摆、快速振动以及气流和湍流引起的颠簸）进行补偿。

发射机选择合适的激光波长并将经过调制的红外激光束发射至来袭导弹，定向瞄准红外导引头，将能量会聚在导弹到达角的小立体角内持续辐照一定时间。

调制后进入导引头光学系统的红外能量因经历多次散射和反射，可以对红外导引头内探测器和电路造成干扰或饱和，从而导致目标跟踪回路彻底混乱，使其工作性能下降（例如作用距离降低，目标识别能力下降或者暂时失效），最终造成导引头脱靶、致盲或毁伤，达到干扰/对抗的目的。

最后，控制计算机对受损结果进行评估，判断是否完成对抗或需要进行下一轮对抗。

机载定向红外激光对抗系统工作原理如图 12-37 所示。

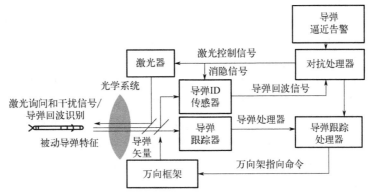

图 12-37　机载红外对抗系统工作原理

与普通的静态 IRCM 系统相比，机载定向红外对抗系统需要获知来袭导弹威胁的逼近方向，因此，需要配置具有目标跟踪系统的波束指向器，以便当红外制导导弹逼近时利用导弹逼近告警系统的引导信息，将干扰光束引向来袭导引头，使其工作混乱而引起脱靶。

机载定向红外告警/激光干扰对抗系统的特点是：

① 利用激光相干光源，光束发散角小，红外辐射能量高度集中，因此，作用距离更远。

② 红外激光器的辐射波长几乎覆盖目前所有红外导引头的工作波长，适用范围广。

③ 具有比较紧凑的结构形式，能够以最小的约束（即作战规则造成的限制）对抗现代红外制导导弹的威胁。

④ 无源红外被动探测方式，隐蔽性更好。

⑤ 仅在需要干扰时辐射激光能量，降低了能量损耗，提高了输出效率。

12.5.2　红外定向对抗系统的工作模式

机载定向红外/激光对抗系统有开环和闭环两种工作模式。后者具有干扰时间短、激光能量利用率高以及具有多目标防御能力的优点，代表着机载定向红外/激光对抗技术的发展方向。

12.5.2.1　开环模式机载定向红外对抗系统

开环工作模式不具备识别导引头波段的能力，无法对导引头进行识别。在该模式的系统数据库中，存储有固定调制方法以对付来袭导弹，因此，一般采取通用（即预先确定的）干扰方式对所有类型的导引头进行干扰。

该模式优点是：工作方式较简单和无需反馈信息；缺点是：干扰信号能量利用率低，干扰时间长，干扰效果无法达到最佳。

1989 年，美国国防部提出研制 AAQ-24（V）"复仇女神"机载定向红外对抗系统计划。

1993 年，美国特种作战司令部参加了该项计划，1995 年 4 月美国和英国签订了联合研制合同。系统的研制由 Northrop Grumman 公司为首的工业小组负责，其成员包括英国宇航公司、英国 GEC-马可尼公司、美国 Rockwell 公司。

1996 年，美英联合研制出"开环式"定向红外对抗系统"AN/AAQ-24 型复仇女神 Nemesis"系统，具有半球或者全球形视场，可以探测导弹废气所辐射的红外信号，以此指示来袭导弹方向，并提供视觉和声音告警。

AN/AAQ-24（V）红外激光对抗系统由导弹告警子系统和红外干扰发射转塔子系统组成。其中，红外干扰发射塔子系统由瞄准分系统转塔、精密跟踪红外传感器、红外干扰发射机、调制器和中央处理机组成。

红外对抗系统研制初期，由于红外告警系统尚不成熟，因而首先采用紫外告警系统。导弹告警子系统选用 AAR-54（V）凝视紫外导弹报警系统改进型，改进了尺寸和灵敏度，具有宽视场和高分辨率紫外探测的特点。用于直升机时，通常安装 4 个凝视紫外传感器；用于大型固定翼飞机时，则安装 5～6 个凝视紫外传感器。凝视紫外传感器的输入提供给模块化的电子装置，该装置使用先进的分析算法探测和分类远距离导弹并从杂波中识别导弹，其探测和分类导弹的距离达 10km，几乎两倍于现有的紫外探测系统；它能跟踪多个辐射源，按照威胁、非威胁或杂波对每个辐射源进行分类；具有测算拦截时间的特点，可在最佳时刻实施对抗；采用了很精确的到达角分辨算法，提高了到达角测量精度并降低了虚警率，方位角的测量精度小于 1°。

红外干扰发射转塔子系统由瞄准转塔、精密跟踪红外传感器、红外干扰发射机、调制器和中央处理机组成。其中，GEC-马可尼公司研制的 4 轴转塔，由俯仰和方位两个主框架和内部安装的俯仰和方位两个框架组成，可转动 360°，确保全方位覆盖空域，使干扰光束精确瞄准临近导弹的红外导引头。有两种类型转塔：小尺寸直升机型转塔，转塔直径 20cm，质量 55.7kg；大尺寸固定翼机型转塔（可提供更大防护范围），转塔直径 40.6cm，质量 87.8kg。

Rockwell 公司研发的精密跟踪红外传感器安装在转塔的方向轴上，采用 256×256 元的 HgCdTe 凝视红外焦平面阵列探测器，制冷时间快、具有高灵敏度和高分辨率、跟踪距离远、跟踪精度高。

红外干扰发射机使用调制到束宽 5°、直径 5～8cm 的 25W 氙弧光灯。小尺寸转塔上使用一个氙灯，大尺寸转塔上使用两个氙灯。激光器相干光源装在转塔上部的激光盒中。"复仇女神"Ⅰ型使用的激光器类似于氙灯，仅用于增强氙灯的照射强度，这种激光器是由 GEC-马可尼 TIALD 机载激光目标指示器发展而成的。为干扰 4μm 波段工作的未来新一代红外制导导弹，"复仇女神"Ⅱ型用 4μm 激光相干光源代替氙灯非相干干扰光源，发射激光束能使导弹红外导引头电路过载。

AN/AAQ-24（V）红外激光对抗系统采用"开环"定向红外对抗方式工作，利用一个或两个调制的红外辐射光波干扰红外制导导弹。采用了很精确的到达角分辨算法，提高了到达角测量精度并降低了虚警率，如图 12-38 所示。

图 12-38　AN/AAQ-24(V)复仇女神
定向红外干扰系统

AN/AAQ-24 型复仇女神 Nemesis 系统工作原理是：当导弹告警系统发现目标并确定该目标构成威胁时，将捕获的临近导弹图像数据输送到红外干扰发射塔，在开始跟踪导弹自身红外辐射的同时，向目标发射红外对抗波束，整个对抗系统由紫外传感器工作模式转换为红外传感器工作模式，即使导弹发动机停机也能进行跟踪；通过闭环跟踪网络，红外干扰机锁定威胁导弹并将红外干扰光束保持在导弹的导引头上直至导弹被毁坏。

"复仇女神"红外对抗系统首先装备在美国 MC-130E/N "战斗禽爪（Combat Talon）" 飞机上，之后，陆续装备在 C-17、C-130 运输机、MC-130P、AC-130H/U、EC-130E、CV-22 和 MH-53 Pave Low 直升机、英国"海王（Seaking）"、"山猫（Lynx）"和 EH-101 直升机等 14 种不同类型的飞机平台上。不仅可以利用与（跟踪飞机）导弹相同的光谱识别来袭导弹，提高生存能力和导弹探测能力，而且能够自动探测导弹发射，判断是否构成威胁，并利用高能激光对抗系统跟踪和摧毁导弹，其特点是：

① 进行多光谱探测。

② 同时探测多个目标。

③ 虚警率非常低。

④ 角分辨率优于 $1°$。

⑤ 系统重量约 28kg。

表 12-14 列出 AN/AAQ-24(V) 的主要技术性能。

表 12-14　AN/AAQ-24(V) 技术性能

参数		指标
传感器视场/(°)		120(圆锥形)
覆盖空域(四个传感器)/(°)		360(方位),100(俯仰)
探测距离/km		10
测角精度/(°)		<1(方位角)
跟踪距离/km		10
跟踪精度/(°)		0.05
干扰源		25W 氙灯/激光器
干扰光束宽度/(°)		5
激光器	尺寸/cm	25×10×5
	重量/kg	4.15

2008 年左右，中国航空工业集团公司洛阳电光设备研究所（黄庆等人）完成了类似设计，主要包括：

① 定向红外干扰系统。由小视场红外跟踪器、激光干扰器和高精度陀螺仪组成。

红外跟踪系统采用 320×256 元斯特林焦平面探测器，光学视场 $3°×2.4°$。

激光干扰器由激光器、冷却单元、调 Q 单元和控制单元组成，利用 $1.064\mu m$ 激光束二次泵浦 Mg：PPLN 晶体获得红外多波长输出。

② 光电干扰转塔上设计有两个光窗，分别用于红外跟踪器和激光干扰器两个传感器对外界景物和目标进行观察、搜索、跟踪、干扰和压制。

③ 稳定平台控制系统，由内稳定环和外稳定环组成。

内稳定环用来对外部扰动进行抑制，使光轴在空间上实现稳定；外稳定环定位框架位置，也可以由图像跟踪器提供外部目标的相对偏差，产生稳定平台运动指令并驱动平台运动，实现对目标跟踪。

伺服控制部件是其中关键部件。利用陀螺相对于惯性空间的稳定能力并结合光机框架构成相对稳定的陀螺稳定平台，保证平台上光学系统光轴或瞄准线与机载环境下的振动和姿态运动相隔离，图像不晃动或者不模糊，达到稳定瞄准和跟踪目标的目的。

12.5.2.2 闭环模式机载定向红外对抗系统

闭环工作模式是利用激光照射红外导引头产生的回波信息进行自动识别（包括导引头类型、工作体制及参数），根据被识别参数确定导弹使用的传感器类型，有的放矢地对干扰激光进行自适应调制，选择最有效的干扰调制方式，实现对导引头的快速诱骗、致眩、毁伤，最终使其迅速丢失跟踪目标。

闭环工作模式的优点是干扰时间短，激光能量利用率高，具有对抗多目标的能力，并有利于实现系统小型化。但干扰系统较复杂，激光器的输出亮度更高，处理器必须具备对各种威胁的算法以提高程序的处理能力。

闭环模式机载定向红外对抗系统典型案例包括：

案例一，激光红外定向对抗试飞试验（LIFE）。

美国"激光红外定向对抗试飞试验（LIFE）"项目就是研究一种"闭环式"定向红外对抗系统（CLIRCM）。

2001年，在白沙导弹靶场进行了首次飞行实弹对抗试验。由于从导引头反射回来的激光束是经过逼近导弹导引头中十字线分划以一种特有方式调制，因此，对返回激光束进行分析就可以识别逼近威胁的详细情况。在闭环技术中，采用具有针对性的最优激光编码（即最佳干扰波形）对导引头进行迅速诱骗而使其快速失锁（OBL），导致其失去对目标的锁定和跟踪功能，进一步提高定向激光红外对抗系统的准确性。

CLIRCM系统的另一个重要功能是通过监控返回信号评估对抗系统的有效性。如果返回激光信号消失则表明导引头不再具有威胁性。

案例二，"FLASH"红外定向对抗系统。

2002年，德国EADS公司、DBD公司和法国Thales公司联合为A400M军用运输机研发了一种闭环式机载红外对抗系统（称为"FLASH"红外定向对抗系统），2005年完成试验验证。目的是对抗便携式红外制导导弹和空空红外导弹，对来袭导弹进行高精度主动跟踪，对导引头进行自动识别和激光自适应干扰。

"FLASH"红外定向对抗系统有以下特点：

① 采用光学扫描方式提高调转速度。

② 采用紫外/红外双波段独立孔径被动探测以抑制虚警率。

③ 采用两级OPO转换激光器实现宽波段输出（短波红外～中波红外），以增强对来袭导弹导引头的干扰和毁伤能力。

④ 采用三面拼接平面光窗实现系统的保形设计和内埋安装。

⑤ 跟瞄干扰装置重量50kg，电子组件重量80kg。

案例三，"MANTA"红外定向对抗系统。

2011年，西班牙Indra公司研制的"曼塔（MANTA）"闭环式红外定向对抗系统完成了飞行测试和验证试验，如图12-39所示。

"曼塔（MANTA）"闭环式红外定向对抗系统的特点是：

① 采用闭环式工作模式，在进行干扰前就能够识别来袭导弹是否为红外制导导弹，从而降低虚警率，具有打击时间短和瞬间评估打击能力的优点。

② 可以对付短距离内多枚红外导弹的来袭攻击，从而保护各种宽体飞机免遭红外制导地空导弹和空空导弹的攻击。

③ 采用双红外工作波段（$1\sim3\mu m$ 和 $3\sim5\mu m$）。

激光系统   红外跟踪系统

图 12-39   "曼塔"对抗光电系统

④ 采用红外/激光共光路光学系统,具备快速调转能力。

⑤ 采用内埋式安装结构,仅整流罩留在机舱外。

⑥ 可以同时发射 30 个以上波长,避免导弹导引头针对特定波长采取的滤波措施。

案例四,2017 年,中国航空工业集团公司洛阳电光设备研究所(张元生等人)完成了机载闭环定向红外对抗系统验证样机的各项技术指标的验证工作。通过对三类导引头激光回波波形图的分析并与数据库数据比对,实现了对导引头的快速自动识别,并选择适当的干扰激光编码完成了对多型导引头的高效干扰。图 12-40 是干扰前后的成像效果图。

(a) 未受干扰的图像   (b) 受到干扰的图像

图 12-40   对红外导引头的干扰效果图

表 12-15 列出国际上典型定向红外对抗系统的技术性能。

表 12-15   典型定向红外对抗系统的技术性能

国家/公司	技术性能
美国"通用红外对抗系统"/Northrop Grumman 公司	1. 系统跟踪器采用中波红外面阵探测器 外形总尺寸:230mm×178mm×280mm 外露尺寸:127mm 重量:10kg 2. 电子组件外形尺寸:178mm×178mm×280mm 重量:3.18kg 3. 激光干扰系统的工作波长 1~5μm 4. 平均故障间隔时间:3000h
意大利"狮头战神"定向红外对抗系统/Selex ES 公司	1. 系统足够小(重量<50kg),功耗足够低(<500W),以最低能耗获得最佳防护效果。包括两个干扰组件、五个告警分系统、控制组件和座舱显示器 2. 采用先进的激光技术、高精度追踪和高效的光束压窄技术实现照射功率足够大的激光输出,达到对大型运输机和支援直升机的保护 3. 具有高响应速度,对任何距离的便携式红外制导防空系统的发射均能做出快速反应

国家/公司	技术性能
以色列"MUSIC 定向红外对抗系统"	主要分为四个系列： 1. MUSIC 系统用于保护大中型旋翼和固定翼飞机 2. C-MUSIC 系统是全球首套商用喷气式飞机的定向红外对抗系统：吊舱形式，中波红外工作波长，总重量 160kg 3. J-MUSIC 系统用于军用运输机、空中加油机和商务机的分散安装 4. mini-MUSIC 系统用于中小型平台
西班牙"MANTA 定向红外对抗系统"	1. 工作波段：短波和中波红外 $1\sim5\mu m$ 2. 发射的激光干扰序列能够在短时间内对多个来袭导弹的导引头进行干扰
俄罗斯"101KS-O 定向红外对抗系统"	1. 在机背和机腹分别安装一台 101KS-O 定向红外对抗系统，实现 4π 防护空间 2. 采用内埋式结构，利用反射镜实现方位和俯仰方向的扫描 3. 外露的超半球整流罩对飞机的气动性能影响很小
法国"MIRAS 多色红外告警系统"/Thales 公司	1. 具有探测距离远、反应时间短和虚警率低的特点 2. 告警系统：单个红外告警器视场 184°×135°，安装 3 个告警器以形成 4π 立体角的防御空间 工作波段：中波红外($3\sim5\mu m$)中的两个波段 外形尺寸：232mm×364mm×168mm 重量：小于 10kg

12.5.3　机载对抗技术中的红外激光器

红外激光器是定向红外/激光对抗技术的核心组件。为了对导引头的工作波段进行识别，激光发射波长必须与各代红外制导导弹工作波长相匹配，因此，要求红外激光器具备更强的宽波段调谐能力，通常采用可调谐固体激光器。机载对抗技术采用的红外激光器通常选择 $1\sim2\mu m$、$2\sim3\mu m$ 和 $3\sim5\mu m$ 三个工作波段，主要考虑以下影响因素。

① 大气红外波段透射窗口，如图 12-41 所示。

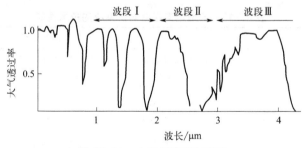

图 12-41　大气红外透射窗口

② 图 12-41 中三个波段内飞机尾喷热辐射最强。

③ 红外探测器在这三个波段范围内比较成熟。

非制冷型 PbS 探测器应用于波段 $1\sim3\mu m$，制冷型探测器（例如 PbSe 和 InSb 探测器）适用于波段 $2\sim5\mu m$。

定向红外/激光对抗系统要求红外激光器不仅能够发射合适的工作波长（$2\sim5\mu m$），而且根据工作环境和对抗对象（主要是导弹），还需满足以下技术要求：

（1）激光束散角

1～2mrad（假设导弹长度 2m，观察/探测视场 30°）。

（2）干扰/信号比

对于红外导引头探测器，红外干扰信号与目标信号的干扰/信号比只有满足 $J/S>30$dB，才能达到干扰效果。

（3）激光重复频率

红外制导导弹导引头对目标辐射都进行了调制，因此，DIRCM 系统的激光器必须是能够产生脉冲序列的脉冲激光器，重复频率是 20～50kHz。

（4）激光器调制周期

脉冲激光器的脉冲宽度是 1～100ns。为了适应红外制导导弹导引头对目标的调制作用，干扰激光必须具有较长的调制周期，在一个调制周期内应包含该时段的所有激光脉冲。

（5）激光高能量功率

定向红外激光干扰对抗技术有三种方式：

① 欺骗。需要激光功率相对不高，0.5～1W，但为了获得显著的干扰效果，干扰信号波长必须与导引头内部信号波长接近。

② 致眩。激光束能量 2～10W 数量级，使导引头的传感器无法正常工作。

③ 毁伤。毁伤有两种方式：波段内毁伤和波段外毁伤。

波段内毁伤对脉冲位置型和成像型导引头有效，但对调制盘型导引头效果不好，需要激光功率 10～200W，且 0.1J/脉冲。

波段外毁伤对任何类型导弹都有效，激光功率需要 1kW 或者更高，才能较容易地在导弹侧面较薄的壳体部位实现毁伤。

当定向红外干扰系统通过红外跟踪/瞄准系统定位来袭导弹的位置后，就会指令激光系统发射高能量光束击毁红外导引头的探测器或者射手眼睛。即使激光功率达不到热破坏能力，也应使导引头中的光电器件（例如红外探测器）出现类致盲效应，以大大提高飞机对威胁的整体生存能力。

目前，红外制导导弹中多数采用红外焦平面成像探测器，仅仅采用诱骗干扰方式很难达到理想的对抗效果，因此，对抗方式主要在于致眩和毁伤干扰。

为了保证对数公里之外的来袭导弹有效干扰，要求干扰激光器具有良好的光束质量和足够大的激光干扰能量，保证聚焦在远场红外导引头探测器上的能量具有足够的功率密度。在某种程度上，定向红外激光对抗系统是一种以自身防御为主的对抗系统，也可视为"低能激光武器"。

有关定向能量武器（DEW）的内容，请参考 9.9 节。表 12-16 给出不同对抗方式下，2km 范围内实现有效定向对抗需要的激光光源功率。

表 12-16　不同红外定向对抗方式下激光辐射功率的影响

对抗方式	激光诱骗	激光致眩	激光毁坏
激光平均功率/W	0.5～10 匹配调制频率	2～10 连续波或高频脉冲	10～200（>0.1J） 连续波或高频脉冲
对抗效果简述	产生一个假目标，较低 SNR	探测器可逆饱和， 高 SNR	连续波或高频脉冲， 探测器可逆饱和， 探测器不可逆饱和
应用	红外（成像）导引头	红外成像导引头， 热成像元件（ThVE）	红外成像导引头， 热成像元件（ThVE）

（6）宽温度域高效率激光光源

为实现机载环境下对各型红外制导导弹的高效干扰，红外激光器需要在较宽的温差范围（一般为120℃）内都能正常工作。

目前，定向红外对抗技术大多采用基于非线性光学晶体实现波长转换的光纤激光泵浦光参量振荡激光器（OPO），电光转化效率比较低（约5%～10%），会产生大量热能，对温控设计要求很高，还会增加体积和重量。利用量子级联激光器（QCL）是未来的主要研究和发展方向。

（7）体积小、重量轻、成本低和寿命长的激光干扰源

表12-17是国外DIRCM采用的中波红外激光器的主要技术性能。

表12-17　国外DIRCM采用的中波红外激光器的技术性能

定向红外对抗系统	激光器类型	主要性能
AAQ-24(V) "复仇女神"	"毒蛇"激光器	1. 固体激光泵浦OPO技术 2. 输出波段Ⅰ、Ⅱ和Ⅲ的功率分别是3W、2W和5W 3. 外形尺寸：250mm×100mm×50mm 4. 重量：4.15kg
"狮头战神"	TYPE 160激光器	1. 半导体抽运光纤泵浦OPO 2. 多波段中波红外激光输出 3. 采用模块化设计 4. 外形尺寸：245mm×175mm×68mm 5. 重量：4.5kg
"果敢行动"	"果敢行动"激光器	1. 固体激光泵浦OPO技术 2. 激光器与跟瞄系统直接耦合 3. 中波红外激光输出
通用定向红外对抗系统(DIRCM)	Solaris激光器	1. 量子级联激光器，性能更高 2. 体积更小，重量更轻

12.5.4　机载红外定向对抗系统的典型实例

前面已经介绍过美国和英国联合研制的开环式AAQ-24（V）"复仇女神"机载定向红外对抗系统，之后，美国Northrop Grumman公司还研发了一种轻型通用定向红外对抗系统，显著特点是采用Solaris量子级联激光器，更小型化，重量更轻，如图12-42所示。

随着大功率红外激光技术的发展，美国陆军牵头，以AN/AAQ-24（V）为基础，开始

(a) 跟瞄系统　　　　　(b) 激光器

图12-42　轻型通用机载定向红外对抗系统（DIRCM）

研制大型飞机定向红外对抗系统（LAIRCM）。以"毒蛇"全波段激光器取代红外弧光灯，由半导体抽运固体激光器泵浦 OPO 在三个波段产生红外激光，具有更强的红外功率（波段 $1\sim2\mu m$ 功率 3W，波段 $2\sim3\mu m$ 功率 2W 和波段 $3\sim5\mu m$ 功率 5W）和更好的光束质量，干扰效果也更好。同时，采用闭环 IRCM 分析来袭导弹，确定其类型，然后定制干扰编码序列，破坏来袭导弹的瞄准系统，使来袭导弹明显偏离目标飞机；另外，反应速度很快，$3\sim4s$ 后就能继续对抗另一枚制导导弹。

下面再介绍几种机载定向红外对抗系统的典型产品。

(1) 英国 BAE 公司研制的多种机载定向红外对抗系统

① 战术飞机红外定向对抗系统（TADIRCM） 1996 年，为了保护海军喷气式战斗机免受舰空和空空导弹的威胁或攻击，美国桑德斯公司（原属 Lockheed Martin 公司，后被 BAE 系统公司收购）为海军 F/A-18E/F 超级大黄蜂战斗机研制一种战术飞机红外定向对抗系统（搭载在机翼吊舱中），由先进导弹告警分系统和激光红外对抗分系统组成：包括六台红外传感器、一台信号处理器、一台红外激光器和两台指示器/跟踪仪。

由于红外告警系统采用红外凝视型焦平面阵列探测器，不但探测距离远，还可以较好地抑制杂乱回波，并能以不同波长工作，使虚警率降至最低。

② AN/ALQ-212(V) 型"先进威胁红外对抗/通用导弹告警系统（ATIRCM/CMWS）"2000 年左右，桑德斯公司为武装直升机研发了一种 AN/ALQ-212(V) 型"机载先进威胁红外激光对抗系统 ATIRCM（Advanced Threat Infrared Countermeasure）"。2003 年，依次装备 MH-60K 与 MH-47E 特种部队直升机、阿帕奇直升机、UH-60（X）黑鹰直升机、EH-60 电子侦察/干扰直升机以及 RAH-66 科曼奇隐形武装直升机。

AN/ALQ-212(V) 定向红外激光对抗系统由三个子系统组成：导弹逼近告警系统（MWS）用以探测导弹发射和威胁；指示/瞄准跟踪系统（PTS）锁定导弹并将干扰能量对准导弹导引头；红外对抗子系统（ATIRCM）或者干扰式诱饵投放系统（大功率红外激光器或者氙弧灯）用以提高对抗成功率和对抗距离。其中，指示/瞄准跟踪系统（PTS）由红外热像仪、转塔和中央处理器组成，如图 12-43 所示。这些子系统可以单独工作，也可综合为一体工作。

图 12-43　PTS 系统基本组成

导弹告警系统由四个凝视焦平面红外摄像探测系统组成，负责对来袭导弹实施探测告警、威胁等级排序等处理，并将威胁信息传输给 PTS。

指示跟踪系统捕获目标后，快速将瞄准线调向来袭导弹所在空域，红外跟踪系统依靠弹体的红外辐射跟踪导弹，对目标进行截获和被动/主动跟踪。如果采用闭环模式，需要对导引头自动识别，并根据识别信息，发射经过调制的干扰激光，对来袭导弹进行自适应干扰。

红外对抗子系统 ATIRCM 采用波长可调的固体红外（波长）激光器。红外激光器是机载红外告警与定向对抗系统的核心组件，发射的激光集中在三个波段 $1\sim2\mu m$、$2\sim3\mu m$ 和 $3\sim5\mu m$，干扰装置上设计有三个光学窗口，分别对应着上述三个波段的威胁。当跟踪瞄准后，发射红外激光干扰目标。

③"果敢行动"定向红外对抗系统　BAE系统公司研发的"果敢行动（Boldstroke）"定向红外对抗系统，如图12-44所示，采用固体激光泵浦OPO激光器，并且激光器与跟瞄装置直接耦合。激光器在系统的下半部分，跟瞄装置在系统上半部分，通过光纤或光路实现激光能量高效传输。跟踪瞄准装置通过半球形整流罩完成对目标的探测和跟踪。DIRCM系统采用模块化构架和标准接口，具有良好的互换性。

(a) Boldstroke定向红外对抗系统整体结构　　(b) 跟瞄子系统　　(c) 激光干扰子系统

图12-44　"果敢行动"定向红外对抗系统

（2）"闪电"（FLASH）定向红外激光对抗系统

2002年，德国EADS公司和DBD公司以及法国Thales公司决定为A400M军用运输机共同研制"闪电"（FLASH）机载定向红外激光对抗系统，主要用于大型飞机对便携式红外制导导弹和空空红外导弹的对抗，如图12-45所示。

图12-45　FLASH机载定向红外激光对抗系统地面试验样机

FLASH机载定向红外激光对抗系采用光学扫描结构调转速度。利用红外/紫外双光谱独立孔径被动探测系统抑制虚警率。定向对抗系统采用内埋式结构，整流罩设计成三面拼接光窗保形结构。采用两级OPO转换激光器，实现短波～中波红外宽波段激光输出。

（3）英国"狮头战神（Miysis）"定向红外对抗系统

2010年，英国Selex Galileo公司研发的"狮头战神（Miysis）"定向红外对抗系统（DIRCM）如图12-46所示，采用TYPE 160半导体抽运光纤泵浦OPO激光器。OPO调谐方式有固体激光器和光纤激光器两种，最具代表性的调谐晶体是PPLN（周期极化铌酸锂晶体）和ZGP晶体（磷锗锌晶体）。该公司研发的多波段激光器在调谐晶体应用中采用PPLN与ZGP级联方式，获得高脉冲能量、高重复频率和高光束质量的调谐输出。

2013年，英国Selex ES公司在上述产品基础上，推出了改进型"狮头战神"定向红外对抗系统（DIRCM），突破了系统重量、激光功率和响应速度三个方面的关键技术：

①　重量小于50kg，功耗低于500W。

图 12-46　"狮头战神"　DIRCM 系统及其激光器

② 采用先进的激光光源技术、高精度跟踪技术和高效的光束压窄技术获得大功率激光光源，满足大型战略运输机等飞机对远距离对抗技术的需求。

③ 能够对任意距离的便携式红外制导导弹作出快速反应。

改进后"狮头战神"定向红外对抗系统（DIRCM）包括两个干扰组件、五个红外传感器组成的告警系统、电子组件、座舱显示器和控制组件，整流罩孔径 140mm，总重量低于50kg。可分布安装在飞机平台上，或以吊舱结构安装。

（4）以色列吊舱式"MUSIC 型定向红外对抗系统"

以色列研制的 MUSIC 定向红外对抗系统采用吊舱式结构，如图 12-47 所示，由导弹告警设备、系统处理器、激光器、红外探测成像/跟踪设备（中波 3～5μm 面阵探测器）和高速调转装置组成。总重量 160kg，全长2700mm，宽 600mm，高 500mm。主要用于保护大中型旋翼机和固定翼飞机。J-MUSIC 型是分布式安装结构，用于军用运输机、空中加油机和商务机。

图 12-47　吊舱式定向红外对抗系统（C-MUSIC 吊舱式布局）

（5）俄罗斯 101KS-O 定向红外对抗系统

俄罗斯为 T-50 战斗机（苏-57 的第一架原型机称为 T-50-1）研制的 101KS-O 定向红外对抗系统分别安装在飞机的背部和腹部，采用内埋式结构，超半球整流罩露在外面，具有良好的气动性能，由反射镜完成方位和俯仰扫描，实现整个 4π 空间的防护和对抗。俄罗斯Ekran 研发中心为 President-S 专用直升机设计的吊舱式定向红外激光对抗系统由两个吊舱组成，可以实现方位 360°和俯仰−60°～＋90°覆盖范围，每个吊舱重 100～150kg，设计有两个紫外接收探测器，能够探测和分类红外/非红外导弹，采用氟化氢/氟化氘（HF/DF）干扰/对抗激光器，涵盖多个红外波段。如图 12-48 所示。

(a) 101KS-O DIRCM系统　　　　(b) President-S专机DIRCM系统

图 12-48　俄罗斯机载激光定向红外对抗系统

（6）商用飞机红外定向对抗系统

由于全球恐怖活动猖獗，商务飞机也开始安装红外定向对抗系统，以色列成功研发出全球首套商用喷气飞机定向红外对抗系统（C-MUSIC 型）。

BAE 系统公司和 Northrop Grumman 公司也分别研制出适合大型商务飞机配装的"喷气眼"（B767-200 飞机）对抗系统以及"卫士"对抗系统（B-747、MD-11 和 MD-10 飞机）。

为了能够在更远距离上告警和干扰/对抗红外导弹，世界各国正在研发采用双色传感器替代单波段凝视型传感器以及可覆盖低/中红外波段的激光干扰装置，从光谱上能够区分目标与杂波的红外特征，可靠性更优，精度更高，提高了复杂背景下探测威胁的能力。一旦探测到威胁目标，激光定向红外对抗系统自动将激光束对准来袭导弹导引头，使导引头接收信号混乱，无法锁定目标而脱靶。表 12-18 列出上述几种机载红外对抗系统的主要性能。

表 12-18　几种典型机载定向红外对抗系统的技术性能

国家	公司	系统/激光器	性能
美国	Northrop Grumman	复仇女神/毒蛇激光器	采用固体激光泵浦 OPO 方案。输出波段 I（2～3μm）、II（3～4μm）和 III（>4μm）激光。各波段功率为 3W、2W 和 5W。激光器尺寸 250mm×100mm×50mm，重量 4.15kg
	Northrop Grumman 公司负责 CIRCM 系统，日光防务公司提供激光器，英国 Selex Galileo 提供跟瞄组件	通用 CIRCM/Solaris 量子级联激光器	量子级联激光器的发射波长，一般为 1～5μm，也可以拓展到长波红外波段（8～12μm），能够有效对抗长波红外制导导弹。体积小，重量轻。跟踪装置采用中波红外探测器（3～5μm），重量 10kg，外形尺寸 230mm×178mm×280mm，外露尺寸 127mm。电子组件重量 3.18kg，尺寸 178mm×178mm×280mm，平均故障间隔时间 3000h
英国	Selex Galileo	狮头战神/TYPE 160 激光器	采用半导体抽运光纤泵浦 OPO 方案，由一个高功率半导体抽运光纤激光器和波长转换装置组成，可以获得多波段中波激光光束。激光器尺寸 245mm×175mm×68mm，重量 4.5kg
	BAE 系统公司	果敢行动/固体激光器	采用固体激光泵浦 OPO 方案。激光器与跟瞄装置直接耦合，激光器在下半部分，跟瞄装置在上半部分，通过光纤或光路实现激光能量高效传输。重量约 14kg

12.6
机载综合对抗技术

为了能够对抗雷达、红外和激光多种波段的威胁，未来机载定向红外对抗系统一定是向着综合对抗技术的方向发展。

（1）波长综合化，实现全波长覆盖范围

目前，红外导弹的制导方式正向着多波段复合制导、多模制导和多传感器信息融合方向发展，因此，反导对抗技术的发展趋势必然是全波段和全方位。

① 提高光学告警分系统对来袭导弹的感知能力。

② 采用全波段和高能量激光干扰源。

（2）激光光束质量

为了保证红外激光束具有足够集中的能量，在实际作战距离上，激光束发散角接近1mrad数量级较合适（包括光束漂移影响，因此，应严格控制光束漂移）。

（3）激光器启动时间

机载红外激光对抗时间只有几秒。因此，要求红外激光器能够在几十毫秒内实现满功率的指标要求，要稳定地全参数输出，保证机载对抗系统快速达到对抗状态。

（4）小型化、高效率和可靠性

小型和高效的红外激光对抗系统是提高机载平台适装性和降低系统功耗的重要条件，坚固和可靠性是适应机载平台振动、冲击及温度变化等严苛环境条件的固有需求。

（5）开放式系统结构，多功能一体化设计

为了减小体积、重量和功耗，未来的机载光电电子系统会采用多功能一体化/模块化解决方案，探测、火控、制导、导航等系统逐渐与告警、干扰、致盲以及硬杀伤等对抗系统共处一个平台，提高干扰效率，形成综合战斗力，为飞行员提供一个安全的作战环境。

参考文献

[1] 王合龙．机载光电系统及其控制技术［M］．北京：航空工业出版社，2016.

[2] 李世祥．光电对抗技术［M］．北京：国防科技大学出版社，2000.

[3] 程明阳，等．机载导弹逼近告警系统分析［J］．航空兵器，2007，4：49-53.

[4] 赵江．红外/紫外侦查告警技术［J］．红外与激光工程，2006，35：147-151.

[5] 王慧君，等．机载红外预警探测系统［J］．激光与红外，2007，37（11）：1133-1136.

[6] 周峰，等．国外机载红外预警系统发展动态分析［J］．激光与红外，2017，47（4）：399-403.

[7] 许强．紫外告警新进展［J］．光电对抗与无源干扰，1994（3）：14-15.

[8] 付伟．紫外型导弹逼近告警系统的发展［J］．光电子技术与信息，1997，10（2）：1-5.

[9] 付伟．紫外侦察告警技术的发展现状［J］．应用光学，Vol.20，No.5，1999，20（5）：1-4.

[10] 蒋耀庭，等．美国导弹告警技术的发展［J］．飞航导弹，2004（1）：27-30.

[11] 赵江．红外/紫外侦察告警技术［J］．红外与激光工程，2006，35：147-151.

[12] 程明阳．机载导弹逼近告警系统分析［J］．航空兵器，2007，4：49-53.

[13] 王保华，等．日盲紫外探测系统研究［J］．激光与光电子进展，2014，022202（51）：1-6.

[14] Chen Y，et al. Design of solar-blind UV optical system for missle approach warning［J］．红外与激光工程，2014，43（9）：2964-2969.

[15] 张洁，等．机载导弹逼近告警技术发展分析［J］．舰船电子工程，2014，34（11）：19-23.

[16] 徐苗，等．中长焦透射式日盲紫外光学系统设计［J］．光学仪器，2017，39（2）：43-47.

[17] 郑国宪，等．大视场大相对孔径日盲紫外告警光学系统设计［D］．红外与激光工程网络论文，2020.

[18] 王红．大视场紫外告警相机光学系统研究与设计［J］．光子学报，2014，43（12）：1-5.

[19] 孙毅．日盲紫外告警光学系统设计［D］．长春：长春理工大学，2016.

[20] 范雯雯．大视场日盲紫外告警光学系统设计［D］．长春：长春理工大学，2018.

[21] 宋姗姗，等．日盲紫外告警光学系统设计［J］．激光与光电子学进展，2013（10）：168-174.

[22] 于远航，等．折衍混合紫外告警光学系统设计［J］．激光技术，2012，36（3）：421-427.

[23] 朱海宇，等．刑侦日盲紫外折衍混合变焦光学系统设计［J］．激光技术，2015，39（2）：242-246.

[24] 郑海晶，等．紫外告警技术现状及发展分析［J］．红外技术，2017，39（9）：773-779.

[25] 付伟 . 军用激光技术的发展现状 [J]. 电光与控制，1996 (1)：23-30.

[26] 付伟 . 机载激光告警器与机载自卫系统 [J]. 电光与控制，1997 (1)：50-54.

[27] 蓝伟华 . 未来机载火控系统研发中几项值得关注的技术 [J]. 电光与控制，2010 (8)：1-4.

[28] 应家驹，等 . 全向激光告警系统中激光光斑精确定位方法 [J]. 电光与控制，2009 (12)：53-56.

[29] 张梓威，等 . 基于选通成像的新型激光告警技术 [J]. 电子科技，2015 (3)：1-3.

[30] 施德恒 . 机载激光告警系统述评 [J]. 光机电信息，2001 (9)：19-24.

[31] 路阳 . 激光告警系统的发展现状与问题 [J]. 现代防御技术，2009，37 (3)：89-93.

[32] 程玉宝 . 大范围新型激光告警系统关键技术研究 [D]. 西安：西安电子科技大学，2005.

[33] 付伟 . 激光侦察告警技术的发展现状 [J]. 光机电信息，2000，17 (12)：1-7.

[34] 张元生，等 . 机载定向红外对抗系统的中波红外激光器及关键技术 [J]. 电光与控制，2017，24 (5)：56-59.

[35] 王玺 . 美军定向红外对抗技术研究综述 [J]. 飞航导弹，2014 (7)：57-60.

[36] 徐大伟 . 国外红外对抗技术的发展 [J]. 舰船电子工程，2012，36 (9)：17-19.

[37] 张元生 . 机载定向红外对抗系统的最新进展 [J]. 电光与控制，2014，21 (12)：53-56.

[38] 孟冬冬，等 . 定向红外对抗系统中的激光器技术 [J]. 红外与激光工程，2018，47 (11)：1-10.

[39] 范晋祥，等 . 定向红外对抗系统与技术的发展 [J]. 红外与激光工程，2015，44 (3)：784-789.

[40] 杨爱粉，等 . 用于定向红外对抗的中波红外激光器技术 [J]. 应用光学，2015，36 (1)：119-125.

[41] 张元生，等 . 机载闭环定向红外对抗系统关键技术分析与验证 [J]. 电光与控制，2017，24 (1)：58-62.

[42] 尹扬，等 . 运输机防御系统 [J]. 动力系统与控制，2018，7 (3)：232-238.

[43] 李超，等 . 机载光学告警与定向干扰一体化技术发展评析 [J]. 航天电子对抗，2016 (4)：22-25.

[44] 于鹏，等 . 国外大型军用运输机电子对抗系统装备现状及发展趋势 [J]. 舰船电子工程，2016，36 (4)：1-6.

[45] 陈晨，等 . 红外定向对抗技术与装备的发展研究 [J]. 光电技术应用，2015，30 (2)：1-6.

[46] 马燕 . 机载激光的应用与发展 [J]. 科教文汇，2006 (11)：193-194.

[47] 魏莉莉，等 . 我军机载光电对抗技术装备发展研究 [C]. 第二届中国航空学会青年科技论坛文集（第二集）.

[48] 张元生 . 机载光电告警系统技术发展分析 [J]. 电光与控制，2015，22 (6)：52-55.

[49] 范丽京 . 定向红外对抗系统概述 [J]. 航空兵器，2004 (1)：16-18.

[50] 陈德福 . 国外定向红外对抗技术的发展 [J]. 战术导弹技术，2011 (2)：123-128.

[51] 陈晨，等 . 红外定向对抗技术与装备的发展研究 [J]. 光电技术应用，2015，30 (2)：1-6.

[52] 宋波 . 直升机载激光定向红外反导技术的发展 [J]. 舰船电子工程，2011，31 (4)：28-46.

[53] 柴栋，等 . 机载定向激光红外对抗技术及仿真研究 [J]. 激光与红外，2010，40 (9)：981-984.

[54] 淦元柳，等 . 国外机载红外对抗技术的发展 [J]. 战术导弹技术，2011 (1)：122-126.

[55] 陈宁，等 . 先进的机载红外诱饵对抗技术措施发展研究 [J]. 航天电子对抗，2017 (5)：27-31.

[56] 陈颖 . 机载先进红外对抗技术发展思考 [J]. 航天电子对抗，2020 (1)：19-23.

[57] 黄庆，等 . 定向红外对抗系统构型设计 [J]. 红外与激光工程，2008，37：319-321.

[58] 贺岩，等 . 国产机载双频激光雷达探测技术研究进展 [J]. 激光与光电子学进展，2018，55：1-11.

[59] 卢炤宇，等 . 频率调制连续波激光雷达技术基础与研究进展 [J]. 光电工程，2019，46 (7)：1-14.

[60] 徐忠扬，等 . 调频连续波激光雷达技术进展 [J]. 真空电子技术，2019 (4)：18-26.

[61] 王鑫，等 . 机载激光雷达测深技术研究与进展 [J]. 海洋测绘，2019，39 (5)：78-81.

[62] 蒙庆华，等 . 激光雷达工作原理及发展状况 [J]. 现代制造技术与装备，2019 (10)：155-157.

[63] 吕琼莹，等 . 基于 MATLAB 的机载激光雷达扫描机构的研究 [J]. 长春理工大学学报（自然科学版），2014，37 (4)：24-27.

[64] 张健，等 . 机载激光 3D 探测成像系统的发展现状 [J]. 中国光学，2011，4 (3)：213-232.

[65] 王建宇，等 . 机载扫描激光雷达的研制 [J]. 光学学报，2009，29 (9)：2584-2589.

[66] 李炳军，等 . 紫外告警技术发展现状 [J]. 激光与红外，2007，37 (10)：1033-1035.

[67] 孙光华，等 . 光电对抗技术的发展现状及未来展望 [J]. 国防科技，2006 (4)：24-26.

[68] 樊祥，等 . 光电对抗技术的现状及发展趋势 [J]. 电子对抗技术，2003 (6)：10-15.

[69] 任国光 . 机载激光红外对抗的现状和发展趋势 [J]. 激光与红外，2000，30 (6)：323-327.

[70] 周峰，等 . 国外机载红外预警系统发展动态分析 [J]. 激光与红外，2017，47 (4)：399-403.

[71] 王慧君，等 . 机载红外预警探测系统 [J]. 激光与红外，2007，37 (11)：1133-1136.

[72] 王戎瑞 . 美国红外预警机的发展 [J]. 激光与红外，1998，28 (4)：195-199.

[73]　曹晨 . 预警机发展七十年 [J]. 中国电子科学研究院学报，2015，10（2）：113-118.

[74]　刘民，等 . 下一代预警机主要特征与发展趋势研究 [J]. 中国电子科学研究院学报，2015，10（3）：278-281.

[75]　陈刚 . 预警机技术的装备与发展 [J]. 舰船电子工程，2016，36（8）：31-35.

[76]　陈竹梅，等 . 预警机总体构型设计综述（一）[J]. 中国电子科学研究院学报，2016，11（2）：115-128.

[77]　陈竹梅，等 . 预警机总体构型设计综述（二）[J]. 中国电子科学研究院学报，2016，11（4）：354-365.

[78]　周峰，等 . 国外机载红外预警系统发展动态分析 [J]. 激光与红外，2017，47（4）：399-403.

[79]　孙盛坤，等 . 无人预警机系统发展思考 [J]. 信息通信，2017（6）：269-272.

[80]　方芳，等 . 国外新型预警机发展 [J]. 国防科技，2017，38（4）：47-52.

[81]　曹晨 . 第四代预警机发展研究 [J]. 中国电子科学研究院学报，2020，15（9）：809-814.

[82]　张洪伟，等 . 红外双波段双视场成像告警系统设计 [J]. 光学精密机械，2020，28（6）：1283-1294.

[83]　陈宇，等 . 用于导弹逼近告警的"日盲"紫外光学系统设计 [J]. 红外与激光工程，2014，43（9）：2964-2969.

航空光学工程

航空光学工程

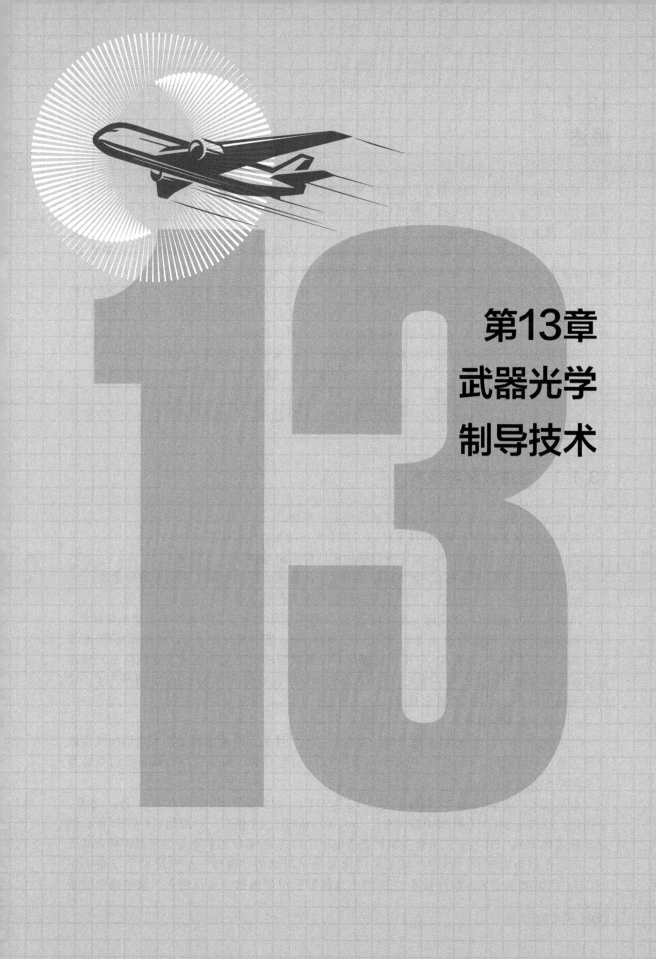

第13章
武器光学
制导技术

13.1

概述

与传统战争相比，现代战争的最大区别是武器具有精准打击能力，能精确预判目标位置并给予有效打击。采用制导技术控制导弹弹体运动轨迹的制导系统越精确，导弹的效能发挥得越好，战争获胜的概率越大。

20 世纪 70 年代，为了适应高科技武器系统发展的新趋势，提出了精确制导的新概念，即采用高精度制导系统控制和导引弹头对目标进行有效攻击。

精确制导技术是以高性能光电探测器为基础，利用自身获取或者外部输入的待攻击目标的位置和速度等信息，采用目标识别和成像跟踪等方法控制和引导武器进行实时修正或控制自身的飞行轨迹，从而具有较高命中精度，准确命中目标的技术。

机载精确制导武器主要包括精确制导导弹和炸弹，关键是精确制导技术。

按照采用的手段和方法，制导方式分为寻的制导、遥控制导、匹配制导、惯性制导、卫星制导和复合制导等多种类型。

按照工作波长，机载导弹制导方式分为雷达波制导技术、光波制导技术和复合（双模或多模）制导技术。

13.1.1 雷达波制导技术

20 世纪 40 年代，研制成功雷达波制导型空空导弹。

雷达波制导型空空导弹制导技术经历了四个发展阶段。

第一代（1946～1950 年），空空导弹采用雷达波束制导体制。

第二代（1950～1970 年），空空导弹采用连续波隐蔽式圆锥扫描半主动式制导体制。

第三代（1975～1993 年），空空导弹采用连续波多普勒单脉冲半主动制导体制。

第四代（20 世纪 90 年代后～至今），空空导弹采用脉冲多普勒单脉冲半主动制导体制。

雷达波制导技术是指弹上毫米波（30～300GHz，波长 1～11mm）和微波或厘米波（1～30GHz，波长 1～133cm）导引头接收目标反射或者辐射的毫米波或者微波信息，从而捕获和跟踪所选定目标，向导弹飞行系统提供制导信息并导引导弹飞向目标的制导技术。可以在视场内多个目标中选择既定目标。

（1）毫米波制导技术

20 世纪 70 年代，开始研发毫米波导弹制导技术。目前，毫米波制导技术使用的频段已经覆盖整个毫米波段，代表产品包括爱国者 PAC-3 防空导弹、海尔法与硫磺石反坦克导弹以及阿帕奇空地导弹。

毫米波大气传输衰减较小的窗口有四个：35GHz、94GHz、140GHz 和 220GHz。通常，使用较广泛的是 35GHz 和 94GHz（波长 3mm 和 8mm）两个窗口。一般地，94GHz 波长的制导技术优于 35GHz 波长。但作用距离上，由于主动式 35GHz 波长制导的导弹传播衰减更小，因而作用距离更远。典型产品是美国休斯公司研制的"黄蜂"空地反坦克导弹采用94GHz 主动/被动毫米波制导技术。图 13-1 是休斯公司研制的"马伐瑞克"原型毫米波制导导弹系统。

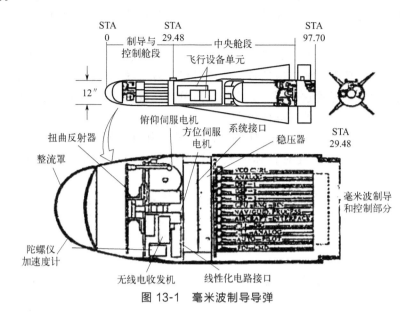

图 13-1　毫米波制导导弹

　　毫米波波长（1～10mm）处于红外与微波波长之间，兼有二者特点：精度高、抗干扰性强以及具有穿透云层、雾、尘埃和战场烟雾的能力，尤其对地面装甲类目标具有优越的识别能力。因此，毫米波制导技术广泛应用于机载反装甲武器中。

　　与红外波长相比，毫米波更能适应复杂的战场环境和恶劣的气象条件，可以穿透烟尘和雨雾等，能提供被探测目标的距离和速度信息。

　　与微波波长相比，具有高增益、大带宽和高多普勒频率等特点，可以获得更强的抗干扰能力以及更高的目标探测精度。另外，针对大部分隐身飞行器所涂的厘米波吸收材料，具有良好的抗隐身性能，因而得到广泛应用。

　　不足之处是恶劣气象条件下（如雨天）衰减较大，只具备有限的全天候能力；射频输出功率有限，作用距离较近；毫米波系统加工困难，成本高；天线波束窄，增加了对目标角度搜索和截获的难度。

　　毫米波制导技术有三种工作模式：主动式、被动式和（主动/被动）复合式。典型产品包括美国 F-16 飞机装备的"沃斯"空地反坦克导弹和俄罗斯米-18 直升机装备的 AS-8 导弹。由于毫米波的分辨率比可见光和红外光低，毫米波制导技术通常需要与其它制导技术联合使用，取长补短，以达到更大的作战效能。

　　（2）微波制导技术

　　合成孔径雷达（SAR）是一种典型的主动式二维微波遥感成像雷达，利用雷达平台的运动形成大的天线合成孔径，从而获得方位或横向距离的高分辨率图像（发射宽带信号并对回波信号进行压缩，可以在飞行方向获得高分辨率图像）。

　　由于该制导技术在任何时间或地域都具有高分辨率的成像能力，作用距离远，工作不受气象条件和太阳照射的限制，因而得到广泛应用。

　　根据信号来源，雷达波制导技术分为主动制导（辐射源在导弹上）、半主动制导（辐射源在载机上）、被动制导（辐射源在目标上）和主/被动复合制导四种形式。

　　被动式制导技术接收目标辐射的电磁波，载机和导引系统不需要辐射任何能量，因此，隐蔽性好，设备简单，但作用距离和跟踪性能受限于辐射源。

主动式制导技术发射雷达波探测信号和接收目标的反射信号，跟踪目标并测量目标运动参数，形成制导信号，从而使导弹具有"发射后不管"特性，提高了载机的生存能力，但系统复杂，实现难度大。

半主动式制导技术工作时，载机上的照射器发射雷达波照射目标，导引接收系统接收目标的反射信号和来自照射器的直射信号，检测目标相对于导弹的视线角、视线角速度和相对速度而形成制导信号。尽管这种制导形式相对简单和（载机的有效照射功率较大）作用距离较远，但独立性差，对载机的依赖性较大。

主/被动复合式制导方式是远距离时采用被动式工作而近距离时与主动式制导系统同时工作，因此，提高了制导系统对目标的截获与跟踪能力以及跟踪精度、可靠性和抗干扰能力。

需要说明，雷达制导导弹系统无论是采用主动或者半主动式制导技术，前期飞行过程中，都需要载机提供帮助。主动制导系统因导弹重量限制，雷达系统不可能太大，因此，目前作用距离只有 10～20km。只有到末端弹载制导雷达截获到目标后，载机才停止无线电信号发送。

雷达波（包括毫米波和微波）制导技术已超出本书的研究范畴，本章重点介绍光学制导技术和复合制导技术。

13.1.2 光学制导技术

光学制导技术具有精度高、抗电子干扰能力强、隐蔽性好、效费比高、结构紧凑和机动灵活的优点，因此，20 世纪 90 年代开始，光学制导技术已经成为精确制导武器（包括机载制导武器）的重要技术手段。

机载光学制导技术主要有单模（单波段）制导方式和复合制导方式两种类型。

13.2
单模制导技术

单模光学制导技术包括可见光（电视）制导技术、激光制导技术、红外光成像（点源成像和面源成像）制导技术和紫外制导技术。

13.2.1 可见光电视制导技术

可见光电视图像制导技术的研究和应用源自第二次世界大战期间。

可见光（电视）制导技术是一种利用弹体中电视摄像系统对目标反射的可见光信息进行捕获、识别和定位的被动式制导技术。在外弹道末段实时传送侦察图像，然后，地面接收系统实时显示和处理，并引导导弹摧毁目标。

可见光电视制导系统直接对目标反射的可见光成像，分辨率高，能够提供清晰的目标图像，便于识别真假目标、制导精度高，并具有隐蔽性好、工作可靠和不易受电磁干扰等特点，因此，获得广泛应用。

可见光电视制导方式有三种类型：电视寻的制导、电视遥控制导和电视跟踪指令制导。

（1）电视寻的制导

电视摄像机安装在导弹头部，直接由弹上摄像机和跟踪电视自动寻的和跟踪。

（2）电视遥控制导

精确制导导弹安装有微波传输设备，将可见光电视摄取的目标和背景图像传输给地面制导站或载机，接收发送回来的制导指令，从而精确引导制导导弹进行攻击。

（3）电视跟踪指令制导

外部电视摄像机捕获和跟踪目标，由无线电指令制导导弹飞向目标。

无论采用何种方式，都是利用安装在弹体头部（或外部）的电视摄像机捕获、识别和定位目标。典型产品包括美国的滑翔炸弹、"幼畜" AGM-65A/B 和 AGM-65H 空地导弹、"海猫"和"X-59"导弹、海湾战争中使用的 AGM-65B 空地导弹、俄罗斯的 Kh-59 系列的空地导弹和英国的 Bristol-RP-8 空地导弹。

可见光（电视）制导技术的优点是：制导精度高，抗无线电干扰，可以对付超低空目标或者低辐射能量目标。缺点是对气候条件要求很高，很容易受到光照和天气影响，在烟雾/灰尘能见度较差的环境下，作战效能下降，并且，夜间无法使用。

20 世纪 70 年代，我国开始研发电视制导技术。

13.2.2　激光制导技术

激光的特点是单色性好、方向性强和能量集中，20 世纪 60 年代，开始研发激光精确制导技术。

1968 年，美国研制成功激光制导炸弹。

1972 年 5 月，美国首次将第一代"宝石路Ⅰ"型（Paveway）制导炸弹（GBU-Ⅱ）应用于越南战争，具有较高命中率，使投弹的圆周概率从 90～100m 减小到 3～3.7m，武器的命中率提高 10 倍。

激光制导武器装置（包括导弹、炸弹、炮弹和火箭）是利用激光器向目标发射激光波束，由导引头接收目标漫反射的特定编码和激光波长的回波信号，经过弹载计算机计算后，得到导弹偏离目标的角误差量，并通过接收装置形成的制导指令，修正导弹的飞行弹道，制导武器飞向并摧毁目标。

激光制导技术利用激光束作为跟踪和传输信息的手段，优点是方向性好、辐射强度高、制导精度高、目标分辨率高、抗干扰能力强、体积小、重量轻、结构简单和成本低，并可以与其它制导方式（例如红外或者雷达）构成复合制导系统。除了具有对目标的三维成像能力外，还可以同时测量目标的距离和运动速度。其角度、速度和对相近目标的分辨能力明显提高，还能选择目标的要害部位进行攻击，极大提高了导弹的作战效能，因此，目前得到较广泛应用。

缺点是：容易受气象条件影响，无法全天候使用，大雪和浓雾气候条件下，传输能量损耗大，作战效果降低；若采用激光半主动制导方式，在导弹命中目标之前激光必须一直照射目标，无法实现"发射后不管"，容易暴露自己；另外，激光光束狭窄，搜索能力差。

激光制导技术有两种类型：激光驾束制导技术和激光寻的制导技术。后者包括激光半主动成像制导技术和激光主动成像制导技术。目前，最广泛研发和应用的是激光半主动制导技术。典型产品是美国的宝石路（GBU）1～3 代制导炸弹。

13.2.2.1 激光驾束制导技术

激光驾束制导技术源自欧洲，随着 CO_2 激光技术的进步以及碲镉汞（HgCdTe）探测器的研制成功，激光驾束制导技术得到迅速发展。

激光驾束制导技术的工作原理是：通过弹外的瞄准设备发现、跟踪和锁定目标，并发射导弹。与瞄准设备同轴安装的激光发射装置向目标区域发射经过编码的连续激光束，形成控制场。位于弹尾的激光信号接收器接收激光，控制弹体沿着照射目标的激光束飞行。根据导弹对激光波束中心的偏差形成控制指令，保证导弹命中目标，实现"指哪打哪"的目的。

激光驾束制导技术通常由地面控制站发射激光引导光束，导弹在引导波束中飞行。可以分为四个步骤：

（1）瞄准与跟踪

利用光学系统瞄准目标，形成瞄准线并作为坐标基准线。当目标移动时，瞄准线不断跟踪目标，将激光束的中心线与瞄准线重合。

（2）激光发射与编码

使光束在瞄准线的垂直平面内进行空间编码后向目标方向照射。

（3）弹上接收与译码

弹上激光接收机接收激光信息并译码。

（4）角误差指令形成与控制

一旦发现导弹飞行轨迹偏离激光波束中心，导弹喷管周围四只红外接收器立刻感知该偏离，从而通过弹体内激光接收机和解算装置计算/检测出弹体与波束中心线的飞行偏差量，形成控制信号，然后向尾翼发出修正指令，控制导弹沿瞄准线飞行，保证导弹始终准确跟踪目标，如图 13-2 所示。

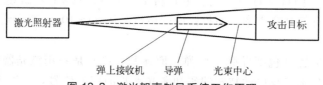

图 13-2 激光驾束制导系统工作原理

激光驾束制导系统的优点是导引系统安装在弹尾，而不像激光寻的制导技术那样安装在弹头部位，因而不会影响弹头威力［研究显示，激光制导导引头安装在弹头位置的"铜斑蛇（Copperhead）"155mm 激光制导航空炸弹影响破甲能力高达 $15\% \sim 20\%$］。另外，驾束制导技术使导弹限制在激光束内飞行，制导量较小，因此，导弹可以获得很高的飞行速度。

由于激光驾束制导系统必须在通视条件下才能实现，因而只适合近程作战使用，主要应用于地面防空导弹（包括由地面发射的激光制导反坦克导弹）。典型产品包括：

瑞典研制的 RBS-70 近程防低空导弹是首次采用驾束制导技术并批量生产的导弹，1976 年装备部队（后来，又研制出抗干扰能力更强的 RBS-90 低空防空导弹系统）。

英国研制的两种防空导弹"星爆"和"星光"以及美国研发的"军刀"和"防空反坦克武器系统（ADATS）"均采用激光驾束制导技术。

英国、法国和德国联合研制的第三代中程反坦克"催格特（Trigate）"中程激光制导导弹的激光照射系统采用二氧化碳激光器（波长 $10.6\mu m$）而非常规的半导体激光器（波长

0.9μm），因此具有更好的大气和烟雾穿透能力和更远的作战距离。

南非肯特隆公司研制的"猎豹（Ingwe）"重型远程反坦克导弹、以色列的"玛帕斯"反坦克导弹以及俄罗斯的"漩涡"超声速激光驾束空地导弹等都属于该类型制导导弹。

13.2.2.2　激光寻的制导技术

根据激光目标指示器或者光源位置，激光寻的制导技术又分为激光半主动成像制导技术和激光主动成像制导技术。

13.2.2.2.1　激光半主动成像制导技术

（1）基本组成

激光半主动成像制导技术由带有半主动成像制导导引头的武器（包括激光制导炸弹、炮弹和导弹）、发射平台和激光目标指示器组成。与主动成像制导技术的最大不同是将激光目标指示器（包括激光电源）安置在导弹体外，如图13-3所示。

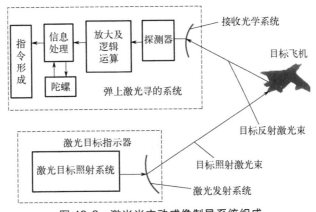

图13-3　激光半主动成像制导系统组成

半主动成像制导导引头由三部分组成：光学系统、探测器、信号处理和稳定跟踪系统。

激光接收探测器采用四象限探测器并处于离焦位置，探测器将接收到的激光信号进行光电转换和信号处理器放大运算后得到目标跟踪偏离视轴的两个分量。根据目标图像在探测器上的能量分布，可以判断目标的偏离方向及位置，从而形成制导指令以控制跟踪系统稳定跟踪目标，确保导弹准确攻击目标。

四象限探测器由4个性能相同的探测器组成，具有响应频率快、响应波长宽、灵敏度高和工作温度范围大等优点。如图13-4所示，按照直角坐标系的要求排列并制造在同一个芯片上。探测器之间由十字分划线隔开。

（2）工作原理

激光半主动寻的制导技术比较成熟，如图13-5所示，由机载或者地面（例如，由地面人员携带）激光目标指示器将经过编码的激光束照射到需要攻击的目标上，弹上导引头光学系统接收目标漫反射的激光回波信号并会聚成光斑成像在探测器上。制导系统形成对目标的跟踪，同时将偏差信号送给弹上控制系统，控制武器（包括激光制导炸弹、炮弹和导弹）飞向目标。

激光半主动寻的成像制导技术具有较强的抗电子干扰能力，结构简单、成本较低，与其它制导方式进行复合也比较方便和实用，得到较广泛应用。具有以下特点：

① 可以在除浓雾外的任何气候条件下正常工作。基于此，长波激光制导技术越来越受

到重视，二氧化碳激光器和外差接收技术发展迅速。

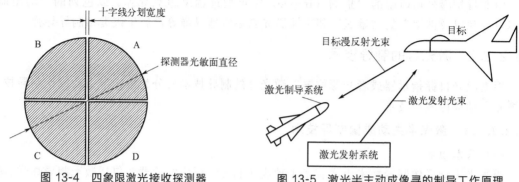

图 13-4　四象限激光接收探测器　　　图 13-5　激光半主动成像寻的制导工作原理

② 具有较强的抗电子干扰能力，能够在各种复杂的人为和背景干扰下识别和跟踪目标。

③ 可以对高重复频率的激光进行编码发射和探测，实现不同武器在同一时间攻击不同目标。

④ 制导精度高，具有较高的目标命中率。

⑤ 结构简单，成本低。

⑥ 容易与其它制导模式组合。

（3）典型产品的技术性能

美国研制的宝石路 I 型制导炸弹是世界上最早应用的激光制导炸弹，首次应用于越南战场，取得了惊人效果，命中率达到 70%。改进后，又分别研制出第二代和第三代。另外，典型产品还包括法国的"马特拉"系列激光制导炸弹以及俄罗斯的 KAB-1500L-F 激光制导炸弹。

表 13-1 列出上述激光制导炸弹的主要技术性能。

表 13-1　典型激光制导炸弹的技术性能

型号	GBU-16/B	GBU-28	马特拉	KAB-1500L
探测器	四象限硅探测器			
导引头	德州仪器公司的激光半主动导引头		汤姆逊公司 TMV630 Eblis 导引头	风标式激光半主动导引头
导弹重量/kg	454	2268	470/990	1525
导弹长度/m	4.32	5.79	3.40/4.27	4.60
炸弹孔径/mm	475	368	（翼展）1430/1720	580

激光制导炮弹是增加了制导设备的一种炮弹。需要利用配置在直升机或无人机、军舰或地面观察所中的目标指示器发射激光照射目标，炮弹制导系统接收到目标的反射信号而实现精确制导，可以显著提高命中率。典型产品包括俄罗斯研制的 2K25"红土地"激光制导炮弹和美国研制的 M712"铜斑蛇"激光制导炮弹（配备激光跟踪器、陀螺仪、自动驾驶仪、控制系统、主翼和控制尾翼）。

表 13-2 列出上述两种典型激光制导炮弹的主要技术性能。

表 13-2　两种典型激光制导炮弹的技术性能

参数	M712"铜斑蛇"	2K25"红土地"
打击目标	坦克,地面防御工事	坦克,火炮,防空武器,以及海上目标

参数	M712"铜斑蛇"	2K25"红土地"
炮弹口径	155mm 火炮	120mm/122mm/155mm 火炮,120mm/240mm 迫击炮
主要特点	1. 射程远和精度高,有效距离 4000～20000m,命中概率 80%～90%,圆概率误差 0.4～0.92m。 2. 间接打击,隐蔽性好。 3. 威力大	1. 结构简单,操作简便。 2. 射程达 4～20km,命中精度 0.4～0.9m,对坦克命中概率 90%以上。 3. 目标指示器照射目标

激光半主动制导技术是激光制导体系中发展最早、最成熟和应用较广泛的一种机载导弹制导技术。目前,国际上许多导弹也都是采用该类制导方式,典型产品包括美国为 AH-64 阿帕奇武装直升机研发的"海尔法(Hellfire)"空地反坦克导弹和装备在 AV-8B"鹞"Ⅱ 战斗机、F/A"大黄蜂"战斗轰炸机、A-6E 和 A-4M 攻击机上的"幼畜"(Maverick)(也译为"小牛") AGM-65E 激光半主动制导型空地导弹(还包括电视制导型和红外成像制导型),如图 13-6 所示,还有法国空地制导导弹 AS-30L、俄罗斯的 X-25ML 和 X-29L 导弹、日本的 KAM-10 导弹、以色列直升机载"猎人"导弹以及西班牙的 TOLEDO 导弹。

(a)"海尔法"空地反坦克导弹　　　　(b)"幼畜"AGM-65E激光制导导弹

图 13-6　激光半主动制导导弹

表 13-3 列出几种典型激光半主动制导导弹的主要技术性能。

表 13-3　几种典型激光半主动制导导弹的技术性能

参数	反坦克导弹		空地战术导弹		制导辅助火箭系统
	AGM-114A	拉哈特	AGM-65E	AS-30L	
攻击目标	地面/海面目标	重型装甲目标	大型战舰/坦克/地面防御工事	地面/水面目标	地面坦克等
导引头	陀螺稳定激光导引头,可替换微波/红外成像/毫米波导引头	稳定陀螺导引头	三军通用导引头	"阿利奥"导引头	激光自导引头
性能特点	采用新型数字式自动驾驶仪和抗干扰激光导引头	射程较远,弹道编程灵活,可直接打击坦克顶部	在空中环境和近距离空中支援任务时,可以高效可靠地攻击地面装甲和移动目标	射程在 10km 以上,超出普通高射炮一般地空导弹的防区	价格低廉,能够满足大规模精确打击,适于现有装备改造
最大射程/km	8	炮射:8,机载平台:13	43.4	12	10
发射平台	旋翼机,车载	直升机/无人机/炮车	海/空各类飞机	"美洲虎"战斗机和低空高速歼击机	机载平台

需要注意，对普通光学系统的成像质量，主要是考虑系统的 MTF 或能量集中度，而对激光制导光学接收系统，关注的重点是：

① 对成像光斑的质量要求较高。

不仅要确保光斑圆度（无太大变形），而且能量分布要均匀（不能让能量集中在某一个区域）。

② 对于有限性区域，一定要保证光斑在一定视场内具有固定直径。

③ 具有较大相对孔径（即 F 数较小）。

④ 对于单色光激光制导系统，需要使用窄带滤光片以降低背景噪声。

表 13-4 对激光驾束制导技术与激光半主动制导技术的性能进行了比较。

表 13-4　激光驾束制导技术与半主动成像制导技术的性能比较

参数	激光半主动成像制导技术	激光驾束制导技术
激光发射方式	弹外激光目标指示器发射激光束照射目标	地面激光发射系统发射扫描编码脉冲照射目标
激光接收方式	导弹头部导引头接收目标发射的激光信号	导弹尾部激光探测器接收地面发射的激光信号
激光发射器	波长 1.064μm 固体激光器,功率高	0.94μm 半导体激光器,功率不高
受干扰程度	易受干扰	不易受干扰
发射瞄准方式	间接瞄准,自寻的攻击目标	直接瞄准,激光束始终照射目标
制导规律	采用准比例导引法,弹道特性好,对目标机动有一定适应性	三点式追踪导引法,末段弹道弯曲较大,不适应攻击大机动目标
适用对象	包括激光制导航弹和炮弹、地空导弹和空地导弹以及反坦克弹等各种武器	较多应用于空地导弹和反坦克导弹中
设备要求	目标指示器和弹上设备较复杂	地面和弹上设备简单,操作方便

13.2.2.2.2　激光主动成像制导技术

激光主动成像制导技术是激光目标指示器与激光接收系统都安装在制导导弹中，利用导弹自身携带的激光照射器发射激光照射目标，同一武器上的激光接收装置对接收到的激光回波信号进行处理，同时获得目标的距离和强度信息，并结合预设的目标基准信息，采用实时识别算法对目标位置进行识别定位，从而推算出导弹武器相对于目标的方向和位置，形成制导指令，导引和控制导弹准确命中目标。因此，导弹发射后，能够主动寻找攻击目标，是一种真正的"发射后不管"制导方式，如图 13-7 所示。

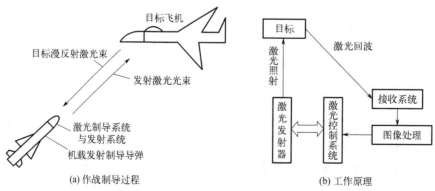

图 13-7　主动寻的制导技术

（1）激光主动寻的制导技术的特点

激光主动寻的制导导弹能够在复杂背景下获得更多的目标特性信息，从而提高目标的识别能力，实现对目标的全方位立体精准打击，是未来的发展方向。优点是：

① 抗干扰能力强，能够在恶劣天气和不同大气环境下工作。

② 能够实现高帧频探测和跟踪。

③ 目标识别能力强，精度高。

④ 穿透伪装物的能力强。

激光主动成像寻的制导技术主要应用于两个方面：

① 近距离作战的小型制导系统，例如制导炸弹、火箭弹、空空/空地导弹的弹载末段制导。

② 远距离作战的大型制导设备，例如巡航导弹的弹载末段制导。

（2）典型案例

案例一，美国空军与 Lockheed Martin 公司联合研制的低成本自主寻的攻击系统（low cast autonomous attack system，LOCAAS）是典型代表。中段采用惯性/GPS复合制导技术和末段采用固体激光制导技术，在目标的区域上空，利用激光雷达导引头探测和识别不同类型目标，根据预存的军事目标选择和锁定攻击目标，并在适当时间和准确地点对目标进行攻击。

LOCAAS 系统有动力型和无动力型两种类型。后者主要应用于无人机领域。

案例二，法国萨格姆公司为空军研制的 AASM 空射激光炸弹。

AASM 空射激光炸弹采用 $1.5\mu m$ 激光主动制导与 $3\sim5\mu m$ 被动红外制导相结合的复合制导方式，使"阵风"战斗机具有标准攻击的全天候打击能力，是欧洲国家研制的第一种该类型武器，如图 13-8 所示。射程 60km，精确度 $1\sim10m$，重 250kg，有效提高了作用距离和制导精度。

图 13-8　AASM 激光制导炸弹

相对红外成像制导技术，激光主动成像技术具有良好的相干性、窄的光束及小视场等特点，因而可以使激光成像制导系统对背景及地物干扰具有极强的抑制能力和目标识别能力，并利用弹上控制系统改变飞行弹道，实现机动变轨，提高导弹的突防能力，确保打击精度。

相对射频雷达成像技术，激光主动成像制导技术（俗称激光雷达）穿透气雾、阴雨及战场烟尘的能力较强，受环境因素的影响较小，可全天候工作，并可以极大地简化系统结构，提高系统可靠性和降低成本。

典型例子是激光主动成像制导技术在巡航导弹末段实行主动制导，即在离目标一定距离时，弹上计算机控制激光主动成像制导（雷达）系统开机，对目标区域进行成像，与储存在弹上计算机的目标图像进行校验匹配，修正巡航导弹的弹道，实现末制导。

（3）未来研究重点

激光主动成像制导技术的最大优势是可以获得相当丰富的目标信息，代表着未来精确制导技术的重要发展方向，因此受到各国的重视。同时注意到，激光主动成像制导技术的电源设备大而重，扫描速度较慢，影响了其广泛应用。其未来发展方向：

① 小型化，降低系统有效载荷。

② 全固体器件，增强导引头的工作稳定性和存放寿命。

③ 高帧频成像，能够满足诸如超声速巡航导弹一类高速弹的应用需求。

④ 采用高速采样焦平面阵列探测器技术，实现非扫描工作方式。

⑤ 低成本。

13.2.2.3　激光制导光学系统设计实例

案例一，陀螺-光学耦合式导引系统。

陀螺-光学耦合式制导系统是早期广泛应用于各种激光半主动导引头中的一种光学系统，结构简单，工作性能好。

该类光学系统的特点是陀螺只用于稳定反射镜，而探测器（包括浸没透镜）等其它部件固定在弹体上，因此，陀螺负载小，容易实现小型化和对目标的快速跟踪。

根据稳定反射镜有无光焦度，陀螺-光学耦合式制导光学系统有两种结构形式，如图 13-9 所示。

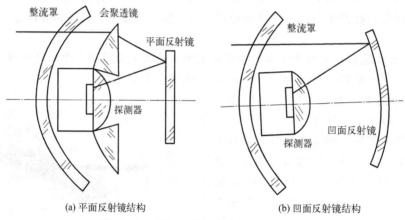

(a) 平面反射镜结构　　　　　　(b) 凹面反射镜结构

图 13-9　陀螺-光学耦合式制导光学系统

图 13-9(a) 为平面反射镜结构。激光由固定在弹体上的透镜会聚，再由稳定的平面反射镜反射到探测器上。优点是陀螺负载小和装配调整较容易，但平面反射镜的摆角与跟踪视场之比不是 1∶2 的常量关系。

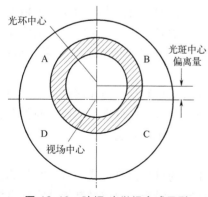

图 13-10　陀螺-光学耦合式导引系统形成的环形光斑

图 13-9(b) 为凹面反射镜结构。激光直接由稳定的凹面反射镜会聚到探测器上。优点是易实现大视场，能保证摆角与跟踪视场之比是 1∶2 的常量关系，但陀螺负载较大。

实际上，上述陀螺-光学耦合式导引系统是一个折射/反射混合系统，视场角较小，且光学系统中心有遮拦，因此，处于离焦状态的探测器上形成的光斑是一个光环，如图 13-10 所示，探测器尺寸和系统的总体要求直接影响光环的能量分布。另外，需要设计非球面校正像差，从而增加成本。为了提高激光探测距离和制导精度，通常（尤其对大视场光学系统）选择透射激光接收光学系统。

案例二，透射式激光接收系统。

中国空空导弹研究院（李福巍等人）提出一种 Zernike 多项式优化设计方法，通过调整加入垂直球差的大小控制成像光斑大小及均匀性，成功设计了一个由三片透镜（不包含整流罩）组成的激光接收光学系统，如图 13-11 所示，结构参数列在表 13-5 中。

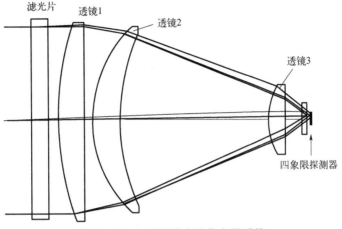

图 13-11　三片型激光接收光学系统

表 13-5　激光接收光学系统的结构参数

透镜/表面		曲率半径/mm	厚度/mm	材料
透镜 1	表面 1	85	6.3	ZF6
	表面 2	∞		
透镜 2	表面 1	37.5	6.4	ZF6
	表面 2	62.7		
透镜 3	表面 1	20.4	4	ZF6
	表面 2	∞		

导引头工作时，光学系统接收目标漫反射激光光束，会聚在四象限探测器上形成圆形光斑像，每个象限输出一个信号，通过对各个象限输出信号的处理可以获得目标位置的误差信号。光斑处于不同位置将形成不同的（水平方向和俯仰方向）误差信号：当圆形光斑中心与四象限探测器中心重合时，四个象限受照光斑面积相同，输出相等的脉冲电压，没有误差信号输出，表明光学系统光轴对准目标；否则，目标相对于光学系统光轴有偏移。经过计算获得实际偏差后，发出制导指令，调整导弹飞行方向，保证准确命中目标。光学系统主要技术性能列在表 13-6 中。

表 13-6　三片型激光接收光学系统的技术性能

参数		指标
工作波段/μm		1.064
视场/(°)	瞬时视场	±3
	线性区	±1
探测器		φ4mm 四象限探测器

参数				指标
光学系统	焦距/mm			38
	入瞳直径/mm			50
	光斑直径/mm	理论值		1.5
		设计值	0°视场	1.48
			0.5°视场	1.49
			1°视场	1.50
			1.5°视场	1.51
			3°视场	1.52

案例三，北京航空航天大学（蒲小琴等人）以光斑能量照度信息为基础，分别对由单透镜、双透镜和三透镜组成的半主动激光导引头光学系统的技术性能（尤其是光学系统的线性度）进行了分析。

为确保激光信号被探测器有效接收，光学系统需要有较高的光学透射率，应大于或等于80%。一种方法是选用具有高透射率的光学材料并且表面镀增透膜；另一种方法是尽量简化系统结构。

激光接收系统虽然属于非成像系统，但系统结构过于简单，会由于参变量少而影响成像质量，引起系统线性度下降。

光学系统会聚到探测器上的光斑质量决定着探测方位的准确性。当光斑能量分布均匀，且方位角 α 和俯仰角 β 较小时，方位与俯仰方向的偏差信号（I_x 和 I_y）与 α 和 β 为线性关系。实际上光斑能量分布并不均匀，光学系统经常会因为线性度不足而影响导引头的制导精度。研究表明，在一个经过优化的光学系统（至少需要二片透镜型结构，通常设计为三透镜系统）中，±15°视场内的线性视场甚至可以达到±8°，如图13-12所示。

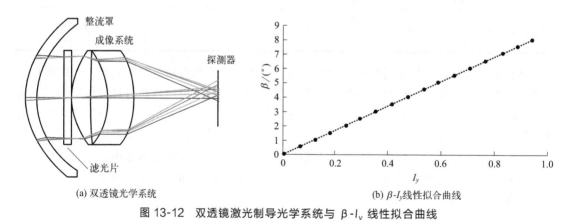

(a) 双透镜光学系统　　　(b) β-I_y 线性拟合曲线

图 13-12　双透镜激光制导光学系统与 β-I_y 线性拟合曲线

13.2.3　红外制导技术

20世纪40年代，开始研发红外制导技术。

1948年，美国研制出第一枚红外制导导弹——"响尾蛇"（Sidewinder）导弹。

1968 年，美国休斯公司研制的中型红外成像制导空地导弹"幼畜"（Maverick）导弹 AGM-65D 是其典型代表。配备有一个大型红外前视装置用作目标选择。首先搜索和捕获目标，并在飞行员座舱的屏幕上显示出图像。飞临攻击区上空后，飞行员从红外图像中识别和截获目标，导引头可以（在发射前或发射后）利用"质心方式"或者"自相关方式"锁定并跟踪目标。光学系统如图 13-13 所示。

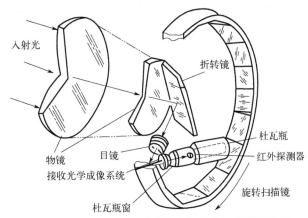

图 13-13　AGM-65D 型"幼畜"导弹红外光学系统

（1）工作原理

红外制导技术是一种被动成像探测技术，无需红外发射器。同时，可以在夜间和低能见度条件下作战。在各种精确制导体制中，红外制导技术因其制导精度高、抗干扰能力强、隐蔽性好、效费比高等优点而成为目前应用最广泛的精确制导技术。据统计，目前各国装备的战术导弹中，至少 60% 采用红外导引头，在现代机载武器装备发展中占据重要地位。

红外成像制导技术的工作原理：红外光学系统接收前方视场内的目标和背景红外辐射，利用辐射强度差获得目标与景物分布特征的二维图像信息；经过图像处理电路后获得可见光图像并以视频形式输出；图像识别电路利用特征识别算法从背景和干扰中提取目标图像，跟踪处理器利用匹配跟踪算法计算出光轴相对于目标的角偏差，最后，伺服系统驱动红外光学系统运动，从而实现目标跟踪。

（2）红外制导技术类型

红外制导技术包括非成像制导技术（点源制导技术）和成像制导技术两种类型。

① 红外点源非成像制导技术。

红外点源非成像制导技术也称为单元/线扫描非成像红外制导技术。

20 世纪 50 年代，采用单元红外制导技术；60～70 年代，采用一维多元扫描制导技术，是红外点源非成像制导技术的快速发展阶段。

红外点源制导系统由光学系统、调制器、红外探测器、制冷器、伺服机构以及电子线路组成。主要特点是：

a. 工作波长采用近红外（1～3μm）或者中红外（3～5μm）波谱。

b. 探测器由初期的非制冷硫化铅红外探测器逐渐转化到制冷硫化铅和锑化铟红外探测器。

c. 以尾追进攻方式为主。

非成像红外制导技术（也称为调制盘制导技术）的探测目标可以视为点目标（相对于背景，物体张角很小），例如，空中的飞机和导弹等。工作原理：以被攻击目标的高温部分

（如飞机尾喷口等）的红外辐射作为制导的信息源，通过红外接收系统将该红外辐射转换为反映目标空间位置的电信号，并传送给伺服机构，使光轴向着目标方向运动，实现制导系统对目标的持续跟踪；电子线路为自动驾驶仪提供导弹制导所需的目标视线角速率信号和导弹视角信号，从而引导导弹击中目标。

红外（点源）非成像制导技术的优点是结构简单、成本低、响应快和动态范围宽。缺点是跟踪角速度低，无法排除张角较小的点源红外干扰和复杂背景干扰，从目标获取的信息量太少而制导精度不高，因而没有区分多目标的能力，主要应用于近距空空格斗弹、反坦克导弹以及其它低成本小型导弹。典型产品包括：美国响尾蛇系列导弹（除 AIM-9X 外）、"红眼睛（Redeye）"导弹、法国马特拉 R530 导弹、苏联 R-73E 导弹以及以色列"怪蛇 3"导弹。

② 凝视型红外成像制导技术。

20 世纪 80 年代，随着红外器件的发展，凝视型焦平面阵列探测器研制成功，红外成像制导技术逐渐取代了红外非成像制导技术，也因此可以克服非成像红外制导技术低空条件下探测距离受限和抗干扰能力差的缺点。

微型光机扫描器的研制成功使红外成像技术日趋成熟。红外成像制导技术有两种类型：扫描型焦平面成像制导技术和凝视型焦平面成像制导技术。特点是：

a. 采用中波红外（$3\sim5\mu m$）和长波红外光谱（$8\sim12\mu m$）。

b. 探测器由初期线阵列红外探测器（例如，4×4 元光导碲镉汞探测器串并扫描成像）发展到红外凝视型焦平面阵列探测器（例如，中波锑化铟 256×256 元光伏红外探测器和长波碲镉汞 128×128 元/硅 CCD 光伏混合型焦平面探测器）。

c. 红外探测器具有很高的灵敏度，即使捕捉到的目标辐射信号很弱，也能发现目标踪迹，因而具有更强的目标识别能力和抗干扰能力。

d. 夜间也能清晰识别目标和正常工作，探测温度达 $0.01\sim0.02$℃。

研究表明，在各种精确制导技术中，红外成像制导技术在制导精度、抗干扰能力、探测灵敏度、空间分辨率等方面有很大提高，能够探测远程小目标和鉴别多目标，甚至实现目标自动识别和命中点选择，是目前精确制导技术中使用最广泛的技术。

但与红外非成像点源制导技术相比，结构复杂、成本高，主要用于巡航导弹、反舰导弹和空地导弹等。

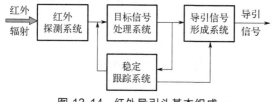

图 13-14　红外导引头基本组成

13.2.3.1　基本组成

红外成像制导系统由红外摄像光学系统、图像处理电路、图像识别电路、跟踪处理器和稳定系统组成，如图 13-14 所示。

中国空空导弹研究院（范会涛）对红外导引系统的工作原理、基本组成和具体设计进行了较深入研究，如图 13-15 所示。红外导引系统主要由位标器和电子组件分系统，包括弹载硬件（位标器和电子舱）和弹载软件，具有自动导引、目标探测、目标识别、目标截获、误差信息检测、角跟踪和视线角速度测量、随动与搜索、抗干扰等功能。

（1）位标器

由探测系统和稳定与随动系统组成，本章重点讨论红外探测系统。

① 红外探测系统。探测系统包括光学系统、扫描/调制器、红外探测器、前置放大器和

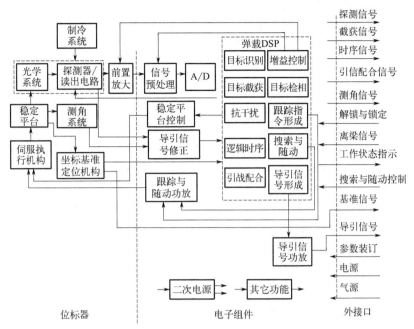

图 13-15　红外导引系统功能组成框图

制冷系统，主要功能是完成目标的辐射探测。

空空导弹红外探测系统的功能是测量红外目标辐射能量及目标偏离导引头光轴的误差角信号。由红外光学系统、目标调制/扫描器（或称位置信息编码器）、红外探测器和信号预处理电路四部分组成，如图 13-16 所示。

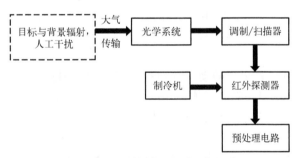

图 13-16　红外制导探测系统组成

红外导引头探测系统的技术性能包括：

a. 灵敏阈。点源红外探测系统的灵敏阈用辐照度（H_e）表示，即达到最小工作信噪比值的辐照度。

$$H_e = \frac{S}{N} H_0 \tag{13-1}$$

其中，等效噪声有效辐照度 H_0 与探测器面积（A_d）、系统噪声带宽（Δf）、光学系统接收面积（A_0）、透射率（τ_0）、探测器探测率（$D_{\lambda p}^*$）以及转换系数（K）有关，由下式计算：

$$H_0 = \frac{(A_d \Delta f)^{\frac{1}{2}}}{A_0 K \tau_0 D_{\lambda p}^*} \tag{13-2}$$

第 13 章　武器光学制导技术　**1175**

成像探测系统利用噪声等效温差表示。

b. 光学系统结构形式。考虑到所有可透射 $2.5\mu m$ 以上波长且同时满足光学、力学和热学等性能的光学材料种类有限，还考虑到位标器的空间限制，最好采用反射式或折射/反射式光学结构。

整流罩通常选择同心球形透镜，采用具有特殊要求的红外材料，能够起到整流、密封和保护作用。

视场小（$2.5°\sim4°$）但跟踪视场大（一般 $\pm40°\sim\pm90°$）；F 数小，一般是 $0.8\sim2$。

c. 工作波长。选择工作波长，首先要明确目标的主要辐射源特性（参考第 10 章）。在确定以何种辐射为依据的基础上，同时考虑任务要求、探测器性能、背景以及大气传输特性（附录 A）等情况。

早期，空中作战只能以尾追方向进行攻击，并且只有硫化铅（PbS）探测器（常温响应波段 $1.0\sim3.1\mu m$，制冷响应波段 $2.2\mu m$ 开始）的生产工艺比较成熟，所以只能选择短波红外辐射响应并从飞机后半球探测其喷管的红外辐射。

飞机排出的气流辐射主要在中波红外波段，选用该波段也可兼顾到蒙皮辐射，从而实现对目标的全向攻击。因此，以各类飞机或巡航导弹为目标的红外制导导弹多选用中波红外作为工作波长，对于近距格斗弹非常重要。同时也方便选择能承受导弹高速飞行时气动压力和高温变化的整流罩光学材料。

长波红外波段非常适合探测喷管和蒙皮的红外辐射（气流辐射没有强烈的选择性辐射，只有均匀的连续辐射），也可实现对目标的全向攻击。但注意到，该波段气流辐射较弱、低速飞机的蒙皮辐射也较少，而背景辐射相对变得较为显著，加上较难获得合适的整流罩光学材料，因此，空空导弹较少选择长波作为工作波长。

d. 空间分辨率。红外探测系统每个探测器单元的视场角。

e. 系统分辨率。系统能够识别出两个理想点目标的最小空间角。

f. 动态范围。系统正常工作时最大信号不失真度与系统灵敏阈值之比。一般在 $80\sim120dB$ 之间。

② 稳定与随动系统。稳定与随动系统包括稳定平台、测角系统、坐标基准定位系统和伺服执行机构等，主要功能是隔离弹体飞行运动中振动对红外探测系统光轴（瞄准轴）的影响，保证精准跟踪目标，完成目标的空间视线稳定和空间方位测定。

（2）电子组件

由信号预处理电路、弹载计算机、软件、功放电路、稳定平台控制系统和二次电源等组成。主要功能是对红外探测系统输出的电信号进行处理，从杂乱背景中完成目标识别、截获、检相和跟踪，将目标视线角速度测量信号与基准信号对比形成导引信号、逻辑时序和引信配合。

13.2.3.2　红外制导探测技术的类型

机载空空导弹的研究始于第二次世界大战后，红外技术应用于制导武器也是从空空制导导弹开始的，从而逐渐形成红外制导和雷达制导两种互补体制以及远距、中距和近距相互搭配的空空导弹制导体系。

从成像方式分类，机载空空导弹的红外制导技术有点源探测和成像探测两种类型：前者用于测量目标辐射和目标偏离光轴的失调（误差）角信号，后者用于获得目标辐射的分布特征。

从工作波长分类，机载空空导弹的红外制导技术分为短波红外（1～3μm）、中波红外（3～5μm）和长波红外（8～12μm）探测技术。

红外制导系统工作波段的选择主要取决于目标辐射特性、大气窗口和背景辐射等因素。

（1）短波红外（1～3μm）探测技术

适用于探测高温目标。在这种情况下，气动加热几乎无贡献，夜晚背景辐射低，但太阳光辐射及反射干扰影响大，因此，仅适用于尾后攻击。

早期红外制导探测系统多数采用短波探测方式，有两个原因：

① 空中作战只能从尾追方向进行攻击（即从飞机后半球探测目标），因此，仅能探测到飞机喷管辐射（军用状态下，飞机涡轮后的温度高达450～650℃，导弹固体发动机工作时的喷管温度高达1000℃以上）。

② 只有对短波红外辐射敏感响应的硫化铅（PbS）红外探测技术比较成熟，得到广泛应用。

短波红外探测的起止波长和探测器的响应范围与背景辐射光谱密切相关。例如，常温PbS的响应波段是1.0～3.1μm，但为了消除白天云和其它背景的短波干扰，起波多选择2.2μm；若采用制冷型PbS，长波响应范围会扩大到3.7μm，起波则选择2.8μm最佳。

（2）中波红外（3～5μm）探测技术

主要适用于近距格斗弹探测温度较低和有燃气排出的目标（涡轮发动机后的高温气体与引入的大气混合，喷口气体温度比涡轮发动机温度低100～200℃），也可用于探测蒙皮辐射。在这种情况下，与上述短波探测相比，太阳干扰影响小，气动加热影响也不大，因此，非常有利于探测目标发动机的气流辐射，使全向攻击成为可能。对于以各类飞机或者巡航导弹为目标的红外制导导弹，多选用中波红外探测方式。

中波红外探测器的典型代表是制冷型锑化铟（InSb）、硅铂（PtSi）和碲镉汞（HgCdTe）等。以光谱响应范围1～5.5μm的锑化铟（InSb）红外探测器为例讨论起止工作波长的选择，主要考虑以下因素的影响：

① 白天各种背景在3.6μm以下的辐射相当强烈，因此，通常设计一个带通滤光片将3.6μm以下的辐射波长滤除。

② 5.0～5.5μm波长以上的大气吸收严重，环境温度的各种背景自身辐射造成的干扰开始变大，目标的气流辐射贡献很小。

③ 飞机排出的气流辐射的主要辐射波段是4.1～4.8μm。

综合看，选择中波探测范围是3.6～4.8μm。

（3）长波红外（8～12μm）探测技术

适用于探测低温目标和具有气动加热的目标。在这种情况下，抗太阳干扰能力强，有利于实现全向探测，但背景辐射和自身气动加热影响大。

由于该波段气流辐射较弱，低速飞机的蒙皮辐射也很少，而背景辐射变得相对显著，考虑到整流罩材料选择比较困难，因此，一般很少使用长波红外探测方式。

（4）多波段红外复合探测技术

随着红外干扰技术的发展，必须采用红外多波段探测/制导技术以提高抗干扰能力，例如短波和中波红外宽波段制导技术等。

13.2.3.3 红外制导空空导弹技术的发展

1946年，工程师Willianm B. Mclean（响尾蛇导弹之父）提出并在美国海军军械测试站

（NOTS）开始试制红外制导空空导弹（当时称为寻热火箭）。该项目最初称为"Local Fuze Project 602"，完全依靠实验室基金或者志愿者帮助，甚至保险基金维持。

1953年9月，经过多达13次失败后，美国雷神公司研制成功近距红外制导空空导弹〔原型测试样机型号 XAAM-N-7，官方编号为 AIM-9A，俗称"响尾蛇（Sidewinder）"导弹〕。

1956年，开始装备空军部队（编号 AIM-9B）。

1958年，红外制导空空导弹首次在空战中应用。从此，红外空空制导技术普遍受到各国重视，走上迅速发展的道路。

红外型空空导弹具有体积小、重量轻、适用性强、维护和使用方便等优点，不需要复杂的雷达火控系统配合，适合装备小型化战斗机。

红外导引头从最初的短波单元调制盘探测发展到最新的中波红外成像探测体制，使最初的尾后攻击发展到全向攻击模式，抗人工干扰和背景干扰能力得到显著提高，最大探测距离也从5km提高到20km以上。

红外制导空空导弹的发展可以归纳为五个阶段，分代的典型标志是红外导引头。

（1）第一代红外制导空空导弹技术

20世纪60年代之前，第一代红外制导空空导弹采用对短波红外波段（$1\sim3\mu m$）敏感的非制冷单元硫化铅光敏元件，信息处理系统采用单元调制盘式调幅系统，导弹探测能力、抗干扰能力、跟踪角速度、射程以及机动能力有限。因此，只能以尾追探测和比例导引方式攻击空中速度较慢的飞机（例如亚声速飞行的轰炸机）。代表产品有美国的响尾蛇 AIM-9B 和苏联的 P-3 导弹等。

作为红外制导空空导弹的信息流特征，武器系统具有基于地面雷达的有限战区感知能力，精度有限，只能引导飞行员按照搜索雷达指示的大致方位寻找目标，只有简单的信息交流，具体作战仍依靠飞行员目视发现目标进行视距内作战，尽管具备了一定的定轴瞄准、离轴发射的作战模式，但主要方式仍是定轴瞄准定轴发射和尾后攻击，没有信息对抗能力，因而对飞行员的占位水平要求高。

第一代红外制导空空导弹技术特征包括：

① 工作波段。短波红外 $1\sim3\mu m$，只能探测飞机发动机尾喷管的红外辐射，因此，仅进行尾追攻击，攻击角度小。

② 红外探测器。非制冷硫化铅 PbS（单元）探测器，灵敏度较低，尾后最大作用距离 5km。

③ 采用调幅调制盘完成旋转扫描运动，实现对目标的像点调制，因此，该红外导引头也称为"调幅调制盘式红外导引头"。

④ 采用模拟电路实现信号处理，以自由动力陀螺作为跟踪稳定机构。

⑤ 具有简单的空间滤波背景抑制能力，无其它抗干扰措施，受背景和气象条件影响较严重。

⑥ 气动阻力大和跟踪能力不强，仅适用于轰击/轰炸机一类机动能力较小的空中目标。

（2）第二代红外制导空空导弹技术

20世纪60年代，在第一代调制盘式红外导引头基础上，主要采取两项改进设计，采用制冷型红外探测器和圆锥扫描调频调制方式，研制成功"调频调制盘式红外导引头"，提高了系统的跟踪能力。其中，卡塞格林反射式光学系统中的次镜设计有一定倾斜角，其法线与光轴成一定角度。当光学系统旋转而形成圆锥扫描且调频调制盘位于系统焦面处不动时，像点经过调制盘形成的频率呈周期性变化的脉冲波形。因此，第二代红外制导空空导弹主要特征是采用制冷硫化铅或锑化铟红外探测器，工作波段延伸到 $3\sim5\mu m$ 的中红外波段，信息处理系统有两种：单元调制盘式调幅系统和调频系统。相对于第一代，极大提高了灵敏度和跟踪速度，可以从尾后稍宽的范围内攻击超声速飞行的轰炸机和早期的战斗机等目标。虽然仍是尾追攻击方式，但可以采用后半球攻击和比例导引方式，攻击区和对付高速目标的能力都有很大提高，典型代表是美国 AIM-9D、法国的马特拉 R-530 和苏联的 P-80 等。

红外制导空空导弹 AIM-9D 的主要特点：

① 工作波长延伸到 $3\mu m$ 中波红外，探测能力增强，具有对飞机的前向攻击能力。

② 探测器采用制冷型硫化铅或锑化铟（单元）探测器，提高了灵敏度。

③ 采用圆锥扫描/调频调制工作方式。

④ 信号处理系统采用鉴频信号处理技术，包括限幅、微分、整流和低通滤波等处理过程，抗干扰能力明显提高。

⑤ 尾后作用距离 $8\sim10km$。

⑥ 信号处理模拟电路以晶体管电路替代电子管电路。

⑦ 体积进一步减小，气动外形明显改善。

（3）第三代红外制导空空导弹技术

20 世纪 70 年代中期～80 年代，第三代红外制导空空导弹研制成功，主要特征是采用高灵敏度的制冷型单元或者多元小面阵列 4×4 元（正交型）（锑化铟或碲镉汞）红外探测器（工作波长为 $8\sim14\mu m$）和旋转光机扫描机构，信息处理系统有单元调制盘式调幅系统、调频调幅系统和非调制盘式多元脉位调制系统，如图 13-17 所示。导弹探测灵敏度、作用距离和跟踪能力（相对于二代）有较大提高，可以从前向攻击大机动目标，导弹的位标器能够随飞机的雷达和头盔运动，能够离轴发射和全向攻击、比例导引加末端修正，方便飞行员捕捉目标，同时，具有一定的抗干扰能力和视场中多个目标区分能力，为空空导弹的战术使用提供了便利，也称为"第一代红外成像制导系统"。

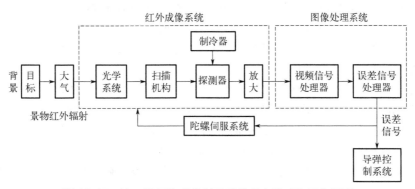

图 13-17 第三代红外成像制导系统基本组成和工作原理

另外，作为红外制导空空导弹的信息流特征，武器系统的最重要特点是预警机的使用，使得空战机群具备了空中战区统一指挥与信息共享能力，大大提高了空地指挥系统与机载平台之间的信息交流能力，具备了离轴瞄准、离轴发射能力以及初步的信息对抗能力。

典型产品包括美国红外制导空空导弹 AIM-9L、苏联的 P-73 导弹以及法国的 R-550 II 导弹。

第三代红外制导空空导弹的特点是：

① 工作波长：长波红外 $8\sim14\mu m$。

② 采用制冷型正交多元红外探测器和光机扫描工作方式。

③ 信号处理装置的硬件采用集成电路，处理方式由简单的调幅改进到调频、脉冲或者更先进的复合调制形式。

④ 采用波门跟踪技术，通过幅值、宽度、运动轨迹等特征进行目标识别，可以分辨出假目标，具有较强的抗干扰能力。

⑤ 对喷气式飞机能够实行全向探测，最大作用距离达 20km 以上。

（4）第四代红外制导空空导弹技术

20 世纪 80 年代，成功研制出能够满足近距格斗和抗强红外干扰作战需求的第四代红外制导空空导弹。主要特征是采用小规模红外焦平面阵列探测器的红外成像制导技术、小型捷联惯导、气动力/推力矢量复合控制和"干净"弹身设计等新技术，可以有效攻击载机前方 $\pm90°$ 范围内的大机动目标，做到"看见即发射"，并具有发射后截获能力，甚至实现"越肩"发射，降低了载机格斗时的占位要求，具有优异的抗干扰能力。

该类型红外空空导弹光学系统以串并扫描方式工作，灵敏度比线列器件高一个数量级，成本低于凝视型焦平面器件。可以连续积累目标辐射能量，分辨率高，灵敏度高，信息更新率高。同时结构紧凑、体积小、可靠性高，易小型化，称为"第二代红外成像制导系统"，能够对付高速机动小目标、复杂地物背景中的运动或隐蔽目标，从而促进了红外成像制导小型战术导弹的发展。

典型产品包括美国高空防御拦截弹（HEDI）和以德国为主多国联合研制的近距空空导弹 IRIS-T 等。

IRIS-T 导弹采用机械扫描的 4×128 元锑化铟红外成像导引头，该导引头工作在 $3\sim5\mu m$ 波长，具有 $\pm90°$ 的离轴角，装有先进的信号处理系统。

（5）第五代红外制导空空导弹技术

20 世纪 80 年代后期，凝视红外焦平面阵列器件发展很快，已经研发出 512×512 元中波红外（$3\sim5\mu m$）探测器、256×256 元锑化铟光伏红外探测器和 128×128 元长波红外（$8\sim14\mu m$）碲镉汞/硅 CCD 混合焦平面探测器。目前焦平面探测器正在向高密集度、多光谱、多响应度、高探测率、高工作温度和低成本方向发展。20 世纪 90 年代后，世界各国都在积极开展第五代空空导弹的研究工作。

第五代红外制导系统（也称为"第三代红外成像制导系统"）的主要特征是采用电子自扫描（取代光机扫描）凝视型大面积焦平面阵列红外探测器（锑化铟或碲镉汞），简化了信号处理和读出电路，从而充分发挥探测器的快速处理能力。因此，结构紧凑，热灵敏度和空间分辨率更高，作用距离更远，精度和可靠性都得到很大提高，并具有较强的抗干扰能力和全向攻击能力，其离轴发射能力达到 $\pm90°$，即在前半球范围内，导弹也具有对目标的攻击能力。

作为红外制导空空导弹的信息流特征，武器系统导航信息与卫星信息、预警机信息、地面雷达信息和载机平台雷达信息形成体系化和网格化的信息支援和保障能力，不仅提高了导弹的随动捕获功能，而且具备了真假目标的识别能力，抗干扰概率大幅度提升，进入信息化体系对抗时代，基本实现了全向攻击、中距拦截和射后截获等功能。

代表产品包括美国 AIM-9X 空空导弹和 AAWS-M 反坦克导弹、英国的 ASRAAM、德英法联合研制的 Trigat 导弹以及以色列研制的第 5 代空空导弹 Python Ⅴ（怪蛇5）。

红外制导空空导弹 AIM-9X 最显著特点是通过加装推力矢量装置等方法，使导弹具有"后射"能力，离开发射架后，迅速爬升，接着掉头 180°，从载机上方向后飞，可以防御敌机从尾后实施攻击即可以直接攻击尾追载机的敌方目标。2004 年，开始装备在美国 F/A-18C/D/E、F-15C、F-16 和 F-22 等飞机上，如图 13-18 所示。

图 13-18　AIM-9X 响尾蛇导弹

主要性能包括：

① 工作波长是中波红外 3～5μm，具备全向攻击能力。

② 采用凝视型焦平面阵列红外探测器，无需扫描装置，具有更高灵敏度和更好的细节识别能力，可以实现前向探测，具有较强的抗干扰能力。

③ 全数字化信息处理技术。

④ 采用极坐标平台结构的跟踪稳定系统，实现 ±90° 半球跟踪。

⑤ 弹径 127mm，弹长 2.9m，导弹重约 85kg，最大速度 2.5Ma，发射角 ±90°，最大过载 >50g，射程 500m～17.7km。

13.2.3.4　红外制导关键技术

随着科学技术的快速发展，新型机载多点源、面源和伴飞诱饵干扰以及激光定向干扰都在持续发展中，使得未来红外型空空制导导弹处于更加复杂和恶劣的作战环境中，因而对空空红外制导导弹的探测和抗干扰能力提出了更高的要求，红外导引头的探测系统进入一个将凝视红外成像技术与模式识别技术相结合的阶段，形成强大的自主式智能制导系统，具有更强的抗红外干扰能力、自动捕获目标能力和复杂情况下的自主决策能力，从而达到空战的无人化、自动化和自主化。关键的研发技术包括：

（1）高灵敏度探测技术

① 系统工作波长向多波长扩展。由于目标（例如飞机）迎头方向的红外辐射主要是蒙皮的长波红外辐射，目标的尾追方向主要是喷口产生的中波红外辐射。另外，利用目标与干扰之间的光谱分布差异更有利于进一步提高空空导弹抗人工与背景干扰能力。

因此，采用双色或者多波段成像探测技术是空空导弹发展的方向之一。关键问题是研制新型红外探测器，包括：采用多谱段焦平面阵列红外探测器以及利用宽波段探测器＋波段选择器两种方式。

② 集成式灵巧型红外探测器。将传统的 A/D 转换和非均匀校正、边缘提取和运动检测等算法集成到探测器读出电路中，从而进一步提高系统信噪比，减小系统体积和重量，降低功耗和成本以及提高系统的可靠性。

另外，利用微光机电技术使微透镜阵列与红外探测器耦合，将落在光敏像素空隙间的光能量尽可能会聚在光敏像元上，有效提高光能利用率。

长春理工大学（孙艳军等人）采用矩形球面微透镜阵列对 $128×128$ 元（像元有效尺寸 $38\mu m×38\mu m$，周期 $60\mu m×60\mu m$）碲镉汞红外焦平面阵列探测器的研究（如图 13-19 所示）表明，采用圆形微透镜阵列，光能有效利用率理论上可以提高 14.5%（达到 78.5%），而采用矩形微透镜阵列则可以提高 20.5%（光能有效利用率理论值达到 99%），大幅度提高了焦平面阵列的填充系数和探测灵敏度。

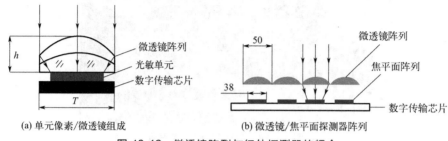

(a) 单元像素/微透镜组成　　　　　　(b) 微透镜/焦平面探测器阵列

图 13-19　微透镜阵列与红外探测器的耦合

（2）采用超高空间分辨技术

实现超高空间分辨率有两种途径：

① 在红外物镜与凝视型焦平面阵列探测器之间设计微扫描平面反射镜，并按照一定规律做微小摆动，从而获得亚像素级的图像序列。最后通过对这些图像进行超分辨率处理（例如块匹配法和基于梯度的迭代法）可以重建出一幅高分辨率图像。

② 采用（自适应）编码孔径成像技术。以多孔径编码元件代替传统的光学元件，通过相关或解卷积对探测的二维强度图像进行解码，恢复场景图像。

（3）精密光学系统

从光学设计角度考虑，为了保证红外空空和空地导弹能够远距离发现和稳定跟踪目标，光学系统必须具有高透射率和高成像质量，因此，设计中需考虑以下影响因素：

① 红外制导导弹光学系统有效接收面积和有效透射率是影响作用距离的重要参数。前者受限于弹径、弹体结构和布局；后者受限于光学系统结构和工作波长。对于达背景限红外光学探测系统，一味增大有效接收孔径并非最佳途径。

② 红外探测器的探测度（D^*）和像素大小（面积）也是影响其作用距离的重要参数。

一般情况下，制冷探测器的探测率要比非制冷探测器高；其次，选择较小像元尺寸探测可有效降低探测器（或系统）噪声。

③ 结构紧凑。由于导引头空间有限，因此，要求光学系统的尺寸尽量小和重量尽量轻，光学系统的相对孔径（或者 F 数）通常选择 1 左右。

④ 变焦光学系统。实现大视场（$±40°\sim±90°$）低分辨率跟踪和小视场（$2.5°\sim4.0°$）高分辨率捕获。

⑤ 弹体空间有限，光学系统孔径尽量小，最多是弹径 2/3。

⑥ 整流罩通常为同心球形透镜，既起到密封和保护作用，也是光学系统的成像元件，因此，对材料和表面形状都有严格要求。

导弹在飞行过程中，一方面需要承受很高的气动加热温度和较大气动压力，以及沙石和雨水侵袭，因此，整流罩材料需具有高强度、高刚度、高硬度和良好的高温稳定性；另一方面，作为光学系统成像元件，要满足一定的光学性能，例如，热辐射系数小、材料均匀性好和光学工艺性能好。

目前，制约长波红外成像系统在空空导弹上应用的主要技术障碍集中在整流罩材料上，最佳红外材料是金刚石。

关于整流罩，请参考10.5节相关内容。

⑦ 红外光学材料。据统计，目前能够透过红外波段的光学材料有100多种。但由于各种原因（例如机械强度、硬度、温度适应性和化学稳定性等），能够实际应用的只有约30种，而适用于制导导弹光学系统的仅10余种，请参考附录B。

⑧ 抑制杂散光。需要注意，为了限制探测器视场外的不必要热源干扰，制冷型红外探测器中特别设计有"冷光阑"，因此，为了实现100%的冷光阑效率，必须保证导引头光学系统出瞳与探测器冷光阑匹配。

考虑到诸如太阳光和云层反射等杂散光影响或者采用非制冷型红外探测器的情况，例如对于最经常采用的卡塞格林式红外制导光学系统，除了在光学结构组件表面涂消光漆和设计消光纹外，还有两种抑制杂散光方法，如图13-20所示：一种是采用从次镜边缘极限成像光束向后延伸的遮光罩（俗称"伞形光阑"）；另一种是从主镜中心孔边缘向前延伸的管状挡板。

⑨ 消热差化设计。红外空空导弹的工作环境温度变化非常大，对光学系统成像质量造成较大影响，因此，必须考虑消热差设计（俗称"无热化设计"）。

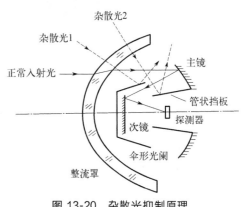

图 13-20　杂散光抑制原理

（4）目标与背景辐射

为了适应空空导弹工作中目标与背景辐射的大范围变化，可以利用探测系统增益自适应调整技术和探测器直流分量抑制技术使红外成像探测系统具有自适应调整的更大动态范围，为目标瞄准点的精确识别以及区分目标与干扰提供最佳的图像信息。

13.2.3.5　红外制导光学系统

红外制导光学系统主要有三种形式：
① 单元调制盘式光学系统。
② 多元脉位调制式光学系统。
③ 红外成像制导光学系统（包括线列扫描成像系统和面阵凝视成像系统）。
其中，单元调制盘式光学系统和多元脉位式光学系统属于红外点源成像系统。

13.2.3.5.1　单元调制盘式光学系统

（1）单元调制盘

单元调制盘是设计有调制图案、能透射和遮挡红外辐射的平面光学元件，设置在卡式物镜的焦平面处，功能是调制红外辐射和抑制背景噪声。如图13-21所示，有调幅调制盘式和调频调制盘式（或脉位式）两种类型。调幅调制盘式和调频调制盘式红外导引头分别称为第一代和第二代红外导引头。

（2）调幅调制盘与调频调制盘

① 调制盘结构。具有代表性的调幅调制盘是旭日升型，其中，一半区域是透明和不透

(a) 典型的调幅式图案

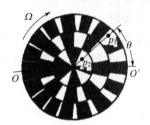 

(b) 调频式图案　　　　　　　　(c) AIM-9L导弹的调幅调频图案

图 13-21　旋转调制盘的调制图案

明等间隔交叉区，另一半是透射比 50% 的区域。

调频调制盘是在调幅调制盘基础上改进设计而成的，在整个圆内由若干个等间隔（透明/不透明）的扇形结构组成。

② 工作状态。调幅调制盘位于光学系统焦平面上，通过旋转扫描运动实现对目标像点的调制。目标像点经过调制盘后，产生具有目标偏航信息的脉冲信息，如图 13-22(a) 所示。

调频调制盘固定不动地位于光学系统焦平面上。由于次反射镜法线与光轴形成一定夹角，因此，当光学系统旋转而形成圆锥扫描时，像点经过调制盘后形成频率呈周期变化的脉冲波形，如图 13-22(b) 所示。

(a) 旭日升型调幅调制盘及其输出波形

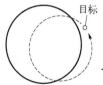

(b) 圆锥扫描调频调制盘及其输出波形

图 13-22　单元调制盘机构及输出波形

（3）光学系统

图 13-23 是折反式卡塞格林结构的单元调幅调制盘式典型红外制导光学系统。

该光学系统是一个典型的"焦前成像，焦后会聚"的二次成像型点源制导光学系统。首先将图像形成在位于焦平面处的调制盘上，弥散光斑尺寸与调制盘格式相匹配，然后被焦后会聚光学系统成像在探测器上。

光学系统由以下元件组成：

① 整流罩。一个半球形同心透镜，作用是改善气动特性和密封弹内的光学系统，同时，通过改变曲率半径以校正像差。

② 伞形光阑（进行过消光处理），用于限制目标以外的杂散光进入系统探测器。

③ 球面主镜（镀有高反射膜），用于目标成像。

④ 平面次镜（镀有高反射膜），用于折转光路。

⑤ 校正透镜。用于校正卡式反射物镜像差，并通过镜筒与伞形光阑和次镜连接在一起。

⑥ 调幅式单元调制盘。

⑦ 场镜是一个二次成像系统。将视场边缘光线折向光轴，以减小探测器的接收面积。

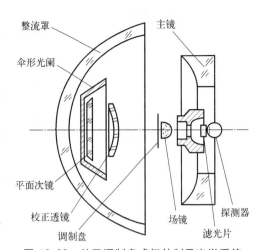

图 13-23　单元调制盘式红外制导光学系统

⑧ 滤光片，可有效减少工作波段之外的各种干扰光线。

⑨ 制冷型单元探测器，将接收的红外辐射转换为电信号。

理论上，单元探测器应尽可能靠近主镜焦平面（或者旋转调制盘），直径稍大于调制盘，保证聚焦在调制盘上的辐射全部落在单元探测器上。但研究表明，探测器敏感面越大则响应度越低和噪声越高，因此，通常设计一个场镜（或者浸没透镜），保证探测器敏感面尽量小。

单元调制盘式制导系统的优点是技术成熟，结构相对简单，适用于背景单纯和目标对比度大的情况，例如探测天空背景中的飞机和导弹；缺点是灵敏度不高，作用距离太近，很难满足侧向和迎头方向攻击目标的要求，同时不具备抗人工干扰能力，不适合对地面桥梁、车站和码头等大型冷目标的探测和攻击。

13.2.3.5.2　多元脉位调制式光学系统

无论功能还是光学系统结构，多元脉位调制式制导系统与单元调制盘式制导系统基本相同，都采用折射/反射形式，如图 13-24 所示。

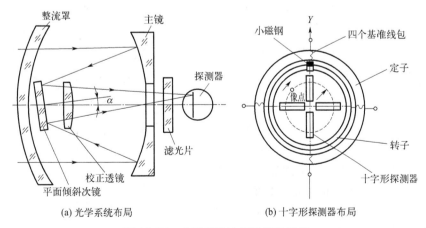

(a) 光学系统布局　　　　(b) 十字形探测器布局

图 13-24　十字形脉冲制导光学系统

（1）多元脉位调制技术

与单元调制技术相比，多元脉位调制技术的特点是：

① 以"L"形或者"十"字形探测器代替大敏感面的单元探测器。目的是通过改变探测器的制式提高系统灵敏度和增大探测器的输出信息量。

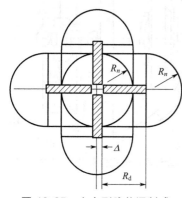

图 13-25 十字形脉位调制式制导系统的视场

② 多元脉位调制式制导系统的总视场由三部分构成，如图 13-25 所示：中间部分是小正方形；四周是 4 个长方形；最外面是 4 个半圆形，俗称为"四瓣梅花状视场"。

研究表明，在相同条件下，平面视场比单元调制盘式制导系统的视场约大 1.6 倍。

设计十字形探测器，应注意以下因素：

a. 每元探测器的长度取决于系统的视场和焦距。

b. 像斑投射在每个像元敏感面的不同位置，其输出信号幅度应相近，满足一定的均匀性要求（公差范围）。

c. 四个像元的响应度应具有一致性，满足一定的公差范围。

d. 四个像元相会部位应有一定间隔（0.2～0.4mm）以减少像元间串扰。

e. 应当设置冷光阑，进一步提高探测能力。

f. 空间受限而无法安装循环制冷装置时，需使用焦-汤制冷器。

③ 没有调制盘。

④ 一个离轴光学系统，采用次镜倾斜方式实现离轴扫描，因此，轴上像点通过系统的高速旋转使目标像点在焦面上实现圆扫描。扫描圆大小取决于次镜的倾斜角度，倾斜方位满足系统基准坐标要求。

该系统的十字形探测器设计在光学系统焦面上，并垂直于光轴。当光学系统光轴偏离弹轴时，探测器的敏感面会随之转动，保证目标像斑始终位于探测器上，并且探测器输出信号幅度不变。

（2）米字形八元双色红外探测器

随着新型干扰技术的发展，新型导弹制导技术（例如，短波/中波双色红外制导技术）正在引起人们重视。为了提高导引头对目标识别的准确性，中国空空导弹研究院（史晓华和李雪等人）对多元红外双色导引头目标识别技术进行了研究。在充分分析双色双 L 形和双色双十字形红外探测器的优缺点基础上，建议采用米字形八元双色红外探测器，除了利用目标辐射源的辐射强度信息外，还可以利用目标辐射源的位置信息。

如图 13-26 所示，四个正交中波红外探测器用于目标探测和跟踪，四个正交短波红外探测器用于目标识别和抗干扰。中波红外探测器与短波红外探测器之间夹角为 α。中波红外 0 号探测器和短波红外 0 号探测器外侧分别安装有基准线圈，产生基准信号。一旦干扰信号

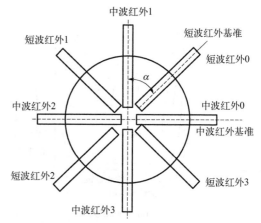

图 13-26 米字形八元双色红外探测器

（例如诱饵弹）进入导引头视场，并且红外光学系统形成目标辐射源的像点扫过八个探测器时，形成八路脉冲信号，就可以通过干扰与目标的能量变化，探测到干扰存在，同时，根据目标与基准脉冲的相互关系确定目标辐射源位置。

（3）抗干扰技术

目前空中干扰技术中，研究最多、广泛装备和简单有效的干扰措施是施放红外诱饵弹。

一般干扰弹是利用火药燃烧形成的火焰产生很强的辐射（波长 $1\sim3\mu m$ 和 $3\sim5\mu m$），燃烧时火焰温度高达 $2000\sim2200K$。对于空中目标（例如，典型的三代飞机），发动机尾喷口最高温度 $800\sim900K$（$3\sim5\mu m$，中波红外辐射为主），发动机尾喷流温度 $700\sim900K$（$4.0\sim4.8\mu m$，中波红外辐射为主），飞机蒙皮温度更低。

根据事先测定（装订）的目标（假设为黑体）温度以及设置的双色（短波红外/中波红外）比门限（例如，黑体温度 $1000K$ 以内时，双色比小于 0.45），可以准确判断出目标和干扰，并给出目标位置。

需要注意，在导弹制导过程中，目标逐渐由远至近而光学系统无需调焦，并要求全程都能稳定跟踪目标。当目标很远时，目标视线的角速度很低，通过降低帧频或采用多帧积累的方法实现远距离目标探测；目标很近时，视线角速度很大，则通过提高帧频（例如 $100Hz$ 左右）测量出目标的角速度，确保不丢失目标。

研究表明，上述点源红外制导技术的优点是设备简单、体积小、价格低、角分辨率高于雷达 $1\sim2$ 个数量级、不受无线电干扰影响、可以昼夜作战和攻击、隐蔽性好。缺点是容易受到云雾和烟尘的干扰影响，很可能被曳光弹、红外诱饵、云层反射阳光以及其它热源诱惑或欺骗而偏离和丢失目标。

13.2.3.5.3 红外成像制导光学系统

红外成像制导技术源自 20 世纪 70 年代。

与非成像制导技术相比，红外成像制导技术突破了传统的红外非成像制导技术将目标作为点图像处理、无法分辨目标与环境细节、容易受到干扰的局限，因而具有更好的目标识别能力和制导精度。

与可见光电视制导技术相比，红外成像制导技术可以昼夜工作，能够识别目标易损部位，作用距离远。

与其它机载红外成像技术（例如机载红外搜索跟踪系统、机载红外告警系统和机载前视红外系统）一样，红外成像制导技术也是通过红外导引头光学系统捕获目标的红外辐射，并转变成可视图像（用视频监视器观察）或模拟/数字电压信号，使导引头锁定目标进行攻击。

红外成像制导技术的主要特点是：

（1）红外探测器

可以采用线列或面阵凝视红外探测器。

① 线列红外探测器。线列红外探测器需要设计一维光机扫描机构，即垂直于线列方向对物空间进行逐点扫描，从而获得空域中的景物和目标的红外图像。

线列红外探测器均匀性好，线性范围大，易发现目标，不易被整流罩气动加热而饱和。

线元间隔较大，不易产生串扰，同时，更容易实现双色成像探测，可以提高抗人工干扰能力。

红外制导系统的视场约 3°左右，一般无需太大规模的探测器。按照目标识别要求，至少需要 64 元线列，单元敏感面尺寸为 $20\sim30\mu m$。因此，选择 128 元的线阵列就可以使图像足够清晰（分辨率达 $0.41mrad$）。

② 面阵凝视红外探测器。面阵凝视型红外探测器具有更高温度灵敏度和更高帧频。尽管理论上凝视焦平面红外光学系统的灵敏度更高，但由于导弹的振动和整流罩气动加热会引起噪声，实际上，灵敏度极限受到限制而难以达到理论值。

面阵凝视型红外探测器结构更简单，无需光机扫描装置即可获得空间景物的红外图像。但与线阵列红外探测器相比，成本较高。

选择哪种红外探测器取决于具体的目标特性、制导系统的稳定可靠程度以及成本等因素。

(2) 红外制导光学系统

① 基本结构。红外制导光学系统是一种折射/反射式望远物镜结构，将外界景物成像在物镜焦平面上。为了减少制导导弹系统长度，其光学系统大多采用图 13-27 所示的形式。

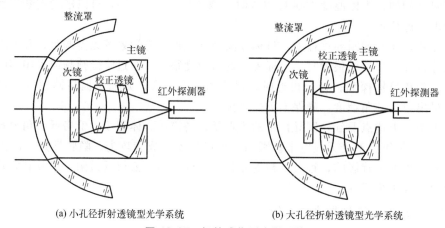

(a) 小孔径折射透镜型光学系统   (b) 大孔径折射透镜型光学系统

图 13-27　红外成像型光学系统

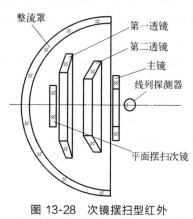

图 13-28　次镜摆扫型红外
成像制导光学系统

如果视场较大，可以采用图 13-28 所示的折射式制导光学系统。其中，主镜和次镜均为平面反射镜，主要利用两块中空折射组合透镜对目标成像。由于采用线列探测器，则利用平面次镜进行摆动扫描扩大视场。

目前，红外成像制导系统多数采用凝视型面阵红外探测器，光学系统无需设计扫描装置。由于探测器内设置有冷光阑，为了消除杂散光干扰，必须保证冷光阑效率 100%，即光学系统与红外探测器的 F 数一致。

② 相对孔径大（或者 F 数小），焦深短，对成像质量要求高。为了适应环境温度变化，需要对光学系统进行消热差设计。

相比之下，红外成像制导技术具有分辨率高、动态范围大和抗干扰能力强的特点，在复杂情况下具有自动决策和自主捕获目标以及昼夜工作能力。另外，被动制导方式无需红外辐射源，具有更好的隐蔽性，并且越接近目标，接收的红外辐射越强，制导精度越高，命中率越大。同时没有扫描装置，设备较简单，成本较低，因而得到广泛应用。

另外，红外制导系统对目标自身的辐射特性有较强依赖，需要采用相应的处理技术将目标从杂乱背景中检测和识别出来。

13.2.3.5.4 波前编码技术的应用

波前编码技术是由 Dowski 和 Cathey 提出的。工作原理是：在红外光学系统的光瞳面上设计一个相位掩模板对接收波前进行编码调制，使光学系统成像质量（包括点扩散函数 PSF 和光学调制传递函数 OTF）对系统存在的像差不敏感，或者说在较大的焦深范围内仍能获得清晰图像（俗称"光学系统成像对离焦不敏感"）。

有关波前编码成像技术的基本内容，第 3 章已详细讨论过，本节重点介绍波前编码成像技术在红外制导空空导弹中的应用。

中国空空导弹研究院（李福巍等人）利用波前编码技术设计了一个由三片透镜组成的透射型消热差中波红外制导光学系统，如图 13-29 所示。

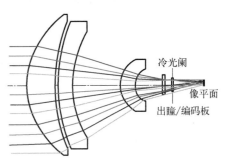

图 13-29 波前编码型红外制导光学系统

该光学系统的主要特点是：

① 小型化透射型结构，焦距 100mm（通常采用卡塞格林折/反式结构）。

② 系统结构简单，由两种材料（Si 和 Ge）和三片透镜组成。

③ 光学系统出瞳与探测器冷光阑重合，冷光阑效率 100%。

④ 设计有一个奇对称波前编码相位板，并与红外系统的出瞳重合。

⑤ 实现消热化设计，工作温度−45～+60℃范围内成像质量良好，各温度点 MTF 变化不大，且曲线没有零点，如图 13-30 所示。主要技术性能列在表 13-7 中。

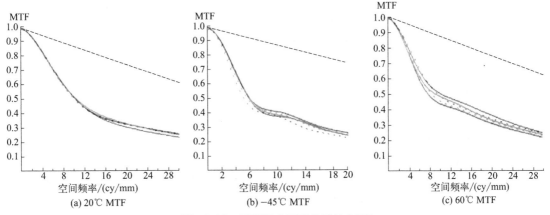

图 13-30 不同温度下光学系统 MTF

表 13-7 波前编码红外制导光学系统技术性能

参数	指标
工作波段/μm	3～5
焦距/mm	100
F 数	2
视场/(°)	±1.5
工作温度/℃	−45～+60

光电对抗和隐身技术的发展，使现代化战争攻防对抗更加激烈，战场环境日趋复杂，精确制导武器攻击过程中对目标的判别和跟踪越来越困难，遇到的对抗层次越来越多，对抗手

段愈加复杂。目标隐身、掠地（海）进攻、高速突防攻击以及多方位饱和攻击战术的使用令精确制导武器的打击能力受到严重挑战，因此，对红外空空导弹不断提出新的需求：

① 为了满足"先敌发现，先敌发射，先敌脱离，先敌命中"的"四先"作战原则，必须具备"中远距拦截"能力，避免进入近距离格斗状态。

② 具有较强的光电对抗能力。不仅表现在对抗人工干扰，也体现在对抗自然环境干扰上，因此，需要具备抗新型多模式干扰能力和体系对抗能力。

③ 为了具备很强的反隐身能力，必须研发更高灵敏度的探测技术、低信噪比目标探测与截获技术以及基于场景的体探测技术。

④ 具有完成多重任务的功能。例如，除了完成常规的夺取制空权的空战外，逐渐向对地移动目标攻击，向反巡航导弹、反反舰导弹和反临近空间飞行器方向发展。

⑤ 实现导弹自主化攻击是实现无人作战的先决条件，因此，必须进一步提高信息融合能力、真假目标和敌我目标识别能力以及智能分析与决策能力。

⑥ 导引与制导实现一体化。

13.2.4 紫外制导技术

红外对抗技术日趋成熟，使红外制导导弹的威胁大大降低。为了扭转局面，提高导弹的性能，20世纪80年代后期，开始研发新型的成像技术——军用紫外制导成像技术。

1989年，美国雷神公司研制成功红外/紫外双色制导Stinger-Post对空导弹（工作波段300～500nm），并装备了美国及北约盟军的陆海部队。

红外/紫外双色制导系统采用共口径玫瑰线扫描准成像技术，红外和紫外两种探测器用夹层叠置方式粘在一起，获得的信号分别送到各自对应的微处理机，经过信号处理分析判别真假目标。

导弹工作时，若受到来自敌方的红外干扰，即可利用目标的紫外信息，引导导弹继续攻击目标，利用紫外能量比鉴别红外干扰和背景源，大大增强了导弹的探测能量，提高了抗红外干扰能力。

采用紫外制导技术的优点：

① 紫外波段是鉴别红外诱饵光谱的有效途径。

根据目标、诱饵的红外/紫外辐射能量的比值不同，导弹处理系统应用光谱鉴别法可自适应地识别红外诱饵，提高抗红外诱饵能力。

② 紫外可与红外协同工作以增加探测、跟踪及抗干扰能力，也能独立工作以实现对目标的全向攻击，白昼的作用距离要比中红外远。

③ 玫瑰线扫描大大提高了对远距离目标的探测能力及抗干扰能力。

13.3
复合制导技术

随着战场环境的日益恶化，光电子学技术、隐身材料技术、隐身技术和信息处理技术的快速发展，以及飞行器各种性能不断完善和地面干扰杂波等问题的出现，未来战场环境将变得十分恶劣，因此，要求机载制导系统能够在更恶劣的气候条件和更复杂的战场环境中也能正常工作、识别真假目标，制导精度高以准确击中目标。

不同制导技术具有不同的优点和缺点，实践表明，单模式雷达制导技术受无线电波干扰影响最大，并且很容易暴露；单模式光学制导技术受战场条件和气象条件的影响较大。因此，单模式制导系统已经无法适应现代化战争的需要，采用复合制导技术才是未来的发展方向。

复合制导技术是指由两种以上不同机理的传感器（例如红外系统与毫米波系统），或者相同机理而不同频段的传感器（例如激光系统与红外系统），或者不同制导体制（主动、半主动和被动系统）的传感器相组合进行制导的技术。

复合制导技术可以充分发挥多频段和不同制导体制的自身优势，弥补各自的局限性和不足，取长补短，大大提高制导系统抗干扰、反隐身和识别目标的能力，共同促进精确制导技术的进一步发展。近些年，双模和三模（例如毫米波/激光/红外）复合制导技术得到越来越广泛的应用。

光学双色（红外双色、红外/紫外和红外/可见光双色）复合制导方式，尤其是采用激光主动成像与红外成像复合技术，可以利用主动激光脉冲穿透大面积干扰烟雾照射目标，获得攻击目标的强度像和距离像，实现目标与诱饵的识别，从而提高红外制导导弹近距离抗多点源人工诱饵干扰成功概率，有效避免目标丢失的可能性，确保机载红外制导导弹在战场上的生存能力和攻击的有效性。

微波/红外复合制导技术是充分利用红外制导技术的优点（具有较高的精度和抗干扰能力）和微波雷达制导技术的优点（作用距离远和全天候作战能力）以补偿红外制导技术的缺点（不利气候条件下信噪比低，容易丢失目标）和微波雷达制导技术的缺点（角分辨率较低和易受电磁干扰），从而极大提高制导导弹的目标跟踪和抗干扰能力。典型产品包括：德法共同研制的 ARAMIS 增程反辐射导弹和德国 ARAMIGER 导弹。

毫米波/红外复合制导技术将较大范围搜索和截获目标的毫米波制导技术与小范围跟踪和精确定位的红外制导技术相结合，同时具有全天时和全天候工作能力、抗各种电子干扰和光电干扰/反隐身目标的能力、复杂环境下识别目标能力和对目标准确定位能力，大大提高了制导系统的综合性能。

典型例子包括美国采用紫外/红外复合制导方式制造的"尾刺"导弹，采用激光半主动/红外成像双模制导技术的"铜斑蛇"导弹，采用雷达/红外双模制导的"飞鱼"反舰导弹。

本章重点介绍各种紫外光、可见光、红外和激光及其复合制导技术。对于光学与无线电复合制导技术，仅作简单介绍。

13.3.1 双模式制导技术

目前，复合制导技术多数采用双模复合制导形式，包括雷达/可见光、可见光/红外、紫外/红外和激光/红外等结构形式。其中，激光/红外双模制导技术是最有发展前途的复合制导技术之一，既能获取目标距离信息，又具有很高的跟踪精度和成像能力，从而可以选择攻击目标（例如敌方飞机）的脆弱部位。

13.3.1.1 激光/红外双模制导技术

机载激光/红外双模制导光学系统可以采用折射/反射式结构或者折射式结构。前者采用卡塞格林式共孔径物镜作为接收物镜，并根据次镜结构，分为传统次镜型和分光次镜型两种形式。

（1）传统次镜型双模制导技术

中国人民解放军 63996 部队（殷笑尘等人）以传统的卡塞格林全反射物镜作为激光/红外复合系统的共孔径物镜，利用分光镜实现激光与红外成像系统分离，设计了一种双模制导导弹光学系统，如图 13-31 所示。

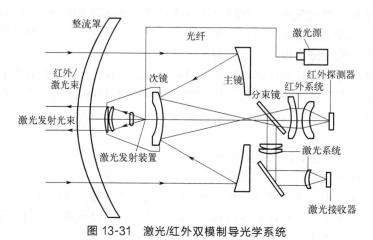

图 13-31　激光/红外双模制导光学系统

激光/红外双模制导光学系统由激光发射/接收系统和红外成像系统组成。

球形整流罩采用高硬度、高机械强度和高温度稳定性的蓝宝石材料，透射光谱包括可见光和红外宽波段。

卡塞格林反射镜作为共孔径望远物镜，双波段分光镜将激光和红外光束分离。

红外成像系统［图 13-32（a）所示］对整个目标所在区域成像，排除各种诱饵对目标的

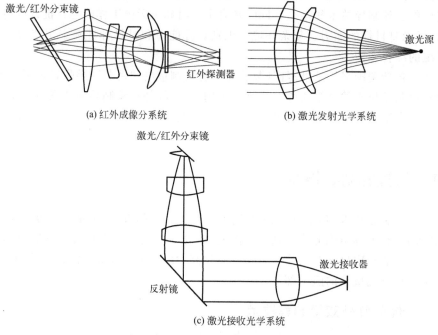

(a) 红外成像分系统　　　　(b) 激光发射光学系统

(c) 激光接收光学系统

图 13-32　双模制导系统分光学系统

影响，将两种传感器提供的多种目标信息融合分析处理后便能识别出需要拦截的目标。

激光发射系统［图 13-32(b) 所示］对激光器输出光束进行整形、准直和扩束，保证能够覆盖整个目标。

激光接收系统［图 13-32(c) 所示］将返回的激光束会聚到激光探测器上。

红外二次成像分系统采用 4 片透镜结构（选用 Ge 和 Si 两种材料和三个非球面）和中波红外探测器，各视场的 MTF 都大于 0.6。

激光接收系统采用三片透镜（ZnS 材料）结构，光学透射率 73%，最大弥散斑直径 $10.3\mu m$。

主要光学性能列在表 13-8 中。

表 13-8　激光/红外双模制导光学系统技术性能

参数			指标
红外光学系统	探测器	类型	HgCdTe MWIR 制冷型
		像元数目	320×256
		像元尺寸/μm	30×30
	焦距/mm		140
	视场/(°)		4
	次镜到像面距离/mm		70
	冷光阑效率		100%
	MTF		>0.6
激光系统	发射系统焦距/mm		16.67
	接收系统	焦距/mm	135
		视场/(°)	1
		光学透射率	73%
		最大弥散直径/μm	10.3

（2）分光次镜型双模制导技术

中国空空导弹研究院（李福巍等人）设计的机载红外成像/半主动激光复合制导系统采用改进型折射/反射式卡塞格林物镜，主镜和次镜均为双曲面，如图 13-33 所示。显著特点是将反射型次镜改进为分光型次镜：反射长波红外光（8~12μm）和透射激光（1.064μm），

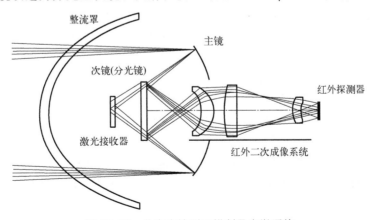

图 13-33　分光次镜型双模制导光学系统

将复式双波段制导光学系统分为两个接收光路，从而使不同波谱的光线入射到不同的探测器上。

为了进一步扩大视场，以及有效校正场曲、像散和畸变，在红外二次成像系统中加入非球面和衍射面。对激光成像系统，既要保证光斑的圆度（没有大的变形），又要保证在线性区域内光斑尺寸变化小和能量分布均匀。

长波红外成像技术具有制导精度高、空间分辨率高和灵敏度高的特点，可以直接获取目标外形或基本结构等信息；半主动激光制导系统具有制导精度高、成本低和抗干扰能力强特点，便于打击复杂背景下的地面固定目标。二者复合成像制导可以满足不同作战任务的需要。主要性能列在表13-9中。

表 13-9　分光次镜型双模制导光学系统技术性能

参数			指标
红外系统	探测器	类型	非制冷凝视焦平面阵列
		波长/μm	8～12
		像元数目	640×480
		像元尺寸/μm	25×25
	焦距/mm		114
	瞬时视场/(°)		8×6
	F 数		1.27
	MTF(20lp/mm)		＞0.3(接近衍射极限)
激光系统	探测器	类型	ϕ10mm 四象限探测器
		波长/μm	1.064
	焦距/mm		57
	视场/(°)		±5
	F 数		0.63
	线性区/(°)		±1
	成像光斑直径/mm		轴上:2.4,轴外:3.82
	能量分布均匀性		均匀

（3）大视场折射型双模制导技术

考虑到卡塞格林式制导系统瞬时视场小，又很难通过扫描方式获得大视场，难以满足大视场机载弹装光学系统的需求。中国空空导弹研究院（尹娜等人）设计了一种适用于大视场机载弹装激光/红外制导导弹的同轴共孔径复合折射型光学系统，在工作环境温度±50℃中，该系统能获得良好的成像质量，如图13-34所示。

同轴共孔径激光/红外复合折射型制导光学系统由三部分组成：激光发射系统、激光接收系统和红外接收系统。其中，整流罩、扫描透镜组和扫描反射镜是激光发射/接受系统与红外接收系统的同轴共孔径光学组件。

激光发射系统由同轴共孔径光学组件、反射镜、扩束负透镜（材料 BK7）和激光器组成。扫描透镜组的焦距为321mm，负透镜焦距82mm，变倍比4，保证将高斯激光束的发散角从 4mrad 准直压缩到≤1mrad。

激光/红外接收系统由共用望远系统和激光/红外二次成像系统组成。激光系统视场

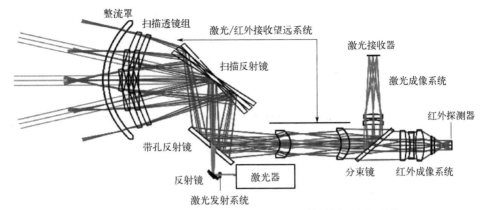

图 13-34　同轴共孔径激光/红外双波段折射型制导光学系统

$1° \times 1°$，红外系统视场 $3.6° \times 3°$。

望远光学系统由望远物镜（包括整流罩和扫描透镜组）、扫描反射镜、带孔反射镜和目镜组成。其中，扫描透镜组由 ZnSe 透镜（设计有衍射面）和 CaF_2 透镜两个正透镜组成，可以同时消像差（主要色差）和消热差。红外系统（$3 \sim 5\mu m$）主波长选择 $4.25\mu m$，因此，根据谐衍射理论，该波长在 1 级衍射时衍射效率达到极大，而激光（$1.064\mu m$）系统在 4 级衍射时衍射效率达到极大，均达到 92% 以上。

利用平面扫描反射镜构成半角机构，通过扫描反射镜和扫描透镜组的同步扫描，在俯仰和偏航方向可以获得足够大的视场，达到 $\pm 15°$。

带孔反射镜直径为 56mm，其中，用来透过发射激光束的圆孔直径 7mm，适当选择圆孔直径以平衡红外系统和激光系统对接收能量的需求。

望远目镜（也称为"中继系统"）由两片 ZnS 透镜组成，其功能是形成（或近似形成）平行光束以便设置平板分束镜。

分束镜是一块镀有高分光膜系的 Ge 材料，确保对红外和激光束分别具有高透射率和高反射率。

激光成像系统选用的探测器：像元数目 32×32，像元中心距离 $200\mu m$，光学系统由两片透镜组成，仅采用 K9 一种玻璃材料。

红外成像系统选用的探测器：像元数目 320×256，像元中心距 $30\mu m$，光学系统由三片透镜组成，采用 Ge 和 Si 两种材料。

13.3.1.2　可见近红外光/长波红外光双模制导技术

可见近红外光/长波红外光双模制导系统通常采用共孔经光学系统，分别利用 CCD 探测器和凝视型焦平面阵列红外探测器作为接收器。分束镜将可见近红外光反射 90° 后进入 CCD 成像系统，而长波红外光束透过分束器进入红外成像系统。

西安应用光学研究所（陈姣等人）利用透射可见近红外光、反射长波红外光的次镜分光镜以及切入式平面反射镜的组合形式设计了一种双模式制导光学系统，如图 13-35 所示。

该双模制导系统的特点是次镜变为分光镜：第一表面镀可见近红外光（$0.6 \sim 0.9\mu m$）透射膜和第二表面镀长波红外（$8 \sim 12\mu m$）反射膜；另外，在主镜后面设计一个可以切换的平面反射镜，从而使双波长制导系统共用一个改进型卡式物镜系统（准确地说，共用一个次镜系统）。其中，主镜采用抛物面，次镜反射面采用双曲面。需要注意，为了降低中心遮拦

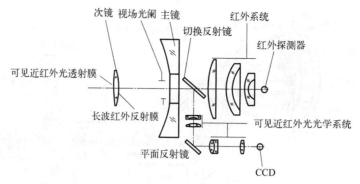

图 13-35　可见近红外光/长波红外光双模制导光学系统

对红外系统成像质量的影响，一定要尽量减小次镜孔径，同时兼顾到中心遮拦比与双波段系统的像质。

对于可见近红外光制导系统，外界目标光线直接透过次镜，并经过可切入反射镜进入可见近红外光成像系统（采用光学玻璃材料 HQK3L 和 HLAF3B），成像在 CCD 探测器上。

对于长波红外系统，则是利用传统的卡塞格林式结构，此时，将可切入反射镜移出光路，二次红外成像系统（正透镜采用 Ge 材料，负透镜采用 ZnSe 材料，并设计有非球面）直接将卡式物镜形成的一次像再次成像在红外探测器上。表 13-10 列出主要光学性能。

表 13-10　可见近红外光/长波红外光双模制导光学系统技术性能

参数		指标
长波红外系统	波长/μm	8～12
	探测器　类型	非制冷焦平面阵列型
	探测器　像元数目	640×480
	探测器　像元尺寸/μm	23.5×23.5
	视场/(°)	5.8
	焦距/mm	185
	F 数	1.3
	MTF(20lp/mm)	＞0.5
可见近红外系统	波长/μm	0.6～0.9
	探测器　类型	1/3in CCD
	探测器　像元数目	759×596
	探测器　像元尺寸/μm	6×6
	视场/(°)	4
	焦距/mm	86
	F 数	4.5
	MTF(50lp/mm)	＞0.7

13.3.1.3　毫米波/红外成像双模制导技术

由上所述，红外光学制导技术很容易受天气和天时影响，受干扰和欺骗而导致精确制导武器进攻一些假目标。

机载毫米波雷达的特点是：具有全天候作战能力和对烟雾的良好穿透性，天线孔径尺寸小和器件体积小，波束较窄而具有较高目标分辨率和跟踪精度，能够提供距离信息和灵敏的多普勒信息，可以提取幅度、频谱和相位多种信息，弥补红外制导技术不足，因此，可实现发射后不管。同时，毫米波还具有对装甲车辆等金属类目标和运动目标的识别和打击能力。缺点是：隐蔽性较差，对静止目标的检测和目标分类识别能力较差。

毫米波/红外（MMW/IR）复合制导技术在信息类型上可以互补，是目前复合制导技术的发展方向，主要优势是：

① 具有全天候工作能力。

② 具有抗多种电子干扰、抗光电干扰和反隐身目标能力。

③ 具有复杂环境下识别目标能力。

④ 对快速运动目标具有精确定位能力。

案例一，瑞典研制的 RBS-15MK3 导弹的复合导引头是其典型代表，如图 13-36 所示。这种双模方式可以视为两种体制探测器的拼接，是雷达系统位于上方而红外成像系统位于下方的分离式布局。工作时，雷达系统的接收和发射与红外系统完全独立，互不影响同时工作。优点是结构简单，但体积重量都较大。

图 13-36　雷达/红外传感器分平台复合式结构

案例二，共孔径双模式制导系统。

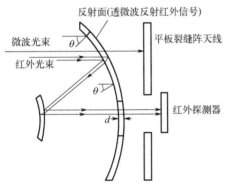

图 13-37　共孔径双模式雷达/红外制导系统

西安电子工程研究所（磨国瑞等人）针对毫米波/红外（MMW/IR）复合导引头多种共孔径方案的原理及特点进行对比分析后，根据实际需求对共平台共孔径复合方式进行了仿真设计及实物测试，建议采用卡塞格林光学系统和中心掏孔平板裂缝阵天线复合结构，如图 13-37 所示。

雷达天线采用平板波导裂缝天线形式，位于红外光学系统的后端。该复合方式具有以下特点：

① 雷达天线与光学主镜设计相对独立，光学系统可以完全按照光学成像要求设计主镜面型，红外成像系统能达到最佳设计。

② 雷达平板波导裂缝天线具有效率高、剖面低、重量轻、结构紧凑以及性能稳定可靠等优点，容易实现对阵面的加权处理，易获得高增益、低副瓣等特性。

13.3.1.4　GPS/红外成像复合制导技术

AGM-158 联合防区外空地导弹（LASSM）是美国空军研制的新一代空射巡航导弹，是GPS 加数据链中制导和红外成像末制导的复合制导模式，如图 13-38 所示。装备有抗干扰GPS 卫星导航系统和红外成像制导系统，在进行攻击时，可以在 INS/GPS 导航系统控制下，按照预定路线向目标区域飞行。进入目标区，充分利用"导弹越接近目标，红外成像制导精度越高"的优势，指引导弹精准攻击目标，从而实现 GPS 加数据链中制导和红外成像末制导的复合制导模式。不仅能攻击预定目标，还能攻击飞行过程中重新选定的目标。

图 13-38　AGM-158 空地制导导弹

13.3.2　三模光学制导技术

伴随着现代战争/战场环境的复杂化，要求在更远作用距离，以更隐蔽和更灵活的方式引导导弹跟踪和击中目标，因而，正在积极研发不同的三模式导弹制导方式，例如，日本研发的微波/毫米波/红外三模地空制导导弹，美国研发的主动/被动微波/红外成像三模复合制导高速反辐射导弹。

与单模/双模制导技术相比，三模复合制导技术具有更强的环境适应性，可进一步提高武器系统的可靠性、命中精度和使用范围。

图 13-39　雷神公司三模
复合导引头 JAGM

多模复合制导技术通常定义为多个波段或多种体制的制导技术运用在同一个导引头、同一制导段或不同制导段的制导技术。由毫米波雷达/红外成像/激光半主动探测系统构成的三模复合制导系统则是利用同一目标三种目标特性的多模复合制导技术的典型代表，一方面增强了抗电磁干扰和抗光电干扰能力，可以实现全天候作战，作用距离更远；另一方面，精度更高和目标识别能力更强，打击能力也更强。美国雷神公司（Raytheon）研制的联合空对地导弹（JAGM）是三模复合导引头的典型代表，如图 13-39 所示。

13.3.2.1　复合主镜型三模制导技术

三模复合制导光学系统有分孔径和共孔径两种复合方式，由于共孔径结构具有体积小、重量轻的特点，因此，多数情况都采用共孔径方案。

图 13-40 是中国空空导弹研究院（齐雁龙等人）利用改进型卡塞格林系统设计的一种紧凑型三模式（毫米波雷达、半主动激光和长波红外）复合制导光学系统。

与双模制导方式不同，红外光学系统采用折射/反射式光学布局，并与毫米波雷达系统共用抛物面反射主镜，而激光系统则单独采用不同曲率半径的主反射镜，在主反射镜处光线分离；雷达波与红外光在主反射镜共口径反射后，在次反射镜处信号分离，在紧凑空间内实现了三种导引模式的融合。

次反射镜采用曼金反射镜形式，虽然仍起着分束镜作用，但需要适当选择其基底材料（石英玻璃，能够透射毫米波）并在表面涂以非金属介质红外反射膜，从而保证雷达波透射次反射镜而红外光波反射进入红外探测器。另外，考虑到制导武器空间有限，在分析各种因

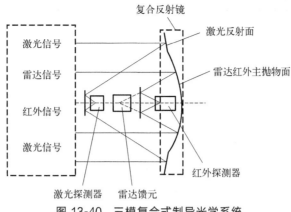

图 13-40　三模复合式制导光学系统

素影响后，采用一种特殊的结构形式，即扩大雷达/红外主抛物面反射镜孔径（以保证"共孔径"的优势），从而在主抛物面的有效通光孔径与允许的最大孔径之间设计一个具有合适曲率半径的圆环形反射面，使激光信号与其它制导模式分离。这种设计方案的优点是既保证三种模式的基准一致和降低装调精度，同时，为激光系统提供更多的设计自由度，容易达到对激光光学系统的光斑质量要求。

另外，由于红外系统与毫米波雷达系统共用主反射镜，为了使红外系统具有良好的成像质量以及满足消热差要求，通常采用二次成像方式（由四个透镜组成）。为减少杂散光干扰，在激光和红外光学系统中设计有滤光片，如图 13-41 所示。主要光学性能列在表 13-11 中。

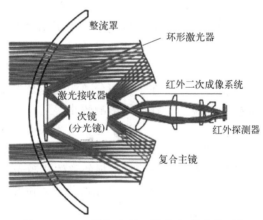

图 13-41　三模复合制导激光/红外光学系统

表 13-11　三模复合制导激光/红外光学系统光学性能

参数		指标
红外系统	波长/μm	8～12
	有效视场/(°)	±2.5
	焦距/mm	134
	探测器	非制冷探测器
	F 数	≤1.3
	有效接收面积/cm²	65

参数		指标
激光系统	波长/μm	1.064
	探测器	四象限探测器
	有效视场/(°)	±3
	焦距/mm	80
	光斑直径/mm	φ2.9(能量分布均匀)
	线性区/(°)	±1
	有效接收面积/cm²	34.55
	MTF(20lp/mm)	≥0.4
工作温度/℃		−45～70
系统总长/mm		150
系统最大孔径/mm		130

13.3.2.2　三模光学波导型制导技术

国家光学辐射重点实验室（钱坤等人）同样设计了一种三模式［毫米波雷达（MMW）、半主动激光（SAL）和红外（IR）］复合制导光学系统，总体上仍采用抛物面天线-卡塞格林

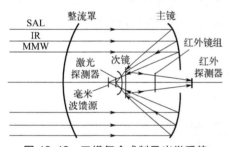

图 13-42　三模复合式制导光学系统

光学系统复合结构方式，但与上述结构形式不同的是毫米波组件在前。主镜收集入射的三种能量，次镜上镀介质反射膜，能够反射红外能量而使激光和毫米波能量几乎无损透过，达到分离红外和激光、毫米波能量的目的，如图 13-42 所示。

在这种结构形式下，整个光学系统的设计难点在于如何分离激光与毫米波并同时保证毫米波探测性能受影响较小。

为了避免激光探测系统对前方毫米波接收系统造成遮挡，影响毫米波探测通道性能，设计了一种特殊形式的激光探测器，如图 13-43 和图 13-44 所示，采用 4 个直角反射光波导器件将常规的整体式激光四象限探测器分成 4 个分离器件，每个器件是一个象限元件。因而将激光点光斑分成 4 份并分别导入位于光轴中心边缘依次相距 90°的 4 个分离的象限元件上。

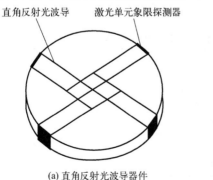

(a) 直角反射光波导器件　　　(b) 激光制导光学系统示意图

图 13-43　激光制导光学系统

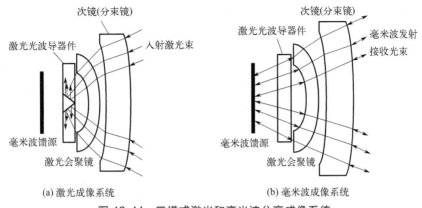

图 13-44　三模式激光和毫米波分离成像系统

(a) 激光成像系统　　　　　　(b) 毫米波成像系统

直角反射光波导选择合适的材料及镀膜，保证对毫米波具有高透过率，因而对毫米波探测通道的性能影响较小。毫米波经主镜反射，透过次镜、激光镜片、光波导后聚焦于位于光波导前方的毫米波馈源上，馈源通过微波波导与主镜后方电子舱中的毫米波收发器件连接。

该系统设计中有两个关键技术：

① 为了保证对波长 $1.064\mu m$ 的激光和毫米波（94GHz）同时具有高透射率，经反复选择比较，选择 ZnSe 作为次镜、激光会聚镜和直角反射光波导器件的材料，使激光和毫米波同时具有高透过率，又保证在 94GHz 中心频段内的损耗角正切值（tanδ）和介电常数较小，使毫米波吸收和反射都较小，从而具有高透射率。

② 在激光光斑像面上设计有均匀分布的 4 个直角反射波导器件。每个单元器件将 1/4 能量的光斑以全反射的方式传输到单元象限探测器上，实现光斑四等份传导。为了补偿光波导以 45°角入射造成的光程差，设计有 4 个直角棱镜，从而使毫米波传输路径形成一个等厚平板介质，不会影响毫米波的聚焦位置。

复合光学系统（毫米波组件在前）如图 13-45 所示，主要技术性能列在表 13-12 中。

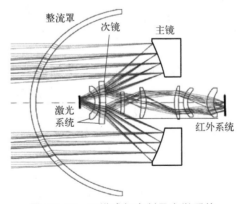

图 13-45　三模式复合制导光学系统

表 13-12　三模式复合制导光学系统（毫米波组件在前）技术性能

参数		指标
工作波长/μm	红外	8～12
	激光	1.064

参数			指标
红外系统	探测器	像元数目	640×480
		像元尺寸/μm	17×17
	视场/(°)		6.4×4.8
	焦距/mm		97
	F 数		1
	MTF(30lp/mm)		>0.3
激光系统	有效捕获视场/(°)		≥±2.5
	线性视场/(°)		≥±1.5
	光斑直径 φ/mm		3.99~4.15 (最大误差4%,满足要求)
系统总长/mm			140
有效接收孔径/mm			88
中心遮拦比			0.4

13.3.2.3 综合型三模制导技术

中国航空工业集团公司洛阳电光设备研究所（陈国强等人）设计了另外一种形式的三模制导共孔径光学系统，利用次镜将 MMW 与激光和红外分离，再利用分束镜将激光与红外光束分离，如图 13-46 所示。

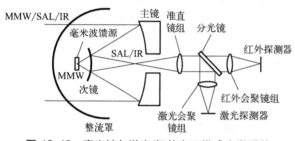

图 13-46 毫米波与激光/红外光三模式光学系统

该系统工作原理：红外（IR）光、半主动激光（SAL）和毫米波（MMW）共用整流罩（ZnS）和抛物面主镜（微晶玻璃）；曼金型次镜（ZnS）作为分束镜，透射毫米波而反射红外/激光光波；毫米波馈源喇叭置于主镜焦平面附近，通过调整次镜后表面曲率半径以及馈源位置可以获得良好像质；次镜反射后的激光/红外光束首先经过准直透镜（由两片透镜组成）成为平行光束后，分束镜（Ge）反射激光和透射红外光将其分离，最后分别由红外光学系统和激光光学系统成像在不同波长的探测器上。

整流罩采用硫化锌材料，同时透射长波红外（8~12μm）、激光（1.064μm）和毫米波（3.2mm）光谱。

主反射镜采用微晶玻璃材料，具有较小的热膨胀系数，表面涂镀全波段反射膜；次反射镜采用硫化锌材料，并镀有透射毫米波和反射激光和长波红外光束的分光膜。

望远系统目镜（准直镜组）由两块透镜（硫化锌和硒化锌）组成，保证长波红外和激光双光波光束都具有很高的光学透射率。

分光镜选择锗材料，使长波红外光和激光光束都具有良好的透射率和反射率，保证红外/激光成像系统都能形成高质量图像。

红外分系统采用简单的三片透镜（Ge 和红外玻璃两种材料）结构形式。为了保证该系统在－55～＋70℃工作环境中仍有高质量红外图像，利用非球面同时实现消像差和消热差，如图 13-47(a) 所示。

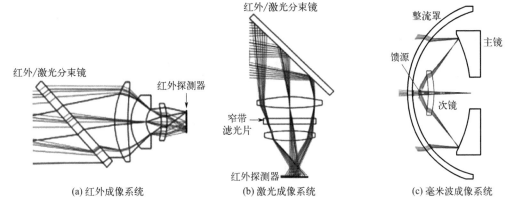

图 13-47　三模式制导光学系统分系统

激光分系统由两片透镜（ZF6 和 K9 两种材料）和带宽 1nm 的窄带滤光片组成，激光束成像在靶面直径 ϕ10mm 的四象限探测器上。通过适当离焦（使探测器在设计像面后离焦 4.5mm），可以获得均匀的光照度分布，如图 13-47(b) 所示。

毫米波系统（发射与接收）主要与整流罩、主镜和次镜有关。毫米波（MMW）馈源喇叭前置，并位于主反射镜的焦平面附近以保证球面毫米波能够转换为平面波发射（即半功率波束角达到无限小）。优化过程中，通过改变次镜第二表面的曲率半径和调整馈源相对于次镜的间隔可以获得最佳发射效果，如图 13-47(c) 所示。主要光学性能列在表 13-13 中。

表 13-13　主要光学性能

参数				指标
共孔径系统	孔径/mm			ϕ160
	总长度(整流罩～红外像面)/mm			177.2
	作用距离(地面车辆运动目标)/km	红外		≥4
		激光		≥6
		毫米波	运动目标	≥4
			静止目标	≥2
红外系统	探测器	类型		非制冷长波探测器
		工作波长/μm		8～12
		像元数目		640×512
		像元尺寸/μm		17×17
	光学系统	焦距/mm		125
		视场/(°)		5×4(半对角视场3.75)
		F 数		1.25
		MTF(30lp/mm)		>0.3
		畸变		<1%
		工作温度/℃		－55～＋70

参数			指标
	探测器		靶面直径 $\phi 10\text{mm}$ 四象限探测器
激光系统	光学系统	工作波长/nm	1064
		瞬时视场/(°)	±3
		线性视场/(°)	±1
		线面后离焦/mm	4.5
		线性区光斑直径最大偏差量	<3%
		线性区测角精度/(°)	优于0.15
毫米波系统	工作波长/mm		3.2(94GHz)
	旁瓣电平/dB		−9.2
	半功率波束角/(°)		2.8

13.4

机载制导技术的未来发展

随着机载对抗技术的发展，越来越多的因素影响着机载制导导弹的命中精度和对目标的毁伤能力。因此，未来机载制导技术需解决以下关键技术。

（1）新型高性能红外探测技术

① 发展智能化红外焦平面阵列探测器　目前，探测器像元数目已达 256×256 元。未来研究重点是在智能探测器、光学系统、扫描、信息处理等技术方面，以提高制导系统的综合性能为主。研发红外焦平面阵列、读出电路和信号处理相结合的智能化焦平面阵列（Smart FPA），简化外部信息处理，提高搜索速度和态势感知速度，减小体积和减轻质量，降低功耗和成本，提高可靠性。

② 应用二元光学和微光学新技术

a. 研发新一代大视场和轻型化红外光学系统。

b. 采用微镜技术缩小探测器受光面积，增加填充因子，提高探测率，改善均匀性，降低噪声。

c. 利用微扫技术（也称为"微步凝视技术"）提高和改善凝视红外成像系统分辨率。

d. 利用消热差设计技术，保证红外成像系统在较大的温度范围内能获取高质量目标图像。

③ 宽频段整流罩技术　宽频段整流罩已成为制约精确制导技术发展的重要因素。尤其是选用多模复合制导系统（例如，光学/微波复合系统）时，不仅要求整流罩具有良好的电、热、力和气动特性，还要求在宽频段范围内具有优良的光学传输效率。

（2）研发新的复合制导模式

① 配装不同制导模式的导引头。例如海尔法导弹配装有四种以上的导引头（可见光电视、激光、雷达/红外和红外成像）。

② 微波/毫米波/红外成像三模复合寻的制导技术。

③ 新型全球定位/惯性导航系统（INS/GPS）复合型多模制导系统。

美国战斧巡航导弹采用惯性制导加地形匹配以及全球定位修正制导，可以自动调整高度和速度以完成高速攻击；联合制导攻击炸弹（JDAM）采用惯性导航/卫星定位（INS/GPS）组合制导技术，借助全球定位卫星系统实现全天候（几乎不受天气气象环境影响）自动寻的，如图13-48所示。

图 13-48　JDAM

（3）智能化成像寻的制导技术

自动目标识别（ATR）技术是智能化信息处理技术的一个重要方面，也是精确制导技术向智能化方向迈进的核心问题。

随着人工智能、成像制导、微型计算机和自适应控制技术的发展和突破，将神经网络人工智能和小波变换等各种信息处理技术引入智能寻的制导信息中，实现完全自动化和智能化的智能制导武器，从而使制导武器具备类似无人机的功能。

（4）实现激光主动式制导技术

① 解决激光电源小型化问题。

② 实现激光成像寻的技术。

③ 激光波长向中/长波发展（例如二氧化碳激光波长）。

（5）视觉仿生成像制导技术

通过仿生技术，例如，将蝇复眼光学技术与人眼视觉系统的信息处理机制引入成像制导系统中，完成图像信息处理、视场转换（大视场探测和小视场跟踪）、运动检测和目标识别。

（6）研发地磁场制导技术

与卫星导航系统相比，地磁场在制导武器飞行整个过程中都保持稳定，系统更可靠，可以作为导弹制导飞行标准。

（7）电磁指纹末制导技术

电磁指纹是指某地固定台站具有独一无二的电磁信号特征。电磁指纹末制导技术是利用目标空域的电磁指纹特征实现对打击目标的确认。

（8）网络中心制导技术

网络中心制导技术是目前正在发展的最新制导技术。

加装数据链的空空导弹和空地导弹与攻击飞机、预警指挥机、电子侦察飞机以及地面、舰载和星载平台的传感器联网，形成一个以不同层次网络为中心的瞄准体系，通过多传感器数据融合，将不断修正的目标位置实时传送给攻击飞机并转发给加装该数据链的导弹，可对目标实施快速精准打击，从而扩大其使用范围，提高精度和作战效能。

参考文献

[1] 齐雁龙，等．一种半主动激光红外雷达三模复合光学系统设计 [J]．红外技术，2015，37（7）：588-592．

[2] 钱坤，等．毫米波/激光/红外共口径复合光学系统设计 [J]．现代防御技术，2019，47（2）：61-65．

[3] 李福巍，等．红外/激光双模共口径光学系统设计 [J]．应用光学，2012，33（3）：496-499．

[4] 刘凯，等．共孔径双通道红外扫描成像光学系统 [J]．应用光学，2012，33（2）：395-401．

[5] 张卫锋，等．多视场热像仪变倍机构设计技术研究 [J]．红外技术，2015，37（12）：993-998．

[6] 胡博，等．三视场红外搜索光学系统的设计 [J]．应用光学，2013，34（3）：397-401．

[7] 殷笑尘，等．红外/激光共孔径双模导引头光学系统设计 [J]．红外与激光工程，2015，44（2）：428-431．

[8] 陈国强，等．红外/激光/毫米波共孔经光学系统设计 [J]．电光与控制，2020，27（4）：98-102．

[9] 尹娜，等．激光主动/红外共口径复合成像光学系统设计 [J]．红外技术，2016，38（1）：77-80．

[10] 刘钧，等．弹载卡式红外光学系统消热差设计 [J]．应用光学，2012，33（1）：175-180．

[11] 李福巍，等．激光半主动比例导引头光学系统分析与设计 [J]．应用光学，2014，35（6）：938-942．

[12] 刘民玉．激光半主动导引头光学系统分析 [J]．应用光学，1993，14（1）：30-32．

[13] 张保军，等．激光半主动导引头长焦距光学系统的设计 [J]．湛江师范学院学报，2010，31（6）：88-90．

[14] 蒲小琴，等．半主动激光导引头光学系统设计及线性度分析 [J]．航天器环境工程，2020，37（3）：303-309．

[15] 刘智颖，等．激光半主动导引头光学系统设计 [J]．激光与红外，2016，46（5）：527-531．

[16] 杜亚雯，等．激光半主动导引头光学系统设计与分析 [J]．激光与红外，2018，48（12）：1536-1540．

[17] 刘永昌．战术导弹精确制导技术发展分析 [J]．弹箭技术，1995（4）：1-14．

[18] 周伯勋．激光制导技术在航空武器装备中的应用与发展 [J]．电子器件，1998，21（4）：274-280．

[19] 李立坤．精确制导技术现状及发展方向 [J]．航空兵器，2004（1）：1-4．

[20] 郑志伟，等．空空导弹红外导引系统设计 [M]．北京：国防工业出版社，2007．

[21] 张翼飞，等．激光制导技术的应用及发展趋势 [J]．中国航天，2004（4）：40-43．

[22] 范保虎，等．激光制导技术在现代武器中的应用与发展 [J]．飞航导弹，2006（5）：46-49．

[23] 姚秀娟，等．几种精确制导技术简述 [J]．激光与红外，2006，36（5）：338-340．

[24] 孙江，等．精确制导技术发展现状与趋势 [J]．飞航导弹，2007（7）：34-39．

[25] 陈世伟．激光制导技术发展概述 [J]．航空科学技术，2007（5）：6-9．

[26] 李志鸿．激光制导技术原理与应用简介 [J]．大众科技，2007（10）：62-63．

[27] 孙静，等．激光制导技术与装备的实战应用与分析 [J]．红外与激光工程，2008，37：285-290．

[28] 贾秋锐，等．航空制导武器制导技术发展趋势 [J]．飞航导弹，2010（5）：62-64．

[29] 贾秋锐，等．空空导弹制导技术发展趋势 [J]．制导与引信，2011，32（2）：1-10．

[30] 杨云翼．国外精确制导技术及其传感器的发展 [J]．飞航导弹，2011（8）：74-77．

[31] 刘冬，等．精确制导技术及其在雾气中的应用 [J]．飞航导弹，2011（11）：79-83．

[32] 何景瓷．激光技术在武器中的应用 [J]．飞航导弹，2011（11）：50-52．

[33] 潘爱民．激光技术的军事应用 [J]．飞航导弹，2013（3）：64-66．

[34] 张腾飞，等．激光制导武器发展及应用概述 [J]．电光与控制，2015，22（10）：62-67．

[35] 陈姣，等．可见光与红外双波段折反光学系统设计 [J]．应用光学，2014，35（6）：955-959．

[36] 吴兆欣，等．空空导弹雷达导引系统设计 [M]．北京：国防工业出版社，2007．

[37] 李时光，等．雷达/红外/激光复合制导信息融合技术 [J]．航空兵器，2018（1）：33-38．

[38] 史晓华，等．红外双色多元导引头抗干扰技术研究 [J]．红外技术，2009，31（6）：311-314．

[39] 贾明永，等．多元双色红外导引头抗干扰技术研究 [J]．航空兵器，2006（3）：19-22．

[40] 李雪，等．多元红外双色导引头目标识别技术研究 [J]．红外技术，2013，35（6）：373-376．

[41] 张同贺．红外型空空导弹技术发展展望 [J]．红外技术，2016，38（10）：813-819．

[42] 杨应槐，等．红外制导技术的发展 [J]．红外与激光技术，1981（3）：1-14．

[43] 冯炽焘．红外制导技术发展综述（I）[J]．红外技术，1994，16（2）：1-4．

[44] 冯炽焘．红外制导技术发展综述（II）[J]．红外技术，1994（5）：1-4．

[45] 付伟．红外制导武器的现状及发展趋势 [J]．红外技术，1999，21（3）：8-12．

[46] 赵超，等．红外复合制导技术概述 [J]．制导与引信，2007，28（2）：1-7．

［47］ 叶本志，等．红外制导技术的发展［J］．红外与激光工程，2007，36：39-42.

［48］ 汪中贤，等．红外制导导弹的发展及其关键技术［J］．飞航导弹，2009（10）：14-19.

［49］ 张肇蓉，等．国外红外制导空空导弹的研究现状及其关键技术［J］．飞航导弹，2016（3）：23-32.

［50］ 李丽娟，等．空空导弹红外成像探测技术发展分析［J］．红外技术，2017，39（1）：1-7.

［51］ 孙艳军，等．方形孔径微透镜阵列与红外焦平面的集成技术研究［J］．半导体光电，2013，34（6）：954-957.

［52］ 孙艳军．基于矩形微透镜阵列的红外焦平面集成技术研究［D］．长春：长春理工大学，2014.

［53］ 磨国瑞，等．毫米波雷达/红外成像复合制导技术研究［J］．火控雷达技术，2018，47（1）：1-5.

［54］ 董鹏，等．毫米波/红外复合制导信息融合技术研究［J］．计算机仿真，2010，27（11）：21-24.

［55］ 赵超，等．红外制导的发展趋势及其关键技术［J］．电光与控制，2008，15（5）：48-53.

［56］ 胡晓军，等．毫米波红外复合制导技术概述［J］．制导与引信，2007，28（4）：8-12.

［57］ 刘永祥，等．红外/毫米波复合制导目标识别技术研究［J］．现代雷达，2002（5）：1-4.

［58］ 何立萍．超高速导弹毫米波/红外复合导引头研究［J］．红外与激光工程，1996，25（4）：56-65.

［59］ 樊会涛．空空导弹方案设计原理［M］．北京：航空工业出版社，2013.

［60］ 李晓峰，等．非扫描激光主动成像制导技术研究［J］．光学技术，2008，34（12）：175-178.

［61］ 李福巍，等．波前编码技术在红外空空导弹上的应用研究［J］．红外技术，2015，37（6）：488-491.

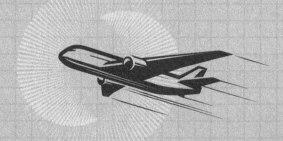

航空光学工程

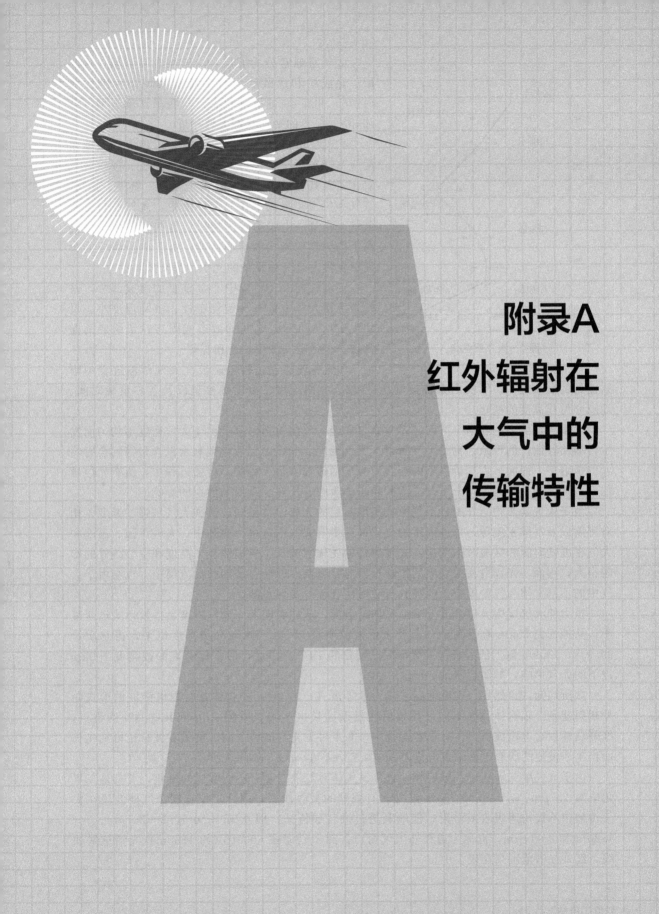

附录A
红外辐射在
大气中的
传输特性

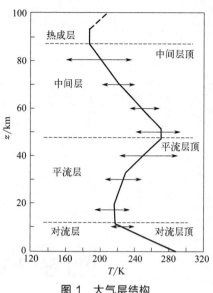

图 1 大气层结构

大气层通常分为五层：对流层、平流层、中间层、热成层和逸散层。图 1 所示为美国标准大气（1976）北纬 45°的标准状态，与我国江淮流域（北纬 30～35°）的平均状态大致相近。

大气层由多种气体分子组成。干燥大气主要由氮气（78%）、氧气（20%）、二氧化碳、甲烷、一氧化氮及其它气体（一氧化碳、氖气、氦气、氪气、氙气和氢气）组成。在一定环境中，大气还包含水蒸气、臭氧、尘埃颗粒等物质。这些气体分子及微粒子均会改变光线的传输性能。由多成分组成的大气层实际上是一种复杂的光学传播介质。

气溶胶是大气环境中非常重要的组成部分，是指悬浮在大气中具有一定稳定性、沉降速度小、尺寸在 10^{-3}～$10\mu m$ 之间的液态或固态粒子组成的混合物，包括雾、沙尘、云和霾等。

大气传输特性是指电磁波在大气传输过程中辐射能量的衰减规律，影响因素包括气压/温度、相对湿度、密度等参量以及各参量随时间、地点和海拔高度的变化。

太阳光辐射无论在水平方向还是垂直方向经大气层传播时都会由于大气密度不均匀而发生传播路径曲折的现象，称为大气折射。大气温度、气压、二氧化碳和水汽含量等均会影响大气折射率，因而，大气折射率的变化对光线的传输有很大影响。传播过程中，所有光信号的辐射强度都会受到大气分子及气溶胶粒子的吸收、反射、漫射和散射的影响。

由于大气是非均匀介质，不同海拔高度对应的大气参数不同，例如大气压强、温度、相对湿度以及气体密度等，每种因素的变化都会影响大气透过率。实际中，大气压强、温度和大气密度随时间和区域时刻变化，光辐射传输受辐射波长、传输路径、高度和季节条件的影响很大，因而，光辐射在大气中的传输过程非常复杂。即使在晴朗的对流层中，也会由于大气中的不同气体与气溶胶粒子的吸收与散射使光辐射受到衰减。

重力使大气层中大部分成分聚集在地球表面，从地表向上，大气密度呈指数形式迅速减小：从地面到 20km 海拔高度，大气质量占总质量 90%；50km 海拔高度以下，占总质量 99.9%；100km 以上的大气仅占全部大气质量的 10^{-6}。因此，通常仅考虑海拔高度 100km 以下的大气影响，如图 2 所示。

众所周知，自然界一切温度高于热力学零度（-273℃）的物体都会以电磁波的形式向外辐射能量。辐射体温度不同，其辐射能量及波长也不同。按照 Antoni Rogalski 的观点，红外热辐射在电磁波谱上占有很宽的范围，介于可见光与微波之间，覆盖着波长比可见光长而比毫米波短的所有电磁辐射波谱范围（0.76～1000μm），如图 3 所示。

由于大气中二氧化碳、甲烷和一氧化氮气体对红外线都有不同程度的吸收，尤其是二氧化碳对 2.7μm、4.3μm 和 15μm 红外光有强烈的吸收作用，因此，仅有四个红外波段在大气传播中不被快速吸收或散射，能顺利透过大气层传播，即 0.76～1μm、1～2.7μm、3～4.2μm 和 8～14μm，也称为透红外大气窗口。图 4 是海拔 6000ft（约 1830m）光谱透射曲线，红外光谱范围列在表 1 中。

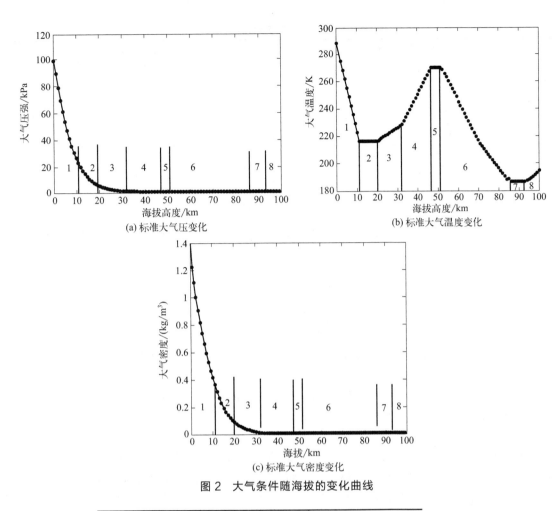

(a) 标准大气压变化

(b) 标准大气温度变化

(c) 标准大气密度变化

图2　大气条件随海拔的变化曲线

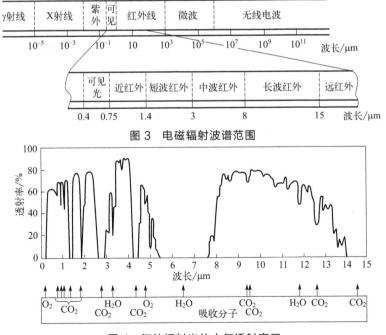

图3　电磁辐射波谱范围

图4　红外辐射光的大气透射窗口

表1　红外辐射光谱

光谱范围(缩写)	波长范围/μm
近红外(NIR)	0.75~1.4
短波红外(SWIR)	1.4~3
中波红外(MWIR)	3~8
长波红外(LWIR)	8~15
甚长波红外(VLWIR)	15~30
远红外(FIR)	30~100
亚毫米波(SnbMM)	100~1000

中波红外波段（$3.5\sim4.1\mu m$），对 H_2O 水汽的平均透射率接近 90%，对 CO_2 的透射率约 80%，而总透射率约 17%。

长波红外波段（$8\sim12\mu m$）起伏不大，平均透射率接近 50%。对 CO_2 几乎是全透明的，透射率接近 99%，只在 $9.4\sim9.8\mu m$ 有一弱吸收带，透射率 87% 左右。

大气环境对红外辐射传输的影响很复杂，既有大气中各种成分的分子吸收，又有悬浮颗粒物（如雨、雪和沙尘等）的散射和反射影响。

机载红外搜索跟踪瞄准系统通常工作在空气中，热成像技术必须通过大气层才能探测到目标发射的与其温度和特性相关的红外热辐射，实现对观察场景的成像。成像过程中，大气的散射和吸收效应会实时影响红外辐射在大气中的传播：散射会改变辐射光线的传播方向，空中悬浮颗粒的吸收会使红外辐射能量衰减，尤其当悬浮颗粒尺寸与辐射波长相比足够小时，还会发生瑞利散射。

重庆通信学院（谢民勇等人）通过对一天不同时段大气对红外辐射传输特性的研究表明，目标背景对比度不仅与红外材料有关，而且随一天内的温度变化有很大变化。

中国科学院安徽光学精密机械研究所（刘丹丹等人）对边界层气溶胶的研究表明，对于 $2\sim5\mu m$ 波段的整层大气，在 $2.0\sim2.5\mu m$ 和 $3.5\sim4.0\mu m$ 波段，气溶胶对大气透射率影响较大，相同背景下，大气能见度越低，气溶胶对大气透射率的影响越大。

解放军理工大学（张芳等人）对比分析了我国东海和西北地区与标准大气下中波红外（$3.9\mu m$）和长波红外（$9.2\mu m$）大气透射率和目标/背景对比度的分布特征，探讨了实际大气对红外目标和背景辐射传输的影响，结果表明：

① 不同区域和不同季节的大气环境参数（如温度和水汽含量）差异较大，对中波和长波红外辐射传输造成不同影响，机载光电设备应用过程中应考虑实际的大气特征。

② 东海区域目标背景对比度比西北地区差，中波红外（$3.9\mu m$）波长的对比度比长波红外（$9.2\mu m$）差；对于 $9.2\mu m$ 波长，冬季环境下的目标背景对比度优于夏季环境。

③ 海洋型和沙漠型气溶胶对中波红外（$3.9\mu m$）和长波红外（$9.2\mu m$）的消光能力不同，对于中波红外（$3.9\mu m$），两种类型气溶胶造成目标背景对比度的衰减都比长波红外（$9.2\mu m$）大，因此，机载光电设备应用中，长波红外（$9.2\mu m$）更容易满足使用要求。

成都电子科技大学（王娟等人）对下列环境条件下（温度 $t=10℃$，相对湿度 60%，天顶角 $60°$，能见距离 $18km$）$8\sim12\mu m$ 长波红外波段的大气透过率进行了模拟计算，结果列在表2中。

表2 长波红外波段（8~12μm）大气透过率

空中高度 R/km	吸收透过率		散射透过率	总透过率	
	水平	斜程		水平	斜程
1	0.9283	0.9408	0.9949	0.9236	0.9360
2	0.8265	0.8657	0.9898	0.8172	0.8569
3	0.7534	0.8188	0.9848	0.7419	0.9064
4	0.6914	0.7883	0.9798	0.6774	0.7724
5	0.6424	0.7647	0.9748	0.6262	0.7454
6	0.5942	0.7464	0.9696	0.5761	0.7237
7	0.5463	0.7322	0.9644	0.5269	0.7061
8	0.4989	0.7210	0.9599	0.4789	0.6941
9	0.4539	0.7125	0.9551	0.4335	0.6805
10	0.4244	0.7066	0.9502	0.4033	0.6714

我国大陆周边环境，比如台海区域、日本海域、中印边境以及南海海域，不同高度条件下中波红外和长波红外具有不同的大气透过率，透过率曲线如图5所示，表3列出不同区域和不同飞行高度的透射率值。

表3 我国大陆周边地区不同高度的大气透过率

高度/km	大气透过率							
	台海区域		日本海域		中印边境		南海海域	
	长波	中波	长波	中波	长波	中波	长波	中波
1	0.000089	0.00082	0.0026	0.0053	0.0051	0.0419	0.0001	0.0024
2	0.0053	0.0100	0.0386	0.0256	0.0565	0.0826	0.0028	0.0105
3	0.0993	0.0668	0.2419	0.1415	0.2447	0.1431	0.1154	0.1053
5	0.3214	0.1926	0.6245	0.2918	0.6270	0.2906	0.5475	0.2508
8	0.7465	0.4148	0.7995	0.5153	0.8016	0.5148	0.8185	0.4966
10	0.8213	0.5739	0.8436	0.6362	0.8449	0.6352	0.8789	0.6409
12	0.8446	0.7397	0.8534	0.7293	0.8604	0.7303	0.9029	0.7267

由表3和图5可以看出：

① 大气透过率随高度增加而加大。

② 在3km以上高度，长波红外的大气透过率比中波红外高，3km以下中波红外的大气透过率高于长波红外。

研究表明，目标与背景的红外辐射过程非常复杂，与大气状态、景物特征和传播路径都有关。

红外探测器的功能就是将接收的红外辐射转换为可观察与测量的电信号和光学图像。表4列出机载红外系统常用红外探测器的光谱灵敏度极限。

表4 常用机载红外探测器的灵敏度极限

探测器类型	灵敏度极限/μm
硅（Si）探测器	1

探测器类型	灵敏度极限/μm
硫化铅(PbS)/ 砷镓铟(InGaAs)探测器	3
锑化铟(InSb)/硒化铅(PbSe)/ 硅化铂(PtSi)探测器	6
碲镉汞(HgCdTe)探测器	最佳大气窗口 3~5， 波长 15μm 是 8~14μm 光谱范围灵敏度极限

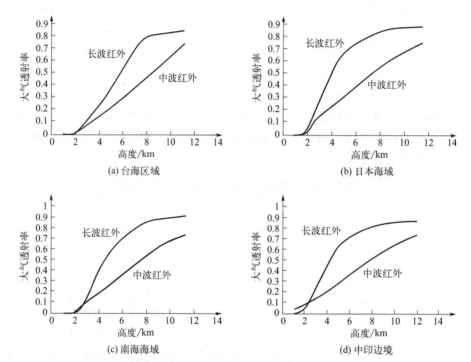

图 5 我国大陆周边不同空域高度长波红外大气透过率曲线

机载红外系统是根据目标与背景的红外辐射特性及对比度特征完成对空探测、搜索、跟踪，因此，选择红外波段时应重点考虑大气传输和目标辐射因素。

① 近红外/短波红外成像技术采用非制冷工作方式，灵敏度有限，主要应用于地面或者近距离夜间侦察和监视等领域，机载远距离或者超远视距的探测和跟踪领域应用尚少。

② 不同飞行高度对红外辐射的影响。如上所述，大气红外透过率随飞行高度而增大：3km 以上，长波红外大气透过率比中波红外高；3km 以下，中波红外透过率更高。

③ 在热带或潮湿环境下，通常选择中波红外光谱，在寒冷和干燥气候环境中选择长波红外光谱。

④ 良好气候条件下，中波红外光线具有高透射传输能力，但在雾霾和灰尘条件下及大气扰动影响较大的环境中，最好选择长波红外。

⑤ 空中尾后侦察、探测、跟踪时，飞机尾喷管温度较高，应选择中波红外 3~5μm；而迎头攻击，选择长波红外更合适。

⑥ 相比之下，长波红外探测器对常温物体有较高灵敏度，更适合远距离和高性能成像。

双波长红外探测器研制成功,可以满足全空域、全天候以及全方位(尾后/迎头)搜索跟踪的技术要求。

参考文献

[1] 谢民勇,等.基于目标与背景红外辐射对比度的红外隐身效能研究[J].红外技术,2011,33(2):113-115.

[2] 张芳,等.不同地域大气对中远红外辐射传输的影响[J].光学学报,2017,37(4):1-8.

[3] 王娟,等.红外热像仪的作用距离估算[J].电光与控制,2004,11(3):17-19.

[4] 刘丹丹,等.边界层气溶胶类型对中红外光波传输的影响[J].激光与红外,2015,45(2):189-193.

航空光学工程

附录B
红外光学
材料

机载红外光学系统可以采用单波段（例如中波红外或者长波红外）或双波段（中波红外和长波红外共孔径）结构形式，甚至包括更宽的工作波段（可见近红外波段），因此，面临的重要问题是光学材料的合理选择。

目前应用的红外光学材料有三类：单晶材料、多晶材料和红外玻璃材料。图1是常用红外光学材料的光谱响应范围和透射率曲线。

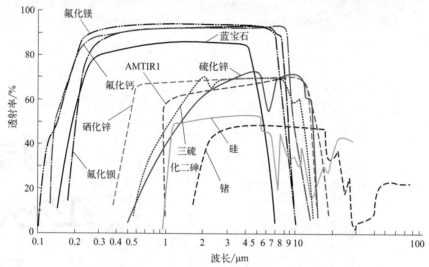

图 1　常用红外光学材料的光谱响应范围和透射率曲线

为了使焦距热稳定，应同时考虑材料的光学性能和光热膨胀系数等。

（1）普通红外成像材料

表1～表4分别列出碱金属和碱土金属卤化物红外材料、红外玻璃材料、红外半导体材料和硫属红外材料的光、力学、热技术性能。

表 1　碱金属/碱土金属卤化物红外材料的光学、力学、热性能

材料	在 $\lambda(\mu m)$ 处折射率 n	在 $\lambda(\mu m)$ 处 dn/dt /$(\times 10^{-6}{}^{\circ}\text{C}^{-1})$	热膨胀系数 α /$(\times 10^{-6}{}^{\circ}\text{C}^{-1})$	杨氏模量 E /$(\times 10^{10}\text{Pa})$	泊松比 ν	密度 ρ/(g/mm^3)	努氏硬度 /(kg/mm^2)	体积模量 K_G[①] /$(\times 10^{-11}\text{Pa}^{-1})$
氟化钡 (BaF$_2$)	1.463 (在 0.63)	−16.0 (在 0.6)	6.7 (在 75K)	5.32	0.343	4.89	82 (500g 载荷)	1.659
	1.458 (在 3.8)	−15.9 (在 3.4)	18.4 (在 300K)					
	1.449 (在 5.3)	−14.5 (在 10.6)						
	1.396 (在 10.6)							
氟化钙 (CaF$_2$)	1.431 (在 0.7)	−10.4 (在 0.66)	18.9 (在 300K)	9.6	0.29	3.18	160～178	0.954
	1.420 (在 2.7)	−8.1 (在 3.4)						
	1.411 (在 3.8)							
	1.395 (在 5.3)							

材料	在 $\lambda(\mu m)$ 处折射率 n	在 $\lambda(\mu m)$ 处 $\mathrm{d}n/\mathrm{d}t$ /($\times 10^{-6}\,{}^{\circ}\!\mathrm{C}^{-1}$)	热膨胀系数 α /($\times 10^{-6}\,{}^{\circ}\!\mathrm{C}^{-1}$)	杨氏模量 E /($\times 10^{10}\,\mathrm{Pa}$)	泊松比 ν	密度 ρ/($\mathrm{g/mm^3}$)	努氏硬度 /($\mathrm{kg/mm^2}$)	体积模量 $K_G^{①}$ /($\times 10^{-11}\,\mathrm{Pa}^{-1}$)
溴化钾 (KBr)	1.555 (在 0.6) 1.537 (在 2.7) 1.529 (在 8.7) 1.515 (在 141)	−41.9 (在 1.15) −41.1 (在 10.6)	25.0 (在 75K)	2.69	0.203	2.75	7 (200g 载荷)	3.564
氯化钾 (KCl)	1.474 (在 2.7) 1.472 (在 3.8) 1.496 (在 5.3) 1.454 (在 10.6)	−36.2 (在 1.15) −34.8 (在 10.6)	36.5	2.97	0.216	1.98	7.2 (200g 载荷)	3.210
氟化锂 (LiF)	1.394 (在 0.5) 1.367 (在 3.0) 1.327 (在 5.0)	−16.0 (在 0.46) −16.0 (在 1.15) −14.5 (在 3.39)	5.5 (在 77K) −37 (在 20℃)	6.48	0.225	2.63	102～113 (600g 载荷)	1.465
氟化镁 (MgF₂)	1.384 (在 0.460) 1.356 (在 3.8) 1.333 (在 5.3)	+0.88 (在 1.15) +1.19 (在 3.39)	140(‖) 89(⊥)	16.9	0.269	3.18	415	0.549
氯化钠 (NaCl)	1.525 (在 2.7) 1.522 (在 3.8) 1.517 (在 5.3)	−36.3 (在 0.39)	39.6	4.01	0.28	2.16	15.2 (200g 载荷)	2.298
溴碘化铊 (KRS5)	2.602 (在 0.6) 2.446 (在 1.0) 2.369 (在 10.6) 2.289 (在 30)	−254 (在 0.6) −240 (在 1.1) −233 (在 10.6) −152 (在 40)	58	1.58	0.369	7.37	40.2 (200g 载荷)	5.467

① $K_G = (1-\nu^2)/E_G$。式中，ν 为泊松比；E_G 为弹性模量。

表 2　透红外玻璃及其它氧化物材料的光学-力学-热技术性能

材料	在 $\lambda(\mu m)$ 处折射率 n	在 $\lambda(\mu m)$ 处 $\mathrm{d}n/\mathrm{d}t$ /$(\times10^{-6}\,^\circ\!C^{-1})$	热膨胀系数 α /$(\times10^{-6}\,^\circ\!C^{-1})$	杨氏模量 E /$(\times10^{10}\,Pa)$	泊松比 ν	密度 $\rho/(g/mm^3)$	努氏硬度 /(kg/mm^2)	体积模量 K_G /$(\times10^{-11}\,Pa^{-1})$
氮氧化铝 (ALON)	1.793 (在 0.6) 1.66 (在 4.0)		5.8	32.2	0.24	3.71	1970	0.293
铝硅酸钙 (肖特 IRG11)	1.684 (在 0.55) 1.635 (在 3.3) 1.608 (在 4.6)		82 (在 293～573K)	10.8	0.284	3.12	608	0.851
铝硅酸钙 (康宁 9753)	1.61 (在 0.5) 1.57 (在 2.5)		6.0 (在 293～573K)	9.86	0.28	2.798	600 (500g 负载)	0.395
铝硅酸钙 (肖特 IRGN6)	1.592 (在 0.55) 1.562 (在 2.3) 1.521 (在 4.3)		6.3 (在 293～573K)	10.8	0.284	3.12	608	0.851
氟化玻璃 (阿哈拉 HTF1)	1.51 (在 1.0) 1.49 (在 3.0)	−8.19	16.1	6.42	0.28	3.88	311	1.436
氟磷酸玻璃 (肖特 IRG9)	1.488 (在 0.55) 1.469 (在 2.3) 1.458 (在 3.3)		1.61 (在 293～573K)	7.7	0.288	3.63	346 (200g 负载)	1.191
锗 (康宁 9754)	1.67 (在 0.5) 1.63 (在 2.5) 1.61 (在 4.0)		6.2 (在 293～573K)	8.41	0.290	3.581	560 (100g 负载)	1.089
锗 (肖特 IRG2)	1.899 (在 0.55) 1.841 (在 2.3)		8.8 (在 293～573K)	9.59	0.282	5.00	481 (200g 负载)	0.960
镧重火石玻璃 (肖特 IRG3)	1.851 (在 0.55) 1.796 (在 2.3) 1.776 (在 3.3)		8.1 (在 293～573K)	9.99	0.287	4.47	541 (200g 负载)	0.918

材料	在λ(μm)处折射率 n	在λ(μm)处 dn/dt /(×10⁻⁶℃⁻¹)	热膨胀系数 α /(×10⁻⁶℃⁻¹)	杨氏模量 E /(×10¹⁰Pa)	泊松比 ν	密度 ρ/(g/mm³)	努氏硬度 /(kg/mm²)	体积模量 K_G /(×10⁻¹¹Pa⁻¹)
硅酸铅（肖特IRG7）	1.573（在0.55） 1.534（在2.3）		96（在293~573K）	5.97	0.216	3.06	379	1.597
蓝宝石（Al₂O₃）	1.684（在3.8） 1.586（在5.8）	13.7	5.6(∥) 5.0(⊥)	40.0	0.27	3.97	1370（1000g 负载）	0.232
熔凝石英（康宁7940）	1.561（在0.19） 1.460（在0.55） 1.433（在2.3） 1.412（在3.3）	10~11.2（在0.5~2.5）	0.6（在73K）； 0.58（在273~473K）	7.3	0.17	2.202	500（200g 负载）	1.333

表3 透红外半导体材料光学-力学-热技术性能

材料	在λ(μm)处折射率 n	在λ(μm)处 dn/dt /(×10⁻⁶℃⁻¹)	热膨胀系数 α /(×10⁻⁶℃⁻¹)	杨氏模量 E /(×10¹⁰Pa)	泊松比 ν	密度 ρ/(g/mm³)	努氏硬度 /(kg/mm²)	体积模量 K_G /(×10⁻¹¹Pa⁻¹)
金刚石	2.382（在2.5） 2.381（在5.0） 2.381（在10.6）		−0.1（在25K）， 0.8（在293K）， 5.8（在1600K）	114.3	0.069（对CVD）	3.51	9000	0.094
锑化铟（InSb）	3.99（在8.0）	4.7	4.9	4.3	5.78	225		
砷化镓（GaAs）	3.1（在10.6）	1.5	5.7	8.29	0.31	5.32	721	1.090
锗（Ge）	4.055（在2.7） 4.026（在3.8） 4.015（在5.3） 4.00（在10.6）	424（在250~350K）	2.3（在100K）， 5.0（在200K）， 6.0（在300K）	10.37	0.278	5.323	800	0.890
硅（Si）	3.436（在2.7） 3.427（在3.8） 3.422（在5.3） 3.148（在10.6）	1.3	2.7~3.1	13.1	0.279	2.329	1150	0.704

表 4　硫属红外材料的光学-力学-热技术性能

材料	在 $\lambda(\mu m)$ 处折射率 n	在 $\lambda(\mu m)$ 处 dn/dt /($\times 10^{-6}$℃$^{-1}$)	热膨胀系数 α /($\times 10^{-6}$℃$^{-1}$)	杨氏模量 E /($\times 10^{10}$Pa)	泊松比 ν	密度 ρ/(g/mm^3)	努氏硬度 /(kg/mm^2)	体积模量 K_G /($\times 10^{-11}$Pa^{-1})
三硫化砷 (AsS$_3$)	2.521 (在 0.8) 2.412 (在 3.8) 2.407 (在 5.0)	85(在 0.6), 17(在 1.0)	26.1	1.58	0.295	3.43	180	5.778
(锗玻璃) Ge$_{33}$As$_{12}$-Se$_{55}$ (AMTIR1)	2.605 (在 1.0) 2.503 (在 8.0)	101 (在 1.0), 72 (在 10.0)	12.0	2.2	0.266	4.4	170	4.224
硫化锌 (ZnS)	2.36 (在 0.6) 2.257 (在 3.0) 2.246 (在 5.0) 2.192 (在 10.6)	63.5 (在 0.63),49.8 (在 1.15), 46.3 (在 10.6)	4.6	7.45	0.29	4.08	230	1.229
硒化锌 (ZnSe)	2.61 (在 0.6) 2.438 (在 3.0) 2.429 (在 5.0) 2.403 (在 10.6)	91.1 (在 0.63), 59.7 (在 1.15), 52.0 (在 10.6)	5.6 (在 163K), 7.1 (在 273K), 8.3 (在 473K)	7.03	0.28	5.27	105	1.311

（2）一些常用宽波段红外材料的折射率

双波段或者多波段红外光学系统通常采用共孔径（或者部分共孔径）光学结构，换句话说，设计优化过程中需要选择具有较宽光谱波段的光学材料（例如，既透射中波又透射长波红外），因而对光学材料的技术性能有更严格要求，可选择的宽波段光学材料更少。表 5 列出常用宽波段红外材料的折射率数据。

表 5　常用宽波段红外材料折射率

波长 材料 \ 折射率	3μm	4μm	5μm	8μm	10μm	12μm	极限波长(μm)
Ge	4.0452	4.0243	4.1061	4.0051	4.0032	4.0023	25
Si	3.4320	3.4255	3.4223	3.4184	3.4179	3.4157	15
ZnSe	2.4376	2.4331	2.4295	2.4173	2.4065	2.3930	14
GaAs	3.3160	3.3025	3.2975	3.2851	3.2740	3.2630	16
ZnS	2.2570	2.2520	2.2460	2.2229	2.2005	2.1704	15
AsS$_3$	2.4161	2.4112	2.4073	2.3940	2.3816	2.3645	—
AMTIR1	2.5187	2.5141	2.5109	2.5034	2.4976	2.4904	—

折射率 \ 波长 \ 材料	3μm	4μm	5μm	8μm	10μm	12μm	极限波长(μm)
砷化镓盐 IRG-05	波长 1.06μm 处折射率 1.7012。 波长范围 0.4~5.5μm 透过率(样片厚度:5mm): 87%(1.06μm),86%(3.8μm),83%(4.3μm),80%(4.8μm)。热膨胀系数 $\alpha=(\times10^{-6}/℃)8.6\times10^{-6}/K$。 维克硬度:680kg/mm²						

(3) 红外整流罩材料

整流罩是一种特殊的机载光学元件,既是机载光学成像系统的重要组成部分,又担负着保护后续光学成像系统免受外界环境(温度、压力、湿度和气动热效应等)影响的重要功能,因此,对其力学性能(硬度、强度和熔点等)和光学性能都有严格要求。表6~表8分别列出常用整流罩材料的力学性能和光学性能。

表6 常用整流罩材料的力学性能

材料	密度/(g/cm³)	熔点/℃	努氏硬度/(kg/mm²)	弹性模量/GPa	强度/MPa	泊松比
金刚石	3.515	3533	9000	1054	1000	0.16
蓝宝石	3.98	2040	2200	380	400	0.27
ALON	3.68	2140	1950	317	300	0.24
尖晶石	3.58	2135	1645	193	190	0.26
钙-铝玻璃	3.2	880	700	—	190	0.28
氟化镁	3.15	1261	640	139	100	0.3
硅	2.33	1412	1150	130	127	0.28
砷化镓	5.317	1238	700	85.5	89	0.31
磷化镓	4.13	1467	845	102.6	190	0.31
硫化锌	4.05	1857	230	87	96	0.32
硒化锌	5.42	1517	137	70.9	68	0.28
$CaLa_2S_4$	4.61	—	—395	95	—	—

表7 常用整流罩材料的光学波长和折射率

材料	光学透射波长/μm	折射率 典型值	折射率 $(dn/dt)/K^{-1}$	热导率/[W/(cm·K)]	吸收系数
钙铝专用玻璃	0.4~5	1.7	—	—	—
金刚石	1~100	2.4	0.001	20~23	0.1~0.3(1060nm)
蓝宝石(Al_2O_3)	0.17~6.5	1.7	0.0013	0.35	1.9(535nm)
尖晶石型氮氧化铝(ALON)	0.2~6	1.6	—	—	—
尖晶石($MgAl_2O_4$)	0.2~6	1.7	—	—	—
氟化镁(MgF_2)	0.1~8.5	1.3	—	—	—
硅(Si)	1.1~6.5	3.4	—	—	—
砷化镓(GaAs)	0.9~12	3.3	—	—	—
磷化镓(GaP)	0.6~13	2.9	—	—	—

材料	光学透射波长/μm	折射率		热导率/[W/(cm·K)]	吸收系数
		典型值	$(\mathrm{d}n/\mathrm{d}t)/\mathrm{K}^{-1}$		
硫化锌(ZnS)	1~14.5	2.2	0.0041	0.27	0.2(1060nm)
硒化锌(ZnSe)	1~19	2.4	0.0064	0.19	0.0005(1060nm)

表8　中波红外玻璃整流罩材料

基本性能	氟化物玻璃	钙铝酸盐玻璃		锗酸盐玻璃	
	ZBLAN	肖特 IRG11	CBMA-GAB	NRL-BGG	CBMA-BGG
波长/μm	0.25~8	0.3~6		0.3~6	
T_g/℃	264	—	739	687	724
折射率	1.455	1.67	1.684	1.755	1.751
密度/(g/cm^3)	4.33	3.12	3.46	4.95	4.32
努氏硬度/(kg/mm^2)	276	608	754	435	560
杨氏模量/GPa	70	107.5	110.1	69.7	—
泊松比		0.284	0.276	0.3	
膨胀系数/(×10^{-6}K^{-1})	0.55	8.2	8.0	9.0	8.3
热导率/[W/(m·K)]	0.628	1.13		0.7	0.72

基本性能	镓酸盐玻璃	碲酸盐玻璃	重金属氧氟玻璃		
	CBMA-CBG	BVT	SIOM-FGe	SIOM-FGa	SIOM-FTe
波长/μm	0.3~7	2.5~5.5	0.3~6	0.3~7	0.3~7
T_g/℃	693	345	670	640	437
折射率	1.68	2.16	1.711	1.719	1.448
密度/(g/cm^3)	3.33	5.64	4.48	4.22	3.81
努氏硬度/(kg/mm^2)	650	—	470	550	296
杨氏模量/GPa	—	—	79.7	95.3	70
泊松比	0.30		0.29	0.30	0.30
膨胀系数/(×10^{-6}K^{-1})	8.8	15.6	8.4	10.0	15.3
热导率/[W/(m·K)]	0.72	0.642	0.67	0.74	

注：ZBLAN 玻璃—氟锆酸盐玻璃，组成（53ZrF$_4$-20BaF$_2$-4LaF$_3$-3AlF$_3$-20NaF）。CBMA-BGG 玻璃—中国建材总院生产的钡镓锗玻璃。肖特 IRG11 玻璃—德国肖特公司生产的铝酸钙玻璃（CaO-BaO-Al$_2$O$_3$）。CBMA-CAB 玻璃—中国建材总院生产的铝酸钙玻璃（CaO-BaO-Al$_2$O$_3$）。NRL-BGG 玻璃—美国海军实验室生产的钡镓锗玻璃。CBMA-CBG 玻璃—中国建材总院生产的钙钡镓玻璃（CaO-BaO-Ga$_2$O$_3$）。BVT 玻璃—钡钒碲酸盐玻璃（BaO-V$_2$O$_5$-TeO$_2$）。SIOM-FGe 玻璃—上海光机所生产的锗酸盐氧氟化物玻璃。SIOM-FGa 玻璃—上海光机所生产的镓酸盐氧氟化物玻璃。SIOM-FTe 玻璃—上海光机所生产的碲酸盐氧氟化物玻璃。

图 2 是上述中波红外整流罩玻璃材料透过率与波长关系。

对于机载多光谱光电系统的不同光学系统结构（折射型、反射型或者折/反型），整流罩都是共孔径光学系统的一个重要组件。由于长期暴露在外，除满足光学特性要求外，还要承受空气腐蚀和飞行动力的影响，因此，对材料的机械和热胀冷缩等性能会有更苛刻要求。

有关资料认为，到目前为止，没有一种光学材料能够完全满足共孔径多光谱光学系统整流罩的光学-机械-热性能，已成为机载多光谱光学系统中最具挑战性的研究项目之一。

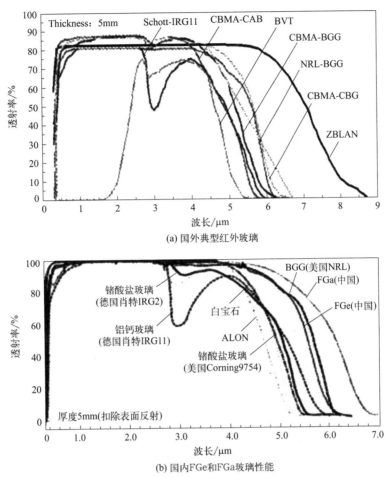

(a) 国外典型红外玻璃

(b) 国内FGe和FGa玻璃性能

图 2　中波红外整流罩玻璃材料透过率与波长关系